Gesamtverzeichnis des deutschsprachigen Schrifttums (GV) 1700 – 1910

Bearbeitet unter der Leitung von
Hilmar Schmuck und Willi Gorzny
Bibliographische und redaktionelle Beratung:
Hans Popst und Rainer Schöller

53

H - Hag

K · G · Saur München · New York · London · Paris 1982

CIP-Kurztitelaufnahme der Deutschen Bibliothek

Gesamtverzeichnis des deutschsprachigen Schrifttums :
(GV). – München, New York, London, Paris : Saur.
Bd. 1 – 6 bearb. unter d. Leitung von Peter Geils
u. Willi Gorzny.
ISBN 3-598-30000-X

1700 – 1910 / bearb. unter d. Leitung von Hilmar
Schmuck u. Willi Gorzny. Bibliograph. u. red.
Beratung: Hans Popst u. Rainer Schöller

NE: Schmuck, Hilmar [Bearb.]

53. H – Hag. – 1982.

Techn. Realisierung und Druck: Norbert Gärtner, Mainz-Kastel
Binden: Karl Schaumann, Darmstadt
Printed in the Federal Republic of Germany
ISBN 3-598-30000-X (Gesamtwerk)

Ha! Ha! Ha! Daß Dich das Mäuslein beißt, sind das 340 Anecdoten, davor nehm' ich den Hut ab 2c. Lippstadt 868. Staats. 16. (102 S.) n. 6 ngr.

Haab, C. A., Lehrbuch der Buchhaltung zum Selbstunterrichte, sowie zum Unterrichte in Real-, Gewerbe- u. Fortbildungsschulen. Leichtfassliche Darstellg. d. doppelten Buchhaltg. m. nur 3 Büchern. gr. 8. (52 S.) Ebnat 892. (St. Gallen, Busch & Co.) Kart. n. 2. 50

Haab, Fr., über die Einstellung der Konkursiten im Aktivbürgerrechte. Petition an den h. Kantonsrath des Standes Zürich. 8. Zürich, Selbstverlag d. Verf. 1871 —. 20

Haab, Heinrich [med. pract. von Zürich]: Aus der medizinischen Klinik des Herrn Prof. Dr. Eichhorst in Zürich. Statistisch-klinische Mitteilungen über Herzklappenfehler. Zürich 1903. 39 S. 8°. [8. XII. 03.]
Zürich. Med. Diss. 1903/1904.

Haab, Heinrich. Statistisch-klinische Mitteilungen über Herzklappenfehler. Diss. Med. Univ. Zürich. *Kopftitel:* Aus der medizinischen Klinik des Herrn Prof. Dr [Hermann] Eichhorst in Zürich. 39 S. 8. Zürich, Buchdr. des Schweiz. Grütlivereins, 1903.

Haab, Otto

Haab, O., Atlas der äusseren Erkrankungen des Auges, nebst Grundriss ihrer Pathologie u. Therapie, s.a. Lehmann's medicin. Handatlanten. XVIII. Bd.

Haab, O[tto]. Atlas der äusseren Erkrankungen des Auges, nebst Grundriss ihrer Pathologie und Therapie von Professor Dr. O. Haab in Zürich. 2. stark vermehrte Aufl. Mit 80 farbigen Abbildungen auf 48 Tafeln nach Aquarellen von Maler Johann Fink und 7 schwarzen Abbildungen im Text. XIV + 242 + 22 S. 8. München, J. F. Lehmann, 1901. (geb. M. 10. —)
Lehmann's Medicin. Handatlanten. Bd. 18.

Haab, O., Atlas u. Grundriss der gesamten Augenheilkunde, s.a. Lehmann's medizin. Handatlanten.

(Haab, O[tto].) Atlas und Grundriss der gesamten Augenheilkunde. 3 Bände.... 8. (München, J. F. Lehmann, 1901—1904.) (*je* geb. M. 10. —)

Band 1 ... *u. d. T.:* Atlas der äusseren Erkrankungen des Auges, nebst Grundriss ihrer Pathologie und Therapie, von Professor Dr. O. Haab in Zürich. 2. stark vermehrte Aufl. Mit 80 farbigen Abbildungen auf 48 Tafeln nach Aquarellen von Maler Johann Fink und 7 schwarzen Abbildungen im Text. XIV + 242 S. München, J. F. L', 1901.

Band 2 ... *a. u. d. T.:* Atlas und Grundriss der Ophthalmoskopie und ophthalmoskopischen Diagnostik. Mit 149 farbigen [Abb' auf 87 Tafeln] und 7 schwarzen Abb', von Prof' Dr. O. H' in Z'. 4. verbesserte Aufl. XII + 92 + 82 S. M'. J. F. L', 1904.

Band 3 ... *a. u. d. T.:* Atlas und Grundriss der Lehre von den Augenoperationen. Von Prof' Dr. O. H' in Z'. Mit 30 farbigen Tafeln und 154 schwarzen Abb' von Maler J. Fink. XVI + 399 S. M', J. F. L', 1904.

Lehmann's Medizin. (**Band 1:* Medicin.) Handatlanten. Band 18 *u.* 7 *u.* 31.

(Atlas und Grundriss der gesamten Augenheilkunde. Von Prof. Dr. O[tto] **Haab** in Zürich. Mit farb. u. schwarzen Abb.) Bd [1]–3. München: J. F. Lehmann 1904–08. 3 Bde 8°
[1.] Atlas d. äusserlich sichtbaren Erkrankungen d. Auges nebst Grundriss ihrer Pathologie u. Therapie. 3. stark verm. Aufl. 1906.
2. Atlas u. Grundriss d. Ophthalmoskopie u. ophthalmoskop. Diagnostik. 5. verm. u. verb. Aufl. 1908.
3. Atlas u. Grundriss d. Lehre von d. Augenoperationen. 1904.
= **Hand-Atlanten,** Lehmann's Medizinische. Bd 7. 18. 31. [08. 9498

Atlas und Grundriss der gesamten Augenheilkunde. Von Prof. Dr. O[tto] **Haab.** (4. verm. u. verb. Aufl.) Bd 1. München: J. F. Lehmann (1910). 8°
(Lehmann's Medizin. Handatlanten. Bd 18.) [11. 8133 11

— Atlas u. Grundriss der Lehre v. den Augenoperationen, s.a. Lehmann's medicin. Handatlanten. XXXI.

Atlas und Grundriß der Lehre von den Augenoperationen. Von Prof. Dr. O[tto] **Haab** in Zürich. Mit 30 Taf. u. 154 Abb. von Maler J. Fink. *München: J. F. Lehmann 1904.* (XVI, 399 S.) 8°
= **Handatlanten,** Lehmanns Medizinische. Bd 31. [04. 1911 9

— Atlas u. Grundriss der Ophthalmoscopie u. ophthalmoscop. Diagnostik, s.a. Lehmann's medicin. Handatlanten. VII. Bd.

Atlas und Grundriss der Ophthalmoskopie und ophthalmoskopischen Diagnostik. Mit 64 Taf. Von Dr. O[tto] **Haab,** Prof. in Zürich. München: J. F. Lehmann 1895. (VI, 69 S.) 8°
= **Handatlanten,** Lehmann's medizinische. Bd 7. [07. 13416 8

Atlas und Grundriss der Ophthalmoscopie und ophthalmoscopischen Diagnostik. Mit 138 farb. & 7 schwarzen Abb. von O[tto] **Haab** in Zürich. 2. stark verm. Aufl. *München: J. F. Lehmann 1897.* (IX, 81, 80 S.) 8°
= **Hand-Atlanten,** Lehmann's Medicinische. Bd 7. [05. 6118 11

Atlas und Grundriß der Ophthalmoscopie und ophthalmoscopischen Diagnostik. Mit 149 farb. & 7 schwarzen Abb. von Prof. Dr. O[tto] **Haab,** Zürich. 3., stark verm. Aufl. München: J. F. Lehmann (1900). (IX, 82, 92 S.) 8°
= **Handatlanten,** Lehmann's Medizinische. Bd 7. [05. 188 9

Haab, O[tto]. Atlas und Grundriss der Ophthalmoskopie und ophthalmoskopischen Diagnostik. Mit 149 farbigen und 7 schwarzen Abbildungen von Professor Dr. O. Haab in Zürich. 4. verbesserte Aufl. — *A. u. d. T.:* Atlas und Grundriss der gesamten Augenheilkunde.... Band 2: Ophthalmoskopie.... XII + 92 + 82 S. + 87 Tafeln. 8. München, J. F. Lehmann, 1904. (geb. M. 10. —)
Lehmann's Medizin. Handatlanten. Band 7.

— s.: Beiträge z. Augenheilkunde.

Haab, O., s.: Beiträge zur Ophthalmologie.

— das Glaukom u. seine Behandlung, s.a. Sammlung zwangloser Abhandlungen a. d. Gebiete d. Augenheilkunde. IV. 6. 7.

Das Glaukom und seine Behandlung. Von O[tto] **Haab** *Halle a. S.: C. Marhold 1902.* (59 S.) 8°
= **Sammlung** zwangloser Abhandlungen aus d. Geb. d. Augenheilkunde. Bd 4, H. 6. 7. [02. 2392 3

— der Hirnrindenreflex der Pupille. [Aus: „Festschrift zur Feier d. 50jähr. Doctor-Jubiläums der Herren v. Nägeli u. v. Kölliker".] Imp.-4. (8 S.) Zürich 891. A. Müller's Verl. n. 1. —

Haab, O[tto]. Krankheitsursachen und Krankheitsverhütung. (Rede, gehalten an der 72. Stiftungsfeier der Hochschule zu Zürich.) 19 S. 8. Zürich, Orell Füssli, 1905. [fr. —. 50]

Haab, [Otto]. Ophthalmologische Mitteilungen. ⟨Autoref[erat über einen Vortrag, gehalten in der]⟩ Gesellschaft der Aerzte in Zürich. Sitzung vom 14. Dezember 1901. Separatabdruck aus dem Correspondenz-Blatt f. Schweizer Aerzte, 1902, Nr. 8. 3 S. gr.-8. [Basel, Schweighauser.]

Haab, O[tto]. Über die Pflege der Augen. 8.

Ausg. A: Rede, gehalten am 71. Stiftungstage der Züricher Hochschule (den 29. April 1904) von Prof. Dr. O. H', z. Z. Rektor. Separatabdruck aus der «Schweiz. Pädagog. Zeitschrift», Heft 5, Jahrg. 1904. II + 18 S. (Zürich, Orell Füssli.)

Ausg. B: Von Prof. Dr. O. H' ... (z. Z. R'. Rede — — 29. April 1904). [Sep' aus — — Jahrg. 1904.] 20 S. Zürich, Orell Füssli, [1904]. [fr. —. 50]

Haab, O[tto]. Rede gehalten bei der Enthüllung der Büste von Prof. Dr. Friedrich Horner am 8. November 1894 in der Aula der Universität Zürich.... ⟨SA.⟩ 4. Basel 1895

Haab, O., sketchbook for ophthalmoscopical observations of the fundus of the eye. 8. (24 Chromolith. m. 7 S. Text.) Zürich 886. Hofer & Burger. geb. n. 5. —

– Skizzenbuch zur Einzeichng. v. Augenspiegel-Bildern. II. Aufl. 12. (30 Blatt m. 14 S. Text.) München 898. J. F. Lehmann's Verl. n. 3. —

— Skizzenbuch zur Einzeichnung ophthalmoscopischer Beobachtungen d. Augen-Hintergrundes. 8. (24 Chromolith. m. 8 S. Text.) Ebend. 886. geb. n. 5. —

Haab, Prof. Dr. Ophthalmoscopisches Skizzenbuch für Aerzte u. Studirende, welche Augenspiegel-Untersuchungen vornehmen. In-8⁰, 7 S., mit 24 Tfln. Zürich, Hofer & Burger. geb. 6 — 1886

– die wichtigsten Störungen des Gesichtsfeldes, s.: Magnus, H., augenärztliche Unterrichtstafeln.

Haab, Otto, Assistent am pathologischen Institut in Zürich [von Hottingen, Kt. Zürich : Experimentelle Studien über das normale und pathologische Wachsthum der Knochen. Mit einer lithographirten Tafel und sechs Holzschnitten. (Separat-Abdruck aus den 'Untersuchungen aus dem pathologischen Institut zu Zürich'. III. Heft [S. 25—88])'. Leipz. W. Engelmann 1875. 2 Bl., 64 S., Tafel III. 1 Bl. Thesen. 4°.
Zürich, Med. Diss. [v. 2. Juni 1875].

Haab, Philipp Heinrich

Haab, Ph. H., Betrachtt. über d. Leidengeschichte Jesu Christi, nach d. Berichten d. vier Evangelisten. Ein Andachtsbuch. 8. Heilbr. 830. Claß. 1 ℛ

— hebr.-griech. Grammatik, zum Gebrauch für d. N. Testam., nebst e. Vorrede von F. G. v. Süskind. gr. 8. Tübing. 815 Osiander. 1 ℛ 14 ℊ

— allgem. Lehr- u. Lesebuch f. Frauenzimmer, üb. ihre Bildung u. Bestimmung, zum allgem. Gebrauch in den Sonntagsschulen. 8. Ebend. 814.

— Lehr- u. Lesebuch für d. männl. Jugend, besonders auf d. Lande, zum Gebrauch für Sonntagsschulen. 8. Heilbr. 811. 2e Aufl. 814. Claß. 20 ℊ

— Lehr- u. Lesebuch für d. weibl. Jugend, nicht nur auf dem Lande, zum Gebrauch in den Sonntagsschulen, sondern auch als Handbuch für d. Töchter aus d. Bürgerstande. 8. Heilbr. 813. 2e A. 826. Claß. 20 ℊ

— Leitfaden für den Confirmationsunterricht. Nebst einigen Bemerkk. über d. würtemberg. Confirmationsbüchlein. 8. Tüb. 823. Osiander. 5 ℊ

— Lesestücke über d. gemeinnütz. Gegenstände für d. Bedarf d. Volksschulen in d. zwei letzten Schuljahren. Mit bibl. Texten. 8. Stuttg. 823. Steinkopf. 16 ℊ · Dieselben für kathol. Schulen. 8. Ebd. 823. 16 ℊ

Haab, Phil. Heinr., Lesestücke üb. d. gemeinnütz. Gegenstände f. den Bedarf d. Volks-Schulen in d. zwey letzten Schul-Jahren. Mit viel. bibl. Texten. 2., verb. u. verm. Aufl. 8. (24½ B.) Stuttgart 830, J. F. Steinkopf.

Haab's, Phlpp. Hnr., Lesestücke über die gemeinnützigsten Gegenstände für den Bedarf der Volksschulen in den 2 letzten Schuljahren. 3. umgearb. Aufl., besorgt von V. A. Jäger. 8. Stuttgart 845, J. F. Steinkopf. n. ½ ℛ

— Dr. Martin Luther, zur Vorbereitung auf d. jährl. Feier d. Andenken Luthers ꝛc. 8. Stuttg. 823. Steinkopf. 3 ℊ

— Religionsunterricht durch Bibelgeschichten. 1r Thl., Glaubenslehre. 2r Thl., Pflichtenlehre. 8. Stuttg. 817. Steinkopf. (à 1 ℛ) 2 ℛ

Haab, Robert: Beitrag zur Geschichte und Dogmatik der Handels-Firma .... Strassburg, Univ.-Buchdr. v. J. H. Ed. Heitz (Heitz & Mündel), 1888; 61 S. 8°
Jena, Jur. Fak., Inaug.-Diss. v. 1888

Haaberer: Tabellen für die Weinpreise, das Ohmgeld, und die Accise, nach Freyburger alter Eich oder Sinn. Freyburg i. Br. 1813: Rosset. 16 S. -- 25*

Anleitung zur Klagestellung bei Forderungen. (Unter Berücks. d. neuen Gesetzgebung hergest. u. mit Formularen f. Anträge versehen von d. k. Amtsger.Sekr. **Haack**. 1. Aufl.) Arzberg: J. Müller 1905 [aufgekl.: Königshütte: K. Vater 1906]. (75 S.) 8° [F.] [07. 7336 2

HAACK: Die Beschaffung des Kiefern- und Fichtensamens einst, jetzt und künftig. - Berlin 1909. 32 S.

HAACK: Über die Keimung und Bewertung des Kiefernsamens nach Keimproben. - Berlin 1906. 36 S.

Haack, Uebersichts-Karte u. Profil der Trier-Saarbrück-Mannheimer Eisenbahn, aufgenommen im J. 1847. gr. Fol. Lith. (Berlin 850. Schropp & Co.) n. ⅔ ℛ

Haack, Vortrag, s.: Verhandlungen der kirchl. Conferenz zu Greifswald.

Haack's, A., Damen-Kalender für das Gemeinjahr 1875. 16. (216 S. mit 1 Illustr. in Farbendr.) Berlin, Haack. geb. mit Goldschn. *

Haacke's, A., Damen-Kalender für das J. 1876. Mit Abbild. von Schloß Babelsberg in Farbendr. und Beiträgen von Auguste Kurs und Villamaria. 2. Jahrg. 32. (263 S.) Berlin, Haack. geb. mit Goldschn. *
—— dass. — für das J. 1877. Mit Abbild. von Schloß Sanssouci in Farbendr. und Beiträgen von Auguste Kurs und Villamaria. 3. Jahrg. 32. (260 S.) Ebendas. geb. mit Goldschn. *
—— dass. — für das J. 1878. Mit 1 Farbendr.-Bild und Beiträgen von Alice Kurs und Villamaria. 4. Jahrg. 32. (246 S.) Ebendas. geb. mit Goldschn.
—— dass. — für die J. 1879 und 1880. Mit 1 photogr. Genrebild und Beiträgen von Auguste Kurs und Villamaria. 5. und 6. Jahrg. 32. (262; 258 S.) Ebendas. geb. mit Goldschn. à Jahrg. *

Haack's, A., Damen-Kalender für die J. 1881 und 1882. Mit je 1 photogr. Genrebild und Beiträgen von Auguste Kurs und Villamaria. 7. und 8. Jahrg. 16. (262; 266 S.) Berlin, Haack. geb. mit Goldschn. à Jahrg.

Haack's, A., Damen-Kalender für das Jahr 1883. Mit 1 photogr. Genrebild „Sonntag-Nachmittag" u. Beiträgen von Auguste Kurs, Villamaria u. Juliette v. B. 9. Jahrg. 16. (256 S.) Berlin, Haack. geb. mit Goldschn. 2. —

—— dass. — für die J. 1884 und 1885. Mit je 1 photogr. Genrebild und Beiträgen von Auguste Kurs und Villamaria. 10. und 11. Jahrg. 32. (260; 262 S.) Ebendas. geb. mit Goldschn. à Jahrg.

Haack's, A. (I.), Damen-Kalender für das J. 1886. Mit photograph. Genrebild „Schmeichler" und Beiträgen von Auguste Kurs und Villamaria. 12. Jahrg. 32. (248 S.) Berlin, Haack. geb. mit Goldschn.

Haack's, A., Damen-Kalender f. d. J. 1887. Mit photograph. Genrebild „Schmeichler" u. Beiträgen v. Auguste Kurs u. Villamaria. 13. Jahrg. 32. (284 S.) Berlin, Haack. geb. m. Goldschn. 2. —

—— dass. — für das J. 1888. Mit photogr. Titelbild zur Novelle „Sein Mündl'l" von Villamaria. 14. Jahrg. 32. (301 S.) Ebendas. geb. mit Goldschn.

—— dass. — für das J. 1889. Mit photogr. Titelbild zur Novelle „Ohne Inschrift" von Villamaria. 15. Jahrg. 32. (302 S.) Ebendas. geb. mit Goldschn.

Haack's, A., Damen-Kalender f. d. J. 1890. Mit photogr. Titelbild. 17. Jahrg. 32. (252 S.) Berlin, Haack. geb. m. Goldschn. 2.—

Haack, A. Damen-Kalender f. d. J. 1890—1893. 16.—19. Jahrg. Mit je 1 photogr. Titelbild. 32. (à Jahrg. ca. 250 S.) Berl., Haack. geb. m. Goldschn. à Jahrg. 2 —

Haack's A., Damen-Kalender f. 1895. Mit photogr. Titelbild. 21. Jahrg. 32. (258 S.) Berlin, A. Haack. Geb. in Leinw. m. Elfenbein-Imitation u. Goldschn. 2.—

Haack's, A., Damen-Kalender f. 1899. M. photogr. Titelbild. 25. Jahrg. 32. (273 S.) Berlin, A. Haack. Geb. in Leinw. m. Elfenbein-Imitation u. Goldschn. 2.—

Haack's, A., Damen-Kalender f. 1903. Mit photogr. Titelbild. 29. Jahrg. 32. (260 S.) Berlin, A. Haack. Geb. in Leinw. m. Goldschn. 2.—

Haack's, A., Damen-Kalender f. 1907. Mit photogr. Titelbild. 33. Jahrg. (272 S.) 16. Berlin, A. Haack. Geb. in Leinw. m. Goldschn. n. 2.—

Haack's, A., Damen-Kalender f. 1911. Mit photograph. Titelbild. 37. Jahrg. (264 S.) 16. Berlin, A. Haack. Geb. in Leinw. m. Goldschn. 2.—

Haack, A. F., über Dr. Rud. Gneist's freie Advocatur. Berlin 868. Haude & Spener. gr. 8. (56 S.) n. 8 ngr.

Haack, Albert

Haack, A., „getreu bis in den Tod". Predigt am Tage der Beisetzg. Sr. Maj. d. hochsel. Kaisers Friedrich III., geh. am 18. Juni 1888. gr. 8. (14 S.) Königsberg 888. Gräfe & Unzer. n.n. — 25

Haack, A., Jesus, e. Lichtgestalt ohnegleichen, die noch heute lebt u. wirkt. Ein populärer apologet. Beitrag. (24 S.) gr. 8. Königsberg (903). Gräfe & Unzer, Buchh. n. — 40

Haack, Alb. Über das Reich Gottes nach der Lehre Christi und den Idealstaat Platos. 16 S. Progr. Osterode Pr. 1883.

Haack, Carl, s. Haack, Karl

Haack, Emil [cand. med. aus Halle a. S.]: Aus d. medicin. Klinik zu Jena. Ein Beitrag zur experimentellen Albumosurie ... (Aus: Arch. f. experiment. Pathol. u. Pharmakol., Bd XXXVIII.) Leipzig, Druck v. J. B. Hirschfeld, 1896; 13 S. 8. Jena, Med. Fak., Inaug.-Diss. v. [29. Okt.] 1896

Haack, Ernst, aufwärts die Herzen! Predigt üb. Mark. 16, 14—20 geh. am Himmelfahrtsfeste in der St. Nikolaikirche zu Schwerin i. M. (16 S.) 8. Schwerin 904. F. Bahn. n. — 30

Haack, Ernst, die Autorität der hl. Schrift, ihr Wesen u. ihre Begründung. Drei Vorlesgn., geh. auf der 3. theolog. Lehrkonferenz in Mölln i. L. am 11., 12 u. 13. IX. 1899. gr. 8. (83 S.) Schwerin 899. F. Bahn. n. 1.50

— die modernen Bemühungen um e. Zukunftsreligion, s.: Hefte zum Alten Glauben. Nr. 8.

— Büßung u. Buße. Eine Passions- u. Bußtagspredigt, geh. am Bettage in den Fasten, den 9. III. 1900, in der St. Nikolaikirche zu Schwerin. gr. 8. (16 S.) Ebd. 900. n. — 30

Haack, Ernst, Christentum u. Kultur. Ein orientier. Vortrag. gr. 8. (24 S.) Schwerin 897. F. Bahn. n. — 50

— Christus, die Auferstehung u. das Leben. Predigt üb. die evangel. Lektion Joh. 11, 1—27, geh. am Sonntage Lätare in der St. Nikolaikirche zu Schwerin. gr. 8. (15 S.) Ebd. 899. n. — 25

— Christus od. Buddha? Vortrag, geh. am 7. XII. 1897 im christl. Vereinshause zu Schwerin. gr. 8. (24 S.) Ebd. 896. n. — 50

— heilige Einseitigkeit! Predigt üb. Luk. 10, 38—42, geh. am 26. VI. 1900 in der St. Marienkirche zu Rostock zur Eröffng. der mecklenburg. Pastoral-Konferenz. gr. 8. (16 S.) Ebd. 900. n. — 30

Haack, Ernst, Epistel-Betrachtungen. Erbauliche Winke zum Verständnis der epistol. Texte des Kirchenjahres, nebst passenden Liederversen u. sieben Betrachtungen über die sieben Worte Jesu am Kreuze. 8. (VIII, 279 S.) Stavenhagen 882. Beholtz. n. 2.—; geb. n. 2.50; m. Goldschn. 3.—

— Festklänge. E. Sammlg. v. Predigten a. d. Festen u. z. Schluß d. Kirchenjahres, sowie d. Abschied v. d. Gemeinde, geh. in d. Kirche St. Nicolai zu Schwerin in M. gr. 8. (VII, 191 S.) Ebd. 895. n. 2.—; geb. n. 2.50

— Glauben halten! Zeitpredigt üb. 2. Tim. 4, 3—8. geh. am Buß- u. Bettage vor Advent 1905 in der St. Nikolaikirche zu Schwerin i. M. (16 S.) 8. Schwerin 905. F. Bahn. n. — 30

— Gott m. uns! Festpredigt üb. 1. Könige 8, V. 54—61, geh. bei d. 25jähr. Jubelfeier d. Wiederaufrichtg. d. Deutschen Kaiserreichs am 18. Jan. 1896 im Dom zu Schwerin. gr. 8. (15 S.) Ebd. 896. n. — 25

— s.: Handlexikon, kirchliches.

— Heilsgewißheit! Predigt üb. Röm. 8,31—39, geh. am 26. X. 1908 in der St. Marienkirche zu Neubrandenburg zur Eröffng. der kirchl. Landeskonferenz f. die Großherzogtümer Mecklenburg-Schwerin u. Mecklenb.-Strelitz. (16 S.) 8. Ebd. 908. — 30

— Kirche, Gemeinde, „Gemeinschaft". Prinzipielles zu ihrer rechten Beurteilg. u. Begriffsbestimmg. Zwei Vorlesgn., geh. auf der Möllner Lehrkonferenz am 13. u. 14. IX. 1906. (55 S.) gr. 8. Ebd. 907. n. 1.—

— die Kirche u. ihr gottesdienstliches Leben. Eine Einführg. in die Bedeutg. der kirchl. Gemeinschaft, des Kirchenjahres, des gottesdienstl. Raumes u. der kirchl. Handlgn. Für gebildete Christen hrsg. (VIII, 182 S.) 8. Ebd. 906. n. 2.40; geb. n. 3.—

— Die Kirche am Traualtar. Vortrag. (30 S.) gr. 8. Ebd. 908. — 50

— D. Theodor Kliefoth. Ein Charakterbild aus d. Zeit der Erneuerg. des christl. Glaubenslebens u. der luther. Kirche im 19. Jahrh. Zu seinem 100jähr. Geburtstage Theologen u. gebild. evangel. Christen gewidmet. Mit 9 Abbildgn. u. 1 Faksm. Beilage. (VIII, 255 S.) 8. Ebd. 910. 4.20; geb. n 5.—

— Dr. Martin Luther's Leben u. Wirken. Eine Preisschrift, gekrönt u. hrsg. zum 10. Novbr. 1883, dem 400jähr. Geburtstage d. großen Reformators, vom Evangel. Preßverein in Schlesien. 16. (112 S. m. eingedr. Holzschn.) Breslau 883. (Dülfer.) n. — 20

Haack, Ernst, Dr. Martin Luthers Leben u. Wirken. Dem deutschen Christenvolke kurz erzählt. 6. Aufl. (166. Taus.) (VIII, 96 S. m. 1 Bildnis.) 8. Schwerin 903. F. Bahn. n. — 60

Haack, Ernst, noch einmal pro domo u. contra Schlottmann in Sachen der Probebibel. gr. 8. (25 S.) Leipzig 885. J. Naumann. n. — 50

— wider die Hallesche Probebibel. Auch e. Appell an die luther. Kirche. gr. 8. (34 S.) Leipzig 885. J. Naumann. n. — 60

— drei goldene Regeln f. das Gebet um Trost u. Hülfe im Leiden. Predigt üb. Matth. 8, 1—13, geh. am 3. Sonntag nach Epiphanias in der St. Nicolaikirche zu Schwerin. 8. (16 S.) Schwerin 892. F. Bahn. n. — 20

— Religion u. Kunst. Ein Vortrag. (58 S.) kl. 8. Ebd. 905. Kart. n. — 80

— die Teilnahme des Christen am kirchl. Leben. Ein kirchl. Wegweiser f. jedermann. gr. 8. (23 S.) Ebd. 901. n.n. — 10

— die Claus Harmsschen Thesen v. 1817 „e. bittere Arzenei gegen die Glaubensschwäche der Zeit". Vortrag, geh. auf der schleswig-holstein. Pfingstkonferenz am 4. VI. 1903 in Kiel. (31 S.) gr. 8. Ebd. 903. n. — 60

Haack, Ernst, Christi Tod u. unser Sterben. Predigt üb. Luk. 23, 44—46, geh. am Karfreitage 9. IV. 1909 in der St. Nicolaikirche zu Schwerin. (14 S.) gr. 8. Schwerin 909. F. Bahn. — 30

— der Tod das Ende, nicht die Vollendung des Irdischen. Predigt üb. Matth. 9, 18—26, geh. am 24. Sonntag nach Trinitatis in der St. Nikolaikirche zu Schwerin i. M. (16 S.) 8. Ebd. 906. n. — 30

— üb. d. fundamentalen Unterschied d. Ritschlschen u. d. kirchlichen Theologie m. bes. Berücksicht. d. Ethik. 2 Vorlesgn., geh. am 6. u. 7. IX. auf d. theolog. Lehrkonferenz in Mölln i. L. gr. 8. (56 S.) Schwerin 897. F. Bahn. n. — 90

— vom Zweifel zur Glaubensgewißheit! Predigt üb. Lucas 24, 13—35, geh. am 2. hl. Ostertage in der Kirche St. Nicolai zu Schwerin i/M. 8. (16 S.) Ebd. 894. n.n. — 30

— warum bedürfen wir Predigerseminare? Rede, geh. bei der Eröffng. des Predigerseminars zu Schwerin am 7. X. 1901. gr. 8. (15 S.) Schwerin 901. F. Bahn. n. — 30

— über Wesen u. Bedeutung der christlichen Erfahrung. Vortrag, geh. zu Waren am 3. Octbr. 1894. gr. 8. (31 S.) Ebd. 894. n. — 75

Haack, F. G., Vocabularium lithuanico-germanicum et germanico-lithuanicum. 8. Halae, Waisenhausbuchh.

Haack, Franz: Beiträge zu einem Lehrplan für den grammatischen Unterricht im Deutschen. Köln, Buchdr. v. J. B. Heimann, 1893; 3—28 S. 4.
Köln, HB u. Handelskl., OP 1893 (495)

Haack, *Franz: Katalog der Bibliotheken der Anstalt.* 1 (S. 42—56) **Progr.** Handelssch. u. Handelskl. der Stadt *Köln* 1900

Haack, Franc.: Quando actio nata accipi potest? Berolini (1865). (82 S.) 8°
Berlin, Jur. Diss. v. 12. Aug. 1865

Haack, Franc., Quando actio nata accipi potest? Dissertatio inauguralis. gr. 8. (IV, 81 S.) Berlin 865, (Puttkammer und Mühlbrecht.) *

Haack, [Franz]: [Verzeichnis der Lehrer- und der Schülerbibliothek.] *Köln 1900: M. DuMont Schauberg.* (S. 42—50.) 4°
¶ (Ein wissenschaftl. Verzeichnis wird später angelegt.)
Köln, Handels-S u. Handelsklasse, OP 1900 (533a)

Haack, Friedrich *Ludwig Albert:* Die Gotische Architektur und Plastik der Stadt Landshut ... München, kgl. Hof- u. Univ.-Buchdr. v. Dr. C. Wolf & Sohn, 1894; 3 Bl., 95 S. 8.
München, Phil. Fak., Inaug.-Diss. v. 1894

Haack, Frdr., die gotische Architektur u. Plastik der Stadt Landshut. gr. 8. (III, 95 S.) München 894. (A. Buchholz.) n. 1. 60

Haack, Frdr., die Deutschromantiker in der bildenden Kunst des 19. Jahrh. gr. 8. (18 S.) Leipzig 901. A. Deichert Nachf. n. — 75
Sonderabdruck aus: „Festschrift d. Univers. Erlangen f. Prinzregent Luitpold."

— Friedrich Herlin, s. a. Studien zur deutschen Kunstgeschichte. 26. Hft.

Haack, Friedrich, Dr. phil.: Friedrich Herlin, sein Leben und seine Werke. *Strassburg 1900: J. H. E. Heitz.* (VI, 94 S.) 8°
Erlangen, Phil. Hab.-Schr. v. [9. März] 1900

Friedrich Herlin, sein Leben u. s. Werke. Nach d. Habilitationsschrift umgearb. Ausg. von Friedrich Haack, Privatd., Erlangen. Mit 15 Lichtdrucktaf. *Strassburg: J. H. E. Heitz 1900.* (VIII, 96 S.) 8°
— Studien z. deutschen Kunstgeschichte. H. 26. [00. 10381

Haack, Frdr., die Kunst des XIX. Jahrh., s. a. Lübke, Wilh., Grundriss der Kunstgeschichte. V.

Die Kunst des XIX. Jahrhunderts von Dr. Friedrich Haack, Privatd. Mit 3 Taf., 1 Heliograv., 1 Lichtdr. u. 291 Abb. (12. Aufl. Pracht-Ausg.) Stuttgart: P. Neff 1905. (VIII, 413 S.) 4°(8°)
— Lübke: Grundriß d. Kunstgeschichte. 5. [05. 14326 4

Die Kunst des XIX. Jahrhunderts von Dr. Friedrich Haack, Privatd., Erlangen. 2. verm. u. verb. Aufl. Mit Taf. u. Abb. Esslingen: P. Neff 1907. (XII, 455 S.) 4°(8°)
— Lübke, Wilhelm: Grundriss d. Kunstgeschichte. 5. [07. 9878

Die Kunst des XIX. Jahrhunderts von Dr. Friedrich Haack, Prof. Mit 27 Kunstbeil. u. 394 Abb. 3., stark verm. u. verb. Aufl. Esslingen: Neff 1909. XIV, 539 S. 4°(8°)
(Lübke, Wilh.: Grundriss d. Kunstgeschichte. 14. Aufl. 5.) [10. 17352 10

Haack, Frdr., d. kgl. ält. Pinakothek zu München. Eine Auswahl v. 75 Meisterwerken in Pigmentdrucken m. begleit. Text. Fol. (IV, 29 S.) München 897. Verlagsanstalt F. Bruckmann. Geb. in Leinw. n. 100. —

— Hans Schüchlin, der Schöpfer des Tiefenbronner Hochaltars, s. a. Studien zur deutschen Kunstgeschichte. 62. Hft.

Hans Schüchlin, der Schöpfer des Tiefenbronner Hochaltars. Von Friedrich Haack, Privatd., Erlangen. Mit 4 Lichtdrucktaf. Straßburg: J. H. E. Heitz 1905. (30 S.) 8°
— Studien z. deutschen Kunstgeschichte. H. 62. [05. 5118

— M. v. Schwind, s. a. Künstler-Monographien XXXI.

[F.] M(oritz) v. Schwind. Von Friedrich Haack. M. 162 Abb. nach Gemälden, Aquarellen, Zeichngn, Radiergn u. Holzschn. *Bielefeld & Leipzig: Velhagen & Klasing 1898.* (2 Bl., 141 S., 1 Bl., 1 Taf.) 1 Bd 4.(8.)
— Künstler-Monographien. [Bd] 31. [98. 7768

M. von Schwind. Von Friedrich Haack. Mit 168 Abb. 2. verm. Aufl. Bielefeld & Leipzig: Velhagen & Klasing 1904. (155 S.) 4°(8°) [F.]
— Künstler-Monographien. 31. [04. 3630 6

M. von Schwind. Von Friedrich **Haack**. Mit 171 Abb. u. 5 Buntdr. 3. verm. u. verb. Aufl. Bielefeld & Leipzig: Velhagen & Klasing 1908. (165 S.) 4°(8°) [F.]
— **Künstler-Monographien.** 31. [08. 16414

Haack, Fridericus Augustus ⟨geb. am 19 Sept. 1831 in Irmenach Kr. Zell⟩: De eclampsiae parturientium origine et sede . . Bonnae, typ. C. Krüger 1855. 2 Bl., 32 S., 1 Bl. 8.
Bonn, Med. Fak., Diss. v. 17 Dez. 1855

Haack, Fritz

Haack, die Einsenkung der Schiffe u. ihr Einfluss auf die Bewegungen u. den Widerstand der Schiffe, s.a. Verbandsschriften des deutsch-österr.-ungar. Verbandes f. Binnenschiffahrt. N. F. 1.

Die Einsenkung der Schiffe und ihr Einfluss auf die Bewegungen und den Widerstand der Schiffe. Von Ing. [Fritz] Haack-Charlottenburg, BauR. Mit 8 Taf. u. 1 Fig. *Berlin: A. Troschel 1901.* (31 S.) 8°
— Deutsch-Oesterr.-Ung. Verband f. Binnenschiffahrt. Verbands-Schriften. N. F. No 1. [01. 11310

Haack, G., die Rechtswissenschaft auf dem toten Punkt! Strafrecht u. Prozessreform im Lichte der Psychologie. (79 S.) 8. Werder (Havel) 908. F. Kaemmerer. (Nur direkt.) 2. —

Haack, Georg, Ref. a. Leipzig: Zur Lehre von der Auflösung der offenen Handelsgesellschaft. Borna-Leipzig 1905: R. Noske. (VIII, 50 S.) 8°
Leipzig, Jur. Fak., Diss. v. 21. Okt. 1905
[Geb. 26. Aug. 78 Leipzig; Wohnort: Chemnitz; Staatsangeh.: Sachsen; Vorbildung: Nicolai-Gymn. Leipzig Reife O. 98; Studium: Freiburg i. B. 1, Leipzig 7 S.; Rig. 28. Juni 02.]

Haack, Gustav [aus Dassendorf in Lauenb.]: Untersuchungen zur Quellenkunde von Lesage's „Gil Blas de Santillane“ . . . Kiel, Druck d. »Nord-Ostsee-Zeitg«, 1896; 98 S., 1 Bl. 8.
Kiel, Phil. Fak., Inaug.-Diss. v. [12. Aug.] 1896

Haack, Gust., Untersuchgn. zur Quellenkunde v. Lesage's „Gil Blas de Santillane“. Diss. gr. 8. (98 S.) Kiel 896. (Leipzig, Buchhandlg. G. Fock.) n. 2. —

Haack, H., Fischzucht, s.: Borne, M. v. dem.

Haack, H., die rationelle Fischzucht. Eine kurzgefaßte Anleitg. f. den prakt. Fischzüchter. Mit vielen in den Text eingedr. Abbildgn. gr. 8. (VIII, 86 S.) Leipzig 872. Peter. n. 1. 50

Haack, Herm. (Hrsg.), s. Anzeiger, Geographischer.

— s.: Geographen-Kalender.

Haack, Hermann *Oscar* [aus Gotha]: Die mittlere Höhe von Südamerika . . . Halle a. S., *Druck d. Engelhard-Reyherschen Hofbuchdr. in Gotha,* 1896; 88 S., 1 Bl. 8.
Halle, Phil. Fak., Inaug.-Diss. v. [22. Mai] 1896

Kartogramm zur Reichstagswahl. 2 Wahlkarten d. Deutschen Reiches in alter u. neuer Darstellung mit polit.-statist. Begleitworten u. kartogr. Erl. von Dr. H[ermann] **Haack** u. H. Wiechel. *Gotha: J. Perthes 1903.* (1 Kartenbl. 87×40 cm, 36 S.) 8° [Umschlagt.] [kol.] [03.

Kleiner deutscher Lern-Atlas. 23 stumme Karten z. Wiederholung von Dr. H[ermann] **Haack**. Gotha: J. Perthes [1906]. (11 Kartenbl.) 8° [F.] [06. 15830

Kleiner deutscher Schüler-Atlas. 27 Karten z. Unterr. u. z. Anregung von Dr. H[ermann] **Haack**. Gotha: J. Perthes [1906]. (13 Kartenbl.) 8° [F.] [06. 15833

Haack, Jh., d. Verfahren d. 5ten Assekuranz-Compagnie in Hamburg in meiner Versicherungs-Angelegenheit. 8. Berl. 827. (Cosmar u. Krause). 6 gr.

Haack, K: Das Papier und seine Vorfahren. Berlin 1890

Haack, Karl [app. Arzt aus Sehmsdorf (Pommern)]: Beitrag zur operativen Behandlung der Uterus-Myome . . . Würzburg, P. Scheiner's Buchdr., 1892; 35 S. 8.
Würzburg, Med. Fak., Inaug.-Diss. v. 1892

Haack, Carl. Vergleichende Untersuchungen über die Muskulatur der Gliedmassen und des Stammes bei der Katze, dem Hasen und Kaninchen. Diss. Vet.-Med. Bern. Mit 3 Tafeln. *Kopftitel:* Aus dem Anatomischen Institut der Tierärztlichen Hochschule zu Dresden. ⟨Prof. Dr. [Hermann] Baum.⟩ VI + 56 S. 8. Langensalza, Hermann Beyer & Söhne, (1903).

Haack, Karl, vergleichende Untersuchungen über die Muskulatur der Gliedmassen u. des Stammes bei der Katze, dem Hasen u. Kaninchen. (III u. S. 103—160 m. 3 Taf.) gr. 8. Berlin 903. P. Parey. n. 4. —
Sonderabdruck aus: „Arbeiten a. d. anatom. Instit. d. tierärztl. Hochsch. zu Berlin“.

Haack, Konrad [aus Graudenz]: Ueber Arsenate und Phosphate des Quecksilbers. . . . Halle a. S., Hofbuchdr. v. C. A. Kaemmerer & Co., 1890; 44 S., 1 Bl., 1 Taf. 8°
Halle, Phil. Fak., Inaug.-Diss. v. 9. Sept. 1890

Haack, K., üb. Arsenate u. Phosphate d. Quecksilbers. Inaug.-Diss. gr. 8. (44 S. m. 1 Taf.) Halle a/S. 890. (Berlin, Mayer & Müller.) n. 1. —

Haack, Otto, orthographisches Übungsbuch für den Schulgebrauch. 8. sehr verm. und verb. Aufl. gr. 8. (XII, 75 S.) Hannover 887, Meyer. *

Haack, Otto, orthographischer Übungsstoff f. die Hand der Vorschüler höherer Lehranstalten u. der Volksschüler. 2. Aufl. 8. (XV, 72 S.) Stettin 884. (Stattelmann.) n. — 60

Haack, Otto [aus Lunden]: Zeugnisse zur altenglischen Heldensage. Aus d. Geschichtswerken u. Urkunden d. altengl. Zeit gesammelt nach d. Vorgange v. Wilhelm Grimms deutscher Heldensage sowie Müllenhoffs Zeugnissen u. Exkursen z. deutschen Heldensage . . . *Lingen, Druck v. J. L. v. d. Velde Veldmann, 1892;* 58 S., 1 Bl. 8.
Kiel, Phil. Fak., Inaug.-Diss. v. [20. Nov.] 1892

Haack, Otto Herm(ann) A(ugust), aus Trarbach: Zur Kenntnis des Methylenaminoacetonitrils. *Heidelberg 1903: K. Rößler.* (47 S.) 8°
Heidelberg, Naturw.-math. Diss. v. 1903

HAACK, PETRUS, De Leer der Waarheid die naa de Godzaligheid is, volgends den Heidelbergschen Catechismus. 2. druck. Altona. 1800.

— Het leven van Paulus den Apostel in kerkelyke redenvoeringen uitgesproken in de hervormde gemeenten van Breda en Amsterdam. 2. deels. 1—2. stuk. Altona. 1800—01.

Haack, Richard, Apotheker aus Berlin: Ueber o-Brom-ana-chlorchinolin und seine Derivate. *Freiburg i. B. 1900: H. Epstein.* (55 S.) 8°
Freiburg i. B., Phil. Diss. v. 1900

Haack, Rich., Verfassung, Verfahren u. Wirksamkeit d. Auseinandersetzungsbehörden. (VII, 133 S.) gr. 8. Berlin 908. P. Parey. 3. —

Haack, Rudolph

Haack, R., u. C. Busley, die technische Entwicklung d. Norddeutschen Lloyds u. der Hamburg-Amerikanischen Packetfahrt-Aktiengesellschaft. Mit 572 Textfig., 34 lith. Taf. u. 11 Diagrammblättern. [Aus: „Zeitschr. d. Vereines deutscher Ingenieure".] Imp.-4. (VIII, 244 S.) Berlin 893. J. Springer. Geb. n. 32. —

Haack, R., Schiffswiderstand u. Schiffsbetrieb. Nach Versuchen auf dem Dortmund-Ems-Kanal im Auftrage des Hrn. Ministers der öffentl. Arbeiten bearb. Fol. (III, 116 S. m. Abbildgn., 2 Beilagen m. Diagrammen u. 77 Taf. in Lichtdr. u. Lith. m. 4 Bl. Text in Imp.-Fol.) Berlin 900. A. Asher & Co. Geb., Tafeln in 2 Mappen, n. 120. —

Haack, Th. Das Verfahren der 5. Assekuranz-Kompagnie in Hamburg in meiner Versicherungsangelegenheit. Berlin 1827.

Haack, B. G. F., Ich bin kommen, daß ich ein Feuer anzünde auf Erden! Missionsfest-Predigt gehalten den 21. Septbr. 1864 in der Kirche zu Schildau nebst Lebensskizze u. Gedächtnißrede. Torgau 864. Jacob. gr. 8. (24 S.) n. 4 ngr.

Haack, W., die Kraft des Wortes Gottes. Predigt über Jes. 55, 10, 11. gr. 8. Berlin 840. (Wohlgemuth.) n. 1/12 ℔

Haack, Wilhelm, aus Bremen: Über **Mundhöhlendrüsen** bei Petromyzonten. Mit 2 Taf. *Leipzig: W. Engelmann 1903.* (30 S.) 8° (Aus: Zeitschrift f. wiss. Zool. Bd 75, H. 1.) Erlangen, Naturw. Diss. v. 1903

Rede, gehalten in der Loge zu den drei Disteln [in Frankfurt a. M. vom Obermeister Wilh. v. **Haack** am 14. Nov. 1778. Von den Kennzeichen eines zum wahren Zweck arbeitenden F. M., oder Von der Wahrheit, dass der wahre F. M. ein Christ sein müsse. Frankfurt a. M.] 1779. 8 S. 4°
Kl. 1016.

Haack, Wilhelm, a. Flensburg: Der Teutoburger Wald südlich von Osnabrück. Berlin 1908: A. W. Schade. (78 S.) 8° (Aus: Jahrbuch d. Königl. Preuß. Geol. Landesanstalt.)
Göttingen, Phil. Fak., Ref. von Koenen, Diss. v. 27. Juli 1908
[Geb. 8. Juli 82 Lugumkloster; Wohnort: Lugumkloster; Staatsangeh.: Preußen; Vorbildung: Realgymn. Flensburg Reife O. 02; Studium: Tübingen 3, München 2, Göttingen 6 S.; Rig. 17. Juli 07.]

Haack, Wilh., der Teutoburger Wald südlich v. Osnabrück. (S. 458—531 m. 2 farb. Taf.) Lex. 8. Berlin (N. 4, Invalidenstr. 44), 908. Vertriebsstelle der kgl. geolog. Landesanstalt. nn 3. 30
Sonderabdr. a.: „Jahrb. d. kgl. preuss. geol. Landesanst."

Haacke, s.a. H a a k e , Hacke, Hake.

Haacke: Geschichte Korinth's bis zum Sturze der Bakchiaden. 18 S. 8°.– Hirschberg G., Progr. 1871.

Haacke: Versuch einer Bestimmung der ursprünglichen Zahl der römischen Tribus. 13 S.–Hirschberg, Progr. 1861

Haacke, A.

— Der Besitz u. sein Wert im homer. Zeitalter. Pr. 1872. 16 S. 4°. 1.20

Haacke, A., De dispositione orationum Ciceronis I. Pr. 1873. 8 S. 4°. 1.20

– (Übers.), s. P l i n i u s Secundus, C.: Naturalis historia.

Haacke, Anton De Ciceronis in orationibus facetiis. 4 (S. 3—16). **Progr.** Victoria-G. *Burg* 1886 (212).

Haacke, Antonius Richardus: • De primis rebus inter Germanorum reges et Polonorum duces gestis. 47 S. 8° (4°)
Halle-Wittenberg, Phil. Diss. v. 10. Juli 1852
Geb. Brandenburg 10. 9. 1822. V.
Verf. erlebte die Diplomerneuerung 1902 als Gymnasial-Professor in Burg.

Haacke, Aug., Andeutungen über Sprache und Sprachunterricht auf Gymnasien. 4. (25 S.) Nordhausen 848, Köhne. *

Haacke, Aug., Andeutungen über Sprache u. Sprachunterricht auf Gymnasien. [Abgedr. aus dem Osterprogramm des Gymnasiums zu Nordhausen.] 4. (25 S.) Nordhausen 849, Köhne. n. 1/6 ℔

— Aufgaben zum Uebersetzen ins Lateinische behufs Einübung der elementaren Syntax zu C. F. P u t s c h e's latein. Grammatik zusammengestellt. gr. 8. (138 S.) Nordhausen 851, Büchting. 12 ngr.

Haacke, Aug., Aufgaben zum Uebersetzen ins Lateinische zusammengestellt. Nordhausen, Büchting. gr. 8. 22 1/2 ngr.
1. Thl.: Aufgaben zum Uebersetzen ins Lateinische behufs Einübung der Formenlehre. 856. (92 S.) 7 1/2 ngr.
2. Thl.: Aufgaben ꝛc. behufs Einübung der elementaren Syntax zu den Elementar-Grammatiken von C. F. Putsche, Siberti-Meiring und Ferd. Schultz. 2. verb. u. verm. Aufl. 856. (180 S.) 15 ngr.
3. Thl.: Aufgaben zum Uebersetzen ins Lateinische für Tertia. (VI, 212 S.) 20 ngr.

Haacke, Aug., Aufgaben zum Uebersetzen ins Lateinische. 1. Thl. Aufgaben behufs Einübung der Formenlehre. 2. Aufl. 860. — 3. Aufl. Nordhausen 864. Büchting. gr. 8. (110 S.) 7½ ngr.

— — 2. Thl.: Aufgaben zum Uebersetzen in's Lateinische behufs Einübung der elementaren Syntax zu den Elementar-Grammatiken von C. F. Putsche, Siberti-Meiring u. Ferd. Schultz. Für Quinta u. Quarta zusammengestellt. 3. Aufl. 859. — 4. Aufl. Ebend. 863. 8. (XII, 184 S.) 15 ngr.

—— dass. — 2. Thl. A. u. d. T.: Aufgaben zum Uebersetzen ins Lateinische behufs Einübung der elementaren Syntax. Für Quinta und Quarta. 5. Aufl. gr. 8. (XII und 184 S.) Berlin 867, Weidmann'sche Buchh.

— — 3. Thl.: Aufgaben für Tertia. 2. verb. Aufl. Ebend. 867. gr. 8. (270 S.) n 18 ngr.

Haacke, Aug., Aufgaben zum Uebersetzen ins Lateinische im Anschluß an die Grammatik von Ellendt-Seyffert. 1. u. 2. Thl. Berlin 869. Weidmann. gr. 8. Jeder Thl. n. 15 ngr.
1. Aufgaben für Sexta u. Quinta. 4. verb. Aufl. (VII, 198 S.)
2. Aufgaben für Quarta. 6. neu bearb. Aufl. (VII, 192 S.)

Haacke, Aug., Aufgaben zum Uebersetzen ins Lateinische. 1—3. Thl. gr. 8. Berlin 872—76. Weidmann. n. 5. 20
1. Aufgaben f. Sexta u. Quinta im Anschluß an die Grammatik v. Ellendt-Seyffert. 7. Aufl. (VII, 198 S.) n. 1. 60
2. Aufgaben f. Quarta, im Anschluß an die Grammatik v. Ellendt-Seyffert. 8. Aufl. (VII, 192 S.) n. 1. 60
3. Aufgaben f. Ober-Tertia u. Unter-Secunda m. Verweisgn. auf di Grammatik v. Ellendt-Seyffert. 5. Aufl. (VII, 301 S.) n. 2. —

— — u. R. **Köpke**, Aufgaben z. Uebersetzen ins Lat. 1—4. Thl. 8. Ebd. n. 7. —
1. Aufgaben f. Sexta u. Quinta im Anschluss an d. Grammatik v. Ellendt-Seyffert. 8. Afl. (187) 79. n. 1. 60

— u. Rhold. **Köpke**, Aufgaben zum Uebersetzen ins Lateinische. 1—4. Thl. gr. 8. Berlin 877—82. Weidmann. n. 7. —
1. Aufgaben für Sexta u. Quinta, im Anschluß an die Grammatik von Ellendt-Seyffert von Aug. Haacke. 9. Aufl. (VII, 200 S.) n. 1. 60
2. Aufgaben zum Uebersetzen ins Lateinische für Quarta u. Unter-Tertia im Anschluß an die Grammatik von Ellendt-Seyffert von Aug. Haacke. 10. Aufl. (VII, 183 S.) n. 1. 60
3. Aufgaben für Ober-Tertia u. Unter-Secunda, mit Verweisungen auf die Grammatik von Ellendt-Seyffert von Aug. Haacke. 7. Aufl. (VII, 284 S.) n. 2. —
4. Aufgaben für Ober-Secunda [u. Unter-Prima] m. Verweisungen auf die Grammatik von Ellendt-Seyffert u. auf Haackes Stilistik von Rhold. Köpke. (XII, 248 S.) n. 1. 80

— u. Rhold. **Köpke**, Aufgaben zum Übersetzen ins Lateinische. 4 Tle. gr. 8. Ebend. geb. n. 11. 20
1. Aufgaben zum Übersetzen ins Lateinische, nebst deutsch-latein. Wörterverzeichnis f. Sexta u. Quinta, im Anschluß an die Grammatik v. Ellendt-Seyffert v. Aug. Haacke. 10. Aufl. (VII, 200 S.) 885. n. 2. —
2. Aufgaben nebst deutsch-lateinischem Wörterverzeichnis f. Quarta u. Untertertia, im Anschluß an die Grammatik v. Ellendt-Seyffert, v. Aug. Haacke. 2 Abtlgn. 12. Aufl. (V, 192 u. III, 219 S.) 886. à n. 2. —
3. Aufgaben nebst deutsch-lateinischem Wörterverzeichnis f. Ober-Tertia u. Unter-Secunda, m. Verweisgn. auf die Grammatik v. Ellendt-Seyffert, v. Aug. Haacke. 9. Aufl. (VII, 302 S.) 886. n. 2. 40
4. Aufgaben f. Ober-Secunda u. Unter-Prima m. Verweisgn. auf die Grammatik v. Ellendt-Seyffert [auch auf Haackes Stilistik] v. Köpke. 2. Aufl. (XII, 298 S.) 885. n. 2. 80

Haacke, Aug. u. Rhold. Köpke. Aufgaben zum Übersetzen ins Lateinische. 3. u. 4. Tl. gr. 8. Berl., Weidmann'sche Buchh. geb. * 5 40
3. Haacke, Aug. Aufgaben nebst deutsch-latein. Wörterverzeichnis für Ober-Tertia u. Unter-Secunda. 10. Aufl. (VII, 302 S.) 889. * 2 40.
4. Köpke, Rhold. Aufgaben für Ober-Secunda u. Unter-Prima m. Verweisgn. auf die Grammatik v. Ellendt-Seyffert [auch auf Haacke's Stilistik]. 3. Aufl. (XIV, 336 S.) 892. * 3 —.
1. u. 2. Tl. Ebd. 1885,86. à * 2 —.

Haacke, Aug., u. Rhold. **Köpke**, Aufgaben zum Übersetzen ins Lateinische. II. Tl., 2. Abtlg., III. u. IV. Tl. gr. 8. Berlin, Weidmann. Geb. in Leinw. n. 7. 40
II. Aufgaben nebst deutsch-lateinischem Wörterverzeichnis f. Quarta u. Unter-Tertia im Anschluß an die Grammatik v. Ellendt Seyffert v. Aug. Haacke. 2. Abtlg. f. Unter Tertia. 13. Aufl. (V, 219 S.) 894. n. 2. —
III. Aufgaben nebst deutsch-latein. Wörterverzeichnis, f. Ober Tertia u. Unter-Secunda m. Verweisgn. auf die Grammatik v. Ellendt-Seyffert v. Aug. Haacke. 11. Aufl. (VII, 310 S.) 894. n. 2. 40
IV. Aufgaben f. Ober Secunda u. Prima, m. Verweisgn. auf die Grammatik v. Ellendt-Seyffert [auch auf Haackes Stilistik] v. R. Köpke. 3. Aufl., bearb. v. H. Mehr. gr. 8. (XIV, 336 S.) 892. n. 3.

Haacke, Aug., u. Rhold. Köpke, Aufgaben z. Übersetzen ins Lateinische. 2. Tl. 1. Abtlg. gr. 8. Berlin 895. Weidmann. Geb. in Leinw. n. 2. —
Aufgaben nebst deutsch-latein. Wörterverzeichnis f. Quarta u. Unter-Tertia i. Anschluß a. d. Grammatik v. Ellendt-Seyffert v. Aug. Haacke. 1. Abtlg. f. Quarta. 13. Aufl. (VII, 198 S.)

Haacke, Aug., u. Rhold. **Köpke**, Aufgaben zum Übersetzen ins Lateinische. III. Tl. gr. 8. Berlin, Weidmann. Geb. in Leinw. n. 2. 80
Aufgaben zum Übersetzen ins Lateinische, nebst deutsch-latein. Wörterverzeichnis, f. Ober-Tertia u. Unter-Secunda m. Verweisgn. auf die Grammatik v. Ellendt-Seyffert v. Aug. Haacke. 12. Aufl., besorgt v. Ewald Bruhn. (VII, 325 S.) 900.

— Beiträge zu einer neugestaltung der griech. grammatik. 2 Hfte. gr. 8. 1. Hft. A. u. d. T.: Die flexion des griech. verbums in der attischen u. gemeinen prosa. (80 S.) 2. Hft. A. u. d. T.: Der gebrauch der genera des griech. verbums. (VIII u. 80 S.) Ebd. 850. 52. (1: 12 ngr 2: 1/2 ₰) 27 ngr

Haacke, Augustus: Commentationis de elocutione Apollonii Rhodii particula. Halis (1842): Ploetz. 29 S. 8°
Halle-Wittenberg, Phil. Diss. v. 1. Febr. 1842
Geb. [Nordhausen 28. 7. 1818]
Verf. veröffentlichte Part. 2 im Namen der Mitglieder des philologischen Seminars als Gratulationsschrift zum Geburtstage von Gottfried Bernhardy am 20. März 1842. 32 S. 8°
Verf. erlebte die Diplomerneuerung 1892 als Gymnasial-Direktor in Torgau.

Haacke, Augustus: Commentatio de elocutione Apollonii Rhodii. Partic. 2. Halis 1842. 32 S. 8°
(Glückwunsch der Mitglieder des philologischen Seminars zum Geburtstage von Gottfried Bernhardy am 20. März 1842.) [Engelmann-Preuss]
Ein Exemplar war nicht nachweisbar.
Partic. 1 ist Halle, Phil. Diss. v. 1. Febr. 1842.

— grammatisch-stilistisches **Lehrbuch** für den lateinischen Unterricht in den oberen Gymnasialklassen im Anschluß an die latein. Grammatik für die unteren u. mittleren Classen von Ellendt-Seyffert. Ebend. 867. gr. 8. (XII, 303 S.) 22½ ngr

Haacke, Aug., Materialien zu griechischen Exercitien, s. a. Dihle, A.

— Materialien zu griechischen Exercitien nebst kurzer Anleitung zum Uebersetzen u. deutsch-griechischem Wörterverzeichnisse für die oberen Gymnasial-Classen. Leipzig 860. Fr. Fleischer. gr. 8. (IV, 338 S.) 27 ngr

— **Materialien** zu griechischen Exercitien nebst kurzer Anleitung zum Uebersetzen u. deutsch-griechischem Wörterverzeichnisse für die oberen Gymnasial-Classen. 2. verb. Aufl. Ebend. 869. gr. 8. (403 S) n. 24 ngr

Haacke, Aug., Materialien zu griechischen Exercitien, nebst einer kurzen Anleitung zum Uebersetzen und deutsch-griech. Wörterverzeichnisse für die oberen Gymnasial-Classen. 3. Aufl. gr. 8. (IV, 355 S.) Berlin 876, Weidmann'sche Buchh. *

— Proben eines lehrbuches für den philosophischen unterricht in gymnasien mit einem vorworte über zweck und methode dieses unterrichts. gr. 8. (XXIV und 90 S.) Nordhausen 855, Büchting.

Haacke, Aug. Quaestionum Homericarum capita duo. I. De particula ἄρα. II. De conjunctivo et futuro. Adduntur quaedam de nomine Ὑπερίων 18 S.
Nordhausen, Progr. 1857

— quaestionum Homericarum capita duo gymnasii Nordhusani annalibus praemissa. gr. 8. (21 S.) Nordhausen 857, Büchting.

— lateinische **Stilistik** f. die oberen Gymnasialklassen. 2 umgearb. Aufl. d. grammatisch-stilist. Lehrbuches v. J 1867. gr. 8. (VIII, 368 S.) Ebend. 875. n. 4. —

— lateinische **Stilistik** f. die oberen Gymnasialklassen. 3. Bearbeitg. gr. 8. (VIII, 426 S.) Berlin 884. Weidmann. n. 4. —

Haacke, Christoph Friedrich Ferdinand

Haacke, Chr. Fr. Ferd., Abriß d. griech. u. röm. Alterthümer, als Ergänzung des obigen. 8. Stend. Franzen u. Gr. 815.

Haacke, C. F. F., Abrifs der griechischen und römischen Alterthümer. Stendal 815. 8. 12 gr. Ausg. 2. verb. Ebend. 820. 8.

Haacke, Cph. Fr. Fd., Abriß d. griech. u. röm. Alterthümer, als Ergänzung d. obigen. 8. Stendal 816. 2e A. 825. Franzen u. Gr. 12 ggr

Haacke, Chr. Fr. Fd., Abriß der griechischen u. römischen Alterthümer, nebst e. chronolog. Uebersicht der griech. u. lateinischen Schriftsteller, für Gymnasien. 3e verb. u. verm. Aufl. 8. Stendal 835. Franzen u. Große. 1/4 Thlr

Haacke, Chr. Frdr. Ferd., Abriss der griechischen und römischen Alterthumer und Literaturgeschichte für Gymnasien. 4. verb. Aufl. besorgt von Frdr. Lübker. Stendal 863. Franzen & Grosse. gr. 8. (VI, 285 S.) n. 20 ngr.

— Andeutungen für den vorbereitenden Unterr. in d. allgem. Geschichte in d. Unter- u. Mittel-Gymnasial-Klassen. 8. Stendal 827. 2e, mit einem Anhange verm. Aufl. 830. (Franzen u. Gr.) 6 ggr

— Andeutungen für den vorbereit. Unterricht in der allgem. Geschichte in den untern u. mittlern Gymnasial-Klassen, nebst einer Uebersicht der brandenburgisch-preuß. Geschichte. 3e verb. Aufl. 8. Stendal 835. Franzen u. Große. 1/4 Thlr

Haacke, Chr. Frdr. Ferd., Andeutungen für den vorbereitenden Unterricht in der allgem. Geschichte in den untern u. mittlern Gymnasial-Classen, nebst einer Uebersicht der deutschen u. der brandenburg.-preuß. Geschichte. 4. verb. u. verm. Aufl. 8. (IV u. 160 S.) Stendal 849, Franzen & Große in Comm. n. 1/3 Thlr

— Specimen annotationum in Ciceronis orationem ligarianam. 8. Stendal 811. Franzen u. Gr. 2 ggr

— krit. Beitrag zum 5ten Buche d. Thucydides. gr. 8. Stendal 817. Franzen u. Gr. 4 ggr

Haacke, F.: De Thucydidis extremi belli Peloponnesiaci annorum computatione. Disputatur de numeri τρια II. 65 emendatione necessaria. 8 S. – Stendal, Progr. 1852.

— Diss. chronol. de postremis belli Peloponnesiaci etc. 8. Stendal 822. Franzen u. Gr. 2 ggr Dass. auch deutsch. Ebd.

– s. Euripides: Hecuba.

— Lehrbuch d. Staatengeschichte d. Alterthums u. d. neuern Zeiten, für deutsche Gymnasien. 2 Thle. 8. Stendal 813. 2e verm. A. 818, 19. 3e A. 825, 26. 4e A. 829, 31. Franzen u. Gr. 1 Thlr 12 ggr

— Lehrbuch der Staatengeschichte des Alterthums u. der neuern Zeiten, für die obern Klassen der Gymnasien. 1r Thl. Alte Geschichte, mit geograph. Einleitungen u. 3 synchronist. Tabb. 5e umgearb. u. sehr verm. Aufl. 8. Stendal 834. Franzen u. Große. 3/4 Thlr

Haacke, Chr. Fr. Fd., Lehrbuch der Staatengeschichte des Alterthums u. der neuern Zeiten, für obere Classen der Gymnasien. 2. Thl. Mittlere u. neue Geschichte. 5. verb. Aufl. Mit 4 synchronist. Tabellen. 8. Stendal 843, Franzen u. Grosse. 1 Thlr

Haacke, C. F. F. Quaest. Horat. partic. I. (Krit. Bemerk. über Sat. I. 4. und einige andere Stellen der Sat.) 12 S. Partic. II. (Ueber Sat. II. 2, 3, 5.) 10 S. . . . .

Progr. Stendal 1838, 1840

Haacke, Ch. F. F., die Realschule als Bedürfniß unserer Zeit, nebst einem Vorschlage zu dessen Befriedigung. Progr. des Gymn. Stendal 1832. 4°. 9 S.

Haacke, Ch. F. F. Rede zur 3. Jubelfeier der Einführung der Reformation in die Mark Brandenburg, geh. 1. Nov. 1839. 8 S. . .

Progr. Stendal 1840

Haake, C. F. F., Staatengeschichte des Alterthums und der neuern Zeit. Stendal 813. 814. 2 Theile. 8. 1 rthl. 10 gr. (I. 10 gr. II. 1 rthl.) Eb. 819. 2 Thle. 8. 1 rthl. 12 gr.

– s. Thucydides: De bello Peloponnes.

— vorbereitender Unterricht in der allgemeinen Geschichte, besonders für untere Classen höherer Bildungsanstalten, nebst einer Uebersicht der deutschen u. der preußischen Geschichte. 5. verb. Aufl. Mit einer Vorrede von Frdr. Lübker. Ebend. 863. gr. 8. (XII, 123 S.) n. 10 ngr.

Haacke, Conrad, s. Haacke, Konrad

Haacke, Emil [approb. Arzt aus Kiel]: Aus dem patholog. Institute zu Kiel. Ein Beitrag zur pathologischen Histologie des Magens . . . . Kiel, Druck v. Schmidt & Klaunig, 1887; 27 S. + 2 Bl. 8°.
Kiel, Med. Fak., Inaug.-Diss. v. 17. März 1887.

Haacke, Emil, ein Beitrag zur pathologischen Histologie des Magens. [Aus dem patholog. Institute zu Kiel.] Inaugural-Dissertation. gr. 8. (27 S.) Kiel 887, (Lipsius und Tischer.) *

Haacke, Ernst [prakt. Arzt aus Burg, Reg.-Bez. Magdeburg]: Versuch einer geschichtlichen Darstellung der Lehre von der normalen Lage der gesunden, nicht schwangern Gebärmutter. Burg, Druck von August Hopfer. 1884. 8. 43 S.

Haacke, Franz, Rechtsanwalt u. Notar in Schwerin i. M.: Die Schuldübernahme des § 416 des Bürgerlichen Gesetzbuches. *Schwerin i. M. 1904: Bärensprung.* (65 S.) 8°
Jena, Jur. Diss. v. (14. Juni) 1904

Haacke, Friedrich, Dr.: Entwurf eines arithmetischen Lehrganges für höhere Schulen. T. 1. Leipzig 1904: B. G. Teubner. (30 S.) 8°
Wohlau, k. G OP 1904 (252)

Haacke, Friedrich, Dr.: Entwurf eines arithmetischen Lehrganges für höhere Schulen. T. 2. Leipzig 1905: B. G. Teubner. (23 S.) 8° ¶ [Forts. d. P.-Beil. 1904.]
Wohlau, k. G OP 1905 (253)

Haacke, Friedrich [Schlesier]: Ueber den inneren Gedankenzusammenhang des Schopenhauerschen philosophischen Systemes . . . Bunzlau i. Schl., Druck v. L. Fernbach, 1888; 2 Bl. + 46 S. + 1 Bl. 8°
Breslau, Phil. Fak., Inaug.-Diss. v. 28. Jul. 1888

Haacke, F. [Dr.]: Mystizismus und Pessimismus bei Schopenhauer. . Bunzlau, C. A. Voigt's Buchdr. (G. Wolf), 1880; 1 Bl., 18 S. 4°
Bunzlau, k. Waisen- u. Schul-A, G, OP 1880 (171)

Haacke, Friedr., über den inneren Zusammenhang des Schopenhauerschen philosophischen Systemes. Philosophische Inaugural-Dissertation. gr. 8. (46 S.) Bunzlau 888, (Kreuschmer.) **

Haacke, Fridericus Arminius: Observationes ad usum naturamque telae elasticae pertinentes. Halis Saxonum (1848): Schmidt. 29 S. 8°

Halle-Wittenberg, Med. Diss. v. 27. März 1848

Geb. Stendal 11. 1. 1824. V.

Verf. erlebte die Diplomerneuerung 1898 als Geheimer Sanitätsrat, Kreisphysikus a. D. und Ehrenbürger in Stendal.

Haacke, G. A., mein Antheil an den Verhandlungen der Schlesischen Provinzial-Synode über die kirchl. Verfassungsfrage. 8. Breslau 845, Gosohorsky. 3 ngl

Haacke, G. A., das 200jährige Jubelfest der evangelischen Friedenskirche „zur heil. Dreifaltigkeit" vor Schweidnitz. [Nebst sämmtl. bei dems. gehalt. Predigten u. Reden.] gr. 8. (72 S.) Schweidnitz 852, Heege. n. 1/6 ₰

Haacke, Gustav Otto von Nordheim und Heinrich IV. 25 S. **Progr.** *Delitzsch* 1876.

Haacke, H., Wörterbuch zu den Lebensbeschreibungen des Cornelius Nepos. Für den Schulgebrauch hrsg. 1. Aufl. (VI, 207 S.) 1868.; 2. Aufl. (VIII, 210 S.) 1871; 3. und 4. verb. Aufl. 8. (VIII, 197 S.) Leipzig 874,75, Teubner.

—— **dass. — mit dem Text des Nepos ed. C. Halm. 8. Ebendas. 873.**

Haacke, H., Wörterbuch zu den Lebensbeschreibungen des Cornelius Nepos. Für den Schulgebrauch hrsg. 5. verb. Aufl. 8. (VIII, 197 S.) Leipzig 878, Teubner. *

Haacke, H, Wörterbuch zu d. Lebensbeschreibgn d. Cornelius Nepos. 6. Afl. 8. (197) Lpzg 80. Teubner. n. 1. —

Haacke, H., Wörterbuch zu den Lebensbeschreibungen des Cornelius Nepos. Für den Schulgebrauch hrsg. 7., verb. Aufl. 8. (VIII, 198 S.) Leipzig 882. Teubner. n. 1. —

Haacke, H., Wörterbuch zu den Lebensbeschreibungen d. Cornelius Nepos. Für den Schulgebrauch hrsg. 8. verb. Aufl. 8. (VIII, 199 S.) Leipzig 884. Teubner. n. 1. —

Haacke, H., Wörterbuch zu den Lebensbeschreibungen des Cornelius Nepos. 9. u. 10., verb. Aufl. 8. (VIII, 201 S.) Leipzig 887. 889. Teubner. n. 1. —

Haacke, H., Wörterbuch zu den Lebensbeschreibungen d. Cornelius Nepos. Für den Schulgebrauch hrsg. 11., verb. Aufl. 8. (X, 200 S.) Leipzig 891. B. G. Teubner. n. 1. —

Wörterbuch zu den Lebensbeschreibungen des Cornelius Nepos. Für d. Schulgebr. hrsg. von Prof. H. **Haacke**. 14. Aufl. *Leipzig & Berlin: B. G. Teubner 1903.* (x, 213 S.) 8° [F.] [04. 8433

Haacke, H., Wörterbuch zu den Lebensbeschreibungen des Cornelius Nepos. Für den Schulgebrauch hrsg. 15. Aufl. v. Otto Stange. (VII, 216 S.) kl. 8. Leipzig 907. B. G. Teubner. Geb. 1. 40

Haacke, Heinrich

Haacke, (Joannes) Henricus *(geb. Breslau 27. 9. 1826)*: De Euripidis fabula, cui Phoenissarum nomen inditum est, iterum et acta et recensita. Suidnicii (1851). (39 S.) 8°

Breslau, Phil. Diss. v. 7. Mai 1851

Haacke, Heinrich. Gedichte, meistens aus dem Holländischen. Cinci, 1896.

Haacke, Heinr., Handel u. Industrie der Prov. Sachsen 1889—1899 unter dem Einfluss der deutschen Handelspolitik, s. a. Studien, Münchener volkswirtsch. 45.

Haacke, Heinrich: **Handel und Industrie der Provinz Sachsen 1889—1899 unter dem Einfluss der deutschen Handelspolitik.** *Stuttgart 1901: Union.* (VI, 152 S.) 8° ¶ [— Münchener volkswirtschaftl. Studien, Stück 45.]

München, Staatswirtsch. Diss. v. 1901

Handel und Industrie der Provinz Sachsen 1889–1899 unter dem Einfluss der deutschen Handelspolitik von Heinrich **Haacke**. *Stuttgart: J. G. Cotta Nachf. 1901.* (x, 152 S.) 8°
— Studien, Münchener volkswirtschaftliche. 45. [01. 7601

Haacke, Hermann

Haacke, H: Stimmen der Kritik über Eduard von Hartmanns Werke. N. F. von 1897 bis 1904. Leipzig 1904

Neuere Stimmen der Kritik über Eduard von Hartmanns Werke ges. u. hrsg. v. Hermann **Haacke**. *Leipzig: H. Haacke 1898.* (VIII, 80 S.) 1 Bd 8. [97. 8360

— **Johann Friedr. Wilhelm** (Stettin), De viribus quae insunt organismo. Dissert. med. Götting. (J. C. Baier) 10. VI. 1811. 32 S. (5.50) 12427

Haacke, J. F. G., Comment. de viribus, quae insunt organismo, quaedam continens. 8 maj. Gottingae, Brose. 811.

— **Johann Gabriel** (Nördlingen), De praescriptione annuorum redituum realium. Diss. jur. Präs. Justus Henning Böhmer. Halle (Chph. Andr Zeitler) Febr. 1711. 44 S. mit Widm. v. Präs. (6.—) 12428

— — Dasselbe. Halle (Jo. Christ. Grunert). (6.—) 12429

Haacke, Konrad

Haacke, *Conrad* [aus Wüstewaltersdorf in Schles.]: Spectrophotometrische Untersuchungen über die Einwirkung von Salzsäure auf einige Substitutionsprodukte des Fuchsins ... Plieningen, Druck v. F. Find, 1894; 49 S., 1 Bl., 2 Taf. 8.

Tübingen, Naturw. Fak., Inaug.-Diss. v. 1894

Haacke, M., un précurseur de Molière, s.: Festschrift zum 25jährigen Amtsjubiläum des usw. Prof. D. Dr. Wilh. Fries.

v. Haacke, Moritz, Erinnerungen aus einer Reise durch d. südl. Deutschland, Oesterreich, die Schweiz in d. mittägliche Frankreich u. nach Algier. 8. Quedlinburg 840. Basse. 1 1/2 ₰

Haacke, Otto [aus Eythra]: Über die Ursachen electrischer Ströme in Pflanzen ... München, Buchdr. V. Höfling, 1892; 37 S. 8.

Leipzig, Phil. Fak., Inaug.-Diss. v. [24. Okt.] 1892

Haacke, P., s. E. Grambow.

Haacke, Paul, aus Schwerin (Meckl.): Aus d. Hygien. Institut d. Universität Rostock. Beiträge zur Kenntnis der quantitativen Zersetzung des Milchzuckers durch den Bacillus acidi lactici. *München 1901: R. Oldenbourg.* (34 S.) 8°
Rostock, Phil. Diss. v. [15. Juni] 1901

Haacke, Robert, approb. Arzt aus Brehna: Über **Geschwulstbildungen endothelialen Ursprungs in einem Ovarialkystom.** *Halle a. S. 1901: C. A. Kaemmerer & Co.* (25 S.) 8°
Halle, Med. Diss. v. 23. Dez. 1901

Haacke, Werner(us) Theoph(ilus): Dissertatio ... exhibens observationes quasdam memorabiles ad artem obstetriciam pertinentes. Halae (1839): Ploetz. 23 S. 8°
Halle-Wittenberg, Med. Diss. v. 18. Mai 1839
Geb. Stendal [9. 1.] 1817. V.

Haacke, Wilh., Karl Ernst v. Baer, s.a. Klassiker der Naturwissenschaften. 3. Bd.

Karl Ernst von Baer von Wilhelm **Haacke**. Leipzig: Th. **Thomas 1905**. (VI, 175 S.) 8°
= **Klassiker** d. Naturwissenschaften. Bd 3.

Haacke, Wilh., Bau u. Leben des Tieres, s.a. Aus Natur u. Geisteswelt.

Haacke W, Bau und Leben des Tieres. (140 S) (Aus Natur u Geisteswelt 3) Leipzig 1899

Haacke, Wilh., **Biographie, Museenpflege u. Kolonialthierkunde. 3 Abhandlgn. verwandten Inhalts,** nebst e. Einleitg. in die Biographie der Organismen. gr. 8. (III, 61 S.) Jena 886. Fischer. n. 1. 60

Haacke, Wilhelm: Bioekographie, Museenpflege und Kolonialthierkunde. Drei Abhandlungen verwandten Inhalts nebst einer Einleitung in die Biographie der Organismen. ([S.-A.] Jenaische Zeitschrift für Naturwissenschaft. Bd. 19. N.F. 12.) Jena 1886. (II, 62 S. 8°.

Haacke, Wilh., **Gestaltung u. Vererbung.** Eine Entwickelungsmechanik der Organismen. gr. 8. (VIII, 337 S. m. 26 Abbildgn.) Leipzig 893. Chr. Herm. Tauchnitz, früher T. O. Weigel Nachf. n. 8. —; geb. in Leinw. n. 9. 20

Haacke, Wilh, **Grundriss d. Entwickelungsmechanik.** gr. 8. (XII, 398 S. m. 143 Fig.) Leipzig 897. A. Georgi. n. 12. —; geb. n. 13. 50

— **die Menschenrassen, s.a. Hillger's illustr. Volksbücher.**

Die Menschenrassen von Dr. Wilhelm **Haacke**. Mit 26 Ill. Berlin, Leipzig: H. Hillger [1904]. (79 S.) 8° [F.]
= **Volksbücher**, Hillgers illustrierte. Bd 12.

— **d. Schöpfung d. Menschen u. s. Ideale.** Ein Versuch z. Versöhng. zwischen Religion u. Wissenschaft. gr. 8. (X, 487 S. m. 62 Abb.) Jena 895. H. Costenoble. n 12. —; geb. in Halbfrz. n.n. 14. 50

— die Schöpfung der Tierwelt. Mit 1 Karte u. 469 Abbildgn. im Text u. auf 20 Taf. in Farbendr. u. Holzschn. v. R. Koch, W. Kuhnert u. G. Mützel. 13 Hfte. gr. 8. (X, 557 S.) Leipzig 893. Bibliograph. Institut. à n. 1. — (kplt. geb. in Halbfrz.: n. 15. —)

[F.] Aus der Schöpfungswerkstatt. Von Wilhelm **Haacke**. 2. Aufl. *Berlin: Allg. Ver. f. Deutsche Litt.* **1897**. (5 Bl., 320 S.) 1 Bl 8.
(Allg. Verein f. Deutsche Litteratur. Abt. 23. [No 4.])

Haacke W, aus der Schöpfungswerkstatt. 3. Auflage. (326 S) Berlin 1897

— **vom Strome des Seins. Blicke auf unser künft. Weltbild.** (63 S.) gr. 8. Leipzig 905. Th. Thomas. n. 1. 50

— **allgem. Tierkunde, s.a. Hillger's illustr. Volksbücher.**

Allgemeine Tierkunde von Dr. Wilhelm **Haacke**. Mit 24 Ill. Berlin, Leipzig: H. Hillger [1905]. (76 S.) 8° [F.]
= **Volksbücher**, Hillgers illustrierte. Bd 25.

— **u. Wilh. Kuhnert, das Thierleben der Erde.** 3 Bde. m. 120 Farbendr.-Taf. m. 620 Textbildern. Lex.-8. Berlin (901). M. Oldenbourg. n. 40. —; geb. in Leinw. n. 60. —; in Halbfrz. n. 67. —
1. Das Thierleben Europas. Mit 27 Farbendr.-Taf. u. 240 Textbildern. (XXXII, 640 S.)
2. Das Thierleben Asiens, Amerikas u. Australiens. Mit 39 Farbendr.-Taf. u. 193 Textbilder. (VII, 632 S.)
3. Das Thierleben Afrikas u. des Meeres. Das Leben der Hausthiere u. der Schmarotzer. Mit 44 Farbendr.-Taf., 188 Textbildern, systemat. Inhaltsübersicht u. Register. (VII, 598 S.)

Haacke-Feier, die, u. die Zusammenkunft ehemaliger Schüler des Torgauer Gymnasiums zu Torgau am 15. Oktbr. 1888. gr. 8. (85 S.) Torgau 888. Jacob. n. — 50

Haacker, W., Schreibschule, s. Huxhagen, E.

Haackert, Karl, Gerichtsassessor aus Güstrow (Meckl.): **Die Abtretung von Hypotheken und Grundschulden nach dem** Bürgerlichen Gesetzbuch. *Rostock 1903: C. Hinstorff.* (58 S.) 8° [F.]
Rostock, Jur. Diss. v. [25. Aug.] 1903

Haackh, Johann Friedrich, Utrum jus comitum ad deputationes imperii et visitationes camerales extraordinarias personale sit an collegiale. Präs. Gottfried Daniel Hoffmann. Tüb. (Fues) 18. III. 1776. 38 S. (6.—) 12431

Haaf, C.
Ueber ein Verfahren zum Nachweis und zur Bestimmung flüchtiger Fettsäuren. Bern, 1890. 8vo.

Haaf, Fanny. Vortrag über „Die Waffen nieder!" Eine Lebensgeschichte von Bertha v(on) Suttner, gehalten in Bern ... den 29. April [1892] von F. H. [Mit Porträt.] SA. 8. St. Gallen 1892

Haaff, C. W. van, kleine spaansche Spraakkunst. (Kleine span. Sprachlehre f. Niederländer.) (Methode Gaspey-Otto-Sauer.) (VII, 228 S. m. 2 farb. Karten.) 8. Heidelberg 910. J. Groos. Geb. in Leinw. 2. —; sleutel (14 S.), geb. in Halbleinw. — 80

Haafner, Jacob. Fussreisen durch die Insel Ceylon . . . Magdeburg 1816. Ü: *Haken, Johann Christoph Ludwig.* (EngG) (Ky)

Haafner, Jak., Fußreise durch d. Insel Ceylon. Nach d. Holländ. frei bearb. vom Verf. d. grauen Mappe, (J. C. L. Haken). 8. Magdeb. 816. Heinrichshofen. 1 ℳ 10 ₰

— Landreisen längs d. Küste Orixa u. Koromandel, s. n. Bibliothek d. Reisebeschreibb. 39r Bd.

Haag [Schlagwort]

Haag, s.: Europa. Liebenow.

Haag, s.: Woerl's Reisehandbücher.

Haag [Verf.]

Haag. De ratione strophica carminum bucolicorum Vergilii. Pr. 1875. 23 S. 4°. 1.50

Haag, wie gewinnen wir die Gebildeten, s.a. Hefte der freien kirchlich-sozialen Konferenz 34. Hft.

Wie gewinnen wir die Gebildeten? Vortrag geh. auf d. 10. Hauptversammlung d. freien kirchl.-soz. Konferenz zu Breslau 1905 von P[astor] **Haag.** (Berlin: Berliner Stadtmission 1905.) (S. 33–71.) 8° [J.]
— **Hefte** d. freien kirchlich-sozialen Konferenz. H. 34. [2.] [oh. 5557]

Haag, Dr., Ueber die Slavischen Zustände. (Separatabdruck aus dem fränkischen Bürgerblatte.) Würzburg, F. E. Thein, 1848. 20 S. 8°.

Haag, Alphons, approb. Arzt aus Scherweiler (Els.): **Ein seltener Fall von teleangiectatischem hämatocystischem Uterusmyom mit Gravidität.** *Strassburg 1902: Ch. Mük & Co.* (42 S.) 8°
Strassburg, Med. Diss. v. 1902

Haag, **Aug, († d. 13. Mai 1785.) Sanguis Christi in terra vindicatus, seu discussio theolog.-crit.-historica de Ss. sanguine monasterio vinearum ultra sex secula adservato. 4. Constant. 758. (Augsb., Wolff). 8 gr**

Haag, Carl, s. Haag, Karl

Haag, Ella, Dirnen? 8. (29 S.) München 898. A. Schupp. n. — 50

Haag, Ella, die wahre Emanzipation der Frau. gr. 8. (61 S.) Berlin 895. H. Steinitz' Verl. n. 1. —

— die physische u. sittliche Entartung d. modernen Mannes. Ein Gegenstück zu Max Wolfs „Entartung d. Weibes". 1.—3. Taus. 8. (71 S.) Ebd. 893. n. 1. —

— dasselbe. 4.—8. Taus. 8. (83 S.) Ebd. 893. n. 1. —

— Märchen u. Geschichten für Knaben u. Mädchen von 7—10 Jahren. M. 6 feinen Farbendr.-Bild. v. Wilh. Claudius, M. Hohneck u. E. Voigt. 8. (120 S.) Wesel 896. W. Düms. Geb. 1. —

Haag, Ella, s.a. Märchen, goldene.

— **Frida Heuer, F. v. Kronoff u. a., goldene Märchen. Neue Märchen u. Geschichten. Mit 5 Buntbildern nach Aquarellen von M. Hohneck, W. Schäfer u. E. Voigt. (1.—10. Taus.) (237 S.) 8. Wesel (904). W. Düms. Geb. 1. 50**

Haag, Ella, Frida Heuer, F. v. Kronoff u. a., goldene Märchen. Neue Märchen u. Geschichten. Mit 4 Buntbildern nach Aquarellen v. M. Hohneck, W. Schäfer u. E. Vogt. (Neue Ausg.) (237 S.) 8. Wesel (910). W. Düms. Geb. 1. 50

— eine Offenbarg. d. Spiritismus. (Nach Selbsterlebnissen berichtet.) 8. (58 S.) Leipzig 898. O. Mutze. n. — 60

— zurück zu Gott! Atheismus, Aberglaube, Glaube. 8. (95 S.) Berlin 896. H. Schmidt. n. 1. —

Haag, Emile s. Haag, Eugène, et Haag, Émile.

Haag, Erich, Kammergerichts-Ref. aus Berlin: **In wiefern sind die §§ 228 und 904 des Bürgerlichen Gesetzbuches für das Strafrecht von Bedeutung?** *Berlin: Mayer & Müller 1901.* (65 S.) 8°
Rostock, Jur. Diss. v. [5. Jan.] 1902

Haag, E(ugène)., Abécédaire français, s. Abécédaire.

—— Cours complet de langue française. I. Part. (3. Cah.) — A. s. l. t.: Corrigé des Exercices. gr. in-8. (4 B.) Leipzig 836, Barth.
Part. I. Cah. 1., 2. u. Part. II—IV. Ebendas. 1831, 35. 4 Thlr. 21 Gr.

Haag, M. Eugéne, Cours complet de langue française. I. Partie. Aussi s. le titre: Grammaire française, contenant: 1) la Grammaire, 2) la Syntaxe, 3) la Construction, 4) la Ponctuation, redigée sur un plan nouveau et suivie de nombreux exercices. gr. in-8. Leipzig 836. Barth. (Grammaire 3/4 Rthl., Exercices 1/2 Rthl., Corrigé des Exerc. 1/4 Rthl.) 1 1/4 Rthl. — II. Partie. Aussi s. le titre: Cours complet d'Analyses, renfermant 1) l'Analyse grammaticale, 2) l'Analyse syntaxique, 3) l'Analyse logique et suivi d'un Dictionnaire des principales difficultés de la langue française resolues par nos plus célèbres grammairiens. gr. in-8. le même 835. 7/8 Rthl. — III. Partie. Aussi s. le titre: Dictionnaire complet des Synonymes de la langue française, extrait des Synonymes de Ménage, Bouhours, Girard, Beauzée, d'Alembert, Diderot, Voltaire etc.; suivi d'un Dictionnaire des Homonymes et des Paronymes. gr. in-8. le même 835. 1 1/3 Rthl.

—— le même. Part. IV. — A. s. l. t.: Lectures françaises, morceaux choisis des meilleurs auteurs dans les différens genres de Littérature. Ouvrage destiné aux Ecoles supérieures, aux Instituts de Commerce et aux Pensionats. gr. in-8. (32 1/4 B.) le même 834.

Haag, Eug., und Emil Haag, Heinrich IV., König von Frankreich und Navarra. Ein Lebensbild. Aus dem Französ. übers. von Th. Hugues. Hamburg 856. Perthes-Besser u. Mauke. gr. 8. (IV, 115 S.) n. 15 ngr

Haag, Eug. u. Emil. Heinrich IV., König von Frankreich und Navarra. Deutsch von Th. Hugner. (115) 8. Hamburg 1856.

— lectures françaises, morceaux choisis des meilleurs auteurs dans les différens genres de Littérature. Ouvrage destiné aux Ecoles supérieures, aux Instituts de Commerce et aux Pensionats. gr. in-8. Leipzig 834. Barth. 1 1/2 Rthl. (NB. Bildet Partie IV. von Obigem, u. kosten Part. I.—IV. 4 7/8 Rthl.)

—— Traité du Genre des Substantifs. 8. (2 B.) Leipsic 833, Fr. Fleischer.

Haag, F. W., Predigten rc., s. Wilhelmi, F. W.

Haag, Friedrich

Haag, F., Antwort auf die kritischen Bemerkungen d. Hrn. Rekt. Finsler zum Haag'schen Lehrmittel. gr. 8. (48 S.) Burgdorf 891. C. Langlois & Co. n. — 60

Haag, Friedrich. Etymologische Beiträge und die Aussprache des betonten russischen o. In-8°, 83 S. Zürich, Druck von D. Bürkli. 1880
*** Wissenschaftl. Beilage zum Osterprogramm 1880 des Gymnasiums zu Schaffhausen.

Haag, Frdr., Beiträge z. bernischen **Schul- u. Kulturgeschichte.** I. Bd. (1. Hälfte.) gr. 8. (VII, 264 S. m. 1 Bild.) Bern 898. Neukomm & Zimmermann. n. 4. —

Haag, Frdr., Beiträge zur bernischen Schul- u. Kulturgeschichte. 1. Bd. (2. Hälfte.) gr. 8. (514 S. m. 1 Bild.) Bern 900. Neukomm & Zimmermann. n. 4. —

Haag, Frdr., Beiträge zum Verständniss v. Viçâkhadata's Mudrârâxasa. Mit besond. Berücksicht. d. Codex Parisinus. 1. Thl. gr. 8. (XII, 19 S.) Burgdorf 886. (Langlois.) n. — 80

Haag, Friedr., Beiträge zum Verständniss von Viçâkhadatta's Mudrârâxasa. Mit besonderer Berücksichtigung des Codex Parisinus. Erster Theil. Beilage zum Osterprogramm 1886. Frauenfeld 1886.

Haag, [Franciscus] Fridericus, Bernensis: De cloaca. Tur. typ. Or. Fuessl. et soc. 1837. 16 S., 2 Bl., 2 Taf. 4°.
Zürich, Med. Diss. v. 2. Dec. 1837.

Haag, Fr., die Entstehung der Züricher Schulordnung von 1716 u. ihr Schicksal bis auf Pestalozzis Zeit, s.a. Mitteilungen der Gesellschaft f. deutsche Erziehungs- u. Schulgeschichte. 20. Beiheft.

Die Entstehung der Züricher Schulordnung von 1716 und ihr Schicksal bis auf Pestalozzis Zeit. Von Prof. Dr. Fr[iedrich] Haag. Berlin: Weidmann 1910. 100 S. 8°
(Beiträge z. Geschichte d. Erziehung u. d. Unterrichts in d. Schweiz [illegible])
(Mitteilungen d. Gesellschaft f. deutsche Erziehungs- u. Schulgeschichte. Beih. [illegible]
[illegible] 2

— Wissenschaftliche und methodische Erläuterungen zum Lehrmittel zur Einführung in die lateinische Sprache. (Exercices de langue latine). Gr. in-8°. 36 S. Burgdorf, C. Langlois. — 60
1891

— exercises de langue latine. Lehrmittel zur Einführg. in die latein. Sprache auf Grund d. Französischen. 2., vollständig umgearb. Aufl. gr. 8. (VII, 73 S.) Ebd. 893. Geb. in Halbleinw. n. 2. —

— exercices de langue latine. Lehrmittel zur Einführung in d. latein. Sprache auf Grund des Französischen. 3., verb. u. verm. Aufl. gr. 8. (X, 95 S.) Burgdorf 896. C. Langlois & Co.
Geb. in Halbleinw. n. 2. 50

Haag, F., Exercices de langue latine. Lehrmittel zur Einführg. in die latein. Sprache (Prosa u. Poesie) auf Grund des Französischen. 4. verm. Aufl. (X, 130 S. m. 23 Taf. u. 1 Plan.) gr. 8. Bern 906. G. Grunau.
Geb. n. 6. 40

Haag, F., exercices de langue latine. Ermäss. Pr. geb. n. 4. —.

Haag, *Friedrich* [Prof.]: Zur Geologie von Rottweils Umgebung. Rottweil, M. Rothschild's Buchdr., 1897; 3—37 S., 1 Taf., 2 Kt. 4.
Rottweil, k. G, P 1897 (613)

Haag, Friedrich, Prof.: Gittervektoren. Stuttgart 1907: C. Liebich. (52 S.) 4°
Stuttgart, k. Wilhelms-R P 1907 (758)

Haag, Friedrich: Gittervektoren. 52 S. 4.
Progr. K. Wilhelms-Realschule *Stuttgart* 1907 (758).
I. Gitterzahlen. II. Graphische Lösung der diophantischen Gleichungen I. Grades. III. Anordnung der Massenpunkte in den Flächen regulärer Kristalle. IV. Raumgitterzahlen. Näherungsvektoren. (I. Anhang.) Harmonische Vektoren. (II. Anhang.)

Haag, F., u. A. **Feodorow**, russisch-deutsches Conversationsbuch. gr. 8. (VII, 207 S.) Reval 877. Kluge. n. 2. 40

Haag, *Friedrich* Die regulären Krystallkörper. Eine geometrisch-krystallographische Studie. 4 (40 S., 2 Taf.). G. *Rottweil* 1887 (550).
Progr.

— Lehrmittel zur Einführung in die lateinische Sprache. Exercises de langue latine gr. 8. (96 S.) Ebd. 891. Geb. n. 2. 20

— dasselbe, wissenschaftliche u. methodische Erläutergn. dazu. gr. 8. (36 S.) Ebd. 891. n. — 60

Haag, F. Lehrmittel zur Einführung in die lateinische Sprache auf Grund des Französischen. 2. Aufl. In-8°. 73 S. Burgdorf, C. Langlois & Co. 1893 2 50

Haag, Friedrich. [Johann] Heinrich Pestalozzi als Begründer der modernen Volksschule. Rede, gehalten an der akademischen Pestalozzifeier in Bern. [SA.] 8. [Bern und Leipzig 1896.]

— die hohen Schulen zu Bern in ihrer geschichtlichen Entwicklung von 1528—1834. Mit besond. Berücksicht. der kulturhist. Verhältnisse. Mit e. Einleitg. üb. das Franziskanerkloster v. H. Türler. Hrsg. v. der Direktion des Unterrichtswesens u. dem Senat der Hochschule bei der Einweihg. des neuen Universitätsgebäudes am 4. VI. 1903. (VIII, 272 S. m. Abbildgn., 11 Taf. u. 1 Tab.) gr. 4. Bern 903. (Staatl. Lehrmittelverlag.) n. 6. —; geb. n. 9. —

Haag, Fr[iedrich]. Die hohen Schulen zu Bern in ihrer geschichtlichen Entwicklung von 1528 bis 1834, mit besonderer Berücksichtigung der kulturhistorischen Verhältnisse. Mit einer Einleitung über das Franziskanerkloster von Staatsarchivar Dr. H[einrich] Türler. Hrg. von der Direktion des Unterrichtswesens und dem Senat der Hochschule bei der Einweihung des neuen Universitätsgebäudes am 4. Juni 1903. [Mit Buchschmuck, 5 Siegelabbildungen, 1 Tabelle und 12 Tafeln.] VIII + 272 S. 4. Bern, Neukomm & Zimmermann, 1903. [fr. 6. —, geb. fr. 9. —]

Haag, Friedr., Zur Textkritik und Erklärung von Kâlidâsa's Mâlavikâgnimitra. I. Teil. [Schulprogramm.] [Frauenfeld 1872.]

Haag, Friedrich, [von Diessenhofen, Kt. Thurgau]: Vergleich des Prakrit mit den romanischen Sprachen. Zür. D. Bürkli Dr. 1869. 68 S. 8°.
[Zürich, Phil. Diss. v. 11. März 1869].

Haag, Frdr., Vergleichung des Prakrit mit den romanischen Sprachen. Berlin 869. Calvary & Co. gr. 8. (68 S.) n. 16 ngr.

Haag, [Friedrich]. Voltaire und die bernische Censur. Von Prof. Dr. Haag in Bern. (Sonderabdruck aus dem Archiv für Geschichte der Philosophie, ... hrg. von Ludwig Stein. Band 15, Heft 2. 1902.) S. 166—185. 8. (Berlin, Georg Reimer.)

Haag, Fritz, Tierarzt aus Görlitz: Untersuchungen über die Feststellung der Tuberkulose nach conjunctivaler und cutaner Einverleibung von Tuberkulin. ‹Aus dem hygienischen Institut der Königl. Tierärztlichen Hochschule zu Hannover. Dirigent: Prof. Dammann› Görlitz 1908. 47 S. 8°. [23. VII. 08.]
Bern, Vet.-med. Diss. 1908/09

Haag, Fritz. Untersuchungen über die Feststellung der Tuberkulose nach conjunctivaler und cutaner Einverleibung von Tuberkulin. Diss. Vet.-Med. Bern. *Kopftitel:* Aus dem hygienischen Institut der Königl. Tierärztlichen Hochschule zu Hannover.... 47 S. 8. Görlitz. Görlitzer Nachrichten und Anzeiger, 1908.

Haag, G., Das stettiner Exil eines moldauischen Woiwoden. [Aus den Baltischen Studien. 31. Jahrg. 2. Heft.] [Stettin 1881.]

Haag, G., s. Psalter, der, ein Gebetbuch.

Haag, G. Fr., Abschiedspredigt. gr. 8. Karlsr. 831. Marx. 2 gr

— zwei Epistelpredigten. gr. 8. Karlsr. 831. Marx. 3 gr

Haag, Georg Die Gesta Priorum des Liber sancti Jacobi, der älteste chronikalische Rest Stettins zum ersten Mal veröffentlicht. 16 S. **Progr.** St. G. *Stettin* 1876.

Haag, Gg. Praemissa expositione eius consilii, quod Aristophanes in Thesmophoriazusis secutus est, de locis quibusdam eius fabulae deque Andromeda euripidea agitur. 16 S. St. G. *Stettin* 1884. **Progr.**

Haag's, Geo., Rentenfigur. Skala der Einbusse an Erwerbsfähigkeit bei Unfallschäden, m. ergänz. Bemerkgn. 5. neubearb. Aufl. (1 Taf.) hoch 4. München 902. Seitz & Schauer. In Leinw.-Decke n. 1.60

Haag's, Geo., Rentenfigur. Skala der Einbusse an Erwerbsfähigkeit bei Unfallschäden m. ergänz. Bemerkungen. 9. Aufl. (2 S. auf Karton m. 1 Abb.) 26,5×27 cm. München 908. Verlag der ärztl. Rundschau. Geb. in Leinw. in 16. 1.60

Haag, Georg: Quelle, Gewährsmann und Alter der ältesten Lebensbeschreibung des Pommernapostels Otto von Bamberg. Halle 1874: (Herrcke & Lebeling in Stettin). 122 S. 8°
Halle-Wittenberg, Phil. Diss. v. 13. Juni 1874
Geb. Rosenberg b. Wertheim (Baden) 7.5.1843. V.

Haag, Geo., Skala der Einbusse an Erwerbsfähigkeit bei Unfallschäden. Für Aerzte u. Berufsgenossenschaften nach Otto Bode's Tabelle dargest. Lith. gr. 8. (M. Text an d. Seite.) München 897. Seitz & Schauer. Auf Pappe m. Oese od. auf Leinw. n.n. 1.25

— **Skala** der Einbusse an Erwerbsfähigkeit bei Unfallschäden. Für Aerzte u. Berufsgenossenschaften nach Dr. Otto Bode's Tabelle dargestellt. 3. Aufl. Lith. gr. 8. (Mit Text auf der Rückseite.) Ebd. 898. Auf Leinw. in Leinw.-Mappe n.n. 1.25

Haag, Geo., die Territorial-Geschichte u. ihre Berechtigung. gr. 8. (46 S.) Gotha 882. F. A. Perthes. n. — 80

Haag, Georg Friedr., biblische Geschichten. Ein Auszug aus dem Buche der Bücher, der Heil. Schrift alten und neuen Testaments. Für Eltern und Lehrer zum Vorerzählen, für die lieben Kinder zum Nachlesen bearb. Pforzheim 855. Flammer. gr. 8. (VII, 101 S.) n. 5 ngr

— evangelisches Hausbuch oder Morgen- und Abendopfer für evangelische Christen zur Uebung wahrer Gottseligkeit und allgemeiner Erbauung des königl. Priesterthums im protestantischen Volke. 1—3. Liefg. Ebend. 855. gr. 8. (S. 1—240.) Jede Liefg. 4 ngr

Haag, G. F., evangelisches Hausbüchlein. Eine Sammlung meist alter, kräftiger Lieder zur Uebung wahrer Gottseligkeit u. zur Beförderung des häusl. Gottesdienstes u. des lebendigen Christenglaubens. 2. stark verm. Aufl. 16. (254 S.) Pforzheim 852. Stuttgart, Scheitlin. 1/4 ₰

Haag, G. F., evangelisches Hausbüchlein. Eine Sammlung meist alter, kräftiger Gebete u. Lieder zur Uebung wahrer Gottseligkeit u. zur Beförderung des häuslichen Gottesdienstes u. des lebendigen Christenglaubens. 3., stark verm. Ausg. Pforzheim 861. Flammer. 16. (254 S.) n. 5 ngr

— siehe: Jesus, der Gekreuzigte.

Haag, Geo. Fr., christl. Lehrbüchlein oder Evangel. Katechumenen-Unterricht mit besond. Rücksicht auf den Badischen Katechismus, in erläut. Fragen u. Antworten nebst den nöthigen Zeugnissen der heil. Schrift u. der symbol. Bücher u. pass. Liedern ꝛc. 12. Heidelberg 842, K. Winter. n. 1/6 ₰

Haag, G. F., geistliche Lieder, Psalmen u. Lobgesänge üb die h. Evangelien u. Episteln der Sonn- u. Festtage d Kirchenjahres. (2 Bde.) 1. Bd.: Die Festhälfte d. Kirchen jahres, vom 1. Advent bis 2. Pfingstfest. 8. (III, 194 S. Pforzheim 872. Kraus in Comm. n. 2. –

Haag, G. F., geistliche Lieder, Psalmen u. Lobgesänge üb. die hl. Evangelien u. Episteln vom Trinitatisfest bis zum 26. Sonntag nach Trinitatis. (Neue [Titel-]Ausg.) (155 S.) 8. Ascona 906. C. v. Schmidtz. 2.—

— drei Predigten am Reformationsfeste 1850 über Offenb. Joh. Kap. 3, V. 7—12. 8. (44 S.) Pforzheim 850, Flammer & Hoffmann. (Stuttgart, Scheitlin.) 3 ngr

— Zeugnisse aus der lutherischen Kirche in zwei Predigten bei Gelegenheit einer Kirchenvisitation. Stolp 861. Eschenhagen. 8. (20 S.) 3 ngr

Haag, Goar [app. Arzt aus Bödingen]: Aus d. Univ.-Augenklinik in Giessen. Ueber den Einfluss von subconjunctivalen Sublimatinjectionen auf Erkrankungen des Auges ... Giessen. grossh. Hof- u. Univ.-Dr. C. v. Münchow, 1894; 29 S., 1 Bl. 8,
Giessen, Med. Fak., Inaug.-Diss. v. 1894

Haag, Hans, a. Tübingen: Ludwig Uhland. Die Entwicklung des Lyrikers und die Genesis des Gedichtes. Stuttgart 1907: Union. (VI, 118 S.) 8°
Tübingen, Phil. Fak., Ref. v. Fischer, Diss. v. 17. Juni 1907
[Geb. 28. Jan. 79 Unterweißach, O.-A. Backnaug; Wohnort: Tübingen; Staatsangeh.: Württemberg; Vorbildung: Gymn. Tübingen, Eberhard-Ludwigs-Gymn. Stuttgart Reife M. 98; Studium: Tübingen 3, Leipzig 1, München 1, Straßburg 2 S.; Coll. 7. März 07.]

Haag, Hans, Ludwig Uhland. Die Entwicklg. des Lyrikers u. die Genesis des Gedichtes. (VIII, 118 S.) gr. 8. Stuttgart 907. J. G. Cotta Nachf. 3. —

Haag, Heinr., kurze Beschreibung der landwirthschaftlichen Verhältnisse in Bayern. 8. (V, 71 S.) München 893. R. Oldenbourg. n — 50

Haag, Heinr., die Bestimmungen üb. die bayerische Pferdezucht, m. erläut. Bemerkgn. hrsg. 8. (VI, 94 S.) Nördlingen 885. Beck. n. 1.20

— die Bestimmungen üb. die bayerische Pferdezucht, m. erläut. Bemerkgn. hrsg. 2. Aufl. 8. (V, 102 S.) München 891. C. H. Beck. Kart. n. 1.80

Haag, Heinr. v., die Bestimmungen üb. die bayerische Pferdezucht, m. erläut. Bemerkgn. hrsg. In 3. Aufl. neu bearb. v. Fr. Brettreich. 8. (VIII, 145 S.) München 899. C. H. Beck. Kart. n. 2.80

Haag, Heinr., Darstellung der landwirthschaftlichen Verhältnisse des Amtsbezirkes Lauffen in Oberbayern. München 870. J. A. Finsterlin. gr. 8. (67 S.) n. 12 ngr

Haag, Heinr., Darstellung der wirthschaftlichen Verhältnisse d. Amtbezirkes Laufen im J. 1870. Nachtrag zu dem bereits veröffentl. Bericht f. d. J. 1869 ꝛc. gr. 8. (26 S.) München 871. J. A. Finsterlin. n. — 50 (cplt.: n. 1.70)

— Das königl. bayerische Gesetz, die Flurbereinigung betr., s. Müller, Ludw. Aug. v.

Haag, Heinr. v., das bayerische Gesetz, betr. die Flurbereinigung, 2. Aufl., s.a. Brettreich, Fr.

— das bayerische Gesetz, die Flurbereinigung betr., vom 29. Mai 1886, erläutert. 8. (VIII, 169 S.) Ebend. 886. cart. n. 2. —

— das bayerische Gesetz vom 13. Febr. 1884, die Hagelversicherungsanstalt betr., nebst den hiezu erlassenen Vollzugsvorschriften hrsg. u. erläutert. 8. (III, 99 S.) Ebend. 884. cart. n. — 80

— das bayerische Gesetz vom 21. Apr. 1884, die Landeskultur-Rentenanstalt betr., erläutert. 8. (V, 89 S.) Ebend. 884. cart. n. 1. 20

— das bayerische Gesetz vom 15. IV. 1900, die Pferdeversicherungsanstalt betr., nebst dem Normalstatut f. die Pferdeversicherungsvereine u. den hiezu ergangenen Vollzugsanweisgn. erläutert. 8. (V, 218 S.) München 900. C. H. Beck. Geb. in Leinw. n. 2. 80

— das Gesetz über die Bewässerungs- u. Entwässerungs-Unternehmungen zum Zwecke der Bodenkultur vom 28. Mai 1852 erläutert. München 866. Grubert. gr. 8. (79 S.) n. 12 ngr.

Haag, Heinrich [med. pract. aus Bern]: Über Gesichtsschädelform, Ätiologie und Therapie der angeborenen Choanalatresie. Berlin 1899. 33 S. 8°. (Sonder-Abdr. aus dem Archiv für Laryngologie. 9. Bd. 1. Heft) Basel. Med. Diss. 1898/99.

Haag, Heinr. Ritter v., das bayerische Hagelversicherungsgesetz vom $\frac{13.II.1884}{4.IV.1910}$, in der Fassung der Bekanntmachung vom 23. IV. 1910 erläut. u. m. Vollzugsvorschriften, Formularen sowie e. Sachregister hrsg. 2. Aufl., neu bearb. von Heinr. v. Jan. (VI, 204 S.) 8. München 910. C. H. Beck. Geb. in Leinw. 2. 50

— die landwirthschaftlichen Hausthiere. Zusammenstellg. u. Erklärung aller auf dieselben bezügl. Bestimmungen mit Einschluß des Gesetzes über die Rinderpest, Viehgewährschaft u. der Seuchenordnung 2c. München 868. Fleischmann 12. (VII, 163 S.) n. 10 ngr.

*v. Haag, H. Die Immobiliar-Brandversicherung in ihren rechtlichen Beziehungen. München 1903.

Haag, Heinr., die Körordnung u. die hiezu erlassenen Vollzugsvorschriften, hrsg. u. erläutert. 8. (50 S.) Nördlingen 882. Beck. cart. n. 1. —

v. Haag, Der landwirtschaftliche Kredit in B. Verf. Referent für Landwirtschaft im b. Staatsministerium des Innern. (W) 1881 München

— die Landwirthschaft auf der Weltausstellung zu Paris. Ebend. 867. gr. 8. (33 S.) n. 6 ngr.

— Das bayerische Pferdeversicherungsgesetz in der Fassung des Gesetzes v. 4. IV. 1910 samt dem Normalstatut vom 18. IV. 1910, m. Erläuterungen u. Vollzugsschriften hrsg. 2. Aufl. (VII, 212 S.) 8. Ebd. 911. Geb. in Leinw. 3. 50

*— Die Wohlfahrtsanstalten, unter der Leitung der Kgl. Versicherungskammer vereinigten, für Brand-, Hagel-, Vieh- und Pferdeversicherung. Denkschrift. München 1906.

Haag, Henry, Wie halte ich mich v. Geschlechts-Krankheiten frei? gr. 16. (12 S.) Leipzig 898. R. Gröger. n. — 30

Morey. — Haag, Hermann, Major à la suite des Generalstabes und Referent im k. b. Kriegs-Ministerium. Franz v. .... churbayerischer Feld-Marschall. Vortrag, gehalten in der Militärischen Gesellschaft München am 15. April 1885. Als Manuscript gedruckt. (Separat Ausgabe des „Jahrbuch der milit. Gesellschaft München, 1885“.) 8. München 1885.

Haag, J., ein merkwürdiger Sonnenfleck. [Mit 1 (lith.) Taf.] [Aus den Sitzungsber. der k. Akad. der Wiss.] Wien 869. (Gerold's Sohn.) Lex.-8. (2 S.) 3 ngr.

Haag, Johann Wolfgang (Bayreuth), De emendatione temperamentorum. Diss. med. Präs. Johann Christian Stock. Jena (Horn) 7. IV. 1731. 24 S. (5.50) 12432

Jos. Anton: Haag antiquitates anatomicae, seu de anatomiae exortu et propagatione. Oenipont. — ?

Haag, Karl

Haag, Carl, die Anfänge der russischen Sprache. Erstes Lese- und Sprachbuch für Elementarschulen. 1. Aufl. (156 S.) 1872, und 2. verb. Aufl. gr. 8. (164 S.) Reval 874, Kluge's Verlag. cart. *

Haag, Carl, die Anfänge der russischen Sprache. Erstes Lese- und Sprachbuch für Elementarschulen. 3. Aufl. (172 S.) 1876; 4. verb. Aufl. gr. 8. (189 S.) Reval 879, Kluge's Verlag. cart. *

Haag, Carl, die Anfänge der russischen Sprache. Erstes Lese- und Sprachbuch für Elementarschulen. 5. Aufl. 8. (192 S.) Reval 883, Kluge's Verlag. cart. *

Haag, Carl, die Anfänge der russischen Sprache. Erstes Lese- u. Sprachbuch f. Elementarschulen. 6. Aufl. gr. 8. (IV, 192 S.) Reval 885. Kluge. cart. n. 1. 50

Haag, C., die Anfänge der russischen Sprache. Erstes Lese- u. Sprachbuch f. Elementarschulen. 7. Aufl. gr. 8. (192 S.) Reval 887. Kluge. cart. n. 1. 50

— zehn Anschauungskreise. Deutsches Lese- u. Sprachbuch f. die Mittelstufe der Elementarschule. gr. 8. (XVI 190 S.) Ebend. 875. n. 1. 60

—— zehn Anschauungskreise. Deutsches Lese- und Sprachbuch für die Mittelstufen der Elementarschule. 2. verm. Aufl. gr. 8. (XVI, 224 S.) Ebendas. 877. cart. *

— zehn Anschauungskreise. Deutsches Lese- u. Sprachbuch für die Mittelstufe der Elementarschule. 3., verm. Aufl. 8. (XVI, 230 S.) Ebend. 882. cart. n. 1. 60

Haag, Karl, Prof. Dr.: Ein altfranzösisches Novellenbuch. *Stuttgart (1903): C. Liebich.* (19 S.) 4° Stuttgart, k. Friedrich-Eugens-R, P 1903 (689)

Haag, Karl: Ein altfranzösisches Novellenbuch [des Antoine de la Sale]. 19 S. 4. Progr. K. Friedrich-Eugens-Realschule *Stuttgart* 1903 (689).

— deutsche Schreib- u. Lesefibel zum Gebrauche beim Privat- u. Schulunterricht. 8. (90 S.) Ebend. 885. cart. n. — 50

Haag, Carl, Osterferien in Andalusien. Mit 28 Zeichngn. des Verf. (71 S.) 8. Stuttg. (908). K. A. E. Müller. 1. 50

Haag, Carl, Versuch e. graphischen Sprache auf logischer Grundlage. gr. 8. (70 u. 13 autogr. S.) Stuttgart 902. W. Kohlhammer. n. 1. 50

Haag, Ludw., Darstellg. d. grossen sibirischen Verkehrsnetzes u. Auszug aus d. russischen Zonentarif. gr. 8. (15 S.) Erlangen 896. (F. Junge.) — 25

Haag, M. Eugène, s. Haag, Eugène

Haag, Oskar, aus Karlsruhe Die Latinität Fredegars. *Erlangen 1898: F. Junge.* (V, 98 S.) 8°
Freiburg i. B., Phil. Diss. v. 1898

Haag, Paul, Evangelisch-sozial. Lyrisches u. Dramatisches f. festl. Stunden. 8. (24 S.) Karlsruhe 898. Ev. Schriftenverein. n. — 20

Haag, Paul, von Handwerksburschen u. Herbergen. s. a. Aufwärts!

— P., Von Handwerksburschen u. Herbergen. (47 S.) Frankf. a. M., E. Grieser. 1910 —. 25.

van Haag, St., s. Unterscheidungslehren, die kathol.

van Haag, Theodor Die Einführung des neuen Direktors. S. 30 bis 35. 4.
Oberrealschule mit Reformrealgymn. i. E. der Stadt *Aachen* 1905 (585)
Progr.

Haag, Theodor van, Dir. Einführungsrede. *Dülken (1902): A. Schöny.* (S. 3—7.) 4°
Dülken, st. R, OP 1902 (540)

van Haag: Ewald Christian von Kleist als Idyllendichter Rheydt, *Druck v. H. Leuchtenrath.* 1889; S. 3—17; 4°
Rheydt, R, OP 1889 (457)

Haag, Thdr van, Paris, s.: Rolfs. Ludw. E.

Haag, W., latein. Formenlehre,
— Übungsbuch z. Übersetzen aus d. Deutschen s.: Beck, H. ins Lateinische,

Haag, W., deutsch-lateinisches Wörterverzeichnis zu Becks lateinischen Übungsbüchern f. Quinta, Quarta u. Tertia. Der neuen Bearbeitung 8., verb. Aufl. gr. 8. (35 S.) Berlin 885. Stubenrauch. n. — 20

Haag, W., deutsch-lateinisches Wörterverzeichnis zu Beck's latein. Übungsbüchern f. Quinta, Quarta u. Tertia. Der neuen Bearbeitg. 4., verb. Aufl. gr. 8. (36 S.) Berlin 886. Bielefeld u. Leipzig, Velhagen & Klasing. n. — 20

Haag, Wilhelm: Ausonius und seine 'Mosella'. Mit 1 Karte. *Berlin: R. Gaertner 1900.* (S. 1—36.) 8°
Berlin, Friedrichs-RG, Festschr 1900**

Haag, Fredericus Guilelmus: Quaestionum Homericarum particula, quae est de recensione Pisistratea. Halis Saxoniae 1865: o. Dr 41 S. 8°
Halle-Wittenberg, Phil. Diss. v. 6. Jan. 1865
Geb. Muelheim a. d. Mosel (Kr Bernkastel) 8. 7. 1840. V.
Verf. erlebte die nachträgliche Diplomerneuerung 1915 als Realgymnasialprofessor a. D. in Berlin.

Haag-Rutenberg. Monographie der Eurychoriden, s. Zeitschrift, deutsche entomologische.

Haage, Paul [app. Arzt aus Laupheim]: Beiträge zur Statistik der spontanen Osteomyelitis der langen Röhrenknochen. (Aus Beiträge z. klin. Chirurgie. Bd. V.) Tübingen, H Laupp'sche Buchh., 1889; 2 Bl. + 90 S. 8°
Tübingen, Med. Fak., Inaug.-Diss v 1889

Haage, Geschichte Attilas. Celle 862. (Schulze.) 4. (42 S.) n. 5 *ngr.*

Haage, Cl., Verhaltungsregeln m. Erläuterungen f. Dampfkessel-Heizer u. Dampfmaschinen-Wärter. 2. Aufl. 8. (76 S. m. Fig.) Chemnitz 894. (Leipzig, O. Gracklauer.) Geb. in Halbleinw. n.n. 1 20

Haage, Cl., Verhaltungsregeln m. Erläuterungen f. Dampfkessel-Heizer u. Dampfmaschinen-Wärter. 3. Aufl. 8. (77 S.) Chemnitz 898. (Leipzig, O. Gracklauer.) Geb. n.n. 1. 25

Haage, Cl., Verhaltungsregeln m. Erläuterungen f. Dampfkessel-Heizer u. Dampfmaschinen-Wärter. 5. Aufl. 8. (103 S. m. Abbildgn.) Chemnitz 901. (Leipzig, Schulze & Co.) Geb. n n. 1. 25

Haage, Cl., Verhaltungsregeln mit Erläuterungen für Dampfkessel-Heizer u. Dampfmaschinenwärter. 6. Aufl. (104 S.) 8. Chemnitz 904. (Leipzig, Schulze & Co.) Geb. n.n. 1. 25

Haage, E., De rerum natura liber I. adumbrationem quandam cosmographiae apud veteres Graecos continens versibus heroicis conscriptam. Pr. 1864. IV, 20 S. 4° 1.20

Haage, Fr. Friedr. Ludw., Compendium der Elementar-Mathematik zum Gebrauch beim Gymnasial-Unterricht. 1. Abth. Arithmetik und Algebra. Göttingen 855. Vandenhoeck u. Ruprecht. gr. 8. (IV, 200 S.) n. 20 *ngr*

— — 2. Abth. Planimetrie, ebene Trigonometrie und Stereometrie. Ebend. 856. gr. 8. (VIII, 230 S. m. Holzschn. im Text.) n. 1 *ℛ*

Haage's, Ferd., Cacteen-Kultur. Handbuch f. Cacteenfreunde u. Liebhaber v. succulenten Pflanzen. Prakt. Ratgeber f. Gärtner u. Laien. 2. verm. u. verb. Aufl. gr. 8. (263 S. m. Abbildgn.) Erfurt (900). (Leipzig, H. Dege.) n. 3. —

Haage jun., Frdr. Adph., Cacteen-Cultur od. Handbuch f. Cacteenfreunde u. Liebhaber v. succulenten Pflanzen, sowohl f. Gärtner als Laien. gr. 8. (180 S. m. Illustr.) Breslau 892. Schles. Verlags-Anstalt. n. 3. —; geb. n. 4 —

Haage's jr., Frdr. Adf., Cacteen-Zimmer-Cultur. Illustr. Handbuch der Cacteenculturen im Zimmer. gr. 8. (40 S.) Ebd. (898). — 75

— Gemüsekultur. Prakt. Wegweiser f. jedermann zur ration. Anzucht aller Gemüsesorten u. Küchenkräuter im Garten, auf dem Felde u. im Mistbeete. gr. 8. (175 S. m. Abbildgn.) Ebd. (900). n 1. —

Haage, Friedrich Wilhelm

Haage, F. W., Bausteine aus dem Dr. a. Naumburg a/S., s. Bausteine.

Bausteine aus dem Or. Naumburg a/S., hrsg. von F[riedr.] W[ilh.] Haage. Hs. f. Brr. Naumburg [1855]: Sieling. VIII, 258 S. 1 Bl. Noten. 8⁰
Recens: A. 19 (1857) S. 357.
22 Reden, 17 Gedichte.

Haage, F. W., die Religionspflege und ihre Verirrungen in protestantischen Volksschulen, vom pädagogischen Standpunkte aus beleuchtet, nebst einem kurzen Anhang ernster Gedichte. Naumburg 855. Garcke in Comm. 8. (IV, 84 S.) n 7 1/2 ngl.

Haage, Julius, u. Petzolt, Ludw., Denkschrift aus Anlaß des 25jähr. Bestehens des Turngaues Oberösterreich und Salzburg, 1866—1891, Salzburg 1891, 31 S., 8°.

–, s. Petzolt, Ludwig: Rückblick auf die Tätigkeit des oberösterreichisch-salzburgischen Turngaues . . .

Haage, Karl Friedrich Heinrich Albert

Haage, Car. Frider. Henr. Alb., **Oratio a. d. II. m. Nov. anni MDCCCXXIX,** quo die novum aedificium Joannaei Lunaeburgensis usui destinatum rite initiatum est, habita. 4 maj. (1½ B.) Lunaeburgae 832, Herold et Wahlstab.

Haage, Carl Fried. Heinr. Alb. (Direktor), **Oratio qua sollemnia semisecularia muneris scholastici. Viro J. Fr. Wagner, regio a scholis regundis consiliario, gratul. (Ad examen scholast. sollemne in gymnasio Joanneo) Lüneburg (Herold & Wahlstab) 8. IV. 1835. 18 S. mit Biogr. u. Schriftenverz. W.'s. (5.—)** 12433

Haage, C. F. H. A., De usu dativi Graecorum pro genitivo positi ad Soph. Antig. v. 857—861. Pr. 1836. 12 S. 4°. 1.20

Haage, Peter

— Buß- und Bettagspredigten. 4. Herb. 701.

— Erklärung d. Briefs an die Philipper. 4. Frankfurt. 710.

Haage, Pet., Geheimniß der Gottseligkeit in Predigten. a. d. Evan. 4. Bas. 706.

Haage, Reinhold, aus Leipzig: Die deutsche **Nordseeküste in physikalisch-geographischer und morphologischer Hinsicht, nebst einer kartometrischen Bestimmung der deutschen Nordseewatten.** *Leipzig 1899: C. G. Naumann.* (83 S.) 8°
¶ (Aus: Mitteilungen d. Vereins f. Erdkunde zu Leipzig. 1900.)
Leipzig, Phil. Diss. v. [14. Dez.] 1899

Haage, *Friedrich* Richard [aus Grossengottern]: Dietrich Schernberg und sein Spiel **von Frau Jutten** ... (Text nebst Untersuchgn ersch. später.) **Marburg**, Univ.-Buchdr. '(C. L. Pfeil)', 1891; 2 Bl., 106 S., 1 **Bl. 8**
Marburg, Phil. Fak., Inaug.-Diss. v. [28. Jan.] 1892

Haage, Rudolf

Haage, R. [Dir.]: **Beschreibung der Feier des funfzigjährigen Dienstjubiläums des Rektors Dr. Kohlrausch. Lüneburg, Druck d. von Stern'schen Buchdr.,** 1880; S. 3—4; 4°
Lüneburg, Johanneum, OP 1880 (290)

Haage, R. Beschreibung der Feier des fünfzigjährigen Jubiläums der Realschule und des Oberlehrers und Inspektors K. Kühns. 6 S. **Progr.** *Lüneburg* 1885

Haage, *Rudolf* Die feindlichen und die freundlichen Beziehungen der preussischen und der östreichischen Politik zur Zeit Friedrichs des Grofsen. Rede gehalten am 22. März 1886. 4 (S. 3—9).
Progr. Johanneum *Lüneburg* 1887 (295).

Haage, R[udolf]: **Briefe und Reden des Direktors des Johanneums Dr. Karl Haage aus den Jahren 1823 bis 1842 mit einem Abrisz seines Lebens.** *Lüneburg 1898: v. Stern.* (3—34 S.) 4°
Lüneburg, Johanneum, OP 1898 (320)

Haage, *Rudolf*: Briefe und Reden des Direktors des Johanneums Dr Karl Haage aus den Jahren 1823 bis 1842 nebst einem Abrisz seines Lebens. 4 (S. 3—34). Johanneum *Lüneburg* 1898
Reden anläfslich der Eröffnung der Realklassen, d. 15. Okt. 1834, u. der Entlassung der Abiturienten Ost. 1838.
Progr.

— Der Gegensatz der optimistischen und pessimistischen Weltanschauung und seine Vermittlung im Christentume. Rede [geh. am 22. März 1882 bei der Feier von Kaisers Geburtstag und der Entlassung der Abiturienten]. 11 S. **Progr.** *Lüneburg* 1883

— Über den vielfach im Leben der Schule hervortretenden Mangel an Pietät. (Rede bei Entlassung der Abiturienten Ostern 1877.) 11 S. **Progr** *Lüneburg* 1878

Haage, Rud., die Mühle im Hagenthal. Den Gästen des Hauses Hagenthal u. den Freunden der Sagen des Harzes in 6 Gesängen erzählt. (31 S.) 12. Gelsenkirchen 903. E. Kannengießer. n. — 60

— Naturwissenschaft und Religion. Eine Schulrede [geh. am 15. März 1883 bei Entlassung der Abitur.]. 10 S. *Lüneburg* 1884 **Progr.**

Haage, *Rudolf* Rede, gehalten am 22. März 1889 4 (S. 3—8)
Progr. Johanneum *Lüneburg* 1890 (306)

Haage, *Rudolf* Rede, gehalten am 22. März 1895. 4 (S. 3—8).
Progr. Johanneum *Lüneburg* 1896

Haage, *Rudolf* [Dir.]: Rede *über die Bedeutung des Johann Amos Comenius,* geh. am 22. März 1892. Lüneburg, Druck d. v. Stern'schen Buchdr., 1894; 3—8 S. 4.
Lüneburg, Johanneum, OP 1894 (314)

Haage, Rudolf:
Rede, gehalten am 9. März 1899. (Umschlagtitel: Schulrede.) 4 (S. 3—7). **Progr.** Johanneum *Lüneburg* 1900
Über die Bedeutung des Persönlichen.

Haage, Rudolf:
Rede, gehalten am 9. März 1894. (Umschlagtitel: Rede.) 4 (S. 3—9). **Progr.** Johanneum *Lüneburg* 1897
Geschichte des Zollvereins.

Haage, *Rudolf* [Dir.]: Rede *über Henry Drummonds Buch „Das Naturgesetz in der Geisteswelt“,* geh. am 22. März 1893. Lüneburg, Druck d. v. Stern'schen Buchdr., 1895; 3—7 S. 4.
Lüneburg, Johanneum, OP 1895 (317)

Rede, gehalten am 22. März 1898. (Umschlagtitel: Schulrede.) 4 (S. 3—7). **Progr.** Johanneum *Lüneburg* 1899
Vergleichung der Zustände im Anfange dieses Jahrhunderts mit unserer jetzigen Lage.

— Reden u. Vorträge. Hrsg. v. A. Kannengießer. (IV, 183 S.) gr. 8. Ebd. 903. **n. 2.—**

Haage, R. Über den Sinn für das Ideale und die Pflege dieses Sinnes auf der Schule. (Rede bei Entlassung der Abiturienten 15. März 1875.) 12 S. **Progr.** *Lüneburg* 1876.

Haage, R. Über die Wahl des Berufs. 11 S. **Progr.** *Lüneburg* 1879.

Haage, *Rudolf* Über den Wert der Freundschaft nach der antiken und nach der christlichen Anschauung. 4 (S. 3—12). 1888.
In Festschrift zur Feier der 50jähr Amtsthätigkeit des Dr Kohlrausch. **Progr.** Johanneum *Lüneburg* 1889 (zu 299).

– Über die richtige Wertschätzung und Verwendung des irdischen Besitzes. Eine Schulrede [geh. am 22 März 1880 bei d. Feier des kaiserl. Geburtstages u. der Entlassung der Abitur]. 12 S. *Lüneburg* 1882 **Progr.**

Haage & Schmidt, Pflanzen-Verzeichniss. Erfurt 1876—79.

Haagen, Arthur, Zahnarzt aus Königsberg Aus dem II anatomischen Institut der Universität Berlin. Beiträge zur Kenntnis der Entstehung und Bedeutung der paranukleären Gebilde in den Pankreaszellen. Zür J Schabelitz Dr 1897 20 S., 1 Bl., 1 Taf., 1 Bl. 8°
Zürich, Med Diss. [v 29. Juli 1897].

Haagen, Friedr., s. **Aachen und seine Umgebungen.**

Haagen, Frdr., Geschichte Aachens v. seinen Anfängen bis zur neuesten Zeit. 2 Bde. gr. 8. Aachen 874. Kaatzer. 18. —
1. Von den Anfängen bis zum J. 1400. Mit Illustr. (in Holzschn.) (XV, 382 S.)
2. Vom J. 1400—1865. Mit Illustr. (in Holzschn.) 8 Beilagen u. e. Personen- u. Sach-Reg. (IV, 740 S.)

Haagen, G., die Besteuerungsrechte der Amtskörperschaften u. Gemeinden im Königr. Württemberg nach dem neuesten Stande der Gesetzgebung. Mit Erläutergn. u. e Sammlg. v. Entscheidgn., nebst e. alphabet. Sachregister Zum Gebrauche v. Staats- u. Gemeindebehörden hrsg. gr. 8. (XII, 327 S.) Stuttgart 888. [Rieger.] W Kohlhammer. n. 4 50

Haagen, G , Generalregister, s.: Gerichtsblatt, württembergisches.

– das Reichsgesetz, betr. die Unfallversicherung der bei Bauten beschäftigten Personen Vom 11. Juli 1887.
Mit Erläutergn., m. d. württemberg Vollzugsbestimmgn. u. m. e. alphabet. Sachregister. 8. (IV, 140 S.) Stuttgart 888. [Rieger.] W. Kohlhammer. Kart. n. 1. 80

Haagen, G., die Reichsgesetze üb. die Krankenversicherung der Arbeiter, üb die eingeschriebenen Hülfskassen u. üb. die Unfallversicherung. Mit den württemberg. Vollzugsvorschriften, kurzen Noten u. alphabet. Sachregistern. gr. 8. (XX, 170 S.) Schw. Gmünd 884. Schmidt. cart. n. 1. 50

— die land- u. forstwirthschaftliche Unfall- u. Krankenversicherung im Königr. Württemberg. Mit Erläuterungen u. e. Sammlg. der wichtigsten Bescheide, Beschlüsse u. Rekursentscheidgn. d. Reichs-Versicherungsamts. 8. (VIII, 204 S.) Tübingen 888. Laupp. n. 2. 80

Haagen, Geo., Fest-Chronik üb. die Feier d. 200jähr. Bestehens des Ulanen-Regiments König Karl [1. württ.] Nr. 19. Dem Regiment als Eigenthum übergeben. gr. 8. (36 S.) Stuttgart 883. (Metzler's Sort.) n.n. 1. —

Haagen, Carolo, Ern. Casim. Dissertatio historica de Saxo-Vinariensi vigilantiae ordine, praemissa qvorvndam hvivs secvli ordinvm recensione, qvam in Academia Salana praeside M. Carolo Ern. Casim. Haagen MDCCXXXIV [1734] placidae ervditorvm disqvisitioni svbmittit respondens Iohann. Wilhelmvs Labes [Jena.] Litteris Hornianis.
Tit 2 Bl 24 S 1 Taf in Kupferst 8°

Haagen, Max [prakt. Arzt in Königsberg i. Pr.]: **Ueber den Einfluss der Darmfäulnis auf die Entstehung der Kynurensäure beim Hunde . . Königsberg i. Pr., Druck v. M. Liedtke, 1887; 2 Bl. + 26 S. + 2 Bl. 8°**
Königsberg, Med. Fak., Inaug.-Diss. v. 31. Dez. 1887

Haagen, M., über den Einfluss der Darmfäulnis auf die Entstehung der Kynurensäure beim Hunde. Inaug.-Diss. 8. (26 S.) Königsberg i. Pr. 887. (Koch's Antiqu.) n.n. — 60

Haagen, Richard, approb. Arzt aus Königsberg i. Pr.: **Aus d. Frauenklinik d. Universität Freiburg i. B. Zur Genitaltuberculose des Weibes.** *Freiburg i. B.: Speyer & Kaerner 1900.* (28 S.) 8°
Freiburg i. B., Med. Diss. v. 1900

Haager, s.a. Hager

Haager, Ernst, die Lotterie-Anleihen des Kaiserstaates Oesterreichs von 1854 und der Städte Brüssel und Lüttich von 1853 in 3 Tabellen. Nachträge zu: Sämmtliche Staats- u. Privat-Lotterie-Anleihen rc. Karlsruhe 855. Herder. (Geßner.) (8 Tab. in Fol.) n. 12 ngl

Haager, Ernst, aus Waldkirch i. Baden: **Ueber die Reduktion von Metaxylobenzalazin.** *Heidelberg 1900: K. Rössler.* (53 S.) 8°
Heidelberg, Naturw.-math. Diss. v. 1900

Haager, Ernst, sämmtliche Staats- u. Privat-Lotterie-Anleihen nach ihren jeweiligen Werths- u. anderen Verhältnissen in 22 Tabellen übersichtlich dargestellt. Ein Rathgeber für Besitzer von derlei Werthpapieren u. Solche, welche darin Kapital-Anlagen in nutzbringendster Weise machen od. ihr Glück versuchen wollen Nebst einem Anh : Kalender aller Ziehungen in den J 1852 bis 1900 qu. Fol (IV u 50 S.) Karlsruhe 852, Herder in Comm n. 1⅓ ngl

Haager, J

— und Doht R Über die Einwirkung von salpetriger Säure auf Monotolylharnstoffe, *m*-Xylylharnstoff und Thiophenylharnstoff 2 Mitteilung S 115. IIb 91 vgr
Separatabdruck

Haager J Verhalten von Nitrosomonoarylharnstoffen gegen primäre Amine und Phenole. S 120. IIb 871 vgr
Separatabdruck

Haager, Johann Daniel

Haager, Jh. Dn., üb. d. Vorkommen d. Goldes in Siebenbürgen. gr. 8. Leipz. 797. Rabenhorst. 7 K

Haager, Ludwig, Rechtsanw.: **Der Mäklervertrag. Aschaffenburg** 1909: **Werbrun.** 59 S. 8°
Würzburg, Jur. Diss. v. 14. Sept. 1909, Ref. Mayer
[Geb. 15. Juni 78 Börstadt; Wohnort: Aschaffenburg; Staatsangeh.: Bayern; Vorbildung: Gymn. Speier Reife Juli 97; Studium. München 8 S.; Rig. 27 Juli 09.] [U 10. 4298

Haager, Phil. Herm.

— **Beitrag zur Lehre v. den Religionsvergehen u. zwar v. der Beschimpfg. der christl. Kirchen u. ihren Einrichtgn. nach dem Strafgesetzbuch f. das deutsche. Reich. [Prozeß gegen den „Scheuernpurzel am See"] gr. 8. (52 S.) Ebend. 874. n. 1. 20**

Haager, Phil. Herm : Sind die Altkatholiken im rechtlicher Hins noch Mitglieder der katholischen Kirche und als solche berechtigt, den im § 166 des StGB für das deutsche Reich gewährten Staatsschutz in Anspruch zu nehmen? Erlangen 1874.

Haager, Phil. Herm., sind die Altkatholiken in rechtlicher Hinsicht noch Mitglieder der katholischen Kirche und als solche berechtigt, den in §. 166 d. Strafgesetzbuchs f. das deutsche Reich gewährten Staatsschutz in Anspruch zu nehmen? gr. 8. (37 S.) Stuttgart. 874. Enke. n. — 80

Haagn, Ernst [aus Salzburg]: Über den inneren Widerstand galvanischer Zellen. '(Aus d. Institut f. physik. Chemie u. Elektrochemie zu Göttingen.)' ... (Aus: Zeitschr. f. physik. Chem., Bd. XXIII Heft 1.) Leipzig. W. Engelmann, 1897; 32 S., 1 Bl. 8.
Göttingen, Phil. Fak., Inaug.-Diss. v. [22. Juli] 1897

Haak, s.a. Tagebuchblätter aus Südwest-Afrika.

Tagebuchblätter aus Südwest-Afrika. (Verf.: Oberlt. **Haak.**) Mitgeteilt von Wgm. Berlin: Boll & Pickardt 1906. (46 S.) 8° [F.] [08. 8308]

Haak, H., gründlich-prakt. Anleitung zur Schnellfabrikation des Champagners, sowohl aus jungen als aus abgelagerten Gewächsen, nach den neuesten Erfindungen, oder die Kunst, in ganz kurzer Zeit aus inländischen wohlfeilen Produkten einen dem ächten Champagner völlig gleichkomm. Wein an allen Orten in gleicher Güte zu fabriziren. 8. Berlin 835. (Schumann.) 3/4 ₰

Haake [Schlagwort]

Haake, s.: **Forstkarten.**

Haake, s.: **Harburg,** Umgebung.

Haake [Verf.]

— s. a. Haacke, Hake.

[F.] **Haake,** *Albert* [Prof., Dir.]: Antrittsrede *über das Zusammenwirken von Schule und Haus bei der Erziehung.* Treptow a. R., Druck v. R. Marg, *1894;* 4—10 S. 4.
Treptow a. R., k. Bugenhagen-G, P 1894 (148)

Haake, Alb., der Besitz u. sein Werth im homerischen Zeitalter. Eine kulturhistor. Skizze. gr. 4. (16 S.) Berlin 872. Leipzig, Teubner. n. — 60

Haake, Alb: Der Besitz und sein Wert im homerischen Zeitalter. 16 S. – Putbus, Progr. 1872.

Haake, A., die Gesellschaftslehre der Stoiker. gr. 4. (22 S.) Berlin 887. Calvary & Co. n. 1. 60

Haake, Albert Die Gesellschaftslehre der Stoiker. 4 (22 S.).
Progr. Bugenhagensch. G. *Treptow a. d. R.* 1887 (135).

[F.] **Haake,** *Albert* [Prof., Dir.]: *Direktor Prof. Lic. Dr. Alexander Kolbe, gest. am 22. Mai 1893.* Treptow a. R., Druck v. R. Marg, *1894;* 27—28 S. 4.
Treptow a. R., k. Bugenhagen-G, P 1894 (148)

Haake, August Beitrag zur Historiographie Diodors. 6 S.
Progr. *Hagen* 1884.

Haake, Avgvstvs ⟨geb. am 1 Aug. 1851 in Halle Westf.⟩: De Dvride Samio Diodori avctore ... Bonnae, form. C. Georgi (1874). 3 Bl., 53 S., 1 Bl. 8.
Bonn, Phil. Fak., Diss. v. 21 März 1874

Haake, *August*: Feier auf Hohensyburg *zum 25jährigen Gedächtnis des Sedantages.* 4 (S. 20—21).
Progr. Rg. u. G. *Hagen i. W.* 1896

[F.] Rede geh. z. Feier d. hundertjähr. Geburtstages weiland Kaiser Wilhelms I. in der Aula d. Gymnas. zu Hagen i. W. v. Oberl. Dr. August **Haake.** Als Ms. gedr. *Hagen: G. Butz Buchdr. 1897.* (15 S.) 1 Bd 8. [00. 901]

Haake, Aug., Theater-Memoiren. Mittheilungen aus Aug. Haake's Künstlerleben, von ihm selbst geschildert, nebst Nachrichten über das deutsche Theater u. seine berühmtesten Schauspieler älterer Zeit. Mainz 866. Kunze's Nachf. gr. 8. (X, 265 S.) 1 ₰ 15 *ngr.*

Haake, B[enno], Referendar bei d. Kgl. Staatsanwaltsch. zu Breslau: **Inwieweit steht das Unvermögen des Schuldners zur Leistung der Unmöglichkeit der Leistung gleich?** *Breslau 1903: Bresl. Genossen.-Buchdr.* (VII, 76 S.) 8°
Rostock, Jur. Diss. v. [31. Aug.] 1903

Haake, Bruno, appr. Arzt: **Aus d. II. inneren Abt. d. städt. Krankenh. am Urban zu Berlin. Ein Fall von Carcinommetastasen an der Hirnrinde und Hirnbasis mit besonderer Berücksichtigung des stereognostischen Sinnes. Leipzig 1905: B. Georgi. (33 S.) 8°**
Leipzig, Med. Fak., Ref. Hoffmann, Diss. v. 18. Juli 1905
[Geb. 16. Nov. 74 Berlin; Wohnort: Berlin; Staatsangeh.: Preußen; Vorbildung: Königstädt. Gymn. Berlin Reife O. 94; Studium: Berlin 6, Straßburg 6, Freiburg i. B. 5 S.; Coll. 26. Juli 05; Approb. 22. Juli 02.]

Haake, F(riedrich) W(ilhelm) M(aximilian): **Aus der inneren** Abt. d. Diakonissenhauses zu Leipzig. Oberarzt: Privatd. Dr. Lange. Ueber Resultate der Röntgentherapie bei Leukämie und Pseudoleukämie. Leipzig 1905: B. Georgi. (51 S.) 8°
Leipzig, Med. Fak., Ref. Hoffmann, Diss. v. 13. Juli 1905
[Geb. 24. Nov. 74 Greiz; Wohnort: Leipzig; Staatsangeh.: Sachsen; Vorbildung: Gymn. Wurzen Reife O. 95; Studium: Leipzig 10 S.; Coll. 26. Juli 05; Approb. 30. Dez. 03.]

Haake, Heinrich: Der Reguliervorgang beim direkt gesteuerten hydrostatischen Turbinenregulator mit nachgiebiger Rückführung ⟨Isodromregulator⟩. Berlin: Dietze 1910. 49 S. 8° ¶ Auch in: Dinglers Polytechn. Journal. Jg. 91. Bd 325.
Darmstadt, Dr.-Ing.-Diss. v. 15. 3. 1910

Haake, **J. F. G.,** Comment. de viribus, quae insunt organismo, quaedam continens. 8maj. Götting. 811. Brose. 3 ₰

Haake, J. H., Compendium der Geburtshilfe. Zum Gebrauch f. klin. Praktikanten u. junge Aerzte. 8. (XII, 271 S.) Leipzig 872. Abel. n. 4. —

Haake, J. H., Compendium der Geburtshülfe. Zum Gebrauche für Studirende u. Aerzte. 2., verb. Aufl. 8. (VI, 266 S.) Leipzig 880. Abel. n. 4. —

Haake, J. H., Compendium der Geburtshilfe. 3., umgearb. Aufl. 8. (VIII, 293 S.) Leipzig 887. Abel. n. 4. —; geb. n.n. 4. 75

— dasselbe. 4., erweit. Aufl. v. J. Donat. 8. (X, 343 S.) Ebd. 890. n. 6. —; geb. n.n. 6. 75

— Jo. Daniel (Nördlingen / Schwab.), **De jure apostillae seu postscripti. Disp. jur. Präs. Jo. Samuel Stryk. Halle** (Chph. Andr. Zeitler) 18. V. 1702. 46 S. (6.—) 12435

— — Dasselbe. Halle (Joh. Chn. Hendel) 1739. 48 S. (5.50) 12436

— Julius Hermann (Leipzig), Nonnulla de graviditate abdominali. Adjectus est graviditatis abdominalis casus. Diss. obstetr. Präs. Theodor Ruete. Lpz. (C. E. Elberti) 19. X. 1859. 24 S. mit Biogr. (M.: M. Grenser.) (4.80) 12438
Gew.: Woldemar Ludwig Grenser (Dresden). — Krankengeschichte d. J. Chr. Ockert.

Haake, Karl [spp. Arzt aus Braunschweig]: Beitrag zur Kenntniss der Endothelneubildungen ... Würzburg, P. Scheiner's Buchdr., 1893; 27 S. 8.
Würzburg, Med. Fak., Inaug.-Diss. v. 1893

Haake, Otto [aus Leipzig]: Über den primären Krebs der Harnblase ... Freiburg i. B., F. Wagner'sche Buchdr., 1895; 36 S. 8.
Freiburg i. B., Med. Fak., Inaug.-Diss. v. 1895

Haake, P., s.: Handbuch des Grundbesitzes im Deutschen Reiche.

Haake, Paul, König August der Starke. Eine Charakterstudie. gr. 8. (27 S.) München 902. R. Oldenbourg. n. — 80

Haake, Paul, brandenburg. Politik u. Kriegführg. in d. J. 1688 u. 1689, s.a. Beiträge z. deutschen Territorial- u. Stadtgeschichte.

Haake, Paul [aus Berlin]: Brandenburgische Politik und Kriegführung in den Jahren 1688 und 1689 ... [Erscheint vollst. bei M. Brunnemann in Kassel.] Berlin, Druck v. Denter & Nicolas, 1896; 36 S., 1 Bl. 8.
Berlin, Phil. Fak., Inaug.-Diss. v. 16. Mai 1896

Haake, Dr. Paul. Brandenburgische Politik und Kriegführung in den Jahren 1688 und 1689. (Aus:) „Beiträge zur deutschen Territorial- und Stadtgeschichte etc." I. Serie. 2. Heft.
8. Kassel 1896.

Generalfeldmarschall Hans Adam von Schöning. Von Paul **Haake.** Mit e. Bildnis Berlin: Gebr Paetel 1910. 120 S. 8°
Aus: Studien u. Versuche z. neueren Geschichte. Max Lenz gewidmet ... 1910.
[10. 15899

Haake, B., Struwwelpeter. Ein frisches Bilderbuch für Kinder. gr. 4. (18 Chromolith. m. Text.) Wesel 879. Düms. cart. 1. 50

— dasselbe. (Unzerreißbares Bilderbuch.) gr. 4. (18 Chromolith. mit eingedr. Text.) Ebend. 880. geb. 2. 50

Haakh, Ad., Beiträge aus Württemberg zur neueren deutschen Kunstgeschichte. Mit 1 Portrait Glieb. Schick's (in Holzschn.) u. 5 Radirungen nach Ph. Fr. v. Hetsch, Eb. v. Wächter, G. Schick 2c. Stuttgart 863. Bruckmann. Lex.-8. (XVIII, 386 S.) n. 2 ℛ 25 ngr.

Haakh, Adt.: Beiträge aus Württemberg zur neueren deutschen Kunstgeschichte. Mit 1 Portr. u. 5 Rad. Stuttgart: Bruckmann 1863.
Die von H. Karl gegründete Akademie der Künste. Die Historienmaler Ferd. Hartmann u. Gli. Schick. Joh. Gotthard Müller. Die K. Kunstschule zu Stuttgart. — Briefe von u. an Schick. Briefe von Ebn. v. Wächter.

Haakh, B., Einkehr u. Umschau, s.: Möhrlin, Fritz.

— Führer durch Württembergs landwirtschaftl. Tierzucht. (47 S. m. Abbildgn.) 8. Hannover 908. M. & H. Schaper. nn — 25

Haakh, Elisab., die Naturbetrachtung bei den mittelhochdeutschen Lyrikern, s.a. Teutonia. 9. Hft.

Die Naturbetrachtung bei den mittelhochdeutschen Lyrikern. Von Elisabet **Haakh,** Oberl. Leipzig: E. Avenarius 1908. (88 S.) 8° [F.]
= **Teutonia.** H. 9. [08. 17348

Haakh, (**Helene Elisabet Agnes**): Zum 50. Todestage Eichendorffs. Hameln 1908: Niemeyer. S. 3—7. 8°
Hameln, Victoria Luise-S OP 1908 [121] [S 08. 152

Haakh, Hermann, Dipl. Ing. a. Heilbronn: Ueber aliphatische Abkömmlinge des höherwertigen Jods. Straßburg i. Els. 1907: C. & J. Goeller. (37 S.) 8°
Straßburg, Math.-naturw. Fak., Ref. Thiele, Diss. v. 1907
[Geb. 5. Juni 81 Heilbronn a. Neckar; Wohnort: Straßburg i. E.; Staatsangeh.: Württemberg; Vorbildung: Realgymn. u. Oberrealsch. Heilbronn Reife M. 99; Studium: T.H. München 7, Univ. Göttingen 1, Straßburg 5 S.]

Haal, Bernard: Neuntägige Andacht nebst verschiedenen Wallfahrtsgebeten zu Ehren der Trösterin der Betrübten Unserer Lieben-Frauen von Luxemburg. Fromme Erinnerung an die 200jährige Jubeloktave von 1866. Mit bischöflicher Approbation.
Luxemburg: Brück 1866. – 93, 3 S. 16°

Haal, Bernard: Zum frommen Andenken an den Hochwürdigen Herrn Nicolaus Wies etc.,
s. Breisdorff, Jean-Nicolas.

Haal, Bernard, Jean-Bernard Krier u. Frédéric Lech: Aufruf, vom 8. April 1887, an das Luxemburger Volk, behufs Sammlung von Beiträgen zur Errichtung eines würdigen Grabmonumentes für den hochw. Hrn. Erzbischof Nicolaus Adames, ersten Bischof von Luxemburg.
Luxemburg [1887]: St. Paul.-Druck. – 3 S. 8°

Haal, Bernard: Bruderschaft der „christlichen Mütter". Bericht des Herrn Direktors erstattet zum Schluss des 14. Vereins-Jahres in der General-Versammlung von 1880.
Luxemburg: Brück [1880].– 24 S. 12°

Haal, Bernard: Bruderschaft .... erstattet gegen Mitte des 30. Vereins-Jahres, um Allerheiligen 1896.
Luxemburg: Nimax [1896].– 30 S. 12°

Haal, Bernard: Priester-Unterstützungsverein. Bericht über die vier ersten Verwaltungsjahre.
Luxemburg [1895]: St. Paul.-Ges. – 4 S. 8°

Haal, Bernard: Priester-Unterstützungsverein. Fünfter Jahres-Bericht.
Luxemburg [1896]: St. Paul.-Ges. – 8 S. 8°

Haal, Bernard: Bericht über das „ Schwesternhaus der hl. Zita" sowie den damit verbundenen Verein ,,für christliche Dienstmägde" in Luxemburg. (Siebenter Jahresbericht. Vom 1. April 1878 bis 1. April 1879).
Luxemburg: Brück [1879]. – 14, 2 S. 12°

Haal, Bernard: Zur dankbaren Erinnerung an den hochwürdigen Herrn Jubilarpriester und Domkapitular Johann Baptist Bech, Pfarrer von Mertert, gestorben im 80. Jahre seines Lebens und im 56. seiner seelsorglichen Thätigkeit in Mertert.
Luxemburg: Brück [1881].– 14 S. 8°

Haal, Bernard: Zur frommen Erinnerung an den unvergesslich allgeliebten Bischof von Luxemburg, den Hochwürdigsten Herrn Nikolaus Adames, nachmaligen Titular-Erzbischof von Cyrra, geb. zu Ulflingen, den 29. Dezember 1813, gestorben im Redemptoristenkloster zu Luxemburg, am Sonntag, den 13. Februar 1887.
Luxemburg: Breithof [1887].– 4 S. 16°

Haal, Bernard: Gesellen-Lieder.
Luxemburg: Heintzé [1866]. – 24 S. 12°

Haal, Bernard: Gottesdienst-Ordnung in der hl. Charwoche in der St. Michaelskirche. – Aufruf an seine Pfarrkinder.
Luxemburg: Praum-Valentini [1893].– 3 S. 16°

Haal, Bernard: Gottesdienst-Ordnung in der Pfarrkirche von St. Michel.
Luxemburg: Breithof [1890]. – 4 S. 16°

Haal, Bernard: Verein der hl. Zita für christliche Dienstmägde. (Achter Jahresbericht. Vom 1. April 1879 bis 1. April 1880).
Luxemburg: Brück [1880]. – 12 S. 12°

Haal, Bernard: Verein .... (Neunter ...... Vom 1. April 1880 bis 1. April 1881).
Luxemburg: Brück [1881]. – 13 S. 12°

Haal, Bernard: Verein .... (Zehnter ...... Vom 1. April 1881 bis 1. April 1882).
Luxemburg: Brück [1882]. – 19 S. 12°

Haal, Bernard: Verein .... (Elfter ...... Vom 1. April 1882 bis 1. April 1883).
Luxemburg: Brück 1883. – 23 S. 12°

Haal, Bernard: Verein .... (Zwölfter ...... Vom 1. April 1883 bis 1. April 1884).
Luxemburg: Brück 1884. – 22 S. 12°

Haal, Bernard: Verein .... (Dreizehnter ...... Vom 1. April 1884 bis 1. April 1885),
Luxemburg 1885: St. Paul-Druck. – 26 S. 12°

Haal, Bernard: Verein .... (Vierzehnter ...... Vom 1. April 1885 bis 1. April 1886).
Luxemburg 1886: St. Paul.-Druck. – 30 S. 12°

Haal, Bernard: Verein .... (Fünfzehnter ...... Vom 1. April 1886 bis 1. April 1887).
Luxemburg 1887: St. Paul.- Ges. – 31 S. 12°

Haal, Bernard: Sechzehnter Jahresbericht des Vereins der heiligen Zita für christliche Dienstmägde im Kloster der Karmeliter-Tertiarinnen zu Luxemburg.
Luxemburg 1888: St. Paul.-Ges. – 23 S. 12°

Haal, Bernard: Siebenzehnter .... Luxemburg (Bahnhof-Avenue links zur Stadt).
Luxemburg 1889: St. Paul.-Ges. – 37 S. 12°

Haal, Bernard: Verein der hl. Zita für christliche Dienstmägde. Achtzehnter Jahresbericht.
Luxemburg 1890: St. Paul.-Ges. – 31 S. 8°

Haal, Bernard: Verein .... Neunzehnter ......
Luxemburg 1891: St. Paul.-Ges. – 32 S. 8°

Haal, Bernard: Verein .... Zwanzigster ......
Luxemburg 1892: St. Paul.- Ges. – 34 S. 8°

Haal, Bernard: Verein .... Einundzwanzigster ......
Luxemburg 1893: St. Paul.-Ges. – 24 S. 8°

Haal, Bernard: Verein .... Zweiundzwanzigster ......
Luxemburg 1894: St. Paul.-Ges. – 31 S. 8°

Haal, Bernard: Verein .... Dreiundzwanzigster ......
Luxemburg 1895: St. Paul.-Ges. – 31 S. 8°

Haal, Bernard: Verein .... Vierundzwanzigster ......
Luxemburg 1896: St. Paul.-Ges. – 31 S. 8°

Haal, Bernard: Verein .... Fünfundzwanzigster ......
Luxemburg 1897: St. Paul.-Ges. - 30 S. 8°

Haal, Bernard: Verein .... Sechsundzwanzigster ......
Luxemburg 1898: St. Paul.-Ges. – 34 S. 8°

Haal, Bernard: Verein .... Siebenundzwanzigster ......
(Vom April 1898 bis April 1899).
Luxemburg 1899: St. Paul.-Ges. – 25 S. 8°

Haal, Bernard: Verein .... Achtundzwanzigster ......
(Vom April 1899 bis April 1900).
Luxemburg 1900: St. Paul.-Ges. – 27 S. 8°

Haal, Bernard: Jesus! Maria! Joseph! Zum christlichen Andenken an den hochwürdigen Herrn Franz Xaver Keiser, vormaliger Vice-Präses des Luxemburger Gesellenvereins und Direktor des Lehrlingsvereins, gestorben am 8. Dezember 1873, als Pfarrer zu Esch a. d. Alzette.
Luxemburg: Heintzé [1873]. – 2 S. 8°

Haal, Bernard: Die Internationale. Wo stammt sie her? Was ist sie? Was will sie? Aufklärung über das Treiben der internationalen Arbeiter-Vereine, nach dem Hirtenschreiben des Hochwürdigsten Herrn Theodor-Alexius-Joseph de Montpellier, Bischof von Lüttich; in's Deutsche übertragen von Freunden der ehrsamen Arbeiterklasse. Der Reinertrag ist zum Besten des Luxemburger Gesellenvereins bestimmt.
Luxemburg: Brück 1871. – 53, 2 S. 12°

Haal, Bernard: Liederfreund oder Sammlung von ein- und mehrstimmigen Gesängen zusammengestellt, zunächst für Vereine junger Handwerker sowie für die Luxemburger Jugend in Stadt und Land, von einem Freunde eines muntern, harmlosen Gesanges.
Luxemburg: Heintzé 1869. – II, 116 S. 16°

Haal, Bernard: Lobrede auf den seligen Pierre-Marie-Louis Chanel, Priester und ersten Martyrer der „Gesellschaft Mariä", gehalten in der Pfarrkirche von Messancy (Pfarre der in Differt von den Maristen geleiteten „Apostolischen Schule von Nazareth") am 22. Juni 1890. (Stenographisch wiedergegeben).
Luxemburg 1890: St. Paul.-Druck. – 16 S. 8°

Haal, Bernard: Nachruf an den hochw. Herrn Franz Haal, geboren zu Grevenmacher, am 22. Oktober 1838, zum Priester geweiht am 28. August 1864, zum Vikar in Esch a. d. Alz. ernannt am 29. Sept. 1864, zum Gesellenpräses in Luxemburg am 30. Sept. 1869, zum Pfarrer in Alzingen am 21. Sept. 1882, gestorben daselbst am 1. April 1891. Den Mitgliedern des Gesellenvereins von Luxemburg und seinen Pfarrkindern von Alzingen gewidmet.
Luxemburg [1891]: St. Paul.- Ges. – 11 S. 8°

Haal, Bernard: Zur Pfarr-Abgrenzungsfrage zwischen „Liebfrauen" und „St. Michael" in der Oberstadt Luxemburg.
Luxemburg: Praum-Valentini [1893]. – 29 S. 8°

Haal, Bernard: Beilage zu (Kirchlicher) „Anzeiger" (für die Diözese Luxemburg), fol. 15. 1900. Priester-Unterstützungsverein in der Diöcese Luxemburg.
Luxemburg [1890]: St. Paul.-Ges.–2 S. 4°

Haal, Bernard: Projekt zu dem Statut des Priester-Unterstützungs-Vereines der Diözese Luxemburg.
[Luxemburg 1893: St. Paul.-Ges.] –16 S. 8°

Haal, Bernard: Vierstimmige Psalmengesänge für Männerchor, zum Gebrauch bei öffentlichem Gottesdienst, namentlich bei Processionen. Der Reinertrag ist zum Besten des Gesellenvereins bestimmt.
Luxemburg: Brück 1869. – 2, 17, 1 S. 8°

– Dass. Zweite Auflage. Ebd. 1874. – 2, 17, 1 S. 8°

Haal, Bernard: Luxemburger Sonntags-Blättchen für Stadt und Land. Unter Mitwirkung mehrer Priester und Laien herausgegeben durch den Präses des Luxemburger Gesellen-Vereins.
Luxemburg: Brück. 8°
Erster Jahrg. 1870. – VI, 832 S.
Zweiter Jahrg. 1871. – VI, 866 S.
Dritter Jahrg. 1872. – IV, 886 S.

Haal, Bernard: Priester-Unterstützungs-Verein der Diöcese Luxemburg. 1. Statuten des Vereins. 2. Geschichtlicher Rückblick. 3. Delegirten-Versammlung vom 19. Mai. 4. Wichtige Mittheilung.
Luxemburg 1892: St. Paul.-Ges.–12 S. 8°

Haal, Bernard: Statuten der Priester-Unterstützungs-Vereins der Diözese Luxemburg.
Luxemburg 1894: St. Paul.-Ges. – 15 S. 8°

Haal, Bernard: Luxemburger Volksblättchen für Haus, Werkstatt und Fabrik. Unter Mitwirkung mehrer Freunde des Handwerker- und Arbeiterstandes herausgegeben vom Präsidium des Luxemburger Gesellenvereins.
Luxemburg 1888–1889 – 53 Nr., zus. 852 S. 8°

Haal, Bernard: Circular vom 18. Dezember 1894 an die Angehörigen der St. Michaels-Pfarrei, als kurze Notiz über ihre altehrwürdige Pfarrkirche und zugleich als wohlgemeinte Bitte.
[Luxemburg: Praum-Valentini 1894.] – 4 S. 8°

Haal, Bernard: Circular „An die Mitglieder der 13 Handwerker-Bruderschaften, sowie der andern kirchlichen Vereine der Stadt Luxemburg" über die gewünschte Betheiligung an der St. Adrianusprozession in Luxemburg.
Luxemburg: Brück [1877]. – 4 S. 4°

Haal, Bernard: Circular an die verehrten Pfarrangehörigen von „St. Michael", über die im Innern dieser Kirche bis zu Allerheiligen 1895 vorgenommenen Arbeiten.
[Luxemburg: Praum-Valentini 1895.] – 4 S. 8°

Haal, Bernard: Circular vom 24. März 1893 an seine Pfarrkinder vom Bahnhof-Viertel.
Luxemburg: Praum-Valentini [1893]. – 4 S. 16°

Haal, Bernard: Circular vom 20. März 1894 bezüglich des Priester-Unterstützungsvereins der Diözese Luxemburg.
[Luxemburg 1894: St. Paul.-Ges.] – 4 S. 8°

Haal, François: Bericht über Leben und Wirken des Luxemburger Gesellen-Vereins von Juli 1869 bis Juli 1871, sowie des von den Gesellen patronirten Lehrlingsvereins.
Luxemburg: Bourger [1871.] – 22, 1 S. 8°

Haal, François: Bericht über Leben und Wirken des Luxemburger Gesellenvereins sowie des von den Gesellen patronirten Lehrlingsvereins von Juli 1869 bis Juli 1871. (Im Auszug).
Luxemburg: Heintzé [1871.] – 14 S. 8°

Haal, François: Bericht .... Gesellenvereines, sowie des von den ...... Lehrlingsvereines. Von Juli 1871 bis Juli 1872.
Luxemburg: Heintzé [1872.] – 23 S. 12°

Haal, François: Bericht .... Von Juli 1872 bis Juli 1873.
Luxemburg: Heintzé [1873.] – 27 S. 12°

Haal, François: Bericht .... Von Juli 1873 bis Juli 1874.
[Luxemburg 1874.] – 20, VI, 1 S. 12°

Haal, François: Bericht .... Von Juli 1874 bis Juli 1875.
[Luxemburg 1875.] – 23 S. 12°

Haal, François: Bericht .... Von Juli 1875 bis Juli 1876.
[Luxemburg 1876.] – 22 S. 12°

Haal, François: Bericht .... Von Juli 1876 bis Juli 1877.
[Luxemburg 1877.] – 24 S. 12°

Haal, François: Bericht .... Von Juli 1877 bis Juli 1878.
[Luxemburg 1878.] – 22 S. 12°

Haal, François: Bericht .... Von Juli 1878 bis Juli 1879.
[Luxemburg 1879.] – 23 S. 12°

Haal, François: Bericht .... Von Juli 1879 bis Juli 1880.
[Luxemburg 1880.] – 22 S. 12°

Haal, François: Bericht .... Von Juli 1880 bis Juli 1881.
[Luxemburg 1881.] – 22 S. 12°

Haal, François: Bericht .... Von Juli 1881 bis Juli 1882.
[Luxemburg 1882.] – 23 S. 12°

Haal, Josef [Arzt aus Kirchardt]: **Die Lehre von der Erkältung in der Geschichte der Medicin ... Würzburg, Becker's Univ.-Buchdr., 1896; 37 S. 8.**
Würzburg Med. Fak., Inaug.-Diss. v. 1896

Haala, Adalb., Gesetze u. Verordnungen über die Wein-, Fleisch-, Linienverzehrungssteuer, s.: Wolf, Rob.

Haala, Weinverzehrungssteuer, s. Taschenausgabe, Manz'sche.

Ha-am, Achab, Moses, der Prophet, s.: Moses.

Haamlichkeite . . . , s.a. Langenschwarz, Maxim.

Haamlichkeite oder die Sachsenhäuser in Paris. Vun Aa'm, der schun lang schwarz is! Hanau 1846. V: *Langenschwarz, Maximilian.* (BGE VI[3], 79)

Haamlichkeite, Bergerliche, aus der Umgegend . . . Hanau 1838. 2. Auflage. Hanau 1839–41. V: *Langenschwarz, Max.* (HS) (EE) (ABJP)

Haamlichkeite, bergerliche, aus der Umgegend, odder: Verbott'ne Blicke in unverbott'ne Familiestücker. Vun Aa'm, der schou lang schwarz is! 1e Auswahl. 2e verm. Aufl. (Mit ill. Titelbild.) gr. 12. Hanau 838. Edler. 1/6 nß — Zweit' u. dritt' Heftche, odder: „Jetz geht dem deitsche Euroba â Fackel uff!" (Mit ill. Titelbild.) 8. Ebd. 839, 40. à 1/6 nß

Haamlichkeite, bergerliche, aus der Umgegend, odder: Verbott'ne Blicke in unverbott'ne Familienstücker. Vun Aa'm, der schun lang schwarz is! Vert' Heftche, odder: „Was m'r jetzt erlebe, geht iwwersch Bohnelied!" 8. (Mit illum. Titelbild.) Hanau 841, Edler'sche Buchh. (à) 1/6 nß — 2. Hftchn. 2. Aufl. 8. Ebend. 843. 1/6 nß

Haamlichkeite, Pariser, Odder: Die Sachsehäuser in Paris . . . Hanau 1846. V: *Langenschwarz, Max.* (ABJP)

— Pariser, odder: Die Sachsehäuser in Paris. Vun Aa'm, d. schun lang schwarz is! Erste Auswahl. 8. (Mit 1 Lith.) Ebend. 846. 1/6 nß

Haan, A. Ludw., Jena Hungarica sive memoria Hungarorum a tribus proximis saeculis academiae Jenensi adscriptorum. gr. 8. (180 S.) Gyula 858. (Pest, Osterlamm.) * *

— chronologische Tabelle zur Geschichte der protestantischen Kirche in Ungarn. 1. und 2. Aufl. Pest 860, Osterlamm.

HAAN, ANDREAS LEOPOLD.
Libellus, in quo demonstratur quod non solum vegetabilia, animalia et mineralia menstruo simplici possint solvi, verum etiam extracta educi. Vindobonæ, 1766. 8vo.

Haan, C. H. Irrtümer pp. preussischer Militärärzte, sowie ihre tragischen Folgen. Köln 1907.

Haan, E., Rumänien, s.: Ausstellungs-Bericht, officieller.

Haan, F. v: Einige historisch-genealogische und archivalische Beobachtungen über Einwanderung von Familien in Niederösterreich. Wien 1903

Haan, Friedrich Gottlob

Haan, Fr. Glo., († d. 4. Sept. 1827.) ABC-, Buchstabir- u. Lesebuch für deutsche Schulen. Mit Kpf. 8. Torgau 799.

— Berechnung aller Aufgaben in den Rechentafeln für d. Lehrer. 1e Samml. 8. Dresd. 815. (Reimann in Leipz.) 4 gl

— Berechnung aller Aufgaben in den Rechentafeln, für Schulen. 1e Samml. 8. Leipzig 827. (Melzer.) 1/6 rf

– s. Bildung, über weibl.

Haan, Friedrich Gottlob, Viro Friedrich Lebrecht Koch (Pastor zu Torgau) summos in theologia honores int. acad. Vitemberg. acceptos gratul. et brevi commentat. veteres ad religionem instituendam et confirmandam semper revelationem existimasse necessariam demonstrat. Torgau (Joh. Matth. Kurz) 16. X. 1802. 12 S. (4.—) 12439

— über d. Einrichtung meiner Lehr- u. Erziehungs-Anstalt f. Söhne aus den mittlern u. höhern Ständen. 8. Dresd. 809—18.... 1e—6e Fortsetzung.

Haan, F. G., die Gestirne in 2 nach dem Aequator abgetheilten Planisphären von 26 Zoll Durchmesser. (Mit Anleitung zum Gebrauch in gr. 8.) Neuer wohlf. Abdruck. 1844. In Kpfr. gest. Imp.-Fol. Leipzig 844, Hinrichs'sche B. 1 1/4 rf

Haan, F. G., die Gestirne in zwei nach dem Aequator abgetheilten Planisphären neu entw. u. gez. Neuer Abdr. Imp. Fol. Kpfrst. Mit Anleitung zum Gebrauch. gr. 8. (20 S.) Leipzig 852, Hinrichs. 1 1/4 rf

— d. Gestirne, wie sie am Himmel erscheinen; in zwei nach d. Aequator abgetheilten Planisphären; gestochen von J. C. Böhme u. H. Lautemann. Mit e. Anleit. zum Gebrauch. 8. Leipz. 827. Hinrichs. 2 rf 12 gl Die Horizontaldecken dazu 12 gl

— d. Hauptwahrheiten d. christl. Religion, nach Anleit. d. Katechismi Lutheri; zum Gebrauch beim Unterricht. 8. Torg. 797.

— Nachricht über d. Einrichtung d. wirkl. Unterrichtsanstalt für Töchter d. höhern u. mittl. Standes in Dresden. 8. Dresd. 806.

Haan, Fr. G., Neue Rechnentafeln. Ein Hülfsbuch zur Erlangung der Kunstfertigkeit im Rechnen. 1ste Sammlung. Neue Aufl. 8. Dresden, Hilscher.

— neue Rechnentafeln, ein Hülfsmittel zur Erlangung d. Kunstfertigkeit im Rechnen. 1e Samml. 8. Leipz. 815. 2e Aufl. 8. Dresd. 820. 3e A. 827. (Reimann in Leipz.) 12 gl

Haan, F. G., neue Rechentafeln. 1e Sammlung. 3e Aufl. 8. Leipzig 827. (Melzer.) 1/2 rf

— Schulgesangbuch für niedere Stadt- u. Landschulen. 8. Leipz. 796. Leo. 6 gl

– s. Sittenbuch in Beispielen u. Erzählungen.

— Spruchbuch. 8. Torgau. (Benj. Fleischer.) 801.

— — Spruchbuch für die untersten Classen der Stadt- u. Landschulen, nebst einem Anhange über den Ursprung und die Benennung der Sonn- u. Festtage. 6ste unveränderte Aufl. 8. Torgau. (Leipzig, Hartmann.) 812.

Haan, (Fr. Gottl.) Spruchbuch f. d. untersten Klassen der Stadt- u. Landschulen ec. 8e Aufl. 8. Leipz. 826, Hartmann.

Haan, Friedr. Gtlo., Spruchbuch f. d. untersten Classen d. Stadt- u. Landschulen, nebst e. Anh. üb. d. Ursprung u. d. Benennung d. Sonn- u. Festtage. 9., verm. u. verb. Aufl. 8. (6 B.) Leipzig 830, Frohberger.

— Unterricht vom Gebrauch d. künstl. Erdkugeln, nebst Einleit. in d. mathemat. Geographie. Mit 4 Kpf. 8. (Görlitz) 801. Anton in Halle. 8 gl

Haan. Fritz [prakt. Tierarzt in Berlin]: Aus der Poliklinik für grosse Haustiere der Kgl. Thierärztlichen Hochschule zu Berlin. Untersuchungen über verstärktes Ester-Dermasan (für Thiere). (S.-A. aus „Monatshefte f. prakt. Thierheilkunde".) Stuttgart 1904. 32 S. 8°. [26. II. 04.]
Bern Vet.-med. Diss. 1903 1904

Haan, Fritz. Untersuchungen über Verstärktes Ester-Dermasan ⟨für Thiere⟩. Diss. Vet.-Med. Bern. *Kopftitel:* Aus der Poliklinik für grosse Haustiere der Kgl. Thierärztlichen Hochschule zu Berlin. IV + 32 S. 8. Stuttgart, Union Deutsche Verlagsgesellschaft, 1904.

Haan, Henr., S. J., Philosophia naturalis, s. a. Cursus philosophicus.

Haan, Henr., Philosophia naturalis. In usum scholarum. gr. 8. (VIII, 219 S.) Freiburg i/B. 894. Herder. n. 2. —; geb. in Halbfrz. n. 3. 20

Haan, Henr., Philosophia naturalis. Freiburg, Herder. 1898, 8°. XII. 231 S. 2 verbess. Aufl., 2 Mk.
1. Aufl. 1894, VIII. 220 S.

Philosophia naturalis. In usum scholarum. Auct. Henrico **Haan**, S. J. Ed. 3, em. Friburgi Br.: Herder 1900. (XI, 253 S.) 8°
= **Cursus** philosophicus in usum scholarum. P. 3. [illegible]

Haan, Henricus Joannes (geb. am 1 Juni 1800 in Arnsberg Westf.): De ectopia cordis casu illustrata . . . Accedunt tab. II lapidi incisae. Bonnae, typ. P. Neusseri (1825). 16 S., 2 Taf. 4
Bonn, Med. Fak., Diss. v. 24 Aug. 1825

Haan, J., christliche Lehrgedanken über die festtäglichen Evangelien. 2 Thle. Fol. Augsb. Rieger. 768.

— — üb. die Sonntäglichen Evangelien. Fol. Ebendas. lbst. 768.

Haan, Jac. Thiedericus de, specimen medicum inaugurale, continens quaedam de angina membranacea infantum. Groningae 852. (Leer, Bock.) 8. (3 Bl., 39 S.) n. $7\frac{1}{2}$ ngr

Haan, Jac., Thiedericus de, Specimen medicum inaugurale, cont. quaedam de Angina membranacea infantum. 8maj. (39 S.) Groningae 853. (Leer, Bock.) Thlr. *

Haan, Jh. Jak., Grundriß d. philos. Sittenlehre. 4. Trier 786.

— Tabelle über d. allgem. prakt. Philosophie. 1 Bog. in qu. Fol. Trier 785.

Haan, Jos., Aussaat u. Ernte od. Leben u. Tod. Ein Büchlein f. Alle, die eine sel. Sterbestunde zu erlangen wünschen. 16. (XI, 340 S.) Paderborn 872. Junfermann. 1. 50

Haan, Jos., S. J., Aussaat u. Ernte od. Leben u. Tod. Ein Büchlein f. alle, die e. sel. Sterbestunde zu erlangen wünschen. 3. verb. Aufl., hrsg. v. Rudger van Acken, S. J. 12. (359 S.) Paderborn 902. Junfermann. n. 1. 50; geb. in Leinw. n. 2. —

Haan, Jos., die unbefleckte Empfängniß der seligsten Jungfrau und Mutter Gottes Maria als Glaubenslehre der heiligen katholischen Kirche. 2. verb. Aufl. Paderborn 859. Schöningh. 8. (IV, 139 S.) n. 10 ngr.

Haan, Ludw. Frhr. v., Studien über Landtafelwesen. Wien 866. Braumüller. gr. 8. (X, 279 S.) n. 1 ℛ 10 ngr.

Haan, Lud. Aug., diplomatarium Békessiense. Post 870. Lauffer's Verl. gr. 8. (III, 309 S.) n. 2 ℛ

Chronologische Tabelle zur Geschichte der evangelischen Kirche in Ungarn von Ludw. Haan. Lithogr. Farbendruck u. Text ausgeführt v. Ant. Haan. gr. Quer-Fol. $20\frac{1}{2}$" h. $28\frac{1}{2}$" br. (In deutscher oder ungarischer Ausgabe.) Pest. C. Osterlamm. 2 fl. 1860

Haan, L. A., chronologische Tabelle zur Geschichte der protestantischen Kirche in Ungarn. 1. u. 2. Aufl. Pest. Osterlamm. 1860 2 fl.

Haan, M. P. de, das Schicksal im Walde. Eine Novelle in Versen. (64 S.) kl. 8. Wien 905. C. W. Stern. n. 1. –

Haan, Otto, Parnaßblüthen. Lyrische Fictionen. (XX, 196 S. m. Bildnis.) 8. Dresden 903. E. Pierson. n. 2. —; geb. n. 3. —

Haan, Wilh., Abschiedswort am Tage der feierlichen Confirmation an Beichtkinder gerichtet und als eine Mitgabe für das Leben dargereicht. 1—3. Aufl. Leisnig 862. (Leipzig, H. Fritzsche.) 8. (24 S.) n. 2 ngr.

Haan, Wilh., Andachtsbuch für Dienstboten. 2. verb. u. verm. Aufl. Stuttgart 853. Metzler. gr. 16. (XVI, 256 S.) 12 ngr

Haan, Wilh., ein Blick in das Sonst u. Jetzt des christlichen Familienlebens. Ein kleiner Beitrag zur Würdigung der religiös-kirchlich-socialen Zustände der Gegenwart. gr. 8. (26 S.) Leipzig 878. Kößling. n. — 50

Haan, W. de, Crustacea, s. Siebold.

Haan, Wlh., geschichtl. Darstell. d. wichtigsten Begebenheiten, welche d. Uebergabe d. Augsburg. Glaubensbekenntnisses am 25. Juni 1530 veranlaßten, oder ihr nachfolgten, nebst e. ausführl. Beschreibung d. Uebergabe selbst, als eine Vorbereitungsschrift auf d. Jubeljahr d. evangel.-protestant. Kirche 1830. 8. Leipz. 829. Hartmann. 8 gGr

— die Entlassenen aus Straf- und Versorgungs-Anstalten unter der Fürsorge der Geistlichkeit. Ein Sendschreiben an seine Amtsbrüder. Freiberg (853). Wolf. gr. 8. (51 S.) 6 ngr

— die Episkopal-, Consistorial- u. Diöcesan-Verfassung im ehemaligen Kurfürstenthum u. jetzigen Königreich Sachsen vor u. seit Einführung der Reformation bis zur Neuorganisation der dermaligen sächsischen evangelisch-lutherischen Kirchenbehörden, sowie der Neuarrondirung der Diöcesen nach hoher Landesconsistorial-Verordnung, d. d. Dresden, 2. Novbr. 1878 kirchenstatistisch dargestellt. gr. 8. (VII, 161 S.) Dresden 880. Baensch. 3. —

— Erinnerungen aus dem Gotteshause. Eine Sammlung Predigten. Leisnig 863. (Grimma, Gensel.) gr. 8. (VIII, 631 S.) n. 1 ℛ 20 ngr.

Haan, Wilh., das Gebet vermag Viel! Jac. V, 26. Stunden religiöser Erbauung für alle Lebens-Verhältnisse evangelischer Christen. Mit 1 Titelkpfr. gr. 8. (XII u. 464 S.) Leipzig 851, Costenoble. n. $1\frac{1}{3}$ ℛ Velinp. in Engl. Einb. n. $1\frac{3}{4}$ ℛ

— Gebetbuch zur Hausandacht in Kranken-, Armen- u. Versorgungshäusern, so wie für Alle, welche in ihren Leiden aus der Religion Trost schöpfen wollen. Dresden 856. Adler u. Dietze. gr. 8. (VI, 282 S.) n. 15 ngr

erbauliche Gedanken in Predigt-Dispositionen über die im J. 1849 beim Vormittagsgottesdienst zu Leisnig gehalt. Kanzelvorträge gr. 8. (104 S.) Leisnig 849. (Leipzig, H. Fritzsche.) n. $\frac{1}{3}$ ℛ

— fromme Gedanken aus dem Gotteshause heimgebracht. Eine Gabe für christliche Herzen. Leisnig 864. (Leipzig, Serig.) gr. 8. (2 Bl., 54 S.) n. 6 ngr.

— Gedenkblatt zum dritten Augsburger Religionsfriedens-Jubiläo, gefeiert den 23. Septbr. 1855. Oder: kurze chronologische Zusammenstellung der wichtigsten Ereignisse, welche gedachten Friedensschluß vorbereiteten, bezeichneten und ihm nachfolgten. Für Jedermann, besonders zum Schulgebrauch entworfen. Leisnig. (Leipzig, H. Fritzsche.) (1 Bgn. in Fol.) n. 1 ngr; Velinp. $1\frac{1}{2}$ ngr

— Geist, Herz, Leben des Christen, im Licht der Religion Jesu dargestellt. Ein Jahrg. Predigten, gehalten ꝛc. gr. 8. (XII u. 622 S.) Leisnig 847. (Leipzig, Arnold.) baar $1\frac{1}{2}$ ℛ

— ausführl. Geschäfts-Anweisung für angehende Volkschullehrer u. Schulamts-Candidaten im Königr. Sachsen. Nach d. besteh. Gesetzen bearb. gr. 8. Leipz. 831. Hinrichs. 16 gGr

— Nachtrag zu der ausführl. Geschäfts-Anweisung für angeh. Volksschullehrer u. Schulamts-Candidaten im Königr. Sachsen. Enthalt. die seitdem 4. Sept. 1831 bis auf die neueste Zeit im Elementar-Volksschulwesen erlassenen Gesetze u. Verordnungen. gr. 8. Leipzig 835. Hinrichs. $\frac{1}{6}$ ℛ, mit der Geschäfts-Anweisung $\frac{2}{3}$ ℛ

— Geschichte der Vertheidigung des Christenthums gegen die wider dasselbe von Anfang an bis jetzt erhobenen Angriffe. Ein Leitfaden für Studirende beim Studium der Apologetik u. eine Belehrungsschrift für Gebildete, welche sich über Kampf u. Sieg ihres Glaubens unterrichten wollen. gr. 8. (VII, 94 S.) Frankenberg i/S. 882. Roßberg. n. 1. 80

Haan, Wlh., kirchlich-statist. Handbuch für das Königreich Sachsen, oder Verzeichniß der in dem Königr. Sachsen angestellten Geistlichen, Schulmeister, Schullehrer, Cantoren 2c. aller Confessionen. Herausg. von Carl Ramming. Mit 1 tabellar. Uebersicht sämmtl. in Sachsen befindl. Kirchen, Schulen 2c. 4. Dresden u. Leipzig 838. Arnold. n. 2½ ℛ

— kirchlich-statistisches Handbuch für das Königreich Sachsen, oder Verzeichniß der in dem K. Sachsen öffentl. angestellten Geistlichen, Schulmeister, Schullehrer, Cantoren, Organisten, Kirchner 2c. aller Confessionen. Herausgeg. von K. Ramming. Beigefügt sind Namen-, Orts- u. Collatoren-Register. gr. 8. Dresden 845, Ramming. (Leipzig, Fr. Fleischer.) n. 2 ℛ

Haan, Wilh., homiletisches Ideen-Magazin. Eine Sammlg. v. zum größten Theil ausgeführten Dispositionen zu Predigten, Pastoral- u. Ephoral-Reden. gr. 8. (VI, 358 S.) Leipzig 872. Matthes. 5. —

—— die Jugend- und Volksbildung unserer Zeit unter dem Einflusse des herrschenden Zeitgeistes. gr. 8. (VIII und 75 S.) Leipzig 851, [Costenoble.] *

— Dr. Luthers kleiner Katechismus heute noch das beste Religionsbuch für die evangelisch-luther. Elementar-Volksschulen. 8. (32 S.) Freiberg 852, Craz & Gerlach. n. 4 ngr

— Lexicon des Kirchenrechts und der Pfarramtsführung oder alphabetisch geordnete Uebersicht der kirchlichen und landesgesetzlichen Bestimmungen über alle Zweige des evangelisch-lutherischen Kirchen- u. Schulwesens im Königreich Sachsen unter Berücksichtigung der Observanz u. Pastoraltheologie nebst einem Anhang u. einem geistlichen Geschäftskalender. Ein Hilfsbuch für Behörden, Geistliche, Lehrer, Predigt- u. Schulamts-Candidaten nach den besten u. neuesten Quellen bearb. Leipzig 860. Teubner. Lex.-8. (IV, 542 S.) n. 2 ℛ 20 ngr

— s.: Mittheilungen d. Geschichts- u. Alterthums-Vereines zu Leisnig.

de Haan, (Wilh.,) Monographiae Ammoniteorum et Goniatiteorum specimen. gr. 8. Leyden 825, (Weigel in L.)

— Nachtrag zu der Systematischen Zusammenstellung Desjenigen, was die Pfarrer im Königreiche Sachsen bei Aufgebot, Trauung und Ehescheidung zu beobachten haben. Nach den seit dem Jahre 1844 hierüber ergangenen Sächs. Kirchen- und Staats-Gesetzen, und unter Anführung kirchenrechtlicher Autoritäten, auch unter Revision und Vermehrung des Werkes selbst bearb. Wurzen 854. Verlags-Comptoir. gr. 8. (IV, 72 S. u. 2 Tab. in Fol.) 22½ ngr

— 6 Reden der Erinnerung an besonders wichtige Ereignisse der Stadt u. Kirchfahrt Leisnig gewidmet. gr. 8. (23 S.) Leisnig 877. Ulrich. n. — 30

— sächsisches Schriftsteller-Lexicon. Ein Verzeichniss der von den jetzt lebenden Universitäts-Professoren [theol. u. philosoph. Facultät], Geistlichen, Gymnasial-Professoren, Seminar-, Real-, höheren u. Volksschullehrern aller Confessionen des Königreichs Sachsen hersg. Druckschriften nach alphabet. Ordnung ihrer Verf. u. unter Voranstellung eines kurzen Lebenslaufs derselben, sowie Anfügung eines die Schriften systematisch ordnenden Anhanges. 1. u. 2. Liefg. Leipzig 870. Serbe. gr. 8. (IV u. S. 1—192.) Jede Liefg. n. 7½ ngr

Wird nicht weiter fortgesetzt.

Haan, Wilh., sächsisches Schriftsteller-Lexicon. Alphabetisch geordnete Zusammenstellg. der im Königr. Sachsen gegenwärtig leb. Gelehrten, Schriftsteller u. Künstler, nebst kurzen biograph. Notizen u. Nachweis ihrer im Druck erschienen Schritten. Lex.-8. (XII, 391 S.) Leipzig 875. R. Schäfer. n. 9. —

— Schulgesetz-Tafel. Nach Schulgesetz-Verordnung vom 9. Juni 1835. Leipzig (855). H. Fritzsche. (1 Bgn. in Fol.) n. 2 ngr

—— Stadt- u. Landschule, s. Stadt- u. Landschule.

— Stunden der Andacht für Dienstboten. gr. 8. Zwickau 836. Gebr. Schumann. ⅔ ℛ

Haan, Wlh., kurzer Unterricht über den Eid. Eine Verwarnung vor dem Meineide für Alle, welche sich vor Ablegung eines Eides vor Gericht über die Wichtigkeit dieses Schrittes belehren wollen 2c. gr. 8. Leipzig 839. Fest. ¼ ℛ

— über Verträge u. deren Auslegung. 8. Trier 792.

— u. G. L. Schulze, Verzeichniß aller in den königl. sächs. Landen angestellten Geistlichen, Schullehrer, Cantoren, Organisten, Kirchner u. confirmirten Kinderlehrer 2c. Nach handschriftl. Angaben abgefaßt u. mit kurzen Bemerkk. begleitet. Herausg. v. Karl Ramming. 2 Thle. gr. 8. Dresd. 828. (F. Fleischer in Leipz.) 1 ℛ 18 gr [?]

Haan, Wlh., systemat. Zusammenstellung desjenigen, was die Pfarrer im Königr. Sachsen bei Aufgebot, Trauung u. Ehescheidung zu beobachten haben, nach den neuest. sächs. Staats- u. Kirchengesetzen 2c. gr. 8. Grimma 844, Verl.-C. n. 1 ℛ

Haan, Willem de, die Kaisertochter (Oper), s. Jacoby, Wilh.

Haandbog, liturgisk, til fri Afbenyttelse for den evangelisk-lutherske Kirkes Praester i Provindsen Slesvig-Holsten. Anbefalet af den syvende ordentlige Foellessynode. Udgivet af det kongelige evangelisk-lutherske Konsistorium i. Kiel. 8. (IV, 184 S.) Schleswig 900. J. Bergas Verlag. Geb. n.n. 3. 50

Haane, Gunnar, a. Finland: ⟨Aus dem Physiologischen und Histologischen Institut der Thierärztlichen Hochschule zu Dresden.⟩ ⟨Geh. Med.-Rath Prof. Dr. Ellenberger.⟩ Über die Cardiadrüsen und die Cardiadrüsenzone des Magens der Haussäugetiere. Mit 2 Textfiguren u. 6 Abb. auf einer Taf. Leipzig: Veit 1905. (38 S.) 8° ¶(Aus: Archiv f. Anat. u. Physiol. 1905. Anat. Abt.)

Gießen, Verein. Med. Fak., Ref. Martin, Diss. v. 21. März 1905

[Geb. 22. März 78 Abo, Finland; Wohnort: Jaaski; Staatsangeh.: Rußland; Vorbildung: Realgymn. in Abo Reife S. 99; Studium: Univ. Helsingfors, Hochschule Dresden 5 S.; Rig. 14. Juli 04.]

Haane-Feinds, Martin, Schwartzwälder Bauren, Aussführliche Erzehlung dess sowohl Bayrisch- als Frantzösischen Ein- und Aussgang ihres zwey Jahr hero wider I. K. Majest. und das Reich unverantwortlich geführten Kriegs. O. O. 1704. Mit einem großen Kupfer. 4. Bl. 4° Kart. 30.—

Sehr selten. Satirisches Gedicht in schwäbischer Mundart: Der grausamb Bayer-Furst, dear alls hett wölla freassa, / Ischt zwische Stuel und Thron am Boda nider gseassa, / ... 90 Verse. — Das Kupfer zeigt den Verfasser in grotesker Kleidung, mit der Überschrift: Martin Haane-Feind, von Buelingen am Schwartz-Wald, in erbeutheter Französischer Montirung. Auf der Ruckseite ein Gedicht: „Solt einer nit lacha, / Was Kleider nit macha, . . .“ 12 Verse.

Haanel, Eugene *(geb. Breslau 24. 5. 1841)*: Galvanometric method for the determination of the earths magnetism and its oscillations. Breslau 1873. (44 S., 3 Taf.) 8°

Breslau, Phil. Diss. v. 7. Juni 1873

Haanen, August. Ueber einige Diphenylaminderivate der Oxycarbonsäuren und Beitrag zur Kenntniss der Krokon- und Leukonsäure. (Basel) Bonn, 1891.

Haanen, Edm. v., zum Project der Wiener Stadt-Eisenbahn. gr. 8. (13 S.) Wien 882, [Lehmann und Wentzel.] Spielhagen und Schurich. *

Haanen, Quirin (Neuss/Rhld.), Quomodo vapores in aurium morbis sint adhibendi. Diss. med. Bln. (Gustav Schade) 31. VIII. 1846. 32 S. mit Biogr. (M.: C. Camper) u. 1 Taf. Abbild. (Hoflith. F. Silber). (5.—) 12440
Oppon.: G. Schulte, B. Wery, H. Bitter. — Gew.: Theodor Kamper (Köln).

Das Kaiserin Augusta-Bad in Baden-Baden. Denkschrift z. Erinnerung an d. Einweihungsfeier v. 28. Juni 1893, hrsg. von W[ilhelm] **Haape**. Baden-Baden 1893: Kölblin. 31 S. 8° [09. 12040

Haape, W., das Kaiserin Augusta-Bad in Baden-Baden. Denkschrift zur Erinnerg. an die Einweihungsfeier vom 28. Juni 1893. 4. (31 S. m. 4 Lichtdr. u. 2 Grundrissen.) Baden-Baden 893. (D. R. Marx.) n. 1. 50

— Maxime du Camp. Ein Nachruf. [Aus: „Beilage zur Allg. Zeitg."] 8. (31 S. m. Bildnis.) Ebd. 894. n. — 80

Haape, W., Alfred de Musset in seinen Beziehungen zu Deutschland u. zum deutschen Geistesleben. Mit e. Notenbeilage u. e. Bildnis des Dichters nach d. Statue v. P. Granet. (98 u. Musikbeilage 8 S.) gr. 8. Chemnitz 909. (Baden-Baden, C. Wild.) 1. 20
Sonderabdruck aus: „Ztschr. f. franz. Spr. u. Litt."

Haape, Wilh., Ludwig u. Friederike Robert. Eine Baden-Badener Erinnerg. Nach e. Vortrag, geh. im Konversationshaus zu Baden-Baden. gr. 8. (39 S) Karlsruhe 895. G. Braun'sche Hofbuchdr. & Verl. n. — 80

Haape, Wilh., Iwan Sergejewitsch Turgenjew. Vortrag, geh. im Konversationshaus zu Baden-Baden am 14. XI. 1904. (34 S. m. 1 Bildnis.) gr. 8. Baden-Baden 904. (F. Spies.) n. — 60

Haar, das, als Schmuck, od. Handb. d. Frisirkunst, s. Schauplatz d. Künste, 42. Bd.

Haar, Adf., die Beatushöhle od. treue Kindesliebe. Eine Erzählg. aus der Ritterzeit. Dem Verf. der Ostereier nacherzählt. (79 S. m. 1 farb. Vollbild.) kl. 8. Reutlingen (910). R. Bardtenschlager. Geb. in Halbleinw. — 40; m. 3 farb. Vollbildern — 50

Haar, Alfred: Zur Theorie der orthogonalen Funktionensysteme. Göttingen 1909: Dieterich. 48 S. 8°
Göttingen, Phil. Diss. v. 10. Aug. 1909, Ref. Hilbert
[Geb. 11. Okt. 85 Budapest; Wohnort: Budapest, Staatsangeh.: Ungarn; Vorbildung: Ev. Gymn. Budapest Reife 03; Studium: Budapest 3, Göttingen 7 S.; Rig. 16. Juni 09.] [U 09. 1350

Haar, Aug., das unglückliche Försterhaus od. die unerforschlichen Fügungen Gottes. Neu erzählt. 8. (48 S.) Reutlingen 883. Bardtenschlager. — 15

— der Vogelhändler aus Tirol. Eine wahrheitsgetreue Geschichte aus der französ. Schreckenszeit. Neu erzählt. 8. (64 S.) Ebend. 883. — 25

Haar, Bernard. ter, oratio de historica religionis christianae indole, hodie nimium spreta, haud sine gravissimo damno contemnenda ac negligenda. Accedit academiae fatorum narratio. Utrecht 860. Kemink & Sohn. gr. 8. (76 S.) n. 18 ngr

ter Haar, B., die Reformationsgeschichte in Schilderungen. Eine gekrönte Preisschrift, zur Stärkung der Protestanten in ihrem christlichen Glauben. 5. verm. Aufl. Aus dem Holländ. von C. Gross. 2 Bde. Gotha 856. F. A. Perthes. gr. 8. (VIII, 328; VI, 343 S.) n. 2 ℛ 20 ngr

— 10 Vorlesungen über Renan „Leben Jesu" Deutsch von H. Doermer. Gotha 864. F. A. Perthes. gr. 8. (VIII, 176 S.) n. 1 ℛ

Haar, Frz. ter, C. Ss. R., das Decret des Papstes Innocenz' XI. über den Probabilismus. Beitrag zur Geschichte des Probabilismus u. zur Rechtfertigg. der kathol. Moral gegen Döllinger-Reusch, Harnack, Herrmann u. Hoensbroech. (XII, 204 S.) gr. 8. Paderborn 904. F. Schöningh. n. 2. 80

Haar, Franc. ter, de systemate morali antiquorum probabilistarum dissertatio historico-critica. gr. 8. (109 S.) Paderborn 894. F. Schöningh. n. 1. 25

Haar, Geo., Parenthesen zu Lessings „Laokoon". (VII, 62 S.) 8. Hanau 908. Clauß & Feddersen. 1. 50

Haar, Gustav. Der Armen-Arzt. Eine Erzählung aus dem Pariser Leben. Neu bearb. von Gustav Haar. 32 S. 8. Aarburg, Burk's Verlag, 1903.
Schweizer Familien-Bibliothek. Band 15. (fr. —. 20.) [Nr. 2.]

Haar, Gustav Adolph (Bremen), De pneumatoseos pathogenia. Diss. med. Bln. (Nietack) 11. VII. 1833. 48 S. mit Liter. u. Biogr. (M.: M. Bangert.) (5.50) 12441
Oppon.: v. Broich, Koenigsfeld, Kraft.

van der Haar, Jak., auserles. medicin.-chirurg. Abhandll. u. Wahrnehmungen. Aus d. Holländ., mit Anmerkk. u. Zusätzen von Jh. Aug. Schmidt. 2 Thle, mit 5 Kpft. 8. Leipz. 800—802. Kühn. 2 ℛ 16 ℊ

[Werke. Deutsch.] Jakob van der Haar, Auserlesene medicinische und chirurgische Abhandlungen und Beobachtungen. Aus d. Holl. mit Anm. u. Zusätzen von Johann August Schmidt. Bd 1.2. Leipzig: Schäfer 1800-02. 8°

— über d. Beschaffenheit d. Gehirns, d. Nerven u. etlicher Krankheiten derselben. Aus d. Holländ. (v. J. B. Keup). gr. 8. Stendal 794. Franzen u. Gr. 14 ℊ

J[acob] van der Haar, über die Beschaffenheit des Gehirns, der Nerven und einige Krankheiten derselben. Nebst e. Anh. medicinisch-chirurgischer Beobachtungen. Aus d. Holl. ... übers. von J[ohann] B[ernhard] Keup. Stendal: Franz & Grosse 1794. IV, 216 S. 8°

Haar Karl: Die Weiber von Weinsberg.
H. 1905 PN 1957 Diss. Wien, Univ. 171

Haar, Paul, die Historie v. Karl Stülpner, dem kühnen Wildschützen des sächsisch-böhm. Erzgebirges, in poet. Gewande geschildert u. nach Stülpners eigener Ueberlieferg. mitgetheilt. 8. (V, 140 S. m. 1 Bildnis.) Sorau 888. (Annaberg, Graser.) n. 1. 50

Haarabschneiden, über d. Schädlichkeit, u. über den Nutzen des Schnurr-, Stutz-, Spitz- u. Backenbarts. Aus d. Natur erläutert. 8. Leipz. 820. P. Vogel. 4 ℊ

Haararzt, Der. Augsburg 1830.
V: *Jahn, Georg Wilh.* (Ky)

Haarbeck, Ad., die biblische Lehre vom 1000jährigen Reich. Vortrag. Gehalten auf der Missions-Konferenz zu Haiger am 16. Febr. 1887. Im Anschluß an Offb. 20, 1—6. 8. (24 S.) Basel 887. (Herborn, Buchh. des Nassauischen Colportage-vereins.) * * — 25

Haarbeck, Ad., Züge aus dem Leben der beiden Freunde Joh. Wilh. Hackländer u. Pet. Joh. Oberlach zu Wermelskirchen, nebst Auszügen aus Hackländers Briefen an A. Haasen. gr. 8. (31 S.) Elberfeld 886. (Buchh. der Evangel. Gesellschaft.) n.n. — 30

Haarbeck, Jakob

— „alle Schrift von Gott eingegeben". 2 Zeitpredigten über 2. Tim. 3, 15—17, geh. am 4. u. 25. I. 1903. (28 S.) gr. 8. Elberfeld 903. Buchh. des Erziehungs-Vereins. n. — 35

Haarbeck, Jak., also hat Gott die Welt geliebt! Predigt üb. Ev. Johannis 3, 16, geh. am Missionsfest in Herborn den 26. Juli 1891. 8. (15 S.) Herborn 891. Buchh. d. Nassauischen Colportagevereins. n. — 10

Haarbeck, J., die Bewahrung der Gläubigen. Konferenz-Vortrag. (14 S.) gr. 8. Elberfeld 906. Verlag des Reformirten Schriftenvereins. n. — 20

Haarbeck, Jak., der Bund des Hirten u. der Gemeinde, s.: Krickhaus, L.

Haarbeck, K., der alte Diedrichs, s.: Müller, D.

— an der Grenzscheide der Jahrhunderte. Predigt üb. Klagelieder Jeremiä 3, 22—24, geh. am Sonntag, den 31. XII. 1899, in der ersten reformierten Kirche zu Elberfeld. gr. 8. (13 S.) Neukirchen 900. Buchh. des Erziehungsvereins. n. — 25

— der Herr ist mein Hirte. 7 Predigten üb. den 23. Psalm. 3. Aufl. gr. 8. (106 S.) Ebd. (901). n. — 70

— Lazare, komm heraus! Sieben Predigten üb. Ev. Joh. 11, 1—44. (117 S.) 8. Neukirchen 906. Buchh. des Erziehungsvereins. 1. —

— Paulus vor Agrippa. Apostelgesch. 26, 9—29. Vortrag, geh. auf. e. Pastoralkonferenz. [Aus: „Mittheilgn. d. Ev. Gesellsch."] gr. 8. (15 S.) Elberfeld 890. Buchhandlg. d. Evang. Gesellschaft. — 15

Die Stiftshütte. Vortrag von J[akob] **Haarbeck**, Pastor in Elberfeld. *Elberfeld: Ev. Ges. 1900.* (28 S.) 8° [F.]
— [Weg göttlicher Zeugnisse. Jg. 1, H. 5.] [00

— einige Züge aus der Erweckungsbewegung in England zur Zeit Wesleys u. Whitefields, s.: Weg, der, göttl. Zeugnisse. 5. Jahrg.

Haarbeck, L., ein treuer Bruder. Frei nach dem Engl. (96 S. m. 4 Farbdr.) kl. 8. Reutlingen (905). Enßlin & Laiblin. Geb. — 50

— dasselbe. — Kronoff, Frida v., Onkel Rainers erste Reise u. andere Erzählungen f. die Jugend. (96 u. 96 S. m. 8 Farbdr.-Bildern.) 8. Ebd. (905). Geb. 1. 20

— die Ferienreise. Eine Erzählg. f. Kinder. Frei nach dem Engl. (96 S. m. 4 Farbdr.) kl. 8. Ebd. 904. Geb. — 50

Haarbeck, L., s.a. Gedanken e. Frau

Gedanken einer Frau. Deutsch bearb. von L. **Haarbeck**. Gütersloh: C. Bertelsmann 1907. (VI, 130 S.) 8° [F.] [07. 6145

— Pfarrtöchterlein Gretel. Eine Geschichte f. junge Mädchen. (181 S. m. Titelbild.) 8. Konstanz (909). Christl. Buch- u. Kunstverlag C. Hirsch. Geb. in Leinw. 1. 50

— die Liebe siegt. Erzählung f. die Jugend. Frei nach dem Engl. (64 S.) kl. 8. Ebd. (906). — 20; kart. — 25

— Des Hauses Mütterlein. Erzählung f. Mädchen. Mit zahlreichen Bildern v. M. Hohneck. (224 S.) 8. Reutlingen (908). Enßlin & Laiblin. Geb. in Leinw. 2. 50

— des Hauses Sonnenschein. Erzählung für Mädchen. Mit Bildern v. M. Hohneck. (Neue Ausgabe.) (228 S.) 8. Ebd. (905.) Geb. in Leinw. 2. 50

Haarbeck, Theodor

— Die beiden Briefe an die Thessalonicher, s.: Wort, das, des Heils.

Haarbeck, Th., siehe: ***Christlieb.***

Haarbeck, Th., griechische Formenlehre samt der Lehre v. den Präpositionen zum Neuen Testament, nebst Beispielen zum Uebersetzen u. e. alphabet. Wörterverzeichnis. 8. (123 S.) Basel 880. Spittler. geb. n. 2. —

Haarbeck, Th., griechische Formenlehre samt d. Lehre von d. Präpositionen z. Neuen Testament, nebst Beispielen z. Übersetzen u. e. alphabet. Wörterverzeichnis. 2., verb. Aufl. 8. (VIII, 160 S.) Basel 895. P. Kober. Geb. in Halbldr. n. 2. 40

Haarbeck, Th., griechische Formenlehre samt der Lehre v. den Präpositionen zum Neuen Testament, nebst Beispielen zum Uebersetzen u. e. alphabet. Wörterverzeichnis. 3. erweit. Aufl. (VIII, 160 S.) 8. Basel 906. Kober. Geb. in Halbldr. n. 2. 40

Christliche Gemeinschaft im Lichte der Schrift. Von Th[eod.] **Haarbeck**. *Striegau: G. Urban [1900].* (16 S.) 8° [F.]

— christliche Gemeinschaft im Lichte der Schrift. 1. u. 2. Aufl. 8. (à 16 S.) Striegau (901). R. Urban. — 15

— Glaube, Hoffnung, Liebe, s. Eichhorn.

— kurzgefaßte biblische Glaubenslehre f. nachdenkende Christen. gr. 8. (IV, 226 S.) Neukirchen (902). Buchh. des Erziehungsvereins. n. 3. —; geb. n. 3. 75

— kurzgefaßte biblische Glaubenslehre f. nachdenkende Christen. 3. durchgeseh. u. verm. Aufl. (257 S.) 8. Barmen (906). Buchh. des Johanneums. Geb. in Leinw. n. 3. —

— Kurzgefaßte biblische Glaubenslehre f. nachdenkende Christen. 4. neu durchgearb. Aufl. (262 S.) 8. Barmen (909). Buchh. des Johanneums. Geb. in Leinw. 3. —

— unsere Heiligung, s.: Krafft, Herm.

Haarbeck, Th., die Evangelisten-Schule Johanneum in Barmen. Kurze Mitteilg. üb. ihre Entstehg., ihre Aufgabe u. ihre Einrichtg. gr. 8. (12 S.) Barmen 901. Johanneum. (Nur direkt.) — 15

— die Evangelisten-Schule Johanneum in Barmen. Kurze Mitteilg. über ihre Geschichte, ihre Aufgabe, ihre Einrichtg. u. ihre Arbeitsfelder. 2., erweit. Aufl. (23 S. m. 4 Abbildgn.) 8. Ebd. (905). n. — 30

– nun aber bleibet Glaube, Hoffnung, Liebe, s. Eichhorn.

Die 'Pfingstbewegung' in geschichtlicher, biblischer und psychologischer Beleuchtung von Th[eodor] Haarbeck. Barmen: Johanneum 1910. 24 S. 8° [10. 2240 5

Die 'Pfingstbewegung' in geschichtlicher, biblischer und psychologischer Beleuchtung. Von P[astor] Th[eodor] Haarbeck, Inspektor d. Johanneums. 2. Aufl. Barmen: Buchh. d. Johanneums 1910. 24 S. 8° [10. 13476

— In Gottes Schule. 4 Erzählgn. f. Jung u. Alt. 8. (210 S.) Herborn 898. Buchh. d. Nass. Colportagevereins. n. — 80; geb. in Bibliotheksbd. n. 1. 20; eleg. geb. n. 1. 50

Haarbeck, Th., was bleibt bei der Bekehrung u. was wird neu? (16 S.) 8. Barmen 910. Buchh. des Johanneums. — 10

— was lehrt die Hl. Schrift üb. Bekehrung? Vortrag auf der 3. Gnadauer Pfingstkonferenz. 5. Aufl. 8. (20 S.) Neumünster 899. Vereinsbuchh. G. Ihloff & Co. n. — 10

— Was lehrt die Hl. Schrift üb. Bekehrung? 6. Aufl. (20 S.) 8. Neumünster (909). Vereinsbuchh. G. Ihloff & Co. nn — 10

— D. L. Moody u. Otto Stockmayer, der köstlichere Weg (1. Kor. 12, 31), die christliche Liebe. Praktische Ratschläge f. Christen. (16 S.) gr. 8. Potsdam (903). Oranienburg, „Siloah". n. — 40

Haarbeck, W., die Gaben des Geistes, s.: Weg, der, göttlicher Zeugnisse.

Haarbeck, W., s.: Jesus u. die Ewigkeit.

Haarbeck, W., e. Spiegel treuen Amtswirkens. Vortrag üb. Apostelgeschichte 20, 18—35, geh. auf e. Pastoral-Conferenz. 8. (16 S.) Basel 886. Spittler. n. — 20

Lichtenberg. Geschichte d. Kirchengemeinde Burg-Lichtenberg nebst Beiträgen z. Geschichte d. Burg Lichtenberg von Walter Haarbeck, Pfarrvikar. Kusel: Selbstverl. 1906. (69 S.) 8° [F.] [07. 6908 5

Haarbeck, Wilh. (Hrsg.), s. Engels, Jakob: Jesus und die Ewigkeit.

Die Erbauung in den Vereinen. Vorgetragen bei d. Kursus f. Jünglingsvereins-Vorsteher in Barmen 1901 von Pastor W[ilh.] Haarbeck. *Elberfeld: Westd. Jünglingsbund (1901).* (16 S.) 8° [F.] [01. 10033 5

Haarbleicher, M. M., zwei Epochen aus der Geschichte der deutsch-israelitischen Gemeinde in Hamburg. Hamburg 866. O. Meissner. gr. 8. (480 S.) 2 ₰

Haarbleicher, M. M., aus der Geschichte der deutsch-israelitischen Gemeinde in Hamburg. 2. Ausg. Hrsg. u. m. e. Vorwort versehen v. H. Berger. gr. 8. (XVI, 511 S.) Hamburg 886. O. Meissner's Verl. n. 3. —

Haarbrücker, Theodorus: R. Tanchumi Hierosolymitani commentarii in prophetas Arabici specimen. Halis 1842: Gebauer. XXII, 52 S. 8°
Halle-Wittenberg, Phil. Diss. v. 22. [vielmehr: 23.] Dez. 1842
Geb. [Elbing 5. 1. 1818]
Spec. 2 ist Hallische phil. Hab.-Schr. v. 11. Juli 1844. Buchausg. u. d. T.: Tanchumi Hierosolymitani [d. i. Tanḥūm J rūšalmī]: in prophetas commentarii Arabici specimen 1. Litteris Arabicis exaravit et interpretatione Latina et annotatione instruxit Theod. Haarbruecker. Insunt 9 capitum libri judicum poster. loci potiores. Halle: Lippert 1843. 8° Exemplar lag nicht vor, da in Berlin OeWB verlagert.
Verf. gab ferner heraus: R. Tanchumi Hierosolymitani commentarium arabicum ad librorum Samuelis et Regum locos graviores e codice unico Oxoniensi (Pocok. 314.) secundum Schnurreri apographum ed. et interpretationem lat. adjecit. Lipsiae: Vogel 1844. VIII, 79 u. 78 arab. paginierte S. 8°.

Haarbruecker, Theodorus: R. Tanchumi Hierosolymitani commentarii in prophetas Arabici specimen 2. Lipsiae (1844): Vogel. 16, [arab.:] 16 S. 8°
Halle-Wittenberg, Phil. Hab.-Schr. v. 11. Juli 1844
Spec. 1 ist Hallische phil. Diss. v. 23. Dez. 1842.

Haarbrücker, Thdr., s. Tanchumi, R., Hierosolymitani commentarius etc.

Haardt, F. W., Stahl- u. Eisenwaaren, s.: Ausstellungs-Bericht, officieller.

Haardt, H., Ave, Imperator. Roman. 8. (376 S.) Stuttgart 899. A. Kielmann. n. 4. —; geb. n. 5. —

– dass., s.a. Haardt, J.

Haardt, H., ein Beitrag zur Geschichte des seemännischen Aberglaubens, s.: Reiselectüre.

Haardt, H., daheim oder Liebet euch untereinander. Eine Erzählg. f. Jung u. Alt. 12. (62 S.) Herborn 898. Buchh. des Nass. Colportagevereins. n. — 20

—— mexikan. Erinnergn, s.: Reiselectüre.

— Gottlieb od. Die Liebe decket auch d. Sünden Menge. Eine Erzählg. f. Jung u. Alt. 12. (40 S.) Ebd. 898. n. — 15

— Reich od. Die Wege des Herrn sind eitel Güte. Eine Erzählg. f. Jung u. Alt. 12. (57 S. m. 1 Farbdr.) Ebd. 898. n. — 20

— der Unnütz od. die Macht der Liebe. Eine Erzählg. f. Jung u. Alt. 12. (57 S.) Ebd. 898. n. — 20

Ave, Imperator. Roman von I. Haardt. Stuttgart: Kielmann 1899. 370 S. 8° [10. 11637

– dass., s.a. Haardt, H.

Haardt, J., Ave, Imperator! Roman. 3. u. 4. Aufl. (378 S.) 8. Stuttgart 909. M. Kielmann. 4.—; geb. in Leinw. 5. —

Haardt, J., der Götterbote. Zum hl. Grab, s.: Jugend- u. Volksbibliothek, deutsche. 196. Bdchn.

Haardt, J., d. Hartsteiner. Roman. 8. (V, 263 S.) Altenburg 897. St. Geibel. n. 2. 50; geb. n. 3. 50

— ich hatt' e. Kameraden! Tante Salome, s.: Jugend- u. Volksbibliothek, deutsche. 206. Bd.

Haardt, Otto (geb. Werden im Rheinl. 11. 10. 1823): De therapiae ossium fractorum extremitatum effectu in musculos. Berolini (1856). (28 S.) 8°
Berlin, Med. Diss. v. 29. Sept. 1856

Haardt, Vincenz von

— — Die Alpen. Uebersichtskarte im Massstabe 1 : 2,000.000. Verlag von Eduard Hölzel in Wien. Preis 24 kr.
1882

Haardt v. Hartenthurn, Vincenz, die topograph. Arbeiten im westruss. Grenzgebiete, s.: Bielawski, Jos.

Haardt, Vincenzo di, atlante geografico ad uso delle scuole popolari del Littorale [Trieste, Gorizia e Gradisca, Istria], versione dal tedesco del Gius. Frapporti. Ed. I in 7 carte (cromolit.). qu. gr. 4. Wien 882. Hölzel. n. — 60; Ed. II in 14 carte n. 1. 20

— — Atlante geografico ad uso delle scuole popolari del Litorale (Trieste, Gorizia e Gradisca, Istria).
Edizione I in 7 carte. Prezzo 30 soldi.
Edizione II in 14 carte. Prezzo 60 soldi.
Vienna presso Ed. Hölzel.
1882

— geographischer Atlas für die höheren Classen der Volks- u. Bürgerschulen. 28 lith. u. chromolith. Karten. In Ausgaben für das Königreich Böhmen, für Kärnten, für Mähren, für Niederösterreich, für Oberösterreich, für das Herzogthum Salzburg, für Steiermark, für Tirol u. Vorarlberg. qu. gr. 4. Ebend. 882. à n. 2. 40; cart. à n. 3. —; m. Text à n. 3. —; cart. à n. 3. 60; Text ap. n. — 60

— dasselbe. Ausgaben für das Königreich Böhmen, für Kärnten, für Mähren, für Niederösterreich, für Oberösterreich, für das Herzogthum Salzburg u. für Steiermark. Ausg. I in 7 (chromolith.) Karten. qu. Fol. (3 S. Text.) Ebend. 880. à n. — 50; Ausg. II in 14 Karten. (4 S. Text.) à n. 1. —

— dasselbe. Ausgabe für Tirol u. Vorarlberg. Ausg. I in 7 (chromolith.) Karten. qu. Fol. (3 S. Text.) Ebend. 881. n. — 50; Ausg. II in 14 Karten. (4 S. Text.) n. 1. —

— geographischer Atlas f. die höheren Classen der Volks- u. Bürgerschulen d. Herzogth. Krain. Ausg. in 28 (chromolith.) Karten. qu. Fol. Nebst Text. (27 S.) Ebend. 881. n. 3. —; ohne Text n. 2. 40; Text ap. n. 1. —; Einbd. n.n. — 48

— dasselbe, f. Bürgerschulen. In 3 Thln. 31 (chromolith.) Karten. qu. gr. 4. Ebend. 885. In Lex.-8. geh. n.n. 2. 50; cplt. Ausg. in 30 Karten n.n. 2. 40
1. (10 Karten.) n.n. — 80. — 2. (11 Karten.) n.n. — 90. — 3. (10 Karten.) n.n. — 80

— dasselbe, f. das Küstenland [Triest, Görz u. Gradiska, Istrien]. qu. Fol. Nebst Text. (27 S.) Ebend. 883. n. 3. —; ohne Text n. 2. 40; Text ap. n. 1. —; Einbd. n.n. — 48

— Geographischer Atlas für die Militär-Unterrealschulen, s. Letoschek, Emil.

Haardt, V. v., geographischer Atlas der österreichisch-ungarischen Monarchie f. Mittel- u. Fachschulen. I. Oro-hydrograph. Ausg. in 12 (chromolith.) Karten. qu. Fol. Wien 883. Hölzel. n. 1. —

— dasselbe. II. Politisch-topograph. Ausg. in 12 (chromolith.) Karten qu. Fol. Ebend. 883. n. 1. —

— dasselbe. III. Vollständige Ausg. in 24 (chromolith.) Karten. qu. Fol. Ebend. 883. n. 2. —

— geographischer Atlas f. Schüler an gewerblichen Fortbildungsschulen. qu. Fol. (5 chromolith. Karten.) Ebend. 883. n.n. — 36

— geographischer Atlas für Volksschulen. In 12 (chromolith. u. color.) Karten. qu. Fol. Ebend. 879. n. — 80

Haardt, V. v., geographischer Atlas f. die Volksschulen d. Herzogth. Krain. Ausg. I in 7 (chromolith.) Karten. qu. Fol. (3 S. Text.) Wien 882. Hölzel. n. — 50; Ausg. II in 14 Karten (4 S. Text.) n. 1. —

— dasselbe, f. die Volksschulen d. Küstenlandes [Triest, Görz u. Gradiska, Istrien]. Ausg. I in 7 Karten. qu. Fol. (3 S. Text.) Ebend. 882. n. — 50; Ausg. II in 14 Karten (4 S. Text.) n. 1. —

— Atlas der österreichisch-ungarischen Monarchie für Volks- u. Bürgerschulen. In 13 (chromolith.) Karten. qu. gr. 4. Ebend. 882. n. 1. —

— — Zeměpisný atlas pro obecné školy markrabství Moravského a vévodství Slezského. Ausgabe I in 7 Karten. Bearbeitet von Jaroslav Zdeněk. Wien. Ed. Hölzel. Preis 28 kr.
1881

— — Zeměpisný atlas pro obecné školy markrabství Moravského a védovství Slezského. Ausgabe II in 14 Karten. Bearbeitet von Jaroslav Zdeněk. Wien. Ed. Hölzel. Preis 50 kr.
1881

Haardt, V. und Orožen, Fr., Zemljepisni Atlas für Steiermark. Ausgabe I. K —.60, Ausgabe II K 1.40.
Wien: Hölzel 1904.

Haardt v. Hartenthurn, Vinc., Begleitworte zu d. Blättern d. Generalkarte 1:200,000, welche d. Balkanhalbinsel betreffen. [Aus: „Mitteilgn. des k. u. k. militärgeogr. Institutes", 17. Bd.] gr. 8. (7 S. m. 1 farb. Karte.) Wien 898. (R. Lechner's Sort.) n.n. — 40

Haardt, Vincenz von, Carta murale dell' Europa. Scala 1 : 4,000.000. Eduard Hölzel. Wien. Vier Blätter. (Min.-Erl. v 12. Juni 1895, Z. 2894.) Auf Leinwand gespannt, in Mappe 7.50
Auf Leinwand gespannt, mit Stäben 8.50

— — Dieselbe für Mittelschulen. (Min.-Erl. v. 27. Mai 1895, Z. 5803.)

— die Eintheilung der Alpen. Mit einer (chromolith.) Karte. gr. 4. (23 S.) Ebend. 882. n. 1. 60

Die Generalkarte von Mitteleuropa im Masse 1 : 200,000. Mit Benutzung amtl. Publicationen erläuternd geschildert von Vinzenz Haardt v. Hartenthurn. Mit 2 Beil. *Wien: R. Lechner [1900?].* (39 S., 2 Karten.) 8° [01. 4319

Haardt v. Hartenthurn, Vinc., die Generalkarte von Mitteleuropa im Masse 1 : 200,000. Mit Benützg. amtl. Publicationen erläuternd geschildert. Mit 2 Beilagen. (Neue Aufl.) 12. (39 S.) Wien (901). R. Lechner's Sort. n. — 80

Haardt, Vinc. v., Handkarte der Markgrafsch. Mähren und des Herzogth. Schlesien. 1:500.000. Chromolith. qu. gr. Fol. Wien, Hölzel. fl. 1.50; auf Leinw. fl. 2.50.
1887

von **Haardt,** Vincenz: Das Insurrections-Gebiet. [Die Bocche di Cattaro und die Hercegowina.]
an: Swida: Das Königreich Dalmatien. Land und Leute. S. 57—65. Wien 1882. 9 S. 8°.

— die militärisch wichtigsten **Kartenwerke** der europäischen Staaten. (Hierzu Taf. 2 u. 3 des officiellen Theiles der „Mittheilgn.") gr. 8. (48 S.) Wien 899. (R. Lechner's Sort.) n.n. 1.—

– (Bearb.), s. Kozenn, Blasius: Geographischer Schulatlas für Gymnasien, Real- und Handelsschulen.

Haardt, V. v. Die Kriegs-Marine im Dienste der geographischen Wissenschaft. Mit einem Anhange: Die Kolonisations-Frage vom österreichischen Standpunkte. Erweiterter Separat-Abdruck aus den „Mittheilungen der k. k. geographischen Gesellschaft" in Wien, Heft VII, 1884. gr. 8. Wien 1884.

Haardt, Vincenz von, u. Gustawicz, Bronislaus, Monarchia austryacko-węgierska, do użytku szkół polskich. 1 : 1,000.000. Wien. E. Hölzel. (Min.-Erl. v. 10. Nov. 1896, Z. 25381.) Auf Lnwd. gesp. in Mappe 6.50

Nord-Polar-Karte von V. v. Haardt. Massst. d. Hauptkarte 1 : 5,000,000. Massst. der Nebenkarten 1 : 25,000,000 u. 1 : 50,000,000. *Wien [1899]: E. Hölzel.* (4 Kartenbl. je 72×82 cm) quer gr. 2° [01. 7868

— **Notizen** üb. die Organisation der militär-topograph. Arbeiten in den europäischen Staaten. gr. 8. (S. 257—282.) Ebd. 900. n.n. — 80
Sonderabdr. a.: „Mittheilgn. des k. u. k. militär-geogr. Inst."

— die Occupation Bosniens u. der Herzegovina. Nach verlässlichen Quellen geschildert. gr. 8. (144 S. mit 1 chromolith. Karte in qu. gr. Fol.) Ebend. 878. 2. 40; ohne Karte 1. 60

Haardt, V. v., Physikalisch-statistischer Schul-Atlas zum Selbststudium und f. d. Unterrichtsgebrauch bearbeitet. Chromolith., Gr.-Qu.-4. (15 S.) In Kl.-Fol. Wien: Hölzel 1889. 2.—

Haardt, Vincenz von, Schul-Wandkarte von Afrika. Maßstab 1 : 8,000.000. 2. vollständig neu bearbeitete Auflage. Wien 1891. Eduard Hölzel. (Min.-Erl. 25. Mai 1891. Z. 10350.) Auf Leinwand gespannt und in Mappe 5.—, mit Stäben 6.—

Haardt, W. von, Schulwandkarte von **Asien.** Massstab : 1 : 8,000.000. Nach Dr. Chavanne's physikalischer Wandkarte. 6 Blatt in Farbendruck. Preis, unaufgezogen in Umschlag 6 fl., aufgespannt in Mappe 9 fl., aufgespannt mit Stäben 10 fl. Wien. Eduard Hölzel. 1881

– Schulwandkarte der Eisenbahnen von Österreich-Ungarn, s. Seibert, A. E.

Haardt, Vincenz von, Schul-Wandkarte von Palästina für den Unterricht in der biblischen Geschichte des alten und neuen Testamentes, nach den neuesten Publicationen des deutschen Palästina-Vereines und der englischen Palästina-Gesellschaft rc. rc. bearbeitet. Ausgabe für Mittelschulen u. theologische Lehranstalten. Maßstab 1 : 200.000. Mit 2 Nebenkärtchen: 1) Ethnographische Karte von Palästina für die Zeit vor Entstehung des Königthums, Maßstab 1 : 1,000.000 und 2) Jerusalem, Maßstab 1 : 7200. Verlag von E. Hölzel, Wien. (Min.-Erl. v. 16. Nov. 1896, Z. 28291.) Aufgespannt in Mappe 6.50, mit Stäben adjustirt 7.50

Haardt Vincenz, von, Schulwandkarte von Palästina für den Unterricht in der bibl. Geschichte des alten und neuen Testamentes. Nach den neuesten Publicationen bearbeitet. Massstab 1 : 200.000. Chromolithographie. *m* 1·57 × 1·30 3.—, aufgez. in Mappe 6.50 Aufgezogen mit Stäben 7.50
Wien: Hölzel 1897.

— — Ausgabe für Mittelschulen und theologische Lehranstalten. Wien 1898

Haardt V v, Schulwandkarte von Palästina für den Unterricht in der biblischen Geschichte. Ausgabe für Volks- und Bürgerschulen. 1 : 200 000. Wien 1898

Süd-Polar-Karte von V[incenz] v. **Haardt.** Maß-Stab d. Hauptkarte 1:10,000,000. Maß-Stab d. Nebenkarten 1 : 50,000,000 u. 1:100,000,000. [Mit 8 Nebenkarten.] *Wien: E. Hölzel (1895).* (4 Kartenbl. je 83×72 cm.) quer-gr. 2° [kol.] [04. 6957

Die Tätigkeit des k. u. k. militärgeographischen Institutes in den letzten 25 Jahren (1881 bis Ende 1905). Nach amtl. Publikationen u. sonstigem Materiale dargest. von Vinzenz **Haardt** v. Hartenthurn. Mit 3 Taf. Wien: K. u. k. militärgeogr. Inst., 1907. (XVII, 611 S.) 8° [07. 14646 11

Haardt v. Hartenthurn, Vinzenz, die Tätigkeit des k. u. k. militärgeographischen Institutes in den letzten 25 Jahren. (1881—Ende 1905.) Nach amtl. Publikationen u. sonst. Material dargestellt. (XVII, 611 S. m. 3 Taf.) gr. 8. Wien 907. (R. Lechner's Sort.) nn 8. —

Haardt, Vinc. von, Übersichts-Karte der Alpenländer. 1:100000. Wien 1889. gr. Fol 2 Bll. Chromolith.

Haardt, V. v., Übersichtskarte der Alpenländer. 2. Aufl. 1 : 1,000.000. [Hölzels General-, Hand- und Reisekarten. No. 35] Wien: Hölzel 1910. gefalzt K. 1.20

Haardt, Vincenz von, Uebersichtskarte von Europa für den Schulgebrauch und zum Selbststudium. Maßstab 1 : 3,000.000. Ed. Hölzel, Wien. (Min.-Erl. vom 17. Juni 1895, Z. 8231.) In losen Blättern 9. —, auf Lnwd. gesp. in Mappe 13.50 Auf Lnwd. gespannt mit Stäben 16.—

Haardt, Vinz. v., Uebersichts-Karte der österreichisch-ungarischen Monarchie mit Angabe der politischen Eintheilung nach Bezirkshauptmannschaften beziehungsweise Comitaten. 1:8,000,000. Lithogr. und color. Imp.-Fol. Wien 879, Hölzel.

Haardt Vinzenz von Hartenthurn: Übersichtskarte der ethnographischen Verhältnisse von Asien und den angrenzenden Teilen Europas. 6 Blatt. Wien, 1887

Haardt, Vinzenz v., Wandkarte von Afrika nach Dr. Josef Chavanne's physikalischer Wandkarte für den Schulgebrauch bearb. 1:8,000,000. 4 Bl. in Farbendr. Imp.-Fol. Wien 878, Hölzel. *

Haardt, V., Wandkarte der Alpen. 1:600000. Detaillirte Ausg. Nebst einem erläuternden Textheft. Mit 1 chromolithogr. Karte: Eintheilung der Alpen. Wien, Hölzel, 1882. gr.-4. 6 Bll. Imp.-Fol. Chromolith. (30 M.) . . . . (BPA.)

Haardt, Vincenz von, Wandkarte der Planigloben. (Oro-hydrographische Ausgabe.) Maßstab: 7 : 20,000.000. Eduard Hölzel. Wien (Min.-Erl. v. 22. Juni 1896, Z 15386.) Auf Leinwand gespannt in Mappe 6.—, auf Leinwand gespannt mit Stäben 7.50

Wandkarte der Planigloben. Orohydrogr. Ausg. in 8 Blatt mit 2 Nebenkarten. Massstab. 1:20 Mill. Chromolith. *m* 2·00×1·30 4.—, aufgezogen in Mappe 7.—. Aufgezogen mit Stäben Wien: Hölzel 1897. 8.—

Haardt, Vincenz von, Wandkarte der Planigloben. Politische Ausgabe in 8 Blatt mit 2 Nebenkarten *a)* die Nordpolarländer, *b)* die Südpolarländer. Mittlerer Maßstab 1:20,000.000. Verlag Eduard Hölzel in Wien. (Min.-Erl. v. 17. Mai 1897, Z. 10454.) Auf Leinwand in Mappe 8.—, mit Stäben 9.—

Haardt v. Hartenthurn, Vincent v., s. Haardt

Haardtgebirge [Sachl. OW]

Haardtgebirge, das, u. d. Gegend von Worms u. Nierstein, in 6 Ansichten gezeichnet u. gestochen von Roux. Mit Text. gr. Fol. Heidelb., Engelmann. 1 ꝛß 21 K ill. 6 ꝛß 18 K Der Rheingau bis Bingen. In 6 Ansichten. 1 ꝛß 6 K ill. 4 ꝛß 12 K Bingen, Kreuznach u. d. Donnersberg. In 6 Ansichten. 1 ꝛß 6 K ill. 4 ꝛß 12 K Der Rhein von Bingen bis Coblenz. In 12 Ansichten. 2 ꝛß 12 K ill. 9 ꝛß Der Rhein von Coblenz bis Bonn. In 9 Ansichten. 1 ꝛß 21 K ill. 6 ꝛß 18 K

Haardtgebirge [Schlagwort]

Haardtgebirge, s. a. Rheinpfalz.

Haardt-Gebirge. Güther, Fr., neueste Touristen-Karte vom Haardt-Gebirge m. Ansichten der hervorragendsten Ruinen der Rheinpfalz. 1:125,000. Photolith. Fol. Kastel-Mainz 889. Staadt. n. — 75

Haare, graue. 16. (8 S.) Barmen 874, (Wiemann.)

Haare und Zähne, Milch und Blut, Knochen, Holz und Lumpen, oder die Reliquien der römisch-katholischen Kirche. Ein Zeugniß der Wahrheit wider die Heiligthumsfahrt nach Aachen im Jahre 1860. Meiningen 860. Brückner & Renner. gr. 8. (80 S.) n. 10 ngr.

Haaren, Andreas van, aus Dorsten (Westf.). Ueber die **Einwirkung** von Jodalkylen auf Phosphorquecksilber. *Bonn 1900: A. Henry.* (36 S.) 8°
Bonn, Phil. Diss. v. 12. Jan. 1900

Haarer, F. S., s. a. Schildbürger, die.

Haarer, F. S., die Schildbürger, od.: das Lalen- u. Narrenbuch. Höchst wundersame, abenteuerl. Geschichten u. Thaten. Mit schönen Figuren (in eingedr. Holzschn.) geziert. gr. 16. (128 S.) Reutlingen 872. Fleischhauer & Spohn. — 40

Haarer, Peter

Haarer's, P., Beschreibung des Bauernkrieges 1525, s. a. Materialien zur neueren Geschichte.

Haarers, Peter. Beschreibung des Bauernkrieges 1525. Nebst einem Anhang: Zeitgenössisches über die Schlacht bei Frankenhausen. (Aus: „Materialien zur neueren Geschichte". Nr. 3.) 8. Halle 1881.

Haarhaus, Jul. R., Christnachtphantasien. 12. (178 S.) Leipzig 898. H. Haessel, Verl. n. 2. —; geb. in Leinw. n. 3. —

Haarhaus, J. R: Ein Ehrentag des Hauses Philipp Reclam jun. Leipzig 1908

Haarhaus, Jul. R., die Episteln des Ovid. Vier Genrebildchen aus dem Buchhandel. (Theater des Börsenvereins. Kantate 1906.) (100 S.) 8. Leipzig (906). Festausschuß des Börsenvereins der Deutschen Buchhändler. n. 1. 40

— unser Federwild, s.: Natur, die deutsche, in Monatsbildern.

— das Georgenhemd, s.: Deva-Roman-Sammlung.

— Geschichten aus drei Welten. Novellen u. Märchen. Mit Illustr. u. Vignetten nach Federzeichngn. v. Fr. Schmidt-Glinz. 8. (III, 344 S.) Leipzig 894. H. Haessel. n. 4. —; geb. in Leinw. n. 5. —

Haarhaus, Jul R., J. W. v. Goethe, s.: Universal-Bibliothek.

— Nach der Hühnersuche u. andre Jagdgeschichten. (IV, 807 S.) kl. 8. Leipzig 908. F. W. Grunow. 3.50; geb. in Leinw. 4. —

— s.: Kennst du das Land?

Haarhaus, Jul. R., der Bopparder Krieg, s.: Hausbücherei, rheinische. 21. Bd.

— unter dem Krummstab. Rheinische Novellen. (V, 608 S.) 8. Leipzig 906. F. W. Grunow. n. 5. —; geb. n. 6. —

— Maculaturalia. Ein Märchen f. Bücherfreunde. 16. (99 S.) Leipzig 896. H. Haessel. 1. 50; geb. n. 2. —

— der Marquis v. Marigny. Eine Emigrantengeschichte. (305 S.) 8. Ebd. 903. Geb. in Leinw. n. 4. 50

Leipziger Spaziergänge. Bilder u. Skizzen von Julius R. **Haarhaus.** Leipzig: J. v. Schalscha-Ehrenfeld 1903. (159 S.) 8° [F.] [07. 2859

— Leipziger Spaziergänge. Bilder u. Skizzen. Mit 12 Vignetten v. Frz. Bender u. 1 Lichtdr.-Bilde v. Wilh. Stumpf. 2. durchgeseh. u. erweit. Aufl. (IV, 159 S.) kl. 8. Leipzig 906. J. v. Schalscha-Ehrenfeld. Geb. in Leinw. n. 1.20

1. Aufl. (159 S.) 903. Geb. n. 1.75.

Haarhaus, Jul. R., auf Goethes Spuren in Italien, s.a. Kennst du das Land?

[F.] Auf Goethes Spuren in Italien. Von Julius R Haarhaus. Th. I – III. *Leipzig: C. G. Naumann 1896.97.* 3 Bde 8.
I Ober-Italien. 1896. (X S., 1 Bl., 207 S., 1 Kt.)
II Mittel-Italien. 1897 (4 Bl., 180 S., 1 Kt.)
III. Unter-Italien. 1897 (4 Bl., 194 S., 1 Kt.)
= Kennst du das Land? Bd I. VIII. IX. [97. 777]

– (Bearb.), s. Taute, Reinhold: Gebhard Leberecht von Blücher, der Held der Befreiungskriege, als Freimaurer.

– (Hrsg.), s. Thomas, Robert: Unter Kunden, Komödianten und wilden Tieren.

— Wildkalender. 1. Tl.: Unser Haarwild, s.: Natur, die deutsche.

— Wo die Linden blühn! Märchennovellen. 2. Aufl. (331 S.) 8. Ebd. 908. 8.—; geb. in Leinw. 4. —

Haarhaus, Max: Das neue englische Wuchergesetz ⟨Money-lenders Act, 1900⟩ und seine Vorgeschichte. Stuttgart 1904: Stähle & Friedel. (68 S.) 8°

München, Staatswirtsch. Fak., Ref. Lotz, Diss. v. 17. Jan. 1905

[Geb. 14. Okt. 77 Barmen; Wohnort: Barmen; Staatsangeh.: Preußen; Vorbildung: Real-Gymn. Barmen Reife O. 98; Studium: München 1, Würzburg 1, München 7 S.; Rig. 23. Juli 04.]

Haarhaus, Wilh., über Tibromphenol- u. Pikraminsäure-Abkömmlinge. Inaugural-Dissertation. 8. (27 S.) Elberfeld 880. (Göttingen, Vandenhöck & Ruprecht.) n. — 60

Haarhoff, B. J. [Cand. theol. (Utrecht-Univ.)]: Die Bantu-Stämme Süd-Afrikas. Leipzig, Druck v. August Pries, 1890; 1 Bl. + 126 S. + 1 Bl. 8°

Leipzig, Phil. Fak., Inaug.-Diss. v. 6. Aug. 1890

Haarhoff, B. J., die Bantu-Stämme Süd-Afrikas. Eine ethnologisch-mytholog. Studie. 8. (VI, 126 S.) Leipzig 890. Fock. n. 2. —

Haarland, Max, approb. Arzt aus Marienwerder. Aus d. Tübinger Universitäts-Augenklinik. Über Bindehauttransplantation. *Tübingen: F. Pietzcker 1901.* (42 S.) 8°
Tübingen, Med. Diss. v. 1901

Haarlander, Pet., der Bienenfreund aus Oberbayern, oder: Der untrügliche Wegweiser in der Bienenwelt. Eine vollständige Unterweisung in der Behandlung der Bienen zu jeglicher Jahreszeit, so wie überhaupt zum vortheilhaftesten Betriebe der Bienenzucht nach der Methode des rühmlichst bekannten schlesischen Bienenvaters Dzierzon. München 857. (Regensburg, Manz.) 8. (2 Bl., XVI, 246 S.) n. 9½ ngr

Peter Haarlander, Der sichere Führer im Obstbau. 1882 Rosenheim

Haarlander, P., Obstbüchlein. Der kleine Obstbaumgärtner, oder gründliche, auf selbst gemachten Erfahrungen beruhende Anleitung zur Anzucht gesunder und dauerhafter Wildlinge und deren Veredlung und Verpflanzung auf ihren bleibenden Standort etc. Ein Auszug aus dem zur Zeit noch ungedruckten „aufrichtigen Obstbaumfreunde" des Verf. Mit 44 Abbildgn. (Holzschn.) Regensburg 859. Pustet. 8. (VIII, 120 S.) 5 ngr

Haarlander, Pet., illustrirter Obstgärtner. Eine theoretisch-prakt., auf physiolog. Grundsätze basirte Anleitung zur Obstbaumzucht, ein verläßl. Rathgeber u. ein sicherer Führer für den Anfänger in derselben. Mit steter Berücksichtigung des französ. Baumschnittes. München 866. Central-Schulbücher-Verlag. 12. (XVI, 302 S. mit 94 Abbild. in eingedr. Holzschn.) cart. n.n. 10 ngr

— wohlmeinender Rath für Freunde der Bienenzucht oder kurze Anleitung zur zweckmäßigen Behandlung der Bienen nach Dzierzon's Methode. Mit Abbildgn. (Holzschn.) Ebend. 859. 8. (VIII, 136 S.) 5 ngr

Haarlem [Schlagwort]

Haarlem, s.: Woerl's Reisehandbücher.

Haarmann, A. Betriebssicherheit und Oekonomie im Eisenbahnwesen. Vortrag. Berlin 1897

Haarmann, A., Eisen u. Holz im Eisenbahn-Geleise. Vortrag. [Aus: „Stahl u. Eisen"] gr. 8. (26 S.) Leipzig 892. W. Engelmann. n. -- 80

— das Eisenbahn-Geleise. (1. Bd.) Geschichtlicher Thl. 2 Hälften. gr. 4. (XL, 852 S. m. 1837 Holzschn.) Ebd. 891. n. 40. —; in 2 Bde. geb. n.n. 46. —

Haarmann, A., das Eisenbahngleis. (II.) Kritischer Tl. gr. 4. (IX, 277 S. m. 503 Abbildgn.) Leipzig 902. W. Engelmann. n. 20. —; geb. in Halbfrz. n.n. 23. —
I. Ebd. 891. n. 40. —; geb. n.n. 46. —.

Haarmann A. d. Eisenbahnoberbau a. d. Hygieneausstellg zu Berlin. Osnabrück 1883

Haarmann, A: Die Eisenschwelle. Düsseldorf 1908. (S. A. aus Stahl u. Eisen 1908, Nr 6)

— e. Fahrt zur Kolumbus-Ausstellung. gr. 8. (IV, 116 S.) Osnabrück 894 (Rackhorst.) n. 1 50

Haarmann, A., d. Kleinbahnen. Ihre geschichtl. Entwicklg., techn. Ausgestaltg. u. wirthschaftl. Bedeutg. F. die Bedürfnisse der Praxis bearb. 8. (X, 388 S. m. 178 Holzschn.) Berlin 896. Siemenroth & Troschel. Geb. in Leinw. n. 8. —

-- vor dem Rubicon. Ein letztes Wort der Beherzigg. zur Ausstellungsfrage. gr. 8. (48 S.) Berlin 892 Deutsche Verlags- u. Buchdruckerei-Actien-Gesellschaft. n. 1.

Haarmann, A: Der Schienenstoß. Vortrag. Osnabrück 1910

— Schlagwörter uns. Zeit. Vortrag, geh. i. Kohlenklub z. Essen a. d. Ruhr am 9. Febr. 1895. [Aus: „Rhein-westfäl. Zeitg."] gr. 8. (24 S.) Essen 895. G. D. Baedeker. n. — 60

Haarmann, A., Warenkunde des Manufakturwarenhandels, s.a. Für die kaufmännische Praxis. 1. Bd.

Haarmann A, Warenkunde des Manufakturwarenhandels usw. 1. Garne, Gewebe, Wirkwaren. (107 S) Leipzig 1905

Haarmann, A., über den Werth der verschiedenen Eisenbahn-Oberbau-Konstructionen. Vortrag, geh. im Verein für Eisenbahnkunde zu Berlin am 11. Jan. 1882. Mit 10 Abbildungen im Text u. 3 (lith.) Taf. [Aus: „Glaser's Annalen f. Gewerbe u. Bauwesen".] Fol. (20 S.) Berlin 881. Polytechn. Buchh. in Comm. n. 2. —

Haarmann, A. Die nothwendigen Ziele der weiteren Entwicklung des Eisenbahn-Oberbaues. Vortrag. Osnabrück 1885.

Haarmann, Allan: Das Lagerrecht nach dem neuen H.G.B. ⟨§ 416—424⟩. *Osnabrück 1898: A. Liesecke.* (48 S.) 8°
Göttingen, Jur. Diss. v. [11. Juli] 1898

Haarmann, C., die Kohlenverladung in den Canalhäfen des nordfranzösischen Steinkohlenbezirkes. [Aus: „Zeitschr. f. d. Berg-, Hütten- u. Salinenwesen".] gr. 4. (11 S. m. 5 Taf.) Berlin 893. W. Ernst & Sohn. n 5. —

Haarmann, Erich: Die geologischen Verhältnisse des Piesbergs bei Osnabrück und seiner Umgebung. ⟨Ohne Taf. u. Anh. über Wasserverhältnisse.⟩ (Berlin 1908: A. W. Schade.) 50 S. 8° ¶ (Ersch. vollst. in: Jahrbuch d. Kgl. Preuß. Geolog. Landesanst. f. 1908.)
Berlin, Phil. Diss. v. 1. Okt. 1908, Ref. Branca
[Geb. 14. Juni 82 Osnabrück; Wohnort: Berlin; Staatsangeh.: Preußen; Vorbildung Realgymn. Osnabrück Reife O. 01; Studium München 3, Berlin 8 S.; Rig. 7. Mai 08.] [U 09. 180

Haarmann Eugen Ueber einen Fall von Doppelnussbildung Diss. Dorpat. 8° 35 pp mit zwei lithographirten Tafeln
1874

Haarmann, Ewald, Referendar in Schwelm ⟨Westfalen⟩: Die Selbstschuld-Ausfall-Bürgschaft des Bankiers. Schwelm i. W. 1907: M. Scherz. (VI, 55 S.) 8° [J.]
Leipzig, Jur. Fak., Diss. v. 15. Juni 1907
[Geb. 25. Dez. 80 Schwelm i. W.; Wohnort: Schwelm; Staatsangeh.: Preußen; Vorbildung: Gymn. Schleusingen i. Th. Reife O. 00; Studium: Göttingen 1, Leipzig 4, Bonn 1, Leipzig 1, Bonn 1 S.; Rig. 25. Febr. 05.]

Haarmann, F. L., Leitfaden zur Veranschlagung der Bauentwürfe in der Herzoglichen Baugewerkschule zu Holzminden. kl. 8. (Mit 1 Tab. in 4.) Holzminden 842. (Erdmann u. Müller.) 1/3 ß

Haarmann, F. L., Leitfaden zur Veranschlagung der Bauentwürfe in der Herzogl. Baugewerkschule zu Holzminden. 3. Aufl. Mit 19 lith. Blättern. 854. (Braunschweig, Ramdohr.) 8. (LXIV, 210 S. u. 1 Tab. in 4.) n. 12½ ngr

Haarmann, F. L., Leitfaden zur Veranschlagung der Bauentwürfe in der Baugewerkschule zu Holzminden. 4., unter Mitwirkung der Lehrer der Baugewerkschule umgearb. Aufl. Mit 420 Constructionszeichnungen auf 48 lith. Blättern u. mit 6 lith. Blättern in Farbendr. Holzminden 862. — Braunschweig, Schulbuchhandlung. gr. 8. (VII, 363 S. m. Holzschn. u. 1 Tab. in 4.) n. 2 ß 4 ngr

Haarmann, F. L., Zeitschrift für Bauhandwerker unter Mitwirkung der Lehrer der Baugewerkschule zu Holzminden hrsg. von Gust. Haarmann. 9—14. Jahrg. 1865—70. à Jahrg. 12 Nrn. (à 2 Bgn. mit eingedr. Holzschn. u. 2 lith. Bgn. Zeichnungen.) Mit Beilagen. Braunschweig, (Schulbuchh.) gr. 4. Jeder Jahrg. n. 3 ß

Haarmann's, F. L., Zeitschrift f. Bauhandwerker unter Mitwirkg. v. Lehrern der Baugewerkschule in Holzminden hrsg. v. Gust. Haarmann. 14—20. Jahrg. 1870—1876. à 12 Nrn. (2 B. m. eingedr. Holzschn. u. lith Zeichngn.) gr. 4. Leipzig, Knapp. à Jahrg. n. 9. —

Haarmann's, F. L., Zeitschrift für Bauhandwerker, unter Mitwirkung der Lehrer der Baugewerkschule in Holzminden hrsg. von Gust. Haarmann. 21—23. Jahrg. 1877—1879. à 12 Nrn. (2 B. m. eingedr. Holzschn. u. 2 Steintaf.) gr. 4. Leipzig, Knapp. à Jahrg. n. 9. —

— dasselbe. 24—26. Jahrg. 1880—1882. à 24 Nrn. (B. m. eingedr. Holzschn u. Steintaf.) gr. 4. Ebend. à Jahrg. n. 10. —

Haarmann's, F. L., Zeitschrift f. Bauhandwerker. Organ der herzogl. Baugewerkschule Holzminden. Hrsg. v. Gust. Haarmann. 27—30. Jahrg. 1883—86. à 24 Nrn. (B. m. eingedr. Holzschn. u. Taf.) gr. 4. Halle, Knapp. à Jahrg. n. 10. —

Haarmann's, F. L., Zeitschrift f. Bauhandwerker. Organ der herzogl. Baugewerkschule Holzminden. Hrsg. v. G. Haarmann. 31.—34. Jahrg. 1887—1890. à 24 Nrn. (B. m. eingedr. Holzschn. u. Taf.) gr. 4. Halle, Knapp. à Jahrg. n. 10. —

Haarmann's, F. L., Zeitschrift f Bauhandwerker. Verkündigungsblatt der herzogl. Baugewerkschule Holzminden. Begründet u. geführt v. F. L. Haarmann 1857—1864. Fortgesetzt v. Gust. Haarmann 1864—1891. Hrsg. v. Ludw. Haarmann. 35.—38. Jahrg. 1891—1894. à 24 Nrn. (Bog. m Holzschn. u. Taf.) gr. 4. Halle a/S., W. Knapp. à Jahrg. n. 10. —

Haarmann's, F. L., Zeitschrift f. Bauhandwerker. Verkündigungsblatt der herzogl. Baugewerkschule Holzminden. Begründ. u. gef. v. F. L. Haarmann 1857—1864. Fortges. von Gust. Haarmann 1864—1891. Hrsg. v. Ludw. Haarmann. 39.—42. Jahrg. 1895—1898. à 24 Nrn. (Bog. m. Abb. u. Taf.) gr. 4. Halle, W. Knapp. à Jahrg. n. 10. —
Kann auch vierteljährlich bezogen werden.

Haarmann's, F. L., Zeitschrift f. Bauhandwerker. Verkündigungsblatt der herzogl. Baugewerkschule Holzminden. Begründet u. geführt v. F. L. Haarmann 1857—1864. Fortges. v. Gust. Haarmann 1864—1891. Hrsg. v. Ludw. Haarmann. 43.—46. Jahrg. 1899—1902. à 24 Nrn. gr. 4. (à ca. 8 S. m. Abbildgn. u. Taf.) Halle, W. Knapp. à Jahrg. n. 10. —

Haarmann's, F. L., Zeitschrift f. Bauhandwerker. Verkündigungsblatt der herzogl. Baugewerkschule Holzminden. Begründet u. geführt v. F. L. Haarmann 1857—1864. Fortgesetzt v. Gust. Haarmann 1864—1891. Hrsg. v. Ludw. Haarmann. 47. u. 48. Jahrg. 1903 u. 1904. à 24 Nrn. (à ca. 8 S. m. Abbildgn. u. Taf.) gr. 4. Halle, W. Knapp. à Jhrg. n. 10. —
Fortsetzung, s.: Zeitschrift f. das Baugewerbe.

– (Hrsg.), s. Zeitschrift für Mühlen- u. Maschinenbauer

Haarmann, G. A. Mikroskopische Untersuchungen über die Struktur und Zusammensetzung der Melaphyre. Leipzig. 1872.

Haarmann, Gustav (Hrsg.), s. Haarmann, F. L.: Zeitschrift für Bauhandwerker

Haarmann, Windhorst's Schulantrag, s. a. Schriften d. Liberalen Schulvereins Rheinlands u. Westfalens.

Windhorst's Schulantrag. Referat d. Reichstags-Abgeordn. Dr. [Gustav] Haarmann-Bonn nebst Verhandlung auf d. Gen.-Versamml. d. Lib. Schulver zu Düsseldorf ... 1889. Bonn. E. Strauß 1889. (31 S.) 8° [J.]
— Schriften d. Liberalen Schulvereins Rheinlands u. Westf. No 16. [c4. 5377

Haarmann, Herm. Just., die ökonomische Bedeutung der Technik in d. Seeschiffahrt, s. a. Monographien, technisch-volkswirtschaftliche. 2. Bd.

Haarmann, Hermann Justus: Die ökonomische Bedeutung der Technik in der Seeschiffahrt. Melle in Hann. 1907: F. E. Haag. (111 S.) 8° ¶ (Erscheint vollst. als: Technisch-Volkswirtschaftl. Abhandlungen St. 1. 1907.)
München, Staatswirtsch. Fak., Ref. Brentano, Diss. v. 28. Jan. 1907
[Geb. 13. Sept. 77 Osnabrück; Wohnort. Osnabrück; Staatsangeh.: Preußen; Vorbildung: Realgymn. Osnabrück Reife O. 98; Studium: Phil. Berlin 1, Jura München 1, Straßburg 1, München 3 S.; Rig. 28. Jan. 07.]

Die ökonomische Bedeutung der Technik in der Seeschiffahrt. Von Hermann Justus **Haarmann**. Leipzig: Klinkhardt 1908. 107 S. 8°
(Technisch-volkswirtschaftl. Monographien. Bd 2.) [09. 18318

Haarmann, Karl Friedrich

Haarmann, Carolus Fridericus: De condylomatibus syphiliticis. Halae (1837): Karl Grunert. 28 S. 8°
Halle-Wittenberg, Med. Diss. v. 15. Dez. 1837
Geb. Hettstedt (Gebirgskr. Mansfeld) 2. 9. 1814. V.

Haarmann, Ludwig (Hrsg.), s. Haarmann, F. L.: Zeitschrift für Bauhandwerker.

Haarmann, Ludw., s.: **Zeitschrift f.** das Baugewerbe.

Haarmann, O., über die Nebenproduktionsindustrie der Steinkohle, s. a. Mitteilungen der Gesellschaft f. wirtschaftliche Ausbildung e. V. Frankfurt a. M. 6. Hft.

Über die Nebenproduktenindustrie der Steinkohle. Von O. **Haarmann**, Bergass. Dresden: O. V. Böhmert 1906. (V, 61 S.) 8°
= **Mitteilungen** d. Gesellschaft f. wirtschaftl. Ausbildung, Frankfurt a. M. H. 6. [06. 6760

Haarmann, Rudolf [aus Braunschweig]: Ein Beitrag zur Kenntniss der Isozuckersaure .... Berlin, Buchdr. v. C. Berg, 1886; 73 + 2 S. 8°.
Berlin, Phil. Fak., Inaug.-Diss. v. 6. März 1886.

Haarmann, Rudolf, Referendar: Die rechtliche Stellung des Revisors der eingetragenen Genossenschaften. Borna-Leipzig 1908: Noske. X, 59 S. 8°
Münster, Rechts- u. staatsw. Diss. v. 28. Okt. 1908, Ref. Schreuer, Jacobi
[Geb. 8. Juli 83 Witten; Wohnort: Berleburg; Staatsangeh.: Preußen; Vorbildung: Realgymn. Witten Reife O. 03; Studium: Marburg 3, München 1, Münster 2 S.; Rig. 26. Febr. 07.] [U 09. 3558

Haarmann, Wilhelm, aus Holzminden ⟨Braunschw.⟩: Über die Einwirkung von Hydroxylamin auf Akrolein, Crotonaldehyd und Akrylsäureester. *Berlin (1901): G. Schade.* (46 S.) 8°
Berlin, Phil. Diss. v. 16. März 1901

Geschichte der Gefängnisgesellschaft für die Provinz Sachsen und das Herzogtum Anhalt. Festschrift z. 25jähr. Bestehen d. Gesellsch. Im Auftr. d. leitenden Ausschusses verf. von Pastor Wilhelm **Haarmann**. Halle a. S.: Gefängnisgesellsch. 1909. 48 S. 8° [09. 13037

Deutsch-evangelisches Leben in Brasilien. Erinnerungen u. Erfahrungen e. ehemal. brasilian. Diasporageistlichen. Von W. Heeren [d. i. Wilh. Haarmann]. *Leipzig: K. Kaupisch 1901.* (227 S.) 8° [F.] [01. 11038

Haarmann & Reimer: Eigenschaften und Verwendung der synthetischen Riechstoffe. Holzminden 1904

Haarmann & Reimer: Preisliste über Synthetische Riechstoffe. Holzminden 1905

Haar-Recepte, acht bewährte, nebst Recepten, wohlriechende Pommade zu machen. 8. Annab. (Leipz., Leich). Versiegelt 4 ℔

Haars, Ferd., deutsche Klänge. gr. 16. (48 S. m. 1 Bildnis.) Hannover-Linden 892. Manz & Lange. n. 1. —; geb. in Leinw. m. Goldschn. n. 1. 60

Haars, Franz, approb. Arzt aus Wulferstedt. Über **Rippenbildung** an der Oberfläche von Thromben. *Würzburg 1903: A. Horst.* (28 S.) 8°
Würzburg, Med. Diss. v. 1903

Haars, *H. A.* Gustav [app. Arzt aus Kniestedt]: Aus d. patholog. Institute zu Kiel Beitrag zur Lehre von der diffusen congenitalen Lebersyfilis. ... Kiel, Druck v. L. Handorff, 1891; 16 S., 2 Bl. 8°
Kiel, Med. Fak., Inaug.-Diss. v. [14. Mai] 1891

Haars, Gust., Beitrag zur Lehre v. der diffusen congenitalen Lebersyfilis. Diss. gr. 8. (16 S.) Kiel 891. (Gnevkow & v. Gellhorn.) n. — 60

[F.] Ein Braunschweiger im Russischen Feldzuge von 1812. Erinnergn d. Pastors (Johann Gottlieb) **Haars** zu Mascherode neu hrsg. v. Ludwig Hänselmann. (Originalt.: Geschichte der bei d. Französ. Feldzuge gegen Russland im J. 1813 überstandenen Gefahren u. Gefangenschaft eines Braunschweigers, bis zu s. Zurückkunft ins Vaterland im Monate Juli 1817. Braunschweig 1818. Gedr. b. Friedrich Krampe.) *Braunschweig: W. Scholz 1897.* (3 Bl., VI, 67 S.) 1 Bd 8. [97. 1125

Haars, Otto, Apotheker a. Hohenhameln: Ein Beitrag zur Kenntnis der Corydalis-Alkaloide. Marburg 1904: (H. Fleischmann, Breslau). (73 S.) 8°
Marburg, Phil. Fak., Ref. Schmidt, Diss. v. 17. Dez. 1904
[Geb. 12. Okt. 76 Hohenhameln; Wohnort: Goslar; Staatsangeh.: Preußen; Vorbildung: Realgymn. Goslar Reife O. 95; Studium: Marburg 5, Breslau 1 S.; Rig. 11. Mai 04.]

Haars, Otto, Referendar in Liebenburg: **Menschenraub und** Kinderraub ⟨R. St. G. B. §§ 234, 235⟩. *Göttingen 1899: Dieterich.* (68 S.) 8°
Rostock, Jur. Diss. v. [10. Febr.] 1900

Haarsma, G. E., der Tabaksbau in Deli. 4. (V, 240 S. m. 9 Abbildgn. u. 8 Grundrissen.) Amsterdam 890. de Bussy. geb. n. 12. —

Haarstick, Ernst Otto, Tierarzt in Hildesheim: Bleivergiftungen bei Pferden und Rindern im Tale der Innerste. Hildesheim 1910. 68 S. 8°. [4. III. 10.]
Bern. Vet.-med. Diss. 1909/10.

Haarstick, Ernst Otto. Bleivergiftungen bei Pferden und Rindern im Tale der Innerste. Diss. Vet.-Med. Bern. 68 S. 8. Hildesheim, August Lax, 1910.

Haarth, Adolf [pr. Arzt aus Bernburg]: Aus d. medizin. Klinik in Jena. Zur Aetiologie und Behandlung der progressiven perniciösen Anaemie ... Jena, Druck v. A. Kämpfe, 1896; 47 S. 8.
Jena, Med. Fak., Inaug.-Diss. v. [15. Okt.] 1896

Haarth, Paul, der HErr ist mein Hirte. Tägliche Andachten. gr. 8. (399 S.) Dessau 901. A. Haarth. Geb. in Leinw. n. 2. —

Haarvertilgungsmittel, ein neues, vollkommen unschädliches u. außerordentl. schnell wirkendes, für Gerber, Pergamentbereiter, Thierärzte etc. anwendbar. gr. 12. Grimma 839. (Verlags-Comptoir.) 1/8 ℔

Haarwood, s. Harwood.

Haas—, s. auch Has—.

Haas et Naville, Choix de fables, s. Naville.

Haas, freie Hefte f. naturwissenschaftliche Mitteilgn., in zwangloser Folge hrsg. Nr. 1—5. 8. Klotzsche-Königswald. (Leipzig, K. F. Pfau.) à — 30
1. Analyse v. Hartblei (5—20% Sb.) (4 S.) 908.
2. Ueber Alkoholbestimmung, die Anwendg. des Ebullioskopes hierfür u. den Einfluss der gelösten festen Körper auf die Alkoholbestimmung. (4 S.) 908.
3. Eine Beobachtung bez. des Urinierens bei Fischen. (Forellenbarsch, Grystes [Micropterus] salmoïdes.) (4 S.) 908.
4. Bestimmung der Phosphorsäure (Gesamt) in Thomasschlacke. (4 S. m. 2 Fig.) 908.
5. Der Perlen-Wulstling (Perlpilz). Amanita pustulata Schaeff, (A. rubescens Pers.) (4 S. m. 1 Fig.) 908.

Haas, Liberalism. u. Demokr., s. Flugschriften d. dtschen. Volkspartei.

Haas, Militairische Situationskarte von den Ländern zwischen dem Rhein, Main und Neckar in 25 Bll. Frankfurt a. M., Brönner, 1822. (37 1/2 Rthlr.)

Haas, Situations-Charte [eines Theiles von Mittel-Europa] aufgenommen u. gez. Darmstadt [1790?] . . . . (Br. Mus.)

Haas, Veröffentlichungen der Vereinigung der deutschen landwirthschaftlichen Genossenschaften. Offenbach a. M., 1884 bis 1892.

Haas, e. Wort üb. das neue Infanterie-Gewehr M/71. Mit e. (lith. Taf. (in 4.) gr. 8. (11 S.) Berlin 874. Mittler & Sohn. n. — 25

[Haas, .] Wünsche und Ansichten über die zu entwerfende Verfassung des Cantons Bern. [Mit 1 Tabelle.] 8. Bern 1831.

Haas, A. [aus Culiacan (Mejiko)]: Klinische Beiträge zur Phthisis pulmonum .... Göttingen, Druck d. Univ.-Buchdr. v. E. A. Huth, 1885; 75 S. 8°.
Göttingen. Med. Fak., Inaug.-Diss. v. 1885.

Haas, A., klinische Beiträge zur Phthisis pulmonum. gr. 8. (75 S.) Göttingen 885. (Vandenhoeck & Ruprecht.) n. 2. —

Haas, A., Einführung in die Elektrizitätslehre. 12 gemeinverständl. Vorträge. 8. (VI, 101 S. m. Abbildgn.) Leipzig 900. O. Leiner. n. 1.50

Licht- und Schattenbilder aus unserer rheinischen Diaspora. Ein Gedenk- u. Dankesblatt f. d. Arbeit d. Gustav-Adolf-Vereins aus d. Gemeinde Saarlouis von A. de **Haas**. 2. erw. Aufl. Leipzig: Strauch (1908). 10 S. 8°
(Festschriften f. Gustav-Adolf-Vereine. Nr 71.) A 12.12975

Haas, A., Quibus fontibus Ael. Ar. in componenda declamatione, quae inscribitur *Πρὸς Πλάτωνα ὑπὲρ τῶν τεττάρων* usus sit. Diss. 1884. 95 S.

Haas, Abraham [app. Arzt aus Würzburg]: Ein histologischer Beitrag zur Lehre der Telangiectasien ... Würzburg, Becker's Univ.-Buchdr., 1892; 24 S. 8.
Würzburg, Med. Fak., Inaug.-Diss. v. 1892

Haas, Adph., die Homöopathie lichtvoll in der Theorie u. heilvoll in der Praxis. Zur Belehrung u. Beherzigung für Jene, denen das wahre Wesen dieser Heilmethode nicht näher bekannt ist, dargestellt. Mit einem illustr. Grundriß des homöopath. Heilsystems. gr. 8. (X u. 255 S. m. 1 lith. Taf. in gr. 4.) Wien 851, Sollinger's Wwe. n. 1⅓ ℳ

Haas, Adolf, appr. Arzt aus Traunstein: Aus d. pathol. Institut zu München. Zur Casuistik der Scrotalgangrän im Anschluss an Urethritis. *München 1901: Kastner & Lossen.* (39 S.) 8°
München, Med. Diss. v. 1901

Haas, Dr. Adolph —. Die Mineralquellen und ihr Verhältniß zur Allöopathie und Homöopathie. Für Aerzte und Laien. Von — —. 8. (72 pag.) Wien. Druck und Verlag von J. P. Sollinger's Witwe. 1853.

Haas, Adf., pharmaceutische Rechnungs-Tabellen. Hilfsbuch zur schnellen u. richtigen Taxirung der für Private, öffentl. Krankenanstalten, oder unter Staats-Aufsicht steh. Fonde gelieferten Medicamente. Nach der österreich. Arznei-Taxe vom Jahre 1869 bearb. Budweis 870. Hansen. gr. 8. (55 S.) n. 14 *ngr.*

Haas, Ldr., geistreiche Schriften. 4. Frankf. 700.

Haas, Albert, Referendar aus Cöln a. Rh.: Die Bedeutung der actio ad exhibendum des gemeinen und bürgerlichen Rechtes. (§ 809 B.G.B.) Borna-Leipzig 1905: R. Noske. (VI, 51 S.) 8° [J. u. A.]
Erlangen, Jur. Fak., Diss. v. 13. Jan. 1905
[Geb. Cöln; Staatsangeh.: Preußen; Rig. 13. Jan. 05.]

Haas, Albert [aus Herzberg]: Ueber den Einfluss der epicureischen Staats- und Rechtsphilosophie auf die Philosophie des 16. und 17. Jahrhunderts ... Berlin, Druck v. H. S. Hermann, 1896; 115 S., 1 Bl. 8.
Berlin, Phil. Fak., Inaug.-Diss. v. 15. Jan. 1896

Haas, Alb., üb. d. Einfluss d. epicureischen Staats- u. Rechtsphilosophie auf die Philosophie des 16. u. 17. Jahrh. Ein Beitrag z. Geschichte d. Lehre v. Staatsvertrag. Diss. gr. 8. (115 S.) Berlin 896. Mayer & Müller. n. 2. —

Haas, Albert: V o l k s t ü m l i c h e s aus Vögisheim im badischen Markgräfer Land, s. H a a s s , Alb.

Haas, Alfred

Haas, A., s.: Blätter f. Pommersche Volkskunde.

Haas, *Alfred* [Dr.]: Aus pommerschen Hexenprozessakten. E. Beitr. z. Geschichte d. pomm. Volksglaubens. Stettin, Druck v. F. Hessenland, 1896; 1—18 S. 4.
Stettin, st. Schiller-RG, OP 1896 (153)

— die Insel Hiddensee. gr. 8. (57 S.) Stralsund 896. (S. Bremer.) n. 1.20

[F.] Die Insel Hiddensee. Von Dr. A[lfr.] **Haas,** Stettin. *Stralsund: Dr. d. Kgl. Regiergs-Buchdr. 1896.* (57 S.) 1 Bd 8. [96. 8329

Die Halbinsel Mönchgut und ihre Bewohner. Hrsg. von Dr. A[lfred] **Haas,** Prof., u. Fr[itz] W o r m , Lehrer. Mit 16 Bild. Stettin: Burmeister 1909. 116 S. 8° [09. 11345

Sagen und Erzählungen von den Inseln Usedom und Wollin. Gesammelt u. hrsg. von Dr. A[lfred] **Haas.** *Stettin: J. Burmeister 1904.* (XVI, 232 S.) 8° [F.] [04. 12346 9

Haas, A., Rügen'sche S a g e n u. Märchen. Gesammelt u. hrsg. 8. (XII, 263 S.) Greifswald 891. L. Bamberg. Geb. in Leinw. n. 2.50

[F.] Rügensche Sagen und Märchen. Gesamm. u. hrsg. v. Dr. A[lfred] **Haas.** 2. Aufl. *Stettin: J. Burmeister 1896.* (XVI, 235 S.) 1 Bd 8. [97. 1443

Haas, A., Rügensche Sagen u. Märchen. Gesammelt u. hrsg. 3. Aufl. (XVI, 228 S. m. 16 Abbildgn. auf 8 Taf.) 8. Stettin 908. J. Burmeister. Geb. n. 2.50

— Schnurren, Schwänke u. Erzählungen von der Insel Rügen. Gesammelt u. hrsg. 8. (VIII, 139 S.) Greifswald 899. J. Abel. n. 2. —; geb. n. 2.50

— Rügensche Skizzen. 8. (VIII, 140 S. m. 13 Abb.) Greifswald 898. J. Abel. Kart. n. 2.40

Haas, Alfred, approb. Arzt aus St. Ingbert: Über Vergiftung durch Arsenwasserstoffgas. *München 1902: C. Wolf & Sohn.* (40 S.) 8°
München, Med. Diss. v. 1902

Haas, A[lfred], Dr.: Volkskundliches von der Halbinsel Mönchgut. (Stettin) 1905: (H. Saran.) (S. 3—15.) 4°
Stettin, Schiller-RG OP 1905 (181)

Haas, Anton Andreas (Witlich)
1. Civilgesetzbuch d. linken Rheinufers. Coblenz 1822.
2. Abhandlung über das Schuldenwesen in Rheinpreußen. Coblenz 1823.
3. Abhandlung über die Militärpflichtigkeit und die Aushebungen in Preußen. Coblenz 1824.
4. Oeconomisch-cameralistische Ansichten über die ackerwirtschaftlichen Verbesserungen der Eifelgegenden. Coblenz 1825.
5. (als MS) Reallasten und Servitute.
6. Entwurf einer Verordnung wegen Ablösung der Zehnten.
7. Entwurf einer Schulordnung mit Rücksicht auf die verschiedenen Confessionen im Reg. Bez. Coblenz.

[In den Promotionsakten vermerkt, jedoch nicht mehr vorhanden.]
Dr. phil. Giessen 28.12.1827.

Haas, A. A., Abhandll. über d. Militärpflichtigkeit u. d. Aushebungen in Preußen. gr. 8. Coblenz 824. (Trier, Lintz). 12 gr.

— Abhandl. über d. Schuldenwesen d. Gemeinden in Rhein-Preußen. 8. Trier 823. Lintz. (Ant. Mayer in Aachen). 16 gr.

— s. v. Bedford, Untersuchungen.

— Coder d. linken Rheinufers u. d. französ. Reichs 2c. 1r Bd. 8. Trier 822. (Gall). 3 ₰

Haas, A. A., Kern der Erfahrungen auf dem Gebiete der Haus- und Feldwirthschaft. Ein Wegweiser durch die Arbeit zum Wohlstande. Leipzig 859. Hübner in Comm. 8. (VII, 224 S.) 20 ngr.

— Versuch e. Handbuchs für Communalbeamte über d. lokale u. materielle Rechnungswesen d. Gemeinden eingef. preuß. Gesetzbuche in den Rheinprovinzen. 8. Trier 822. Lintz. 1 ₰ 12 gr. Hbd. Pr. 18 gr.

Haas A A Civil Gesetzbuch des [illegible]
[illegible]
seit der Verkund[illegible]nenen [illegible]
gliche[illegible] Ser[illegible] Con[illegible]te Gese[illegible]
[illegible] Bd 1—3 Coblenz 1822—26

Haas, Art. Erich, über die elektrodynamische Bedeutung des Planck'schen Strahlungsgesetzes u. üb. e. neue Bestimmung des elektrischen Elementarquantums u. der Dimensionen des Wasserstoffatoms. (26 S.) gr. 8. Wien 910. A. Hölder. — 75
Sonderabdruck aus „Sitzungsber. d. k. Akad. d. Wiss.".

— Die **Entwicklungsgeschichte** des Satzes v. der Erhaltung der Kraft. (III, 116 S.) Lex. 8. Ebd. 909. 2. 60

Über [illegible] von [illegible] gruppe[illegible] einer äquivalenten Kugel von [illegible] positiver [illegible] 3 Textfiguren S 120 Ha [illegible] 1.85
Separatabdruck

Haas, *August* [Prof. Dr.]: **Beiträge** zur Graphischen Darstellung der Ebenen Kurven III. Ordnung. ([Umschlagt.:] ... der höheren Plankurven.) Stuttgart, k. Hofbuchdr. C. Liebich, 1895; I—II S., 1 Bl., 1—52 S. 4.
Stuttgart, Eberhard-Ludwigs-G, P 1895 (604)

Haas, Aug., Lehrbuch der Differentialrechnung. Für das Selbststudium u. den Gebrauch an Lehranstalten bearb. nach dem System Kleyer. gr. 8. Stuttgart, J. Maier. n. 16. — (1-3.: n. 20 —)
2. Die vollständ. Differentiation entwickelter u. nicht entwickelter Funktionen v. 1 u. v. mehreren reellen Veränderlichen, Reihenentwicklungen, unbestimmte Formen, Maxima u. Minima. Nebst 558 gelösten Aufgaben, 78 Fig. u. 230 Erklärgn. (VIII, 322 S.) 893. n. [illegible]
3. Anwendung der Differentialrechng. auf die ebenen Kurven. Nebst 425 gelösten Aufgaben, 104 Fig. u. 138 Erklärgn. (VIII, 272 S.) 891. n. [illegible]
s. 1888 (in Bd. XXV). Kleyer, Adf

Haas, Aug., Lehrbuch der Integralrechnung. 2. Tl.: Anwendung der bestimmten **Integrale auf Quadratur,** Rektifikation, Komplanation u. Kubatur, sowie auf Aufgaben aus der Mechanik u. Technik. Mit 246 vollständig gelösten Aufgaben. 163 Fig. u. 137 Erklärgn., nebst ausführl. Formelverzeichnis. Zum Selbststud. u. z. Gebrauch an Lehranstalten bearb. (Kleyer's Encyklopädie der ges. mathem.-techn. u. exakten Natur-Wissenschaften.) gr. 8. (VIII, 284 S.) Stuttgart 900. [J. Maier.] Bremerhaven, L. v. Vangerow. n. 9. —
Tl. 1 u. d. T.: Kleyer, Adph, Lehrbuch d. Integralrechnung, jetzt Ebd. 889. n. 10.—.

Haas, A., Lehrbuch über den binomischen u. polynomischen Lehrsatz, die arithmetischen Reihen höherer Ordnung u. die unendlichen Reihen, m. 259 Fragen u. Antworten, 202 Erklärgn., 502 meist gelösten Aufgaben u. e. Formelnverzeichnis zum Selbststudium u. dem Gebrauch an Schulen bearb. nach dem System Kleyer. (VII, 370 S.) gr. 8. Bremerhaven 906. L. v. Vangerow. n. 8. —; geb. n. 9. —

Haas, Aug., über graphisches Rechnen. gr. 8. (10 S.) Tübingen 887, Fues' Verlag. *
Aus: Mathematisch-naturwissenschaftliche Mittheilungen, besonders abgedruckt.

Haas, Aug., Versuch einer Darstellung der Geschichte des Krümmungsmasses. Inaugural-Dissertation. 4. (80 S.) Tübingen 881. (Fues.) n. 3. —

Haas, Aug., viola tricolor. 4. Erlangen, Palm. 783.

– Dass., s.a. Haase, J J

Haas, B., der Oenologen-Congress in Wien vom 2. bis incl. 7. Oktbr. 1873. Nach den stenograph. Sitzungs-Protokollen bearb. [Aus; „Annalen d. Oenol."] gr. 8. (38 S.) Heidelberg 875. C. Winter. n. — 80

— über **Phallus impudicus** [L.] u. einige Coprinus-Arten, s.: **Rathay, E.**

Haas, Bruno

Haas, B., die **Methoden** der Alkoholbestimmung in weingeistigen Flüssigkeiten, s.: **Mittheilungen** der k. k. chemisch-physiologischen Versuchsstation für Wein- u. Obstbau in Klosterneuburg bei Wien.

Haas, B., üb. den Nachweis u. die Bestimmung der schwefligen Säure u. Schwefelsäure im Wein, s.: **Mittheilungen der k. k. chemisch-physiologischen** Versuchsstation f. Wein- u. Obstbau in Klosterneuburg.

Haas, B., Studien über das Reifen der Trauben, s. **Mittheilungen** der k. k. chemisch-physiologischen Versuchsstation für Wein- und Obstbau in Klosterneuburg bei Wien.

Haas B Studien über das Reifen der Trauben. Wien. Faesy & Frick 1875. 29 S. (Mitteilungen der k k chemisch-physiologischen Versuchsstation für Wein- und Obstbau in Klosterneuburg bei Wien H. 3.) -- 12ª

Haas, Bruno, Tabellen zur Alkohol- u. Extraktbestimmung in Bier u. Wein. Mit Zugrundelegg. der Tafeln der k. k. österreich. Normal-Eichungskommission berechnet. (15 S.) gr. 8. Wien 906. W. Frick. n. 1. —

Haas, B., welche Grundsätze sollen bei d. chemischen Untersuchung u. Begutachtung der Weine allgemein als Richtschnur dienen? (Internationaler land- u. forstwirthschaftl. Congress zu Wien 1890, 131. Hft.) gr. 8. (12 S.) Wien 890. (Frick.) n. — 60

Haas, C., grammaire élémentaire de la langue grecque et spécialement de la prose attique. 8. (IV und 328 S.) Genf 857, [Müller-Darier.]

Haas, C. Grammaire élémentaire de la langue grecque et spécialement de la prose attique. Revue par *E. A. Bétant.* 3e éd. In-8°. IV et 260 p. Coppet, Müller-Darier. 1878

Haas, Carl, s. H a a s , Karl

Haas, Caroline, s. H a a s , Karoline

Haas, Caspar, s. H a a s , Kaspar

Haas Cl., Blumenkränze mit Sprüchen. (6 T) 4° [VS] Wandsbeck

Haas, Cölestin, die beste Mostbereitung, s. a. Volksbücher, landwirthschaftliche.

Haas C. Mostbereitung. (Rödiger, landwirtschaftl. Volksbücher 3) Luzern 1860

Haas, Conrad Ferdinand, s. H a a s , Konrad Ferdinand

Haas, Constantin, s. H a a s , Konstantin

Haas, Damian Ferdinand (J. U. L. et Cam. Imp. Practicus)

Haas, Dam. Fd., († d. 5. April 1805.) Beantwortung d. Comitialnebenstunden in Betreff d. Tarirungen. 4. Wetzl. 783 Winkler. 3 ℊ

Haas, Dan. Ferd., Beantwort. d. Comitialnebenstunden in Betreff der Tarirungen. 4. Wetzlar, Winkler. 7[illegible].

— s. a. Erörterung über e. Fragen aus d. westphäl. Frieden.

HAAS, Dan. Fd.: Erörterung üb. einige Fragen a. d. westphäl. Frieden. *Wetzlar*, Winkler. 781. Fol. (16 Gr.)

— Gedanken über d. Fr.: Ob d. Turnus oder d. persönl. Ordnung im Referiren bei d. R.-K.-Gericht thunlich sei? 4. Wetzl. 768. Winkler.

— patriot. Gedanken von des Kammerrichters voto decisivo. Fol. Wetzl. 767. Winkler. 16 ℊ

— von des Kammerrichters voto decisivo. 4. Ebend. 785.

Ders.: Patriot. Gedanken von des Kammerrichters voto decisivo. *Ebend.* 781. Fol. (16 Gr.)

— Gedanken über d. Tarirungen am königl. Reichskammergericht. 4. Wetzl. 783. Winkler. 12 ℊ

— vertheidigter wahrer Geist d. Gesetze rc. 4. Wetzl. 785. Winkler.

— wahrer Geist d. Gesetze u. fernere Gedanken über Tarirungen rc. 4. Wetzl. 783. Winkler.

— Immediatät u. Landeshoheit d. Abtei Frauenalb. Fol. Wetzl. 782. Winkler. 16 ℊ

— Immediatät u. Landeshoheit d. Abtei Schwarzbach. Fol. Wetzl. 772. Winkler. 1 ß 12 ℊ

— Mediatät u. Landsässigkeit d. Abtei Maximin. Fol. Wetzl. 774. Winkler. 20 ℊ

— **Damian Ferdinand,** De monarchia S. R. I. limitata contra Hippolitum a Lapide, Severinum Monzambanum, aliosque recentiores ex historia, legibus imperii, earumque analogia asserta. Diss. jur. publ. Giessen (Joh. Jac. Braun) 1750. 48 S. (5.50) 12447

— — Dasselbe. Ed. II. longe auctior. Frankfurt u. Leipzig 1752. 72 S. (5.50) 12448

HAAS, Dan. Fd.: De monarchia S. R. Imp. limitata. *Wetzlar*, Winkler. 753. 4. (4 Gr.)

— de paritate judicantium utriusque relig. 4. Frankf. u. Leipz. 756. (Krieger in Cassel). 3 ℊ

— Recht d. Erbfolge in d. R.-Grafsch. Hoor. Fol. Wetzl. 769. Winkler. 1 ß 4 ℊ

Haas, Damian Ferdinand (Juris practicus)
Florum sparsio ex universo jure.
Giessae 17. Nov. 1750: Joh. Jak. Braun. 8 S. 4°
loco dissertationis inauguralis ... pro licentia summos in utroque jure honores ac privilegia obtinendi.

— Vorschläge, d. Justizwesen im Kammergrichte zu verbessern. 2 Thle. 8. Wetzl. 786—88. Winkler. 2 ß

Haas, Dan.

Haas, D., wie man sich bettet, so schläft man, s. a. Volksschriften, Berner.

Haas, Dan. Wie man sich bettet, so liegt man. Vier Lebensbilder Sumiswald 1889. 56 S. 8°

Haas Ed. Die Sehkraft der Schuljugend. 6. Stockerau. 81.
Progr.

Stockerau, L. Rg.: Verzeichnis der an unserer Lehranstalt gewesenen Schüler mit bes. Berücks. ihrer getroffenen Berufswahl od. dermal. Beschäftigung von Ed. Haas. 24. 1889.
Progr.

Haas, Edgar, Referendar in Hamburg. Die condictio indebiti nach gemeinem Recht und bürgerlichem Gesetzbuch. *o. O. [1900].* (VIII, 64 S.) 8°
Rostock, Jur. Diss. v. [[illegible] Dez.] [illegible]

Haas, Eduard Friedrich [aus Kleinheubach]: Über Cervical-Catarrhe .... Würzburg, J. M. Richter's Buchdr., 188[illegible], [illegible]4 S. 8°
Würzburg, Med. Fak., Inaug.-Diss. v. 188[illegible]

Haas, Emil [aus Wermelskirchen]: Aus d. medizin. Klinik zu Bonn. Ueber Oxalurie m. Beobachtgn u. Untersuchgn an e. neuen Fall dieser Stoffwechselstörg. Bonn, Druck v. E. Heydorn, *1894*; 58 S. 8.
Bonn, Med. Fak., Inaug.-Diss. v. [24.] Febr. 1894

Haas, Ernst, Arzt aus Rohrbach: Ueber die Beziehungen zwischen der stündlichen Stickstoffausscheidung und der Darmresorption in ihrer Abhängigkeit von Ruhe, Arbeit und Diurese. [Mit 26 Figuren im Text.] Berlin 1910. IV + 45 S. 8° [13. VII. 10.]
Bern Med. Diss. 1909/10

Haas, Ernst Eröffnung der Schule als selbständige Anstalt und Einweihung des Schulhauses. S. 8—13 des Jahresber. 4.
Städt. Realschule i. E. *Duisburg* 1906 (613).
Die neue städtische Realschule (Umschlagtitel Der Neubau der Realschule.) S. 5—9., 3 Taf. 4.
Progr. Städt. Realschule i. E. *Duisburg* 1907 (621).

Haas, Ernst, Direktor: Merkwürdige Kurven im Dreieck und ihre Beziehung zu den sogenannten „merkwürdigen Punkten." Duisburg 1906: J. Ewich. (27 S., 4 Taf.) 4°
Duisburg, st. R i. E. P 1906 (613)

Haas, Ernst, aus Esslingen Zur Operation der Retropharyngeal-Abscesse. *Tübingen: H. Laupp 1898.* (11 S.) 8° ¶(Aus Beiträge zur klinischen Chirurgie, Bd 22, H 3.)
Tübingen, Med Diss v 1898

Haas, Ernst Was ist Elektrizität? *Kattowitz: 1899: G. Siwinna.* (20 S.) 4°
Kattowitz, st. G, OP 1899 (199)

Haas, Fd., s. W. Scott, Fräulein am See.

Haas, Ferd

Haas, F., die englische Aussprache und Formenlehre übersichtlich dargestellt. gr. 8. (31 S.) Darmstadt 853, Beyerle.

Haas, F., die englische Aussprache und Formenlehre übersichtlich dargestellt. Darmstadt 855. Beyerle. 8. (31 S.) 5 ngr

Haas, F., die englische Aussprache und Formenlehre übersichtlich dargestellt. 2., verb. u. verm. Aufl. Oppenheim a. R. 863. Kern. gr. 8. (39 S.) 5 ngr

Haas, F., Cours élémentaire complet de la langue italienne. 12. Darmstadt 845, Ollweiler. 1 ₰ 6 ngr

Haas, Ferdinand Adolf (Wambach)
Über die Entstehung und die geographischen Grenzen der romanischen Sprachen im allgemeinen und der französischen Mundart insbesondere.
Darmstadt:Brill 1859. 39 S.
Dr. phil. Giessen 19.11.1858.
[In: Programm des Großherzogl. Gymnasium Darmstadt.]

Haas, F., Ernst u. Scherz. Humoristische Gedichte. In Eulenform ausgestanzt. (6 Bl. mit farb. Illustr.) München 889. Stroefer. n. — 65

Haas, Ferdinand, a. Cöln Über Ester-, Amid-, Anilid-, und p-Toluididsäuren der Mesaconsäure und Citraconsäure. Bonn 1907: C. Georgi. (40 S.) 8°
Bonn, Phil. Fak., Ref. Anschütz, Diss. v. 31. Juli 1907
[Geb. 6. Febr. 81 Frechen; Wohnort: Cöln; Staatsangeh.: Preußen; Vorbildung: Realgymn. Cöln Reife O. 01; Studium: Bonn 8 S.; Rig. 19. Juni 07.]

Haas, Ferd. Ueber die Fabrikation und den Verschleiss der in Epirus und Albanien gangbaren Gold- und Silberdraht- und Gespinnstwaaren. *Wien* 1857. Bei *C. Gerold's Sohn*. 15 S. 8°.

Haas, F., französische Gespräche für Knaben nebst einer Auswahl der gebräuchlichsten Wörter. Ebend. 860. 8. (IV, 100 S.) geb. 7½ ngr

- Histoire de la littérature française. 1. Livr. gr. in-8. Darmstadt 844, Kern. ¾ ₰

— Kinder-Glück u. Weihnachtszauber. Illustrirt v. L. Mack. 4. (16 Bl. m. eingedr. Illustr., davon 10 chromolith.) Ebd. 887. geb. n. 3. —

— Lectures graduées pour l'étude de la langue française; ouvrage destiné aux élèves de l'âge de 12 à 14 ans. 8. (IV und 248 S.) Darmstadt 859, Jonghaus'sche Hofbuchh. *

— 320 Regeln über die Syntax der Französischen Sprache als Anhang zur Formenlehre der Elementargrammatik der Französischen Sprache. Oppenheim a. R. 860. Kern. gr. 8. (123 S.) 10 ngr

— französisch-deutsche Sprech-Uebungen für 12—14jährige Knaben. — Causeries dialoguées, pour exercer les élèves de 12—14 ans à converser dans la langue française. Ebend. 862. gr. 8. (IV, 218 S.) n. 16 ngr

Haas, Ferd., französische Stoßseufzer u. deutsche Reflexionen e. Ausgewiesenen. Antwort an George Sand [Aurora Dudevant.] 8. (64 S.) Mainz 871. Zabern in Comm. n. 1. —

— tableau historique de la littérature française à l'usage des gymnases, des lycées et des écoles supérieures. 1. livr. Depuis la formation de la langue française jusqu'à la fin du XV. siècle. (Neue Titel-Ausg.) Darmstadt (844.) 855. Kern. gr. 8. (267 S.) 21 ngr

— — 2. livr.: XVI. et XVII. siècles. Ebend. 857. gr. 8. (1 Bl., 336 S.) n. 1 ₰

— tableau historique de la littérature française à l'usage des gymnases, des lycées et des écoles supérieures. 3. Livr.: XVIII. siècle. Darmstadt 869. Zernin. gr. 8. (209 S.) n. 20 ngr
Die früher erschienenen Liefgn. sind in denselben Verlag übergegangen

— tableau historique de la littérature française à l'usage des gymnases, des lycées et des écoles supérieures. 4. livr. XIX. siècle. gr. 8. (IV, 311 S.) Darmstadt 872. Zernin. n. 3. — (1—4.: n. 10. —)

Haas, Ferd. (u. Andere). Vom Himmel her! Reime. Mit Bildern v. J. Lawson. 4. (40 S. m. farb. Illustr.) [Münch. 889.] Nürnb., Stroefer. geb. * 4 —

Haas, Ferd., wer weiß, wie ich heiß'? Kinderpoesie. Lieder, Fabeln u. Rätsel. Mit 145 (eingedr. Holzschn.-) Illustr. v. Paul Thumann, Jul. Kleinmichel, L. v. Kramer rc. 4. (102 S.) München 885. Stroefer. geb. n. 2. 50

Haas, Fr., zwei Gelegenheitspredigten zum Andenken d. Erlösung Deutschlands aus Napoleons Tyrannei. gr. 8. Aachen 815. Forstmann. (Frankf., Eichenberg). 9 gl

— zwei Gelegenheitspredigten: am Dankfeste des am 18. Juni 1815 bei Belle Alliance erfocht. Sieges; u. dem am 18. Jan. 1816 gefeierten Friedensfeste in Aachen. gr. 8. Aachen 816. (Eichenberg in Frankf.) 6 gl

Haas, F., d. Mensch kann in jed. Religion selig werden. E. Predigt. 8. Frankf. Brönner. 804.

Haas, Fr. J.: Grundriss des deutschen Staatsrechts. Zum Gebrauch bei Vorlesungen. Nebst e. Abdr. d. deutsch. Bundesacte u. d. Wiener Schlussacte v. 15. Mai 1820. *Bonn*, Habicht. 827. gr. 8. (6 Gr.)

Haas, Fr. J., über d. Repartitions-Princip d. Staatsschulden bei Länderzerstückelungen, mit Rücksicht auf d. neuern Staatsverträge, insbesond. auf d. 8. Art. d. Lüneviller Friedens v. 9. Febr. 1801, u. §. 78—80. d. Reichsdeputations-Hauptschlusses v. 25. Febr. 1803; üb. d. Natur d. Hypotheken im Gegensatze d. Reallasten, nach d. röm., preuß. u. franz. Rechte, u. üb. d. der Lehre v. d. Hypotheken anzuweisende Stelle im Rechtssystem, mit Bezieh. auf e. besond. Rechtsfall u. §. 37. d. Reichsdep.-Hauptschlusses. gr. 4. (14½ B.) Bonn 831, Habicht.

Haas, Fr. Jos., Beiträge zu den Zeichen des Groups. 4. Moskau 820. (Köln, Bachem). 1 ℔

— s. Sulamilli.

— ma visite aux eaux d'Alexandre en 1809 et 10. 4. Moskau 811. Selten!

Haas, F[ranz]. Beiträge zu einer luzernerischen Münzgeschichte. (SA.) 8. Genf 1897 (*Umschlag:* 1899).

Haas, Franz, appr. Arzt a. Köln a. Rh.: **Zur Differentialdiagnose zwischen tuberkulöser Meningitis und Hirnabscess mit eitriger Meningitis.** Gießen 1905: v. Münchow. (30 S.) 8°
Gießen, Med. Fak., Ref. Sommer, Diss. v. 25. Mai 1905
[Geb. 27. Febr. 79 Köln; Wohnort: Rheindahlen; Staatsangeh.: Preußen; Vorbildung: Gymn. M. Gladbach Reife O. 00; Studium: Marburg 5, Berlin 2, Gießen 3 S.; Coll. 20. März 05; Approb. 8. März 05.]

Haas, Fr[anz]. Die Münzen des Standes Luzern. (SA.) 8. Genf 1895.

Haas, Frz., Reichenau u. seine malerische Umgebung. Ein Wegweiser f. Curgäste u. Naturfreunde. 3., bedeut. verm. Aufl. Mit vielen Orig.-Illustr. u. 4 Karten.) 12. (222 S.) Reichenau (Niederösterr.) 899. Curcommission. Geb. in Leinw. n. 2. 40

Haas, Frz., des Bergsteigers Traum, s.: Theater-Bibliothek, alpine, Nr. 6.

Haas, Franz Ludwig. Die feierliche Erneuerung des Burgerrechts der Münsterthaler mit Bern, den 24. September 1743. Vortrag im historischen Verein von Bern. (SA.) 8. [Bern 1863.]

Haas, Franz Seraphim

— Lehrbegriffe d. Kenntniß u. Lehrsätze zur Einsicht u. Verfassung aller nothwendigen Gattungen d. Gedichte. 1r Thl. 8. Manh. 777.

Haas, Frz. Ser., Od·n, Sinnged. u. Fabeln. 8. München, Craz. (auch Lindauer.) 777.

Haas, Frz. Seraph., (†...) Versuche in Oden, Sinngedichten u. Fabeln. 8. Münch. 777. (J. Lindauer). 6 gl.

HAAS, Franz Xaver (Hopferbach): Statistik über dreihundert in der Augenklinik in dem Zeitraum von 1870–1880 ausgeführte Iridektomien.– München: Oldenbourg 1881. 27 S.
20.5.1881 – Urk (Titel: De trecentis iridectomiis in reg. universitatis Monacensis clinica ophthalmiatrica nuperrime factis.); Chr 1880/81,15
Diss.Ingolst.-Landsh.-Mchn.

Haas, Franziskus, die heilige Stunde im Dienste d. göttlichen Herzens Jesu. Nach den Kompletleimungen [illegible] Erlösg. Für alle Monatsandachten d. Kirchenjahres, nebst Anh. v. Gebeten u. Ablässen. 16. (XXII, 326 [illegible] m. 1 Stahlst.) Regensburg 892. F. Pustet. n. [illegible]; geb. in Leinw. n. 1. —; in Ldr. m. Goldschn. n. [illegible]

Haas, Friedrich. s.a. H a a s e

Haas, Frdr., Anleitung üb. Scheibler's musikalische u. physikalische Tonmessung nach gemachten Beobachtungen u. geschrieben f. den Gebrauch der Orgelstimmung. gr. 8. (7 S.) Erfurt 886. Weingart. n. – 20

— s. F. Bender, Aufgaben zum Uebersetzen.

Haas, Friedr. (I.), prakt. Elementargrammatik d. französ. Sprache f. höh. Schulen. I. Curs. Formenlehre. gr. 8. (23 B.) Darmstadt 828, Leske.

Haas, F., praktische Elementargrammatik der französischen Sprache für Schulen. 1. Cursus: Formenlehre. 2., durchaus verb. Aufl. gr. 8. (VI und 307 S.) Oppenheim a. Rh. 859, Kern.

Haas, Dr. Friedr. Entwickelung der Posten vom Altertum bis zur Neuzeit. Vortrag, geh. im württembergischen Verein für Handelsgeographie zu Stuttgart am 27. Febr. 1891. gr. 8°. Stuttgart, J. B. Metzler's Verl., 1891. 2. Aufl. gr. 8°. Berlin, Rosenbaum u. Hart, 1895.

Haas, Friedrich [aus Nurnberg]: Ueber die praktisch verwendbaren Farbenreactionen zum Saurenachweis im Mageninhalt . . . . (Aus d. Munch. Med. Wochenschr.) Munchen, Jos. Ant. Finsterlin, 1888; 1 Bl + 30 S. 8°
Erlangen, Med. Fak., Inaug. Diss. v. 14. Febr. 1887

Haas, Frdr., die irdische Gerechtigkeit. Schauspiel in 4 Aufzügen. 8. (109 S.) Zürich 901. C. Schmidt. 1.40

— nouvelle Grammaire élémentaire de la langue française, à l'usage des classes supérieures des gymnases et des écoles polytechniques de l'Allemagne. IIe Cours, Syntaxe et Construction (Ce volume forme un ouvrage indépend. du premier Cours) gr. in-8. Ebd. 840. n. 1 ℔

Haas, Friedr. Die Post u. der Charakter ihrer Einkünfte. Mit e. Anh. üb. die Packetpost. 2. unveränd. Aufl. gr. 8. (IV, 100 S.) Stuttg. 890, Metzler's Verlag. * 1 80

Haas, Friedr. Die Post und der Charakter ihrer Einkünfte. Mit einem Anhang über die Packetpost. gr. 8°. Stuttgart 1890. 2. Aufl. gr. 8°. Berlin 1896.

— die Prüfung der Herzogin. Schauspiel in 5 Scenen. 8. (55 S.) Wien 901. C. Konegen. n. 1.—

— s. Thucydidis historia belli Peloponnesiaci.

Haas, Fritz: Die Najadenfauna des Oberrheins vom Diluvium bis zur Jotztzeit. Mit 3 Taf. u. 12 Textfig. Frankfurt a. M. 1910: (Weisbrod). 35 S. 4° ¶ (Aus: Abhandlungen hrsg. v. d. Senckenberg. Naturforsch. Gesellsch. Bd 32.)
Heidelberg, Naturw.-math. Diss. v. 9. März 1910, Ref. Bütschli
[Geb. 4. Jan. 86 Frankfurt a. M.; Wohnort: Frankfurt; Staatsangeh.: Preußen; Vorbildung: Wöhler-Realgymn. Frankfurt Reife O. 05; Studium: Heidelberg 10 S.; Rig. 22. Febr. 10.] [U 10. 2192

Haas, Fritz, Referendar aus Strassburg i. E.: **Die Sicherstellung durch Übereignung einer Geldsumme nach deutschem bürgerlichem Recht.** *Strassburg: K. J. Trübner 1899.* (69 S.) 8°
Strassburg, Rechts- u. staatswiss. Diss. v. 1899

Haas, G. A. C., analysis castorei chem. 8. maj. Erlangen, Palm. 795.

Haas, Geo.

Haas, G., der Einjährig-Freiwillige von seinem Eintritt in die Wehrpflicht bis zur Entlassung in die Reserve. Zusammengetragen auf Grund der Reichs-Militär-Gesetzgebung in neuer Fassg., dann der Wehr- u. Heerordng. f. das Deutsche Reich u. f. das Königr. Bayern, sowie höchste Verordngn., Entschließgn. 2c. gr. 16. (III, 71 S.) Ansbach 889. Brügel & Sohn. cart. n. 1. —

Haas, die Jagdkommandos der Infanterie, s.: Kramme.

Haas, Georg Christoph: De malignitate circa febres tertianas. Diss. 26 S., gbd.

Erlangae: (Walther) 1786
(Adversaria argumenti physico-medici, 5,23)

JB 1.608

Haas, Georg Emanuel

Haas, G E Der alte Cardinal; s.a. Album. Bibliothek deutscher Originalromane

Haas, Georg Emanuel

Der alte Cardinal. Th. 1 - 4.
Wien: Markgraf 1864. 8°

(Album. Bibl. dt. Originalromane. Jg.19. Bd.4 - 7.)

Haas, Geo. Em., Gedichte. Leipzig 857. Wengler. 16. (VI, 188 S.) 20 ngr

Haas, G. E., Der Geist der Antike Eine Studie. Graz, Moser, 1894, 8°, XVI, 575 S., fl. 3,60 ö W. (6 M)

Über das Werk mit seinem unzutreffenden Titel u. seinen zahllosen sachlichen u. formellen Fehlern u. Unrichtigkeiten siehe die scharfe u. ausführliche Kritik von Theodor Jungwirt, Prof. im Stifte Melk, Linzer) Theol.-pr. Quartalschr. 1895, S. 419—32. Hist.-pol. Bl. Bd. 115 S. 189 (Grupp).

Haas, G. E., s.: Geschichtslügen, österreichische.

- Geschichtslügen, österreichische, s. Helfert

— Giftblüten am Lebensbaume d. Volkes. gr. 8. (XII, 269 S.) Ebd. 891 n. 2.70

— Vor 70 Jahren. Ein Wiener Zeitgemälde. [Aus: Chronik der Gegenwart.] Wien 865. [Teufen.] gr. 8. (68 S.) n.n. 6 ngr

Haas, G. E., falsche Ideen der modernen Gesellschaft im Lichte der Wahrheit. Ein neuer Beitrag z. Komödiantenthum unserer Zeit. 8. (VIII, 210 S.) Graz 890. Moser. n. 2.—

Haas, G. E., die Passauer in Prag, s.a. Günther's deutsche Romanbibliothek

- Die Passauer in Prag, s.a. Album Bibliothek deutscher Originalromane

Haas, Georg Emanuel

Die Passauer in Prag. Historischer Roman. Th. 1. 2.
Wien: Markgraf 1862. 8°

(Album. Bibl. dt. Originalromane. Jg.17. Bd.18.19.)

—— Schattenbilder aus der Bakteriologie der Seele Daselbst 1892, 8°, III, 295 S., 2,70 Mk.

Verf zeichnet in der Schrift „mit sarkastischer Laune u. scharfer Beobachtungsgabe die gemeine Korruption d. gebildeten Kreise, ihre Genußsucht, Freiheit u. Falschheit" Vgl. Hist.-pol. Blätt Bd. 110, S. 594 ff.

Haas, G. Eman., über das österreichische Studienwesen im Verhältniß zu Staat und Kirche. Nachtrag zu der Broschüre: Ueber den Zustand der österreichischen Universitäten rc. Abdr. aus der Augsburger Postzeitung. Augsburg 853. Schmid. gr. 8. (40 S.) 6 ngr

Haas, Dr. Georg Emanuel. Vergangenheit und Gegenwart des osmanischen Reiches. 8. Augsburg 1854.

— über den Zustand der österreichischen Universitäten mit besond. Beziehung auf die wiener Hochschule. 2. Aufl. gr. 12. (36 S) Augsburg 853, Schmid'sche Vrlgsh.

Haas, Geo. Mich., Compend. grammaticae lat. in tab. fol. Onoldi, Lüder. 722.

Haas, Gustav, a. Kandel (Pfalz): Über die Einwirkung von Phosgen auf die Salicylsäure und auf einige ihrer Abkömmlinge. München 1905: V. Höfling. (46 S.) 8°
München, Phil. Fak., Ref. v. Baeyer, Diss. v. 12. Aug. 1905
[Geb. 30. Aug. 81 Kandel, Pfalz; Wohnort: Kandel; Staatsangeh.: Bayern; Vorbildung: Gymn. Landau Reife Juli 99; Studium: München 12 S.; Rig. 7. Juli 05.]

Haas, Gust., ein Vorschlag f. die gesetzliche Kontingentierung der österreichischen Zuckerindustrie. gr. 8. (23 S.) Brünn 902. R. M. Rohrer. — 60

Haas, H., von Algier nach Oran u. Tlemcen, s.: Schneider, O., der climatische Curort Algier.

Haas, Hans, „Amida Buddha unsere Zuflucht". Urkunden zum Verständnis des japan. Sukhāvatī-Buddhismus, s.a. Religions-Urkunden der Völker. II. 1.

'Amida Buddha unsere Zuflucht' Urkunden z. Verständnis d. japan. Sukhavati-Buddhismus von Dr. theol. Hans Haas. Mit 12 Abb. Leipzig Dieterich 1910. VIII, 185 S. 8°
(Religions-Urkunden d. Völker Abt 2, Bd 1) [10. 6426

— Japanische Erzählungen u. Märchen, s.a. Bücherei, deutsche.

Japanische Erzählungen und Märchen von Hans Haas. Berlin: Deutsche Bücherei [1907]. (108 S.) 8° [F.]
— Bücherei, Deutsche. Bd 85. [08. 2269

Haas, Hans [aus Neundorf, Bayern]: Über einen merkwürdigen Fall von Geschwürsbildung am Ösophagus ... Erlangen, k. b. Hofbuchdr. v. A. Vollrath, 1897; 22 S. 8.
Erlangen, Med. Fak., Inaug.-Diss. v 6. März 1896

Haas, Hans, Geschichte des Christentums in Japan, s.a. Mitteilungen der deutschen Gesellschaft f. Natur- u. Völkerkunde Ostasiens. Suppl. II.

Geschichte des Christentums in Japan von Pfarrer Hans Haas I Tokyo 1902 Rikkyo Gakuin Pr. 8°
= Mitteilungen d. deutschen Gesellschaft f. Natur u. Völkerkunde Ostasiens. 1902 Suppl

— s.: Religionen, die orientalischen.

Sazanami Sanjin (d. i. Iwaya) ... Briefe eines Japaners aus Deutschland. Uebers. von Dr. A[ugust] Gramatzky (Kagoshima). Mit e. Begleitwort u. Anm. hrsg. von Pfarrer Dr. H(ans) Haas. (Bremen M. Nößler 1904.) (VII, 77 S.) 8° [05. 1230

— die Sekten des japanischen Buddhismus, s.: Flugschriften-Reihe, 2., des allgemeinen evangelisch-protestantischen Missionsvereins. 6. Hft.

— Wie e. Japaner Christ wurde, s.: Hirtenrufe. 5.

Japans Zukunftsreligion von D. Hans Haas, Pfarrer. Berlin: K. Curtius 1907. (164 S.) 8° [F.] [07. 1304

— Japans Zukunftsreligion. 2. Aufl. (164 S.) 8. Berlin 907. [K. Curtius]. Heidelberg, Evangel. Verl. 2.40; erm. Pr. 1.—

Haas, Heinr., die Austro-Burgundionen und Logionen. Ein Beitrag zur Urgeschichte des südmainländ. Ostfrankens. (Als Mscr. gedr.) Leipzig 856. Stoll in Comm. gr. 8. (IV, 92 S.) n. 13½ ngr

Haas, Heinrich [app. Arzt aus Uffenheim (Bayern)]: Ueber Endresultate der Hüftgelenks-Resectionen ... Würzburg, Buchdr. d. „N. Bayer. Landeszeitg", 1892; 79 S. 8.
Würzburg, Med. Fak., Inaug.-Diss. v. 1892

— Erörterungen über das, auf den kinderlosen Todesfall, dem überlebenden Ehetheile aus dem Nachlasse des verstorbenen Gatten zustehende Erbrecht, nach den Bestimmungen des Codicis civilis Maximil., mit Rücksicht auf die des gemeinen Rechts, und insbesondere nach dem Stadtrechte von München, dem sogenannten Privileg. Albertinum vom Jahre 1500, ein Beitrag zum teutschen Privatrecht u. Versuch, zur Lösung einer Streitfrage aus dem bayer. Civilrechte. Ebend. 856. gr. 8. (IV, 86 S.) n. 13½ ngr

— Monumenta Abenbergensia gegenüber den Monumentis Zolleranis oder die Abstammung der Burggrafen von Nürnberg und des Königl. Preuß. Hauses von Markgraf Adalbert in Kärnthen, Gaugraf in Radenzgau und Graf von Calw wie von Abenberg als Entgegnung auf die Urkunden der Monumenta Zollerana und Verwandtes. Erlangen 858. Palm. gr. 8. (IV, 64 S. u. 5 Tab. in 8. u. Fol.) 15 ngr

Haas, Heinr., die Nibelungen in ihren Beziehungen zur Geschichte des Mittelalters. Erlangen 860. Blaesing. (Deichert.) gr. 8. (XIII, 114 S.) n. 20 ngr

— der Rangau, seine Grafen und ältere Rechts-, Orts- und Landesgeschichte, mit neuen Forschungen über die Abstammung der Burggrafen von Nürnberg. Ein Beitrag zu des Freiherrn v. Stillfried-Rattoniz Nürnberg'schen Burggrafen und hohenzoller'schen Forschungen. Ebend. 853. gr. 8. (XVI, 256 S. u. 1 Tab. in Fol.) 1 rf

Haas, Heinrich [aus Solnhofen]: Ueber die quantitative Trennung des Zinn's und Titan's. ... *Augsburg, J. P. Himmer'sche Buchdr.* 1889); 1 Bl. + 38 S. 8°
Erlangen, Phil. Fak., Inaug.-Diss. v. 1889

Haas, H., Urzustände Alemanniens, Schwabens u. ihrer Nachbarländer, bei ihrem Uebergang zur ältesten Geschichte Germaniens, in historisch-geographisch-statist. Umrissen nach neuen, durch Kritik u. Vergleichung der Quellen, darüber gewonnenen Ansichten dargestellt. Erlangen 865. Deichert. gr. 8. (XII, 147 S.) n. 20 ngr

Haas, Hermann, appr. Arzt a. St. Georgen i. S.: Aus der Frauenklinik der Universität Heidelberg. Beitrag zur Lehre von den Cysten der Nabelschnur. Leipzig 1906: G. Thieme. (29 S.) 8°
Heidelberg, Med. Fak., Ref. v. Rosthorn, Diss. v. 1906
[Geb. 22. Mai 79 St. Georgen i. S.; Wohnort: Karlsruhe; Staatsangeh.: Baden; Vorbildung: Gymn. Offenburg Reife Juli 98; Studium: Heidelberg 7, Marburg 1, Straßburg 1, Berlin 1 S.; Coll. 18. Juli 05; Approb. 15. Juni 04.]

[F.] Der Dorflump. Volksstück in 3 Aufz. v. Hermann Haas. *(München: Rubinverl. [1898].)* (127 S.) 1 Bd 8.
(Brakl's Rubinverlag.) [98 1057]

Haas, Herm., die acute Endocarditis. Eine klin. Studie. Lex.-8. (107 S.) Prag 883. Calve. n. 3. —

Haas, Herman, (Dr. jur. et rer. polit.), aus Rothenburg ob d. Tauber: Die Grundlagen des deutschen Zollrechtes, unter besonderer Berücksichtigung der bayerischen Zollverwaltung. *Rothenburg o. Tbr. 1900: J. P. Peter.* (111 S.) 8°
Würzburg, Jur. Diss. v. 1900

— das Krankenmaterial d. Spitals der barmherzigen Brüder zu Prag vom J. 1670 bis auf unsere Zeit m. besond. Berücksicht. der Variola. gr. 8. (92 S.) Prag 885. Dominicus. n. 1. 60

— das Recht. Schausp. in 4 Aufzgn. 3. Aufl. 16. (114 S.) Ebd. 896. n. 2. —

Haas, Hippolyt, Anschauungsbilder f. den Unterricht in der Geologie u. physischen Geographie. Gezeichnet v. Jul. Fürst. 80 Taf. à 45×60,5 cm. Kiel 901. Lipsius & Tischer. In Umschlag n. 16. —; einzelne Taf. n. 1. —

Haas, Hippolyt, Begleitworte zu d. geolog. Profil des Kaiser Wilhelm-Kanals, s.: Fülscher, J., d. Bau d. Kaiser Wilhelm-Kanals.

Beiträge zur Geschiebekunde der Herzogthümer Schleswig-Holstein v. Hippolyt Haas. 1. Ueber einige Gesteine der Diabas- und der Basaltfamilie im Diluvium Schleswig-Holsteins. Mit 1 Karte. Separat-Abdruck aus: Schriften des naturwissenschaftlichen Vereins für Schleswig-Holstein. Bd. 6, Heft 1. Kiel. 1885. 8°.

Haas, Hippolyt, Beiträge zur Kenntniss der liasischen Brachiopodenfauna v. Südtyrol u. Venetien. Mit 4 lith. Taf. gr. 4. (XIV, 34 S. m. 4 Bl. Erklärgn.) Kiel 884. Lipsius & Tischer. cart. n. 12. —

Haas, Hippolyt. Kritische Beiträge zur Kenntniss der jurassischen Brachiopodenfauna des schweizerischen Juragebirges und seiner angrenzenden Landestheile, von H' J H'.... Mit [23] Tafeln. 3 Theile. Abhandl. Schweizer. Paläont. Ges. Vol. 16, 17, 18 *u.* 20. 4. Zürich 1889–1893.
Theil 1, mit 2 Tafeln. October 1889.
Theil 2, mit [8] Tafeln. 1890–1891.
Theil 3, mit 13 Tafeln (Die Terebratulae biplicatae des Malm) 1893.

— der Bergmeister v. Grund, s. a. Veröffentlichungen d. Vereines d. Bücherfreunde.

[F.] Der Bergmeister von Grund. E. gereimte u. ungereimte Gesch. aus d. grünen Harzwald u. aus kriegsbewegter Zeit v. Hippolyt Haas. M. Zeichngn v. Julius Fürst. (6.—)8. Taus. *Berlin: Schall & Grund (1897).* (1 Bl., VI, 306 S.) 1 Bd 8.
= Verein d. Bücherfreunde. Jg. VII. [No] 2. [97 3561]

— der Bergmeister v. Grund. Eine gereimte u. ungereimte Geschichte aus dem grünen Harzwald u. aus kriegsbewegter Zeit. Mit Zeichngn. v. Jul. Fürst. 2. [Titel-]Aufl. 8. (VI, 306 S.) Berlin [897]. (902). A. Schall. n. 2. —

Haas, H. J., die geologische Bodenbeschaffenheit Schleswig-Holsteins m. besond. Berücksicht. der erratischen Bildungen, in ihren Grundzügen gemeinfasslich dargestellt. Mit 31 Abbildgn. im Text. gr. 8. (VI, 152 S.) Kiel 889. Lipsius & Tischer. n. 3. —; geb. n. 4. —

— u. C. Petri, die Brachiopoden der Juraformation v. Elsass-Lothringen, s.: Abhandlungen zur geologischen Spezialkarte v. Elsass-Lothringen.

Haas, H., étude monographique et critique des Brachiopodes rhétiens et jurassiques des Alpes vaudoises et des contrées environnantes. [Aus: „Abhandlgn d. schweiz. paläontolog. Gesellsch."] gr. 4. (158 S. m. 11 Taf.) Zürich 892. (Berlin, R. Friedländer & Sohn.) n.n. 16. —

Haas, Hippolyt, s.: Gaea.

— Die vulkanischen Gewalten der Erde u. ihre Erscheinungen, s. a. Wissenschaft u. Bildung.

Die vulkanischen Gewalten der Erde und ihre Erscheinungen. Von Dr. Hippolyt **Haas**, Hon.-Prof. Mit 42 Abb. Leipzig: Quelle & Meyer 1909. (VIII, 138 S.) 8° [F.]
— **Wissenschaft** u. Bildung. 38. [06. 15:07

— **Unterirdische Gluten. Die Natur u. das Wesen der Feuerberge im Lichte der neuesten Anschaugn., f. die Gebildeten aller Stände in gemeinverständl. Weise dargestellt. 1. Taus. (VIII, 316 S. m. 97 Abb. u. 1 Taf. gr. 8. Berlin 910. A. Schall. 8.—; geb. 10.—**

— **Katechismus d. Geologie, s.a. Weber's illustr. Katechismen.**

— **Katechismus der Geologie. 4., verb. Aufl. Mit 144 in den Text gedr. Abbildgn. u. e. Tab. 8. (XVI, 206 S.) Leipzig 885. Weber. geb. n. 3.—**

— **Katechismus der Geologie. 5., verm. u. verb. Aufl. 8. (XIV, 223 S. m. 149 Abbildgn., 1 Taf. u. 1 Tab.) Leipzig 893. J. J. Weber. Geb. in Leinw. n. 8.—**

[F.] Katechismus der Geologie v. Dr. Hippolyt **Haas**, Prof. an d. Univ. Kiel. 6., verm. u. verb. Aufl. M. 157 in d. Text gedr. Abb. u. 1 Taf. *Leipzig: J. J. Weber 1898.* (XIV, 231 S., 1 Taf.) 1 Bd 8.
— **Katechismen, Webers illustrirte.** No 42. [98. 10489 Ki

Haas (H.), Katechismus der Geologie. (Webers illustrirte Katechismen, Band 42.) 7. Aufl. Leipzig 1902. 8. Mit 186 Abb. u. 1 Tafel.

— **Katechismus der Versteinerungskunde (Petrefaktenkunde, Paläontologie), s.a. Weber's illustr. Katechismen.**

— **Katechismus der Versteinerungskunde [Petrefaktenkunde, Paläontologie]. Mit 178 in den Text gebr. Abbildgn. 8. (VIII, 240 S.) Ebend. 887. geb. n. 3.—**

Haas, Hippolyt, Leitfaden der Geologie, s.a. Weber's illustrierte Handbücher. 42. Bd.

Haas, H. J., Leitfaden der Geologie. 8. Aufl. Leipzig. 1906. 286 S. mit 241 Abb. u. 1 Taf. [De 197

— **die Leitfossilien. Synopsis der geologisch wichtigsten Formen d. vorweltl. Tier- u. Pflanzenreichs. Mit mehr als 1000 Holzschn. im Text. gr. 8. (VIII, 328 S.) Leipzig 887. Veit & Co. n. 7.—**

— **Neapel, seine Umgebung u. Sizilien, s.a. Land u. Leute. XVII.**

Neapel, seine Umgebung und Sizilien. Von Prof. Dr. Hippolyt **Haas**. Mit 154 Abb. u. 1 farb. Karte. *Bielefeld & Leipzig: Velhagen & Klasing 1901.* (194 S.) 4°(8°)
— **Land** u. **Leute** 17. [04. 16165

Haas Dr Hippolyt: De comoediae Atticae antiquae fabularum nominibus. Bl. 49. Melk 02. 03.
Progr.

— **deutsche Nordseeküste, friesische Inseln u. Helgoland, s.a. Land u. Leute. VIII.**

Deutsche Nordseeküste. Friesische Inseln u. Helgoland. Von Prof. Dr. H[ippolyt] **Haas**. Mit 166 Abb. u. 1 Karte. *Bielefeld & Leipzig. Velhagen & Klasing 1900.* (176 S.) 4°(8°) [F.]
— **Land** u **Leute** 8. [01. 2481

— **Quellenkunde. Lehre v. der Bildg. u. vom Vorkommen der Quellen u. des Grundwassers. gr. 8. (VIII, 220 S. m. 45 Abbildgn.) Ebd. 895. n. 4. 50; geb. in Leinw. n. 6.—**
Bildet zugleich Ersatz f. die in deutscher Ausg. nicht wieder erscheinende Quellenkunde v. Paramelle.

— **s. Schleswig-Holstein meerumschlungen in Wort u. Bild.**

Ueber die Stauchungserscheinungen im Tertiar und Diluvium in der Umgebung von Itzehoe und über deren Beziehungen zur Kreideablagerung von Lagerdorf-Schinkel. Von Hippolyt **J. Haas.** Mit 1 Zinkographie und 1 Tafel. Separatabdruck aus den Mittheilungen aus dem Mineralogischen Institut der Universität Kiel. Bd. I. Heft 1. Kiel und Leipzig. 1888. 8°.

— **aus der Sturm- u. Drangperiode der Erde. Skizzen aus der Entwickelungsgeschichte unseres Planeten. 1. u. 2. Bd. 8. Berlin, Verein der Bücherfreunde. à n. 4.–; geb. in Leinw. n. 4. 75**
1. 1. u. 2. Aufl. (3,7 S. m. 65 Abbildgn.) 892 894. – 2. (V, 297 S. m. 163 Abbildgn.) 894.

— **aus der Sturm- u. Drangperiode der Erde. Skizzen aus der Entwicklungsgeschichte unseres Planeten. 3. Bd. Gemeinfaßliche Darstellgn. aus dem Gebiete der Mineralogie u. Geologie. Mit 1 Taf. in Farbendr., 16 Vollbildern u. 15 Abbildgn. im Text. 8. (VI, 316 S.) Berlin (902). A. Schall. n. 4.—; geb. in Leinw. n. 4. 75**

— **aus der Urzeit, s.: Hellwald, Frdr. v.**

— **der Vulkan. Die Natur u. das Wesen der Feuerberge im Lichte der neueren Anschaugn., f. die Gebildeten aller Stände in gemeinfaßl. Weise dargestellt. Mit 63 Abbildgn. auf 32 Taf. (IV, 340 S.) 8. Berlin (903). A. Schall. n. 4.—; geb. in Halbleinw. n. 5.—**

— **Wandtafeln f. den Unterricht in der Geologie u. physischen Geographie. Gezeichnet v. Maler Jul. Fürst. 1.—3. Lfg. gr. Fol. (à 10 z. Tl. farb. Taf.) Kiel 894. Lipsius & Tischer. à n. 8.—**

— **Wandtafeln f. d. Unterricht in d. Geologie u. phys. Geographie. Gezeichnet v. Jul. Fürst. 4. u. 5. (Schluss-) Lfg. gr. Fol. (à 10 Taf.) Kiel 896. 98. Lipsius & Tischer. à n. 8.—**

— **warum fliesst die Eider in die Nordsee? Ein Beitrag zur Geographie u. Geologie d. Schleswig-Holsteinischen Landes. Mit 1 Kartenskizze. gr. 8. (13 S.) Kiel 886. Lipsius & Tischer. n. 1.—**

Haas, J. [aus Freiburg]. Zur Geschichte des l vor folgendem consonanten im nordfranzösischen. Würzburg, Druck d. Ferdinand Rohrl'schen Buchdr., 1889; 112 S. 8°.
Freiburg i. B. Phil. Fak. Inaug.-Diss. v. 1889.

Haas, J., Kommentar zum Gewerbegerichtsgesetz in der Fassung der Bekanntmachung v. 29. IX. 1901, nebst 3 Beilagen: 1) Die f. das Verfahren vor den Gewerbegerichten gelt. Bestimmgn. der Civilprozeßordng. u. des Gewerbegerichtsgesetzes. 2) Die f. Preußen erlassenen Ausführungsbestimmgn. 3) Text des Gesetzes v. 30. VI. 1901. 2. verm. u. verb. Aufl. gr. 8. (VIII, 323 S.) Göttingen 902. Vandenhoeck & Ruprecht. n. 6.—; geb. in Leinw. n. 7.—

Haas, J., Kommentar zum Kaufmannsgerichtsgesetz vom 6. VII. 1904, nebst 3 Anlagen, enth. die einschläg. Abschnitte des Handelsgesetzbuches, des Gerichtsverfassungsgesetzes u. der Gebührenordng f. Zeugen u. Sachverständige. (IV, 74 S.) gr. 8. Göttingen 904. Vandenhoeck & Ruprecht. n. 1. 40; geb. n. 2.—

Haas, J., Kommentar zum Reichsgesetz betr. die Gewerbegerichte vom 29. Juli 1890. Nebst drei Beilagen: 1 Die f. das Verfahren vor den Gewerbegerichten gelt. Bestimmgn. der Civilprozeßordng. u. d. Gesetzes, betr. die Gewerbegerichte. 2. Beispiele f. Entscheidgn. d. Gewerbegerichts u. d. Gemeindevorstehers. 3. Die f. Preußen erlassenen Ausführungsbestimmgn. gr. 8. (VII, 271 S.) Göttingen 891. Vandenhoeck & Ruprecht. n. 5.—; geb. n. 6.—

Haas, J. C., Geographie von Amerika u. insbesondere von den Vereinigten Staaten. 3. Aufl. Philadelphia 869. Schäfer & Koradi. 8. (69 S.) geb. 8 ngr.

Haas, J. C., Geographie v. Amerika u. insbesondere v. den Vereinigten Staaten. 5. verb. Aufl. 8. (VII, 69 S.) Philadelphia 870. Schäfer & Koradi. geb. — 80
— dasselbe. 6. verb. Aufl. 8. (VII, 70 S.) Ebend. 875. — 60

Haas, J. C., Dr. Mart. Luther's kleiner Katechismus mit beweisenden und erläuternden Sprüchen aus der heil. Schrift; nebst einem Anhang: Gebete und einer Chronologie der Reformationsgeschichte enthaltend. 4. Aufl. 16. (108 S.) Philadelphia 860, Schäfer und Koradi. geb. Thlr. *
Vgl.: Luther.

— Dr. Mart. Luthers kleiner Katechismus mit beweis. u. erläut. Sprüchen aus der heil. Schrift; nebst einem Anh.: Gebete u. eine Chronologie der Reformationsgeschichte, enthltd. 7. u. 8. Aufl. Ebend. 865—67. 16. (108 S.) geb. 10 ngr.

— Liederkranz für christliche Schulen. 1. Heft. 1—6. Aufl. Ebend. 867, 68. 8. (46 S.) geb. 8 ngr.

— Liederkranz f. christliche Schulen. 10. Aufl. 1. u. 2. Hft. 8. (46 u. 62 S.) Ebend. 874. 1. 50

Haas, J. C., Schulharmonie. Enthaltend eine Gesanglehre, 80 Choräle und 80 religiöse Gesänge für die Jugend. Dreistimmig gesetzt und zusammengestellt. qu. 4. (92 S.) Philadelphia 859, (Schäfer und Koradi.) geb. *

Haas, J. C., Siona. Sammlung vierstimm. Gesänge: Chöre, Hymnen, Motetten ꝛc. für kirchl. Sing-Chöre. (Erster Anh. zu J. G. Schmauck's „deutscher Harmonie.") 2—4. Aufl. Philadelphia 865—68. Schäfer & Koradi. qu. 4. (100 S.) geb. 1 ℛ

— Siona. Sammlung vierstimm. Gesänge: Chöre, Hymnen, Motetten, Psalmen ꝛc. f. kirchl. Sing-Chöre. Erster Anh. zu J. G. Schmauck's deutscher Harmonie." 6. Aufl. qu. 4. (220 S.) Ebend. 871. geb. 4. 50

Haas, J. C., Tempelklänge. Neue Sammlung vierstimmiger Gesänge: Chöre, Hymnen, Motetten, Psalmen ꝛc. für kirchliche Sing-Chöre. 1—4. Hft. qu. 4. (128 S.) Philadelphia 882. Schäfer & Koradi. à 1. —; in 1 Bd. geb. 4. —

Haas, J. Konr., der praktische Wiesenwirth, oder: Instruktion zur Instandhaltung und Benützung von Wässerungsanlagen. Mit Angaben über Pflege der Obstbäume auf Wiesen ꝛc. u. einem Anhang über die Behandlung der nicht wässerbaren Wiesen ꝛc. Unter Benützung der Schriften über Wiesenbau von Vincent, Fries, Häfener ꝛc. Wien 860. Wenedikt. 8. (VIII, 64 S.) 12 ngr.

Haas, Jakob

— u. Jos. **Wismeyer,** lateinisches Elementarbuch f. die erste Klasse des humanistischen Gymnasiums. gr. 8. (VI, 197 S.) Ebd. 899. Geb. in Leinw. n. 2.—

— u. Jos. **Wismeyer,** lateinisches Elementarbuch f. die 1. Klasse des humanist. Gymnasiums. 3. Aufl., besorgt v. Jos. Wismeyer. (VII, 192 S.) 8. Ebd. 907. Geb. 2. 20

Haas, Jak., griechische Schulgrammatik, s.: Engelmann, Lor.

Haas, Jac., de L. Annaei Senecae philosophi monitis. gr. 8. (40 S.) Monachii 878. (Würzburg, Stuber's Verl.) n. 2. —

— Syntax des attischen Dialekts, s.: Engelmann, Lor.

— Lateinisches Übungsbuch, s.: Engelmann, Lor.

Haas, Jak., u. Siegm. Preuß, lateinisches Übungsbuch f. die 6. u. 7. Klasse des humanistischen Gymnasiums (Secunda) nebst e. grammatisch-stilistischen Anh. gr. 8. (V, 268 u. 47 S.) Bamberg 899. C. C. Buchner Verl. Geb. in Leinw. u. geh. n. 3. —

— u. Siegm. **Preuß, lateinisches Übungsbuch f. die 6. u. 7. Klasse des humanistischen Gymnasiums (Sekunda),** nebst e. grammatisch-stilist. Anh. 5. Aufl., besorgt v. Siegm. Preuß. (V, 317 S.) gr. 8. Bamberg 908. C. C. Buchner's Verl. Geb. 3.—; Anh. allein. (52 S.) 910. — 50

Haas, Jean-Pierre: Elementarbuch zum Unterricht des Französischen, nach Meidingers Methode und nach den Grundregeln der Grammatik der Französischen Prytanen, durch einen Freund der Waisen, zum Gebrauche der Primärschulen des Wälder-Departements.
Luxemburg: Brück Jahr XI (1803). 4, 172 S. 8°

Haas Ignaz —. Die Buchhaltung des Kaufmanns und das Wechselrecht in theoret.sch-praktischer Darstellung von — —. Wien, 1855 Druck und Verlag von L. C Zamarski. (8¼ Bog. 8)

Haas, Ign., die Buchhaltung des Kaufmanns und das Wechselrecht in theoretisch-praktischer Darstellung. 2. Ausg. Wien 858. Zamarski u. Co. (Typogr.-artist.-literar. Anstalt.) gr. 8. (2 Bl., 125 S.) n. 22½ ngr.

Haas, Ign., Grammatik der ungarischen Sprache f. den Schul- u. Selbstunterricht. 1. Thl. 8. (IV, 107 S.) Wien 894. C. Graeser. — Budapest, C. Grill. n. — 90

Haas, Ign., Grammatik d. ungar. Sprache f. d. Schul- u. Selbstunterr. II. Thl. 8 (III, 104 S.) Wien 895. [A. Reimann.] C. Graeser. n. — 90
(kplt. in 1 Bd. geb. n. 2. —)

Haas, Ign., Grammatik d. ungarischen Sprache f. den Schul- u. Selbstunterricht. 2 Thle. 2. [Titel-]Aufl. 8. Wien, C. Graeser & Co. à n. — 90
1. (IV, 107 S.) (894.) 999. — 2. (104 S.) (895.) 898.

Haas, Jh. Ph., Unterricht für lehrbegier. Christen in Seelenunterhaltungen, mit Anhang. Aus d. Französ. 8. Kempten 787. Academie in Straßb. 22 ℛ

Haas, Ildeph., († d. 30. Mai 1791.), s. A. Rodriguez, Entwurf d. christl. Vollkommenheit.

Haas, Johann

Bayern. [Ein Gedicht von 45 vierzeil. Strophen.] Von Haas. — 1852. Ingolstadt, Attenkofer. — S. 3—4.
Progr. Ingolstadt.

Haas, Johann, Referendar, zu Wallmerod (Westerwald): **Das Delikt der intellectuellen Urkundenfälschung. § 271 des St. G. B.'s.** *Greifswald 1900: J. Abel.* (70 S.) 8°
Greifswald, Jur. Diss. v. 1900

De Grammaticographia. Von der Grammatik Schreiberei. [100 Hexameter, lat. u. deutsch.] Von Haas. — 1850. Ebend. — S. 3—6.
Progr. Ingolstadt.

Ingolstadium olim et nunc. Ingolstadt einst und jetzt. [80 Distichen lat. u. deutsch.] Von Haas. — 1851. Ebend. S. 3—5.
Progr. Ingolstadt.

De magisterio. Vom Lehramte. [52 Distichen, latein. u. deutsch.] Von Haas. — 1853. Ebend — S 3—6.
Progr Ingolstadt.

De ratione, quamlibet linguam facile arripiendi. Von der Art und Weise, jede Sprache leicht zu erlernen. [108 Hexameter lat u deutsch von Haas.] 1857. Ebend. S 3—6.
Progr. Ingolstadt.

(Haas, Johann.) Oesterreichs Waffen-Ruhm älterer und neuerer Zeit. Eine gedrängte Skizze in 3 Hauptperioden, von J. B. H. 8. Wien 1813.

v. Haas, Jh. Adm., Beobachtt. über den Rinden- oder Borkenkäfer. Mit e. Vorrede von J. G. W. Köhler. 8. Erlang. 792. Palm. 6 gr

HAAS, Johann Adam: Beobachtungen über den Rinden- oder Borkenkäfer, und die daher entstehende Baumtrocknis oder Abstand der Fichtwälder Mit einer Vorrede über das Verdienst, das sich Wildmeister um ihr Vaterland machen können, hrsg. von M. Johann Georg Wilhelm Köhler. - Erlangen 1793. 108 S.

— Johann Aegidius (Tübingen), De imputatione peccatorum nostrorum Christo sponsori nostro factâ ac impactâ. Dissertat. theol. Präs. Joh. Christoph Pfaff. Tübing. (Hiob Francke) 20. VII. 1712. 24 S. (5.50) 12449

Haas, Johann Gottfried

— prakt. Anleit. zum Uebersetzen aus d. Deutschen ins Griechische, für d. ersten Anfänger. 8. Wien 820. (Gerold). 8 gr ·Hbg. Pr. 6 gr

— Anweis., d. hebr. Sprache ohne mündl. Unterricht zu erlernen. 8. Leipz. 800. (Gnobloch). 6 gr

— Anweisung zur Erlernung d. griech. Sprache. 8. Leipz. Böhme. 803.

— kurze u. faßl. Anweis. zur hebräischen Sprache, für Anfänger. 8. Leipz. 788. Schwickert. 2 gr

— kurze u. leichte Anweis. zur latein. Sprache. 8. Lpz. 781. Schwickert. 2 gr

— Anweis. z. Uebersetzen des Deutschen ins Lateinische. 8. Leipzig, Böhme. 804.

— kurze Anweis. zum Uebersetzen d. Deutschen ins Lateinische. 8. Leipz. 804. (Gnobloch). 8 gr

— Anweis. in d. französ. Sprache. 8. Leipz. 794. Schwickert. 4 gr

— vortheilhafte Art nach d. Regel de Tri zu rechnen, nebst e. Anleit. zur Algebra, für Anfänger. 8. Schneeb. 792. (Arnold in Dresd.) 10 gr

— vortheilhafte Art nach der Regel de Tri zu rechnen, nebst einer Anleitung zur Algebra für Anfäng. 8. Dresden, Arnold. 796.

M. A. Thibaut [d. i. Johann Gottfried **Haas**], Dictionnaire français-allemand et allemand-français. 141 éd. Entièrement refondue par le Prof et Dr. Henri Wüllenweber à Berlin. 2 tomes en 1 vol. Brunswick: G. Westermann 1899. 4°(8°)
[Nebent.:] M. A. Thibaut [Joh. Gottfr Haas], Wörterbuch d. franz. u. deutschen Sprache. 141 Aufl. Vollst. umgearb. von Prof. Dr. Heinr. Wüllenweber in Berlin. 2 Tle in 1 Bde. [16. 10850]

Haas, Jh. Gf., (✝ d. 17. April 1815.) Dictionnaire des langues franç. et allem. Deutsch u. französ. Wörterbuch für d. Jugend. 3 Thle. gr. 8. Leipz. 786; 88. Schwickert. 4 Rthl.

— griech. Grammatik. 8. Lpz. 780. N. A. 801. Schwickert. 4 gr

Haas, J. G., lateinische Grammatik für die Jugend. Leipzig 781. 8. 2 gr.

— neues französ.-deutsches u. deutsch-französ. Handwörterbuch. Nouv. Dict. franç.-allem. et allemand-franç. II Vols. 2e Ausg. gr. 8. Leipz. 806. Gleditsch. N. Ausg., s. unter dem erdichteten Namen M. A. Thibaut.

— vollständ. latein.-deutsches u. deutsch-latein. Handwörterbuch, nach den besten größern Werken, besond. nach Scheller, Bauer u. Nemnich ausgearb. u. mit viel tausend Wörtern vermehrt. 2 Thle. gr. 8. Ronneb. u. Leipz. 804. 2e A. gr. 8. Altenb. 808. Liter.-Compt. 2 Rthl. 12 gr 2r Thl. apart unt. d. T.: vollständ. deutsch-latein. Handwörterbuch 2c. gr. 8. Zwickau 811. Schumann. 1 Rthl. 6 gr

— s. Hesiod's Tagewerk. — Lucian's Göttergespräche.

— Johann Gottfried (Conrector), De sanctitate et dignitate cathedrae, . . . solenni viri celeb. Schaarschmidt, antea rectoris scholae Gubenensis opt. meriti, nunc collegae et rectoris lycei nostri inaug. Schneeberg (Fuld) o. J. 8 Seiten. (3.50) 12451

— griech. Speccius, oder kleine Uebersetzungen aus d. Deutschen ins Griechische, zur Erleichterung des Lehrers u. Lernenden d. griech. Sprache. 8. Leipz. 801. 2e A. 805. 3e A., (v. J. H. Ph. Seidenstücker) 816. 4e A. 822. Gnobloch. 6 gr

— hebr. Speccius. 8. Leipz. 801. (Gnobloch). 6 gr

— deutsch-französ. Taschenlexikon d. meisten u. besond. im gemeinen Leben vorkomm. Wöter u. Redensarten. 12. Schneeb. 804. 1 Rthl. N. Aufl. 8. Altenb. 810. Liter.-Compt. 2 Rthl. 12 gr (NB. N. Aufl. davon ist: Thibaut, Dictionnaire etc.)

— Dasselbe. 8. Leipz. 816. Brockhaus. 8 gr

— leichte u. nach e. neuen Methode eingerichtete Uebungen zum Uebersetzen in d. latein. Sprache, für d. ersten Anfänger. 8. Zwickau 802. Schumann. 4 gr

— Uebungen zum Uebersetzen in d. latein. Sprache. 8. Zwickau, Schumann. 802.

— Unterricht in den Anfangsgründen d. griech. Sprache. 8. Leipz. 803. (Gnobloch). 12 gr

Haas, J. G., Unterricht in den Anfangsgründen der griech. Sprache. Neue Ausgabe. Leipz. 803. 8. 12 gr.

— neues deutsches u. französisches Wörterbuch f. die Jugend. 2 Bde. gr. 8. Ebend. 786.

M. A. Thibaut [d. i. Johann Gottfried **Haas**]. Wörterbuch der französischen und deutschen Sprache. Neu bearb. von Prof. Otto Kabisch in Berlin. 150. Aufl. 2 T. in 2 Bden. T. 1. 2. Braunschweig Westermann 1907 4°(8°)
[Nebent] M A. Thibaut [Joh. Gottfr Haas]. Dictionnaire franç.-allemand et allemand-franç. Remanié par le Prof. Otto Kabisch. [10. 1701]

— vollständ. griech.-deutsches Wörterbuch. 2 Bde. gr. 8. Leipz. 796—801. Schwickert. 5 Rthl. 12 gr

Haas, J. G., vollständiges lateinisches Wörterbuch. Ronneb. 801. 804. 2 Thle. 8. 2 rthlr. 12 gr. Altenb. 808. 2 Thle. 8. 2 rthlr. 12 gr.

Haas, Johann Jak.

— s. v. Caylus, Sammlung.

Haas, Jh. Jak., († d. 20. Juli 1767.) kurzer Entwurf d. heil. Passions-Andachten zu St. Sebald gehalten. 8. Nürnb. 764.

– s. Lebegue: Abhandl.

Haas, Johann Konrad

— **Johann Conrad (Arneohusanus) u. Theophil David Huebler (Vayhingen), Idea viri boni ex lumine naturae repraesentata. Dissert. philos. Präs. Daniel Maichel. Tübing. (Pflick & Bauhof) 1739. 36 S. (6.—)** 12450

Haas, Johann Ludwig

Haas, Joh. Ludw., (I.), Dinters Gebete rc., s. Dinter, Gust. Fr.

— s. F. W. Reinhard, 31 bisher noch ungedruckte Predigten.

Haas, J. L. I., s. Frz. V. Reinhard, Stimme.

Haas, J. L. II., Repertorium für homöopath. Heilungen u. Erfahrungen, in alphabet. Ordnung gesammelt. 16. Leipz. 832. Schumann. 18 K

Haas, Jh. Ldw., Repertorium für homöopath. Heilungen und Erfahrungen, in alphabet. Ordnung gesammelt. 2e verb. u. verm. Aufl. gr. 16. Leipz. 834. Schumann. 3/4 ß, Velp. 1 ß

— deutsche Schulvorschriften für einen method. Unterricht im Schönschreiben, nebst e. Anleitung zu zweckmäß. Vorübungen. 1s Hft., mit 68 Vorlagen Currentschrift. 4. Zwickau 833. Richter'sche Buchh. 1/2 ß

Haas, Johann Nepomuk

Haas, Joh. Nep., der Waldstand im Erzherzogth. Oesterreich unter der Enns. Der von der k. k. Wiener Landwirthsch.-Gesellschaft nach landwirth. Prinzipien eingetheilten 50 Delegationen, nebst 4 Kreis-Uebersichten u. einer des ganzen Landes, dargestellt. gr. 8. (IV u. 276 S.) Wien 847. Gerold. 1 2/3 ß

Haas, Jo. Pet., De morsu venenato et rabido. 37 pp. Vienn. 4°. 1773

Johann Peter Haas

Joannes Petrus Haas, Dissertatio de morsu venenato et rabido. Viennae 1775: Trattner. 77 S. 8°

Haas, Joh. Wilh. de, Rhein-Weser-Elbe-Kanal oder Rhein-Seeschiffahrt oder Rhein-Lippe-Issel-Kanal? Ein Beitrag zur Lösung der grossen u. brennenden Kanal-Frage der Gegenwart, beziehungsweise die einzig richtige Lösung des grossen Problems einer direkten Seeschiffahrt. 8. (24 S.) Wesel 881. (Kühler.) — 75

Haas, Johannes *Rudolf* [aus Dresden]: Über Dinitro- und Diamido-Dibenzylamine ... Dresden, Druck v. C. Heinrich, 1893; 39 S. 8.
Giessen, Phil. Fak., Inaug.-Diss. v. 1893

Haas, Joseph „Anwendung der geometrischen Grundfiguren auf die Grundformen des gothischen Styls, und Auszug der Letztern aus dem Grundriss in den Aufriss". pg 13—15. 4°. Mit einer lithogr. Figurentafel. Tub. Dannheimer.
Kempten, Progr. 1844/45

HAAS, Joseph (Walldorf/Sachsen): Beitrag zur Casuistik der Ovarialsarcome.- München: Schaumberg 1882. 21 S.
28.7.1882 - Urk (Titel: De ovarii sarcomatibus.); Chr 1882/83,17
Diss.Ingolst.-Landsh.-Mchn.

Haas, Jos., Ein u. All. 2 Thle. Wien 870. Gerold's Sohn. 8. (VIII, 250 u. VII, 251 S.) n. 2 ß 12 ngr.

Haas, Jos., Ein u. All. 3—6. Thl. gr. 8. (VI, 201, 198, 247 u. 212 S.) Wien 871. 72. Gerold's Sohn. à n. 3. 60

Frankreich. Land u. Staat. Von J[osef] **Haas**, Prof., Tübingen. Heidelberg: Winter 1910. XII, 659 S. 8°

Haas, Jos., deutsch-chinesisches Conversationsbuch nach Jos. Edkins' „progressive lessons in the Chinese spoken language". 2. Aufl. gr. 8. (III, VII, 374 S.) Leipzig 886. Hiersemann. geb. n. 15. —

HAAS, Joseph (Nürnberg): De miliaribus.- Passaviae: Ambros 1843. 24 S.
28.8.1840 - Urk; F 64
Diss.Ingolst.-Landsh.-Mchn.

Haas, Joseph „Vom Sehen in Absicht auf die Architektur". pg. 3—10. 4°. F. E. Theis.
Würzburg, Progr. 1859/60

— **Neufranzösische Syntax, s. a. Sammlung kurzer Lehrbüche der romanischen Sprachen u. Literaturen. IV.**

Neufranzösische Syntax von J[osef] Haas. Halle a. S.: Niemeyer 1909. VI, 493 S. 8°
(Sammlung kurzer Lehrbücher d. roman. Sprachen u. Lit. 4.)

— **Joseph Aloys Ferdinand** (Wetzlar), De effectu exceptionis rei judicatae in territorio alieno commentatio. Götting. (Joh. Heinr. Schulz) 9. V. 1791. 28 S. (5.50) 12452

— — idem liber. 4. Göttingen, Brose. 791.

Haas, Jos. Aloys Fd., († d. 30. Jan. 1808.) de effectu except. rei judic. in territorio alieno. 4. Götting. 791. Vandenhoeck u. R. 3 K

HAAS, Joseph Lorenz (Bamberg): De origine, diagnosi et prognosi hydroceles tunicae vaginalis propriae testis ejusque distinctione a morbis congeneribus.- Monachii: Giesser 1836. 16 S.
6.8.1835 - Urk; F 62
Diss.Ingolst.-Landsh.-Mchn.

Haas Julius: Zur Entwicklung des Burglehens in den rheinischen, vornehmlich den kölnischen und mainzischen Territorien, während des 13. und 14. Jahrhunderts.
II. 1908 PN 2429 Diss. Wien, Univ. 987

Haas, Ivan (geb. Schlötenitz in Pomm. 28. 1. 1857) Ueber chronische Gangrän oder gangränescirende Phthise. Berlin (1881). (30 S.) 8°
Berlin, Med. Diss. v. 9. März 1881

Haas Dr. K.: Theilbarkeitsregeln für ein Zahlensystem mit beliebiger ganzer, positiver Basis. 14. Wien VI. 83.
Progr.

Haas, K., Urteil üb. d. Jesuitenorden, s.: Aktenstücke, kirchliche.

Haas, Karel, katolický cjrkewnj dějepis, s obzwlasstnjm zřenjm na Reformacj. Pro sskoly a pro lid. Dědictwj Swatojanskému obětowal Pantaleon Neumann. Nákladem Dědictwj Swatojanského. Pro rok 1848. — Čjslo XX. 12. (396 S.) Prag, Credner & Kleinbub in Comm. n. 1/3 ß

Haas, Karl

Haas, C. (Hrsg.), s. A b e n d u n t e r h a l t u n g e n, Christliche, f. Jugend-u. Familienkreise.

Haas, Carolus (Hrsg.), s. A n s e l m u s Cantuariensis: Opuscula philosophico - theologica selecta.

Haas, Karl Über einige Apparate zur Demonstration der Präcession und ihrer Folgen sowie über einige mit der Präcession im Zusammenhange stehende historische Thatsachen. 8 (XXX S., 2 Taf.). **Progr.** K. k. Staats-R.- u. Oberg. im VI. Bezirke *Wien* 1894.

Haas, Karl, a. Ulm a. D.: Beiträge zur Kenntnis des Hämatins. Borna-Leipzig 1905: R. Noske. (XIII, 126 S.) 8°
Tübingen, Naturw. Fak., Ref. v. Hüfner, Diss. v. 30. Okt. 1905
[Geb. 3. Juli 68 Blaubeuren; Wohnort: Tübingen; Staatsangeh.: Württemberg; Vorbildung; Realgymn. Ulm bis Unter-Prima. Pharmaz. Staatspr. mit II 93; Studium: Tübingen 9 S.; Coll. 30. Okt. 05.]

Haas, Carl, B e l e u c h t u n g großer Vorurtheile gegen die katholische Kirche. Tübingen 857. Laupp. 8. (VIII, 279 S.) 24 *ngr*

Haas, Karl. Bericht über die mittelalterlichen Kunstdenkmale in Steiermark. Von — —. Gratz, 1857. Bei C. Tanzer. (38 S. 4.)

Haas, Karl, s. Bildergallerie zu Belvedere in Wien.

Haas, Carl, **k. k. Bildergallerie zu Belvedere zu Wien.** Gallerie impériale au Belvédère à Vienne. Nach den Zeichnungen von Sigm. von Perger, in Kupfer gestochen von mehrern Künstlern. Nebst Erklärungen in artistischer und histor. Hinsicht, deutsch u. französisch. 1ste bis 4te Lief. 4. Wien u. Prag, Haas. 821. à 3 Thlr. 14 Gr.
(15 Lief. bilden einen Band.)

Haas, Carl. Kaiserliche Königliche Bilder-Gallerie im Belvedere zu Wien. Nach den Zeichnungen des k. k. Hofmahlers Sigm. v. Perger, in Kupfer gestochen. Nebst Erklärungen. 4 Bde. Wien und Prag 1821—1828. 4".

Haas, Karl, s.: E l t e r n - A b e n d e.

— E v a n g e l i u m und Leben in 29 antithetischen Predigten vom 1. Adv. bis Pfingsten, nebst 29 Fingerzeigen zu Homilien und ferneren antithetischen Thematen in logisch geordneten Entwürfen. (1. Bd.) Augsburg 856. Kollmann. 8. (VI, 308 S.) 27 *ngr*

—— E v a n g e l i u m und Leben in 26 antithetischen Predigten von Pfingsten bis 1. Advent. 2. Bd. gr. 8. (VIII und 406 S.) Augsburg 857, Kollmann'sche Buchh.
1. Bd. Ebendas. 1856. 27 Ngr.

Haas, (Dr.) Car., Examen auris aegrotantis. Lex.-8. Viennae 841. (Pfautsch et Soc.) 1/4 *rf*

Haas, Carl [app. Arzt aus Mainz]: Aus d. Univ.-Augenklinik in Giessen. Ein Fall von Sarkom der Thränendrüse ... Giessen, grossh. Hof- u. Univ.-Dr. C. v. Münchow, 1897; 25 S., 1 Taf. 8.
Giessen, Med. Fak., Inaug.-Diss. v. 1897

— J o s e p h s u. Konrads Feierstunden, oder: Sollen wir katholisch oder lutherisch werden? Mit klaren Zeugnissen der Schrift u. Vernunft für das Volk beantwortet. gr. 8. Augsburg 844, M. Rieger'sche B. 1/2 *rf* — 2. Aufl. Ebend. 845. n. 1/2 *rf*

Haas, Karl: Festrede zur Gedenkfeier des hundertsten Geburtstages Johann Gabriel Seidls. S. XXIII—XXVIII. 8.
Progr. K. k. Staats-Gymn. im VI. Bezirke *Wien* 1904.

Festspruch bei der Weihe des Maurer-Kränzchens „Erwin" in Kehl am Rhein durch die St. Johannis-Loge Allvater zum freien Gedanken im Or. Lahr vom 25. Juni 1871. [Unterz.:] Karl Haas. Leipzig [1871]: Bär & Hermann. 1 Bl. 53:39 cm. [Kopftit.]

Lahr: **Freimaurerlied. Geburtstagsgabe der □ Allvater zum freien Gedanken O. Lahr zum 1. Stiftungs- und Johannisfeste und dem geliebten Br. Conrad Zapf in brüderlicher Liebe gewidmet. [Unterz.:] Carl Haas. Freiburg i. B. 1869: Poppen & Sohn. 2 Bl. 8°. [Umschlagtit.]**
Ohne Noten: „Möchte gern ein Liedlein weihn"...

—— homiletischer F ü h r e r durch das ganze Kirchenjahr nebst Texten zu Casual-Reden. gr. 12. (VII und 336 S.) Augsburg 856(57), Kollmann'sche Buchh.

Haas, Carl, Geschichte der Päpste nach den Ergebnissen der bewährtesten Forschungen verfaßt. Tübingen 860. Laupp. gr. 8. (XV, 733 S.) 2 *rf*

Haas, Karl, (Pfarr.), die G l a u b e n s g e g e n s ä t z e des Protestantismus u. Katholizismus im Lichte der heiligen Schrift u. Erfahrung. Ein Wort zum Frieden an gebildete Nichtgeistliche beider Kirchen. gr. 8. Stuttg. u. Tübingen 842, v. Cotta. 3/4 *rf*

—— der neue G o l i a t h, s. Abendunterhaltungen, lehrreiche.

Haas, Karl, Der neue Goliath oder der Materialismus unserer Zeit in Lehre und Leben. Eine Erzählung zur Warnung, Belehrung u. Unterhaltung für das Volk u. die erwachsene Jugend, namentlich die Gesellenvereine. Augsburg, Lampart u. Co., 1857, 8°, VIII, 176 S., 1,20 Mk.

Haas, Karl, der neue Goliath oder der Materialismus unserer Zeit in Lehre u. Leben. Eine Erzählung zur Warnung, Belehrung u. Unterhaltung für das Volk u. die erwachsene Jugend, namentlich für die Gesellen-Vereine. 2., verb. Aufl. 8. (168 S.) Regensburg 879. Volks- u. Jugendschriften-Verlag. cart. 1. 20

Haas, Carl, die zwei H a u p t f e i n d e des Christenthums in unserer Zeit: Falsches Denken u. halbes Wissen. Tübingen 866. Laupp'sche Buchh. 8. (X, 124 S.) 12 *ngr.*

HAAS, Dr. Carl, D i e H e x e n p r o z e s s e. Ein cultur-historischer Versuch nebst Dokumenten. Tübingen 1865. 8°. (2 Mk. E. Frensdorff, c. 1905.)

Haas, Karl, über Höhenaufnahmen. Organisation, Betrieb u. Kosten derselben, sowie deren Verwerthung in Niveaulinienkarten im Massstab 1 : 2500 u. 1 : 25000. gr. 8. (X, 128 S. m. 2 lith. u. chromolith. Karten.) Stuttgart 878. Wittwer. n. 3. —

Haas, Carl, Katechismus über den Inhalt der ganzen heiligen Schrift u. der Kirchengeschichte. Ein Handbüchlein für Religionslehrer u. Schulen. 8. (IV u. 88 S.) Tübingen 851, Laupp. 1/6 *rf*

— Kinderglück. Versuch einer kurzen u. faßlichen Erziehungslehre. Ebend. 859. 16. (V, 65 S.) 6 *ngr.*

— populäre Kirchengeschichte, mit besond. Berücksichtigung der Reformationsgeschichte. (Nebst Namen-Sachregister u. Zeittafel.) Für Schule u. Volk. gr. 8. Ebend. 844. 1/8 Thlr — 2. verm. u. verb. Aufl. gr. 8. Ebend. 846. 1/8 Thlr

— die gewöhnlichen Krankheiten der Füße u. die Mittel zu ihrer Heilung. 1. Bdchn. Anleitung, Hühneraugen und Warzen auszurotten. 8. Linz (846), 847, Eurich u. Sohn. 6 ngr

— dass. 2. Bdchn. Anleitung, Frostbeulen zu heilen ꝛc. 8. Ebend. 846. 6 ngr

Haas, Carl (II.), Kunstdenkmale des Mittelalters in Steiermark. Imp.-4. (82 S. mit 24 eingedr. Holzschn.) Wien 857, (Braumüller's Sortiment.) *

— die erste Liebe u. der letzte Versuch oder Offene Bekenntnisse nach 22 in der kathol. Kirche verlebten Jahren. Augsburg 866. Lampart & Co. 8. (VII, 68 S.) 6 ngr

— Natur u. Gnade. Zur Einigung der Katholiken u. Protestanten für Jedermann faßlich dargestellt. Tübingen 867. Laupp'sche Buchh. 8. (XIII, 165 S.) 18 ngr

de Haas, Carl, Nordamerika, Wisconsin, Calumet. Winke für Auswanderer. Mit lith. Ansicht u. Karte. 8. (96 S.) Elberfeld 848, (Iserlohn) Bädeker. 1/3 Thlr — 2. verm. Aufl. Mit 3 (lith.) Ansichten u. genauer (lith.) Karte von Wisconsin. 8. (XII u. 92 S.) Ebd. 848. 12 ngr

Haas, Carl de. Nordamerika, Wisconsin, Calumet . . . Zweite . . . Aufl. Iserlohn 1848—49. H: *Haas, Fr. de.* (BrMm)

— Nordamerika. Wisconsin. 2. Abthlg.: Beschreibung von Wisconsin. Nebst Reisebildern v. Alex. Ziegler. 8. (IV u. 140 S.) Ebd. 849. 12 ngr

Haas, Carl, Panorama vom Tamischbachthurm [2034 m]. Hrsg. vom österreich. Touristen-Club in Wien. Lith. qu. schmal-Fol. Wien 886. (Bretzner & Co.) n. 1. 60

Haas, Carl, die Polypen u. fremden Körper im Ohre u. die Mittel zu ihrer Entfernung. 8. (VIII u. 104 S.) Linz 848, Eurich & Sohn. 2/3 Thlr

— Protestantismus und Katholizismus. Eine religiös-politische Denkschrift als Rechtfertigung meines Rücktritts zur kathol. Kirche. 2. Aufl. 8. Augsburg 844, Kollmann. 1/8 Thlr

— das Reich Gottes von Erschaffung der Welt bis auf unsere Zeit. In 2 Thln. Oder Geschichte der Kirche vor u. nach Christus. Für kathol. Schulen bearb. 8. (IV u. 124 S.) Ebd. 851. 6 ngr

Haas, Carl, nach Rom u. von Rom zurück nach Wittenberg. Offenes Bekenntnis, an alle gläubigen Protestanten u. Katholiken gerichtet. gr. 8. (40 S.) Barmen 881. Klein. n. — 50

Haas, Carl *Heinrich* [pr. Arzt aus Asterode]: Ueber Scharlach bei Wöchnerinnen. Aus d. Entbindungsanstalt zu Marburg ... Marburg, Buchdr. v. J. Hamel, 1892; 25 S., 1 Bl. 8.
Marburg, Med. Fak., Inaug.-Diss. v. [8. Nov.] 1892

— Christoph v. Schmid. Eine dankbare Erinnerung. (Abdr. aus der Zeitschrift „Neue Sion".) Augsburg 854. (München, Finsterlin.) 8. (16 S.) n. 2 ngr

– (Hrsg.), s. Schreib- und Notiz kalender für Österreich zum Gebrauche für Land- und Forstwirthe.

— offenes Sendschreiben ꝛc. geprüft u. mit den nöthigen Bemerkungen versehen von einem evangel. Geistlichen. 2. verm. u. verb. Aufl., nebst nachträglicher Antwort auf den „Anhang" in der 2. Ausg. des Sendschreibens von Carl Haas. gr. 8. Heilbronn 844, Drechsler'sche B. 1/8 Thlr

— offenes Sendschreiben an seine liebe Gemeinde in Ober- u. Unter-Gröningen, K. Württemberg, bei seinem Rücktritte zur kathol. Kirche. 2. Aufl. 12. Ebend. 844. 3 ngr

– s. Sion, neue.

Haas, Carl, d. Spargel, Kürbis u. d. Scorzonere, ihre Cultur u. d. Anleit. aus denselb. geschmackvolle Speisen z. bereiten. 8. Linz, 1846. Eurich u. Sohn. — 5

—— Leibnizens theologisches System, s. Leibnizens, theolog. System.

— die Verdauung des Menschen im gesunden und kranken Zustande, gemeinfaßlich dargestellt. 8. Linz 843, Eurich u. Sohn; Leipzig, Liebeskind. 5/12 Thlr

Haas, Karl, s.: Vierteljahrsberichte des Wiener Vereins zur Förderung d. physikal. u. chem. Unterrichts.

— ein offenes Wort an die Christenheit gerichtet über das Concil der Jahre 1869/70, die Gegenwart u. Zukunft der Kirche. Augsburg 870. Reichenbach. gr. 8. (32 S.) n. 4 ngr

Haas, Karl Frz. Lübert, († d. 29. Oct. 1789.) vermischte Beitrr. zur Geschichte d. Literatur. 8. Marb. 784. Krieger. 16 gr

— Bemerkk. über d. Hessische Geschichte von Heinrich I. an bis auf d. J. 1434. 8. (Götting.) 771. Dieterich. 8 gr

— Bemerkung ub. die Hessische Gesch. von Heinr. I. an. 8. Gött. Dieterich. 772.

— Lebensbeschreib. des berühmten Dr. Heinr. Horch aus Hessen. 8. Cassel 769. Cramer. 12 gr

Haas, Carl Franz Lubert (Kassel), De meritis Philippi Magnanimi, Hassiae landgravii in reformationem, tam extra Hassiam, quam praecipue in ipsa Hassia. Diss. histor. Präs. Joh. Adolph Hartmann. Marburg (Phil. Casim. Müller) 29. IX. 1742. 32 S. (5.50) 12444
Gew.: Johann Philipp Ries, Carl Laers, Joh. Herm. Schmincke.

— opuscula historica, ubi exhibentur biga Augustini a Leyser etc. 4. Marb. 769. Müller. 9 gr

— — De foecundo usu historiae Hassiacae quem ejus cum historia imperii Germanici et reliquorum Europae regnorum connexio prodit. Marburg (Phil. Casim. Müller) 1754. 8 S. (3.50) 12445

— Versuch e. Hessischen Kirchengeschichte d. alten u. mittlern Zeiten bis gegen Anfang d. 16ten Jahrh. 8. Frankf. u. Leipz. 782. Varrhöfer. 20 gr

Haas, Caroline, kleine französische Gespräche mit einer Auswahl der gebräuchlichsten Wörter für Töchterschulen verfaßt. Petits Dialogues français, accompagnés d'un choix des mots les plus nécessaires pour la conversation. Darmstadt 858. Beyerle. gr. 8. (1 Bl., 90 S.) n. 9 ngr

Haas, Caroline, kleine französische Gespräche mit einer Auswahl der gebräuchlichsten Wörter für Töchter-Schulen. Petits dialogues français. Oppenheim a. Rh. 863. Kern. gr. 8. (2 Bl., 90 S.) 6 ngr.

Haas, Caroline, kleine französische Gespräche mit einer Auswahl der gebräuchlichsten Wörter für Töchter-Schulen. — Petits dialogues français accompagnés d'un choix des mots les plus nécessaires pour la conversation. 2. verb. Aufl. Oppenheim a. R. 865. Kern. 8. (III, 100 S.) cart. 6 ngr.

Haas, Caroline, kleine französische Gespräche mit einer Auswahl der gebräuchlichsten Wörter für Töchter-Schulen. 3., durchgeseh. u. verb. Aufl. von Sophie v. Alten. 8. (III, 100 S.) Oppenheim 882. Kern. geb. n. — 80

— deutsch-französisch-englische Kinder-Gespräche zunächst für Mädchen von 8 bis 14 Jahren; dialogues allemands-français-anglais pour de jeunes demoiselles de 8 à 14 ans; German-French-English dialogues for young ladies from 8 to 14 years of age. Ebend. 855. 8. (IV, 132 S.) n. 12 ngr

— deutsch-französisch-englische Sprechübungen zunächst für Mädchen von 10—14 Jahren. — Dialogues français-allemand-anglais. — German-French-English dialogues. 8. (IV und 132 S.) Oppenheim a. R. 863. Kern. cart.

Haas, Kaspar

(Haas, [Caspar]. [Erinnerungen an Caspar Joseph Haas. Ansprache gehalten von] Dr H' [an seine] Bruder und Schwestern und [übrige] Anverwandte Luzern. den 8 November 1835) S. (Luzern.)

Haas, Konrad Ferdinand

— Conrad Ferdinand (Fritzlar), De jure decimarum. Diss. jur. Erfurt (Joh. Heinr. Grosch) 21. III. 1720. 24 S. (5.—) 12446
Widm. v.: Alhard Raban Jordans, C. W. Strecker, J. H. v. Steinmetzen, Wilh. Heinr. Wincop.

Haas, Konstantin

Haas, Const., der praktische Fabrik-Schlosser. Hilfs- u. Nachschlagebuch f. die gesammte Metallindustrie. gr. 8. (88 S. m. Abbildgn.) Landeshut i/Schl. (902). P. Schultze. n. 1.40; geb. n. 1.80

— der Metallarbeitor. Hülfs- u. Nachschlagebuch f. Droher u. Schlossor, m. erläut. Zeichngn. versehon. 3. verm. u. verb. Aufl. gr. 8. (89 S.) Ebd. 902. Geb. in Leinw. n. 2.25

Haas, Const., der Metallarbeiter. Hülfs- u. Nachschlagebuch f. Dreher u. Schlosser, m. erläut. Zeichngn. versehen. 4. verm. u. verb. Aufl. (96 S.) 8. Köln-Ehrenfeld 903. (Chemnitz, A. Langer.) n. 1. 70

Haas, C., Metallwaaren, s.: Ausstellungs-Bericht, officieller.

Haas. L., Bericht üb. die i. d. J. 1887 u. 1888 erschien. Schriften bezgl. d. nacharistote Philosophie. S.-A. 1894. 40 S. 1.-

Haas, L., Festreden an der Schlachtfeier in Sempach, s.: Gehrig, H.

Haas, L, üb. Hypnotismus u. Suggestion Eine orientier. Studie. gr. 8. (III, 92 S.) Augsburg 893. Kranzfelder. n. 1. —

Haas, Leander, de philosophorum scepticorum successionibus eorumque usque ad Sextum Empiricum scriptis. Dissertatio inauguralis. gr. 8. (92 S.) Würzburg 875. Stuber. n. 1. 20

[Haas,] Leonhard. Fastenmandat Sr. Gnaden (* *1903 ff.*: F'-M' Seiner G',) des hochwürdigsten Herrn Leonhard, Bischof von Basel-Lugano (* *1903 ff.*: von B' und L')…. 4. Solothurn, Union.
F' … für das Jahr 1901: Das Jubiläum 1901. 16 S. 1901.
F' … für das J' 1902: Die Frucht des Jubeljahres. 10 S. 1902.
F'-M' … auf das J' 1903: Das Papstjubiläum Leo's XIII. 10 S. 1903.
F' M' … für das J' 1904: Jesus Christus, der Mittelpunkt des Lebens. 11 S. (1904.)
F'-M' … für das J' 1905: Eine Glaubensgefahr der Gegenwart. 11 S. (1905.)
F'-M' … für das J' 1906: Die christliche Haus-Andacht. 11 S. (1906.)

Haas, Leonh., der selige Bruder Klaus im Ranft. Fest-Predigt, gehalten zur 400jähr. Todesfeier des Seligen in der Pfarrkirche zu Sachseln, den 20. März 1887. gr. 8. (24 S.) Einsiedeln 887, Benziger und Comp. *
Vergriffen.

[Haas.] Leonhard. Katholischer Katechismus für die Diöcese Basel. Neubearbeitet und verordnet von Leonhard, Bischof von Basel-Lugano. 32* + 138 S. 8. Luzern, Räber & Cie., 1902. [geb. fr. —.45]

([Haas,] Leonhard.) Kleiner Katechismus der katholischen Religion für das Bistum Basel. 68 S. 8. Luzern, Räber & Cie, 1905. [geb. fr. —. 25]

Haas, Loren: Zu den logischen Formalprincipien des Aristoteles. 8 (38 S Progr. Studienanst. *Burghausen* 1887

Der Gottesbeweis. — Von Dr. Lorenz Haas, Stdl. — 1885, Burghausen, Maxim. Speth. — S. 3—31.
Progr Burghausen, K Gymn

Haas, Lor., die nothwendige Intention des Ministers zur gültigen Verwaltung der heiligen Sakramente. Inaugural-Dissertation. Bamberg 869. (Reindl.) gr. 8. (III, 124 S.) 12 ngr.

Leben des Sextus Empiricus. — Von Dr. Lorenz Haas, Stdl. — 1882, Burghausen, ibid. — S. 3—27*.
Progr. Burghausen, K. Gymn.

Haas, Lor., üb. die Schriften d. Sextus Empirikus. gr. 8. (29 S.) Freising 883. (Datterer.) n. 1. 20

Über die Schriften des Sextus Empiricus. — Von Dr Lorenz Haas, Stdl. — 1883, Freising, Fr. P. Datterer. — S. 3—29*.
Progr. Burghausen, K. Gymn.

Haas, Lor., die immaterielle Substanzialität der menschlichen Seele. Nachgewiesen auf dem sinnl. Gebiete. (IV, 157 S.) 8. Regensburg 903. Verlagsanstalt vorm. G. J. Manz. n. 2. 50

Haas, Lorenz, aus Erlangen: Verleger und Drucker der Werke Shakespeares bis zum Jahre 1640. Erlangen 1904: Junge & Sohn. (IV, 53 S.) 8° ¶(Ersch. vollst. in: Erlanger Beiträge zur Englischen Philologie.)
Erlangen, Phil. Fak., Ref. Varnhagen, Diss. v. 24. Febr. 1904
[Geb. 30. März 66 Neundorf; Staatsangeh.: Bayern; Vorbildung: Gymn. Erlangen Reife 96; Studium: München 6, Lausanne 2, Erlangen 2 S.; Rig. 24. Febr. 04.]

Haas, Ludwig [aus Weibhausen]: Über secundäre aufsteigende Degeneration des Rückenmarks ... Würzburg, Becker's Univ.-Buchdr., 1891; 32 S. 8.
Würzburg, Med. Fak., Inaug.-Diss. v 1891

Haas, Ludw., die Einigung des Liberalismus u. der Demokratie, (a. Flugschriften der deutschen Volkspartei. 8.

Haas, Ludw., Die Einigung des Liberalismus und der Demokratie. Frankfurt a M 1905. 8°.
(Flugschriften d Deutschen Volkspartei. [Nr] 8.)

Haas, Ludw., die Ideale des Odd-Fellowtums im Verhältnis zu den Idealen unserer Zeit. Festrede, geh. zum 25 jähr. Stiftungsfeste der Hebel-Loge in Karlsruhe. (12 S.) 8. Leipzig 908. Th. Leibing. — 30

Haas, Ludw., Kunstdenkmale des Mittelalters in Steiermark. Mit 24 Holzschn. (im Text.) (Abdr. aus den Jahrb. der k. k. Central-Commiss. für Erforschung der Baudenkmale.) Wien 857. (Braumüller.) gr. 4. (32 S. u. 3 lith. Taf.) n. 24 ngr

Haas, Ludwig, Rechtspraktikant aus Freiburg i. B. **Die Mehrthäterschaft.** *Bruchsal 1898: O. Katz.* (56 S.) 8°
Freiburg i. B., Rechts- u. staatswiss. Diss. v 1898

Haas Ludwig: De comoediae Atticae antiquae fabularum nominibus.
1898 PN 1151 Diss. Wien, Univ. 1549

Haas, Ludw., die Zähne u. ihre Pflege. gr. 8. (28 S.) Frankfurt a/M. 881. Alt. n. 1. —

Haasii, M., Phosphorus historiarum. Lips. 742. f. 2 rthl.

— **Martin** (Frankfurt/M.), De dolore capitis disquisitio. Diss. med. Gött. 1823. 39 S. (5.50) 12453

Haas, Michael (Red), s. Alpen-Bote, Der.

HAAS, MICHAEL Antrittspredigt (am 21 Mai 1848 anläßlich seiner Installation durch Generalvikar Joseph Farkas zum Stadtpfarrer zu Fünfkirchen) Pécsett (Fünfkirchen) 1848: Lyceums-Buchdruckerei. 23-38 S. - 205 mm

HAAS, MICHAEL Gabe der Liebe für Freunde und Mitglieder katholischer Gesellenvereine. Pesth 1857 R. Lampel. XVI, 138 S. - 16°

HAAS, MICHAEL. Gedenkbuch der kön. freien Stadt Fünfkirchen. Zur Erinnerung an die feierliche Einführung der Kanonissinnen von Unserer Lieben Frau in das zu Fünfkirchen errichtete Kloster. Beiträge u. a.: Nikolaus Cherrier Anrede bei der Ankunft der ehrwürdigen Chorfrauen in Fünfkirchen, den 2. Juli 1851. S. 165-169. Michael Haas: Rede im Dome zu Fünfkirchen bei der feierlichen Einführung der Kanonissinnen in das neugebaute Kloster den 6. Juli 1852 gehalten. S. 169-180. Rede Seiner fürsterzbischöfl. Gnaden des hochwürdigsten hochgeborenen Herrn Herrn Johann Scitovszky von Nagykér, Erzbischof von Gran, Reichsprimas &. &., gehalten in der zeitweiligen Klosterkapelle den 6. Juli 1851. S. 181-189. Andreas Schirgl: Rede, gehalten am Feste des heiligen Petrus Forrerius in der Klosterkapelle. S. 191 ff. Fünfkirchen 1852. Gedr. in der Lyceums-Buchdruckerei. V, 199 S. 3 t. - 240 mm

HAAS, MICHAEL Hirtenbrief an das gläubige Volk. Ofen 1859. Druck v. Martin Bagó. 7 S. - 2°

HAAS, MICHAEL: Predigt, gehalten den 24. Oktober zu Ungarisch-Szék, da Herr Georg Gruber seine erste heilige Messe las. Fünfkirchen 1847: Lyceums-Buchdruckerei. 24 S. - 8°

HAAS, MICHAEL Rede, gehalten am 12. Mai 1852, bei Gelegenheit der Enthüllung und Einweihung des dem verstorbenen Dom-Kapellmeister zur Fünfkirchen, Georg Lickl (gest. am 12. Mai 1843) von seinen Freunden und Verehrern errichteten Monumentes. Von Dr. Michael Haas infulirtem Propst zum heiligen Benedikt in Sümegh, Konsistorialrat und Stadtpfarrer in Fünfkirchen. Wien 1852 Gedr bei Karl Ueberreuter. 16 S. - 204 mm

Haas, Moritz [pr. Arzt]: **Ueber Einstellung zweier nebeneinander liegender Fruchtblasen im Muttermund bei Zwillingen. . . . Halberstadt, Druck v. H. Meyer's Buchdr., 1889; 36 S. + 1 Bl. 8°**
Marburg, Med. Fak., Inaug.-Diss. v. [28. Mai] 1889

Haas, Nic., Altarredner in Trau- und Tauffermon. 4. Leipzig, Weidmann. 722.

Haas, Nik., wider den geistigen Aussatz oder: Wie soll der Religionslehrer üb. das Laster der Unkeuschheit überhaupt öffentlich katechisiren? Eine Preisfrage d. Hochsel. Hrn. Erzbischofes Karl Theodor v. Dalberg, vorm. Großherzogs v. Frankfurt. Mit Katechesen. Auf Verlangen neu bearb. u. verm. v. Heinr. Schwarz. gr. 16. (VIII, 208 S.) Regensburg 885. Coppenrath. n. 1. —

Haas, N., wider den geistigen Aussatz, oder: Wie soll der Religionslehrer über das Laster der Unkeuschheit überhaupt öffentlich katechisiren? Eine Preisfrage d. Hochsel. Hrn. Erzbischofes Karl Theodor v. Dalberg, vorm. Großherzogs v. Frankfurt. Mit Katechesen. Auf Verlangen neu bearb. u. verm. v. H. Schwarz. 2. Aufl. gr. 16. (VIII, 208 S.) Regensburg 888. Coppenrath's Verl. n. 1. —

— d. Kindern Gottes obliegende Bestellung ihres Hauses rc. a. d. Evangel. gez. 4. Dresden. 720.

— e. Priesters Betandachten. 8. Leipzig, Gleditsch. 717.

— d. in Gott andächtigen Beter rc. 12. Ebend. 741.
grob. Druck. 746.

— d. Studenten Bet- und Dankopfer. 12. Leipzig. 719.

— Geschichte des Slaven-Landes an d. Aisch u. dem Ebrach-Flüßchen. Oder Geschichte d. Schlosses, Städtchens, d. Pfarrei u. des Amtes Hochstädt an d. Aisch u. Nachbarschaft rc. 2 Thle. 8. Bamb. 820. Verfass. (Nürnb., Riegel u. W.) 3 rß

Haas, Nikol., über d. heidn. Grabhügel bey Scheßlitz, u. and. im alten Regnitzgau. M. 1 Stnt. (Fol.) gr. 8. (4½ B.) Bamberg 829, Dresch.

Haas, Nikol. I., Grund des Christenthums. 12. Leipz. 777. Junius. 2 g'

— das andächtige Frauenzimmer od. Gebetbuch. m. K. 12. Leipzig, Gleditsch. 746.

— Gränze d. Zeit u. Ewigkeit üb. die Evangelia. 4. Bautz. Drachstädt. 728.

Haas, Nicol, Die in Gott andächtige Jungfer. Mit ihren Morgens und Abends zu Gott erhabenen Händen So wohl durch auserlesene Sprüche der H. Schrifft, andächtige Gebet und geistreiche Lieder vorgestellet, Als in beygefügten saubern Kupffer-Bildern entworfen. Leipzig, J. F Gleditschs Sohn, 1729. 12° (Hochformat). *Titelkupfer*, Titel (in Rot und Schwarz), 7 Bl. 392 und 163 S. 2 Bl. *und 6 sehr hübsche Kupfer* Etwas berieb. schwarzer Maroquinbd. mit Goldschnitt, in Or.-Schuber mit altem Brokatpapierbezug.

— — [Dasselbe Werk]. Leipzig, J. F Gleditsch, 1739 Frontispiz, Titel, 6 Bl. 392, 186 S. 3 Bl. und *6 hübsche Kupfer.* 12° Schmales Hochformat. Ld. d. Z. Goldschnitt. — Hübsches Ex. mit e. längeren handschriftl. Widmung.

— d. andächtige Jungfer od. Gebetbuch. m. K. 12. Leipzig, Gleditsch. 746.

Haas, Nik. (Dr philos., Dechant, Pfarrer b. St. Martin in Bamberg etc.), Nachrichten vom *St. Elisabethen-Hospitale* zu Schesslitz. Ein Beitrag z. Geschichte des frommen u. wohlthätigen Bamberg. Bamberg, bei Joh. Dederich, 1834. 8°. Cart.*)

Tit. m. schöner Hirsch-Bordüre, 1 Bl. Inh. u. 63 S. — Das Spital wurde vom Bischof Lampert v. Brun († 15. Juli 1399 zu Bamberg), laut Urkunde im J. 1395, am Vorabende von Maria Himmelfahrt, gestiftet.

— evangel. Passionsandachten auf alle 4 Evangel. m. K. 8. Görlitz. (Drachstädt, Bautzen.) 728.

— 12 geistreiche Passionsandachten. 8. Leipzig, Weidmann. 736.

— drey geistliche Passionshütten. 8. Leipzig, Gleditsch. 711.

— Passionsspiegel. 4. Bautzen, Drachstädt. 728.

— allzeit fertiger geistlicher Redner. 4. Leipzig, Gleditsch. 701.

— kleine theologische Schriften rc. 8. Bautzen, Drachstädt. 728.

— getreue Seelenhirte. 4 Thle. 8. Leipzig, Weidmann. 736.

Haas, Nic., der getreue Seelen-Hirte. Kurze u. gründliche Vorstellung, wie ein Seelsorger den ihm Anvertrauten bei mehr als dritthalbhundert Fällen mit heilsamem Rath u. Trost aus Gottes Wort an die Hand gehen könne. (Neuer Abdr.) St. Louis, Mo. 870. (Leipzig, J. Naumann.) gr. 8. (VIII, 791 S.) n. 2 ₰

— Unterredungen mit Gott, od. Gebetbuch. 8. Leipzig, Gleditsch. 732.

– s. Volksblatt, deut.

— die Weltgeschichte mit besond. Rücksicht auf d. Vaterland rc. gr. 8. Ebend. 815.

— d. Weltgeschichte für Anfänger. 8. Bamb. 816. 2e A. 820. (Wesché in Frankf.) 18 gr

— wie soll d. Religionslehrer über d. Laster d. Unzucht überhaupt öffentl. katechisiren. Mit 3 Katechesen. Eine Preisfrage d. Erzbischoffs K. Th. v. Dalberg. 8. Bamb. 812. 2e A. 816. 3e A. Frankf. a. M. 825. Wesché. 6 gr

— Centralblatt, s. Centralblatt.

Haas, Nic. Chr., Analysis castorei chemica. 8maj. Erl. 795. Palm. 3 gr

Haas, Otto, Gerichtsass.: Die Stellung des geschäftsführenden Gesellschafters, insbesondere seine Rechte und Pflichten gegenüber den übrigen Gesellschaftern. Eine bürgerlichrechtl. Studie. Aachen: Aachener Verl.- u. Dr.-Gesellsch. 1908. 73 S. 8°

Tübingen, Jur. Diss. v. 24. Dez. 1908, Ref. v. Wendt

[Geb. 13. Dez. 78 Cöln; Wohnort: Aachen; Staatsangeh.: Preußen; Vorbildung: Gymn. Cöln Reife O. 98; Studium: Tübingen 3, Berlin 1, Bonn 2 S.; Rig. 19. Nov. 08. [U 09. 3908

Haas, Otto, s. Wie kann man Deutschland Ruhe verschaffen.

Haas, Otto, cand. med. aus Boppard a. Rh.: Aus d. Würzburger Universitäts-Augenklinik. Dir.: Prof. Dr. von Michel. Zusammenstellung des [!] in den letzten 10 Jahren 1. Januar 1888 bis 1. Januar 1898 beobachteten Fälle von primären entzündlichen Erkrankungen des Uvealtractus des Auges unter besonderer Berücksichtigung des Allgemeinbefundes. *Würzburg 1898: Becker.* (50 S.) 8
Würzburg, Med. Diss. v. 1898

Haas, P. Ansichten von Berlin. 4.

Haas, P., Geschichte der Real-chule zu Limburg. Limburg
Schul-/Univ.-Schrift 1867

Haas, Paul, a. Nürnberg: Das Atomgewicht des Palladiums. Erlangen 1908: Junge & Sohn. (20 S., 1 Taf.) 8°
Erlangen, Phil. Fak., Ref. Fischer, Diss. v. 27. März 1908
[Geb. 13. April 82 Nürnberg; Wohnort: Nürnberg; Staatsangeh.: Bayern; Vorbildung: Realgymn. Nürnberg Reife 02; Studium: Würzburg 3, Kiel 1, Würzburg 4, Erlangen 3 S.; Rig. 26. Febr. 08.]

Haas, Paul. Der Freiheit Geist. [Lied, componiert für gemischten Chor.] Den deutschen Caecilien-Vereinen des Kantons Freiburg zugeeignet. *autogr.* 2 S. 4. (21. I. 1903.)

Haas, P[aul], B. Sc. aus London: Zur Kenntnis einiger Derivate des Acenaphtens. *Freiburg i. B.: Speyer & Kaerner 1901.* (36 S.) 8°
Freiburg i. B., Phil. Diss. v. 1901

Haas, Paul. Marche officielle (du) Tir cantonal, Fribourg 1905. [Titre illustré. Edition] pour piano. 5 p. 4. Fribourg (Suisse), L. von der Weid, [1905]. fr. 1.50
pour harmonie fr. 3.—, pour fanfare fr. 2.50, parties séparées fr. —.15

Haas, Ph., s.: Paulus', des Apostels, Kampf um e. vom Mosaismus losgelöstes Weltchristentum.

Haas, Ph., V. D. M., salbe deine Augen m. Augensalbe. 7 Predigten üb. d. Frage: Wie kommen wir durch Jesum Christum in d. Himmelreich? gr. 8. (105 S.) Straßburg 896. (C. A. Bomhoff) n. 1.20

HAAS, Philipp
(F) „Für und wider das Duell". Eine dialogisierte Abhandlung über den Zweikampf — in zwei Theilen von Philipp Haas. 2. Auflage. Wien. 1899. R. Lechner (Wilh. Müller.) 8°. 85 S. fl. —.96
Die 1. Auflage gelangte nicht in den Handel.

HAAS, Philipp
(F) Jagag'müath. Charakterskizze aus den Bergen in vier Aufzügen von Philipp Haas. Wien. 1899. R. Lechner (Wilhelm Müller). 8°. 188 S. mit 12 Tafeln fl. 3.—

Haas, Phil., Lob der Arbeit. Bilderbuch mit beweglichen Figuren für Kinder. Wien 865. Lechner's Universitäts-Buchh. 4. (9 color. Steintaff. mit Text.) cart. n. 1 ₰ 15 ngr.

Haas, Ph., der Sandmann. Launige Geschichten mit Bildern für kleine Kinder. Wien 863. Reiffenstein & Rösch. gr. 4. (24 color. Taf. m. Text.) n. 24 ngr.

Haas, Philipp de, a. Pyrmont: Ungedruckte Stücke aus den Breslauer deutschen Maḥzor-Handschriften mit Übersetzung und Erklärung. Breslau 1906: H. Fleischmann. (107 S.) 8°
Straßburg, Phil. Fak., Ref. Nöldeke-Baeumker, Diss. v. 16. Dez. 1905
[Geb. 6. März 84 Pyrmont; Wohnort: Pyrmont; Staatsangeh.: Preußen; Vorbildung: Bürgersch. u. Pädagogium Pyrmont, Domgymn. Halberstadt Reife O. 02; Studium: Breslau 5, Straßburg 2 S.]

Haas, Philipp de, **ungedruckte Stücke aus den Breslauer deutschen Mahzor-Handschriften m. Uebersetzung u. Erklärung.** (107 S.) gr. 8. Breslau 906. (Berlin, L. Lamm.) n. 2. —

Haas, Phpp. Ritter v. Tabellen zur qualitativen chemischen Analyse. qu. gr. 8. (31 S.) Wien 892, Deuticke. * 8 —

Haas, R. (Bearb.), s. Zinn, A.: Reichsgesetz

Haas, R., die Reichsgesetze vom 25. Juni, 5. u. 12. Juli 1887 üb. I. den Verkehr m. blei- u. zinkhaltigen Gegenständen, II. die Verwendung gesundheitsschädlicher Farben bei der Herstellung v. Nahrungsmitteln rc., III. den Verkehr mit Ersatzmitteln f. Butter, m. Ausführungsbestimmgn., nebst e. Anh., das Gesetz, betr. die Abänderg. d. Nahrungsmittelgesetzes, vom 29. Juni 1887, enth. Mit Einleitg., Erläutergn., techn. Materialien u. Sachregister, bearb. u. hrsg. 12. (X, 295 S.) Nördlingen 887. München, Beck. cart. n. 2. 80

Haas, R., Unfallversicherungsgesetz. s. Grünewald, Ed.

Haas, R., Unfallversicherungsgesetzgebung f. das Deutsche Reich, s.: Grünewald, E.

Haas, Reinhard, approb. Arzt aus St. Georgen (Bad. Schwarzwald): **Über Trepanation bei Hirntumoren.** *Tübingen: H. Laupp 1899.* (44 S.) 8° ¶ (Aus: Beiträge zur klinischen Chirurgie, Bd 25, H. 3.)
Heidelberg, Med. Diss. v. 1899

Haas, Renatus: Ueber die Einwirkung von o-Phenylendiamin auf Maleinsäureanhydride. Strassburg 1900: Goeller. 45 S. 8°
Straßburg, Math.-naturwiss. Diss. v. 11. Jan. 1909, Ref. Thiele
[Geb. 27 Aug 84 Straßburg; Wohnort: Straßburg, Staatsangeh. Elsaß-Lothringen; Vorbildung Protest. Gymn. Straßburg Reife Sommer 02; Studium Straßburg 5, Munchen Techn. Hochsch. 1, Straßburg 6 S.]
[U 09. 3808

Haas, Richard (kgl Professor und Rektor) „Ueber die Gewerbsschulen". pg. 3—18. 4° Karl Heinrich Boeninger seel. Wittwe.
Kaiserslautern, Progr. 1841/42

Haas, Robert, der geistliche Beruf in allen seinen Verhältnissen u. nach den Bedürfnissen der neuesten Zeit für Staatsmänner, Geistliche u. Nichtgeistliche wissenschaftlich dargestellt. 2. verm. Ausg. gr. 8. Gießen 846, Heyer's Verlag. 1/2 ß

Haas, Rob., ausführlichere u. unparteiische Darstellung der ersten Quartalverhandlgn. in den öffentl. u. mündl. Schwurgerichten d. Hofgerichtsbezirks Wiesbaden. gr. 8. (IV u. 200 S.) Wiesbaden 850, Kreidel. n. 3/4 ß

Haas, Rob., wissenschaftl. Darstellung des geistl. Berufs, nach den neuesten Zeitbedürfnissen entwickelt. 2 Bde. gr. 8. Gießen 834. (Ricker.) 2 ß

— der Elementarlehrer, in seinem Berufe, seiner allgem. pract. Methode, seinen amtl. Verhältnissen u. seinem Bildungsgange, 2 Conferenzvorträge. gr. 12. (42 S.) Darmstadt 848, Jonghaus. 1/6 ß

Die Freimaurerei in ihren Hauptgrundsätzen aus der einen Wahrheit beider Testamente der Bibel nachgewiesen und allen, zunächst den anschliessenden Logen aller Oriente gewidmet von Rob. **Haas.** Frankfurt a. M. 1863. 15 S. 8°
Tt. 1609. Nachweis der mrischen Grundsätze durch Bibeltexte.

Haas, Robert, zur Geschichte der Zschokkestiftung für Erweckung u. Verbreitung volksveredelnder Schriften und Begründung von Volksbibliotheken. Erster Jahresbericht. gr. 8. Frankfurt a/M. 843, Sauerländer. n. 1/3 ß

Haas, Robert, Rheingauer Geschichts- u. Wein-Chronik aus vielen zuverläss. Quellen. br 4 Wiesbaden, 1854. (Public. Bureau.) 1. —

Haas, Rob., der Katechismus des 19. Jahrhunderts u. das Evangelium der Versöhnung aller Confessionen. 2. Aufl. Bremen 869. Küthmann & Co. gr. 8. (IV, 109 S.) n. 12 ngr.

Haas, Rob., die deutsche Kirchenfrage in principieller u. zeitgemäßer Beleuchtung. Leipzig 861. O. Wigand. gr. 8. (34 S.) n. 5 ngr.

— Lehrbuch des vorbereit. Religionsunterrichts, zum Gebrauch in deutschen Elementarschulen. gr. 8. Wiesbaden 836. Ritter. n. 1/4 ß

Haas, Robert [aus Frankfurt a. M.]: **Der specifische Leitungswiderstand und der Temperaturcoëfficient der Kupfer-Zink-Legierungen** ... **Marburg**, *gedr. bei L. Schumacher in Berlin*, 1894; 34 S., 1 Bl. 8.
Marburg, Phil. Fak., Inaug.-Diss. v. [24. Jan.] 1894

— die Nothwendigkeit einer Reform der Kirche, auf dem Standpunkte der frommen Politik biblisch und kirchengeschichtlich begründet. 1. Bd. gr. 8. Stuttg. 841, Krabbe. 1 1/2 ß

— die Reform der Kirche u. Schule im 19. Jahrh., auf geschichtl. Rechtsboden im Geiste entschied. Gewissensfreiheit, reiner Menschlichkeit, Gleichstellung u. Versöhnung als Unterlage eines betr. deutschen Parlaments in der Cultus- u. Schulfrage. Wissenschaftliche Vorlesung. Ebend. 867. gr. 8. (VIII, 20 S.) n. 6 ngr.

— die deutsche Seidenzucht. Anleitung zum Seidenbau; seine Geschichte, Statistik u. Literatur. Ein Beitrag zur Hebung vaterländ. Oeconomie u. Industrie u. zur Minderung d. Proletariats. Nebst einer color. Taf. der Entwickelung der Seidenraupe vom Ei bis zum Schmetterling (in Holzschn. u. qu. gr. 4.) gr. 8. (VIII u. 75 S.) Leipzig 852, Weber. n. 1/2 ß

Haas, Rob., die deutsche Seidenzucht oder geschichtliche Entwickelung und statist. Zustände des Seidenbaus. Ein Beitrag zur Minderung des Proletariats und zur Hebung nationaler Industrie. 2. (Titel-) Ausg. Wiesbaden (851.) 854. Friedrich. 16. (37 S.) 2 1/2 ngr

— die deutsche Seidenzucht oder Nutzen, beste Mittel u. Vermittler, so wie geschichtl. Entwickelung u. statist. Zustände des Seidenbaus. Ein Beitrag zur Minderung des Proletariats u zur Hebung nationaler Industrie. 16. (37 S.) Wiesbaden 851, W. Friedrich. n. 1/12 ß

Haas, Rob., Die deutsche Seidenzucht oder Nutzen, beste Mittel und Vermittler, sowie geschichtliche Entwickelung und statistische Zustände des Seidenbaues. Ein Beitrag zur Minderung des Proletariats und zur Hebung nationaler Industrie. Wiesbaden 1852. 16. (D., HC.)
——. —— 2. (Titel-)Ausg. Ebda 1854. 16.

— das Staatsbürgerthum der Juden, vom Standpunkte der inneren Politik beleuchtet. gr. 8. Frankfurt a. M. 837. Körner. $1^1/_2$ ϐ

— Vertheidigung des Protestantismus gegen die politische Verdächtigung von Seiten des Ultramontanismus nach ihren beiderseitigen Principien und der Geschichte durchgeführt. gr. 8. Gießen 846, Heyer's Verlag. $^1/_{12}$ ϐ

— die „eine" Wahrheit in den „beiden" Testamenten der heiligen Schrift, unbefangen aus denselben erforscht, wissenschaftlich u. doch volksverständlich geordnet u. allen Confessionen gewidmet. Mannheim 860. Bassermann. gr. 8. (VIII, 420 S.) n. 1 ϐ 18 ngr.

Haas, Rob., Gottes Wort aus der „einen" Wahrheit „beider" Testamente der heiligen Schrift über Fürst u. Volk, den Fürsten ein Spiegel, den Völkern zur Erbauung. Mannheim 860. Bassermann. gr. 8. (23 S.) n. 4 ngr.

Robert Maria HAAS Zur Geschichte des deutschen Singspiels am Nationaltheater in Wien v. 1778 bis 1788 Prag Diss. 1907/1908.

Haas, Rud., der Volksbeglücker. Roman. (391 S.) 8. Berlin-Charlottenburg (910). A. Juncker, Verl. 4.—; geb. n 5. —

Der Volksbeglücker Roman von Rudolf **Haas**. 2 Aufl Berlin-Charlottenburg Juncker (1910) 391 S 8° [illegible]

Haas S. **Explicite Functionen zweier unabhängig variabler Größen in der unbestimmten Form $\frac{0}{0}$. 30 Wien R V. 89. Progr.**

Haas, Salomon, s. H a a s e

Haas, Sam. Glo. Fr., († 1805.) Anleit. zu e. angenehmen geograph. Lehrart. 8. Nördl. 775. Beck. 2 ϐ

— nützl. Denk- u. Sittensprüche aus d. Leidensgeschichte Jesu. 8. Oetting. 779.

— Erklärung e. neu erfundenen u. gemeinnützl. Einrichtung d. Stücklinien u. Zwischenspäne, mit dazu gehör. Tabellen. Basel 772.

— kurze Erzählungen merkwürd. Theuerungen u. Seuchen in u. um Deutschland. 8. Oetting. 772.

— von d. gehäuften Vorschlägen zur Verbesserung d. öffentl. Schulen. 4. Oetting. 773.

Haas, Th., s.: Hartung, des Fuldaer Bürgers Gangolf, chronikaliche Aufzeichnungen.

Haas, Th., die Schule der Chemie für Seifensieder. Vorträge auf Veranlassung der königl. Württembergischen Centralstelle für Gewerbe u. Handel gehalten u. herausg. Mit einem Vorwort von v. Steinbeis. Stuttgart 864. Schaber. 8. (VIII, 148 S. u. 1 lith. Taf. in 4.) 21 ngr.

L'empire 1813–1815. L'Allemagne Anti-Napoléonienne. Aus der **Histoire générale** [du IVe siècle à nos jours] von [Erneste] Lavisse u. [Alfred] Rambaud f. d. Schulgebr. ausgewählt, bearb. u. mit Anm. hrsg. von Dr. Theodor Haas, Oberl. zu Fulda. [Text nebst] Wörterbuch. Berlin: Weidmann 1905–06. 2 Bde 8°
[Text.] 1905. Wörterbuch. Zsgest. von Dr. Theodor Haas. 1906.
— **Schulbibliothek** franz. u. engl. Prosaschriften d. neueren Zeit. Abt. 1, Bdch. 54. [illegible]

Haas, Thdr., Handbuch sämtlicher Postkarten, Kartenbriefe, Postanweisungen u. Packet-Begleitadressen, s.: Moschkau's Handbuch f. Postwertzeichen-Sammler.

Die Juden in Mähren Darstellung d. Rechtsgeschichte u. Statistik unter besond. Berücks. d. 19 Jhs von Dr. Theodor **Haas**. Brünn Jüd. Buch- u. Kunstverl. 1908 73 S. 8° [illegible]

Haas, Thdr., Lehrbuch der Briefmarkenkunde. Ein Hülfs- u. Nachschlagebuch. Mit 5 Porträts, üb. 1300 Abbildgn. u. mehreren ganzseit. Taf., sowie e. farb. Darstellg. verschiedener Druckarten. (X, 579 S.) 8. Leipzig 907. Gebr. Senf. Geb. in Leinw. 5.—; Liebhaberausg. 6. —

Haas, T. Die Plurale der Abstrakta im Französischen. Ein Beitrag zur historischen Syntax. Diss. Göttingen 1883. 82 S.

Haas, Thdr., die Plurale der Abstracta im Französischen. Ein Beitrag zur histor. Syntax. gr. 8. (83 S.) Erlangen 884. Deichert. n. 1. 80

(H[aas], T[heodor].) Ein Vierteljahrhundert in urschweizer. Staatsdienste. Frühlingsblümchen der Erinnerung am Tage der Obwaldner Landsgemeinde [30. April 1905] niedergelegt auf das Grab des Herrn Landschreiber Gottlieb Bucher sel. (gestorben ... 10. März 1905). Den Kanzleibeamten des Eidg. Standes Unterwalden ob dem Wald, sowie den einstigen Studienkollegen des Verewigten ... gewidmet. [Mit 1 Porträt.] 8 S. 8. [Sarnen, Buchdr. Huber.]

de Haas, Ri*ck* Wil*lem* **Tromp [aus Haarlem (Holland)]: Untersuchungen über Pectinstoffe, Cocosschalen, Oxycellulose ... Göttingen, Druck d. Dieterich'schen Univ.-Buchdr., 1894; 56 S., 1 Bl. 8.**
Göttingen, Phil. Fak., Inaug.-Diss. v. [6. Okt.] 1894

Der Fluch des Schicksals oder Der Zwiespalt des Herzens. Satire in 1 Akt von Walther **Haas**. Leipzig: Verl. f. Lit., Kunst u. Mus. 1910. 35 S. 8° [illegible]

Haas, Wilh., († d. 8. Aug. 1800.) einige Abhandll. über d. Forstpflege. 8. Basel 797.

— Beschreib. u. Abrisse e. neuen Buchdruckerpresse, erfunden in Basel 1772. Französ. u. deutsch. Basel 790.

Haas, Wilhelm, a. Gemünd ⟨Eifel⟩: **1. Eine neue Darstellungsweise der Salze quaternärer Basen. 2. Spaltung des Thebains durch Benzoylchlorid. (Berlin 1906: E. Ebering.) (29 S.) 8°**
Berlin, Phil. Fak., Ref. Fischer, Diss. v. 11. Aug. 1906
[Geb. 21. April 79 Schleiden i. d. Eifel; Wohnort: Gemünd i. d. Eifel; Staatsangeh.: Preußen; Vorbildung: Oberrealsch. Düren Reife O. 98; Studium Heidelberg 1, Berlin 8 S.; Rig. 21. Juni 06.]

Haas, Guillaume. Description et représentation d'une nouvelle presse d'imprimerie, inventée à Basle en 1772. Basle 1791. 4°.

Haas, Wilh., moderne Glasätzereien. gr. Fol. 20 Lichtdruck-Taf. Berlin (901 902). M. Spielmeyer. In Mappe n. 20. —
Erschien auch in 2 Lfgn. à n. 10. —.

Haas, Wilhelm, approb. Arzt aus Hamburg: Aus d. chirurg. Klinik zu Kiel. Zur **Casuistik** der Pylorusresectionen. *Kiel 1901: Schmidt & Klaunig.* (38 S.) 8°
Kiel, Med. Diss. v. [30. Aug.] 1901

Haas, Wilh., s.: Katalog der Handbibliotheken des Katalogzimmers u. des Lesesaales der k. k. Universitäts-Bibliothek in Wien.

— neue Metall-Verglasungen im modernen Styl. 120 Entwürfe. gr. Fol. (20 Lichtdr.-Taf.) Ebd. (902). In Mappe n. 18. —

Haas, Wilhelm, der Sohn. Reise in dem Reiche der Liebe nebst der Charte dieses Landes. Ein neuer Versuch des Landcharten-Satzes. Basel 1790. 8°.

Haas, Wilhelm, aus Mannheim: Die Stellung des Gewohnheitsrechts in der katholischen Kirche. *Mannheim 1898: Haas.* (47 S.) 8°
Erlangen, Jur. Diss. v. 21. Okt. 1898

— moderne Vorlagen f. Blei- u. Messing-Verglasungen. 1. Serie. Fol. (22 farb. Taf.) Magdeburg 900. H. Teubner. 15. —

Haas, Wilh., moderne Vorlagen f. Blei- u. Messing-Verglasungen. 131 meist farb. Entwürfe auf 32 Taf. 2. Aufl. Fol. Berlin (903). M. Spielmeyer. In Mappe n. 30. —

Haas, Willy: Über Echtheit und Unechtheit von Gefühlen. Nürnberg 1910: Hilz. 43 S. 8°
München, Phil. Diss. v. 19. Juli 1910, Ref. v. Hertling, Pfänder
[Geb. 13. Juli 83 Nürnberg; Wohnort: Nürnberg; Staatsangeh.: Bayern; Vorbildung: Neues Gymn. Nürnberg Reife Juli 03; Studium: Jura München 2, Phil. Berlin 1, Wien 1, München 2 S.; Rig. 19. Juli 10.] [U 10. 3649

Haas von Bilgen, Frz., Gedanken über den Huf und dessen Beschläge. Wien 862. Gerold. gr. 8. (IV, 111 S.) n. 27 ngr.

Haas-Zumbühl, Franz. Geschichte der Gesellschaft zu Safran in Luzern bis 1850. [Mit 2 Tafeln.] Separat-Abdruck aus dem Geschichtsfreund, Band 64. II + II + 138 S. 8. Stans, Ad. & P. von Matt, 1909.

Haas-Zumbühl, F(ranz). Die Geschichte der Sankt Niklausen-Schiffs-Gesellschaft der Stadt Luzern (bis 1910). Beitrag zur Gesch' des Schiffahrtwesens auf dem Vierwaldstättersee. 168 S. 8. Luzern, J. Burkhardt, 1910.

Haas-Zumbühl, F[ranz]. [1.] Die Kernenpreise und Brotpreise in Luzern von 1601 bis 1900. Zusammengestellt und per 100 kg respektive 1 kg. umgerechnet. (— [2.] Die Fleischpreise in Luzern von 1501 —1900. Zusammengestellt und umgerechnet.) Separatabdruck aus der 1. Liefg. der «Zeitschrift für schweizerische Statistik», Jahrg. 39, 1903. 8 S. 4. [Bern, Stämpfli & Cie.]

Haas-Zumbühl, F[ranz]. [1.] Die Milchpreise in Luzern ausgemessen von 1553 bis 1903. Zusammengestellt und per Liter berechnet. (— [2.] Die Butterpreise von Luzern von 1601 bis 1903. Zusammengestellt und auf 1 ℔ à 500 Gramm berechnet.) Separatabdruck aus der «Zeitschrift für schweizerische Statistik», Jahrg. 1903. 5 S. 4. [Bern, Stämpfli & Cie.]

Haase, s. auch Hase.

Haase's Führer auf d. deutschen Eisenbahnen und Dampf-Booten. Ein periodisch erscheinendes Reisehandbuch, enth. die Fahrordnungen (Ankunft- und Abfahrt-Zeiten), Fahrpreise ꝛc., so wie eine Uebersicht d. belgischen, holländ., franz. u. engl. Bahnen u. d. regelmäß. Seedampfschifffahrts-Verbindungen. Zusammengestellt u. geordnet nach den authent. Mitthlgn. sämmtl. Directoren v. A. Schütte. (Für d. Sommerdienst 1846.) 16. Prag 846, Haase Söhne Verlags-Exped. 1/4 ₰

Haase's Fuhrer auf den deutschen Eisenbahnen u. Dampf-Booten. Ein periodisch erscheinendes Reisehandbuch, enthaltend die Fahrordnungen etc. sowie eine Uebersicht der belg., holland., franz. u. engl. Bahnen u. der regelmassigen See-Dampfschifffahrts-Verbindungen etc. Zusammengestellt v. A. Schutte. (No. 2. Fur den Sommerdienst 1847.) gr. 16. (126 S.) Prag 847, Haase Söhne. 1/4 ₰

Haase'scher Haus- und Wirthschafts-Kalender auf die J. 1870—1875. Ein Volksbuch für Unterhaltung und Fortbildung. Redig. von Frz. Klutschak. Der eigentl. Kalender von Karl Hornstein. 1.—5. Jahrg. 4. (à ca. 120 S. mit 1 Titelbild, Holzschntaf. und vielen eingedr. Illustr. in Holzschn.) Prag, Verlag der Bohemia. à Jahrg. *

Haase'scher Haus- und Wirthschafts-Kalender auf die J. 1876—1878. Ein Volksbuch für Unterhaltung und Fortbildung. Redig. von Frz. Klutschak. Der eigentl. Kalender von Karl Hornstein. 6.—8. Jahrg. 4. (à Jahrg. ca. 108 S. mit 1 Titelbild [Holzschntaf.] und vielen eingedr. Illustr. in Holzschn.) Prag, Verlag der Bohemia. à Jahrg. *

—— dass. — auf die J. 1879 und 1880. Redig. von Jos. Willomitzer. Der eigentl. Kalender von Karl Hornstein. 9. und 10. Jahrg. 4. (à Jahrg. ca. 105 S. mit 1 chromolithogr. Titelbild und vielen eingedr. Illustr. in Holzschn.) Prag, Haase. à Jahrg. **

Haase, Onkel, s.: Juck u. Schlau, die beiden Affen

—— Minuzen-Kalender, kleiner Haus- und Wirthschaftskalender auf d. gem. J. von 365 Tagen 1874 und 1875. 8. (96; 120 S., mit 1 Titelbild, Holzschntaf., und mehreren eingedr. Holzschn.) Prag, Verlag der Bohemia. à Jahrg. *

—— Minuzen-Kalender. Kleiner Haus- und Wirthschaftskalender auf die J. 1876—1878. 8. (à Jahrg. 96—100 S. mit 1 Titelbild [Holzschntaf.] und mehren eingedr. Holzschn.) Prag, Verlag der Bohemia. à Jahrg. **

—— dass. — auf die J. 1879 und 1880. 8. (à Jahrg. ca. 96—100 S.) Prag, Haase. à Jahrg. **

Haase'scher Minuzen-Kalender. Kleiner Haus- und Wirthschaftskalender auf die J. 1881—1885. 8. (à Jahrg. ca. 97 S. mit 1 farb. Titelbild und mehren eingedr. Holzschn.) Prag, Haase. à Jahrg. *

Sachsenlied. [Unterz.:] **Haase.** o. O. u. J. 1 Bl. 12,4×24 cm [Kopftit.]
Ohne Noten: „Gott, segne Sachsenland!"

Haase, Wegweiser in die amtlichen Mittheilungen. gr. 8. (28 S.) Königsberg i/Pr. 892. Gräfe & Unzer, Verl. Kat. n. — 60

Haase, Adolf Antrittsrede S. 22—29. 4 Oberrealschule *Barmen* 1907 (620
Progr.

Haase, Adolf [aus Pyritz in Pommern]: Die Schlacht bei Nürnberg vom 19. Juni 1502 . . . Greifswald, Druck v. J. H. Kunike (1887). 2 Bl. + 44 S. 8°
Greifswald, Phil. Fak., Inaug.-Diss. v. 16. D . 1887

Haase, Albert

Haase, A., Bemerkungen üb. die Syntax Pascals. gr. 8. (97 S.) Oppeln 883. Franck. n. 3. —

Haase, Alb. Über den Gebrauch des Konjunktiv bei Joinville.
13 S. **Progr.** *Cüstrin* 1882.

Haase, Albert [Prof. Dr.]: Fünfundfünfzig Kirchen-Lieder zum Gebrauch der Schüler ...
s. **Tschiersch**, Otto, & Haase, Albert: Fünfundfünfzig Kirchen-Lieder ...

Haase, A., französische Syntax d. XVII. Jahrhunderts. gr. 8. (VI, 286 S.) Oppeln 888. Franck. n. 7. —

— zur Syntax Robert Garniers, s. a. Studien, französische.

Zur Syntax Robert Garniers. Von A[lbert] **Haase.** Heilbronn: Gebr. Henninger 1885. (100 S.) 8°
— **Studien**, Französische. Bd 5, H. 1. [06. 6049

Haase, Albert: St. Ephraemi Syri theologia quantum ex libris poeticis cognosci potest explicatur. Halis (1869): Orphanotropheum. 42 S. 8°
Halle-Wittenberg, Phil. Diss. v. 15. März 1869
Geb. Tilsit 12. 8. 1848. V.

— syntaktische Untersuchungen zu Villehardouin u. Joinville. gr. 8. (IV, 111 S.) Oppeln 884. Franck. n. 3. 50

Haase, A[lb.]: Kurzgefasstes Englisches Vokabularium zum Gebrauch der Schüler des Königlichen Gymnasiums zu Küstrin. *Küstrin 1898: C. Nigmann.* (26 S.) 8° [F.]
Küstrin, k. G, P 1898 (71)

Haase, Anton, approb. Zahnarzt aus Schleswig: **Untersuchungen** über den Bau und die Entwicklung der Haftlappen bei den Geckotiden. Hierzu 2 Taf. *Berlin: Nicolai 1900.* (30 S.) 8° ¶ (Aus: Archiv f. Naturgesch., 1900.)
Leipzig, Phil. Diss. v. [10. Okt.] 1900

Haase, Berthold, Anstaltsleiter Dr.: **Tennysons Enoch Arden metrisch übersetzt. Boxhagen-Rummelsburg 1905: Carl Ockler.** (26 S.) 4° [F. u. Ant.]
Boxhagen-Rummelsburg, RPG i. E. OP 1905 (110)

Haase, Berthold: Die Einweihungsfeier. Boxhagen-Rummelsburg 1908: Pascal. S. 4—8. 4°
Boxhagen-Rummelsburg, RPG i. E. P 1908 (117) [S 08. 153

Haase, Berthold, Dr.: Französische **Gedichte**, metrisch übersetzt. *Rixdorf 1902: Mier & Glasemann.* (26 S.) 4° [F.]
Rixdorf, st. R u. PG, OP 1902 (93)

Haase, *Carl Heinrich* Berthold [aus Berlin]: Über die Gesandten in den altfranzösischen Chansons de geste. . . . Halle, *Druck v. H. Mamroth, Berlin,* 1891; 72 S. 8°
Halle, Phil. Fak., Inaug.-Diss. v. [28. Jul.] 1891

Haase, Berthold: Die Grundsteinlegung unseres Realgymnasiums. S. 21—25. 4.
Realprogymn. i. E. *Boxhagen-Rummelsburg bei Berlin* 1907 (113).
Progr.

Haase, Berthold, Gerichts-Ref. in Posen: Zur **Lehre** von der Uebertragung des Niessbrauchs. *Jena: G. Fischer 1896.* (VI, 67 S.) 8° [F.] ° Aus: Iherings Jahrbücher f. d. Dogmatik d. heut. röm. u. deutschen Privatrechts, Bd 36, N. F. 24.
Tübingen, Jur. Diss. v. 1896
(Nicht im den Austausch)

Haase, Berthold: [Prolog anläßlich der Schulfeier der Silberhochzeit des Kaiserpaares.] S. 23—24. 4.
Realprogymn. i. E. *Boxhagen-Rummelsburg* bei *Berlin* 1906 (115).
Progr.

Haase, Bruno, a. Danzig: Über die Azobenzol- und Azotoluolderivate der o-Tolylpyrazole. Rostock 1906: Adler. (42 S.) 8°
Rostock, Phil. Fak., Ref. Michaelis, Diss. v. 5. Jan. 1906
[Geb. 1. Sept. 77 Danzig; Wohnort: Danzig; Staatsangeh.: Preußen; Vorbildung: Realgymn. Danzig Prima-Reife M. 94; Studium: Tübingen 1, Rostock 8 S.; Rig. 20. Dez. 05.]

Haase, C. Einige Zusammenstellungen als Beitrag zu der Frage, ob ausser Mercur und Venus zwischen Sonne und Erde noch andere planetenartige Körper vorhanden sind. Hannover 1864.

Haase, C. A., das Stottern, oder: Darstellung u. Beleuchtung d. wichtigsten Ansichten über Wesen, Ursache u. Heilung desselben, nebst Abhandlung des Hieronymus Mercurialis v. Dr. Balbutie. Für Pädagogen u. Mediziner. gr. 8. Berlin 846. (Hirschwald.) n. 2/3 ℳ

Haase, C. D., Kopfrechnen-Schule. Ein Handbuch zum Gebrauch in Knaben- u. Mädchen-Schulen. Enthaltend: 100 Regeln zur Erleichterung u. Abkürzung beim Kopfrechnen, nebst 1800 dazu gehörenden vollständig ausgerechneten Aufgaben. gr. 8. Hamburg 842, Kittler. n. 1 ℳ

Haase, C. L., Ps. 66, 8—14. Daß auch das heutige Bergfest ein Dankfest sein muß; am 29. Juli 1843, u. Jes. 54, 10. Das Vertrauen auf Gottes unwandelbare Gnade des Bergmanns rechter Bergsegen; am 4. Mai 1844. Zwei Bergpredigten. gr. 8. Freiberg 844, Engelhardt. n. 4 ngl

Haase, C. W., die praktische Müllerei. Mit Beiträgen zur Mühlenbaukunde. Enth.: die Darlegung der neuesten Fortschritte in diesen Fächern sowie Vorschläge zu zeitgemäßen Verbesserungen. 2. verb. und verm. Aufl. gr. 8. (82 S. mit 62 Abbild. auf 4 Stnt. in qu. 4.) Breslau 872. (Berlin, Erleben.) *

Haase, C. W., die praktische Müllerei. Mit Beiträgen zur Mühlenbaukunde. Enth.: die Darlegg. der neuesten Fortschritte in diesen Fächern, sowie Vorschläge zu zeitgemäßen Verbessergn. 3. verm. u. verb. Aufl. m. 80 Abbildgn. (auf 6 Steintaf.) gr. 8. (104 S.) Breslau 875. (Trewendt & Granier.) n. 4. —

Haase, CW, d. prakt. Müllerei. 4. Afl. 8. (210 m. e. Atlas v. 14 L.) Berl. 78, Grieben. n. 10. —

Haase, C. W., die praktische Müllerei. Mit Beiträgen zur Mühlenbaukunde, nebst neuem Verfahren, rohe Ströme u. Flüsse zu kanalisiren, enth.: die Darlegung der neuesten Fortschritte in diesen Fächern mit mehrfach neuen Maschinen u. sonstigen Neuheiten für Wasser-, Wind- u. Dampfmühlen-Bauten u. mit completen Bauentwürfen zu diesen Mühlen, ganz neu bearb. 4., erheblich verm. u. gänzlich in Schrift u. Zeichnungen umgearb. Aufl. gr. 8. (IV, 210 S. m. einem Atlas von 14 Steintaf. in Fol.) Breslau 879. Haase's Selbstverl. n.n. 10. —; cart. n.n. 11. —

— dasselbe. Suppl. [Ergänzung u. Fortsetzung]. gr. 8. (S. 211—260 m. 1 Steintaf.) Ebend. 881. 2. —

Haase, C. W., die praktische Müllerei. Mit Beiträgen zur Mühlenbaukunde, nebst neuem Verfahren, rohe Ströme u. Flüsse zu kanalisiren, enth.: die Darlegg. der neuesten Fortschritte in diesen Fächern m. mehrfach neuen Maschinen u. sonst. Neuheiten f. Wasser-, Wind-, u. Dampfmühlen-Bauten u. m. completen Bauentwürfen zu diesen Mühlen ganz neu bearb. 2. Thl. Ergänzungsbd. zur 4. Aufl. v. „Die prakt. Müllerei". gr. 8. (III, 84 S. m. 4 Steintaf.) Breslau 885. Woywod. n. 5. — (cplt.: n. 15. —)

— dasselbe. 5. Aufl. 2 Thle. in 1 Bde. Mit e. Atlas v. 18 (lith.) Taf. (in Fol.). gr. 8. (VI, 210 u. III, 84 S.) Ebend. 885. n. 14. —

Haase, C. W., die praktische Müllerei des Mahlens mit Maschinen- u. deutschen Gängen u. deren Instandhaltung. Mit besond. Rücksicht auf die Fragestellung bei Prüfungen der Müllermeister u. Müllergesellen. Ein nützl. Werkchen für alle Mühlenbesitzer, Müllermeister u. Lehrburschen ꝛc. Breslau 865. (Kern.) gr. (57 S. mit 2 Steintaff. in qu. Fol.) n. 20 ngr.

Haase, C. W., Neuerungen im Müllereibetriebe. Das neueste Mahlverfahren, m. Mahlwalzen im Verein m. Mahlgängen die schönsten, backfähigsten u. nahrhaftesten Weizen- u. Roggenmehle zu erzeugen u. Anderes. gr. 8. (VII, 70 S. m. Abbildgn.) Berlin 892. Polytechn. Buchh. A. Seydel. Kart. n. 3. —

Haase, C. W., Regulation oder Canalisation der deutschen Hauptströme Weichsel, Oder, Weser, Elbe u. Rhein. Eine sachliche Antwort zur Prüfung der dem preußischen Landtage im Novbr. 1879 vorgelegten Denkschrift. Eine hochwichtige Zeitfrage für die Industrie, den Handel, sowie für Grundstücksbesitzer an schiffbaren Flüssen u. Strömen [Deichverbände], das strom- u. flußschifffahrttreibende Publikum u. Freunde der Wissenschaft u. National-Oekonomie ꝛc. betr. die Regulirung oder die Canalisirung der deutschen Hauptströme u. Flüsse. gr. 8. (23 S. m. 1 lith. Karte.) Breslau 880. Haase's Selbstverlag. n. 1. —

Haase, C. W., die Veranlassungen zu den Eisversetzungen und den damit verbundenen Dammbrüchen und Ueberschwemmungen der norddeutschen Ströme und größeren Nebenflüsse u. deren möglichste Beseitigung für die Zukunft. Mit Holzschn.-Abbildgn. gr. 8. (40 S.) Braunschweig 888. (Bruhn's Verl.) n. 1. —

Haase, Carl . . . . s. Haase, Karl . . .

— **Christian Gustav** (Leipzig), Duas cholerae indigenae historias cum epicrisi. Diss. med. Lpz. (Carl Gust. Naumann) 1. V. 1832. 24 S. (4.80) 12463

Haase, E., Anweisung zur Geometrie der Mittelschule, s.: Wilk, E.

Haase, E.: Über die Assimilation des freien atmosphärischen Stickstoffs durch die Pflanzen. (Vortrag). Aachen 1895

Haase, E., die Erdrinde. Einführung in d. Geologie. (VII, 170 S. m. Abbildgn. u. 3 farb. Taf.) gr. 8. Leipzig 909. Quelle & Meyer. Geb. in Leinw. 2.20; m. Anh. (VII, 170 u. 84 S.) 2. 80

Haase, E., Geometrie der Mittelschule s.: Wilk, E.

— Geologisches Lesebuch. (Anh. zu: „Die Erdrinde".) (84 S.) gr. 8. Ebd. 909. 1. —

— Lötrohrpraktikum. Anleitung zur Untersuchg. der Minerale m. dem Lötrohre. (IV, 89 S.) 8. Leipzig 908. E. Nägele. 1. 20

*Haase, Eduard: Katalog der Lehrerbibliothek, zum praktischen Gebrauch zusammengestellt. Erster Teil. 96 S. 8. Zweiter Teil. S. 97–160. 8. Dritter Teil. S. 161–224. 8. Vierter Teil. IV. S. 225–267. 8.
Friedrich Wilhelms-Gymn. *Neu-Ruppin.* 1901 (84). 1902 (89). 1903 (90). 1904 (90).
Progr.

Haase, Elisab., Paulus. Ein Lebensbild in gebundener Rede auf rein bibl. Grundlage. (40 S.) 8. Berlin 908. Herm. Walther. 1. —

Haase, Emil [aus Rönsahl (Westf.)]: Ueber Nitro- und Amidoverbindungen des Diphenylmethans, Benzophenons und einige weitere Abkömmlinge. . . . Tübingen, L. F. Fues'sche Buchdr., 1891; 62 S. 8°
Tübingen, Naturw. Fak., Inaug.-Diss. v. 1891

Haase, Erich, s.: Bericht üb. die wissenschaftlichen Leistungen in der Naturgeschichte der niederen Thiere.

Haase, E, Schlesiens Chilopoden. I. Chilopoda anamorpha. 8. (44) Bresl. 80, (Barschak). n. 1. 20

Haase, Erich, Schlesiens Chilopoden. I. Chilopoda anamorpha. Inaugural-Dissertation. gr. 8. (VI, 44 S.) Breslau 880. (Köhler.) n. 1. 20

Haase, Erich, die indisch-australischen Myriopoden, s. Abhandlungen und Berichte des Zoologischen Museums zu Dresden.

— die indisch-australischen Myriopoden. I. Chilopoden. [Abhandlungen u. Berichte des k. zoolog. u. anthropologisch-ethnograph. Museums zu Dresden 1886/87, hrsg. v. A. B. Meyer, Nr. 5.] gr. 4. (118 S. m. 6 Lichtdr.-Taf.) Berlin 887. Friedländer & Sohn. n. 20. —

Haase, Erich, researches on Mimicry on the basis of a natural classification of the Papilionidae. Part II. Researches on Mimicry. Translated by C. M. Child. gr. 4. (IV, 154 S. m. 8 farb. Taf.) Stuttgart 898. E. Nägele. n. 48. —
Part. I erscheint später.

— Untersuchungen üb. die Mimicry auf Grundlage e. natürlichen Systems der Papilioniden, s. a. Bibliotheca zoologica.

Untersuchungen über die Mimicry auf Grundlage eines natürlichen Systems der Papilioniden. Tl 1. 2. (In 11 Lfgn.) Von Dr. Erich Haase, Dir. d. Kgl. Siames. Mus. in Bangkok . . . *Cassel: T. Fischer* (Tl 2: *Stuttgart: E. Nägele*) *1892. 93.*
1 Entwurf e. natürl. Systems d. Papilioniden. 1892. (2 Bl., 120 S.)
2 Untersuchgn üb. d. Mimicry. M. 8 [vielm. 14] Taf. 1893. (2 Bl., 161 S., 14 Taf., 14 Erl.-Bl.)
= Bibliotheca zoologica. H. VIII. [98. 3039

Haase, Ernst August [app. Arzt aus Hannover]: Beiträge zu den Osteomen der Stirn- und Nasenhöhle . . . Göttingen, Druck d. Dieterich'schen Univ.-Buchdr., 1894; 23 S. 8.
Göttingen, Med. Fak., Inaug.-Diss. v. [28. Febr.] 1894

Haase, Ernst Aug., Beiträge zu den Osteomen der Stirn- u. Nasenhöhle. Diss. gr. 8. (23 S.) Göttingen 894. (Vandenhoeck & Ruprecht.) n. — 60

Haase, Eugen. Ern. (geb. Lissa 28. 7. 1842): De febri scarlatinosa. Berolini 1865. (31 S.) 8°
Berlin, Med. Diss. v. 12. Juni 1865

Haase, F. [app. Arzt, ehem. Assist. d. ophthalmolog. Klinik zu Rostock]: Aus d. anatom. Institut zu Rostock. Ueber den Canalis Petiti des Menschen . . . Rostock, Univ.-Buchdr. v. Adler's Erben, 1889; 16 S. u. 2 Taf. 8°
Rostock, Med. Fak., Inaug.-Diss. v. 3. Apr. 1889

Haase, F. Die französische Conjugation, besonders mit Rücksicht auf den französischen Unterricht dargestellt und erläutert. Münden, H. B., 1875. 43 S. 4. Progr.

Haase, F. De metricis Graecis disput. II. Pr. 1858. 16 S. 4°.

Haase, F. Solution des difficultés que présente l'accord du participe passé dans la langue française. Lauenburg i. P., H. B., 1862. Progr.

Haase, F., die Athenische Stammverfassung. Aus den Abhdlgn. der hist. phil. Gesellschaft in Breslau. Breslau 857. E. Trewendt Lex.-8. (74 S.) n. 25 ngl

Haase, F., und F. Hünnebeck. Übersichtskarte der Flözablagerungen in der Horst-Recklinghauser Mulde des westfälischen Steinkohlenbeckens. 1:25000. Dortmund, 1886. [Ab 39

Haase, F. W., Anzeige u. Warnung, künstlich gefärbte Cigarren betreffend. gr. 8. (7 S.) Bremen 877. Sauernheimer. n. — 40

Haase, Felix, approb. Arzt aus Jüterbog, Assistenzarzt im Lehr-Reg. d. Feldart.-Schießschule. Kasuistische Beiträge zum Lupus vulgaris. Bericht über 135 Fälle aus d. Kgl. Universitäts-Institut f. Lichttherapie zu Berlin. *Berlin (1904): G. Schade.* (50 S.) 8°
Berlin, Med. Diss. v. 22. Juli 1904

Haase, Felix, Kaplan: Patriarch Dioskur I. von Alexandria. Nach monophysitischen Quellen. Breslau 1909: Nischkowsky. 50 S. 8° ¶(Ersch. vollst. in: Kirchengeschichtl. Abhandlungen. Bd 6. 1908.)
Breslau, Kath.-theol. Diss. v. 12. Jan. 1909, Ref. Sdralek
[Geb. 1 Aug. 82 Protzan; Wohnort: Zobten a. Berge; Staatsangeh.: Preußen; Vorbildung: Gymn. Glatz Reife O. 04, Studium: München 1, Breslau 6 S.; Rig. 21 Dez. 08.] [U 09. 453

Haase, Fel., z. bardesanischen Gnosis, s. a. Texte u. Untersuchungen zur Geschichte der altchristl. Literatur.

Zur Bardesanischen Gnosis. Literarkrit. u. dogmengeschichtl. Untersuchungen von Dr. Felix **Haase**. Leipzig: Hinrichs 1910. 98 S. 8° (Texte u. Untersuchungen z. Geschichte d. altchristl. Literatur. Bd 34, H. 4.) [10. 246

Haase, Felix, aus Rybnik (Ob.-Schl.): Über die **Konstitution** des sog. δ-Amminovaleraldehyds. *Berlin (1903). G. Schade.* (44 S.) 8°
Berlin, Phil. Diss. v. 29. Juli 1903

Haase, Ferd. (geb. Ratibor 19. 12. 1818): De noma seu stomacace gangraenosa. Berolini (1841). (32 S.) 8°
Berlin, Med. Diss. v. 9. Sept. 1841

Haase, Fr., s. K. Reissig's Vorlesungen.

Haase, Fr. Herm.

Haase, F. H., elektrische Beleuchtungs-Einrichtungen. Leichtfassliche Erläuterg. der Grundprincipien derselben, Erklärg. v. Ausführgn., Beschreibg. der dabei vorkomm. Herstellungsweise u. Anleitg. z. Beurtheilg. zweckmäss. Einrichtgn. gr. 8. (VIII, 99 S. m. 61 Fig.) Berlin 892. G. Siemens. Geb. in Leinw. n. 2. —

Haase, F. H., die atmosphärische Elektrizität. Betrachtungen üb. deren Entstehg. u. Wirkungsweise. gr. 8. (VIII, 46 S.) Berlin 892. G. Siemens. n. 1. 20

— der Erfindungsschutz. Handbuch f. Industrielle, Ingenieure, Techniker u. Erfinder. Rathgeber in allen, den Erfindungsschutz betr. Vorkommnissen, m. besond. Berücksicht. der bei deutschen Erfindgn. wicht. Fragen. 8. (XI, 140 S.) Jena 892. H. Costenoble. n. 2. —

— Erläuterungen zum Gesetze betr. den Schutz v. Gebrauchsmustern. 8. (VII, 62 S.) Berlin 892. G. Siemens. In Leinw. kart. n. 1. —

— die Feuerungsanlagen. Handbuch f. Constrakteure u. Fabrikbesitzer zur Anleitg. f. Ausführgn. u. f. den Betrieb. gr. 8. (XI, 259 S. m. 98 Abbildgn.) Leipzig 893. O. Wigand. n. 5. —

— die Heizungsanlagen. 1. u. 2. Thl. gr. 8. Ebd. n. 9. —
1. Der zum Heizen v. Räumen nöthige Wärmeaufwand. Anleitung zur Beurtheilg. aller den Wärmeaufwand beeinfluss. Vorkommnisse. Mit erläut. Fig. (X, 164 S.) 894. n. 4. —
2. Die Heizung u. die Heizungseinrichtungen. Anleitung zur Beurtheilg. u. Beschaffg. zweckmäss. Einrichtgn. (VII, 288 S. m. 190 Fig.) 895. n. 5. —

— Leitfaden üb. Patent- u. Musterschutzangelegenheiten aller Staaten, f. Industrielle, Erfinder u. Patentanwälte nach Gesetzen, Verordngn. u. Verfüggn. zusammengestellt. 12. (XVI, 245 S.) Berlin 894. R. v. Decker. Kart. n. 3.

Haase, F. H., Leitfaden üb. Patent- u. Musterschutzangelegenheiten all. Staaten, f. Industrielle, Erfinder u. Patentanwälte zusammengest. Nachtrag f. d. J. 1895. 12. (16 S.) Berlin 895. R. v. Decker. — 30 (Hauptwerk u. Nachtrag 3. 30)

— die Lüftungsanlagen. Erläuterung der Grundprincipien, welche bei der Einrichtg. v. Lüftungsanlagen zu beachten sind, um nicht nur gesunde Luft, sondern auch zugfreien Luftwechsel zu erzielen, nebst kurzer Beleuchtg. der verschiedenen Heizungssysteme. gr. 8. (VIII, 192 S. m. 74 Abbildgn.) Stuttgart 893. J. G. Cotta Nachf. n. 3. —

Haase, Fr. Herm., der Ofenbau. Einrichtung u. Ausführg. der Zimmeröfen, der Caloriferes, der Küchenöfen u. der Badeöfen. Unter besond. Berücksicht. der feuer- u. heiz-ökonom. Wirkg. u. der Mittel zur Herstellg. der Öfen. 1. Abth.: Die Kachelöfen. gr. 4. (V, 40 S. m. Abbildgn.) Berlin 902. Geschäftsstelle der Zeitschrift f. Lüftg. u. Heizg. n. 3. —

Haase, Fr. Herm., s. a. Zeitschrift f. Lüftung u. Heizung.

— Zeitschrift f. Lüftung u. Heizung. Fachblatt d. Lüftungs- u. Heizungskunde m. Einschluss der Feuerungstechnik u. des Ofenbaues f. Fachleute u. Private. Hrsg. u. red. v. Fr. Herm. Haase. 6.—8. Jahrg. 1900—1902. à 24 Nrn. gr. 4. (à ca. 12 S. m. Abbildgn.) Berlin, Geschäftsstelle. à Jahrg. n. 9. —
Vergl.: Zeitschrift f. Lüftung u. Heizung.

Haase's, Fr. Herm., Zeitschrift f. Lüftung- u. Heizung. Fachblatt der Lüftungs u. Heizungskunde m. Einschluss der Feuerungstechnik u. des Ofenbaues f. Fachleute u. Private. Hrsg. u. red. v. Fr. Herm. Haase. 9.—11. Jahrg. 1903—1905. à 24 Hefte. (à ca. 8 S. m. Abbildgn.) 4. Berlin, Geschäftsstelle. à Jhrg. n. 10 —

— dasselbe. 12. Jahrg. 1906. 24 Hefte. (à ca. 16 S. m. Abbildgn.) 4. Ebd. n. 13. —

Haase's, Fr., Herm., Zeitschrift f. Lüftung u. Heizung u. Bauingenieurtechnik m. Einschluss d. Feuerungswesens u. des Ofenbaus. Hrsg. unter Mitwirkg. bewährter Ingenieure in hervorrag. Lebensstellg. von Fr. Herm. Haase. 13—16. Jahrg. 1907—1910. à 24 Hefte. (à ca. 8 S. m. Abbildgn.) 31×23 cm. Berlin, Geschäftsstelle. à Jahrg. 13. —

Haase, Franz [aus Berlin]: Die rechtliche Stellung der Geschäftsführer einer Gesellschaft m. b. H. ... Berlin, Druck v. M. Oldenbourg, 1896; 58 S., 1 Bl. 8.

Erlangen, Jur. Fak., Inaug.-Diss. v. 1896

Haase, Franzisk., O.F.M., Emmanuel. Vollständ. Gebetbuch beim öffentl. Gottesdienste u. bei den hauptsächlichsten Vereins- u. Bruderschafts-Andachten. gr. 16. (XVI, 464 S. m. farb. Titel u. 1 Stahlst.) Dülmen 900. A. Laumann. Geb. in Leinw. n. 1. 50

Emmanuel. Vollständ. Gebetbuch b. öffentl. Gottesdienste u. bei d. hauptsächlichsten Vereins- u. Bruderschafts-Andachten. Zsgest. von P. Franziscus **Haase,** O. F. M. 2. Aufl. Dülmen: A. Laumann 1903. (XVI, 472 S.) 8° [F.] [03. 10855 6

Haase, Franziskus, O. F. M., Emanuel. Vollständiges Gebetbuch beim öffentl. Gottesdienste u. bei den hauptsächlichsten Vereins- und Bruderschafts-Andachten. 3. Aufl. (XVI, 472 S. m. farb. Titel u. Titelbild.) 16. Dülmen (910). A. Laumann. Geb. in Leinw. 1. 50

Haase (Franciscus), O. F. M. Die Herz Jesu-Gmde zu Indpls 1885-1900 Eine Festausgabe Indpls, 1900.

Dem edlen, tüchtigen beförderer der classischen studien Dr Friedrich Haase gewidmet im März 1844, als ihm von seinen zuhörern ein fackelzug gebracht wurde. (Breslau 1844.) (3 Bl.) 4° *[Deutsches Gedicht.]*

Viro illustrissimo doctissimo Friderico Haasio . salutem dicunt, gratias referunt cives Academiae Viadrinae Idibus Martiis anni 1844. Vratislaviae (1844). (2 Bl.) 4° *[Lat. Gedicht.]*

Haase, Fr(idericus) Animadversiones ad Senecae libros de rem. fort. et de nat. quaestt. (Vratislaviae 1859.) (S. 3—12) 4°

Breslau, Ind. lect. WS 1859/60

Haase, Fr(idericus) Ad L. Annaei Senecae dialogorum libros V adnotationes criticae. (Vratislaviae 1852.) (S. 3—19) 4° *[Forts. ist Ind. lect. SS 1853.]*

Breslau, Ind. lect. SS 1852

Haase, Fr(idericus) Ad L. Annaei Senecae dialogorum librorum VI. adnotationes criticae (Vratislaviae 1853.) (S. 3—20) 4° *[Forts. zu Ind. lect. SS 1852.]*

Breslau, Ind. lect. SS 1853

Haase, Frdr., ungeschminkte Briefe. 4. Aufl. 8. (104 S.) Dresden 883. Minden n. 1. 50

Haase, Fr(idericus) Josephi Bripii vel Biprii carmen de laudibus S. Alexii ex schedis H. Middeldorpfii editum. (Vratislaviae 1861.) (S. 3—19) 4°

Breslau, Ind. lect. WS 1861/62

Haase, Henr. Aenoth. Frid. Gregorii Turonensis episcopi de cursu stellarum, qualiter ad officium implendum debeat observari, sive de cursibus ecclesiasticis adjectis commentariis et scripturae specimine e cod. Bamb. Vratislaviae 1853. (52 S. 1 Taf.) 4° *[Buchausg. 1853 bei Max & Ko. in Breslau.]*

Breslau, Progr. z. Geburtstage d. Königs am 15. Okt. 1853

Festgruß Sr. Königl. Hoheit dem Kronprinzen Friedrich Wilhelm von Preußen bei seiner Rückkehr aus dem österreichischen Kriege dargebracht von der Königlichen Universität zu Breslau am 18. September 1866. Aus dem Lateinischen übersetzt. (Breslau 1866.) (4 Bl.) 4° [F.] *[Verf. u. Übers. Friedrich Haase.]*

Haase, Fr(idericus) De fragmentis Rutilio Lupo a Schoepfero suppositis. (Vratislaviae 1856.) (S. 3—10) 4°

Breslau, Ind. lect. SS 1856

Friderico Guilielmo principi Borussiae hereditario ex bello Austriaco reditum gratulatur Academia Viadrina. Die XVIII. mensis Septembris a. 1866. (Vratislaviae 1866.) (4 Bl.) 4° *[Lat. Gedicht v. Friedrich **Haase** z. Einzug d. Kronprinzen in Breslau.]*

Guilielmo Borussorum regi ex bello Austriaco reditum gratulatur Academia Viadrina. Die XVIII. mensis Septembris a. 1866. (Vratislaviae 1866.) (3 Bl.) 4° *[Lat. Gedicht v. Friedrich **Haase** z. Einzug d. Königs in Breslau.]*

[**Haase,** Fridericus] Euangeliorum quattuor vetus Latina interpretatio ex cod. Rehdigerano nunc primum edita. Part. 1. (Vratislaviae 1865.) (Sp. 1—16) 4° *[Part. 2. 5 sind Progr. z. Geburtstage d. Königs 1865. 66; 3. 4. 6 sind Ind. lect. WS 1865/66, SS 1866, WS 1866/67.]*

Breslau, Ind. lect. SS 1865

Haase, Henr. Frid. Euangeliorum quattuor vetus Latina interpretatio ex cod. Rehdigerano nunc primum edita. Part. 2. Vratislaviae 1865. (Sp. 17—64) 4° *[Part. 1. 3. 4. 6 sind Ind. lect. SS 1865, WS 1865/66, SS 1866, WS 1866/67; 5 ist Progr. z. Geburtstage d. Königs 1866.]*

Breslau, Progr. z. Geburtstage d. Königs am 22. März 1865

[**Haase,** Fridericus] Euangeliorum quattuor vetus Latina interpretatio ex cod. Rehdigerano nunc primum edita. Part. 3. (Vratislaviae 1865.) (Sp. 65—106) 4° *[Part. 1. 4. 6 sind Ind. lect. SS 1865, SS 1866, WS 1866/67; 2. 5 sind Progr. z. Geburtstage d. Königs 1865. 66.]*

Breslau, Ind. lect. WS 1865/66

[**Haase,** Fridericus] Euangeliorum quattuor vetus Latina interpretatio ex cod. Rehdigerano nunc primum edita. Part. 4. (Vratislaviae 1866.) (Sp. 108—155) 4° *[Part. 1. 3. 6 sind Ind. lect. SS 1865, WS 1865/66, WS 1866/67; 2. 5 sind Progr. z. Geburtstage d. Königs 1865. 66.]*

Breslau, Ind. lect. SS 1866

Haase, Henr. Frid. Euangeliorum quattuor vetus Latina interpretatio ex cod. Rehdigerano nunc primum edita. Part. 5. Vratislaviae 1866. (Sp. 156—235.) 4° *[Part. 1. 3. 4. 6 sind Ind. lect. SS 1865, WS 1865/66, SS 1866, WS 1866/67; 2 ist Progr. z. Geburtstage d. Königs 1865.]*

Breslau, Progr. z. Geburtstage d. Königs am 22. März 1866

[**Haase,** Fridericus] Euangeliorum quattuor vetus Latina interpretatio ex cod. Rehdigerano nunc primum edita. Part. 6. (Vratislaviae 1866.) (Sp. 236—296) 4° *[Part. 1. 3. 4 sind Ind. lect. SS 1865, WS 1865/66, SS 1866; 2. 5 sind Progr. z. Geburtstage d. Königs 1865. 66.]*

Breslau, Ind. lect. WS 1866/67

Haase, Fr(idericus) De tribus Tibulli locis transpositione emendandis. (Vratislaviae 1855.) (S. 3—16) 4°

Breslau, Ind. lect. SS 1855

Haase, Fridericus Lucubrationum Thucydidiarum Capita duo. Berolini (1841). (VIII, 35 S.) 8° *[Vollst. 1841 bei Trautwein in Berlin.]*

Breslau, Phil. Fak. Antr.-Progr. als außerord. Prof. v. 31. Juli 1841

Haas, Friedr. (H.), Lucubrationes Thucydideae. 8maj. (8½ B.) Berolini 841, [Trautwein et Comp.]

Haase, Fr(idericus) Lucubrationum Thucydidiarum mantissa. (Vratislaviae 1857.) (S. 3—19) 4°

Breslau, Ind. lect. WS 1857/58

Haase, Frid. Indicendi diei festi causa, quo Jenensis academia quartum seculum auspicatur, ex academiarum Viadrinae et Jenensis historia memorabilia quaedam collecta. (Vratislaviae 1858.) (S. 3—16) 4°

Breslau, Ind. lect. WS 1858/59

Haase, Fr(idericus) Miscellanea philologica [lib. 1]. (Vratislaviae 1856.) (S. 3—16, 1 Taf.) 4° *[Lib. 2, 3, 5 sind Progr. z. Geburtstage d. Königs 1858. 61. 63; 4 ist Ind. lect. WS 1862/63.]*

Breslau, Ind. lect. WS 1856/57

Haase, Henr. Aenoth. Frid.: Miscellaneorum philologicorum lib. 2. Vratislaviae 1858. (28 S.) 4° *[Lib. 1. 4 sind Ind. lect. WS 1856/57. 62/63; 3. 5 sind Progr. z. Geburtstage d. Königs 1862. 63.]*

Breslau, Progr. z. Geburtstage d. Königs am 15. Okt. 1858

Haase, Frid.: Miscellaneorum philologicorum lib. 3. Vratislaviae 1861. (36 S.) 4° *[Lib. 1. 4 sind Ind. lect. WS 1856/57. 62/63; 2. 5 sind Progr. z. Geburtstage d. Königs 1858. 63.]*

Breslau, Progr. z. Geburtstage d. Königs am 22. März 1861

1862 erschien kein Programm.

[**Haase,** Fridericus:] Miscellaneorum philologicorum liber 4. (Vratislaviae 1862.) (S. 3—22) 4° *[1 ist Ind. lect. WS 1856/57; 2. 3. 5 sind Progr. z. Geburtstage d. Königs 1858. 61. 63.]*

Breslau, Ind. lect. WS 1862/63

Haase, Frid.: Miscellaneorum philologicorum lib. 5. Vratislaviae 1863. (38 S.) 4° *[Lib. 1. 4 sind Ind. lect. WS 1856/57. 62/63; 2. 3 sind Progr. z. Geburtstage d. Königs 1858. 61.]*

Breslau, Progr. z. Geburtstage d. Königs am 22. März 1863

Haase, Fridericus: De militarium scriptorum Graecorum et Latinorum omnium editione instituenda narratio. Berolini: Trautwein in comm. 1847. (51 S.) 8° *[Buchausg. ebenda.]*

Breslau, Phil. Fak., Antr.-Progr. als ord. Prof. v. 26. Juli 1847

Haase, Frid., de militarium scriptorum graecorum et latinorum omnium editione instituenda narratio. gr. 8. (51 S.) Berlin 847, (Trautweinsche Buchh.)

Haase, Henr. Aenoth. Frid.: Orationes academicae quattuor.
(1: De nostrorum temporum discordiis a Graecorum vita alienis, habita a. 1845 d. 3. m. Aug. regis Frid. Guil. III b. m. natali.
2: De artis tacticae apud Graecos historia, habita in auspicando professoris ordinarii munere d. 26. m. Jul. 1847.
3: habita in adeundo professoris eloquentiae munere d. 3. m. Aug. a. 1852.
4: In memoriam mortuorum, maxime Dav. Schulzii habita d. 3. Aug. 1854.)
Vratislaviae 1860. (40 S.) 4°

Breslau, Progr. z. Geburtstage d. Königs am 15. Okt. 1860

Quaestiones die natali regis ... Guilielmi I d. 22 m. Martii a. 1866 certaminis litterarii causa in annum 1867 vel ex superiore anno dilatas vel nuper propositas mandato universitatis litterarum Vratislaviensis publicavit Fridericus Haase. Vratislaviae 1866. (4 S.) 4°

Haase, Henr. Aenoth. Frid.: De medii aevi studiis philologicis. Vratislaviae 1856. (46 S.) 4°

Breslau, Progr. z. Geburtstage d. Königs am 15. Okt. 1856

Haase, Fridericus: De latinorum codd. mss. subscriptionibus commentatio cum Hrabani Mauri, ut videtur, ad Lotharium Imperatorem et Theodori Gazae ad Antonium Panormitam epistolis et carmine Brunonis. (Vratislaviae 1860.) (S. 3—24) 4°

Breslau, Ind. lect. WS 1860/61

– (Hrsg.), s. Tacitus, Publius Cornelius: Germania. 1856.

Haase, Fridericus: De vita Joannis Seccervitii Vratislaviensis, olim professoris poetices Gryphiswaldensis. (Vratislaviae 1863.) (S. 3—34) 4°

Breslau, Ind. lect. WS 1863/64

Haase, Frdr., Vorlesungen üb. lateinische Sprachwissenschaft hrsg. v. Friedr. Aug. Eckstein. 1. Bd. Einleitung. Bedeutungslehre. gr. 8. (VI, 220 S.) Leipzig 874. Simmel & Co. n. 6. —

Haase, Frdr., Vorlesungen über lateinische Sprachwissenschaft. 2. Bd. Bedeutungslehre. [2. Thl.] hrsg. von Herm. Peter. gr. 8. (XII, 267 S.) Leipzig 880. Simmel & Co. n. 7. 20 (1. u. 2.: n. 11. 20)

Haase, Frdr., was ich erlebte 1846—1896. (Illustr. v. Frdr. Stahl.) gr. 8. (203 S.) Berlin 897. R. Bong. n. 3. —; geb. 4. 50

Haase, Friedr., Was ich erlebte. 1846—1896. 2. Aufl. Berlin. Leipzig. Wien. Stuttgart [1897]. 8°.

Friedrich **Haase.** Was ich erlebte. 1846—1896. 3. Aufl. *Berlin, Leipzig, Wien, Stuttgart: R. Bong [1898?].* (3 Bl., 203 S., 3 Portr.) 1 Bd 8. [98. 7989

Haase, Fridericus. ·Als die Inaug.-Schrift vertretend wurden angenommen des Verf. Druckschriften: 1. Xenophon de republica Lacedaemoniorum. Emendavit et illustravit Fr. Haase. Berolini: Dümmler 1833. 338 S., 1 Taf. 8° 2. Palästrik [bei den Griechen]. Aus: Allg. Enzyklopädie der Wissenschaften u. Künste. Hrsg. v. J. S. Ersch u. J. G. Gruber. Sekt. 3. Th. 9. Leipzig: Brockhaus 1837. 4° S. 362—414.

[Halle-Wittenberg, Phil. Diss. v. 10. Mai 1838]

Geb. [Magdeburg 4. 1. 1808]

Haase, Friedrich Karl [aus Markoldendorf (Prov. Hannover)]: Die altenglischen Bearbeitungen von Grosseteste's Chasteau d'amour verglichen mit der Quelle. ... Halle a. S., Druck v. Ehrhardt Karras, 1889; 87 + 1 S. 8°

Leipzig, Phil. Fak., Inaug.-Diss. v. 18. Nov. 1889

Haase, G. Leichtfaßliche Geschichte d. deutschen Vaterlandes f. Bürger- u. Volksschüler. 8. (105 S.) Güstrow 891, Opitz u. Comp. * — 60

— u. L. Kreutzer, Heimats- u. Vaterlandskunde, f. die Hand mecklenburg. Schüler bearb. 3. Aufl. 8. (70 S.) Ebd. 893. Kart. n. — 50

Haase, G., einfaches Material f. Aufsatzübungen in Volksschulen. gr. 8. (VIII, 87 S.) Güstrow 889. Opitz & Co. n. 1. 20

Haase, G. A., s. Haase, Wilhelm Andreas

Gegen die totale Alkoholabstinenz. Von Brauereibesitzer Georg **Haase,** Breslau. Berlin 1903: Gebr. Unger. (21 S.) 8° [F.]
Aus: Tageszeitung f. Brauerei. 1903. [06. 1814 2

Haase, Geo, die Braugerste, ihre Kultur, Eigenschaften u. Bewertung. Vortrag, geh. in der ökonom. Gesellschaft im Königr. Sachsen zu Dresden am 10. XI. 1905. (17 S.) gr. 8. Leipzig 906. Berlin, R. C. Schmidt & Co. n. — 60

Haase, Geo., die Braugerste. Jetzt: Leipzig, Fritzsche & Schmidt.

– Der Drogist, s. Beruf, mein künftiger.

— ein Gläschen in Ehren! Beiträge zur Alkoholfrage u. Mahnworte an alle diejenigen, die im Kampfe gegen den Alkohol nicht Maß u. Ziel halten können. (380 S. m. 1 Tab.) 8. Berlin 905. P. Parey. n. 1. 50

– Der Großkaufmann, s. Beruf, mein künftiger.

Haase, Geo., die Handwerker u. der Befähigungsnachweis. (32 S.) 8. Hamburg (Holstenwall 3) 905. Deutschnationale Buchh. u. Verlagsanstalt. n. — 50

Haase, Georg, approb. Arzt aus Friedland (O.-Schl.): **Kasuistik des Schuchardt-Schnittes.** *Greifswald 1904: J. Abel.* (30 S.) 8°
Greifswald, Med. Diss. v. 1. Juli 1904

– Der Kaufmann, s. Beruf, mein künftiger.

Haase, Geo., Repetitorium der Physik. gr. 8. (III, 140 S.) Freiburg i/B. 901. Speyer & Kaerner. n. 2.—; geb. n.n. 2.60

Haase, Geo., Repetitorium der Physik. 2., verm. u. vorb. Aufl. (4. u. 5. Taus.) (III, 148 S.) 8. Freiburg i/B. 907. Speyer & Kaerner. n. 2.—; geb. n. 2.60 u. durchsch. n. 3.—

— der politische Schiller. (32 S.) 8. Ebd. 905. n. —50

Georg Haase. Der politische Schiller. 2. Aufl. Hamburg: Deutschnat. Buchh. u. Verlagsanst. 1905. (32 S.) 8° [Umschlagt. F.] .05. 01,9

Haase, Gli. Söhne, s. Erinnerungen an Prag.

Preis-Kourant von Gottlieb Haase Söhne, Papier-Handlung, k. k. Hofbuchdruckerei in Prag und Maschinen-Papier-Fabrik in Wran. Niederlage in Wien, Bauernmarkt, Bellegardehof. Prag, 1856. Druck der k. k. Hofbuchdruckerei von Gottlieb Haase Söhne. (48 S. 8.)

Haase, Gustav, approb. Arzt aus Hannover: Aus d. Universitäts-Augenklinik zu Kiel. Ein Fall von Spontanheilung einer Iridodialyse. *Kiel 1900: H. Fiencke.* (12 S.) 8°
Kiel, Med. Diss. v. [15. Okt.] 1900

Haase, Gustav *Adolf Christoph* [app. Arzt aus Heiligenhafen]: Aus d. Univ.-Augenklinik zu Kiel. Über Tuberkulose des vorderen Tractus uvealis ... Kiel, Druck v. C. Böckel, 1893; 33 S. 8.
Kiel, Med. Fak., Inaug.-Diss. v. [6. Nov.] 1893

Haase, Gustav: Untersuchung ueber die Reime in der Image du Monde des Walther von Metz. Halle 1879: Karras. 23 S. 8°
Halle-Wittenberg, Phil. Diss. v. [3. Dez.] 1879
Geb. Köstritz (Reuss j. L.) 1. 12. 1857. V.

Haase. H., s. Blätter, deutsch-soziale

Haase, Harald von, Referendar u. bacc. utr. jur. in Langebrück b. Dresden: Die Regentschaft in Sachsen nach dem heute geltenden Staatsrecht. Borna-Leipzig 1908: R. Noske. (VI, 51 S.) 8°
Leipzig, Jur. Fak., Diss. v. 10. Juli 1908
[Geb. 29. Juni 80 Dresden; Wohnort: Langebrück (Sachsen); Staatsangeh.: Preußen; Vorbildung: Gymn. z. heil. Kreuz Dresden Reife O. 01; Studium: Freiburg i. B. 1, Leipzig 1, Freiburg i. B. 1, Leipzig 3 S.; Rig. 28. Juni 04.]

Haase, Heinr., krit. Betrachtgn. üb. d. Navier'sche Bogentheorie u. d. neuere Elasticitätstheorie kontinuierlicher Fachwerkstragbögen. M. 1 Platte graph. Darstellgn. gr. 8. (IV, 74 S.) Regensburg 897. (H. Bauhof.) n. 1.80

Haase, Heinr., Enthüllungen aus der Leidensgeschichte meines bauwissenschaftlichen Lebenswerkes m. Hinweisen auf das zugrundeliegende Beweismaterial meiner Erinnerungsblätter u. Aktenbelege. (XLIII, 114 S.) gr. 8. Regensburg 906. Reg.-Baumeister a. D. Haase. n. 2.—

— das Grundgesetz d. Horizontalschubs versteifter Tragbögen kontinuierlichen Systems, statisch-mathemat. u. experimentell nachgewiesen. M. Autotyp. d. Autors u. d. Versuchsapparates, Textfig. u. 5 Blättern graph. Darstellgn. u. Handzeichngn. d. Autors. gr. 8. (VIII, 192 S.) Ebd. 897. n. 3.—

— mit Gott f. Licht u. Wahrheit. Off. Schreiben an d. kgl. preuß. Staatsminister d. öffentl. Arbeiten in Berlin. Betreff: Neue Theorie d. Ingenieurbauwerke. gr. 8. (40 S. m. Bildn.) Ebd. 898. n. —50

Haase, Heinr., die Theorie der parabolischen u. elliptischen Bögen in ihrer Anwendung auf Eisenconstructionen od. neues Berechnungs- u. Constructionsverfahren aller versteiften Systeme continuirl. Tragbögen aus Schmied- u. Walzeisen unter der Bedingg. grösster Material-Ersparniss einschliesslich der parabol. Fachwerksbalken, m. besond. Rücksicht auf das prakt. Bedürfniss d. ausführ. Ingenieurs kurz u. übersichtlich dargestellt, sowie m. consequent durchgeführten Zahlenbeispielen erläutert. Mit 27 Fig.-Taf. gr. 8. (XVI, 253 S.) Wien 886. v. Waldheim. n. 5.50

Haase, Heinr., d. Theorie d. parabolischen u. ellipt. Bögen i. ihr. Anwendg. a. Eisenconstructionen. Mit 27 Fig.-Taf. gr. 8. (XVI, 253 S.) Wien 886. (Regensburg, Verlagsanstalt vorm. G. J. Manz.) n. 5.50; ermäss. Pr. n. 3.40

— Theorie der parabolischen Brückengewölbe od. das Grundgesetz des Horizontalschubs in seiner Anwendg. auf Brückengewölbe unter der ausschliessl. Wirkg. vertikaler Aussenkräfte, entwickelt an dem Beispiel e. gewölbten Bahnüberbrückg. Mit 5 Blättern graph. Darstellgn. gr. 8. (VII, 110 S.) Regensburg 899. Verlagsanstalt vorm. G. J. Manz. n 4.

Haase, Heinrich (Aenoth.) Friedrich, s. Haase, Friedrich

Haase, Herm.

— Amtskalender für evangelische Geistliche und Lehrer, s. Amtskalender.

Haase, H[ermann]. Ein Beitrag zur Kostumgeschichte der Vierlander in 700 Aquarellen mit begleitendem Text. Flensburg 1905
XIII — 51 S. 8°.
Ausstellung im Kunstgewerbemuseum Flensburg 5. Aug.—6. Sept. 1905

Haase, H., Bilder aus alten deutschen Städten. Fol. (24 Lichtdr.) Hamburg 893. C. Griese. Geb. in Leinw. od. in Mappe. n. 20

Haase, Herm., Blumen am Wege. Ges. Gedichte. 3., verb. u. verm. Aufl. gr. 8. (VIII, 120 S.) Marburg 895. N. G. Elwert's Verl. n. 1.—

— malerische Ecken u. Winkel Hamburgs. 18 Zeichngn. Lichtdr. v. Knackstedt & Näther. Text v. C. Rüdiger. Fol. (2 S. Text.) Hamburg 891. C. Boysen. In Leinw.-Mappe. n. 20

— dasselbe. 20 Zeichngn. (in Lichtdr.). (2. Aufl.) Fol. Ebd. 893. In Leinw.-Mappe n. 20.—

Haase, Herm., Gesangbuchsführer oder Liederconcordanz über die achtzig Lieder der drei preußischen Regulative. Ein Wegweiser zur nützlichen Verwerthung derselben beim Religions- u. Confirmandenunterrichte. Geistlichen u. Lehrern dargeboten. Magdeburg 860. Heinrichshofen. Lex.-8. (IV, 98 S.) $17\frac{1}{2}$ ngr

— — 2. Thl. Geschichte u. Erklärung von 60 nicht regulativen Kirchenliedern. Im Anschluß an das evangelische Kirchenjahr u. in Verbindung mit mehreren Auslegungen der namhaftesten Liedererklärer aus ältester u. neuester Zeit, als Johs. Spangenberg, Cyriakus Spangenberg, Simon Pauli 2c. hrsg. Ebend. 870. gr. 8. (XII, 507 S.) 1 ₰ $7\frac{1}{2}$ ngr

Haase, H., s.: Hamburgensien-Sammler, der.

Haase, Herm., Heimatkunde v. Halle u. Umgegend, s.: Wisotzky u. Schleichert.

Haase, Herm., der Herr ist meine Macht u. mein Psalm u. mein Heil. Kriegsbetstunden in der Kirche zu Königsmark gehalten. Osterburg 866. Doeger'sche Hofbuchh. 8. (36 S.) n. 5 ngr.

Haase, Herm., evangelische Liederkunde enth. die 80 Kirchenlieder der drei preuß. Regulative vom 1., 2. und 3. Octbr. 1854. Nach Wort- und Sachinhalt erläutert. gr. 8. (XII und 193 S.) Langensalza 856(57), Schulbuchhandlung des thüringer Lehrer-Vereins.

— evangelische Liederkunde oder Geschichte und Erklärung der 80 Kirchenlieder der drei preußischen Regulative vom 1., 2. u. 3. Octbr. 1854. Im Anschluß an das Kirchenjahr u. in Verbindung mit mehreren Auslegungen der namhaftesten Liedererklärer aus ältester u. neuester Zeit als Johs. Spangenberg, Chr. Spangenberg, Pet. Busch etc. herausg. 2. Aufl. 859. (XXIV, 354 S.) 24 ngr. — 3. Aufl. 860. (XXIV, 380 S.) 24 ngr. — 4., vielfach verb. u. verm. Aufl. Langensalza 864. Greßler. gr. 8. (XXXI, 415 S.) 1 ℛ

— evangelische Liederkunde. Geschichte u. Erklärung der 80 Kirchenlieder der 3 preuß. Regulative vom 1., 2. u. 3. Oktbr. 1854. Im Anschluß an das evangel. Kirchenjahr u. in Verbindung mit mehreren Auslegungen der namhaftesten Liedererklärer aus ältester u. neuester Zeit als Johs. Spangenberg, Cyriacus Spangenberg, Pet. Busch etc. nebst einem Anh., enth. noch etliche Liederauslegungen von Joh. Spangenberg u. Valer. Herberger hrsg. 5. sehr verb. u. verm. Aufl. Langensalza 868. Greßler. gr. 8. (XXX, 442 S.) 1 ℛ 3 ngr.

Haase, Herm., evangelische Liederkunde, 1. Thl. Geschichte u. Erklärg. der 80 Kirchenlieder der drei preuß. Regulative vom 1., 2. u. 3. Oktbr. 1854. Im Anschluß an das evangel. Kirchenjahr u. in Verbindg. m. mehreren Ausleggn. der namhaftesten Liedererklärer aus ältester u. neuester Zeit als Johs. Spangenberg, Chr. Spangenberg, Peter Busch etc. nebst e. Anh., enth. noch etl. Liederausleggn. v. Joh. Spangenberg u. Valer. Herberger. 6., sehr verb. u. verm. Aufl. gr. 8. (XXXII, 452 S.) Langensalza 871. Schulbuchh. 3. 30

—— dass. — 2. Thl.: Geschichte und Erklärung von 60 nicht regulativen Kirchenliedern. Im Anschluß an das evangel. Kirchenjahr und in Verbindung mit mehreren Auslegungen der namhaftesten Liedererklärer aus ältester und neuester Zeit, als Johs. Spangenberg, Cyriacus Spangenberg, Simon Pauli etc. hrsg. gr. 8. (XII, 507 S.) Ebendas. 870.

Haase, Herm., evangelische Liederkunde. 1. Thl. Geschichte u. Erklärung von 80 Kirchenliedern, in Verbindung mit mehreren Auslegungen der namhaftesten Liedererklärer aus ältester u. neuester Zeit als Johs. Spangenberg, Cyriacus Spangenberg, Peter Busch u. A. 7., verb. Aufl. gr. 8. (XXVIII, 420 S.) Langensalza 878. Schulbuchhandlung. 3. 30

Haase, Herm., zur Methodik d. ersten Rechenunterrichts. gr. 8. (VI, 58 S.) Langensalza 898. H. Beyer & Söhne. n. — 75

Haase, Herm., zur Methodik des ersten Rechenunterrichts. 2., vollständig umgearb. Aufl. (X, 126 S.) gr. 8. Langensalza 906. H. Beyer & Söhne. n. 1. 60

Haase, Herm., s.: Mittelschule u. höh. Mädchenschule, die.

Haase, H., u. O. Schwindrazheim, neues Musterbüchlein, Hamburgs Frauen gewidmet. qu. Fol. (17 Taf. m. 1 Bl. Text.) Hamburg 888. (Boysen.) In Mappe. n. 6. —

— u. O. Schwindrazheim, neues Musterbüchlein. Kreuzstichmuster. 2. Ausg. qu. Fol. (17 Taf.) Hamburg 894. Boysen & Maasch. In Mappe. 3. —

—— und Heinrich, Pfarr-Almanach, s. Pfarr-Almanach.

Haase, Hermann [Apotheker aus Bahn '(Pomm.)']: Ueber p-Nitrophenylmethyloxybiazolon und einige seiner Umsetzungsprodukte ... Rostock, Univ.-Buchdr. v. Adler's Erben, 1893; 58 S., 1 Bl. 8.
Rostock, Phil. Fak., Inaug.-Diss. v. [15. März] 1893

Haase, Hermann, aus Calefeld i. H.: Über **Regenerationsvorgänge bei Tubifex rivulorum Lam. mit besonderer Berücksichtigung des Darmkanals und Nervensystems. Mit 11 Fig. im Text.** *Marburg 1898: (Breitkopf & Härtel in Leipzig).* (40 S.) 8° ¶(Aus: Zeitschrift f. wissensch. Zoologie, Bd 65, H. 2.)
Marburg, Phil. Diss. v. [10. Jan.] 1899

— Der ursprüngliche Sinn der Lehre v. den Stufen des Unterrichts. Ein Beitrag zur Frage der Persönlichkeitsbildg. (VII, 158 S.) 8. Leipzig 910. F. Brandstetter. 2.40; geb. in Leinw. 3. —

Spätherbst-Blätter. Neue Gedichte von Hermann **Haase.** *(Gelnhausen 1903: F.W. Kalbfleisch.)* (95 S.) 8° [F.] [04. 6133] 4

Haase, Herm., Tracht, Haus und Hof der Vierländer. Beiträge zur Kulturgeschichte. (207 S. m. 6 farb. Taf.) 8. Hamburg 910. A. Janssen. 6. —

Haase, Hermannus: Das Verhalten der pikardischen und wallonischen Denkmäler des Mittelalters in Bezug auf a und e vor gedecktem n. Halis Saxonum 1880: Karras. 54 S. 8°
Halle-Wittenberg, Phil. Diss. v. [1. Nov.] 1880
Geb. Erfurt 16. 2. 1858. V.

Haase, Hugo, gesundheitswidrige Wohnungen u. deren Begutachtung vom Standpunkte der öffentlichen Gesundheitspflege u. m. Berücksicht. der deutschen Reichs- u. preußischen Landesgesetzgebung. (VI, 102 S.) 8. Berlin 905. J. Springer. n. 1. 60

[Lied.] Der Ehrw. Loge zum Pelican zum 77sten Stiftungsfeste gewidmet. Den 16ten März 1847. [Unterz.:] J. C. C. Haase.] [Hamburg 1847.] 2 Bl. 8° [Umschlagtit.]
Ohne Noten: „Die Weisheit leite unsern Bau ...“

Haase, Dr. J. C. F., Zur Theorie der eb. Curven n. Ordnung mit $\frac{(n-1)(n-2)}{2}$ Doppel- und Rückkehrpuncten. (Aus Clebsch und Neumann's math. Annalen, 2. Bd. besond. abgedruckt.) 1870. 8°.

Haase, J. H. F., d. Numeriren u. d. vier Species in unbenannten u. gleichbenannten Zahlen, mit den nöthigen Vorübungen. 1s Heft. 8. Lübeck 830. (Aschenfeld). 4 gGr. 2s Heft, d. Tafel- u. Kopfrechnen, nebst d. nöthigen Theorie für jeden Stand u. für jedes Geschlecht. 8. Ebd. 830. 8 gGr.

Haase, J. H. F., das Tafel- u. Kopfrechnen, nebst d. nöthigen Theorie, f. jed. Stand u. f. jed. Geschlecht, so weit es allgem. Bedürfniß scheint etc. 1. Hft. — A. u. d. T.: Das Numeriren, u. die vier Species in unbenann. u. gleichbenannt. Zahlen, mit d. nöth. Vorübungen. 8. (4 B.) Lübeck 830, (Aschenfeldt.)

—— daſſ. 2. Hft. — A. u. d. T.: Die vier Species in ungleichen. Zahlen, mit d. nöth. Vorübungen. 8. (7½ B.) Ebdſ. 830. Vgl. Haſe, Haſſe.

Haaſe, (J. H. F.,) Waarenberechnungen mittelſt Logarithmen. gr. 8. Hamb. 819, Perthes u. B. iſt d. Vr.

— Waarenberechnungen mittelſt d. Logarithmen, ruſſiſche Produkte nach Lübeck, Hamburg, Bremen ꝛc. Nebſt einer erklärenden Einleitung u. den nöthigen Koſten- u. Frachttabellen. gr. 8. Hamb. 820. (Perthes u. B.) 3 ₰ 18 gr.

— dieſ. mittelſt allgem. Regeln. gr. 8. Hamb. 819, Perthes u. B. iſt d. Vr.

— Waarenberechnungen mittelſt allgem. Regeln. Enthalt. 111 Calculationen. gr. 8. Ebd. 820. 1 ₰ 3 gr.

Haase, J. J

—, De viola tricolore. Erl. 4°. Samml. f. pr. Ae. VIII, St. 2 p. 329. 1782

– Dass., s.a. H a a s , Aug.

Haase, J. J., De auditus vitiis surditatem et difficilem auditum producentibus. Lps. 4°. *Doering*, I, 205.

Haaſe, Joh., üb. den Weinbau im Znaimer u. Joslowitzer Gerichtsbezirke in Mähren. 8. (60 S.) Znaim 873. (Fournier & Haberler.) n. 1. 20

Haase, Johann Gottlob

— — De adminiculis motus muscularis diss. Lpz. (Klaubarth) 29. I. 1785. 12 S. (4.—) 12469

— — Anastomosin arteriarum et venarum quondam assertam novis experimentis. Lpz. (Klaubarth) 2. VI. 1797. 14 S. mit Biogr. v. Carl Christian Otto (Meissen; M.: S. C. Hoyer). (4.50) 12480

Haase, Jh. Glo., († d. 10. Nov. 1801.) cerebri nervorumque corporis hum. anatome repet. Cum II tabb. aen. 4maj. Leipz. 781. (Brockhaus). 14 gr.

H a a s e, I. Gottlob, cerebri nervorumque corporis hum. a n a t o m e repet. 8. maj. Lips. Gleditsch, 781.

Haase, Johann Gottlob: Cerebri nervorumque corporis humani anatome repetita. 160 S., gbd., 2 Taf.

Lipsiae: Junius 1781

JB 687

Haase, Johann Gottlob: De vasis cutis et intestinorum absorbentibus plexibusque lymphaticis pelvis humanae annotationes anatomicae 34 S., gbd., Abb.(fehlen!)

Lipsiae: Junius 1786

JB 844

—de vasis cutis et intestinor, absorbentibus plexibusque lymph. pelvis hum. Cum icon. Fol. maj. Leipz. 786. (Brockhaus). 2 ₰ c. icon. color. 3 ₰ 8 gr.

– (Präs.), s. A p e l , Justus Gottfried: De usu opii salubri ...

Haase, Joh. Gottlob (Präs.), s. B r ü c k n e r , Balth. Christian. Adversaria de methodo medendi recentiorum.

Haase, Johann Gottlob (Präs.), s. B u d i g , Christian Gottlob: De rabie canina ejusque medela probabili

— **Johann Gottlob** (Leipzig) u. **Carl Frey** (Fridérichsdorf/Laus.), **Comparationem clavicularum animantium brutorum cum humanis. Zootomiae specimen.** Lpz. (Wwe. Langenheim) 29. X. 1766. 35 S. (5.50) 12461
Gewidm.: Christian Gottlieb Ludwig, Johann Christoph Pohl.

— — **De diathesi sanguinis phlogistica in synocho inflammatoria.** Lpz. (Klaubarth) 7. VIII. 1801. 11 S. mit Biogr. v. Gottfried Wilhelm Becker (Leipzig). (4.50) 12498

— — **Experimenta anatomica ad nutritionem unguium declarandam capta.** Lpz. (Langenheim) 19. I. 1774. 23 S. (4.50) 12467

— — **De fabrica cartilaginum.** Disp. med. Lpz. (Langenheim) 7. VIII. 1767. 44 S. u. 1 Taf. Abb. (Stock fec.) (5.50) 12465
Gew.: Hanns Gotthelf v. Globig (Zehista).

28*

Haase, Johann Gottlob (Präs.), s. F e l l e r , Christian Gotthold: De therapia per electrum Quaedam.

— — **De fine arteriarum earumque cum venis anastomosi.** Lpz. (Klaubarth) 3. VIII. 1792. 12 S. mit Biogr. v. Johann Friedrich Barthel (Dresden; M.: J. S. Heubaum). (4.50) 12476

— — **De fractura colli ossis femoris cum luxatione capitis ejusdem ossis conjuncta.** Leipzig (Klaubarth) 2. III. 1798. 14 S. mit Biogr. v. Johann Christoph Leopold Reinhold (Leipzig; M.: M. E. Stoll). (4.50) 12484

— — **Dasselbe. II.** 27. VI. 1800. 12 S. mit Biogr. v. Carl Friedrich Burdach (Leipzig; M. C. S. Koch). (4.50) 12485

— — **Dasselbe. III.** 27. III. 1801. 12 S. mit Biogr. v. Jo. Gottfried Ludwig Sproede (Naumburg; M.: E. Ch. Schreyer). (4.50) 12486

— — u. (Respond.) **Gottlieb Hieronymus Christian Peschel** (Freiberg). **De gangliis nervorum. Diss. neurologica.** Lpz. (Langenheim) 3. IV. 1772. 55 Seiten. (5.50) 12466
Gew.: Christian Gotthelf Frh. v. Gutschmid.

Haase, Johann Gottlob (Präs.), s. G e u t h n e r , Christian Daniel: Morborum quorundam recens plenius descriptorum scrutinium pathol.-therapeut.

Haase, Johann Gottlob (Präs.), s. G r i m m , Johann Sebastian: Morborum quorundam recens plenius descriptorum scrutinium pathologico-therapeuticum.

— — **De haemorrhagia narium in morbillis symptomate in cura eorum non negligendo.** Leipzig (Breitkopf & Haertel) 6. III. 1801. 16 S. mit Biogr. v. Christian Gottfr. Wilhelm Gruetzbach (Zeitz; M.: J. J. W. Baumann). (4.50) 12495

— — De hernia a diverticulo intestini ilei nata. Lpz. (Saalbach) 26. VIII. 1791. 16 S. mit Biogr. v. Johann Leonhard Dober (Dresden; M.: C. B. Senger). (4.50) 12473

— — Dasselbe. II. Lpz. (Klaubarth) 3. II. 1792. 15 S. mit Biogr. v. Carl Daniel Boevius (Kitlitz b. Bautzen; M.: A. M. Schoebel). (4.50) 12474

— — De iis quae artem difficilem reddunt. Lpz. (Klaubarth) 31. VIII. 1798. 11 S. mit Biogr. v. Benjamin Carl Fickewirth (Tennstedt; M.: S. J. Junghans). (4.50) 12488

— — Dasselbe. II. 4. IX. 1798. 12 S. mit Biogr. v. Roman Adolph Hedwig (Chemnitz; M.: S. S. Teller). (4.50) 12489

— — Dasselbe. III. 30. XI. 1798. 12 S. mit Biogr. v. Heinrich Wilhelm Richter (Leipzig; M.: S. E. Straeubig). (4.50) 12490

— — Dasselbe. IV. Lpz. (Kramer) 20. IX. 1799. 12 S. mit Biogr. v. Johann August Wattsaeck (Naumburg; M.: J. S. Mehner). (4.50) 12491

— — Dasselbe. V. Lpz. (Klaubarth) 29. VIII. 1800. 11 S. mit Biogr. v. Friedrich August Mueller (Dresden; M.: F. C. Reichel). (4.50) 12492

— — Dasselbe. VI. 5. IX. 1800. 14 S. mit Biogr. v. Christian Friedrich Wilhelm Redlich (Leisnig; M.: J. S. Heymann). (4.50) 12493

— — Dasselbe. VII. Lpz. (Klaubarth) 10. III. 1801. 12 S. mit Biograph. v. Johann Christian August Clarus (Coburg; M.: Ch. S. Hebenstreit). (4.50) 12494

— — De ventriculis cerebri tricornibus lucubrationes anatom. Lpz. (Bueschel) 1789. 12 S. (3.50) 12470

— — Amputationis ossium praecipua quaedam momenta ex duplici casu altero femoris altero cruris resecti. Lpz. (Hirschfeld) 10. VII. 1801. 12 S. mit Biogr. v. Christian Gottlob Budig (Joachimstein/Radmeritz/Ob.-Laus.; M.: Ch. Fl. Koehler). (4.50) 12496

— — Dasselbe. II. Lpz. (Klaubarth) 11. IX. 1801. 12 S. mit Biogr. v. Carl Christian Friedrich Lutheritz (Meissen; M.: Ch. S. Otto). (4.50) 12497

— — De praecipuis momentis quorum ratio a medico forensi est habenda officio suo honeste functuro I. Lpz. 1798. 12 S. mit Biograph. v. Christian Theophil Witschel (Marglissa/Laus.; M.: J. D. Gauk). (4.50) 12481

— — Dasselbe. II. Lpz. (Klaubarth) 1798. 12 S. mit Biogr. v. Theophil Wilhelm Töpelmann (Döbeln; M.: J. S. Lehmann). (4.50) 12482

— — Dasselbe. III. Lpz. (Bueschel) 15. VI. 1798. 12 S. mit Biogr. v. Christian Gottfried Carl Braune (Nebra/Thür.; M. A. D. Hüttner). (4.50) 12483

— — De narium morbis. Lpz. 23. V. 1794. 14 S. mit Biogr. v. Christian Heinrich Adolph Rumpelt (Pirna; M.: Ch. Ch. Raendler). (4.50) 12478

— — Dasselbe. II. 14. XI. 1797. 12 S. mit Biogr. v. Johann Christian Rosenmüller (Hesberg/Hildburghausen; M.: S. Ch. F. Faber) u. 2 Abb. (J. C. Rosenmüller del. J. F. Schröter sc.) (4.50) 12479

— — Myotomiae specimen quo musculi pharyngis velique palatini observationibus quibusdam illustrati continentur. Lpz. (Klaubarth) Sept. 1784. 24 S. (4.50) 12468

Haase, Jo. Gttl., resp. Gttl. Schreger, De nervis narium internis. 15 pp. Lps. 4°. 1790

— — De nervis narium internis. Lpz. (Solbrig) 18. XI. 1791. 15 S. mit Biogr. v. Bernhard Nathanael Gottlob Schreger (Zeitz; M.: R. Ch. Müller). (4.50) 12475

—, resp. G. Schroeder, De nervis narium internis. 15 pp. Lps. 4°. *Ludwig*, IV, 11–15. 1791

— — De nervo maxillari superiore sive secundo ramo quinti paris nervorum cerebri. Lpz. 22. IV. 1793. 14 S. mit Biogr. v. Carl Wilhelm v. Müller (Terespoli/Litauen; M.: J. C. Huyson). (4.50) 12477

— — De nervo phrenico dextri lateris duplici parisque vago per collum decursu. Lpz. (Klaubarth) 24. IX. 1790. 12 S. mit Biogr. v. Friedrich Gottlob Dürr (Neustadt/Orla; M.: F. L. Lehn). (4.50) 12471

Johann Gottlob Haase

Ioannes Gottlob Haasius [Haase]: De Rite instituendis nosocomiis civicis. [Resp.:] Fridericus Augustus Wagner [um 1770]. Lipsiae (1795:) Richter. 28 S. 8°

Leipzig, Med.Diss.v. 5.Juni 1795

— — De plexibus oesophageis nervosis parisque vagi per pectus decursu. Lpz. (Klaubarth) Mai 1791. 15 S. mit Biograph. v. Johann Christian Baumgarten (Luckau / N.-Laus.; M.: J. W. H. Passerin). (4.50) 12472

— — Nonnullis de dissimulatae graviditatis scrutinio medico-forensi. Lpz. 6. VII. 1798. 14 S. mit Biogr. v. Carl Friedrich Adolph Daehne (Leipzig; M.: J. R. Vierermel). (4.50) 12487

Johann Gottlob Haase

Ioannes Gottlob Haasius [Haase]: Morborum quorundam recens plenius descriptorum Scrutinium pathologico- therapeuticum. [Resp.:] Ioannes Sebastianus Grieß. Lipsiae (1789:) Breitkopff. 26 S. 8°

Leipzig, Med. Diss. v. 26. Juni 1789

—, resp. C. G. **Feller**, Diss. de therapia per electricitatem. Lps. 4°. *Doering*, I, 268. J. d. méd. etc. XXIII, 152. 1785

Johann Gottlob Haase

Ioannes Gottlob Haasius [Haase]: De Unguine articulari eiusque vitiis. [Resp.:] Ioannes Augustus Caemmerer. Lipsiae (1774:) Langenheim. 28 S. 8°

Leipzig, Med. Diss. v. 1. Juli 1774

Johann Gottlob Haase

Ioannes Gottlob Haasius [Haase]: De gravidarum Vericibus. [Resp.:] Gottlob Fridericus Richter. Lipsiae (1781). 26 S. 8°

Leipzig, Med. Diss. v. 19. Juni 1781

[Titelbl. ist stark beschnitten, sodass Druckerangabe fehlt.]

Johann Gottlob Haase

Ioannes Gottlob Haasius [Haase]: De ventriculi Vulnere egregie curato specimen. [Resp.:] Fridericus Gottlob Durr.([Leipzig] 1790:) Taebel. 20 S. 8°

Leipzig, Med. Diss. v. 24. Sept. 1790

Herrn *Johann Wilhelm Haasens*, Herzoglich Sachsen-Weimarschen und Eisenachschen Baumeisters, Mühlen-Inspectors und Geometers Beschreibung sieben Arten von Ramm-Maschinen, welche den von dem Königl. Preuss. General-Ober-Finanz-Krieges-und Domainen-Directorio, durch die königl. Academie der Wissenschaften auf das Jahr 1770. ausgesetzten Preis erhalten hat, nebst bemeldten Herrn *Haasens* geschickten Zusätzen und noch 3 andern Abhandlungen, welche wegen bemeldten Preises eingeschickt, und der Bekanntmachung würdig erachtet worden, m. 19 Kupft. Berl. bey Haude und Spener. 4. 1771

Haase, Johs., Täglich Brot. Ein Gotteswort f. jeden Tag des Jahres m. kurzer Betrachtg. u. Gebet. 1.—4. Aufl. 1.—15. Tauf. (Volksausg.) 12. (IV, 367 S.) Hamburg (900—902). G. Schloeßmann. Geb. in Leinw. n. 1. —; Geschenkausg. n. 2. —; m. Goldschn. n. 2.40

Haase, Johs., täglich Brot. Ein Gotteswort f. jeden Tag des Jahres m. kurzer Betrachtg. u. Gebet. 5. u. 6. Aufl. 16.—25. Tauf. (Volksausg.) (à IV, 367 S.) 12. Hamburg (904. 905.) G. Schloeßmann. Geb. in Leinw. n. 1. —; Geschenkausg. m. Goldschn. n. 2. —

Haase, Johs., tägl. Brot. Ein Gotteswort f. jeden Tag des Jahres m. kurzer Betrachtg. u. Gebet. 31—35. Tauf. (Volksausg.) (IV, 367 S.) kl. 8. Hamburg (909). G. Schloeßmann. Geb. in Leinw. p 1. —; Geschenkausg. m. Goldschn. 2. —

— der praktische Geistliche in seinem Werden u. Wirken. Zwanglose Briefe. (375 S.) gr. 8. Ebd. 905. n. 4. —; geb. n. 5. —

Haase, Johannes, Kammergerichtsref.: **Inwieweit finden die Vorschriften für die synallagmatischen (gegenseitigen) Verträge auf den Gesellschaftsvertrag Anwendung? Nach d. röm. Recht u. d. Recht d. Bürgerl. Gesetzbuchs.** *Berlin (1904): G. Schade.* (66 S.) 8°
Berlin, Jur. Diss. v. 4. Febr. 1904

— Pilgerbrot. Schlichte tägl. Andachten nach der Ordng. des Kirchenjahres. Mit e. Vorwort v. Johs. Blittner u. e. kurzen Unterricht üb. christl. Sitte u. kirchl. Ordng. 1.—5. Tauf. (Volksausg.) 8. (XVIII, 405 S.) Ebd. (902). Geb. in Leinw. n. 1. 25; Geschenkausg. m. Goldsch. n. 3. —

— Pilgerbrot. Schlichte tägl. Andachten nach der Ordng. des Kirchenjahres. Mit e. kurzen Unterricht üb. christl. Sitte u. kirchl. Ordng. 2. u. 3. Aufl. 7.—15. Tauf. (Volksausgabe.) (à IV, 423 S.) kl. 8. Ebd. 905. Geb. in Leinw. n.n. 1. 25; Geschenkausg. m. Goldschn. n. 3. —

— Pilgerbrot. Schlichte tägl. Andachten nach der Ordnung des Kirchenjahres. Mit e. kurzen Unterricht über christl. Sitte u. kirchl. Ordng. 5. Aufl. 21—25. Tauf. (IV, 423 S.) kl. 8. Hamburg 910. G. Schloeßmann. Geb. in Leinw. 1. 25; Geschenkausg. 3. —

— Tägliches Schulandachtsbuch. (VII, 296 S.) kl. 8. Hannover 910. C. Meyer. Geb. in Leinw. 1. 50

— kurzer Unterricht üb. christliche Sitte u. kirchliche Ordnung. 1. u. 2. Aufl. 1.—10. Tauf. 8. (à 15 S.) Ebd. (902). n. — 10

— kurzer Unterricht üb. christliche Sitte u. kirchliche Ordnung. 201.—220. Tauf. (16 S.) kl. 8. Ebd. (906). n.n. — 10

— dasselbe. (Einbd.: Zum Geleit f. Konfirmanden.) (32 S.) kl. 8. Ebd. (906). Geb. in Leinw. n. 1. —

— Kurzer Unterricht über christl. Sitte u. kirchl. Ordnung. 331—360. Tauf. (16 S.) kl. 8. Ebd. (910). p nn — 10

— Was ist dir dein Sonntag? 1—20. Tauf. (16 S.) kl. 8. Hamburg (910). G. Schloeßmann. p nn — 10

— Wie erziehe ich mein Kind? Kleiner Ratgeber für junge Mütter. 1—90. Tauf. (16 S.) kl. 8. Ebd. 907—09. nn — 10

— dasselbe. Größere Ausg. (30 S.) kl. 8. Ebd. (907). — 60

— Wie soll ich Hausandacht halten? s.: Bausteine zum Aufbau d. evangelischen Gemeindelebens.

Haase, Josef Ludwig

Haase, Jos. L., s. a.: Ludwig, Jos.

— Geometrie u. geometrisches Zeichnen, s.: Močnik, Frz.

— Kreuz u. Krone. Epische Dichtg. in Terzinen. 12. (VII, 68 S.) Paderborn 899. F. Schöningh. n. 1. —; geb. m. Goldschn. n. 2. —

— Rechenbuch, s.: Močnik, Frz.

Haase, Jos. Ludw., Ruine Roll. Epische Dichtung in neun Gesängen. 8. (66 S.) Leipa 888, Künstner. *

— Schuld u. Sühne. Eine Klostergeschichte aus Sachsen. 12. (VIII, 80 S.) Dresden 890. Pierson. n. 1. —; geb. n. 2. —

Haase, Jos. Ludw., Wald u. Welt. Gedichte. gr.16. (VII, 179 S.) Innsbruck 879. Wagner. n. 2. —

Haase, K.

Haase, C., das Hannoversche Militair-Pensionswesen. Dargestellt und mit Genehmigung des Königl. Kriegs-Ministeriums herausgegeben. Hannover 854. Meyer. gr. 8. (X, 110 S.) n. 20 ngl.

Haase, Karl

Haase, Carolus (Ludovicus) *(geb. Jellowa bei Oppeln 12. 8. 1832)*: De exstirpatione linguae ope galvanocaustica. Vratislaviae (1858). (22 S.) 8°

Breslau, Med. Diss. v. 6. [vielmehr 12.] Okt. 1858

Haase, [Karl]: Goethe als Patriot. Essen 1905: Boeckling & Müller. (S. 7—10.) 4° [J.]
Essen a. d. Ruhr, st. HM P 1905 [83]

Haase, Karl, der moderne Hauslehrer. Eine gesellschaftl. u. pädag. Studie. 8. (64 S.) Hannover 900. C. Meyer. n. — 75

Haase, Carl, die Sonnenfinsterniss. Populär beschrieben, nebst erläuternden Angaben für die totale Finsterniss am 18. Juli 1860. Mit 21 Holzschn. u. 1 lith. Farbendr. (in 4.) Hannover 860. Hahn. Lex.-8. (76 S.) n. 15 ngr.

– (Bearb.), s. Tönning.

Haase, Carl August, Argumenta nonnulla ex historia Imperii Romano-Germanici depromta, quibus regni hujus dissolutio videtur illustrari. Lpz. (Klaubarth) 1813. 23 S. (4.50) 12454
Gewidmet: Christian Wilh. Ehrenfr. Wagner (Langhennersdorf), Benjamin Zimmermann (Freiberg).

Haase, Karl Aug., († d. 6. Jan. 1817.) über Edictalladungen u. Edictalproceß außerhalb d. Concurses, mit Hinsicht auf particuläres, vorzügl. sächs. u. preuß. Recht. gr. 8. Leipz. 817. Schwickert. 1 ℳ

— — De opere locato et conducto. Comment. jur. civilis Romani. Lpz. (Carl Tauchnitz) 8. XII. 1814. 41 S. (4.80) 12456
Gew.: August Siegmund Korl, August Ludwig Diemer.

— — (Freiberg) u. **Friedrich Adolph Schilling** (Pegau), De opere locato et conducto Romanorum. Comment. grammat. et histor. Lpz. (Carl Tauchnitz) 7. XII. 1814. 36 S. (5.—) 12455
Gew.: Christian Gottlieb Haubold, Christian Ernst Weisse.

Haase, Karl Chr., Diss. inaug. med. sistens causas difficilis deglutitionis. 4. Götting. 781. Dieterich. 2 gl.

Haase, Karl Ed., Volkstümliches aus der Grafsch. Ruppin und Umgegend, gesammelt und hrsg. 1. Tl.: Sagen. gr. 8. (XII, 126 S.) Neu-Ruppin 887, Petrenz. *

Haase, Karl Friedrich

— s. Bereicherungen für d. Geburtshülfe

— — De morbo coeruleo. Diss. med. Lpz. (Carl Tauchnitz) 12. III. 1813. 38 S. u. 1 Abb. (Carus del & sc.) (5.50) 12458
Gew.: Christian Friedrich Pohl.

— **Carl Friedrich** (Leipzig) u. **Bernhard Heinrich Wilhelm Wenck,** De parallelismo inter corpus et animam dissertatio. Lpz. (Carl Tauchnitz) 23. XII. 1812. 24 S. (5.—) 12457
Gew.: Carl Christ. Friedrich Menz, Friedrich August Müller.

Haase, Karl Friedrich: De syphilidis recens natorum pathogenia commentatio. 38 S., gbd.

Lipsiae: Dyck 1828

JB 4.701

Haase, Karl Heinrich

Haase, C. H., siehe Gesetzgebung, die k. Sächs., über das Vereins- u. Versammlungsrecht, die Angelegenheiten der Presse 2c.

Haase, Karl Heinr.: Die K. Sachsische Gesetzgebung uber das Vereins- und Versammlungsrecht und die Angelegenheiten der Presse. 2 Bde. Leipzig: Tauchnitz 1849.

Haase, Karl Heinrich: Historia authenticarum codici r. p. et inst. Just. a. insertarum,
s. Biener, Friedrich August

— — De Petro Lorioto icto in academia Lipsiensi olim celeb. Lpz. (Carl Tauchnitz) 1812. 34 S. (5.—) 12462
Gew.: Christian Friedrich Eberhard.

— — u. **Johann Jacob Kees** (Leipzig), Variarum criticarum et exegeticarum ad jus civile pertinentium observat. I.: Commentat. grammaticae et criticae ad L. XXXXI D. de minoribus viginti quinque annis I. Lpz. (Gottfr. Bruder) 4. II. 1809. 24 S. (4.50) 12460

— — Dasselbe. II. 7. II. 1809. 24 S. (3.50) 12461

Hasse's, Carl Heinr., Sammlung v. Münzen etc., s. Gersdorf, E. G.

— **Carl Heinrich** (Leipzig), De vera vi ac indole fideicommissi universalis. Diss. jur. civilis. Präs. August Ludwig Diemer. Lpz. (Solbrig) 12. III. 1805. 52 S. mit Widm. v. Präs. (6.—) 12459

Haase, Karl Hnr., alphabet. Zusammenstellung der in dem Criminalgesetzbuch für das Königr. Sachsen, sowie in den neuesten dazu erschienenen Gesetzen u. Verordnungen enthalt. Bestimmungen. gr. 8. Leipzig 838. Brockhaus. n. 5/6 ℳ

Haase, Kurt: Die Königskrönungen in Oberitalien und die 'eiserne' Krone. *Strassburg: Schlesier & Schweikhardt 1901.* (143 S.) 8°
Strassburg, Phil. Diss. v. 1901

Haase, Lene, Raggys Fahrt nach Südwest. Roman. (404 S.) 8. Berlin 910. E. Fleischel & Co. 5.—; geb. 6. 50

Haase, Lorenz, Hamburgischer Referendar: Besitz und Eigentumserwerb im Falle der Versendung. Berlin 1905: W. Pilz. (VIII, 62 S.) 8°
Rostock, Jur. Fak., Ref. Lehmann, Diss. v. 10. Apr. 1905
[Geb. 15. Okt. 80 Hamburg; Wohnort: Hamburg; Staatsangeh.: Hamburg; Vorbildung: Gelehrtensch. des Johanneum Hamburg Reife O. 98; Studium: Tübingen 4, Berlin 4 S.; Rig. 26. Sept. 03.]

Haase, Lor., Besitz u. Eigentumserwerb im Falle der Versendung. (Diss.) (VIII, 63 S.) gr. 8. Berlin 905. Struppe & Winckler. n. 1. 50

Haase, Louis

Haase, L., s. Billard-Reglement, neues.

Haase, L., die Gemeindeverfassungsgesetze für die Provinz Schleswig-Holstein mit den neuen Verwaltungsgesetzen, s. a. Brauchitsch, M. v., die neuen preußischen Verwaltungsgesetze.

Haase. L[ouis]: Die Gemeindeverfassungsgesetze für die Provinz Schleswig-Holstein mit den neuen Verwaltungsgesetzen zsgest u. im amtl Auftr hrsg Berlin 1888 (Erg Bd)

Haase, Gemeindeverfassungsgesetze f. Schleswig-Holstein m. den neuen Verwaltungsgesetzen zusammengest. 2. Aufl. Berlin 898.

Haase, L., hannoversche Gesetzgebung über Maß und Gewicht, s. a. Gesetzgebung, hannoversche.

Haase, L., hannoversche Gesetzgebung über Maß und Gewicht. Zusammengestellt 2c. Hannover 854. Meyer. gr. 8. (2 Bl., 69 S.) n. 6 1/2 ngr

Haase, L. Die Kreis- u. Provinzialverfassung der Provinz Posen, s. a. Brauchitsch, M. v. Die neuen preußischen Verwaltungsgesetze. Ergänzungsband f. die Prov. Posen.

Haase, L.: Die Kreis- und Provinzialverfassung der Provinz Posen Im amtl Auftr hrsg Berlin 1889 (Erg Bd)
(Brauchitsch. Die neuen Preuß. Verwaltungsgesetze Erg.Bd.)

[F.] Prov Posen. Die Kreis- und Provinzialverfassung der Provinz Posen Im amtl. Auftr. hrsg. v. L. Haase, Wirkl. Geh. Oberregiergsr. ... 2. verm. Aufl. *Berlin: C. Heymanns 1897.* (XI, 266 S.) 1 Bd 8.
— Verwaltungsgesetze, D. neuen Preussischen. Zsgest. v. M. v Brauchitsch. Ergänzgsbd f. d. Prov. Posen. [97. 1796

— d. Landgemeindeordnung f. d. Prov. Schleswig-Holstein v. 22. Septbr. 1867 in d. durch d. neuen Verwaltungsgesetze abgeänd. Gestalt. Im amtl. Auftr. hrsg. gr. 8. (24 S.) Berlin 891. C. Heymann's Verl. n. — 50

— die Städteordnungen für die östlichen Provinzen der Monarchie v. 30. Mai 1853, f. Westfalen u. f. die Rheinprovinz vom 19. März u. vom 15. Mai 1856 m. der Rechtsprechung d. Oberverwaltungsgerichtes. 8. (VIII, 170 S.) Berlin 890. C. Heymann's Verl. geb. n. 4. 50

— die Städteordnungen f. die östlichen Provinzen der Monarchie vom 30. Mai 1853, f. Westfalen u. f. die Rheinprovinz vom 19. März u. vom 15. Mai 1856, m. der Rechtsprechg. d. Oberverwaltungsgerichts. gr. 8. (VIII, 170 S.) Berlin 891. C. Heymanns Verl. Geb. n. 4. 50

Haase, [M]: Die wichtigsten gesetzl. Bestimmungen f. Gewerbetreibende. *Berlin [1898].*
in: Maurer, Alfred: Die Zuschneidekunst. [98. 1605

Haase, M., du sollst nicht begehren. Trauerspiel in 4 Aufzügen. gr. 8. (88 S.) Leipzig 892. Fr. Richter. n. 1. —

— Esther. Schauspiel in 3 Aufzügen. gr. 8. (128 S.) Ebd. 892. n. 1. 50

Haase, M., der Spiritismus. Eine Studie. gr. 8. (VIII, 107 S.) Gütersloh 897. C. Bertelsmann. n. 1. 60

— Vineta. Eine Sage. 12. (VI, 107 S.) Ebd. 894. n. 1. —

•*Haase, M.* Die Volksversicherung in Deutschland. Berlin 1903.

Haase, Magnus

Haase, M., der Handlungsgehilfe u. sein Chef. Praktisches Rechtsbuch f. den Prinzipal, Prokuristen, Handlungsbevollmächtigten, Handlungsgehilfen, Reisenden u. Handlungslehrling, auf Grund der gesetzl. Bestimmgn. u. der Entscheidgn. höchster Gerichtshöfe. Gemeinverständlich dargestellt. Mit Klageformularen u. Sachregister gr. 8. (96 S.) Hannover-Linden 891. Manz & Lange. n. 1. 20

Haase, M., d. Handlungsgehülfe u. s. Chef. Prakt. Rechtsbuch f. den Prinzipal, Prokuristen, Handlungsbevollmächtigten, Handlungsgehülfen, Reisenden u. Handlungslehrling, auf Grund d. gesetzl. Bestimmgn. u. d. Entscheidgn. höchster Gerichtshöfe gemeinverständl. dargest. 2., wesentl. verb. u. verm. Aufl. Mit Formularen u. Sachregister. 12. (188 S.) Berlin 898. Meusser & Messer. Kart. n. 1. 50

Haase, M., kaufmännische Prozeßkunde. E. Anleitg. z. Selbststudium f. d. Kaufmannsstand, Bureaubeamte, Handelsrichter 2c. Leitfaden f. kaufmänn. Fortbildungsschulen. Hrsg. i. Auftr. d. Kuratoriums der „Kaufmänn. Fortbildungsschulen zu Berlin". Subventionirt durch das Aeltesten-Kollegium d Kaufmannschaft zu Berlin. gr. 8. (X, 218 S.) Berlin 895. H. Spamer. n. 3. —; kart. n. 3. 50

Kaufmännische Prozeßkunde. Eine Anleitung z. Selbststudium f. d. Kaufmannsstand, Bureaubeamte, Handelsrichter etc. Leitfaden f. Kaufm. Fortbildungsschulen. Von Dr. jur. M[agnus] Haase, Rechtsanw in Berlin. [Nebst] Nachtrag. *Berlin: H Spamer (1895–99).* 2 Bde 8° [F.]
Prozeßkunde. 1895.
Nachtrag. Auf Grund d. abgeänd Civilprozeßordn. u. and. Prozeßgesetze bearb von Amtsrichter Dr [Albert] Petzold 1899.
— Sammlung Kaufmännischer Fach- u. Lehrbücher 4 [94. 370

Haase, Mart. (Friedr Johannes) (geb Glogau 16. 12 1859) Ueber Orchitis syphilitica. Berlin (1882). (31 S.) 8°
Berlin, Med. Diss. v. 4 Aug. 1882

Haase, Martin Theodor

Haase, M. Thdr., die 3. Generalsynode der evangelischen Kirche Augsb. Bekenntnisse innerhalb der im Reichsrathe vertretenen Königreiche u. Länder der österreichisch-ungarischen Monarchie. 14–27. Novbr. 1877. Im Auftrage des Synodalausschusses A. C. dargestellt. Hrsg. vom Evangel. Synodalausschuß A. C. gr. 8. (264 S.) Wien 880. (Klagenfurt, Heyn.) n. 4. —

— Grundriß des Confirmanden-Unterrichts. 12. (20 S.) Ebend. 881. n. — 32

Haase, Mart. Thdr, wir wollen Zeugniß geben. Festpredigt, bei der am 29. Juni 1884 stattgefundenen Jahresversammlg. d. galiz.-buk. Gustav-Adolf-Zweigvereines in Jaroslau gesprochen. gr. 8. (18 S.) Teschen 884. (Lemberg, Milikowski.) n.n. — 30

Haase, Max, Apotheker Beiträge zur Kenntnis der Behenolsäure. *Königsberg i. Pr. 1903 H. Jaeger.* (41 S.) 8°
Königsberg, Phil. Diss. v 1 Aug. 1903

Haase, Max, der Gewölbebau. Handbuch f. die Praxis des Hochbautechnikers. gr. 8. (VIII, 151 S. m. 200 Abbildgn.) Halle 900. L. Hofstetter. n. 5. 50; geb. n. 6. 10

Haase, Mor., die politische Literatur in Deutschland nach St. René-Taillandier. gr. 8. Berlin 844, Springer. n. 1/3 ß

Haase, Mor., s. Théâtre français le plus moderne.

Haase, Nicolaus, appr. Arzt: Ein Fall von Acne teleangiectodes Kaposi (Acnitis Barthélemy). Göttingen 1909: Haensch. 21 S. 8°
Göttingen, Med. Diss. v. 22. Mai 1900. Ref. Hirsch
[Geb. 5. Jan. 82 Hannover; Wohnort: Kassel; Staatsangeh.: Preußen; Vorbildung: Kaiser-Friedrichs-Gymn. Frankfurt a. M. Reife O. 02; Studium: München 3, Würzburg 4, Berlin 1, Göttingen 2 S.; Coll. 24. Jan. 09; Approb. 18. Juni 08.] [U 09. 1308

Haase, Otto, aus Dresden: Zur Kenntnis der Schiff'schen Basen und der Akridine. *Dresden 1902: Lehmann.* (52 S.) 8°
Gießen, Phil. Diss. v. 1902

Haase, Otto, Gerichts-Referendar a. Cöln: § 823, Abs. 1 B.G.B. mit besonderer Berücksichtigung der Frage: Fällt die Obligation unter ein „sonstiges Recht"? Bonn 1906: C. Georgi. (87 S.) 8°
Heidelberg, Jur. Fak., Ref. Buhl, Diss. v. 6. Febr. 1906
[Geb. 28. Dez. 80 Cöln; Wohnort: Bonn; Staatsangeh.: Preußen; Vorbildung: Gymn. Bonn Reife Juli 01; Studium: Bonn 8 S.; Rig. 15. Jan. 06.]

Haase, Paul, s.: Billy's Erdengang.

Haase, Paul, Bubenstreiche, s.: Strassburger, Egon Hugo.

Haase, Paul [aus Kattowitz in Schlesien]: Endresultate der vom 1. Januar 1887 bis 1. April 1888 mit Gyps-Hanf-Schienen behandelten einfachen und complicirten Frakturen. Würzburg, Druck d. Ferdinand Röhrl'schen Buchdr. 1889, 26 S. (falsch pag.) + 7 Bl. 8°
Würzburg, Med. Fak., Inaug.-Diss. v. 1889

— Der Hauptmann v. Köpenick, s.: Hyan, Hans.

— s.: Hemdenmatz, der.

— Kaschemmen-Willy, s.: Hyan, Hans.

— Olly, Dolly, Dicky, s.: Towska, Kory.

— s.: Stavelmann, der kleine.

— aus der Tierwelt. Ein Bilderbuch f. die Jugend. Verse v. Onkel Franz. (32 S. m. farb. Abbildgn.) qu. Lex.-8. Berlin (905). Globus Verlag. Geb. n. 1. 30

Haase, Paul [Eugen], a. Straßburg: Pharmacognostisch-chemische Untersuchung der Ipomoea fistulosa Mart. Straßburg i. E. 1908: Müh & Cie. (57 S.) 8°
Straßburg, Math.-naturwiss. Fak., Ref. Schaer, Diss. v. 22. Juni 1908
[Geb. 20. Febr. 79 Straßburg i. E.; Wohnort: Straßburg; Staatsangeh.: Elsaß-Lothringen; Vorbildung: Gymn. Karlsruhe, Protest. Gymn. Straßburg Reife f. Obersekunda; Studium: Straßburg 4 S.]

— s.: Vom lieben Nächsten.

— Wackelsteert, der Enterich. Eine lust. Entengeschichte mit vielen bunten Bildern. (32 S.) 33×25 cm. Stuttgart (909). G. Weise. Geb. 3. —

— Der Zoo. Tierbilderbuch m. Schildergn. v. Th. Zell. (82 S. m. farb. Abbildgn.) Lex. 8. Berlin (907). H. Seemann Nachf. Kart. 2. 50

Haase, Philipp *Florian* [aus Schlesien]: Über die Operation des Brustkrebses und deren Erfolge. Aus d. chirurg. Universitätsklinik zu Greifswald ... Greifswald, Druck v. J. Abel, 1893; 62 S. 8.
Greifswald, Med. Fak., Inaug.-Diss. v. 11. Aug. 1893

Haase, Robert [aus Weltendorf b. Laage (Mecklenb.-Schw.)]: Die Milzbrand-Erkrankung m. bes. Berücks. des Anthrax intestinalis ... Würzburg, Becker's Univ.-Buchdr., 1894; 26 S., 1 Bl. 8.
Würzburg, Med. Fak., Inaug.-Diss. v. 1894

Haase, Rud., die Bedeutung der Musik als Bildungsmittel u. ihre Beziehung zur Poesie. gr. 8. (35 S.) Köthen 882. Schettler's Verl. n. — 40

Haase, Rud., anhaltisches Choralbuch. Auf Veranlassg. des herzogl. Consistoriums hrsg. 2., neubearb. Aufl. qu. gr. 4. (XI, 143 S.) Cöthen (902). O. Schulze Verl. n. 6. —; geb. in Leinw. n.n. 7. 50

HAASE, R., Die Pflege des Volksliedes. Cöthen 1903. (Citirt O. Schell.)

Haase, Rud., Schul-Choralbuch, enth. sämmtl. Melodieen zu den Liedern d. evangel. Gesangbuches f. die Prov. Sachsen. Die bekanntesten mehrstimmig gesetzt. 8. (72 S.) Cöthen 884. Schulze. n. — 35

Haase, Rud., Schul-Choralbuch, enth. sämtl. Melodieen zu den Liedern des evangel. Gesangbuches f. das Herzogt. Anhalt. Die bekanntesten mehrstimmig gesetzt. 2., erweit. Aufl. 8 (80 S.) Cöthen 894. O. Schulze, Verl. n. — 30

— Schul-Choralbuch, enth. sämtl. Melodieen zu den Liedern des evangel. Gesangbuches f. das Herzogt. Anhalt. Die bekannten mehrstimmig gesetzt. 3. Aufl. 8. (82 S.) Ebd. 902. n. — 30

— Schulliederbuch. 8. (96 S.) Köthen 879. Schulze. n. — 45

Haase, Salomon

— kurze u. gründl. Anweis. zur Rechenkunst. 8. Frankf. 757, 65. N. A. 787. (Brönner). 10 gr.

— einfacher u. doppelter Buchhalter. 4. Frankf. a. M. 767. Andreä. 3 rthlr 8 gr.

— Fruchtmaasreduction im Oberrhein. 8. Frankfurt, Eßlinger. 763.

— zuverlässige Fruchtmaasreduktion d. Oberrhein. Maaßes gegen d. Darmstädtische. 8. Frankf. a. M. 763. (Schäfer). 16 gr.

Haase, Sal., sicherer Handlanger d. Längen- u. Ellenmaaßes. 8. Frankf. 772. Hermann; (Gebhard u. K.; a. Brönner). 2 rthlr 8 gr.

— vollständ. Münzmeister u. Münzwardein. 4. Frankf. 765. Andreä. 1 rthlr

— selbstlehrende Rechenkunst. 8. Frankf. 760, 66. 3e A. 773. 5e A. 802. Brönner. 10 gr.

Salomon Haas selbstlehrende Rechenkunst. 2te Aufl. Frft. und Leipz. 8. 1 Alph. 5 B. 1766
— Frankf. und Leipz. Brönner. 431 Seiten. 8. (10 gr.) 1787

* *Salomon Haas,* Rechenmeisters in Darmstadt, practischer Rechenschüler, worinnen alle im gemeinen Leben vorkommende Fälle nach der kürzesten Art auf das deutlichste erklärt anzutreffen sind, so daß ein jeder die Rechenkunst ohne Anweisung daraus erlernen kann. Frankf. am Mayn in der Andreäischen Buchhandlung. 1 Alph. 8 Bog. 8. 1765

— prakt. Rechenschüler. 8. Frankf. 765. N. A. 781. Andreä. 8 gr.

Sal. Haas Unterricht zur Arbitrage und Wechselrechnung. Frft. Garbe. gr. 4. (2 Rthlr.)
1765

Haase, Sal., († ...) Unterr. zur Arbitrage- u. Wechselrechnung. gr. 4. Frankf. a. M. 765. Hermann; (a. Brönner). 2 ₰

— vollkommner Wagenmeister od. Vergleichung des Gewichts rc. gr. 8. Frankf. Hermann. (Bronner, a. Gebhardt u. K.) 771.

— zuverlässiger Waagemeister, oder Vergleichung d. Gewichts rc. gr. 8. Frankf. 770. Hermann; (a. Brönner). 20 ℊ

— deutlich erklärte Waarencalculation. gr. 4. Frankf. 769. Hermann; (Brönner; a. Gebhardt u. K.) 1 ₰ 16 ℊ

— leichte und erklärende Waarencalculation. gr. 4. Frankfurt, Hermann. (auch Brönner.) 771.

— — dieselbe. gr. 4. Frankf. Gebhardt u. K. 769.

Haase, Simon: Der Rechtscharakter der Cession. *Greifswald 1898: J. Abel.* (41 S.) 8° [F.]
Greifswald, Jur. Diss. v. 1898

Haase, Theodor

Haase, Th., Antisemitismus. Kleine Studien. gr. 8. (IV, 47 S.) Teschen 887. Prochaska. n. — 90

Haase, Thdr., die Antwort der evangelischen Gemeinden Oesterreichs auf den Hirtenbrief des Fürstbischofs von Trient. Predigt gehalten in der evangelischen Kirche zu Bielitz im Juli 1863. 2. Aufl. Wien 863. Tendler & Co. gr. 8. (16 S.) 3 *ngr.*

Haase, Thdr., die Beredtsamkeit eine schöne Kunst oder kritisch-philosophische Untersuchung über das Wesen der Beredtsamkeit. Göttingen 857. Dieterich. gr. 8. (58 S.) n. 10 *ngr*

Haase, Thdr., die Fehler d. Protestantismus — die Consequenzen seiner Vorzüge. Predigt am Reformationsfeste den 1. Novbr. 1874 in der evangel. Kirche zu Bielitz geh. gr. 8. (16 S.) Wien 874. C. A. Müller. n. — 40

Haase, T. K., Festrede zur Fahnenweihe des Turnvereines in Bielitz den 15. Juni 1862 auf dem Turnplatze gehalten. 8. (9 S.) Bielitz 862, Zamarski und Fröhlich. **

Haase, T., zum Gedächtniß Philipp Melanchthons. Predigt am 22. April 1860 gehalten. gr. 8. (11 S.) Bielitz 860, Zamarski.

Haase, Thdr., s.: **Jahrbuch der Gesellschaft für die Geschichte des Protestantismus in Oesterreich.**

Haase, Thdr., die Bielitz-Bialaer Schafwollwaaren-Industrie in ihrer historischen Entwickelung. Hrsg. vom Bielitz-Bialaer Local-Comité f. die Wiener Weltausstellg. 1873. gr. 8. (VII, 192 S.) Teschen-Bielitz 874. Zamarski & Fröhlich. n. 2. —

Haase, U., Erfinder-Taschenbuch. Ein Ratgeber f. Jedermann üb. Erfindg., Erfindungsschutz, Erfindungsverwertg. Auf Grund langjähr. Erfahrgn. hrsg. 8. (72 S.) Cassel (901). (Leipzig, R. Uhlig.) n. 1. 40

Haase, W., zur Gesundheitslehre d. Pferdes nach practischen Erfahrungen. 1. Thl. Die rationelle Fütterg. u. die wichtigsten Futtermittel. II. Thl. Der Pferdestall u. seine sanitären Erfordernisse. gr. 8. (VIII, 160 S.) Berlin 886. M. Boas. n. 3. 50

Die Influenza der Pferde. S. A (100 S.) Jena 79. Dege & Hänel (Dürselen, Wiesbaden.) M 3. -

Haase, W. d. Influenza d. Pferde, s.a **Vorträge f. Thierärzte.**

Haase W.: Die Influenza d. Pferde Leipz. 1879. 100 S.
(Vorträge f. Thierärzte. Ser 2 H. 5/6). 327.

Die Mondblindheit od. d. innere (periodische) Augenentzündung d. Pferde (27 S.) S. A. Jena 79. Dege & Hänel. (Dürselen, Wiesb.) M 1 50

— die **Mondblindheit** oder die innere [periodische] Augenentzündung, s.a. **Vorträge für Thierärzte.**

Haase W.: Die Mondblindheit od. die innere (periodische) Augenentzündung. Leipz. 1879. 27 S.
(Do. Ser. 2 H. 3). 327.

Haase, Walt., praktische Erfahrungen über gynäkologische Tiefenbestrahlungen bei Blutgn. u. Tumoren des Uterus. (Diss.) (42 S.) gr. 8. Berlin 910. R. Trenkel. 2. —

HAASE, Wilhelm (Hannover): Beitrag zu der durch Diabetes bedingten Myopie. (Titel nach der Urkunde) 12.5.1899 - Urk; Chr 1898/99,15
Diss. Ingolst.-Landsh.-Mchn.

Haase, Wilhelm: Beiträge zur Methodik des mathematischen Unterrichts in den unteren und mittleren Klassen. Berlin 1909: Müller. 40 S. 4°
Rixdorf, st. Kaiser Friedrich-RG OP 1909 (138) [S 09. 151

Haase, Wilh., **Hartzerkleinerung,** s.a. **Bibliothek der gesamten Technik.**

Hartzerkleinerung. Von Wilhelm **Haase.** Mit 91 Abb. Hannover. M. Jänecke 1907. (157 S.) 8°
= **Bibliothek** d. gesamten Technik. Bd 66. [08. 11064 7

Haase, Guilelmus De luxatione et anchylosi capitis spontanea Halis Saxonum (1866) Ploetz. 34 S. 8°
Halle-Wittenberg. Med. Diss., nachgeliefert von dem am 20. Juni 1866 auf Thesen promovierten Verf
Geb. Hochedlau (Saalkr.) 12. 5 1843. V
Verf erlebte die Diplomerneuerung 1916 als Generalarzt a. D in Berlin-Zehlendorf vgl Anh Nr 441

— **Ölmüllerei,** s.a. **Bibliothek der gesamten Technik.**

Ölmüllerei. Von Wilhelm **Haase.** Mit 40 Abb. Hannover Jänecke 1909. 91 S. 8°
(Bibliothek d. gesamten Technik Bd 118) [09. 10996 7

Haase, Guileimus Theses, loco dissertationis de fistula ani mox edendae Halis Saxonum (1866) Ploetz. 2 Bl. 8°
Halle-Wittenberg. Med. Thesen v 20. Juni 1866

Haase, Wilh., die Unterbringung der Verwundeten u. Kranken auf dem Kriegsschauplatze. Gekrönte Preisschrift. Mit 20 Abbildgn. in Holzschn. u. in Steindr. gr. 8. (IX, 160 S.) Berlin 891. E. S. Mittler & Sohn. n. 2. 40; geb. n. 3. —

— **Wilhelm Andreas u. Adolph Ferdinand Gottlob Krausius,** De glandularum definitione. Diss. anatom.-phys. Lpz. (Klaubarth) 28. XI. 1804. 31 S. (5.50) 12499
Gew.: Carl Christian Tittmann.

— — De digitali purpurea in universum ejusque usu in morbis potissimum acutis commentatio. Lpz. (Gottfried Bruder) 11. III. 1812. 32 Seiten. (5.50) 12501

Haase, Wilhelm Andreas: Ueber die Erkenntnis und Cur der chronischen Krankheiten des menschlichen Organismus. Bd 1 - 2, 3/2, gbd., Abb.

Bd 1 - 2: Leipzig: Liebeskind 1817
Bd 3/2: {Wien: Wimmer 1820 / Leipzig: Liebeskind 1820}

JB 2.424

Haase, Wilhelm Andreas: Ueber die Erkenntnis und Cur der chronischen Krankheiten des menschlichen Organismus. Bd 1 - 3/1: 2.unveränd.Aufl., Bd 3/2: 1.Aufl. Bd 1 - 3/1-2, gbd.

Bd 1 - 3/1: Leipzig 1820
Bd 3/2: {Wien: Wimmer 1820 / Leipzig: Liebeskind 1820}

JB 2.425

Haase, Wilhelm Andreas: Ueber die Erkenntnis und Cur der chronischen Krankheiten des menschlichen Organismus. Bd 1 - 3/1: 2.unveränd.Aufl., Bd 3/2: 1.Aufl. Bd 1 - 3/1-2, gbd.

Wien: v.Haykul & Lechner 1829 - 1830

JB 2.426

— de exanthematibus chronicis in universum. Specimen I. 4maj. Leipz. 820. Göthe. 8 gr

— — u. **Carl Haubold** (Leipzig), De exanthematibus chronicis in universum. Spec. I. Lpz. (Hirschfeld) 17. III. 1820. 35 S. (5.50) 12502

— — Dasselbe. Spec. II. Lpz. (Hirschfeld) 18. III. 1820. (S. 36—53.) (4.20) 12503

— — De faba Sancti Ignatii commentatio. Lpz. (Aug. Gottl. Liebeskind) 1822. 32 S. (5.—) 12504

— de glandulis Cowperi mucosis, cum tab. aen. 4. Dresd. 803. Arnold. 14 gr

Haase, G. A., de glandulis Couperi mucosis. c. tab. aen. 4. maj. Lips. Weigel. 803.

* Haase, G. A., de glandulis Coupcrimurcosis cum tab. aen. 4. Dresd. Arnold. 806.

Haase, Wilhelm Andreas (Präs.), s. Graeffe, Johann Karl: De cute humana.

Wilhelm Andreas Haase

Guilielmus Andreas Haseius [Wilhelm Andreas Haase]: De Graviditate in substantia uteri seu interstitiali. [Resp.:] Fridericus Guilielmus Pfaff. Lipsiae (1826:) Meret. 48 S. 8°

Leipzig, Med. Diss. v. 24. Nov. 1826

— — (Leipzig), De tussis convulsivae semiologia et nosologia. Diss. med. Lpz. (Gottfr. Bruder) 25. VIII. 1807. 44 S. (6.—) 12500
Gew.: Johann Friedrich August Eisfeld.

— — De usu hydrargyri in morbis non syphiliticis I. Lpz. Sept. 1826. 15 S. mit Biogr. von Friedrich Wilhelm Herzog (Bernstadt / Laus.; M.: Ch. Th. Ehrentraut.) (4.50) 12506

— — Dasselbe. II. 8. IX. 1826. 14 S. mit Biogr. v. Friedrich August Franz Günther (Lausig; M.: J. D. E. Richter.) (4.50) 12507

— — Dasselbe. III. 23. X. 1826. 16 S. mit Biogr. v. Carl August Noack (Königsbrück/Laus.; M.: J. Ch. Stolpe). (4.50) 12508

— — Dasselbe. IV. 26. VI. 1827. 12 S. mit Biogr. v. Moritz Gotthelf Laue (Hubertisburg; M.: J. H. Schulz). (4.50) 12509

— — Dasselbe. V. Lpz. (Staritz) 27. VII. 1827. 15 S. mit Biogr. v. Ludwig Eduard Schrag (Dresden; M.: Ch. W. Rost). (4.50) 12510

— — Dasselbe. VI. Lpz. (Staritz) 20. VIII. 1827. 12 S. mit Biogr. v. Carl Eduard Schultze (Magdeburg; M.: W. Kummer). (4.50) 12511

— — Dasselbe. VII. Lpz. (Staritz) 6. XI. 1827. 16 S. mit Biogr. v. Heinrich Eduard Kupfer (Gazena b. Pegau; M.: C. Wiedemann). (4.50) 12512

— — Dasselbe. VIII. 21. XII. 1827. 16 S. mit Biogr. v. Johann Carl Horack (Zwickau; M.: Ch. C. Breme). (4.50) 12513

— — Dasselbe. IX. Febr. 1828. 15 S. mit Biogr. v. Carl Theophil May (Neukirch/Laus.; M.: J. S. Doering). (4.50) 12514

— — Dasselbe. X. 8. II. 1828. 15 S. mit Biogr. v. Heinrich Julius Micksch (Dresden; M.: C. Wolfgang). (4.50) 12515

— — Dasselbe. XI. 9. V. 1828. 12 S. mit Biogr. v. August Joseph Rieffel (Dresden; M.: A. A. Fronhoffer). (4.50) 12516

— — Dasselbe. XII. 12. XII. 1828. 16 S. mit Biogr. v. Ernst Heinrich Kneschke (Zittau; M.: Th. J. Kuehn). (4.50) 12517

— — Dasselbe. XIII. 30. XII. 1828. 12 S. mit Biogr. v. Carl Wilhelm Schuetze (Dresden; M.: F. S. D. Eychelberg). (4.50) 12518

— — Dasselbe. XIV. 4. IX. 1829. 12 S. mit Biogr. v. Carl Kober (Lucka/Altenbg.; M.: Ch. S. Steinbach). (4.50) 12519

— — Dasselbe. XV. 11. IX. 1829. 12 S. mit Biogr. v. Johann Theophil Bergk (Troeglitz/Zeitz; M.: E. Just). (4.50) 12520

— — Dasselbe. XVI. Lpz. (Staritz) 2. X. 1829. 14 S. mit Biogr. v. Franz Albert Immisch (Knauthayn; M.: J. D. Schmidt). (4.50) 12521

— — Dasselbe. XVII. Lpz. (Staritz) 2. IV. 1830. 14 S. mit Biogr. v. Gustav Adolph Zschiesche (Leipzig; M.: J. Ch. Knorr). (4.50) 12522

— — Dasselbe. XVIII. Lpz. (Staritz) 6. IV. 1830. 16 S. mit Biogr. v. Ferdinand August Holke (Leipzig; M.: C. Reineck). (4.50) 12523

— — Dasselbe. XIX. (Summos in medicina et chir. honores in virum Ludwig Joseph von Bierkowski [Posen]) 9. V. 1830. 16 S. mit Biogr. v. B.'s (M.: M. Jablonaka). (4.50) 12524

— — Dasselbe. XX. 28. V. 1830. 16 S. mit Biogr. v. Carl Rudolph Lechla (Geringswalde; M.: M. A. Schelle). (4.50) 12525

— — Dasselbe. XXI. 28. IX. 1830. 15 S. mit Biogr. v. Franz Mueller v. Berneck (Mittweida; M.: J. E. Frenzel). (4.50) 12526

— — Dasselbe. XXII. 10. XII. 1830. 14 S. mit Biogr. v. Albert Mueller (Waldheim; M.: J. Ch. Uhlig). (4.50) 12527

— — Dasselbe. XXIII. 14. XII. 1830. 15 S. mit Biogr. v. Heinrich August Moeckel (Auerbach i. V.; M.: Ch. C. Freisner). (4.50) 12528

— — Dasselbe. XXIV. 19. IV. 1831. 14 S. mit Biogr. v. Heinrich Rudolph Mueller (Bockwa b. Zwickau; M.: M. R. Bloedung). (4.50) 12529

— — Dasselbe XXV. 6. XII. 1831. 14 S. mit Biogr. v. Andreas Loose (Leubsdorf b. Freiberg; M.: M. S. Lang). (4.50) 12530

— — Dasselbe. XXVI. 28. II. 1832. 15 S. mit Biogr. v. Gustav Heinrich Warnatz (Camenz; M.: J. Ch. Hockert). (4.50) 12531

— — Dasselbe. XXVII. 27. III. 1832. 16 S. mit Biogr. v. Carl Gottlob Helbig (Zethau b. Freiberg; M.: D. F. Kleber). (4.50) 12532

— — Dasselbe. XXVIII. 11. V. 1832. 12 S. mit Biogr. v. Franz Friedrich Reichmeister (Meuselwitz/Altenbg.; M.: F. Held). (4.50) 12533

— — Dasselbe. XXIX. 15. V. 1832. 16 S. mit Biogr. v. Carl Friedrich Wilhelm Funke (Gersdorf b. Rosswein; M.: J. Ch. Uhlemann). (4.50) 12534

— — Dasselbe. XXX. 22. VI. 1832. 16 S. mit Biogr. v. Eduard Zeis (Dresden; M.: C. E. Hess). (4.50) 12535

— — Dasselbe. XXXI. 24. VIII. 1832. 11 S. mit Biogr. v. Friedrich Wilhelm Assmann (Leipzig; M.: J. S. Schmordt). (4.50) 12536

— — Dasselbe. XXXII. 14. XII. 1832. 12 S. mit Biogr. v. August Gottlob Rudolph Heber (Eisleben; M.: L. Ufer). (4.50) 12537

— — Dasselbe. XXXIII. 20. XII. 1833. 16 S. mit Biogr. v. Ernst Julius Wilhelm Seifert (Grossenhain; M.: Ch. F. Schwarz), Hermann Friedrich Arnold (Eibenstock; M.: J. Ch. Thalwitzer), Carl Julius Languth (Gertitz b. Delitzsch; M.: J. Ch. Simon). (4.50) 12538

— — Dasselbe. XXXIV. 27. VI. 1834. 16 S. mit Biogr. v. Gustav Hermann Neumann (Neu-Oberschaar b. Freiberg; M.: R. D. Oppelt), Hermann Eberhard Friedrich Richter (Leipzig; M.: S. Bartel), Gustav Hermann Schuetze (Grossenhain; M.: Th. Mueller), Friedrich Erdmann Flachs (Dresden; M.: J. Ch. Gerbig). (4.50) 12539

— — Dasselbe. XXXV. 30. VI. 1835. 20 S. mit Biogr. v. Hermann Alexander Boehme (Dresden; M.: W. A. Auerswald), Edmund Constantin Eltz (Schneeberg; M.: Ch. Ch. Selig), Hermann August Schoen (Dresden; M.: M. Th. Buergel), Johann Carl Christoph Lehmann (Dresden; M.: J. Ch. Ch. Zschischner), Reinhard Anton Afran Fiedler (Wurzen; M.: Ch. Dieterich). (4.50) 12540

— — Dasselbe. XXXVI. 29. XI. 1836. 15 S. mit Biogr. v. Julius Esche (Limbach b. Chemnitz; M.: J. Morgenstern), Carl August Reichel (Löbau; M.: J. R. Manitz). (4.50) 12541

— — Dasselbe. XXXVII. 7. IV. 1837. 15 S. mit Biogr. v. Friedrich Wilhelm Strigel (Altenburg; M.: Ch. D. Gessner), Carl Julius Marcus (Leipzig; M.: E. Klau), Friedrich Reinisch (Leipzig; M.: M. D. Reineck). 12542

— — Dasselbe. XXXVIII. 4. VIII. 1837. 16 S. mit Biogr. v. August Franz Fischer (Klein-Petzschau b. Leipzig; M.: R. Kuhfs), Fried. Mor. Osw. Baumgarten (Arnsdorf b. Bautzen; M.: F. W. Hering), Gustav Adolph Kretschmar (Lübben / Laus.; M.: F. W. Albert). 12543

— — Summos in medicina et chirurgia honores in virum Georg Friedrich Kohlrusch (Elbingerode/Hannov.). — Inest: de recto rubefacientium usu prolus. II. Lpz. (Staritz) 8. VII. 1826. 12 S. mit Biogr. K.'s (M.: E. E. Spoerer). (4.50) 12505

Haasemann, L., Bestimmung d. Intensität d. Schwerkraft, s.a. Veröffentlichung d. königl. preussisch. geodät. Institutes.

Bestimmung der Intensität der Schwerkraft auf fünf und fünfzig Stationen von Hadersleben bis Koburg und in der Umgebung von Göttingen. Bearb. v. L. Haasemann,ständ. Mitarb. im Kgl. Preuss. Geod. Inst. M. 3 Taf. *Berlin: P. Stankiewicz 1899.* (2 Bl., 96 S., 3 Taf.) 1 Bd 8.
(Veröffentlichung d. Kgl. preuss. Geodät. Institutes.)

Haasemann, L., Bestimmung der Intensität der Schwerkraft an 66 Stationen im Harze, s.a. Veröffentlichung des königl. preuss. geodätischen Institutes. N. F. 19.

Bestimmung der Intensität der Schwerkraft auf 66 Stationen im Harz und seiner weiteren Umgebung. Mit 1 Taf. u. 2 Karten. Bearb. von Prof. L. Haasemann. Berlin: P. Stankiewicz 1905. (IV, 140 S.) 8°
= Veröffentlichung d. kgl. Preuß. geodät. Institutes. N. F. No 19.

Haasemann, L., Bestimmung der Intensität der Schwerkraft auf 42 Stationen im nördlichen Teile v. Hannover u. im Saaletale v. Jena bis zur Elbe, s.a. Veröffentlichung des königl. preuss. geodätischen Institutes. N. F. 41.

Bestimmung der Intensität der Schwerkraft auf 42 Stationen im nördlichen Teile von Hannover und im Saaletale von Jena bis zur Elbe. Mit 1 Taf. Bearb. von Prof. L. **Haasemann.** Berlin: Stankiewicz 1909. VI, 172 S. 8°
(Veröffentlichung d. Kgl. Preuß. Geodät. Institutes. N. F. 41.) [10. 4383

— **Schwerkrafts-Bestimmungen der deutschen Südpolar-Expedition,** s.: **Drygalsky, Erich.**

Haasen, Anton, e. Freund u. Vater der Jünglinge. Ein Lebensbild, gezeichnet v. K. K. Hrsg. vom Komitee d. Rhein.-Westf. Jünglingsbundes. 8. (46 S.) Elberfeld 885. (Buchh. der Evangel. Gesellschaft.) n. — 35

Haasenritter, A., s.: Zuchtbuch f. deutsche Schäferhunde.

Haasenritter, Jh. Aug. Mart.; über den Plan u. d. Anwendung der für das J. 1811 im Königr. Sachsen allerhöchst verordn. Perikopen. gr. 8. Weißenf. 814. Reer. 6 gr.

— über d. Vortheile u. d. exeget.-homilet. Behandlung der in den königl. sächs. Landen allerhöchst verordneten neuen Perikopen; Winke u. Andeutungen für meine Amtsbrüder. 8. Leipz. 810. 6 gr.

Haasens, F., sicherer Handlanger, wie das Ellenmaaß gegen einander vergl. 8. Mannh. Löffler. 772.

— zuverlässiger Wagenmeister. 8. Ebendaselbst. 770.

Haasenstein & Vogler: Notiz-Kalender und Zeitungs-Katalog. (Frankfurt a. M.) 1891. 1893

Haash, Friederich „Verzeichnis Aller Nothwendigen aushgaben, vnd vnkosten, bey Einen Meister des Becken Handtwerckt, wan er desh Jahr vber 400 Symer gedreydt abbacken Thut" Handschrift, 1695. Folio.

Haasler, Ernst [aus Insterburg, Ostpr.]: Der Maler Christoff Amberger von Augsburg ... Königsberg, Hartungsche Buchdr., 1894; 141 S. 8.
Heidelberg, Phil. Fak., Inaug.-Diss. v. [27. Juni] 1893

Haasler, Ernst, der Maler Christoff Amberger v. Augsburg. Diss. gr. 8. (141 S.) Königsberg 893. (Berlin, C. Skopnik.) n. 2. —

Haasler, Fritz [aus Insterburg]: Beitrag zur Histologie der akuten Entzündung. Die akute Entzündung der Niere ... Bonn, Univ.-Buchdr. v. C. Georgi, 1886, 25 S. 8°.
Bonn, Med. Fak., Inaug.-Diss. v. 29. Jul. 1886.

Haasler, Fritz, Beitrag zur Histologie der akuten Entzündung. Die akute Entzündung der Niere. Diss. Bonn 1886, Emil Strauss. 8°. 25 S.

Haasler, Fritz [Dr.]: Ueber die Regeneration des zerstörten Knochenmarkes und ihre Beeinflussung durch Jodoform ... M. e. Taf. (Aus: Arch. f. klin. Chir., Bd. L Heft 1.) Berlin, gedr. bei L. Schumacher, 1895; 57 S., 1 Taf. 8.
Halle, Med. Fak., Hab.-Schr. v. [6. Mai] 1895

(Haaß, A.,) ist in Schlesien Holznoth vorhanden rc., s. Ist.

HAASS, A.: Ist in Schlesien Holznoth vorhanden oder zu fürchten? Ein Beitrag zur Erörterung dieser Frage von einem praktischen Forstmann. Breslau 1840. 22 S.

Haass, Alb., Volkstümliches aus Vögisheim im badischen Markgräflerland, s.: Zur deutschen Volkskunde.

Volkstümliches aus Vögisheim im badischen Markgräflerland. Von Albert **Haas,** Müllheim. *Bonn: P. Hanstein 1897.* (1 Bl., 18 S.) 1 Bd 8.
— **Volkskunde,** Zur deutschen. No 6. [98. 5040

Haass, Alb., volkstümliches aus Vögisheim im bad. Markgräflerland. (Zur deutschen Volkskunde Nr. 6.) gr. 8. (18 S.) Bonn 898. P. Hanstein. n. — 50

Haaß, B., etwas, wofür man lebt, s.: Pilgergrüße. Nr. 8.

Haaß, C., Bethlehem. Weihnachtsfestspiel f. 2- u. 3-stimm. Frauen- od. Kinderchor. Alt- od. Mezzosopransolo, melodramat. Szenen, leb.- od. Lichtbilder m. Klavier-Begleitg. u. verbind. Deklamation. Text v. Ferdinande Schmidt. Musik v. H. Op. 34. Text- u. Regiebuch. (8 S.) schmal 8. Regensburg (908). A. Coppenrath's Verl. nn. — 10

Das Franzosenkind. Erzählung aus d. Zeit d. Befreiungskriege von C. **Haaß.** Mit 4 Farbendruckbild. Cöln: J. P. Bachem [1907]. (140 S.) 8° [J]
— **Jugendschriften,** Bachem's neue illustr. Bd 30. [08. 11474

— **Frieder u. Trudel.** Musikalisch-melodramat. Wald-Märchen f. Sopran- u. Altsoli u. weibl. Chor, Kinderreigen, Deklamation u. Klavierbegleitg. Text v. Ferdinande Schmidt. Komp. v. H. Op. 38. (Textbuch.) (16 S.) kl. 8. Ebd. (906). n. — 25

— **Gretel im Feenreich.** Musikalisch melodramat. Märchenspiel f. Kinderreigen u. weibl. Chor, Sopransolo, Deklamation u. Klavierbegleitg. Text v. Ferdinande Schmidt, komp. v. H. Op. 35. Textbuch. (15 S.) 8. Ebd. (904). n. — 20

Haaß, C., Künstler-Leben. Heiteres u. Weiteres aus der Künstler- u. Musiker-Welt. Novellen, Humoresken u. Erzählgn. 8. (235 S.) Köln 891. J. P. Bachem 2. 50; geb. n. 4. —

Haaß, C., lustige u. ernste Musikantengeschichten. 8. (III, 224 S.) Paderborn 888. F. Schöningh. n. 1. 80

— **die Singkunst.** Leitfaden f. den prakt. Gesangsunterricht f. Schüler u. Freunde d. Gesanges. 8. (III, 40 S.) Leipzig 888. C. A. Koch. n. — 60

— **Weihnachtszauber auf der Alm.** Deklamatorisch-melodramat. Festspiel f. Frauen- u. Kinderchor, Sopransolo, Altsolo u. Klavier v. Ferdinande Schmidt. Musik v. H. Textbuch. (8 S.) 8. Berlin-Gr.-Lichterfelde W. (905). Ch. F. Vieweg. n. — 10

Haass, Eberhard, aus Badenweiler: Beitrag zur Kenntnis der Oxydationsverhältnisse verschiedener Chinolinderivate. *Freiburg i. B. 1898: F. Wagner.* (40 S.) 8°
Freiburg i. B., Phil. Diss. v. 1898

Haass, Everhard, aus Viersen: Aus der bakteriologischen Abteilung des Hygienischen Institutes der Universität Zürich. Abteilungsvorstand Privatdozent Dr. W. Silberschmidt. Beitrag zur Kenntnis der Actinomyceten. Zürich 1905. 82 S. 8° [3. XI. 05.]
Zürich, Phil. Diss. 11 S. 1905-1906.

Haaß, F., das Recht der badischen Agende. Frankfurt a. M. 859. Brönner. 8. (23 S.) n. 5 ngr.

Haass, F., über deutsche Schrift u. Stenographie, s.: **Javal,** Emile, die Physiologie des Lesens u. Schreibens.

Haass, Friedrich

Haass, Frdr., Entwicklung der Posten vom Altertum bis zur Neuzeit. Vortrag, geh. im württemberg. Verein f. Handelsgeographie zu Stuttgart am 27. Febr. 1891. gr. 8 (24 S.) Stuttgart 891. J. B. Metzler's Verl. n — 50

Haass, Frdr., Entwicklung d. Posten v. Altertum bis z. Neuzeit. 2. Aufl. gr. 8. (26 S.) Berlin 895. Rosenbaum & Hart. n. — 60

Haaß, Fr., die Geschichte des Postwesens, s. a. **Postbücherei, deutsche.**

Die Geschichte des Postwesens vom Altertum bis in die Neuzeit. Volkstümlich dargest. von Dr. Fr[iedrich] **Haaß**, Postinsp. Mit 7 Abb. Berlin: Kamossa & Remmers [1906]. (VIII, 192 S.) 8° [F.]
= **Postbücherei**, Deutsche. Bd 1 [vielm. 2–4.] [07. 3004

Haass, Friedrich [Dr. Oberpostsekretär]: Die Post und der Charakter ihrer Einkünfte. Mit einem Anhang über Die Packetpost. Stuttgart, J. B. Metzlerscher Verl., 1890; 8 Bl. + 100 S. 8°
Tübingen, Staatsw. Fak., Inaug.-Diss. v. 1890
Nur in beschränkter Zahl für den Austausch.

Haass, Frdr., die Post u. der Charakter ihrer Einkünfte. Mit e. Anh. über die Packetpost. 1. u. 2., unveränd. Aufl. gr. 8. (IV, 100 S.) Stuttgart 890. Metzler's Verlag. n. 1. 80

— die Post u. d. Charakter ihrer Einkünfte. Mit e. Anh. üb. d. Packetpost. 2. Aufl. (Neue [Titel-] Ausg. gr. 8. (IV, 100 S.) Ebd. (890) 896. n. 1. 50

— d. Weltpostverein. Vortrag, geh. im württemberg. Verein f. Handelsgeographie am 10. Febr. 1893. 2. Aufl. gr. 8. (31 S.) Ludwigsburg 893. Ebd. n. — 50

Haass, Fritz *Ludwig* [aus Viersen '(Rheinl.)']: Aus d. medizin. Klinik d. Univ. Bonn. Ein neuer Fall von Myotonia congenita ... Bonn, Druck v. K. Drobnig, 1897; 38 S. 8.
Bonn, Med. Fak., Inaug.-Diss. v. [22. März] 1897

Haass, Gottfried [approb. Arzt]: Ein Fall von schwerer Beckenverletzung .... Erlangen, Druck d. Univ. Buchdr. v. Junge & Sohn, 1888; 31 S. 8°
Erlangen, Med. Fak., Inaug.-Diss. v. 6. Apr. 1887

Haass, Heinrich: Das hessische Postwesen bis zum **Anfang** des 18. Jahrhunderts. Marburg a. d. Lahn 1910: Schönhoven, Kassel. 111 S. 8° ¶ (Aus: Zeitschrift d. Ver. f. hess. Gesch. u. Landesk. Bd 44.)
Marburg, Phil. Diss. v. 31. Mai 1910, Ref. v. der Ropp
[Geb. 28. Febr. 84 Eltershausen; Wohnort: Marburg; Staatsangeh.: Preußen; Vorbildung: Gymn. Hersfeld Reife O. 05; Studium: Marburg 3, München 1, Marburg 6 S.; Rig. 16. Febr. 10.] [U 10. 3359

Haass, Hermann, a. Stuttgart: Die Übergabe eines Schlußscheines mit der Klausel „Aufgabe vorbehalten“ durch den Mäkler. E. handelsrechtl. Untersuchung. Traunstein 1907: Ed. Leopoldseder. (60 S.) 8°
Würzburg, Jur. Fak., Ref. Mayer, Diss. v. 19. Nov. 1907
[Geb. 17. Nov. 83 Stuttgart; Wohnort: Traunstein; Staatsangeh.: Bayern; Vorbildung: Gymn. Nürnberg Reife Juli 02; Studium: München 8 S.; Rig. 30. Okt. 07.]

Haaß, J. B., die Convente in Köln und die Beghinen. Eine Abhandlung über die gesetzliche Beibehaltung der Stiftungen für christliche Wohlthätigkeit. Köln 860. Bachem. gr. 8. (XV, 175 S.) 18 *ngr.*

Haass, Ludw., Hildesheim. Ein Führer f. Einheimische u. Fremde. Unter Mitwirkg. hervorrag. Fachleute zusammengestellt. Mit dem Plane der Stadt u. zahlr. Abbildgn. u. Grundrissen. 8. Aufl. (190 S.) kl. 8. Hildesheim 909. Gerstenberg. 1. —

— Die Schatten-Konstruktionen, die axonometrische Projektion u. die Perspektive, s. a. **Handbuch, das, des Bautechikers. XVIII.**

Haass L., die Schattenkonstruktionen, die axonometrische Projektion und die Perspektive. (178 S.) (Issel, Handb. d. Bautechnikers 18) Leipzig 1907

Haass, Max: Die privatrechtliche Stellung des nicht rechtsfähigen Vereins nach dem Bürgerl. Gesetzbuch. Remscheid 1909: Krumm. 87 S. 8°
Heidelberg, Jur. Diss. v. 27. Juni 1909, Ref. Bekker
[Geb. 30. März 82 Viersen; Wohnort: Viersen; Staatsangeh.: Preußen; Vorbildung: Gymn. Krefeld Reife O. 01; Studium: München 3, Bonn 3 S.; Rig. 19. Febr. 09.] [U 09. 1797

Haass, Otto, Vorlagen f. Flaschner, gezeichnet nach Ang. v. H. Höllfritsch, s.: **Für die Werkstatt.**

Haass, R., Excerpte aus den Comptes rendus de l'Académie des sciences. [Aus: „Annalen d. Oenol.“] gr. 8. (59 S.) Heidelberg 877. C. Winter. n. 2. —

Haass, Rob., Abnoba. Lieder u. Bilder vom Schwarzwald. (X, 194 S. m. Bildnis.) 8. Karlsruhe (908). F. Gutsch. 3.—; geb. 4. —

Haass, Rob., s.: **Bilder aus dem Schwarzwald.**

Haaß, Rob., Nachlaß-Gedichte. Mit e. Vorwort v. Wilh. Jensen. (IV, 156 S. m. Bildnis.) 8. Straßburg 906. J. H. E. Heitz. n. 3. 50

Haaß, Rob., im Zeichen Bismarcks. Zeitgedichte u. polit. Stimmungsbilder aus den letzten 10 Jahren. Mit e. Lenbach'schen Bismarckbild. 1.—4. Aufl. gr. 8. (à VII, 102 S.) Karlsruhe 899. W. Jahraus. Geb. n. 2. —

Haassengier, Ernst: Über die konforme Abbildung $Z = \sqrt[3]{z-a} - \sqrt[3]{z-b}$. *Hamburg (1898): Lütcke & Wulff.* (23 S. mit Taf.) 4°
Hamburg, OR u. R vor d. Holstenthore, OP 1898 (774)

Haaßengier, F., Katechismus für Baumaterialien-Kunde. kl. 4. (III, 44 S.) Deutsch-Krone 890. Garms'sche Buchhandlg. cart. n. 1. 60

Haaßengier, F., Katechismus f. Baumaterialien-Kunde kl. 4. (III, 44 S.) Deutsch-Krone 891. Garms. Kart. n. 1. 50

Haast, J. Über Stringops habroptilus. 1863.

Haastert, Heinrich Friedrich.

Haastert, H. Fr., le commerce de France. Für die Oberklassen v. Handelsschulen aller Art hrsg. (146 S.) 8. Leipzig 905. G. Freytag. — Wien, F. Tempsky. Geb. n. 1. 50; Wörterbuch (34 S.) n. — 40

Realgymnasium und Gymnasium zu Hagen i. Westf. Festschrift zur Feier des hundertjährigen Bestehens der Anstalt veröffentlicht von ihrem gegenwärtigen Direktor Prof. Dr. Lenssen. 8 (4 Bl., 224 S., 5 Taf.) **Progr.** Rg. u. G. *Hagen i. Westf.* 1899
Haastert, *Heinrich Friedrich*: Zur Geschichte des Realgymnasiums und Gymnasiums zu Hagen i. W. 8 (S. 1–139).
Lenssen, *Lebrecht*: Aus dem äußeren und inneren Leben der Schule während der letzten vierzig Jahre. 8 (S. 140–210)
Stahlberg, *Karl*: Antrittsrede, gehalten bei seiner Einführung *als Rektor* am 12. April 1858. 8 (S. 211–218)
Lenssen, *Lebrecht*: Antrittsrede, gehalten bei seiner Einführung *als Direktor* am 18. October 1895. 8 (S. 219–224)
Nicht im Tauschverkehr

Haastert, H[einrich] Fr(iedrich), Prof.: Zur **Geschichte** des Realgymnasiums und Gymnasiums zu Hagen i. W. *Hagen i. W. 1899: G. Butz.* (S. 1–139.) 8° ¶ (Vgl. P-Beil. 1899.)
Hagen i. W., RG u. G, Festschr. 1899**

Haastert, H[einrich] Fr[iedrich], Prof.: Zur **Geschichte** des Hagener Realgymnasiums. *Hagen i. W. 1899: Westfäl. Tageblatt.* (42 S.) 4° [F.]
Hagen i. W., RG u. G, OP 1899 (390)

s.: **Prosa-Schriftsteller, englische, aus dem XVII., XVIII. u. XIX. Jahrh.**

Haastert, H. Fr., französische Schul-Synonymik. 12. (IV, 51 S.) Bielefeld 899. Velhagen & Klasing. n. — 50

— französische Schul-Synonymik. 2. Aufl. (IV, 55 S.) kl. 8. Bielefeld 906. Velhagen & Klasing. Kart. n. — 60

[F.] Haastert, H. Fr.: Die französische Synonymik auf den höheren Schulen. (Ein Beitr. z. Methode d. französ. Unterrichts.) Hagen, Buchdr. v. G. Butz, 1891; 1 Bl., 16 S. 4°
Hagen, RG u. G, P 1891 (360)

Haastert, H. Fr., on English trade. Für die Oberklassen v. Handelsschulen aller Art hrsg. (168 S.) 8. Leipzig 906. G. Freytag. — Wien, F. Tempsky. Geb. 1. 60

Haastert, J. F.

— das Gespräch zwischen dem reichen Manne u. Abraham in der andern Welt. Predigt über Ev. Luc. Cap. 16, Vs. 23—31. gr. 8. Ebend. 843. n. 1/12 ℛ

Haastert, J. F., wo ist der neugeborne König der Juden? Predigt über Matth. 2, 2. am 2. Weihnachtsfeiertage 1842. 8. Meurs 843, Dolle. 1/12 ℛ

Haasy, [Hermann] von: Über die Darstellung von amorphem Silicium, Siliciumsulfid, Siliciumchlorid und von Sulfosilikaten. *Berlin: M. Driesner 1899.* (71 S.) 8°
Rostock, Phil. Diss. v. [20. Juli] 1899

Haaven Edmund van, Zum Projekte der Wiener Stadt-Eisenbahn 8. (13 S.) geh. 40 kr.
Wien: Lehmann & Wentzel 1882.

Hab' ich's erlebt — hab' ich's geträumt. Stille Lieder eines Ungenannten. (63 S.) 8. Leipzig 904. Modernes Vorlagsbureau. n. 1. —

Hab mich lieb. Ein Leporello-Bilderbuch auf Pappe. gr. 4. (18 Farbendr. m. eingedr. Text.) Eßlingen 890. J. F. Schreiber. n. 2. —

Hab' mich lieb. gr. 8. (12 S. m. z. Tl. farb. Abbildgn.) Monstanz (890). C. Hirsch. — 25
Betagiffen.

Hab mich lieb. Ein (Aufstell-)Bilderbuch auf Pappe. 4. (18 farb. Taf.) Eßlingen 894. J. F. Schreiber. n. 2.

— dasselbe. Ein Bilderbuch auf Pappe. (2. Aufl.) 4. (19 farb. S. m. eingedr. Text.) Eßlingen (900). F. J. Schreiber. In Leporelloform n. 2. 50

Hab mich lieb. Unzerreißbares Leinwandbilderbuch. (10 farb., lack. Taf.) Lex. 8. Eßlingen (907). J. F. Schreiber. Kart. 3. —

Hababah; od. die Eifersucht im Serail. Trauersp. in 5 Aufz. v. Weidmann. 8. Wien Wallishäuser.

Hababah, oder die Eifersucht im Serail. Ein deutsches Originaltrauerspiel . . . Wien 1772. V: *Weidmann, Paul.* (Jahrb. d. Grillp. Ges. XIII.)

v. Habach, Mar. Jos., d. Soldatenstand, oder d. Würde d. Kriegers. 8. Wien 805. v. Mösle. 16 𝒦

Habach, M. J. v., der Soldatenstand, oder die Würde des Kriegers. 8. Wien, v. Mösle. (Leipzig, Kummer in Comm.) 816.

Habacher, Ferd.: Acanthosis nigricans ‹Janovsky› beim Hunde. ‹Keratosis nigricans (Kaposi). Distrophie papillaire et pigmentaire (Darrier).› Stuttgart 1909. 19 S.
Wien, Vet.-med. Diss. v. 1909.
Aus: Monatshefte für prakt. Tierheilkunde. Bd 21.

Habacher, Johann, s. Wochenblatt, Gmundner.

Habakuk, der Prophet. Von dem Verf. des „Christl. Hausschatzes", der „Liturgie" u. des „Trostbuchs". 8. (III, 63 S.) Berlin 894. Deutsche Evangel. Buch- u. Traktat-Gesellschaft. n. — 40

Habakuk, s.a. Chabakuk.

— lyrischer Gesang, mit Anmerkk. 8. Leipz. 796. Jacobäer. (Auc in Altona). 4 𝒦

Habakuk: Habakuk.

— genaue Uebersetzung u. buchstäbl. Wortverstand. Nebst e. Anmerkk. v. W. E. J. Chrysander. 4. Rint. u. Leipz. 752.

Habakuk, der Prophet, erläut. von Ludwig. 8. Frankf. Göbhard. 779.

— d. Prophet, nach d. hebr. Text, mit Zuziehung d. ältern Uebersetzungen erläutert v. P. Beda Ludwig. 8. Frankf. a. M. 779. (Wesche). 6 𝒦

— — erläutert v. Wahl, s. a. S. Fr. Günther Wahl.

— Ders., übers. mit Einleit. u. Anmerkk. ꝛc. v. S. F. G. Wahl. gr. 8. Hannov. 790. Hahn. 18 𝒦

— Ders., übers. u. erläutert v. G. Euchel. 8. Kopenh. 815. Bonnier. 4 𝒦

— Ders., neu übers. u. erläutert v. K. W. Justi. 8. Leipz. 820. Barth. 12 𝒦

Habakuk, neu übers. und erläutert von Dr. K. W. Justi. 8. Leipzig, Barth. 821.

— d. Prophet, mit e. wörtl. u. e. freien metr. Uebersetzung u. e. vollständ. Commentar ꝛc., v. Abrah. Alex. Wolff. gr. 8. Darmst. 822. (Heyer). 2 ℛ

Habakuk, der Prophet, mit e. wörtl. u. e. freien metr. Uebersetzung u. e. vollst. Commentar ꝛc. v. Abrah. Alex. Wolff. gr. 8. Darmstadt 822, Neyes.

— Der Prophet Habakuk. Nach dem gründlich revidirten, zum erstenmale in seiner ursprünglichen Verbindung wiederhergestellten hebräischen Text auf's neue übersetzt, eingeleitet und erklärt von Johannes von Gumpach. München 1860.

Habakuk, vates olim Hebraeus, imprimis ejusdem hymnus denuo illustratus; adjecta est versio Theotisca, ed. Chr. Gli. Perschke. 8. Frankf. u. Leipz. 777. (Hahn). 5 𝒦

Habakuks Prophecy. In dichtmaat overgebracht door J. J. L. ten Kate. gr. 8. Utrecht 842, Kemink et Zoon. n. 1/12 ℛ

— Chabacuci vaticinium, commentario crit. atque exeget. illustr. a B. P. Kofod. 8maj. Kopenh. 792. Vandenhöck u. R. in Götting. 14 𝒦 Schrbp. 18 𝒦

— Visionen, übers., mit histor. u. exeget. Anmerkk. ꝛc. versehen von G. C. Horst. gr. 8. Gotha 798. Ettinger. 18 gr

Habana [Schlagwort]

Habana, s.: Kriegsschauplatzkarten.

Eduard Albert. Gedenkblatt. Dem Andenken des am 25. Sept. 1900 verstorbenen Meisters gewidmet von k. u. k. Ober-Stabsarzt Dr. Johann Habart. Wien. Mit Portr. *Wien: J. Šafář 1900.* (23 S.) 8° [F.]

Habart, J., die Geschossfrage der Gegenwart u. ihre Wechselbeziehungen zur Kriegschirurgie, s.a. Sammlung medicinischer Schriften.

Habart, J. Die Geschoßfrage der Gegenwart und ihre Wechselbeziehungen zur Kriegschirurgie. Wien 1890

Habart, Joh., die Geschosswirkung der 8-Millimeter-Handfeuerwaffen an Menschen u. Pferden. Eine forensisch-chirurg. Studie. gr. 8. (III, 114 S. m. 5 Lichtdruck-Taf.) Wien 892. J. Šafář. n. 4. —

— das Kleincaliber u. die Behandlung der Schusswunden im Felde. Eine kriegschirurg. Skizze. gr. 8. (55 S.) Ebd. 894. n. 1. 50

Habart, Joh., unser Militär-Sanitätswesen vor 100 Jahren. Ein urkundl. Beitrag z. Sanitätsgeschichte d. k. u. k. Heeres, eingeleit. von Rob. Ritter v. Töply. M. 2 Autogrammen in Photolith. gr. 8. (111 S.) Wien 896. J. Šafář. n. 3. —

Habart, J., die antiseptischen Wundbehandlungs-Methoden im Frieden u. Kriege, s.: Klinik, Wiener.

Habart Dr. Karl: Über Büschel koaxialer Chordalparabeln und deren Beziehungen zu Curven 3. Grades mit unendlich fernen Singularitäten. (20). Elbogen R. 91.
Progr.

— Charakter und Darstellung der Büschel von Wurfcurven constanter Wurfkraftrichtung. (13). ibd. 92.
Progr.

Habart Dr. Karl Darstellung des Systems der Wurflinien constanter Anfangsgeschwindigkeit (3). Elbogen R. 91
Progr.

Habart, Karl, Grundriss der Naturlehre, s.: Mach, E.

Habart, K., üb. gewisse Curven 3. Grades, die bei Scharen confocaler Kegelschnitte auftreten. gr. 8. (24 S.) Elbogen 885. (Wien, Pichler's Wwe. & Sohn.) n. — 50

Habart Dr. K.: Bemerkenswerte Polareigenschaften eines Trajectoriensystems. 17. Elbogen R. 89.
Progr.

Habart Dr Karl: Über Systeme von Kegelschnitten mit unendlich fernem Doppelcontacte. (20). Elbogen R. 92.
Progr.

Habbe, F. A., der Eid als eine öffentliche Religionshandlung oder Sakrament, ein Mittel, den Mißbrauch des Eides einzuschränken u. dem Eidschwur seine göttl. Autorität wieder zu geben. gr. 16. Berlin 835. Vereinsbuchh. 1/6 ℛ︀ß

Habbe, F. A., Glaube, Liebe, Hoffnung. Ein Katechismus d. Christus Religion. Nebst d. 5 Hauptstücken d. Katechismus Luthers mit kurzen Worterklärn., u. einigen kleinen Schulgesängen. 12. (7 B.) Minden 824, Eßmann.

Habbe, Wilhelm De Dialogi de oratoribus, qui Taciti esse existimatur, locis duobus lacunosis. 4 (S. 3—20). G Celle 1888 (285)
Progr.

Habbel, F., die westfälische Landgüterordnung, in gemeinverständl. Sprache u. an Beispielen erläutert. 8. (60 S.) Münster 889. Theissing. — 75

Habben, Adolph: Aus der Augenklinik zu Jena. Ein Beitrag zur Kenntnis der pathologischen Anatomie der Linsenluxationen. *Jena 1897: G. Neuenhahn.* (24 S.) 8°
Jena, Med. Diss. v. [3. Febr.] 1898

Habben, Fooke: De Xenophontis libello, qui Λακεδαιμονίων πολιτεία inscribitur. Anklam: Poettcke 1909. 64 S. 8°
Münster, Phil. Diss. v. 3. März 1910, Ref. Kroll
[Geb. 12. Sept. 84 Aurich; Wohnort: Münster i. W.; Staatsangeh.: Preußen; Vorbildung: Gymn. Aurich Reife O. 04; Studium: Freiburg i. B. 1, Bonn 1, Göttingen 2, Berlin 1, Münster 3 S.; Rig. 24. Juli 09.] [U 10. 3772

Habben, Theodor [aus Neuende]: Ueber Fluorescenz-Spektren hervorgebracht durch das Licht Geissler'scher Röhren ... Marburg, Buchdr. O. Ehrhardt, 1891; 43 S., 1 Taf. 8.
Marburg, Phil. Fak., Inaug.-Diss. v [14. Okt.] 1891

Habbert, Gli. Aug., († d. 4. Mai 1820.) d. wahre Christ, e. Lesebuch. gr. 8. Dresd. 794. Gerlach. 10 gr

Habberton, John, Helen's babies, hrsg. v. G. Hoffmann, s.a. Authors, English, 85 Lfg.

—— Helen's Babies and other People's Children, s.a. Collection of British Authors.

Helen's babies. By **John Habberton**. Im Ausz. mit Anm. [— Anhang] z. Schulgebr hrsg. von G. Hoffmann, Lehrerin in Leipzig [Nebst] Wörterbuch. *Bielefeld & Leipzig: Velhagen & Klasing 1902.* 3 Bde 8°
— **Sammlung, Velhagen & Klasings**, franz. u. engl. Schulausgaben. English authors. Lfg 85 B. [03. 13899

Habberton, J., other folks, s.: Asher's continen-
— some folks, tal library.

— dasselbe. s.: Asher's collection of english authors.

Habberton, John, some Folks, s. Asher's Collection of English Authors.

—— Onkel Gustav. s.a. Gustav. Onkel.

Habberton, J., Onkel Gustav. Eine Kindergeschichte für Erwachsene. Nach Helen's Babies deutsch v. P. Heichen. 4. Aufl. 8. (202 S.) Berlin 890. Lüstenöder. geb. n. 3. —

—— Tante Jettchen. Nach dem Amerikan. von Alfr. Nürenberg. gr. 16. (IV, 283 S.) Stuttgart 877, Abenheim'sche Verlagsh. cart. * M. 3.; geb. mit Goldschn. ·

— Tante Jettchen. Nach dem Amerikan. v. Alfr. Nürenberg. gr. 16. (IV, 283 S.) Berlin 879. Abenheim. cart. n. 3. —; geb. m. Goldschn. n. 4. -

großgewordene Kinder. Humoresken. 12. (112 S.) Frankfurt a/O. 893. H. Andres & Co. n. 1. - ; geb. in Leinw. n. 1. 50

— großgewordene Kinder. Humoresken. 12. (112 S.) Frankfurt a/O. 893. Berlin, J. Gnadenfeld & Co. n. 1. —; geb. n. 1. 50

— Andrer Leute Kinder, s.a. Bibliothek der Gesammtlitteratur d. In- u. Auslandes.

— dasselbe, s.a. Meyers Volksbücher.

— andrer Leute Kinder, s.a. Universal-Bibliothek.

— anderer Leute Kinder. Deutsch v. C. Nusak. 16. (378 S.) Leipzig 899. W. Fiedler. Geb. in Damast m. Goldschn. 2.—

— Helenens Kinderchen, s. a. Bibliothek der Gesamt-Litteratur.

Habberton, John, Helenens Kinderchen, s. a. Hendel's, Otto, Reisebibliothek.

Habberton, John, Helenens Kinderchen, s. a. Meyer's Volksbücher.

Habberton, J., Helene's Kinderchen, s. a. Universal-Bibliothek Nr. 1993 und 1994

Habberton, John, Helene's Kinderchen, s. a. Reclam's Unterhaltungs-Bibliothek.

Habberton, John, Helene's Kinderchen. Humoreske. — Anderer Leute Kinder od. Bob u. Teddi in der Fremde. Deutsch v. M. Greif. gr. 16. (172 u. 300 S.) Leipzig 890. Ph. Reclam jun. Geb. m. Goldschn. n. 2.—

— allerhand Leute, s.: Universal-Bibliothek.

Habberton, J., the Bowsham puzzle, s.: Collection of British authors.

— Die Bartoner Temperenzbewegung, s. a. Bibliothek der Gesammtlitteratur des In- u. Auslandes.

Habberton, John. Die Bartoner Temperenzbewegung. Deutsch von Fr. Dobbert. Halle 1896. 130 S. Mk. —.50.

— der Tiger u. das Insekt. Geschichten v. kleinen Mädchen. Einzig autoris. Ausg. übers. von Clara Dinter. (226 S. m. 10 Taf.) 8. Leipzig (903). [H. Seemann Nachf.] O. Spamer. n. 3.—

— one tramp; Mrs. Mayburn's twins, s.: Collection of British authors.

— Frau Marburg's Zwillingssöhne oder Mütterchens Freuden u. Leiden, s.: Universal-Bibliothek.

Habbicht, Heinr., Geschichte der Büchsen-Schützen-Kompagnie zu Weimar, als Festschrift zur Säkularfeier des Schießhauses dargestellt. (XII, 100 S. m. Abbildgn. u. 1 Bildnis.) gr. 8. Weimar 905. (H. Große.) n.n. 1.50

Habbicht, Heinr., das ehrbare Töpferhandwerk zu Eisenach, s. a. Beiträge zur Geschichte Eisenachs.

Das ehrbare Töpferhandwerk zu Eisenach. Ein Beitrag z. Gesch. d. Zunftwesens. Von Heinrich Habbicht. *Eisenach: H. Kahle 1902.* (64 S.) 8° [F.]
— Beiträge z. Geschichte Eisenachs. 11.

Habbicht, Th., Mönch u. Nonne. Der Drache. Zwei Thüringer Sagen (103 S.) kl. 8. Eisenach (908). Hofbuchdruckerei Eisenach H. Kahle. Geb. 2.—

Habdank-Hankiewicz, H. Ritter v., Gesetz vom 19. April 1872 über d. Verleihung v. Anstellungen an ausgediente Unteroffiziere. Mit erläut. Bemerkgn. versehen. gr. 8. (IX, 160 S.) Wien 890. Hof- u. Staatsdruckerei. n. 2.60

Habe deine Lust an dem Herrn. Andachten f. Kinder auf alle Tage im Jahr. gr. 8. (372 S.) Reval 892. F. Kluge. n. 2.50

Habe immer Gott vor Augen. Eine ausgewählte Sammlung von Erzählungen, Gedichten, Fabeln ꝛc. Wien 855. Grund. 8. (119 S. m. Holzschn. im Text.) 6 ngr.

Haebe, Emil Die Hülfsmittel des mathematischen Unterrichts: a) Das Lehrbuch und die Aufgabensammlung; b) die Hausaufgabe und das Extemporale. I. Teil 36 S. II. Teil 32 S. Schlufs 39 S. **Progr.** *Nakel* 1880. 1882 1884.

Habedank, Ferdinand (Tilsit), De medicamentis febrifugis. Diss. med. Bln. (Brüschck) 13. X. 1829. 41 S. mit Biogr. (5.50) 12544
Oppon.: R. Siehr, J. Raddatz, G. Kriege.

Habce, Anton (Oberursel) [Autor et Resp.]
Humana immortalitas in familiarum nobilium conservationem adinventa, sive dissertatio de fideicommissis familiarum perpetuis.
Giessae [30.] Oct. 1737: E. H. Lammers. 58 S. 4°
pro summis in utroque jure honoribus ... rite consequendis.

Habel, Des Königs Salomo: schon vormals zum Nachdenken angewiesen ... Halle 1771. V: *Loder, Johann.* (R-N)

Habel, d. König Salomo, schon vormals zum Nachdenken angewiesen von e. alten Manne. 8. Halle 771. Waisenh.-B. 4 gr.

Habel a St. Fortunato, Aichard, Sittenlehre, mit bibl. Bildern, zum Gebrauch in Schulen. 8. Wien 778.

HABEL, Aichardus a s. FORTUNATO, S. P. Sittenlehre mit Biblischen Bildern für die Frommen Schulen. Wien 1784. - 8°

HABEL, AICHARDUS A S. FORTUNATO: Trauerrede ihrer K. Majestät Josephen, Herzogin von Bayern. Wien 1764. 8 - 8°

Habel, A[lbert], med. pract. [von Genf], Assistenzarzt der Klinik: Aus der medicinischen Klinik der Universität Zürich. Ueber das Verhalten der Patellarreflexe bei Querschnittsunterbrechung des Rückenmarkes. [S. A. aus: Archiv f. Psychiatrie u. Nervenkrankheiten, Bd 29, S. 25—62]. Berl. L. Schumacher Dr. 1896. 42 S., 1 Bl. 8°.
Zürich, Med. Diss. [v. 20. Oct. 1896].

Habel, Chr. Fr., († d. 20. Febr. 1814.) Beitr. zur Naturgeschichte u. Oekonomie d. Nassauer Lande. 1s Stück. 8. Dessau 784. Gelehrt. Buchh. 6 gr.

Habel, Ed., Fragmente aus Briefen eines Reisenden. gr. 8. Wien 836. (Gerold) 1 fl.

Habel, Ed., d. Karthäuser. 12. Leipz. 846, Brockhaus. n. 16 ngr.

Habel, Ed., Johann v. Nepomuk. Großes Gedicht in 2 Abthln. gr. 8. ... Wien 829, Adolph. 1 Thlr., Binv.

Habel, Edwin, der deutsche Cornutus. I. u. II. Tl. gr. 8. Berlin, Mayer & Müller. 3.20
I. Der Cornutus des Johannes de Garlandia, e. Schulbuch des 13. Jahrh. In den deutschen Übersetzgn. des Mittelalters zum ersten Male hrsg. (63 S.) 908. 2.—
II. Der Novus Cornutus des Otto v. Lüneburg. In den deutschen Übersetzgn. des Mittelalters zum ersten Male hrsg. (51 S.) 909. 1.20

Habel, Eman., das bayerische Ausführungsgesetz vom 23. II. 1879 zum Reichs-Gerichtsverfassungsgesetze in der seit dem 1. I. 1900 geltenden Fassung. Textausg. m. Anmerkgn. 12. (XVI, 195 S.) München 902. C. H. Beck. Geb. in Leinw. n. 2.—

— das bayerische Gesetz zur Ausführung der Reichs-Civilprozeßordnung u. Konkursordnung in der vom 1. I. 1900 ab geltenden Gestalt. Als 2. Aufl. der Erläutergn. des Gesetzes vom 23. II. 1879 v. Wilh. Henle. 12. (XII, 196 S.) Ebd. 900. Geb. in Leinw. n. 2.—

Habel, Eman., das bayerische Gesetz zur Ausführung der Reichs-Zivilprozeßordnung u. Konkursordnung in der seit dem 1. I. 1900 geltenden Gestalt Als 3. Aufl. der Erläutergn. des Gesetzes vom 23. II. 1879 von Wilh. v. Henle bearb. (XIV, 192 S) kl. 8. München 907 C. H. Beck. Geb. in Leinw. n. 2. 25

— die Hinterlegungsordnung f. das Königr Bayern vom 18. XII. 1899 m. der Hinterlegungsgebührenordnung u. den Ausführungsvorschriften. Textausg. m. Bemerkgn. u. Sachregister. 12. (XXI, 213 S.) Ebd 903. Geb. in Leinw. n. 2. —

Habel, Ferd., katholisches Gebet- u. Gesangbuch f. die studierende Jugend, s.: Klein, Wilh.

Habel, Ferd (Red), s. Zeitung, Königs.

Habel, Frz., Baden bei Wien. Skizze. Ueber die Bereitung der Kuh- u. Schafmolke u. ihren med. Gebrauch v. Mojsisoviċs. gr 8 (74 S.) Wien 852. (Gress.) n. 8 ngr

Habel Franz: Ueber Peregrinus Proteus von C. M Wieland.
II. 1904 PN 1710 Diss. Wien. Univ. 137

Habel, J. C. Fr., Kritik d. Wissenschaften. 8. Götting. 793. Vandenhöck u. R. 6 gl

Habel, Jean, Ansichten aus Südamerika. Schilderg. e. Reise am La Plata, in d. argentin. Anden u. an d. Westküste. Mit 70 Taf. u. Panoramen nach 165 photograph. Orig.-Aufn., in Lichtdr. hergest. v. d. Kunstanstalt Albert Frisch, Berlin, m. 1 Kartenskizze u. 3 Bild im Text. Lex.-8. (XII, 76 S.) Berlin 897. D Reimer. n. 9. —; geb. n. 11 —

Habel, (Paul): Das architektonische Bild Breslaus, ein Beitrag zur Heimatkunde Breslau 1910 Grass, Barth & Co. 17 S 4°
Breslau St Johannes-G. OP 1910 : 250 [S 10 155

Habel, P., de pontificum romanorum inde ab Augusto usque ad Aurelianum condicione publica, s. a. Abhandlungen, Breslauer philologische.

Habel, Paulus [Vratislaviensis] De pontificum Romanorum inde ab Augusto usque ad Aurelianum condicione publica Caput I Fasti pontificum maximorum et pontificum (Aus Breslauer phil Abh III 1. Vratislaviae, apud Guilelmum Koebner (1888), 2 Bl. 41 S. 1 Bl. 8°
Breslau Phil Fak., Inaug.-Diss. v. 7. März 1888

Habel, Paul, Führer durch Breslau, m. zahlr. Bildern u. e. farb. Stadtplane. Hrsg. v. Verein zur Hebg. des Fremdenverkehrs in Breslau. 2. verb. Aufl. 10—20. Taus. (IV, 140 S.) 8. Breslau 908. (M. Woywod.) — 60

Habel, Paul, neuer Führer durch Breslau, m. zahlreichen Bildern u. 1 farb. Stadtplane. Hrsg. vom Verein zur Hebg. des Fremdenverkehrs in Breslau. (IV, 152 S.) 8 Breslau. 905. (M. Woywod.) n. 60

Habel, Paul. Zur Geschichte d. in Rom eingeführten Sonnencultus, s. Commentationes in honorem Guilelmi Studemund.

Habel, Paul, Grundriss der alten Geschichte u. Quellenkunde, s.: Strohl, Willy.

— s.: Tatra, die Hohe.

HABEL, Rudolph (Neustadt/Schlesien): Atropin und Duboisin gegen Nachtschweisse der Phthisiker.- München: Wolf 1881. 52 S.
25.7.1881 - Urk (Titel: De atropino et duboisino remediis contra sudores phthisicorum nocturnes adhibendis.): Chr 1881/82,7
Diss. Ingolst.-Landsh.-Mchn.

Habel, S., das pennsylvanische System u. sein Einfluß auf die Gesundheit. Inaugural-Dissertation. gr. 8. Wien 846. (Beck.) n. 1/3 ℛ

Habelin, Joh. Andreas

— Neues Rechenbüchlein, in welchem die Species, Regul detri, Zeit, Zinss, Rabbat, Gewinn, Verlust, Stich, Gesellschaft, Wechsel, nebst andern Kaufmännisch-Cossischen Rechnungen mit praeceptis und exemplis erörtert durch *Gottfr. Fuhrmann.* Leipz. Thom. Fritsch. 12. 1714

Habellus, A. „Des Buchhaltens neueste und kürzeste Manier", Leipzig 1701.

Habelmann, Lachm., von Kennich u. Kropp Praktische Anleitung zum Unterricht im Stoßfechten Mit Fig Berlin 1872. 60 S

Habelmann u. and., Praktische Anleitung zum Unterricht im Stoßfechten, m. Abb., 2. u. 3. Aufl., Berlin 1874 u. 1879, Kl.-8° 2 Bde

Habelsberger, Wilh., Leitfaden z. Gesetze v. 25. X. 1896, R. G. Bl. Nr. 220, üb. d. directen Personalsteuern. Unt. Benützg. d. im Reichsgesetzblatte public. Vollzugsvorschriften u. d. Materialien verf. 2 Tle. gr. 8. Wien 897. M. Perles. n 4. 80
1 D. allgem Erwerbsteuer. (IV, 80 S.) n. 1. 60
2. Die Personaleinkommensteuer u. Besoldungssteuer v. hoh. Dienstbezugen; Strafbestimmgn.; allgem. Bestimmgn.; Erwerbsteuer d. zur öffentl. Rechnungslegg. verpflichteten Unternehmgn.; Rentensteuer. gr. 8. (S. 81—236.) n. 3. 20

Habelschwerdt [Schlagwort]

Habelschwerdt, Kreis, s.: Breslau, Reg.-Bez.

Habelschwerdt, Kreis, s.: Glatz. Hansi, G.

– s. Kreiskarten

Habelschwerdter-Gebirge [Schlagwort]

Habelschwerdter-Gebirge, s.: Glatz. Hansi, G.

Habelt, G., Radfahrer-Tourenbuch v. Mittelfranken, s.: Prechtelsbauer, A.

Habemann, Casar, a. Hamburg Die literarische Stellung des Meraugis de Portlesguez in der altfranzosischen Artusepik. Gottingen 1908 F. Haensch. (94 S.) 8°
Gottingen, Phil. Fak., Ref. Stimming. Diss. v. 23. Juni 1908
[Geb. 13. Dez 79 Hamburg, Wohnort Hamburg Staatsangeh Hamburg, Vorbildung Realgymn. d Johanneums Hamburg Reife O 04 Studium Gottingen 1, Berlin 1 Munchen 1, Gottingen 4 S Rig 4 Mai 08]

Haben abgetheilte Hofeslandstücke an den Willigungen zu participiren? 8. (16 S.) Riga 880. Fluthwedel & Co. n. — 90

Haben die evangelischen Pastoren in Preussen überall ein genügendes Einkommen? 8. (20 S.) Leipzig 889. Fr. Richter. n. — 25

Haben die Braunschweigischen Unterthanen Ursache sich über die ... Preussischen Entschliessungen zu freuen? oder müssen sie ... bekümmert sein? Norddeutschland 1806. V: *Berlepsch, Friedrich Ludwig von.* (PROVBHANN 402)

Haben d. Kur-Braunschw. Unterthanen Ursache, sich über Preußens Besitznahme zu freuen? rc. 8. Braunschw. 806. Vieweg. 16 gl.

Haben die Klöster nicht auch ihr Gutes? Dessau 1784. V: *Aikin, Jh.* (KY 1/38) (BIBLPORT)

Haben diejenigen Advokaten, welche veranlasst durch die am 1. Juli l. Jahres ins Leben tretende Gerichtsorganisation und in Folge dieser zum Notariat übergetreten sind, für ihre Wittwen und Waisen Ansprüche auf den Advokaten-Wittwen- und Waisenpensionsfond oder nicht? Öttingen 1862. V: *Summa.* (KGBerlin II, 2033)

Haben oder nicht haben! Kritik der Kritiken über die vom Kaiser v. Rußland d. Bank v. Frankreich vorgestreckten 50,000,000 Franks. 8. (41 S.) Berlin 847, Schneider u. Co. 6 ngr.

Haben Sie —? Eine wahre Geschichte. Hrsg. von der Wupperthaler Traktat-Gesellschaft. 2. Aufl. Barmen 869. (Klein.) 32. (24 S.) 1½ ngr.

Haben Souverains u. Staaten ein Recht, öffentl. Atheisten zu seyn? 8. Hamb. 770. Buchenröder. 6 gl.

Haben u. brauchen wir noch Jesum für Gottes Sohn zu halten? Eine Stimme vom Sunde. kl. 8. Belle-Vue 846, Verlagsbuchh. 1/6 rß

Haben wir eine Wasser-Versorgungs- oder eine Wasser-Jammer-Kommission. Wien 1866. V: *Eggerth, Joseph.* (EB)

Haben wir nach den Gründen einer vernünftigen Astronomie von den ... Cometen etwas zu befürchten oder nicht? ... Brieg 1802. V: *Klose, Adam Friedrich.* (MGT) (Adel)

Haben wir noch jetzt das Publikum und Vaterland der Alten? Riga 1766. V: *Herder, Johann Gottfried.* (MGT)

Haben wir Ursach über die neuen Religionsanordnungen in den preußischen Staaten zu klagen? E. Wort zur Beruhigung an die Kandidaten des Predigtamts in den preuß. Staaten. Berlin 1792.

— wir Ursache, über d. neuen Religionsanordnungen in Preußen zu klagen? 8. Berl. 792. Rottmann. 3 gl.

(Haben-Hamin.) Geschichte der bürgerlichen Kriege in Granada. A. d. Span. von K. A. W. Spalding. 8. Berlin 1821. 5.00.

Habenicht, Armin. (Ditericus Maur.) (geb. Laugenweddingen bei Magdeburg 8. 11. 1825): De cholera epidemica. Berolini (1849). (29 S.) 8°
Berlin, Med. Diss. v. 1. Juni 1849

Habenicht, Bodo, Beiträge zur mathematischen Begründung e. Morphologie der Blätter. Mit 4 Fig.-Taf. (32 S.) gr. 8. Berlin 905. O. Salle. n. 1. 60

Habenicht, B[odo], Prof.: Die Blumenpflege in einer Industriegegend. Linden 1906: Gebr. Wengler. (S. 3—16.) 4° [J.]
Linden, st. Humboldt-S P 1906 (415)

Habenicht, Bodo: Flächengleichungen organischer und verwandter Formen, intuitiv behandelt. Quedlinburg, Druck v. Gessler & Strauss, 1897; 32–24 S. 4.
Quedlinburg, st. R, P 1897 (283)

Habenicht, Bodo, d. analyt. Form der Blätter. Mit 148 Fig. (auf 8 Taf.) gr. 4. (18 S.) Quedlinburg 895. (Ch. F. Vieweg.) n. 2. —

— d. Schlüssel zur Geometrie, e. Buch f. Anfänger oder Zurückgeblieb. an allen Lehranstalten. 12. (24 S.) (Ebd.) 898. n. — 80

— der Schlüssel zur Gleichungslehre, e. Buch f. zurückgebliebene, aber fleiss. Schüler. (16 S.) 12. Linden-Hannover 903. (Leipzig, B. G. Teubner.) n. — 40

Habenicht, H., Predigt, gehalten am Sonntage Invocavit 1860 zu Celle. Hannover. (Celle, Schulze.) gr. 8. (15 S.) n. 3½ ngr.

Habenicht, Hans Die Allitteration bei Horaz. 27 S. 8. *Eger* 1885.
Progr.

Habenicht, Herm., Atlas zur Heimatskunde des Deutschen Reiches. 60 kolor. Karten. M. 1 : 500000. Im Anschluss an J. Perthes' Elementar-Atlas bearb. Gotha, J. Perthes, 1886. qu.-Fol.

Justus Perthes Atlas portátil. Arreglada y traduc. de la 30ᵃ edic. alemana de H[erm.] **Habenicht** p. Br. Domann. 28 mapas coloridos ... C. noticias geográf.-estadíst. p. H. Wichmann. 2. ed. *Gotha: J. Perthes 1898.* (30 S., 28 Kt.) 1 Bd 8. [98. 540

Habenicht, H. Europa während der beiden Eiszeiten. Nach den besten Quellen bearbeitet. Gotha 1878. 1 Bl. c. L. Ff.

Habenicht, Hermann: Einige Gedanken über die hauptsächlichsten recenten Veränderungen der Erdoberfläche. (Als Manuskript gedruckt.) Gotha 1882. 31 S. 8°.

Habenicht, Herm., der größte Gewissenskonflikt aller Zeiten: Moderne Naturethik u. Christentum. (24 S.) 8. Gotha 904. (C. Glaeser.) n. — 60

Habenicht, Herm., Grundriss e. exacten Schöpfungsgeschichte. M. 7 Karten-Beilagen u. 2 Text-Illustr. gr. 8. (VIII, 136 S.) Wien 896. A. Hartleben. n. 4. —

Habenicht, Hermann: Die Grundzüge im geologischen Bau Europa's mit einer Karte: „Die Verbreitung der Eruptiv- und Uebergangsgesteine in Europa" und fünf Nebenkarten: Carton 1. Ungefähre Gestalt Europa's am Schluss der Tertiärperiode. Carton 2a. Europa zur Tertiärzeit. Carton 2b. Europa zu Anfang der paläozoischen Periode. Carton 3. Die grossen Kettengebirge des Mittelmeerbeckens. Carton 4. Die Grundzüge im geologischen Bau des Continentalcomplexes Europa-Asien-Afrika. Gotha 1881. 18 S. 8°.

Habenicht, H., die Grundzüge im geologischen Bau Europa's, m. einer (lith. u. color.) Karte: „Die Verbreitung der Eruptiv- u. Uebergangsgesteine in Europa" u. 5 Nebenkarten. gr. 8. (18 S.) Gotha 881. J. Perthes in Comm. n. 1. 35

Handkarte von Thüringen. Entworfen von H(ermann) **Habenicht**, bearb. von C. Böhmer. Maßst. 1:250,000. *Gotha: J. Perthes [1903].* (1 Kartenbl. 67×59 cm.) 8° [kol.] [03. 11819

Karte der Alpenländer in 2 Blättern ⟨'Schweiz' u. 'Ostalpen'⟩ 1:925,000 aus Stielers Handatlas. Bearb. von C. **Scherrer** u. H[ermann] Habenicht. Sonderausg. in Buchform mit Namenverzeichnis. *Gotha: J. Perthes (1902).* (1 Kartenbl. 82×33 cm, 58 S.) 8° [kol.] [03. 11540

[Umschlagt.:] Karte des Amerikanisch-Spanischen Kriegsschauplatzes. Bearb. v. Hermann **Habenicht**. Massst.: 1:7,500,000. *Gotha: J. Perthes 1898.* (1 Ktnbl. 2°) 1 Bd 2. [98. 5530

Karte der Vereinigten Staaten von Amerika in 6 Bl. 1:3,700,000 aus Stielers Handatlas. Bearb. von Hermann **Habenicht**. (Entworfen von A[ugust] Petermann.) Mit Namenverzeichnis. [Mit 5 Nebenkarten.] Gotha: J. Perthes [1905]. (1 Kartenbl. 124×66 cm, 127 S.) 8° [gestochen] [kol.] [05. 13848

— s.: Perthes, J., **Elementar-Atlas.**

– (Bearb.), s. Perthes, Justus: Taschen-Atlas.

Habenicht, Hermann Das seismische Problem. ([S.-A.] Deutsche Rundschau für Geographie und Statistik. Jahrg. 11 Heft 11.) (Wien 1889.) 10 S., 1 Krt. 8°.

Habenicht, H., Deutsches Reich und Nachbarländer. Oro-hydrographische Schul-Wandkarte, nach E. v. Sydow's Plan bearb. Gotha, J. Perthes, 1890. gr. qu.-Fol. Chromolith. (M. 12.)
Ist: v. Sydow-Habenicht, Methodischer Wand-Atlas. No. 8.

Justus Perthes' See-Atlas. Eine Erg. zu Justus Perthes' Taschen-Atlas, entw. u. bearb. von Hermann **Habenicht**. 24 kol. Karten mit 127 Hafenpl. Mit nautischen Notizen u. Tab. von Erwin Knipping. 6. Aufl. *Gotha: J. Perthes 1903.* (48 S., 24 Karten.) 8° [03. 13700

Habenicht, H. Specialkarte von Afrika. 1 4 000 000. Gotha 1885. 10 Bl. c. A. Sch. Nebst 2 Supplementkarten Höhen- und Tiefen Uebersicht und ethnographische Uebersicht.

Habenicht, H., Justus Perthes' Specialkarte von Afrika. 12 Bl. 3. Aufl. Gotha 1891/92. Fol. (21526)

Habenicht, H. Die Verbreitung der sedimentären Formationen in Europa. Nach A. Dumont's Carte géologique de l'Europe. Gotha 1876. 1 Bl. c. L. Ff.

Sydow-Habenicht, Methodischer Wandatlas. Nr. 3. Asien. Oro-hydrographische Schul-Wandkarte. Maßstab: 1:6,000.000. Gotha 1891 Justus Perthes. (Min.-Erl. 25. Mai 1891. Z. 10350.) 7.20, aufgezogen in Mappe 10.80, mit Stäben 12.60

Sydow-Habenicht, Methodischer Wandatlas. Nr. 4: Australien und Polynesien. Oro-hydrographische Schulwandkarte. Maßstab 1:6,000.000 Gotha. Justus Perthes.

Sydow-Habenicht, Methodischer Wandatlas. Nr. 5: Afrika. Oro-hydrographische Schul-Wandkarte. Maßstab 1:6,000.000. Gotha 1891. Justus Perthes. (Min.-Erl. 11. Nov. 1891. Z. 23072.) Aufgezogen in Mappe 9.—, mit Stäben 10.80

Habenicht, Hermann: Ueber das Woher und Wohin des gegenwärtigen geophysischen Zustandes. Mit einer Karte. Vortrag, gehalten vor der geologisch-geographischen Section der 60. Versammlung Deutscher Naturforscher und Aerzte zu Wiesbaden, im September 1887. ([S.-A.] Deutsche Rundschau für Geographie und Statistik. Jahrg. 10. Heft 4.) (Wien-Pest-Leipzig 1888. 15 S. 8°

Habenicht, Kurt, Referendar am Kgl. Amtsger. Plauen: Das Ehrenakzept. Borna-Leipzig 1907: R. Noske. (VIII, 34 S.) 8° [F.]
Leipzig, Jur. Fak., Diss. v. 21. Febr. 1907
[Geb. 16. Febr. 81 Plauen i. V.; Wohnort: Plauen; Staatsangeh.: Sachsen; Vorbildung: Gymn. Plauen Reife O. 00; Studium: Erlangen 2, Leipzig 8 S.; Rig. 22. Febr. 05.]

Habenicht, R., Probe eines neuen Gradus ad Parnassum. Pr. 1859. 28 S. 4°.

Habenicht, Rich., die Grundzüge der lateinischen Prosodie u. Metrik in gänzlich umgearbeiteter, berichtigter u. vervollständigter Fassung kurz dargestellt u. mit neu ausgewählten Beispielen erläutert. Leipzig 860. Teubner. gr. 8. (39 S.) 6 ngr.

Habenicht, Rich., die Grundzüge der lateinischen Prosodie u. Metrik in berichtigter u. vervollständigter Fassung kurz dargestellt. 2. Aufl. Leipzig 868. Teubner. gr. 8. (41 S.) 6 ngr.

Habenicht, Rich., die Grundzüge der lateinischen Prosodie u. Metrik in berichtigter u. vervollständigter Fassung kurz dargestellt. 3. Aufl. 8. (41 S.) Leipzig 874. Teubner. — 60

— das Lied v. Germania's Größe. Epos in 8 Gesängen. 8. (49 S.) Plauen 872. Neupert. — 75

Habenicht, Rich., s. Seyffert, Mor., Palaestra musarum.

—— s. Siebelis, Johs., Tirocinium poeticum.

Habenicht, W., Leitfaden f. den sächsischen Vormundschafts- u. Nachlaßrichter u. seinen Gerichtsschreiber, s. a. Handbibliothek, juristische, 190. Bd.

Habenicht, W., Leitfaden für den Sächsischen Vormundschafts- und Nachlassrichter und seinen Gerichtsschreiber. Leipzig 1907. 8°
(Jur. Handbibliothek, hrsg. von Max *Hallbauer* [u.] W *Schelcher*. Bd 190.)

Habenicht, W., die im Königr. Sachsen f. die Anlegung v. Mündelgeld geltenden Vorschriften, s.: Handbibliothek, juristische.

von Haber, *Egon* [Referendar]: Welches Gesetz findet Anwendung auf die Dienstvergehen der preussischen, bei einem Gerichte beschäftigten Gerichtsassessoren? ... Dresden, Druck v. C. Heinrich, 1897; V, 42 S. 8.
Erlangen, Jur. Fak., Inaug.-Diss. v. 1897

Haber, Emil *(geb. Bernstadt in Schles. 23 2 1834)* Quam vim venenum Curare exerceat in nervorum cerebro-spinalium systema. Vratislaviae (1857). (52 S.) 8°
Breslau, Med. Diss. v. 28. Nov. 1857

Haber, Fritz [aus Breslau]: Ueber einige Derivate des Piperonals Berlin, Buchdr. v. G. Schade, *1891*, 78 S., 1 Bl. 8°
Berlin, Phil. Fak., Inaug.-Diss. v. 20. Mai 1891

Haber, Fritz, Dr.: Experimental-Untersuchungen über Zersetzung und Verbrennung von Kohlenwasserstoffen. München: Oldenbourg 1896. 116 S. 4° ¶ Vergriffen.
Karlsruhe Te. H., Hab.-Schr. v. 21. 3. 1896

Haber, F., Grundriss d. techn. Elektrochemie auf theoret. Grundlage. gr. 8. (XII, 573 S. m. Abb.) München 898. R. Oldenbourg. Geb. n. 10. —

Haber, F., die elektrolytischen Prozesse der organischen Chemie, s.: Moser, Alex.

Haber, F., Thermodynamik technischer Gasreaktionen. 7 Vorlesungen. (XV, 296 S. m. 19 Abbildgn.) gr. 8. München 905. R. Oldenbourg. Geb. in Leinw. n. 10. —

Haber, J. Ein Beitrag zur Geschichte der Zünfte der Stadt Lauenburg in Pommern. 8 S. Progr. *Lauenburg Po.* 1878

Haber, Jak., John Heywood's „The Spider and the Flie", s.a. Forschungen, litterarhistorische. XV.

Haber, Jakob: John Heywood's 'The Spider and the Flie'. Ein Kulturbild aus d. 16. Jahrhundert. *(Erfurt [1900]: Ohlenroth.)* (VII, 34 S.) 8° ¶ [Erschien vollst. 1900 als: Litterarhist. Forschungen, H. 15.]
München, Phil. Diss. v. 1900

John Heywood's 'The Spider and the Flie' Ein Kulturbild aus d. 16. Jh. Von Dr Jakob Haber *Berlin: E. Felber 1900.* (XI, 113 S.) 8°
= Forschungen. Litterarhistorische H. 15. (09 1137) 10

Haber, Joseph. Car (geb. Zülz 1817) De frigoris vi in corpus humanum Berolini (1841). (29 S.) 8°
Berlin, Med. Diss. v. 27 Juli 1841

Haber, Louisa v., „fürchtet Euch nicht!" Ein Büchlein, vor dem hlst. Sakrament zu betrachten. Nach e. alten gottsel. Buch. (VIII, 156 S.) 16. Ravensburg 910. F. Alber. 1.20; geb. in Leinw. 1.60

— Unterm Gottesurteil. „Wenn Heilige lieben". 2. Tl. (93 S.) 8. Ebd. 909. 1.80; geb. 2.40
Vergl.: Wenn Heilige lieben.

— **Das Kleinod der Etheldryda u. andere Novellen.** 1. u. 2. Aufl. (192 S.) 8. Ebd. 910. 2.80; geb. in Leinw. 3.50

— Durch tiefe Wasser. Novelle. (150 S.) 8. Freiburg i/B. (910). Herder. 1.80; geb. in Leinw. 2.80

Ludwig HABER — Beitrag zur Kenntnis einiger seltener Erden
Prag Diss. 1896/97

Ludwig HABER — Beitrag zur Kenntniss seltener Erden II.
Prag; Phil. Diss. 1898/99.

Haber, Moritz von. Die reine Wahrheit über die Streitsache zwischen Moritz von Haber und Freiherrn Julius Goler von Ravensburg. Straßburg, Schmidt und Grucker in Kommission 1843. 219 S. 8.

Haber, R. v.

— Geschichte der Kavallerie des Deutschen Reiches. gr. 8. (VI, 268 S.) Berlin 881. Baensch. n. 5. —

Haber, R. v., Geschichte d. Kavallerie d. Deutschen Reiches. 2. Ausg. gr. 8. (268 u. Anh. 17 S.) Rathenow 887. Babenzien. n. 5. —

4. Ausg. Ebda 1894. 8.

Haber, R. v., die Cavallerie des Deutschen Reiches. Derselben Entstehung, Entwickelung u. Geschichte, nebst Rang-, Quartier-, Anciennetäts-Liste u. Uniformirung. gr. 8. (VIII, 359 S.) Hannover 877. Helwing's Verl. n. 5.60

— dasselbe. (4. Jahrg.) gr. 8. (VIII, 364 S.) Ebend. 879. n. 6. —

Haber, R. v., die Cavallerie d. Deutschen Reiches. Geschichtliche Notizen; Stiftungstage der Regimenter etc.; Standarten, deren Beschreibgn. u. Auszeichngn., Angaben der Uniformen; Anciennitätsliste bis zum 27. Mai 1886 vom General-Feldmarschall bis einschließlich der Fähnriche, Aerzte u. Zahlmeister; Gestütsverwaltungen u. deren Bestände. Rennberichte, genaue Angabe der Renntermine 2c. gr. 8. (196 S.) Rathenow 886. Babenzien. n. 3.50; geb. n. 4.50
Hieraus einzeln: Königr. Preußen. (128 S.) n. 3 —; geb. n. 3.75. — Königr. Sachsen. (20 S.) n. — 60; geb. n. 1. —. — Königr. Württemberg. (15 S.) n. — 40; geb. n. — 75. — Königr. Bayern. (28 S.) n. 1. —; geb. n. 1 50

Haber, R. v., Rang-, Quartier-, Anciennetäts-Liste der Cavallerie d. Deutschen Reiches nebst Angabe der Formation u. Geschichte der letzten 30 Jahre. gr. 8. (VIII, 303 S.) Hannover 876. Helwing's Verl. n. 5. 60
Hieraus einzeln:
Königreich Preußen. (VII, 240 S.) n. 4. —
Königreich Baiern. (III, 45 S.) n. 1. —
Königreich Sachsen. (III, 26 S.) n. 1. —
Königreich Württemberg. (III, 31 S.) n. 1. —

Haber, Siegmund

Haber, S., Berlin bei Nacht, s.a. Lindau's Reisebibliothek.

Haber, S., Berlin bei Nacht, s.a. Wallner's Reisebibliothek.

HABER, Siegm., Berlin bei Nacht. Kaiserstädtische Kneipenstudien. 3te Aufl. Erfurt. Verlag v. Fr. Bartholomäus (c. 1875?). Gr. 8°. Illustr.-Umschl.
Tit., 1 Bl. Inh., 76 S., 2 Bll. Verlagsanz. d. Firma. (Edm. Wallner's Reisebiblioth., Bd. III.) — Zuerst gedr. m. d. Tit.: Berlin zu nachtschlafender Zeit . . . . (wie ob.). Berlin, o. J. (c. 1870.); 2. Aufl. Ibid. s. a. (1 Mk. 50 Pf. H. Hugendubel.) — 7. Aufl. Leipzig, o. J. (1 Mk. C. Winter, Dresden.)

Haber, S., Berlin bei Nacht. Kaiserstädtische Kneipstudien. 8. Aufl. 12. (153 S.) Davos 888. H. Richter. n. 1.50

Haber, Siegm., Berlin bei Nacht. Kaiserstädt. Kneipstudien. 10. Aufl. 12. (148 S.) Berlin 895. R. Jacobsthal. 1.50

Haber, Siegm., Ernst bei Seite. Lustige Anspruchslosigkeiten 8. (VII, 140 S.) Berlin 891. Freund & Jeckel. n. 2. —

— Frau Fortuna, s.: Bloch's, E., Dilettanten-Bühne.

Haber, Siegm., Lustiges u. Listiges. Hrsg. v. Fritz Engel. 8. (VIII, 160 S.) Berlin 899. Freund & Jeckel. n. 2. —

— der Maskenball, s.: Bloch's, E., Dilettanten-Bühne.

— An der Mosel, s. Universal-Bibliothek Nr. 2536.

— Paragraph Elf. Kaiserstädtische Kneipstudien. 9. Aufl. 16. (159 S.) Davos 889. H. Richter. 1. —

— Reiselustiges. Allerhand üb. Rumtreiben u. Zuhausebleiben. 8. (VIII, 184 S.) Ebd. 894. n. 2. —

Haber, S., Salon pour la coupe des cheveux, s. Bloch's Dilettanten-Bühne.

— ein Stündchen auf dem Comptoir, s. Bloch's Volks-Theater.

Haber, S., ein Stündchen im Comptoir, s.: Bloch's, E., Theater-Correspondenz.

HABER, Tingel-Tangel. Berliner Kneipstudien. Berlin 1871. Orig.-Cart.
Zinke's Dresd. Novbr.-Auction 1905.

— Tingel-Tangel. Berliner Kneipenstudien. gr. 16. (136 S.) Berlin 871. Leipzig, Fest. n. 1. —

Haeber, Claus, appr. Arzt aus Guichenbach b. Saarbrücken Ueber einen Fall von Embolie des Ramus temporalis superior der Netzhautschlagader. *Strassburg i. E. 1902: C. & J. Goeller.* (34 S.) 8°
Strassburg, Med. Diss. v. 1901

Habercom, Louis W Unser Adoptiv-Vaterland. Eine Gesch d VS mit Berucksichtigung des dt-anischen Elements. Milwaukee, 1889

Haberda, Albin, d. fötalen Kreislaufwege d. Neugeborenen u. ihre Veränderg. n. d. Geburt. In bes. Rücksicht auf Bedeutg. u. Vorwertg. derselben b. gerichtsärztl. Untersuchgn. gr. 8. (112 S. m. 3 Taf.) Wien 896. J. Šafář. n. 4. —

Haberda, August: Bericht über eine archäologische Studienfahrt der Schüler des k. k. Staats-Gymnasiums in Krems nach Carnuntum. 8 (S. 3—9). **Progr.** K. k. Staats-G. *Krems* 1897

Haberda, August. Katalog der Lehrerbibliothek des k. k. Franz Joseph-Gymnasiums in Wien. Fortsetzung, enthaltend den Zuwachs vom 1. Mai 1900 bis 1. Mai 1906. (Umschlagtitel . . thek. Fortsetzung.) XVI S. 8. **Progr.** K. k. Franz Joseph-Gymn. *Wien* 1906.

Haberda August: Meletemata Serviana.
1887 PN 488 **Diss.** Wien, Univ. 1471

Servius. Haberda, August Meletemata Serviana. 8 (20 S.).
Progr. Erstes deutsches k. k. G. *Brünn* 1895.

Haberditz, Wilh., s.: Fromme's Taschen-Kalender f. die k. k. Landwehr.

Haberditzl, A., über continuirliche akustische Rotationen u. deren Beziehung zum Flächenprincip. [Mit 2 (eingedr.) Holzschn.] [Aus: „Sitzungsber. d. k. Akad. d. Wiss."] Lex.-8. (6 S.) Wien 878. (Gerold's Sohn.) n. — 20

Haberditzl A Über den von Dvořák beobachteten Variationston. S. 77 II 204 . —.10
Separatabdruck

Haberditzl, Franz

Haberditzl, F. M., die Lehrer des Rubens, s. a. Jahrbuch d. kunsthistor. Sammlgn. d. Allerh. Kaiserhauses. 27, V.

Haberditzl Franz: Die Lehrer des Rubens.
D: Jahrbuch d. Kunsthist. Slgn. d. A. H. Kaiserh. XXVII, 1907.
1906 PN 2190 **Diss.** Wien, Univ. 1893

Die Lehrer des Rubens. Von F. M. Haberditzl. Mit 8 Taf. u. 57 Textabb. Wien Tempsky, Leipzig Freytag 1908. S. 161–235. 2°(4°) (Jahrbuch d. kunsthist. Sammlungen d. Allerh. Kaiserhauses. Bd 27, H 5.)

Haberer, [Albert], Dr med. Über die 'Norma occipitalis' bei Mensch und Affe. *München 1898: Kastner & Lossen.* (85 S.) 4°
München, Phil. Diss. v. 1899

Haberer, Alb., die Renchbäder Petersthal u. Griesbach (im badischen Schwarzwalde) u. ihre Curmittel. Balneologische Abhandlungen für die wissenschaftliche Medicin. Würzburg 866. Stahel'sche Buchh. gr. 8. (VI, 176 S.) n. 24 ngr.

Haberer, Carl Franz, s. Haberer, Karl Franz

Haberer, Karl, ein Beitrag zur Kontokorrent-Rechnung. (12 S. m. 6 Formularen.) Lex. 8. Wien 908. A. Hölder. 1. 60

Haberer, Karl, die wichtigsten Fälle der Devisen-Arbitrage tabellarisch zusammengestellt. (13 S m. farb. Fig.) Fol. Wien 903. A. Hölder. n. — 60

Haberer, Karl, Lehrbuch der Handels-Correspondenz. Für den Unterricht an zweiclass. Handels-Schulen. Methodisch geordnet u. zusammengestellt. gr. 8. (316 S.) Wien 892. A. Hölder. Kart. n.n. 3. —

—— Lehrbuch der Handels- u. Wechselkunde f. zweiclassige Handelsschulen. gr. 8. (X, 279 S. m. Formularen.) Ebd. 892. cart. ** 3 20

— Lehrbuch der Handels- u. Wechselkunde f. 2 classige Handelsschulen. 2., verb. Aufl. gr. 8. (XVI, 274 S.) Ebd 894. Kart. n.n. 3. 20

Haberer, Karl, Lehrbuch der Handels- u. Wechselkunde f. 2classige Handelsschulen verf. u. zusammengestellt. 3. verb. Aufl. gr. 8. (XVI, 275 S. m. Formularen.) Wien 899. A. Hölder. Kart. n. 3. 28

Haberer, K., Lehrbuch der Handels- und Wechselkunde für zweiklassige Handelsschulen. 4, verbesserte Auflage. Wien 1903. A. Hölder. Preis, gebunden 3 K 28 h.

— dasselbe, f. zweiklassige Handelsschulen, verf. u. zusammengestellt. 5. Aufl. Inhaltlich unveränd. Abdr. der 4. Aufl. (XVI, 275 S. m. 11 Formularen.) gr. 8. Ebd. 905. Geb. n. 2. 82

Haberer K., Lehrbuch der Handels- und Wechselkunde für zweiklassige Handelsschulen. 6. Auflage. Wien 1906. Alfred Hölder. Geb. K 3.36.

— Lehrbuch der Handels- u. Wechselkunde f. zweiklassige Handelsschulen. 7. Aufl. Inhaltlich im wesentlichen unveränd. Abdr. der 6. Aufl. (XVI, 287 S.) gr. 8. Ebd. 908. Geb. 3. —

— Lehrbuch d. Handels- u. Wechselkunde f. höhere Handels-Lehranstalten (Handelsakademien). (XVI, 304 S. m. Formularen.) Lex.-8. Ebd. 904. Geb. in Leinw. n. 3. 20

— Leitfaden der Handels-Correspondenz. Für den Unterricht an kaufmänn. Fortbildungsschulen. Methodisch geordnet u. zusammengestellt. gr. 8. (IV, 188 S.) Ebd. 891. Kart. n.n. 1. 40

Haberer, Karl, Leitfaden d. Handels-Correspondenz. F. d. Unterr. an kaufmänn. Fortbildungsschulen. Method. geordnet u. zusammengest. 2., umgearb. Aufl. gr. 8. (195 S.) Wien 895. A. Hölder. Kart. n.n. 1. 44

HABERER Karl
Leitfaden der Handels-Correspondenz. Für den Unterricht an kaufmännischen Fortbildungsschulen. Methodisch geordnet und zusammengestellt von Karl Haberer. 3., durchgesehene Auflage. Mit Erlass des hohen k. k. Ministeriums für Cultus und Unterricht vom 13. Juli 1901, Z. 19987, zum Unterrichtsgebrauche an kaufmännischen Fortbildungsschulen allgemein zugelassen. Wien. 1901. Hölder. Gr.-8°. 195 S. Geb. K 1.50

— Leitfaden der Handelskorrespondenz. Für den Unterricht an kaufmänn. Fortbildungsschulen. Methodisch geordnet u. zusammengestellt. 4. verb. Aufl. Inhaltlich im wesentlichen unveränd. Abdr. der 3. Aufl. (198 S.) gr. 8. Ebd. 905. Geb. n. 1. 44

Haberer Karl, Leitfaden der Handelskorrespondenz für den Unterricht an kaufmännischen Fortbildungsschulen. 5. Auflage. Wien 1908. Alfred Hölder. Geb. K 1.60.

— Leitfaden der Handels- u. Wechselkunde f. kaufmännische Fortbildungsschulen. gr. 8. (VI, 126 S.) Ebd. 892. Kart. n.n. 1. 52

Haberer, Karl, Leitfaden der Handels- und Wechselkunde für kaufmännische Fortbildungsschulen. 2. Auflage. Wien 1896. A. Hölder. (Min.-Erl. v. 18. Nov. 1896, Z. 27432.) Geb. —.72

— Leitfaden der Handels- u. Wechselkunde f. kaufm. Fortbildungsschulen. 3. verb. Aufl. (In neuer Rechtschreibg.) gr. 8. (VI, 123 S.) Ebd. 902. Kart. n. 1. 52

Haberer Karl, Leitfaden der Handels- und Wechselkunde für kaufmännische Fortbildungsschulen. 4. Auflage. Wien 1905. Alfred Hölder. Geb. K 1.64.

Haberer K., Leitfaden der Handels- und Wechselkunde für kaufmännische Fortbildungsschulen. 5. Auflage. Wien 1907. A. Hölder. K 1.64.

Haberer Karl. Leitfaden der Handels- und Wechselkunde für kaufmännische Fortbildungsschulen. 6. Auflage. Wien 1909. Alfred Hölder.

— Rechenbuch f. kaufmänn. Fortbildungsschulen u. einclass. Handelsschulen f. Mädchen 3 Thle. gr. 8. Wien 897. A. Hölder. Kart. n. 2. 28
1. (III, 72 S.) n. — 84. — 2. (III, 61 S.) n. — 80. — 3. (III, 44 S.) n. — 64.

Haberer K., Rechenbuch für kaufmännische Fortbildungsschulen und einklassige Handelsschulen für Mädchen. 2. Auflage. Wien 1907. A. Hölder. Geb. K 2.24.

— scienza di commercio e nozioni di diritto commerciale e cambiario con un'appendice sul regolamento concursuale e sulla procedura civile. Prima versione italiana ampliata sulla seconda ed. tedesca di Ed. Buchta. gr. 8. (XX, 316 S. m. Formularen.) Ebd. 898. Kart. n. 5. 20

Haberer, Karl Albert [Arzt aus Petersthal '(Baden)']: Über die Beziehungen der Lues zur Tabes dorsalis ... Würzburg, Becker's Univ.-Buchdr., 1896; 30 S. 8.
Würzburg, Med. Fak., Inaug.-Diss. v. 1896

Haberer, K. A., Schädel u. Skeletteile aus Peking. Ein Beitrag zur somat. Ethnologie der Mongolen. 1. Bd. hoch 4. (VIII, 165 S. m. Abbildgn.) Jena 902. G. Fischer. n. 10. —

Haberer, Karl Franz

Haberer, Carl Franz. Eydgenössisch-Schweytzerischer Regiments-Ehren-Spiegel: Oder Kurtzer Entwurff der Regierung, und Staats-Ordnung Hochlobl. 13. Cantonen, dero Mit-verbündeten Orthen, und Landvogteyen .... In 2. Theil. Deren der Erstere den Grund-Pfeiler, und Fundament Politischer Regierung. &c. Der Ander aber, den Geistlichen Staadt ... enthaltet .... [Mit 1 Wappen.] 4. Zug, Verlegt ... bey C' Frantz H' .... 1706.

Haberer, Ludw., s.: **Blätter**, bergrechtliche.

Haberer u. Zechner, Systemat. Darstellg. d. öster. Bergrechts a. Grund d. Berggesetzes v. 23. Mai 1854. Wien 884.

Haberer, Ludw., u. Frdr. **Zechner**, Handbuch d. österreichischen Bergrechtes auf Grund d. allgemeinen Berggesetzes vom 23. Mai 1854, m. Berücksicht. der einschläg. Gesetze, Verordngn. u. Entscheidgn. Zum Gebrauche f. Bergbau-Unternehmer, Bergbeamte u. Bergwerks-Interessenten überhaupt systematisch bearb. u. m. Formularien u. Beispielen versehen. gr. 8. (XII, 457 S.) Wien 884. Manz. n. 8. —

— u. Frdr. **Zechner**, Handbuch des österreichischen Bergrechtes auf Grund des allgemeinen Berggesetzes vom 23. V. 1854 m. Berücksicht. der einschlägigen Gesetze, Verordnungen u. Entscheidungen. Zum Gebrauche für Bergbauunternehmer, Bergbeamte u. Bergwerksinteressenten überhaupt, systematisch bearb. u. m. Formularien u. Beispielen versehen. 2., verm. Aufl. (XVI, 592 S.) gr. 8. Wien 905. Manz. n. 9. 80; geb. n. 11. 20

Haberer, Theodor

Haberer, Th., das österreichische Eisenbahnrecht, s.a. Bibliothek d. Eisenbahnwesens.

Haberer, Dr. Theodor. Das österreichische Eisenbahnrecht. Systematisch dargestellt. (6. Bd. der „Bibliothek des Eisenbahnwesens".) 8. Wien, Pest, Leipzig 1885.

– Geschichte d. Eisenbahnwesens, s.a. Bibliothek d. Eisenbahnwesens.

Haberer, Dr. Theodor, Geschichte des Eisenbahnwesens. 8. (VII und 150 S.) (Bibliothek des Eisenbahnwesens. Band 1.) Wien, A. Hartleben. 1 fl. 10 kr.
1884

Haberfeld, Paritaeten-Tabelle der Londoner, Pariser, Amsterdamer u. Wiener Wechsel-Course sowie Halbimperiale, zwischen Russland u. Berlin unter Zugrundelegg. der Berliner Notirgn. f. vorsteh. Devisen u. russ. Banknoten. qu. gr. 8. (142 S.) Moskau 885. (Deubner.) geb. n. 10. —

Haberfeld, Emil J . Diaetetische und therapeutische Untersuchungen über «Protylin». (Spezial-Artikel [von]) F. Hoffmann-La Roche & Cie., Fabrik chemisch-pharmaceutischer Produkte, Basel ⟨Schweiz⟩ — Grenzach ⟨Baden⟩. ([Uebersetzt aus:] Budapest «Orvosi Hetilap» No. 36, 37. 1904.) *Kopftitel:* Aus der Abteilung für interne und Frauen-Krankheiten des alten St. Johannes-Spitals der Haupt- und Residenzstadt Budapest.... IV + 20 S. 8. *o. O.* IX. [19]04.

Haberfeld, Hugo: Piero di Cosimo. *Breslau 1900: R. Galle.* (114 S.) 8°
Breslau, Phil. Diss. v. 27. Juni 1900

Haberfeld, Johann Friedrich

Haberfeld, C., de Angelis e primo et secundo capite epistolae ad Hebraeos etc. 8. Eisenach, Wittekind. 800.

Haberfeld, J. F., Angeli e I. et II. Cap. Epistolae ad Hebraeos exulantes. Hannov. 808. 8.

Haberfeld, J. F., Baruch, od. über die Doxologie der Schrift. 8. Lpz. Frind. 806.

Haberfeldt, Jh. Fr., († d. 6. April 1816.) Baruch, oder über d. Doxologie d. Schrift. 8. Leipz. 806. (Taubert). 18 gr.

Haberfeld, Johann Friedrich (Dresden), Euripidis ingenium ad Aristot. poet. c. XIII. § 4. breviter adumbratum. — Viris Heinr. Carl Abrah. Eichstad, Ephr. Johann Gotth. Schmid summos in philosophia honores gratul. Lpz. (Sommer) 1789. 31 S. (5.50) 12545
Gratulant.: Fr. Chr. Grimm (Bicobaco/Vogtl.), I. Chr. Hüttner (Guben/Laus.), M. C. D. Ilgen (Burgholzhausen / Thüring.), Chr. G. Koenig Schwarzbach/Misn.), G. T. Richter (Vellmitz/ Lausitz).

— Predigten. 2 Bde. 8. Eisenach 813 u. 14. (Bärecke). 3 ℛ

Haberfeld, J. F., Predigten. 2 Bde. 8. Eisenach, Wittekind. 813 u. 14. (à 1 Rthlr. 12 gr.)

— Vorlesungen üb. d. class. Dichter d. Römer, s. P. F. A. Nitsch, Vorles. 3r, 4r Bd.

Haberfelder, Wilh., Gedichte. 8. (167 S.) Düren 878. (Gislason.) n. 2. —

Haberfeldt, Johann Friedrich, s. Haberfeld

Haberfeldtreiben, das. Eine Schilderg. u. bäuerl. Ueberliefergn. v. Anastasius Haberfeldtreiber. gr. 8. (15 S. m. 1 Abb.) Regensburg 896. B. Hennings. n. — 20

Haberfellner, Joh. Vide Freiheitsfunken.

Haberhauffe, Fritz, approb. Arzt aus Eggersdorf, Prov. Sachsen Ueber **Bartholinitis** mit besonderer Berücksichtigung zweier Fälle von Lungenembolie nach Exstirpation der Drüse. *Leipzig 1900: B. Georgi.* (35 S.) 8°
Leipzig, Med. Diss. v. (4. Dez.) 1900

Haberhauffe, Gustav, approb. Arzt aus Ballenstedt a. H.: Aus d. Dermatol. Klinik (Prof. Jacobi) zu Freiburg i. B. Ueber **Syphilis gravis.** Unter Zugrundelegung zweier in d. hiesigen Klinik f. Hautkrankheiten beobachteten Fälle. *Freiburg i. B.: Speyer & Kaerner 1900.* (38 S.) 8°
Freiburg i. B., Med. Diss. v. 1900

Haberkalt, Karl, vom Baume des Lebens. Lose Blätter. 8. (III, 196 S.) Wien 896. A. Amonesta. n. 2. 50

— u. Fritz Postuvanschitz, die Berechnung d. Tragwerke aus Beton-Eisen od. Stampfbeton bei Hochbauten u. Strassenbrücken auf Grund d. Vorschriften des k. k. Ministeriums des Innern vom 15. XI. 1907, Z. 87295. (XVII, 290 S. m. 178 Abb. u. 14 Taf.) Lex. 8. Ebd. 908. Geb. in Leinw. 12. —

Haberkalt, Karl, d. 5. internat. Kongress f. d. Materialprüfungen der Technik in Kopenhagen. (64 S. m. Fig.) gr. 8. Wien 910. Druckerei- u. Verlags-Aktiengesellschaft vorm. R. v. Waldheim. 1. 80
Sonderabdr. aus: „Österr. Wochenschr. f. d. öffentl. Baudienst".

Haberkalt, K., Der fünfte internationale Kongreß für die Materialprüfungen der Technik in Kopenhagen. Gr.-8°. (ill. 64 S.)
Wien. Eberle & Co 1910. * K 1.50

— der kommende Mensch. Neue Ausblicke auf die Zukunft des Menschen. gr. 8. (IV, 146 S.) Leipzig 901. E. Günther. n. 2. —

Haberkalt, Karl, der internationale Wettbewerb f. o. Kanalschiffshebewerk. (73 S. m. Abbildgn. u. 25 Taf.) Fol. Wien 905. Druckerei- & Verlags-A. G. vorm. R. v. Waldheim. In Mappe n. 15. —
Sonderabdruck aus: „Allg. Bauzeitg."

Haberkamp, Ferd., Bergmannslieder, vor, während u. nach der Schicht, nach den beliebtesten deutschen Volksweisen. 3. verm. Aufl. 16. (102 S.) Düsseldorf 874. Michels. — 75

Haberkamp, Ferd., Bergmannslieder vor, während u. nach der Schicht, nach den beliebtesten deutschen Volksweisen. 4. Aufl. 16. (102 S.) Düsseldorf 882. Michels. n. — 50

Haberkamp, Ferd., Lorbeerkranz. Gedichte. Essen 866. Bädeker. 12. (109 S.) cart. n. 15 ngr.

Haberkamp, Protestantismus u. nationale Politik, s. a. Flugschriften des evangelischen Bundes.

Protestantismus und nationale Politik Auf Grund e Vortrages . geh. 1909 von Dr [Ferdinand] **Haberkamp**, Pfarrer Halle (Saale) Ev Bund 1909. 14 S. 8° [Umschlagt.]
(Flugschriften d. Evang Bundes 276.) [09. 14661

Haberkamp, Karl (Hückelhoven/Rheinprov.), Zur Technik der Unterschenkel-Amputation. Diss. med.-chir. Bln. (L. Schumacher) 3. III. 1888. 32 S. mit Biogr. (4.80) 12546
Oppon.: C. Slawyk, L. Hammerschmidt, C. Hildemann.

Haberkant, Fd., deutsches Lesebuch für d. poln. Jugend, zur Uebung in d. deutschen Sprache. 8. Bresl. 806. N. A. 815. N. A. 831. W. G. Korn. 8 gr

Haberkant, Hans [pr. Arzt in Danzig]: Die Erfolge der **Resectio pylori** ... Berlin, Druck v. Marschner & Stephan, 1895; 35 S. 8.
Erlangen, Med. Fak., Inaug.-Diss. v. 1895

Haberkern, Hedw., geb. Stenzel, Garten, Wald u. Feld, meines Kindes Zauberwelt. Ein Gruß an die lieben Kleinen u. ihre Mütter. Ein Hülfsbüchlein f. Kindergärtnerinnen. 8. (VIII, 108 S.) Leipzig 877. Hirt & Sohn. n. 1. —

Haberkern, Hedwig, geb. Stenzel, Garten, Wald u. Feld, meines Kindes Zauberwelt. Ein Gruß an d. lieben Kleinen u. ihre Mütter. Ein Hilfsbüchlein f. Kindergärtnerinnen. 2. Aufl. gr. 8. (VIII, 96 S.) Wien 888. Pichler's Wwe. & Sohn. n. 1. —

Haberkern, Hedw., geb. Stenzel, Tante Hedwigs Geschichten f. kleine Kinder. Ein Buch f. erzähl. Mütter, Kindergärtnerinnen u. kleine Leser. 3. verm. Aufl. (190 S.) 8. Breslau (910). Priebatsch. Geb. 1. 75

— im alten Hause, s.: Weihnachtsklänge.

— zwei Wege zum Licht! Eine schles. Geschichte für die reifere weibl. Jugend. 2. Aufl. 8. (176 S.) Leipzig 889. Hirt & Sohn. 2. 25; geb. n. 3. —

Haberkern, Hedw., zwei Wege zum Licht. Eine wahrhafte Geschichte f. die reifere weibl. Jugend. Mit Titelbild v. W. Claudius. 3. Aufl. 8. (159 S.) Leipzig 901. F. Hirt & Sohn. 2. 50; geb. in Leinw. 3. 50

(B) — Zwei Wege zum Licht. 901. (ℬℒ 81.) Jetzt: Berlin, Hellbrunn & Co.

—— s. Weihnachtsklänge.

Haberkorn, d. Verfassungsurkunde d. Königr. Sachsen v. 4. Septbr. 1831 sonst u. jetzt. Dresden 881.

Haberkorn, Dan. Ferd. Ludw., die Verfassungsurkunde des Königr. Sachsen vom 4. Septbr. 1831 sonst u. jetzt, nebst Nachrichten über Zeit u. Dauer der Landtage u. ihrer Direction. gr. 8. (106 S.) Dresden 881. (Meinhold & Söhne.) geb. n. 3. —

Haberkorn, Frz. Ludw., neue Zeichenschule für Elementar- und Sonntagsschulen, insbesondere auch für den Selbstunterricht mit Berücksichtigung der Gewerbe u. Kunst. 3—8. 15. u. 16. Heft. (à 12 lith. Bl.) [Fortsetzung der Kohlmann'schen Elementar-Zeichenschule.] Langensalza 862, 63. Verlags-Comptoir. qu. 4. 1 ₰ 22½ ngr.
3., 4. u. 16. Heft à 7½ ngr.; 5—8. u. 15. Heft à 6 ngr.

Haberkorn, Frz. Ludw., neue Zeichenschule für Elementar- u. Sonntagsschulen, insbesondere auch für den Selbstunterricht mit Berücksichtigung der Gewerbe u. Kunst. 9—14. 17—28 Heft. (Fortsetzung der Kohlmann'schen Elementar-Zeichenschule.) Langensalza 865. Verlags-Comptoir. qu. 4. (à Heft 12 Steintaf.) [10. 12. 18. 22. u. 23. Heft a 7½ ngr., 9. u. 11. Heft à 6 ngr., 13. 14. 17. 19—21. 24. u. 25 Heft à 9 ngr., 26—28. Heft à 12 ngr.] 5 ₰ 7½ ngr.

Haberkorn, Friedrich Julius Albert

Haberkorn, Friedr. (geb. Salze bei Magdeburg 30. 1. 1845): Alkoholmissbrauch und Psychosen. Berlin (1869). (40 S.) 8°
Berlin, Med. Diss. v. 10. Juli 1869

Haberkorn, Friedr., Alkoholmissbrauch und Psychosen. Inaugural-Dissertation. 8. (40 S.) Berlin 869. (Preuss. Stargardt, Kienitz.) *

Haberkorn, der Arzt am Krankenbette. [Aus: „H., Leben u. Leiden".] gr. 8. (36 S.) Berlin 900. Berlinische Verlagsanstalt. n. 1. 80

— medizinische Bildung im Zeitalter Homers. [Aus: „H., Leben u. Leiden".] gr. 8. (14 S.) Ebd. 900. n. — 75

Haberkorn, Choleraschutz. Ein nicht geh. Vortrag. 1.—3. Abdr. 8. (35 S.) Hannover 892. L. Ost. n. — 50

— das Doktorlatein. Eine ärztl. Plauderei. [Aus: „H., Leben u. Leiden".] gr. 8. (12 S.) Ebd. 900. n. — 50

Haberkorn, F., Gesundheitspflege f. den Soldaten in e. Bilde seines Körperlebens. 8. (IV, 140 S.) Straßburg 876. Schultz & Co. n. 1. —

[F.] Naturwissenschaftliche Hausarzneikunst m. Anleitg z. selbständ. ersten Hülfeleistg in allen Gesundheitsstörgn. Von Dr. Fr[iedrich] Haberkorn, Oberstabsarzt a. D. *Düsseldorf: A. Bagel [1895].* (VII, 217 S., 2 Bl.) 1 Bd 8. [96. 165

Leben und Leiden. Aerztl. Plaudereien f. Jedermann von Dr. [Friedrich] Haberkorn, Oberstabsarzt a. D. *Berlin: Berl. Verlagsanst. 1900.* (136 S.) 8° [F.] [03. 4339

Das Leibesbudget. Von Dr. [Friedrich] Haberkorn, Oberstabsarzt a. D. *Berlin: Berl. Verlagsanst. 1900.* (11 S.) 8° [F.] [03. 4340

— die Liebe. Ein Kapitel aus der Menschenchemie. [Aus: „H., Leben u. Leiden".] gr. 8. (20 S.) Ebd. 900. n. 1. 20

Der Universalmotor 'Mensch'. Von Dr. [Friedrich] Haberkorn, Oberstabsarzt a. D. *Berlin: Berl. Verlagsanst. 1900.* (18 S.) 8° [F.] [03. 4338

Haberkorn, F., die Nahrungsmittel u. ihre Verfälschungen, s. a. Hausbücher.

Haberkorn F., d. Nahrungsmittel u. ihre Verfälschgn. 1882. —.30

— der Nährwerth unsrer Speisen zu Vorstudien f. die Kochkunst. 12. (VII, 103 S. m. 4 Steintaf.) Glogau 880. Flemming. geb. n. 1. 80

Moderne Patienten. Von [Friedr. Jul. Alb.] Haberkorn, Oberstabsarzt a. D. *Berlin: Berl. Verlagsanst. 1900.* (12 S.) 8° [F.] [02. 265] 11

Haberkorn, ärztlicher Rathgeber f. Gesunde u. Kranke. gr. 8. (X, 490 S. m. 2 z. Thl. farb. Steintaf.) Glogau 884. Flemming. geb. n. 4. —

— wer ist e. Kurpfuscher? [Aus: „H., Leben u. Leiden".] gr. 8. (16 S.) Ebd. 900. n. — 75

— ein Wort im Vertrauen. Eine ärztl. Plauderei. [Aus: „H., Leben u. Leiden".] gr. 8. (6 S.) Ebd. 900. n. — 40

— **Georg Heinrich** (Erfurt), De societatis nuptialis in statu integritatis necessitate. Dissert. moral.-philos. Präs. Franz Alb. Aepini. Rostock (Joh. Weppling) 16. III. 1701. 21 Bl. (6.50) 12549

Haberkorn, Jo. Chr., Unvorgreifliche Gedanken von der Ziehe- oder Nervenkrankheit, welche durch das inficirte Korn an unterschiedenen Orten in Sachsen und Lausitz eingerissen. Bud. 8°.
1716

Haberkorn, Ludw., die Kirchenvorstands- u. Synodalordnung für die evangelisch-lutherische Kirche des Königr. Sachsen u. das Gesetz, die Vertretung der evangelisch-luther. Kirchengemeinden betreffend, nebst Verordnung, die Einsetzung der Kirchenvorstände, sowie die Einrichtung u. Abnahme der Kirchenrechnungen betreffend, vom 30. März 1868, erläutert auf Grund der Kammerverhandlungen u. Berichte. Dresden 868. Meinhold & Söhne. 8. (X, 133 S.) n. 12 ngr.

Haberkorn, Max, approb. Arzt aus Halle a. S.: **Untersuchungen des Lochialsekrets von Wöchnerinnen mit und ohne antiseptische Compressen.** *Halle a. S. 1901: C. A. Kaemmerer & Co.* (24 S.) 8°
Halle, Med. Diss. v. 29. Nov. 1901

Haberkorn. Theodor, Das Verhalten von Harnbacterien gegen einige Antiseptica. Diss. Dorpat. 8°. 38 pp.
1879

Haberkorn (T.). Das Verhalten der Harnbacterien gegen einige Antiseptica. Dorpat, 1880. 8°.

Haberkorn, Wilh., Geographie nach Meer- u. Stromgebieten für den Unterricht in den mittleren Classen der Bürgerschulen. 1. Abthl.: Europa. Halle 867. Hendel. gr. 8. (IV, 92 S. mit 3 Tabb. in 4.) 7½ ngr.

Haberkorn, Wilh., Leitfaden für den Unterricht in der Geographie. Mit Vorwort von Dan. Völter. Halle 861. Hendel. gr. 8. (VI, 170 S.) 7½ ngr.

— Leitfaden für den Unterricht in der Geographie. Mit Vorwort von Dan. Völter. 2. durchges. Aufl. Ebend. 869. 8. (VIII, 182 S.) 7½ ngr.

Haberkorn, W., George Washington, s. a. Gallerie biograph. Denkmale.

Haberkorn, W. George Washington oder der Befreiungskampf Nordamerikas. 8. Halle a. S. 1872.

Haberkorn v. Habersfeld, Jos., († d. 26. Mai 1803.) d. Landwirthschaft mit ihren Fehlern u. Verbesserungen. 8. Bresl. 780. 2e A. 783. J. F. Korn. 12 gr.

Haberkorn v. Habersfeld, Jos., christkathol. Predigten, über die heil. Sonn- u. Festtags-Evangelien; dann Lob-, Sitten- u. Gelegenheitsreden ꝛc. 1r Jahrg. 3 Bde. 5e Aufl., nach der 4n im J. 1786 erschien. Ausg. gemäß dem gegenwärt. Sprachgebrauche umgearb. u. verb. gr. 8. Grätz 833. Ferstl. 2 1/3 Thlr.

— Predigten auf alle Festtage d. Jahres. 4 Jahrgg. gr. 8. Bresl. 776—79. 2e A. 780, 85. J. F. Korn. 3 Thlr. 5r Jahrg., oder neue Predigten ꝛc. 2 Thle. gr. 8. Ebd. 783. 20 gr.

— Predigten auf alle Sonntage d. J. 4 Jahrgg. gr. 8. Bresl. 776—79. 2e A. 779, 80. 3e u. 4e A. 780, 85. J. F. Korn. 6 Thlr. 5r Jahrg., oder neue Predigten ꝛc. 2 Thle. gr. 8. Ebd. 783. 1 Thlr. 12 gr.

— Reden von den Geheimnissen d. Leidens Jesu. 4 Jahrgg. gr. 8. Bresl. 777. 2e A. 779. 3e A. 780. 4e A. 784. 5r Jahrg. 782. J. F. Korn. 2 Thlr.

— Reden von d. Geheimn. d. Leid. Jesu, oder Passionspred. 5 Jahrg. gr. 8. Ebend. 793. (1r u. 2r 20 gr. 3r u. 4r 20 gr. 5r 8 gr.)

— Sermones in dominicas tot. anni. II pts. 8. Augsb. Doll. 784.

— Sermones de mysteriis patientis salvatoris. II Ptes. 8. Augsb. 784. Doll. 1 Thlr. 12 gr.

— Sermones sacri in festa totius anni. 8. Augsb. 785. Doll. (Landsh., Krüll). 16 gr.

Haberl, Alois, die Altpfarre Taiskirchen m. ihren einstigen Filialkirchen Utzenaich, Riedau, Dorf u. Andrichsfurt. 2 Bde. (765 S. m. 5 Taf.) 8. Urfahr 902. (Linz, Preßverein.) n. 7. —

Haberl, Carl, s. Haberl, Karl

Haberl, Franz Xaver

Haberl, Fr. X., Bausteine f. Musikgeschichte. I. Wilhelm du Fay. gr. 8. (134 u. Musikbeilagen 20 S.) Leipzig 886. Breitkopf & Härtel. n. 3. —

Haberl, F. X., Bausteine f. Musikgeschichte. 2. u. 3. Hft. gr. 8. Leipzig 888. Breitkopf & Härtel. n. 7. —
(1—3.: n. 10. —)

2. Bibliographischer u. thematischer Musikkatalog d. päpstl. Kapellarchives. Nach den Original-Codices bearb. [Aus: „Monatshefte f. Musikgeschichte".] (VIII, 183 S.) n. 4. —
3. Die römische „Schola cantorum" und die päpstl. Kapellsänger bis zur Mitte des 16. Jahrh. [Aus: „Vierteljahrsschrift f. Musikwissensch."] (V, 130 S.) n. 3. —

— s. Brief, offener.

Haberl, Fr. X., s.: Cäcilien-Kalender.

Haberl, Frz. Xav., s.: Cäcilienvereinsorgan.

Haberl, Franc. Xav., cantus diversi, praesertim ex libris choricis jussu s. r. c. editis deprompti ac pro officiis extra chorum et missam in fasciculum collecti. Ed. ster. gr. 8. (IV, 44 S.) Regensburg 882. Pustet. n. — 30

Haberl, Fr. X. Wilhelm du Fay. (Sonderabdruck aus der Vierteljahrsschrift für Musikwissenschaft. Jg. I. — Bausteine für Musikgeschichte. I.) Leipzig 1885.

Geschichte und Wert der offiziellen Choralbücher. Eine Studie von Dr. Franz Xaver **Haberl**. Regensburg: F. Pustet 1903. (63 S.) 4° [F.]
Aus: Kirchenmusikal. Jahrbuch. 1902. [07. 1439]

Haberl, Fr. X., kleines Gradual- u. Messbuch. Ein Gebet- u. Betrachtungsbuch f. Kirchensänger u. gebildete Laien, aus dem römisch-kathol. Missale übers. u. hrsg. 12. (XII, 316 u. 151 S. m. 1 Stahlst.) Regensburg 892. F. Pustet. n. 2. —; geb. in Leinw. n. 2. 60; in Ldr. m. Goldschn. n. 3. 50

Haberl, Frz., Xav., s.: Jahrbuch, kirchenmusikalisches.

Haberl, Frz. Xav., Liederrosenkranz zu Ehren der seligsten Jungfrau Maria. Orig.-Compositionen. für 3, 4. u. 5 Männerstimmen. 1. Heft. Partitur. Regensburg 866. Pustet. qu. 4. (56 S.) n. 12 ngr.

— — 1. Heft. 4 Stimmen. Ebend. 866. qu. 8. (à 64 S.) n. 16 ngr.

— — 2. Heft. Partitur. Ebend. 867. qu. 4. (62 S.) n. 12 ngr.

— — 2. Heft. 4 Stimmen. Ebend. 867. qu. 8. (à 66 S.) n. 16 ngr.

— dass. — Mit einer neuen Auswahl von Morgen-, Abend-, Buß- und anderen Liedern, hrsg. von F. W. Bodemann. 2. Aufl. 32. (110 S.) Harburg 868, Elkan. cart. †

Haberl, Frz. Xav., Magister choralis. Theoretisch praktische Anweisung zum Gregorianischen Kirchengesange nach den Grundsätzen des Enchiridion Chorale u. Organum von J. G. Mettenleiter für Geistliche, Organisten, Seminarien u. Cantoren bearb. Regensburg 864. Pustet. gr. 8. (VII, 181 S.) n. 10 ngr.

— **Magister choralis.** Theoretisch-prakt. Anleitung zum Gregorian. Kirchengesange nach den Grundsätzen des Enchiridion chorale u. Organum von J. G. Mettenleiter für Geistliche, Organisten, Seminarien u. Cantoren bearb. 2. verb. u. verm. Aufl. Ebend. 870. gr. 8. (VIII, 184 S.) n. 10 ngr.

— — 3. verb. u. verm. Aufl. Ebend. 870. 8. (VIII, 206 S.) cart. n. 12 ngr.

Haberl, Frz. Xav., magister choralis. Theoretisch-prakt. Anweisg. zum Gregorian. Kirchengesange f. Geistliche, Organisten, Seminarien u. Cantoren. 4. verb. u. verm. Aufl. 8. (VIII, 207 S.) Regensburg 873. Pustet. n. 1. 20

— magister choralis. A theoretical and practical manual of Gregorian chant for the use of the clergy, seminarists, organists, choirmasters, choristers etc. Translated and enlarged [from the 4. germ. ed.] by N. Donnelly. gr. 8. (XVI, 283 S.) Ebend. 877. n. 1. 50

— Magister choralis. Theoretisch-prakt. Anweisung zum Verständnis u. Vortrag d. authent. röm. Choralgesanges. 8., verm. Aufl. 8. (XIV, 232 S.) Regensburg 887. Pustet. cart. n. 1. 40

— dasselbe. Manuale teorico pratico per l'istruzione del Canto fermo. Nuova versione italiana eseguita sopra l'ottava edizione originale tedesca dal P. A. de Santi. gr. 8. (244 S.) Ebd. 888. n. 2. —

— Magister choralis. Theoretisch-prakt. Anweisg. zum Verständnis u. Vortrag des authent. röm. Choralgesanges. 10., verm. Aufl. 8. (VI, 262 S.) Regensburg 893. F. Pustet. Kart. n. 1. 40

— magister choralis. Theoret.-prakt. Anweisg. zum Verständnis u. Vortrag d. authent. röm. Choralgesanges. 11., verm. u. verb. Aufl. 8. (VI, 256 S.) Regensburg 896. F. Pustet. Geb. in Halbleinw. n. 1. 40

Magister choralis. Guide théor. et prat. pour l'étude et l'exécution du plain chant romain officiel par Fr[anz] Xav. **Haberl**. Trad. franç. d'après la 11. éd. orig. Ratisbonne: F. Pustet 1896. (VIII, 256 S.) 8° [07. 2489

Magister choralis. Guia teór. práct. para el estudio y ejecución del canto romano oficial escrito en alemán por Francisco Xav. **Haberl**. Trad. del francés por el P. Leoncio Zuliria. 2. ed. Ratisbona: F. Pustet 1898. (XII, 272 S.) 8° [07. 2492

Magister choralis. Theoret.-prakt. Anweisung z. Verständnis u. Vortrag d. authent. römischen Choralgesanges, bearb. von F[ranz] Xav. **Haberl**. 12. verm. u. verb. Aufl. Regensburg: F. Pustet 1900. (VI, 244 S.) 8° [07. 2488

Magister choralis. Podręcznik do teoret. i prakt. nauczania autentycznego śpiewu choralnego przyjętego przez kościół rzymski ułożył X. Fr[anz] Xaw. **Haberl**. Z 12. wyd. niemieckiego przełożył i uzupełnił X. Józef Surzyński. 2. wyd. polskie. Ratyzbona: F. Pustet 1900. (VI, 242 S.) 8° [07. 2491

Magister choralis. Manuale teorico pratico per l'istruzione del canto fermo secondo le melodie autentiche romane. Opera del Sac. Francesco Saverio **Haberl**. 4. versione ital. eseguita sopra la 12. ed. tedesca dal Sac. Riccardo Felini. Roma, Ratisbona: F. Pustet 1903. (X, 244 S.) 8° [07. 2490

Manuale chorale. Handbuch d. gebräuchlichsten Choralgesänge. Volksausg. in Violinschlüssel mit weissen Noten z. Gebr. d. kath. Kirchenchöre ... (Verf.: Dr. F[ranz] X[aver] **Haberl**.) 2. durch sämmtl. Vesperpsalmen verm. Aufl. Regensburg: F. Pustet 1895. (Getr. Pag.) 8°
[Sonderl.:] Psalterium Vespertinum. Volksausg. Die Psalmentexte ... auf Mittel- u. Schlusskadenzen verteilt von Dr. F. X. Haberl. 9. Aufl. 1902. [07. 2550

— matutinum et laudes pro triduo sacro necnon pro dominica resurrectionis D. N. J. C. cum cantu a sacr. rituum congregatione adprobata. Mediationum et finalium initia in commodiorem psallentium usum apto modo distinxit F. X. H. Ed. ster. 8. (III, 140 S.) Regensburg 883. Pustet. n. 1. —; geb. n. 1. 40

— die gewöhnl. Messgesänge d. Graduale Romanum (Kyriale Romanum). Nach d. röm. Graduallbuche bearb. Choralnoten-Ausg. auf 5 Linien im Violinschlüssel. gr. 8. (IV, 96 S.) Ebd. 897. n. — 55; geb. in Leinw. n. — 85

— f.: Musica sacra.

Haberl, Fr. X. Bibliographischer und thematischer Musik-Katalog des Päpstlichen Kapellarchives im Vatikan zu Rom. (2. Heft der „Bausteine für Musikgeschichte".) Leipzig 1888.

— officium defunctorum una cum missa et absolutione pro defunctis. Mediationum et finalium initia in commodiorem psallentium usum apto modo distinxit F. X. H. Ed. ster. gr. 8. (III, 72 S.) Ebend. 882. n. — 50

— officium hebdomadae sanctae. Die Feier der heil. Char- u. Osterwoche. Lateinisch u. deutsch f. Gebet u. Gesang. Aus den offiziellen röm. Choralbüchern zusammengestellt u. mit den Noten im Violinschlüssel redigiert. 8. (VII, 476, 44 u. IV, 108 S. m. 1 Stahlst.) Ebd. 887. n. 3. —; geb. in Leinw. n. 3. 70; in Ldr. n. 4. 60; m. Goldschn. n. 5. —

— s.: Officium hebdomadae sanctae et octavae paschae.

— et Jos. **Hanisch**, organum comitans ad graduale romanum, quod sub auspiciis sanctissimi domini nostri Pii pp. IX. curavit sacrorum rituum congregatio. Proprium et commune sanctorum necnon festa pro aliquibus locis transposita et harmonice ornata. Sectio I et II. qu. gr. 4. (IV, 264 u. IV, 221 S.) Ebend. 875. 76. n. 11. 40

— Giovanni Pierluigi da Palestrina u. das Graduale romanum der editio Medicaea v. 1614. Ein Beitrag zur Geschichte der Liturgie nach dem Trienter Concil. gr. 8. (42 S.) Regensburg 894. F. Pustet. n. — 50

— Predigten über die Gebräuche u. Ceremonien der katholischen Kirche auf die Sonn- u. Festtage eines ganzen Kirchenjahres. 2 Bde. 2. (Titel-)Ausgabe. Wien (862)865. Mayer & Co. gr. 8. (VIII, 778 S.) 1 ₰ 24 ngr.

— psalmi officii defunctorum mediationum et finalium initiis digestis ad majorem psallentium commoditatem concinnati. gr. 8. (35 S.) Regensburg 896. F. Pustet. n. — 25; geb. in Leinw. n. — 55

— psalmi officii in die nativitatis D. N. J. C. mediationum et finalium initiis digestis ad majorem psallentium commoditatem concinnati. gr 8. (47 S.) Ebd. 896. n. — 30; geb. in Leinw. n. — 60

—— s.a. Psalmi Officiorum Hebdomadae Sanctae.

— Psalmi officiorum hebdomadae sanctae mediationum et finalium initiis digestis ad majorem psallentium commoditatem concinnati. (Neue Ausg.) gr. 8. (120 S.) Regensburg 901. F. Pustet. — 70; geb. in Leinw. n. 1. —

— s.a. Psalterium Vespertinum

— psalterium vespertinum. Psalmi ad vesperas et completorium per totius anni cursum mediationum et finalium initiis digestis ad majorem psallentium commoditatem concinnati. (Ausg. m. Choralnoten.) gr. 8. (IV, 176 S.) Ebd. 896. n. — 60; geb. in Leinw. n. — 90

— dasselbe. Volksausg. D. Psalmentexte sämtl. Vespern u. d. Completorium, nach d. röm. Psalmtönen auf Mittel- u. Schlusscadenzen verteilt. 7., unveränd. Aufl. 8. (VIII, 166 S.) Ebd. 898. n. — 50; geb. in Leinw. n. — 80

— Psalterium vespertinum. Psalmi ad vesperas et completorium per totius anni cursum mediationum et finalium initiis digestis ad majorem psallentium commoditatem concinnati. (Ausg. m. Choralnoten.) (Ausg. 1901.) gr. 8. (IV, 176 S.) Regensburg 901. F. Pustet. — 60; geb. in Leinw. n. — 90

— dasselbe. Volksausg. Die Psalmentexte sämtl. Vespern, des Completorium u. der Totenvesper, nach den röm. Psalmtönen auf Mittel- u. Schlusskadenzen verteilt. 8. u. 9., unveränd. Aufl. 8. (VIII, 184 S.) Ebd. 901. 902. — 50; geb. in Leinw. n. — 80

— Psalterium vespertinum. Psalmi ad vesperas et completorium per totius anni cursum mediationum et finalium initiis digestis ad majorem psallentium commoditatem concinnati. (Ausg. m. Choralnoten.) (Ausg. 1903.) (IV, 176 S.) gr. 8. Regensburg 903. F. Pustet. n. — 60; geb. in Leinw. n. — 90

— alphabetisches u. Sachregister sämmtlicher im Katalog d. allgemeinen deutschen Cäcilienvereins aufgenommenen Musikalien. No. 1—303. gr. 8. (IV, 48 S.) Ebend. 876. n. — 75

Haberl, Fr. X. Die Römische „Schola Cantorum" und die Päpstlichen Kapellsänger bis zur Mitte des 16. Jahrhunderts. (Sonderabdruck aus der Vierteljahrsschrift für Musikwissenschaft — Bausteine für Musikgeschichte. III.) Leipzig 1888.

Haberl, J Die Berechnung des Wertes der Renten- und Lebensversicherungs-Policen. 68 S 8° – St. Pölten, OR., Progr. 1864

*Haberl, J. Die Gegenvers. bei Überlebensassoziationen. Wien 1870.

Haberl, J. Zur Theorie der Leibrenten im 35. Jahresbericht der Wiener Kommunal-Oberrealschule. Wien 1890.

Haberl, Johann v Matha —. Abschied und Gruß. Zwei Predigten, gehalten von — —. Linz. Feichtinger'sche Buchdruckerei. (36 S. 8.) 1855

Haberl, Joh. v. M., Gebräuche und Ceremonien der katholischen Kirche in Predigten auf die Sonn- und Festtage eines ganzen Kirchenjahrs [mit Ausnahme der Liebfrauenfeste]; auch als Haus-Buch brauchbar für katholische Familien. 2 Bde. Wien 862. Mayer & Co. gr. 8. (1. Bd.: VII, 353 S.) 1 ₰ 24 ngr.

Haberl, Joh. v. M., der Katholik in der Krankheit. Festrede, geh. am 24. [letzten] Sonntage nach Pfingsten 1881 in der Elisabethinerkirche Linz. gr. 8.. (23 S.) Linz 882. Haslinger. n. — 15

Haberl, Joh. v. M., das Kreuz auf dem Kirchthurme. Festrede, geh. bei Gelegenheit der Aufrichtg. d. neuen Kirchenthurmkreuzes am 29. Juni 1873 in der Pfarrkirche St. Oswald. gr. 8. (24 S.) Linz 873. Ebenhöch. n. — 30

Haberl, Joh. v. M., ein Lehr- und Mahnwort unserer lieben Frau von Lourdes. Festrede, gehalten anläßlich der Weihe der Maria-Lourdes-Statue am 12. Sonntage nach Pfingsten 1887 in der Pfarrkirche Sindelburg, Diöcese St. Pölten. gr. 8. (23 S.) Linz 887, (Ebenhöch.) * — 20

Haberl, Johann v. M. — Die heil. Maria Magdalena Zehn Predigten zum Frühgottesdienste, gehalten in der heiligen Fastenzeit des Jahres 1854 von — —. Linz, 1857. Dr. der Eurich'schen Buchdruckerei. Verlag von Franz Ignaz Ebenhöch. (151 S. 8)

Haberl, Johann —. Die Meßkleidung. Predigt bei der Primizfeier des — — Herrn Gotthard Haberl — — gehalten in der Pfarrkirche zum h. Stephan am Hart in Stephanshart am 12. Sonntage nach Pfingsten 1853 Von — —. 8. (20 S.) St. Pölten. Druck von Franz Lorenz. Linz. Verlag von Fr. Ign. Ebenhöch. 1853.

—— Predigten über die Gebräuche und Ceremonien der katholischen Kirche auf die Sonn- und Festtage eines ganzen Kirchenjahres. 2 Bde 2 (Titel-)Ausg. gr. 8. (VIII und 778 S.) Wien (862)65, Mayer und Comp.

Haberl, Joh. de Matha, ausführliches Unterrichtsbüchlein f. den katholischen Meßner. 2., verb. Aufl. 12. (XVI, 126 S.) St. Pölten 891. J. Gregora. n. 1. —

— mein erstes u. letztes Wort. 2 Predigten, gehalten u. seinen lieben Pfarrkindern in Ebersdorf gewidmet. Linz 867. Ebenhöch. gr. 8. (37 S.) 6 ngr.

Haberl, Jos., Aufgaben-Sammlung aus der analytischen Geometrie der Ebene und des Raumes. Wien 863. Gerold. gr. 8. (VIII, 463 S. m. Holzschn.) n. 3 ₰

Haberl, Jos., Lehrbuch der allgemeinen Arithmetik u. Algebra. Zum Gebrauche für Ober-Realschulen bearb. Wien 865. Braumüller. gr. 8. (VIII, 376 S.) n. 1 ₰ 10 ngr.

Haberl, Jos., Lehrbuch der allgemeinen Arithmetik u. Algebra. Zum Gebrauche f. Ober-Realschulen u. verwandte Lehranstalten. 2. verb. Aufl. gr. 8. (X, 425 S.) Wien 874. Braumüller. n. 6. —

Haberl, Jos., Lehrbuch der allgemeinen Arithmetik u. Algebra. Zum Gebrauche für Ober-Realschulen u. verwandte Lehranstalten. 3. Aufl. gr. 8. (IV, 426 S.) Wien 878. Braumüller. n. 6. —

Haberl, Jos., Lehrbuch der allgemeinen Arithmetik u. Algebra. Zum Gebrauche f. Ober-Realschulen u. verwandte Lehranstalten. 4. Aufl. gr. 8. (VIII, 409 S.) Wien 883. Braumüller. n. 5. 20

Haberl, J., Lehrbuch d. allgemeinen Arithmetik u. Algebra. Zum Gebrauche f. Ober-Realschulen u. verwandte Lehr-Anstalten bearb. 5. Aufl. gr. 8. (VIII, 409 S.) Wien 887. Braumüller. n. 5. 20

Haberl, Jos., Lehrbuch der allgemeinen Arithmetik u. Algebra. Zum Gebrauche an Ober-Realschulen u. verwandten Lehr-Anstalten. 6., unveränd. Aufl. gr. 8. (VIII, 409 S.) Wien 891. Braumüller. Geb. n.n. 3. 80

Haberl, Jos., Lehrbuch d. allgem. Arithmetik u. Algebra Zum Gebr. f. Ober-Realschulen u. verw. Lehr-Anst. bearb. 7., unveränd. Aufl. gr. 8. (VI, 407 S.) Wien 897. W. Braumüller. Geb in Leinw. n.n. 4. —

Haberl, Jos., Lehrbuch der allgemeinen Arithmetik u. Algebra. Zum Gebrauche f. Ober-Realschulen u. verwandte Lehr-Anstalten. 8. Aufl. gr. 8. (VI, 387 S.) Wien 902. W. Braumüller. Geb. in Leinwand n. 3. 80

— **Lehrbuch der politischen Arithmetik**, enth. die Wahrscheinlichkeits-Rechng., die Zinseszinsen-Rechng., die Rückzahlungsformen v. Anlehen, die Construction v. Tilgungsplänen, die Lotterie-Anlehen u. die Berechng. der in das Gebiet der Lebensversicherg. gehör. Fälle. Für den Gebrauch an höheren Lehranstalten u. zum Selbstunterrichte. gr. 8. (X, 378 S.) Ebend. 875. n. 7. —

— Naturlehre. Ausführl. Präparationen f. d. Unterricht in d. Volksschule nach Lehrpl. I u. II m. 24 schemat. Zeichngn. (50 S.) gr. 8. Ebd. 911. — 80; geb. 1. —

Haberl, Joh., der geschichtliche Unterricht in d. Volksschule. Ausführl. Präparationen nach Lehrplan I u. II f. Landschulen. (VI, 114 S.) Lex. 8. München 910. M. Kellerer. 1.70; geb. 2. —

— Der naturgeschichtliche Unterricht in der Volksschule. Ausführl. Lektionen nach Lehrplan I u. II m. 84 schemat. Zeichngn. (167 S.) Lex. 8. Ebd. 910. 2.20; geb. in Halbleinw. 2.50

Haberl, Karl

Haberl [illegible] 1868 [illegible]

Haberl, Carl, das Orientiren d. Messtisches u. Bestimmen v. Standpunkten m. dem Messtische od. einem Winkelinstrumente. 2. Aufl. gr. 8. (38 S. m. eingedr. Holzschn.) Wien 874. Seidel & Sohn. n. 1. 20

Haberl, M., der Geschäftsaufsatz auf gesetzlicher Grundlage. (110 S.) gr. 8. Ansbach (906). M. Prögel. Kart. n.n. — 85

Haberl, Norb., Religions-Geschichte d. Alten Bundes. Zum Gebrauche für die Gymnasial-Jugend zusammengestellt. 8. (168 S.) Wien 850. Beck. 1/2 fl

Haberl Rudolf: William Kingdon Clifford als Philosoph.
H. 1908 PN 2602 Diss. Wien Univ. 133

Häberl, v., Resultate aus 25jahr Beobachtungen zu Munchen. (Aus Baierische Ann., 1832 von No. 20 an.)

Häberl, Franz Xaver (von): Abhandlung über öffentliche Armen- und Kranken-Pflege mit einer umständlichen Geschichte der in dem ehemaligen Krankenhause zum heil.Max.bei den barmherzigen Brüdern gemachten Erweiterungs- und Verbesserungsversuchen und der hievon im neuen allgemeinen Krankenhause zu München gemachten Anwendungen. 636 S., gbd., 8 Taf., 2 Tab.

München: typ.Zängl 1813

JB 5.412

v. Häberl, Frz. Xav., Abhandl. über d. öffentl. Armen- u. Krankenpflege, mit e. umständl. Geschichte der in dem ehemal. Krankenhause zum heil. Max gemachten Erweiterungs- u. Verbesserungs-Versuche ꝛc. Mit 8 Kpf. u. 2 Steint. gr. 4. Münch. 820. Lindauer. 6 fl

v. Häberl, Frz. Xav., hydraulisches Automat, oder ärostatische Wasserschleuse, welche das Ablaufen eines durch sparsamen Zufluß auf jedes beliebige Maaß gesammelten Wasserbetrages mit bedeutender Bewegungsgröße automatisch u. periodisch bewirkt. Mit 1 Abbild. gr. 8. München 834. Franz. 5/6 fl

— de automatum hydraulic. seu machina statica aquam parca vena haustam ad quamvis quantitatem collectam magno mittendi defluvio motu spontaneo et periodice perenni. Cum tab. aen. 4maj. Münch. 830. v. Cotta. 15 kr

— Entwurf von Verbesserungsanstalten in d. Krankensaale zum heil. Maximilian bei den barmherz. Brüdern in München. 8. Münch. 794.

Haeberl, Fr(anz) Xav(er von): De febribus annuis et in specie de febre aestiva anno MDCCLXXXIII in nosocomio S.S.Trinitatis Vindobonnensi observata descriptaque. 126 S., gbd., Abb., Tab.

Mona(c)h(ii): Strobl 1784

JB 2.200

— de febribus annuis et in specie de febre aestiva a. 1783 in nosocomio SS. Trinitatis Vindobon. observata descript. 8maj. Münch. 785. Strobel. 9 kr

— s. Leopolds II. Tod. — Ans. Martin, d. Kranken- u. Versorgungs-Anstalten.

— s. Martin, Ans., sind klinische Lehranstalten ꝛc.

Haeberl, Fr(anz) X(aver) von: System einer vollständigen Lufterneuerung in Kranken- u. Versorgungshäusern, Irrenanstalten etc.für den Winter und Sommer... Als ein hinterlassenes Werk hrsg...von A(loys) Martin (sen.) 260 S., gbd., Abb.

München: Verlag der literarisch-artistischen Anstalt 1840

JB 2.851

HAEBERL, Joseph Adolph Ludwig (München): De vaccinatione.- Monachii: Giesser 1837. 30 S.
27.6.1834 - Urk: F 61
Diss. Ingolst.-Landsh.-Mchn.

Häberl, Sim., u. Max. Jacobi, Jahrbücher d. Sanitätswesens im Königr. Baiern. 1n Bdes 1s bis 3s Heft. gr. 8. Landsh. 810. Krüll. 2 fl 12 kr

Haeberl u. **Jacobi**. Jahrbüch. d. Sanitätswesens im Königr. Baiern. 1. Bd. 1. Heft. Landshut 1818.

Haberland's Unterrichtsbriefe f. das Selbststudium lebender Fremdsprachen m. der Aussprachebezeichnung des Weltlautschriftenvereins (Association phonétique internationale). Ein zuverläss. Führer zur vollständ. Beherrschg. der Sprachen im mündl. u. schriftl. freien Gebrauche. Englisch. Im Anschluß an Lehrstücke u. Gespräche, die zur Kenntnis d. Land u. Leuten führen, unter Mitwirkg. v. Alex. Clay, M. A., hrsg. v. Thiergen. (In 2 Kursen zu je 20 Briefen.) 1. Kurs. 1.—20. Brief u. 2. Kurs. 21.—27. Brief.) (S. 1.—626 m. 2 Abb.) Lex.-8. Leipzig (905. 906). E. Haberland. à n. — 75

Haberland's Unterrichtsbriefe f. das Selbststudium lebend. Fremdsprachen m. der Aussprachebezeichnung des Weltlautschriftenvereins (Association phonétique internationale). Ein zuverläss. Führer zur vollständ. Beherrschung d. Sprachen im mündl. u. schriftl. freien Gebrauche. Englisch. Im Anschluß an Lehrstücke u. Gespräche, die z. Kenntnis v. Land u. Leuten führen, unt. Mitwirkg. v. Alex. Clay, hrsg. v. Thiergen. (2. Kurs.) 28—40. (Schluß-) Brief. (VIII u. S. 627—1007 m. Bildnissen.) Lex. 8. Leipzig (907. 08). [E. Haberland.] Berlin-Schöneberg, Mentor-Verlag. à — 75
(Vollständ. in Leinw.-Mappe: 24.—; einz. Kurse 15.—)

— dasselbe. Französisch. Im Anschluß an e. französ. Lustspiel u. unter Zugrundelegg. der Sprechform hrsg. v. H. Michaelis u. P. Passy. (In 2 Kursen zu je 20 Briefen.) 1.—28. Brief. (VII, S. 1—592 m. 2 Bildnissen.) Lex.-8. Ebd. (905. 906). à n. — 75

— dasselbe. Französisch. Im Anschluß an e. französ. Lustspiel u. unter Zugrundelegg. der Sprechform hrsg. v. H. Michaelis u. P. Passy. (2. Kurs.) 29—40. (Schluß-) Brief. (XII u. S. 593—940 m. Bildnissen.) Lex. 8. Ebd. (907. 08). à — 75
(Vollst. in Leinw.-Mappe: 24.—; einz. Kurse 15.—)

Haberland, Benno, der Armen-Doktor. Roman aus dem amerikan. Leben. New-York 862. (Philadelphia, Schäfer & Koradi.) 16. (207 S.) n. 20 ngr.

— das deutsche Element in den Vereinigten Staaten von Nord-Amerika. Eine Beantwortung der Fragen: Wo findet der deutsche Auswanderer die mehrsten Landsleute u. wo hat er die besten Aussichten als freier Mann ohne Sorgen leben zu können. Leipzig 866. Matthes. 8. (88 S.) 9 ngr.

Haberland, Benno, freie Lieder. 8. (78 S.) Coltitz 850. (Leipzig, Andrae.) 1/4 ℛ

Haberland, Ernst, s: Biographien bedeutender Frauen.

Haberland, F. L. W., Anleit., d. deutsche oder Groß-Tarokspielen zu lernen. 8. Jena 803. Cröker. 5 gr

Die Krähenvertilgung. Eine Zusammenstellung selbsterprobter Mittel, um Krähen in größeren u. kleineren Jagdrevieren zu allen Jahreszeiten nachdrücklich zu vertilgen. Von F[ranz] **Haberland**. 2. Aufl. Neudamm: J. Neumann [1905]. (32 S.) 8° [F.] [illegible]

Haberland, F., d. Krähenvertilgung. Eine Zusammenfassg. selbsterprobter Mittel, um Krähen in größ. u. kleineren Jagdrevieren, zu allen Jahreszeiten nachdrücklich zu vertilgen. 4. verm. u. verb. Aufl. (31 S.) kl. 8. Neudamm (910). J. Neumann. p — 30

Haberland, Friedrich (Hrsg.), s. U n t e r s u c h u n g e n , Wissenschaftlich-praktische, aus dem landwirtschaftlichen Laboratorium ...

Haberland, Friedrich Ernst

Haberland, Fr. Er., († d. 10. Juni 1797.) u. J. H. W. Schultes, Realrepertorium sämmtl. Landesgesetze d. Fürstenth. Altenburg, in kurzen Auszügen nach alphabet. Ordnung entworfen. 4. Kahla 786. (Schnuphase in Altenb.) 4 ℛ Hba. Gr. 3 ℛ

Haberland, F. E., u. H. W. Schulthes: Real-Repertor. sämmtl. Landes-Gesetze d. Fürstenth. Altenburg; in kurzen Auszügen nach alphabet. Ordn. *Kahle*, Grünwald. (*Jena*, Cröker.) 786. 4. (3 Thl. 8 Gr.)

Haberland u. **Schultes**, Realrepertor. d. Landesgesetze. Cabla 794.

— s. J. A. K. Haberland's Leben.

Haberland, Friedrich Wilhelm, s. A m t m a n n , Der, zu Reinhausen.

Haberland, Fr. Wlh., Bernsteinkränze, ob. Erzählungen aus Preußens Vorzeit. 2 Thle. 8. Leipz. 831, 832. Lauffer. Schreibp. 1 ℛ 21 gr

Haberland, F. W., histor. Erzählungen aus Preußens Vorzeit, s. Bibliothek histor. Romane 10r u. 11r Bd.

Familie, Die, Leblanc, oder die Waldhöhle bei Bougenois .... (von *Friedr. Wilh. Haberland*). Jena 1803—5.
Anon.-Lex. III. p. 34 (nach Meusel).

MÜLLER, Ferdinand (d. i. *Friedr. Wilh. Haberland*), Die Familie Leblanc, oder die Waldhöhle bei Bougenois. 3 Thle. Jena, Cröcker, 1803—5. 8°.
Unter obigem Pseud. schrieb Haberland nur diesen Roman.

— s.a. V e r b a n n t e , Der.

VERBANNTE, Der, oder die nächtliche Flucht vom Schlosse Morawitz. Ein Roman. Vom Verf. des Romans: Die Familie Leblanc *(Friedr. Wilh. Haberland)* 3 Thle. Frankfurt a. Mayn, bey Johann Daniel Simon. 1812. 8°.
4 Bl., 279, 356 u. 350 S. Zahm. — Anon.-Lex. IV. p. 283, wo auch *Joh. Ernst Frdr. Wilh. Müller* [?] als Vf. genannt (nach Kayser u. Meusel).
— — Dasselbe. 4 Bde. 1815. 8°. (6 fl.) (21 xr. Lindenmaier, Tübingen, vor 1870.

[F.] **Haberland,** Fritz: Krieg im Frieden, eine etymologische Plauderei über unsere militärische Terminologie. I. Tl. Lüdenscheid, Druck v. W. Crone jr., 1893; 50 S. 8.
Lüdenscheid, RPG, OP 1893 (375)

[F.] **Haberland,** Fritz: Krieg im Frieden, eine etymologische Plauderei über unsere militärische Terminologie. II. Tl. [Forts. d. P-Beil. 1893.] Lüdenscheid, Druck v. W. Crone jr., 1895; 43 S. 8.
Lüdenscheid, RPG, OP 1895 (378)

[F.] **Haberland,** Fritz: Krieg im Frieden. III. Tl. Ritter u. Turniere im heutigen Deutsch. E. sprachl.-kulturgeschichtl. Skizze. [Forts. d. P-Beil. 1893. 95.] Lüdenscheid, Druck v. Tilgenkamp & Kuhl, 1896; 79 S. 8.
Lüdenscheid, RPG, P 1896 (380)

Haberland, Geo., an das Baugewerbe! Kritik des Gesetzentwurfes üb. die Sicherg. der Bauforderg. (62 S.) gr. 8. Berlin 906 L. Simion Nf. n. 1. —

[F.] Baugewerbe und Bauschwindel. E. Beleuchtg d. Baugewerbes u. seiner Missstände. Von Georg Haberland. *Berlin: Thormann u. Goetsch 1894.* (21 S.) 1 Bd. [illegible]

Haberland, Geo., Baugewerbe u. Bauschwindel. Eine Beleuchtg. des Baugewerbes u. seiner Mißstände. 2. Aufl. gr. 8. (23 S.) Berlin 894. Thormann & Goetsch. — 25

Haberland, Geo., für das Bauhandwerk! Kritik d. neuesten Gesetzentwürfe des Reichsjustizamts. gr. 8. (54 S.) Berlin 902. L. Simion. n. — 50

Haberland, Geo., Bauschöffenämter? gr. 8. (24 S.) Berlin 896. Thormann & Goetsch. n. — 50

— der preußische **Gesetzentwurf** zur Verbesserung der Wohnungsverhältnisse. Kritische Betrachtgn. (69 S.) gr. 8. Berlin 904. A. Unger. n. 1. 20

— **Groß-Berlin.** Ein Beitrag zur Eingemeindungsfrage. (39 S.) gr. 8. Berlin 904. L. Simion Nf. n. — 50

— der Schutz d. **Bauhandwerker?** Kritik d. neuesten Gesetzentwurfes betr.: D. Sicherg. d. Baufordergn. gr 8. (39 S.) Ebd. 898. — 30

Die Schutz der Bauhandwerker Kritik d. neuesten Gesetzentwurfes tr. Die Sicherung d. Bauforderungen Von Georg Haberland. 2. Aufl. *Berlin. Thormann & Goetsch 1898* (30 S. 8 [F.] v. 2.98 II

[F.] Die Verluste der Bauhandwerker. Nachtrag z. Broschure Baugewerbe u. Bauschwindel. Von Georg **Haberland.** *Berlin: Thormann & Goetsch 1895* (16 S.) 1 Bd 8. 96. 6592

Haberland, Geo., die Wertzuwachssteuer. Krit. Betrachtgn. (60 S.) gr. 8. Berlin 910. A. Unger. 1. —

Haberland, Gerog Karl

Haberland, Gg. K (Hrsg.), s. Blumenlese, Preußische, a. d J 1813

Haberland, Geo. Karl, Gegenstände d. Phantasie; mit e. Melodien. 1e Samml. 8. Königsb. 800.

Haberland, Gf. Chr., († d. 22. Febr. 1829.) Diss. de consilio Horatii Od. L. III. O. 3. conjectura, cum specimine animadvers. in Virgilii bucolica. 4. Jena 777.

Haberland, G. C., De liberatione Graeciae antiquissimae a gravissimo dominatu barbarorum. Pr 1814. 20 S. 4° 1 -

· Progr. Pro Romanis Sardiniam inter bell. Pun. I. et II. occupantibus. 4. (Halle) 819. Waisenh.-B. 6 gr.

Haberland, G. C., Disp. pro Romanis Sardiniam inter bellum Punicum I et II. occupantibus. Halae 819. 4. 6 gr.

Progr. Pro imperatore Tiberio collegia imperii ad explanandum Luc. III, 1. 23. 4. Wernigerode 817.

Haberland, Hermann [aus Calbe a. d. Milde (Prov Sachsen)]. Methylirung der Indole Würzburg, Becker's Univ.-Buchdr., 1888. 30 S. 8°

Würzburg, Phil Fak, Inaug Diss v 1888

Haberland, J H und **Schwabe**, C A Bericht von den Bergwerken im ... Erzgebirge Handschrift Clausthal 1781

Haberland, Johann August Friedrich. Kurze Lebensgeschichte und Charakterschilderung, nebst einigen Predigten . . . Jena 1797. H: *Haberland, Frdr. Ernst.* (Ky)

Haberland's, Jh. Aug. Fr., († ...) kurze Lebensgeschichte u. Charakterschilderung, nebst einigen Predigten desselben, auf Verlangen herausg. von d. Bruder d. Verstorbenen, (Fr. Ernst H.) 8. Jena 797. (Knobloch in Leipz.) 20 gr.

Haberland, Johannes (Hans) **Rudolf,** Referendar: **Die** Vermögensauseinandersetzung unter den Ehegatten bei Nichtigkeit der Ehe Borna-Leipzig 1909: Noske. VIII, 44 S. 8°

Heidelberg, Jur. Diss. v. 24. April 1909, Ref. Schröder

[Geb. 23. Nov 78 Neukirch b. Königsbruck; Wohnort Dresden; Staatsangeh. Sachsen, Vorbildung Gymn. Wurzen Reife O. 00; Studium: Leipzig 7 S., Rig. 2 März 09.] [U 09. 1798

Haberland, Karl Reinhold, aus Finsterwalde (N.-L.), **Die Löslichkeit von Salzhydraten bei Gegenwart von Nichtelectrolyten und gleichjonigen Electrolyten.** *Wiesbaden: C. Schnegelberger & Co. 1898* (41 S.) 8°

Heidelberg, Naturw.-math. Diss. v. [10. Nov.] 1898

Haberland, Konrad, a. **Insterburg**: Die **Feier der Sonn- und Festtage nach preussisch-deutschem Recht.** Königsberg i. Pr. 1907: L. Beerwald. (48 S.) 8°

Erlangen, Jur. Fak., Ref. Rieker, Diss. v. 12. Jan. 1907

[Geb. 16. Nov. 78 Insterburg; Wohnort: Königsberg i. Pr.; Staatsangeh.: Preußen; Vorbildung: Gymn. Thorn; Studium: Berlin 1, Königsberg 6 S.; Rig. 23. Nov. 06.]

Haberland, Maximilian

Haberland, Max, Altes u. Neues üb. die Klosterkirche zu Kottbus. Zur Wiedereröffng. derselben am 1. XI. 1908 der Gemeinde dargeboten. (48 S. m. Abb.) gr. 8. Kottbus 908. (A. Petersdorf.) nn — 30

Haberland, M., Beiträge zur wissenschaftlichen Landeskunde des Großherzogth. Mecklenburg-Strelitz. I. II. 8. Neustrelitz 890. (Jacoby.) n. — 90

I. 1. Die großherzogl. Petrefacten-Sammlung (Görnerianum) in Neustrelitz. 2. Geologische Skizze der Umgebung v. Neustrelitz. 3. Meteorologische Beobachtungen bei Gelegenheit der Katastrophe in Antwerpen. (18 S.) n. — 60

II. Die meteorologischen Verhältnisse v. Neustrelitz. [Aus: „Neustrelitzer Zeitg."] (12 S.) n. — 30

Haberland, Max, Prof.: **Beziehungen zwischen den Ankreismittelpunkte-, Potenzpunkte- und Gegenpunkte-Dreiecken zu den merkwürdigen Punkten eines Dreiecks.** Neustrelitz 1905: H. Bohl. (S. 3—20.) 4°

Neustrelitz, großh. R. RPG. OP 1905 (803)

Haberland, Max, Beziehungen der merkwürdigen Punkte e. Dreiecks zu den Ankreismittelpunktedreiecken, Potenzpunktedreiecken u. Gegenpunktedreiecken. (20 S. m. Fig.) Lex.-8. Neustrelitz 905 (G Barnewitz.) n. — 50

Haberland, Maximilian Die Entwicklung der Lehre von der Metamorphose der Pflanzen von J W von Goethe an bis auf die neueste Zeit. 4 (16 S). **Progr.** Rsch. *Neustrelitz* 1887 (614)

Haberland, Maximilian, Prof. **Flora von Neustrelitz. Verzeichnis d. im Grh. Mecklenburg-Strelitz, hauptsächlich in d. Umgegend von Neustrelitz, beobachteten wildwachsenden Gefäss- (Farn- u. Blüten-)pflanzen.** *Neustrelitz 1901: H. Bohl.* (S. 3—47.) 4° [F.]

Neustrelitz, grossh. R, OP 1901 (728)

Geschichte des Mecklenburg-Strelitzischen C-Husaren-Regiments u. Lebensgeschichte d. Königin Louise 2 Schulreden geh. zu Neustrelitz von Maximilian **Haberland**, Prof. Neustrelitz 1905 H. Bohl. (10, 20 S.) 8° [Umschlagt. F. u. Ant.] [07. 1061 B

— **Heimatkunde.** 2 Festreden, geh. in der großherzogl. Realschule. (9 S.) 8. Ebd. (905). n — 50

[F.] **Haberland, Maximilian:** Die Mittelwerte aus zehnjährigen meteorologischen Beobachtungen der Station Neustrelitz. Neustrelitz, Druck v. G. F Spalding & Sohn, *1891;* S. 3 17; 4°

Neustrelitz, grossh R, OP 1891 (658)

— die **Görner'sche** Petrefactensammlung. [Aus: „Neustrelitzer Zeitg."] 8. (8 S.) Ebd. 890. n.n. — 25

Haberland, [Max]: Weitere Sätze über die Apollonischen Kreise des Dreiecks ⟨Fortsetzung der vorigjährigen Programm-Beilage⟩. *Neustrelitz 1898: G. F. Spalding & Sohn.* (3—14 S. mit Taf.) 4° ¶[Fortsetzung zu des Verfassers: Sätze über die Apollonischen Kreise des Dreiecks = P-Beilage 1897 Abhandlung II.] [Umschlagt.] [J.]
Neustrelitz, grossh. R, OP 1898 (703)

Haberland, Max, die Stellung der Mathomatik im System d. erziehenden Unterrichts. 8. (16 S.) Neustrelitz 891. (Barnewitz.) n. — 50

[J. u. Ant.] **Haberland,** *Max:* I. Verallgemeinerung des Satzes von den „lunulae Hippocratis". — II. Sätze über die Apollonischen Kreise des Dreiecks. Neustrelitz, Druck v. G. F. Spalding & Sohn, 1897; 3—15 S., 1 Bl. Taf. 4.
Neustrelitz, grossh. R, OP 1897 (692)

— die meteorologischen Verhältnisse v. Neustrelitz. [Aus: „Neustrelitzer Zeitg."] gr. 8. (12 S.) Ebd. 890. n. — 25

— was haben wir v. e. geologischen Landesaufnahme zu erwarten? Vortrag. [Aus: „Neustrelitzer Zeitg."] 8. (S. 9—15.) Ebd. 890. n.n. — 25

Haberland, Max, kurzer Wegweiser f. den Helferdienst in der Sonntagsschule. Gekrönte Preisschrift des Vereins zur Förderg. der Sonntagsschulsache in Deutschland. 8. (74 S.) Berlin (900). Deutsche Sonntagsschul-Buchh. n. — 30

Haberland, Max., wie unterscheidet sich die Methode der Mathematik v. der der Philosophie? 4. (24 S.) Neustrelitz 884. (Jacoby.) n. — 80

Haberland, Wilh., e. Konferenz zwischen Schule u. Haus od. wodurch werden wir den Forderungen e. zeitgemäß praktisch-ideal erziehenden Unterrichts unserer Töchter gerecht? gr. 8. (43 S.) Dresden 884. Pierson. n. — 60

– Konferenzen zwischen Schule und Haus, s.a. Sammelmappe, pädagogische.

Haberland, W., Konferenzen zwischen Schule u. Haus oder fortgesetzte Erörterung der Frage d. zeitgemäss praktisch-ideal erzielenden Unterrichts unserer Töchter. Neue Folge. gr. 8. (52 S.) Leipzig 887. Siegismund & Volkening. n. 1. — (1. u. 2.: n. 1. 60)

—— eine Kritik des preussischen Normal-Lehrplans und die Stellungnahme der 10. Haupt-Versammlung des deutschen Vereins für das höhere Mädchenschulwesen zu demselben, s.a. Sammelmappe, pädagogische.

— eine Kritik des preussischen Normal-Lehrplans u. die Stellungnahme der X. Haupt-Versammlung des deutschen Vereins f. das höhere Mädchenschulwesen zu demselben. gr. 8. (24 S.) Ebd. 887. n. — 40

Haberlandt, Frdr., die Aufgaben u. Hilfsmittel der Samenprüfungs-Anstalten zur Gewinnung verläßlicher Eier des Maulbeerbaumspinners. Im Auftrage des k. k. Ackerbauministeriums. Mit 2 lith. Taff. Wien 869. k. k. Hof- u. Staatsdruckerei. gr. 8. (19 S.) n. 7½ ngr.

— die Aufzucht des Eichenspinners [Antherea Yama Maï.] Görz 870. (Wien, Gerold's Sohn.) gr. 8. (59 S.) n. 8 ngr.

— neue Beiträge zur Frage über die seuchenartige Krankheit der Seidenraupen, abgeleitet aus den Ergebnissen der vergleich. Seidenraupen-Zuchten an der k. k. höheren landwirthschaftlichen Lehranstalt Ungarisch-Altenburg im Jahre 1867. Wien 868. Gerold's Sohn. gr. 8. (III, 52 S. mit 1 Steintaf.) n. 12 ngr.

Haberlandt, Frdr., Beiträge zur Frage über die Acclimatisation der Pflanzen und den Samenwechsel. Wien 864. Gerold. gr. 8. (28 S.) n. 7 ngr.

Haberlandt, Frdr., zur Kenntniss des seidenspinnenden Insektes u. seiner Krankheiten. Neue Beiträge. Wien 869. Gerold's Sohn. gr. 8. (III, 59 S.) n. 12 ngr.

Haberlandt, Friedr., Compendium für den arithmetischen Unterricht. Mit besonderer Anwendung auf die Verhältnisse der Land- und Forstwirthschaft. Zum Gebrauche für Lehranstalten und zum Selbstunterrichte. Wien 858. Braumüller. Lex.-8. (VII, 245 S.) n. 1 ₰ 10 ngr.

— die seuchenartige Krankheit der Seidenraupen. Eine Studie, gestützt auf mikroskop. Untersuchungen des gesunden u. kranken Insektes, u. die Ergebnisse vergleich. Seidenraupenzuchten. Mittheilung aus dem physiolog. Kabinet der k. k. höheren landwirthschaftl. Lehranstalt zu Ungarisch-Altenburg. Ebend. 866. gr. 8. (V, 37 S. mit 1 Steintaf.) n. 12 ngr.

Haberlandt, Frdr., der allgemeine landwirthschaftliche Pflanzenbau. Nach dem Tode des Verfassers hrsg. v. W. Hecke. gr. 8. (X, 760 S.) Wien 878. 79. Faesy. n. 16. —

Haberlandt, Frdr., der Seidenspinner d. Maulbeerbaumes, seine Aufzucht u. seine Krankheiten. Mit zahlreichen in den Text gedr. Holzschn. gr. 8. (VIII, 247 S.) Wien 871. Gerold's Sohn. n. 6. —

— die Sojabohne. Ergebnisse der Studien und Versuche über die Anbauwürdigkeit dieser neu einzuführenden Culturpflanze. gr. 8. (II, 119 S.) Wien 878, Gerold's Sohn. * 2 80

–Dass., s.a. Haberlandt, Gottlieb

—— und E. Verson, Studien über die Körperchen der Cornalia an der k. k. Seidenbau-Versuchsstation im J. 1869. gr. 8. (58 S. mit 1 lithogr. Taf.) Wien 870, Gerold's Sohn. *

— s.: Untersuchungen, wissenschaftlich-praktische, auf dem Gebiete d. Pflanzenbaues.

Haberlandt, F. Weizengallmücke. 1864.

Haberlandt, Gottfried

— zur Anatomie u. Physiologie der pflanzlichen Brennhaare. [Mit 2 Taf.] Lex.-8. (23 S.) Ebend. 886. n. — 80

Haberlandt, G., zur physiologischen Anatomie der Milchröhren. [Mit 2 (lith. u. color.) Taf.] Lex.-8. (19 S.) Wien 883. (Gerold's Sohn.) n. 1. 60

Haberlandt Gottlieb, Dr., Arbeiten des pflanzenphysiologischen Institutes der Wiener Universität: 5. Beiträge zur Kenntnis der Lenticellen (mit 1 Taf.). S. 72. I. 175 . . vgr.
Separatabdruck

— — 7. Untersuchungen über die Winterfärbung ausdauernder Blätter. S. 73. I. 267 vgr.
Separatabdruck

Haberlandt, Glieb. Ueber den Bau u. die Bedeutung der Chlorophyllzellen v. Convoluta Roscoffensis, s. Graff, Ludw. von. Die Organisation der Turbellaria acoela.

— Beiträge zur Anatomie u. Physiologie der Laubmoose. [Aus: „Pringsheim's Jahrbb. f. wissenschaftl. Botanik".] gr. 8. (III, 140 S. m. 7 Steintaf.) Berlin 886. Bornträger. n. 8. —

Haberlandt, Glieb., Beiträge zur Kenntniss der Lenticellen. [Arbeiten d. pflanzenphysiolog. Institutes der k. k. Wiener Universität. V.] [Aus: „Sitzungsber. d. k. Akad. d. Wiss."] Lex.-8. (29 S. m. 1 Steintaf.) Wien 875. (Gerold's Sohn.) n. — 60

Haberlandt, G., über die Beziehungen zwischen Function u. Lage d. Zellkernes bei den Pflanzen. Mit 2 lith. Taf. gr. 8. (VIII, 135 S.) Jena 887. Fischer. n. 3. 60

— über Einkapselung d. Protoplasmas m. Rücksicht auf die Function des Zellkernes. [Aus: „Sitzungsber. d. k. Akad. d. Wiss."] Lex.-8. (10 S. m. 1 Taf.) Wien 889. (Tempsky.) n. — 50

— über den Entleerungsapparat der inneren Drüsen einiger Rutaceen. gr. 8. (26 S. m. 2 Taf.) Ebd. 898. n. 1.— Sonderabdruck aus: „Sitzungsber. d. k. Akad. d. Wiss."

— über die Entwickelungsgeschichte u. den Bau der Samenschale bei der Gattung Phaseolus. [Mit 2 (lith.) Taf.] [Aus: „Sitzungsber. d. k. Akad. d. Wiss."] Lex.-8. (15 S.) Wien 877. (Gerold's Sohn.) n. — 60

Haberlandt, G., die Entwickelungsgeschichte des mechanischen Gewebesystems der Pflanzen. Mit 9 lith. (zum Thl. farb.) Taf. Lex.-8. (IV, 84 S.) Leipzig 879. Engelmann. n. 10. —

— über Erklärung in der Biologie. Rede, bei d. feierl. Eröffng. der neuen naturwissenschaftl. u. medicin. Institute der Universität Graz am 9. XII. 1899 geh. gr. 8. (14 S.) Graz 900. (Leuschner & Lubensky.) n.n. — 50 Sonderabdruck aus: „Mitteilgn. d. naturwiss. Vereins für Steiermark".

HABERLANDT, G.
(F) Ueber Erklärung in der Biologie. Rede bei der feierlichen Eröffnung der naturwissenschaftlichen und medicinischen Institute der Universität am 9. December 1899 gehalten von Prof. Dr. G. Haberlandt. 2. Auflage. Graz. 1901. Leuschner & Lubensky. Gr.-8°. 15 S. K 72.—

— über collaterale Gefässbündel im Laube der Farne. [Mit 1 (lith.) Taf.] [Aus: „Sitzungsber. d. k. Akad. d. Wiss."] Lex.-8. (22 S.) Ebend. 881. n.n. — 90

– Dass., s.a. Mittheilungen aus dem Laboratorium der allgemeinen Chemie an der k. k. technischen Hochschule zu Brünn.

Haberlandt, G., über den Geotropismus v. Caulerpa prolifera. (22 S. m. 1 Taf.) gr. 8. Wien 906. (A. Hölder.) n. — 75

— das reizleitende Gewebesystem der Sinnpflanze. Eine anatomisch-physiolog. Untersuchg. gr. 8. (III, 87 S. m. 3 lith. Taf.) Leipzig 890. Engelmann. n. 4. —

— zur Kenntniss d. Conjugation bei Spirogyra. [Aus: „Sitzungsber. d. k. Akad. d. Wiss."] Lex.-8. (11 S. m. 1 Taf.) Wien 890. (Tempsky.) n. — 50

Haberlandt, G., Culturversuche m. isoliert. Pflanzenzellen. gr. 8. (23 S. m. 1 Taf.) Wien 902. (C. Gerold's Sohn.) n. — 70

Haberlandt, G., die Lichtsinnesorgane der Laubblätter. Mit 8 Textfig., 3 lith. u. 1 Lichtdr.-Taf. (VIII, 142 S.) gr. 8. Leipzig 905. W. Engelmann. n. 6. —

— üb. die Methyläther d. Resorcins, s.: Mittheilungen aus dem Laboratorium der allgemeinen Chemie an der k. k. technischen Hochschule zu Brünn.

— physiologische Pflanzenanatomie, im Grundriss dargestellt. Mit 140 (eingedr.) Holzschn. gr. 8. (XII, 398 S.) Leipzig 884. Engelmann. n. 9. –

— physiolog. Pflanzenanatomie. 2., neu bearb. u. verm. Aufl. gr. 8. (XVI, 550 S. m. 235 Abb.) Leipzig 896. W. Engelmann. n. 16.; geb n.n. 18. —

— physiologische Pflanzenanatomie. 3., neubearb. u. verm. Aufl. (XVI, 616 S. m. 264 Abbildgn.) Lex.-8. Ebd. 904. n. 18. —; geb. in Halbfrz. n. 21. —

Haberlandt, G., physiolog. Pflanzenanatomie. 4. neubearb. u. verm. Aufl. (XVIII, 650 S. m. 291 Abb.) Lex. 8. Leipzig 909. W. Engelmann. 19.—; geb. in Halbfrz. 22. —

—— Pflanzengewebe, s. Handbuch der Botanik.

— Über Reizbarkeit u. Sinnesleben der Pflanzen. Vortrag, geh. in der feierl. Sitzg. der kaiserl. Akad. der Wissenschaften am 30. V. 1908. (27 S.) 8. Wien 908. (A. Hölder.) — 80

— die Schutzeinrichtungen in der Entwickelung der Keimpflanze. Eine biolog. Studie. gr. 8. (IV, 99 S.) Ebend. 877. n. 2. 40

HABERLANDT (G.). Die Schutzeinrichtung in der Entwickelung der Keimpflanze. Wien, 1879. 8°.

— die Sinnesorgane der Pflanzen. Ein Vortrag. (46 S.) 8. Leipzig 904. J. A. Barth. n. 1. —

— Die Sinnesorgane d. Pflanzen. [Aus: „Physiolog. Pflanzenanatomie", 4. Aufl.] (VII u. S. 520—573 m. 33 Abb.) Lex. 8. Leipzig 909. W. Engelmann. 2. —

— Sinnesorgane im Pflanzenreich zur Perception mechanischer Reize. Mit 6 lith. Doppeltaf. u. 1 Fig. im Text. gr. 8. (VIII, 164 S.) Leipzig 901. W. Engelmann. n. 9. —

— Sinnesorgane im Pflanzenreich zur Perzeption mechanischer Reize. 2., verm. Aufl. Mit 9 lith. Doppeltaf. u. 2 Fig. im Text. (VIII, 207 S.) gr. 8. Leipzig 906. W. Engelmann. n. 11. —

— die Sojabohne. Ergebnisse der Studien u. Versuche über die Anbauwürdigkeit dieser neu einzuführenden Culturpflanze. gr. 8. (II, 119 S.) Ebend. 878. n. 2. 80

–Dass., s.a. Haberlandt, Friedrich

— e. botanische **Tropenreise**. Indo-malayische Vegetationsbilder u. Reiseskizzen. Mit 51 Abbildgn. gr. 8. (VIII, 300 S.) Leipzig 893. W. Engelmann. n. 8. —; geb. n.n. 9. 25

— Eine botanische Tropenreise. Indo-malayische Vegetationsbilder u. Reiseskizzen. 2. Aufl. Mit 48 Abbildgn. im Text, 9 Taf. in Autotypie u. 3 Aquarelltaf. (VIII, 296 S.) gr. 8. Ebd. 910. 11.60; geb. in Leinw. 12.85

— s.: **Unger**, Frz., u. Steph. **Endlicher**, Briefwechsel.

— anatomisch-physiologische **Untersuchungen** üb. das tropische Laubblatt. I. [Aus: „Sitzungsber. d. k. Akad. d. Wiss."] Lex.-8. (32 S.) Wien 892. (F. Tempsky.) n. — 60

— dasselbe. II. Über wassersecernir. u. -absorbir. Organe (1 Abhandlg.). [Aus: „Sitzungsber. d. k. Akad. d. Wiss."] Lex.-8. (60 S. m. 3 Taf.) Ebd. 894. n. 1. 30

Haberlandt, G., anatomisch-physiolog. Untersuchgn. üb. d. tropische **Laubblatt**. II. 2. [Aus: „Sitzungsber. d. k. Akad. d. Wiss."] Lex.-8. Wien 895. (C. Gerold's Sohn.) n. 2 — (I–II, 2: n. 3 90)
Über wassersecernirende u. absorbir. Organe. (II. Abhandlg.) (62 S. m. 4 Taf.)

— **Untersuchungen** über die Winterfärbung ausdauernder Blätter. [Aus dem pflanzenphysiolog. Institute der k. k. wiener Universität.] [Aus „Sitzungsber. d. k. Akad. d. Wiss."] Lex.-8. (30 S.) Ebend. 876. n. — 40

— Über die **Verbreitung** der Lichtsinnesorgane der Laubblätter (20 S. m. 1 Taf.) gr. 8. Wien 908 (A. Hölder.) — 70
Sonderabdr. aus „Sitzungsber. d. k. Akad. d. Wiss."

Haberlandt, Michael

[illegible] 1900 [illegible]

Haberlandt, Mich., s.: **Dandin**, Daçakumâracaritam.

Haberlandt, Mich., bei den Eskimos in Westgrönland, s. **Trebitsch**, Rud.

Führer durch die Sammlungen des Museums für österreichische Volkskunde in Wien. Mit 20 Textabb. ... verf. vom Dir. d. Mus. Dr. M. **Haberlandt** (Wien) Ver. f. Österr. Volkskunde 1901. 60 S. 8°

Haberlandt, M., der altindische **Geist**. In Aufsätzen u. Skizzen. 8. (XII, 348 S.) Leipzig 887. Liebeskind. n. 4. —

Haberlandt, Mich., zur **Geschichte** d. Pañcatantra. I. Text der südl. Recension. Lex.-8. (82 S.) Wien 884. (Gerold's Sohn.) n. 1. 20

Haberlandt Michael: Zur Geschichte einiger Personalausgänge bei den thematischen Verben. Diss. W. D: Wien, 1882.
1876 PN 61 2614

Haberlandt, Mich., zur Geschichte einiger Personalausgänge bei den thematischen Verben im Indogermanischen. [Aus: „Sitzungsber. d. k. Akad. d. Wiss."] Lex.-8. (88 S.) Wien 882. (Gerold's Sohn.) n. 1. 40

Haberlandt, Mich., die Haupt-Literaturen des Orients, s.a. Sammlung Göschen.

Die Haupt-Literaturen des Orients. Von Dr. Michael **Haberlandt**. T. 1. 2. Leipzig: Göschen 1902. 8°
1. Die Literaturen Ostasiens u. Indiens.
2. Die Literaturen d. Perser, Semiten u. Türken.
(Sammlung Göschen. 162. 163.) [illegible]

Verein f. österr. Volkskunde in Wien. Katalog der Sammlungen des Museums für österreichische Volkskunde in Wien. Unter Mitw. von Dr. Wilhelm Hein u. Franz X. Grossl verf. von Dr. M[ichael] **Haberlandt**. 1. Taus. *Wien: Ver. f. österr. Volkskunde 1897.* (100 S.) 8° [illegible]

HABERLANDT, Michael
Cultur im Alltag. Gesammelte Aufsätze von Michael **Haberlandt**. Wien. 1900. Wiener Verlag. (Rosner.) Gr.-8°. IV, 239 S. K 4.20

— indische **Legenden**. gr. 16. (XVI, 78 S.) Leipzig 885. Liebeskind. n. 2. –

Haberlandt, M., üb. **Nephrit- u. Jadeitgegenstände** aus Centralasien. [Aus: „Annalen d. naturhistor. Hofmuseums".] Lex.-8. (S. 273—286 m. 10 Abbildgn.) Wien 891. A. Hölder. n. — 80

— über **Raufwerkzeuge** der Innviertler Bauernburschen. Mit 25 Abbildgn. im Text u. auf Taf. I. II. (7 S.) Lex.-8. Wien 905. (Gerold & Co.) n. 1 —
Sonderabdruck aus: „Ztschr. f. österr. Volkskunde".

Haberlandt, Mich., d. chinesische **Sammlung** d. k. k. naturhistor. Hofmuseums in ihrer Neuaufstellung. [Aus: „Annalen d. k. k. naturhistor. Hofmuseums".] Lex.-8. (11 S. m. 18 Abb.) Wien 895. A. Hölder. n. 1. 60

— über **Tulâpurusha** der Inder. [Aus: „Mittheilgn. d. anthropolog. Gesellschaft in Wien".] gr. 4. (5 S.) Wien 889. (Hölder.) n. — 60

— **Vasantasenâ**, s.: **Cudraka**.

— **Volk u. Cultur in Japan**. Erläuterungen zur japan. Sammlg. im Saale XIV des k. k. naturhistor. Hofmuseums (anthropologisch-ethnograph. Abtheilg.). 8. (VI, 50 S. m. 1 Kartenskizze.) Wien 894. (Leipzig, Literar. Anstalt A. Schulze.) n. — 50

— **Völkerkunde, s.a. Sammlung Göschen.**

Haberlandt, [illegible] Völkerkunde. Mit 56 Abbildungen. (Sammlung Göschen [illegible]) 1898. 200 S. 8

Völkerkunde. Von Dr. Michael **Haberlandt**. Mit [illegible] Abb. [illegible] Aufl. Leipzig: Göschen [illegible] S. 8°
(Sammlung Göschen [illegible]) [illegible]

— **Völkerschmuck** mit besond. Berücksichtigung des metallischen Schmuckes, s.a. **Quelle**, die.

Haberlandt, Michael: Völkerschmuck. Mit besonderer Berücksichtigung des metallischen Schmuckes. [illegible] Wien und Leipzig, Gerlach & Wiedling [illegible]
[illegible] S. 109 Taf.
Die Quelle [illegible] 7. Herausgegeben von Martin Gerlach

— die **Welt als Schönheit**. Gedanken zu e. biolog. Aesthetik (VIII, 199 S.) kl. 8. Wien 905. Wiener Verlag. n. 2 50; geb. n. n. 3 50

Haberlandt, Mich., Hugo Wolf. Erinnorungon u. Godankon. Mit 9 Abbildgn. u. 2 Fksms. Umschlagzeichnung v. Walt. Tiomann. (68 S.) 8. Leipzig 903 Lautorbach & Kuhn. n. 2.—; gob. n. 2.50

– f. Wolf's, Hugo, Brief an Hugo Faißt.

— s.: Zoitschrift f. östorr. Volkskundo.

Haberland(t), Moritz Wilhelm

— — De mandato rei turpis. Oder: Von dem Geheiß / daß jemand eine Ubelthat begehen möge; und wie beyde Theile sowol der Befehlshaber als auch der Thäter / zu bestraffen. Disp. jur. Präs. Nicolaus Christoph v. Lyncker (Flurstett u. Koetschau). Jena 24. V. 1699 (Jo. Bernhard Heller) 1730. 35 S. (6.—) 12556

— — Dasselbe: Von der Angabe eine Ubelthat zu begehen; Und Bestraffung sowol des Angebers als auch Verbrechers. Ed. III. 1718. 52 Seiten (6.—) 12557

[Umschlagt.:] **Haberlandt,** *Otto:* De figurae quae vocatur etymologicae usu Sophocleo. Freienwalde a. O., Buchdr. v. E. Pilger, 1897; 3—33 S. 4.
Freienwalde a. O., k. G, OP 1807 (74)

Haberle, Karl Konstantin

HABERLE (C. C.) Succincta rei herbariae Hungaricae et Transylvanicae historia. Budae, 1830. 8°

Haberle, K. Konst., meteorolog. Aphorismen, zur Erlernung wissenschaftl. Witterungs-Beurtheilung. gr. 8. Weimar 812. Landes-Ind.-Compt. 15 gl

– s. Batsch A. J. G. K. Einleitung

— Beitrr. zu e. allgem. Einleit. in d. Studium d. Mineralogie, als bericht. Anmerkk. u. Zusätze zu Batsch, Einleit. in d. Mineralreich, zu Hauy's Mineralogie u. zu d. bisherigen Lehrbüchern d. Mineralogie nach Werner's System rc. gr. 8. Weimar 806. Ind.-Compt. 1 rß 12 gl

Karl Konstantin Haberle

Beobachtungen uber das Entstehen der Sphaeria lagenaria Pers. so wie des Merulius destruens Pers. und uber die verschiedenen Gestalten dieser beiden Schwammarten in den verschiedenen Perioden ihrer Entwickelung. Von C[arl] C[onstantin] Haberle. Erfurt: Beyer & Maring 1806. 64 S. 8°
(= Neue physikalische Abhandlungen der Akademie nutzlicher Wissenschaften zu Erfurt. 1805,5.)

— Beobachtt. über d. Entstehen d. Sphaeria lagenaria Pers., so wie des Merulius destruens Pers. u. über d. Gestalt dieser Schwammarten in den Perioden ihrer Entwickelung. gr. 8. Erfurt 806. (Otto). 6 gl

— Beobacht. üb. die Krystalle d. schörlart. Berills. 8. Erf. Beyer u. Maring. 805.

— Beobacht. üb. d. Gestalt des Grundu. u. d. Keimkrystalle d. schörlartigen Berills u. dessen übrige oryktognost. rc. Verhältnisse. gr. 8. Erfurt 805. (Otto). 4 gl

— mineralog.-meteorolog. Beobachtt., nebst Empfehlung e. neuen bequemen u. vollständ. tabellar. Schema dazu. Mit 1 Tabelle. 8. Weimar 811. Ind.-Compt. 6 gl (Aus d. 2ten Stück d. meteorolog. Hefte besond. abgedruckt.)

— charakterist. Darstell. d. gemeinnützigsten, so wie d. am öftersten vorkommenden Mineralien, mit Hinsicht auf Werner's u. Hauy's Beobachtt. u. nach den neuesten chem. Untersuchungen entworfen für Schulen rc. Mit Kpf. gr. 8. Weimar 806. Ind.-Cpt. 1 rß 12 gl

– s. Gedanken uber Erziehung

— d. Gewächsreich, oder charakterisirende Beschreib. aller zur Zeit bekannten Gewächse, als Commentar zu den Bertuch'schen Tafeln d. allgem. Naturgeschichte. 1 Abtheil. Pflanzen ohne Luftgefäße. 1e Familie, Pilze. gr. 8. Weim. 806. Ind.-Cpt. 1 rß 12 gl

— meteorolog. Hefte für Beobachtt. u. Untersuchungen zur Begründung d. Witterungslehre. 1r Bd. 1s—3s Heft, mit 7 Kpf. gr. 4. Weimar 810—12. Ind.-Compt. 4 rß 18 gl

Haberle, K. Konst., meteorolog. Jahrbuch zur Beförder. gründl. Kenntniß von Allem, was auf Witterung u. Lufterscheinung Einfluß hat. 1r Jahrg. 810. A. u. d. T.: Meteorolog. Jahrbuch. I. Hauptabtheil.: theoret. Witterungslehre. Mit 2 Kpf. u. 1 Karte. II. Hauptabthl.: prakt. Witterungslehre. Mit 14 Kpf. (A. u. d. T.: Meteorolog. Tagebuch f. 1810.) gr. 8. Weimar 810. Ind.-Compt. 4 rß

— Kabinet von 106 Krystall-Modellen, f. Anfänger ins Studium der Mineralogie. Weimar, Land. Ind. Comtoir. 805.

— meteorolog. Lehrbuch zur Beförder. gründl. Kenntnisse von Allem, was auf Witterung u. sämmtl. Lufterscheinungen Einfluß hat rc. Jahrg. 1811. Mit Kpf. gr. 8. Weimar 812. Ind.-Compt. 2 rß 12 gl (A. u. d. T.: Meteorolog. Tagebuch für d. Jahr 1811 Jan.—Dec.)

— d. Mineralreich, oder charakterist. Beschreib. aller Mineralkörper, oder Commentar zu den Bertuch'schen Tafeln d. Naturgeschichte. 1e u. 2e Abthl. 1s Heft, mit Kpf. gr. 8. Weimar 806. Ind.-Compt. 4 rß 6 gl

— neues geocentrisches Planetarium, als ein meteorolog. Constellatorium, zum tägl. Gebrauch beim Selbstunterricht für prakt. Liebhaber d. Erd-, Himmels- u. Witterungskunde. Mit e. dazu gehör. Instrumente. gr. 8. Weimar 811. Ind.-Compt. 20 rß

— Schema zum Eintragen d. tägl. meteorolog. Beobachtungen. Ein Jahrg. von 12 großen Tabellen auf 12 Monate. gr. 8. Weimar 811. Ind.-Compt. 1 rß 8 gl

— über die Schwämme, s. neue physikal. Abhandl. der Akad. nützl. Wissensch. zu Erfurt.

— meteorolog. Tagebuch f. d. J. 1810, ausgehoben a. d. meteorolog. Jahrbuch rc. m. K. gr. 8. Weimar, Land. Indust. Comt.

— meteorolog. Tagebuch für d. J. 1811, mit Kpf. gr. 8. Weim. 811. Ind.-Compt. 3 rß

— kleine Witterungsanzeigen f. d. Bürger, Landmann u. jede Haushaltung, für d. J. 1810. 12. Wien 810. Ind.-Compt. 3 gl

+ über Witterungsbeurtheilung u. Erspähung, oder ausführl. Uebersicht dessen, was bisher zur wissenschaftl. Begründung d. Meteorologie geschahe u. noch dafür zu thun ist. gr. 4. Weim. 811. Ind.-Compt. 6 gr.

Häberle, Albert, a. Hochspeyer ⟨Pfalz⟩: Beitrag zur Lehre von Pseudomyxoma peritonei. Würzburg 1906: P. Scheiner. (34 S.) 8°
Würzburg, Med. Fak., Ref. Hofmeier, Diss. v. 12. Juli 1906
[Geb. 30. Nov. 81 Hochspeyer; Wohnort: Würzburg; Staatsangeh.: Bayern; Vorbildung: Gymn. Kaiserslautern Reife Juli 00; Studium: München 3, Berlin 3, Würzburg 4 S.; Coll. 20. Mai 06; Approb. 17. Juni 06.]

Häberle, A[lfred], Dr.: Der Strassburger Stettmeister Jakob Sturm. Straßburg 1906: Elsaß-Lothringische Druckerei. (S. 17—27.) 4°
Straßburg Els., prot. G P 1906 (650)

Häberle, Christoph

Ueber die Bedeutung der griechischen Partikeln ἄν und κέ. Von Chr. Häberle, G. P. — 1834. Ebend. — S. 3—35.
Progr. München.

Häberle, C., Ueb. die hypothet. Formen der relativen Sätze in der att. Prosa. Pr. 1880. 18 S. 4°. —.90

De formis hypotheticis sententiarum relativarum apud Atticae prosae scriptores. Scrips. Chr. Haeberle, G. P — 1830. Ebend. — S. 3—18.
Progr. Landshut

Haeberle, Chr., de formis hypotheticis sententiarum relativarum apud Atticae prosae scriptores. 4 maj. (2¼ B.) Landishuti 831, Thomann.

Häberle, Dan., Auswanderung u. Koloniegründgn. der Pfälzer im 18. Jahrh. Zur 200jähr. Erinnerg. an die Massenauswanderg. der Pfälzer (1709) u. an den pfälz. Bauerngeneral Nikolaus Herchheimer, den Helden v. Oriskany (6. (VIII. 1777). Mit 1 Karte u. zahlr. Abb. u. Kartenskizzen im Text. (XIX, 268 S.) gr. 8. Kaiserslautern 909. H. Kayser. 6.—

— Pfälzische Bibliographie I u. II. 8. Heidelberg, E. Carlebach. à 3.—
I. Die geolog. Literatur der Rheinpfalz vor 1820 u. nach 1880 bis zum J. 1907 einschliessl.; chronolog. geordnet, nebst Nachträgen u. Ergänzgn. zu dem v. A. Leppla hrsg. Literatur-Verzeichn. v. 1820—1880 im XL—XLII. Jahresbericht der Pollichia f. 1884 S. 12—53. Mit Autoren-, Orts- u. Sachregister. [Aus: „Mitteilgn. d. Pollichia".] (161 S.) 908.
II. Die landeskundl. Literatur d. Rheinpfalz, chronolog. geordnet. Mit Autoren-, Namen-, Orts- u. Sachregister. [Aus: „Mitteilgn. d. Pollichia".] (240 S.) 909.

Pfälzische Bibliographie. Zsgest. von Daniel **Häberle.** [1]–3. (Bad Dürkheim 1908–10: Rheinberger.) 8°
[1] Die geol. Lit. d. Rheinpfalz. 1908. (2.) Die landeskundl. Lit. 1909. 3. Die ortskundl. Lit. 1910.
(Mitteilungen d. Pollichia. Nr 23–25.) [11. 106] 9

— Geologie u. Geographie der Mittel- u. Nordhart u. ihres Vorlandes. (12 S. m. Abb.) 8. Dürkheim 909. (Heidelberg, E. Carlebach.) nn — 50
Sonderabdr. aus: „Jul. Schmitt, d. Wonnegau d. Pfalz"

— Ortskundliche Literatur der Stadt Neustadt a. H. (S. 166—170.) 8. Neustadt a/H. (910). R. Koeppel. — 30

— dasselbe der Stadt Speyer. (S. 209—240). 8. Speyer (910). Dr. Jäger. — M. Nimtz. — 80

— dasselbe der Stadt Zweibrücken. Zur 500jähr. Erinnerg. an die Uebernahme v. Stadt u. Fürstentum Zweibrücken durch Pfalzgraf Stephan aus d. Hause Wittelsbach. (2. X. 1410—1910.) (S. 265—293.) 8. Zweibrücken 910. F. Lehmann. — 30
Sonderabdr. aus: „Mitteilgn. d. Pollichia".

— Die Mark v. Sippersfeld im J. 1019. Ein Beitrag zur mittelalterl. Topographie d. Pfalz. (11 S. m. Abb.) gr. 8. Kaiserslautern 909. (Heidelberg, E. Carlebach.)
Sonderabdr. aus: „Pfälz. Museum". nn — 50

— Das Reichsland bei Kaiserslautern. Quellen zur Förderg. der Heimat- u. Familienkunde im Gebiet des Bannforstes Lutra. Mit 2 Wappenabbildgn. im Text, 8 Karten u. e. Plan der Stadt Kaiserslautern. (X, 240 S.) 8. Kaiserslautern 907. Thieme'sche Druck. nn 3.—

Häberle, Daniel, in Heidelberg: Paläontologische Untersuchung triadischer Gastropoden aus dem Gebiet von Predazzo. Heidelberg 1908: C. Winter. (346, x S., 6 Taf.) 8° ¶ (Aus: Verhandlungen d. Naturhist.-Med. Vereins zu Heidelberg Bd 9 S. 247—592.)
Heidelberg, Naturw.-math. Fak., Ref. Salomon, Diss. v. 23. Juni 1908
[Geb. 7. Mai 64 Kaiserslautern; Wohnort: Heidelberg; Staatsangeh.: Bayern; Vorbildung: Gymn. Kaiserslautern bis Unterprima; Studium: Heidelberg 9 S.: Rig. 28. Febr. 07.]

— Der oberrheinische geologische Verein in den 4 ersten Jahrzehnten seines Bestehens (1871—1910) u. seine Berichte. Geschichte d. Vereins u. Verzeichnis seiner Veröffentlichgn. Mit Autoren-, Orts- u. Sachregister, sowie Mitglieder-Verzeichnis. [Aus: „Berichte üb. die Versammlgn. d. oberrhein. geol. Ver."] 43. Versammlung zu Bad Dürkheim am 29. III. 1910. (II u. S. 118—183.) gr. 8. Heidelberg 910. G. Köster. 1.20

Haeberle, Eman.

— einfache und doppelte Buchführung. Manuskript. Weingarten 1880

Häberle E., neue Buchführung der Handelslehranstalt Weingarten. Neu-Ulm 1873

Haeberle, Eman., neu combinirte mit Controle der doppelten Buchführung versehene einfache Buchhaltung. 1 Tab. Berlin 868. Grieben. gr. Fol. 9 ngr.

— neueste Resolvirungs-Tabelle. In Flüssigkeitsmassen u. Gewichts-Resolvirungen dargestellt. Stuttgart 868. Lubrecht. qu. gr. Fol. 4 ngr.

— Wechsel-Resolvirungs-Tabelle. 4. verb. u. verm. Aufl. Ebend. 868. gr. Fol. 9 ngr.

Häberle, Ernst, u. Otto Häberle, der innere Ausbau d. bürgerl. Wohnhauses. 10 Lfgn. gr. Fol. (à 10 lith. Taf., m. 2 Blatt Text.) Stuttgart 896—898. K. Wittwer. à Lfg. 7.50

Häberle, Ernst, Bauernhäuser u. kleine gewerbliche Anlagen,
— die Holzarchitektur,
— deutsche Konkurrenzen,
— Neubauten.
s.: Neumeister, Alb.

Häberle, H.

— Münchner Gerichtssaal-Humoresken. (15 S.) 8. München (905). (O. Mütterlein.) n. — 30

Häberle, H., s.a.Giesing, Baron.

— Baron Giesing. Münchener Vorstadtszenen. (Orig.-Sprüch der Lucki, Karl, Schorschi u. anderer v. der Münchner Stoatrager-Gilde.) Illustriert v. E. Kneiß. 7. Aufl. 17.—18. Taus. (20 S.) schmal gr. 8. München (906). C. Beck (L. Halle). n. — 30

— Baronesse Giesing. Münchener Vorstadtszenen. Illustriert v. E. Kneiß. 3. Aufl. (24 S. m. 5 Abbildgn.) 8. Ebd. (904). n. — 80

Baronesse Giesing. Münchener Vorstadtszenen. Hrsg. von H. Häberle. Ill. von E. Kneiß. 3. Aufl. München: C. Beck [1906]. (22 S.) 8° [J.] [1.4.1933]

Häberle, Herm., die Geburt Jesu. Ein Singspiel in 3 Aufzügen. gr. 8. (22 S. m. Musikbeilage 13 S.) Weinheim 877. Ackermann. n. 1. 80

Häberle, H., Gesänge für das katholische Kirchenjahr für die Hand der Schüler, als Anhang zur „Gesangschule". 8. (28 S.) Weinheim 886, Ackermann. — 15

Häberle, H., Gesänge f. das katholische Kirchenjahr f. die Hand d. Schüler. Als Anh. zur theoretisch-prakt. Gesangschule. 8. (28 S.) Weinheim 889. Ackermann. n.n. — 15

Haeberle H, theoret. praktische Gesangschule. Ausgabe für Lehrer. Weinheim

Häberle, H., Gesangschule f. Volks-, Bürger-, Real- u. höhere Mädchenschulen, sowie f. höhere Lehranstalten. Complette Ausg. m. Erläutergn. f. die Hand der Lehrer. 8. (VIII, 44; 44 u. 92 S.) Weinheim 886. Ackermann. n. 1.

— dasselbe. Ausg. f. die Hand der Schüler. 3 Hfte. 8. Ebend. 886. n. 1. —
1. 2. (à 44 S.) à n. — 25. — 3. (90 S.) n. — 50

Häberle, Otto, u. Hans Kieser, ausgeführte Miet- u. Zinshäuser. Mit Fassaden in farb. Darstellg., Grundrissen, Schnitten u. Details. 5. Lfg. gr. Fol. (50 Taf. m. 8 S. Text in gr. 4.) Stuttgart (901. 902). K. Wittwer. à n. 10. —

Häberle, Rud., Erzählungen. (84 S.) 8. Straßburg 909. J. Singer. 1.50

Haberlein, Karl: Abhandlung als Beantwortung einer von der k.k.Josephinischen medicinisch-chirurgischen Akademie im Jahre 1786.aufgegebenen Preisfrage, welche geschnittene oder gehauene Wunden sollen durch die Vereinigung, und welche sollen durch die Eiterung geheilt werden? Gekrönt den 10.May 1787. 44 S., gbd.
Wien: Graeffer 1787

JB 3.697

Häberlein, Karl, Beantwortung d. Preisfr.: Welche, geschnitt. oder gehauene, Wunden sollen durch Vereinigung, u. welche sollen durch Eiterung geheilt werden? 4. Wien 788. Blumauer. 3 gl

Häberlein, K., Preisfr. v. Heilen d. Wunden. 8. Wien, Klett. (a. Haslinger in Linz) 788.

Karl Haberlein

Carolus Haberlein: De Vulneribus sectis, aut caesis quae reunione vel suppuratione curanda sunt. Vindobonae: Graeffer 1787. 39 S. 8°

Wien, Med. Diss. v. 10. Mai 1787

— Diss. acad. de vulneribus sectis aut caesis. 4maj. Wien 788. (Gräffer). 6 gl

Haeberlein, C. F. W. J., s. Haeberlin

Häberlein, Hermann, s. Häberlin

Haeberlein, Karl, s. Haberlein

Häberlein, Wilhelm [aus Obernkirchen]: Ueber die Beziehungen der elektrischen Grössen und den Nutzeffekt von Secundärelementen .... Marburg, *Druck v. Metzger & Wittig in Leipzig*, 1887; 31 + 1 S. + 1 Bl. u. 1 Taf. 8°.
Marburg, Phil. Fak., Inaug.-Diss. v. [18. Jun.] 1887.

Videant consules ne quid detrimenti capiat res publica. Zu Nutz u. Frommen leidender Mitmenschen .. dargest. von Dr. Georg Wilhelm [d. i. Wilhelm Häberlein]. Marburg 1907: Gleiser. 72 S. 8°
[10. 16533 4

Haberleithner, Josef, Gutachten d. oberösterreichisch-salzburgischen Turngau-Ausschusses üb. d. Lehrplan f. d. obligatorischen Turnunterricht d. Jugend a. Volksschulen, Salzburg 1869.

Haberleitner: Ein Kulturbild aus d. deutschen Mittelalter. 11 S.–Linz OR., Progr. 1862

Häberlen, v., Berichtigungen zum Prozeß Hegelmaier. gr. 8. (II, 172 S.) Stuttgart 894. E. Nägele. n. 1. —

Haberler, Can., Diss. de tussi convulsiva epidemica. Marb. 4°. 1784

Hæberli, E[mma]. The Comedies of John Crowne. Diss. Phil. Berne. 69 p. 8. Berne, Stæmpfli & Co., 1905.

Häberli, Hermann. Die Disziplinarstrafen gegenüber Sträflingen in den schweizer. Strafanstalten. Diss. Jur. Univ. Zürich. X + 107 S. 8. Zürich-Selnau, Gebr. Leemann & Cie., 1909.

Haeberli, Lina, von Münchenbuchsee: Die Entwicklung der lateinischen Gruppen kl, gl, pl, bl, fl im Franko-Provenzalischen. Chemnitz-Leipzig 1908. 82 S. 8°. S.-A. aus der Zeitschrift für franz. Sprache und Literatur. Bd. 33. [26. VII. 06.]
Bern. Phil. Diss. 1907/08.

Haeberli, Lina. Die Entwicklung der lateinischen Gruppen kl, gl, pl, bl, fl im Franko-Provenzalischen. Diss. Phil. Bern. ([Einleitung und] Teil 1. Aus Zeitschrift für franz. Sprache und Litteratur Bd. 33.) 32 S. 8. Chemnitz-Leipzig, Wilhelm Gronau, 1908.

Haeberlin

— s. a. Heberlin.

Haeberlin, Arthur. Der anatomische Bau des Nervus recurrens beim Kaninchen. Diss. Med. Bern. Mit 15 Figuren im Text. ⟨Sonder-Abdruck aus dem Archiv für Laryngologie. Bd. 18. Heft 1.⟩ 21 S. 8. Berlin, L. Schumacher, 1906.

Haeberlin, C., Beiträge zur Kenntniss des antiken Bibliotheks- und Buchwesens. III. S.-A. 1890. 82 S. 1.—

Haeberlin C, 12 Bilder aus dem Leben württ. Fürsten. (12 T) qu fol Esslingen

Häberlin, C. v., Fresken im Inselhotel zu Konstanz. (18 photograph. Taf.) qu. gr. 8. Konstanz (902). E. Ackermann. In Mappe n. 12. —

Haeberlin, C., Eduard Hiller. [Aus: „Biograph. Jahrb. f. Alterthumskunde".] gr. 8. (39 S. m. Lichtdr.-Bildnis.) Berlin 892. S. Calvary & Co. n. 2. 40

Haeberlin, C., Jahresb. üb. d. Gesch. d. griech. Litteratur f. 1879—1898. S.-A. 1895. 104 S.

Haeberlin, C., Heinrich Keil. Nekrolog. S.-A. 1896. 82 S.

Häberlin, C., nehmt's zu Herzen! Ein Ziehbilderbuch mit Verwandlungen für die liebe Jugend. 12 fein (lith. u.) illum. Bilder nach Orig.-Compositionen. 1—3. Aufl. Eßlingen 865—67. Schreiber. Fol. cart. 1 *ℛ* 9 *ngr.*

Haeberlin, C., Quaestiones Theocriteae I. [SA. aus dem Philologus Band (N. F. IV), 4.] [Göttingen 1892.]

Haeberlin, C., Studien zur Aphrodite v. Melos. Zur Orientirung auch für weitere Kreise. gr. 8. (50 S.) Göttingen 889. Dieterich's Verl. n. 1. —

Häberlin, C. v., s. Wandbilder zur Geschichte Württembergs.

Wandbilder aus der Geschichte Württembergs und seiner Fürsten (von C v Häberlin). (12 T) Imp. Esslingen (1904)

Haeberlin, C. F. W. J.

— systematische Bearbeitung der in Meichelbeck's Historia Frisingensis enthaltenen Urkundensammlung. 1. Thl. Rechtsgeschichte. gr. 8. Berlin 842, Dümmler. 1 *ℛ*

Häberlin, C. F. W. J., kritische Bemerkungen zu dem Entwurf e. Strafgesetzbuchs für den norddeutschen Bund. Erlangen 869. Enke. gr. 8. (IV, 103 S.) n. 18 *ngr.*

Haeberlin, C. F. W. J., Grundsätze des Criminalrechts nach den neuen deutschen Strafgesetzbüchern. 1. Bd. Die allgemeinen Lehren des Criminalrechts. gr. 8. Leipzig 845, Fr. Fleischer. 1 *ℛ* 6 *ngr*

Haeberlin, C. F. W. J., Grundsätze des Criminalrechts nach den neuen deutschen Strafgesetzbüchern. 2—4. Bd. Von den einzelnen Verbrechen u. deren Bestrafung. (3 Abthlgn.) gr. 8. (2: VIII u. 375 S. 3: 434 S. 4: VI u. 478 S.) Leipzig 847—49, Fr. Fleischer. 2: 1 *ℛ* 24 *ngr* 3: 2 *ℛ* 4: 2 *ℛ* 6 *ngr* (cplt. 7 *ℛ* 6 *ngr*)

— über den Irrthum im Strafrecht, s. Gerichtssaal, der.

Häberlin: Ueber den Irrthum im Strafrecht. Erlangen 1865. —17, Beih.)

Häberlin, C. F. W. J., Lehrbuch des Landwirthschaftsrechts nebst einer encyclopädischen Einleitung in dasselbe. Leipzig 859. O. Wigand. gr. 8. (XXIV, 386 S.) n. 2 *ℛ*

Haeberlin, C. F. W. J., Sammlung der neuen deutschen Strafprocessordnungen, s. Sammlung.

Haeberlin, C. F. W. J.: Sammlung der neuen deutschen Strafproceßordnungen mit Einschluß der französischen u. belgischen. Greifswald 1852.

Häberlin, Carl ..., s. Häberlin, Karl ...

Häberlin, (C. L.,) Justizämter u. deren Geschäftsordnung, den Forderungen der neuern Zeit entsprechend dargestellt. 8. Nordhausen 822, Landgraf.

– Dass., s.a. Häberlin, K. L.

Haeberlin, E. Justus

Haeberlin, E. J., Aes grave. Das Schwergeld Roms u. Mittelitaliens einschliessl. d. ihm vorausgeh. Rohbronzewährg. I. Bd., enth. die Münzverzeichnisse. (XXVIII, 280 S. m. 1 Taf.) 34×25 cm. Mit e. Atlas v. 103 Taf. m. 2953 Abb. (in Mappe). (IV S. Text.) 51,5×40,5 cm. Frankfurt a/M. 910. J. Baer & Co. nn 150. —

— Zum Corpus nummorum aeris gravis. Die Systematik des ältesten röm. Münzwesens. (IV, 68 S.) gr. 8. Berlin (W. 50, Kurfürstendamm 17) 905. Dr. E. Bahrfeldt. nn 5. —

Häberlin, Franz Dominicus

Haeberlin, Frz. Dom., de Ant. Albitzio. 4. Goetting. 740.

Haeberlin, Franc. Domin.: Analecta medii aevi ad illustranda iura et res Germanicas. Norimbergae et Lipsiae 1764.

Häberlin, Frz. Dom., († d. 20. April 1787.) analecta medii aevi ad illustr. jura et res germanicas. 8. Nürnb. 764. Felssecker. 1 *ℛ*

— annotationes in J. J. Schmaussii compendium juris publici, s. J. G. *Pertsch*.

HÄBERLIN, Frc. Dom.: D. de austraegis generatim, nec non de jure austraegarum S. R. I. civit. Ulmanae speciat. *Helmstad.*, (Gebhardt et Reisland in *Leipzig*.) 758. 4. (3 Gr.)

— Diss. de Austraegis generatim, nec non de jure austraegarum S. R. J. civit. Ulmanae. 4. Helmst. 759. (Weygand in Leipz.) 3 *gr*

— Auszug aus d. Welthistorie, s. Welthistorie.

— **Franz Dominicus** (Ulm), Dissertatio epistolica ad virum Jo. David Koeler, histor. in acad. Goetting. prof., qua Jo. Friedrich von Baumann voluntarium imperii consortium inter Fridericum Austriacum et Ludovicum Bavarum Augg. contra cujusdam Mansueti Petropolitani objectiones defenditur et ad eas respondetur. Schwabach) (Johann Jacob Enderes) 1738. 26 S. u. 2 S. „Verzeichniß einiger Bücher, welche J. J. Enderes . . . verlegt . . ." (6.20) 12588

— — De dissidiis ex electione Lotharii Saxonis imp. Germaniam turbantibus et nata inde a. c. 1134 Ulmae per Henricum Magnanimum Bavariae ducem eversione. Schediasma histor. Götting. (Jo. Christ. Lud. Schulz) 1745. VIII, 56 S. (7.50) 12589
Gew.: Christoph Peter Frh. v. Forstner (Dambenoy) mit dess. Wappen (G. D. Heumann).

Haeberlin, Franc Dom. Elogium Joannis de Trocznowa, cognomento Ziskae, archistrategi Taboritarum formidabilis. 4 Gottingae 1742

Häberlin, Franz Dominicus, Kurzer Entwurf der politischen Historie des 18. Jahrhunderts, enthaltend die Geschichten aller Europäischen Reiche und Staaten bis zu Ende des Jahres 1745. Zum Gebrauch academischer Vorlesungen verfertigt. Hannover 1746. 8.

— Entw. e. polit. Historie d. 18. Jahrh. bis 1748. 8. Ebend. 748.

Schrbv.

— Entwurf e. pragmat. deutschen Reichshistorie. 8. Braunschw. 763. Schulbuchh. 1 ₰ 8 ℊ

— Ged. v. d. von Frankr. in d. jetz. Feldz. in den Niederlanden begangenen politischen Fehlern. 4. Hannov. Helwing. 747.

Schrbv.

— — dass. 8. Ebend. 748.

H. P. P. H. (HÄBERLIN, Franz Dom.): Zufäll. Gedanken u. Erläut. üb. d. Aach. Friedenspräliminn. 748. 8.

Haeberlin, Franz Dominicus (Präs.), s. Haeberlin, Johann Friedrich (Resp.): De statu juribus ac privilegiis

Häberlin, Franz Dominicus. Neue Kleidermoden aus dem vierzehnten Jahrhundert. Helmstedt 1778.
10 S. 8°
Aus: Franz Dominicus Häberlin. Kleine Schriften vermischten Inhalts aus der Geschichte und dem teutschen Staatsrechte.

— d. röm. Conclave. gr. 8. Halle 769. (Laue in Berl.) 10 ℊ

*Häberlin, Fr. Domin., Vom Kopenfahren, e. ehemal. Ritterspiele zu Lüneburg (Kleine Schriften VII, S. 448—471), Helmstedt 1778, 24 S., 8°.

— — Programma primum de Reineri Reineccii Steinhemii primi historici Helmstadiensis meritis in omnem historiam ut et academiam Juliam. Helmstedt (Schnorr) 1746. 26 S. (6.50) 12590

HÄBERLIN, Frz. Dom.: Nachricht v. Einführ. d. Souverainetät u. Erbgerechtigkeit im Königr. Dänemark. *Wolffenb. u Helmst.* 760. 4.

— Nachr. von Einführung d. Souverainetät in Dänemark. 4. Wolfenb. 761. Meißner. 8 ℊ

Häberlin, F. D. Gründl. Nachricht von der Republik Genua, den Ursachen ihres itzigen Schicksaals u. Beschreibung des Aufstandes. Leipzig 1747. 1,00.

Häberlin, Dr. Franz Domenicus. Teutsche Reichs-Geschichte. (12 Bde.) 8. Halle 1774.

Häberlin, Franz Dominik. Neueste deutsche Reichshistorie ... Halle 1774—95. V (Bd. 21—26): *Senckenberg, Renatus Leop. Chn Carl von.* (Ky)

— neueste deutsche Reichshistorie, vom Anfang d. Schmalkaldener Krieges bis auf unsere Zeiten. 26 Bde. (21r—26r Bd. von K. R. v. Senkenberg. 22r—26r Bd. A. u. d. T.: Versuch e. Geschichte d. deutschen Reichs vom 17ten Jahrh. an. 1r—5r Bd.) gr. 8. Halle 774—95. Gebauer. 39 ₰ 27r u. 28r Bd. A. u. d. T.: K. R. v. Senkenberg, Gesch. d. deutschen Reichs vom Prager Frieden an ꝛc. 2 Bde. gr. 8. Frankf. a. M. 798—804. Gebhardt u. K. 4 ₰

— kleine Schriften vermischten Inhalts, aus d. Geschichte u. dem deutschen Staatsrechte. 4 Stücke in 2 Bden. 8. Helmst. 774—78. Fleckeisen. 2 ₰

HÄBERLIN, F. Dm.: Kl. Schriften aus d. Gesch. u. d. deutschen Staatsr. *Helmst.*, Kühnlin. 774—78. 4 St. in 2 Bdn. 8. (2 Thl.)

— Progr. Selecta quaedam de St. Michaelo archangelo, ejus apparitionibus, festis et cultu etc. 4. Helmst. 758. Weygand. 5 ℊ

Haeberlin, F. D., de S. Michaele Archangelo, ejus apparitionibus, festis et cultu, inpr. in monte Gargano et in monte Tumba illucque factis peregrinationibus. Helmst. 758. 4.

Häberlin, Frz. Dom., Staatsverfassung d. deutschen Reichs. 8. Braunschw. 763. Schulbuchh. 8 ℊ

— — Venerandum vetustatis monumentum sistens statuta Susattensia latina saeculo XII in literas redacta diu expetita ex originali summa cum fide atque cura descripta et addito specimine annotationum juridicarum historicarum etymologicarum ceu prodomo prolixioris commentarii primum in lucem edita. Helmst. (Christian Friedrich Weygand) 1748. 43 S. (8.—) 12591
Gew.: Heinrich Christian Frh. v. Senckenberg.

Häberlin, Fz. D., „Die allgemeine Welthistorie in einem pragmatischen Auszuge", „Neue Historie 1. bis 12. Band", Halle 1767 bis 1773.

Häberlin, Geo. H., Urtheile und Bescheide d. Würtemb. Hofger. zu Tübingen. 4. Stuttg. Erhard. 720.

Haeberlin, (H.), das Königl. Kron-Fidei-Commis-Gut Bornstedt bei Sanssouci. Für den Um- u. Neubau entw. u. ausgeführt. 12 (Kpfr.- u. lithochrom.) Taf. m. (VI u. 14 S. erläut. Text. [Aus den architekton. Entwürfen zu Wirthschaftsgebäuden abgedr.] gr. Fol. Potsdam 851, Riegel's Verl. n. 4 1/3 ₰

Haeberlin, H. Architektonische Entwurfe zu Wirthschaftsgebauden. (Um- u. Neubau des Königl. Kronfideikommisgutes Bornstedt.) Potsdam 1851. Fol. [2 Ex.]

Häberlin, [Hermann]. Beitrag zur konservativen Operationsmethode bei Gebärmuttermyomen, von Dr. H', Zürich. Sonderabdruck aus der «Medizinischen Klinik» (Wochenschrift für praktische Aerzte ...) [Jahrg. 2,] 1906 Nr. 1–3. II + 17 S. gr.-8. (Berlin, Urban & Schwarzenberg.)

Häberlin, [Hermann]. Casuistische Beiträge zur Magenchirurgie. Von Dr. Häberlin in Zürich. Separatabdruck aus der Münchener medicinischen Wochenschrift No. 9, 1901. II + 18 S. 8. (München, J. F. Lehmann.)

Häberlin, H[ermann]. Beruf und Stellung der Frau. (Den verehrten Schwestern gewidmet von der Grossloge Alpina.) 32 S. 8. Bern, Büchler & Co., 1906.

Häberlin, Herm., Die Einführung von Tarifklassen in die Krankenpflegeversicherung. (S.-A. aus: Soc. Mediz. u. Hygiene, I, 1906.) 8°. Hamburg u. Leipzig, L. Voss, 1906.

Häberlin, H[ermann]. Die Ethik des Geschlechtslebens. 32 S. 8. Berlin, Franz Wunder, 1908. (M. —. 50)

Häberlin, H[ermann]. Die Ethik des Geschlechtslebens. 32 S. 8. Bern, Büchler & Co., 1907.

Häberlin, H[ermann]. L'éthique des relations sexuelles. Traduction par Mme [Marie] Schlesinger-Thury. 30 p. 8. Berne, Büchler & Co., 1907. [fr. —. 50]

Häberlin, [Hermann]. Ein Fall von Leberechinokokkus. Von Dr. H', Zürich. Sonderabdruck aus der «Wiener klinischen Rundschau» [Jahrg. 18,] 1904, Nr. 19. *Kopftitel:* Aus der Privatklinik von Dr. H'. II + 4 S. 8. (Wien, Druck von Bruno Bartelt.)

Haeberlin, [Hermann]. Ferienjugendhort in Zürich-Oberstrass. (Sonderabdruck [aus:] Archiv für Soziale Medizin und Hygiene. Neue Folge der Monatsschrift für soziale Medizin... [Band 1, 1904, Heft 1].) II S. + S. 63—66. 8. (Leipzig, F. C. W. Vogel.)

Privatklinik von Dr. med. [Hermann] Häberlin in Zürich. Jahres-Bericht 1902. [Illustriert.] IV + 11 S. 8. Zürich, Müller, Werder & Cie., 1903.

Häberlin, (H[ermann]). Ueber Indikationen und Technik der operativen Sterilisierung vermittelst Tubenunterbindung. Sonderabdruck aus der Medizinischen Klinik.... Jahrg. 1906 Nr. 50. II + 8 S. 8. Berlin, Urban & Schwarzenberg.

Ueber das heutige Krankenkassenwesen und die zukünftige Krankenversicherung in der Schweiz. Von Dr. med. H[ermann] **Häberlin** in Zürich. Zürich-Oberstraß: E. Speidel 1904. (IV, 99 S.) 8° [J.] (06. 4301)

Häberlin, [Hermann]. Brief aus Zürich: Über die Organisation des schweizerischen Arztestandes. Bestrebungen aus der jüngsten Zeit. (Abdruck aus der Monatsschrift für Soziale Medizin.... Band 1.) II S. + S. 199—203. 8. (Jena, Gustav Fischer, 1904.)

Häberlin, [Hermann]. Die Pauschalbezahlung im Krankenkassenwesen. Separatabdruck aus dem Correspondenz-Blatt für Schweizer Aerzte, [Jahrg. 36,] 1906, Nr. 6. 5 S. gr.-8. [Basel, Schweighauser.]

Häberlin, [Hermann]. Referat: «Rechte und Pflichten des Aerztestandes gegenüber den Krankenkassen.» [Gehalten an der] 7. Delegiertenversammlung des ärztlichen Zentralvereins ... 10. Dezember 1905, ... in Olten. Separatabdruck aus dem Correspondenz-Blatt für Schweizer Aerzte, [Jahrg. 36,] 1906, Nr. 2. 6 S. gr.-8. [Basel, Schweighauser.]

(Häberlin, [Hermann]. Referat betreffend die Initiative zur Freigabe der arzneilosen Praxis) s. Stern, Th[eodor]. Die In' für Fr' der Naturheilkunde.

Häberlin, [Hermann]. Zur Revision des schweizerischen Militärversicherungsgesetzes. Von Hauptmann Dr. [med.] H' in Zürich. Sonderabdruck aus der «Schweiz. Monatschrift für Offiziere aller Waffen.» [Jahrg. 17, 1905. № 7, Juli.] 4 S. 8. [Frauenfeld, Huber & Co.]

Häberlin, [Hermann]. Akute Sepsis, Ileus, Pseudoileus, Jodoformintoxikation, unstillbares Erbrechen? Von Dr. Häberlin in Zürich. ⟨Sonder-Abdruck aus dem Centralblatt für Gynäkologie 1902. No. 1.⟩ 5 S. 8. [Leipzig, Breitkopf & Härtel.]

— **Staatsarzt- od. Privatarzt-System? Wirkt das Privatarztsystem wirklich antisozial u ist der Uebergang zum Staatsarztsystem wünschbar oder gar notwendig? (36 S.) Lex.-8. Zürich 906. A. Müller's Verl. n. — 80**

Häberlin, Hermann, med. pract. von Bisegg (Kt. Thurgau), I. Assistenzarzt an der geburtshülflich-gynaecologischen Klinik in Zürich. Ueber Verbreitung und Aetiologie des Magenkrebses. Aus der medicinischen Klinik in Zürich. [Erschien vollständig in Deutsches Archiv f. klinische Medicin. Bd 44. S. 461—499 [= Dissertation Bd 45. S. 337—353]. Leipz. J. B. Hirschfeld Dr. 1889. 43 S. 8°
Zürich, Med. Diss. [v. 22. Mai 1889].

Häberlin, H., das Verhältnis der Freimaurerei zu Gott, Religion u. Kirche. (16 S.) 8. Berlin 909. F. Wunder. — 30

Häberlin, H[ermann]. Wann soll man bei Appendicitis operieren? Separatabdruck aus dem Correspondenz-Blatt für Schweizer Aerzte, [Jahrg. 34,] 1904, Nr. 24. 14 S. gr.-8. [Basel, Schweighauser.]

Häberlin, J., das Leben Jesu im Lichte unserer Zeit. Ein historisch-krit. Versuch. gr. 8. (XII, 356 S.) Frauenfeld 874. Huber in Comm. n. 4. 40

Haeberlin, J., der Kanton Thurgau in seiner Gesammtentwicklung vom Jahre 1849 1869 geschildert. gr. 8. (IV, 396 S.) Frauenfeld 876. (Huber.) n. 5. —

Haeberlin, Johann Friedrich

— — **De mandato S. C. contra statum imperii subditis jura pristinae libertatis sub specie regalium detrahentem a camera imperialia haud decernendo. Helmstedt (P. D. Schnorr's Wwe.) 1779. 26 S. (6.—)** 12593

— **Johann Friedrich** (Helmstedt), **De statu juribus ac privilegiis S. R. I. lib. ac immed. nobilitatis inde a temporibus Rudolphi I. Rom. regis usque ad Maximilianum I. imp. Theses jurid. Präs. Franz Dominicus Haeberlin (Vater). Helmstedt (P. D. Schnorr's Wwe.) 11. X. 1774. 10 S. (4.80)** 12592

— **Johann Jacob** (Stuttgart), **De ususfructus statutarii materni effectibus onerosis. Tract. jurid. Präs. Ferdinand Christoph Harpprecht. Tübing. (Joh. Cunr. Reis) Nov. 1704. 44 S. (6.20)** 12594
Gewidm.: Maximilian v. Menzingen (Brackenheim), Joh. Friedrich v. Staffhorst (Göppingen), Joh. Wolffgang Rathsamhausen (Heidenheim), Johann Friedrich v. Rühle, Johann Rudolph Seubert, Johann v. Backmeister.

Haeberlin, Johannes, appr. Arzt a. Unterkochen ⟨Württemberg⟩, Unterarzt b. Inf.-Reg. Kaiser Wilhelm, König von Preußen ⟨2. Württembergischen⟩ Nr. 120: Zwei Fälle von aleukämischer Lymphombildung am Herzen. Berlin (1908): G. Schade. (36 S.) 8°
Berlin, Med. Fak., Ref. Orth, Diss. v. 21. Jan. 1908
[Geb. 2. Febr. 80 Unterkochen; Wohnort: Ulm a. D.; Staatsangeh: Württemberg; Vorbildung: Gymn. Tübingen Reife O. 01; Studium: Berlin 10 S.; Coll. 21 Jan. 08; Approb. 18. Jan. 08.]

Häberlin, K. L., Justizämter u. deren Geschäftsordnung, den Forderungen d. neuern Zeit entsprechend dargestellt. 8. Nordh. 822. Landgraf. (Dörffling in Leipz.) 12 gr. Hbg. Pr. 4 gr.

– Dass., s.a. Häberlin, E. L.

Haeberlin, Karl

Haeberlin, Carolus Franciscus: Iuris criminalis ex speculis Saxonico et Suevico adumbratio. Halis Saxonum (1837): Semmler 82 S. 8°
Halle-Wittenberg, Jur Diss. v 12. Sept. 1837
Geb. [Bracht (Kr Marburg) 4. 9. 1813]
Ersch. (ohne die Sententiae controversae) im Buchhandel u. d. T.: Speculorum Saxonici et Suevici ius criminale. Adumbravit. Lipsiae: I. A. G. Weigel 1838. 82 S. 8° vorh. Berlin B. d. Obst. Gerichts d. D. D. R.
Verf. erlebte das Jubeldiplom 1887 als Geheimer Justizrat und ordentlicher Professor in Greifswald und 1897 auch sein 60jähriges Dr.-Jubiläum.

Beiträge zu einer Chronik des Fleckens Wyk. Von Dr. (C[arl]) **Häberlin.** Zum 200j. Stadtjubil. hrsg. v Jubil.-Komitee. Wyk auf Föhr 1900: F. A. Krüger (156 S.) 8° [𝔉.]
[Umschlagt] Wyker Chronik Ediret anno domni 1906, im 200. Jahre d. Separierung Wyks.
[illegible] 8

Beiträge zur Heimatkunde der Insel Föhr v [Carl] **Häberlin.** Zur Eröffnung des Friesen-Museums Föhr hrgg vom Naturwiss. Kulturhistor Verein Föhr (Wyk auf Föhr.) 1908 8°
Umschlagt. | Beiträge zur Heimatkunde der Insel Föhr

Blutbefunde an der Nordsee v [Carl] **Häberlin.** [1 2] (Berlin 1908) 8° Sonderabdruck aus der Berliner klin Wochenschr 1908, Nr 16 u 52

Brennmaterial und Feuerherd auf den Halligen der Nordsee v [C.] **Häberlin.** Sonderabdruck aus dem Globus, Bd. 89, Nr 11 (Braunschweig) 1906. 4°

Haeberlin, Carolus [Hannoveranus]: **De figuratis carminibus graecis** .. Hannoverae, thypotheca aulica Jaeneckiorum, 1886; 66 S. + 1 Bl. 8°.
Göttingen, Phil. Fak., Inaug.-Diss. v. 1886.

Haeberlin, Karl, de figuratis carminibus graecis. gr. 8. (66 S.) Hannoverae 886. (Göttingen, Vandenhoeck & Ruprecht.) n. 1. 60

Häberlin, Carl, Colin et Jean, voleurs punis. 12 dessins avec texte descriptif. qu. 4. (6 Holzschntaf. in Buntdr.) Stuttgart 871. G. Weise. geb. 1. 20

Häberlin, Carl [app. Arzt aus Ranchee]: **Drei Fälle von Blasenmole ... Tübingen, H. Laupp'sche Buchh., 1895; 21 S. 8.**
Tübingen, Med. Fak., Inaug.-Diss. v. 1895

Führer durch das Friesen-Museum zu Föhr. Beitrag zur Ethnographie und Naturkunde der Insel (v C. **Häberlin**). Hrgg. vom Verein für Volks- und Naturkunde a. Föhr. Wyk a. Föhr (1906.) 8°

Haeberlin, Carl, Generalregister, s.: Centralblatt f. Bibliothekswesen.

Die Halligen v [Carl] **Häberlin.** Sonderabdruck aus A. W Grubes Geographischen Charakterbildern. Bd. 3 Leipzig 1910 8°

— Hans u. Peter, die bestraften Obstdiebe. 12 Zeichngn. m. beschreib. Text. qu. 4. (6 Holzschntaf. in Buntdr.) Ebend. 871. geb. — 90

Haeberlin, Karl, u. H. Scherenberg, Hans u. Peter, die bestraften Obstdiebe u. Der Bauer u. der Kobold. 2 lust. Geschichten, m. Zeichngn. v. H. u. Sch. (16 Bl. m. farb. Abbildgn.) 8. Stuttgart (909). G. Weise. Kart. 1. 50

– Jahresbericht üb. d. Geschichte d. griech. Litteratur f. 1879—1893. [Aus: „Jahresber. üb. d. Fortschritte d. class. Altertumswissensch."] gr. 8. (104 S.) [Berlin 896. S. Calvary & Co.] Leipzig, C. R. Reisland. n. 4. 20

Haeberlin, Carol. Franc.: Speculorum Saxonici et Suevici jus crim. *Lips.*, J. A. G. Weigel. 838. 8maj. (8 Gr.)

Haeberlin, Carl: Aus d. kgl. Universitäts-Augen-Klinik u. Poliklinik zu München. (Prof. Dr. Eversbusch.) Zur Casuistik der angeborenen Irisanomalien. *München 1903: Kastner & Callwey.* (41 S.) 8°
München, Med. Diss. v. 1903

Zentralstelle für Volkswohlfahrt in Berlin. Die Kinderseehospize in Europa v [Carl] **Häberlin.** Sonderabdruck aus der Zeitschrift der Zentralstelle „Concordia" Nr. 11 vom 1 Juni 1909. Berlin (1909) 8°

Die Nordseekuren im Winter v [C.] **Haeberlin.** (Wyk auf Föhr) [1905.] 8°.

— griechisches Papyri. [Aus: „Centralbl. f. Bibliothekswesen".] gr. 8. (131 S.) Leipzig 897. O. Harrassowitz. n. 3. 60

Der Rückgang der seemännischen Bevölkerung auf den nordfriesischen Inseln. Vortrag v C. **Haeberlin** in Wyk auf Föhr, gehalten im Nautischen Verein für die Schleswigsche Westküste im November 1905. Als Manuskript gedruckt. (Husum. 1906.) 8°

Dr. med. Heberlin (Wyk/Föhr) [d. i. Karl Haeberlin]: Der habituelle Schwachsinn des Mannes. Zoolog.-sociale Studie. (2. Aufl.) — Dresden: Pierson 1903. VII, 108 S. 8°

Trauertrachten und Trauerbräuche auf der Insel Föhr v. Karl **Häberlin.** (Mit 17 Abb.) [Berlin.] 1909. 4° Sonderabdruck aus: Zeitschrift des Vereins für Volkskunde in Berlin. H. 3. 1909.

Häberlin, Volkstrachten d. nordfriesischen Inseln v. Anfang d. XVIII. b. Anfang d. XIX. Jahrh. (25 farb. Taf. m. Unterschriften in dän. u. deutscher Sprache.) 31,5×23,5 cm. Leipzig (Bayerschestr. 6) (909). Mohr & Dutzauer. 4. —

Das Nordseebad Wyk a. F. v [Carl] **Häberlin.** (Abbazia. 1909.) 8° Separat-Abdruck a. d Zentralblatt f. Thalassotherapie etc. (Nr 6 u 7, 1909)

Haeberlin, Karl Franz, s. Haeberlin, Karl

Haeberlin, Karl Friedrich

— Ankündigung seiner Vorlesungen über d. Geschichte d. deutschen Reichskriege rc. 8. Helmst. 792.

Häberlin, Karl Fr., († d. 16. Aug. 1808,) über Aufhebung mittelbarer Stifter, Abteien u. Klöster in Deutschland rc. gr. 8. Helmst. 805. Fleckeisen. 18 ℳ

HÄBERLIN, C. F.: Ueber Aufhebung mittelbarer Stifter u. Klöster in Deutschland. Zur Erläuter. des §. 35 des Reichsdeputations-Hauptschlusses v. 25. Febr. 1803, m. Anwendung auf d. Mecklenb. Jungfrauenklöster. *Helmst.*, Fleckeisen. 806. gr. 8. (18 Gr.)

— **Carl Friedrich,** De austraegis privilegiatis liberae S. R. I. civitatis Augustae Vindelicorum. Diss. jur. publ. Erlangen (Ellrodt) Jan. 1783. 32 S., tlws. dtsch. (6.—) 12587

HÄBERLIN, C. Fr.: De austraegis privilegiatis lib. S. R. J. civit. Augustae Vindel. *Erlangae*, Palm. 783. 4. (3 Gr.)

HÄBERLIN, K. F.: Ueb. unstandesmässige Ehen u. Missheirathen, vorzügl. d. hohen Adels in Deutschland. *Berlin*, Vieweg. 793. 8. (vorh. in der deutschen Monatsschrift. 793. V.)

Ders. Entwurf der Artikel zu einer Begräbniscasse, bey welcher 10-60 Thaler Begräbnissgeld gegen einen jährl. festgesetzten kleinen Beytrag erworben werden könnten; für die Stadt Göttingen, von dem Magistrat geprüft u. von der kgl. Regierung bestätigt. 1779.

— etwas über die in d. Sache des Hrn. v. Berlepsch d. 6. Mai 1797 erlassenen Schreiben d. großen Ausschusses d. Calenb. Landsch. 8. Helmst. 797. Fleckeisen. 2 gGr.

— pragmat. Geschichte d. neuesten kaiserl. Wahlkapitulation ꝛc. gr. 8. Leipz. 792. Weidmann. 1 Rthlr. 4 gGr.

— Anhang zu seiner Geschichte d. Wahlkapitulation Leopolds II., der d. Verhandl. über d. Kapitulation Franz II. enthält. gr. 8. Leipz. 793. Weidmann. 6 gGr.

— Handbuch d. deutschen Staatsrechts zum gemeinnütz. Gebrauch d. gebild. Stände in Deutschland, nach Pütter's System. 2 Bde. gr. 8. Berl. 794. 2e A. 3 Bde 797. (Vieweg in Braunschw.) 4 Rthlr. 12 gGr. Schrbp. 5 Rthlr. 12 gGr. Velinp. 7 Rthlr. Dess. 3r Bd. zur ersten Aufl. gehörig. gr. 8. Ebd. 797. 1 Rthlr. 18 gGr.

— Materialien u. Beitr. zur Geschichte, zu d. Rechten u. deren Literatur. 3 Stücke. 8. Erlang. 784—86. Palm. (à 8 gGr.) 1 Rthlr.

— ausführl. Nachr. von den bei d. allgem. Reichsversamml. u. den höchsten Reichsgerichten erscheinenden Schriften. 2 Bde od. 8 Stücke. 8. Erlang. 784—87. (Heyder). 3 Rthlr. 12 gGr.

HÄBERLIN, K. F.: Nachrichten v. d. bey der allgem. Reichsversamml. u. d. höchsten Reichsgerichten erscheinenden Schriften. *Erl.*, Walther. 784-86. 8. 6 Stck. (2 Thl. 12 Gr.)

— über d. Rechtssache d. Hofrichter v. Berlepsch. gr. 8. Berl. 797. Vieweg in Braunschw. 16 gGr.

— Repertorium, s. Repertorium d. deutschen Staaten, 3r Thl.

— Samml. einiger Actenstücke d. Berlepsche Sache betreffend. gr. 8. Helmst. 797. Fleckeisen. 12 gGr.

— Staatsarchiv s. a. Staatsarchiv.

HÄBERLIN, K. F.: Staatsarchiv. *Helmst.*, Fleckeisen. 796—808. 62 St. gr. 8. (à 10 Gr.)

— über Ursache d. Verfalls d. großen Raths-Todtenkasse in Helmstädt. 4. Helmst. 795. (Fleckeisen). 3 gGr.

— üb. Ursache des Verfalls d. Todtenkasse in Helmstädt. 4. Helmst. Fleckeisen. 796.

— über das d. Freiherrn Mor. v. Brabeck angeschuldigten Verbrechen d. beleidigten Majestät. gr. 8. Braunschw. 800. Vieweg. 20 gGr.

— Vorlesungen über d. deutsche Reichsgeschichte. 1r Thl. 8. Erlang. 786. (Heyder). 20 gGr.

— von d. kaiserl. Wahlkapitulation, aus J. J. Moser's deutschem Staatsrechte neu bearb. 4. Nürnb. 792. Grattenauer. 10 gGr.

Ders.: Noch ein Wort an Wahrheitsfreunde, in Bezug auf vorherg. Schrift. *Helmstädt*, Fleckeisen. 797. gr. 8. (4 Gr.)

Haeberlin, Carl L. Die Auswanderer nach Texas. Berlin, 1841

Haeberlin, Karl Ludwig

Haeberlin, Carl Ludw., s. a. Belani, H. E. R. (Pseud.)

Häberlin, K. L., s. Belani. Melindor. Mandien. Schrieb auch unter d. Namen: Avenello, H. Clauren, Nieman, Nidmann.

Häberlin, C. L., genannt Belani, Sanssouci, Potsdam und Umgegend. Mit besonderer Rücksicht auf die Regierungszeit Sr. Maj. Friedrich Wilhelm IV. König von Preußen. Mit Allerhöchster Genehmigung unter amtlicher Mitwirkung der HH. General-Gartendir. Lenné und Hof-Baurath Hesse geschichtlich eingeleitet und geschildert. Berlin 855. Riegel's Verlag. gr. 8. (1. Hälfte: S. 1—128.) n. 1 Rthlr. 10 Ngr.

Häberlin, Paul. Über den Einfluss der spekulativen Gotteslehre auf die Religionslehre bei (Fr[iedrich]) Schleiermacher. (Diss. Phil. Basel.) Separat-Abdruck aus der « Schweizerischen theolog. Zeitschrift » ... [Jahrg. 20, 1903, 1. u. 2. Vierteljahrs-Heft]. II + 59 S. 8. Zürich, A. Schaufelberger, 1903.

Häberlin, P[aul]. Herbert Spencers Grundlagen der Philosophie. Eine kritische Studie von Dr. P. H', Privatdozent an der Universität Basel. (Habilitationsschr. Phil. Basel.) VI + 205 S. 8. Leipzig, Johann Ambrosius Barth, 1908. [M. 5. 40]

— Wissenschaft u. Philosophie. Ihr Wesen u. ihr Verhältnis. 1. Bd.: Wissenschaft. (VII, 360 S.) 8. Basel 910. Kober. 6.—; geb. 8.—

Haeberlin, R., Special-Karte der Eisenbahnen Deutschlands und der angrenzenden Länder. Braunschweig, Ramdohr, 1855. Imp.-Fol. Lith. . . . . (KPA.)
—, — Ebenda 1859. . . . . (Br. Mus.)

— **Rupert Sigismund** (Regensburg), De bonis ereptitiis. Diss. jur. Präs. Nicol. Christoph Lyncker (Flurstaet u. Koetschau). Jena (Werther) Jan. 1694. 64 S. (7.—) 12595
Widm. v.: Präs., Georg Schubart.

— — Dasselbe. 1702. (7.—) 12596

Häberlin, Wilhelm, über die Beziehungen der elektrischen Grössen und den Nutzeffekt von Secundärelementen. Diss. Marburg 1887, N. G. Elwertsche Univ.-Buchh. 8⁰. 31 S.

Häberlin, Wilh., Dorngestrüpp u. Haidekraut. Spottnovelle: „Sein erster Stubenarrest“, Märchen u. Erzählgn. (88 S.) 8 Duisburg (906). M. Schwenzer. n. 1. 50

Häberlin-Meissner, A., Opfer der Tradition. Roman. (361 S) 8. Leipzig (906). P. List. n. 3. —; geb. n. 4. —

Häberlin-Schaltegger. Siehe: „Neujahrsblatt 83, herausgegeben von der Hülfsgesellschaft in Zürich.“

Haberlin-Schaltegger. J[acob]. Bilder aus dem Sonderbundskriege von 1847. von G (*Umschlag* J.) H'-Sch'. [Mit 15 Tafeln.] 8. Grüningen 1895.

Häberlin-Schaltegger, J., Geschichte der evangelischen Kirchgemeinde Sommeri-Amrisweil, mit steter Berücksicht. der Geschichte von katholisch Sommeri. Von den ältesten Zeiten bis auf die neuere Zeit. Frauenfeld 870. (Huber.) gr. 8. (IV, 143 S.) n. 16 ngr.

Häberlin-Schaltegger, J., Geschichte d. Kantons Thurgau von 1798—1849, m. vorzügl. Berücksicht. v. Staat, Kirche, Schule, Landwirthschaft, Handel u. Gewerbe. gr. 8. (VIII, 359 S.) Frauenfeld 872. (Huber.) n. 3. 60

Haberlin[-Schaltegger], J[acob]. Der Kanton Thurgau in seiner Gesammtentwicklung vom Jahr 1849–1869, geschildert von J H'. 8 Frauenfeld 1876.

Haberling, Conrad (Fredericus Guilelmus) ... De tuberculosi myocardii. Vratislaviae (1865) 32 S. 8
Breslau Med. Diss. v. 11 Aug. 1865

Haberling, Willy

Haberling, die altrömischen Militärärzte, s. Veröffentlichungen aus dem Gebiete des Militär-Sanitätswesens.

Die altrömischen Militärärzte. Von Dr [Willy] **Haberling**, Stabsarzt. Mit 1 Titelbilde u. 16 Abb. Berlin Hirschwald 1910. 79 S. 8° (Veröffentlichungen aus d. Geb. d. Militärsanitätswesens. H. 42)

Haberling. Die Militärlazarette im alten Rom. (S. A.) Berlin 1909.

Habermaas, H. Fr., die ideale Konkurrenz der Delikte. gr. 8. (V, 180 S.) Stuttgart 882. Enke. n. 2. 80

Habermaas, Otto [approb. Arzt aus Stuttgart]. Über Tuberkulose der Mamma und einige andere seltene Fälle von chirurgischer Tuberkulose. Tübingen, Druck v. H. Laupp jr., 1885. 35 S. 8°.
Tübingen, Med. Fak., Inaug. Diss. v. 1885.

Habermalz, H., Post-Porto- u. Telegramm-Gebühren-Tarif f. das In- u. Ausland. Nach amtl. Unterlagen zusammengestellt. gr. 8. (III, 48 S.) Leipzig-R.-C. 900. (Leipzig, O. Zöphel.) n. 1. —

— dasselbe. (Ausg. f. Halle u. Leipzig.) gr. 8. (IV, 64 S.) Ebd. 900. n. 1. —

Habermalz, H. W. C., Anfangsgründe d. Geometrie, mit 6 Kpft. 8. Leipz. 786. Schwickert. 6 gr.

Habermalz, H. L. C., Anfangsgr. der Geometrie. m. Kupf. 8. Lpz. Schwickert. 786.

Habermalz, Karl

Habermalz, Carl, s.: Adressbuch d. elektr. Lichtanlagen.

– (Red.), s. Wochenschrift für den Drogen-, Kolonialwaaren- u. Farbenhandel.

Haberman, J. Victor, A. B., M. D., a. New-York. Aus der Poliklinik für Nervenkranke von Prof. Dr. H. Oppenheim in Berlin. Zur Differentialdiagnose der Poliomyelitis anterior acuta (Myatonia congenita (Oppenheim) und Polyneuritis). Berlin: S. Karger 1908. (48 S.) 8°
Berlin, Med. Fak., Ref. Ziehen, Diss. v. 19. Mai 1908
[Geb. 11. April 79 New York; Wohnort: New York; Staatsangeh.: Vereinigte Staaten; Vorbildung: Columbia Univ. New York Baccal.; Studium: New York 8, Berlin 4 S.; Rig. 12. Mai 08.]

Habermann, Alfred, a. Hoheneggelsen bei Hildesheim: Der Fadenapparat in den Synergiden der Angiospermen. M. 1 Tafel. (Burg b. M. [1906]: A. Hopfer.) (22 S.) 8°
Bonn, Phil. Fak., Ref. Strasburger, Diss. v. 8. März 1906
[Geb. 2. Sept. 82 Hoheneggelsen, Hannover; Wohnort: Hoheneggelsen; Staatsangeh.: Preußen; Vorbildung: Andreas-Realgymn. Hildesheim Reife O. 01; Studium: Göttingen 4, Bonn 6 S.; Rig. 2. Aug. 05.]

Habermann, Auguste, was kochen wir? Gerichtzeitung der bürgerl. Küche f. alle Tage d. Jahres, zusammengestellt nach prakt. Erfahrgn. in der Kochkunst. 1.—4. Aufl. 8. (III, 53 S.) Schweidnitz 887. Maisel. n. — 50

Habermann, Dr. B. — Der Kurort Szliács, insbesondere in sanitäter Beziehung geschildert von — —, Separatabdruck aus der Zeitschrift für Natur- und Heilkunde in Ungarn. Oedenburg, 1856. Druck von Adolph Reichard. (51 S. 8.)

Habermann, C., Rathgeber in Alimentensachen nach kgl. sächs. Recht, m. kurzen Erläutergn. in volksthüml. Sprache dargest., m. Formularen vers., samt d. Prozeßverfahren vor d. Amtsgerichten u. e. Anh., betr. d. v. sächs. Rechte abweich. Gesetze nach d. allgem. Landrecht in Preußen. 8. (16 S.) Leipzig 896. J. Milde. — 50

— der Rechtsanwalt im Hause. Amtsgerichtl. Prozeßverfahren. Pract. Handbuch f. Jedermann z. Verfolgg. u. Vertheidigg. d. Rechte ohne Rechtsanwalt. 8. (32 S.) Ebd. 896. n. 1. —

Plan von Langfuhr, Hochstriess, Neuschottland, Neufahrwasser, Westerplatte, Zigankenberg, Heiligenbrunn, Altschottland, Stadtgebiet u. Ohra, nach amtl. Quellen bearb. von E[rnst] **Habermann**, Baurat. 3. Aufl. 1906. [Mit 2 Nebenkarten.] (Massst. 1:10,000.) Danzig: A. W. Kafemann (1906, Lith. A. Winter). (1 Kartenbl. 51×36 cm.) [kol.] 07.6340

Habermann, F. X., Auswahl ornamentaler Motive des XVIII. Jahrh., s.: Sammelmappe, ornamentale u. kunstgewerbliche.

— Rococo. Eine Ornamentensammlg aus dem XVIII. Jahrh. 36 Taf. Fol. Berlin 888. Claesen & Co. In Mappe. n. 25. —

Habermann, F. X., Rococo. Eine Ornamentensammlg. aus dem XVIII. Jahrh. Motive f. Architekten, Decorationsmaler, Stein- u. Holzbildhauer etc. 2.—6. Aufl. gr. Fol. (36 Taf.) Berlin 891—893. Hessling & Spielmeyer. In Mappe. n. 25. —

Habermann, Fr. Xav., Rococo-Möbel, s. Sammelmappe, ornamentale und kunstgewerbliche.

— Rococo-Ornamente, s.: Sammelmappe, ornamentale u. kunstgewerbliche.

Habermann, F. X., s. a. Vorbilder d. Kunsttischlerei.

Habermann FX, F de Cuvilliés uA, Vorbilder der Kunsttischlerei im Stile des Rokoko. (16 T) fol Berlin (1888)

Habermann FX, F de Cuvilliés uA, Vorbilder der Kunsttischlerei im Stile des Rokoko. (16 T) fol Berlin (1891)

— — Vorbilder d. Kunsttischlerei im Stile d. 18. Jahrh. (N F) (T 17-32) fol Berlin (1891)

Habermann, Franz [pr. Arzt in Wismar]: Beobachtungen bei der Anwendung der Kochschen Flüssigkeit im Stadtkrankenhause zu Wismar. . . . Wismar, Eberhardt'sche Hof- u. Rathsbuchdr., 1891; 38 S. 8°
Rostock, Med. Fak., Inaug.-Diss. v. [6. Mai] 1891

[Habermann, Franz Edler von.] Kriegs-Scenen. C in VI Blättern. [F v Habermann inv.]
Wien und Leipzig, Trentsensky & Vieweg [um 1840]. [Umschlagtit.]
6 Taf. in Lithogr. 2°

Habermann, Franz Ludwig u. (Respond.) Franz Joseph Frh. von Münster, Continuatio commentarii in institutiones juris civilis secund. ordin. textus Justinian. concinnati cujus titulum secundum de jure naturali gentium et civili. Würzburg (Marcus Anton Engmann) 9. VIII 1726. 128 S. (8.50) 12558

Habermann, Friedrich, a. Sorau (N.-L.): Das Ausscheiden eines Mitgliedes aus der Gesellschaft des bürgerlichen Rechts, den Handelsgesellschaften und der eingetragenen Genossenschaft. Heidelberg 1908: K. Rössler. (84, III S.) 8°
Heidelberg, Jur. Fak., Ref. Schroeder, Diss. v. 1908
[Geb. 11. Sept. 77 Sorau; Wohnort: Sorau; Staatsangeh.: Preußen; Vorbildung: Gymn. Sorau Reife O. 95; Studium: Berlin 1, Freiburg i. B. 1, Leipzig 2, Berlin 3, Heidelberg 1 S.; Rig. 10. Marz 08.]

Habermann, G., Das Hausiergewerbe im nordwestlichen Böhmen. (Handelskammerbezirk Eger.) Schriften d. Vereins f. Sozialpolitik, Bd. 82. gr. 8°. Leipzig 1899.

Habermann, G., aus dem Volksleben d. Egerlandes. Mit Melodien v. Volks-Liedern, 1 Plan-Skizze u. (8) Lichtdr.-Bildern nach Photographien. 8. (IV, 114 S. m. 8 S. Musikbeilage.) Eger 886. (Wien, Frick.) n. 3. 20

Habermann, Geo., Franzensbad u. seine Umgebung. Wien 865. (Seidel & Sohn.) 8. (108 S. mit 6 lith. Ansichten in Tondr.) n. 16 ngr.

Habermann, Geo., histor. iuris universi. 4. Würzb. 730.

— iurisprudentia feudalis. 4. ibid. 730.

Habermann, Geo., Studien üb. Agrar-Gesetzgebung u. die Pflege der landwirthschaftlichen Interessen in Oesterreich. gr. 8. (IX, 197 S.) Wien 872. Faesy & Frick in Comm. n. 3. 60

Habermann, Gust., Christentum u. Staat, s.: Hefte zur „Christlichen Welt".

Habermann, Gust. Frhr. v., Geschichte des königl. bayerischen 2. Schweren Reiter-Regiments „vacant Kronprinz Erzherzog Rudolf v. Oesterreich". gr. 8. (V, 298 S. m. eingedr. Skizzen u. 7 farb. Taf.) Landshut 891. (Ph. Krull.) n.n. 30. —; Einbd. in Halbfrz. n.n.n. 3. —

Habermann, Gust., die Konfession d. Kinder aus gemischter Ehe. gr. 8. (V, 34 S.) Göttingen 895. Vandenhoeck & Ruprecht. n. 1. —

— Wider den Reichsboten. In Sachen des Evangeliums u. der Freiheit, s. Hefte zur „Christlichen Welt".

Habermann, Hugo Edler v., u. Joh. Nowak, taktische Detaildarstellgn. aus d. russisch-japanischen Kriege. Im Auftrage des k. u. k. Chefs d. Generalstabes bearb. (Sonderbeihefte zu „Streffleurs militär. Zeitschrift".) 1. u. 2. Heft. Lex. 8. Wien (L.W. Seidel & Sohn). 3. 80
1. Der Nachtangriff auf den Motienlin-Pass am 4. VII. 1904. Zu den Kämpfen der 5. japan. Division in der Schlacht bei Mukden. Aus den Tagebuchblättern d. Rittmeisters Erwin Franz. Mit 6 Beilagen. (V, 59 S.) 908. 1. 80
2. Der Kavalleriekampf bei Judsjatan. — Die Kämpfe bei Wafanwopön am 14. u. 15. VI. 1904. — Das Gefecht bei Sjaosür am 19. VII. 1904. Mit 5 Beilagen. (S. 61—116.) 909. 2. —
Fortsetzg., s.: Detaildarstellungen.

Habermann, [Hugo Edler] v. [&] [Johann] Nowak: Kämpfe am Juschulin- und Jantselin-Passe. Mit 5 Kt., 1 Skizze u. 9 sonst. Beilagen. Wien: Streffleursche Zeitschr. 1909. IV S., S.251-361. 8°
(Einzelschriften über d. russisch-japan. Krieg. H. 16/17.)
(Streffleurs militärische Zeitschrift. Beihefte 16/17.)

Habermann, J.

— Über Acetonhydrochinon S 90. II 8 vgr
Separatabdruck

Habermann, J., üb. das Arbutin, s. a. Hlasiwetz, H.

— Über das Arbutin S 88 II 737 vgr.
Separatabdruck

— Über einige Derivate des Dimethylhydrochinons S 76. II. 436 vgr.
Separatabdruck

— Über den Diäthylalizarinäther S 89 II 755 vgr
Separatabdruck

— und Hönig Max Über die Einwirkung von Kupferoxydhydrat auf einige Zuckerarten. 1 Abhandlung S 86 II. 571 vgr.
— — 2 Abhandlung S 89 II 693 vgr
Separatabdruck

— Über die Elektrolyse organischer Substanzen in wässeriger Lösung 1 Abhandlung. S 81, II 747 vgr
Separatabdruck

— Über die Elektrolyse organischer Substanzen. 2 Abhandlung S 94 II 533 vgr
Separatabdruck

— Über das Gentisin, s. Hlasiwetz, H.

—— über das Glycyrrhizin, s. a. Mittheilungen aus dem Laboratorium der allgemeinen Chemie an der k. k. technischen Hochschule zu Brünn.

Habermann, J., über das **Glycyrrhizin**. 1. u. 2. Abhandlung. [Aus: „Sitzungsber. d. k. Akad. d. Wiss.“] Lex.-8. (19 u. 32 S.) Wien 878. (Gerold's Sohn.) n. — 90

— zur **Kenntniss der Glutaminsäure**. [Aus: „Sitzungsber. d. k. Akad. d. Wiss.“] Lex.-8. (8 S.) Wien 875. (Gerold's Sohn.) n. — 20

— zur **Kenntniss einiger Zuckerarten**, s. Hlasiwetz, H.

— üb. d. Methyläther d. Resorcins, s.: Mittheilungen a. d. Laborator. d. allg. Chemie an d. k. k. techn. Hochschule zu Brünn.

— Mitteilungen aus dem Laboratorium der allgemeinen Chemie an der k. k. technischen Hochschule zu Brünn. 1. Über die Methyläther des Resorzins. S. 74. II. 46 . . . . . —.24
Separatabdruck

— — 2. Über das Glycyrrhizin. Vorläufige Mitteilung. S. 74. II. 65 . . . . . vgr.
Separatabdruck

— Über das Glycyrrhizin. 1. Abhandlung. S. 78. II. 85 . . . . . —.30
— — 2. Abhandlung. S. 80. II. 73 . . . . . —.50
Separatabdruck

— über eine **Modification der Dumas'schen Methode** der Dampfdichten-Bestimmung. [Mit 1 (lith.) Taf.] [Aus: „Sitzungsber. d. k. Akad. d. Wiss.“] Lex.-8. (8 S.) Wien 877. (Gerold's Sohn.) n. — 40

— über die **Proteïnstoffe**, s.: Hlasiwetz, H.

— Über einige basische Salze. S. 80. II. 20 . . . . . vgr.
Separatabdruck

— Über einige basische Sulfate. Vorläufige Mitteilung. S. 88. II. 36 . . . . . vgr.
Separatabdruck

Habermann, Joh., d. luetischen Erkrankungen d. Gehörorgans, s.: **Vorträge**, klin., aus d. Gebiete d. Otologie u. Pharyngo-Rhinologie.

— auf der Grenze. Roman. 4 Bde. 8. (284, 298, 322 u. 281 S.) Breslau 878. Koebner. n. 18. —

Habermann, Johann (Pseud.), s.a. Avenarius, Johann

Habermann, J., Gebetbuch. 4. Frankf. Andred. 700.

Habermann, D. Johann. Christliches Gebetbuch, darinnen Morgen- und Abendgebeter auf alle Tage in der Wochen, wie auch etliche Buß-, Beicht-, Kommunion- und andere schöne Gebeter zu finden. 8. (24 S.) Szarvas, Druck. von Leop. Réthy 1853.

Habermann's, Joh., christliches Gebet-Buch, welches enthält: Tägliche Morgen- und Abendsegen, mit jedesmal angehängten Reim-Gebetlein und Liedern, auch Gebete, durch die sich eine Gott ergebene Seele mit ihrem Jesu nach einem Jeden Stand in vorfall. Nothfällen und Anliegen eifrig und andächtig trösten kann. Mit schönen Buß-, Beicht-, Communion-, Kranken- und Sterb-Gebeten, einigen schönen herzseufzenden, sowohl Wetter- als andern Gebetlein vermehrt. Ferner: Die drei christl. Symbola, Apostolorum, Nicaenum und Athanasii. 8. (210 S.) Ducherow 884. (Leipzig, Buchh. des Vereinshauses.) geb. *

Habermann's, Joh., christliches Gebet-Buch auf alle Tage der Woche. Mit sonst. Gebeten bei verschiedenen Anlässen, als Buß-, Beicht- u. Kommunion-Gebeten, Gebete für Personen verschiedenen Standes, Wetter-, Kranken-, Sterbe-Gebeten u. kurzen Hausgebeten rc. Neue Ausg. 8. (192 S.) Reutlingen 899. Enßlin & Laiblin. Geb. in Leinw. n. — 80

Habermann's, Joh., größeres christliches Gebet-Buch, enthaltend tägl. Morgen- und Abendandachten und Lieder, nebst Gebeten für die verschiedensten Stände und Verhältnisse, für Beichte und Kommunion, sowie für Kranke und Sterbende. Neu durchges. Ausg. (Mit großer Schrift für ältere Leute.) 8. (303 S. mit 1 Holzschn.) Reutlingen 887. Fleischhauer und Spohn. 60 Pf.; geb. 1 20

Habermann's, Joh., größeres christliches Gebet-Buch, enth. tägl. Morgen- u. Abendandachten u. Lieder, nebst Gebeten f. die verschiedensten Stände u. Verhältnisse, f. Beicht u. Kommunion, sowie f. Kranke u. Sterbende. Neu durchges. Ausg. (Mit großer Schrift.) 8. (303 S. m. 1 Titelbild.) Reutlingen 892. Fleischhauer & Spohn. — 60; geb. in Halbfrz. 1. 20

Habermann's, Joh., größeres christl. Gebet-Buch, enth. tägl. Morgen- u. Abendandachten u. Lieder, nebst Gebeten f. d. verschiedensten Stände u. Verhältnisse, f. Beicht u. Kommunion, sow. Kranke u. Sterbende. Neu durchges. Ausg. (m. großer Schrift). 8. (303 S. m. Titelbild.) Reutlingen 898. Fleischhauer & Spohn. Geb. in Leinw. — 90

— Gebet- u. Handbuch, in welchem christl. Gebete auf alle Tage in d. Woche, zu allen Zeiten rc. befindlich. Nebst e. Vorrede von L. H. Schlosser. 8. Frankf. . . . N. Aufl. 810. Brönner. 3 gl. Dass. in 18. Ebd. 810. 1 gl.

Habermann, Joh., christl. Gebet-Büchlein, besteh. in Morgen- u. Abendsegen auf alle Tage in d. Woche, wie auch and. schönen Gebeten, in allen Nöthen u. Anliegen e. Christen. Welchem noch beigefügt worden Neumanns Kern aller Gebete. Auch mit Morgen-, Abend-, Reise-, u. a. geistr. Liedern verm. Neue, verb. Ausg. 16. (9½ B.) Frankfurt a. M. 832, Brönner. 1½ Gr., weiß Pap.

Habermann, J. v. Eger, christl. Gebetbüchlein, bestehend in Morgen- u. Abendsegen rc., welchem noch beigefügt worden M. Neumann's Kern aller Gebete rc. Neue verb. Ausg. 16. Frankfurt a. M. 840. Brönner. 1½ gl

Habermanns, Joh.; christliches Gebet-Büchlein bestehend in Morgen- u. Abendsegen auf alle Tage in der Woche, wie auch andern schönen Gebeten, in allen Nöthen u. Anliegen eines Christen. Welchem noch beigefügt worden Neumanns Kern aller Gebete, auch mit Morgen-, Abend-, Reise- u. a. geistreichen Liedern vermehrt. Neue verb. Ausg. 16. (206 S.) Frankfurt a. M. 852, Brönner. 3 ngr

Habermann's, Joh., christliches Gebet-Büchlein. Wie auch Dr. Neumann's Kern aller Gebete u. schöne Morgen-, Abend- u. andere Lieder, nebst angehängtem geistl. Stundenwecker. Philadelphia 863. Schäfer & Koradi. 16. (144 S.) geb. 10 ngr

— christliches Gebet-Büchlein. Welchem noch beigefügt worden Neumann's Kern aller Gebete. 55. Aufl. 16. (176 u. 32 S.) Calw u. Stuttgart 889. Vereinsbuchhandlg. geb. n. — 35

— christliches Gebet=Büchlein. Welchem noch beigefügt worden Neumanns Kern aller Gebete, auch m. Morgen=, Abend=, Reise= u. andern geistreichen Liedern vermehrt. 68. Aufl. 16. (176 u. 32 S.) Calw u. Stuttgart 894. Vereinsbuchh. Geb. n. — 35

Habermann, Jh. v. Eger, christl. Gebete, auf alle Morgen u. Abende, auch andere Fälle. 8. Frankf. a. M. 790. Hermann. 4 gl.

— christl. Gebete, deren sich ein Christ Morgens u. Abends bedienen kann. 8. Nürnb. 817. Endter. 4 gl. Dass. 24. Ebd., a. Reutling., Fischer. 2 gl.

Habermann, Joh., eines wahren Christen tägliches Herzens=Opfer, bestehend in geistreichen u. schriftmäß. Morgen= u. Abend=, Buß=, Beicht= u. Communion=, auch in andern Nöthen u. Angelegenheiten dienl. Gebeten. Zu Uebung tägl. Gott wohlgefäll. Andacht zusammengetragen. Mit schönen auf alle Tage in der Woche eingerichteten Lehr= u. Trost=Sprüchen Heil. Schrift; auch den 7 Buß=Psalmen Davids u. den 3 christl. Symbolis, oder dem apostol., nicän. u. St. Athanasii Glaubens=Bekenntnissen, wie auch 100 christl. Lebens=Regeln, bekümmerter Herzen Trost=ABC u. geistl. Stunden=Weiser auf alle Stunden d. Tages verm. 26. durchgeseh. Aufl. 8. (VIII, 176 S.) Detmold 877. Meyer. n.n. 50

Habermann, J., Kern allerl. Morgen= u. Abendseg. in geb. Rede v. C. Pfeiffer. 8. Nürnb. 751.

— — dass. verm. v. Münden. 8. Frankf. 738.

HABERMANN, JOH. Morgen- und Abend-Gebethe. O. O. Anno 1714. 72 S. *mit sehr hübschem gestoch. Medaillonporträt des Verf. a. d. Titel.*

Habermann, Dr. Joh. —. Morgen= und Abend=Gebete, denen beigefügt sind: Reise=, Beicht=Gebete, nebst Morgen=, Abend= und anderen Gesängen. Neue durchaus verbesserte und vermehrt Ausgabe. 16. (252 S. und 2 Blätter). Pesth. Druck und Verlag des A. Bucsanszky. 1854.

— Morgen= u. Abendgebete, nebst anderen schönen Gebeten, wie auch eine Anzahl alter Lieder 16. (160 S.) St. Louis, Mo. 876. (Dresden, H. J. Naumann.) geb. n. — 60

— Morgen= u. Abendgebete, nebst andern schönen Gebeten, wie auch e. Anzahl alter Lieder. 16. (160 S.) St Louis, Mo. 885 (Dresden, H. J. Naumann.) geb. n. — 50

— Morgen= u. Abendgebete nebst andern schönen Gebeten, wie auch e. Anzahl alter Lieder. 3. Aufl. 16. (175 S. m. Titelbild.) Zwickau 902. J. Herrmann. Geb. n. — 25; in Leinw. n. — 40

Habermann, Joh., christliche Morgen= und Abend=Gebeter auf alle Tage in der Woche. Sammt schönen Beicht=, Communion= und andern Gebetern; wie auch Morgen=, Abend= und andere neue Lieder. 32. (205 S.) Reutlingen 855, Kurtz'sche Buchh. Thlr. *

— dasselbe, s. a. Reuter's Bibliothek f. Gabelsberger-Stenographen.

— — Ebend. 856. 32. (216 S.) nn. 1¼ ngr; geb. n. 2 ngr

Habermann, Joh., christliche Morgen= und Abend=Gebete auf alle Tage in der Woche. Sammt schönen Beicht=, Communion= und andern Gebeten, wie auch Morgen=, Abend= und andere neue Lieder. (Neue Aufl.) Reutlingen (857). Fleischhauer u. Spohn. 64. (180 S.) 4 ngr

— Reutlingen 853. Kurtz. 24. (216 S.) n. 2 ngr

— christliche Morgen= und Abend=Gebete auf alle Tage in der Woche, wie auch schöne Beicht=, Communion= und andere Gebete, nebst Morgen=, Abend= u. andern neuen Liedern. Reutlingen 860. Rupp & Baur. 32. (200 S.) n. 2 ngr

Habermann, Joh., christliche Morgen= und Abendgebete auf alle Tage der Woche. Sammt Beicht=, Communion und andern Gebeten und geistlichen Liedern. Heilbronn 863. Claß. 32. (192 S.) 3 ngr

— christliche Morgen= u. Abendgebete auf alle Tage in der Woche, nebst Beicht=, Communion= u. anderen Gebeten, wie auch Morgen=, Abend=, Buß= u. andere Lieder. Hamburg 865. Nolte. 32. (112 S.) n. 2½ ngr

— — wie auch schöne Beicht=, Communion= u. andere Gebete, nebst Morgen=, Abend= u. andern neuen Liedern. Ster.=Ausg. Reutlingen 867. Rupp. 32. (200 S.) geb. n. 2 ngr

— — Mit einer neuen Auswahl von Morgen=, Abend= Buß= u. anderen Liedern, hersg. von F. W. Bodemann. [illegible] Aufl. Harburg 868. Elkan. 32. (110 S.) cart. n. 2½ ngr

— — Ebend. 869. 32. (192 S.) 1½ ngr; cart. 3 ngr

— — Sammt Beicht=, Communion= u. anderen Gebeten u. geistl. Liedern. Reutlingen 870. Enßlin & Laiblin. 32. (192 S.) 2½ ngr

— — Sammt schönen Beicht=, Communion= u. anderen Gebeten; wie auch Morgen= Abend= u. andere neue Lieder. Reutlingen 870. Kurtz. 32. (216 S.) n. 2 ngr; cart. n. 3 ngr

Habermann's, Joh., christliche Morgen= u. Abendgebete auf alle Tage in der Woche nebst Beicht=, Communion= u. anderen Gebeten. Mit e. neuen Auswahl der bekanntesten Kirchenlieder. Hrsg. v. der evangel. Gesellschaft in Elberfeld. 16. (222 S.) Elberfeld 872. Buchh. d. evang. Gesellschaft. geb. n. — 60.

— dasselbe. (Deutsch u. englisch.) 16. (384 S.) Philadelphia 873. Schäfer & Koradi. geb. n. 1. —

— dasselbe, nebst Morgen=, Abend= u. andern neuen Liedern. Ster.=Ausg. 32. (200 S.) Reutlingen 873. Baur. geb. n. — 20

— dasselbe. Sammt Beicht=, Communion= u. anderen Gebeten und geistl. Liedern. 32. (192 S.) Reutlingen 874. Enßlin & Laiblin. — 30

— christl. Morgen= u. Abendgebete auf alle Tage in der Woche, nebst Beicht=, Communion= u. anderen Gebeten. Mit einer neuen Auswahl der bekanntesten Kirchenlieder. 2. Aufl. 16. (222 S.) Elberfeld 878. Buchh. der evangel. Gesellsch. geb. n. — 60

— dasselbe. Ster.=Ausg. 24. (192 S.) Reutlingen 881. Enßlin & Laiblin. cart. — 30

— christliche Morgen- u. Abendgebete, auf alle Tage in der Woche, wie auch schöne Beicht-, Communion- u. andere Gebete, nebst Morgen-, Abend- u. andern neuen Liedern. Ster.-Ausg. 16. (200 S.) Ducherow 884. (Leipzig, Buchh. d. Vereinshauses.) geb. n. — 25

—— christliche Morgen- und Abendgebete auf alle Tage der Woche, sammt Beicht-, Abendmahls- und andern Gebeten. Mit Liederanhang hrsg. von der Berliner Stadtmission. 3.—8. Aufl. 24. (160 S.) Berlin 885—88, Buchh. der Berliner Stadtmission. geb. * — 20

—— christliche Morgen- u. Abendgebete auf alle Tage der Woche rc. 10.—14. Aufl. 24. (164 S.) Berl. 889—91, Buchh. d. Berl. Stadtmission. cart. * — 20

— dasselbe, nebst andern schönen Gebeten, wie auch e. Anzahl alter Lieder. 32. (178 S.) Zwickau 889. J. Herrmann. Geb. in Halbleinw. n. — 25; in Leinw. n. — 40

— dasselbe. Aufs neue m. Lideranh. hrsg. 5. Aufl. 24. (190 S.) Eisleben 890. Christl. Verein im nördl. Deutschland. Geb. — 38

— dasselbe. Neue Ausg. 16. (192 S.) Reutlingen 890. Enßlin & Laiblin. cart. — 30; geb. in Leinw. — 45; Velin-Ausg. geb. m. Goldschn. — 80

—— dass. — Neue, verb. Ausg. 24. (192 S.) Reutl. 890, Enßlin u. Laiblin. — 30; geb. — 45; Velin-Ausg. geb. m. Goldschn. — 80

— dasselbe. Sammt schönen Beicht-, Communion- u. anderen Gebeten, wie auch Morgen-, Abend- u. anderen Liedern. (Kleine Ausg. Neudr.) 24. (215 S.) Reutlingen 890. Fleischhauer & Spohn. geb. — 30

Habermann, Joh., christliche Morgen- u. Abendgebete auf alle Tage der Woche. Sammt schönen Beicht-, Communion- u. anderen Gebeten, wie auch Morgen-, Abend- u. anderen neuen Liedern. Neuer Abdr. 32. (215 S.) Reutlingen 892. Fleischhauer & Spohn. Geb. — 30

— dasselbe. Mit Liederanh. hrsg. v. der Berliner Stadtmission. 15. Aufl. 32. (160 S.) Berlin 893. Buchh. der Berliner Stadtmission. Kart. n. — 20

— christl. Morgen- u. Abend-Gebete auf alle Tage d. Woche. Sammt schönen Beicht-, Communion- u. and. Gebeten, wie auch Morgen-, Abend- u. and. neuen Liedern. Neue Ausg. 24. (215 S.) Ebd. 895. Geb. in Leinw. m. Goldschn. n. — 50

— dasselbe, nebst Beicht-, Kommunion- u. and. Gebeten. M. e. neuen Auswahl v. Morgen-, Abend-, Buß- u. and. Liedern ausgestatt. v. F. W. Bodemann. 7. Aufl. 16. (112 S.) Dresden 896. Niederlage z. Verbreitg. christl. Schriften. Geb. in Leinw. n. — 25

— dasselbe auf alle Tage der Woche, samt Beicht-, Communion- u. anderen Gebeten, wie auch Morgen-, Abend- u. andere geistl. Lieder. 16. (160 S.) Konstanz (900). C. Hirsch. Geb. — 20; in Leinw. — 30; m. Goldschn. — 40

— dasselbe, samt Beicht-, Abendmahls- u. anderen Gebeten. Mit Liederanh., hrsg. von der Berliner Stadtmission. 17. Aufl. 24. (156 S.) Berlin 901. Buchh. d. Berliner Stadtmission. Geb. n. — 20

Habermann's, Joh., christliche Morgen- u. Abendgebete auf alle Tage in der Woche, nebst Beicht-, Communion- u. anderen Gebeten. Mit e. neuen Auswahl v. Morgen-, Abend-, Buß- u. anderen Liedern ausgestattet v. F. W. Bodemann. 9. Aufl. (112 S.) 16. Dresden (904). Niederlage d. Vereins z. Verbreitg. christl. Schriften. Geb. in Leinw. — 25

— dasselbe auf alle Tage der Woche, samt Beicht-, Kommunion- u. anderen Gebeten, wie auch Morgen-, Abend- u. andere geistl. Lieder. (158 S. m. Bildnis.) kl. 8. Konstanz (904). C. Hirsch. Geb. in Leinw. — 60; m. 4 Kunstdr.-Bildern u. Bildnis m. Goldschn. — 90

— Christliche Morgen- u. Abendgebete auf alle Tage in der Woche, nebst Beicht-, Kommunion- u. anderen Gebeten. Mit e. neuen Auswahl v. Morgen-, Abend-, Buß- u. and. Liedern ausgestattet. 10. Aufl. (112 S.) 16. Dresden (908). Niederlage d. Vereins z. Verbreitg. christl. Schriften. Geb. in Leinw. — 30

Habermann, Joh., christliche Morgen- u. Abendgebete auf alle Tage der Woche. Mit sonst. Gebeten bei verschiedenen Anlässen u. e. Anzahl geistl. Lieder. Neue verb. Ausg. (191 S. m. farb. Titelbild.) 16. Reutlingen (910). Enßlin & Laiblin. Geb. — 20; in Halbleinw. — 25; in Leinw. — 30; m. Goldschn. — 40

Habermann, Joh., geistreiche Morgen- u. Abend-Gebete, denen beigefügt sind: Reise-, Beicht-, Communion-, Stands-, Wetter-, Kranken-Gebete, nebst dazu gehör. Morgen-, Abend- u. andern Liedern. 32. Aufl. 16. (12 B.) Nürnberg 846, Endtersche Bh.

Habermann's, Joh., geistreiche Morgen- und Abendgebete, denen beigefüget sind: Reise-, Beicht-, Communion-, Standes-, Wetter-, Kranken-Gebete, nebst dazu gehörigen Morgen-, Abend- und anderen Liedern. 33. Aufl. 1848. und 34. Aufl. 24. (192 S.) Nürnberg 850, Endtersche Buchh.

—— geistreiche Morgen- und Abend-Gebete, denen beigefügt sind: Reise-, Beicht-, Communion- rc. Gebete, nebst dazu gehörigen Morgen-, Abend- und anderen Liedern. 36. Aufl. 24. (192 S.) Nürnberg 855, Zeiser.

— geistreiche Morgen- und Abendgebete auf alle Tage in der Woche, nebst Beicht-, Communion- und vielen andern Gebeten, wie auch Morgen-, Abend- und andere erbauliche Lieder. 860. — (Neue Aufl.) Neu-Ruppin 864. Oehmigke. 32. (128 S.) n. 3 ngr.

— geistreiche Morgen- und Abend-Gebete, denen beigefügt sind: Reise-, Beicht-, Communion- rc. Gebete, nebst dazu gehörigen Morgen-, Abend- u. anderen Liedern. 45. Aufl. Nürnberg 864. Zeiser. 32. (192 S.) 2 ngr.; geb. 3 ngr.

— geistreiche Morgen- u. Abendgebete, denen beigefügt sind: Reise-, Beicht-, Communion-, Standes-, Wetter- u. Kranken-Gebete, nebst den dazu gehörigen Morgen-, Abend- u. anderen Liedern. 47. Aufl. Nürnberg 870. Zeiser. 32. (192 S.) geb. 3 ngr.

— geistreiche Morgen- u. Abendgebete auf alle Tage in der Woche, nebst Beicht-, Communion- u. anderen Gebeten. Mit einer Auswahl von Morgen-, Abend-, Buß- u. anderen Liedern u. einem Anh. v. Psalmen. 16. (128 S.) Cottbus 876. (Leipzig, Böhme & Drescher.) geb. n.n. — 30

—— geistreiche Morgen- und Abendgebete auf alle Tage in der Woche, nebst Beicht-, Communion- und anderen Gebeten. Mit einer Auswahl von Morgen-, Abend-, Buß- und anderen Liedern und einem Anhang von Psalmen. 16. (128 S.) Cottbus 876, Gotthold-Expedition. geb. ** — 30

—— dass. — denen beigefügt sind: Reise-, Beicht-, Communion-, Standes-, Wetter- und Kranken-Gebete, nebst den dazu gehör. Morgen-, Abend- und anderen Liedern. 48. Aufl. 32. (192 S.) Nürnberg 879, Zeiser. geb. — 30

— geistreiche Morgen- u. Abend-Gebete, denen beigefügt sind: Reise-, Beicht-, Communion-, Standes-, Wetter- u. Kranken-Gebete, nebst dazu gehör. Morgen-, Abend- u. anderen Liedern. 59. Aufl. 16. (192 S.) Nürnberg 888. Zeiser. geb. — 25

— geistreiche und schriftmäßige Morgen- und Abendgebete auf alle Tage in der Woche, nebst Beicht- Communion- und vielen andern Gebeten; wie auch Morgen-, Abend- und andere geistliche Lieder. Neu-Ruppin 859. Bergemann. 32. (144 S.) 3 ngr.

— Geistreiche u. schriftmäßige Morgen- u. Abendgebete auf alle Tage in der Woche, nebst Buß-, Abendmahls- u. vielen anderen Gebeten, wie auch Morgen-, Abend- u. andere geistl. Lieder. (128 S.) 16. Neu-Ruppin (907). F. W. Bergemann. Kart. — 25

Habermann, Johann, Morgen- und Abendsegen, verdeutscht durch J. Gogelmann, Ellingen (1711)
siehe Jeremias Gogelmann.

— **Johann Baptist** (Glauchau/Schönburg), Theses juris controversi. Präs. August Friedrich Schott. Lpz. (Klaubarth) 27. IX. 1790. 2 Bl. (2.—) 12559

— **Jo. Casp.** (Eisfeld/Hildburghausen), De praescriptione feudali adquisitiva. Diss. jur. Präs. Jo. Ludwig Schmid. Jena (Strauss) 8. IV. 1758. 44 S. (6.—) 12560
Gewidm.: Jo. Georg Habermann (Vater). — Widm. v.: Carl Fried. Walch, Johann Wunderlich, Präs., Jo. Aug. Rudolph Heydenreich (Gotha).

— **Johann Friedrich Ludwig** (Hildburghausen), Quatenus in morbo praesente universali ad morbos respiciendum sit praegressos. Diss. med. Götting. (Barmeier / J. C. Baier) 27. IX. 1804. 28 Seiten. (5.50) 12561

Habermann, Jh. F. L., disquisit. quatenus in morbo praesente universali ad morbos respiciend. sit praegressos. 4. Götting. 804. Brose. 4 gr.

Habermann, Josef

Habermann, J. Abhandl. v. unschädl. Begräbnissen. u. d. nachteil. Beerdiggn d. Toten in d. Kirchen u. Städten. Wien 1772.

Habermann, Jos., von Begräbnissen ꝛc. 8. Wien, Krauß. 773.

Habermann, Karl, s.: Taschenbuch, deutschnationales, m. Zeitweiser.

HABERMANN, Carl (Mühlhausen): Ueber das Vorkommen der Masern in München während der letzten Jahre.- München: Wolf 1885. 32 S., Taf.
13.7.1885 - Urk (Titel: De morbillis.); Chr 1885/86,15
Diss.Ingolst.-Landsh.-Mchn.

Habermann, Karl, die Kley'sche Wasserhaltungs-Dampfmaschinenanlage am Franzschachte in Idria. gr. 8. (63 S. m. 3 Taf.) Leoben 899. L. Nüssler. n. 2. 50
Sonderabdruck aus: „Öst. Zeitschr. f. Berg- u. Hüttenwesen".

Habermann, Freiin Mathilde v., die christliche Frau. Ihre Bedeutung u. Aufgabe in der Gesellschaft. 8. (152 S.) Mainz 882. Kirchheim. 1. 50

Habermann, Freiin Mathilde v., die christliche Frau. Ihre Bedeutg. u. Aufgabe in der Gesellschaft, aus dem Begriffe des Christentums u. aus dem Begriffe der Weiblichkeit entwickelt. 2., umgearb. Aufl. 8. (124 S.) München 900. [R. Abt.] G. Schuh & Co. n. 1. 50; geb. in Leinw. n.n. 2. —

Habermann, Max, von den Pflichten des Kaufmanns, s.: Vortrags-Entwürfe, hrsg. vom deutsch-nationalen Handlungsgehilfen-Verbande in Hamburg.

Habermann, Max, neuer Schönschreibe-Kursus. Heft 1. 2. 4. 6—10. gr. 4. (à 24 S.) Köln u. Neuss 873. Schwann. Preis pro Dutzend n. 1. 20

Habermann, Oscar [aus Mühlhausen in Thür.]: Über die Bestandteile des Samens von Maesa picta. E. Beitr. z. chem. Kenntnis d. Primulaceen ... Erlangen, k. b. Hof- u. Univ.-Buchdr. v. F. Junge, 1894; 25 S. 8.
Erlangen, Phil. Fak., Inaug.-Diss. v. 1894

HABERMANN, Otto: Dissertatio inauguralis circa authentiam utriusque ad Timotheum epistolae. — (1841) 59 S. 8° (Handschr.) Diss. 137
Diss. Wien, Univ.

Habermann, Paul: Die Metrik der kleineren althochdeutschen Reimgedichte. (Einleitung u. Ludwigslied.) Halle a. S. 1909: Karras. 43 S. 8° ¶(Ersch. vollst. b. Niemeyer, Halle.)
Halle, Phil. Diss. v. 20. Juli 1909, Ref. Strauch
[Geb. 8. März 87 Aschersleben; Wohnort: Halle a. S.; Staatsangeh.: Preußen; Vorbildung: Gymn. Aschersleben Reife O. 05; Studium: Freiburg i. B. 1, Berlin 2, Halle 5 S.; Rig. 12. Mai 09.] [U 09. 1053

Habermann, Paul, die Metrik der kleineren althochdeutschen Reimgedichte. (VIII, 194 S.) gr. 8. Halle 909. M. Niemeyer. 7. —

Habermann, R., üb. Eis- u. Kälteerzeugungsmaschinen. [Aus: „Verhandlgn. d. Vereins zur Beförderg. d. Gewerbfleisses".] gr. 4. (III, 91 S.) Berlin 888. Simion. n. 5. —

Habermann, Robert [aus Memel]: Ueber Hypertrophia mammae ... Würzburg, Becker's Univ.-Buchdr., 1888; 22 S., 1 Bl. 8.
Würzburg, Med. Fak., Inaug.-Diss. v. 1888

Habermann, Wilh., Finnland u. die öffentl. Meinung Europas. Einige Beiträge zur Beleuchtg. der jüngsten Phase des finnländ. Verfassungskampfes. (64 S.) gr. 8. Leipzig 910. Duncker & Humblot. 1. 60

Der Stolypinsche Gesetzentwurf. Von Wilhelm **Habermann.** 1. Leipzig: Duncker & Humblot 1910. 8°
(Der Finnländische Verfassungskampf.) [10. 10547

— Der finnländ. Verfassungskampf. Der Stolypinsche Gesetzentwurf. I. Die vorbereit. Verhandlgn. Nach offiziellen Urkunden hrsg. (V, 62 S.) gr. 8. Ebd. 910. 1. 60

Wilhelm Friedrich Habermann

Guilielmus Fridericus Habermann [Wilhelm Friedrich Habermann]: Historia cataractae complicatae in puella VII annorum observatae. Ienae (1790:) Strankmann. 15 S. 8°

Jena, Med. Diss. v. 29. März 1790

— zu Unsleben, Georg Joseph Ignaz Johann Nepomuk von, De pontificis Romani potestate circa exemtiones abbatum et monasteriorum Germaniae imprimis abbatiae sive recens conditi episcopatus Fuldensis. Diss. jur. publ. eccles. Präs. Georg Heinrich Ayrer. Götting. (Jo. Christ. Ludolph Schulz) 5. X. 1754. VIII, 200 S. mit Widm. v. Präs. (10.—) 12562

Habermas, Friedrich

— u. F. Passarge, Ehre sei Gott in der Höhe! Tägliche Morgen- u. Abend-Andachten f. Schule, Anstalt u. Haus. gr. 8. (XV, 447 u. 21 S.) Stuttgart 901. Greiner & Pfeiffer. Geb. in Leinwand n. 3.50

Habermas, Entwürfe zur schulgemäßen Behandlung der neuen Perikopen des Kirchenjahrs. 1. Tl.: Die evangel. Perikopen. gr. 8. (VIII, 108 S.) Stuttgart 902. Greiner & Pfeiffer. n. 1.60; geb. n. 2.20

Habermas, Handbuch d. Bibellesens u. Bibelkunde f. d. Schul- u. pfarramtl. Unterricht, zugl. Lehrbuch d. Bibelkunde f. mittl. u. höh. Schulen bes. auch Präparanden u. Seminarien. gr. 8. (XI, 130 S.) Stuttgart 898. Greiner & Pfeiffer. n. 1.80; geb. in Leinw. n. 2.40

— die Mittelschullehrerprüfung in Religion, s.: Mittelschullehrer- u. Rektoratsprüfung, die. I. 2.

— Religion f. die Rektoratsprüfung, s.a. Mittelschullehrer- u. Rektoratsprüfung, die. II. 2.

Religion. Von Pastor [Friedrich] Habermas. Breslau: Hirt 1900. 60 S. 8°
(Mittelschullehrer- u. Rektoratsprüfung. Reihe 1, H. 2.) [illegible]

Religion. Von Pastor Habermas, Sem.Oberl. in Mettmann. *Breslau: F. Hirt 1901.* (VI, 64 S.) 8° [F.]
= Mittelschullehrer- u. d. Rektoratsprüfung. Reihe 2, H. 2. [illegible]

Habermas-Mettmann, Friedrich: Die Stenographie, die Dienerin und Königin der schreibenden Welt. Vortrag, geh. zu Halberstadt 1900. (Magdeburg: Stark 1900.) 8 S. 8°
Aus: Stenogr. Lehrerzeitung.

Habermas, warum erfordern Bibellesen u. Bibelkunde in d. evang. Volksschule heute weitergehende Berücksicht. als seither, u. wie hat sich d. Unterricht in diesen Fächern zu gestalten? gr. 8. (15 S.) Leipzig 896. Dürr'sche Buchh. n. —40

Habermas, P.

— d. Orgel, s.: Zimmer, Frdr., Orgel-Schule.

Habermehl, F., das Recognosciren, auf Grundlage des Aufnehmens mit dem Messtische. Eine prakt. Anleitung, bearb. für den Anfänger. Darmstadt 856. Diehl. 12. (X, 105 S. u. 3 lith. Taf. in 4.) n. 12 ngl

Habermehl, H. Ueber die Zusammensetzung des Magnetkieses. Giessen, 1852.

Habermehl, H[einrich Friedrich], Prof.: Beiträge zur Kenntnis der Ichneumoniden. T. 1. Worms a. Rh. 1904: Heinr. Fischer. (37 S.) 8°
Worms, großh. G u. OR P 1904 (745)

[F.] Habermehl, *Heinrich:* Über die Lebensweise der Ichneumonen. Worms, Druck v. E. Kranzbühler, 1896; 3—26 S. 4.
Worms, grossh. G u. grossh. R, P 1896 (650)

Habermehl, Karl: Die mechanischen Ursachen für die regelmäßige Anordnung der Teilungswände in Pflanzenzellen. Diss. München. Kaiserslautern 1909

Habernal, Moritz

Habernal, M., orthographische Dictierübungen f. Schule u. Haus. Auf Grundlage der vorgeschriebenen Lehrpläne nach method. Grundsätzen geordnet u. in concentr. Kreisen f. österreich. Volksschulen zusammengestellt. 1.—4. Hft. 12. Freiburg i/Br. 890. Herder. n. 1.45
1. [2. Schulj.] (IV, 24 S.) n. —25. — 2. [3. Schulj.] (IV, 40 S.) n. —30. — 3. [4. Schulj.] (IV, 54 S.) n. —40. — 4. [5. Schulj.] (IV, 60 S.) n. —50.

Habernal, M., orthographische Dictierübungen f. Schule u. Haus. Auf Grundlage der vorgeschriebenen Lehrpläne nach method. Grundsätzen geordnet u. in concentr. Kreisen f. österreich. Volksschüler zusammengestellt. 4. Hft. (V. Schulj.) 2., verb. Aufl. 12. (IV, 64 S.) Freiburg i/B. 893. Herder. n. —50

Habernal, M., orthograph. Dictierübungen f. Schule u. Haus. Auf Grund d. vorgeschrieb. Lehrpläne nach method. Grundsätzen geordnet u. in concentr. Kreisen f. österr. Volksschüler zusammengest. 2. u. 3. Hft. 2., verb. Aufl. 12. Freiburg i/B. 896. Herder. n. —70
2. (III. Schulj.) (IV, 40 S.) n. —30
3. (IV. Schulj.) (IV, 55 S.) n. —40

Habernal, M., Diktierübungen f. den Rechtschreibunterricht. Auf Grundlage d. vorgeschrieb. Lehrpläne nach method. Grundsätzen geordnet u. in konzentr. Kreisen f. d. einz. Volksschulklassen zusammengestellt. 1.—4. Hft. gr. 8. Wien, A. Pichler's Wwe. & Sohn. n. 1.80
1. (II. Schulj.) (24 S.) 902. n. —30
2. (III. Schulj.) (34 S.) 902. n. —40
3. (IV. Schulj.) (41 S.) 902. n. —50
4. (V. Schulj.) (61 S.) 902. n. —60

Habernal, M., Diktierübungen für den Rechtschreibunterricht. 2. Aufl. 1., 2., 3. und 4. Heft. 8°. 1. Heft (23 S.) K —.30; 2. Heft (33 S.) K —.40; 3. Heft (40 S.) K —.50; 4. Heft (64 S.) K —.60.
Wien: Pichler 1903.

Habernal, M., Diktierübungen f. den Rechtschreibunterricht. Auf Grundlage der vorgeschriebenen Lehrpläne nach method. Grundsätzen geordnet u. in konzentr. Kreisen f. die einzelnen Volksschulklassen zusammengestellt. 4 Hfte. 8. Wien, A. Pichler's Wwe. & Sohn. n. 1.80
1. (II. Schulj.) 3. Aufl. (24 S.) 906. n. —30
2. (III. Schulj.) 3. Aufl. (34 S.) 905. n. —40
3. (IV. Schulj.) 3. Aufl. (41 S.) 905. n. —50
4. (V. Schulj.) 3. Aufl. (64 S.) 905. n. —60

(F) Habernal, M., Diktierübungen für den Rechtschreibunterricht. 2. Heft. (3. Schuljahr.) 4. Aufl. 8°. (33 S.) K —.[illegible]
1907

Habernal, M., Diktierübgn. f. den Rechtschreibunterricht. Auf Grundlage der vorgeschrieb. Lehrpläne nach method. Grundsätzen geordnet u. in konzentr. Kreisen f. die einzeln. Volksschulklassen zusammengestellt. 4 Hefte. gr. 8. Wien, A. Pichler's Wwe. & Sohn. 1.80
1. (II. Schulj.) 4. Aufl. (24 S.) 908. —30
2. (III. Schulj.) 5. Aufl. (34 S.) 909. —40
3. (IV. Schulj.) (41 S.) 906. —50
4. (V. Schulj.) 5. Aufl. (64 S.) 908. —60

(F) Habernal, M., Diktierübungen für den Rechtschreibunterricht. 3. Heft. (4. Schuljahr.) 4. Aufl. 8°. (40 S.) K –
1907

(F) Habernal, M., Diktierübungen für den Rechtschreibunterricht. 4. Heft. (V. Schuljahr.) 5. Aufl. 8°. (64 S.) K —.60
Wien: Pichler 1908

Мочника Рахункова книжка для австрійских вселюдних шкіл народних (Ausgabe für 4-, 5- und 6klassige Volksschulen), bearbeitet von Kraus und Habernal. Wien 1903. K. k. Schulbücher-Verlag.
III. Teil, gebunden 50 h.
IV. Teil gebunden 60 h.

– Erstes Lesebuch für Stadtschulen, s. Rieger, Karl.

– Wiener Lesebuch für das erste Schuljahr, s. Rieger, Karl.

– Erstes Rechenbuch für österreichische allgemeine Volksschulen, s. Kraus, K.

— Wegweiser f. den Unterricht in der Heimatkunde. Mit besond. Berücksicht. der Stadt Wien in 27 praktisch durchgeführten Lectionen dargestellt u. m. allgemeinen Beiträgen üb. die Methode dieses Gegenstandes versehen. 12. (VIII, 163 S. m. 29 Fig.) Ebd. 893. n. 1.25

— unser Wien in alter u. neuer Zeit. Topograph.-histor. Handbuch. M. 31 Abb. u. 2 Plänen. 12. (VIII, 371 S.) Wien. Ebd. 896. n. 2.50; Einbd. in Leinw. n.n.n. — 50

Häbernick, H., s. Mélanges de théologie reformée.

Habernickel, Ebhrd., († d. ... Febr. 1789.) elementa juris romani. 4. Götting. 757. 2e verränd. Ausg. unt. d. T.: Institut. juris romani. 8maj. ibid. 764. Ed. III. 776. Vandenhöck u. R. 14 ℳ

Habernikkel, Eberhard (Westfalen), De methodo juris privati quo per Germaniam utimur. Diss. jur. Götting. (Schulz) 28. IV. 1759. 72 Seiten. (6.50) 12563

Habernickel, Ebhrd., Vertheidigung d. Pandektenmethode. 8. Leipz. 758.

Habernoll, Paul

Habernoll, P., Anleitung zur einfachen landwirtschaftlichen Buchführung. (Landwirtsch. Unterrichtsbücher.) 8. (108 S.) Berlin 900. P. Parey. Geb. in Leinw. n. 1.20

Habernoll, Paul, Anleitung zur einfachen landwirtschaftl. Buchführung. (Landwirtschaftliche Unterrichtsbücher.) 2., neubearb. Aufl. (108 S.) 8. Berlin 908. P. Parey.
Geb. in Leinw. 1.20

Habernoll, Paul, aus Breslau: Die geschichtliche Entwickelung des Zwischenfruchtbaus. *Merseburg 1899: F. Stollberg.* (VI, 44 S.) 8°
Jena, Phil. Diss. v. (20. März) 1899

Physik. Lehrbuch f. landwirtsch. Winterschulen. Von Dr. P[aul] Habernoll, Crefeld. Mit 78 Textabb. Berlin: P. Parey 1907. (VII, 67 S.) 8° [F.]
— Unterrichtsbücher, Landwirtschaftliche. [Bd 58.] 07. 13324

— Kurzgefasster Leitfaden der landwirtschaftlichen Chemie, s.: Sachsse. Rud.

Habernoll, P., Physik. Lehrbuch f. landwirtschaftl. Winterschulen. (Landwirtschaftliche Unterrichtsbücher.) (VII, 67 S. m. 78 Abb.) 8. Berlin 907. P. Parey. Geb. in Leinw. n. 1.10

Habernoll, P., Tabellen zur einfachen landwirtschaftlichen Buchführung. 2. Aufl. (36, 4 u. 3 S.) gr. 4. Berlin 904. P. Parey. n. 1.—

Haberreiter, Karl: Der richtige Weg ..., s. Bonupf, Karl.

Des Aulus Persius Flaccus dritte Satire. Text und Uebersetzung nebst einer Einleitung. Von Dr. Ferd. Habersack. — 1844. Bamberg, Rieboadel. — S. 3—15.
Progr. Bamberg

Worte über Aulus Persius Flaccus nebst neuer Uebersetzungsprobe dessen zweiter Satire. Von Ferd. Habersack, P. — 1828. Ebend. — S. 3—15.
Progr. Bamberg

Habersack, Franz Adolph: Medicina Austro-Viennensis versice exposita, sive regulae diaetaetico-prophylactico-euporistae, non solum sanitati conservandae, morbis imminentibus avertendis, et praesentibus per remedia obvia curandis, sed et honestis eruditorum discursibus omnino idoneae, et tam medicis, quam aliis eruditione conspicuis, utilitate aeque, ac jusunditate commendabiles. 192 S., gbd.

Viennae Austriae: typ. Kurtzböck 1731

JB 2.008

Habersang, Ed., das Pulsirschiff mit Orkanapparat, anwendbar für Flüsse und Meere, welches ohne Maschine, ohne Rad, ohne Propeller, nur durch gepreßte Gase getrieben wird, und während der Fahrt auch keinen Kamin braucht, da der Rauch unter Wasser wirkt. Nach praktischen Versuchen veröffentlicht. Prag 881. (Leipzig, Grunow.) 8. (30 S. u. 1 lith. Taf. in Fol.). verklebt n. 2 ℳ

Habersang, Ottomar [Oberl. Dr.]: Nicholas Udall's Ralph Royster Doyster, die erste englische Komödie um 1540. 1. Tl. (Erweiterte Bearbeitg d. P-Beil. 1875. Einl. zu e. deutschen Ausg.) Bückeburg, Druck d. Grimmeschen Hofbuchdr., *1893*; 1 – 24 S. 4.
Bückeburg, fürstl. Adolfinum (G. u. RPG), P. 1893 (710)

Habersang, Ottmar, essai sur Pascal. Progr. des Gymn. Bückeburg 1868. 4°. 32 S.

Habersbrunner, Frz., die wirtschaftliche Bedeutung der Terrainspekulation, insbesondere der Terraingesellschaften in Rücksicht auf den Gesetzentwurf, die Grundwertabgabe betr. u. den Antrag Dr. Jäger, Schirmer u. Genossen, die Beteiligung v. Staat u. Gemeinde am „unverdienten Wertzuwachs“ v. Grund u. Boden betr. (24 S.) gr. 8. München 901. J. Lindauer. n. — 30

— die Lohn-, Arbeits- u. Organisations-Verhältnisse im deutschen Baugewerbe, s. Wirtschafts- u. Verwaltungsstudien. XIX.

Habersbrunner, Franz Xaver, aus Regensburg: Die Lohn-, Arbeits- und Organisations-Verhältnisse im Deutschen Baugewerbe mit besonderer Berücksichtigung des Deutschen Arbeitgeberbundes für das Baugewerbe. Eine volkswirtschaftl. Studie. *Naumburg a. S. 1903: Lippert & Co.* (68 S.) 8° [F.] ¶ [Erschien vollst. 1903 als: Wirtschafts- u. Verwaltungsstudien m. bes. Berücks. Bayerns, Bd 19.]
Würzburg, Jur. Diss. v. 1903

Die Lohn-, Arbeits- und Organisations-Verhältnisse im deutschen Baugewerbe mit bes. Berücks. d. Arbeitgeber-Organisation. Eine volkswirtschaftl. Studie von Dr. Franz Habersbrunner. *Leipzig: A. Deichert 1903.* (XIV, 260 S.) 8° [F.]
— Wirtschafts- u. Verwaltungsstudien mit bes. Berücks. Bayerns. 19. 03. 8913

Habersfeld, s. Haberkorn v. Habersfeld.

v. Habersfeld, Jos., s. Haberkorn.

Haberstich, J., Beiträge zur Orientirung im Gebiete d schweiz. Rechtes, m. besond. Rücksicht auf das Obligationenrecht u dessen Beziehgn. zum Aargauischen bürgerl. Gesetzbuch. gr. 8. (VIII, 453 S.) Aarau 883. Sauerländer. n. 5.—

— Handbuch d. schweizerischen Obligationenrechts. 1. Bd. u. 2. Bd. 1. Thl. gr. 8. (XVI, 322 u. XXIV, 341 S.) Zürich 884. 85. Orell Füßli & Co. Verl. n. 13.—

Haberstich, J., Handbuch d. schweizerischen Obligationenrechts. 2. Bd. 2. Thl. gr. 8. (XXV—XXXI u. S. 343 - 800 u. Register 118 S.) Zürich 887. Orell Füßli Verl. n. 12.— (cplt.: n. 25.—); alphabet. Sachregister nebst Verweisg. der Gesetzesartikel auf deren Behandlg. im Handbuch, einzeln n. 2.—

Haberstock, Fritz, populäres orthograph. Wörterbuch d. deutschen Sprache, nebst e. Beigabe d. gebräuchl. Fremdwörter u. deren Verdeutschg., z Gebr. f. Schule u. Leben. 12. (208 S.) München 895. (M. Kellerer.) Geb. in Leinw. n. 1.50

Haberstolz, Albin, Fall v. schwerer Muskelgummose. 8. (15 S.) Jena 883. (Neuenhahn.) —75

Haberstolz, P., Kupplungen, s.: Unterrichts-Werke (Methode Hittenkofer). Nr. 85.

Lager, s.: Unterrichtswerke (Methode Hittenkofer). Nr. 86.

Haberstolz, P., Maschinen-Elemente, s.: Unterrichtswerke Methode Hittenkofer.

Haberstolz, P., Maschinen-Elemente, — Maschinenzeichnen, s.: Hittenkofer, M., Unterrichts-Werke.

Haberstolz, P: Zahnräder. 3. Aufl. Strelitz i. Meckl. 1910 (Werke f. Stud. u. Bur. Lehrf. Nr 88)

Haberstroh, H.

— E. **Görts**, E. **Weidlich**, R. **Stegemann**, Anlage v. Fabriken, s. Teubner's, B. G., Handbücher f. Handel u. Gewerbe.

Haberstroh, H., u. A. Anlage von Fabriken. Leipzig, 1907 528 S. mit 274 Abb. u. 6 Taf.

Haberstroh H., Die Fabrikgebäude. S. 1—165.
Weidlich, E., Heizung, Lüftung und Beleuchtung, Wasserversorgung, Abwässerbeseitigung und Reinigung der Abwässer. S. 167—277.
Görts, E., Innere Einrichtung der Fabriken. S. 278—447.
Stegemann R., Bauliche Anlagen für die Wohlfahrt der Arbeiter. S. 450—517.

Haberstroh, H., Der Bau von Fabrikgebäuden Leipzig, 1907 165 S. mit 53 Abb. u. 6 Taf [In Ea 38

Haberstroh, H., die Baustoffkunde, s. Sammlung Göschen.

Die Baustoffkunde von Prof H **Haberstroh** Mit 30 Abb. Leipzig Göschen 1910. 104 S. 8°
(Sammlung Göschen 506) A 12. 1347 II

— Der Eisenbeton im Hochbau, s. Handbuch, das, des Bautechnikers. XIX.

Der Eisenbeton im Hochbau, umfassend: die für den Eisenbeton verwendeten Baustoffe .. Für d. Schulgebrauch u. d. Baupraxis bearb. von H. **Haberstroh**, Ing. Mit 400 Textabb. u. 12 Taf. Leipzig: B. F. Voigt 1908. VIII, 242 S. 8°
(Das Handbuch d. Bautechnikers. Bd 19.) [10. 7418

Haberstrumpf, J., die neue Kirchenordnung in Bayern, nach dem Gesetz vom 1. Juli 1834; oder: Anweisung, dieselbe nach den bestehenden Vorschriften am besten zu führen. Ein Handbuch für Kirchenpfleger, Pfarrer, Schullehrer u. Gemeinde-Vorsteher. 8. München 835. (Lentner.) 3/4 ß

Haberstumpf, J., die neue Kirchenverwaltung in Bayern, nach d. Gesetz v. 1. Juli 1834; od.: Anweisung, dieselbe nach d. besteh. Vorschriften am Besten zu führen; ein Handbuch f. Kirchenpfleger, Pfarrer rc. 8. München 835. (Lentner.)

Haberstumpf, Alb., bayer. Gesetz v. 9. VIII. 1902, das Nachlaßwesen betr. Mit Erläutergn. (In 2 Lfgn.) 1. Lfg. 12. (122 S.) München 902. C. H. Beck. n. 1.20

Haberstumpf, Alb., bayerisches Gesetz vom 9. VIII. 1902, betr. das Nachlaßwesen, nebst der Nachlaßordng. vom 20. III. 1903, sowie e. Auszug aus dem Gebührengesetze in der nunmehr. Fassg., ferner e. Abdruck der sonst. Ausführungsvorschriften u. des Erbschaftssteuergesetzes samt Vollzugsbekanntmachg. in der jetzt gelt. Fassg., m. Erläutergn. u. Sachregister hrsg. 2. (Schluß-)Lfg. (IX u. S. 93—291.) 12. München 903. C. H. Beck Mit Einbd.-Decke n. 1.50 (Vollständig geb. in Leinw. n. 2.80)

— dasselbe, nebst der Nachlaßordng. vom 20. III. 1903 u. den einschläg. Nebenbestimmgn. 2. Aufl., bearb. v. Rich. Barthelmeß. (XIV, 501 S.) kl. 8. Ebd. 906. Geb. in Leinw. n. 4.—

Haberstumpf, Alb., bayerisches Gesetz vom 9. VIII. 1902, betr. das Nachlaßwesen, nebst der Nachlaßordnung vom 20. III. 1903 u. den einschlägigen Nebenbestimmungen. 2. Aufl. bearb. v. Rich. Barthelmeß. Anh., enth. 1. die durch die Novelle vom 20. VIII. 1906 erfolgten Abändergn. der Nachlaßbestimmgn. d. Gebührengesetzes, 2. die Vollzugsvorschriften vom 8. I. 1907 zum Gebührengesetz, 3. die Bekanntmachg. vom 19. VIII. 1906, den Vollzug d. Reichs-Erbschaftssteuergesetzes betr., 4. nachträgl. Entscheidgn. u. Abhandlgn. (59 S.) kl. 8. München 907. C. H. Beck. —20
Hauptwerk. Ebd. 906. 4.—

— die Hypothekengesetznovelle vom 20. XII. 1903 m. Abdruck der Begründung des Gesetzentwurfs u. e. Beilage, enth. e. Zettelausgabe. Für den prakt. Gebrauch zusammengestellt. (35 S. u. 9 Bl.) 12. München 904. J. Schweitzer Verl. n. —60

[J.] **Haberstumpf**, Albert [Rechtspraktikant am k. Amtsger. Kulmbach]: Die Pfändungsbeschränkungen nach gemeinem und bayerischem Rechte ... Kulmbach, *Druck v. R. Rehm*, 1894; 77 S. 8.
Erlangen, Jur. Fak., Inaug.-Diss. v 1894

Haberstumpf, Sal. Hnr., († d. 11. April 1810.), s. a. Gedanken von d. Schicksale d. Heiden.

Haberstumpfs Gedanken v. d. Schicksale d. Heiden in der Ewigkeit. 8. Bayr. Lübeck. 776.

– s. Lesebuch f. Theologen.

Habert, Johannes Evangelist

Habert, Johs. Ev., Beiträge zur Lehre v. der musikalisch. Komposition. 1.—4. Buch. (Werke. XIII. Serie. Theoretische Werke.) gr. 8. Leipzig 899. Breitkopf & Härtel. n. 16.—; Einbde. à n. 1.—
1. Harmonielehre. (XVIII, 382 S.) n. 6.—
2. Die Lehre v. d. einfach. Kontrapunkte. (XIV, 190 S.) n. 3.—
3. Die Lehre v. der Nachahmung. (VIII, 215 S.) n. 3.—
4. Die Lehre v. dem doppelten u. mehrfachen Kontrapunkte. (XII, 277 S.) 899. n. 4.—

Habert, Johs. Ev., der deutsche Cäcilien-Verein. Nach der Natur gezeichnet. gr. 8. (35 S.) Leipzig 877. Leuckart. — 75

Habert, Johs. Ev., Chor-Gesangschule. Op. 22. 4 Hfte. gr. 8. Linz 874—76. Ebenhöch. n. 5. 50
1. (V, 36 S.) n. — 70. — 2. (II, 68 S.) n 1. 20. — 3. (VIII, 92 S.) n. 1. 80. — 4. (VIII, 84 S.) n. 1. 80.

Habert, J. E., Chor-Gesangschule. Op. 22. 2. Hft. 2. Aufl. gr. 8. (VIII, 68 S.) Linz 887. Ebenhöch. n. 1. 20

Habert, Johs. Evang., alte u. neue katholische Gesänge für den öffentlichen Gottesdienst u. zur häuslichen Erbauung für die Jugend u. für Erwachsene. Hersg. mit Begleitung der Orgel oder des Harmoniums oder des Pianoforte. Linz 867. Danner's Verl. Lex.-8. (X, 103 S.) n. 18 ngr; Textbüchlein dazu. 16. (86 S.) n. 5 ngr.

Habert, Johs. Ev., Missa St. Joannis f. canto, alto, basso, violino I. et II., cornu duo (ad libitum) et organo. Op. 1. Imp.-4. (24 S.) Linz 859, Danner.

Johannes Ev. Habert's Werke. Ser. XIII, Buch 1. *Leipzig: Breitkopf & Härtel 1899.* 8°
[oo. 7186

Habert, Edw., Betrachtt. über d. vornehmsten Punkte d. christl. Religion. gr. 12. Würzb. 786. Stahel. 8 gr.

— compendium theologiae. 8. Augsb. 771. Rieger. 16 gr.

— praxis sacramenti poenitentiae, sive methodus illius utiliter administrandi. Opusculum e gallico versum. 8. Augsb. 784. Kranzfelder. 12 gr.

— theologia dogmatica et moralis. VIII Ptes. 8. Augsb. 771. Rieger. (Coppenrath in Münster). 5 Thlr.

Habert-Dys, caprices décoratifs. Algues et poissons. gr. 4. (8 farb. Bl.) Plauen (901). Ch. Stoll. n. 6. 40

— caprices décoratifs des fleurs. Fol. (8 farb. Bl.) Ebd. 900. n. 6. 40

— caprices décoratives des oiseaux. Fol. (8 Farbdr.-Taf.) Ebd. 899. n. 6. 40

— caprices décoratifs des paysages. gr. 4. (8 farb. Bl.) Ebd. (901). n. 6. 40

Habert de Ginestet. Erlebnisse eines Franzosen als Kriegsgefangener in Deutschland. Aus d. Franz. von O. Köhler. Naumburg a. S. 1904. 8°.

Habert de Ginestet, Erlebnisse e. Franzosen als Kriegsgefangener in Deutschland 1870/71. Aus dem Franz. ins Deutsche übertr. v. Otto Köhler. 2. Aufl. (VII, 227 S.) 8. Naumburg 904. A. Köhler. n. 1. 50

Erlebnisse eines Franzosen als Kriegsgefangener in Deutschland 1870/71 [Souvenirs d'un prisonnier de guerre en Allemagne 1870–71]. Aus d. Franz. d. Mr. [Camille] **Habert** de Ginestet ins Deutsche übertr. von Otto Köhler. 3. Aufl. *Naumburg a. S.: A. Köhler 1904.* (227 S.) 8° [F.]
[c4. 1887 3

Haebert, Fr. Xav., De febribus annuis. Monach. 4°. 1784

Haberteithner: Die mittelalterliche Baukunst. 10 S. –Linz OR., Progr. 1857

Habertl, Isaac, theologiae graecorum patrum vindicatae circa universam materiam gratiae cum perpetua collatione scripturae, conciliorum, doctrinae S. Augustini, S. Thomae et scholae Sorbonicae libri tres. [Post editionem primam, Parisiis 1647, recusi.] Würzburg 863. Stahel. Lex.-8. (X, 512 S.) n. 2 Thlr. 12 ngr.

Habescy, El., Zustand d. Ottomann. Reichs. 8. Lübeck 785. Niemann u. C. 12 gr.

Habet Acht! Ein Vorwort zur Münchner Jahres-Ausstellg. 1890 v. Apelles dem Jüngeren. gr. 8. (12 S.) München 890. (Scherzer.) n. — 50

Habianitsch, Siegfr., neuere Zement-Forschgn. Freier Kalk, basische Silikate, Thermo-Chemie. (124 S.) 8. Berlin 908. Tonindustrie-Zeitg. 8. —

Habich, Alfredus [Gothanus]: Observationes de negationum aliquot usu Plautino ... Halis Sax., form. Kaemmereranis, 1893; 39 S. 8.
Halle, Phil. Fak., Inaug.-Diss. v. [6. Nov.] 1893

Habich, Chr. E., über d. Anwendung d. Chlorkalks zum Bleichen rc. 8. Cassel 826. Luckhardt. 9 gr.

— d. schnelle Reinigung d. trüben, modrigen Wassers, u. über d. Anwendung d. brandigen Produkte zur Sicherung d. Holzes gegen Moder u. Schwamm, so wie zur künstl. Räucherung d. Fleisches. (Aus Trommsdorfs Journal XVI. 1. abgedruckt.) 8. Leipz. 828. W. Vogel. 4 gr.

Habich's, Ed., Sammlung, s. Handzeichnungen, ausgewählte, älterer Meister.

Habich, G. E.

— u. H. **Habich** jun., Atlas von Konstruktions-Zeichnungen der bewährtesten Geräthe, Maschinen etc. für Bierbrauereien. Entworfen u. zusammengestellt auf 20 Steintaff. gr. Fol. Mit Text. Leipzig 866. Spamer. Lex.-8. (36 S.) n. 5 Thlr.

— — — 2. Aufl. qu. gr. Fol. Ebend. 869. Text. Lex.-8. (45 S.) In Mappe. n. 6 Thlr. 20 ngr.

— — — Suppl.-Liefg. qu. gr. Fol. Ebend. 869. Lex.-8. (5 Steintaff. u. 45 S.) n. 1 Thlr. 20 ngr.

HABICH, G. C., und H. HABICH.
Atlas von Konstruktions-Zeichnungen der bewährtesten Geräthe Maschinen etc. für Bierbrauereien. Leipzig, 1866. fol. Ill.
Zweite Auflage. Leipzig, 1869. fol. Ill.
Dritte Auflage herausgegeben von B. Johannesson. Leipzig, 1877. fol. Ill.
Vierte Auflage, herausgegeben von Behrend. Halle, 1883. fol. Ill.

Habich, G. E., s. a. Bierbrauer, der.

Habich G E, der Bierbrauer. Jahrg. I-V mit Supplement II. Leipzig 1859-63. 68

Habich, G. E., Brauerei-Atlas, enth. vollständige Brauerei-Anlagen, sowie Maschinen u. Geräthe. 3., vorm. u. gänzlich umgestaltete Aufl., hrsg. v. B. Johannesson. qu. gr. Fol. (25 Steintaf.) Mit Text. gr. 8. (44 S.) Leipzig 877. Halle, Knapp. In Mappe. n. 20. —

— u. B. **Johannesson**, Brauerei-Atlas. Enth. vollständ. Brauerei-Anlagen, sowie Maschinen u. Geräthe. 4. vorm. Aufl., hrsg v. Glieb. Behrend. qu. gr. Fol. (35 Taf. m. Text in gr. 8.: 59 S.) Ebend. 883. In Mappe. n. 20. —

Habich, G. E., kurze Darstellung meines in Nordamerika patentirten Dampfbrau- und Kühlapparates. 859. — Neue Ausg. Quedlinburg 863. Ernst. gr. 8. (30 S. u. 1 Tab. in Fol.) n. 10 ngr

Habich, G. E., die mineralische Düngung, als Grundlage des rationellen Ackerbaues. Braunschweig 855. Vieweg. 8. (51 S.) n. 10 ngr

Habich, G. E., s. Ehrich, E. Handbuch der Bierbrauerei.

Habich, G. E., offene Fragen in Sachen der Bierbrauerei. Für Chemiker u. rationelle Bierbrauer zusammengestellt. u. ventilirt. Leipzig 867. Spamer. gr. 8. (44 S.) n. 10 ngr

— der Gebrauch des Sacharometers als sichere und unentbehrliche Controle des Betriebs der Branntweinbrennerei. Mit genauer Vorausberechnung der Spiritus-Ausbeuten nach Maaß- (Quart-, Liter- ꝛc.) Procenten. Nebst 3 lith. Tab. (in Fol.). Cassel 856. Fischer. gr. 8. (31 S.) 20 ngr

Habich, G E. (Begr.), s. Handbuch der Bierbrauerei.

— Maisbüchlein für die Kurhessischen Bauern. Beckerhagen 855. (Cassel, Bertram.) 8. (31 S.) n. 2½ ngr

— die Malzbereitung. Chemie derselben, nebst Beschreibung einer vervollkommneten Malzdarre. Ein Rathgeber für praktische Bierbrauer, Malzfabrikanten, sowie Branntweinbrenner. Mit 5 in Text gedr. Abbildgn. (Holzschn.) Leipzig 859. Spamer. gr. 8. (VIII, 68 S.) n. 15 ngr

Habich, G. E., die Praxis der Bierbraukunde. Illustrirtes Hand- u. Hülfsbuch f. Brauer. 4. Aufl., hrsg. v. Conr. Schneider u. Glieb Behrend. Mit 440 Text-Abbildgn. 5. u. 6. Abth. gr. 8. (XXVI u. S. 643—824.) Halle 883. Knapp. n. 3. — (cplt.: n. 12. —)

— Schule der Bierbrauerei, s. a. Ehrich, E., Handbuch der Bierbrauerei.

— die Schule der Bierbrauerei. Illustrirtes Hand- u. Hülfsbuch für Brauer sowie für Anfänger dieses Gewerbes. Nebst einer Vorschule: die nöthigsten Vor- u. Hülfskenntnisse in der Bierbraukunde. Auf Grund eigener Erfahrungen sowie mit Benutzung der neuesten deutschen, englischen u. französischen Literatur. Mit 178 Abbildgn. (Holzschn.) Ebend. 863. gr. 8. (XVI, 640 S.) n. 2 ℛ 20 ngr

Habich, G. E., die Schule der Bierbrauerei. Illustrirtes Hand- u. Hülfsbuch für Brauer sowie für Anfänger dieses Gewerbes. Nebst einer Vorschule: die nöthigsten Vor- u. Hülfskenntnisse in der Bierbraukunde. Auf Grund eigener Erfahrungen sowie mit Benutzung der neuesten deutschen, engl. u. französ. Literatur. 2., vielfach verm. u. verb. Aufl. Ebend. 869. 8. (XVIII, 690 S. mit eingedr. Holzschn.) n. 3 ℛ

Habich's, G. E., Schule d. Bierbrauerei. Illustrirtes Hand- u. Hülfsbuch f. Brauer, insbesondere e. Leitfaden f. die Besucher v. Braulehranstalten. Nebst e. Vorschule: Die nöthigsten Vorkenntnisse in der Braukunde. Auf Grund eigener Erfahrgn., sowie m. Benutzg. der neuesten in- u. ausländ. Literatur neu hrsg. vom Red. der Zeitschrift „Der Bierbrauer" Conr. Schneider. 2 Thle. in 1 Bde. 3., vielfach verm. u. verb. Aufl. Mit üb. 300 Text-Abbildgn. (in eingedr. Holzschn.) gr. 8. (XVI, 786 S.) Leipzig 875. Spamer. n. 11. 50; geb. n. 12. 75

— Schule der Bierbrauerei. Illustrirtes Hand- u. Hülfsbuch für Brauer, sowie für Anfänger dieses Gewerbes. 4., gänzlich umgearb. Aufl. Hrsg. v. Conr. Schneider u. Glieb. Behrend. Mit ca. 400 (eingedr.) Holzschn. (In 6 Abthlgn.) 1–4. Abth. gr. 8. (S. 1—642.) Ebend. 882. n. 9. —

Habich, G E. Die Schule der Bierbrauerei 5. A von E. Ehrich. Halle 1891

Habich, G. C.
Schule der Bierbrauerei. Sechste Auflage herausgegeben von C. Schneider und G. Behrend. Halle, 1896. 8vo. Ill

— Taschenbuch der Chemie des Bieres. Ein Rathgeber für praktische Bierbrauer. Leipzig 858. Breitkopf u. Härtel. 12. (X, 117 S. u. 1 Tab. in 4.) 15 ngr

Habich: Zur Theorie u. Praxis der Weinbereitung. Augsburg 1859. -- [Zit. nach BJ]

— Vorschule der Bierbrauerei. 4. gänzlich umgearb. Aufl. Hrsg. v. Vict. Grießmayer. Mit 180 Holzschn. gr. 8. (IV, 304 S.) Ebend. 884. n. 5. —

-- Was ist die Kartoffelkrankheit? und wie wäre sie zu heilen? Ein chemisch analytischer Nachweis mit praktischen Vorschlägen. Cassel 855. (Bertram.) 8. (11 S.) n. 2½ ngr

— die schlesische Waschmaschine und zur Theorie des Waschverfahrens. Trier 857. Gall. gr. 8. (14 S.) 3 ngr

— ein Wort zur Verständigung über die unausbleibliche gleichmäßige Besteuerung des Braugewerbes im Zollverein. Ebend. 868. gr. 8. (24 S.) n. 7½ ngr

— kurze Zusammenstellung der verschiedenen Verfahrungsarten zur Verbesserung saurer Moste, mit Tabellen, die das Rechnen ersparen. Mainz 860. (Stuttgart, Sonnewald — Worms, Rathke.) gr. 8. verklebt n. 1 ℛ 10 ngr

Habich, Georg: Die Amazonengruppe des Attalischen Weihgeschenks. I. Th. . . . [Erschien vollst. 1896 im gl. Verl.] Berlin, Mayer & Müller, 1896; 40 S. 8.
München, Phil. Fak., Inaug.-Diss. v. 1896

Habich, Geo., das Gebetbuch des Matthäus Schwarz, s. a. Sitzungsberichte der königl. bayer. Akademie der Wissenschaften. Philos. u. histor. Klasse 1910. VIII.

Das Gebetbuch des Matthäus Schwarz von Georg **Habich.** Mit 22 Taf. München: Akad.; Franz in Komm. 1910. 28 S. 8°
(Sitzungsberichte d. Kgl. Bayer Akademie d. Wiss. Philos.-philol. u. hist. Kl. Jg 1910, Abh. 8.) (11. 890

Habich, Geo., Studien zu Antonio u. Alessandro Abondio. gr. 4. (7 S. m. Abbildgn. u. 4 Taf.) München 901. Verein. Druckereien u. Kunstanstalten. n. 3. —
Sonderabdr. a.: „Monatsber. üb. Kunstwiss. u. Kunsthandel".

Habich, Georg Evert

— Angabe, d. rothe Farbe dem baumwoll. Garn so fest u. schön, wie d. Türken zu geben. 8. Cassel 784. 2e A. Leipz. 789. (Joachim). 8 ℋ

Habich, Geo. Evert, Angabe zu Kattun- u. Leinwand-Drucken, wie auch Baumwolle, Wolle ꝛc. zu färben. 2e A. Cassel 784. 3e A. 8. Leipz. 789. (Joachim). 20 ℋ

— Gedanken über Manufakturen u. Fabriken u. deren dauerhafte Gründung. 8. Cassel 786.

Habich, George E., vademecum pour la peinture italienne des anciens maîtres. 2 parties. 12. Hamburg 886, (Hoffmann und Campe, Sortiment.) geb. * 3 —

Inhalt:
Partie 1. Galeries publiques de Paris, Londres, Berlin, Dresde, Munich, Vienne et Francfort s./M. [Ordre par numéros.] (XI, 96 S.)
» 2. Abrégé historique des anciens maîtres de l'école italienne. (114 S.)

Habich H. jun.: Atlas von Constructionszeichng. s. Habich, G. E.

Habich, H. u. a. Die Chemie des täglichen Lebens. Leipzig, 1867

Habich, H., Codicem miscellaneum bibliothecae gymnasii Gothani descripsit et ex eo Reineri Alemannici poema Phagifacetum sive Thesmophagiam emendatius ed. Pr. 1860. 16 S. 4°. 1.—

Habich, Heinrich Adolph (Cassel)
Ueber die Zersetzungsproducte des Cyanuräthers und über Biäthylcyanursäure.
[In: Liebigs Annalen Bd 109 (1859), S. 101-116.
Mit H. Limpricht.]
Dr. phil. Giessen 1.9.1858.

Habich, Hnr. Thdr., u. Fr. Berger, Elementargrammatik der Lateinischen Sprache, mit einer Sammlung von Beispielen zum Uebersetzen aus dem Lateinischen ins Deutsche u. aus dem Deutschen ins Lateinische. gr. 8. Hamburg u. Gotha 842, Fr. u. Andr. Perthes. 1 ℛ

Habich, Henr. Thdr., de epistolis Themistoclis. gr. 4. (16 S.) Gothae 849. (Thienemann.) n. 1/3 ℛ

Habich, R., praktisches Hand- u. Hülfsbuch f. Bierbrauer u. Mälzer, s.: Pels, C.

Habicher, Thdr., Briefe aus d. französischen Fremdenlegion, s.: Nimm u. lies.

— s.: Empor.

— deutsche Fahrten. Schwaben u. Oberschwaben. (Allgem. Fremdenführer.) D. Besuchern u. Freunden d Städte Augsburg u. Ulm gewidmet. 2. Aufl. (87 S. m. 1 Ansicht.) Augsburg (Stefansplatz E 141) 897. Selbstverl n. — 30

— schwäbische Fahrten. 12. (71 S. m. Abb. u 2 Taf.) Ebd. 896. Portofrei — 30

Habicher, Thdr., schwäbische Fahrten. Fremdenführer durch Augsburg, Ulm u. Wörishofen. 3. verm. u. verb. Aufl. 8. (82 S. m. Abbildgn.) Augsburg 899. Th. Habicher. — 25

Habicher, Thdr., in der französischen Fremdenlegion. Erlebnisse u. Erinnergn. 2. verb. u. verm. Aufl. (III, 168 S.) 8. Essen 905. Fredebeul & Koenen. n. 1. —; geb. in Leinw. n. 1. 30

Habicher, Th., fünf Jahre unter den Horden Afrikas u. Asiens. 12. (IV, 116 S.) Brixen 893. Buchh. d. kath.-polit. Preßvereins. n. 1. —

— in Ulm, um Ulm u. um Ulm rum. Kleiner Wegweiser f. d. Stadt u. ihre Umgebgn. 12. (20 S.) Ebd. 896. — 20

— Wegweiser in Augsburg. Ein illustr. Nimmmichmit f. jeden Einheimischen u. Fremden. 12. (32 S.) Ebd. 898. — 20

— Wegweiser durch Augsburg u. Umgebung. Ein illustr. Nimmichmit f. jeden Einheimischen u. Fremden. 4. verm. u. verb. Aufl. 8. (40 S. m. 1 Karte u. 1 Plan.) Ebd. 900. — 25

— Weihnachts-Bazar. Allerlei heit. u. ernste Geschichten, d. deutschen Volk erzählt. gr. 8. (31 S. m. 2 Abb.) Ebd. 896 — 20

— e. Woche in Augsburg. Kleiner Wegweiser f. d. Stadt u. ihre Umgebgn. 12. (24 S.) Ebd. 896. n. — 50

Habichhorst, A. D., de sanctis cum Christo resurgente resuscitatis. Rost 1693; rec. 1724. 4.

Habicht, Herr, od. d. Hausherr unter Siegel. Nach d. Französ. v. Th. Hell. 8. Leipz. 809. Hinrichs. 5 ℊ

Habicht, fliegende Blätter aus Dessau. I—V. Dessau 860. Neubürger. gr. 8.
I. Einleitung. Die großen Geld- u. Industrie-Institute zu Dessau. 1. u. 2. Aufl. (32 S.) n. 5 ngr.
II. Die Continental-Gas-Gesellschaft hierselbst. Erörterungen über die allgemeinen Bedingungen einer bessern Zukunft für unsere großen Geld- u. Industrie-Institute. Uebersicht über die bisherigen Vorschläge. Programm für die am 26. April 1860 stattfindende Generalversammlung der hiesigen Landesbank. 1. u. 2. Aufl. (30 S.) n. 5 ngr.
III. Offener Brief des Herrn von Killisch an den Herausgeber. — Offene Antwort. — Die General-Versammlung der Anhalt-Dessauischen Landesbank. — Die deutsche Continental-Gas-Gesellschaft in Dessau. — Die Creditanstalt für Industrie u. Handel in Dessau. (55 S.) 7½ ngr.
IV. Die Anhalt-Dessauische Landesbank. [Der Bericht der Revisions-Commission mit einer Einleitung u. einem Schlußwort des Herausgebers.] (VIII, 94 S.) n. 10 ngr.
V. Die Anhalt-Dessauische Landesbank. [Der Bericht der Revisions-Commission u. der Revisionsbericht des Verwaltungsraths der Anhalt-Dessauischen Landesbank, mit einem Nachwort des Herausgebers.] (44 S.) 6 ngr.

Habicht, (Superint.) ..., s. Katechismus d. christl. Lehre.

(Habicht,) Katechismus d. christl. Lehre nach d. Bekenntnisse d. evangel. Kirche f. d. Hrzgth. Anhalt-Bernburg. 2. Aufl. 8. (7¼ B.) Bernburg 830. (Halle, Schwetschke u. Sohn.)

Habicht, Rechtsfälle z. Einführg. in d bürgerl. Gesetzbuch, s.: Schneider, K.

Habicht, Schiessübungen der Feldartillerie. Vortrag, geh. in der zürcher. Artillerie-Offiziersgesellschaft. gr. 8. (27 S. m. 1 Taf.) Frauenfeld 899. Huber & Co. n.n. — 65
Sonderabdruck aus: „Schweiz. Ztschr. f. Artillerie u. Genie."

—— Zeugnisse d. standhaften Glaubens uns. evangel. Vorfahren z. Erweck. heil. Vorsätze f. d. Zukunft. Eine Pred., geh. am 3. Säcularfeste d. Uebergabe d. Augsburg. Glaubensbekenntnisses. gr. 8. (1¾ B.) Bernburg 830. (Halle, Schwetschke u. Sohn.) Thlr.

Habicht, Aug., rechtliche Erörterungen u. Entscheidungen gemeinrechtlicher Controversen entnommen aus den richterlichen Arbeiten. 1. Bd. gr. 8. Zerbst 843, Kummer. 2½ ℛ

Habicht, Aug., das polit. Leben in Anhalt. Eine Reihe v. Abhandlungen über constitutionelles Leben, m. Beleuchtung bestehender Mißbräuche rc. 1. Hft. Einleitung. gr. 8. (76 S.) Zerbst 848, Kummer. ¼ ℛ

Habicht, Chr. Max.

— f. Epistolae quaedam Arabicae.

— s. Nacht, 1001.

Habicht, Christianus Maximilianus Meidanii aliquot proverbia Arabica cum interpretatione Latina edidit. Vratislaviae 1826. (15, 9 S.) 4° *[Im Buchhandel 1826 bei Max & Ko in Breslau]*
Breslau, Phil. Fak., Antr.-Progr. als außerord. Prof. v. 10. Juli 1826

Habicht, Conrad, s. Habicht, Konrad

Habicht, Erich, a. Runkel (Lahn): Aus der chirurg. Veterinärklinik der Universität Gießen. Beiträge zur Cocain- und Cocain-Adrenalin-Injection. Kappeln (1904). W. G. Heide's Erben. (32 S.) 8° [F.]
Gießen, Veterinär-Med. Koll., Ref. Pfeiffer, Diss. v. 18. Aug. 1906
[Geb. 7. Okt. 80 Cronberg; Wohnort: Gießen; Staatsangeh.: Preußen; Vorbildung: Gymn. Wetzlar Reife O. 00; Studium: Tierärztl. Hochsch. München 2, Hannover 3, Gießen 2 S.; Rig. 10. März 04.]

Habicht, Ernst Karl

Habicht, Er. Karl, Beitrag zur Geschichte d. vormal. Augustiner Nonnenklosters in Detmold u. der im J. 1602 darin gestifteten Provinzialschule. 8. Lemgo 802.

— rhapsodische Bemerkk. über d. Genius unserer Zeit. Lemgo 789.

— synonymisches Handwörterbuch d. latein. Sprache für angehende Philologen. gr. 8. Lemgo 829. Meyer. 2 ₰ 8 Gr

Habicht, Ernst Karl, synonymisches Handwörterbuch der latein. Sprache, für angeh. Philologen. 2e verb. Ausg. gr. 8. Lemgo 839. Meyer. n. 2 ₰

— Nachricht von d. gegenwärt. Verfassung d. fürstl. Gymnasiums in Bückeburg. Lemgo 810. 2e A. 819.

Habicht, F. Ch., praes. Fr. **Hoffmann,** De dolore cardialgico vulgo Magen-Krampff. 26 pp. Hal. 4°. Auch: Consult. Cent. II, n. 7.
1731

Habicht, Frdr., Beiträge zur Begründung der Stellung v. Subjekt u. Prädikat im Neufranzösischen. Inaugural-Dissertation. gr. 8. (30 S.) Apolda 882. (Jena, Deistung.) n. — 80

Habicht, Frdr., zwischen den Dornen. Gedichte. 16. (XIV, 178 S.) Bernburg 872. Jena, E. Fromann. n. 3. —

—— in guten Händen. Drei Novellen. Mit 1 Kpfr.-Radirung von W. Georgy. 16. (V, 194 S.) Berlin 880, H. W. Müller. ℳ 2.; geb. *

— - Quer über, s. Spamer's, O., neue Volksbücher.

— s.: Tibull's Delia-Elegien.

Habicht, Fritz: Ein Fall von tuberkulösen Geschwüren des Darmes, Heilung derselben, mit excedirenden Granulationen und Regeneration der Schleimhaut. *Langenschwalbach 1897: Ph. Ernst.* (19 S.) 8°
Würzburg, Med. Diss. v. 1897

[F.] Die Einwirkung des Bürgerlichen Gesetzbuchs auf zuvor entstandene Rechtsverhältnisse. E. Darstellg der Fragen d. Uebergangszeit. Von Dr Hermann Habicht, Landrichter in Kassel. *Jena: G. Fischer 1899.* (1 Bl., VIII S., 1 Bl., 582 S.) 1 Bd 8.
= Abhandlungen z. Privatrecht u. Civilproz. d. Deutschen Reiches. Bd III. [99. 518]

— dasselbe, s. a. Abhandlungen zum Privatrecht u. Civilprozeß des Deutschen Reiches. III.

Habicht, Herm., die Einwirkg. des bürgerl. Gesetzbuchs auf zuvor entstandene Rechtsverhältnisse. Eine Darstellg. der Fragen der Uebergangszeit. 2., unter Berücksicht. der Ausführungsgesetze sämtl. Bundesstaaten umgearb. u. verm. Aufl. gr. 8. (X, 770 S.) Jena 900. G. Fischer. n. 12. —; geb. n. 14. —

Die Einwirkung des Bürgerlichen Gesetzbuchs auf zuvor entstandene Rechtsverhältnisse. Eine Darstellung d. Fragen d. Uebergangszeit von Dr Hermann Habicht, Oberlandesger.R. 3. verb. u. verm. Aufl. *Jena: G. Fischer 1901.* (X, 817 S.) 8° [F.]
= Abhandlungen z. Privatrecht u. Civilprozess d. Dt. R. Bd 3. [01. 3030]

— Familienrecht, s.: Schmidt, Arth. B.

— s.: Kommentar zum bürgerl. Gesetzbuch.

Habicht, Herm., internationales Privatrecht nach dem Einführungsgesetze zum bürgerlichen Gesetzbuche. Aus dem Nachlasse hrsg. v. Max Greiff. (VI, 254 S.) gr. 8. Berlin 907. J. Guttentag. 7. —

Habicht, H., die altdeutsche Verlobung in ihrem Verhältniss zu dem Mundium u. der Eheschliessung. gr. 8. (76 S.) Jena 879. Fischer. n. 2. —

Habicht, K., s.: Bau-Jahrbuch, deutsches.

HABICHT, Karl (Darmstadt): Ueber febrile Consumption.- München: Wolf 1882. 19 S.
22.7.1882 - Urk (Titel: De consumptione febrili.): Chr 1882/83,17
Diss. Ingolst.-Landsh.-Mchn.

Habicht, Konrad

Habicht, Conrad. Die (J[acob]) Steinerschen Kreisreihen. Diss. Phil. Bern. [Mit 4 Tafeln. Sep.-Abdr. aus den Mitteilungen der Naturforschenden Gesellschaft in Bern aus dem Jahre 1904.] II + 37 S. 8. Bern, K. J. Wyss, 1904.

Habicht, Ludw., offene Augen, s.: Unterhaltungs-Bibliothek f. Reise u. Haus.

— — er muß studieren ꝛc, s.: Spamer's, Otto, neue Volksbücher.

Habicht, Ludw., der rechte Erbe. Roman. 8. (277 S.) Breslau 879. Koebner. n. 4. —

[F.] Die Erbschaft. Kriminal-Roman v. Ludwig Habicht. *Berlin: J. Gnadenfeld & C. [1897].* (141 S.) 1 Bd 8. [98. 3198]

— der Falschmünzer. Novelle. (Beilage d. „Westungar. Grenzbote".) 8. (118 S.) Preßburg 896. (G. Heckenast's Nachf.) n 1. —

— dasselbe. Bestraft, s. a. Spamer's, Otto, neue Volksbücher.

Habicht, Ludwig s. Familienbibliothek, Schweizer. Nr. 33.

Habicht, Ludwig s. Familienbibliothek, Schweizer. Nr. 47.

Habicht, Ludw., am Gardasee. Novelle. 8. (201 S.) Leipzig 890. Reißner. n. 2. —

Habicht, Ludw., d. Geheimnis d. Waldes, s.a. Kürschner's, Jos., Bücherschatz.

Das Geheimnis des Waldes. Roman von Ludwig Habicht. Mit Ill. von W Roegge *Berlin, Eisenach, Leipzig H Hillger [1900]* (125 S.) 8° [F.] = Bücherschatz, Kürschners No 217

Habicht, Ludw., vor den Geschworenen, s.: Würdig, L.

— vor dem Gewitter. Roman. 4 Bde. 8. (288, 312, 310 u. 208 S.) Hannover 878. Rümpler. 18. —

—— Auf der Grenze. Roman. 4 Bde. 8. (284; 298; 322; 281 S.) Ebendas. 878. *

— d. Grafenhaus. Kriminal-Roman. Beilage d. „Westungar. Grenzbote". 8. (124 S.) Preßburg 896. (G. Heckenast's Nachf.) n. 1. —

— dasselbe. 2. (Titel-)Auflage. 4 Bde. 8. (284, 298, 322 u. 281 S.) Ebend. 879. n. 12. —

Habicht, Ludw., in guten Händen. Drei Novellen. Mit einer Kupfer-Radirung v. W. Georgy. 16. (V, 194 S.) Berlin 880. H. W. Müller. n. 2. —; geb. n. 3. —

— das Haus des Unfriedens, s.: Eisenbahn-Unterhaltungen.

— zwei Höfe. Roman in 3 Bdn. gr. 8. (VII, 348, 291 u. 432 S.) Breslau 871. Trewendt. 15. —

— Ideal u. Welt, s.a. Bibliothek f. Haus u. Reise.

—— Ideal und Welt, s.a. Unterhaltungs-Bibliothek für Reise und Haus.

— Ideal u. Welt Erzählg. E Uebertragg. in d. Stenotachygraphie. [Aus: „Mussestunden", stenotachygraph. Unterhaltungsblatt.] gr. 8. (85 S.) Linz 896. Augsburg, A. Pfeiler n. 1. 25

Habicht, Ludw., Irrwege. Erzählungen u. Novellen. 2 Bde. Breslau 866. Trewendt. 8. (VI, 539 S.) 2 Thlr 15 ngr.

—— harte Kämpfe, s. Bibliothek für Haus und Reise.

– Besondere Kennzeichen, s.a. Kürschner's, Jos., Bücherschatz.

Besondere Kennzeichen. Erzählung von Ludwig Habicht. Mit Ill. von W Roegge. *Berlin, Eisenach, Leipzig: H. Hillger [1902].* (105 S.) 8° [F.] = Bücherschatz, Kürschners. No 320.

— Kriminal-Novellen, s.a. Eckstein's Reisebibliothek.

Habicht, Ludw., Kriminal-Novellen. Breslau 864. E. Trewendt. 8. (VII, 307 S.) 1 Thlr 7½ ngr.

— ein verfehltes Leben, s.: Archler, Armin, d. Gefangenen d. Czaren.

— ein verfehltes Leben, s.: Braun's Novellen- u. Roman-Sammlung. 8. Bd.

— in Paris, s.: Unterhaltungs-Bibliothek f. Reise und Haus.

— quer über od. e. Mann, e. Wort, s.: Spamer's, Otto, neue Volksbücher. Nr. 1.

Habicht, Ludw., zum Schein, s.a. Spamer's, Otto, neue Volksbücher.

Habicht, Ludw., zum Schein. Erzählung aus dem Volksleben. Mit 2 Tonbildern, Kopfleisten u. Initialen. 8. (92 S.) Leipzig 886. Spamer. n. 1. —; geb. n. 1. 25

— Schein u. Sein. Roman. 5 Bde. 8. (305, 315, 302 307 u. 288 S.) Jena 875. Costenoble. 18. —

— Schein u. Sein. Roman. 5 Bde. 2. (Titel-)Aufl. 8. (305, 315, 302, 307 u. 288 S.) Jena (1875) 878. Costenoble. 15. —

— unt. fremder Schuld. Roman. 8. (446 S.) Berlin 897. Deutsches Verlagshaus Bong & Co. n. 4. —; geb. 5. 50

— am Genfer See. Erzählung. 2 Bde. 8. (209 u. 221 S.) Jena 875. Costenoble. n. 6. 75

— am Genfer See. Erzählung. 2., wohlfeile (Titel-)Ausg. 2 Thle. in 1 Bde. 8. (209 u. 221 S.) Jena (1875) 880. Costenoble. 3. —

— im Sonnenschein. Roman. 3 Bde. 8. (269, 268 u. 257 S.) Breslau 885. Schottländer. n. 12. —; geb. n. 15. —

— der Stadtschreiber von Liegnitz. Historischer Roman. 3 Bde. Ebend. 865. 8. (701 S.) 3 Thlr 15 ngr.

— der Stadtschreiber v. Liegnitz. Historischer Roman. 2. Aufl. 3 Tle. in 1 Bde. 8. (402 S.) Breslau 881. Trewendt. n. 3. 60; geb. 4. 50

— Wahrheit, s.: Enßlin's Roman- u. Novellenschatz.

— im Wege. Eine Kohlenzeichnung, s.: Enßlin's Roman- u. Novellenschatz. 80. Bd.

— Widersprüche, s.a. Kürschner's, Jos., Bücherschatz.

Habicht, Ludwig: Widersprüche. Novelle. Mit Ill. von W. Roegge. Berlin, Eisenach, Leipzig: H. Hillger [1899]. (128 S.) 8° [F.] = Bücherschatz, Kürschners. No 151.

— Wille u. Welt. Roman 3 Bde. 8. (274, 279 u. 265 S.) Leipzig 884. Bergmann. n. 12. — ; geb. n. 15. —

Habicht, Max., s. Nacht, Tausend u. eine.

HABICHT, Melch., Beyspiele von dem Einfluss des weiblichen Geschlechts in dem alten Römischen Staat. Aus der Geschichte gesammelt und nach der Zeitfolge dargestellt. Schafhausen 1791. 12°. (In Amsterdam, Bibl. Gerritsen.)
Darin u. a. folgende Capitel: Die verschmizte Buchhändlerin unter d. Regierung des Tarquin; Virginia, das verbuhlte Weib Aruns; Aufstand röm. Frauen, etc.

Habicht, Melch., († d. 21. Juni 1817.) Beispiele von dem Einfluß d. weibl. Geschlechts in den alten röm. Staaten. 8. Frankf. 792. (Steiner in Winterth.) 12 gr

— Gespräche, worin verschied. gemeine Vorurtheile gegen d. Christenthum beleuchtet u. widerlegt werden. 8 Thle. 8. Leipz. 777, 79. 2e A. 783. Schneider. 18 gr

[Habicht, Melchior.] Das neueste Schiksal der Stadt Schafhausen nach politisch-moralischen Grundsäzen beleuchtet. Und als ein Freundbürgerliches Wort seinen lieben Mitbürgern gewidmet Von einem alten Vaterlands-Freund. 8. Schafhausen 1799.

Habicht, R., Trauer- u. Gedächtnißpredigt der am 10. Februar verstorbenen Frau Kurfürstin von Hessen, gehalten am Sonntage Oculi, den 14. März über den vorgeschrieb. Text: Jes. Sir. 41, 12—15. Nebst e. Anhange. 8. Schmalkalden 841, Pistor. 1/8 ℔

Habicht, Victor

Habicht, V., Handbuch f. die evangelische Kirche d. Großherzogth. Hessen. 2. Aufl. 8. (102 u. 276 S.) Darmstadt 889. Waitz. n. 3.—

Habicht, V., Handbuch f. d. evang. Kirche d. Großherzogt. Hessen. 4. Aufl. 2 Tle. in 1 Bd. 8. (V, 118 u. 382 S.) Darmstadt 898. J. Waitz. n n. 4. 30

Habicht, V., Handbuch f. die evangelische Kirche des Großherzogt. Hessen. 5. Aufl., s.: Handbuch.

Habicht, Vict., Hülfsbuch zum Verständniß der Bibel. gr. 8. (VIII, 136 S.) Gießen 878. Ricker. n. 1. 80; cart. n. 2.—

Habicht-Oechslin, Konrad

Habicht-Oechslin, C., e. Beitrag zur Lösg. d. Kantonsspital-(Krankenhaus-)Frage. gr. 8. (16 S.) Schaffhausen 896. (C. Schoch.) n. — 40

(Habicht-Oechslin, C[onrad].) Die Schleitheimer Bahn. (1904 Januar 27.) 16 S. 8. (Schaffhausen, [Selbstverlag]; Neuhausen, Buchdr. Adolf Weigel.)
(Zur Abstimmung [über die] Bahn Schaffh' bis Schleitheim-Oberwiesen.)

Habicht-Oechslin, C., die Vereinigten Staaten v. Nordamerika, s. a. Leroy-Beaulieu, Pierre.

Habicht-Oechslin, C[onrad]. Die Vereinigten Staaten von Nordamerika in ihrer ökonomischen Entwicklung am Beginn des 20. Jahrhunderts. Autorisierter Auszug aus dem Werke von Pierre Leroy-Beaulieu (Les Etats-Unis au 20e siècle). VIII + 67 S. 8. Zürich, Albert Müller, 1905. [fr. 1. —]

Habichter, Th., Fünf Jahre unter den Horden Afrikas und Asiens. Kl.-8. (116 S.) —.50
Brixen: Buchhandlung des Kath.-polit. Pressvereins 1893.

Habichtswald [Schlagwort]

Habichtswald, s.: Wilhelmshöhe.

Habiger: Handbuch für Offiziere des Generalstabes, s. Succovaty.

Habighorst, Joh. Georg

— Herakles. Ein griech. Heldenbild in deutscher Dicht[ung] widergespiegelt. 8. (57 S.) Leipzig 873. Mutze. 1. 2[0]
geb. m. Goldschn. n. 2. -

Habighorst, Joh. Geo., kurze Predigten f. die Sonn- u[nd] Festtage d. katholischen Kirchenjahres. 8. (XII, 588 S.[)] Regensburg 871. Manz. 4. 5[0]

Habilitations-Bedingungen der Philosophischen Fakultät der Königlichen Universität zu Breslau. *Breslau 1903: H. Fleischmann.* (2 Bl.) 8° [F.]
(Nicht für den Austausch)

Habilitations-Ordnung
(weitere Ordnung nach Ortsnamen)

Habilitations-Ordnung für die Technische Hochschule zu Aachen (v. 24. 4. 1884).

Habilitations-Ordnung für die Kgl. Technische Hochschule zu Berlin (v. 24. 4. 1884). — [Dasselbe.] (Mit Zusätzen zu § 3 u. 12 v. 27. 7. 1892.) — [Dasselbe.] (Mit Abänderung der § 18 u. 19 v. 3. 12. 1908.) ¶ Abgedr. in: Centralblatt f. d. ges. Unterrichts-Verwaltung in Preußen. Jg. 1885. S. 603 ff.
1884: Be

Habilitations-Ordnung für die Kgl. Technische Hochschule zu Breslau. [19]10.

Habilitations-Ordnung für die Königliche Technische Hochschule zu Danzig. (Genehmigt durch Erlass d. Minist. d. geistl., Unterr.- u. Medizinal-Angelegenh. v. 3. 10. 1904.) (Danzig [1905]: Schwital & Rohrbeck.) (8 S.) 8° [F.] [illegible] 10

Grossherzogl. Technische Hochschule zu Darmstadt. **Habilitations-Ordnung** (v. 19. 3. 1904).

Habilitationsordnung der Großherzogl. Technischen Hochschule Darmstadt (v. 22. 11. 1910).

Habilitationsordnung für die Kgl. Sächs. Technische Hochschule (v. 5. 3. 1895). 1895. [Mehrfach gedr.] Dresden

Habilitations-Ordnung am Kgl. Polytechnikum Dresden (v. 24. 7. 1878). 1878. — [Dasselbe u. d. T.:] Habilitations-Ordnung der K. S. Technischen Hochschule. [Autogr.] *1. Ausg. Dr**

Habilitations-Ordnung für die Kgl. Technische Hochschule zu Hannover (v. 24. 4. 1884).

Habinger, J., Adreß-Buch von Regensburg, s. Adreß-Buch.

Habingsreither, P. E., Lehrbuch der Pädagogik f. den Gebrauch beim Unterricht in Lehrerseminaren u. zum Selbstunterricht. gr. 8. (XVI, 265 S.) Freiburg i/B. 899. Herder. n. 2.40; Einbd. in Halbleinw. n.n.n. —30

Habingsreither, P. E., Lehrbuch d. katholischen Religion f. Mittelschulen u. Lehrerseminare. 1. 3. Tl. gr. 8. Freiburg i/B., Herder. n. 4.80
(4 Tle. kplt. n 6. 30)
1. Die Glaubenslehre. 2., verb. Aufl (XV, 180 S.) 898. n. 2.—
2. Die Lehre von d. Sakramenten. 2., verb. Aufl. (VIII, 98 S.) 896. n. 1.20
3. Die Sittenlehre. 2., verb. Aufl. (XI, 131 S.) 898. n. 1.60

Habingsreither, P. E., Lehrbuch der katholischen Religion f. Mittelschulen u. Lehrerseminare. 4. Tl. Kirchengeschichte. 2., verm. u. verb. Aufl. gr. 8. (XI, 126 S.) Freiburg i/B. 894. Herder. n. 1.50

Habingsreither, P. E., Lehrbuch der katholischen Religion für höhere Schulen u. Schullehrerseminare. (In 4 Tln.) 1—3. Tl. gr. 8. Freiburg i/Br. 881. Herder. n. 4. 80
1. Die Lehre vom Glauben. (XVI, 179 S.) n. 2. —
2. Die Lehre von den Sakramenten. (VII, 92 S.) n. 1. 20
3. Die Sittenlehre. (XI, 130 S.) n. 1. 60

Habingsreither, P. E, Lehrbuch der katholischen Religion f. höhere Schulen u. Schullehrerseminare. 4. Tl. Kirchengeschichte. gr. 8. (VIII, 91 S.) Freiburg i/Br. 883. Herder. n. 1. 20 (cplt. in 1 Bd.: n. 6. —)

Habisreutinger, A. Panorama vom Nollen-Hosenruck bei Wyl. Farbendruck in Fol. St. Gallen, Scheitlin & Zollikofer. 1879 cart. 3 —

Habisreuttinger, Columb., Etwas f. alle, od. wohlzegründ. Gewissensruhe. 3 Thl. 8. Augsb. Wolf. 744. Rthlr.

— d. Nachfolgung Christi, a. d. Originaltexte in deutsch. Vers. gebund. 8. Augsb. M. Rieger. 744.

— univers. primorum principiorum in Philosophia et Theologia Sensus. 8. ibid. 747.

Habitants. Aux h' des Villes du Pays-de-Vaud. ([Avec Appendice:] Chant suisse. Sur l'air: Voici nos vœux pour la patrie....) 8. *s. l.* [*ca.* 1798].

Habitt's aus Moskau, nothgedrungene Erklärung gegen sechs Journalisten, oder d. aufgeschossene Berliner Kokusnuß. 8. Braunschw. 829. (Meyer). 6 gGr

Habl, Anton

Habl's, A., Bienenbuch, s. Bibliothek, landwirthschaftliche.

Habl, Anton, neueste Bienenzucht nach einem bisher ganz unbekannten System mittelst Ansatzkästchen, rc. M. 3 lith. Taf. Eine Aufmunterung zur vaterländ. Bienenzucht. 8. Saaz 841. (Leipzig, Volet; Prag, Haase Söhne.) 1/3 Rthlr

Habl, Olivier. Die Cholera u. die Erdäpfel-Krankheit. *Linz* 1858. Druck v. *Friedr. Eurich's Wtw.* 30 S., 8°. 18 kr.

Habl, Wenzel, vollständiges Handbuch der Zuschneidekunst nach dem neuen patentierten Koordinaten-System (Ausg. f. Herrenschneider). gr. 4. (44 S. m. 112 lith. Taf.) Wiesbaden (901). (R. Bechtold & Co.) Geb. in Leinw. n. 15. —

Habla vd. castellano?, s.: Miniatur-Bibliothek.

Habla, Jo., De tussi convulsiva infantum. 80 pp. Vienn. 8°. 1772

Habler, Heinr. Uebersichtliche Darstellung der Entwickelung und Ausbildung des Deutschen Städtewesens im Mittelalter 24 S
Oppeln, Progr. 1844

Häbler, Ueber die tragischen Stoffe des Aeschylos und des Euripides. Pr. 1859. 65 S. 2.—

Haebler, A., Quaestiones Plutarchae II. De Plut. fontibus in vitis Themistoclis et Aristidis. De auctore libri qui inscribitur Περὶ τῆς Ἡροδότου κακοηθείας. Diss. 1878. 60 S.

Häbler, Albin Astrologie im Altertume. 38 S. Progr. G. *Zwickau* 1879.

Häbler, Albin, die Nord- u. Westküste Hispaniens. Ein Beitrag zur Geschichte der antiken Geographie. gr. 4. (46 S. m. 1 lith. Karte.) Leipzig 886. (Hinrichs' Sort.) n. 1. 60

Haebler, Karl

Haebler, Carl, Referendar in Dresden: Der Lehrvertrag des Handlungslehrlings. Borna-Leipzig 1907: R. Noske. (VIII, 49 S.) 8° [F.]
Leipzig, Jur. Fak., Diss. v. 10. Juni 1907
[Geb. 6. Jan. 84 Großschönau i. S.; Wohnort: Dresden; Staatsangeh.: Sachsen; Vorbildung: Kgl. Gymn. Dresden-N. Reife O. 02; Studium: Genf 1, Berlin 1, Heidelberg 1, Leipzig 4 S.; Rig. 19. Juni 06.]

Haebler, Karl Gotthelf

Haebler, Carl Gthelf., d. Aufbau d deutschen Satzes. Lehrbuch u Aufgabensammlg. 2. Aufl. 8. (39 S. Wiesbaden 897. G. Quiel. n. — 80; Lösgn. (f. d. Lehrer) (10 S.) unentgeltlich.

— Einführungen in d. sechs Hauptsprachen d. europäischen Culturvölker. I. u. II gr. 8. Ebd. 895. n. 9. —; Lösungen n. 5. —
I. Griechisch (III, 15 u. 205 S.) n. 5. —; Lösungen (67 S.) n. 2. 50
II. Latein. (III, 195 S.) n. 4. —; Lösungen (56 S.) n. 2. 50

Haebler, G., Einführung in die sechs Hauptsprachen der europäischen Culturvölker. I u. II. 2. [Titel-]Aufl. gr. 8. Wiesbaden, G. Quiel. Geb. in Leinw. n. 6. —
I. Griechisch. (III, 205 S.) [895]. 903. n. 3. —; Lösungen. (67 S.) n. 1. 80
II Latein. (III, 195 S.) [895]. 903. n. 3. —; Lösungen. (56 S.) n. 1. 80

Haebler, Carl Gotth., Freundesworte an den berühmten Tondichter Richard Wagner gerichtet. Zugleich e. uneigennütz. Versuch, d. v. dem Allgemeinen deutschen Musikvereine gestellte Preisaufgabe nicht sowohl zu lösen, als zu beseitigen; ausgestattet m. zahlreichen Citaten sowohl aus dem „Ringe d. Nibelungen", als aus Richard Wagners anderen Operntexten. 8. (63 S.) Leipzig 873. F. Vogel. n. 1. -

Haebler, G., german grammar briefly exposed in twenty four exercises. Dresden 854. Adler u. Dietze. 8. (VI, 46 S.) n. 10 ngr.

—— Herakles. Ein griech. Heldenbild in deutscher Dichtung widergespiegelt. 8. (57 S.) Leipzig 873, Mutze. geb. mit Goldschn. *

Häbler, Carl Gthelf., Liebesgeschicke. Donna Blanca. Sarolta. Svanhild. Ein Damencyclus. Leipzig 867. Leiner. 16. (368 S.) n. 1 ℛ

Häbler, Gthelf., Lieder. 16. (X u. 213 S.) Leipzig 852, Serig. 1 ℛ

Häbler, C. G., Lieder der Huldigung. gr. 8. (47 S. m. farb. Randeinfassgn.) Leipzig 888. Liebeskind. n. 1.—

Haebler, G., der Sprach-Unterricht der deutschen Schulen. Seine Fehler, seine Ziele. Versuch e. neuen Grundlegg. desselben. gr. 8. (IV, 60 S.) Wiesbaden 894. G. Quiel. n. — 70

Haebler, G., der Sprachunterricht der deutschen Schulen. II. gr. 8. Wiesbaden, G. Quiel.
II. a. Vorwort zu: Einführungen, I. Griechisch. b. Deutsche u. Griechen. (16 S.) 895. Kostenlos.

— dasselbe. Seine Fehler. — Seine Ziele. Versuch e. neuen Grundlegg. desselben. III. 8. Ebd. 900. n. — 80
Zur Verständigung. a. Rückblick. Dank u. Abwehr. b. Unfreiwillige Kritik. c. Ansprachen an die Unterrichtsbehörden, die Sprachlehrer u. die Gesamtheit der Gebildeten Deutschlands. (70 S.)

— Thalkönigs Sohn. Ein Mährchen in 6 Gesängen. Ebend. 866. 16. (69 S.) n. 8 ngr.

Das Testament eines Dichters. (Verf. Karl Gotthelf Häbler.) Dresden Verl., Beyer in Komm. 1805. 66 S. 8°

— die Töchter des Grafen Alban. Ein Märchenkranz für die Jugend. Mit 7 (lith. u.) color. Bildern. Berlin (856). Winckelmann. br. 8. (175 S. u. lith. Titel.) 22½ ngr.

Haebler, Carl Gthelf., fünf Vorträge üb. Ilias u. Odyssee. 4 (III, 82 S.) Leipzig 896. Stuttgart, J. G. Cotta Nachf. n. 1. 60

[F.] Fünf Vorträge über Ilias und Odyssee v. Dr G[otthelf] Haebler. *Leipzig A. G. Liebeskind 1896.* (2 Bl., 82 S.) 1 Bd 8.

Haebler, Carl Gotth., wie sollte das deutsche Volk nach den Siegen v. 1870 und 1871 auf das Drama der Vergangenheit blicken? Wie sollte es das seiner eigenen Zukunft gestalten? 55 Sätze. 8. (23 S.) Leipzig 872. Mutze. n. — 50

Häbler, Carl Gthelf., Wittekind. Ein Heldengedicht in 10 Gesängen. Leipzig 864. Leiner. 16. (154 S.) 15 ngr.

Haebler, G., ein offenes Wort über die Pflege des Drama's an der Hofbühne von Dresden, gerichtet an den General-Director derselben, Herrn Reichsgrafen v. Platen-Hallermund. Leipzig 868. (Leiner.) gr. 8. (23 S.) n. 5 ngr.

Haebler, Konrad

Haebler, Konr., aus den Anfängen des Buchhandels. (11 S.) 8. Halle 904. Leipzig, R. Haupt. n.n. 1. —
Sonderabdruck aus: „Antiquariats-Katal. 3: Schrift-, Buch- u. Bibliothekswesen usw."

– Der Aufstand Siciliens 1516, s. Taschenbuch, historisches.

— s.: Beiträge zur Kenntnis des Schrift-, Buch- u. Bibliothekswesens.

Haebler, K., die wirtschaftliche Blüte Spaniens im 16. Jahrh. u. ihr Verfall, s.a. Untersuchungen, historische.

Haebler, Konrad. Die wirtschaftliche Blüte Spaniens im XVI. Jahrhundert und ihr Verfall. Aus: „Historischen Untersuchungen". Herausgegeben von J. Jastrow. 9. Heft. 8. Berlin 1888.

Haebler, Konr., Spanische u. portugies. Bücherzeichen d. XV. u. XVI. Jahrh., s.: Büchermarken, die.

K[onrad] H[aebler] Eine märkische Buchhändleranzeige aus dem Jahre 1511. Der Berliner Bibliophilen Abend seinen Gästen z. Stiftungsfest 1909. (Friedenau-Berlin 1909. Brucker.) 6 Bl. 8°

Häbler, Konrad (Hrsg.), s. Colombo, Christoforo: Der deutsche Kolumbus-Brief.

— d. Geschichte d. Fugger'schen Handlg. in Spanien, s.a. Forschungen, socialgeschichtl.

Die Geschichte der Fugger'schen Handlung in Spanien. Von Konrad Häbler, Kustos . in Dresden. *Weimar: E. Felber 1897.* (X, 237 S.) 8.
— Forschungen, Socialgeschichtliche. Ergänzgshefte z. Zeitschr. f. Social- u. Wirthschaftsgesch. H. 1.

Häbler, Konr., Geschichte Spaniens unter d. Habsburgern, s.a. Staatengeschichte, allgemeine.

Haebler, Konr., Geschichte Spaniens unter den Habsburgern. Bd 1. Gotha 1907. 8°
1. Geschichte Spaniens unter d. Regierung Karls I. (V.)
(Allg. Staatengeschichte, hrsg. von Karl *Lamprecht*. Abt. 1.)
(Gesch. d. europ. Staaten, hrsg. von A. H. L. *Heeren* u. F. A. *Ukert*.)

— 100 Kalender-Inkunabeln, s.: Heitz, Paul.

—— Eine deutsche Colonie in Venezuela, s. Taschenbuch, historisches.

Häbler, Konr., der deutsche Kolumbus-Brief, s.: Drucke u. Holzschnitte des XV. u. XVI. Jahrh. in getreuer Nachbildung. VI.

—— aus dem Leben des ersten Vicekönigs von Mexiko, s. Taschenbuch, historisches.

Haebler, Konr., Maria Josefa Amalia, Herzogin zu Sachsen, Königin v. Spanien. gr. 8. (VII, 247 S. m. Lichtdr.-Bildnis.) Dresden 892. W. Baensch. 4. —; geb. n. 5. 25

Häbler, Konr., die Religion des mittleren Amerika, s.a. Darstellungen aus dem Gebiete der nichtchristl. Religionsgeschichte. XIV.

Häbler, Konrad, Die Religion des mittlern Amerika. Münster, Aschendorff, 1899. gr. 8°, 154 S., 2,50 Mk.
Bd. 14 aus: Darstellungen ꝛc., s. S. 411. Dai.

— Typenrepertorium der Wiegendrucke, s.a. Sammlung bibliothekswissenschaftlicher Arbeiten.

Typenrepertorium der Wiegendrucke. Von Konrad Haebler. Abt. 1–3. Halle a. S.: Haupt 1905–10. 8°
1. Deutschland u. s. Nachbarländer. 1905. 2. Italien, d. Niederlande, Frankreich, Spanien u. Portugal, England. Übersichten. 1908. 3. Tabellen. 1. Antiqua-Typen. 1909. 2. Gotische Typen. 1910.
(Sammlung bibliothekswissenschaftl. Arbeiten. H 19/20. 22/23. 27. 29/30.)

Haebler, Conr., Typographie ibérique du quinzième siècle. Reproduction en facsimile de tous les caractères typographiques employés en Espagne et en Portugal jusqu'à l'année 1500. Avec notices critiques et biographiques. 6 Lfgn. Fol. (87 Taf. m. 135 S. Text in span. u. französ. Sprache.) Haag 901. 902. M. Nijhoff. — Leipzig, K. W. Hiersemann.
Subskr.-Pr. n. 92. —; orh. Pr. n. 100. —

Haebler, Konr., die überseeischen Unternehmungen der Welser u. ihrer Gesellschafter. (VIII, 397 S.) gr. 8. Leipzig 903. C. L. Hirschfeld. n. 9. 60

— das Wallfahrtsbuch des Hermannus Künig v. Vach u. die Pilgerreisen der Deutschen nach Santiago de Compostela, s.: Drucke u. Holzschnitte des XV. u. XVI. Jahrh. in getreuer Nachbildung. I.

— s.: Weltgeschichte.

Haebler, Max [aus Grossschönau]. Über einige Derivate des Metaamidoanthrachinons . . . . Freiburg i. B., Univ.-Buchdr. v. Chr. Lehmann, 1886; 51 S. 8°.
Freiburg i. B., Phil. Fak., Inaug.-Diss. v. 1886.

Haebler, Max (geb. Sommerau in Ostpr. 11. 11. 1844). Eine neue Methode der quantitativen Eiweissbestimmung im Urin. Berlin (1868). (32 S. 8°.)
Berlin, Med. Diss. v. 24. März 1868.

Haebler, Osc., farbige Blumen u. Pflanzen f. moderne Flächenornamente, entworfen im Atelier H. (8 Taf.) 35 × 50 cm. Plauen (905). Ch. Stoll. In Umschlag n. 14. —

— s.: Flächenkunst, moderne.

Haebler, Osk., s.: Flächen-Muster in neuzeitlichem Charakter.

— Flächenschmuck im Charakter der Dresdener Schule. (24 Lichtdr.-Taf.) gr. Fol. Stuttgart (906). J. Hoffmann. In Mappe n. 26. —

— s.: Kunst u. Industrie, textile.

Haebler, O., Motivenschatz moderner Flächenverzierung. Material f. kunstgewerbl. Schaffen. 1. u. 2. Serie. gr. Fol. (à 20 Taf.) Plauen (900). Ch. Stoll. In Mappe à n. 18. —

— Stil-Lehre f. farbige Flächen-Verzierung u. Gewebe-Musterung. (48 Taf.) 32,5×24,5 cm. Mit Text. (III, 48 S. m. Abbildgn.) Lex. 8. Plauen (909). Ch. Stoll. In Halbleinw.-Mappe 16. —

— moderne Textilkunst. 1. Bd. (72 meist farb. Taf.) 4. Plauen (905). Ch. Stoll. In Mappe n. 36 —

Häbler, Rich., die Haftpflicht ex recepto nach königl.-sächsischem u. Reichsrecht. gr. 8. (55 S.) Leipzig 884. Roßberg. n. 1. 20

Häbler, Thdr., die Ableitung der ebenen Trigonometrie aus drei Grundgleichungen. [Aus: „Einladungsschrift z. Einweihung d. neuen Gebäudes d. Fürsten- u. Landesschule zu Grimma".] gr. 4. (9 S.) Grimma 891. (G. Gensel.) n. — 50

Häbler, Thdr., zur Bestimmung der Intensität d. Erdmagnetismus. Inaugural-Dissertation. gr. 8. (31 S.) Leipzig 884. (Jena, Dabis.) n. — 60

Häbler, Theod. Einfluss einiger in der Färberei üblichen Beizen auf die Festigkeitseigenschaften baumwollener Gewebe. 1881.

Häbler, Theod. Einwirkung des Bleichprocesses auf die Festigkeitseigenschaften baumwollener Gewebe. 1884.

Häbler, Th., I. Maxima u. Minima symmetrischer Funktionen. II. Betrachtungen üb. die Determination. gr. 4. (53 S. m. Fig.) Grimma 888. (Gensel.) n. 1. —

Häbler, Thdr., üb. zwei Stellen in Platons Timaeus u. im Hauptwerke v. Coppernicus. Progr. gr. 4 (26 S.) Grimma 898. (G. Gensel's Verl.) n. 1. —

Häbler, Theodor: Über zwei Stellen in Platons Timaeus und im Hauptwerke von Coppernicus. *Grimma 1898: J. Schiertz.* (26 S.) 4°
Grimma, Fürsten- u. Landes-S, P 1898 (563)

Häbler, W. L., Sprachbuch, enthaltend Beispiele zum Sprachbüchlein, nebst einer Regellehre d. deutschen Sprache, f. Grundschulen. Lex.-8. Marienb. ... 2e A. 829. (Marienwerder, Baumann). 1 ₰ 16 ℛ

Hablitzel, Joh. Bapt., Hrabanus Maurus, s.: Studien, biblische.

Hablitzel, Joh[ann] Bapt[ist], Dr: Hrabanus Maurus. Ein Beitrag zur Geschichte der mittelalterlichen Exegese Freiburg i. B.: Herder 1906. (VI, 105 S.) 8° ¶ = Biblische Studien, Bd XI, H. 3.
München, Theol. Fak., Ref. Bardenhewer, Diss. v. 24. Mai 1902
[Geb. 11 Juni 66 Augsburg, Wohnort Augsburg, Staatsangeh. Bayern, Vorbildung Ludwigs-Gymn. München Juli 84. Studium Lyzeum Dillingen 8 München 2 S., Rig. 21 März 02.]
(Nur in beschränkter Zahl für den Austausch)

Hablizl, Karl, Bemerkk. in d. Persischen Landschaft Gilan u. auf den Gebirgen. gr. 8. Petersb. 783. Logan. 7 ℛ

— s. Beschreib. d. Taurischen Statthalterschaft.

Hablützel, A[lbert]. Festschrift zum 100jährigen Jubiläum des Schweizerischen Kunstvereins, 1806—1906. [Mit Illustrationen und 12 Tafeln.] IV + 134 S. gr.-8. Winterthur, Buchdr. W', (1906). [geb. fr. 10. —]
Die Geschichte der einzelnen Sektionen, S. 55—122, meist von verschiedenen Mitarbeitern.

Hablützel, A., aus der Geschichte des Vereins der schweizer. Presse, s.: Beiträge zur Geschichte des zürcherischen Zeitungswesens.

Hablützel, Alb. Genf und die schweiz. Landesausstellung. In-8°. Mit Illustr. 16 S. Genf (Georg & Co.). 1896 — 50

Reiseartikelfabrik Schaffhausen von Alfred Hablützel, Nachfolger von H. Uehlinger. Preis-Courant. IV + 21 S. 4. (Schaffhausen, H. Meier & Cie., Mai 1902.)

Hablützel, Ernst. Wie verwerte ich meine Erfindung im In- und Auslande schnell und gut? Verfasst und hrg. von E' H'. Trüllikon. Schweiz. [Mit 1 Vignette und 6 Formularen.] 20 S. 8. Winterthur. Buchdr. Konkordia. 1910. [fr. 1. 50]

Hablützel, Ernst, wie verwerte ich meine Erfindung im In- u. Auslande schnell u. gut? (20 S. u. 6 Bl.) 8. Winterthur 910. (Schaffhausen, C. Schoch.) 1. 50

Hablützel, Wilh., ein offener Brief zur Hinweisung auf die Hülfe d. Herrn f. die Kirche. Seinen ehemal. Studienfreunden u. jetz. Amtsbrüdern gewidmet. 2., unveränd. Aufl. 8. (15 S.) Augsburg 878. Preyß. n. — 25

Hablü(t)zel, J. J.

Hablützel, J. J., die Elemente der Geometrie, nebst einem geordnet. Stufengange von 80 Aufgaben aus der Constructions-Verwandlungs- u. Theilungs-Lehre ꝛc. Mit 33 Taf. gr. 12. Schafthausen 843, Hurter. n. 2/3 ₰

Hablützel, J. J., Lehrbuch der synthetischen Geometrie. 2 Bde. gr. 8. Leipzig 875—76. Mentzel. n. 7. 25

1. Aeltere u. neuere Planimetrie. Mit Rücksicht auf Selbstbelehrg u. prakt. Verwerthg. bearb. Mit 295 eingedr. Fig. (in Holzschn.) (XII, 380 S.) n. 5. —
2. Aufgaben-Sammlung od. algebraische u. konstruktive Planimetrie nebst speziellen Rechnungsaufgaben. Mit Rücksicht auf Selbstbelehrg. u. prakt. Verwerthg. bearb. Mit 210 eingedr. (Holzschn.-) Fig. u 4 geometr. Taf. (VII, 196 S.) n. 2. 25

Hablüzel, J. J., systematische Münz-, Maass- u. Gewichts-Tabellen für Sokundar-, Industrie- u. Handelsschulen, sowie für den kaufmänn. Verkehr. gr. 8. (68 S.) Aarau 879. Christen. n. 1. —

Habrecht, Is. Planiglobium coeleste et terrestre Emend opera J. Chr. Sturm. Nürnberg. 4.

Habrich, der Schreiblesеunterricht nach der Normalwörtermethode. Konferenzvortrag. 8. (31 S.) Düsseldorf 878. Schwann. n. — 40

Habrich, Leonhard

Habrich, L., die Arbeiterversicherungen d. Deutschen Reiches. Faßlich dargestellt f. Jedermann. gr. 8. (162 S.) Düsseldorf 893. L. Schwann. n. 1. 75

[F.] Dr. Michael Bach. E. Gedächtnisblatt auf das Grab d. ... Lehrers u. Naturforschers v. L[eonhard] Habrich, Seminarl. in Boppard. M. d. Bilde Dr. Bachs. *Boppard a. Rh.: K. Richter 1892.* (Umschlagt.: Dr. Michael Bach, d. Vf. d. Studien u. Lesefrüchte aus d. Buche d. Natur.) (1 Bl., 62 S., 1 Portr.) 1 Bd 8. [96. 6440

Habrich, L., deutsches Einheits- u. Stammesbewußtsein im deutschen Schriftentum, von den Anfängen desselben bis zur Gegenwart. Ein Beitrag zur Geschichte d. deutschen Wesens u. e. Hilfsmittel zur Belebung u. Förderung d. litteraturkundl. Unterrichts. gr. 8. (XVI, 176 S.) Düsseldorf 888. Schwann. n. 2. 50; geb. n. 3. 50

Habrich, L., Leben u. Seele. 2 Vorträge. (42 S. m. 1 Taf.) gr. 8. Kempten 904. J. Kösel. n. — 70

Habrich, L., pädagogische Psychologie. Die wichtigsten Kapitel der Seelenlehre unter durchgäng. Anwendg. auf Unterricht u. Erziehg. vom Standpunkte christl. Philosophie anschaulich dargestellt f. Lehrer u. Erzieher. 1. Tl.: Das Erkenntnisvermögen. gr. 8. (XL, 224 S.) Kempten 901. J. Kösel. 3. —; geb. in Leinw. n. 3. 80

Habrich, L., pädagogische Psychologie. Die wichtigsten Kapitel der Seelenlehre unter durchgäng. Anwendg. auf Unterricht u. Erziehg. vom Standpunkte christl. Philosophie anschaulich dargestellt f. Lehrer u. Erzieher. Unter Berücksicht. der neuen preuß. Lehrpläne f. die Lehrerseminare vom 1. VII. 1901. II. Tl.: Das Strebevermögen. (XLIX —LXXII u. S. 225 - 659.) gr. 8. Kempten 903. J. Kösel. n. 4. 50; geb. in Leinw. n. 5. 50 (Vollständig: n. 7. 50; geb. n. 9. 30; in 1 Bd. n. 8. 70)

Habrich, L., pädagog. Psychologie. Die wichtigsten Kapitel der Seelenlehre, unter durchgäng. Anwendg. auf Unterricht u. Erziehg. vom Standpunkte christl. Philosophie anschaulich dargestellt f. Lehrer u. Erzieher. 1. Tl.: Das Erkenntnisvermögen. 3., verb. u. verm. Aufl. (12. u. 13. Taus.) (XLIII, 278 S.) gr. 8. Kempten 908. J. Kösel. 3.50; geb. 4. 30

— **Sozialdemokratie u. Volksschule**, od. was kann der christl. Lehrer thun, um den sozialdemokrat. Gefahren entgegen zu treten? Ein erweit. Vortrag. 8. (60 S.) Paderborn 891. F. Schöningh. n. — 60

Habrucker, F. G. Paullus, Quaestionum Annaeanarum capita IV. Dissertatio philologica. gr. 8. (69 S.) Königsberg 873, Akademische Buchh. von Schubert und Seidel. *

Habrucker, Walther, Referendar a. Königsberg i. Pr.: Rechtsempirie und Rechtstheorie. Halle a. S. 1906: C. A. Kaemmerer & Co. (72 S.) 8°

Halle, Jur. Fak., Ref. Stammler, Diss. v. 1. Dez. 1906

[Geb. 1. Mai 78 Königsberg i. Pr.; Wohnort: Königsberg; Staatsangeh.: Preußen; Vorbildung: Friedrichskollegium Königsberg Reife O. 96; Studium: Königsberg 2, Marburg 1, Königsberg 2, Berlin 1, Königsberg 1 S.; Rig. 29. Okt. 06.]

Habs, Rob., u. L. Rosner, Appetit-Lexikon. Ein alphabet Hand- u. Nachschlagebuch üb. alle Speisen u. Getränke. Zugleich Ergänzg. e. jeden Kochbuches. 2., den modernen Anfordergn. entsprechend umgearb. Aufl. 12. (602 S.) Wien 894. C. Gerold's Sohn Geb. in Leinw. 10. —

[F.] St. Jakobi in Cöthen. Z. Erinn. an d. Thurmbau in den J. 1895—1897 hrsg. v. Robert Habs. SA. a. d. 'Cöthenschen Ztg.' *Cöthen: P. Schettler 1897* (1 Bl., 76 S., 1 Taf.) 1 Bd 8. [97. 5033

Habs, Rudolph [app. Arzt aus Magdeburg]: Ueber einen Fall von Riesenwuchs einer Zehe. (Makrodaktylie.) . . . Freiburg i. B., Buchdr. v. Chr. Ströcker, 1889; 39 S. + 1 Bl. u. 1 Taf. 8°

Freiburg i. B., Med. Fak., Inaug.-Diss. v. 1889

Haus Habsburg und sein Kunstleben. 8 Reliefs im kunsthistorischen Museum von R. Weyr. Mit Text von Dr. A. Ilg. Heliogravuren in Mappe Wien: Löwy 1892 10.—
Inhalt: Kaiser Maximilian I. — Kaiser Carl V — Erzherzog Ferdinand v. Tirol. — Kaiser Rudolf II. — Erzherzog Albrecht VII. Erzherzog Leopold Wilhelm — Kaiser Karl VI. - Kaiser Franz Josef I. —

Habsburg oder Hohenzollern. Wem gebührt die Hegemonie in Deutschland? (von Herm. Burmeister.) gr. 8. (30 S.) Leipzig 848, O. Wigand. 6 ₰

Habsburg, Rudolph von, ein historisch-dramatisches Gemählde, von F. C. Schlenkert, 4 Theile; mit Kupf. 8. Leipzig, 792-94. Voß und Comp. Holländisch Pap. 5 Rthl. 15 sgl.
Dasselbe Buch. Druckp. 4 Rthl. 5 sgl.

Habsburg. Rudolf von H' vor Basel. (Njbl.) s. [Hagenbach, Carl Rudolf].

Habsburg. Rudolf von H' und die Basler. (Njbl.) s. [Arnold, Wilhelm].

Die Habsburg und die denkwürdigen Stätten ihrer Umgebung, von Professor Josef Langl. 2. umgearbeitete Auflage mit 40 Illustrationen und einer Heliogravure. Wien. Ed. Hölzel's Verlag. (Min.-Erl. v. 17. Oct. 1895, Z. 23691.)
1895

Auf der Warte Habsburg. Gr.-8°. (68 S.) K 2.–
Selbstverlag Valerian Ritter von Pieńczykowski in Wien.
1896

Habsburg od. Kossuth, v. Origenes. (32 S.) 8. Wien 906. C. W. Stern. n. — 30

Habsburger-Chronik, hrsg. v. Wilh. Ruland. (X, 184 S.) 8. Freiburg i/B. (903). Herder. 2.—; geb. in Leinw. 3. —

Habsburger Monarchie [Schlagwort]

Habsburger Monarchie, s.: Oesterreich-Ungarn.

Habsburg-Lothringen, Haus. Wien [1889]. V: *Franges, Simon.* (EB)

Habsburgplatz, der. Ein Beitrag zur Städte-Architektur. Mit e. Grundriss-Entwurfe. gr. 8. (16 S.) Wien 893. R. v. Waldheim. n. — 60

Habsburgs Meistersänger. E. Drama v. Fr. Schlenkert. 8. Lpz. Sommer.

Habsburgs-Chronik. Mit besonderer Rücksicht auf die vaterländische Jugend herausgegeben von *Ludwig Bowitsch.* Von der hohen k. k. Statthalterei als Prämienbuch empfohlen. *Wien* 1858. Druck und Verl. von *A. Pichler's Witwe & Sohn.* 190 S. 2 Bl. 8°. Mit dem Bildniss Sr. Maj. des Kaisers *Franz Josef I.*

Habsburg-Stephansthurm-Kalender f. 1899 v. José Baronin Schneider-Arno 3. Jahrg. gr. 8. (95 S. m. Abb.) Wien (W. Braumüller). Geb. n. 5. -

Habsburg-Stephansthurm-Kalender, Fortsetzg., s.: Stephansthurm-Kalender.

Habscheid, Petrus (geb. am 13 Apr. 1830 in Niedersgegen Rgbz. Trier): De morbo Brightii ... Bonnae, typ. Carthausianis 1857. 2 Bl., 50 S., 1 Bl. 8.
Bonn, Med. Fak., Diss. v. 23 Juni 1857

Habt Acht! oder: die kathol. Kirche zu Annaberg u. die Gefahren des Protestantismus. Ein Sendschreiben an seine Glaubensgenossen zur Prüfung u. Beherzigung von einem Freunde des Lichts u. der Wahrheit. gr. 8. Altenburg 845, Schnuphase'sche B. n. 1/3 ₰

Habt Acht! Zuruf eines englischen Chemikers und Landwirths über die Verfälschung des Guano's, dessen wahren und dessen eingebildeten Werth, die Würdigung seiner verschiedenen Arten und Bestandtheile, die Mittel, die Verfälschung zu erkennen und sich vor Betrug zu schützen. Aus der engl. Original-Abhandlung in Farmers Herald übertragen zur Warnung und zum Nutzen für alle die, welche Guano kaufen ꝛc. Berlin 855. R. Kühn. 8. (8 S.) 3 ngl

Habt acht! 244 militär. Anekdoten u. Witze, hrsg. v. d. humorist. Wochenschrift „Die Muskete". Mit Orig.-Zeichngn. v. Fritz Schönpflug. (141 S.) 8. Wien 910. M. Perles. 2. —

Habt die Brüder lieb! Eine Sammlg. v. Predigten u. Ansprachen evang. Geistlicher aus allen Gebieten d. inn. Mission. Hrsg. v. H. Wittenberg. gr. 8. (VI, 512 S.) Berlin 898. Trowitzsch & Sohn. n. 6. 50; geb. in Leinw. n. 7. 50

Habt die Brüder lieb! Predigten u. Ansprachen aus allen Gebieten der inneren Mission. Hrsg. v. H. Wittenberg. Neue Bibliotheks-[Titel-]Ausg. (VI, 512 S.) gr. 8. Berlin [898]. 904. Trowitzsch & Sohn. n. 3. —; geb. in Leinw. n. 4. —

— die Vögel lieb. 12 Erzählgn. (darunter 4 preisgekrönte) f. die deutsche Jugend. Hrsg. v. internat. Frauenbund f. Vogelschutz. Mit Illustr. v. F. Müller-Münster, J. v. Groote u. Max Wulff. (208 S.) 8. Berlin (908). Meidinger's Jugendschriften-Verlag. Geb. in Leinw. 2. —

Habt ihr's je versucht? Eine Frage an alle Biertrinker. 16. (7 S.) Bremerhaven 890. Tienken. n. — 10

Haec loquere et exhortare. Wochenschrift f. homilet. Wissenschaft u. Praxis. Hrsg.: Ant. V. Prutky. Chef-red.: Const. J. Vidmar. 1—4. Jahrg. Oktbr. 1906—Septbr. 1910. à 52 Nrn. (1308, 1040, 1040 u. 1040 S.) Lex. 8. Wien (XIII/4, Hernstorferstr. 19), Administration. 1. Jhrg. 15.—; 2—4. Jhrg. à nn 12. 80

Hacault, Edm., der Eisenbahn Hochbau. Dargestellt in einer Sammlung ausgeführter Entwürfe von Bahnhöfen und den dazu gehörigen Baulichkeiten. 1. Liefg. Station Carlshafen. (855.) n. 1 ₰ 10 ngl. — 2. Aufl. Berlin (856). Riegel's Verlag. gr. Fol. (4 Kpfrtaf. u. 4 S. Erklärung mit Holzschn. im Text.) n. 1 ₰

— — 2—4. Liefg. Ebend. 856—58. gr. Fol. (2. Liefg.: 9 S. m. Holzschn. im Text u. 8 lith. u. in Kpfr. gest. Taf.; 3. Liefg.: 6 S. u. 8 Taf.; 4. Liefg.: 4 S. u. 4 Taf.) Jede Liefg. n. 1 ₰

Hacault, Edm., der Eisenbahn-Hochbau. In einer Sammlung ausgeführter Bahnhöfe und anderer dazu gehöriger Baulichkeiten. 5. u. 6. Liefg. Berlin 860, 61. Riegel's Verlag. (Ernst & Korn.) gr. Fol. Jede Liefg. (à 4 lith. Taf. u. 4 S. Text) n. 1 ₰
Inhalt: Der Königl. Sächs. Staatsbahnhof zu Leipzig.

— Original-Entwürfe moderner Bauwerke. Eine reiche Folge von brillanten, theilweise color. Stahlst., enthltd. Grundrisse, Façaden, Durchschnitte u. Details für Palaeste, Hotels, Restaurationen etc. mit besonderer Rücksicht auf Heizung, Ventilation, Wasserleitung etc. nebst bezüglichem durch Holzschn. illustr. Text. 1—27. Heft. Leipzig 856—58. Payne. gr. 4. Jedes Heft (à 8 S. Text u. 4 Stahlst., wovon 1 color.) n. 7 1/2 ngl

— Original-Entwürfe moderner Bauwerke. 28—30. (letztes) Heft. Leipzig 859. Payne. gr. 4. Jedes Heft (à 4 Stahlst. u. 8—12 S. Text) n. 7 1/2 ngl

Hacault, J., Représentation des contrées les plus remarquables de notre globe. Leipz. Ind. Com. 812.

Haccius

— s. a **Hack.**

Haccius, Abschiedspredigt gehalten in der Graalkirche am Sonntage Jubilate 1862. Lüneburg, Engel. 8. (10 S.) n. 2½ ngr.

Haccius, G. F., der Fürst des Lebens. Homilien für das christliche Volk. Bremen 862. Valett & Co. gr. 8. (VI, 109 S.) n. 12 ngr.

Haccius, G. L., Predigt bei d. großen Feuersbrunst in Gastorf. 8. Hannov. 784. Hahn. 4 ℊ

Haccius, G. L., Predigt b. d. großen Feuersbrunst in Gestorf rc. 8. Hannov. Hahn. 794.

Haccius, Geo. Unter den Bamalete in Betschuana-Land, s. Missionsschriften, kleine Hermannsburger.

Haccius, Geo., s.: Bericht üb. die Hermannsburger Mission.

Haccius, Geo., der Betschuanen-Missionar Wilhelm Behrens zu Bethanie, s.: Missionsschriften, kleine Hermannsburger.

— daß die Hermannsburger Mission sichtlich e. Werk Gottes ist, s.: Missionsschriften, kleine Hermannsburger.

— Denkschrift üb. die von 1887 bis 1889 abgehaltene General-Visitation in Süd-Afrika. 3. durch e. Anh. wesentlich verm. Aufl. gr. 8. (VII, 204 u. 120 S. m. 2 farb. Karten.) Hermannsburg 899. Missionshandlg. n.n. 2. 40; geb. n. 3. —

Haccius, Geo., — Eben-Ezer, e. Missionsstation unter den Bapo, s.: Missionsschriften, kleine Hermannsburger.

Festbericht zum fünfzigjährigen Dankfest 1899 und Jahresbericht über d. Jahr d. Gnade 1898. (Von Georg Haccius.) *(Hermannsburg: Missionshandl. 1899.)* (64 S.) 8° [F.] [u. 10083] 7

Haccius, Geo., Gott breite Japhet aus. Eine Missions- u. Kolonialpredigt üb. 1. Mose 9,27. (16 S.) 8. Hermannsburg 903. Missionshandlg. n. — 20

— Der kleine Katechismus Dr. Martin Luthers in der evangel. Heidenmission. (19 S.) 8. Hermannsburg 907. Missionshandlg. — 20

— Lebensbeschreibung des Urbanus Rhegius, s.: Rhegius, Urbanus, Seelen-Arzenei.

— hannoversche Missionsgeschichte. 1. Tl. Von der Pflanzg. der christl. Kirche in Friesland u. Sachsen bis zur Entstehg. der Hermannsburger Mission. (VIII, 350 S.) 8. Ebd. 905. n. 2. 80; geb. n. 3. 60

— Hannoversche Missionsgeschichte. 2. Tl. Insbesondere die Gesch. d. Hermannsburger Mission v. 1849 bis zu Louis Harms' Tode. 2. verb. u. verm. Aufl. (VIII, 640 S. m. 14 Taf.) 8. Ebd. 910. 4.—; geb. in Leinw. 5. —
1. Aufl. (VII, 568 S.) 907. 3.60; geb. 4.50.

— s.: Missionsschriften, kleine Hermannsburger.

— Pastor Johann Gottfried Oepke, s.: Oepke, Joh. Gfr., Etliche Sonntags- u. Missions-Predigten.

— ein Rückblick auf das letzte Jahrzehnt in Afrika u. e. Ebenezer zur 50jährigen Jubelfeier der Hermannsburger Mission. [Aus: „H., Denkschrift üb. die von 1887 bis 1889 abgeh. General-Visitation in Süd-Afrika".] 8. (111 S. m. 2 farb. Karten.) Hermannsburg 899. Missionshandlung. n. — 90; kart. n. 1. 20

— v. der segensreichen Wechselwirkung zwischen der missionierenden Kirche u. der jungen Missionskirche. Eine Missionsfest-Predigt. gr. 8. (15 S.) Hermannsburg 891. Missionshandlg. — 10

Haccius, H. F., kann der Pantheismus eine Reformation der Kirche bilden? Auf Veranlassung der Predigten: „Zum Wesen des Christenthums" v. Pred. Wilh. Nagel, im Zusammenhange des heutigen Pantheismus erörtert. Allen Denkenden gewidmet, die in der Religion noch Kraft u. Hoffnung suchen. gr. 8. (VIII u. 75 S.) Hannover 851, Rümpler. n. ⅓ ℊ

Haccius, H. F., der Ruf des Apostels an unsere Zeit: Den Geist dämpfet nicht! Pfingst-Predigt über 1. Thessalonicher Cap. 1, Vers 19. Celle 863. Schulze. gr. 8. (15 S.) n. 2½ ngr.

Häusliche Andachten für alle Tage des Jahres von Hermann **Haccius**, weil. Pastor zu Bordenau. Bd 1. 2. Hermannsburg 1910–11. 4°
1. 9. Aufl. 1910. 2. 4. Aufl. 1911. [11. 13740] 7

Haccius, Herm., lasset das Wort Christi unter euch reichlich wohnen! Häusliche Andachten f. alle Tage d. Jahres. 1. u. 2. Tl. gr. 8. Hermannsburg, Missionshandlg. à n. 2. —; geb. in Halbldr. n. 2. 80; in Leinw. m. Goldschn. n. 4. 50
1. 1. u. 2. Aufl. (III, 404 resp. VII, 404 S.) 891. 892.
2. (IV, 405 S. m. Bildnis.) 893.

Haccius, Herm., Lasset d. Wort Christi unter euch reichlich wohnen! Häusl. Andachten f. alle Tage d. Jahres. 1. Tl. 5. Aufl. gr. 8. (VII, 404 S. m. Bildn.) Hermannsburg 897. Missionshandlg n. 2. —; geb. n. 2. 80; auf bess. Pap., geb. in Leinw. m. Goldschn. n. 4. 50

Haccius, Johann Jacob (Ratzeburg), Solida et hoc tempore necessaria demonstratio quod juxta Calvini doctrinam reformati nec sint nec jure haberi possint socii Aug. confessionis. Präs. Gottlieb Wernsdorf. Wittbg. (Wwe. Gerdes) 29. XII. 1722. 64 S. (5.—) 12561
Widm. v.: Georg Fried. Schroeer, Präs.

Haccius, Oscar: Rede gehalten bei der Vorfeier des Geburtsfestes Seiner Majestät des Kaisers. Colmar 1905: Decker. (30 S.) 4°
Colmar i. E., L P 1905 (614)

Haccius, *Oscar Carl Wilhelm:* Gliederung der ersten catilinarischen Rede Ciceros. Weissenburg i. E., Druck v. C. Burckardts Nachf., 1897; 105 S. 4.
Weissenburg i. E., G, MP 1897 (543)

Hach, Arno (Arno Hengsbach), Erwartung, s.a. Vereinstheater, erzgebirgisches. 7. Hft.

Erwartung. Tragische Scene in erzgebirg. Mundart von Arno Hach. Annaberg: Graser 1905. (12 S.) 8° [F.]
= Vereinstheater, Erzgebirgisches. H. 7. [05. 3149]

— Fratzen. 12 Capriccios. (95 S.) kl. 8. Dresden (904). H. L. Diegmann. n. 1. —

— Launen u. Leidenschaften. Psychologische Skizzen. (VII, 100 S.) 8. Dresden 903. E. Pierson. n. 1. 50; geb. n. 2. 50

(B) — Launen u. Leidenschaften. 903. (KBL 33.) Jetzt: Berlin, Berl. Berlin-Wien.

— Lichter im Nebel. Mären u. Bilder. (142 S.) 8. Berlin (909). Winz & Co. 3.—; geb. 4. —

Lichter im Nebel. Märchen u. Bilder von Arno Hach. 2. Ausg. Berlin. Winz [1910]. 142 S. 8° [10. 9261]

Hach, Arno, Licht- u. Schattenflecke. Geschichten. 8. (III, 104 S.) Dresden 901. E. Pierson. n. 1. 50; geb. n. 2. 50

(B) — Licht- u. Schattenflecke. 901. (KBL 81.) Jetzt: Berlin, Verlag Berlin-Wien.

— Leichte Lieder. (95 S.) kl. 8. Dresden (907). Pankow, O. Linser Verl. 2. —

Auf der Lokomotive. Skizze von Arno Hach. (Berlin. F. Schulze [1906].) (S. 11–16.) 8° [Umschlagt. Text stenogr.]
— Zehnpfennigbücher, Schulzes. No 50, [2] [07. 8713]

— Harlekin Tod. 11 Totentänze. Mit Umschlagzeichng. v. Willib. Weingärtner. (IX, 86 S. m. Bildnis.) 8. Rochlitz 905. R. Zimmermann. n. 1. 50; geb. n. 2. 25

Hach, Arno (Arno Hengsbach), Harlekin Tod. 11 Totentänze. 4. u. 5. Taus. Mit Umschlagzeichng. v. Willib. Weingärtner. (VII, 86 S. m. Bildnis.) 8. Leipzig (909). F. Moeser Nachf. 1.50; geb. 2. 25

Hach, Eduard, Inhaltsverzeichnis d. v. Verein f. lübeckische Geschichte u. Altertumskunde veröffentlichten Zeitschrift Bd. I—IX u. der v. Verein hrsg. Mitteilgn. Heft 1—12. I. Tl. (56 S.) gr. 8. Lübeck 910. Lübcke & Nöhring. 1. —

Hach, Friedrich ... Ueber Lage und Form der Gebärmutter. Diss. Dorpat ... mit einer lithographirten Tafel 1877

Hach, Friedrich August

Hach, F. A., die Anforderungen der jetzigen Landpreise an die Holsteinische Landwirthschaft. Kiel 863. Homann. gr. 8. (57 S.) 9 ngr.

— Welche Fruchtfolge verdient den Vorzug für Holstein's Wirthschaften, je nachdem eine 5-, 6-, 7-, 8-, 9-, 10-, 11- oder 12-schlägige Wirthschaft in Frage steht? Prämiirt u. herausg. vom Wagrischen landwirthschaftlichen Vereine Oldenburg 861. (Leipzig, Brauns.) gr. 8. (56 S.) 9 ngr.

Hach, F., das Schleswig-Holsteinische Wirthschaftssystem, begründ. auf die Verhältnisse des Landes. gr. 8. (46 S.) Kiel 848, Schwers $^{1}/_{4}$ ℛ

Hach, H. Thdr., Instruction für Schiffer deutscher, nach bremischen Bedingungen versicherter Schiffer in Havarie-Fällen. gr.8. (VII, 55 S.) Bremen 878. Schünemann in Comm. n. 2. —

Hach, H. Thdr, Instruction f. Schiffer deutscher nach Bremischen Bedingungen versicherter Schiffe in Havarie-Fällen. 2. Aufl. gr. 8. (VII, 55 S.) Bremen 885. Schünemann. n. 2.

*Hach, Th. Instruktionen für die Schiffer deutscher, nach Bremischen Bedingungen versicherter Schiffe in Havariefällen. Bremen 1891

Hach, H. W., Mittheilungen aus dem Leben des Oberappellationsraths Dr. Johann Friedrich Hach. Vorgelesen in der Gesellschaft zur Beförderung gemeinnütz. Thätigkeit an mehreren Abenden des Winters $18^{51}/_{52}$. gr. 8. (IV u. 96 S.) Lübeck 852. (Aschenfeldt.) n. 12 ngr

Hach, Johann Friedrich

Hach, Jh. Fr., Beantwortung d. Frage: Wenn haftet nach Lübischen Rechte d. beerbte Ehefrau für d. Schuldner ihres Mannes. 8. Lübeck 811.

— prakt. Beiträge zur Erläuterung d. in Lübeck geltenden Privatrechts. 1s Heft. 8. Lübeck 801. Niemann u. C. 14 ggl

Hach, Joh. Fr., das alte Lübische Recht. gr. 8. Lübeck 839. v. Rohden. (v. Rohden u. Bruhn.) $3^{1}/_{3}$ ℛ

— Worte d. Hoffnung, zur Prüfung u. Beherzigung für mein heimisches Lübeck. 8. (Lübeck 819. Niemann u. C.) 9 ggl

Hach, L. C.

— physiognomisches Hülfs- u. Taschenbuch für Gebildete. Zur Veredlung, Sicherung u. Verschönerung des Umgangs u. gesell. Lebens. 16 Bdchn. gr. 12. Marburg 837. (Elwert.) 1 ℛ

Hach, L. C., Ideen über Natur u. Wesen, Umfang, Hülfsmittel, Werth u. Gebrauch, Geschichte u. Literatur des physiologischen Studiums oder der äußern Menschenkunde. gr. 8. Marburg 832. Elwert. $^{1}/_{6}$ ℛ

HACH, Michael (Herblingen): Zur hiesigen Blatternepidemie.- München: Mühlthaler 1870. 17 S.
4.8.1869 - Urk (Titel: De varioloidis epidemia Monacensi de anno 1866 usque ad epidemiae finem.); P 72; Chr 1869/70,12
Diss. Ingolst.-Landsh.-Mchn.

Hach, Otto, s.: Berolina.

Otto Hach Schloss und Seminar Koschmin. Geschichte d. alten Polenschlosses u. jetzigen evang. Lehrer-Seminars zu Koschmin. Wahrheit, Sage u. Dichtung m. 3 Pl. u. 2 Abb. Koschmin. Tuch 1907. 70 S. 8° [10. 11772]

Hach, Otto, Adolf v. Menzel. Gedächtnisrede, geh. am 25. II. 1905 im Rathaussaale zu Berlin. (Litterarische Vereinigg. des V. L. V. Abteilg. f. Kunstpflege.) (12 S.) gr. 8. Berlin 905. L. Oehmigke's Verl. n. — 20

— s.: Menzel, Adph. v., Bilder aus Geschichte Friedrichs des Großen.

— Rembrandt. Des Künstlers Leben u. Schaffen. Zur Dreihundertjahrfeier seines Geburtstages. (46 S.) 8. Leipzig 906. W. Weicher. n. — 80

Kunstgeschichtliche Wanderungen durch Berlin. Beschreibg d. hervorragendsten Sehenswürdigkeiten d. Reichshauptstadt. In 12 Wandergn vorgeführt v Otto Hach. *Berlin. R. Mickisch [1897].* (VII, 152 S., 1 Taf.) 1 Bd 8. [98. 2388]

— kunstgeschichtliche Wanderungen durch Berlin. Beschreibung der hervorragendsten Sehenswürdigkeiten der Reichshauptstadt. In 13 Wandergn. vorgeführt. 2. verm. u. m. vielen Abbildgn. verseh. Aufl., durchgesehen u. m. e. Geleitwort versehen v. Rich. Borrmann. (XII, 188 S.) gr. 8. Berlin (903). W. Pausnitz. Geb. in Leinw. n. 3. —

Die Anfänge der Renaissance in Lübeck v Theodor **Hach.** Lübeck 1889 4°

Hach, Thdr., s.a. Dom, der, zu Lübeck.

Der Dom zu Lübeck. XX Blatt Abbildungen nach Aufnahmen des Architecten F. Münzenberger und des Photographen Johs. Nöhring. Text von THEODOR HACH. Herausgegeben vom Vereine von Kunstfreunden und vom Vereine für Lübeckische Geschichte und Alterthumskunde. Lübeck. (1885.) Commissions-Verlag von Ludw. Möller (später: Verlag von Edmund Schmersahl). fol.

Der Dom zu Lübeck 20 Blatt Abbildungen nach Aufnahmen v F Münzenberger u Johs Nöhring Text v Theodor **Hach.** Hrgg vom Verein von Kunstfreunden u vom Verein für Lübeckische Geschichte u Alterthumskunde Lübeck [1888] Fol

— zur Geschichte der Lübeckischen Goldschmiedekunst. gr. 8. (43 S.) Lübeck 893. B. Nöhring. n. 1. —

Hach, Thdr., einige silberne Zunftgeräte im Museum lübeckischer Kunst- u. Kulturgeschichte, beschrieben u. erläutert. gr 8. (32 S. m. 4 Taf.) Lübeck 900. (Lübcke & Nöhring.) n. 2. 50
Sonderabdruck aus: „Das Museum zu Lübeck".

Hachar, T., Elementarcursus der französischen Sprache. Bremen 863. Kühtmann & Co. gr. 8. (VIII, 128 S.) n. 8 ngr.

Hachar, T., tableau de conjugaison de tous les verbes français auxiliaires, réguliers, irréguliers et défectifs. 1. et 2. édit. Bremen (856.) (Hampe.) (1 Bgn. in Fol.) n. 5 ngr

Hachar, T., Tableau de conjugaison de tous les verbes français auxiliaires, réguliers, irréguliers et défectifs. 2. Édition. 1 Bl. in Imp.-Fol. Bremen 858, (Hampe.) *

Die Abwasserreinigung. Von Stadtbauinsp. [Ernst Friedrich] **Hache,** Gleiwitz. Kattowitz: G. Siwinna [1906]. (15 S.) 8° [F. u. Ant.]
Aus Kohle u. Erz. [07. 7357 2

Die Müllverwertung und Müllverbrennung. Von Stadtbau-Insp. **Hache,** Gleiwitz. Kattowitz: G. Siwinna [1907]. (22 S.) 8° [F.] [07 10233

Der heutige Stand der elektrischen Beleuchtungstechnik. Von Reg.-Baumeister [Ernst Friedrich] **Hache,** Gleiwitz. Kattowitz [1905]: G. Siwinna. (36 S.) 8°
Aus: Kohle u. Erz. [06. 10396 2

— dasselbe. (Fortsetzung.) (52 S. m. Abbildgn.) 8. Ebd. (906). n. 1. 50
Sonderabdruck aus: „Kohle u. Erz".

— Transportvorrichtungen f. Massengüter wie Kohle, Erz, Erde etc., s.a. Sammlung berg- u. hüttenmännischer Abhandlungen.

Transportvorrichtungen für Massengüter wie Kohle, Erz, Erde etc. Von [Ernst Friedrich] **Hache,** Stadtbauinsp. in Gleiwitz. Kattowitz: Gebr. Böhm 1908. (32 S.) 8°
Aus: Berg- u. Hüttenmännische Rundschau.
— Sammlung Berg- u. Hüttenmännischer Abhandlungen. H. 19. [08. 747

Hache, Fritz, Vratislaviensis: Quaestiones archaicae. 1. De A. Gellio veteris sermonis imitatore. 2. De Ennii Euhemero. Vratislaviae 1907: R. Nischkowsky. (60 S.) 8°
Breslau, Phil. Fak., Ref. Skutsch, Diss. v. 12. Okt. 1907
[Geb. 8. Dez. 83 Kosten (Posen); Wohnort: Breslau; Staatsangeh.: Preußen; Vorbildung: Johannes-Gymn. Breslau Reife O. 03; Studium: Breslau 8 S.; Rig. 10. Juli 07.]

Haché, Herm., s. Wald u. Flur.

Hache, Johs., Handbuch des Deutschunterrichts f. die Unter- u. Mittelklassen der Volksschulen. 2 Tle. gr. 8. Dresden 904. A. Huhle. n. 2. 60
I. 2. u. 3. Schulj. (92 S.) 1. 40. — II. 4. Schulj. (83 S.) 1. 20

— Merkbuch f. die Rechtschreibung. 3 Hfte. gr. 8. Ebd. 904. n. — 60
I. 2. Schulj. (16 S.) n. — 15. — II. 3. Schulj. (24 S.) n. — 20 — III. 4. Schulj. (36 S.) n. — 25.

Hache, Johs., s.: Sprachunterricht, d. gesamte, in d. Volksschule.

Hache, R., De participio Thucydideo. 4 Tle. Pr. 1880—84. 43 S. 4°. 10.—

Hache, Richard, Dir.: [**Bericht** über die Feier des 25jährigen Bestehens der Anstalt.] *Löbau Wpr. 1899: M. Hoffmann.* (S. 10—12.) 4°
Löbau Wpr., k. PG, OP 1899 (33)

— Zum 27. Januar 1908. Heil Dir im Siegerkranz! Ins Lateinische übertragen. S. 3—4. 4. Kgl. Progymn. *Löbau Wpr.* 1908 (40).
Progr.

Hache, Richard: Zum 27. Januar 1907. Ich bin ein Preuße. Ins Lateinische übertragen. S. 3—4. 4. Kgl. Progymn. *Löbau Wpr.* 1907 (38).
Progr

Hachel. Quelques mots sur la pièce de 42 creutzer à la légende: Sarine et Broye. In-4°, 9 p. Fribourg, Impr. A. Henseler. 1879 — 40
*** Extr de la „Revue scientifique", Janvier.

Hachel. Quelques mots sur la pièce de 42 kreutzer à la légende: Sarine et Broye. 2e éd. In-12°, 21 p. Fribourg, Ant. Henseler. 1880 — 50
*** Extrait de la „Revue scientifique suisse", Janvier 1879.

Hachelberg v. Landau, Jh. Rud., Abhandl. über d. Nutzen u. Nothwendigkeit d. Mathematik bei dem jungen Adel. gr. 4. Wien, Trattner. 4 fl

BRIEFF, **Curioser, welchen Signor Anton Hächelmacher, an seinen Hauss-Würth Ignatio Schergast Geschrieben den 19. Martij auss Mantua. (3 Briefe mit 1 Lied.) O. O. 1707. 4°. 6 Bll. Rar!**
Haydinger's Bibl. I. p. 1. Wien 1876. Nr. 342.

Hachenberg, Ludwig, aus Eilpe i. Westf.: **Aus d. chirurg. Klinik in Gießen. Über einen operativ geheilten Fall eitriger Sinusthrombose nach eitriger Mittelohrenentzündung.** *Gießen 1904: v. Münchow.* (30 S.) 8°
Gießen, Med. Diss. v. 1904

Hachenberg, Max *(geb. Asbach im Rheinl. 14.6 1834)*: De hepatis echinococci diagnosi. Vratislaviae (1857). (34 S.) 8°
Breslau, Med. Diss. v. 4. Juli 1857

Hachenberg, Paul. Germania media publicis dissertationibus in Academia Heidelbergensi proposita. Editio secunda. Jenae 1686. 4. . . . . (D.)

—, — Editio III. G. Turckius recensuit ac dissertationem de geographia Germaniae medii aevi adjecit. Halae Magdeb. 1709. 4. . . . . (FBA., D.)

Hachenbergii, P., Germania media. Heidelberg. 678. 4. Jenae 686. 4. Ed. 3. ed. G. Turckius. Halae 709. 4. 12 gr.

Hachenberg, Paul, Germania media, G. Turchius rec. etc. 4. Halae, Renger. 709.

Hachenberg, P. Historia de vita et rebus gestis Friderici I., electoris Palatini, vulgo dicti gloriosi. Ed Joh Phil. Kuchenbecker 4. Jenae et Lipsiae 1739

— Historia de vita ac reb. gest. Friderici I. Elect. Palat. gloriosi ed. Kuchenbecker. 4. Jenae, Ritter. 739.

Hachenberger, Joh. Christoph (Freiberg), De liberorum et militum ob defectum consensus parentum et chiliarchae nuptiarum nullitate. Präs. Gottfr. Ludwig Mencken. Wittbg. (Wwe. Gerdes) Dez. 1723. 32 S. (6.—) 12565

Hachenburg [Sachl. OW]

Hachenburg u. seine näh. Umgebg. Ein Führer durch die Stadt Hachenburg u. die näh. Umgebg. Hrsg. v. Verschönerungsverein Hachenburg. (51 S. m. Abb.) 8. Hachenburg 908. (Wiesbaden, H. Roemer.) — 50

Hachenburg [Schlagwort]

Hachenburg [Verf.]

Hachenburg. Wegkarte v. Hachenburg u. Umgebg. Hrsg. vom Verschönerungsverein Hachenburg. 1: 60,000. 43×52,5 cm. Farbdr. Hachenburg (908). (Wiesbaden, H. Roemer.) — 50

Hachenburg, Max, Beiträge z. Hypotheken- u. Grundschuldrecht d. Entwurfs e. bürgerl. Gesetzbuchs f. d. Deutsche Reich (2. Lesg.). gr. 8. (VIII, 197 S.) Mannheim 895. J. Bensheimer's Verl. n. 4. – ; geb. n.n. 5. —

— Dienstvertrag u. Werkvertrag im bürgerlichen Gesetzbuch. 8. (85 S.) Ebd. 898. n. 1. 50
Sonderabdruck aus: „Annalen d. großh. bad. Gerichte".

Hachenburg, M. s. Düringer.

Der Geist des bürgerlichen Gesetzbuches . . . Von Dr. Max Hachenburg, Rechtsanw. in Mannheim. 2. neu bearb. Aufl. [illegible] *Mannheim: J. Bensheimer 1899.* 8° [S.] [illegible]

— d. bürgerliche Gesetzbuch f. d. Deutsche Reich. Vorträge, geh. in d. J. 1896/97. 6 Lfgn. gr. 8. (IV, 451 S.) Mannheim 897—898. J. Bensheimer's Verl. à n. 1. 60

Hachenburg, Max, das bürgerliche Gesetzbuch f. das Deutsche Reich. Vorträge, geh. in den J. 1896/97. 2. neu bearb. Aufl. gr. 8. (VII, 747 S.) Mannheim 900 J. Bensheimer's Verl. n. 14. 40; geb. in Halbfrz. n. 16. 40
Erschien auch in 6 Lfgn. à n. 2. 40.

— d. Handelsgesetzbuch, s.: Düringer, A.

— Kommentar zum Gesetz, betr. die Gesellschaften m. beschränkter Haftung, s.: Staub, Herm.

Hachenburg, M., das badische Landrecht unter Berücksicht. d. rheinischen Rechts, annotirt nach der Rechtsprechg. der deutschen Gerichte. gr. 8. (VII, 486 S.) Mannheim 887. Bensheimer's Verl. n. 8. —; geb. n.n. 10. —

— u. Karl **Heinsheimer,** d. badische Landrecht unter Berücksicht. d. rhein. Rechts, annotiert nach d. Rechtsprechg. d. deutschen Gerichte. Ergänzungsbd. gr. 8. (III, 250 S.) Ebd. 896. n. 5. —; geb. in Halbfrz. n. 6. 50 (Hauptwerk u. Ergänzungsbd. in 1 Bd.: n. 10. —; geb. n. 12. —)

— das französisch-badische Recht u. der Entwurf d. deutschen bürgerl. Gesetzbuchs. [Aus: „Annalen der bad. Gerichte".] 1. u. 2. Lfg. 8. (S. 1—160.) Ebd. 889. 890. à n. 1. 50

Hachenburg, Max, das französisch-badische Recht u. der Entwurf des deutschen bürgerlichen Gesetzbuchs. [Aus: „Annalen d. bad. Gerichte".] 3.—5. (Schluß-)Lfg. gr. 8. (III u. S. 161—354.) Mannheim 891. J. Bensheimer's Verl. n. 3. 10 (kplt.: n. 6. —)

— das Recht der Gewährleistung beim Tierhandel auf Grundlage d. gemeinsamen Gesetzes: Die Gewährleistung bei einigen Arten v. Haustieren betr. f. Baden [23. Apr. 1859 bezw. 16. Aug. 1882], Württemberg [26. Dezbr. 1861] u. Hohenzollern [5. Juni 1863] u. unter vergleich. Berücksicht. der Nachbarrechte. gr. 8. (V, 310 S.) Ebd. 888. n. 6. —

— Rechtsfälle d. Civilprozesses. Zu Unterrichtszwecken bearb. gr. 8. (VIII, 92 S.) Berlin 890. C. Heymann's Verl. cart. n. 2. —

— d. Rechtsstellung d. unehelichen Kindes in d. Entwurfe eines bürgerl. Gesetzbuches f. d. Deutsche Reich (2. Lesg.). [Aus: „Annalen d. großh. bad. Gerichte".] 8. (58 S.) Mannheim 895. J. Bensheimer's Verl. n. 1. 20

— die besondere Streitgenossenschaft. gr. 8. (125 S.) Mannheim 889. Bensheimer's Verl. n. 3. —

Studien zum Erbrecht des Entwurfs eines Bürgerlichen Gesetzbuchs für das Deutsche Reich. ⟨Zweite Lesung.⟩ Von Dr. Max **Hachenburg,** Rechtsanw. in Mannheim. H. 1. Die Einsetzung eines Nacherben. [Mehr nicht erschienen.] Mannheim: J. Bensheimer 1895. (66 S.) 8° [illegible]

— der allgemeine Theil d. bürgerlichen Gesetzbuchs. [Sep.-Abdr. v.: „Das französisch-bad. Recht u. der Entwurf d. deutschen bürgerl. Gesetzbuchs" in Annalen der großh. bad. Gerichte.] gr. 8. (355 u. III S.) Ebd. 892. n. 6.

Hachet-Souplet, Pierre, d. Dressur d. Thiere m. bes. Berücksicht. d. Hunde, Affen, Pferde, Elephanten u. d. wilden Thiere. M. e. Titelbild v. Rich. Schoenbeck u. 100 Abb. v. Bogaërt u. Jouard. A. d. Franz. übers. v. L. Marschall v. Bieberstein. gr. 8. (VIII, 188 S.) Leipzig 898. O. Klemm. Geb. in Leinw. n. 7. —

Ⓥ **Hachet-Souplet, Pierre,** d. Dressur d. Thiere. 898. (KVL 29.) Jetzt: Berlin, Neufeld & Henius.

— **Untersuchungen üb. die Psychologie d. Tiere. Neue experimentelle Methode zur Klassifikation der Arten nach psycholog. Gesichtspunkten. Autoris., v. Verf. auf den neuesten Stand ergänzte deutsche Ausg. v. Frdr. Streissler. (IV, 186 S. m. 1 Tab.) 8. Leipzig (909). E. Ungleich. 3. —**

Hachette, Edm., der Jaguar, s.: Unterhaltungsbücher, neue, f. Stenographen. Nr. 12.

Hachez, Heinr., Gespräche über die Segnungen und Weihungen der kathol. Kirche zur Belehrung über Wesen, Zweck u. Wirksamkeit derselben, so wie zur Anleitung zu ihrem heilfördernden u. erbaulichen Gebrauch. 1. Abth.: Von den Segnungen im Allgemeinen. — 2. Abth.: Von den Segnungen im Einzelnen. Münster 857. Coppenrath. 8. (XIII, 146; VI, 191 S.) 20 ngr

— Meßgebete für die Schuljugend. Zum gemeinsamen Gebrauche bei der h. Schulmesse. Nebst Anhang: Uebung der drei göttlichen Tugenden, Reue und gute Meinung. Paderborn 858. Schöningh. 12. (40 S.) n. 2 ngr

Hachez, H., Meßgebete für die Schuljugend, zum gemeinsamen Gebrauche bei der heil. Schulmesse. Nebst Anhang, Uebung der göttl. Tugenden und gute Meinung. 2. verm. Aufl. 12. (36 S.) Paderborn 869, Schöningh. *

Hachez, Karl

Hachez, Carolus, de Herodoti itineribus et scriptis. Inaugural-Dissertation. 8. (75 S.) Göttingen 878. (Vandenhoeck & Ruprecht.) n. 1. 40

[Ant. u. F.] **Hachez,** Karl [Dr.]: Lukrez als Dichter. Eutin, G. Struve's Buchdr., 1892; 24 S. 4.
Eutin, grossh. G., OP 1892 (664)

Hachez, Karl (Hrsg.), s. Schiller, Friedrich v. Kabale und Liebe.

Hachez, [Karl]. Prof. Dr. **Übersicht über die Entwickelung der deutschen Litteratur bis zum Auftreten Klopstocks.** *Eutin 1900: G. Struve.* (48 S.) 8° [Ant. u. F.]
Eutin, grossh. G m. Realabt., OP 1900 (719)

Hachfeld, Herm., Martin Chemnitz nach seinem Leben u. Wirken, insbesond. nach seinem Verhältnisse zum Tridentinum. Unter Benutzung vieler, zum Theil wenig bekannter, Handschriften. Leipzig 867. Breitkopf & Härtel. gr. 8. (VIII, 491 S.) 2 ℛ 18 ngr.

Hachfeld, Herm., d. kleine Katechismus Martin Luthers e. wundervolles Buch in s. jetzt erkannten Bedeutg. Auf d. Stufen s. Entwicklg. u. Vollendg. (1. u. 2. Tl.) f. alle Religionslehrer dargest. 1. Tl.: D. Geschichte s. Vorarbeiten. M. Benutzg. d. 1894 veröffentl. Katechismuspredigten quellenmäß. u. allgem. verständl. dargest. gr 8 (XIX, 150 S) Berlin 897. Wiegandt & Grieben. n. 2. 50

Hachfeld, Herm., d. kleine Katechismus Martin Luthers e. wundervoll. Buch i. sein. jetzt erkannt. Bedeutg. 1. Tl. Geschichte sein. Vorarbeiten. gr. 8. (XIX, 150 S.) Berlin 897. [Wiegandt & Grieben.] G. Nauck. 2. 50; ermäß. Pr. n. 1. —

Hachfeld, Rob., von Hamburg nach Nordafrika u. Süditalien. (42 S.) 8. Potsdam (903). Bonneß & Hachfeld. n 1. —
Sonderabdruck aus: „Potsdamer Tages-Zeitg."

Hachlov, Leonid: Die Korperwand von Hirudo medicinalis, nebst einigen Bemerkungen über die Bayer'schen Organe von Clepsine sexoculata. Heidelberg 1910. (Lippert, Naumburg a. S.). 31 S. 8° (Aus: Zool. Jahrbücher. Bd 29. Abt. f. Anat.)
Heidelberg, Naturw.-math. Diss. v. 28. April 1910, Ref. Bütschli
[Geb. 5/18. Juni 84 Sajsan, Sibirien; Wohnort: Heidelberg, Staatsangeh.: Rußland, Vorbildung Gymn. Tomsk Reife O. 03, Studium Moskau 3, Heidelberg 7 S., Rig. 3. Aug 09.] [U 10. 2193

Hachmann, Ludovicus Nicolaus: De peritonitide puerperarum. Halae (1824): Grunert. 53 S. 8°
Halle-Wittenberg, Med. Diss. v 24. Aug. 1824
Geb. Hamburg [28. 5. 1802].

Hachmann, N. L., Bemerkk. über d. Endemie zc., s. J. C. G. Fricke, zweiter Bericht.

Hachmeister's literar. Monatsbericht f. Bau- u. Ingenieurwissenschaften, Elektrotechnik u. verw. Gebiete. 1. Jahrg. Mai—Decbr. 1895. 8 Nrn. (Bog.) gr. 8. Leipzig. Hachmeister & Thal. n. 1. 25

Hachmeister's literar. Monatsbericht f. Bau- u. Ingenieurwissenschaften, Elektrotechnik u. verw. Gebiete. 2. u. 3. Jahrg. 1896—1897. à 12 Nrn (Bog.) gr. 8. Ebd. à Jahrg. n. 2. —

— dasselbe. 4. Jahrg. 1898. 12 Nrn. (Bog.) gr. 8. Ebd. n. 2. —; Ausg. m. Angabe d. Verleger (Schlüssel) zu gleichem Preise.

Hachmeister's literarischer Monatsbericht f. Bau- u. Ingenieurwissenschaften, Elektrotechnik u. verwandte Gebiete 5.—8. Jahrg. 1899—1902. à 12 Nrn. gr. 8. (à ca. 16 S.) Leipzig, Hachmeister & Thal. à Jahrg. n. 2. —; Ausg. m. Angabe d. Verleger (Schlüssel) z. gleich. Preise.

Hachmeister's literarischer Monatsbericht f. Bau- u. Ingenieurwissenschaften, Elektrotechnik u. verwandte Gebiete. 9.—12. Jahrg. 1903—1906. à 12 Nrn. (192, 200, 192 u. 188 S.) 8. Leipzig, Hachmeister & Thal. à Jhrg. n. 2. —; Ausgabe m. Angabe der Verleger (Schlüssel) à Jhrg. n. 2.

Hachmeister's literarischer Monatsbericht f. Bau- u. Ingenieurwissenschftn., Elektrotechnik u. verwandte Gebiete. 13—16. Jahrg. 1907—1910. à 12 Nrn. (180, 188, 192 u. 176 S.) 8. Leipzig, Hachmeister & Thal. à Jahrg. nn 2.—; Ausg. m. Angabe d. Verleger-(Schlüssel) à Jahrg. nn 2. —

Hachmeister, C. E., Nordische Mythologie, nach den Quellen bearbeitet u. systemat. zusammengestellt. Ein Handbuch für d. gebildete Welt u. den öffentl. Unterricht in d. Schulen. 8. Hannov 832. Hahn. 1 ℛ 8 gr

Hachmeister, Karl

Hachmeister, Carl: Der Meister des Amsterdamer Cabinets und sein Verhältnis zu Albrecht Dürer. *Berlin: Mayer & Müller 1897.* (51 S.) 8°
Heidelberg, Phil. Diss. v [3. Dez.] 1897

Hachmeister, Carl, im Sonnenschein Gottes. Ein Buch frohen Glaubens. (223 S.) gr. 8. Berlin 904. J. A. Stargardt. n. 2. 40; geb n. 3. —

Hachmeister, (Ludwig Karl Hermann Johannes): **Jugendspiele in alter und neuer Zeit. (Mit besonderer Berücksichtigung des Ballspiels.)** *Leipzig: in Komm. d. J. C. Hinrichsschen Buchh. 1898.* (3—30 S.) 4°
Leipzig, st. RG, OP 1898 (580)

Hachmeister, Oswald [Referendar beim K. Amtsgericht Elze]: Ueber Gefahrtragung bei Arbeitsmiete .... Cassel, Druck v. Friedr. Scheel, 1887; 1 Bl. + 31 S. 8°
Göttingen, Jur. Fak., Inaug.-Diss. v. 15. Dez. 1887

HACHO, Josef: De historia interpretationis apocalypsis s. Joannis. — (1900) 72 S. 8° (Handschr.) Diss. 681
Diss. Wien, Univ.

Hachoker (Revue hébraïque). Hebräische Monatsschrift f. die Wissenschaft des Judenthums. Hrsg. v. Salomon Fuchs. (In hebr. Sprache.) 2. Jahrg. 1894. 12 Hfte. (à ca. 2 Bog.) gr. 8. Wien. (Lyck, E. Wiebe.) n. 8. —
s.: Revue hébraïque.

Hacht, Die, in Köln. O. O. ca. 1820.
V: *Blömer, F.* (StBKöln I, 196)

Hachtmann, Adolph. Ut Dütschland un Amerika; plattdütsche Humoresken in Reimels. NY. 1883

Hachtmann, Adolph. Lieder eines Deutsch-Amerikaners, in hoch- und plattdeutsch. New York, 1889. UC

Hachtmann, Carl, s. Hachtmann, Karl

Hachtmann, Ferd., die Enthaltsamkeit eine Tugend u. ohne Enthaltsamkeit keine völlige Liebe. Ein öffentl. Vortrag gehalt. zu Magdeburg. gr. 8. (20 S.) Magdeburg 847. (Falckenberg & Co.) 3/1 ngr

Hachtmann, Fd., wohin sollen wir gehen? Jesus ist Christus, der Sohn des lebendigen Gottes! Ein evangel. Zeugniß gegenüber dem Unglauben u. dem Glaubensschwanken der Zeit in 5 Predigten 2c. gr. 8. Berlin 845, Wohlgemuth. n. 1/6 ß

Hachtmann, Frid. Otto Gust., de pseudarthrosi, praesertim de ea, quae sequitur fracturas. Dissert. inaug. chirurgica. Greifswald 864. (Bamberg.) gr. 8. (2 Bl., 43 S.) n. 7½ ngr

Hachtmann, Gustav: Statistische Uebersicht der während des Jahres 1872 im XII. (kön. sächs.) Armeecorps aufgetretenen Typhen. Leipzig 1873 Naumann. 31 S. 8°

Halle-Wittenberg, Med. Diss. v. 20. Dez. 1873

Geb. Halle a. d. S. 1. 4. 1846. V.

Aus der Arbeit des Berliner Hauptvereins für Innere Mission. 24. März 1809 - 24. März 1909. Zum 10jähr. Jubiläum d. Hauptvereins bearb. von H. Hachtmann, P. Berlin 1909: Buchdr. Gutenberg. 84 S. 8° [ic. 16787

Hachtmann, Karl, die Akropolis v. Athen im Zeitalter des Perikles, s.a. Gymnasial-Bibliothek. 35. Hft.

Die Akropolis von Athen im Zeitalter des Perikles. Von Prof. Dr. Karl Hachtmann, Dir. in Bernburg. Mit 42 Abb. *Gütersloh: C. Bertelsmann 1903.* (104 S.) 8° [F.]
— Gymnasialbibliothek. H. 35. [o3. 1755

Hachtmann, Karl Die chronologische Bestimmung der beiden ersten catilinarischen Reden Ciceros. 22 S. *Seehausen i. A.* 1877. Progr.

Hachtmann, C., Zur Germania des Tacitus. S.-A. 1882. 12 S.

Hachtmann, Karl, Olympia u. s. Festspiele, s.a. Gymnasial-Bibliothek.

[F.] Olympia und seine Festspiele. Von Prof. Dr. Karl Hachtmann, Dir. ... in Bernburg .. M. 23 Abb. *Gütersloh: C. Bertelsmann 1899.* (VI S., 1 Bl., 100 S., 1 Taf.) 1 Bd 8.
— Gymnasial-Bibliothek. H. 30. [98. 10409

Hachtmann, Karl, Pergamon, e. Pflanzstätte hellenischer Kunst, s.a. Gymnasial-Bibliothek. 32. Hft.

Pergamon, eine Pflanzstätte hellenischer Kunst. Von Prof. Dr Karl Hachtmann, Dir in Bernburg Mit 30 Abb. *Gütersloh: C. Bertelsmann 1900.* (X, 111 S.) 8° [F.]
— Gymnasial-Bibliothek. H. 32 [00. 877

Hachtmann, C., De ratione inter Xanthi *Λυδιακά* et Herodoti Lydiae historiam. Pr. 1869. 20 S. 4°. 1.20

Hachtmann, Carl, symbolae criticae ad T. Livi decadem tertiam. — Ferd. Seelmann, de nonnullis epithetis homericis commentatio. gr. 8. (48 S.) Dessoviae 884. (Gotha, F. A. Perthes.) n. 1.—

— Übungsstücke im Anschluß an Ciceros Reden gegen L. Sergius Catilina, s.: Übungsstücke zum Übersetzen aus dem Deutschen ins Lateinische. 7. Hft.

- Übungsstücke z. Uebersetzen aus d. Deutschen ins Latein. im Anschl. an d. Lektüre f. d. Oberstufe d. Gymnasiums. 1. Hft. Übungsstücke im Anschluß an Ciceros 4. Rede gegen Verres. gr. 8. (IV, 39 S.) Gotha 898. F. A. Perthes. Kart. n. — 80

— Übungsstücke zum Übersetzen in d. Latein. im Anschl. an ausgew. Satiren u. Episteln d. Horaz. gr. 8. (III, 16 S.) Leipzig 899. G. Freytag. n. — 30

Hachtmann, Karl [Dr., Dir.]: Die Verwertung der vierten Rede Ciceros gegen C. Verres '(de signis)' für Unterweisungen in der antiken Kunst. Bernburg, Druck v. O. Dornblüth, 1895; IV, 42 S. 4.
Bernburg, herz. Karls-G, OP 1895 (703)

— die Verwertung der vierten Rede Ciceros gegen C. Verres (de signis) f. Unterweisungen in der antiken Kunst. 2., sorgfältig durchgeseh. Aufl. (XII, 64 S.) gr. 8. Gotha 904. F. A. Perthes. n. 1. 20

Hachtmann, Carolvs Ernestvs ⟨geb. am 2 Apr. 1843 in Magdeburg⟩: De Dionysio Mytilenaeo sev Scytobrachione ... Bonnae, form. C. Georgi (1865). 51 S. 8.
Bonn, Phil. Fak., Diss. v. 16 Dez. 1865

Hachtmann, Otto, Gedichte. (V, 189 S.) gr. 16. Göttingen 903. L. Horstmann. n. 1. 50; geb. n. 2. 50

Hachtmann, Otto, aus Bernburg a. Saale ⟨Anhalt⟩: Graf Julius Heinrich von Soden als Dramatiker. *Göttingen 1902: W. F. Kaestner.* (160 S.) 8°
Göttingen, Phil. Diss. v. [18. Sept.] 1902

— Graf Julius Heinrich v. Soden als Dramatiker. Diss. (160 S.) gr. 8. Göttingen 902. (Vandenhoeck & Ruprecht.) n. 3. 20

Hachumian, Christophor, aus Baku ⟨Transkaukasien⟩. Studien über c-Phenylpyrazole. *Berlin (1901): G. Schade.* (31 S.) 8°
Berlin, Phil. Diss. v. 21 Dez. 1901

1.— Hacia, Kasimir, aus Kempen: Die Ansprüche der Frau aus dem ausserehelichen Beischlaf. *Gnesen 1901: Drukarnia Spólkowa.* (98 S.) 8°
Würzburg, Jur. Diss. v. 1901

Haciendo, die, im Grenzland, s.: Volks-Erzählungen, kleine.

Hack, s.a. Haccius

Hack, Entwürfe, Statuts für die Verwaltung der öffentlichen Armenpflege in Stuttgart mit Motiven. Als Mscr. gedr. fol. Stuttgart 1871.

Hack, Gutachten d. landwirtschaftl. Bezirksvereins Sinsheim üb. d. Vorschlag d. Zwangsversicherung d. Rindviehs, als Mittel geg. Verbreitung d. Lungenseuche. Karlsruhe 1862

Hack, C., die Gewerbe in Elsass-Lothringen nach der Zählung vom 1. Dezbr. 1875, s.a. Mittheilungen, statistische, über Elsass-Lothringen.

Hack C. die Gewerbe in Elsass-Lothringen. Strassburg 1881

Hack, C., Handbuch der Verwaltungs-Polizei in Elsaß-Lothringen. 8. (XIX, 304 S.) Gebweiler (901). J. Boltze. Geb. in Leinw. n. 4. —

— der Polizei- u. Sicherheits-Dienst. Zusammenstellung der für die Handhabung des Polizei- u. Sicherheitsdienstes wesentlichsten Vorschriften aus den besteh. Gesetzen, Verordnungen, Erlassen etc. unter besond. Berücksicht. der Verhältnisse im Bez. Ober-Elsaß. 8. (XV, 120 S.) Gebweiler 883. Boltze. cart. n. 2. —

Hack, C., der Polizei- u. Sicherheitsdienst in Elsaß-Lothringen. Zusammenstellung der besteh. Gesetze, Verordngn, polizeil. Vorschriften etc. 8. (XVI, 206 S.) Gebweiler 885. Boltze. cart. n. 2. 50

— dasselbe. 2. Aufl. 8. (XVI, 124 S.) Ebend. 883. n. 2. —

— dasselbe (deutsch u. französisch). gr. 8. (XXIII, 255 S.) Ebend. 885. n. 4. —

Hack, C., der Polizei- u. Sicherheitsdienst in Elsaß Lothringen. Zusammenstellung der wichtigsten Bestimmngn. aus den besteh. Gesetzen, Verordngn., polizeil. Vorschriften etc. 12. (XXIV, 219 S.) Gebweiler 892. J. Boltze. Kart. n. 3. —

Hack, C. F. G., alphabet. Zusammenstellung der für Stuttgart bestehenden Polizei-Verordnungen und sonstigen Vorschriften etc., deren Kenntniß den Einwohnern nöthig ist. 8. Stuttgart 845, J. F. Steinkopf. n. 1/3 Thlr

Hack, Carl, s. Hack, Karl

Hack, Franz [aus Stuttgart]: Beiträge zur Anwendung der Gruppentheorie auf kubische und biquadratische Gleichungen .. Tübingen, Druck v. H. Laupp jr, 1895; 36 S., 1 Bl. 8.
Tübingen, Naturw. Fak., Inaug.-Diss. v 1895

Hack, Fr[anz] Das elektromagnetische Feld in der Umgebung eines linearen Oszillators. 36 S. 8.
Progr. Kgl. Oberrealschule u. Elementarschule *Göppingen* 1906 (746).
Teilweise aus: Annalen der Physik. Vierte Folge. Band 18 (1905) S. 634 bis 638.

Hack, Friedrich Wilhelm: Untersuchungen über die Standesverhältnisse der Abteien Fulda und Hersfeld bis zum Ausgang des 13. Jahrhunderts. Fulda 1910: Fuldaer Actiendr. 69 S. 8° ¶ (Ersch. auch in: Quellen u. Abhandl. z. Gesch. d. Abtei u. d. Diöz. Fulda. H. 7.)
Bonn, Phil. Diss. v. 27. Juli 1910, Ref. Schulte
[Geb. 18. Sept. 85 Cöln; Wohnort: Cöln, Staatsangeh.: Preußen; Vorbildung: Apostel-Gymn. Cöln Reife O. 05; Studium: Freiburg i. B. 2, Marburg 2, Bonn 6 S., Rig. 6. Dez 09.] [U 10. 371

Hack, G. Was der Kaufmann vom Bürgerlichen Gesetzbuch wissen muss. Die für d. Kaufmann u. Gewerbetreibenden kennenswertesten Bestimmgn d. neuen bürgerl. Rechts. In systemat. Abriss zsgest. v. –. . . .
Leipzig: Handels-Akad. 1897. (79 S.) 1 Bd. 8.
= Sammlung kaufmännischer Rechtsbücher. Buch 1.

— dasselbe, s.a. Sammlung kaufmännischer Rechtsbücher.

Hack, G., was d. Kaufmann v. bürgerl. Gesetzbuch wissen muss. Die f. d. Kaufmann u. Gewerbetreibenden kennenswertesten Bestimmgn. d. neuen bürgerl. Rechts. In systemat. Abriss zusammengest. (Sammlg. kaufmänn. Rechtsbücher.) 2. Aufl. gr. 8 (106 S.) Leipzig 898. Verlag d. Handels-Akademie Leipzig Geb n. 2 75

Hack, G., was der Kaufmann vom bürgerlichen Gesetzbuch wissen muss. Die f. den Kaufmann u. Gewerbetreibenden kennenswertesten Bestimmgn. des neuen bürgerl. Rechts. In systemat. Abriss zusammengestellt. (Sammlung kaufmännischer Rechtsbücher.) 3. Aufl. (4.—7. Taus.) gr. 8. (120 S.) Leipzig (899). Dr. L. Huberti. Geb. in Leinw. n. 2. 75

Hack, Gustav [app. Arzt]: Ueber die Gestalt der Chorionzotten in den ersten Monaten der Schwangerschaft ... Würzburg, Druck v. F. Fromme-Etlingers Nachf., 1896; 24 S., 1 Taf. 8.
Heidelberg, Med. Fak., Inaug.-Diss. v. [22. Mai] 1895

Hack, H., Die Kolonisation der Mennoniten im Paraguayischen Chaco. Verlag Königliches Tropeninstitut, Amsterdam. 232 S. IfA

Hack, Heinrich (Hrsg.), s. Hoenig, Fritz: Wörterbuch der Kölner Mundart.

Hack, Heinrich Christian (Präs.), s. Engel, Moritz August: De tortura ex foris christianorum non proscribenda.

Hack, J., der christliche Bilderkreis. Enthaltend eine Beschreibung und Erklärung der hh. Bilder. Schaffhausen 856. Hurter. gr. 8. (X, 369 S.) 1 Thlr 15 ngr

Hack, J. De religionis doctrina in gymn. tradenda. 4 S. .
Progr. Münstereiffel 1825

Hack, J. De recta instituendae juventutis ratione. 8 S. . .
Progr. Münstereifel 1834

Hack, J., die vergleichende Sprachmethode. Eine Anleitung zum gleichzeit. Unterrichte in mehreren Sprachen. Entwickelt u. praktisch angewandt. Frankfurt a. M. 865. Hermann's Verlag. gr. 8. (IV, 65 S.) 15 ngr

Hack, J., die vergleichende Sprachmethode. Eine Anleitg. zum gleichzeit. Unterrichte, in mehreren Sprachen. Entwickelt u. praktisch angewandt. 2. Ausg. gr. 8. (VI, 65 S.) Prag 870. Tempsky. n. — 60

Rede bey der Feyer des Friedens gehalten in der Loge der Einigkeit zu Frankfurt am Mayn den 10ten April 1763. [Von Jak. Wilh. Behaghel Edlen v. Hack. Frankfurt a. M. 1763.] 14 S. 4° [Umschlagtit.]
Kl. 855. Selten. Üb. die Vorzüge des Friedens.

Ludwig VIII., Landgraf von Hessen-Darmstadt: **Rede, welche bey dem höchstschmerzlichen Hintritt des Durchlauchtigsten Fürsten und Herrn Herrn Ludwig des VIII. Landgrafen zu Hessen u. s. w., in einer ansehnlichen Versammlung [von Jak. Wilh. Behaghel Edl. v. Hack] gehalten und auf Verlangen dem Druck übergeben worden. [Frankfurt a. M.] 1768. 11 S. 4° [Umschlagtit.]**

— **Johann Georg** (Bamberg), De eo, quod circa optionem filii natu minoris prae natu majore in haereditatis paternae divisione justum est: sive brevis exegesis juridica in notum istud diverbium: Major dividit; Minor eligit. Dissert. jur. Präs. Adam Reizer, S. J. Bamberg (Joh. Gg. Klietsch) 1. X. 1762. 64 S. 8 Bl. (6.50) 12568

Hack, Karl, Angriffe auf verschiedene Grundanschaugn. in d. Physik u. der Chemie. I—IV. gr. 8. Miltenberg 910. Stadtprozelten a/Main, Selbstverlag. 8. 60
I. (16 S.) — 60. — II. (32 S. m. Fig.) — 90. — III. (28 S. m. 3 Taf.) — 90. — IV. (45 S. m. Fig.) 1.20.

Hack, Karl, Die Menschenfreunde und die Menschenfeinde in ihren verschiedenen Handlungen und den so sehr verschiedenen Folgen derselben. Aus alter und neuerer Zeit zum Vergnügen aller Menschenfreunde zusammengesetzt. kl. 8. (43 S.) Gmunden. Habacher. 10 kr.
1861

— s.a. Mittheilungen, statistische, über die Stadt Mülhausen 1873 – 1875.

Hack, Carl, statistische Mittheilungen der Stadt Mülhausen. 1872. gr. 8. (VI, 154 S.) Mülhausen 874. Detloff. n. 4. —

Hack, Carl, Tegernsee. 8. (180 S. mit Illustr.) München 888, Lindauer'sche Buchh. *

Hack, Robert, a. Freiburg: Blutige Reposition veralteter und verwachsener Ellbogengelenksluxationen. Freiburg i. Br. 1905: U. Hochreuther. (41 S.) 8°
Freiburg i. B., Med. Fak., Ref. Kraske, Diss. v. 1905
[Geb. 10. Okt. 82 Freiburg i. B.; Wohnort: Freiburg i. B.; Staatsangeh.: Baden; Vorbildung: Gymn. Freiburg i. B. Reife Juli 00; Studium: Freiburg i. B. 4, Berlin 1, Freiburg i. B. 4 S.; Coll. 23. Juni 05.]

Hack, W., über die mechanische Behandlung der Larynxstenosen, s. Sammlung klinischer Vorträge.

Hack, Wilh., üb. die operative Radical-Behandlung bestimmter Formen v. Migräne, Asthma, Heufieber, sowie zahlreicher verwandter Erscheinungen. Erfahrungen auf dem Gebiete der Nasenkrankheiten. gr. 8. (VI, 119 S.) Wiesbaden 884. Bergmann. n. 2. 70

— Riechen u. Geruchsorgan. Eine populäre Vorlesg., geh. zu Freiburg u. Karlsruhe im Frühjahr 1885. Mit 5 Holzschn. gr. 8. (39 S.) Ebend. 885. n. 1. 40

— **von Anckerau, Ludwig** (Bucho-Fuldensis; med. pract. Viennensis), Compendiosam et clinicam praxin inflammationum cum cautelis. Dissert. med. Präs. Friedr. Hoffmann. Halle (Joh. Gruner) Januar 1705. 14 Bl. (6.—) 12571

Charles Darwin und der Darwinismus. Von D[avid] **Haeck**. *Berlin: H Schildberger [1901].* (20 S.) 8° [F.]
— Männer, Bedeutende, aus Vergangenheit u. Gegenwart. 8. [0. 7438

Häck, J. D. A., statist. Darstellung rc., s. richtiger unter Höck

Häck, J. D. A., statist. Darstellung d. europ. Mächte. 2 Thle. gr. Fol. Amberg 805, 6. Uhlemann. 1 ₰ 20 ₰ (Von d. Tabellen d. Stück einzeln 3 ₰)

Hackaert, Jan., die Eschenallee, s.: Meisterbilder. 156. Bl.

Hackauf, Emil, die älteste mittelenglische Version der Assumptio Mariae, s.a. Textbibliothek, engl. 8.

Hackauf, Emil, aus Breslau: Die älteste mittelenglische Version der Assumptio Mariae. (Kritische Ausg.) *(Erfurt 1902: Ohlenroth.)* (XXXIII, 66 S.) 8° ¶ [Erschien vollst. 1902 in Hoops' Engl. Textbibliothek, Bd 8.]
Breslau, Phil. Diss. v. 8. März 1902

Hackbusch, C., erstes Lesebuch f. Volksschulen. 5., gänzl. umgearb. u. nach d. neuen Rechtschreibg. verb. Aufl. gr. 8. (76 S.) Schwerin 882. Bärensprung'sche Hofbuchdr. n. — 25; geb. n. — 45

Hacke, C. F. F., s. Haacke.

Hacke, Carl Frh. v., s. Hacke, Karl Frh. v.

Hacke, Curt-Bogislav, Graf v., s. Hacke, Kurt-Bogislav, Graf v.

Hacke, Friedrich

Hacke, F., Form und Inhalt der Parteischriften nach der Civilprozeßordnung für das deutsche Reich. Formulare nebst instructionellen Bemerkungen und einem Anhang die Thätigkeit des Gerichtsschreibers betr. gr. 8. (VI, 62 S.) Berlin 878, Guttentag. *

Hacke, F., Form u. Inhalt der Parteischriften nach der Civilprozeßordnung für das deutsche Reich. Formulare, nebst instructionellen Bemerkungen u. einem Anh. die Thätigkeit des Gerichtsschreibers betr. 2. Aufl. gr. 8. (VI, 62 S.) Berlin 880. Guttentag. n. 1. 50

— die Gebühren der Rechtsanwälte. Systematisch u. tabellarisch zusammengestellt. qu. Fol. (III, 35 S.) Berlin 879. C. Heymann's Verl. cart. n. 2. —

Hacke, Friedrich, cand. med. aus Hannover: Die akute infectiöse **Osteomyelitis** in ihrem Verhältnis zur Tuberkulose. *Würzburg 1897 [vielm. 1901/02]: N. Seubert.* (26 S.) 8°
Würzburg, Med. Diss. v. 1897

Hacke, F., die Rechtsprechung des Reichsgerichts, d. Reichsoberhandelsgerichts u. des Bundesoberhandelsgerichts auf d. Gebiete d. Versicherungsrechts (ausschließl. d. Seeversicherungsrechts). 2 Bde. (XVI, 495 u. VIII, 248 S.) gr. 8. Berlin (910). W. Moeser. Geb. 18. —

Hacke, F., der grobe Unfug. [§ 360 No. 11 d. Reichsstrafgesetzbuchs.] Eine Studie. gr. 8. (82 S.) Leipzig 892. C. L. Hirschfeld. n. 1 50

Der grobe Unfug. ⟨§ 360 No. 11 d. Reichsstrafgesetzbuchs.⟩ Eine Studie von F[riedrich] **Hacke**, Rechtsanw Leipzig: C. L. Hirschfeld 1892 [übergekl.: Tübingen: J. C. B. Mohr 1907]. (82 S.) 8° [08. 787 11

Hacke, Fr., Wo hinaus? Unsere Agrargesetzgebung sonst und jetzt und in Zukunft, mit besond. Berücksichtigung des preuss. Rentengütergesetzes u. des dem deutschen Reichstage vorliegenden Heimstättengesetzentwurfes. 8°. Breslau 1891.

v. Hacke, Frhr. Glo., Fabeln, Lieder u. Sinngedichte. 8. Dessau u. Leipz. 784. Gelehrt. Buchh. 6 ₰

— Gegenkritik u. Belehr. d. Fehler d. J. Ballhorns d. Neubrandenburg. Geschichte. 1r. 2r Heft. Prenzl. 782.

— geistl. Gesänge. 8. Dessau 784. Gelehrt. Buchh. 6 gl

— Geschichte d. Vorstadt Neubrandenburg. 1r Thl., vom J. 1248 bis 1711. 4. Neubrandenb. 783.

v. Hacke, Frhr. Glo., das Schnupftuch. 8. Hamb. 781. (Campe.) 4 gl

Hacke, Heinr. v., Rekrutens Freud und Leid. Allerlei aus dem Rekrutenleben. 8. (74 S. mit 39 Illustr.) Berlin 888. (Siegismund.) *

Hacke, Heinr., Mit Gott u. Seinen Heiligen od. Rat u. Hilfe in allen Lebenslagen, geboten durch d. Heiligen d. Benediktiner-Ordens. Ein christ-kathol. Erbauungsbuch m. etwa 360 Illustr. 2 Bde. 4. (à 816 S.) Berlin 898. Verlagsinstitut Haas & Co.
Geb. in Leinw. m. Goldschn. à 12.50

— das Klostergeheimnis. Historischer Roman aus d. 8. Jahrh. Illustriert v. Hans Mützel. (In 48 Hftn.) 1. u. 2. Hft. gr. 8. (S. 1—80.) Berlin 899. St. Paulus-Verlagsanstalt. à n. — 50

Hacke, Heinr, lerne singen! Volkstümliche Sprech- u. Singlehre zum Selbstunterricht. Mit zahlreichen Abbildgn. u. Notenbeispielen. (Buchschmuck v. Rud. Hacke.) 2 Bde. (384 u. 383 S.) 4. Berlin 905. Lorelei-Verlag. 45 — ; geb in Leinw. 50. —; auch in 16 Briefen à 3. —

Hacke, Heinrich. Lerne singen! Volkstümliche Sprech- und Singlehre. 2. Auflage. 1 2. Band. Berlin 1905.

Hacke, Heinr., Soldatenbuch f. deutsche Knaben gr. 4 (16 S. m. farb. Bildern v. R. Tönsmann) Wesel 891 W. Düms. n. — 50

Hacke, Heinr., der Traum des Invaliden, s.a. Bloch's, Ludw., Militär-Festmappe. 61. Hft.

Hacke, Heinr., d. Traum d Invaliden. Patriot. Festsp in 1 Aufz. gr. 8. (24 S.) Berlin 894. E. Bloch. n. 3 —

Hacke, Heinrich Christian (Leipzig), De separatione patrimoniorum in concursu. Disp. jur. Leipzig (Johann Gottfried Lang) 26. III. 1733. 30 S. (6.—) 12572

Hacke, Karl Frh. v

Hacke, Carl Frh. v. (Hrsg.), s.a. Aufsätze aus den Papieren eines Verstorbenen.

v. Hacke, Frhr. Karl, Aufsätze aus den Papieren eines Verstorbenen. 8. Stuttgart 834. v. Cotta. 1 1/6 ß

v. Hacke, Frhr. K., Lebensansichten aus höherem Standpunkte nach Rochefoucault. 8. Karlsr. 810. Marx. 1 ß 3 gl

— s. Montesquieu's Betracht.

Hacke, Kurt-Bogislav Graf v

Hacke, Curt-Bogislav Graf von: Die Palliumverleihungen bis 1143. Eine diplomatisch-historische Untersuchung. *Göttingen 1898: (Marburg. (R. Friedrich).* (IV, 154 S.) 8° [F.]
Göttingen, Phil. Diss. v. [12. Aug.] 1898

Hacke, Curt-Bogislav Graf v., d. Palliumverleihungen bis 1143. E. diplomatisch-histor. Untersuchg. gr. 8. (IV, 154 S.) Marburg 898. N. G. Elwert's Verl. n. 3. —

Stammtafel der jetzigen Grafen von Hacke. (Verf.: Curt-Bogislav Graf v. **Hacke.**) (Dat. Dessau Nov 1910.) 6 Tal. 42×42 cm. [Kopft.] [11. 10378 3

Bentheim und der Herrgott von Bentheim. Eine Beschreibung d. Schlosses u. e. Versuch z. Herleitung d. Namens 'Bentheim' u. d. Ausrufs 'Herrgott von Bentheim' von Th. **Hacke**. Osnabrück: J. G. Kisling 1898. (53 S.) 8° [F.] (08. 788

Hackebell, O., Reise-Handbuch f. christliche Handwerksgesellen. Ein Wegweiser auf die Wanderschaft u. f. das Leben. Mit 1 (chromolith.) Reise- u. Eisenbahnkarte v. Deutschland u. Teilen der angrenz. Länder. 8. (128 S.) Dresden 885. (Leipzig, Buchh. d. Vereinshauses.) cart. n. 1. —

Hackel, Alfr., die Besiedlungsverhältnisse des oberösterreich. Mühlviertels in ihrer Abhängigkeit v. natürl. u. geschichtl. Bedingungen, s.a. Forschungen zur deutschen Landes- u. Volkskunde. XIV. 1.

Hackel Alfred: Die Besiedlungsverhältnisse des Mühlviertels.
1897 PN 1066 **Diss.** Wien Univ. 2360

Die Besiedlungsverhältnisse des oberösterreichischen Mühlviertels in ihrer Abhängigkeit von natürl. u. geschichtl. Bedingungen. Von Dr. phil. Alfred **Hackel**, Realschull. in Steyr. Mit 2 Karten. *Stuttgart: J. Engelhorn 1902.* (77 S.) 8°
→ Forschungen z. deutschen Landes- u. Volkskunde. Bd 14, H. 1

Hackel Dr. Alfred. Zur Geschichte der lutherischen Stadtschulen in Steyr. (14). Steyr R. 03.
Progr.

Hackel Dr. Alfred: Der Glücksumschwung im Hannibalischen Kriege. 33. Linz R. 99.
Progr.

Hackel, Ed

Hackel E. Gramina nova vel minus nota. S. 89. I. 1?3 . —.30
Separatabdruck

Hackel, E., Gramina nova vel minus nota. [Aus: „Sitzungsber. d. k. Akad. d. Wiss."] Lex.-8. (14 S.) Wien 884. (Gerold's Sohn.) n.n. — 30

Hackel, E., Gramineae, s.: Engler, A., u. K. Prantl, die natürlichen Pflanzenfamilien.

Hackel, E., neue Gräser aus Mexico. Lex.-8. (S. 253—256. Wien 902. A. Hölder. n. 1. —
Sonderabdruck a.: „Annalen d. k. k. naturhist. Hofmuseums".

Hackel E.: Die Lebenserscheinungen unserer Gräser. 25. St. Pölten 78.
Progr.

Hackel, Ed., monographia Festucarum europaearum. gr. 8. (XI, 216 S. m. 4 Steintaf.) Kassel 882. Fischer. n. 8. —

Hackel, Ed. Morphologische Studien über die Familie der Gräser 25 S. 8° – St. Pölten, RG. u. OR., Progr. 1871.

Hackel, H[einrich]. Bibliotheks-Katalog. (Fortsetzung.) (Umschlagtitel: Katalog der Lehrerbibliothek der Anstalt. Fortsetzung.) S. 67—74. 8. S. 75—84. 8. **Progr.**

Hackel, Heinrich Geschichte des Gymnasiums in Freistadt. B. Das Gymnasium in den ersten 25 Jahren. (1867—1892). (Umschlagtitel Freistadt in den ersten 25 Jahren seines Bestandes (1867—1892). I. Theil.) 8 (S. 3—35).
Progr.

—, Jubelfeier des 25jährigen Bestandes unserer Anstalt. 8 (S. 53—57).
Kaiser Franz Josef-Staatsg. *Freistadt in Oberösterr* 1892. 1893.
Progr.

Hackel, Heinrich: Katalog der Lehrerbibliothek. 8; 10 S.
Salzburg, St. G., Progr. 1902. 1903

Hackel, Jeannot, e. Beitrag zum Erhängungs- u. Erstickungstode im engern Sinn. Diss. gr. 8. (45 S. m. 7 Tab.) Jurjew (Dorpat) 891. (E. J. Karow.) n. 2. —

Hackel, Johann Christoph

Hackel, Jh. Cph., vollständ. prakt. Abhandl. von den Arzneimitteln nach deren Ursprung, Unterscheidungen, Güte, chem. Bestandtheilen ꝛc. 3 Bde. gr. 8. Wien 793, 94. Beck. 4 ℳ

— theoret.-prakt. Abhandl. über Natur, Verwandtschaft, Vorbauung u. Heilung d. hartnäckigsten, langwierigsten Krankheiten, für Aerzte u. and. Denker. 2 Thle. 8. Wien 807. Schaumburg u. C. 2 ℳ 12 𝔎

— Anleit. zum zweckmäß. Gebrauch der zur Erhaltung d. Gesundheit, des Lebens u. Wachsthums d. menschl. Körpers nothwend. Dinge. 2 Bde. gr. 8. Wien 799. Beck. 2 ℳ

Hackel, Johann Christoph: Anleitung zum zweckmäßigen Gebrauche der zur Erhaltung der Gesundheit, des Lebens, und Wachsthumes des menschlichen Körpers nothwendigen Dinge; mit Beyfügung der wesentlichsten Grundregeln, nach welchen der Mensch bevorstehenden, oder schon wirklich vorhandenen Krankheitsgefahren vorbauen, und den Tod vom hohen Alter so weit, als möglich, hinaus fristen kann. Th.1 - 2, gbd.

Wien: Schuender 1797 - 1798

JB 2.942

— Beschreib. u. prakt. Erläuter. der in d. Oesterreich. Pharmakopöe neu aufgenomm. Arzneikörper ꝛc. gr. 8. Wien 795. Beck. 10 𝔎

Hackel, Johann Christoph: Kurzgefaßte Beschreibung und practische Erläuterung der in die Pharmakopäe für österreichische Staaten neu aufgenommenen Arzeneykörper und ihrer theils veränderten, theils ganz neu eingeführten Zubereitungen. 118 S., gbd.

Wien: Wappler 1795

JB 1.662

Oskar HACKEL Die Technik der Naturschilderungen in den Romanen von Ch. Sealfield (C. Postl)
Prag: Phil. Diss. 1908/1909.

Hackel, Paul

Programm des k. k. Obergymnasiums zu Böhmisch-Leippa am Schlusse des Schuljahres 1855. Prag. 1855. Druck von Gottlieb Haase Söhne. (74 S. 4.)
Inhalt: P. Hackel: Ueber Kettenbrüche. — Schulnachrichten.

Programm des k. k. Obergymnasiums zu Böhmisch-Leippa am Schlusse des Schuljahres 1857. Prag, 1857. Dr. der k. k. Hofbuchdr. von Gottl. Haase Söhne. (40 S. 2 Bl. mit geometrischen Figuren. 8.)
Enthält: Ueber harmonische Punkte. Von Prof. Paul Hackel.

Hackel, Rhold., zur elementaren Summierung gewisser zahlentheoretischen Funktionen. (16 S.) gr. 8. Wien 909. A. Hölder. — 60
Sonderabdr. a. „Sitzungsber. d. k. Akad. d. Wiss."

HACKEL, Valentinus: De „institutionibus juris canonici", Jo. Paul Lanzelotti. — (1862) 84 S. 8° (Handschr.) Diss. 265
Diss. Wien, Univ.

Hackel, Val., ist d. Glaube an Wunder widersinnig? s.: Volksaufklärung.

Hackel, Valentinus (geb. Glogau 1816) De plica Polonica. Berolini (1845). (31 S.) 8°
Berlin, Med. Diss. v. 3. Nov. 1845

Hackel, W[ilhelm], Dr. Die Bauchnaht. *Nürnberg [1901]: W. Tümmel.* (28 S.) 8°
Erlangen, Med. Diss. v. [23. Jan.] 1901

Hackel, das Arbeitsfeld des Gustav-Adolph-Vereins. Vortrag gehalten im Frauenverein der evangelischen Gustav-Adolph-Stiftung zu Landsberg a. d. W. Landsberg a. d. W. 864. Volger & Klein in Comm. gr. 8. (16 S.) n. 2 ngr.

Haeckel, Arthur, prakt. Arzt aus Hirschberg i. Schl. Über zwei Fälle von traumatischer Erkrankung des Conus medullaris. *Breslau 1901: Bresl. Genossenschafts-Buchdr.* (26 S.) 8°
Breslau, Med. Diss. v. 25. Mai 1901

Haeckel, Ernst, Abschiedsrede, s.: Volksschriften zur Umwälzung der Geister.

— Uns. Ahnenreihe. (Progonotaxis hominis.) Krit. Studien üb. phylet. Anthropologie. Festschrift zur 350jähr. Jubelfeier d. Thüringer Universität Jena u. d. damit verbundenen Übergabe d. phylet. Museums am 30. VII. 1908. (IV, 57 S. m. 6 Taf.) 35×26 cm. Jena 908. G. Fischer. 7. —

Haeckel, Ernst, die Amphorideen u. Cystoideen, s: Festschrift z. 70. Geburtstage v. Carl Gegenbaur.

Haeckel, Ernst, Anthropogenie. Entwickelungsgeschichte d. Menschen. Mit 12 (lith.) Taf., 210 (eingedr.) Holzschn. u. 36 genet. (lith.) Taf. gr. 8. (XVI, 732 S.) Leipzig 874. Engelmann. n. 14. —

Haeckel, Ernst, Anthropogenie oder Entwickelungsgeschichte des Menschen. Gemeinverständliche wissenschaftl. Vorträge über die Grundzüge der menschl. Keimes- und Stammes-Geschichte. 2. unveränd. Aufl. (XVIII, 732 S. mit 12 lithogr. Taf., 210 eingedr. Holzschn. und 36 genet. Tab.) 874. *M 14.; 3. umgearb. Aufl. gr. 8. (XXVIII, 770 S. mit 15 lithogr. und Kpfrt. in gr. 8. und qu. 4., 330 eingedr. Holzschn. und 44 genet. Tab.) Leipzig 877, Engelmann. *M 15.; geb. *

Haeckel, Ernst, Anthropogenie od. Entwickelungsgeschichte d. Menschen. Keimes- u. Stammes-Geschichte. Mit 20 Taf., 440 Holzschn. u. 52 genet. Tab. 4., umgearb. u. verm. Aufl. 2 Thle. gr. 8. (XXVIII, 906 S.) Leipzig 891. W. Engelmann. n. 16. —; geb. n.n. 19. —

Haeckel, Ernst, Anthropogenie od. Entwickelungsgeschichte des Menschen. Keimes- u. Stammesgeschichte. Gemeinverständliche wissenschaftl. Vorträge. 5. umgearb. u. verm. Aufl. Mit 30 Taf., 512 Textfig. u. 60 genet. Tab. 2 Tle. (XXVIII, 992 S.) gr. 8. Leipzig 903. W. Engelmann. n. 25. —; geb. in Leinw. n. 28. —

— Anthropogenie od. Entwickelungsgeschichte d. Menschen. Keimes- u. Stammesgeschichte. Gemeinverständliche wissenschaftl. Vorträge. 6. verb. Aufl. Mit 30 Taf., 512 Textfig. u. 60 genet. Tab. 2 Tle. (XXVIII, 992 S.) gr. 8. Leipzig 910. W. Engelmann. Geb. in Leinw. 20.—; in Halbfrz. 24. —

— s.: Apotheose des Entwickelungs-Gedankens.

Haeckel, Ernst, über Arbeitstheilung in Natur- u. Menschenleben, s. Sammlung gemeinverständl. Vortr.

Haeckel E.: Ueber Arbeitstheilung in Natur- u. Menschenleben. Vortr. Berl. 1869. 40 S. 1 Tvl. Fig. P.
(Samml. gemeinverständl. wiss. Vortr. Ser. 4. H. 78).

— Arbeitsteilung in Natur u. Menschenleben. Vortrag, geh. am 17. XII. 1868 im Saale d. Berliner Handwerkervereins. (54 S. m. Abb.) gr. 8. Leipzig 910. A. Kröner. 1. —

— Beiträge zur Naturgeschichte der Hydromedusen. 1. Heft: Die Familie der Rüsselquallen (Geryonida). Eine Monographie. Leipzig 865. Engelmann. gr. 8. (X, 194 S. mit 6 Kpfrtaff. in gr. 4. u. in den Text gedr. Holzschn.) n. 2 ℛ 20 ngr.

- über die Biologie in Jena während des 19. Jahrh. Vortrag, geh. in der Sitzg. der medizinisch-naturwissenschaftl. Gesellschaft am 17. VI. 1904. (17 S.) gr. 8. Jena 905. G. Fischer. n. — 50
Sonderabdruck aus: „Jenaische Ztschr. f. Naturwiss."

— u. Frdr. v. Hellwald, Briefwechsel. Mit Vorwort v. Ernst Haeckel. gr. 8. (IV, 32 S.) Ulm 901. H. Kerler. n. 1. —

— über die Entstehung u. den Stammbaum d. Menschengeschlechts, s. a. Sammlung gemeinverständl. wissenschaftl. Vorträge.

Haeckel E, über die Entstehung und den Stammbaum des Menschengeschlechts. (Sammlung gemeinverständlicher wissenschaftlicher Vorträge 52-53) Berlin 1868

— über die Entstehung u. den Stammbaum d. Menschengeschlechts. Zwei Vorträge. 4., verb. Aufl. gr. 8. (80 S.) Berlin 881. Habel. n. 1. 60

— zur Entwickelungsgeschichte der Siphonophoren. Beobachtungen über die Entwickelungsgeschichte der Genera Physophora, Chrystallodes, Athorybia, u. Reflexionen über die Entwickelungsgeschichte der Siphonophoren im Allgemeinen. [Gekrönte Preisschrift.] Mit 14 (lith.) Taff. (wovon 7 in Tondr. u. 3 color.) Utrecht 869. van der Post. gr. 4. (VIII, 120 S.) cart. n. 5 ℛ

Haeckel, Ernst Die heutige Entwickelungslehre im Verhältnisse zur Gesammtwissenschaft. Vortrag in der ersten öffentlichen Sitzung der fünfzigsten Versammlung deutscher Naturforscher und Aerzte zu München am 18. September 1877 Stuttgart 1877 24 S. 8°.

— die heutige Entwickelungslehre im Verhältnisse zur Gesammtwissenschaft. Vortrag, in der 1. öffentl. Sitzung der 50. Versammlung deutscher Naturforscher u. Aerzte zu München am 18. Septbr. 1877 geh. 1—3., unveränd. Abdr. gr. 8. (24 S.) Stuttgart 878. Schweizerbart. n. 1. —

Häckel, E Eine zoologische Excursion nach den canarischen Inseln. 1860?

Haeckel, Ernst, aus Insulinde. Malayische Reisebriefe. Mit 72 Abbildgn., 4 Karten im Text u. 8 ganzseit. Einschaltbildern. gr. 8. (XI, 260 S.) Bonn 901. E. Strauß. n. 9. —; geb. in Leinw. n. 10. —

— Aus Insulinde. Malayische Reisebriefe. 2. Aufl. Mit 72 Abb. u. 4 Karten im Text sowie 8 Taf. (VIII, 262 S.) gr. 8. Leipzig 909. A. Kröner. 5.—; geb. 6. —

— die Kalkschwämme. Eine Monographie. 3 Bde. hoch 4. Berlin 872. G. Reimer. geb. n. 64. —
1. Biologie der Kalkschwämme. [Calcispongien od. Grantien.] (XVI, 484 S.)
2. System der Kalkschwämme. [Calcispongien od. Grantien.] (VII, 418 S.)
3. Atlas der Kalkschwämme. [Calcispongien od. Grantien.] 60 (lith. u. chromolith.) Taf. Abbildgn. nebst Erklärg. (VIII u. 60 S. Tafelerklärgn.)

— der Kampf um den Entwickelungs-Gedanken. 3 Vorträge, geh. am 14., 16. u. 19. IV. 1905 im Saale der Sing-Akademie zu Berlin. Mit 3 Taf. u. 1 Portr. 1—5. u. 6—10. Taus. (à 112 S.) Lex.-8. Berlin 905 G. Reimer. n. 2. —; geb. in Leinw. n. 2. 80

Keimesgeschichte des Menschen Gemeinverständl. wissenschaftl. Vorträge von Ernst Haeckel. 5. umgearb. u. verm. Aufl. Leipzig: W. Engelmann 1903. (XXVI, 431 S.) 8°
— Haeckel: Anthropogenie. T. 1.

Ueber unsere gegenwärtige Kenntniss vom Ursprung des Menschen. Vortr. geh. auf d. Vierten Internat. Zoologen-Congress in Cambridge, am 26. Aug. 1898 v Ernst Haeckel (Jena).' M erläut Anm. u. Tab. Bonn. E. Strauss 1898. (53 S.) 1 Bd 8. [98. 11330

— üb. uns. gegenwärt. Kenntnis v. Ursprung d. Menschen. Vortrag, geh. auf d. 4. internationalen Zoologen-Congress zu Cambridge, am 26. VIII. 1898. M. erläut. Anmerkgn. u. Tab. 2. Aufl. gr. 8. (53 S.) Bonn 898. E. Strauss. n. 1. 60

— über unsere gegenwärtige Kenntniss vom Ursprung des Menschen. Vortrag, geh. auf dem 4. internation. Zoologen-Congress in Cambridge, am 26. VIII. 1898. Mit erläut. Anmerkgn. u. Tabellen. 3. u. 4.—7. Aufl. gr. 8. (à 54 S.) Ebd. 899. n. 1. 60

— über unsere gegenwärtige **Kenntniss** vom Ursprung des Menschen. Vortrag, geh. auf dem 4. internationalen Zoologen-Congress in Cambridge, am 26. VIII. 1898. 8. u. 9. Taus. (54 S.) gr. 8. Stuttgart 905. A. Kröner. n. 1. 60

— arabische **Korallen**. Ein Ausflug nach den Korallenbänken d. Rothen Meeres u. e. Blick in das Leben der Korallenthiere. Populäre Vorlesg. mit wissenschaftl. Erläutergn. Mit 5 Taf. in Farbendr. u. 20 (eingedr.) Holzschn. Imp.-4. (48 S.) Ebend. 876. n. 15. —; geb. n. 20. —

— **Kunst-Formen** in d. Natur. (In 10 Lfgn.) 1.—7. Lfg. Fol. (70 z. Tl. farb. Taf. m. 74 Bl. Text.) Leipzig 899—902. Bibliograph. Institut. à n. 3. —

— **Kunstformen** der Natur. 8—10. Lfg. (30 z. Tl. farb. Taf. m. 34 Bl. Text.) Fol. Leipzig (903. 904). Bibliograph. Institut. à n. 3. —

— dasselbe. (11. Lfg.) Suppl.-Heft. Allgemeine Erläuterg. u. systemat. Uebersicht. (51 S.) Fol. Ebd. 904. n. 1. 50

— das **Leben** in den grössten Meerestiefen, s.a. **Sammlung** gemeinverständl. wissenschaftl. Vorträge.

Haeckel E, das Leben in den grössten Meerestiefen. (Slg wiss. Vortr. 110) Berlin 1870

— die **Lebenswunder**. Gemeinverständliche Studien üb. biolog. Philosophie. Ergänzungsband zu dem Buche üb. die Welträtsel. (1—4. Aufl.) 1—14. Taus. (XII, 567 S.) gr. 8. Stuttgart 904. 905. Leipzig, A. Kröner. n. 8. —; geb. in Leinw. n. 9. —

— dasselbe. Volks-Ausg. 1—20. Taus. (VIII, 200 S.) gr. 8. Ebd. (906). n. 1. —

Haeckel's, E., sogen. Medusom-Theorie, vgl.: Claus, C. Zur Beurtheilung d. Organismus der Siphonophoren etc.

— Das **Menschen-Problem** u. d. Herrentiere v. Linné. Vortrag, geh. am 17. VI. 1907 im Volkshause zu Jena. (Umschlag: 4. bis 6. Taus.) (64 S. m. Bildnis u. 3 Taf.) gr. 8. Frankfurt a/M. 907. Neuer Frankfurter Verl. 1. 50

Haeckel, Ernst, Metagenesis u. Hypogenesis von Aurelia aurita. Ein Beitrag zur Entwickelungsgeschichte u. zur Teratologie der Medusen. Mit 2 (lith.) Taf. Imp.-4. (36 S.) Jena 881. Fischer. n. 5. 40

— der **Monismus** als Band zwischen Religion u. Wissenschaft. Glaubensbekenntniss e. Naturforschers, vorgetragen am 9. Octbr. 1892 in Altenburg beim 75jähr. Jubiläum der Naturforsch. Gesellschaft des Osterlandes. 1.—6., verb. Aufl. Lex.-8. (46 S.) Bonn 892. 893. E. Strauss. n. 1. 60

— der **Monismus** als Band zwischen Religion u. Wissenschaft. Glaubensbekenntniss e. Naturforschers, vorgetragen am 9. X. 1892 in Altenburg b. 75jähr. Jubiläum d. Naturforsch. Gesellschaft d. Osterlandes. 7., verb. Aufl. gr. 8. (46 S.) Ebd. 898. n. 1. 60

— der **Monismus** als Band zwischen Religion u. Wissenschaft. Glaubensbekenntniss e. Naturforschers, vorgetragen am 9. X. 1892 in Altenburg, beim 75jähr. Jubiläum der Naturforsch. Gesellschaft d. Osterlandes. 8.—10. Aufl. (8.—10. Taus.) gr. 8. (à 46 S.) Bonn 899. 900. E. Strauss. n. 1. 60

— der **Monismus** als Band zwischen Religion u. Wissenschaft. Glaubensbekenntnisse e. Naturforschers, vorgetragen am 9. X. 1892 in Altenburg beim 75jähr. Jubiläum der Naturforsch. Gesellschaft des Osterlandes. 11. u. 12. Taus. (46 S.) gr. 8. Ebd. 905. n. 1. 60

— Der **Monismus** als Band zwischen Religion u. Wissenschaft. Glaubensbekenntnis e. Naturforschers, vorgetr. am 9. X. 1892 in Altenburg beim 75 jähr. Jubiläum d. naturforsch. Gesellschaft des Osterlandes. 13. u. 14. Taus. (46 S.) gr. 8. Leipzig 908. A. Kröner. 1. 60

— Monismus u. Naturgesetz, s.a. **Flugschriften** des deutschen Monistenbundes. 1. Hft.

Monismus und Naturgesetz von Ernst **Haeckel**. Brackwede i. W. W. Breitenbach in Komm. 1906. (40 S.) 8° [F.]
— **Flugschriften** d. Deutschen Monistenbundes. H. 1 (06. 11140

Monismus und Naturgesetz. Von Ernst **Haeckel**. 2. Aufl. Brackwede i. W. Breitenbach in Komm. [übergekl. Berlin: Deutscher Monistenbund] 1907. 40 S. 8°
(Flugschriften d. Deutschen Monistenbundes. H. 1.) 10. 10136

— der **Monistenbund**. Thesen zur Organisation des Monismus. 4. u. 5. Taus. (12 S.) gr. 8. Frankfurt a/M. 905. Neuer Frankfurter Verlag. n. — 25

Haeckel, Ernst, Monographie der Medusen. 2. Thl. gr. 4. Jena 881. Fischer. n. 45. — (I. u. II.: n. 106. —)
Die Tifsee-Medusen der Challenger-Reise u. der Organismus der Medusen. Mit e. Atlas v. 32 (chromolith.) Taf. u. m. 8 (eingedr.) Holzschn. (XII, 205 u. 64 S. Tafelerklärgn.)

— generelle **Morphologie** der Organismen. Allgemeine Grundzüge der organ. Formen-Wissenschaft, mechanisch begründet durch die von Charles Darwin reformirte Descendenz-Theorie. 2 Bde. Berlin 866. G. Reimer. Lex.-8. 6 ℛ︁ 20 ngr.
1. Bd. Allgemeine Anatomie der Organismen. (XXXII, 574 S. mit 2 promorpholog. Steintaff.)
2. Bd. Allgemeine Entwickelungsgeschichte der Organismen. (CLX, 462 S. mit 8 genealog. Steintaff. in Lex.-8. u. 4.)

Haeckel, Ernst, s.: **Natur** u. **Staat**.

— die **Naturanschauung** v. Darwin, Goethe u. Lamarck. Vortrag, in der 1. öffentl. Sitzung der 55. Versammlung deutscher Naturforscher u. Aerzte zu Eisenach am 18. Septbr. 1882 geh. gr. 8. (VII, 64 S.) Ebend. 882. n. 1. 50

— Alte u. neue **Naturgeschichte**. Festrede z. Übergabe d. phylet. Museums an die Universität Jena bei Gelegenheit ihres 350jähr. Jubiläums am 30. VII. 1908. — Nebst: Verzeichnis der Druckschriften v. Ernst Haeckel in chronolog. Reihenfolge. (32 S.) gr. 8. Jena 908. G. Fischer. — 60

— die **Perigenesis** der Plastidule od. die Wellenzeugung der Lebenstheilchen. Ein Versuch zur mechan. Erklärg. der elementaren Entwickelungs-Vorgänge. Mit 1 (chromolith.) Taf. gr. 8. (80 S.) Ebend. 876. 1. 50

— zur **Phylogenie** der australischen Fauna, s. **Denkschriften** der medicinisch-naturwissenschaftlichen Gesellschaft zu Jena.

— systematische Phylogenie. Entwurf e. natürl. Systems der Organismen auf Grund ihrer Stammesgeschichte. I. Thl. A. u. d. T.: Systematische Phylogenie der Protisten u. Pflanzen. 1. Thl. des Entwurfs e. systemat. Stammesgeschichte. gr. 8. (XV, 400 S.) Berlin 894. G. Reimer. n. 10. —

— systemat. Phylogenie. Entwurf e. natürl. Systems der Organismen auf Grund ihrer Stammesgeschichte. 2. u. 3. Thl. gr. 8. Berlin, G. Reimer. n. 33. —; geb. n. 35. — (Kplt.: n. 43. —; geb. n.n. 46. —)

2. Wirbellose Thiere (Invertebrata). 2. Thl. d. Entwurfs e. systemat. Stammesgeschichte. (XVIII, 720 S.) 896. n. 17. —; geb. in Leinw. n.n. 18. —

3. Systemat. Phylogenie d. Wirbelthiere (Vertebrata). 3. Thl. d. Entwurfs e. systemat. Stammesgeschichte. (XX, 660 S.) 895. n. 16. —; geb. n.n. 17. —

— Plankton-Studien. Vergleichende Untersuchgn. üb. die Bedeutg. u. Zusammensetzg. der pelag. Fauna u. Flora. gr. 8. (VIII, 105 S.) Jena 890. G. Fischer. n. 2. 50

— Prinzipien der generellen Morphologie der Organismen. Wörtlicher Abdr. e. Teiles der 1866 erschienenen generellen Morphologie (allgemeine Grundzüge der organ. Formen-Wissenschaft, mechanisch begründet durch die v. Charles Darwin reformierte Deszendenz-Theorie). (XVI, 447 S. m. Bildnis.) gr. 8. Berlin 906. G. Reimer. n. 12. —; geb in Halbfrz. n. 14. —

Haeckel, E., das Protistenreich, s. a. Schriften, Darwinistische.

— das Protistenreich. Eine populäre Uebersicht üb. das Formengebiet der niedersten Lebewesen. Mit e. wissenschaftl. Anh.: System der Protisten. Mit zahlreichen (eingedr.) Holzschn. gr. 8. (104 S.) Leipzig 878. E. Günther. n. 2. 25

Haeckel, Ernst, die Radiolarien. [Rhizopoda Radiaria.] Eine Monographie. Mit einem Atlas von 35 Kpfrtaf. Berlin 862. G. Reimer. Fol. (XIV, 572 S.) n. 30 *ℛ*; color. n. 40 *ℛ*

— die Radiolarien [Rhizopoda radiaria]. Eine Monographie. 2.—4. Thl. Fol. Berlin, G. Reimer. cart. n. 105. — (cplt.: n. 195. —)

2. Grundrisse einer allgem. Naturgeschichte der Radiolarien. Mit 64 Taf. (XVIII, 248 S. m. 64 Bl. Erklärgn. u. 1 col. Karte.) 887. cart. n. 60. —

3. 4. Die Acantharien u. Phaeodarien oder actipyleen u. cannopyleen Radiolarien. Mit 42 Taf. (IX, 31 u. VII, 31 S. m. 42 Bl. Erklärgn.) 888. n. 45. —

— le règne des Protistes. Aperçu sur la morphologie des êtres vivants les plus inférieurs, suivi de la classification des Protistes. Traduit de l'allemand et précédé d'une préface par Jules Soury. Ouvrage contenant 58 gravures sur bois. gr. 8. (VIII, 121 S.) Ebend. 880. 2. 50

— indische Reisebriefe. gr. 8. (XI, 356 S.) Berlin 883. Gebr. Paetel.

— indische Reisebriefe. 2., verm. Aufl. Mit e. (lith.) Titelbilde u. e. (lith.) Karte der Insel Ceylon. gr. 8. (XI, 380 S.) Berlin 884. Paetel. n. 10. —; geb. n. 12. —

— indische Reisebriefe. 3., verm. Aufl. Mit dem Portr. des Reisenden u. 20 Illustr. in Lichtdr. (nach Photogrammen u. Orig.-Aquarellen des Verf.), sowie m. 1 Karte der Insel Ceylon. gr. 8. (XVI, 415 S.) Berlin 893. Gebr. Paetel. n. 16. —; geb. in Halbfrz. n. 18. —; die 21 Lichtdr. allein n.n. 6. 50

— indische Reisebriefe. 4. Aufl. Mit dem Portr. des Reisenden u. 20 Illustr. in Lichtdr. (nach Photogr. u. Orig.-Aquarellen des Verf.), sowie m. e. Karte der Insel Ceylon. gr. 8. (XVI, 415 S.) Berlin 903. Gebr. Paetel. n. 16. —; geb. in Halbfrz. n. 18. —

— Indische Reisebriefe. 5. Aufl. Mit dem Portr. d. Reisenden u. 20 Illustr. in Lichtdr. (nach Photogrammen u. Orig.-Aquarellen d. Verf.), sowie m. e. Karte d. Insel Ceylon. (XVI, 398 S.) gr. 8. Berlin 909. Gebr. Paetel. 16. —; geb. in Halbfrz. b 18. —

— Sandalion. Eine offene Antwort auf d. Fälschungs-Anklagen der Jesuiten. (1—5. Taus.) (55 S. m. 2 Taf.) gr. 8. Frankfurt a/M. 910. Neuer Frankfurter Verlag. 1. —

— natürliche Schöpfungsgeschichte. Gemeinverständliche wissenschaftl. Vorträge über die Entwickelungslehre im Allgemeinen u. diejenige von Darwin, Goethe u. Lamarck im Besonderen, über die Anwendung derselben auf den Ursprung des Menschen u. andere damit zusammenhäng. Grundfragen der Naturwissenschaft. Ebend. 868. gr. 8. (XVI, 568 S. mit eingedr. Holzschn. u. 9 Steintaf.) 2 *ℛ* 15 *ngr.*

Haeckel, Ernst, natürliche Schöpfungsgeschichte &c. 2., verb. u. verm. Aufl. Mit 15 Taff. (wovon 7 Stahlst. u. 8 Lith. in gr. 8. u. qu. 4.), 19 (eingedr.) Holzschn., 18 Stammbäumen u. 19 systemat. Tabb. Berlin 870. G. Reimer. gr. 8. (XXII, 688 S.) n. 3 *ℛ* 10 *ngr.*

—— dass. — 3. und 4. verb. Aufl. gr. 8. (XLVIII, 688 S. mit 15 lithogr. und chromolithogr. Taf. in gr. 8. und qu. Fol., 19 eingedr. Holzschn., 18 Stammbäumen und 19 systemat. Tab.) Ebendas. 872,73. *

—— dass. — 5. und 6. verb. Aufl. gr. 8. (XLVI, 688 S. mit dem Portr. des Verf. nach einer Photogr., in Kpfrst., 16 lithogr. und chromolithogr. Taf., 19 eingedr. Holzschn., 18 Stammbäumen und 19 systemat. Tab.) Ebendas. 874,75. *

Vgl.: Bastian, Ad., offner Brief.

— natürliche Schöpfungsgeschichte. Gemeinverständliche wissenschaftliche Vorträge über die Entwickelungslehre im Allgemeinen u. diejenige von Darwin, Goethe u. Lamarck im Besonderen. 7., umgearb. u. verm. Aufl. Mit dem Portr. d. Verf. [(in Stahlst.) nach e. Photographie] u. mit 17 Taf. (in Steindr. u. Stahlst.), 20 (eingedr.) Holzschn., 21 Stammbäumen u. 27 systemat. Tabellen. gr. 8. (XXXII, 718 S.) Berlin 879. G. Reimer. n. 10. —

— natürliche Schöpfungs-Geschichte. Gemeinverständl. wissenschaftl. Vorträge üb. die Entwickelungs-Lehre im Allgemeinen u. diejenige v. Darwin, Goethe u. Lamarck im Besonderen. 8., verm. Aufl. gr. 8. (XXX, 832 S. m. dem Portr., 20 Taf., zahlreichen Holzschn., Stammbäumen u. systemat. Tab.) Berlin 889. G. Reimer. n. 10. —; in Halbfrz. geb. n.n. 12. 50

— Natürl. Schöpfungs-Geschichte. Gemeinverständl. wissenschaftl. Vorträge üb. d. Entwickelungs-Lehre im Allgem. u. diejenige v. Darwin, Goethe u. Lamarck im Besond. 9., umgearb. u. verm. Aufl. M. d. Portr. d. Verf. u. m. 30 Taf., sow. zahlr. Holzschn., Stammbäumen u. systemat. Tabellen. 2 Thle. gr. 8. Berlin 898. G. Reimer. n. 12. —; in 1 Halbfrzbd. n.n. 14. 50; in 2 Halbfrzbdn. n.n. 16. 50

1. Allgem. Entwickelungs-Lehre. (Transformismus u. Darwinismus.) (LXII, 368 S.)

2. Allgem. Stammesgeschichte. (Phylogenie u. Anthropogenie.) (S. 369—831.)

— natürliche Schöpfungs-Geschichte. Gemeinverständl. wissenschaftl. Vorträge üb. d. Entwickelungs-Lehre im Allgemeinen u. diejenige v. Darwin, Goethe u. Lamarck im Besonderen. 10. verb. Aufl. Mit dem Portr. d. Verf. u. m. 30 Taf., sowie zahlr. Holzschn., Stammbäumen u. systemat. Tabellen. 2 Thle. gr. 8. Berlin 902. G. Reimer. n. 12 —; geb. i. Halbfrz. n. 16.—
1. Allgem. Entwickelungs-Lehre. (Transformismus u. Darwinismus.) (LXXI, 368 S.)
2. Allgemeine Stammes-Geschichte. (Phylogenie u. Anthropogenie.) (S. 369—832.)

— Natürliche Schöpfungs-Geschichte. Gemeinverständl. wissenschaftl. Vorträge üb. d. Entwickelungs-Lehre im allgemeinen u. diejenige v. Darwin, Goethe u. Lamarck im besonderen. 11. verb. Aufl. Mit dem Portr. des Verf. u. m. 30 Taf., sowie zahlreichen Holzschn., Stammbäumen u. systemat. Tabellen. 2 Tle. gr. 8. Berlin 909. G. Reimer. 12.—; geb. in Halbfrz. 16. —
1. Allgemeine Entwickelungslehre. (Transformismus u. Darwinismus.) (LXXIII, 368 S.)
2. Allgem. Stammesgeschichte. (Phylogenie u. Anthropogenie.) (S. 369—832.)

Stammesgeschichte des Menschen. Gemeinverständl. wissenschaftl. Vorträge von Ernst Haeckel. 5. umgearb. u. verm. Aufl. *Leipzig: W. Engelmann 1903.* (S. 433–992.) 8°
— Haeckel. Anthropogenie. T. 2. [03. 13570 S

— biologische Studien. 1. Heft: A. u. d. T.: Studien über Moneren u. andere Protisten nebst e. Rede über Entwickelungsgang u. Aufgabe der Zoologie. Mit 6 Kpfrtaff. (in qu. 4.) Leipzig 870. Engelmann. gr. 8. (XXVI, 184 S.) n. 2 ₰ 10 ngr.

— biologische Studien, 2. Hft. Studien zur Gastraea-Theorie. Mit 14 (lith. u. chromolith.) Taf. gr. 8. (VII, 270 S.) Jena 877. Fischer. n. 12. — (1. u. 2.: n. 19. —)

— das System der Medusen, s. a. Denkschriften der medicinisch-naturwissenschaftlichen Gesellschaft zu Jena.

—— das System der Medusen. 1. Thl.: Eine Monographie der Medusen. [Denkschriften der medicinisch-naturwissenschaftl. Gesellschaft zu Jena. 1. Bd.] Mit einem Atlas von 40 Taf. 1. Hälfte des 1. Thls.: System der Craspedoten. Imp.-4. (XII, 360 S. mit 20 lithogr. und chromolithogr. Taf. und Atlas 40 S.) Jena 879, Fischer.

Haeckel, E., System der Siphonophoren, auf phylogenetischer Grundlage entworfen. [Aus: „Jenaische Zeitschr. für Naturwissensch."] gr. 8. (46 S.) Jena 888. Fischer. n. 1. 20

Haeckel, Ern. Heinr. Philipp Augustus (geb. Potsdam 16. 2. 1834)
De telis quibusdam Astaci fluviatilis. Berolini 1857. (48 S.) 8°
Berlin, Med. Diss. v. [illegible] März 1857

— Ursprung u. Entwickelung der thierischen Gewebe. Ein histogenet. Beitrag zur Gastraea-Theorie. [Aus: „Jen. Ztschr. f. Naturwiss."]. gr. 8. (71 S.) Jena 884. Fischer. n. 2. —

— gemeinverständliche Vorträge u. Abhandlungen aus dem Gebiete der Entwickelungslehre. 2., verm. Aufl. d. gesammelten populären Vorträge. Hft. 1 u. 2. 2 Bde. gr. 8. (IX, 420 S. m. 51 Abbildgn. u. 1 farb. Taf. u. XII, 382 S. m. 30 Abbildgn. u. 1 farb. Taf.) Bonn 902. E. Strauß. n. 12. —; geb. n. 13. 50

— gesammelte populäre Vorträge aus dem Gebiete der Entwickelungslehre. 1. u. 2. Hft. Mit 80 (eingedr.) Holzschn. u. e. Taf. in Farbendr. gr. 8. (X, 181 u. XII, 164 S.) Bonn 878. 79. Strauss. à n. 4. —

— Wanderbilder. Nach eigenen Aquarellen u. Ölgemälden. I. u. II. Serie. Die Naturwunder der Tropenwelt Ceylon u. Insulinde. 8 Lfgn. Prachtausg. (26 Taf. m. Bildnis u. 62 S. illustr. Text.) gr. 4. Gera-Untermhaus (905. 906). W. Koehler. à n. 4. 50; Volks-Ausg. à n. 3 —; Mappe dazu n. n. 3. 75 (Prachtausg. kplt. bezogen n. 30. —)

— Wanderbilder. III. Serie. Die Naturwunder der Tropenwelt (Insulinde u. Ceylon). Nach eigenen Aquarellen u. Ölgemälden. Volksausg. (16 farb. Taf. m. 32 S. illustr. Text.) 37,5×29 cm. Gera-Untermhaus (906). W. Koehler. 14. —

— dasselbe. III. Serie. 9—12. Lfg. (Prachtausg.) (17 [16 farb.] Taf. u. 1 Bildnistaf. m. 32 S. illustr. Text.) 40×30 cm. Ebd. (907). à Lfg. 5. —

Haeckel's Ernst, Wanderbilder im Lichte der Kritik. Eine Zusammenstellg. der wichtigsten bis 1. IV. 1906 eingegangenen Urteile über Haeckels Bedeutg. als Künstler. Ernst Haeckel zum Beginn seines 91. Dozenten-Semesters an der Universität Jena (3. V. 1906) gewidmet vom Verleger. 1. Heft. Referate v. Arnold Dodel, Corrado Parona, Paul Sarasin u. a. (32 S. m. Abb.) Lex.-8. Gera-Untermhaus (906). W. Koehler. — 30

— Das Weltbild v. Darwin u. Lamarck. Festrede z. 100jähr. Geburtstag-Feier v. Charles Darwin am 12. II. 1909, geh. im Volkshause zu Jena. (39 u. 5 S.) gr. 8. Leipzig 909. A. Kröner. 1. —

Die Welträthsel. Gemeinverständl. Studien über Monistische Philosophie. Von Ernst Haeckel. *Bonn: E. Strauss 1899.* (VIII, 473 S.) 8° [F.] [illegible]

Die Welträthsel. Gemeinverständl. Studien über Monistische Philosophie. Von Ernst Haeckel. [illegible] unveränd. Aufl. *Bonn: E. Strauss 1899.* (VIII, [illegible] S.) 8° [F.] [illegible]

Die Welträthsel. Gemeinverständl. Studien über Monist. Philosophie. Von Ernst Haeckel, Prof., Jena. 7 unveränd. Aufl. *Bonn: E. Strauss 1901.* (VIII, 473 S.) 8° [F.] [01. 10174 B

Die Welträthsel. Gemeinverständl. Studien über Monistische Philosophie. Von Ernst Haeckel, Prof., Jena. 8 unveränd. Aufl. *Bonn: E. Strauss 1902.* (VIII, 473 S.) 8° [F.] [illegible]

Die Welträthsel. Gemeinverständl. Studien über Monistische Philosophie von Ernst Haeckel, Prof., Jena. Volks-Ausg. 78. bis 97. Taus. Mit e. Nachw.: Das Glaubensbekenntniß d. Reinen Vernunft. *Bonn: E. Strauß 1903.* (168 S.) 8° [F.] [03. 14501

Die Welträthsel. Gemeinverständl. Studien über Monist. Philosophie. Von Ernst Haeckel. Volks-Ausg. 121.–130. Taus. Mit e. Nachw.: Das Glaubensbekenntniß d. Reinen Vernunft. Stuttgart: A. Kröner [1904]. (176 S.) 8° [F.] [07. 17648 B

Haeckel, Ernst, die Welträthsel. Gemeinverständliche Studien üb. monist. Philosophie. Volks-Ausg. 181—200. Taus. Mit e. Nachworte: Das Glaubensbekenntnis der reinen Vernunft. (176 S.) gr. 8. Stuttgart (906). Leipzig, A. Kröner. n. 1. —

— Die Welträtsel. Gemeinverständliche Studien üb. monist. Philosophie. 10. verb. Aufl. der großen Ausg. (VIII, 448 S. m. Bildnis.) gr. 8. Ebd. 909. 8.—; geb. 9. —

— dasselbe. Neu bearb. Taschenausg. (VIII, 240 S.) kl. 8. Ebd. 909. Geb. 1. —

— freie Wissenschaft u. freie Lehre. Eine Entgegnung auf Rud. Virchow's Münchener Rede über „Die Freiheit der Wissenschaft im modernen Staat". gr. 8. (106 S.) Stuttgart 878. Schweizerbart. n. 2. —

— Freie Wissenschaft u. freie Lehre. Eine Entgegng. auf Rudolf Virchow's Münchener Rede üb. „Die Freiheit d. Wissenschaft im mod. Staat". Mit e. Einleitg. v. Heinr. Schmidt: Haeckel, Virchow u. Reinke (im Kampf um d. Entwicklungslehre). (96 S.) gr. 8. Ebd. 908. 1. 60

— Zellseelen u. Seelenzellen. Vortr., geh. am 22. III. 1878 in d. „Concordia" zu Wien. (51 S. m. Abb.) gr. 8. Ebd. 909. 1. —

— Ziele u. Wege der heutigen Entwickelungsgeschichte. gr. 8. (99 S.) Jena 875 Dufft. n. 2. 40

Haeckel, Heinrich [pract. Arzt aus Potsdam]: Ueber Affectionen der Pleura bei Erkrankungen der weiblichen Sexualorgane. Wien, Druck und Verlag von Ludwig Schönberger, 1883. 8. 22 S.

Haeckel, Heinr., Atlas der topographischen Anatomie des Menschen, s.: Bardeleben, Karl v.

Haeckel, Heinrich [Dr., Assistenzarzt d. chirurg. Klinik in Jena]: Die Phosphornekrose. . . . (Aus: v. Langenbeck's Arch. Bd. XXXIX.) Berlin, gedr. bei L. Schumacher, 1889; 130 S. u. 2 Taf. 8°
Jena, Med. Fak., Hab.-Schr. v. 1889

Häckel J, die städtischen Speiseanstalten zu Leipzig. Leipzig 1874

Haeckel, Jul., die Einführung der Städteordnung v. 19. XI. 1808 in Potsdam, s.: Mitteilungen des Vereins f. die Geschichte Potsdams. V, 1.

Haeckel, Jul., Die Einführung der Städteordnung vom 19. Nov. 1808 in Potsdam. Im Anschluss an e. Festvortr. vom 24. Nov. 1908 nach amtl. Quellen bearb. Potsdam 1909. 8°. — Gk 5983. —
(Mitteilungen d. Ver. f. d. Gesch. Potsdams N. F. Bd 5, H. 2.)

— Der 100. Geburtstag der königl. Polizeidirektion zu Potsdam, s.: Mitteilungen des Vereins f. die Geschichte Potsdams. V, 4.

Haeckel, P., Sammlg. gelöster u. ungelöster Aufgaben aus d. ebenen Trigonometrie. (159 S. m. 67 Fig.) 8. Leipzig 909. Dürr'sche Buchh. Kart. 2. 40

Haeckel, P., Sammlung gelöster u. ungelöster Aufgaben. Jetzt: Berlin, Union, Zweigniederlassg.

Haeckel, Siegfried, aus Potsdam: [1.] Ueber Abkömmlinge des Phenylnitroäthylens. [2.] Ueber eine Nitrierung von Phenylisocrotonester. *München 1901: V. Höfling.* (56 S.) 8°
München, Phil. Diss. v. 1901

Häckel, Wilh., d. Rekruten-Ausbildung bei den k. u. k. u. k. k. Fuss-Truppen. Übersichtl. zusammengest. auf Grund d. in Kraft steh. Dienst-Vorschriften. 2., verb. Aufl. 8 (84 S. m. 3 Tab.) Krems 896. (Wien, L. W. Seidel & Sohn.) n. 1. 20

Haeckel, Willi, das Sprichwort bei Chaucer, s. a. Beiträge, Erlanger, zur englischen Philologie.

Haeckel, Willibald [aus Leipzig]: Das Sprichwort bei Chaucer. . . . (Aus: Erlanger Beitr. z. engl. Philol. H. VIII.) Erlangen, k. b. Hof- u. Univ.-Buchdr. v. Fr. Junge (Junge & Sohn), 1890; 2 Bl. + 85 S. + 1 Bl. 8°
Erlangen, Phil. Fak., Inaug.-Diss. v. 1890

Hackelberg-Landau, Reichsfrhr. v., die anglikanischen Weihen u. ihre neueste Apologie. Ein Beitrag z. Lösg. d. Frage betr. ihre Giltigkeit. [Aus: „Literar. Anzeiger f. d. kathol. Österr.] gr. 8. (III, 61 S.) Graz 897. (Styria.) n. — 70

Häckelmuster. Album der „Wiener Mode." 3. Auflage. Wien, Leipzig, Berlin, Stuttgart 1897. Verlag der Gesellschaft für graphische Industrie, vormals „Wiener Mode". (Min.-Erl. v. 6. Oct. 1897, Z. 25601.) 1.20

Hackeloer-Köbbinghoff, Eberhard [aus Münster i. W.]: Zur Kenntnis der Einwirkung von Ferrisalzen auf Jodide . . . Tübingen, Druck v. W. Armbruster & O. Riecker, 1896: 40 S., 1 Taf. 8.
Tübingen, Naturw. Fak., Inaug.-Diss. v. 1896

Häckelsohn, Pius, Veritas. Allen Lebensmüden gewidmet. (64 S.) 8. Leipzig (909). M. Spohr. 1. —

Hackemann, Jo. Gottl. von

— — De feudo solari ΣΙΔΗΡΟΞΥΛΩ. Diss. jur. Halle (Joh. Friedr. Grunert) Dez. 1740. 30 S. (5.—) 12574
Widm. v.: Simon Pet. Gasser, August Friedrich Frh. v. Ende.

Hackemann, Jo. Gottl. v. (Präs.), s. Funck, Johann Daniel: Jus principum circa vocationem litterari.

Hackeman, Jo. Gottl. von (Präs.), s. Funck, Johann Daniel: De secundis Nuptiis . . .

Hackeman, Jo. Gottl. von, Commentatio de jure naturae genuino jurium reliquorum parente. Helmstedt (Schnorr) 1737. 8 Bl., 128 S., 8 Bl. Index. (8.50) 12573

Hacken, H. Chr.: Compend. jur. civ. sec. libb. et titt. Pand., auth. syst. conscr. *Lips.* s. a. 8. (17..) [blos 28 Bogen, ist nicht weiter gedruckt.]

Hacken, Johann Christ. Ludwig. Xenophon und die zehntausend Griechen. Mit einer Karte. (2 Bde.)
8. Magdeburg 1805.

Hacken, Samuel Christian (Demmin/Pommern), De poenis defunctorum voluntatem non adimplentium. Spec. jur. Rector Christoph Ignaz von Guden. Präs. Ernst Tenzell. Erfurt (Grosch) 1. II. 1724. 20 S. (6.—) 12575

Hackenberg, Alb., am hl. Abend. Ein Weihnachtssp. f. große u. kleine Kinder. gr. 8. (47 S.) Dortmund 896. W. Crüwell. n. — 40

[F.] Am heiligen Abend. E. Weihnachtsspiel f. grosse u. kleine Kinder v. Albert Hackenberg. 2. Aufl. *Dortmund: W. Crüwell 1899.* (47 S.) 1 Bd 8.

Hackenberg, Alb., am hl. Abend. Ein Weihnachtsspiel f. große u. kleine Kinder. 3. Aufl. gr. 8. (47 S.) Dortmund 903. W. Crüwell. n. — 40

Hackenberg, Alb., am hl. Abend. Ein Weihnachtsspiel f. große u. kleine Kinder. 4. Aufl. (47 S.) 8. Dortmund 906. W. Crüwell. n. — 40

— Ansprache am Lutherdenkmal in Worms am 1. Oktbr. 1896, s.: Flugschriften d. Evang. Bundes.

— die Bedeutung der geistlichen Ortsschulaufsicht in der Gegenwart. Referat üb. e. Proponendum des königl. Konsistoriums, erstattet auf der Versammlg. der Kreissynode Trier zu Bernkastel am 22. VI. 1904. (25 S.) gr. 8. Trier 904. A. Sonnenburg. n. — 25

— s.: Blätter, deutsch-evangelische.

Hackenberg, A., Festpredigt üb. Matthäus 11, 20—30, geh. bei der Generalversammlung d. rhein. Hauptvereins d. Evangel. Bundes zu Remscheid am 2. Juli 1890. 8. (18 S.) Barmen 890. Klein. n.n. — 15

— Das Gedächtnis an unsre Väter. Predigt, im Eröffnungsgottesdienste der Gedächtnisfeier an die erste jülich-clevisch-berg. Generalsynode 1610 in der Salvator-Kirche zu Duisburg am 4. X. 1910 geh. (12 S.) gr. 8. Duisburg 910. Dietrich & Hermann. — 15

Hackenberg, Albert: Gustav Adolf, s. Bruch, Max

— Handbuch z. evang. Gesangbuch f. Rheinland u. Westfalen. 2. Aufl. gr. 8. (304 S.) Dortmund 895. W. Crüwell. n. 4. —

— Zur Lehrerbesoldungsfrage, s.: Schiffer.

Hackenberg, A., das paritätische Lesebuch in den evangelischen Volksschulen der Reg.-Bezirke Köln und Trier. Referat, von der Kreis-Synode Trier der XVII. Rhein. Provinzial-Synode vorgelegt. gr. 8. (8 S.) Langenberg 880, Joost.
Aus: Monatliche Mitteilungen des Vereins zur Erhaltung der evang. Volksschule, besonders abgedruckt.

— Alte liebe Märchen u. gute neue Mär. Noch e. Weihnachtsspiel. (70 S.) 8. Dortmund 909. W. Crüwell. — 60

— Philipp Melanchthon. Festrede, aus Anlaß d. 400. Wiederkehr d. Geburtstags d. „Lehrers Deutschlands". gr. 8. (20 S.) Duisburg 897. J. Ewich. — 30

Hackenberg, Predigt üb. Matth. 10, 32-39, s.: Flugschriften des Evangelischen Bundes.

— s.: Predigten, 9, geh. b. d. 50. Hauptversammlg. d. evang. Vereins d. Gustav-Adolf-Stiftung.

— ein evang. Protest gegen die röm. Prozessionen. Im Auftr. d. Vorstandes d. rhein. Hauptvereins d. Evang. Bundes erhoben. 1. u. 2. Taus. 8. (32 S.) Barmen 897. D. B. Wiemann. — 30

[F.] Ein evangelischer Protest gegen die römischen Prozessionen. Im Auftr. d. Vorst. d. Rhein. Hauptver. d. Evang. Bundes erhoben v. A[lbert] Hackenberg, z. Vorsitzenden dess. 3. Taus. *Barmen: D. B. Wiemann [1897].* (32 S.) 1 Bd 8. 97. 7403

— Die konfessionelle Spaltung u. der Evangelische Bund. Vortrag, geh. auf der 20. Generalversammlg. d. Evangel. Bundes in Worms am 2. X. 1907. (36 S.) 8. Leipzig 907. Halle, Verlag d. Evangel. Bundes. — 75

Hackenberg, A., Stellung u. Bedeutung der Volksschule im Kulturleben der Gegenwart. Vortrag. Lex.-8. (18 S.) Neuwied 884. (Heuser's Verl.) n. — 40

Hackenberg, Herm. (geb. Lennep 26. 9. 1848): Ueber Keratitis suppurativa nach Pocken. Berlin (1872). (32 S.) 8°
Berlin, Med. Diss. v. 7. Aug. 1872

Hackenberg, Hugo, a. Barmen: Über die Substanzquotienten von Cannabis sativa und Cannabis gigantea. Dresden 1908: C. Heinrich. (27 S.) 8°
Bonn, Phil. Fak., Ref. Strasburger, Diss. v. 20. Mai 1908
[Geb. 12. Juni 83 Barmen; Wohnort: Barmen; Staatsangeh.: Preußen; Vorbildung: Gymn. Barmen Reife O. 03; Studium: Marburg 3, Bonn 6 S.; Rig. 18. Dez. 07.]

Hackenberg, J., das Vormundschaftswesen in d. Königl. Preuß. Rheinprovinzen, oder: Zusammenstellung der desfallsigen Gesetze, Verordnungen u. Vorschriften, nebst einigen Formularen. 2 Abthll. gr. 8. Neuß 836. L. Schwann. n. 5/6 ₰

Hackenberg, Karl E., der rote Becker. Ein deutsches Lebensbild aus dem 19. Jahrh. Mit Portr. gr. 8. (VII, 316 S.) Leipzig (900). J. Baedeker. n. 4. —; geb. n. 5. —

Hackenberg, Karl E., der rote Becker. Ein deutsches Lebensbild aus dem 19. Jahrh. Volks-[Titel-]Ausg. (m. der 1. Aufl. völlig übereinstimmend). (316 S. m. 1 Bildnis.) gr. 8. Leipzig [899] 902. J. Baedeker. n. 2. —; geb. n. 2. 50

— Rembrandt als Germane u. Protestant. Eine kultur- u. kunstgeschichtl. Betrachtg. (48 S.) gr. 8. Ebd. 906. n. 1. 20

Hackenberg, Konrad, aus Drochtersen, Kr. Stade (Hannover): Non usus und libertatis usucapio als Aufhebungsgrund der Servituten. *Dresden 1901: Liepsch & Reichardt.* (104 S.) 8°
Erlangen, Jur. Diss. v. 5. Juli 1900

Hackenberg, Paul, approb. Arzt aus Oberhausen (Rheinl.): Über Erysipelas faciei mit secundärer Leptomeningitis cerebralis et spinalis. *Oberhausen Rheinl. (1900): R. Kahne.* (25 S.) 8°
München, Med. Diss. v. 1900

Hackenberger, C. M.

Hackenberger: Bergmann und Landwirt. Offener Brief an Industrielle und Landwirte. 7 S. 8° – Rakonitz OR., Progr. 1856

Hackenberger, C. M., Lehrbuch der Haushaltungs-Kunde. Ein Handbuch f. alle Familien, besonders aber f. Lehrer, Lehrerinnen u. höhere Mädchenschulen. gr. 8. (XIII, 144 S. m. 6 Holzschntaf. u. e. Steintaf.) Teplitz 871. Prag, Dominicus. n. 2. 40

Hackenberger: Naturhistorische Skizzen über die Pilze. S. 8-26. – B. Leipa OR., Progr. 1867.

Hackenberger, C. M.: Die Zuckerrübe. Eine agricol-chemische, zugleich nationalökonomische Skizze. 18 S. 8° – B.-Leipa. OR., Progr. 1871.

Ein Vampyr. Kriminal-Roman von L. Hackenbroich. Berlin: A. Scherl [1908]. (368 S.) 8° [K.]
(Bibliothek August Scherl. Folge 1, Bd 9. 10.) 08. 9064

Örtliche Schmerzlosigkeit bei Operationen. Erfahrgn üb. Anwendg d. lokalen Analgesie bei über 250 Operationen v. Dr. P[eter] Hackenbruch, Specialarzt . . . zu Wiesbaden. Mit 4 Fig. u. 6 Autotypien im Text. *Wiesbaden: Dr. v. R. Bechtold & C. 1897.* (IV, 106 S.) 1 Bd 8.

Hackenbruch, P., die Schmerzverhütung in der Chirurgie, s.: Witzel, D.

Hackenbruch, P. [cand. med.]: Aus d. patholog. Institut zu Bonn. Experimentelle u. histologische Untersuchungen über die compensatorische Hypertrophie der Testikel . . . . Bonn, Jos. Bach Wwe., Buch.- u. Steindr., 1888; 2 Bl. + 24 S. + 1 Bl. 8°
Bonn, Med. Fak., Inaug.-Diss. v. 12. März 1888

Hackenburger, die, od. d. Seherin d. alten Sachsen auf d. Finnengebirge. Eine auf geschichtl. Grund verfaßte romant. Erzähl. d. 6. Jahrh. Hrsg. v. Karl Gräbner. 8. (15 B.) Weimar 834, Gräbner.

Hackenjos, Jos., die Lungenseuche-Frage in Baden. (Als Commissions-Bericht.) gr. 8. (13 S.) Mannheim 863, (Löffler.)

Hackenschmidt, das kirchliche Parteiwesen im Elsaß. Vortrag, geh. am 1. XII. 1896 im evang. Vereinshaus in Straßburg. 8. (40 S.) Straßburg 897. Buchhandlung d. Evang. Gesellschaft. n. — 60

— wie werden wir unseres Glaubens gewiß u. froh? E. Rede an denk. u. forsch. Christen. gr. 8. (45 S.) Dortmund 895. W. Crüwell. Kart. n. 1. —

Hackenschmidt, Chrn., Armuth u. Barmherzigkeit in Elsaß. Gesammelt u. bearb. zum Besten der Neuhofanstalt. gr. 8. (104 S.) Straßburg 880. Bomhoff. n. 2. —

Hackenschmidt, Armuth u. Barmherzigkeit im Elsass. Strassb. 882.

Hackenschmidt Vater, Ch., Bilder aus dem Leben v. Franz Heinrich Härter. Ein Beitrag zur Geschichte d. geistl. Lebens im Elsaß im XIX. Jahrh. [Aus: „Elsäss. evang. Sonntagsbl."] gr. 8. (67 S.) Straßburg 888. Heitz. n. — 80

Hackenschmidt, Vater. Ein christl. Handwerkerbild gr. 8. (83 S. m. Abbildgn.) Straßburg 901. Buchh. der ev. Gesellschaft. n. 1. —; geb. n. 1. 20

Hackenschmidt, Chr., die Judengasse in Straßburg. Vaterländ. Erzählung aus d. 14. Jahrh. für die reifere Jugend. Mit 1 Lithogr. 12. Straßburg 843, Wwe. Levrault. geb. 1/4 thlr — color. 3/8 thlr

— die Kirche im Glauben der evangelischen Christen. Zwei Vorträge. gr. 8. (VI, 100 S.) Erlangen 881. Deichert. n. 1. —

— über wahres u. falsches Lutherthum. gr. 8. (22 S.) Leipzig 877. Dörffling & Franke. n. — 50

— die Reformation in Straßburg. Nach geschichtl. Quellen f. das Volk u. die Jugend erzählt. 16. (Mit 3 Portr.) Ebd. 846. geb. 1/3 thlr

Hackenschmidt, Christian. Luise Scheppler, die fromme und getreue Magd. [Mit 2 Vignetten.] 8. Basel *o. J.* [1840/60].

— — Luise Scheppler, die fromme und getreue Magd. 4. und 5. Aufl. 8. (23 S.) Stuttgart 870,81, Buchh. der Evangel. Gesellschaft.

— die Waldenser in Straßburg, oder die Kraft des Glaubens. Vaterländ. Erzählung aus dem 13. Jahrhundert, für die reifere Jugend. (Mit 2 Bildern.) 12. Ebend. 842. 6 1/4 ngr — color. 1/4 thlr

Hackenschmidt, Chrn., Vater Wurtz, der Stifter der Neuhof-Anstalt. 18. (36 S.) Straßburg 847, Wwe. Levrault. 3 ngr

Hackenschmidt, George, der Weg zur Kraft. (158 S. m. Abb. u. Bildnis.) 8. Leipzig (909). Grethlein & Co. Kart. 3. —

Hackenschmidt, Karl

Hackenschmidt, K., die Anfänge d. catholischen Kirchenbegriffs. Dogmen-histor. Versuch. 1. Abschn., die neutestamentl. Lehre v. der Kirche u. die Geschichte d. Dogma's bis auf Cyprian enthaltend. gr. 8. (XII, 194 S.) Straßburg 874. Schultz & Co. n. 4. —

Hackenschmidt, K., die Bibel, der Schatz im irdenen Gefäße. Eine erweit. Bibelfestrede. 12. (19 S.) Straßburg i/E. 890. Schmidt. n. — 20

Hackenschmidt, K., der römische Bischof im 4. Jahrh., s.: Sammlung von Vorträgen.

— die feste Burg, s.: Zeitfragen d. christlichen Volkslebens.

Hackenschmidt, Karl, unsere feste Burg wider Rom. Referat, der Pastoral-Conferenz von Straßburg vorgelegt den 18. Juni 1878. gr. 8. (30 S.) Straßburg 878, (Bomhoff.)

Hackenschmidt, Karl, die Christus-Predigt f. unsere Zeit, s. a. Handbibliothek, praktisch-theologische. 10. Bd.

Die Christus-Predigt für unsere Zeit. Prakt. Christologie von Karl **Hackenschmidt**. Göttingen: Vandenhoeck & Ruprecht 1909. 153 S. 8°
(Praktisch-theologische Handbibliothek. Bd 10.)

Hackenschmidt, K., alte u. neue Geschichten aus dem Elsaß, s.: Jugend- u. Volksbibliothek, deutsche.

— von der geistlichen Genügsamkeit. Betrachtung über 2. Korinther 12, 9. 8. (15 S.) Stuttgart 888. Buchhandlg. der Evangel. Gesellschaft. n. — 4

Hackenschmidt, Karl, der christl. Glaube in 8 Büchern dargestellt. Hrsg. v. Calwer Verlagsverein. 8. (380 S.) Calw u. Stuttgart 901. Vereinsbuchh. n. 4. —; geb. in Halbfrz. n. 5. —

— Vor vierzig Jahren. Kriegserlebnisse, s.: Volksschriften, elsässische.

— die Kirche im Glauben des evangelischen Christen. Zwei Vorträge. gr. 8. (VI, 100 S.) Erlangen 881, Deichert.

— Lebensernst u. Lebensfreudigkeit, s. a. Predigt-Hausschatz, evangelischer.

— Licht- u. Schattenbilder aus dem Alten Testament. 8. (III, 140 S.) Gütersloh 893. C. Bertelsmann. n. 1. 20; geb. n. 1. 80

Hackenschmidt, K., Licht- u. Schattenbilder aus dem Alten Testament. Neue Ausg. (VII, 140 S.) kl. 8. Gütersloh 907. C. Bertelsmann. Geb. in Leinw. n. 1. 50

— dasselbe. 2. Bdchn. (VI, 154 S.) kl. 8. Ebd. 907. Geb. in Leinw. 1. 50

— Licht- u. Schattenbilder aus dem Alten Testament. 2. Aufl. (153 S.) kl. 8. Gütersloh 908. C. Bertelsmann. Geb. 1. 50

— über wahres und falsches Lutherthum. gr. 8. (22 S.) Leipzig 877, Dörffling und Franke.

Hackenschmidt, Karl, Fritz Oberlin, der Vater des Steinthals, s.: Lebensbilder, evangelische, aus dem Elsaß. 6. Hft.

— u. Spitta, zwei Predigten, bei der 51. Hauptversammlg. des Evangel. Vereins d. Gustav-Adolf-Stiftung in Ulm am 13. u. 14. IX. 1898 geh. Rede bei der Grundsteinlegung zur Kirche in Söflingen am 15. IX. 1898, geh. v. Bilfinger. gr. 8. (26 S.) Leipzig 898. (J. C. Hinrichs' Sort.) n. — 40

[H.] Zwei Predigten bei der 51. Hauptversammlung des Evangel. Vereins der Gustav-Adolf-Stiftung in Ulm am 13. u. 14. Sept. 1898. geh. v. Pfarrer D. [Carl] **Hackenschmidt** aus Strassburg i. E., u. Prof. D. [Friedrich] Spitta aus Strassburg i. E., u. Rede bei d. Grundsteinlegg z. Kirche in Söflingen am 15. Sept. 1898 geh. v. Dekan Billinger aus Ulm. *Leipzig: Selbstv. d. Centralvorst. d. Ev. Ver. d. Gustav Adolf-Stiftg: (Dr. v. G. Kreysing) 1898.* (26 S.) 8.
— Bericht üb. d. 51. Hauptversammlung d. Ev. Vereins d. Gustav-Adolf-Stiftg abgeh. ... 1898. [Anh.]

— Vaterlandslieder e. Elsässers. 2. Aufl. 16. (31 S.) Lahr 871. Schauenburg. — 60

Hackenschmidt, Karl, Warnung vor seelengefährlichem Wesen. Ein Wort an die evangelisch-lutherischen Christen in Elsaß-Lothringen. 8. (24 S.) Straßburg 880, Bomhoff.

— was kann auf dem Weg v. Verfassungsreformen f. die Erneuerung unserer evangelischen Kirche gewonnen werden? Referat. gr. 8. (35 S.) Straßburg 893. (C. A. Bomhoff.) n. 1

— Wegweiser zu den Segensquellen Gottes f. Konfirmanden. (64 S.) 8. Straßburg 910. C. A. Bomhoff. Geb. nn — 60

— der Taufe Wert u. Macht. Predigt üb. Joh. 3, 1—8. 8. (15 S.) Ebd. 886. n. — 4

Hackenthal, A., eine Ehe von heut, s. Universal-Bibliothek Nr. 1265.

Hacker, Erwerb, Bau u. Unterhaltung des Hauses, s.: Rehme, Wilh.

HACKER, Die Reformation der Hölle. Eine komische Erzählung von —. Prag und Wien, in der von Schönfeld. Buchhandl. 1783. 8⁰. 16 S. Rar!
Goedeke VI, 733. 32.

Hacker. Ueber freitragende Steintreppen. (S.-A. a. d. „Ztschr. des Archit.- u. Ing.-Vereins zu Hannover" 1891.) 4

Hacker, Agnes, med. pract. aus Insterburg (Preussen): Aus der I. Universitäts-Frauenklinik des Herrn Professor Schauta in Wien. Ueber abdominale Totalexstirpation des schwangeren myomatösen Uterus. Berl. [S. Karger] 1897. 39 S. 8⁰.
Zürich, Med. Diss. [v. 23. Sept. 1897].

Hacker, Agnes, über abdominale Totalexstirpation d. schwangeren myomatösen Uterus. gr. 8. (39 S.) Berlin 897. S. Karger. n. 1. —

Hacker, Albert: Ueber chronische Bleivergiftung. Halle 1874: Lipke. 31 S. 8⁰
Halle-Wittenberg, Med. Diss. v. 25. Juli 1874
Geb. Meuro (Kr. Wittenberg) 13. 8. 1844. V.
Verf. erlebte die Diplomerneuerung 1924 als Geheimer Sanitätsrat in Teuchern, vgl. Anh. Nr. 464.

Hacker, Aloys, Ablaßbüchlein zum Gebrauche der Gläubigen bei dem v. unserm hl. Vater Papst Leo XIII. bewilligten außerordentlichen Jubiläum im J. 1886, zusammengestellt u. m. e. kurzen Unterricht versehen. 3. Aufl. 16. (48 S.) Donauwörth 886. Auer. — 15

Hacker, A., der heil. Aloysius, s.: Schutzengelbriefe.

— Einblick in das Opfer der Liebe, dem frommen Leser bereitet. 16. (48 S.) Donauwörth 887. Auer. n. — 20

Hacker, Alois, gehet auch zu d. hl. Nothelfern, s.: Schutzengelbrief.

Hacker, Aloys, an alle Hütkinder groß u. klein, s.: Schutzengelbrief.

— drei cäcilian. Kränzchen. 12. (48 S.) Donauwörth 897. L. Auer. n. — 20

— hundert väterliche Lehren, s. a.: Schutzengelbrief.
— der Meineid, s. a.: Schutzengelbrief.

(U.-T. d.:) Der Meineid ... aufs Korn genommen von Aloys Hacker, Pfarrer in Kleinaitingen. Mit bischöflicher Approbation. Donauwörth. Druck und Verlag der Buchhandlung L. Auer. (... *Schutzengelbrief*, 130.)
o. J. (Imprimatur 1889). 16 S., [illegible]
Diöz.-B. Rottenburg

— die heilige Stunde zur Verehrung der Todesangst Jesu u. zur Sühne f. die Sünden der Nacht. 2. Aufl. 16. (40 S. m. 1 Holzschn.) Ebend. 885. n. — 25

— die heilige Stunde zur Verehrung der Todesangst Jesu u. zur Sühne f. die Sünden der Nacht. 3., verm. Aufl. 16. (48 S. m. 1 Bild.) Donauwörth 887. Auer. n. — 25

— die hl. Stunde z. Verehrg. d. Todesangst Jesu u. z. Sühne f. d. Sünden d. Nacht. 5. Aufl. 16. (72 S. m. Titelbild.) Ebd. 898. n. — 25

Hacker, Alois, die hl. Stunde zur Verehrung der Todesangst Jesu u. zur Sühne f. die Sünden der Nacht. 10. Aufl. (72 S. m. Titelbild.) 16. Donauwörth (906). L. Auer. n. — 25

Hacker, Alois, die hl. Stunde zur Verehrung der Todesangst Jesu u. zur Sühne f. die Sünden der Nacht. 11. Aufl. (72 S. m. Titelbild.) 16. Donauwörth (909). L. Auer. Kart. — 25

— Gute Tod-Andacht, s.: Schutzengelbrief.

— Warnung vor e. falschen Freunde, s.: Schutzengelbrief.
— Wettersegen-Gebete, s.: Schutzengelbrief.

Hacker, B., Samml. deutsch. Kirchengesänge auf d. Sonn- u. Festtage, f. die Orgel mit 2 bis 3 Singstimmen. 4. Sulzbach, Mayr. 812.

Hacker, Carl, s. Hacker, Karl

Hacker, E., Handbuch der gesetzlichen Bestimmungen betr. das Kommunalabgabenwesen. gr. 8. (X, 272 S.) Berlin 895. C. Heymanns Verl. Kart. n. 4. —

— Hand-Lexikon aller bisher ergangenen Verwaltungs-Gesetze. I. Bd. gr. 4. (250 S.) Königsberg 894. Hartung. Subskr.-Pr. n. 6. —

Hacker, E., Hand-Lexikon aller bisher ergangenen Verwaltungs-Gesetze. Fortgeführt u. hrsg. v. E. Klemann. 2. Bd. (245 S.) gr. 4. Königsberg 904. Hartung. n. 6. —; geb. n.n. 7. 50

Hacker, Dr. E. Die Leichenverbrennung in Wien. Wien 1881. Selbstverlag des Verfassers.

Hacker, Frz., „Laudate pueri Dominum!" Gebetbüchlein f. den Gebrauch der studier. Jugend. Nebst 3 Meßgesängen u. e. Predigtliede v. E. Krähmer. 12. (255 S. mit 1 Chromoxylogr.) Regensburg 881. Pustet. n. — 60; geb. in Leinw. n. — 80; m. Goldschn. n. 1. —; in Chagrin m. Goldschn. n. 1. 40

Hacker, Frz., Zeichnungs- u. Arbeitsbüchlein f. die Bauformen im Geschichtsunterricht. (24 Blätter.) 8. München 910. R. Oldenbourg. nn — 20

— dasselbe. (Ausg. f. die Hand des Lehrers.) Mit e. Vorwort v. Kerschensteiner. (V, 36 S. m. 2 Taf.) 8. Ebd. 910. nn — 60

Hacker, Fdr., Abriß d. deutschen Sprachlehre für d. Schulgebrauch. gr. 8. (VIII, 126 S.) München 895. Th. Ackermann. n. 1. 20

Hacker, G., ein Kind der Sorgen. Eine Erzählung aus dem Leben f. christl. Jugend u. christl. Volk. Mit e. Stahlst. 8. (153 S.) Regensburg 882. Volks- u. Jugendschriften-Verl. cart. 1. 20

Hacker, G., die Nachbarskinder. Eine Erzählg. aus dem Leben f. christl. Jugend u. christl. Volk. Mit 1 Lichtdr.-Bild. 8. (166 S.) Straubing 886. Volks- u. Jugendschriften-Verlag. cart. 1. 20

— die Familie Treulieb. Eine Erzählung aus dem Leben f. christl. Jugend u. christl. Volk. Mit 1 Stahlst. 8. (138 S.) Ebend. 881. cart. 1. —

— der Türk' v. Neuhäusl. Eine Erzählg. aus dem Leben f. christl. Jugend u. christl. Volk. Mit 1 Stahlst. 8. (168 S.) Ebend. 885. cart. 1. 20

— der kleine Tiroler Vetter. Eine Erzählg. aus dem Leben f. christl. Jugend u. christl. Volk. Mit 1 Stahlst. 8. (109 S.) Ebend. 884. 1. —

Hacker, Geo., Wer da? oder die Missionen der Redemptoristen. Ein Bericht aus der Zeitschrift f. Protestantismus u. Kirche neu abgedr. u. m. einem Vor- u. Nachwort versehen. gr. 8. (16 S.) Erlangen 852, Blaesing. 3 ngl

Hacker, Gottfried

Kalender zu Ehren der hochheiligsten Herzen Jesu und Maria für das liebe Volk auf das gemeine Jahr 1890. Von P. Gottfried Hacker. Kleine Ausgabe. Mit vielen Bildern und Jahrmarktsverzeichniß. 4. (96 S.) —.30
— — Große Ausgabe. 4. (128 S.) —.40
Winterberg: Steinbrenner 1889.

Kalender zu Ehren der hochheiligen Herzen Jesu und Maria für das liebe Volk auf das Jahr 1893 von P. Gottfried Hacker. Große Ausgabe. 4. (96 S. mit Jahrmärkte-Verzeichniß und vielen Bildern) —.40
— — Kleine Ausgabe. 4. (64 S. mit Jahrmärkte-Verzeichniß und vielen Bildern) —.30
Winterberg: Steinbrenner 1892.

Kalender zu Ehren der hochheiligen Herzen Jesu und Maria für das liebe Volk auf das Jahr 1894 von P. Gottfried Hacker. Große Ausgabe. 4. (94 S. mit Jahrmärkte-Verzeichniß und vielen Bildern) —.40
Kleine Ausgabe. 4. (64 S. mit Jahrmärkte-Verzeichniß und vielen Bildern) —.30
Winterberg: Steinbrenner 1893.

Kalender zu Ehren der hochheiligen Herzen Jesu und Maria für das liebe Volk auf das Jahr 1895 von P. Gottfried Hacker. Große Ausgabe. 4. (96 S. mit Jahrmärkte-Verzeichniß und vielen Bildern) —.40
— — Kleine Ausgabe. 4. (64 S. mit Jahrmärkte-Verzeichniß und vielen Bildern) —.30
Winterberg: Steinbrenner 1894.

Kalender zu Ehren der hochheiligen Herzen Jesu und Maria für das liebe Volk auf das Jahr 1896. von P. Gottfried Hacker. Große Ausgabe. 4. (94 S. mit Jahrmärkte-Verzeichniß und vielen Bildern) —.40
— — Kleine Ausgabe. 4. (64 S. mit Jahrmärkte-Verzeichniß und vielen Bildern) —.30
Winterberg: Steinbrenner 1895.

Kalender zu Ehren der hochheiligen Herzen Jesu und Maria für das liebe Volk auf das Jahr 1897. Von P. Gottfried Hacker. Große Ausgabe. 4. (94 S. mit Jahrmärkte-Verzeichniß und vielen Bildern) —.40
— — Kleine Ausgabe. 4. (64 S. mit Jahrmärkte-Verzeichniß und vielen Bildern) —.30
Winterberg: Steinbrenner 1896.

Kalender zu Ehren der hochheiligen Herzen Jesu und Maria für das liebe Volk auf das Jahr 1898. Von P. Gottfried Hacker. Große Ausgabe. 4. (93 S. mit Jahrmärkte-Verzeichniß und vielen Bildern) —.40
Kleine Ausgabe. 4. (64 S. mit Jahresmärkte-Verzeichniß und vielen Bildern) —.30
Winterberg: Steinbrenner 1897.

Hacker, Chr., der Mensch u. s. hohes Ziel. Nach e. alten Geistesmanne neu bearb. 2. (Titel-)Ausg. 16. (160 S.) Stuttgart (893) 896. J. Roth. n. — 40; geb. n. — 60
Die 1. Ausg. erschien anonym.

Hacker, Chr., s.: Ponte, des chriw. Ludw. de, Betrachtgn. üb. das öffentl. Leben Jesu.

Hacker, H., Wesen u. Bedeutung der nationalen Bildung u. die für die Volksschule daraus sich ergebende Aufgabe. (32 S.) Hannover 1891. C. Meyer.

Hacker, Hans, die Ärztin. Forderungen, Leistgn., Aussichten in dies. Berufe, s. a. Frauenberufe. 4.

Hacker, Hans: Die Ärztin. Forderungen, Leistungen, Aussichten in diesem Berufe. — Leipzig: Kempe 1899. 43 S. 8° (Frauen-Berufe. [4.])

Hacker, Heinrich August

— s. Argos, medicinischer. — u. Argos, Zeitschrift.

Hacker, H(einr.) A(ug.), die Blennorrhoen der Genitalien 2. verm. Ausg. gr. 8. (XX u. 184 S. m. einer lith. Taf.) Erlangen 850, Enke. n. 1 ₰

Hacker, Heinrich August (Dresden), De difficili morborum quorundam ob neglectam diaetam curatione. Diss. med.-chir. Lpz. (Hirschfeld) 26. III. 1824. 34 S. (5.50) 12576
Gew.: Wilhelm Gottlob Mueller (Rector zu Torgau).

(Hacker, Heinr. Aug.,) Gallimathias ꝛc., s. Gallimathias.

Hacker, H(einrich) A(ugust): Praktisches Handbuch der syphilitischen Krankheiten. Th.1: Blennorrhöen. 184 S., gbd., 1 Taf.

Leipzig: Gebauer 1847

JB 4.726

—— Literatur d. syphilit. Krankheiten v. J. 1794 bis mit 1829, als Fortsetz. d. Girtan(n)er'schen Lit. zu betrachten, welche in d. 2. u. 3. Bde. seines Werkes „Abhandlung üb. d. vener. Krankheiten" enthalten ist, u. bis zu d. J. 1794 reicht. gr. 8. (17 B.) Leipzig 830, [Brockhaus.]
„C. Girtanner's Literargesch. d. vener. Krankheit." 2 Thle. 2. Aufl. gr. 8. Gottingen, Dieterich. 1. 3. 2 Thlr.

Hacker, H. A., neueste Literatur der syphilit. Krankheiten (von 1830 — 1838), nebst Nachträgen zu früheren Jahren. gr. 8. Leipzig 839. Otto Wigand. n. $1^{1}/_{3}$ ₰

— die sichersten Mittel, sich vor venerischen Krankheiten zu schützen, sowie die schnellere u. grundliche Heilung derselben zu fördern. 8. (XXIV u. 19 S.) Leipzig 850, Bibliopol. Anstalt n. 1 ₰

— les moyens les plus sûrs pour se garantir de maladies vénériennes, ainsi que pour en activer la guérison prompte et radicale. 8. (75 S.) Leipzig 850, Keil & Co. 18 ₰

(——) Recept-Taschenbuch, s. 8. Bd.: Recept-Taschenbuch.

Hacker, J. Chr., neuer Eisenbahn- u. Postfahrten-Plan v. Bayern, nebst sämmtl. Anschlüssen an die Nachbarbahnen u. Berechng. der Billetenpreise u. d. Reisegepäcks, sowie e. Verzeichniß sämmtl. Rundreisetouren u. Angabe der Dampfschifffahrten auf dem Starnberger- u. Bodensee. Mit e. genauen (lith.) Post- u. Eisenbahnkarte (in gr. Fol.) 8. (79 S.) München 875. (Kaiser.) n. — 95

Hacker, J. Chr., Fracht-Tarif f. Eil-, Stück- u. Wagenladungsgüter nebst Classificationsverzeichniß f. Bayern. Tarif f. Fahrpostsendgn. nach ganz Deutschland, Tarif f. Viehtransporte u. Equipagen f. Bayern, Eisenbahn- u. Postfahrten-Plan v. Bayern, Berechng. der Billetenpreise u. d. Reisegepäcks, sowie e. Verzeichniß sämmtl. Rundreisetouren. Sommer-Saison 1875. Mit e. genauen (lith.) Speditionskarte f. Gütersendgn. (in qu. gr. Fol.), Zusammenstellg. sämmtl. Postanschlüsse, welche zum Speditionsgebrauch besonders vortheilhaft sind. 8. (XXVII, 79 S.) Ebend. 875. n. 1

(Hacker, J. L.) „Allgemeine Geschichte der ost- und westindischen Handlungsgesellschaften in Europa", aus dem Englischen unter der Aufsicht und mit einer Vorrede herausgegeben von J. S. Semler, 2 Teile mit Karten, Grundrissen etc., Halle 1764 — Vorh.: Com. Bibl. Hamburg.

— **Jo. Dan.** (Mecklenburg), De judice cauto in determinandis poenis arbitrariis. Dissert. jur. Präs. Johann Matth. Martini. Bützow 16. IV. 1783. 20 S., tlws. dtsch. (5 —) 12577

Hacker, Joachim Bernhard Nikl

— d. Schulmeister Anton. Winke für Gutsbesitzer, Kirchenpatrone u. Lehrer, die zur Veredlung d. Menschheit wirken u. beitragen. 2 Abtheill. 8. Leipz. 809—11. Mit folg. neuem Titel ohne d. Verf. Wissen: d. Schulmeister Anton u. seine Zöglinge; eine unterhalt. Geschichte zur ernstl. u. sittl. Bildung d. Menschen. 8. Ebd. 816. Rein. 16 gl.

— geistl. Gesänge u. Lieder zum Privatgebrauch. 8. Pirna 783.

Hacker, Joach. Bhrd. Nikl., († d. 4. Oct. 1817.) Jesus, d. Weise v. Nazareth. 2 Bde, mit 1 Kpf. gr. 8. Leipz. 801—3. Rein. 3 ₰

— über d. menschl. Leiden; ein Beitrag zur Unterhalt. für Leidende. 8. Dresd. 786. Gerlach. 4 gl.

— Thanatologie, oder Denkwürdigkeiten aus d. Gebiete d. Gräber, (auch ohne H. Namen unter d. T.: Denkwürdigkeiten aus d. Gebiete d. Gräber). 4 Thle. 8. Leipz. 795—99. Rein. 3 ₰ 8 gl. 1r u. 2r Bd. 2e Aufl., umgearb. v. G. B. Becker, wohl richtiger v. J. G. Trautscholdt.) A. u. d. T.: Denkwürdigkeiten aus d. Gebiete d. Gräber. 2 Bde. 8. Ebd. 819. 2 ₰ 20 gl.

— s. d. Unsichtbare, oder Menschenschicksale ꝛc.

— meine Vorbereitungen zum Tode. Ein Erbauungsbuch für Kranke u. Bejahrte. Nebst d. Jugendgeschichte d. Verfassers, herausg. v. J. G. Trautscholdt. 8. Dresd. u. Leipz. 813. Hartknoch. 20 gl. Schrbp. 1 ₰ 4 gl.

HACKER, Johann Baptist (München): De thermis Romanis emendatis sive (sic dictis) Hibernicis. (Titel nach der Urkunde)
7.8.1867 - Urk; F 71; Chr 1867/68,13
Diss. Ingolst.-Landsh.-Mchn

Hacker, Jo. Geo. Aug., († d. 21. Febr. 1823.) Abendmahlsreden an Familien aus d. gebild. Ständen. 2 Bochen. 8. Frberg 802. 2e A. 810. 16. Graz u. G. 16 gl.

Hacker, J. G. A., religiöse Amtsreden im Auszug und vollständig. 1ste Samml. 8. Leipz. Hartknoch. 816.

— — religiöse Amtsreden, in Auszügen und vollständig. (Fortsetzung der Formulare und der Predigtentwürfe.) 2r. 6—6tes Bdchn. 8. Dresden, Hartknoch. 817—20. à 16 Gr.

— religiöse Amtsreden in Auszügen u. vollständig. 6 Bdchen. 8. Leipz. 818—20. Hartknoch. 4 Rthlr

— Andeutung zu e. fruchtbaren Benutzung d. heil. Schrift. 1s—4s Heft. gr. 4. Riga 810. Hartknoch in Leipz. 1 Rthlr 12 Gr. Hbg. Pr. 18 Gr. Schrbp. 2 Rthlr Hbg. Pr. 1 Rthlr

— daß d. Sache Jesu nichts mehr schade, als ein unwürdiges Verhalten seiner Bekenner u. vorgebl. Freunde. Eine Predigt. gr. 8. Dresd. 822. Arnold. 3 Gr.

Hacker, J.G.A. De d e s c e n s u Christi ad inferos. – Dresd. 1802.

— — De descensu ad inferos I. Pet. III. 19. 20. ad provinciam Messiae demandatam referendo. Diss. exeget. histor. Wittenberg. Dresden (Meinhold & Werner) 1802. 38 S. (5.50) 12579
Gew.: Franz Volkmar Reinhard.

— Entwürfe u. Andeutungen zu einer fruchtbaren Benutzung d. Abschnitte d. heil. Schrift. Im J. 1811. 4 Hefte. gr. 8. Leipz. 811. Hartknoch. 2 Rthlr Schrbp. 2 Rthlr 16 Gr.

— Erinnerungen u. Ermunterungen, die uns von dem scheidenden Jahrhunderte gegeben werden. gr. 8. Dresd. 800. Walther. 2 Gr.

Hacker, Jh. Geo. Aug., Erinnerungen an d. Erweisungen d. Vaterhuld Gottes unter den Drangsalen d. scheidenden Jahres; e. Predigt. gr. 8. Dresd. u. Leipz. 810.

— Formulare u. Materialien zu kleinen Amtsreden. 6 Bdchen. 8. Riga 806—9. 1s, 2s Bdchen. 2e Aufl. 818, 20. Hartknoch. (à 16 Gr.) 4 Rthlr

— Gott giebt d. guten Sache, wenn sie auch schon zu erliegen scheint, dennoch den Sieg! Eine Predigt am Sonntage Quasimodogeniti. gr. 8. Leipz. 814. Hartknoch. 3 Gr.

— **Johann Georg August**, Imago vitae morumque Socratis e scriptoribus vetustis expressa. Disp histor.-philos. Präs. Franz Volkmar Reinhard. Wittbg. (Carl Christian Dürr) 6. IV. 1781. 28 S. mit Widm. v. Präs. (5.50) 12578

— Communionbuch für denkende Christen. Mit 1 Kpf. 8. Stuttg. 812. 2e A. 823. Löflund. 12 Gr. Velinp. 1 Rthlr

— Morgen- u. Abendgebete für Zuchthausgefangene. 8. Torgau 789.

— Predigt am 10. p. Trinit. gr. 8. Dresden, Arnold. 815.

— Predigt zur Jubelfeier d. 50jähr. Regierung Sr. Maj. d. Königs v. Sachsen Friedrich August, über Psalm 61, 7—9. gr. 8. Lpz. 819. Hartknoch. 3 Gr.

— Predigt am letzten Sonntage d. J. 1809. gr. 8. Riga 810. (Hartknoch in Leipz.) 3 Gr.

— ausführl. Predigtentwürfe. 6 Samml. gr. 8. Leipz. 803—13. Hartknoch. 4 Rthlr (4e—6e Samml. auch unt. d. T.: Neue Predigtentwürfe. 1e—3e Samml. 1 Rthlr 18 Gr.)

– s. P s a l m e n , übers. v Frz B Reinhard.

— nur ein religiöser Sinn kann uns bei d. traurigen Schicksalen unsers getrennten Vaterlandes zu unserm Frieden dienen. Eine Predigt. gr. 8. Dresd. 815. Arnold. 3 Gr.

– s. R e i n h a r d , Frz. B Predigten über d Sonn- u Festtags-Evangelien.

— Worte an (Frz. V.) Reinhard's Grabe. 8. Dresd. 812. Arnold. 4 Gr.

Hacker, Jos., der Christ vor, während und nach der Abendmahlsfeier oder Communion-Andachtsbuch für alle gläubigen Christen. Dresden (853.) (Schönfeld.) gr. 8. (240 S. u. 1 Lithogr.) n. 1 Rthlr

Hacker, Jos. Lud. N., üb. d. menschl. Leiden, e. Beytr. z. Unterh. 8. Dresden, Gerlach. 786.

Hacker, Karl

Hacker, Carl, Illustrationen zu Fritz Reuter's Läuschen un Rimels. gr. Fol. (10 Chromolith.) Wismar 882. Hinstorff's Verl. In Mappe. n. 25. —; einzelne Blätter à n. 3. —

Hacker, Kurt Der Gedankengang der Oden Goethes. (Groß-Lichterfelde) 1904. (J. Unverdorben.) (50 S.) 8°
Groß-Lichterfelde, OR OP 1904 (150)

Hacker, Ludwig „Dem Andenken Erhardt Zahns" pg 24—28. 8° Ad. Beer.
Wunsiedel, Progr 1883/84

Hacker, Ludw., Erziehungsgeschichte Goethe's in pädagogischen Studien. 1. Studie. Die primären Factoren in der Entwicklg. Goethe's. gr. 8. (X, 67 S.) Erlangen 874. Deichert. n. 1. 20

Hacker, Ludw., Erziehungsgeschichte Goethe's in pädagogischen Studien. 2. Studie. Dämon u. Welt im Werden Goethe's. gr. 8. (VIII, 108 S.) Erlangen 878. Deichert. n. 2. — (1. u. 2.: n. 3. 20)

Hacker, Ludw., die Losburg. Bergfestspiel in 3 Abtlgn. (7 Bildern). Nach alten Chroniken. 2. Ausg. 12. (59 S.) Wunsiedel 892. (G. Kohler.) n. — 50

Hacker, Ludw., die Losburg. Bergfestspiel in 3 Abtlgn. (7 Bildern). Nach alten Chroniken. Mit Musik v. Hans Bill. 8. Ausg. 4. u. 5. Taus. (58 S.) 8. Wunsiedel 905. (G. Kohler.) n. — 60

Hacker, Ludw., amerikanische Reise-Skizzen aus dem Gebiete der Technik, Landwirthschaft u. des socialen Lebens. Braunschweig 867. Vieweg & Sohn. gr. 8. (X, 200 S.) n. 1 Rthlr 5 ngr.

Hacker, Matthäus. k. k. österreichischer Feldarzt [von Nappersdorf, Oesterreich] Inaugural-Dissertation über das Sanitäts-Wesen der stehenden Armeen. Zür Mahler u. Weber Dr 1849. 15 S. 8°
Zürich, Med. Diss. v. 3. Febr 1849.

Hacker, Otto [aus Schöneberg bei Berlin]: Die wirtschaftliche Bedeutung der Zusammenlegung ländlicher Grundstücke, m. spez. Berücks. d. Feldbereinigg in Baden. E. agrar-ökonom. Untersuchg ... Heidelberg, Univ.-Buchdr. v. J. Hörning, 1896; 87 S., 4 Kt. 8.
Heidelberg, Naturw.-math. Fak., Inaug.-Diss. v. [19. Dez.] 1896

Hacker, Paul, die Beiräte f. besondere Gebiete der Staatstätigkeit im Deutschen Reiche u. in seinen bedeutenderen Gliedstaaten, s.a. Zeitschrift f. die gesamte Staatswissenschaft. IV. Erg.-Hft.

Hacker, Paul, aus Lengefeld i. Erzgeb. Die Beiräte für besondere Gebiete der Staatstätigkeit im Deutschen Reiche und in seinen bedeutenderen Gliedstaaten. *Tübingen 1903: H. Laupp jr.* (IV, 78 S.) 8° ¶ [Erschien erweitert 1903 als: Zeitschr. f. d. ges. Staatswiss., Erg H. 4.]
Leipzig, Phil. Diss. v. [2 März] 1903

HACKER, Rudolf: Das forstliche Wirthschaftsbuch (Lagerbuch). - Ploschkowitz 1898. 54 S.

Hacker, Th., das 60jähr. Jubiläum der protestantischen Gemeinde Amberg am 12. V. 1901. Ein Gedenkblatt. gr. 8. (36 S.) Erlangen 901. (F. Junge.) — 30

Hacker, Ulrich, Referendar: Der Nießbrauch von Prämienpapieren, Aktien und Urheberrechten. Ein Beitrag zur Lehre vom Nießbrauch an Rechten nach dem BGB. Berlin: C. Heymann 1906. (X, 112 S.) 8° [J.]
Rostock, Jur. Fak., Ref. Lehmann, Diss. v. 30. Juni 1906
[Geb. 9. Jan. 84 Schwerin i. M.; Wohnort: Rostock; Staatsangeh.: Mecklenburg-Schwerin; Vorbildung: Gymn. Rostock Reife M. 03; Studium: Rostock 4, München 1, Rostock 2 S.; Rig. 14. März 06.]

Hacker, Vict. R. v., **Anleitung zur antiseptischen Wundbehandlung nach der an Prof. Billroth's Klinik gebräuchlichen Methode. Für Studirende u. Aerzte bearb. 2. Aufl. gr. 8. (IV, 48 S.) Wien 884. Toeplitz** & Deuticke. n. 1. —

Hacker, Dr. Victor R. v., Anleitung zur antiseptischen Wundbehandlung nach der an Prof. Billroth's Klinik gebräuchlichen Methode. 2. Auflage. gr. 8. (42 S.) Wien, Toeplitz & Deuticke. 60 kr 1884

Hacker, V. R. v., Anleitung zur antiseptischen Wundbehandlung nach der an Prof. Billroth's Klinik gebräuchlichen Methode. 3., umgearb. Aufl. gr. 8. (VI, 67 S.) Wien 890. Deuticke. n. 1. 50

Hacker, Vict. Ritter v., s.: Beiträge, chirurgische, aus dem Erzherzogin-Sophien-Spital in Wien.

Hacker, v., s.: Chirurgie des Halses etc.

Hacker, V. v., s.: Chirurgie des Kopfes u. der Speiseröhre.

Hacker, v., üb. Magenoperationen bei Carcinom u. bei narb. Stenosen, nebst e. Übersicht üb. d. Gesammtresultate aller Magenresectionen u. Gastroenterostomien der Klinik Billroth von 1880 bis 1. Octbr. 1894 u. 2 Tabellen üb. d. daselbst v. Octbr. 1889 bis 1. Octbr. 1894 ausgef. derartigen Operationen. gr. 8. (49 S.) Wien 895. W. Braumüller. n. 1. —

— **die Magenoperationen an Prof. Billroth's Klinik 1880 bis März 1885. gr. 8. (V, 68 S.) Ebend. 886. n. 2. —**

— **üb. die nach Verätzungen entstehenden Speiseröhren-Verengerungen. gr. 8. (XII, 147 S. m. 16 Textabbildgn. u. 12 lith. Taf.) Wien 889. Hölder. n. 8. —**

Hacker, W[ilhelm] Claudii apud Tacitum Annal. XI, 24 oratio et una cum capite praecedente commentario critico et exegetico enarratur et cum oratione vere habita ita comparatur, ut, quid inde de omni orationum Tacitearum indole colligatur, eluceat. S. 1—21 4. **Progr.** Städt. Realgymn. *Malchin* 1904 (770).

Hacker, Wilh., Die Zukunft der körperlichen Ertüchtigung unseres Volkes. 24 S., 8°.

Häcker, A., Warehams erste Frau u. andere Erzählungen, aus dem Engl. (105 S.) 8. Straßburg 910. J. Singer. 2.—

Häcker, Adalbert. Ueber den Einfluss ozonisirter Luft auf die Athmung warmblütiger Thiere Diss. Riga 8° 38 pp. mit einer lithographirten Tafel 1863

Häcker, Clara, s. H ä c k e r , Klara.

Haecker, F., Beiträge zur Kritik u. Erklärung des 7. Buches der Nikomachischen Ethik. Berlin 869. (Calvary & Co.) gr. 4. (III, 31 S.) n. 12 ngr

Haecker, F., Das Eintheilungs- und Anordnungsprincip d. moral. Tugendreihe in d. nikomach. Ethik. Pr. 1863. 29 S. 4° 1.20

Haecker, F., Theophrastos Schrift über Frömmigkeit v. Jacob Bernays. S.-A. s. a. 19 S. 1.—

Hacker, F., moral Tugendreihe in d. Nik. Eth. Berl 1863. 4. 29 p.
Schul-/Univ.-Schrift

H a e c k e r , F. (J.): „Ueber die Getraide-Theuerung in den Jahren 1816, 1817 und die dagegen in Vorschlag und Anwendung gebrachten Mittel, mit besonderer Rücksicht auf das Königreich Bayern . . . .", Nürnberg 1818 (Monath & Kussler).

Haecker, Georg, cand. phil.: Bestimmung des Transparenzkoeffizienten des Nebels und der zugehörigen Sichtweite sowie Untersuchungen über den Zusammenhang zwischen Beleuchtungsstärke, Kontrastgröße und Sehschärfe. Kiel 1905: Schmidt & Klaunig. (53 S.) 8°
Kiel, Phil. Fak., Ref. Weber, Diss. v. 18. Febr. 1905
[Geb. 2. Apr. 83 Brahnau, Prov. Posen; Wohnort: Hamburg; Staatsangeh.: Hamburg; Vorbildung: Oberrealsch. v. d. Holstenthor Hamburg Reife O. 01; Studium: Gießen 1, Kiel 6 S.; Rig. 14. Jan. 05.]

Häcker, Gottfried Renatus

Häcker, G. R., Lübeckische Flora. gr. 8. Lübeck 844, Aschenfeldt. n. 1½ ₰

Lübeckische Flora Von Gottfried Renatus Häcker. Lübeck 1844 8°
—— 2 unveränderter Abdruck Lübeck. 1856. (sogen. Titelaufl.

Häcker, Gust., aus frühen u. späten Tagen. Ein Lebensgang in Gedichten. 8. (XX, 163 S. m. Bildn.) Stuttgart 890. Greiner & Pfeiffer. Geb. in Leinw. n. 2. 50

Haecker, Gustav Philipp (Grundlach/Nürnberg). Spicilegium novissimum observationum ad panegyricum Plinii. Präs. Christian Gottlieb Schwarz. Altdorf (Jod. Wilh. Kohles) 1734. 40 S. (6.50) 12597

Häcker, Heinrich

Häcker, H., turnerische Aufführungen. Nr. 1—3. gr. 8. Stuttgart (901). P. Mähler. n. 2. 60
1. Das Boxen. (9 autogr. S. m. 3 Abbildgn.) (901.) n. — 60
2. Gesellschafts-Übungen. In 4 Gruppen, f. 12 Turner m. 20 Abbildgn. (13 autogr. S.) (901.) n. 1. —
3. Stabfechten. Französische Schule m. 19 Abb. (12 autogr. S.) (902.) n. 1. —

Häcker, H., turnerische Aufführungen. Nr. 4. gr. 8. Stuttgart 903. P. Mähler. n. 1. —
Aufmärsche u. Aufzüge f. Schauturnen u. Festlichkeiten. (15 S. m. Fig.)

— dasselbe. Boxen. Französische Schule. Geturnt beim Kreisturnfest in Schwenningen a. N. 4. VIII. 1901 2. Aufl. (10 S. m. Abbildgn.) 8. Ebd. (904). n. — 60

— dasselbe. 70 Taf. Gerätegruppen & Piramiden. Eine Sammlg. v. Pferd-, Barren-, sowie Reck- & Bock-Gruppiergn. (II S. Text.) qu. 8. Ebd. (904). n. 3. —

— dasselbe. Gesellschafts-Uebungen. In 4 Gruppen, f. 12 Turner m. 20 Abbildgn. Dargestellt am 25. XI. 1900. 2. Aufl. (14 S.) 8. Ebd. (904). n. 1. —

Häcker, H., turnerische Aufführungen. Grotesk-Tanz. Für 4 Turner. Aufgeführt am 1. XI 1896. (11 S. m. Abbildgn.) 8. Stuttgart (905). P. Mähler. n. 1. —

— dasselbe. 80 Taf. Gruppen & Piramiden. 2. verm. u. verb. Ausg. Eine Sammlg. v. Frei-, Stab-, Stuhl-, Leiter- sowie Marmorgruppiergn. (II S. Text.) qu. 8. Ebd. (904). n. 3. —

— dasselbe. Ringerstellungen. Ausgeführt v. 12 Turnern am 1. XI. 1896. (16 S. m. 24 Abbildgn.) 8. Ebd. (905). n. 1. —

— dasselbe. Schuhplattler mit Zitherbegleitung u. Abb. Für 4 u. mehr Paare. (9 S.) 8. Ebd. (905). n. 1. —

— dasselbe. Stabfechten. Französische Schule mit 19 Abbildgn. Geturnt beim 33. Kreisturnfest des XI. deutschen Turnkreises am 4. VII. 1897 in Ravensburg. 2. Aufl. (14 S.) 8. Ebd. (906). n. 1. —

— dasselbe. Stockfechten. Französische Schule. Geturnt am 26. IV 1903 zum Stiftungsfest des „Turnerbund Stuttgart". (10 S. m. Abbildgn.) gr. 8. Ebd. (903). n. 1. —

Häcker, H., turnerische Aufführungen. 100 Taf. Gruppen u. Pyramiden. 3. verm. Aufl. der früheren 80 Taf. Eine Sammlg. v. Frei-, Stab-, Stuhl-, Leiter- sowie Marmorgruppiergn. (2 S. Text.) 12×19 cm. Stuttgart (910). P. Mähler. 3. —
Hieraus einzeln: 28 Taf. Freipyramiden u. Verwandlungsgruppen. 1.—. — 20 Taf. Marmorgruppen. Turnerischen Übgn. u. Stellgn. entnommen. Mit Verwandlgn. 1.—. — 22 Taf. Stabgruppen u. Pyramiden. Mit zahlreichen Verwandlungsgruppen 1.—. — 30 Taf. Stuhl- u. Leiterpyramiden. 1.—.

— Aufmärsche u. Aufzüge f. Schauturnen u. Festlichkeiten. (16 S. m. Fig.) 8. Ebd. 910. 1. —

— 28 Tafeln Flaggengruppen u. Pyramiden f. Turner u. Turnerinnen. Enth. 96 Abbildgn. v. Stellgn., Gruppen u. Pyramiden m. Verwandlgn. qu. schmal 8. (2 S. Text.) Ebd. (902). n. 2. 50

— 100 Tafeln Flaggengruppen u. Pyramiden. (2. verm. Aufl. der früheren 28 Taf.) Enth. 180 Abbild. v. Stellgn., Gruppen u. Pyramiden ohne u. m. Benützg. v. Böcken, Pferden, Stühlen u. Leitern. (II S. Text.) 12×20,5 cm. Ebd. (910). 3. —

Häcker, H.: 28 Tafeln Freipyramiden und Verwandlungsgruppen. Stuttgart um 1910. 28 Taf.

Häcker, H., 1. Gesellschaftsübungen, 2. Wandernde Gruppen, m. Abb., Stuttgart, 16 S., 8°.

— Gigerl u. Waschermad'l. Faschings-Aufführung. (20 S. m. Fig.) 8. Ebd. (908). 1. —

— 60 Tafeln Gruppen u. Pyramiden. Eine Sammlg. m. 92 Abbildgn. v. Frei-, Stab-, Flaggen-, Stuhl-, Leiter-, Pferd-, Barren-, Reck-, sowie Marmor-Gruppiergn. Gezeichnet v. Eug. Osswald. qu. 8. (2 S. Text.) Ebd. (901). n. 3. —

Häcker, Heinrich, 60 Tafeln Gruppen und Pyramiden, Stuttgart (1901).
—, 80 —, 2. verm. u. verb. Aufl., — 1904, Quer-8° 2 Bde.

— die 4 Jahreszeiten. Dargestellt am 17. II. 1906. (Festaufführungen.) (32 S. m. Fig.) 8. Ebd. (906). n. 1.80

— Langstabübungen. Uebungsfolgen u. Aufführgn. (30 S. m. Fig.) 8. Ebd. 910. 1. 20

Häcker, H.: 20 Tafeln Marmorgruppen. Stuttgart um 1910. 20 Taf.

Häcker, H.: 22 Tafeln Stabgruppen und Pyramiden. Stuttgart um 1910. 22 Taf.

Häcker, H.: 30 Tafeln Stuhl- und Leiterpyramiden. Stuttgart um 1910. 30 Taf.

Häcker (H.). Mein Turnbuch f. d. Vereinsturnen. 32. (47 S. m. 7 Taf.). Stralsund 1891. M. —.60

— Mein Turnbuch f. das Vereinsturnen. Ein Hilfsbuch f. Turnwarte u. Vorturner. (224 S.) 8. Ebd. 908. Geb. in Leinw. 3. 20

Häcker, J G.

— Lehrbuch der Tanzkunst, oder vollständ., gründliche u. leichtfaßl., durch viele Zeichnungen erläut. Anweisung, wie man sich ohne Hülfe eines Lehrers zum vollkomm. Tänzer ausbilden kann. 1e Lfrg. Mit 4 Steintaf. 8. Grimma 834. (Gebhardt.) 1/2 ℔

Häcker, J. G., der selbstlehrende Tanzmeister, oder: Vollständ., gründliche u. leichtfaßl., durch viele 100 Zeichnungen erläut. Anweisung, wie man sich auch ohne Hülfe eines Lehrers zum vollkommenen Tänzer bilden kann. Mit 41 lithogr. Tafeln. 8. Grimma 835. Verlags-Comptoir. 1 2/3 ℔

Häcker, J. H., Bericht aus u. üb. Amerika gegeben nach eigener Anschauung in den J. 1848 u. 1849 u. veröffentlicht f. Auswanderer. 8. (IV u. 107 S.) Leipzig 849, Beyer in Comm. n. 1/3 ℔

Häcker, Jh. Fr.

— über d. Getreidetheuerung in d. J. 1816 u. 17 u. d. dagegen in Vorschlag u. Anwendung gebrachten Mittel, mit besond. Rücksicht auf Baiern. gr. 8. Nürnb. 819. Monath u. K. 21 K

— über d. oberste Princip d. Strafwürdigkeit. 8. Würzb. 803.

Häcker, Jh. Fr., Rede bei d. feierl. Einfuhr des ersten Erndtewagens zu Wöhrd, den 25. Juli 1817 gehalten. gr. 8. Nürnb. 817. Lechner. (v. Ebner). 1 K

Häcker, Klara

Häcker, Clara (Frau Clara Gorges), thüringer Dorfgeschichten. IV. Bd. Hirten-Christel. (VII, 229 S.) 8. Leipzig (904). O. Borggold. n. 1.50; geb. n. 2.50
Bd. 1—3 u. d. T.: Dorfgeschichten, Thüringer. 892. 893.

– Dorfrosen, s. Dorfgeschichten, Thüringer.

Häcker, Clara (Frau Clara Gorges), Thüringer Erzählungen. 8. (V, 157 S.) Bonn 899. E. Moos. n. 1.50

Häcker, Clara (Clara Gorges), beim Federnreißen. E. Dichtg. aus d. Thüringer Bauernleben. 8. (114 S.) Dresden 898. E. Pierson. n. 1.50; geb. n. 2.50

— Frede un Leid ussen Thiringer Dorflam, s.: Aus Thüringen. I.

— das Gespenst im Mühlthale, s.: Dorfgeschichten, Thüringer.

— Fichtners Rieke, Thüringer Dorfgeschichte. 8. (235 S.) Jena 901. Berlin, H. Costenoble. n. 3.—; geb. n. 4.—

— Fichtners Rieke. Thüringer Dorfgeschichte. 2. Aufl. (235 S.) 8. Berlin 908. Jena, H. Costenoble. n. 2.—; geb. n. 3.—

— thüringer Sagenschatz. 1. Bd. 12. (157 S.) Leipzig 895. [O. Gottwald.] O. Borggold. n. —80; kart. n. 1.—

– Schafheinz; aus Kindern werden Leute, s. Dorfgeschichten, Thüringer

— thüringer Spinnstubengeschichten. (V, 190 S.) 8. Ebd. 908. n. 2.—; geb. n. 3.—

Häcker, Clara, der Türkenhof, s.: Jugend- u. Volksbücherei, thüringische. 8. Bd.

Häcker, Ludw., amerikanische Reise-Skizzen aus dem Gebiete der Technik, Landwirthschaft und des socialen Lebens. gr. 8. (X und 200 S.) Braunschweig 867, Vieweg und Sohn. *

Häcker, O.

Häcker. s.: Jahrbuch. Ellwanger.

Häcker, Paul Wolfg., über Magnetismus. gr. 12. Nürnberg 841, Korn'sche Buchh. 1/3 ₰

Haecker, Paul Wolfg., zur Theorie des Magnetismus. Nürnberg 856. J. L. Schmid. gr. 8. (254 S.) 2 ₰

Haecker, Rob., praktisches Kochbuch f. einfache bürgerliche Küche, s.: Ochs. Helene.

— Lehrbuch der Hauswirtschaft, s.: Schäfer, W.

— Praktischer Milchwirt. s.: Klenze, v.

Häcker, Rud., Katalog der anthropolog. Sammlung in der anatom. Anstalt der Universität Tübingen, nebst e. Abhandlung üb. die Grössenentwickelung der Hinterhauptschuppe u. deren Beziehungen zu der Gesamtform des Schädels, s.a. Sammlungen, die anthropolog. Deutschlands. XVI.

Häcker, Rudolf, approb. Arzt aus Cannstatt: Katalog der anthropologischen Sammlung in der anatomischen Anstalt zu Tübingen. Nebst einer Abhandlung: Über die Größenentwickelung der Hinterhauptsschuppe und deren Beziehungen zu der Gesamtform des Schädels. *Braunschweig 1902: F. Vieweg & Sohn.* (52 S.) 4° ¶ (Aus: Die anthropol. Sammlungen Deutschlands, Bd 16.)
Tübingen, Med. Diss. v. 1902

Häcker, Val., s.: Abhandlungen, zoologische, August Weismann gewidmet.

Häcker, Val., Bastardirung u. Geschlechtszellenbildung, s.: Jahrbücher, zoologische. VII. Suppl.-Bd.

Haecker, Valentin [aus Stuttgart]: Ueber die Farben der Vogelfedern.... (Aus: Arch. f. Mikrosk. Anat. Bd. 35. H. 1.) Bonn, Verl. v. Max Cohen & Sohn (Fr. Cohen), 1890; 23 S. u. 1 Taf. 8°
Tübingen, Naturw. Fak., Inaug.-Diss. v. 1890

Häcker, Val., der Gesang der Vögel, seine anatom. u. biolog. Grundlagen. gr. 8. (VII, 102 S. m. 13 Abbildgn.) Jena 900. G. Fischer. n. 3.—

[Kopft.:] Häcker, *Valentin* [Dr., Assist. am zool. Inst. d. Univ. Freiburg i. B.]: Die Kerntheilungsvorgänge bei der Mesoderm- und Entodermbildung von Cyclops ... (Aus: Arch. f. mikrosk. Anat. Bd. XXXIX.) Bonn, F. Cohen, 1892; 556—581 S., 2 Taf. 8.
Freiburg i. B., Phil. Fak., Hab.-Schr. v. 1892

— u. W. Häcker, Naturwissenschaft u. Theologie. 2 Referate, geh. beim Plochinger Theologenkranz. (IV, 41 S.) 8. Tübingen 907. J. C. B. Mohr. n. –80

Häcker, Val., die pelagischen Polychaeten- u. Achaetenlarven, s.a. Ergebnisse d. Plankton-Expedition der Humboldt-Stiftg.

Die pelagischen Polychaeten- und Achaetenlarven der Plankton-Expedition. Von Prof. Valentin Häcker, Freiburg i. B. M. 4 Taf., 1 Kt. u. 8 Abb. im Text. *Kiel & Leipzig: Lipsius & Tischer 1898.* (50 S., 4 Taf., 1 Kt.) 4.
= Ergebnisse der ... 1889 ausgef. Plankton-Expedition d. Humboldt-Stiftung. Bd II. H. d. (98. 2922

— Praxis u. Theorie der Zellen- u. Befruchtungslehre. gr. 8. (VIII, 260 S. m. 137 Abbildgn.) Ebd. 899. n. 7.—

— über das Schicksal der elterlichen u. grosselterlichen Kernanteile. Morphologische Beiträge zum Ausbau der Vererbungslehre. gr. 8. (IV, 104 S. m. 16 Fig. u. 4 Taf.) Ebd. 902. n. 4.—
Sonderabdruck aus: „Jenaische Zeitschr. f. Naturwiss."

Haecker, Valent, Tiefsee-Radiolarien, s.a. Ergebnisse, wissenschaftliche, der deutschen Tiefsee-Expedition.

Tiefsee-Radiolarien. Bearb. von Valentin Haecker [1. 2.] (Jena: Fischer 1908.) 4°
[1.] Spez. Teil. Text [&] Taf. [2.] Allg. Teil.
(Wissenschaftl. Ergebnisse d. deutschen Tiefsee-Expedition auf d. Dampfer Valdivia 1898–1899. Bd 14.) (09. 18396

– die Vogelwelt d. südlichen Badens u. d. Anwendg. der Vogelschutzverordgn. Im Auftr. des Freiburger Vogelschutzvereins verf. gr. 8. (46 S. m. Abb.) Freiburg i/B. 896. J. C. B. Mohr. n. 1.—

— u. Marian H. Müllberger, Wandtafeln zur allgem. Biologie. Serie A. Tab. 1. Schutzfärbung. 187×102 cm. Farbdr. Mit Text in deutscher u. engl. Sprache. (1 Bl.) Lex.-8. Berlin-Charlottenburg (904). [Th. G. Fisher & Co.] Leipzig, E. Nägele. n. 6.—; auf Leinw. m. Stäben n.n. 10.—

— Wandtafeln zur allgemeinen Biologie. Serie A. Nr. 2. Polymorphismus der Ameisen. 130,5×95 cm. Farbdr. Mit Text in deutscher, französ. u. engl. Sprache. (1 Bl.) Lex.-8. Leipzig (906). E. Nägele. n. 6.—;
auf Leinw. m. Stäben n. 10.—

— — dasselbe. Serie B. Tab. 1. Befruchtung. 136×102,5 cm. Farbdr. Mit Text in deutscher u. engl. Sprache. (1 Bl.) Lex.-8. Ebd. (904). n. 6.—;
auf Leinw. m. Stäben n.n. 10.—

— dasselbe. Serie C. Nr. 1. Mutationen v. Oenothera. 130,5×95 cm. Farbdr. Mit Text in deutscher u. engl. Sprache. (1 Bl.) Lex.-8. Ebd. (906). n. 6.—;
auf Leinw. m. Stäben n. 10.—

— u. M. Müllberger, Wandtafeln zur allgemeinen Biologie. Serie C. Nr. 2—4. Farbdr. Mit Text. 31×24 cm. Leipzig, Quelle & Meyer. à 6.—;
auf Leinw. m. Stäben à 10.—

2. Mendelsche Vererbung. (Unter Mitwirkg. v. C. Correns.) 132×98 cm. (1 Bl. Text in dtsch. u. engl. Sprache.) (907.)
3. Mendelsche Vererbung. (2. Blatt: Maisbastarde.) (Unter Mitwirkg. v. C. Correns.) 121×93 cm. (1 Bl. Text in deutscher u. engl. Sprache.) (908.)
4. Temperaturaberrationen. 121×92 cm. (909.)

— s.: Zeitschrift f. induktive Abstammungs- u. Vererbungslehre.

Haecker, Walt., die ererbten Anlagen u. die Bemessung ihres Wertes f. das praktische Leben, s. Natur u. Staat. 9. Tl.

Die ererbten Anlagen und die Bemessung ihres Wertes für das politische Leben. Von Dr phil. Walter Haecker, Prof. Jena: G. Fischer 1907. (XII, 300 S.) 8° [F.]
— Natur u. Staat. Beiträge z. naturwiss. Gesellschaftslehre. T 9. [07. 9813

— s.: Glaube, unser.

Häcker, Walt., zum bibl. Religionsunterricht d. Pfarrers in d. Volksschule. 8. (III, 72 S.) Stuttgart 897. W. Kohlhammer. n —90

Haeckermann: Sententiarum aliquot de municipiis Romanorum post Niebuhrium propositarum examinatio ac diiudicatio. 19 S.–Stolp, Progr. 1861

Häckermann, A., der Vaticanische Apollo. Archäologischer Vortrag. Greifswald 859. (Koch.) gr. 8. (58 S.) 10 ngr.

Haeckermann, A., der Bauerberg. Ein episches Idyll. 16. (61 S.) Greifswald 885. Bamberg. n. —60

Haeckermann, A., der Pithöanische Codex Juvenals. 1. Th. Kritisch-exegetische Abhandlung. Greifswald 856. Koch. gr. 4. (1 Bl., 40 S.) n. 10 ngr

Häckermann, A. commentatio in Aeneidis libr II Greifswald 1863 4. 32 p
Schul-/Univ.-Schrift

Haeckermann, A., commentatio in Decimi Junii Juvenalis saturas Greifswald. 4. 35 p. 1867
Schul-/Univ.-Schrift

Häckermann, A., neuvorpommersche Dichtungen. gr. 8. (VIII, 312 S.) Greifswald 871. Bamberg. n. 4.—

—— die Exegese C. Fr. Hermanns und die Kritik D. Jun. Juvenals. Eine Widerlegung. gr. 8. (XVI und 61 S.) Greifswald 857, Koch's Verlagsh.

Häckermann, A.: Explicationum Vergilianarum specimen. 24 S. – Progr Greifswald 1852

—— Explicationum Vergilianarum specimen. (Programm des städt. Gymnasiums zu Greifswald.) gr. 4. (24 S.) Greifswald 853, (Koch's Vrlgsh.)

— Friedrich Wilhelm der Vierte. Eine Lebensskizze. Rede zur Feier des Geburtstages Sr. Maj. des Königs am 15. Oktbr. 1853 auf dem Gymnasium zu Greifswald gehalten. Greifswald 853. Herwig. gr. 8. (18 S.) 3 ngr

— die Hohenzollern u. Virgil. Vortrag im wissenschaftl. Verein zu Greifswald am 20. Jan. 1873 geh. gr. 8. (30 S.) Ebend. 873. n. — 60

Häckermann, A., ein Kaiserjahr u. Königin Louise. Geschichtliche Vorträge auf dem Gymnasium zu Greifswald am 22. März 1875 u. 10. März 1876 geh. gr. 8. (40 S.) Bernburg 877. Schmelzer. n. 1.—

Haeckermann, A., Zur Kritik u. Erklärung Juvenals. 2 Tle. Pr. 1872, 1877. 33, 38 S. 4° 4.—

Haeckermann, A., zum Rhodischen Laokoon. I. Göthe u. d. Laokoongruppe. II. Laokoon u. s. Söhne. gr. 8. (93 S.) Greifswald 888. J. Abel. n. 1. 20

— die Laokoonsgruppe. Archäologischer Vortrag am 9. Decbr. 1856 gehalten. Greifswald, Koch. gr. 8. (1 Bl., 38 S.) 7½ ngr

—— die Laokoonsgruppe. Archäologischer Vortrag. gr. 8. (38 S.) Greifswald 858, Koch's Verlagsh.

Häckermann, A., Zoega's Leben u. Wirken. Gel. 1858. 37 S. 1.20

—— Nadeschda. Poetische Erzählung nach Runeberg frei bearb. kl. 8. (98 S.) Stavenhagen 884, C. Beholtz'sche Buchh.
geb. mit Goldschn. *

— Dr. Hermann Baldamus, Professor und Prorector zu Greifswald. Ein pädagog. Zeitbild. [Aus: „Greifsw. Sonntagsbl."] gr. 8. (66 S.) Greifswald 884. (Bamberg) n. 1.—

Häckermann, A., Preussen u. England. Ein vergleich. Rückblick. 1. Artikel. Greifswald 868. (Bamberg.) gr. 4. (40 S.) n. 10 ngr

Haeckermann, A., Vitae Themistoclis et Alcibiadis. E. Beitrag z. lat. Lectüre der Quarta. Pr. 1871. 16 S. 4°.

Häckermann, Adf., der brandenburgisch-preußischen Geschichte jüngste Epoche, s.: Wagner, Aug.

Haeckermann, C., Vitae Themistoclis et Alcibiadis. Ein Beitrag zur latein. Lectüre der Quarta. gr. 4. (16 S.) Anklam 871, Dietze's Buchh. *

Haeckermann. G A A G. de legislatione decemvirali, s.a. Vindiciae

Haeckermann, G. A. A. G., Vindiciae antiquitatum romanarum. Fasc. I. De legislatione decemvirali. Dissertatio inaug. philologica. 8maj. Greifswald 843. (Koch.) n. ⅔ ℛ

Haeckermann, Karl [Assistenzarzt an d. med. Poliklinik d. Univ. Göttingen]: Beitrag zur Lehre von der Entstehung der Divertikel des Oesophagus ... Göttingen, Druck d. Dieterichschen Univ.-Buchdr., 1891; 48 S. 8.
Göttingen, Med. Fak., Inaug.-Diss. v. [30. Juni] 1891

Haeckermann, Karl, Beitrag zur Lehre v. d. Entstehg. der Divertikel d. Oesophagus. Diss. gr. 8. (48 S.) Göttingen 891. (Vandenhoeck & Ruprecht.) n. 1. —

(Haeckermann, Karl [Prov.-Schulr.], Otto Hattendorf [Oberburgemstr.], Gust. Ebeling [Dir.], Prof. A. E. W. Franke) Schulreden [bei Abzweigung der R. I. O. vom Gymn.] 30 S. Rg. *Celle* 1878
Progr.

Haeckermann, *Karl* (Prov.-Schulr.), Hattendorff, *Otto* (Oberbürgermstr.) und *Hugo* Endemann *Worte bei dem Rücktritt des Dir. Franke und der Einführung des Dir. Endemann.* 4 (S. 11—14). Progr. Rg. *Celle* 1890 (314).

Häckermann, W., Lehrbuch der Medicinalpolizei. Zum Behuf academischer Vorlesungen u. zum Gebrauch für Medicinalpolizeibeamte. Berlin 863. F. Schneider. gr. 8. (VIII. 422 S.) n. 1 ₰ 24 ngr

Häckermann, W., Lehrbuch der Medicinalpolizei. Zum Behuf academ. Vorlesungen und zum Gebrauch für Medicinalpolizeibeamte gr. 8. (VIII und 422 S.) Berlin 863, [Weber.] *
Ermäßigter Preis *

Hackert, Jakob Philipp

— theoret.-prakt. Anleit. zum Landschaftszeichnen. 2 Hefte. qu. Fol. Nürnb. 803. Campe. 3 ₰

— Biographie, s. v. Göthe.

Hackert, Jacob Philipp.
Ueber den Gebrauch der Firniss in der Malerey ... a. d. Ital. ... Dresden 1800. Ü: *Reischel, Frdr. Ludw.* (MGT) H: *Walther, Georg Frdr.* (Ky)

Hackert, Ph., üb. d. Gebr. d. Firniß in d. Mahlerey, a. d. Ital. 4. Dresden, Walther. 800.

Hackert, Jak. Ph., († im April 1807.) Sendschreiben an den Ritter Hamilton über den Gebrauch d. Firniß in d. Malerei; aus d. Italien. (v. F. L. Reischel); (herausg. v. Geo. Fr. Walther). Mit 5 Anh. 4. Dresd. 800. Walther. 12 ₰

Hackert, Max, Gerichtsref., Eickel i. Westf.: **Die Begriffe 'Ablieferung', 'Abnahme', 'Annahme' und 'Empfangnahme' im Kauf- und Frachtrecht nach bürgerlichem und Handelsrecht.** *Bochum 1903: W. Stumpf.* **(69 S.) 8°**
Rostock, Jur. Diss. v. [12. Aug.] 1903

Hackes, v., hist. krit. Untersch. d. Nachr. v. d. ehem. berühmt. Seestadt Jomsburg an d. Pommersch. Küste, a. d. Dän. 4. Kopenhagen, Proft. 776.

Die Hackotäner [3. westfälisches Infanterie-Regiment No. 16] im Feldzuge 1870—1871 8. Berlin 1880.

Hackethal, L.: Über den Schutz der Schwachstromanlagen insbesondere der Fernsprechbetriebe gegen die störenden und zerstörenden Einwirkungen der Starkstromanlagen. Hannover 1900

v. Hackewitz I., Frhr. Fedor Eugen, Handbuch der Fortification, bearb. innerhalb der Grenzen, welche durch d. Allerhöchst. Bestimmungen für das Officier-Examen der Cavallerie u. Infanterie in der königl. preuß. Armee festgestellt sind. Mit 4 Bl. Steintaf. gr. 8. Berlin 834. Fincke. 2 ₰

v. Hackewitz, Fedor Eugen Frhr., Handbuch der Fortification, bearbeitet innerhalb der Grenzen, welche durch die Allerhöchsten Bestimmungen für das Officier-Examen der Infanterie und Cavallerie in der Königl. Preuß. Armee festgestellt sind. 2. verb. Aufl. gr. 8. (Mit 8 Steintaf.) Berlin, Posen u. Bromberg 841, Mittler. n. 2 ₰

v. Hackewitz, Henriette, Briefwechsel für die Jugend. 2 Bde. gr. 12. Glogau 838. Flemming. $1^1/_2$ ₰

Hackewitz, Lili v., **Alltägliches u. Ewiges aus der Krankenstube.** 2.—4. Aufl. 8. (à 116 S.) Kaiserswerth 900—902. Buchh. der Diakonissenanstalt. n. — 90; geb. n. 1. 30

Hackewitz, Lili v., **Alltägliches u. Ewiges aus der Krankenstube.** 6. Aufl. (116 S.) 8. Kaiserswerth (905). Buchh. der Diakonissenanstalt. n. — 90; kart. n. 1. 10

Hackewitz, Lili v., grüne **Auen** u. finstere Täler —, e. Bildermappe f. Kranke u. Gesunde. 1. u. 2. Aufl. (à 154 S.) 8. Kaiserswerth (909). Buchh. der Diakonissen-Anstalt. nn 1.30; kart. 1. 60

— **Blumen**, am Wege gepflückt, f. Kranke u. Gesunde. 1.—4. Aufl. (116 S.) 8. Ebd. 904—906. n. 1. —; kart. n. 1. 20

„Blumen am Wege gepflückt".] (4, 4, 4, 4, 4, 4, 3, 4, 4 u. 4 S.) 19×9,5 cm. Kaiserswerth (908). Buchh. der Diakonissen-Anstalt. nn — 35

Blumen am Wege gepflückt für Kranke und Gesunde. Von Lili v. Hackewitz. 6. Aufl. Kaiserswerth a. Rh. Diakonissen-Anst. [1909]. 115 S. 8°

— s. a. **Erlebtes**, nicht Erdachtes vom Krankenbett.

Erlebtes, nicht Erdachtes vom Krankenbett. Von L[ili] v. H[ackewitz]. 2. Aufl. (Vorr.: C[arl] Schlegel.) Kaiserswerth a. Rh. Diakonissen-Anst. (1898). (73 S.) 8° [F.]

Erlebtes, nicht Erdachtes vom Krankenbett. Von L[ili] v. H[ackewitz]. 7. Aufl. *Kaiserswerth: Diakon. Anst. [1900].* (73 S.) 8° [F.]

Erlebtes, nicht Erdachtes vom Krankenbett. Von L[ili] v. H[ackewitz]. 8. Aufl. *Kaiserswerth: Diak. Anst. [1901].* (73 S.) 8° [F.]

Erlebtes, nicht Erdachtes vom Krankenbett. Von L[ili] v. H[ackewitz]. 10. Aufl. (Vorr.: C[arl] Schlegel, Pastor in Berlin.) Kaiserswerth Diakonissen-Anst. 1904. (73 S.) 8° [F.]

Erlebtes und Erdachtes vom Krankenbett. Von L[ili] v. H[ackewitz]. 10. Aufl. (Vorr.: C[arl] Schlegel, Pastor in Berlin.) Kaiserswerth Diakonissen-Anst. 1904. (73 S.) 8° [F.]

Erlebtes, nicht Erdachtes vom Krankenbett. Von L[ili] v. H[ackewitz]. (Vorr.: C[arl] Schlegel, Pastor.) 11. Aufl. Kaiserswerth: Diakonissen-Anst. 1905. (73 S.) 8° [F.]

— **Ein Gedanke** f. die Stille. 10 Nrn. [Aus: „Alltägliches u. Ewiges", „Tränensaat u. Freudenernte" u. „Blumen am Wege gepflückt".] (4, 4, 4, 4, 4, 4, 4, 3, 4 u. 4 S.) 19×9,5 cm. Ebd. (908). nn — 35

— ein Strauß, im Dunkeln erblüht, fürs Krankenzimmer. (Erlebtes, nicht Erdachtes vom Krankenbett. 10. Aufl. — Alltägliches u. Ewiges aus der Krankenstube. 5. Aufl. — Thränensaat u. Freudenernte im Krankenleben. 3. Aufl. — Blumen, am Wege gepflückt, für Kranke u. Gesunde.) (II, 74, 115, 104 u. 115 S. m. Bildnis.) 8. Kaiserswerth 904. Buchh. der Diakonissenanstalt. Geb. in Leinw. n. 4. 50

— Thränensaat u. Freudenernte im Krankenleben. 8. 104 S.) Kaiserswerth (902). Buchh. d. Diakonissenanstalt. n. — 90

— Tränensaat u. Freudenernte im Krankenleben. 4. Aufl. (104 S.) 8. Ebd. (905). n. — 90; kart. n. 1. 10

— Unverlierbares aus gesunden u. kranken Tagen. 1. u. 2. Aufl. (à 142 S) 8. Ebd. (906). n. 1. 20; kart. n. 1. 40

— Ein Wort, das helfen möchte. 10 Nrn. [Aus: Alltägliches u. Ewiges", Tränensaat u. Freudenernte" u.

v. Hackewitz, O., s. Brunnenkresse, ein Taschenbuch.

Häckhel, C. Benj., († ...) Weltbeschreibung. 2 Thle u. Zusätze. 4. Ulm 739—53. Bartholomäi. 7 Rf 4 gl

Haeckhel, Ludwig Albert (Ulm), De diplomate supposititio quo Ulmam villam regalem a Carolo M. an. 813. coenobio Augiensi donatam assertum fuit addita brevi perantique Ulmensis immedietatis probatione. Dissert. jur. Präs. Christian Gottl. Buder. Jena (Schill) April 1755. 34 S. (6.50) 12598
Widm. v.: Präs., Achaz Ludwig Carl Schmid, Carl Friedrich Walch, Friedrich Wilhelm Raison (dtsch.), Marc. Tob. u. Carl Friedr. v. Neubronner, Christoph Otto (dtsch.).

Hackhofer Theodor, Über ein Aldol und Glykol aus Benzaldehyd und Propionaldehyd. S. 109. IIb. 1910 . . . . vgr.
Separatabdruck

Hackhoffer, V. P. A., Compendium alphabeticum scotistico-juridicum et juridico-canonicum etc. IV Partes. 8. Lincii. (Pott in Lausanne.) 741.

Hackl, Geo., s.: Maria-Lourdes-Predigten.

Hackl, Jakob Valentin, appr. Arzt: Ueber Kindeslagen vom vierten bis zum neunten Monat. München 1908: Wolf. 32 S. 8°
München, Med. Diss. v. 9. März 1908, Ref. Döderlein
[Geb. 8. Febr. 82 München; Wohnort: München; Staatsangeh.: Bayern; Vorbildung: Gymn. Freising Reife Juli 01; Studium: München 10 S.; Coll. 9. März 08; Approb. 14. Jan. 08.] [U 09. 3328

Hackl, Louise, Entlobungstragödien. Offener Brief als Erwiderg. auf die „Entgegng. einer Entlobten". (32 S.) 8. Berlin (905). Verlag der Frauen-Rundschau. n. — 80

— brennende Fragen. Drei Kapitel reformator. Inhalts. (47 S.) 8. Leipzig 903. Berlin, Verlag der Frauen-Rundschau. n. — 50

Hackl, Louise, der Liebe Zaubermacht. — Dämone. 8. (147 S.) Wien 900. G. Szelinski. n. 2. —

HACKL, Martin (Aichach): De vera phthisi.- Monachii 1820. 15 S., 4 Bl. 10.5.1817 - Pe 358; P 57
Diss. Ingolst.-Landsh.-Mchn.

Hackl, Max, das Anwachsen der Geisteskranken in Deutschland. (104 S. m. 4 Tab.) gr. 8. München 904. Seitz & Schauer. n. 3. —; geb. in Leinw. n. 4. —

(B) **Hackl, Max**, Anwachsen d. Geisteskranken. 904. (KBL 33.) Jetzt: München, E. Reinhardt.

— leichte Entbindung. Gemeinverständliche Anweisgn. (88 S.) 8. Ebd. (904). n. 1. 50; geb. n. 2. 50

— Leichte Entbindung. Gemeinverständliche Anweisgn. 2. unveränd. [Titel] Aufl. (88 S.) 8. München [904] (909). E. Reinhardt. 1. 50

— Für Mutter u. Kind, s. Schriften des Vereins f. Volkshygiene München. I.

— für Mutter u. Kind. (IV, 156 S.) 8. München 903. [Deutscher Zeitschriften-Verlag.] Leipzig, Schäfer & Schönfelder. 1. 50; erm. Pr. n. 1. —

— Praktischer Ratgeber f. junge Frauen u. Mütter. 24—30. Taus. (IV, 156 S.) 8. Stuttgart (907). E. H. Moritz. 1. —

Hackl, Maximilian, approb. Arzt aus Solln b. München: **Verletzungen** und Tod durch industrielle elektrische Ströme. *München 1900: Kastner & Lossen.* (30 S.) 8°
München, Med. Diss. v. 1900

Hackl, Rudolf: Graffiti und Dipinti auf attischen Vasen. Nördlingen 1906: C. H. Beck. (31 S.) 8° ¶(Erscheint b. Beck, München vollst. in: Münchener archäolog. Studien, u. d. T.: Merkantile Inschriften auf attischen Vasen.)
München, Phil. Fak., Ref. Furtwängler, Diss. v. 1. Febr. 1900
[Geb. 18. Mai 81 München; Wohnort: München; Staatsangeh.: Bayern; Vorbildung: Theresien-Gymn. München Reife Juli 00; Studium: München 3, Gießen 2, München 5 S.; Rig. 1. Febr. 06.]

Häckl, Heinrich, s. Gedichte

HÄCKL, H. F., Meistens scherzhafte, satirische u. epigrammat. Gedichte. Wien 1781. 8⁰. (2 Mk., Titelbl. defekt, Baer & Co., 1894.)
Th. v. Karajan's Bibl. II. Wien 1879. no. 1393.

— — Pasquillantische Karakterschilderungen. Mit Titelvign. Wien und Prag 1782. 8⁰. (2 Mk., Titelbl. defekt, J. Neumann, Magdeb., 1906.) Beides rar!

– s.a. Schilderungen, Pasquillantische.

SCHILDERUNGEN, Pasquillantische (von *Heinr. Häckl*). Wien und Prag 1782.
Anon.-Lex. IV, p. 35 (nach Kayser u. Meusel). — Rar!

HÄCKL, Marie
(F) Die Waldblume aus dem Wienerwald. Socialer Roman von Marie Häckl. Wien. 1900. Selbstverlag. 8°. 118 S. K 2.—

Häckl (Hackl), Ronn., Theologischer Glaubenstugend katholische Grundregeln, d. i. dogmatischer Bericht von der theol. Glaubenstugend u. dero Regeln, nämlich von der göttlichen Schrift, Tradition, christlichen Kirchen, römischen Päpsten u. ökumenischen Konzilien. Regensburg 1724, 4°.

Hackland-Rheinländer, E. (W. Ernst Annas), der Rappe v. Roßbach. Eine histor. Erzählg. aus dem 7jähr. Kriege. Mit 1 Deckelbild u. 3 Bildern im Text in Farbendr. nach Originalen v. Arno Grimm. 8. (VII, 118 S.) Leipzig (902). G. Gräbner. Geb. n. 2. —

Hackland-Rheinländer, E., die verdeckte Schüssel, s.: Bloch's, Ludw., Kinder-Theater.

Hackland-Rheinländer, E., van de Waterkant bit an de Alpenwand. Die Dialect-Dichter der Gegenwart. 12. (276 S.) Großenhain 885. Baumert & Ronge. n. 4. —; geb. n. 5. —

Hackländer, Friedrich, appr. Arzt a. Wermelskirchen: Zur Psychotherapie der Enuresis nokturna[!]. München 1905: Kastner & Callwey. (43 S.) 8°
München, Med. Fak., Ref. v. Bauer, Diss. v. 19. Mai 1905
[Geb. 11. Juni 76 Wermelskirchen, Reg.-Bez. Düsseldorf; Wohnort: Wermelskirchen; Staatsangeh.: Preußen; Vorbildung: Realgymn. Barmen Reife O. 96; Studium: Charlottenburg T.H. 6, Berlin 6, München 3 S.; Coll. 10. März 05; Approb. 14. Mai 04.]

Hackländer, Friedrich Wilhelm

Hackländer, F. W., der geheime Agent, s.a. Universal-Bibliothek Nr. 2290.

Hackländer, F. W., der geheime Agent. Lustspiel in fünf Aufzügen. 8. (IV u. 163 S.) Stuttgart 851, A. Krabbe. 1 ℛ

Hackländer, F. W., der geheime Agent. Lustspiel in 5 Aufzügen. 3. durchges. Aufl. Stuttgart 856. Krabbe. 8. (157 S.) 1 ℛ

— gemeinschaftliche Arbeit, s.: Reiselectüre.

— in Aschgrau. Illustriert v. F. Lipps. 8. (125 S.) Stuttgart 889. Krabbe. n. 1. —

Hackländer, Frdr. Wilh., der Augenblick des Glücks, s.a. Universal-Bibliothek.

— der Augenblick des Glücks. 2 Bde. 1. u. 2. Abdr. Ebend. 857. 16. (8 Bl., 248; 4 Bl., 224 S.) 1 ℛ 18 ngr

Hacklaender, Friedrich Wilhelm
Der Augenblick des Glücks. Aus den Memoiren eines fürstlichen Hofes. Von F.W. Hackländer. 4. durchges. Aufl. Bd 1.2.
Stuttgart: Krabbe 1869. 8°

— der Augenblick des Glücks. Aus den Memoiren e. fürstl. Hofes. gr. 8. (427 S. m. 192 Illustr. v. Fritz Bergen.) Ebd. 888. n. 4. —; geb. n. 5. —

Der Augenblick des Glücks. Roman von F[riedrich] W[ilhelm] Hackländer. Leipzig: Ph. Reclam jun. [1908]. (336 S.) 8° [F.]
(Universal-Bibliothek. 4968–70.)

Hackländer, F. W., e. erster u. e. letzter Ball. Mit Illustr. v. H. Schlittgen. Lex.-8. (31 S.) Stuttgart 885. Krabbe. n. 1. —

— Bilder aus dem Leben, s.a. Volksbibliothek des Lahrer hinkenden Boten.

Hacklaender, Friedrich Wilhelm
Bilder aus dem Leben. Von F.W. Hackländer.
Stuttgart: Krabbe 1850. 172 S. 8°

— Bilder aus dem Leben. br. 8. (IV u. 172 S. m. eingedr. Holzschn.) Ebd. 851. 12 ngr

— Bilder aus dem Leben. Illustriert v. H. Albrecht, E. Horstig, E. Klein, L. Marold. 2. Aufl. gr. 8. (367 S.) Ebend. 886. n. 3. —; geb. n. 4. —

— Bilder aus dem Soldatenleben im Kriege. (1. Bd.) gr. 8. (XII u. 262 S. m. 1 Stahlst.) Stuttgart 849, Cotta. — 3. unveränd. Aufl. gr. 8. (XII u. 262 S. m. 1 Stahlst.) Ebd 850. — 1. Bd. 4. unveränd. Aufl. gr. 8. (XII u. 254 S. m. 1 Stahlst.) Ebd. 852. — 2. Bd. gr. 8. (VI u. 459 S. m. 1 Stahlst.) Ebd. 850. (à 1 ℛ) 2 ℛ

— Der Blaubart u. Anderes, s.: Weichert's Wochen-Bibliothek.

— gefährliche Blumensträuße. Illustrirt v. H. Albrecht. 8. (55 S.) Ebend. 885. n. — 50

— der letzte Bombardier. 14 Liefgn. Ebend. 870. gr. 8. (1. Bd. VII, 277; 2. Bd. VII, 264; 3. Bd. VII, 260 u. 4. Bd. VI, 280 S.) Jede Liefg. $7\frac{1}{2}$ ngr

— dasselbe, s.a. Volksbibliothek des Lahrer hinkenden Boten.

— der letzte Bombardier. Illustriert v. F. Bergen u. R. Haug. 2 Bde. 8. (567 u. VI, 547 S.) Ebend. 886. n. 8. 80

— Der letzte Bombardier. Roman. (640 S. m. Bildnis.) 8. Berlin (908). A. Weichert (Urspr. Pr. 8. —)

— dasselbe. Illustrierte Ausg (424 S.) 8. Berlin (909). Schreiter. 2.—; geb. 3. —

— hinter blauen Brillen. Humoristische Novelle. Wien 869. Literarisch-artist. Anstalt. 8. (191 S. mit eingedr. Holzschn. u. 1 Holzschntaf. in Tondr.) 20 ngr

— hinter blauen Brillen. Illustr. v. E. Horstig. gr. 8. (118 S.) Ebd. 887. n. 1. —

—— Behind the Counter, s. Collection of German Authors.

Hackländer, F. W., Daguerreotypen. Aufgenommen während einer Reise in den Orient in den Jahren 1840 und 1841. (Reise des Baron von Taubenheim in den Orient.) 2 Bde. gr. 8. Stuttgart 842, Krabbe. 5 ℛ

— im Damencoupé. Mit 27 Illustr. v. Fritz Bergen. gr. 8. (70 S.) Ebend. 885. — 50

—— Fra Diavolo, s.a. Reiselectüre.

— Fra Diavolo. Illustr. v. F. Lipps. 8. (127 S.) Ebd. 890. n. 1. —

Hackländer, F. W., ein Eisenbahn-Abenteuer. Humoreske. In Stenotachygraphie übertr. v. A. Pfeiler. gr. 8. (23 S.) Linz 893. Augsburg (A. Pfeiler). — 30

— das Ende der Gräfin Patatzky. Roman. 2 Bde. 1. u. 2. Aufl. 8. (275 u. 306 S.) Stuttgart 877. 78. Deutsche Verlags-Anstalt. n. 8. —

— Erlebtes. Kleinere Erzählungen. 2 Bde. Ebend. 856. 16. (4 Bl., 296; 4 Bl., 230 S.) 1 ℛ 18 ngr

— Humoristische Erzählungen, s.a. Volksbibliothek des Lahrer hinkenden Boten.

— dasselbe, s.a. Weichert's Wochen-Bibliothek.

— humoristische Erzählungen. gr. 16. (188 S.) Stuttgart 847, Krabbe. 1/3 ℛ — 2. Aufl. br. 8. (192 S.) Ebd. 852. 12 ngr

— Erzählungen aus dem Morgenland oder der Pilgerzug nach Mekka. Mit 6 Farbendr.-Bildern nach Aquarellen v. G. Franz. 3. Aufl. gr. 8. (188 S.) Stuttgart 881. Thienemann. geb. n. 4. 50

— Diplomatische Fäden. Lustspiel in 4 Aufzügen. 8. (140 S.) Stuttgart 873, Kröner.

— Familien-Concert. Illustrirt v. H. Albrecht. hoch 4. (29 S.) Ebend. 886. n. 1. —

— verbotene Früchte. Roman. 2 Bde. 8. (202 u. 193 S.) Stuttgart 876. Hallberger. 6. —

— verbotene Früchte. Roman. 2. (Titel-)Aufl. 2 Bde. (202 u. 193 S.) Stuttgart 878. Deutsche Verlags-Anstalt. n. 6. —

— Fürst u. Kavalier. 1. u. 2. (Titel-) Aufl. Stuttgart 865,66. E. Hallberger. br. 8. (272 S.) n. 1 ℛ 15 ngr

— das Geheimniß der Stadt. 3 Bde. in 10 Lfgn. gr. 16. (XIII, 237; VII, 255; 286 S.) Stuttgart 868, Krabbe. [Kröner.] à Lfg. 60 Pf.

— namenlose Geschichten. 3 Bde. (od. 12 Lfgn.) gr. 8. (331. 255 u. 366 S.) Ebd. 851. 2 ℛ 12 ngr

namenlose Geschichten. 3. Bde. Neue durchges. Aufl. Ebend. 856. 8. (4 Bl., 280; 4 Bl., 218; 4 Bl., 326 S.) 2 ℛ 12 ngr

Hackländer, F. W., namenlose Geschichten. Illustr. von Fritz Bergen. 2 Bde. 8. (VI, 548 u. VI, 449 S.) Stuttgart 891. C. Krabbe. n. 9. —; geb. in Leinw. n. 11. —; auch in Lfgn. à n. — 40

— Namenlose Geschichten, s. a. Bibliothek der Gesamtliteratur.

Namenlose Geschichten von F(riedrich) W(ilhelm) Hackländer. Mit e. Vorbemerkung u. d. Bilde d. Verf. Halle a. S.: Hendel [1908]. 404 S. 8°
(Bibliothek d. Gesamtliteratur d. In- u. Auslandes. Nr 2081–2085) log. 7733

— neue Geschichten. Der Toreador. Ein Eisenbahn-Abenteuer. Am Herdfeuer. Reiselust. 1. u. 2. Aufl. 2 Bde. Stuttgart 867, 69. E. Hallberger. gr. 8. (III, 592 S.) 2 ℛ

— Geschichten e. Wetterfahne. Illustr. v. E. Klein. 8. (108 S.) Ebd. 888. n. 1. —

Hacklaender, Friedrich Wilhelm
Geschichten im Zickzack. Von F. W. Hackländer. Bd 1-4.
Stuttgart: Hallberger 1871. 8°

Hacklaender, Friedrich Wilhelm
Geschichten im Zickzack. Roman. Von F.W. Hackländer.
2. Aufl. Bd 1-4.
Stuttgart, Leipzig: Hallberger (1874). 8°

— Geschichtenbuch. 1—3. Bd. 8. Stuttgart 875. Körner. à 2. 50
1. Ein Schloß in den Ardennen. — Im Aschgrau. — Die Valenzianerin. — Monogramm A. W. (332 S.)
2. Das Haus der Gespenster. — Falsches Spiel. — Zur Weltausstellung verurtheilt. — Italienische Bilderbogen. (299 S.)
3. Montecchi u. Capuletti. — Aus der Säbeltasche. — Hinter blauen Brillen. — Auf e. Gartenbank. — Im Damencoupé. — Reiseschwindel. (308 S.)

— la Gitana, s.: Reiselectüre.

— vom Haidehaus. Das Loos der Wittwe. Der Blaubart. Knospenstudie. Londoner Ausstellungsfahrt. 1. u. 2. (Titel-) Aufl. Ebend. 865, 66. br. 8. (IV, 248 S.) 1 ℛ 15 ngr

— Handel u. Wandel. 2 Bde. 8. (1: IV u. 256 S. 2: IV u. 262 S.) Berlin 850, Bessers Verl. (jetzt: Stuttgart, A. Krabbe.) n. 1 1/3 ℛ

Hacklaender, Friedrich Wilhelm
Handel und Wandel. Von F.W. Hackländer. Bd 1.2.
Berlin: Duncker 1850. 8°

— Handel u. Wandel. Meine Lehr- u. Wanderjahre. 3. durchges. Aufl. Mit dem Portr. des Verf. (in Stahlst.) 2 Bde. Stuttgart 869. Krabbe gr. 16. (V, 256 u. V, 262 S.) 1 ℛ 18 ngr

— Handel u. Wandel. gr. 8. (468 S. m. Illustr.) Ebd. 888. n. 4. —; geb. n. 5. —

— Handel u. Wandel. Der Augenblick d. Glücks. Der Tannhäuser. Illustr. v. Arth. Langhammer u. Fritz Bergen. 27 Lfgn. gr. 8. (Handel u. Wandel 468; Der Augenblick d. Glücks 427 u. Der Tannhäuser 411 S.) Ebd. 888. à Lfg. n. — 40

Handel und Wandel. Roman von Friedr. Wilh. Hackländer. Berlin: Scherl [1908]. 310 S. 8°
(Bibliothek August Scherl. Bd 44. 45.) [10. 13640

— Handel u. Wandel. (388 S. m. Bildnis.) 8. Berlin (908). A. Weichert. (Urspr. Pr. 2. —)

— dasselbe, s. a. Bibliothek d. Gesamtliteratur.

Handel und Wandel. Von F(riedrich) W(ilhelm) Hackländer. Mit e. Vorbemerkung u. d. Bilde d. Verf. Halle a. S.: Hendel [1908]. VI, 263 S. 8°
(Bibliothek d. Gesamtliteratur d. In- u. Auslandes. Nr 2072–2075) log. 7730

— dasselbe. s. a. Universal-Bibliothek.

Handel und Wandel. Von F[riedrich] W[ilhelm] Hackländer. Mit e. Einl. (von O[skar] F[riedrich] Damm). Leipzig: Reclam [1905]. 350 S. 8°
(Universal-Bibliothek. 5005–5007.) log. 5474

— das Haus der Gespenster. Mit 34 Illustr. v. L. Marold. gr. 8. (88 S.) Ebend. 885. — 50

– (Hrsg.), s. Hausblätter

— Kainszeichen. Roman. In 14 Lfgn. 8. (1. Bd. 232, 2. Bd. 236, 3. Bd. 290 u. 4. Bd. 264 S.) Stuttgart 874. Hallberger. à — 75

Hacklaender, Friedrich Wilhelm

Kainszeichen. Roman. Von F. W. Hackländer. Bd 1-4.
Stuttgart: Kröner 1874. 8°

— am Kamin. Illustr. von F. Lipps u. O. Mauth. 8. Ebd. 892. n. 3. —; geb. in Leinw. n. 4. —
In Aschgrau. — Fra Diavolo. — Das Los der Witwe. (125, 127 u. 108 S.)

—— In den Katakomben, s. Reiselectüre.

— der abgerissene Knopf. Die erste Wache. Mit 26 Illustr. v. Emil Rumpf. gr. 8. (46 S.) Ebend. 886. — 50

— Komödien im Zwischenakt, s.a. Reiselectüre.

— Komödien im Zwischenakt. Illustriert v. E. Horstig. gr. 8. (125 S.) Ebd. 887. n. 1. —

— Komödien im Zwischenakt. Illustr. v. Eug. Horstig. 8. (125 S.) Ebd. 894. n. 1. —

— Vier Könige. — Bilder aus dem Soldatenleben. Von Demselben. Mit (3) Federzeichn. von Thdr. Hoffmann (auf farb. Papier.) 8. Ebend. 841. 1 ₰

— vier Könige. Mit 24 Illustr. von C. Klein. gr. 8. (110 S.) Ebd. 894. n. 1

Hacklaender, Friedrich Wilhelm

Krieg und Frieden. Erzählungen und Bilder. Von F.W. Hackländer. Bd 1.2.
Stuttgart: Krabbe 1859. 8°

— Krieg u. Frieden. Illustrirt v. F. Bergen u. R. Haug. gr. 8. (131, 63, 127, 52 u. 70 S.) Ebend. 885. n. 4. —; geb. n. 5. —

Hacklaender, Friedrich Wilhelm

Künstlerroman. Von F.W. Hackländer. Bd 1.2.
Stuttgart: Krabbe 1866. 8°

— 2. Aufl. in 10 Halbbdn. Ebend. 869. 8. (1. Bd. V, 327 S.; 2. Bd. 304 S.; 3. Bd. 368 S.; 4. Bd. V, 406 S. u. 5. Bd. V, 388 S.) Jeder Halbbd 15 ngr.

— Künstlerroman. Illustr. v. A. Langhammer. 3 Bde. 8. (V, 483; V, 493 u. V, 527 S.) Stuttgart 896. C. Krabbe. n. 12. —; geb. in Leinw. n. 15. —
Erschien auch in 30 Lfgn. à n. — 40.

—— magnetische Kuren, s.a. Universal-Bibliothek Nr. 2341.

— magnetische Kuren. Lustspiel in vier Aufzügen. Ebend. 853. 8. (2 Bl., 170 S.) 1 ₰

— (Hrsg.), s. Land, Über, und Meer.

— der alte Lehnstuhl. Gemeinschaftliche Arbeit. Madame Lohengrin. Erzählungen. 8. (272 S. mit Portr. in Holzschn.) Stuttgart 878. Krabbe. n. 5. —; geb. n. 6. —

— der alte Lehnstuhl. Mit 54 Illustr. v. Fritz Bergen. gr. 8. (131 S.) Ebend. 885. 1. —

— Lohengrin. Novelle. gr. 16. (208 S. m. 1 Holzschntaf. u. eingedr. Holzschn.) Wien 874. Lit.-art. Anstalt. 3. —

— Madame Lohengrin. Illustr. v. H. Schlittgen. 8. (III, 248 S.) Ebd. 895. n. 3. —; geb. in Leinw. n. 4. —

— das Los der Witwe. Ein Schicksal. Illustr. v. O. Mauth. 8. (108 S.) Stuttgart 889. Krabbe. n. 1. —

— Mährchen. Mit 6 Origin.-Stahlst. von J. B. Zwecker. gr. 16. Ebend. 843. geb. 1¾ ₰

HACKLÄNDER, F. W. *Märchen* von F. W. Hackländer. Mit sechs Original-Stahlstichen von J[OHANN] B[APTIST] ZWECKER. Zweite durchgesehene Auflage. Stuttgart, Ad. Krabbe [ca. 1861]. 2 Bll. 282 SS. 8°. Schöner chromolithogr. Or.Pappband mit Deckelillustr. 44.—
Wundervolles, blütenweißes Ex. einer Titelauflage der 2., d. h. ersten illustr. Ausgabe, die 1843 erschien. Die Radierungen Zweckers gehören zu den reizvollsten dt. Märchenillustrationen. Mit den alten rosa Schutzseiden. ★★

— Märchen. Mit 6 Farbdruckbildern nach Aquarellen v. C. Offterdinger. 3. durchgeseh. u. verm. Aufl. gr. 8. (223 S.) Stuttgart 874. Kröner. geb. 6. —

— Märchen. Mit 6 Farbendr.-Bildern nach Aquarellen v. C. Offterdinger. 3., durchgeseh. u. verm. Aufl. gr. 8. (223 S.) Leipzig 880. Gebhardt. geb. 6. —

— das Märchen von der Eisfee, s.: Reiselectüre.

— Marionetten. Lustspiel in 4 Aufzügen Ebend. 868. gr. 8. (III, 131 S.) 1 ₰

— die Montecchi u. Capuletti. Ein Sperrsitz-Abonnement zu Acht. Illustrirt v. Eug. Horstig. gr. 8. (84 u. 38 S.) Ebend. 885. n. 1. —

—— Zwei Nächte, s. : Novellen Schatz, deutscher.

— Nahes u. Fernes. — Die Spuren e. Romans. Unter den päpstl. Zuaven. Stuttgart 870. E. Hallberger. gr. 8. (III, 348 S.) 1 ₰ 22½ ngr.

— Nahes u. Fernes. — Die Spuren e. Romans. — Unter den päpstl. Zuaven. — 2. Aufl. gr. 8. (III, 348 S.) Stuttgart 872. E. Hallberger. 5. 25

Hackländer, F. W. Novellen. Stuttgart 1874. 2 Bde.

— letzte Novellen. Mit seinem ersten literar. Versuch. 8. (299 S. mit Portr. in Holzschn.) Stuttgart 879. Krabbe. n. 5. —; geb. n. 6. —

Hackländer, Fr. W., Nullen. Roman mit Randverzierungen. Geschichten im Zick-Zack. 3 Bde. gr. 8. (220; 256; 298 S.) Stuttgart 874. Hallberger.

Hackländer, Fr. W., Nullen. Roman m. Randverziergn. Geschichten im Zickzack. 3 Bde. 2. Aufl. 8. (220, 298 u. 256 S.) Stuttgart 876. Hallberger. 9. —

— Bella Orsaniga. Illustrirt v. H. Albrecht. Lex.-8. (31 S.) Ebend. 886. n. 1. —

— die Gräfin Patatzky. Mit 80 Illustr. v. H. Schlittgen. 8. (231 S.) Ebd. 891. n. 3. —; geb. n. 4

— Der Pilgerzug nach Mekka, s.a. Bücher, die, des deut. Hauses.

— der Pilgerzug nach Mekka. Morgenländische Sagen u. Erzählungen. br. 8. (209 S.) Stuttgart 847, Krabbe. 1/2 ₰ — Neue (Titel-)Ausg. m. 1 Kpfr. br. 8. Ebd. 850. 18 ngr

— der Pilgerzug nach Mekka. Morgenländische Sagen u. Erzählungen. 2., durchges. Aufl. Stuttgart 867. Krabbe. br. 8. (VIII, 288 S. mit 6 Stahlst. nach Orig.-Zeichnungen von Jul. Schnorr.) cart. 1 ₰ 12 ngr.

Der Pilgerzug nach Mekka von F(riedrich) W(ilhelm) Hackländer. Ill. von Arriens. Berlin-Leipzig-Wien: Buchverlag fürs Deutsche Haus 1908. 304 S. 8°
(Die Bücher d. Deutschen Hauses. Bd 59.) [illegible]

— der neue Don Quixote. 5 Bde. Ebend. 858. 8. (1. Bd.: 333; 2. Bd.: 4 Bl., 296; 3. Bd.: 4 Bl., 288; 4. Bd.: 4 Bl., 286; 5. Bd.: VIII, 328 S.) n. 5 ₰

— Vater Radetzky. Bilder aus dem Soldatenleben im Kriege. 8. (XI, 224 S. m. 1 Holzschn.-Bild.) Ebend. 886. n. 2. —

— zwischen zwei Regen. In Scene setzen. Illustrirt v. L. Marold. 8. (63 S.) Ebend. 885. n. — 50

— Reise in den Orient. 2. verb. Aufl. der Daguerreotypen. 2 Bde. Mit d. Bildn. des Verf. br. 8. Ebend. 846. 27 ngr

— Reise-Abenteuer. Illustr. v. E. Klein. gr. 8. (96 S.) Ebd. 893. n. 1. —

— Reisenovellen. [Fra Diavolo. — Sternschnuppen.] 8. (234 S.) Ebend. 877. 1. —

— Residenzgeschichten. [Eine Viertelstunde Vater. — Komödien im Zwischenakt. — Variationen üb. die „Hugenotten".] 8. (244 S.) Ebend. 877. 1. —

— Residenzgeschichten. Illustriert v. Horstig u. Klein. [Komödien im Zwischenakt. Geschichten e. Wetterfahne. Hinter blauen Brillen.] 8. (125, 108 u. 118 S.) Ebd. 888. n. 3. —; geb. n. 4. —

— Residenz-Geschichten. Hinter blauen Brillen. (143 S.) kl. 8. Magdeburg (908). Magdeburger Verlags-Anstalt. — 50; geb. — 75

— dasselbe. Geschichten e. Wetterfahne. (124 S.) kl. 8. Ebd. (908). — 50; geb. — 75

— dasselbe. Komödien im Zwischenakt. (148 S.) kl. 8. Ebd. (908). — 50; geb. — 75

— s. Rheinfahrt, die.

— illustr. Romane. 12 Bde. 8. Ebd. 48 —; geb. 60 —; auch in 120 Lfgn. à — 40
1 3. Europäisches Sklavenleben. Illustr. v. Arth. Langhammer. 3 Bde. (VI, 480; V, 496 u. V, 468 S.) 885. 886
4 Handel u. Wandel. Illustr. v. Arth. Langhammer. (VI, 468 S.) 888
5 6. Namenlose Geschichten. Illustr. v. Fritz Bergen. 2 Bde. (VI, 518 u. VI, 449 S.) 891.
7 8. Der letzte Bombardier. Illustr. v. Fritz Bergen u. R. Haug. 2 Bde. (VI, 567 u. VI, 547 S.) 886.
9 Der Augenblick des Glücks. Aus den Memoiren e. fürstl. Hofes. Illustr. v. Fritz Bergen. (V, 427 S.) 888.
10 11. Eugen Stillfried. Illustr. v. Arth. Langhammer. 2 Bde. (VI, 476 u. VI, 472 S.) 892.
12 Der Tannhäuser. Eine Künstlergeschichte. Illustr. v. Arth. Langhammer. (V, 411 S.) 889.

Hacklaender, Friedrich Wilhelm
Der Roman meines Lebens. Von F.W. Hackländer. Bd 1.2.
Stuttgart: Krabbe 1878. 8°

— der Roman meines Lebens. 2 Bde. 2. Aufl. 8. (384 u. 344 S. m. Portr. in Holzschn.) Ebend. 879. 10. 50

— aus der Säbeltasche, s. a. Bibliothek, stenographische, System Sohrey.

— aus der Säbeltasche. Mit 20 Illustr. v. Rob. Haug. gr. 8. (52 S.) Ebend. 885. — 50

— ein Schloß in den Ardennen. Mit 50 Illustr. von Rob. Haug. gr. 8. (127 S.) Ebend. 885. 1. —

— humoristische Schriften. 6 Bde. Ebend. 862. 8. Jeder Bd. 12 ngr.
Inhalt: 1. Bd.: Das Soldatenleben im Frieden. 7. Aufl. (248 S.) — 2—4. Bd.: Wachtstubenabenteuer. 1. Bd. 4. Aufl. u. 2. u. 3. Bd. 3. Aufl. (531 S.) — 5. Bd.: Humoristische Erzählungen. 3. Aufl. (216 S.) — 6. Bd. Bilder aus dem Leben. 3. Aufl. (222 S.)

— humoristische Schriften. 6 Bde. br. 8. Stuttgart 871. Kröner. à 1. 20
1. Das Soldatenleben im Frieden. 8. Aufl. (231 S.)
2—4. Wachtstubenabenteuer. 1. Bd. 5. Aufl., 2. Bd. 4. Aufl. u. 3. Bd. 4. Aufl. (152, 146 u. 157 S.)
5. Humoristische Erzählgn. 4. Aufl. (196 S.)
6. Bilder aus dem Leben. 4. Aufl. (224 S.)

— humoristische Schriften. 6 Bde. br. 8. Stuttgart 872, Kröner. à Bd. ℳ 1,20.
Inhalt:
Bd. 1. Das Soldatenleben im Frieden. 8. Aufl. (231 S.)
„ 2.—4. Wachtstubenabenteuer. 1. Bd. 5. Aufl., 2. und 3. Bd. 4. Aufl. (152; 146; 157 S.)
„ 5. Humoristische Erzählungen. 4. Aufl. (196 S.)
„ 6. Bilder aus dem Leben. 4. Aufl. (224 S.)

— humoristische Schriften. 6 Bde. 12. Ebend. 883. 9. —; einzeln à 1. 50; in 2 Bde. geb. n. 10. —
1. Das Soldatenleben im Frieden. 9. Aufl. (220 S.) — 2—4. Wachtstubenabenteuer. 3 Bde. 6. Aufl. (152, 140 u. 151 S.) — 5. Humoristische Erzählungen. 5. Aufl. (192 S.) — 6. Bilder aus dem Leben. 5. Aufl. (192 S.)

— dasselbe. Illustriert v. H. Schlittgen u. A. (In 36 Lfgn.) 1—5. Lfg. hoch 4. (S. 1—120.) Ebend. 886. à n. — 50

— humoristische Schriften u. Erzählungen. Illustriert v. H. Schlittgen u. A. 6.—36. (Schluß-)Lfg. Lex.-8. (1. Reihe S. 121—420 u. 2. Reihe 450 S.) Stuttgart 887. Krabbe. à n. — 50 (à Reihe cplt.: n. 9. —; geb. n. 10. 50; cplt. in 1 Bd. geb.: n. 20. —)

— Skizzen aus dem Orient, s. Fritsch, F.

— europäisches Sclavenleben. 4 Bde. Ebend. 854. 8. (1. Bd.: 4 Bl., 336; 2. Bd.: 4 Bl., 312; 3. Bd.: 4 Bl., 392; 4. Bd.: 4 Bl., 390 S.) 4 ₰ 15 ngr

— dasselbe, s. a. Meyer's Volksbücher.

— dasselbe, s. a. Volksbibliothek d. Lahrer hinkenden Boten.

— — 3. durchges. Aufl. in 5 Bdn. Ebend. 857. 16. (240; 230; 248; 270; 274 S.) 3 ₰ 15 ngr

— europäisches Sklavenleben. Roman. 4. Aufl. 4 Bde. 8. (288, 299, 290 u. 280 S.) Stuttgart 876. Kröner. n. 10. —

— europäisches Sklavenleben. Illustr. v. A. Langhammer. 3 Bde. gr. 8. (480, 416 u. 468 S.) Ebend. 885. 86. n. 12. —

—— europäisches Sklavenleben. Illustriert von A. Langhammer. In 30 Lfgn. oder 3 Bdn. gr. 8. (480; 496; 468 S.) Ebendas. 886. à Lfg. * — 40
compl. 3 Bde. *ℳ 12.—.; geb. * 15 —

— Europäisches Sklavenleben. Roman in 3 Büchern. Mit einleit. Worten v. Fritz Wohlfahrt. 3 Tle. in 1 Bde. (943 S. m. Bildnis.) 8. Berlin (908). A. Weichert. (Urspr. Pr. 3. —)

Europäisches Sklavenleben. Von F[riedrich] W[ilhelm] Hackländer III. Ausg. Berlin Schreiter [1909] 415 S. 8° 10. 4. 10

— der verlorene Sohn. Lustspiel in 3 Aufzügen. Ebend. 865. 8. (168 S.) 1 ₰

— Soldaten-Geschichten, s. a. Soldaten-Geschichten.

—— Soldatengeschichten. Illustrirt von Emil Rumpf, Rob. Haug, Fritz Bergen, L. Marold und Eug. Horstig. 35 Lfgn. oder 4 Bde. 8. Stuttgart 884,85, Krabbe. à Lfg.
compl. *ℳ 13,50.; geb. *
Inhalt.
Bd. 1. Das Soldatenleben im Frieden. Mit 190 Illustr. von Emil Rumpf 5. und 6. Aufl. (266, 94 S.) *ℳ 3, geb *ℳ 4.

— Soldatengeschichten. Illustrirt v. E. Rumpf. 35 Lfgn. 8. Ebend. 884. 85. à n. — 40; in 7 Abthlgn. à n. 2. —
Wachtstubenabenteuer. (512 S.) — Soldatenleben im Frieden. 6. Aufl. (266 S.) — Feuerwerker Wortmann u. andere Soldatengeschichten. (160 u. 46 S.) — Manövergeschichten. (94 S. m. 1 Chromolith.) — Der alte Lehnstuhl. (131 S.) — Ein Schloß in den Ardennen. (127 S.) — Eine Viertelstunde Vater (63 S.) — Im Damencoupé. (70 S.) — Das Haus der Gespenster. (88 S.) — Aus der Säbeltasche. (52 S.) Die Montecchi u. Capuletti. (84 S.) — Nur natürlich! (30 S.)

Hackländer's, F. W., Soldatengeschichten rc.
Bd. 2. Wachtstubenabenteuer. Mit 290 Illustr. von Emil Rumpf. (511 S.) *ℳ 4,50.; geb. *ℳ 5,50.
" 3. Feuerwerker Wortmann und andere Soldatengeschichten. Mit 134 Illustr. von Emil Rumpf. (160, 46 S.) *ℳ 2.; geb. *ℳ 2,50.
" 4. Krieg und Frieden. Illustrirt von F. Bergen und R. Haug. (131, 63; 127, 52; 70 S.) *ℳ 4.; geb. *ℳ 5.

—— Soldatengeschichten. In 7 Abthlgn. oder 3 Bdn. 8. Ebendas. 885. à Abthl. *ℳ 2.—. * 14 —
Inhalt:
Bd. 1. Wachtstubenabenteuer. 2. Aufl. (502 S.)
" 2. Soldatenleben im Frieden. — Feuerwerker Wortmann. (266, 206 S.)
" 3. Krieg und Frieden. (739 S.)

— illustrirte Soldaten-Geschichten. Ein Jahrbuch f. das Militär u. seine Freunde 1853. gr. 8 (176 S. m. eingedr Holzschn.) Stuttgart, Ed. Hallberger. n. 1/2 ₰

— das Soldatenleben im Frieden. breit 8. Ebend. 844. 1/3 ₰ — 2. Aufl. ... 3. Aufl. breit 8. Ebend. 846. 1/2 ₰

— dasselbe. s. a. Volksbibliothek des Lahrer hinkenden Boten.

— dasselbe. s. a. Von Buch zu Buch.

— das Soldatenleben im Frieden. 4. Aufl. br. 8. (IV u. 184 S.) Stuttgart 850, Krabbe. 12 ngl

— das Soldatenleben im Frieden. 5. Aufl. Stuttgart 854. Krabbe. 16. (3 Bl., 184 S.) 12 ngl

— das Soldatenleben im Frieden. Illustrirt von Emil Rumpf. 2. Aufl. 8. (III, 201 S. mit eingedr. Illustr.) Stuttgart 879, Krabbe. *ℳ 3.; geb. * 4 —

— das Soldatenleben im Frieden. Illustrirt v. Emil Rumpf. 4 Aufl. 8. (III, 201 S. mit eingedr. Illustr.) Ebend. 880. n. 3. —; geb. n. 4. —

— das Soldatenleben im Frieden. Mit 190 Illustr. v. Emil Rumpf. 6. Aufl. 8. (266 u. 94 S.) Ebend. 884. n. 3. —; geb. n. 4. —

— Das Soldatenleben im Frieden, s. a. Universal-Bibliothek.

Das Soldatenleben im Frieden. Von F[riedrich] W[ilhelm] Hackländer Mit d. Bilde d. Verf. u. e. biogr Vorw von O[skar] Damm. Leipzig. Ph. Reclam jun. [1908]. (235 S.) 8° [J.]
(Universal-Bibliothek. 4979. 4980.) 08. 4801

— dasselbe. s. a. Weichert's Wochen-Bibliothek.

(F) Hackländer, F. W., Soldatenleben im Frieden. I. II. Bd. [Weicherts Illustrierter Familienschatz. Bd. 236.] 8°. (96, 95 S.) †
Wien: Derflinger & Fischer 1909. à K —.30

—— falsches Spiel, s. a. Reiselectüre.

— falsches Spiel, s. a. Reuter's Bibliothek f. Gabelsberger-Stenographen.

— falsches Spiel. Illustrirt v. H. Schlittgen. Lex.-8. (42 S.) Ebend. 885. n. 1. —

— Die Spuren e. Romans, s. a. Erzähler, unsere.

die Spuren e Romans. Mit 90 Illustr v. F. Bergen, F. Stahl, A. Langhammer, H. Albrecht 8 (V, 262 S.) Ebd. 894 n 3 , geb in Leinw. n 4 —

— Sternschnuppen, s. a. Reiselectüre.

— Sternschnuppen. Illustrirt von E. Klein. gr. 8. (127 S.) Ebend. 886. n. 1. —

— Eugen Stillfried 3 Bde. (oder 12 Lfgn.) gr. 8. (XXII u. 921 S.) Ebd. 852. 2 ₰ 12 ngl

— Eugen Stillfried. Illustr. v. A. Langhammer. 2 Bde. gr 8. (VI, 476 u. VI, 472 S.) Ebd. 892. n. 9. —; geb. in Leinw n 11 —

Hackländer, F. W., die dunkle Stunde. 5 Bde. Stuttgart 863. Krabbe. 8. (XXXV, 1375 S.) 4 ₰ 22 1/2 ngl

— sorgenlose Stunden in heiteren Geschichten. 2 Bde. gr. 8. (240 u. 210 S.) Stuttgart 871. Kröner. 4. 80

— der Sturmvogel. Ein Seeroman. In 14 Lfgn. gr. 8. (1. Bd. XII, 243, 2. Bd. 337, 3. Bd. 239 u. 4. Bd. 263 S.) Stuttgart 871. 72. Hallberger. à — 75

— dasselbe. 2. Aufl. 4 Bde. gr. 8. (243, 237, 239 u. 263 S.) Ebend. 874. 10. 50

— ein Tag bei dem Manöver. Mit 58 Illustr. v. Emil Rumpf. gr. 8. (94 S.) Ebend. 885. 1. —

— Tag u. Nacht. Eine Geschichte in 24 Stunden. Mit Illustr. (Holzschn.) von C. Scheuren. 2 Bde. 860. — 2. Aufl. Stuttgart 861. E. Hallberger. 8. (599 S.) 3 ₰

— Tagebuch-Blätter. 2 Bde. Stuttgart 861. Krabbe. 8. (XIII, 530 S.) 1 ₰ 18 ngr.

Hacklaender, Friedrich Wilhelm
Der Tannhäuser. Von F.W. Hackländer. Stuttgart 1859.
In: Hausblätter. Bd 3.

— der Tannhäuser. Eine Künstlergeschichte. 2 Bde. 8. Ebend. 860. 8. (XIV, 474 S.) 1 ₰ 18 ngr.

Hackländer, F. W., der Tannhäuser. Eine Künstlergeschichte. Mit 167 Illustr. v. A. Langhammer. 8. (411 S.) Stuttgart 889. Krabbe. n. 4. —; geb. n. 5. —

— Der Tannhäuser, s. a. Weltbücherei, moderne.

Der Tannhäuser. Roman von F[riedrich] W[ilhelm] Hackländer. Magdeburg: Magdeb. Verl.-Anst. [1908]. 312 S. 8°
(Moderne Weltbücherei. [1.]) 109. 1370 3

— Trouville. Illustrirt v. H. Schlittgen. Lex.-8. (32 S.) Ebend. 883. n. 1. —

—— Trouville. Illustrirt von H. Schlittgen. Lex.-8. (32 S.) Ebendas. 885. * 1 —

—— die Valenzianerin, s. a. Reiselectüre.

— die Valenzianerin. Illustr. v. E. Klein. 8. (103 S.) Stuttgart 895. C. Krabbe. n. 1. —

— Variationen üb. die „Hugenotten“, s. a. Reiselectüre.

Hackländer, F. W., Variationen üb. die Hugenotten. Ill. v. Ludiek Marold. — Vergnügen auf der Jagd. Illustr. v. Rob. Haag. gr. 8. (89 S.) Stuttgart 899. C. Krabbe. n. 1. —

— eine Viertelstunde Vater, s. a. Reiselectüre.

— eine Viertelstunde Vater. Mit 25 Illustr. v. Fritz Bergen. gr. 8. (63 S.) Ebend. 885. — 50

—— s. Vaterland, unser, in Wort und Bild.

— Wachtstubenabenteuer, s. a. Meyer's Volksbücher.

Wachtstubenabenteuer. gr. 16. (11 B.) Stuttgart 845, Krabbe.

— Wachtstubenabenteuer. 2. Aufl. br. 8. (IV u. 172 S.) Ebd. 852. 12 ngr

— Wachtstubenabenteuer. 1. Bd. 3. Aufl. u. 2. u. 3. Bd. Ebend. 853. 8. (IV, 172; IV, 166; IV, 180 S.) Jeder Bd. 12 ngr

— Wachtstubenabenteuer. 3 Thle. in 1 Bd. 12. Stuttgart 879. Krabbe. n. 4. 50; geb. 6. —
1. 6. Aufl. (152 S.) — 2. u. 3. 5. Aufl. (140 u. 151 S.)

— Wachtstubenabenteuer. Mit 290 Illustr. v. Emil Rumpf. 8. (511 S.) Ebend. 884. n. 4. 50; geb. n. 5. 50

— der Wechsel des Lebens. 3 Bde. 861. — 2. Aufl. Stuttgart 863. E. Hallberger. 8. (IX, 618 S.) 3 ₰

— eigne u. fremde Welt. 2 Bde. Ebend. 868. gr. 16. 2 ₰
1. Scherz u. Ernst aus der Weltausstellung. (VII, 340 S.)
2. Wahrheit u. Dichtung. (VII, 284 S.)

— Werke. Erste Gesammt-Ausg. Mit dem Portrait des Verf. (in Stahlst.) 20 Bde. Ebend. 855, 56. 16. (1. Bd.: 228; 2. Bd.: 255; 3. Bd.: 320; 4. Bd.: 388; 5. Bd.: 308; 6. Bd.: 296; 7. Bd.: 352; 8. Bd.: 280; 9. Bd.: 372; 10. Bd.: 285; 11. Bd.: 264; 12. Bd.: 256; 13. Bd.: 256; 14. Bd.: 256; 15. Bd.: 335; 16. Bd.: 248; 17. Bd.: 247; 18. Bd.: 255; 19. Bd.: 270; 20. Bd.: 272 S.) 8 ₰

Hackländer's, F. W., Werke. 1. Gesammt-Ausg. 21—34. Bd. Stuttgart 860. Krabbe. 8. (3804 S.) 5 ₰ 18 ngr.

—— 2. Aufl. 34 Bde. Ebend. 863, 64. 8. 13 ₰ 18 ngr.

—— dass. — 2. Aufl. 1.—102. Lfg. gr. 16. (1.—34. Bd. 9607 S. mit Portr. in Stahlst.) Ebendas. 863,64. à Lfg. 4 Ngr.

Hackländer's, F. W., Werke. Erste Gesammt-Ausg. 103—144. (Schluß-)Liefg. Stuttgart 866. Krabbe. gr. 16. (35—48. Bd. 3909 S.) Jede Liefg. 4 ngr.

Hackländer's, F. W., Werke. Erste Gesammtausg. 2. Aufl. 61.—180. (Schluß-)Lfg. oder 21.—60. Bd. gr. 16. (à Lfg. 6 Bog.) Stuttgart 873—76, Krabbe. à Lfg. 40 Pf. 48 —
compl. 60 Bde. ℳ 72.; geb. * 97 —
1.—60. Lfg. Ebendas. 1874. à 40 Pf.

Hackländer's, Fr. W., Werke. Erste Gesammt-Ausgabe. 49—60. Bd. (IV. Serie 1—12. Bd.) gr. 16. Stuttgart 873. Kröner. à 1. 20
49. Fürst u. Kavalier. (320 S.)
50. Nahes u. Fernes. (243 S.)
51. Neue Geschichten. (260 S.)
52 56. Künstlerroman. 5 Bde. (287, 264, 280, 302 u. 320 S.)
57. Zwölf Zettel. (272 S.)
58—60. Das Geheimniß der Stadt. 3 Bde. (178, 187 u. 192 S.)

— dasselbe. 3. Aufl. 1—2. Lfg. 16. (à 6 Bg.) Ebend. 874—76. à — 40

Hackländer's, F. W., ausgewählte Werke. 60 Lfgn. oder 20 Bde. 12. Stuttgart 881,82, Krabbe. à Lfg. 50 Pf. à Bd. ℳ 1,50.; geb. in 10 Leinwbde.
Inhalt:
Bd. 1—3. Eugen Stillfried. 3. Aufl. 3 Bde. (272; 256; 240 S.)
4. Handel und Wandel. 6. Aufl. (317 S.)
5. Das Soldatenleben im Frieden. 11. Aufl. (240 S.)
6—10. Europäisches Sklavenleben. 5. Aufl. 5 Bde. (239; 238; 238; 262; 240 S.)
11—12. Wachtstubenabenteuer. 7. Aufl. 2 Bde. (222; 223 S.)
13—15. Namenlose Geschichten. 3. Aufl. 3 Bde. (218; 229; 271 S.)
16—18. Der letzte Bombardier. 2. Aufl. 3 Bde. (240; 240; 240 S.)
19. 20. Der Roman meines Lebens. 3. Aufl. 2 Bde. (238; 224 S.)

Hackländer, F. W., Ausgewählte Werke. Vollst. in 60 Lief. Class. Form. Lief. 1 u. 2. (S. 1—192) geh. à 25 kr.
Wien: Hartleben 1881.

Hackländer, F. W., Ausgewählte Werke. Vollst. in 60 Lief. Class.-Form. Lief. 3. (S. 193—272 u. 1—16) geh. 25 kr.
Wien: Hartleben 1881.

Hackländer, F. W., Ausgewählte Werke. Vollst. in 60 Lief. Class.-Form. Lief. 4. (S. 17—96) geh. 25 kr.
Wien: Hartleben 1881.

Hackländer, F. W., Ausgewählte Werke. Vollst. in 60 Lief. Class.-Form. Lief. 5. (S. 97—176) geh. 25 kr.
Wien: Hartleben 1881.

Hackländer, F. W., Ausgewählte Werke. Vollst. in 60 Lief. Class.-Form. Lief. 6. (S. 177—256) geh. 25 kr.
Wien: Hartleben 1881.

Hackländer, F. W., Ausgewählte Werke. Vollst. in 60 Lief. Class.-Form. Lief. 7. (S. 1—80) geh. 25 kr.
Wien: Hartleben 1881.

Hackländer, F. W., Ausgewählte Werke. Vollst. in 60 Lief. Class.-Form. Lief. 8. (S. 81—160) geh. 25 kr.
Wien: Hartleben 1881.

Hackländer, F. W., Ausgewählte Werke. Vollst. in 60 Lief. Class.-Form. Lief. 9. (S. 161—240) geh. 25 kr.
Wien: Hartleben 1881.

Hackländer, F. W., Ausgewählte Werke. Vollst. in 60 Lief. Class.-Form. Lief. 10. (S. 1—80) geh. 25 kr.
Wien: Hartleben 1881.

Hackländer, F. W., Ausgewählte Werke. Vollst. in 60 Lief. Class.-Form. Lief. 11. (S. 81—160) geh. 25 kr.
Wien: Hartleben 1881.

Hackländer, F. W., Ausgewählte Werke. Vollst. in 60 Lief. Class.-Form. Lief. 12. (S. 161—240) geh. 25 kr.
Wien: Hartleben 1881.

Hackländer, F. W., Ausgewählte Werke. Vollst. in 60 Lief. Class.-Form. Lief. 13. (S. 241—317 u. S. 1—16) geh. 25 kr.
Wien: Hartleben 1881.

Hackländer, F. W., Ausgewählte Werke. Vollst. in 60 Lief. Class.-Form. Lief. 14. (S. 17—96) geh. 25 kr.
Wien: Hartleben 1881.

Hackländer, F. W., Ausgewählte Werke. Vollst. in 60 Lief. Class.-Form. Lief. 15. (S. 97—176) geh. 25 kr.
Wien: Hartleben 1881.

Hackländer, F. W., Ausgewählte Werke. Vollst. in 60 Lief. Class.-Form. Lief. 16. (S. 177—240 u. 1—16) geh. 25 kr.
Wien: Hartleben 1881.

Hackländer, F. W., Ausgewählte Werke. Vollst. in 60 Lief. Class.-Form. Lief. 17. (S. 17—96) geh. 25 kr.
Wien: Hartleben 1881.

Hackländer, F. W., Ausgewählte Werke. Vollst. in 60 Lief. Class.-Form. Lief. 18. (S. 97—176) geh. 25 kr.
Wien: Hartleben 1881.

Hackländer, F. W., Ausgewählte Werke. Vollst. in 60 Lief. Class.-Form. Lief. 19. (S. 177—239 u. S. 1—16) geh. 25 kr.
Wien: Hartleben 1882.

Hackländer, F. W., Ausgewählte Werke. Vollst. in 60 Lief. Class.-Form. Lief. 20. (S. 17—96) geh. 25 kr.
Wien: Hartleben 1882.

Hackländer, F. W., Ausgewählte Werke. Vollst. in 60 Lief. Class.-Form. Lief. 21. (S. 97—176) geh. 25 kr.
Wien: Hartleben 1882.

Hackländer, F. W., Ausgewählte Werke. Vollst. in 60 Lief. Class.-Form. Lief. 22. (S. 177—238 u. S. 1—16) geh. 25 kr.
Wien: Hartleben 1882.

Hackländer, F. W., Ausgewählte Werke. Vollst. in 60 Lief. Class.-Form. Lief. 23. (S. 17—96) geh. 25 kr.
Wien: Hartleben 1882.

Hackländer, F. W., Ausgewählte Werke. Vollst. in 60 Lief. Class.-Form. Lief. 24. (S. 97—176) geh. 25 kr.
Wien: Hartleben 1882.

Hackländer, F. W., Ausgewählte Werke. Vollst. in 60 Lief. Class.-Form. Lief. 25. (177—238 u. 16 S.) geh. 25 kr.
Wien: Hartleben 1882.

Hackländer, F. W., Ausgewählte Werke. Vollst. in 60 Lief. Class.-Form. Lief. 26. (S. 17—96) geh. 25 kr.
Wien: Hartleben 1882.

Hackländer, F. W., Ausgewählte Werke. Vollst. in 60 Lief. Class.-Form. Lief. 27. (S. 97—176) geh. 25 kr.
Wien: Hartleben 1882.

Hackländer, F. W., Ausgewählte Werke. Vollst. in 60 Lief. Class.-Form. Lief. 28. (S. 177—256) geh. 25 kr.
Wien: Hartleben 1882.

Hackländer, F. W., Ausgewählte Werke. Vollst. in 60 Lief. Class.-Form. Lief. 29. (S. 1—80) geh. 25 kr.
Wien: Hartleben 1882.

Hackländer, F. W., Ausgewählte Werke. Vollst. in 60 Lief. Class.-Form. Lief. 30. (S. 81—160) geh. 25 kr.
Wien: Hartleben 1882.

Hackländer, F. W., Ausgewählte Werke. Vollst. in 60 Lief. Class.-Form. Lief. 31. (S. 161—140 u S. 1—16) geh. 25 kr.
Wien: Hartleben 1882.

Hackländer, F. W., Ausgewählte Werke. Vollst. in 60 Lief. Class.-Form. Lief. 32. (S. 17—96) geh. 25 kr.
Wien: Hartleben 1882.

Hackländer, F. W., Ausgewählte Werke. Vollst. in 60 Lief. Class.-Form. Lief. 33. (S. 97—176) geh. 25 kr.
Wien: Hartleben 1882.

Hackländer, F. W., Ausgewählte Werke. (Vollst. in 60 Lief.) Class.-Form. Lief. 35. (S. 33—112) geh. 25 kr.
Wien: Hartleben 1882.

Hackländer, F. W., Ausgewählte Werke. (Vollst. in 60 Lief.) Class.-Form. Lief. 36. (S. 113—192) geh. 25 kr.
Wien: Hartleben 1882.

Hackländer, F. W., Ausgewählte Werke. (Vollst. in 60 Lief.) Class.-Form. Lief. 37. (XIII. S. 49—128) geh. 25 kr.
Wien: Hartleben 1882.

Hackländer, F. W., Ausgewählte Werke. (Vollst. in 60 Lief.) Class.-Form. Lief. 39. (S. 129—208) geh. 25 kr.
Wien: Hartleben 1882.

Hackländer, F. W., Ausgewählte Werke. (Vollst. in 60 Lief.) Class.-Form. Lief. 40. (S. 209—248 u. XIV. Bd. S. 1—48) geh. 25 kr.
Wien: Hartleben 1882.

Hackländer, F. W., Ausgewählte Werke. (Vollst. in 60 Lief.) Class.-Form. Lief. 41. (S. 49—128) geh. 25 kr.
Wien: Hartleben 1882.

Hackländer, F. W., Ausgewählte Werke. (Vollst. in 60 Lief.) Classf.-Form. Lief. 42. (S. 129—208) geh. 25 kr.
Wien: Hartleben 1882.

Hackländer, F. W., Ausgewählte Werke. (Vollst. in 60 Lief.) Classf.-Form. Lief. 43. (XIV. Bd. S. 209—229 u. XV. S. 1—64) geh. 25 kr.
Wien: Hartleben 1882.

Hackländer, F. W., Ausgewählte Werke. (Vollst. in 60 Lief.) Classf.-Form. Lief. 44. (S. 65—144) geh. 25 kr.
Wien: Hartleben 1882.

Hackländer, F. W., Ausgewählte Werke. (Vollst. in 60 Lief.) Classf.-Form. Lief. 45. (S. 145—224) geh. 25 kr.
Wien: Hartleben 1882.

Hackländer, F. W., Ausgewählte Werke. (Vollst. in 60 Lief.) Classf.-Form. Lief. 46. (XV. S. 225—271 u. XVI. S. 1—32) geh. 25 kr.
Wien: Hartleben 1882.

Hackländer, F. W., Ausgewählte Werke. (Vollst. in 60 Lief.) Classf.-Form. Lief. 48. (S. 113—192) geh. 25 kr.
Wien: Hartleben 1882.

Hackländer, F. W., Ausgewählte Werke. (Vollst. in 60 Lief.) Classf.-Form. Lief. 49. (S. 193—240 u. XVII. Bd. S. 1—32) geh. 25 kr.
Wien: Hartleben 1882.

Hackländer, F. W., Ausgewählte Werke. (Vollst. in 60 Lief.) Classf.-Form. Lief. 50. (S. 33—112) geh. 25 kr.
Wien: Hartleben 1882.

Hackländer, F. W., Ausgewählte Werke. (Vollst. in 60 Lief.) Classf.-Form. Lief. 51. (S. 113—192) geh. 25 kr.
Wien: Hartleben 1882.

Hackländer, F. W., Ausgewählte Werke. (Vollst. in 60 Lief.) Classf.-Form. Lief. 52. (S. 193—240 u. XVIII, S. 1—32.) geh. 25 kr.
Wien: Hartleben 1882.

Hackländer, F. W., Ausgewählte Werke. (Vollst. in 60 Lief.) Classf.-Form. Lief. 53. (S. 33—112) geh. 25 kr.
Wien: Hartleben 1882.

Hackländer, F. W., Ausgewählte Werke. (Vollst. in 60 Lief.) Classf.-Form. Lief. 54. (S. 33—112) geh. 25 kr.
Wien: Hartleben 1882.

Hackländer, F. W., Ausgewählte Werke. (Vollst. in 60 Lief.) Classf.-Form. Lief. 55. (S. 193—240 u. XIX. Bd. S. 1—32) geh. 25 kr.
Wien: Hartleben 1882.

Hackländer, F. W., Ausgewählte Werke. (Vollst. in 60 Lief.) Classf.-Form. Lief. 56. (S. 33—112) geh. 25 kr.
Wien: Hartleben 1882.

Hackländer, F. W., Ausgewählte Werke. (Vollst. in 60 Lief.) Classf.-Form. Lief. 57. (S. 113—192) geh. 25 kr.
Wien: Hartleben 1882.

Hackländer, F. W, Ausgewählte Werke. (Vollst. in 60 Lief.) Classf.-Form Lief. 58. (S. 193—238 u. XX. Bd. S. 1—48.) geh. 25 kr.
Wien: Hartleben 1882.

Hackländer, F. W., Ausgewählte Werke. (Vollst. in 60 Lief.) Classf.-Form Lief. 59. geh. 25 kr.
Wien: Hartleben 1882.

Hackländer, F. W., Ausgewählte Werke. (Vollst. in 60 Lief.) Classf.-Form Lief. 60. (Schluß) geh. 25 kr.
Wien: Hartleben 1882.

— — Band-Ausg. Vollst. in 20 Bänden. Classf.-Form. Band I. (272 S.) geh. 75 kr.
Wien: Hartleben 1881.

— — Band-Ausg. Vollst. in 20 Bänden. Classf.-Form. Band II. (240 S.) geh. 75 kr.
Wien: Hartleben 1881.

— — Band-Ausg. Bd. II. (256 S.) geh. 75 kr.
Wien: Hartleben 1881.

— — IV. Bd. (317 S.) geh. 75 kr.
Wien: Hartleben 1881.

— — V. Bd. (240 S.) geh. 75 kr.
Wien: Hartleben 1881.

— — Band-Ausg. Bd. VII. (238 S.) geh. 75 kr.
Wien: Hartleben 1882.

— — Band-Ausgabe. VIII. Bd. (238 S) geh. 75 kr.
Wien: Hartleben 1882.

— — Band-Ausg. Bd. IX. Classf.-Form. (262 S.) geh. 75 kr.
Wien: Hartleben 1882.

— — Band-Ausg. Bd. X. Classf.-Form. (240 S.) geh. 75 kr.
Wien: Hartleben 1882.

— — Band-Ausg. Bd. XI. Classf.-Form. (224 S.) geh. 75 kr.
Wien: Hartleben 1882.

— Band-Ausg. Bd. XII. Classf.-Form. (228 S.) geh. 75 kr.
Wien: Hartleben 1882.

— Band-Ausg. Bd. XIII. Classf.-Form. (248 S.) geh. 75 kr.
Wien: Hartleben 1882.

— Band-Ausg. Bd. XIV. Classf.-Form. (229 S.) geh. 75 kr.
Wien: Hartleben 1882.

— — Band-Ausg. Bd. XVI. Classf.-Form. (240 S.) geh. 75 kr.
Wien: Hartleben 1882.

— — Band-Ausg. Bd. XVII. Classf.-Form. (240 S.) geh. 75 kr.
Wien: Hartleben 1882.

— — Band-Ausg. Bd. XVIII. Classf.-Form. (240 S.) geh. 75 kr.
Wien: Hartleben 1882.

— — Band-Ausg Bd. XIX. Classf.-Form. (240 S.) geh. 75 kr.
Wien: Hartleben 1882.

— Band-Ausg. Bd. XX. Classf.-Form. (224 S.) geh. 75 kr.
Wien: Hartleben 1882.

— ein Winter in Spanien. 2 Bde. Ebend. 855. 8. (3 Bl., 359; 2 Bl., 463 S.) 2 ₰ 12 ₰

— Feuerwerker Wortmann und andere Soldatengeschichten. Mit 184 Illustr. v. Emil Rumpf. 8. (160 u. 46 S.) Stuttgart 884. Krabbe. n. 2. —; geb. n. 2. 50

— Zwölf Zettel. 2 Bde. 1. u. 2. Aufl. Stuttgart 868, 70. E. Hallberger. gr. 8. (VI, 408 S.) 2 ₰

— Zur Ruhe setzen. Lustspiel in 4 Aufzügen. Ebend. 857. 8. (166 S.) 1 ℳ

— Zur Weltausstellung verurtheilt, s. Reiselectüre.

Hackländer, J. W.

— Denkübungen in Räthseln u. Charaden, Logogryphen u. andern Aufgaben. 8. Aachen 827. Mayer. 18 gl

Hackländer, J. W., Wandfibel für d. Lautmethode d. Lesenlehrens, in 15 Tafeln mit großen gedruckten Buchstaben, so daß eine ganze Klasse von Kindern darauf zugleich unterrichtet werden kann. gr. Fol. Frankf.... 5e Aufl. 816. 6e A. 822. Boselli. 12 gl

***Sellin, Albrecht Wilh.*: Zur Erinnerung an Br A[lbrecht] W[ilh.] Sellin. Den geliebten Brr der Loge „Vom Fels zum Meer" i. Or. Hamburg zur Feier des Stiftungsfestes am 14. April 1909 gewidmet von R. Hackländer. (Hs. f. Brr Frmr.) [Hamburg 1909: Rougemont.] 40 S. 8°**
Enth. einen Vortrag, sowie mehrere Gedichte Sellins.

Häckler, Frz. Ant., Ablaß- u. Jubiläumsbüchlein für katholische Schulkinder, enth.: was sie wissen u. thun sollen, um den vollkommenen Ablaß in dieser Gnadenzeit zu gewinnen. 2. Aufl. 16. (48 S.) Waldsee 879. Liebel. n.n. — 10

Häckler, Frz. Ant., Ablaß- und Jubiläumsbüchlein für katholische Schulkinder, enthaltend: was sie wissen und thun sollen, um den vollkommenen Ablaß in dieser Gnadenzeit zu gewinnen. 24. (48 S.) Waldsee 881. Liebel. *

Häckler, Frz. Ant., der gute Christ u. seine Pflichten, s.: Hausen, W.

Haeckler, Francisc. Anton., consolator infirmorum seu modus providendi infirmos, visitandi aegrotos, juvandi morientes, iisque, dum animam agunt, perseveranter et fructuose assistendi, in commodum omnium sacerdotum ex approbatis ritualibus nec non spectatissimis auctoribus collecta. — Ein umfassendes Handbuch zum priesterlichen Krankendienst. Schaffhausen 871. Hurter. 16. (XV, 380 S.) n. 18 ngr.

— der gute Firmling. Ein Unterrichts- u. Erbauungsbüchlein für Kirche, Schule u. Haus. 12. (111 S.) Ravensburg 880. Dorn. — 50

Häckler, der gute Firmling. E. Unterrichts- u. Erbauungsbüchl., neubearb. u. hrsg. v. Alf. Schwarz. gr. 16. (VI, 77 S.) Ravensburg 895. Dorn. n. — 35

Häckler, F. A., kachetische Fragen u. Antworten üb. die päpstliche Unfehlbarkeit. 8. (2 S.) Schaffhausen 871. Regensburg, Manz. pro 12 Expl. — 30

— dasselbe, nebst ausführl. Erklärg. f. Schule u. Kirche. 8. (30 S.) Ebend. 871. — 40

— der Jubiläumsablaß. Ein Unterrichts- u. Erbauungsbüchlein f. kathol. Christen zur Gewinnung d. Jubelablasses im Gnadenj. 1875. Beigegeben sind die näheren Bestimmgn. d. hochwürdigsten Herrn Bischofs Carl Joseph v. Rottenburg. 16. (IV, 144 S.) Sigmaringen 875. Tappen in Comm. n. — 40

Häckler, F. A., Controvers-Katechismus, od. wahrheitsgemäße u. leichtverständl. Darstellg. der Unterscheidungslehren der römisch-kathol. Kirche u. der lutherisch-protestant. Confession. 2. Aufl., bearb. v. Restle. 8. (VI, 234 S.) Kempten 881. Kösel. n. 1. 50

Häckler, Frz. Ant., Controvers-Katechismus od. wahrheitsgemäße u. leichtverständl. Darstellg. der Unterscheidungslehren der römisch-kathol. Kirche u. der lutherisch-protestant. Religion. 8. (IV, 252 S.) Kempten 884. Kösel. n. 1. 50

Häckler, Frz. Ant. Controvers-Katechismus, od. wahrheitsgemäße u. leichtverständl. Darstellg. der Unterscheidungslehren der röm.-kathol. Kirche u. der luther.-protestant. Confession. 2. Aufl., bearb. v. Restle. 8. (VI, 234 S.) Kempten 891, Kösel. * 1 50

Hackley und Haslett, praktisches Taschenbuch für Ingenieure, s. Brauns, D.

Hacklinger, August., ein paar Worte zu seiner Zeit an den hochwürd. Klerus d. Archidiakonats Gars im J. 1800. 8. München 800.

Hackman, Alfr., die ältere Eisenzeit in Finnland. 1. Die Funde aus den fünf ersten Jahrhunderten n. Chr. (Hrsg. v. der finn. Altertumsgesellschaft.) Text u. Atlas. (III, 377 S. m. Abbildgn., 1 Karte u. 22 Taf.) Lex.-8. Helsingfors 905. (Leipzig, K. W. Hiersemann.) n. 16. —

Die chemische Beschaffenheit von Eruptivgesteinen Finlands und der Halbinsel Kola im Lichte des neuen Amerikanischen Systemes von Victor **Hackman**. Mit 3 Tab. Helsingfors 1905: Frenckellska Tr.-Aktiebolaget. (143 S.) 8°
= **Bulletin** de la commission géologique de Finlande. No 15. [illegible]

Neue Mitteilungen über das Ijolithmassiv in Kuusamo von Victor **Hackman**. Helsingfors 1899: (Kuopio: O. W. Backman). (45 S.) 8°
= **Bulletin** de la Commission géologique de la Finlande. No 11. [illegible]

Hackmann, Dithmar, De Cemoscho Moabitarum idolo. Diss. philol. Präs. Albert Schumacher. Bremen 1730. (S. 19—60.) (6.—) 12582

Hackmann, D., de duobus panibus pentecostalibus. I—II. Brem. 1730. 4.

Hackmann, Friedrich, aus Barmen: Die **Schlacht** bei Gaugamela. Eine Untersuchung zur Geschichte Alexanders d. Gr. u. ihren Quellen; nebst einer Beilage. *Halle a. S. 1902: H. John.* (111 S.) 8°
Halle, Phil. Diss. v. 1902

Hackmann, Friedrich August, Ed. Reineke de Vos mit dem Koker, Wolffenbüttel (1711)
siehe Reineke Fuchs.

Hackmannus, Frid. Aug.: Progr. de aulicis juris naturae et publici studiis, lectionibus Grotii Hugonisque publicis praemissum. Helmstadii (1705).

Hackmann, Gottfr., Kürzung langer Tonvokale vor einfachen auslautenden Konsonanten in einsilbigen Wörtern im Alt-, Mittel- u. Neuenglischen, s. Studien z. englischen Philologie. 10. Hft.

Hackmann, Gottfried, a. Bad Rothenfelde: Kürzung langer Tonvokale vor einfachen auslautenden Konsonanten in einsilbigen Wörtern im Alt-, Mittel- und Neuenglischen. Halle a. S. 1908: E. Karras. (140 S.) 8° ¶ (Erscheint vollst. als: „Studien z. engl. Philologie" Bd 10.

Göttingen, Phil. Fak., Ref. Morsbach, Diss. v. 25. Juni 1908

[Geb. 8. Okt. 84 Rothenfelde, Kr. Iburg; Wohnort: Rothenfelde; Staatsangeh.: Preußen; Vorbildung: Realgymn. Quakenbrück Reife O. 03; Studium: Göttingen 1, Berlin 3, Göttingen 5 S.; Rig. 11. Dez. 07.]

Kürzung langer Tonvokale vor einfachen auslautenden Konsonanten in einsilbigen Wörtern im Alt-, Mittel- u. Neuenglischen von Gottfried **Hackmann.** Halle a. S.: M. Niemeyer 1908. (XII, 196 S.) 8°
= **Studien** z. englischen Philologie. H. 10. [08. 13188 2

Hackmann, Heinrich

Hackmann, H., uns. Auferstehungshoffnung. Osterpredigt, geh. am 3. April 1898 in der Hauptkirche zu Hoheneggelsen. gr. 8. (11 S.) Hoheneggelsen (898). J. H. Peters. — 25

Liz. H[einrich] **Hackmann**-London. Der Buddhismus. T. 1–3. 1.–10. Taus. Halle a. S.: Gebauer-Schwetschke (2. 3: Tübingen: J. C. B. Mohr) 1905–06. 3 Bde 8° [F.]
1 = Der Ursprung d. Buddhismus. 1905.
2. Der südl. Buddhismus u. d. Lamaismus. 1906.
3. Der Buddhismus in China, Korea u. Japan. 1906.
= **Volksbücher,** Religionsgeschichtl., f. d. deutsche christl. Gegenwart. Reihe 3, H. 4. 5. 7. [06. 19966

Hackmann, H., der Buddhismus. (Mit 2 Uebersichtskarten.) (242 S.) 8. Halle 906. Gebauer-Schwetschke. Geb. in Leinw. n. 2. 20
Sonderabdruck aus: „Religionsgeschichtl. Volksbücher".

— der Buddhismus in China, Korea u. Japan, s.: Volksbücher, religionsgeschichtliche III. 7.

— der südliche Buddhismus u. der Lamaismus, s.: Volksbücher, religionsgeschichtliche III. 5.

Hackmann, H., evangelische Gemeinde in Schanghai, s.: Hirtenrufe. Nr. 4.

Hackmann, H., Missionsarbeit in China einst u. jetzt, s.: Flugschriften-Reihe d. allgem. ev.-protestant. Missionsvereins. 8.

— vom Omi bis Bhamo. Wanderungen an den Grenzen v. China, Tibet u. Birma. Illustriert v. Alfr. Wessner. (VII, 382 S.) 8. Halle 905. Gebauer-Schwetschke. n. 8.—

— Vom Omi bis Bhamo. Wanderungen an d. Grenzen v. China, Tibet u. Birma. Mit Illustr. v. Alfr. Wessner u. 1 Karte. 2. Aufl. (XVI, 382 S.) 8. Berlin 907. K. Curtius. 4.50; geb. in Leinw. 6.—

— chinesische Schriftzeichen, s.: Rundschau, ostasiatische. I. 2.

— Am Strand d. Zeit. Ausgewählte Predigten. 1. u. 2. Aufl. (VII, 319 S.) 8. Ebd. 909. 10. Geb. in Leinw. 3.50

— dasselbe. 2. Sammlg. ausgewählter Predigten. (VII, 304 S.) 8. Ebd. 910. Geb. in Leinw. 3. 50

— der Ursprung des Buddhismus u. die Geschichte seiner Ausbreitung, s. a. Volksbücher, religionsgeschichtliche III. 4.

Der Ursprung des Buddhismus und die Geschichte seiner Ausbreitung. Von Liz. H[einrich] **Hackmann**-London. (1.–10. Taus.) Halle a. S.: Gebauer-Schwetschke 1905. (74 S.) 8° [F.]
= Hackmann: Der Buddhismus. T. 1.
= **Volksbücher,** Religionsgeschichtl., f. d. deutsche christl. Gegenwart Reihe 3, H. 4. [05. 12026

Hackmann, *Heinrich Friedrich* [cand. rev. min.]: Die Zukunftserwartung des Jesaia ... [Erschien vollst. 1893 bei Vandenhoeck & Ruprecht in Göttingen.] Göttingen, Druck d. Univ.-Buchdr. v. E. A. Huth, 1893; 1 Bl., 34 S. 8.
Göttingen, Theol. Fak., Inaug.-Diss. v. [18. Febr.] 1893

Hackmann, H., die Zukunftserwartg. des Jesaia, untersucht v. H. H. gr. 8. (IV, 174 S.) Göttingen 893. Vandenhoeck & Ruprecht. n. 4. 40

Hackmann, I. Gl. de, Anti-Pelargia s. perfecta parentes conservandi obligatio. fol. Helmst. 739.

— de jure naturae genuino, jur. reliquor. parente. 4. ibid. 737.

Hackmann, Jh. Fr., s. Büffon, Epochen d. Natur.

Hackmann, Karl *Heinrich* [app. Arzt aus Ankum in Hannover]: Aus d. patholog. Institute zu Kiel. Schnürwirkungen ... Kiel, Druck v. Ch. Donath, 1894; 19 S. 8.
Kiel, Med. Fak., Inaug.-Diss. v. [8. Apr.] 1894

Hackmann, Nik., s.: Arbeiten aus dem Gebiete der klinischen Chirurgie.

Hackmann, Wilhelm

Hackmann, W., Beschreibung d. Reg.-Bez. Düsseldorf in Skizzen u. Bildern. Für Volksschulen u. die unteren Klassen der Bürgerschulen hrsg. Mit 1 Karte d. Reg.-Bez. Düsseldorf. 8. (VI, 55 S.) Düsseldorf 889. Schwann. n. — 40

[F.] Beschreibung des Regierungs-Bezirks Düsseldorf. F. d. Schulgebr. v. W[ilhelm] **Hackmann.** *Düsseldorf: L. Schwann (1897).* (VIII, 88 S.) 1 Bd 8. [98. 10393

— Beschreibung der Rheinprovinz in Skizzen u. Bildern. Hauptsächlich f. Volksschullehrer hrsg. 8. (66 S. m. 1 farb. Karte.) Essen 890. Baedeker. n. 1. —

Hackmann, W., Beschreibung der Rheinprovinz in Skizzen u. Bildern. Hauptsächlich f. Volksschullehrer hrsg. [Mit e. Karte der Rheinprovinz.] gr. 8. (66 S.) Essen 891. Baedeker. n. 1. —

Hackmann, W., Beschreibung der Rheinprovinz in Skizzen u. Bildern. Für den Schulgebrauch hrsg. 2. Aufl. gr. 8. (154 S. m. 13 Abbildgn.) Essen 903. G. D. Baedeker. Kart. n. 1. 80

Hackmann, W., die Hieronymiade od. Leben, Meinungen u. Taten des Rektor Hieronymus Schall. (109 S.) 8. Mülheim a/Ruhr (905). E. Marks. n. 1. 25

— Leitfaden zur gründl. Erlerng. d. vereinf. deutschen Stenographie, s. a. Jensch, H.

Leitfaden zur gründlichen Erlernung der vereinfachten deutschen Stenographie (Einigungssystem Stolze-Schrey). Für Vereins- u. Privatkurse, sowie z. Selbstunterr. bearb. von H[erm.] **Jensch** u. W[ilh.] **Hackmann.** 3. Aufl. *Düsseldorf: L. Schwann (1902).* (VI, 74 S.) 8° [03. 346 8

[F.] Präparationen für den Unterricht in der Heimatkunde. Von W[ilh.] **Hackmann.** *Düsseldorf: L. Schwann (1897).* (83 S.) 1 Bd 8. [98. 10384

— neue Schulgeographie. Unter Berücksicht. der dialog. Unterrichtsform verf. 1. Hft. gr. 8. Düsseldorf 896. L. Schwann. n. 1. 80
Europa unter Ausschluß des deutschen Landes innerhalb seiner Naturgrenzen. (VIII, 136 S.)

Hackmann, W., neue Schulgeographie. Unt. Berücksicht. d. dialog. Unterrichtsform verf. 2.—5. Hft. gr. 8. Düsseldorf, L. Schwann. n. 7. 80
2. Norddeutschland. (VII, 136 S.) 895. n. 1. 60
3. Süddeutschland (einschl. Österreichs u. d. Schweiz), nebst e. Überschau üb. d. Deutsche Reich. (IV, 144 S.) 895. n. 1. 80
4. Asien, Afrika, Amerika, Australien. (IV, 256 S.) 896. n. 3. —
5. Astronom. u. physikal. Geographie. (IV, 114 S.) 897. n. 1. 20

Hackradt, August: Gustav Horn, schwedischer Feldherr im dreissigjährigen Kriege. Halle a/S. 1883: Karras. 32 S. 8°
Halle-Wittenberg, Phil. Diss. v. 7. Juli 1883
Geb. Stendal 11. 12. 1856. V.
Das auf S. 32 angekündigte Erscheinen der vollst. Abhdlg in Halle bei Niemeyer als: Hallesche Abhandlungen zur neueren Geschichte. H. 19 ist unterblieben.

Hacks, Franz: Über einige der hervorragendsten Romane des 19. Jahrhunderts. T. 1. 1. Thackeray, Vanity Fair; 2. Victor Hugo, Les Misérables. *Kattowitz 1903: Gebr. Böhm.* (41 S.) 4°
Kattowitz, G, OP 1903 (224)

Hacks, Franz: Über einige der hervorragendsten ausländischen Romane des 19. Jahrhunderts. T. 2. Kattowitz 1904: Gebr. Böhm. (56 S.) 4° ¶[Forts. d. P-Beil. 1903.]
Kattowitz, st. G OP 1904 (228)

Hacks, Jakob

Hacks, J., die volkswirtschaftliche Bedeutung der Abrüstung. gr. 8. (24 S.) Kattowitz 899. G. Siwinna. n. 1. —

Hacks, Jakob, Dirigent Dr.: [Die Gründung und Eröffnung der Städtischen Realschule zu Kattowitz.] *Kattowitz 1899: G. Siwinna.* (S. 8—11.) 4°
Kattowitz, st. R, P 1899 (238)

Hacks, Jakob: Kritik der Marx'schen Werttheorie. I. Teil. 42 S. 8.
Progr. Städt. Realschule *Kattowitz* 1901 (244).

Hacks, [Jakob], Dir. Dr.: [Rede zur Eröffnung der Oberrealschul-Obersekunda der städt. Realschule.] *Kattowitz O.-S. 1903: J. Herlitz.* (S. 17—20.) 4°
Kattowitz O.-S., st. R 〈OR i. E.〉, P 1903 (207)

Hacks, Jacob: Über Summen von grössten Ganzen .... Bonn, Univ.-Buchdr. v. Carl Georgi, 1887; 1 Bl. + 52 S. + 1 Bl. 4°.
Bonn, Phil. Fak., Inaug.-Diss. v. 23. Jul. 1887.

Hacks, Jacob, über Summen von grössten Ganzen. Diss. Bonn 1887, Emil Strauss. 4°. 52 S.

Hacks, Jakob [Dr.]: Über Kant's synthetische Urteile a priori. I. Tl. Kattowitz, Buch- u. Kunstdr. v. G. Siwinna, 1895; 24 S. 4.
Kattowitz, st. G, OP 1895 (192)

Hacks, Jakob [Dr.]: Über Kant's synthetische Urteile a priori. II. Tl. [Forts. d. P-Beil. 1895.] Kattowitz, Buch- u. Kunstdr. v. G. Siwinna, 1896; 19 S. 4.
Kattowitz, st. G, OP 1896 (193)

Hacks, Jacob: Über Kant's synthetische Urteile a priori. III. T. *Kattowitz 1898: G. Siwinna.* (20 S.) 4° ¶[Fortsetzung d. P-Beilagen 1895. 96.]
Kattowitz, st. G, OP 1898 (199)

Hacks, Jakob, Dirigent Dr.: Über Kants synthetische Urteile a priori. 4. (u. letzter) Teil. *Kattowitz 1899: G. Siwinna.* (20 S.) 4° ¶Schluss d. P-Beil. d. st. Gymn. zu Kattowitz 1895, 96 u. 98.
Kattowitz, st. R, P 1899 (238)

Haecks, Daniel (Lübeck), De potestate in absentia constituendi vicarium imperatori competente. Diss. jur. publ. Rector Johann Ens. Utrecht (Wilh. vande Water) 18. IV. 1727. 52 Seiten. (6.50) 12600

Hackspan, Theod., Liber Nizachon Rappi Lipmanni. 4. Nürnb. Endter.

Hackspan, Theod., manuale theolog. etc. ex Mscpt. Durriano. 8. Altdorf. 74a. Rthlr.

Hackspiel: Der Kreis und die Ellipse in ihrer gegenseitigen Beziehung analytisch beleuchtet. 25 S. und Fgt. – Iglau, Progr. 1859.

Hackspill, Paul: Ein seltener Fall von Fibro-Myxoma cavernosum Mesenterii im frühen Kindesalter. *Würzburg 1898: A. Boegler.* (110 S.) 8°
Würzburg, Med. Diss. v. 1898

Hackstätte, J. B. J., kurze und faßliche und ziemlich vollständige deutsche Sprachlehre, mit Uebungsaufgaben, nebst e. kurzen Anweisung zur Abfassung von Briefen u. a. Aufsätzen, mit manchen Mustern, zunächst für Volksschulen. 8. Vechta 841, (Bremen, Kaiser.) n. 1/4 ℔

Hackstätte, J. B. J., freundl. Wegweiser, oder Lehren, Ermahnungen u. Warnungen für die weibl. Jugend. (Mit 1 Stahlstich.) 8. Münster 840. Theissing. 1/4 ℔

Hackstetter, K., s.: Luftschiffahrt, die.

Hackstroh, P. A. M., inwiefern ist das Entstehen v. Schäden in eisernen Konstruktionsteilen der Beschaffenheit d. Materials zuzuschreiben? (6 S. m. 7 Fig.) 32,5×23,5 cm. Stuttgart 905. (Freiburg i/B., J. Bielefeld.) 1. —
Sonderabdr aus „Baumaterialienkde."

Hackwitz, Fedor Eugen Freiherr v., Lieut. im Kais. Alexander Grenadier-Regt. Handbuch der Fortification, bearbeitet innerhalb der Grenzen, welche durch die Allerhöchsten Bestimmungen für das Offizier-Examen der Cavallerie und Infanterie in der königl. preuss. Armee festgestellt sind. (Mit 8 Taf.) 8. Berlin 1831.

Hackwitz, H. v., s. Stosch, F. V.: Hülfsbuch für die Wirthschaft in der Stadt und auf dem Lande.

Inns, ales, and drinking customs of old England. By Frederick W[illiam] Hackwood. With 1 col. and 51 half-tone ill. London, Leipsic: Unwin 1909. 392 S. 8° [10. 6324

Hacleſy, John, u. R. Sigismund, Englisch f. Mediziner, m. Aussprachebezeichng. v. C. Just. 8. (VIII, 180 S.) Leipzig 895. P. Spindler. Brosch. u. geb. à n. 4. —

Hacleſy, John, u. R. Sigismund, Englisch f. Mediziner, m. Aussprachebezeichng. v. C. Just. (Neue [Titel-]Ausg.) (VIII, 180 S.) 8. Leipzig [891] (904). J. A. Barth. In Leinw. kart. n. 4. —

Hacman, Eugenie: Nationale und kirchliche Bestrebungen der Rumänen in der Bukowina 1848 – 1865. Hrsg. von St. Smal-Stocki. Czernowitz: Pardini 1895.

Hacquart, Commentar üb. die neue Civilprozeßordnung, aus dem Franz. v. F. J. Molitor. 1r Bd. 8. Elberf. Mannes. 812.

— das Verfahren v. den Friedensgerichten, nebst Beifügung d. Kosten-Taxe. gr. 8. Düsseld. Goudon. 813.

Hacquet, Balthasar

Hacquet, B[alth.]. Abbildung und Beschreibung der südwest- und östlichen Wenden, Illyrer und Slaven, deren geographische Ausbreitung von dem adriatischen Meere bis an den Ponto, deren Sitten, Gebräuche, Handthierung, Gewerbe, Religion u. s. w. nach einer zehnjährigen Reise und vierzigjährigem Aufenthalte in jenen Gegenden dargestellt. Erster Theil. Leipzig, im Industrie-Comptoir [1802—1805].
XII S. 1 Bl. 248 S. 34 Taf. in kol. Kupferst. 4°
Stecher C. G. H. Geissler
Nur der I Teil erschienen

— Bemerkk. über d. Entstehung d. Feuer- oder Flintensteine; ein kleiner Beitrag zu dessen Beschreib. d. Flintensteine. Mit 4 ill. Kpf. gr. 8. Berl. 806. (Reimer). 1 rß

Hacquet. Physische und technische Beschreibung der Flintensteine, wie sie in der Erde vorkommen und deren Zurichtung zum ökonomischen Gebrauch, sammt Abbildung der dazu gehörigen Werkzeuge. Wien. 1792. 8.

Hacquet, Balth., († d. 10. Jan. 1815.) Beschreib. d. Flintensteine, wie sie in d. Erde vorkommen u. deren Zurichtung. Mit 2 Kpf. gr. 8. Wien 792. Beck. 12 gl

— — dieselbe m. ill. K. gr. 8. Berlin, Realschulbuchhandl. 806.

— **Flora** s. plantae Alpinae Carniol. c. fig. 4. maj. Vien. (Sommer, Lips.) 782.

— — id. c. tab. aeneis. 4. maj. Lips. Sommer.

— mineral.-botan. Lustreise vom Berg Terglau in Krain zu dem Berg Glockner in Tyrol im J. 1779. Mit Kpf. gr. 8. Wien 784. Sammer. 16 gl

(**Hacquet**, Balthasar) Hacquet's mineralogisch-botanische Lustreise von dem Berg Terglou in Krain, zu dem Berg Glokner in Tirol im Jahr 1779 und 81. Zwote veränderte und vermehrte Auflage mit 4 Kupfertafeln. Wien 1784. 149 S. 8°

Baltnasar Hacquet

Herrn [Baltnasar] Hacquet Nacaricnt von Versteinerungen von Schalthieren die sica in ausgebrannten feuerspeyenden Bergen finden. Zur Erl.u.Erg. der Abhandlung des Abt Fortis, über das Thal Ronca im Veronesiscaen Gebiete. Hrsg.u.m.Anm.vers.von Johann Samuel Schröter. Weimar:C.L.Hoffmann 1780. 61 S. 8°

— observations sur deux conceptions douteuses. 4. Erf. 781. Keyser. 2 gl

— s.a. **Oryctographia** carniolica.

Balthasar Hacquet

Oryctographia carniolica, oder Physikalische Erdbeschreibung des Herzogthums Krain, Istrien und z.Th.der benachbarten Lander. [Verf.: Balthasar Hacquet.] Th.1.2. Leipzig: Breitkopf 1778-81. 1 Bd. 8°

Hacquet, Belsazer: Plantae alpinae Carniolicae. 31 S., gbd., 5 Taf.

Viennae: Kraus 1782

JB 73

— Plantae Alpinae carniolicae collectae et descriptae. 4maj. Wien 782. (W. Nauck in Leipz.) 16 gl

— **Reise** durch d. nordisch. Alpen. 1784—86. 2 Thle. m. K. gr. 8. Nürnb. Raspe. 790.

Hacquet, Balthasar. Reise durch die Norischen Alpen physikalischen und andern Inhalts, unternommen in den Jahren 1784 bis 1786. Th. 1, 2. Mit Kupfern. Nürnberg 1791. 1 Bd. 120. 263 S. 8°

— neueste physikal.-polit. Reisen in den J. 1788 u. 89. durch d. Dacischen u. Sarmatischen Karpathen. 4 Thle, mit Kpf. gr. 8. Nürnb. 790—96. Bauer u. R. 5 rß

Hacquet's neueste physikalisch-politische Reisen in den Jahren 1788. und 1789. durch die Dacischen und Sarmatischen oder Nördlichen Karpathen. Nürnberg, im Verlag der Raspischen Buchhandlung 1790.
3 Bde. 8°
I: XXIV S. (XIV XV ausgelassen), 1 Bl., 206 S., 1 Bl. m. 7 Kupferst. 7 Taf. in kol. Kupferst.
II: XVI S. 1 Bl., 249 S., 2 Bl. m. 8 Kupferst., 8 Taf. in kol. Kupferst.
III: XXII + 247 S., 2 Bl. m. 7 Kupferst., 3 Tabellen, 7 Taf. in Kupferst.
Bd. IV fehlt.

Hacquet. Neueste physikalisch politische Reise durch die dacischen und sarmatischen oder nördl. Karpathen. 3 Vol. Nürnberg 1790, 1791 u. 1794. 8.

— physikal.-polit. Reise aus d. Dinarischen, durch d. Julischen, Kanarischen, Rhätischen in d. Norischen Alpen im J. 1781 u. 82. 2 Thle, mit Kpf. gr. 8. Leipz. 785. (Gnobloch). 2 rß

Hacquet, Balthasar. Physikalisch-politische Reise aus den Dinarischen durch die Julischen, Carnischen, Rhätischen in die Norischen Alpen, im Jahre 1781 und 1783 unternommen. Th. 1. 2. Mit Kupfern. Leipzig 1785. 1 Bd. XVIII, 156. 220 S. 8°

— Reisen durch d. Norischen Alpen in d. J. 1784—86. 2 Thle, mit Kpf. gr. 8. Nürnb. 790. Bauer u. R. 1 rß

– (Hrsg.), s. Wochenblätter, Oekonomische, des Herzogthums Krain.

Hadaczek Carl: Die Formen der griechischen Ohrgehänge. Ein Beitrag zur Entwicklungsgeschichte des griechischen Schmuckes. Diss. Wien, Univ.
D: Abhandlung des Archäolog.-epigraph. Seminars in Wien 1903.
1900 PN 1268 2588

Hadaczek, Karl, der Ohrschmuck der Griechen u. Etrusker, s.a. Abhandlungen des archäologisch-epigraphischen Seminars der Universität Wien, XIV.

Der Ohrschmuck der Griechen und Etrusker. Von Karl **Hadaczek.** Mit 157 Abb. *Wien: A. Hölder 1903.* (VII, 84 S.) 4°(8°)
— **Abhandlungen** d. archäol.-epigraph. Seminars d. Univ. Wien. H. 14. ⟨N. F., H. 1.⟩ (03. 6475)

Hadali de Hada, Karl

— Anfangsgründe d. Mathematik, 2 Bde. gr. 8. Preßb. 789, 90. Mahler. (Heubner in Wien). 2 rß

Hadali de Hada, Karl, ars delineandi coloribusque localib. adumbrandi aedem. 8maj. Raab 785, 90. (Mahler in Pressb. u. Heubner in Wien). 1 rß

— elementa hydrotechniae. 8maj. Raab. 783. (Pesth, Eggenberger). 8 gl

— Elementa Hydrotechniae. 8. maj. Posani. (Pest, Eggenberger.) 799.

— elementa matheseos. II Tom. 8maj. Posoni 798. (Pesth, Eggenberger). 1 rß 4 gl

— Toxotomia seu scientia quemvis datum arcum circularem angulumve rectilineum non secus ac peripheriam in quotquot aequas partes geometrice secandi, circulumque cujusvis speciei polygono regulari insigniendi. Cum V tabb. aen. 8maj. Budae 820. (Wien, Beck). 2 rß

Hadamar [Schlagwort]

Hadamar, s.: Geologische Karten (Preussen).

Hadamar, s.: Preussen. Messtischblätter.

Hadamar [Verf.]

Hadamar v. Laber, s. Laber, Hadamar v.

Hadamars v. Laber Jagd u. drei andere Minnegedichte, siehe Bibliothek des literar. Vereins in Stuttgart, XX. Thl.

§ * **HADAMAR** von Laber (ein baierischer Dichter, der vermuthlich am Hofe Kaiser Ludwigs des Baiern lebte. Genaueres nicht bekannt. — Goedeke I, 265, 1). — *Hadamars von Laber* Jagd und drei andere Minnegedichte seiner Zeit und Weise: Des Minners Klage. Der Minnenden Zwist. Der Minne-Falkner. Hg. von I. A. Schmeller. Stuttgart u. Tübingen (20. Public. d. liter. Ver.) 1850. 8⁰.

Die mittelalterliche Ars amandi, Allegorie in der siebenzeil. Strophe des Titurel, worin das ritterliche Liebesleben unter dem Bilde einer Jagd dargestellt wird. Schon im Mittelalter sehr geschätztes Gedicht. — Wegen der 3 andern Dichtungen, S. 147 ff., s. Goedeke, l. c. p. 266.

§ * — — *Hadamars von Laber* Jagd mit Einleitung und erklärendem Commentar, hrsg. von Karl Stejskal. Wien, Hölder, 1880. Gr. 8⁰. XLIV u. 219 S. (Mk. 6—.) (2 Mk. 50 Pfg. Adolf Weigel, 1907.)

S. auch des Herausgebers Aufsatz „Zu Hadamar von Laber" in d. Zeitschr. f. deutsches Alterthum 22, 263—299.

Ergiessungen der Theilnahme der St. Johannis-L∴ der vereinigten Freunde im Or. zu Mainz, an der Jubelfeier der fünfzigjährigen Ehe unseres allergnädigsten Regentenpaares, vorgetragen in der L∴ von [Phil. Heinr.] **Hadamar** und [Joh.] **Neeb.** Mainz [1827]: v. Zabern. 14 S. 8⁰ [Umschlagtit.]

Rede, gehalten am Winter-Johannisfeste 5819 in der Loge der vereinigten Freunde im Or. zu Mainz von [Phil. Heinr.] **Hadamar.** [Mainz 1819: v. Zabern.] 2 Bl. 8⁰ [Kopftit.]
Kl. 1213. Üb. Bruderliebe.

Hadamar, Ph. Hnr., d. Vorzüge d. öffentl. mündl. Rechtspflege 8. Mainz 815. Kupferberg. 5 K

Hadamar, Ph. Heinr.: Die Vorzüge der öffentlich-mündlichen Rechtspflege. [Nebst] Nachtr. Mainz 1816.
Nachtr. [u. d. Tit.:] Schreiben eines gerichtlichen Beamten an den Verf. des Schriftchens: Vorzüge . . .

Hadamczik, Eug. Der historische Wert der Considérations Montesquieu's. 21 S. **Progr.** *Krotoschin* 1878.

Hadank, Erich: Untersuchungen über das 1-3-Dimethyl-5-Pyrazolon und andere Condensationsprodukte des Methylhydrazins. Rostock 1908: Hinstorff. 88 S. 8°
Rostock, Phil. Diss. v. 26. Sept. 1908, Ref. Michaelis
[Geb. 1. Sept. 80 Darmstadt; Wohnort: Rostock; Staatsangeh.: Hessen; Vorbildung: Realgymn. Trier bis O. 00; Studium: Berlin Techn. Hochsch. 7, Rostock 4 S.; Rig. 24. Sept. 08.] [U 09. 3748

Hadank, Karl, a. Kesselsdorf, Kr. Löwenberg ⟨Schlesien⟩: Die Schlacht bei Cortenuova am 27. November 1237. (Berlin: R. Hanow 1905.) (63 S.) 8°
Berlin, Phil. Fak., Ref. Delbrück, Tangl, Diss. v. 2. Juni 1905
[Geb. 31. Febr. 82 Kesselsdorf, Kreis Löwenberg in Schlesien; Heimatsort: Berlin; Staatsangeh.: Preußen; Vorbildung: Friedrich-Wilhelms-Gymn. Berlin Reife M. 01; Studium: Berlin 8 S.; Rig. 18. Mai 05.]

Hadano, Eisaburo, aus Kazusa i. Japan: Über die Behandlung von Hornhauterkrankungen mit dem scharfen Löffel. *Rostock 1903: H. Winterberg.* (36 S.) 8°
Rostock. Med. Diss. v. [25. Juni] 1903

Hadara, Gebra Marjam, aus dem Leben des Abyssiniers. ... Basel 840. Spittler. $^{1}/_{12}$ ₰

Hadáry, Ludwig v.: Handbuch zum Disciplinar-Strafrechte für das kaiserlich-königliche Heer. Zusammengestellt. Budapest 1877.

Hadáry, Ludw. v., u. Jos. Edler v. **Seidel,** Commentar zur Vorschrift für die Militär-Ehren-Gerichte. Fiume 868. (Triest, Schimpff.) gr. 8. (109 S.) n. 20 ngr.

Hadasch, Dr., tabellar. Darstellung der gesammten allgemein patholog. Begriffe nach Ph. C. Hartmann, C. W. Stark ꝛc. gr. Imp.-Fol. Berlin 840. Hayn. $^{1}/_{2}$ ₰

Hadassah. Schauspiel in fünf Aufzügen. Mannheim 1819. V: *Ungern-Sternberg, Gustav Jacob Frdr. Freiherr v.* (R-N) (GGr)

Hadaszczok, Joh., Ausflüge in die Umgebung von Friedland, nebst Führer auf der Städtebahn [Strecke Friedland-Kojetein u. die zugehör. Localbahnen] von Alois Schwarz. [Aus: „A. Schwarz, Führer durch Mährisch-Ostrau u. Umgebung".] Mit 1 Spezialkarte: Umgebung v. Friedland. 12. (87 S.) Olmütz 891. E. Hölzel. Kart. n. 1.—

— Führer durch die Beskiden. Mit 1 Specialkarte der West-Beskiden (von der Betschwa bis zum Jablunka-Pass), ausgeführt im k. u. k. militär.-geograph. Institute in Wien, 1 : 75000, samt den markierten u. projectierten Wegen. Hrsg. von der Section Friedek des Beskiden-Vereines. gr. 16. (72 S.) M.-Ostrau 894. R. Papauschek. Geb. in Leinw. n. 4.—

Hadaszczok, Joh., Führer durch die Beskiden. Hrsg. v. der Sektion Friedek des Beskiden-Vereines. 2. verm. u. verb. Aufl., besorgt v. Konr. Ohnhäuser. Mit 1 (farb.) Wegekarte, bearb. v. Paul Schorr. (110 u. VS.) kl. 8. Mähr.-Ostrau 908. R. Papauschek. Geb. 1.90

Hadaszczok Johann: Der Kegelschnitt in centrischer Collineation mit berührenden Kreisen. (Mit einer Figuren-Tafel). 10. Mähr. Ostrau R. 92.
Progr.

Hadats, (F. X.,) s. a. d. Schloß Montillo.

Hadats, F X

Das Schloss Montillo. Roman. (Frei nach dem Engl.).
Von F.X. Hadats. Th. 1. 2.
Leipzig: Industrie-Comptoir 1824. 8°

Hadatsch, Fr. J., die Heirath durch die Broschüre, ob. die Erzählung in der Erzählung. Roman. 8. Linz 823. Akad. B. 1 ₰

Hadatsch, Fr. J., Launen des Schicksals, oder: Scenen aus d. Leben u. der theatral. Laufbahn des Schauspielers Ant. Hasenhut. Nach seinen schriftl. Mittheilungen bearb. Mit dessen Bildniß u. 1 Kpfr. gr. 12. Wien 834. (Tendler.) $1^{1}/_{2}$ ₰

Hadda, Siegmund, Assistenzarzt: Aus d. chir. Abth. d. Isr. Krankenh. zu Breslau. Primärarzt: Gottstein. Das Blasencarcinom im jugendlichen Alter (unter 20 Jahren). Berlin 1909: Schumacher. 34 S. 8° ¶ (Aus: Archiv f. klin. Chirurgie. Bd 88.)

Breslau, Med. Diss. v. 18. Febr. 1909, Ref. Kuttner

[Geb. 23. Juli 82 Pogorzelletz; Wohnort: Breslau; Staatsangeh.: Preußen; Vorbildung Gymn. Kattowitz Reife O. 01; Studium Breslau 9 S; Coll. 4. Juli 08, Approb 10. März 06.] [U 09. 551

Haddenbrock, A., das deutsche Bahnpostnetz in 35 Übersichtskärtchen m. Angabe d. den Bahnpostämtern zugeteilten Eisenbahnstrecken u. der an diesen gelegenen Hauptstationen. (47 S.) 8. Cassel (909). G. Dufayel. 1.20

Haddenbrock, A., deutsche Postfibel. Leitfaden für Postanwärter u. Postgehilfen während der ersten Dienstjahre u. Hilfsbuch zur Vorbereitg. auf die Postassistenten-Prüfg. 2 Bde. gr. 8. Cassel, G. Dufayel. n. 6.50
1. (IV, 103 S.) (904.) Kart. n. 1.50
2. Vorbereitung auf die Postassistenten-Prüfung. Mit 36 Bahnpostkarten. (VII, 416 S. m. 1 Formular.) 904. n. 4.—; geb. in Leinw. n. 4.50

— **Deutsche Postschule** Anleitung zur Ausbildg. im prakt. Postdienst u. z. Vorbereitg. auf d. Postassistentenprüfg. 2. Aufl. 2 Bde. 8. Ebd. Geb 7.—
1. (IV, 324 S.) 909. 4.—. — 2. (IV, 207 S.) 910. 3

Haddenbrock, A., der Postsekretär. Anleitung u. Hülfsbuch zur Vorbereitg. auf die Postsekretärprüfg. Mit 177 in den Text gedr. erläut. Abbildgn. gr. 8. (VIII, 688 S. m. 1 Tab.) Treffurt (901). (Cassel, A. Freyschmidt.) Kart. n. 10.—

Haddenbrock, A., s.: Taschenbuch f. Post- u. Telegraphen-Beamte.

Haddenbrock, A., kleine Telegraphen-Schule f. Postanwärter u. Postgehülfen. Mit 88 erläut. Abbildgn. 2., verm. Aufl. 8. (IV, 140 S.) Treffurt 889. (Magdeburg, E. Baensch jun.) cart. n. 2.—

Haddenbrock, A. Kleine Telegraphen-Schule f. Postanwärter u. Postgehülfen. Ein Hülfsbuch zum Selbstunterricht behufs Erlangg. d. Befähiggs.-Zeugnisses f. den techn. Telegraphendienst bei vereinigten Verkehrsämtern. Mit 91 Abbildgn. 4. verm. Aufl. 8. (IV, 146 S.) Kassel 891. Freyschmidt. cart. * 1 60
2. Aufl. erschien im Kommissionsverlag von Baensch jun. in Magdeburg; 3. Aufl. Kassel 1891. * 1 80.

— **kleine Telegraphen-Schule** f. Postanwärter u. Postgehülfen. Ein Hülfsbuch zum Selbstunterricht behufs Erlangg. d. Befähigungs-Zeugnisses f. den techn. Telegraphendienst bei vereinigten Verkehrsämtern. Mit 91 erläut. Abbildgn. 4., verm. Aufl. 8. (IV, 146 S.) Kassel 893. A. Freyschmidt. Kart. n. 1.60

— **kleine Telegraphen-Schule** f. Postanwärter u. Postgehülfen. E. Hülfsbuch z. Selbstunterr. behufs Erlangg. d. Befähigungs-Zeugnisses f. d. techn. Telegraphendienst bei verein. Verkehrsämtern. Mit 97 erläut. Abb. 5., verm. Aufl. 8. (IV, 172 S.) Cassel 895. A. Freyschmidt. Kart. n. 1.60

— **kleine Telegraphenschule** f. Postanwärter u. Postgehülfen, Post- u. Telegraphengehülfinnen. Ein Hülfsbuch zum Selbstunterricht behufs Erlangg. der Befähigg. zur selbständ. Wahrnehmg. des techn. Telegraphendienstes u. zur Vorbereitg. auf die Postassistentenprüfg. Mit 168 erläut. Abbildgn. 8. verm. Aufl. 8. (VI, 294 S.) Cassel 902. A. Freyschmidt. Kart. n. 3.—
7. Aufl. (IV, 200 S.) Ebd. 900. Kart. n. 2.—.

— **kleine Telegraphen-Schule** f. jüngere Post- u. Telegraphenbeamte. Ein Hilfsbuch zum Selbstunterricht behufs Erlangg. der Befähigg. zur selbständ. Wahrnehmg. des techn. Telegraphendienstes u. zur Vorbereitg. auf die Postassistenten- u. Postsekretärprüfung. Mit 224 erläut. Abbildgn. 11. Aufl. 30.—33. Tausd. (VII, 318 S.) 8. Cassel 906. G. Dufayel. Geb. in Leinw. n. 4.—
9. Aufl. (VI, 305 S.) 903. n. 3.—. — 10. Aufl. (VI, 288 S.) 905. n. 4.—.

Kleine Telegraphen-Schule für jüngere Post- u. Telegraphenbeamte Ein Hilfsbuch . Mit 237 Abb. Bearb. von A **Haddenbrock.** 12 Aufl. Cassel. G. Dufayel 1907 (355 S.) 8° [F.] [08. 1178 4

— **Kleine Telegraphen-Schule** f. jüngere Post- u. Telegraphenbeamte. Ein Hilfsbuch z. Selbstunterricht behufs Erlangg. d. Befähigg. z. selbständ. Wahrnehmg. des techn. Telegraphendienstes u. zur Vorbereitg. auf die Postassistenten- u. Postsekretärprüfg. Mit 268 erl. Abb. 13. Aufl. 38—40. Tausd. (VIII, 371 u. Nachtrag 11 S.) 8. Cassel 909. [G. Dufayel.] Magdeburg, E. Baensch jun. Geb. in Leinw. 4.50

Haddenhausen, Werner v dem Bussche- s. Bussche - Haddenhausen.

Hadding, C., die Harmlosen. Erzählung. (155 S.) gr. 8. Seifhennersdorf (904). M. Großmann. n. 3.—

Haddington, s. Somerville.

Haddock, Jos. W., Somnolismus und Psycheismus oder die Erscheinungen und Gesetze des Lebens-Magnetismus oder Mesmerismus. Nach eigenen Beobachtungen und Versuchen. Nach der 2. Ausg. des engl. Orig. bearb. von C. L. Merkel. gr. 8. (XVI und 288 S. mit 8 Abbild. in Holzschn.) Leipzig 851 (52.) Abel. *

Haddon, James, und James Hann, Aufgaben aus der Differenzial- und Integral-Rechnung nebst den dazu gehörigen Auflösungen. Aus dem Engl. übers. von Herm. Breithaupt. Mit einem Vorw. v. Jul. Weisbach. 2 Abthlgn. Freiberg 854. Wolf. 8. Jede Abth. n. 20 ngr.
1. Abth.: Aufgaben aus der Differenzial-Rechnung nebst den dazu gehörigen Auflösungen von James Haddon. (2 Bl., 166 S. u. 4 lith. Taf.)
2. Abth.: Aufgaben aus der Integral-Rechnung nebst den dazu gehörigen Auflösungen von James Hann. Durchgesehen und mit einem Anhang verm. von H. Tröger. Mit 1 (lith.) Figurentaf. (VIII, 162 S.)

Hadek, Ant., u. Gabr. Janka, Untersuchungen üb. die Elasticität u. Festigkeit der österreich. Bauhölzer, s.: Mitteilungen aus d. forstl. Versuchswesen Österreichs. 25. Hft.

Hädekamp, Herm. Über die Gesetze der Erscheinungen des Lichts in krystallinischen Körpern. 24 S. . . . .

Hamm, Progr. 1846

(Hadel, J. F. C.): „Tabellen über verschiedene Gold-Münzen zum wöchentlichen notirten Geld-Cours al Marco in hamburger Banco". Lithogr.

Hadel, Klemens

Hadel, Clemens v., Erinnerungen bei dem Anblicke eines eisernen Fingerringes aus dem Jahre 1813 mit der Umschrift „Gold gab ich für Eisen." Leipzig 863. Schuberth. gr. 8. (29 S.) 5 ngr.

Hadelbach, H., Bilder u. Erinnerungen aus dem Kriegsleben von 1870/71. gr. 8. (IV, 222 S.) Leipzig 871. Dörffling & Franke. 2.—

Hadeler, C. W., Aufgaben zum Kopfrechnen. 8. (224 S.) Stade 878. Schaumburg in Comm. n. 2. —

Hadeler, C. W., Rechenbuch für Elementarschulen. 1. Kursus. Stade 870. (Schaumburg.) 8. (128 S.) n.n. 5 ngr; mit Auflösungen (16 S.) n.n. 6 ngr

Hadeler, C. W., Rechenbuch f. Elementarschulen. 1. Kursus 3. Aufl. 8. (IV, 132 S.) Stade 872. Schaumburg in Comm. n.n. — 60

— dasselbe. 2. Cursus. 2., nach dem neuen Münzgesetz bearb. Aufl. 8. (IV, 180 S.) Ebend. 873. n.n. — 75; Antworten. 2. Aufl. (30 S.) n.n. — 20

— dasselbe. 3. Kursus nebst Antworten. 8. (140 S. u. Antworten 24 S.) Ebend. 874. n.n. 1. —; Antworten apart n.n. — 25

Hadeler, C. W., Rechenbuch für Elementarschulen. 1. und 2. Kurs. 8. Stade 875—82, (Schaumburg.) [1. Kurs. 4.—10. Aufl. (IV, 140 S.) ** 50 Pf.; 2. Kurs. 3.—5. Aufl. (IV, 180 S.) ** 75 Pf.] **
3. Kurs. Ebendas. 1874. ** 75 Pf. Antworten ** 25 Pf.
dass. — Antworten zum 1. und 2. Kurs. 8. Ebendas. 875—82. [1. Kurs. 9. und 10. Aufl. (24 S.) ** 10 Pf.; 2. Kurs. 5. Aufl. (32 S.) ** 25 Pf.] **

Hadeler, C. W., Rechenbuch f. Elementarschulen. 1. Kurs. 2 Abtlgn., 2. u. 3. Kurs. 8. Stade, (Schaumburg). n.n. 2. —; Einbde. à n. — 23; Antworten zu I., II. u. III.: n.n. — 60
I. 15. Aufl. (IV, 148 S.) 888. n.n. — 50; Antworten (24 S.) n.n. — 10. — II. 8. Aufl. (IV, 180 S.) 888. n.n. — 75; Antworten (32 S.) n.n. — 25. — III. 2. Aufl. (IV, 140 S.) 886. n.n. — 75; Antworten (24 S.) n.n. — 25.

Hadeler, C. W. Rechenbuch f. Elementarschulen. 1. Kurs mit Antworten u. 2. Kurs. 8. Stadte, (Schaumburg). [1. Kurs. 17. Aufl. (IV, 148 S.) 892. ** — 50; Antworten. (24 S.) ** — 10; 2. Kurs. 9. Aufl. (IV, 180 S.) 891. ** — 75.] ** 1 35
3. Kurs. Ebd. 1886. ** — 75.

Hadeler, C. W., Rechenbuch f. Elementarschulen. 3 Kurse. Stade, (F. Schaumburg). n.n. 2. —
1. 17. Aufl. (IV, 118 S.) 893. n.n. — 50
2. 10., um die Aufgaben zur Arbeiter-Versicherung verm. Aufl. (III, 180 S.) 893. n.n. — 75
3. 8. Aufl. (IV, 140 S.) 894. n.n. — 75

Hadeler, Nicolaus: Geschichte der holländischen Colonien auf der Goldküste, mit besonderer Berücksichtigung des Handels. *Bonn 1904: J. Trapp.* (76 S.) 8°
Bonn, Phil. Diss. v. 6. Juli 1904

Hadeler, R[udolf], Assistenzarzt a. Linden-Hannover: Lungenembolie speciell nach Operationen. München 1904: Kastner & Callwey. (23 S.) 8°
München, Med. Fak., Ref. v. Bollinger, Diss. v. 24. Okt. 1904
[Geb. 30. Mai 79 Verden, Aller; Wohnort: Verden; Staatsangeh.: Preußen; Vorbildung: Domgymn. Verden Reife O. 99; Studium: Tübingen 4, Kiel 1, Berlin 3, München 1 S.; Coll. 25. Juli 04; Approb. 3. März 04.]

Hadeleriologia historica; das ist: Historischer Bericht von dem Lande Hadeln ... Hamb. 1722. V: *Bilkau, Dan. Woldcrich.* (JStBbH) H: *Langenbeck, G.* (CBH) (Rotermund, Gel. Hann. Bremen 1823.)

Hadelich, Siegm. Lebr., († d. 24. Aug. 1783.), Uebersetzungen u. deutsche Abhandll. d. Acad. d. W. zu Erfurt.

Hadelich, Sigismund Lebrecht (Herausgeber): „Uebersetzungen und Abhandlungen, die zum Theil bei der Kurfürstlich Mainzischen Akademie in Erfurt übergeben und abgelesen worden", 2 Theile, Langensalza 1762, 1763.

Hadelich, Wilhelm [cand. med. aus Gräfentonna]: Über die Form und Grössenverhältnisse des Staphylococcus pyogenes aureus ... Würzburg, Becker's Univ.-Buchdr., 1887; 54 S. 8°.
Würzburg, Med. Fak., Inaug.-Diss. v. 1887.

Hadelich, W., üb. die Form u. Grössenverhältnisse d Staphylococcus pyogenes aureus. gr. 8. (52 S.) Würzburg 887. Stuber's Verl. n. 1. —

Hadeln [Schlagwort]

Hadeln. Kreis. s.: Lohe.

Hadeln [Verf]

Hadeln, Detlev Frhr. v., die wichtigsten Darstellungsformen des h. Sebastian in der italienischen Malerei bis zum Ausgang des Quattrocento. s.a. Zur Kunstgeschichte des Auslandes 18. Hft.

Hadeln, Detlev Frhr. von, a. Wiesbaden: Die wichtigsten Darstellungsformen des H. Sebastian in der Italienischen Malerei bis zum Ausgang des Quattrocento. Straßburg 1906: J. H. Ed. Heitz. (61 S.) 4°(8°) ¶(Erscheint m. zahlr. Abbildungen als: Zur Kunstgeschichte des Auslandes H. 48.)
Jena, Phil. Fak., Ref. Gräf, Diss. v. 12 Dez. 1906
[Geb. 26. Mai 78 Arolsen; Wohnort: Wiesbaden; Staatsangeh.: Preußen; Vorbildung: Gymn. Gutersloh Reife M. 99, Studium: Genf 1, München 1, Berlin 1, Leipzig 1, Bonn 1, Jena 4 S.; Rig. 20. Dez. 05.]

v. Hadeln, H., neueste Versuche, d. Geschützladungen mittelst Percusion zu entzünden. Mit 6 lithogr. Tafeln. gr. 8. Mainz 829. Kupferberg. 1 ₰ 8 ℳ

Haden: Meletemata critica in Hesiodi Erga. 10 S. – Düren, Progr 1854

Hadenfeldt, Adolf: Aus der medicinischen Poliklinik zu Kiel. Ueber die Häufigkeit des chronischen Hydrocephalus im Kindesalter. *Kiel 1898: P. Peters.* (28 S.) 8°
Kiel, Med. Diss. v. [12. Juli] 1898

Hadenfeldt, Hermann [app. Arzt aus Neumünster]: Über Arthrodesis, besonders bei den Folgen der spinalen Kinderlähmung. Kiel. Druck v. Carl Boeckel, 1889. 27 + 1 S. + 1 Bl. 8°
Kiel, Med. Fak., Inaug. Diss. v. 27. Mai 1889

Hadenfeldt, H., üb. Arthrodesis, besonders bei den Folgen der spinalen Kinderlähmung. Inaug.-Diss. gr. 8. (27 S.) Kiel 889. (Gnevkow & v. Gellhorn.) n. — 80

Hadenfeldt, Hermann, aus Brunsbüttel, Referendar bei d. Staatsanwaltschaft am Kgl. Landger. zu Kiel: Die **Mobiliarversteigerung** nach gemeinem Recht unter Berücksichtigung der Partikularrechte. *Kiel 1899: Vollbehr & Riepen.* (75 S.) 8°
Erlangen, Jur. Diss. v. 3. Juli 1899

Hadenfeldt, Karl

Hadenfeldt, Carl [approb. Arzt aus Stockelstorf]: Aus dem Laboratorium der pharmakognostischen Sammlung in Kiel. Beitrag zur Kenntniss der Wirkung des Coniins ... Kiel, Druck v. Schmidt & Klaunig, 1886; 24 + 2 S. 8°
Kiel, Med. Fak., Inaug.-Diss. v. 15. Febr. 1886.

Hadenfeldt, Carl, Beitrag zur Kenntniss der Wirkung d. Coniins. [Aus dem Laboratorium der pharmakognost. Sammlg. in Kiel.] gr. 8. (24 S.) Kiel 886. (Lipsius & Tischer.) n. 1. —

Haedenkamp, H. Dissertatio de ellipsoidum attractione. 18 S. . .
Progr. Hamm 1840

Hädenkamp. Ueber die Veränderungen der Axe und der Umdrehungsgeschwindigkeit der Erde durch Veränderungen auf der Erdoberfläche. 16 S.
Hamm, Progr. 1856

Haedenkamp, Walther, Referendar a. Essen a. d. Ruhr: Die rechtliche Auffassung des Kreditauftrags im gemeinen Recht und im Bürgerlichen Gesetzbuch. Borna-Leipzig 1905: R. Noske. (IX, 99 S.) 8° [J.]
Leipzig, Jur. Fak., Diss. v. 3. Juli 1905
[Geb. 12. Dez. 80 Essen a. d. Ruhr; Wohnort: Essen; Staatsangeh.: Preußen; Vorbildung: Gymn. Essen Reife O. 00; Studium: Tübingen 2, Zürich 1, München 1, Kiel 2 S.; Rig. 1. Aug. 03.]

Hader, A., Volksgesundheit, s.: Zu Lehr u. Wehr. 2.

Hader, Marie, Bildung. Studien nach dem Leben. 8. (76 S.) Dresden 900. E. Pierson. n. 1. 50; geb. n. 2. 50

— Heiner. Ein Idyll aus dem Frankenwalde. 8. (48 S.) Ebd. 899. 1. —; geb. n. 2. —

Hader, M., der Mutter Ratschläge. Briefe e. Mutter an ihre Tochter in der Fremde. (19 S.) gr. 8. Bamberg 903. C. Hübscher. n. — 60

Häder's Zeitschrift für Montage u. Maschinenbetrieb. Sammlung v. Resultaten aus der Praxis, zugleich e. Sparbüchse f. Industrielle, hrsg. v. Herm. Haeder. 1. Jahrg. Oktbr.—Dezbr. 1893. 6 Nrn. (Bog.) gr. 4. Duisburg. (Düsseldorf, L. Schwann.) n. 2. —

— dasselbe. 2. Jahrg. 1894. 26 Nrn. (Bog.) gr. 4. Ebd. n. 8. —

Haeder, Herm., Bau u. Betrieb der Dampfkessel. Ein prakt. Handbuch f. Techniker, Fabrikanten, Industrielle, sowie zum Unterricht in techn. Schulen. Mit 821 Fig., 138 Tab. u. e. Beilage (Atlas von 20 Taf.). Aus der Praxis f. die Praxis bearb. 8. (XIV, 256 S.) Duisburg 893. (Düsseldorf, L. Schwann.) Geb. in Leinw. n. 8 —

Haeder, Herm.: Bau und Betrieb der Dampfkessel. 2. Aufl. Düsseldorf 1895

Haeder, Herm., Bau u. Betrieb d. Dampfkessel. E. prakt. Handbuch f. Techniker, Fabrikanten, Industrielle, sow. z. Unterr. in techn. Schulen. Aus d. Praxis f. die Praxis bearbeitet. 3. Aufl. 8. (XVI, 443 S. m. 1327 Abb. u. 142 Tab.) Duisburg 898. (Düsseldorf, L. Schwann.) Geb. in Leinw. n. 10. —

Haeder, Herm., Bau u. Betrieb der Dampfkessel. Handbuch f. Techniker, Fabrikanten, Industrielle, sowie zum Unterricht in techn. Schulen. Für Praxis u. Schule bearb. 4. neubearb. Aufl. 2 Bde. Duisburg 902. (Düsseldorf, L. Schwann.) Geb. in Leinw. u. geh. n. 14. —
1. Mit 1406 Abbildgn. u. 167 Tab. 8. (XVI, 608 u. 16 S.)
2. Zeichnungen u. Bilder. qu. gr. 4. (25 Taf., S. 26—33 u. 47 S. Abbildgn.)

Haeder, Herm., die Dampfkessel. Entwurf, Berechng., Ausführg. u. Betrieb. Für Studium u. Praxis bearb. 5. Aufl. Vollständige Neubearbeitg. 2 Tle. 8. Wiesbaden, O. Haeder. 10. —; in 1 Bd. geb. 11. 50
I. Dampf, Brennstoffe, Feuergn., Berechng. der Kessel u. der Kesselnietgn. Mit 407 Abb. im Text, 41 Tab., 8 Taf. u. zahlr. Rechnungsbeispielen, ferner 100 Aufgaben u. 90 Unterfragen m. Lösgn. (VIII, 160 S.) 910. 4. 40
II. Entwerfen u. Berechnen der Kessel. Kesselsysteme. Nasser Dampf. Überhitzer. Wahl des Kesselsystems. Armatur. Einmauerung. Reinigung des Kesselspeisewassers. Kesselspeisung u. Vorwärmg. Mit 484 Abb. im Text, 56 Tab., 17 Taf., 23 Kesselbildern, e. Anh. üb. Normalschornsteine u. Dampfkesselnormalien, zahlreichen Rechnungsbeispielen, ferner 50 Aufgaben m. vielen Unterfragen u. Lösgn. (VIII u. S. 161—336, 25—48 u. 8 S.) 911. 5. 60

— die kranke Dampfmaschine u. erste Hülfe bei Betriebsstörung. Prakt. Handbuch f. Betrieb u. Wartg. d. Dampfmaschine. Aus d. Praxis bearb. 8. (XV, 303 S. m. 633 Fig.) Ebd. 897. Geb. in Leinw. n. 6. —

— die kranke Dampfmaschine u. erste Hülfe bei Betriebsstörung. Praktisches Handbuch f. Betrieb u. Wartg. der Dampfmaschine. Aus der Praxis bearb. 2. Aufl. 8. (XV, 391 S. m. 794 Fig.) Ebd. 899. Geb. in Leinw. n. 8. —

Haeder, Herm., die kranke Dampfmaschine u. erste Hilfe bei Betriebsstörung. Praktisches Handbuch für Betrieb u. Wartung der Dampfmaschine. Aus der Praxis bearb. 3. Aufl. (XII, 370 S. m. Abbildgn.) 8. Duisburg 904. (Düsseldorf, L. Schwann.) Geb. in Leinw. n. 8. —

Haeder, H., die Dampfmaschinen unter hauptsächlichster Berücksicht. completer Dampfanlagen, sowie marktfähiger Maschinen von 200—1000 mm Kolbenhub m. den gebräuchlichsten Schiebersteuerungen. Ein Handbuch f. Entwurf, Construction, Gewichts- u. Kostenbestimmgn., Ausführung u. Untersuchung der Dampfmaschinen, sowie f. damit zusammenhängende Kesselanlagen, Rohrleitgn., Pumpen etc. Aus d. Praxis f. die Praxis bearb. Mit 1155 Fig., 206 Tab. u. zahlr. Beispielen. 8. (XVI, 405 S.) Düsseldorf 890. (Schwann.) geb. n. 10. —

— die Dampfmaschinen unter hauptsächlichster Berücksicht. completer Dampfanlagen, sowie marktfähiger Maschinen. Ein Handbuch f. Entwurf, Construction, Gewichts- u. Kostenbestimmgn., Ausführg. u. Untersuchg. der Dampfmaschinen, sowie f. damit zusammenhäng. Kesselanlagen, Rohrleitgn., Pumpen etc. Aus der Praxis f. die Praxis bearb. 2., bedeutend verm. Aufl. Mit 1554 Fig., 2[illegible] Tab. u. zahlreichen Beispielen. 8. (XXIV, 452 S.) Düsseldorf 892. (L. Schwann.) Geb. in Leinw. n. 10. —

— dasselbe. 5. Taus. (3. Aufl.) Mit 1774 Fig., 242 Tab. u. zahlreichen Beispielen. 8. (XV, 505 S.) Ebd. 894. Geb. in Leinw. n. 10. —

Die Dampfmaschinen unter hauptsächl. Berücks. kompleter Dampfanlagen sowie marktfähiger Maschinen. E. Handb. f. Entw., Konstruktion ... d. Dampfmaschinen ... Aus d. Praxis u. Schule bearb. v. Herm. **Haeder,** Civ.-Ingen. 4. Aufl. ... M. 2000 Fig., 270 Tab., zahlr. Beisp. u. Reisebeil. *Duisburg: Selbstverl.; Dr. v. L. Schwann in Düsseldorf 1895.* (XV, 550 S., 5 Bl., 48 S.) 1 Bd 8. [96. 5180

Haeder, Herm: Die Dampfmaschinen. 4. Aufl. Duisburg 1897

— die Dampfmaschinen unt. hauptsächl. Berücksicht. kompletter Dampfanlagen sow. marktfäh. Maschinen. Ein Handbuch f. Entwurf, Konstruktion, Gewichts- u. Kostenbestimmgn., Ausführg. u. Untersuchg. der Dampfmaschinen, sow. f. damit zusammenhäng. Kesselanlagen, Rohrleitungen, Pumpen etc. Für Praxis u. Schule bearb. 5. Aufl. (13. Taus.) M. 2100 Fig., 270 Tab. u. zahlr. Beispielen. 8. (XVI, 576 S.) Ebd. 898. Geb. in Leinw. n.n. 12. —

— die Dampfmaschinen unter hauptsächlichster Berücksicht. kompletter Dampfanlagen sowie marktfähiger Maschinen. Für Praxis u. Schule bearb. 6. neubearb. Aufl. 3 Bde. Ebd. 902. Geb. in Leinw. n.n. 28. —
1. Berechnung u. Details. 1964 Fig., 270 Tab. u. zahlreiche Beispiele. 8. (XVI, 607 S.) n.n. 12. —
2. Zeichnungen u. Bilder. 4. (94 Taf. u. 62 S. Abbildgn. m. IV S. Text.) n. 10. —
3. Steuerungen der Dampfmaschinen. (700 Abbildgn., 73 Tab. u. 16 Taf.) 8. (VIII, 167 S.) n. 6. —

Die Dampfmaschinen unter hauptsächlichster Berücks. kompletter Dampfanlagen sowie marktfähiger Maschinen. Für Praxis u. Schule bearb. von Herm. Haeder, Civil-Ing. 7. Aufl. Bd 1–3. *Duisburg: Selbstverl. 1902–03.* 2 Bde 8°, 1 Bd 4°
1 Berechnung u. Details, ca. 2000 Fig., 280 Tab. 1903. [Nebst] Beilage.
2. Zeichnungen u. Bilder 1902.
3. Steuerungen d. Dampfmaschinen. (700 Abb., 78 Tab. u. 16 Taf.) 1902 [04. 3379 11

— die Dampfmaschinen unter hauptsächlichster Berücksicht. kompletter Dampfanlagen sowie marktfähiger Maschinen. Für Praxis u. Schule bearb. 3 Bde. Ebd. n.n. 32. —
1. Berechnung u. Details 8, verm. Aufl. Etwa 2100 Fig., 296 Tab. u. zahlreiche Beispiele. (XVI, 767 S.) 8. 907. Geb. in Leinw. n.n. 12. 50
2. Zeichnungen u. Bilder. 7. Aufl. (IV S. Text, 92 Taf., S. 93–112 m. Abbildgn. u. 31 Taf.) 4. 903. Geb. in Leinw. n.n. 10. 50
3. Steuerungen der Dampfmaschinen. 1. Tl. (XVI, 368 S. m. Abbildgn.) 8. Geb. in Leinw. — 2. Tl. Aufgaben u. Zeichngn. 7. Aufl. (47 S. m. 30 Taf.) qu. 4. 903. n.n. 9. —

— Die Dampfmaschinen. Hilfsbuch f. Entwurf u. Berechng. v. Dampfanlagen. Für Praxis u. Studium bearb. 9., verm. Aufl. I. Bd.: Berechnen u. Entwerfen. Mit 2150 Fig., 300 Tab. u. zahlr. Beispielen. (XVI, 788 S.) 8. Ebd. 908. Geb. in Leinw. nn 12. 50

Haeder, Herm., der kranke Gasmotor. Handbuch f. Aufstellg., Betrieb, Wartung, Untersuchung u. Reparatur der Verbrennungsmotoren. (VIII, 231 S. m. 430 Abbildgn.) 8. Düsseldorf 907. (L. Schwann.) Geb. in Leinw. n. 4. 60

— die Gasmotoren. Handbuch für Entwurf, Bau u. Betrieb von Verbrennungsmotoren. (In 2 Tln.) 1. Tl. Mit 726 Abbildgn., 75 Tab. u. zahlreichen Beispielen. (XVI, 207 u. 4 S.) gr. 8. Ebd. 904. n. 7. 50

— dasselbe. II. Tl. (In 5–6 Lfgn.) 1. u. 2. Lfg. (III u. S. 1–64 m. Fig., 39 Taf. u. 1 Bl. Erklärgn.) gr. 8. Ebd. 907. Subskr.-Pr. à n. 2. —

— Die Gasmotoren Handbuch f. Entwurf, Bau u. Betrieb d. Verbrennungsmotoren. II. Tl 3–7. Lfg. (V, IV u. S. 65–248 m. Fig. u. 83 Taf.) gr. 8. Duisburg 907. 908. Wiesbaden, O. Haeder. Subskr.-Pr. à 2. —

— dasselbe. 2. Aufl. 2 Bde. Ebd. 908. Geb. in Leinw. u. kart. 22. —
I. Abtlg. A. Wirkungsweise, Leistungsberechnung, Einzelteile. Mit 850 Abb., 84 Tab. u. zahlr. Beispielen. (VIII, 248 S.) gr. 8. Geb. in Leinw. 12. —
II. Zeichnungen u. Bilder. (123 Taf. m. 4, 1 u. 8 S Text m. Fig.) 19×24 cm. Kart. 10. —

— der Indicator. Practisches Handbuch zur Untersuchung v. Dampfmaschinen, Dampfkesseln u. compl. Dampfanlagen. Zum Gebrauch f. Industrielle, Fabrikanten u. Techniker. Aus der Praxis für die Praxis bearb. Mit 542 Fig., 46 Tab., zahlreichen Beispielen u. Streifen zum Einkleben der mittelst Indicator genommenen Diagramme. gr. 8. (XV, 224 S.) Ebd. 892 Geb. n. 6. —

Haeder, Herm., der Indikator. Prakt. Handbuch f. Entwurf, Untersuchung u. Verbesserg. von Dampfmaschinen, Dampfkesseln etc. Aus d. Praxis f. die Praxis. 2. Aufl., vollständ. Neubearbeitg. Mit 868 Fig., 121 Tab. u. zahlr Beispielen. 8. (XVI, 323 S.) Duisburg 896. (Düsseldorf, L. Schwann.) Geb. in Leinw. n. 8. —

Der Indikator. Pract. Handb. f. Entwurf, Untersuchg u. Verbesserg v. Dampfmaschinen, Dampfkesseln etc. Aus d. Praxis f. d. Praxis bearb. v. Herm. Haeder, Civil-Ing. 2 Aufl., vollständ. neubearb. M. 868 Fig., 121 Tab. u. zahlr. Beispielen. *Duisburg: Selbstv.; Dr. v. L. Schwann in Düsseldorf 1897.* (XV, 323 S.) 1 Bd 8. [98. 10384

— der Indikator. Praktisches Handbuch f. Entwurf, Untersuchg. u. Verbesserg. v. Dampfmaschinen, Dampfkesseln etc. Für Praxis u. Schule. 3. Aufl. Mit zahlreichen Fig., Tab. u. Beispielen. 8. (XV, 347 S.) Ebd. 900. Geb. in Leinw. n. 8. —

— Der Indikator. Handbuch d. Untersuchg. u. Verbesserg. v. Kraftanlagen, Dampfmaschinen, Dampfkessel, Verbrennungsmotoren, sowie Pumpen u. Kompressoren. Für Studium u. Praxis bearb., 4., neubearb. Aufl. Mit 1180 Fig., vielen Tabellen u. Beispielen. (XVI, 865 S.) 8. Wiesbaden 909. O. Haeder. Geb. in Leinw. 9. —

— Kalkulieren v. Maschinen u. Maschinenteilen. Ein Handbuch f. Gewichts- u. Kostenbestimmg. bei Vorkalkulationen. Für Praxis u. Schule bearb. Mit zahlreichen Fig., Tab. u. Beispielen. gr. 8. (XVI, 186 S.) Ebd. 901. Geb. in Leinw. n. 4. —

— Kleinmotoren. Verbrennungskraftmaschinen bis 100 PS u. deren Umbauten f. flüssige Brennstoffe, Leuchtgas u. Sauggas. Handb. f. Industrielle, Motoren-Besitzer, Fabrikanten, Konstrukteure, Betriebsleiter u. Studierende. Mit 305 Abb., Tabellen u. Beispielen. (VIII, 138 S.) 8. Ebd. 909. Geb. in Leinw. 3. 80

— Konstruieren u. Rechnen, f. Schule u. Praxis bearb. 2 Bde. Ebd. 899. Geb. in Leinw. n. 10. —
1. Text. 8. (VIII, 191 S. m. Fig.)
2. Tafeln. qu. 4. (115 Taf. m. IV S. Text.)

— Konstruieren u. Rechnen. Für Praxis u. Schule bearb. 2. neu bearb. Aufl. 1400 Abbildgn., 24 Taf. u. 1 Beilage. (XVI, 552 S.) 8. Ebd. 903. Geb. in Leinw. u. geh. n.n. 12. —

Haeder, H.: Konstruieren und Rechnen. 3. Aufl. Bd 1. 2. Duisburg 1907

— Konstruieren u. Rechnen. Für Studium u. Praxis bearb. 4., erweit. Aufl. 2 Bde. Ebd. 909. Geb. in Leinw. 27. 50
1. Maschinenelemente. 3850 Abb. u. 345 Tab. (XVI, 896 S.) 8. 12. 50
2. Beispiele u. Tafeln. 1400 Hauptaufgaben, 2500 Unteraufgaben, 1100 Abb., 164 Taf. (XI, 296 S.) 20×23,5 cm. 15.

— der Maschinenmeister. Prakt. Handbuch für Monteure u. Maschinenbauer. 2 Tle. 8. Ebd. à n. 2.50
1. D. Maschine in d. Werkstatt. (IV, 168 S. m. 652 Abb. u. 37 Tab.) 897.
2. D. Montieren. (S. 169–336 m. 531 Abb. u. 17 Tab.) 898.

— der Maschinenmeister. Handbuch f. den prakt. Maschinenbau, Montage u. Reparaturen. 2. Bd. (3. Tl.) Taschenbuch. 8. (VIII, XVI, S. 337–448, 88 u. 20 S. m. Fig. u. 1 Karte u. 32 S. in 4. m. Fig. u. 1 Taf.) Ebd. 899. Geb. in Leinw. n. 2. 50

— Maschinenpraxis. Unter Mitwirkg. bewährter Betriebsleiter hrsg. I. Tl.: Werkstattwinke. Mit 750 meist maassstäbl. Abb. Alphabetisch geordnete Anleitgn. f. die prakt. Bearbeitg. v. Gegenständen d. allgem. Maschinen-, Motoren- u. Transmissionsbaues sowie f. zweckmäss. Ausnutzg. d. Werkzeugmasch. (VI, 224 S.) 8. Ebd. 910. 4. 50

— Merkbuch f. d. Industrie. Taschen-Ausg. 1898–99. 2 Tle. 12. (XVI, 164; 80 u. 32 S. m. Abb. u. 1 Karte.) Ebd. Geb. in Leinw. u. kart. n. 3. —; Bureau-Ausg. 4. (IV, VIII, 100 u. 16 S. m. Abb. u. 1 Karte.) Geb. in Leinw. n. 4. —

— Notizbücher für d. Industrie. Nr. 1. „Tasche". 1897–98. 8. (210 S. m. 4 Abb.) Ebd. Geb. in Leinw. n. 1. 20

— Pumpen u. Kompressoren. Praktisches Handbuch f. Entwurf, Konstruktion, Untersuchg. u. Verbesserg. v. Pumpmaschinen. Für Praxis u. Schule bearb. 2 Bde. u. 1 Atlas. Mit zahlr. Fig., Tab., Beispielen u. Taf. 8. (XVI, XVI, 592 S. u. Atlas 52 Taf. in qu. 4.) Ebd. 901. Geb. in Leinw. n. 10. —

— Pumpen u. Kompressoren. Praktisches Handbuch f. Entwurf, Konstruktion, Untersuchg. u. Verbesserg. von Pumpmaschinen. Für Schule u. Selbstunterricht bearb. 2. erweit. Aufl. Ebd. 903. Geb. in Leinw. u. geh. n.n. 12. —
1. (XVI, 479 S. m. Abbildgn.) 8. — 2. Aufgaben u. Zeichnungen. (IV u. S. 431—543 m. Abbildgn., 37 Taf. u. 30 S. m. Abbildgn.) qu. 4.

Haeder H, Steuerungen der Dampfmaschinen. (267 S 16 T) Duisburg 1902

— Steuerungen der Dampfmaschinen. III. Bd. zu Dampfmaschinen, neueste Aufl. Für Praxis u. Schule bearb. (Neue Aufl.) 2 Tle. Duisburg 908. (Wiesbaden, O. Haeder.) Geb. u. kart. 10. —
1 (XII, 408 S. m. Abb.) 8. Geb. — 2. Beispiele u. Zeichnungen. (IV, 33 S. m. Abb. u. 50 Taf.) 19,5×23,5 cm. Kart.

Haeder, Herm., Taschenbuch: Maschinenmeister. Für prakt. Maschinenbau, Montage u. Reparaturen. Ist gleichzeitig: Bd. II zu: Der Maschinenmeister. 2., neubearb. Aufl. (VIII, 224 S. m. Abb.) kl. 8. Wiesbaden 908. O. Haeder. Geb. in Leinw. 3. —

— Versuche an Motoren u. Gaserzeugern. Handb. f. die Untersuchg. der Motoren auf ihre Leistg. u. Wirtschaftlichkeit. Für Studium u. Praxis bearb. Mit 94 Abb., Tab. u. Beispielen. (VII, 61 S.) 8. Ebd. 911. 2. —

— Zeitschrift f. Maschinenbetrieb u. Montage. Sammlung v. Resultaten aus d. Praxis, zugl. e. Sparbüchse f. Industrielle, hrsg. v. Herm. Haeder. 3.—6. Jahrg. 1895—1898. à 26 Nrn. (à ca 1 Bog. m. Abb.) gr. 4 Ebd. à Jahrg. n. 8. —; einz. Nrn. n. — 35
Kann auch vierteljährlich bezogen werden.

- Zeitschrift f. Maschinenbetrieb u. Montage. Sammlung v. Resultaten aus der Praxis, zugleich e. Sparbüchse f. Industrielle, hrsg. v. Herm. Haeder. 7.—10. Jahrg. 1899—1902. à 26 Nrn. gr. 4. (IV, 234; IV, 226; IV, 221 u. IV, 208 S. m. Abbildgn.) Duisburg. (Düsseldorf, L. Schwann.) à Jahrg n. 8. —

— Zeitschrift f. Maschinenbetrieb u. Montage. Sammlung von Ergebnissen aus der Praxis, hrsg. v. Herm. Haeder. 11.—14. Jahrg. 1903—1906. à 26 Nrn. (11. u 12. Jhrg. à 208 S. m. Abbildgn.) 4. Duisburg (Düsseldorf, L. Schwann.) à Jhrg. n. 8. —

— Zeitschrift f. Maschinenbau u. Betrieb. Samml. v. Ergebn. aus d. Praxis, hrsg. v. Herm. Haeder. 15—18. Jahrg. 1907—1910. à 26 Nrn. (à Jahrg. IV, 208 S. m. Abb.) 32×23 cm. Ebd à Jhrg. 8. -

Haeder, jun., Otto, die Schnell-Perspektive (Haeder-Perspektive) u. Skizzieren. Für techn. Lehranstalten u. z. Selbstunterr. Mit vielen Abb. u. Masstabellen. Beilage · Zeichendreieck m. Haeder-Winkel. (IV, 71 S.) 8. Duisburg 907. Wiesbaden, O. Haeder. Kart. 2. —

Haderlap, Filip, die Kärntner Slovenen. Ihre nationalen Verhältnisse u. Bestrebgn. 8. (44 S.) Klagenfurt 885. (Raunecker.) n. — 60

Haberlein, Max, Handbuch der Schwimmlehre, m. Abb., Würzburg 1832, 54 S., 32 Taf., Kl.-8°

Hüderli, Rich., die hellenischen Astynomen u. Agoranomen, vornehmlich im alten Athen. gr. 8. (50 S.) Leipzig 886. Teubner. n. 1.20

Hadermann, J. H.

Hadermann, I. L., Carmina. 8. Hanau. (Sommer. Lips.) 789.

Hadermann, J. H., Carmina posthuma; herausg. von H. L. Hadermann u. seinen 3 Brüdern. 8. Hannov. 789. (Leipz., W. Nauck). 1 ß

Hadermann, J. Leonh.

– s. Damenkalender, britischer.

Hadermann, J. Leonh., (†...), s. J. H. *Hadermann*, Carmina

– s. Saint-Pierre, Paul u. Virginie.

Habermann, Jh. Wlh. Er., d. menschl. Herz in seiner Größe u. Schwäche. 8. Frankf. a. M. 799. Körner. 16 gr

Habermann, Jh. W. Er., Selmar, oder der Schwärmer. 8. Gießen 800. Heyer. 1 ß 12 gr

Habermann, Karl, († d. 1. Febr. 1814.) Briefe an Leonore über d. Mythologie. Nachlese zu Demoustiers Briefen. 8. Kreuznach 804. (Leipz.; Schmidt). 12 gr (Centr.-Compt. in Lpz.) 18 gr

– s Demoustier, Briefe.

- s.a. Erzähll , mytholog.

— —, Mythologische, im lieblichen Gewande. Für Freunde der Mythe (von *Carl Hadermann*, † 1. Febr. 1814). Kreuznach 1808. 8°. (4 Mk. 50 Pfg. H. Streisand, Berlin, 1908.)
Anon.-Lex. II. p. 63 (nach Kayser).

Habermann, R., die Hussiten, s.: Reform u. Reaktion.

Hadersleben [Schlagwort]

Hadersleben, s.: Deutschland. Uebersichtskarte.

Hadersleben-Hamburg, s.: Automobilkarten. Automobil-Tourenkarte. Mittelbach.

Hadi tudomany, d. i. Kriegswissenschaft. Nach dem Original eines gelehrten Ungarn herausgegeben von Aloys Szeker. 8. Pesth 1807

Haedicke: Etudes sur le royaume de Bourgogne et de Provence, I p. 37 S.–Berlin Coll. Fr., Progr 1865

Haedicke, Georg, appr. Arzt a. Berlin: Über die Bärentraubenblätter u. ihre Präparate, insbesondere über Uropural. Greifswald 1906: H. Adler. (58 S.) 8°
Greifswald, Med. Fak., Ref. Schulz, Diss. v. 19. Juli 1906
[Geb. 4 Dez. 65 Berlin; Wohnort. Berlin, Staatsangeh.: Preußen; Vorbildung: Friedrich-Gymn. Berlin Reife M. 87; Studium Berlin 19, Greifswald 2, Berlin 2 S., Coll. 19. Juli 06; Approb 27 Juli 03.]

Haedicke, Gustav, approb. Arzt aus Zerbst (Anh.) Aus d. med. Poliklinik zu Marburg. Ueber die Ausbreitung der Tuberkulose im Distrikt der Marburger Poliklinik. *Marburg 1902: J. Hamel.* (45 S.) 8°
Marburg, Med. Diss. v. 28. Aug. 02

Haedicke, Gustav Julius. Untersuchungen über die aus Caragheenmoos und Raffinose (Melitose) entstehenden reducirenden Zuckerarten. Göttingen, 1887

Hädicke, H., die französische Konjugation. Zur Repetition f. mittlere u. obere Gymnasialklassen. 8. (24 S.) Mainz 874. Kunze's Nachf. n. — 40

Hädicke, H. Die Reichsunmittelbarkeit und Landstandschaft der Bistümer Brandenburg und Havelberg. 59 S. *Pforta* 1882. **Progr.**

Haedicke, H., der Unterricht im Zeichnen an der Fachschule zu Remscheid. gr. 8. (13 S. m. 9 Steintaf.) Remscheid 884. Schmidt. n. 1. —

Hädicke, H., Vocabulaire français für die drei oberen Gymnasialklassen. gr. 8. (VI, 119 S.) Leipzig 879. Teubner. 1. 50

Hädicke, H., vocabulaire français f. die oberen Klassen höherer Lehranstalten. 2., verb. Aufl. gr. 8. (VIII, 122 S.) Leipzig 887. Teubner. n. 1. 60

Haedicke, Herm., der Angriffspunkt des Auftriebs. 8. (60 S. m. 2 Taf.) Essen (902). G. D. Baedeker. n. 2. —

Haedicke, H., der Angriffspunkt d. hydrostatischen Auftriebes. Theoretische Untersuchungen auf dem Gebiete der Statik u. Hydrostatik. gr. 8. (55 S. m. 2 Steintaf.) Zürich 881. (Orell, Füssli & Co.) n. 2. —

Haedicke, H., e. einfache Regel f. d. Bestimmung d. Wechselräder a. d. Drehbank u. a. d. Universalfräsmaschine ohne Benutzg. e. Tabelle. Eine prakt. Anleitg. f. die Werkstatt. 12. (21 S. m. 1 Taf.) Remscheid 895. H. Krumm. Kart. n. 1. —

— die Stellg. d. Lehrwerkstätten zu den neuesten socialpolit. Beweggn. 2. Aufl. Aus d. Progr. d. Remscheider Fachschule 1890. gr. 8. (24 S.) Elberfeld 896. S. Lucas. — 25

Haedicke, H., Tabellen u. Formeln zur Berechnung der Leistung d. Wasser- u. Kohlenverbrauchs der Dampfmaschine m. besond. Berücksicht. der See-Dampfmaschine. Für den prakt. Gebrauch v. See-Officieren, Fabrikanten, Ingenieuren u. Maschinisten zusammengestellt u. berechnet. gr. 16. (38 S.) Kiel 873. v. Wechmar. n. 2. 50

— practical tables a. rules for steam engines. gr. 16. (24 S.) Kiel 871. Schwers. n. 1. —

— die Technologie des Eisens. Handbuch f. den prakt. Maschinenbau u. die Stahlwaren- u. Kleineisenindustrie. Mit 1192 Textabbildgn., sowie 6 Beilagen. Lex.-8. (VIII, 420 S.) Leipzig 900. O. Spamer. n. 6. —; geb. in Leinw. n. 7. 20
Sonderabdruck aus: „Buch der Erfindungen".

[Umschlagt.:] Die Thurmtreppen der Lutherkirche zu Remscheid v. H[ermann] Haedicke ... *Elberfeld: S. Lucas [1896].* (18 S., 1 Pl.) 1 Bd 8. [96. 9119]

— die muthmaßlichen Vorgänge beim Sinken u. Heben d. deutschen Panzers „Großer Kurfürst". [Mit 9 (lith.) Zeichnungen (auf 1 Taf.).] [Aus: „Allg. Militär-Zeitung".| gr. 8. (15 S.) Darmstadt 879. Zernin. n. 1. —

Haedicke, Hugo: Allgemeines Ecce. s. Volkmann, Diederich

Das Ecce der Königlichen Landesschule Pforta 1888. 8 (30 S.) **Progr.** Landessch *Pforta* 1888
Inhalt I. Außerordentliches Ecce für den Alumnus Franz Max Kuthe ... gehalten am 23. März 1888 von ... *Hugo* Hädicke II. Allgemeines Ecce gehalten am 24. November 1888 von ... *Friedrich* Buchbinder.

Haedicke, *Hugo: Das Ecce der Landesschule Pforta am 21. Nov. 1896.* 4 (S. XIV) **Progr.** Kgl. Landessch. *Pforta* 1897

Haedicke, H., Kurrecht u. Erzamt der Laienfürsten. Versuch e. Erklärg. d. Sachsenspiegels. Ldr. III, 57, 2. 4. (92 S.) Naumburg 872. (Domrich.) n. 1. 50

Hädicke, H.: Kurrecht und Erzamt der Laienfürsten. Versuch einer Erklärung des Sachsenspiegels. Landrecht III, 67, 2. 92 S. 4°.– Pforta, Progr. 1872.

Haedicke, *Hugo:* Über einige Ländernamen im Französischen. Naumburg a. S., Druck v. H. Sieling, 1893; 15—28 S. 4.
Pforta, k. Landes-S, Festschr. 1893 (248)

Haedicke, *Hugo:* Die Landesteilungen der fränkischen Könige und deutschen Fürsten im Mittelalter nach ihrem Prinzipe. Naumburg a. S., Druck v. H. Sieling, 1896; 52 S. 4.
Pforta, k. Landes-S, P 1896 (250)

Haedicke, Hugo: De prima Demosthenis Philippica. Berolini 1858 (56 S.).

Haedicke, Johannes: Beitrag zur operativen Behandlung hochgradiger Kurzsichtigkeit. *Potsdam 1898: A. W. Hayn's Erben.* (53 S.) 8°
Berlin, Med. Diss. v. 25. Jan. 1898

Haedicke, Johs., die Leukocyten als Parasiten der Wirbeltiere. Ein Beitrag zur wissenschaftlichen Weltanschaug., nach e. Vortrag auf der 76. Versammlg. deutscher Naturforscher u. Aerzte in Breslau am 23. IX. 1904. (III, 166 S.) gr. 8. Landsberg 905. F. Schaeffer & Co. n. 3. —

Haedicke, Johs., die Lösung des Rätsels v. der Schwerkraft durch die Versuche v. Huyghens. Ein Beitrag zur wissenschaftl. Weltanschaug. gr. 8. (48 S.) Leipzig 902. J. A. Barth. n. 1. 60

Haedicke, Julius [aus Priester]: Untersuchungen über die aus Caragheenmoos und Raffinose (Melitose) entstehenden reducirenden Zuckerarten .... Göttingen, Druck d. Dieterich'schen Univ.-Buchdr. v. W. Fr. Kaestner, 1887; 36 S. 8°
Göttingen, Phil. Fak., Inaug.-Diss. v. 27. Jun. 1887

Haedicke, J., Untersuchungen üb. die aus Caragheenmoos u. Raffinose [Melitose] entstehenden reducirenden Zuckerarten. Inaug.-Diss. gr. 8. (36 S.) Göttingen 887. (Vandenhoeck & Ruprecht's Verl.) n. — 80

Haedicke, Ludwig, Referendar in Wesel a./Rh.: **Depositum und** Mandat nach römischem Recht. ⟨Ermittelung d. Grenze zwischen d. beiden Verträgen u. Vergleich derselben in hist. u. dogmat. Beziehung.⟩ *Rostock 1904: C. Hinstorff.* (118 S.) 8°
Rostock, Jur. Diss. v. [24. Mai] 1904

Haedicke, Max, Harnsteine u. deren Operationen beim Manne. gr. 8. (28 S.) Jena 884. (Neuenhahn.) n. — 80

Hadji-Antonoglou, *Johann* C. [aus Philippopel]: Ueber die Empornähung des gesunkenen Oberlides ... Berlin, Buchdr. v. G. Schade, *1892:* 29 S., 1 Bl., 1 Taf. 8.
Berlin, Med. Fak., Inaug.-Diss. v. 10. Aug. 1892

Hadisi ya Bwana Isa Kristu (* *Umschlag:* Bwana Isa Kristu maisha yake). [= La vie du Seigneur Jésus Christ. Illustré. Publié pour les Missions d'Afrique des Pères Blancs.] 152 p. 8. Einsiedeln, Suisse, Benziger & Co. S. A., 1903. [relié fr. —. 60]

Hadjuska, J. Feuerversicherung und Statistik. Pest 1868.

Haedke, *Johannes* Maximilian [app. Arzt aus Deutsch-Krone '(Westpr.)']: Aus d. patholog. Institut zu Kiel. Über den Nachweis epidermoidaler Elemente in den Lungen Neugeborener ... Cüstrin, Druck v. C. Adler's Buchdr., 1894; 15 S. 8.
Kiel, Med. Fak., Inaug.-Diss. v. [4. März] 1895

Hadlaub, Johannes, s. Schleicher, Iwan.

Hadley, Geo, concerning the cause of the general trade-winds, s.a. Neudrucke v. Schriften. u. Karten üb. Meteorologie u. Erdmagnetismus.

George Hadley. Concerning the Cause of the General Trade-Winds. London 1735. Facsimiledr. m. e. Einl. (v. G[ustav] Hellmann). *Berlin: A. Asher & C. 1896.* (16 S., 3 Bl.) 1 Bd 8.(4.)
= Neudrucke v. Schriften u. Karten üb. Meteorologie u. Erdmagnetismus. No 6. [96. 3113

Hadlich, Egmont, Paul Lindau als dramatischer Dichter. Kritische Essays. 2. Aufl. gr. 8. (84 S.) Berlin 876. Weile. n. 1. 50

Hadlich, Heinrich Julius

Hadlich, Heur. Julius (geb. Aschersleben 31. 8. 1844): De resectione maxillae superioris. Berolini (1867). (31 S.) 8°
Berlin, Med. Diss. v. 16. März 1867

Hadlich, Hermann: Der Gedankengehalt der Jungfrau von Orleans für einen 'Gesinnungsunterricht' herausgearbeitet. Greifswald (1910): Abel. S. 1—10. 4°
Greifswald, priv. HM OP 1910 [109a] [S 10. 156

Hadlich, Herm., Hegels Lehren üb. das Verhältnis v. Religion u. Philosophie, s.a. Abhandlungen zur Philosophie u. ihrer Geschichte.

Hadlich, Hermann, a. Pankow (Berlin): Hegels Lehren über das Verhältnis von Religion und Philosophie. 1. Teil. Halle a. S. 1906: E. Karras. (32 S.) 8° ¶ (Ersch. vollst. als Nr. 24 der „Abhandlungen zur Philosophie u. ihrer Geschichte", hrsg. von B. Erdmann.)
Bonn, Phil. Fak., Ref. Erdmann, Diss. v. 25. Juli 1906
[Geb. 13. Juli 81 Pankow b. Berlin; Wohnort: Bonn; Staatsangeh.: Preußen; Vorbildung: Wilhelmsgymn. Cassel Reife M. 00; Studium: Berlin 1, Heidelberg 2, Zürich 1, Berlin 5 S.; Rig. 27. Juni 06.]

Hegels Lehren über das Verhältnis von Religion und Philosophie von Dr. Hermann **Hadlich**. Halle a. S.: M. Niemeyer 1906. (VIII, 82 S.) 8°
— **Abhandlungen** z. Philosophie u. ihrer Geschichte. 24. [06. 10776 8

Hadlich, Herm. (geb. Aschersleben 19. 2. 1849): Thesen. Berlin (1870). 2 Bl. 8°
Berlin, Med. Diss. v. 4. Aug. 1870

Hadlich, Richard, approb. Arzt aus Cassel: Ein **Fall** von Tumor cavernosus des Rückenmarks mit besonderer Berücksichtigung der neueren Theorieen über die Genese des Cavernoms. (Aus d. pathol. Institut zu Heidelberg.) *Cassel 1902: F. Scheel.* (29 S.) 8°
Heidelberg, Med. Diss. v. 1902

Hadlich, Rich., der Verkehr m. Milch vom Standpunkt der öffentlichen Gesundheitspflege. 2. verm. u. verb. Aufl. (47 S.) gr. 8. Bonn (908). C. Georgi. — 60

Hadloubes, Jh., Gedichte. Im Auftrage der Zürcherischen Gesellschaft für Erforschung und Erhaltung vaterländischer Alterthümer herausg. von ihrem Mitgliede Ldw. Ettmüller. gr. 16. Zürich 840, 41, Meyer u. Zeller. 1/2 ₰

Hadorff, Karl, aus Berlin: **Über die Einwirkung von Salzsäure auf Phenylisocrotonsäure.** *Strassburg i. E. 1901: C. & J. Goeller.* (37 S.) 8°
Strassburg, Math.-naturw. Diss. v. 1901

Hadorn, Adf. Die politischen u. sozialen Zustände im Kanton Zürich gegen Ende des 18. Jahrh. u. Alt-Pfarrer Joh. Heinrich Waser's Prozess u. Hinrichtung. Diss. gr. 8. (III, 95 S. m. 1 Bildnis.) Biel 890. (Bern, Körber. — Nydegger und Baumgart.) * 1 50

Hadorn, Ad., die politischen u. sozialen Zustände im Kanton Zürich gegen Ende d. 18. Jahrh. u. Alt-Pfarrer Joh. Heinrich Waser's Prozess u. Hinrichtung. gr. 8. (95 S. m. 1 Bildnis.) Bern 891. (Nydegger & Baumgart.) n. 1. 50

Hadorn, Walther: Die Beziehungen zwischen Bern und Savoien bis zum Jahre 1384. Bern 1898. 143 S. 8°.
Bern. Phil. Diss. 1898/99.

Hadorn, W[alter]. Schweiz bis 1517. [Literaturbericht....] (Sonderdruck [aus:] Jahresberichte der Geschichtswissenschaft....) § 24 A. 8. (Berlin, Weidmann.) Bibl.
[Literaturb' 1906.] (S' [aus:] ... J[ahr]g. 29. 1906.) IV S. + S. II, 89—106. [1908.] — [L' 1907.] (S' aus:] ... J[ahr]g. 30. 1907.) IV S. + S. II, 295—311. [1909] — [L' 1908.] (S' [aus:] ... J[ahr]g. 31. 1908.) IV S. + S. II, 289—303. [1910.]

Hadorn. Urteile über das Buch: «Geschichte des Pietismus» in den Schweizerischen Reformierten Kirchen. Von Lic. W[alther] Hadorn.... Verlag von Carl Hirsch, Emmishofen (Kt. Thurgau). [1901]. 16 S. 8.

Hadorn, Wilhelm

Hadorn, W., die Apostelgeschichte, s.: Wort, das, des Heils.

Hadorn, W., die Apostelgeschichte u. ihr geschichtlicher Wert, s.a. Zeit- u. Streitfragen, biblische. II. 6.

— Die Apostelgeschichte u. ihr geschichtlicher Wert, s.a. Zeit- u. Streitfragen, biblische. III, 9.

Hadorn, W[ilhelm]. Die Apostelgeschichte und ihr geschichtlicher Wert. Von Lic. W. H', ... Pfarrer ... in Bern. IV + 31 S. 8. Gr. Lichterfelde-Berlin, Edwin Runge, 1906. (M. —. 40)
Biblische Zeit- und Streitfragen (zur Aufklärung der Gebildeten). Hrg. von Prof. Dr. [Friedrich] Kropatscheck in Breslau. (Serie II, Heft 6.)

— Calvins Bedeutung f. die Geschichte u. das Leben der protestantischen Kirche. (24 S.) gr. 8. Neukirchen (909). Buchh. des Erziehungsvereins. — 35

— Der eidgenössische Dank-, Buss- u. Bettag. Mit besond. Berücksicht. der bern. Geschichte. (93 S.) gr. 8. Bern 908. G. Grunau. 1. —
Sonderabdruck aus: „Blätter f. bern. Gesch., Kunst- u. Altertumskde."

Hadorn, W., die Entstehg. d. Markus-Evangeliums, s.a. Beiträge z. Förderg. christl. Theologie.

Hadorn, W. [Pfarrer in Saanen]: Die Entstehung des Markus-Evangeliums auf Grund der synoptischen Vergleichung aufs neue untersucht. Gütersloh 1898. 168 S. 8°.
Bern. Ev.-theol. Lic.-Schr. 1897/98.

[F.] Die Entstehung des Markus-Evangeliums auf Grund synoptischer Vergleichung aufs neue unters. v. Lic. theol. W. **Hadorn**, Pfarrer in Saanen. *Gütersloh: C. Bertelsmann 1898.* (VI, 105 S.) 1 Bd 8.
= **Beiträge** z. Förderung christl. Theologie. Jg. II. H. 4. [98. 8535

Das Evangelium in der Apostelgeschichte. Von Lic. W[ilhelm] Hadorn. 3. Taus. Gr.Lichterfelde-Berlin: Runge 1907. 36 S. 8°
(Hadorn, Die Apostelgeschichte u. ihr geschichtl. Wert. H. 2.)
(Biblische Zeit- u. Streitfragen. Ser. 3. H. 9.) [07. 1798

Hadorn, W., Geschichte des Pietismus in den schweizerischen reformierten Kirchen. gr. 8. (XXXII, 521 S. m. Vollbildern u. Fksms.) Konstanz (901). C. Hirsch. Geb. in Leinw. n. 7. 50

— gibt es e. Gott? Vortrag, geh. an e. akadem. Vortragsabend in Bern, dem 14. XI. 1905. (20 S.) 8. Bern 906. A. Francke. n. — 40

— die Heiligung m. besond. Berücksicht. der sogen. Heiligungsbewegung. Vortrag, geh. in Karlsruhe, Freiburg i. B. u. an der Prediger-Konferenz des Missionsfestes in Basel. gr. 8. (28 S.) Neukirchen 902. Buchh. des Erziehungsvereins. n. — 40

— Himmelan. Tägliche Andachten u. Gebete f. junge Christen. Unter Mitwirkg. v. evangel. Geistlichen Deutschlands u. der Schweiz hrsg. 12. (IV, 380 S. m. Titelbild.) Konstanz (901). C. Hirsch. Geb. in Leinw. n. 1. 50; m. Goldschn. n. 2. —

— Kirchengeschichte der reformierten Schweiz. Dem reformierten Schweizer Volk erzählt. Mit zahlreichen Abbildgn. im Text u. verschiedenen Beilagen. (In ca. 4 Lfgn.) 1. Lfg. (S. 1—96.) gr. 8. Zürich 907. Schultheß & Co. Subskr.-Pr. n. 2. —; seit I. 1. 1907 n. 2. 50

— Kirchengeschichte der reformierten Schweiz. Mit zahlreichen Abbildgn. im Text u. verschiedenen Beilagen. 2—4. Lfg. (VIII u. S. 97—320.) gr. 8. Zürich 907. Schultheß & Co 5.20 (Vollst. 7.20; geb. n 8.—)

— Kraft zur Rettung. Predigt, geh. am Jahresfest des kirchl. Vereins f. innere Mission in Mülhausen, Sonntag den 5. V. 1907. (11 S.) 8. Mülhausen i/E. 907. Ev. Buchh. — 25

— Mission u. Nationalität im Blick auf die Mission der ältesten Christenheit, s.a. Missions-Studien, Basler.

Hadorn, W[ilhelm]. Mission und Nationalität im Blick auf die Mission der ältesten Christenheit. 28 S. 8. Basel, Missionsbuchhandlung, 1901. (fr. —. 50)
Basler Missions-Studien. Heft 6.

— Unterricht im Christentum f. junge Christen als Leitfaden f. den Konfirmandenunterricht u. zum Selbststudium. (VI, 106 S.) 8. Bern 905. G. Grunau. Kart. n. — 65; Geschenkausg., geb. in Leinw. n. 1. 20

Hadorn, W[ilhelm]. Unterricht im Christentum für Junge Christen, als Leitfaden für den Konfirmandenunterricht und zum Selbststudium. 2., umgearbeitete Aufl. IV + 98 S. 8. Bern, Gustav Grunau, 1907. [cart.] fr. —. 75

— La valeur de l'œuvre de Calvin pour l'histoire et la vie religieuse de l'église protestante. Traduction de Ch. Correvon. (31 S.) 8. Neukirchen (909). Buchh. des Erziehungsvereins. — 65

Hadorn, W[ilhelm]. Weide meine Lämmer! Predigt Ueber die Erziehung, gehalten am 17. April 1904. Joh. 21, 15. 14 S. 8. Bern, Hans Körber, 1904. [fr. —. 30]

Hadorn, W[ilhelm]. Wer überwindet. Zehn Predigten über die Sendschreiben der Offenbarung. 123 S. 8. Neukirchen..., Buchh. des Erziehungsvereins, [1909]. [M. 1. 50]

Hadra, Berth. (geb. Stubendorf in Schles. 9. 11. 1842). De diabete insipido. Berolini (1866). (32 S.) 8°
Berlin. Med. Diss. v. 20. Apr. 1866

Hadra, Edmund, appr. Arzt a. Berlin: Die Untersuchung des kleinen Beckens an der Lebenden zu Geburtshilflichen Zwecken. Leipzig 1906: B. Georgi. (96 S.) 8°
Leipzig, Med. Fak., Ref. Zweifel, Diss. v. 16. Juli 1906
[Geb. 17. Sept. 77 Berlin; Wohnort: Berlin; Staatsangeh.: Preußen; Vorbildung: Carl-Friedr.-Gymn. Eisenach Reife O. 97; Studium: Berlin 1, München 5, Berlin 5 S.; Coll. 16. Juli 06; Approb. 15. Nov. 05.]

Hadra, François, die künstliche Säuglings-Ernährung als Ursache der Tuberkulose (Schwindsucht), Bleichsucht, Nervosität (Nervenschwäche) u. s. w. Und wie sich diese schlimmen Folgen verhüten lassen. Für Jedermann verständlich beschrieben. Hrsg. von der Rothenburger Verlags-Gesellschaft zu Leipzig. (44 S.) gr. 8. Leipzig (903). (O. Weber.) n. — 80

Hadra, S. [pract. Arzt aus Berlin]: Ueber die Einwirkung der comprimirten Luft auf die Harnstoffausscheidung beim Menschen. Berlin, Buchdruckerei von L. Schumacher, 1879. 8. 26 S.

Hadrava, s.a. Hadruwa

Hadrava, S., Ragguagli di varii scavi e scoverte di antichità, fatte nell' isola di Capri. 4. Dresd. Walther. 794.

Hadrawa, s.a. Hadruwa

Hadrawa, Norberto. Freundschaftlische Briefe über verschiedene . . . Alterthümer. A. d. Ital. Dresden 1794. Ü: *Walther, Conrad Salomon.* (EngG) (BrMm) (Ky) (MGT)

Hadrawa, Norb., freundsch. Briefe üb. versch. auf d. Insel Capri entdeckte Alterthümer, a. d. It. m. K. 4. Ebendas. 794.

Hadrian, Kaiser; Oper in 3 A. 8. Wien 808. Wallishausser. 6 gr.

Hadrian in Syrien. Schausp. 8. Frankf. 746.

— in Syrien. Musikal. Schausp. von Metastasio. gr. 8. Mannheim, Löffler. 769.

Hadrian VI., s.: Briefwechsel mit Erasmus v. Roterdam.

Hadrian, Phantasien eines Eigenen. Prosa u. Verse. (64 S.) 8. Leipzig 905. M. Spohr. n. 1. —

Hadrian, St., Götzen, Götter u. Gott. Die Religionen der Welt von der Urzeit bis zur Gegenwart allgemein verständlich dargestellt. gr. 8. (V, 149 S.) Berlin 876. Denicke. n. 2. —

Hadrianus in Sirien, ein Singspiel. Italienisch und deutsch. Berlin 1745, Mannh. 1768. V: *Metastasio, Pietro.* (BiblPort)

Hadriani Junii Epistolae sel. nunc primum ed. Ed. cur. P. Scheltema. 8 maj. Amstelodami 839. Schonekat. (Lipsiae, T. O. Weigel.) n. 3/4 ℳ, bei Weidmann n. 1 ℳ

Hadrianus Pontius. Historia libri rarioris: Venerab. Agnetis Blannbeckin vita et revelationes. Francof. et Lips. 1735. H: *Hirsch, Carl Christian.* (ML)

Hadrich, Fr. K., kleine Heimatkunde des Kreises Münsterberg. (Für Schule u. Haus.) Beilage zur Flemmingschen Schulkarte des Kreises Münsterberg. (27 S.) kl. 8. Glogau (905). Berlin, C. Flemming. n. — 20

— kleine Heimatkunde des Kreises u. der Stadt Nimptsch in Schlesien. I. Tl. (Für die Hand der Schüler.) (20 S.) 8. Ebd. (905). n. — 20

— Heimatkunde des Kreises Nimptsch in Schlesien. II. Tl. (Für die Hand der Lehrer u. Bewohner des Kreises, auch f. die Schüler der Oberstufe.) (26 S.) 8. Ebd. (906). n. — 50

Kleine Heimatkunde des Kreises und der Stadt Nimptsch in Schlesien. Zsgest. von Fr. K. **Haedrich**, Kreisschulinsp. 2. Aufl. T. 1. Glogau: C. Flemming [1906]. 8° [F.] Toj. 3670

Haedrich, Fr. K., der Schutztruppler. Was er der reiferen deutschen Jugend u. dem deutschen Volke v. Deutsch-Südwest-Afrika erzählt. I. Tl. Land, Leute u. Hererokrieg. (V, 71 S. m. 6 Vollbildern.) kl. 8. Breslau (909). Priebatsch. Kart. 1.25

Haedrich, *Hermann Karl* Hugo [aus Leipzig]: Optisches Drehvermögen und elektrolytische Dissociation ... (Aus: Zeitschr. f. physik. Chem., Bd XII Heft 4. 1893.) Leipzig, W. Engelmann, 1893; 24 S., 1 Bl. 8.
Leipzig, Phil. Fak., Inaug.-Diss. v. [16. Nov.] 1893

Hadruwa, s.a. Hadrava – Hadrawa.

Hadruwa, Norbert

— freundschaftl. Briefe über verschied. auf d. Insel Capri entdeckte Alterthümer; aus d. Italien. (v. K. G. Walther). Mit 10 Kpf., 1 Karte u. Münzen. 4. Dresd. 794. Walther. 1 ₰ 8 ℓ

Hadruwa, Norb., ragguagli di varij scavi e scoverte di antichità, fatte nell isola di Capri, con 10 rami, una carta dell' isola e medaglie. 4. Dresd. 794. Walther. 1 ₰

Hadschi Baba's Abenteuer, s. J. Morier.

Hadschi-Lazić, Michail: geb. Belgrad in Serbien 28 ... 1849. Die Ursachen der Unfruchtbarkeit des Weibes. Berlin (1872). (29 S.) 8°
Berlin, Med. Diss. v. 11. Mai 1872

Hadson, Matth., Englischer Stallmeister und bewährter Rossarzt. – Aus dem Englischen. (III.) 8. Leipzig 765.

Hadwich Rudolf: Die deutschen Uebersetzungen der „Basia" des Johannes Secundus.
H. 1910 PN 2839 Diss. Wien, Univ. 329

Hadwiger Adolf: Die staatliche Weberpolitik in Oesterreichisch-Schlesien von 1742—1800.
1902 PN 1498 Diss. Wien, Univ. 847

Hadwiger, Hans (Hrsg.), s. Monatshefte, Literarische

Hadwiger, Vict., Blanche. Des Affen Jogo Liebe u. Hochzeit. Liebesgeschichten. (Humoristisch-satirische Bibliothek.) (125 S.) kl. 8. Berlin 911. Weber-Haus. 1.—; geb. 1.50 u. 2. —

— Der Empfangstag. Novelle. — Schönfeld, Carlotto Hans v., der Theaterstern. Ein lust. Roman. (Humoristisch-satirische Bibliothek.) (128 S.) kl. 8. Ebd. 911. 1.—; geb. 1.50 u. 2. —

Hadwiger, Vict., Gedichte. 8. (V, 110 S.) Dresden 900. E. Pierson. n. 1.50; geb. n. 2.50

Hadwiger, Vict., ich bin. (62 S.) 8. Berlin 903. F. Wunder. n. 1.20

HADZSEGA, Basilius: Cui competit conferre ecclesiasticos ordines. — (1888) 122 S. 4° (Handschr.) Diss. 415
Diss. Wien, Univ.

HADZSEGA, Julius: Die canonische Errichtung der Bistümer überhaupt und besonders die Errichtung des Munkacser Bistums mit Rücksicht auf das Patronatsrecht der apostolischen Könige von Ungarn. — (1906) 97 Bl. 8° (Handschr.) Diss. 645
Diss. Wien, Univ.

Haën, Anton de: Abhandlung über die Art des Todes der Ertrunkenen, Erhenkten und Erstickten; dann über die Mittel, durch welche denselben das Leben hergestellet werden kann. Aus dem lateinischen (Manuskript?)...übers. von Johann Lamboy. 181 S., gbd.

Wien: Krüchten 1772

JB 5.218

Haën, Anton de: Difficultates circa modernorum systema, de sensibilitate et irritabilitate humani corporis, orbi medico propositae. 155 S., gbd.

Viennae Austriae: Krüchten 1761

JB 2.106

— epistola de cicuta. 8. maj. Vien. Trattner. 764.

Haën, Anton de: Epistola de cicuta. 63 S., gbd.

(Viennae): 1765

JB 6.703

— epitome operum omn. ed. Schosulan. 8. maj. Vien. (Haslinger, Linz.) 778.

Haën, Anton de: Epitome operum omnium. In usum practicorum...accommodata per Jo(hann) Michael Schosulan. 156 S., gbd.

Viennae: Austriae: Bernardi 1778

JB 2.107

Haen, Anton de: Von den Fiebern. 120 S., gbd.

Copenhagen: Mumm 1763

JB 2.031

Haen, Anton de: Von den Fiebern. Neue verbess. Aufl. 94 S., gbd.

Warschau: } Gröll 1777
Dresden: }

JB 2.032

— — 8. Dresd. Richter. (a. Göthe in Leipz.) 777.

— v. d. sich. Heilart d. Pocken. 8. Wien, 775.

Anton von Haen [Ratio medendi in nosocomio practico. Deutsch:] Heilungsmethode in dem kaiserlichen Krankenhause zu Wien. Aus d. Lat. Mit einigen Aufsätzen begleitet von Ernst Platner [1744-1818]. Bd 1-9. Leipzig: Weygand 1779-85. 8°

Bd 1: Enth. die ersten 3 Th. 1779.
Bd 2: Enth. den 4. u. 5. Th. 1780.
Bd 3: Enth. den 6. u. 7. Th. 1781.
Bd 4: Enth. den 8., 9. u. 10. Th. 1782.
Bd 5: Enth. den 11. u. 12.Th. 1782.
Bd 6: Enth. den 13. u. 14. Th. 1783.
Bd 7: Enth. den 15. Th.; wie auch den 1. Th. der Forts. d. Heilungsmethode. 1783.
Bd 8: Enth. den 2. Th. d. Forts. d. Heilungsmethode u. die 4 ersten Abschn. d. 3. Th. 1784.
Bd 9: Enth. die letzten Abschn. d. 3. Th. der fortgesetzten Heilmethode, u.e. allg. Reg. ... 1785.

Haen, (Anton) de: Lettre à un de ses amis au sujet de la lettre de Mr.(Simon André) Tyssot (=Tissot) à Mr.(Johann Kaspar) Hirzel. 100 S., gbd.

Vienne: Krüchten 1763

JB 5.740

Haen, Anton de: De magia liber. Pars 1 - 3, 317 S., gbd.

Lipsiae: Kraus 1775

JB 2.693

— — idem liber. 8. maj. Bamb. Göbhard.

— de magia liber. 8. maj. Vien. (Sommer, Lips.) 777.

Haen, Anton de: De miraculis liber. 208 S., gbd.

Francofurti et Lipsiae: Eslinger 1776

JB 2.694

— de miraculis. 8. maj. Frcf. Esslinger. (C. F. Günther in Glogau in Commiss.) 776.

— ad sibi communicatas Observationes Vratislaviensis de Cicuta. resp. gr. 8. Breslau, Meyer. 765.

Haen, Anton de: Opuscula quaedam inedita. Accedunt historiae morborum a Stollio in collegio clinico Haenii annis 1770 -72 consignatae. Editionem curavit et praefatus est Joseph Eyerel. Pars 1 - 2, gbd.

Vindobonae: Camesina 1795

JB 2.108

Haen, Anton de: Von der Pest. (De peste. Dt.) (Nebst) Anhang neuerer Beobachtungen über Pestkranke, und über das Pestfieber insbesondere. 291 S., gbd.

Basel: Flick 1789

JB 4.868

Häen, Anton de: Praelectiones in Hermanni Boerhaave institutiones pathologicas. Collegit, recensuit, additamentis auxit, edidit Fr(anz Xaver) August von Wasserberg. Tom.1 -5, gbd.

Viennae: Graeffer 1780 - 1785

JB 1.153 a b

Haën, Anton de: Praelectiones...in Hermanni Boerhaavii institutiones pathologicas. Collegit, recensuit, additamentis auxit, edidit F(ranz Xaver August) von Wasserberg. Editio nova... Tom.1 - 2, gbd.

Coloniae-Allobrogum: Societas Bibliopolar. 1784

JB 1.254

Haën, Anton de: Quaestiones saepius motae super methodo inoculandi variolas, ad quas directa eruditorum responsa hucusque desiderantur; indirecta minus satisfacere videntur: orbi medico denuo praepositae. 80 S., gbd.

Vindobonae: typ.Trattner 1757
beigedr.: Haller, Albrecht von: Ad viri illustris Antonii de Haën difficultates apologia. 1757

JB 5.054

Haën, Anton de: Ratio medendi in nosocomio practico... Pars 1 - 15, Cont.1, gbd.

Pars 1 - 4: Vindobonae: Trattner 1756 - 1759
Pars 5 - Cont.1: Viennae Austriae: Krüchten 1760 - 1772

JB 2.103

Antonii de Haen Ratio medendi in nosocomio practico. P.[1]-14. [Nebst] Cont. T.1.2. Vindobonae 1759-1760: Tratner (5 ff.: Viennae Austr.: Krücht 1761-1774). 6 Bde 8°

P.[1.]2: 2. ed. 1759-60.
P.3: 1768.
P.4.5.: 2.ed. 1760-63.
P.6: 1761.
P.7: 1762.
P.8: 1763.
P.9: 1764.
P.10: 1765.
P.11: 1767.
P.12: 1768.
P.13: 1769.
P.14: 1770.
Cont., T.1.2: 1771-74.
T.1, P.[1.]2: 1771.
T.2, P.[1.]2: 1774.

— — id. continuat. III pts. 8. maj. ibid. 773—79.

Haen, A(nton) de: Réfutation de l'inoculation servant de réponse à deux pièces qui ont paru cette année 1759, dont la première est une dissertation lue dans la Société de l'Académie Royale des Sciences de Paris par M.(Charles Marie) de La Condamine...et la seconde, une lettre de M.(Simon André) Tyssot (=Tissot), à l'auteur de la présente réfutation. 143 S., gbd.

Vienne en Autriche: Trattner 1759

JB 5.055

Haën, Anton de: Ad perillustris Balthasari Ludovici Tralles...epistolam apologeticam responsio: cujus pars prior circa variolarum inoculationem versatur, altera sanguinis missionem et opium in stadio variolarum suppuratio laudat. 87 S., gbd.

Viennae Austriae: Krüchten 1764

JB 5.056

— resp. ad Tralles epist. apol. circa variolar. inoculationes etc. 8. Vien. Kruchten. 765.

Haën, Anton de: Theses sistentes febrium divisiones natamque ea de causa de miliaribus, ac petechiis, caeterisque febrilibus exanthematibus dissertationem... 139 S., gbd.

Vindobonae: typ.Trattner 1760

Haën, Anton de: Theses pathologicae de haemorrhoidibus a medicinae studiosis ordine defendendae et oppugnandae... 89 S., gbd.

Viennae: typ.Trattner 1759

Haën, Ant(on) de: Tractatus de vermibus intestinorum et (de) ictero (et ad hunc pertinentibus adfectionis felleis), una cum adnexis thesibus a Franz Singer. Edidit F(ranz Xaver August) von Wasserberg. 156 S., gbd.

Viennae: typ.Schmidt 1780

JB 4.731

Antonius van Haën

Antonii de Haen Vindiciae difficultatum circa modernorum systema de sensibilitate et irritabilitate humani corporis, contra viri perillustris, atque clarissimi Alberti v.Haller ad easdem difficultates apologiam. Viennae Austriae: Krucht 1762. 243 S. 8°

— Vorles. üb. d. Krankheitslehre n. Boerhave, v. Wasserberg. 1r Bd. gr. 8. Leipz. F. C. W. Vogel. 786.

Haën, E. de, üb. die radicale Beseitigung d. Kesselsteins u. Kesselschlammes durch Chlorbarium u. Kalkmilch. 2. Aufl. gr. 8. (26 S.) Hannover 874. Schmorl & v. Seefeld. n. — 25

Haf, Jh. Lor., († d. 5. März 1802.), s. Naturgeschichte d. vierfüß. Thiere.

Hafa, Ioannes: De fracturis ossium pelvis. Accedit tabula lithographica. Halis Saxonum (1864): Ploetz. 27 S., 1 Taf. 8°
Halle-Wittenberg, Med. Diss. v. 4. Febr. 1864
Geb. Königsfeld (Baden) 2. 6. 1830. V.

Haefcke, Hans: Die Glaubensanalogie. Finsterwalde 1907: P. Schulz. (S. 3—11.) 4° [F.]
Finsterwalde, R P 1907 (153)

Haefcke, Herm.

Haefcke, H., die preussischen Abdeckerei-Privilegien. (131 S.) 8. Berlin 908. (Bruer & Co.) 3. —

Haefcke, H.: Die Beseitigung und Verwertung von Fleischabfällen und tierischen Cadavern in hygienischer, technischer und volkswirtschaftlicher Beziehung. Cassel 1897

Haefcke, Herm., städtische u. Fabrik-Abwässer. Ihre Natur, Schädlichkeit u. Reinigg. 8. (XVI, 469 S. m. 80 Abbildgn.) Wien 901. A. Hartleben. n. 8. —; geb. n. 8. 80

Haefcke, H., Handbuch des Abdeckereiwesens. Für Verwaltungs- u. Kommunalbehörden, Sanitäts-, Veterinär- u. Gewerbeaufsichtsbeamte bearb. (IX, 608 S. mit 90 Abbildgn.) gr. 8. Berlin 906. P. Parey. Geb. in Leinw. n. 15. —

Haefcke, Hermann *August Theodor Eduard* [aus Bützow]: Ueber die chemische Constitution der Hornblende. . . . Berlin, Druck v. G. Chasté, 1890; 50 S., 1 Bl. 8°
Göttingen, Phil. Fak., Inaug.-Diss. v. [4. Jul.] 1890

Haefcke, Herm., üb. die chemische Constitution der Hornblende. Diss. gr 8. (50 S.) Berlin 890. (Göttingen, Vandenhoeck & Ruprecht.) n 1. —

— die technische Verwerthung v. thierischen Cadavern, Cadavertheilen, Schlachtabfällen u. s. w. 8. (VIII, 280 S. m. 27 Abbildgn.) Ebd. 899. n. 4. —; geb. n. 4. 80

Haefcke, K. Die Johannesjünger in Ephesus — Act. XIX. S. 32—38. Progr. *Parchim 1883.

Haefele, A., einstimmige Uebungsbeispiele für den Gesangunterricht an Präparandenschulen, Seminarien und kirchl. Gesangschulen, nebst allgemeiner Musiklehre und Gesangstheorie. gr. 8. (78 S.) Speyer 877, Kleeberger'sche Buchh. * 2 —

Häfele, A., einstimmige Übungsbeispiele für den Gesangunterricht an Präparandenschulen, Seminarien u. kirchlichen Gesangschulen, nebst allgemeiner Musiklehre u. Gesangtheorie. 2., verm. Aufl. 8. (VIII, 199 S.) Speyer 881. Kleeberger. n. 2. —

Haefele, Albert [aus Kempten]: Bakteriologische Untersuchungen über die Pathogenität der Scheidenmikroorganismen bei Schwangeren in Hinsicht auf die Ätiologie des Puerperalfiebers. . . . Würzburg, Becker's Univ.-Buchdr., 1890; 30 S. 8°
Würzburg, Med. Fak., Inaug.-Diss. v. 1890

Häfele Engelhard: Die Hyperbel. 33. Bozen Priv. G. 01.
Progr.

Haefele, Louis, die Branntweinbrennerei als landwirthschaftl. Nebengewerbe. An der landwirthschaftl. Winterschule in Würzburg gehaltene Vorträge. Würzburg 870. Julien. gr. 8. (52 S.) n. 12 ngr.

Haefele, Louis, die Branntweinbrennerei als landwirthschaftliches Nebengewerbe. 2. verb. Aufl. 8. (IV, 71 S.) Würzburg 872. (Julien.) 1. 20

Haefele, Louis, die Branntweinbrennerei als landwirtschaftliches Nebengewerbe. 3., verb. Aufl. m. 14 in den Text gedr. (Holzschn.-)Abbildungen. 8. (VI, 103 S.) Würzburg 882. Kreßner. n. 1. 20

— Notiz-Kalender für Landwirthe, s. Notiz-Kalender

Louis Haefele, Die Wiesenpflanzen.
Würzburg 1890

Häfele, P., die Hyperbel. Die wichtigsten Eigenschaften derselben nach der analyt. Methode u. nach der Methode der Alten unter Vergleichung dieser Verfahrungsweisen dargestellt. Progr. gr. 8. (35 S. m. Fig.) Bozen 901. (A. Auer & Co.) 1. 20

(Häfeli, Johann Caspar H', geb. 1754. gest. 1811.) Njbl. s. [Stolz, Johann Jacob].

Häfeli, Johann Caspar. [Zürich 1814.] V: *Stolz, Johann Jacob.* (Cat. d. Stadtbibl. Zürich. Zürich 1864—97.)

Häfeli, E. [prakt. Arzt in Davos-Dorf]: Die bernische Heilstätte für Tuberkulöse in Heiligenschwendi und einige statistische Angaben über das erste Tausend der daselbst verpflegten Patienten. Davos 1899. 66 S. 8°.
Bern. Med. Diss. 1899/1900.

Häfeli, Fidel Nicolaus

Häfeli, F. N., Lebensbilder berühmter Naturforscher aus der ältesten bis auf die jüngste Zeit. Aarau 863. Christen. gr. 8. (VIII. 376 S.) n. 1 *ℛ* 6 *ngr.*

Häfeli, Jh. Kcp. I., († d. 4. April 1811.) Abschiedspredigt in d. Kirche zu St. Angarii in Bremen d. 28. April 1805 gehalten. 8. Bremen 805.

— über d. Anhalten u. Bewerben um Predigerstellen. 8. Leipz. 787. Hertel. 20 *gl*

— d. weise Benutzung d. Vergangenen u. d. beste Entschluß für d. Zukunft; e. Predigten. gr. 8. Frankf. a. M. 802. Fr. Wilmans. 16 *gl*

Häfeli, Jh. Kcp. II., († d. 30. Oct. 1812.) ebene u. körperl. Elementar-Geographie für Bürger- u. andere Realschulen. Mit 4 Kpft. gr. 8. Zürich 806. Ziegler. 16 *gl*

– s. Jh. Ldw. Ewald, Anleit. für Schullehrer.

— über d. christl. protestant. Freiheit, in 4 Predigten. gr. 8. Bremen 804. Müller. 14 *gl* (Heyse). 6 *gl*

Haefeli, D. J. C., über die christl. protestantische Freyheit. 8. Bremen. 804. Ist jetzt Verl. v. Heyse u. d. Pr. -

Häfeli, Johann Caspar: Gedächtnißfeier des seligen Herrn Gottfried Wilhelm Petri, s. Aschen. Johann Heinrich von

– s. Jos. Gedeon.

— zwey Hymnen. 8. Wien, Pichler. 804.

– s. Hymnen, zwei kathol.

— Predigten und Auszüge a. Predigten. 8. St. Gallen, Reutiner. 784. -

— 3 Predigten über d. Reformation. 8. Dessau 790. Müller. 12 *gl*

— Predigten über den Grund u. Zweck d. göttl. Gebote. 8. Dessau 794. Tänzer. (Wienbrack in Leipz.) 12 *gl*

— Predigten üb. d. Grund u. Zweck d. göttl. Gebote. 8. Dessau, Tänzer. (Verlagsges. u. d. Reinicke.) 794. -
Schreibp. -

— — dieselben. 8. (Gräff in Leipz. in Commiss.) 794.

— — dies. 8. Hamb. Vollmer.

– s.a. Predigten u. Predigtfragmente.

— Predigten u. Predigtfragmente, gesdet am Tage d. Garben. 3 Thle. 8. Winterth. Steiner. 778—82. (1r 16 gr. 2r 20 gr. 3r 1ste Abth. 16 gr. 2e 20 gr.)

— vermischte Predigten u. Auszüge aus Predigten. 8. St. Gallen 784. Reutiner. 18 *gl*

— nachgelassene Schriften, herausg. mit e. Vorrede, von Jh. Jak. Stolz. 3 Bde. (1r Bd. A. u. d. T.: Predigten u. Reden aus verschied. Perioden seines Lebens. 2r u. 3r Bd. A. u. d. T.: Vorlesungen über d. christl. Kirchengeschichte.) gr. 8. Winterth. 813—15. Steiner. 5 *ℛ*

– s. J. J. Stolz, Uebersetz. d. neuen Testaments.

— an junge Theologen, s. Theologen.

– s. Verzeichniß, systemat., von den Schmetterlingen d. Wiener Gegend.

Häfelin, A., die rationelle Methodik des Geschichtsunterrichtes am Gymnasium. gr. 8. (22 S.) Zürich 880. Schmidt. n. -- 50

Häfelin, Fr., der geistl. Beruf. Synodalpredigt üb. 2. Cor. 4, 5. B. 8. (1 B.) Zürich 840, Meyer u. Zeller.

Häfelin, Fr., s. Jh. Pestalozzi, unsere Kinderlehre.

Haefelin, François [de Clingnau]: Étude sur le vocalisme des patois romans du canton de Fribourg. Leipzig, impression de B. G. Teubner, 1876. 8. 40 S.

Haefelin, Franç., les patois romans du canton de Fribourg. Grammaire, choix de poésies populaires, glossaire. gr. 8. (192 S.) Leipzig 879. Teubner. n. 4. —

Häfelin, Frdr., der nothwendige Einfluß der Kirche u. ihrer Diener auf die Gestaltung eines christl. Familienlebens. Synodalproposition, mit Reflexionen v. Joh. Ulr. Oschwald. gr. 8. (48 S.) Zürich 849, Meyer & Zeller. 6 *ngr.*

Häfelin, Frdr., das neue Kirchengesetz für den Kanton Zürich. Synodalproposition. Nebst Reflexionen von Paul Hirzel. Zürich 861. Orell, Füßli & Co. 8. (69 S.) n. 8 *ngr.*

Hafelin, Friedrich. Nur mit Gott ist Friede und Heil! Predigt bei der Beerdigung des ermordeten Ehepaares (Jakob und Elisabeth) Leuthold in Wadensweil, gehalten ... den 2. Marz [1845]. 8. Wadensweil 1845.

Häfelin, Frdr., Zehn Predigten. Hrsg. von Conr. Aeberli. gr. 8. (96 S.) Zürich 879. Schultheß. n. 1. —

Hafelin, Friedrich. Rede bei der Beerdigung des sel. Herrn Johannes Oetiker, Lehrer in Wadenswyl, gehalten den 26. Februar 1838. 8. Zürich.

Häfelin, Friedr. und C. F. Steiger, zwei Referate, s. Steiger, C. F.

Haefelin, Hermann [Apotheker u. Nahrungsmittelchemiker aus Bühl in Baden]: Über die hochmolecularen fett-aromatischen Ketone und van't Hoffs vermeintliche Isomerie der Oxime ... Baden-Baden, E. Kölblin, Hofbuchdr., 1896; 37 S., 1 Bl. 8.
Freiburg i. B., Phil. Fak., Inaug.-Diss. v. 1896.

Hafemann, Ferd. Jul

[Hafemann, Ferd. Jul.]: Handbuch des Preußischen Strafrechts oder Zusammenstellung des 20 Tit. des 2. Theils des allgemeinen Landrechts mit den Gesetzen, Verordnungen u. Rescripten, welche denselben ergänzen, abändern oder erläutern. Leipzig 1830.

Hafemann, Fd. Jul., Bibliothek des Preuß. Rechts. Ein vollständiges Verzeichniß aller über das Preuß. Recht von den ältesten Zeiten an bis Ende Juni 1835 erschien. Werke u. Abhandlungen. Nebst Inhaltsverzeichniß u. doppeltem Register. gr. 8. Berlin 835. Klemann. $^{3}/_{4}$ ℛ

—— Ergänzungen d. preuß. Strafrechts, s. Ergänzungen d. preuß. Criminalrechts.

— die Execution in Civilsachen. Nach d. 24n Titel der Preuß. Prozeßordnung u. der Verordnung vom 4. März 1834, so wie den Gesetzen u. Verfügungen, welche beide erläutern, ergänzen oder abändern, dargest. gr. 8. Berlin 836. Klemann. $1^{1}/_{2}$ ℛ

— Handbuch der freiwill. Gerichtsbarkeit. gr. 8. Berlin 836. Th. Brandenburg's Verlagshandl. $2^{2}/_{3}$ ℛ, jetzt Crantz das. und der Preis 2 ℛ

Hafemann, Fd. Jul., Handbuch d. preuß. Criminal-Processes. Zusammenstellung d. Vorschriften d. Criminal-Ordnung, mit d. Gesetzen, Verordnungen u. Rescripten, welche solche ergänzen, abändern oder erläutern. Nebst 11 Anhängen. gr. 8. Berl. 832. Rücker. 2 ℛ 8 ℊ

— Handbuch der Preuß. Stempelgesetzgebung, oder Zusammenstellung des Stempelgesetzes vom 7. März 1822 mit den bis in neuester Zeit ergangenen Gesetzen, Verordnn. u. Rescripten, welche dasselbe ergänzen, abändern oder erläutern; nebst vollständigem chronolog. und Sachregister. gr. 8. Leipzig 835. Köhler. 2 ℛ

— der Preuß. Mandats-, summarische u. Bagatell-Prozeß. Nach der Verordnung vom 1. Juni 1833 und den Gesetzen u. Ministerialverfügungen, welche dieselbe erläut., ergänzen oder abändern. Nebst der Gebührentaxe vom 9. Oct. 1833 u. deren Erläuterungen, sowie drei Anhängen. gr. 8. Berlin 836. Klemann. $^{3}/_{4}$ ℛ

Hafemann, Fd. Jul., die Rechtsmittel der Revision und Nichtigkeitsbeschwerde. Nach der Verordnung vom 14. Dec. 1833 u. den Gesetzen u. Verfügungen, welche dieselbe erläutern, ergänzen oder abändern, u. in Verbindung mit den Vorschriften des allgem. Landrechts u. der allgem. Gerichtsordnung, so wie deren Declarationen, dargest. gr. 8. Berl. 836. Klemann. $^{1}/_{2}$ ℛ

— der Preuß. Subhastations- u Kaufgelder-Liquidations-Prozeß. Nach dem Titel 52. der Prozeßordnung u. der Verordnung v. 4. März 1834, so wie den Gesetzen u. Verfügungen, welche selbige ergänzen, erläutern oder abändern, dargestellt. Nebst 5 Anhängen, betreffend: Das Rhein. Subhastationsverfahren. gr. 8. Berlin 837. Heymann. $1^{1}/_{3}$ ℛ

Hafemann, Fd. Jul., der Preußische Subhastations- u. Kaufgelder-Liquidations-Prozeß. Nebst 5 Anhängen, betreffend: das Rheinische Subhastationsverfahren. Fortgesetzt bis auf die neueste Zeit vom OLG.-Assessor Alker. gr. 8. Berlin 842, Heymann. 1 ℛ

Hafemann, Fd. Jul., Uebersicht d. Verbrechen u. Strafen nach preuß. Rechte. Alphabet. geordnet. gr. 8. Berl. 833. (832.) Rücker. 12 ℊ

Hafemann, Franz [pr. Arzt aus Grössin bei Schievelbein in Pommern]: Über subcutane Zerreissung der Sehne des Musculus extensor crurıs quadriceps. Berlin, Buchdr. v. Gustav Schade (Otto Francke) (1889). 34 S., 1 Bl. 8°

Berlin, Med. Fak., Inaug. Diss. v. 27. Jul. 1889

Hafemann, Max, Tierarzt in Leipzig: Aus d. physiolog. Institut d. Univ. Leipzig. Erlischt das Leitungsvermögen motorischer und sensibler Froschnerven bei derselben Temperaturerhöhung? (Altenburg) 1908 (Pierer). (17 S.) 8°

Leipzig, Phil. Fak., Ref. Eber-Chun, Diss. v. 18. April 1908

[Geb. 11 Juni 81 Ratzebuhr (Pommern); Wohnort: Leipzig; Staatsangeh.: Preußen; Vorbildung: Gymn. Schneidemühl bis O. 00; Studium: Tierärztl. Hochsch. Dresden, Berlin, Hannover, zus. 8, Univ. Leipzig 3 S.]

Hafemann, Max, das Stapelrecht. Eine rechtshistor. Untersuchg. (XIV, 114 S.) gr. 8. Leipzig 910. Duncker & Humblot. 3. —

Hafemann, Walter, Arzt a. Wollin i. Pommern: Ueber Heißluftkauterisation des Ulcus durum. Rostock 1905: C. Boldt. (47 S.) 8°

Rostock, Med. Fak., Ref. Wolters, Diss. v. 25. Apr. 1905

[Geb. 24. Okt. 75 Wollin; Wohnort: Wollin; Staatsangeh.: Preußen; Vorbildung: Gymn. Greifenberg Reife M. 95, Studium: Leipzig 2, Greifswald 2, München 2, Rostock 3 S.; Coll. 21 März 05; Approb. 20. März 05.]

Hafemann, Wilhelm: Pharmacologische Studien am isolirten Froschherzen mit besonderer Berücksichtigung des Atropins und des Kupfers. Halle a. S. 1883: Plötz. 37 S. 8°

Halle-Wittenberg, Med. Diss. v. 2. Febr 1883

Geb. Bublitz (Pommern) 6. 4. 1859. V

[Der Hafen von Altona.] Aus Marbecks Charte von Altona A. 1803 nach doppeltem Maasstabe copirt von R. Woltmann. Hamburg d. 16. Julius 1821. Lithogr. 1 Bl. Fol. 29 : 41 cm

Hafen, der, v. Amsterdam. Kurze Beschreibg. d. Hafenwerke u. d. Entwurfes z. Ausbreitg. derselben, n. d. im Auftr. d. Handelskammer z. Amsterdam v. „Komité z. Förderg. des Transitverkehrs" entworfenen Plänen. gr. 8. (26 S. m. 1. farb. Plan.) Amsterdam 892. J. H. de Bussy. n.n. 2. 50

Antwerpen, Notice sur le port d'Anvers. Der Hafen von — [Entnommen dem Werke „Anvers port de mer".] In französischer Sprache. In deutscher Sprache. Anvers 1897

Hafen v. Antwerpen. Sammlung der Hauptbestimmgn. der Hafenordng. zum Gebrauch der Schiffscapitäne. (63 S. m. 1 Taf. u. 1 Karte.) 8. Antwerpen 903. (O. Forst.) n. — 50

Hafen, der Dortmunder, im J. 1899. (Hrsg. v. der Hafenverwaltg. der Stadt Dortmund.) Mit 1 Bl. Erläutergn. 45,5×51 cm. Farbdr. Dortmund 899. (Ruhfus'sche Kunst- u. Buchh.) n.n. 1. 25

— Dortmunder. Gebühren, Schiffs- u. Eisenbahn-Frachtsätze. (19 S.) 8. Dortmund 903. F. W. Ruhfus. n. — 30

Hafen u. Einfahrten von Sweaborg u. Helsingfors mit den Befestigungen und Batterien. Berlin 1855.

Der Hafen von Glückstadt. Gez. u. lithogr. v. C. W. Arldt. Gedr. v. F. Weider. o. O. u. J. 1 Bl. 4°

Der Hamburger Hafen. 2. umgearb. u. wesentl. verm. Aufl. Berlin: Maritima 1910. 31 S. 8°
(Pilot Reise-Führer. [1.])

[10. 11346]

— der, v. Harburg. [Aus: „Zeitschr. f. Bauwesen".] Fol. (15 S. m. 3 Taf.) Berlin 895. W. Ernst & Sohn. n. 4. —

Der Kieler Hafen. 1 : 12 500. (No. 67). 1891. 1 Bl. K.

— der Kieler, m. den Ankerplätzen d. zur feierl. Eröffng. d. Nord-Ostsee-Kanals im Juni 1895 in Kiel anwes. Kriegsschiffe. 48×87 cm. Farbendr. Mit Text, enth. Erklärgn. d. Schiffsnamen, Angaben üb. Grösse, Besatzungsstärke u. s. w. schmal-8. (14 S.) Kiel 895. Lipsius & Tischer. In Karton n. 1. —

Hafen, der kieler, als künftiger deutscher Kriegshafen. Mit einer neuen lithogr. Karte in Fol. des Hafens und seiner Umgebungen veröffentlicht durch den kieler Ausschuss für die deutsche Flotte. gr. 4. (12 S.) Kiel 818, (Schröder und Comp.) *

Der Ruhrorter Hafen, seine Entwickelung und Bedeutung. Festschr. . . . [Mit 3 Kt. u. Abb.] Düsseldorf 1896: Bagel. 22 S. 8°

Hafen, Der Ruhrorter, seine Entwicklung und Bedeutung. Bearbeitet durch den Wasser-Bauinspektor in Ruhrort. Düsseldorf 1902. V: *Prüsmann.* (Berl)

Hafen, Der Ruhrorter, seine Entwicklung und Bedeutung. Bearbeitet durch den Wasser-Bauinspector in Ruhrort im Jahre 1902. [Düsseldorf 1902.] V: *Scherpenbach, F.* (StBKöln II, 262)

Hafen, Adolf, appr. Arzt a. Kaiserslautern: Zur Casuistik der primären Dünndarmsarcome. München 1904: Kastner & Callwey. (22 S.) 8°
München, Med. Fak., Ref. v. Bauer, Diss. v. 27. Febr. 1905
[Geb. 19. Aug. 76 Winnweiler, Rheinpfalz; Wohnort: Kaiserslautern; Vorbildung: Gymn. Speier Reife Juli 98; Studium: München 2, Würzburg 3, München 4 S.; Coll. 26. Juli 04; Approb. 12. März 05.]

Hafen, C., e. Krankheit, welche außer dem Patienten beinahe zwei behandelnden Aerzten den Kopf kostete. 1. u. 2. Aufl. gr. 8. (13 S.) Kaiserslautern 890. Gotthold. n. — 50

Hafen, Joh. Bapt., Behandlung der Ehesachen im Bisthum Rottenburg in pfarramtl. u. seelsorgerischer Hinsicht. 2., sehr verb. Aufl. Schwäb. Gmünd 868. Schmid. gr. 8. (VIII, 127 S.) 15 ngr

Hafen, J. B., Gattnauer Chronik oder der Pfarrbezirk Gattnau und die nähere Umgebung im Spiegel der Geschichte. Nach den vorhandenen gedruckten und vielen ungedruckten Quellen bearbeitet. Lindau 854. Stettner. 8. (1 Bl., 110 S.) n. 10 ngl

— 160 Entwürfe zu Grab- oder Leichenreden zumeist für arme u. niedriggestellte Leute. 2., verm. u. verb. Aufl. Stuttgart 865. Koch. 8. (286 S.) 18 ngr

Hafen, Joh. Bapt., eintausend Entwürfe zu Predigten auf alle Sonn- u. Festtage des katholischen Kirchenjahres, theils in längerer, theils in kürzerer Form, nebst einem theoretischen Beitrag zur Homiletik. Lindau 859. Stettner. gr. 8. (1. Hälfte: 320 S.) 1 nß 27 ngr

— 1000 Entwürfe zu Predigten auf alle Sonn- u. Festtage des katholischen Kirchenjahres, theils in längerer, theils in kürzerer Form, nebst einem theoret. Beitrag zur Homiletik. 2., vielverm., verb. Aufl. Lindau 865. Stettner. gr. 8. (XVI, 874 S.) 2 nß 18 ngr

Hafen, Joh. Bapt., das eigenthümlich-kathol. Glauben, Ueben u. Leben, in 15 Predigten u. eben so vielen Kirchenkatechesen dargestellt. gr. 8. (VI u. 222 S.) Augsburg 817, Rieger. 1/2 nß

Hafen, Jh. Bapt., Möhler und Wessenberg, oder Strengkirchlichkeit und Liberalismus in der katholischen Kirche in allen ihren Gegensätzen, mit besond. Rücksicht auf die kathol. Geistlichen Württembergs. 8. Ulm 842, Ebner'sche B. 1/3 nß

— Predigten zur Auffrischung u. Erneuung des christl. Geistes, in der so wichtigen und heil. österl. Zeit oder 11 Beicht- u. 11 Communionreden, 4 Fest- und 6 Sonntags-Predigten. Des ganz. Jahrgangs 1. Bdchen. gr. 8. Stuttgart 843, Beck u. Fr. Fränkel. 5/8 nß — dass. 2. Bdchen. A. u. d. T.: Predigten über das Werden u. Kommen des himmlischen Reiches auf Erden für die heil. Weihnachts- u. einen Theil d. Fastenzeit. gr. 8. Ebend. 843. 3/4 nß — 3. (letztes) Bdchen. A. u. d. T.: Predigten, über die Herrschaft des Guten und Bösen oder über die hauptsächlichsten christl. Tugenden 2c. gr. 8. Ebend. 844. 7/8 nß

— **Predigten** (Anreden) zur Feier der ersten heiligen Kommunion, unter Mitwirkung mehrerer Pfarrgeistlichen der Diözese Rottenburg hrsg. 2., verm., veränd. u. verb. Aufl. Stuttgart 865. Koch. 8. (312 S.) 21 ngr

— **Predigten** zur Oeschprozession u. auf das Erntedankfest unter Mitwirkung mehrerer Geistlichen der Diözese Rottenburg hrsg. 2. (Titel-)Ausg. Ebend. (855) 865. 12. (VIII, 237 S.) 18 ngr

— **Predigten** auf verschiedene Patrociniumsfeste u. für das Kirchweihfest unter Mitwirkung mehrerer Geistlichen der Diöcese Rottenburg hrsg. 2. (Titel-)Ausg. Ebend. (856) 865. 12. (VIII, 351 S.) 18 ngr

— Predigten auf alle Sonn- u. Festtage sowie für alle andern allgemein-kirchlichen Anlässe u. Feierlichkeiten während des katholischen Kirchenjahres, über das Kommen, Wiedergewinnen u. Herrschen des himmlischen Reiches auf Erden. Neue Ausg. Stuttgart 859. Beck. (Cammerer.) gr. 8. (VIII, 944 S.) 2 nß

—— **Sammlung** von Predigten auf einzelne besondere Feste der katholischen Kirche, s. **Sammlung.**

— einhundert Skizzen zu Grab- und Leichenreden zumeist für arme u. niedriggestellte Leute. Friedrichshafen 855. (Ulm 856.) Höchel. 8. (188 S.) 10 ngl

— 100 **Skizzen** zu Grab- oder Leichenreden zumeist für arme u. niedriggestellte Leute. 2. (Titel-)Ausg. Ebend. (855) 865. 8. (188 S.) 10 ngr

— Heinrich **Walther,** der hochherzige Gastwirth. Ein Lebens- u. Charakterbild. Lindau 870. Stettner. 8. (IV, 195 S.) n. 10 ngr

— die **Wünsche,** s. **Wünsche,** die.

Hafen, Karl, kritische Beleuchtung u. Widerlegung der gewöhnlichen Angriffe gegen die Homöopathie. gr. 8. (16 S.) Kaiserslautern 883. Gotthold. n. — 30

Die bremischen **Häfen.** Veröffentlicht von d. Deputation f. Häfen u. Eisenbahnen zu Bremen. Bremen 1905: A. Guthe. (15 S.) 2° [08. 8764]

Häfen, die Cuxhavener. M. e. grossen Uebersichtsbilde: Die Cuxhavener Häfen nach ihrer Vollendg. (gezeichnet v. C. Schildt), 4 Kartonskizzen u. 1 Schlussvignette. [Aus: „Hamburgs Handel u. Verkehr".] gr. 8. (18 S.) Hamburg 897. A.-G. „Neue Börsen-Halle". n. 1. —

— die dänischen. Hrsg. v. Reichs-Marine-Amt. Mit 139 Plänen. gr. 8. (IV, 71 S.) Berlin 896. (D. Reimer.) Geb. in Leinw. n. 3. —

Die **Dänischen Häfen** 2. Aufl. Mit 17 Plänen. (Reichs-Marine-Amt.) Berlin 1902 II, 86 S. 8°.

Grundriss von Hamburg's **Häfen** im Jahre 1839. Von **Heinrich Hübbe.** (1 : 3700.) Hamburg. 1840. Lithographie. 1 Bl. Imp.-Fol., 65,7 89 cm.

Aus: Ad. Soetbeer. Über Hamburg's Handel. Hamburg. 1840. gr. 8°.

— — Mit rothem Ueberdruck: Entwurf zur Verbesserung der Hamburgischen Häfen, aufgesetzt von dem Inspector des Niederländischen Wasserbauwesens **D. Mentz.**

Häfen — Die russischen — am Schwarzen und Asoff'schen Meere. Bei Flemming in Glogau. 1 Bl.

Häfen, die, der Prov. Schleswig-Holstein. (1. Der Hafen bei Husum. 2. Der Hafen bei Tönning. 3. Der Hafen bei Friedrichstadt. 4. Der Hafen bei Glückstadt a/E.) [Aus: „Zeitschr. f. Bauwesen".] Imp.-4. (20 S. m. 3 Bl. Übersichtsplänen.) Berlin 893. W. Ernst & Sohn. n. 5. —

Häfen, die wichtigsten, Chinas. Ein Handbuch f. Kapitäne u. Rhedereien. Hrsg. v. der Direktion der deutschen Seewarte. Lex.-8. (XI, 282 S. m. 11 Taf.) Berlin 901. E. S. Mittler & Sohn. n. 2. 50; geb. in Leinw. n. 3. —

Häfen u. Rheden, die wichtigsten, sowie die Goldregion v. Californien. Fol. Lith. Weimar 849, Voigt. 1/4 ₰

Haefen, Gustav v., approb. Arzt aus Stollhamm (Grossh. Oldenburg): Zur Statistik der Cholelithiasis im Anschluss an einen Fall von Perforation eines Lebercavernoms in die Gallenblase und Bauchhöhle. *Würzburg 1898: P. Scheiner.* (46 S.) 8°

Würzburg, Med. Diss. v. 1898

Hafen-Anlagen zu Breslau. Denkschrift zur Eröffng. des städt. Hafens am 3. IX. 1901. Hrsg. vom Magistrat der königl. Haupt- u. Residenz-Stadt Breslau. gr. Fol. (VI, 97 S. m. Abbildgn. u. 44 Taf.) Breslau 901. (Berlin, J. Springer.) Geb. n.n. 20. —

Hafen-Anlagen zu Breslau. Nachtrag zu der Denkschrift zur Eröffnung des städtischen Hafens am 3. IX. 1901. Hrsg. vom Magistrat der königl. Haupt- u. Residenz-Stadt Breslau. (22 S. m. Fig. u. 9 Taf.) gr. 4. Breslau 904. (Berlin, J. Springer.) n. 6. —

Hauptwerk. Ebd. 901. n.n. 20. —.

Mannheims Hafenanlagen vom Standpunkte des Handels und der Industrie und die Entwicklung seines Verkehrs statistisch betrachtet. Zum 6. Verbandstage des Deutsch-Oesterreichisch-Ungarischen Verbandes f. Binnenschiffahrt, Mannheim, 9.—12. Sept. 1903. Gewidmet von der Handelskammer für den Kreis Mannheim. — Mannheim 1903: Vereins-Dr. 40 S. 8°

Die städtischen **Hafenanlagen** in Magdeburg. Denkschrift d. Magistrats d. Stadt Magdeburg. Magdeburg 1893: Friese. 47 S. 4° (8°)

Die städtischen **Hafenanlagen** in Magdeburg. Denkschrift d. Magistrats d. Stadt Magdeburg. Magdeburg: Baensch 1898. 00 S. 8°

[10. 12417 3

Hafenbau, Der Husumer. Den Ständen Schleswig-Holsteins gewidmet . . . Husum 1848. V: *Kaup* & *Herm. Petersen.* (schles)

Hafen- und Uferbauten, Die, zu Worms 1890/1893 . . . Worms 1893. B: *Weckerling, Aug., Wilh. Küchler, K. Seibert* & *K. Hofmann.* (Berl)

Hafen- u. Uferbauten zu Worms 1890/1893. Mit geschichtl. Einleitg., Tafeln u. Abbildgn. im Text. gr. 4. (V, 100 S.) Worms 893. (H. Kräuter.) Kart. n. 8. —

Häfener, Frz., der Wiesenbau in seinem ganzen Umfange nebst Anleitg. zum Nivelliren, zur Erbauung v. Schleußen, Wehren, Brücken 2c. (Mit eingedr. Abbildgn.) gr. 8. (XVI u. 717 S.) Reutlingen 847, Mäcken. 2 ₰ Mit color. Abbildgn. 3 ₰

Häfener, Frz., der Wiesenbau in seinem ganzen Umfange nebst Anleitung zum Nivelliren, zur Erbauung von Schleußen, Wehren, Brücken 2c. 2. billige (Titel-) Ausg. Stuttgart (847.) 855. Mäcken. gr. 8. (XVI, 725 S. mit Holzschn. im Text.) 1 ₰

Häfener, Frz., der Wiesenbau in seinem ganzen Umfange nebst Anleitung zum Nivelliren, zur Erbauung von Schleußen, Wehren, Brücken 2c. 3., billige (Titel-)Ausg. Stuttgart (855) 867. Mäcken. gr. 8. (XVI, 725 S. mit 400 in den Text gedr. Holzschn.) 1 ₰; color. Ausg. 2 ₰

Hafenerweiterung der Stadt Leer in Ostfriesland. (Von A. Geiffe.) 8. (14 S. m. 1 farb. Karte.) Leer (902). W. J. Leenderß. n. 1. —

Hafen-Frage, Düsseldorfer. Erläuterungen zu den Projecten von W. Th. Mulvany vom Jahre 1873 und 1883/34. Düsseldorf [1889]. V: *Mulvany, T. R.* (STBKöln II, 260)

Hafengesetz vom 2. VI. 1897, nebst Anh., enth. die kaiserl. Verordngn. zur Verhütg. des Zusammenstoßens d. Schiffe auf See v. 9. V. 1897 u. üb. das Verhalten der Schiffer nach e. Zusammenstoß v. Schiffen auf See vom 15. VIII. 1876. Gültig ab 1. VII. 1897. (20, 50, IV, I u. I S.) kl. 8. Hamburg (Hopfensack 18) 897. Freytag & Bielefeldt. Kart. — 50

Hafengesetz v. 2. VI. 1897. Bekanntmachg., betr. Ausführg. d. Hafengesetzes, v. 30. VI. 1897. Hafenordnung v. 30. VI. 1897. 8. (32 S.) Hamburg 897. L. Friederichsen & Co. n. — 40

— Hamburger, v. 2. VI. 1897 nebst Ausführgs.-Bestimmgn. u. Hafenordng. v. 30. VI. 1897. In Kraft getreten a. 1. VII. 1897. 8. (20 S.) Hamburg 897. Eckardt & Meßtorff. n. — 40

Hafenmayer, Gli. (stud.), auf die Allerhöchste Thronbesteigung *Otto's*, des Ersten Königs von Griechenland. Auf Kosten des Vf. 1832. 4°. Cart. Nicht ganz rein.

2 Bll., ganz in Kupfer gest. — Bl. 2 enth. eine „Ode" in 8 vierz. Str.

Hafen- und Brücken-Ordnung für die Stadt Altona. o. O. (1843.) 4°, geb. in Fol. [Kopft.]

Hafenordnung f. Handelsschiffe u. Fahrzeuge. Anh. zur Seepolizei-Verordng. f. das Reichskriegshafengebiet v. Wilhelmshaven. gr. 8. (8 S.) Berlin 888. Mittler & Sohn. n. — 20

Hafen- und Lootsen-Ordnung für den See-Hafen Memel. [Dat.:] Königsberg, den 10. Oct. 1809. Gumbinnen (1809). fol.

— für S. M. Schiffe u. Fahrzeuge auf Rhede u. im Kriegshafen Wilhelmshaven. gr. 8. (11 S.) Ebd. 888. n.n. — 25

Hafenordnung f. S. Maj. Schiffe u. Fahrzeuge auf Rhede u. im Kriegshafen Wilhelmshaven. Nachtrag. Vorschriften f. das Einlaufen in die Hafeneinfahrten u. das Auslaufen aus denselben. gr. 8. (8 S. m. 1 Fig.) Berlin 892. E. S. Mittler & Sohn. -- 15 (Hauptwerk u. Nachtrag: n.n. -- 40)

— dasselbe. Anh. A—C. gr. 8. Ebd. — 40
A. Bestimmungen üb. die zollamtliche Behandlung der deutschen Kriegsfahrzeuge. (S. 13—16.) 888. — 15
B. Anweisung f. das Signalwesen in der Garnison Wilhelmshaven. (S. 17—21.) 888. — 15
C. Vorschriften f. das Abhalten v. Schieß-, Minen- od. sonst. Uebgn. in den zum Bereiche der Marine-Station der Nordsee gehör. Gewässern. (S. 23—27.) 892. — 10

Hafenpläne des Adriatischen Meeres. Herausgegeben vom Hydrographischen Amte der k. u. k. Kriegsmarine, Pola. Ausgabe Mai 1892. Heliograv. à 35·5 × 48 *cm* In Comm. à * —.60
Triest: Schimpff

Hafen-Pläne: Blatt III: Hafen von Brgulje Jazi (Manzo), Lungo 1 : 35 000, Lussinpiccolo 1 : 28.800, Zapuntello 1 : 20.000 und Pietro die Nembi 1 : 25.000.
Blatt IV: Hafen und Rhede von Sebenico, Vodice und Zlarin 1 : 30 000
Blatt V: Hafen von Rogoznica 1 : 30.000, Bossiglina, Saldon und S. Giorgio 1 : 28.800, Canal v. Traù 1 : 20.000.
Blatt VI: Bai Castelli 1 : 40.000 und Canal Spalmadori 1 : 28.800.
Blatt VII: Hafen von S. Giorgio, von Lissa 1 : 20.000, Cittavecchia, Verbosca, Brua, Oliveto, Carboni, Vallegrande, Trepozzi, Lago grande und piccolo 1 : 28.800
Blatt X: Hafen von Antivari, Durazzo und S. Giovanni di Medua 1 : 40.000.
Triest: Schimpff 1893.

Hafenpläne des Adriatischen Meeres. Herausgegeben vom Hydrographischen Amte der k. u. k. Kriegsmarine. Blatt 8. Hafen von Gravosa. (Maassstab 1 : 7500.) Blatt 9. Ankerplätze und Engen im Golf von Cattaro. (Maassstab 1 : 15.000.) Folio. Heliogr. In Comm. à * —.60
Triest: Schimpff 1892.

Hafenproject, Das Triester, nach den Beschlüssen der in Triest abgehaltenen Commission. Wien 1862. V: *Talabot, Paulin.* (WFM)

Hafenproject, das Triester, nach den Beschlüssen der in Triest abgehaltenen Commission. Mit 1 (lith.) Plane (in Fol.). Wien 862. Manz & Co. Lex.-8. (41 S.) n. 20 *ngr.*

Hafenreffer, Matth.

— Begr. göttl. Lehre. 8. Ebend. 704.

Hafenreffer, Matth., templum Ezechielis seu comment. in IX postr. prophetae cap. fol. Frcf. 728.

Hafentarif der Stadt Altona. Eingeführt d. 1. Sept. 1875. Altona. 1875. 8°

Haferbreite [Schlagwort]

Haferbreite, s.: Stendal.

Haferkamp, Johann Wilhelm: Das Intensitätsminimum der Cyanbandengruppe λ 3883,558. Mülheim-R. 1909: Bagel. 32 S. 8°
Bonn, Phil. Diss. v. 18. Nov. 1909, Ref. Kayser
[Geb. 18. März 78 Duisburg-Meiderich; Wohnort: Godesberg; Staatsangeh.: Preußen; Vorbildung: Realgymn. Oberhausen Reife O. 03; Studium: Münster 2, Marburg 1, Bonn 9 S.; Rig. 28. Juli 09.] [U 10. 373

Haferkorn, Camillo, Ref. in Chemnitz: Über die Schuldenhaftung des neuen Firmeninhabers. Borna-Leipzig 1906: R. Noske. (VIII, 67 S.) 8° [J.]
Leipzig, Jur. Fak., Diss. v. 31. Mai 1906
[Geb. 10. Juli 81 Chemnitz; Wohnort: Chemnitz; Staatsangeh.: Sachsen; Vorbildung: Gymn. Chemnitz Reife O. 01; Studium: Leipzig 8 S.; Rig. 18. Jan. 06.]

Haferkorn, J. Andr., d. Kopfrechner, oder gründl. Unterricht, d. Rechnen im Kopfe durch eine Stufenfolge von Beispielen leicht u. gründl. zu erlernen. 1r Thl. 8. Leipz. 817. 2e A. 818. 3e A. 826. Lauffer. 6 *gr* 2r Thl. A. u. d. T.: prakt. Anleit. zum Kopfrechnen. 8. Ebd. 819. 2e A. 828. 6 *gr*

— d. scharfsinnige Kopfrechner, oder Aufgaben zum Kopfrechnen für Stadt- u. Landschulen. 2 Thle. 8. Leipz. 830. Wienbrack. 6 *gr*

Haferkorn, J. A., der Kopfrechner, oder gründl. Unterricht, das Rechnen im Kopfe durch eine Stufenfolge von Beispielen leicht und gründlich zu erlernen. 1r Thl. 4e verb. Aufl. 8. Leipzig 840. Lauffer. 1/3 *ß*

[J.] **Haferkorn,** Max [Dr.]: Die Hauptprediger der Ligue in den französischen Religionskriegen 1576—1594. Dresden, Rammingsche Buchdr., 1892; 3—33 S. 4.
Dresden, Wettiner G., OP 1892 (533)

Haferkorn, Max, die Hauptprediger der Ligue in den französischen Religionskriegen 1576—1594. Progr. gr. 4. (33 S.) Dresden 892. (Leipzig, G. Fock.) n. — 90

Haferkur, die, des Naturarztes Franz Schnabel zu Weidenau in k. k. östreich. Schlesien, Bezirkshauptmannschaft Freiwaldau. Ihre bewährte Wirksamkeit gegen alle chron. Krankheiten, dargestellt v. Einem, der durch diese neue Kurmethode v. Augenleiden u. Steinschmerzen geheilt worden. gr. 16. (X u. 63 S.) Neiße 852, Graveur. n. 1/4 *ß*

Haferland, Reinhold, approb. Arzt aus Wengelsdorf b. Dürrenberg: Aus d. gynäkol. Privatklinik d. Herren Prof. Dr. Menge u. Prof. Dr. Krönig zu Leipzig. Ueber die **Dermoide** des Beckenbindegewebes. *Leipzig 1901: B. Georgi.* (45 S.) 8°
Leipzig, Med. Diss. v. (24. Juli) 1901

Hafermann, s.: Christophorus, der Stelzfuß.

[Hafermann, Rev]. Die Culturjunker; oder die gegenwärtige Crisis von Staat u Kirche im dten Reiche (anonymous). Phila, 1877.

Hafermann, H., Athen oder Bethlehem? Zur Apologie des Christenthums. Offenes Sendschreiben an den Herrn Rector Gittermann zu Esens. Aurich 867. Spielmeyer. gr. 8. (125 S.) n. 12 ngr.

— der Sectirer Protestanten-Verein nach der Natur gezeichnet. Ebend. 869. gr. 8. (78 S.) n. 7½ ngr.

— das neueste Stadium des Kampfes zwischen Unglauben u. Glauben. Eine Zeitpredigt gehalten in der luther. Kirche zu Emden am 19. Aug. 1866. Ebend. 866. gr. 8. (X, 25 S.) n. 4 ngr.

Hafermann, Kaspar Egbert

Hafermann, Caspar Egbert, a. Rhaude, prakt. Arzt in Altona: Ein Fall von allgemeiner Argyrie durch innerlichen Gebrauch von Höllenstein. Erlangen 1908: Junge & Sohn. (14 S.) 8°
Erlangen, Med. Fak., Ref. Hauser, Diss. v. 6. April 1908
[Geb. 15. Juni 57 Rhaude, Kr. Leer; Wohnort: Altona; Staatsangeh.: Preußen; Vorbildung: Gymn. Jena Reife M. 81; Studium: Göttingen 6, Jena 3, Erlangen 15 S.; Coll. 11. März 08; Approb. 15. Juli 97.]

Hafermann, M. C. D., Festpredigt zum 5. Juni 1882, dem Jahresfeste der Goßner'schen Mission, geh. in der St. Matthäi-Kirche zu Berlin. gr. 8. (16 S.) Norden 882. Soltau. n. — 25

Haferung, Anton Friedrich

— — De fama forensi. Diss. jur. Präs. Gottfried Ludwig Mencken. Wittbg. (Eichsfeld) 6. III 1732 36 S. mit Widm. v. Präs. (6.—) 12705

Haferung, Anton Friedr. (Greussen/Thür.), De obligatione mariti ex delicto uxoris in foro in primis Saxonico. Diss. jur. Präs. Gottfr. Ludw. Mencken. Wittbg. (Wwe. Gaeberdt) März 1729. 34 Seiten. (6.—) 12704
Gewidm.: Gottlob Hieronymus v. Leipziger (Heyda).

Haferung, P. Gttfr., De morientium cygneo cantu, vom Schwanen-Gesang der Sterbenden. 24 pp. Hal. 4°.
1747

– Dass., s.a. Alberti, Michael

— **Gottl. Friedemann,** De vana fiducia in supererogationis operibus. Wittbg. (Ephraim Gottlob Eichsfeld) 1736. 14 Bl. (5.50) 12706

Haferung, Heinrich Gottfried

Haferung, H. G., Christum et temporalem et spiritualem mortem sensisse. Viteb. 1742. 4.

— — De eo quod durum quidem est in legibus civilibus sed non iniquum ex principiis rationis diss. Wittbg. (Eichsfeld) Mai 1736. 10 Bl. (6.—) 12708

— **Heinrich Gottfried** (Wittenberg), De immensitate et omnipraesentia dei. Präs. Ernst Christian Schroeder. Wittbg. (Ephr. Gottl. Eichsfeld) Nov. 1732. 22 S. (6.—) 12707
Tl. II s. Bürger, Jobst Christian

Haferung, Jo. Casp.

— colleg. thetic. in Königii theol. potitiv. etc. 8. Vitteb. Zimmermann. 737.

Haferung, J.C.: De communione sub utraque. – Viteb. 1739.

Haferung, J. C., cur Christus crucis morte voluerit mori? Viteb. 1739. 4.

— — De jure matrimoniali breves et perspicuae definitiones casibus qui circa conjugium exoriuntur decidendis inservientes atque ita adornatae. Wittbg. (Samuel Hannauer) 1721. 144 S. (7.—) 12711

Haferung, J. C., de eo, quod in vaticiniis difficile est intellectu. Viteb. 1743. 4.

— **Jo. Casp.,** Examen novae sententiae de origine mali bona mente invecti. Wittbg. (Ephr. Gottl. Eichsfeld) o. J. 32 S. (6.—) 12709

Haferung, I. Casp., de fide operosa. 8. Lips. Zimmermann. 728.

Haferung, J. Casp., De ortu animae rationalis. Witteb. 4°. 1702

Haferung, J.C.: De sanguine Christi. – Viteb. 1732.

— theologia moral. 8. ibid. 737.

— — De veritate, non, nisi veritatem, gignente, ex I. Joh. II. 21. breviss. comment. et ad enarrationes publ. libri Nehemiae invit. Wittbg. (Wwe. Gerdes) 19. VIII. 1715. 8 Bl. (5.—) 12710

Stettiner Haff 1:75000. (No. 72). 1881 und 1896. Je 1 Bl. K.

Haff, K., s. Festschrift f. H. v. Burckhard.

Haff, Karl, Dr. juris, a. Pfronten im Algäu: Die dänische Almende und Markgenossenschaft. Naumburg a. S. 1908: Lippert & Co. (IV, 208 S.) 8° ¶ (Erscheint vollst. u. d. T.: „Die dänischen Gemeinderechte" T. 1 u. 2 b. A. Deichert, Leipzig.)
Würzburg, Jur. Fak., Hab.-Schr. v. 1908

Haff, Karl, die Bauernbefreiung u. der Stand des Bodenzinsrechtes in Bayern. (VIII, 40 S.) 8. Leipzig 910. A. Deichert Nachf. — 60

Haff, Karl, die dänischen Gemeinderechte. 2 Tle. gr. 8. Leipzig 909. A. Deichert Nachf. 7.80; einzeln bezogen 8.50
1. Almende u. Markgenossenschaft. (XIII, 218 S. m. 3 Karten.) 5.—
2. Die Feldgemeinschaft. (III, 111 S. m. 2 Karten.) 3.50

Haff, Karl, Rechtspraktikant aus Pfronten i. Allgäu **Geschichte einer ostalemannischen Gemeinlandsverfassung unter Berücksichtigung bajuvarischer Weistümer Tirols, Oberbayerns und Salzburgs.** *Augsburg (1902): J. P. Himmer.* (80 S.) 8°
Würzburg, Jur Diss. v 1902

— Das Wasserkraftrecht nach den Entwürfen e. preussischen Wassergesetzes u. dem badisch-bayerischen Rechte. Eine krit. Studie. (39 S.) gr. 8. Mannheim 910. J. Bensheimer's Verl. 1. 20
Sonderabdr. aus „Rhein. Ztschr. f. Zivil- u. Prozessrecht".

— Die Weide-, Forst- u. Alpgenossenschaften im rechtsrhein. Bayern u. das bürgerliche Recht, s. a. Festschrift f. Hugo v. Burckhard.

Haff, Karl: Die Weide-, Forst- und Alpengenossenschaften im rechtsrheinischen Bayern und das bürgerliche Recht Stuttgart 1910.

Der Minenkönig von Transvaal. Eine Episode aus d. Freiheitskampfe d. Boeren. Von Paul van **Haff**. *Leipzig: Leipz. Roman-Verl. [Erfurt: F. Bartholomäus 1901].* (127 S.) 8° [F.]
(Kollektion 'Transvaal' No 61) [03. 829]

Haff, Paul van, der Minenkönig v. Transvaal. Eine Episode aus dem Freiheitskampf der Boeren. 2. unveränd. Aufl. 8. (127 S.) Erfurt (901). F. Bartholomäus. — 60

Haffburg, Max, auf dem Raubschiffe, s.: Hoffmann's, Frz., Volks- u. Jugendbibliothek.

Häffcke, Geo., Pöttenkieker. En lütt lustig Geschichtut en lustig lütt Stadt. (74 S.) 8. Lübeck 903. Gebr. Borchers. n. 1.—

— der verlorene Sohn. Ein Landstreicherdrama in 3 Akten. (91 S.) 8. Leipzig 904. Modernes Verlagsbureau. n. 1. 50

Haeffelin, Johann Heinrich Casimir (Minfeldensis), **De sponsione et juramento subjectionis, obedientiae et fidelitatis, a clericis inferioribus praestari suis praelatis solito. Diss. ex jure canon. publ. Präs. Peter Gallade, S. J. Heidelberg (Joh. Jac. Haener) 27. VI. 1763. 44 S. (6.50) 12601**

v. Häffelin, Reichsfrhr. Kas., († d. 27. Aug. 1827.) de balneo Romano in agro Lupodunensi reperto. gr. 4. Münch., (Franz). 2 ℛ

— Beiträge zur Geschichte d. deutschen Alterthümer. gr. 4. Münch. 782. (Franz). 10 ℛ

— discours sur l'état des lettres en Saxe etc. 4. Manh. 774. (Franz in Münch.) 4 ℛ

— discours de l'influence des voyages sur les progrès des arts; lu à l'occasion du voyage de S. A. S. El. Pal. en Italie. 4. Manh. 775. Löffler. 5 ℛ

— Diss. de Lupoduno. gr. 4. Münch. 771. (Franz). 4 ℛ

— observations sur une colonne de granit connue dans la Palatina sous le nom de colonne. gr. 4. Münch. 776. (Franz). 4 ℛ

— observations sur l'itinéraire de Theodose, connu sous le nom de table de Peutinger. gr. 4. Münch. 782. (Franz). 4 ℛ

— observations sur la mosaique des anciens. gr. 4. Münch. 782. (Franz). 3 ℛ

— Diss. de sepulcris Romanis in agro Schwetzingano repertis. gr. 4. Münch. 776. (Franz). 4 ℛ

— worin besteht d. wahre Aufklärung; e. academ. Rede. gr. 4. Münch. 799. (Franz). 5 ℛ

Häffele, H. A., s. R. Bellarmin, d. Schöpfungsfeier.

Haffer, W., die Melioration der Tuchelschen Heide. Mit 1 (lith.) hydrograph. Karte in Farbendruck (in Imp.-Fol.). Berlin 857. Besser's Verlhdlg. gr. 8. (48 S.) n. 15 ngr

— Wiesen-Kunde. 1. Thl. Die Kultur der Wiesen u. Moore. Nebst Anhängen über See-Entwässerung, Schleusenbauten, und Bereitung von Steintorf. Mit Abbildgn. und Karten. Berlin 858. Besser's Verlhdlg. 8. (XXXIV, 360 S. m. Holzschn. im Text, 10 lith. Taf. u. 3 lith. Karten in 8. u. 4.) n. 2 ₰ 20 ngr

Hafferberg, Hugo, St. Petersburg in seiner Vergangenheit u. Gegenwart. Ein Handbuch für Reisende u. Einheimische. St. Petersburg 866. Wilcken. 8. (VIII, 192 S. mit 1 lithogr. Plane der Stadt in gr. 4.) n. 1 ₰

Natur, Glaube Wissenschaft und Kunst deren Beziehungen zu einander u. Bedeutung f. d. menschl Leben Entwurf e einheitl Weltanschauung von Dr Rob. C[arl] **Hafferberg** [Hauptwerk] Jena & Leipzig Rassmann 1900. 8° [09. 8974]

Hafferberg, Robert Carl, aus Riga **Die Philosophie Vauvenargues'.** (Ein Beitrag zur Geschichte d. Ethik.) *Jena 1898: B. Engau.* (XIII, 58 S.) 8° [G.]
Jena, Phil. Diss. v (22 Juni) 1898

Hafferberg, Rob. C., die Philosophie Vauvenargues' Ein Beitrag z. Geschichte d. Ethik. 8. (XV, 55 S.) Jena 898. O. Raßmann. n. 1. —

— s.: Schulze, Joh., Erläuterg. z. Kants Kritik d. reinen Vernunft.

Studien zur Einführung in die Philosophie auf Grund von bei Prof. Dr. Franz Erhardt gehörten akadem. Vorlesungen in eigenem Sinne bearb. von Dr. Rob. C. **Hafferberg**. Jena & Leipzig O. Rassmann (1899). (V, 127 S.) 8° [F.] [06. 678]

Haffküste [Schlagwort]

Haffküste. Pudor, C., Touristen-Karte von der Haffküste zwischen Elbing u. Cadinen. 1 : 25,000. 62,5 × 55,5 cm. Lith. Elbing 900. P. Ackt. n. 2. —; auf Leinw. in Futteral n. 3. —

Häfflinger, Jh. B., schweiz. Volkslieder, nach d. luzernerischen Mundart. 8. Luzern 813. Meyer. (Leipz., Schmidt). 1 ₰ 8 ℛ

[Häffliger, Jos: Bernhard.] Lied uf d'Sämpacher-Schlacht (Uf d'Wys Wo hört sich Weisheit besser etc.) [Mit 1 Vignette] 8. Luzern 1801.

[Häffliger, Jos: Bernhard.] Lied für Schwizer-Heeren, unterem Mittaglüthen vor de Repräsentanten Hüsern z'singen, wenn oppen eine ge Bärn käm. (G'schrieben den 10ten Heumonats 1800) – Uf d'Wys Seyg der Tag hütt noh se schmutzig. 8. (Luzern)

Haffmans, Heinrich. Über den Einfluss der Fütterung verschiedener Zuckerarten auf den Glykogengehalt der Leber Aus der Akademischen Klinik für Kinderheilkunde zu Düsseldorf... Diss. Vet.-Med. Bern. 61 S. 8. (Düsseldorf, Fr. Jumpertz.) 1910.

Haffmans, J(oan.) Henr. Guil. (geb. Strahlen 24. 12. 1795): De generatione. Pars prima quae introductionem ad omnem generationem, generationem spontaneam et propagationem per divisionem exponit. Berolini (1820). (85 S.) 8°
Berlin, Med. Diss. v. 14. Jan. 1820

Haffner, Dr. Paul Leopold, Bischof von Mainz. Eine Festschrift zur Feier der Consecration und Inthronisation des hochwürdigsten Herrn Paul Leopold H. im hohen Dome zu Mainz am 25. Juli 1886. 8. (32 S. mit Holzschn.-Portr.) Mainz 886, Kirchheim. * — 20

— dass. — Fasfestgrüße. — Festschrift zur Feier der Consecration ꝛc.

Haffner, Paulus Leopold, Bischof v. Mainz (1829 – 1899). Sein Leben & Wirken. Eine Gedenkschrift. gr. 8. (48 S. m. Bildnis.) Mainz 899. F. Kirchheim. n.n. — 20

Haffner Frères, Coffres forts. (8 T) qu 4° Saargemünd

Des Kammerherrn Obristlieutenannts von **Haffner** Oeffentliche Erklärung über seine Theilnahme an den Verhandelungen, welche der Wiederbesetzung Hamburgs durch Französische Truppen im Jahre 1813 vorangegangen sind. o. O. 1815. 8°.

Haffner

Die Seebadeanstalt zu Zoppot bei Danzig. [Verf.: Haffner.] Danzig: Alberti 1823. 68 S. 8°

Haffner, A., siehe: *Meisterwerke.*

HAFFNER, Adelbert, Die Raubvögel von Wien, komischer Roman in 3 Bdn. Herausg. u. Verleger Aug. Partsch, verantw. Redacteur J. Nagy, Druck v. Kuhn u. Czermak. Verboten v. L.-G. Wien. 27. November 1871. § 516.

— — Dasselbe. . . . . Sitten-Roman von Wien's jüngster Vergangenheit. 6 Thle. Wien 1871—72. 8°. (2 Kr., in 1 Hlwdbd., Carl Greif, 1914.)

HAFFNER, Adelb. (kein Ps.), Romane à la Paul de Kock. Heft 12 u. 16: Die Schwestern der Nacht. Verboten v. L.-G. Wien, 19. Juli 1871. § 516. u. 17. Juli 1871. § 516.

Das Geld und die Reichsfinanzreform. Von Dr. A[lexander] **Haffner.** Berlin: Puttkammer & Mühlbrecht 1909. 86 S. 8° [10. 13475

Haffner, A[lexander]: Das Notenbankwesen in der Schweiz und in England und Deutschland. Stuttgart 1908: Kohlhammer. VI, 159 S. 8° ¶(Ersch. auch als Buch ebd.)
Tübingen, Staatsw. Diss. v. 2. Nov. 1908, Ref. Fuchs
(Nur in beschränkter Anzahl für den Austausch)
[Geb. 83 Münsingen; Wohnort: Stuttgart; Staatsangeh.: Württemberg; Vorbildung: Gymn. Reife 01; Studium: Tübingen 5, Berlin 2 S.; Coll. 4. Aug. 08.] [U 09. 3978

Haffner, Anton. Chronica. 8. Solothurn 1849.

Haffner, Aug., s.: Ephräm v. Syrien, d. Homilie üb. d. Pilgerleben.

— Die Homilie des heiligen Ephräm von Syrien über das Pilgerleben. Nach den Handschriften von Rom und Paris herausgegeben und übersetzt. S. 135 9 . . „ —.70
Separatabdruck

[Arab.] **Al-Kanz** al-luġawi fil-lasan al-'arabi naqlâ 'an nusaḥ qadima. Sa'â fi našrihi wa-ta'liq ḥawašihi ad-duktūr Ugust **Hafnar.** (Leipzig: O. Harrassowitz) 1903 (1905). (XIV, 73, 328 S.) 8° (4°)
[Nebent.:] Texte z. arab. Lexikographie. Nach Hss. hrsg. von Dr. August **Haffner.** [05. 5509

Haffner Agust: Das Kitâb-al-chail von al-'Asma'î
H. 1892 PN 715 **Diss.** Wien, Univ. 2853

— das Kitâb al-chail v. al-'Asma'î. Hrsg. u. m. Anmerkgn. versehen. [Aus: „Sitzungsber. d. k. Akad. d. Wiss."] Lex.-8. (62 S.) Wien 895. (C. Gerold's Sohn.) n. 1. 50

— das Kitâb ešâ' v. al-'Asma'î. Hrsg. u. m. Anmerkgn. versehen. [Aus: „Sitzungsber. d. k. Akad. d. Wiss."] gr. 8. (32 S.) Ebd. 896. n. — 90

Haffner, Aug., Texte zur arabischen Lexikographie. Nach Handschriften hrsg. Mit Unterstützg. des k. k. Ministeriums für Kultus u. Unterricht. (XIV, 73 u. 328 S.) Lex.-8. Leipzig 905. O. Harrassowitz. n. 20. —

Haffner, August, aus Uffenheim: **Untersuchungen über die physiologischen Verkalkungen der Placenta.** *Erlangen 1904: E. Th. Jacob.* (35 S.) 8°
Erlangen, Med. Diss. v. 21. Jan. 1904

Haffner, Basil.

— s. Knittel. heil. Jahr.

Haffner, Basil., bibl. Geschichte für d. Volk. 2 Thle. 8. Augsb. 787. Rieger. 20 K

Haffner, C., Abbildungen zum 2. Thl. der Anleitung f. den Turnunterricht an Knabenschulen v. A. Maul. gr. 8. (VII, 102 S. m. eingedr. Fig.) Offenburg 881. (Trube.) n. 2. 50

Haffner, C., Abbildungen zum II. Teil der Anleitung f. den Turnunterricht in Knabenschulen von A. Maul. 2. Aufl. gr. 8. (VII, 102 S.) Karlsruhe 887. Braun. n. 2. 50
s.: Maul, Alfr.

Haffner, Carl, s. Haffner, Karl

Haffner, Chr. Go., resp. A. E. **Buechner,** De nonnullis ad rabiem caninam et hydrophobiam pertinentibus. Hal. 4°. 1768

Haffner, E., das Gebet d. Herrn aus der Zeit u. für die Zeit ausgelegt. gr. 8. (IV, 61 S.) Erlangen 880. Deichert. n. — 60

Haffner, Ernst, approb. Arzt: Ueber den **Einfluss** von Salzen auf die Säuregerinnung der Milch. *Tübingen: F. Pietzcker 1901.* (17 S.) 8°
Tübingen, Med. Diss. v. 1901

Haffner, G., de tempore paschatos recte determinando. Altorf. 1742. 4.

Haffner, Gotthard, s. Hafner

Haffner, Gotthilf, aus Zeilitzheim: **Über die innere Reibung von alkoholischen Lösungen.** *Fürth 1903: L. Limpert & Sohn.* (40 S.) 8°
Erlangen, Phil. Diss. v. 2. Juli 1902

Haffner, Herm., die Hebung des Obstbaues. Nürnberg 858. Stein. 8. (VII, 85 S.) n. 10 ngl

Haffner, J. D. Geschichtl. Darstellung des Grossherzogl. Badischen Armee-Corps. (128) 8. Karlsruhe 1840.

Haffner, J. D., Feuerpolizei-Ordnung zur Verhütung von Feuersgefahr. Nebst Belehrung über die Pflichten der Ortsvorsteher, Rathsmitglieder u. Feuerschau-Commissionen und über die Ausrüstung der Feuerspritzen nebst den dazu gehör. Geräthschaften. gr. 8. Carlsruhe 846. Macklot. 24 ngl

Haffner, J. D., Troſt in Noth, hinſichtlich der Bundes-Beſchlüſſe u. der aufgehob. Preßfreiheit im Großherzogthum Baden. Eine rathende Stimme für den Bürgerſtand. 8. Freiburg ... Waiſenegaert. 1/2 ℛ

Haffner, Isaak

— de l'éducation littéraire, ou essai sur l'organisation d'un établissement par les hautes sciences. gr.8. Strassb. 792. (Leipz., Hinrichs). 1 ℛ 12 gr

- Feſtpredigten. 2 Thle. gr. 8. Straßb. 801, 2. (Treuttel u. W.) 2 ℛ 20 gr

Haffner, J., Feſtpredigten. 2 Thle. gr. 8. Straßb., 801. u. 820. Iſt jetzt Verlag von Treuttel und Würtz.

– s. Gesangbuch, Straßburger.

— Predigt über d. Wichtigkeit d. chriſtl. Lehramts ꝛc. gr. 8. Straßb. 802. König. 3 gr

— Predigten u. Homilien. 2 Thle. gr. 8. Straßb. 823—26. Treuttel u. W. 3 ℛ 12 gr

– s. Schreiben d. Oberconsistoriums etc.

— **Isaac, Des secours que l'étude des langues de l'histoire, de la philosophie et de la littérature offre a la théologie. Discours prononcé à l'ouverture de l'Académie protestante de Strasbourg, le 15 Brumaire an XII. Paris (Amand Koenig) 1804. 54 S. (6.50)** **12713**

Haffner, Is., des secours, que l'étude des langues, de l'histoire, de la philosophie et de la littérature offre à la théologie. 8. Paris u. Strassb. 804. Künig. 6 gr

Haffner, Karl

Haffner, Carl, das geheimnißvolle Blumenmädchen, ſ. Bibliothek, blaue.

— der Erbſchleicher, ſ.: Singer's, F. J., Ein Silbergroſchen-Bibliothek.

Haffner, Carl, Junker Flickſchuſter. Wiener Roman in 3 Bdn. Wien 866. (Laſt.) br. 8. (234 S.) 20 ngr

Haffner, C., zwei Geſellſchaftstänze. Française u. Quadrille à la cour (Lanciers). Deutſch bearb., m. turnſprachl. Benenngn. u. m. vielen Abbildgn. verſehen. 12. (VIII, 31 S.) Karlsruhe 891. G. Braun. n. — 60

Haffner, Karl, zwei Geſellſchaftstänze. Française u. Quadrille à la cour (Lanciers). Deutſch bearb. m. turnſprachl. Benenngn. u. m. vielen Abbildgn. verſehen. 2. Aufl. (X, 34 S.) 12. Karlsruhe 903. G. Braun'ſche Hofbuchdr. n. — 60

Haffner, Carl, bekannte u. unbekannte Größen. Skizzen u. Novelletten aus der Kunſt- u. Theaterwelt. gr. 8. (X, 240 S.) Wien 884. Engel. n. 2. 50

— der Herold des Todes. Roman. 3 Thle. in 1 Bde. Wien 866. Gettler. 12. (160, 142 u. 142 S.) 1 ℛ

— Severin v. Jaroszynski, ſ. Theater-Repertoir, Wiener.

Haffner, Carl, ein brummender Journaliſt, Licht- u. Schattenbilder im k. k. Landesgerichte, hinter Schloß u. Riegel geſammelt. Mit vielen Orig.-Illuſtr. (Holzſchn.) von Cajetan. Wien 863. (Dirnböck.) 8. (58 S.) 7½ ngr

Haffner, Carl, Ein brummender Journaliſt. Licht- u. Schattenbilder im k. k. Landesgerichte. 2. Aufl. kl. 8. (58 S.) Wien. Dirnböck. 30 kr. 1863

— — Jungfernblut; ſ. a. Leſezirkel

— Jungfernblut. Orig.-Roman. 3 Bde. Wien 869. C. A. Müller. 8. (à 160 S.) 2 ℛ

— die Kinder v. Neudorf, ſ.: Bibliothek blaue.

— — Ein Confuſen Robert; ſ.: Leſezirkel.

— Thereſe Krones, ſ. Theater-Repertoir, Wiener.

Haffner, Carl, Thereſe Krones, ſ.: Univerſal-Bibl.

— der Mann ohne Herz, ſ. Bibliothek, blaue.

— u. J. Pfundheller. Die beiden Nachtwächter. ſ.: Theater-Repertoir. 85. Lfg.

— — Louis Napoleon und die Pfarrerstochter; ſ. a. Leſezirkel.

— Louis Napoleon u. die Pfarrers-Tochter. Orig.-Roman. 3 Bde. Wien 866. Laſt. 8. (472 S.) n. 1 ℛ 15 ngr

— die lange Naſe, ſ. Theater-Repertoir, Wiener.

Haffner, Carl, Nonne u. Maitreſſe. Roman aus dem Wiener Leben. 3 Bde. Wien 867. Laſt. br. 8. (486 S.) n. 1 ℛ 15 ngr

— — Daſſelbe; ſ. a. Leſezirkel.

— der Polizei-Spion. Roman aus dem Leben eines Wiener Polizei-Agenten. 2 Bde. Ebend. 866. 8. (318 S.) 1 ℛ

— — Daſſelbe; ſ. a. Leſezirkel.

— — Portefeuille des Humors; ſ.: Reiſe-Bibliothek

— der verkaufte Schlaf, ſ. Univerſal-Bibliothek.

— Scholz u. Neſtroy. Roman aus dem Künſtlerleben. (In 10 Liefgn.) 1—3. Liefg. Wien 864. Markgraf. 8. (1 Bd.: S. 1—208.) Jede Liefg. n. 6 ngr

Haffner, Karl, Scholz und Neſtroy. Roman aus dem Künſtlerleben. 10. u. 11. Lfg. kl. 8. (S. 65—240. Schluß.) Wien, Markgraf. à 36 kr.
— — Daſſelbe cplt. in 3 Bdn. 1866. 8. (260, 300 u. 240 S.) Ebdſ. 3 fl. 50 kr.

— Scholz u. Neſtroy. Roman aus dem Künſtlerleben. 3 Bde. Wien 866. C. A. Müller. 8. (803 S.) n. 2 ℛ 10 ngr

— die Sternenjungfrau, ſ. Theater-Repertoir, Wiener.

Haffner, Carl, die Studenten von Rummelstadt, s. Theater-Repertoir, wiener.

— — Die Vampyre der Residenz; s.a. Sonntagsbibliothek, illustr. Wiener.

— die Vampyre der Residenz. Roman. Wien 865. Geitler. br. 8. (270 S. mit Illustr., 10 Holzschntaff.) n. 24 ngr.

Haffner, Karl [Regierungs-Assessor in Stuttgart] Über die civilrechtliche Verantwortlichkeit der Richter (Syndikatsklage). Freiburg i. B., Akad. Verlagsbuchh. v J C B Mohr (Paul Siebeck, 1885; 4 + 106 S. 8°
Tübingen, Jur Fak., Inaug. Diss. v 1885.

Haffner, Karl, Oesterreichisches Volkstheater. 1. Bd. Das Marmorherz. Romantisch-komisches Volksmärchen mit Gesang in 3 Aufz. Der wilde Jäger oder: Das rothe Häuschen. Charakter-Skizze mit Gesang in 3 Aufzügen. Der Tod und der Wunder-Doktor. Komisches Märchen mit Gesang in 3 Aufzügen. 8. Leipzig 845, Ph. Reclam jun. 1½ ₰

— dass. 2. u. 3. Bd. 8. Ebend. 846. à 1½ ₰

— [illegible] s.a. [illegible]

— Was sich die Kammerzofen erzählen. Roman. 3 Bde. Ebend. 870. 8. (167, 164 u. 183 S.) 2 ₰

[illegible] s.a. [illegible]

— die schönen Weiber von Wien. Humoristischer Roman aus dem Wiener Volks-Leben. 2 Bde. Wien 867. Last. 8. (416 S.) n. 1 ₰ 10 ngr.

Haffner, Carl August (Stettin), Ad doctrinae de contagiis originem quaedam spectantia. Dissert. med. Bln. (Ludwig Quien) 30. VIII. 1817. 42 S. mit Biogr. (6.—) 12712

Haffnerus, M. I., Bernardini Ramazzini de morbis Artificum. 8. maj. Vien. Gerold. 778.

Haffner, Oskar, aus Offenburg **Anfänge** der neuhochdeutschen Schriftsprache zu Freiburg im Breisgau. *Freiburg i. B. 1904 C. A Wagner.* (55 S.) 8° [Aus Alemannia N F 5]
Freiburg i B., Phil. Diss. v 1904

Haffner, Paul Leopold

Haffner, Paul, der Atheismus als europäische Großmacht, s. Broschüren, Frankfurter zeitgemäße.

Haffner, die deutsche Aufklärung. Eine historische Skizze. 1—3. Aufl. Mainz 864. Kirchheim. 16. (VI, 156 S.) 10 ngr.

Haffner, Paul, Die deutsche Aufklärung. Eine historische Skizze Mainz, Kirchheim, 1864, 3. Aufl., kl. 8°, VI, 156 S., 1 Mk.
„Hier hat sich Witz u. Wissen in übervollem Maße verbunden, um in 3 Vorträgen 1 den Ursprung der Aufklärung im Auslande. 2. die Entwicklung d. Aufklärung in Deutschland, 3. die Metamorphosen der deutschen Aufklärung zu skizzieren." Litt. Handw. 1864, S. 211—2. Vgl. auch Sion 1864, S. 527 Wiener Littztg 1864, S. 198.

Haffner, P., die Bacillen d. socialen Körpers, s.a. Broschüren, Frankfurter zeitgemäße.

Haffner, P, Die Bacillen des socialen Körpers. 8° Frankfurt 1885.

Haffner, Paul, s: Broschüren, Frankfurter zeitgemäße.

Haffner, P., Goethe's Dichtungen auf sittlichen Gehalt geprüft, s.a. Broschüren, Frankfurter zeitgemäße.

—— Goethes Dichtungen auf sittlichen Gehalt geprüft. Daselbst, 1880, gr. 8°, 32 S., 40 Pf.
Frankfurter zeitgem. Broschüren. Neue Folge. Bd. 1, Nr. 1 und Bd. 2, Nr. 1.

Haffner, Paul Leop., Die Einheit der Kirche. Fastenhirtenbrief. Mainz, Kirchheim, 1893, gr. 8°, 10 Pf.

Haffner, Paulus Leop., zur Erinnerung an J. B. Heinrich, Domdecan u. Hausprälat Sr. Heiligkeit. Predigt. gr. 8. (15 S. m. Lichtdr.-Bildniß.) Mainz 891. F. Kirchheim. n. — 25

Haffner, P, Goethe's Faust als Wahrzeichen mod. Cultur, s.a. Broschüren, Frankfurter zeitgemässe.

Haffner, Paul, Goethes Faust als Wahrzeichen moderner Kultur. Frankf. a. M, Fösser, 1879, gr. 8°, 40 S., 40 Pf.

Haffner, Paulus Leop., Gedächtnisrede auf d. am 21. IX. 1898 im Herrn entschlaf. Frz. X. v. Linsenmann, erwählter u. präkonis. Bischof v. Rottenburg. Geh. bei hochdessen Beisetzg. am 26. IX. 1898. gr. 8. (10 S.) Rottenburg 898. W. Bader. n.n. — 12

Haffner, Paul L., Grundlinien der Geschichte der Philosophie. Mainz, Kirchheim, 1881—2, gr. 8°, 3 Abteilungen, 1136 S., 12,40 Mk.
Bd. 2. aus: Grundlinien der Philosophie als Aufgabe, Geschichte u. Lehre zur Einleitung in die philos. Studien. Recenss.: Pohle, Litt. Handw. 1882, S. 300—1; 1885, S. 201—6. Schneid, Litt. Rundsch. 1882, S. 105—6, 1883, S. 271—2; 1884, S. 145—6. Katholik 1882, Bd. 2 S. 667; 1883, Bd. 1 S. 547—52.

— Grundlinien der Philosophie als Aufgabe, Geschichte u. Lehre zur Einleitung in die philosophischen Studien. 1. Bd. u. 2. Bd. 1. Abth. gr. 8. Mainz 881. Kirchheim. n. 5. 90
1. Grundlinien der Aufgabe der Philosophie. (VIII, 328 S.) n. 3. 30
2. Grundlinien der Geschichte der Philosophie. 1. Abth. (256 S.) n. 2. 60

— Grundlinien der Philosophie als Aufgabe, Geschichte u. Lehre zur Einleitung in die philosophischen Studien. 2. Bd. 2. u. 3. Abth. gr. 8. Mainz 882. Kirchheim. n. 9. 80 (I—II. 3.: n. 15. 70)
Grundlinien der Geschichte der Philosophie. 2. u. 3. (Schluß-)Abth. (S. 257—1136.) (cplt.: n. 12. 40)

— Gräfin Ida Hahn-Hahn, s.a. Broschüren, Frankfurter zeitgemäße.

Haffner, P., Gräfin Ida Hahn-Hahn. E. psycholog. Studie. »Broschüren, Frankfurter zeitgemässe.« (34 S.) Frankfurt 1880. Foessner.

Haffner, Paul Leop., Die Heiligkeit der Kirche. Fastenhirtenbrief. Mainz, Kirchheim, 1891, 4°, 20 Pf.

— die heilige Hildegard. Festpredigt, bei der 700jähr. Gedächtnißfeier der Heiligen am 21. Septbr. 1879 auf dem St. Rochusberge geh. gr. 8. (21 S.) Mainz 879. Kirchheim. n. — 20

Haffner, Paulus Leop., s.: Hirtenbrief.

– das Ignoramus u. Ignorabimus der neueren Naturforschung, s. Broschüren, Frankfurter zeitgemäße.

Haffner, Paul, Die kath. Kirche nach der Erklärung des k. bayerischen Staatsministeriums. Eine Beleuchtung der Beantwortung der Interpellation Herz u. Genossen. Mainz, Kirchheim, 1872, gr. 8°. 51 S., 50 Pf
Zuerst Katholik 1871, Bd. 2 S. 584–622.

—— Der Materialismus in der Kulturgeschichte Mainz, Kirchheim, 1865, 16°, XI, 385 S., 2,40 Mk.

—— der moderne Materialismus, s.a. Broschüren-Verein.

Haffner, Paul, Der moderne Materialismus. Frankfurter Broschüre (Nr. 9). Hamacher, 1865, 32 S., 8°

– J J Rousseau u das Evangelum der Revolution, s.a Broschüren, Frankfurter zeitgemäße.

Haffner, Dr. Paul, J. J. Rousseau und das Evangelium der Revolution. gr.-8°. Frankfurt a/M. und Luzern, A. Foesser's Nachfolger, 1885. (Frankfurter zeitgemässe Broschüren, N. F. Bd. VI, Heft 8.)

Haffner, P. L., Sammlung zeitgemäßer Broschüren. gr. 8. (V, 362 S. m. Lichtdr.-Bild.) Frankfurt a/M. 887. Foesser Nachf. n. 4. 50; geb. n. 6. —

- Schlafen u Träumen, s. Broschüren, Frankfurter zeitgemäße

— eine Studie über Gotth. Ephraim Lessing. 2. Aufl. gr. 8. (106 S.) Köln 878. Bachem. n. 1. 80

— dasselbe. s.a. Vereinsschriften der Görres-Gesellschaft zur Pflege der Wissenschaft im katholischen Deutschland.

Voltaire u seine Epigonen, s. Broschüren, Frankfurter zeitgemäße

Haffner, Paul, allerlei Waldvolk, s.: Lohmeyer, Jul.

Haffner, Sigmund: Obliteration der Carotis communis sinistra und beider Arteriae brachiales in Folge von embolischer Arteriitis bei Herzfehler. M. 5 Curven. *Naumburg a. S. 1898: Lippert & C* (25 S.) 8°
Freiburg i. B., Med Diss v 1898

Haeffner, Dr. August, Die Homilie des heiligen Ephräm von Syrien über das Pilgerleben. Nach den Handschriften von Rom und Paris. Gr-8. (21 S.) —.35
Wien Gerold 1896

Haeffner, Karl, approb. Arzt aus Wiesbaden Aus d. pathol. Institut zu Freiburg i. B. Über **Blasentuberkulose.** *Freiburg i. B.: Speyer & Kaerner 1899.* (33 S.) 8°
Freiburg i. B., Med. Diss. v 1899

Haffner, Carl, der Gruppenführer im zerstreuten Gefecht und die Oertlichkeits-Gefechte. 8. (VIII, 87 S.) Würzburg 870, Staudinger.

Haeffner, Karl: Über Ozonide der einfachen Olefine. Kiel 1909: Ludtke & Martens. 58 S. 8°
Kiel, Phil. Diss. v. 25. Aug. 1909, Ref. Harries
[Geb. 11 Jan. 79 Hamburg, Wohnort: Wandsbek; Staatsangeh.: Hamburg; Vorbildung Realgymn Eisenach Reife O. 98; Studium Freiburg i. B. 1, Greifswald 10, Kiel 7 S., Rig 8 Mai 09.] [U 10. 2500

Häffner, Carl, der Truppenführer im zerstreuten Gefecht u. die Oertlichkeits-Gefechte. Würzburg 870. Staudinger. 8. (VIII, 87 S.) n. 7½ *ngr.*

Hafften, Walth. v., Junggesellen-Lieder. Ein poet. Allerlei aus meinem Tagebuche. (128 S.) 8. Dresden 907. (C. Weiske.) Kart. 2.—; geb. in Leinw. 3. —

Hafften-Aiscl, Alex, Studio u. Troubadour. E. Sing-Sang aus d. Burschenzeit f. junge u. f. alte Knaben. Musen-Almanach deutscher Studenten. Neue Folge. schmal gr. 8. (II, 174 S.) Oelsnitz 899. R. Zabel. n 3. —

Hafftendorn, Jh. Sam., prakt. Instruktion, Handgriffe u. Vortheile für Kutscher u. Stallleute in fürstl. Marställen u. bei andern Herrschaften, od. deutl. Anweis. zur Stallpflege, zum Reiten u. besonders zum Fahren mit 2, 4 u. 6 Pferden, u. zum sonstigen richtigen u. wohlanständ. Verhalten in u. außer d. Dienst. Mit hoher Genehmigung d. Großherz. Hof-Stall-Amtes zu Weimar herausg. Mit Titelkpf. gr. 8. Ilmenau 832. Voigt. 12 gl.

(Haffter, C.) Reise-Briefe aus Italien und der Schweiz. Siebzehn Briefe von C. H. VIII u. 95 Stn. 16. Frauenfeld, J. Huber. 1. —
1872

Haffter, Elias, Briefe aus dem hohen Norden. Eine Fahrt nach Spitzbergen m. dem HAPAG-Dampfer „Auguste-Viktoria" im Juli 1899. 8. (VIII, 216 S. m. Abb.) Frauenfeld 900. Huber & Co. Geb. in Leinw. n. 3. 20

Haffter, E[lias] Briefe aus dem hohen Norden Eine Fahrt nach Spitzbergen mit dem Hapag-Dampfer „Auguste Viktoria" im Juli 1899 Mit zahlreichen Abbildungen 2 unveränderte Aufl. 8. Frauenfeld 1900

Haffter, E. Briefe aus dem fernen Osten. In-8°. Frauenfeld. Huber. 4 —
1885

Haffter, E., Briefe aus dem fernen Osten. 2. Aufl. 8. (VIII, 308 S.) Frauenfeld 885. Huber. cart. n. 3 20; geb. n. 4. —

Haffter, E., Briefe aus dem fernen Osten. 3. Aufl. 8. (312 S) Frauenfeld 888. Huber. n. 3. 40; geb. n. 4. 40

— dasselbe. 4. Aufl. 8. (VIII, 312 S. m. Portr.) Ebd. 890. n. 3. 40; geb. n. 4. 40

Haffter, E., Briefe aus d. fernen Osten. 5. Aufl. 8. (VIII, 332 S.) Frauenfeld 898. J. Huber. n. 3. 20; geb. n. 4 —

Haffter, Elias, Briefe aus dem fernen Osten. 6. Aufl. 8. (VIII, 332 S.) Ebd. 900. Geb. in Leinw. n. 4. —

Haffter, E[lias]. Briefe aus dem Fernen Osten. 7. Aufl. VIII + 334 S. 8. Frauenfeld, Huber & Co., 1903. [geb. fr. 5.—]

Haffter, E., s.: Correspondenz-Blatt f. Schweizer Aerzte.

Haffter, E., s.: Medizinal-Kalender, schweizerischer.

[Haffter, Elias.] Ein deutsches Requiem, nach den Worten der heiligen Schrift komponiert von Johannes Brahms. Erläuternde Vorbemerkungen zu dem Konzert des Oratoriengesangvereins Frauenfeld am 19. Februar 1905. [Von Dr med. E. H.] 8 S. 8. [Frauenfeld, Huber & Co.]

Haffter, Elias. Dr (L[aurenz]) Sonderegger [1825–1896] als Arzt. Eröffnungswort an der 52ten Versammlung des ärztl. Central-Vereins.. 31 Oktober [1896], in Olten [Mit Porträt] SA 8. Basel] 1896

— s.: Sonderegger, L., in s. Selbstbiographie.

— Vorposten der Gesundheitspflege, s.: Sonderegger, L.

Haffter, Ernst, die mittelalterl. Architektur- u. Kunstdenkmäler d. Cantons Thurgau, s.: Rahn, J. R.

Ha[ffter], E[rnst]. Biographisches über J(ohann) C(onrad) Tobler, Dirigent der Ligia Grischa in den Jahren 1853—1855. [Sep.-Abdr. aus: Der Freie Rätier, N° 260, Zweites Blatt. 1904 November 4.] 1 S. gr.-4. [Chur, Manatschal Ebner & Cie.]

Haffter. Ernst von Weinfelden Kt. Thurgau Georg Jenatsch. Ein Beitrag zur Geschichte der Bundner Wirren. Davos H Richter 1893. XIX 552 S., 1 Bl. 8° [Dazu gehört Ernst Haffter Georg Jenatsch Urkundenbuch enthaltend Exkurse und Beilagen. Chur Hitz 1894. 1 Bl IV, 178 S. 8°.].
Zürich Phil. Diss. I. S. [v 10. Juli 1890].

Haffter, Ernst, Georg Jenatsch Ein Beitrag zur Geschichte der Bündener Wirren. gr. 8. (XIX, 552 S) Davos 894. H. Richter. n. 5 —

— dasselbe. Urkundenbuch dazu, enth. Exkurse u. Beilagen. gr. 8. (IV, 178 S.) Chur 895. (Hitz.) n 2. —

Haffter, Ernst Volkstümliches aus dem Rheinwald [A.] 8 (Chur 1899)

Haffter, J[ohannes] Der Uttwyler Handel von 1644 bis 1696. Ein schweizerisches Geschichtsbild aus dem 17 Jahrhundert. Nach Urkunden dargestellt (SA) 8 Frauenfeld 1881

Haffter, Konr., Erlebnisse u. Bekenntnisse e. kunstfreundlichen Juristen. gr. 8. (168 S.) Zürich (900). Art. Institut Orell Füßli. n. 3. —

Haffter, Max. Zur Laparotomie bei subkutaner Milzruptur. Aus dem Kantonsspital zu Münsterlingen. Separat-Abdruck aus Beiträge zur klinischen Chirurgie.... Band 56. Heft 2. II S. + S. 429—438. 8 Tübingen, H. Laupp, 1907.

Haffter, Max [prakt Arzt von Weinfelden (Thurgau)] Zur Pathologie und Therapie der Appendicitis. Zurich 1900. 88 S 8°
Zurich. Med Diss 1899/1900

Haffter, Wilhelm von Weinfelden [Kt Thurgau] Neue Versuche über den Nervus splanchnicus major & minor Zür E. Kiesling Dr 1853. 30 S 1 Bl. 8°
Zurich Med Diss. [v 3. Sept 1853].

Hafgren, Lill Erik, Festspiel zur Eröffnungsfeier im Bürgersale des neuen Rathauses, mit Benutzg. der Lersnerschen Chronika u. Schriften von Murner, Dürer u. H. Sachs componiret. (Altstädtisch) Fest im Römer zu Franckfurdt am Mayn vom 6.—8. IV. 1905.) (15 S.) gr. 8. Frankfurt a/M. 905. Gebr. Knauer. n. — 60

Hafis. Specimen Poeseos Persicae sive . . . Odae sexdecim ex initio Diwani depromtae . . . Vindob. 1771. V: *Revitzky Graf von Revissnye, Carl Emerich Alexander.* (Ml) (Pk) (ErschDL) (Ky) (BrMm)

Hafis in Hellas. Von einem Hadschi. Hamburg 1853. V: *Schefer, Leopold.* (GGr III, 714)

Hafis in Hellas. Von einem Hadschi. Hamburg 853. Hoffmann u. Campe. 16. (VIII, 341 S.) n. 1 ℛ 20 ngr

Hāfiz, Samsu'd-Dīn Muhammad

— s a Daumer.

HAFIS. — Der Divan von *Mohammed Schemsed-din Hâfis.* Aus dem Persischen zum ersten Male ganz übersetzt, von Joseph von Hammer .... Stuttgart und Tübingen, in der J G Cottaschen Buchhandlung. 1812—13. 8° XLII, 454+574 S.
Begonnen 1799, vollendet 1806. Dem Grafen Carl v. Harrach zugeeignet. Auf dieses Werk gründet sich die gesamte orientalische Dichtung des 19. Jahrhunderts (Goethe's West-Östlicher Divan, Platen, Rückert, Mirza Schaffy). — Vgl. Wiener Allg. Lit.-Ztg. Nr 68. Sp. 1081—89. (Goedeke VII, 586, 31 7, wo die beiden folgenden Uebersetzgn. fehlen.)

Hafis, Mahomed-Schemsed-din, d. Divan; aus d. Persischen zum ersten Male ganz übersetzt v. J. v. Hammer. 2 Thle. 8. Tüb. 813.14. v. Cotta. 2 ℛ

Hafis, Mahomed Schemsed-Din, d. Diwan aus dem Persischen ganz übersetzt v. J. v. Hammer. 2 Thle. 8. Tüb. Cotta. 815.

Hafis, der Diwan des grossen lyrischen Dichters, im persischen Orig. hersg., in's Deutsche metrisch übers. u. mit Anmerkungen versehen von Vincenz Ritter v. Rosenzweig-Schwannau. 3 Bde. Wien 858, 63, 64, Hof- u. Staatsdruckerei. gr. 8. [1. Bd. (834 S.) n. 8 ℛ 25 ngr., 2. Bd. (596 S.) n. 5 ℛ 25 ngr., 3. Bd. (584 S.) n. 5 ℛ 25 ngr.] n. 20 ℛ 15 ngr.

Hafis, Schems-eddin Muhammed, der Divan. Im Auszuge übers. von G. H. F. Nesselmann. Berlin 865. Weidmann'sche Buchh. 8. (VIII, 216 S.) n. 1 ℛ 10 ngr.

(Hafis.) بديوان حافظ .جلداول. Die Lieder des Hafis. Persisch mit dem Commentare des Sudi herausg. von Herm. Brockhaus. 1. Bds. 1—4. Heft. u. 2. Bds. 1. 2. Heft. Leipzig 854—58. Brockhaus. 4. (1. Bd.: XII, 320 S; 2. Bd.: 3 Bl., S. 1—160.) Jedes Heft n. 2 ℛ 20 ngr

(Hafis.) Die Lieder des Hafis. Persisch mit dem Commentare des Sudi herausg. von Herm. Brockhaus. 2. Bd. 3 4. Heft. — 3. Bd. 1—3. Heft. Leipzig 859—61. Brockhaus. gr. 4. (2. Bd.: S. 161—320; 3. Bd.: 272 S.) n. 14 ℛ
II. 3. 4. III. 1. 2. à n. 2 ℛ 20 ngr.; III. 3. n. 3 ℛ 10 ngr.

Rosen aus Schiras. Hafis [Hāfiz], der größte Lyriker des Orientes. Von Friedrich Fischbach. Allg. Ausg. (Ausz. u. Umarbeitungen d. Uebersetzungen nebst Biographie.) Mainz: Verl.-Anstalt 1898. 219 S. 8°
[10. 789]

Hafis. Eine Sammlung persischer Gedichte. Nebst poetischen Zugaben aus verschied. Völkern und Ländern. Von G. Fr. Daumer. 8. Hamburg 846, Hoffmann u. Campe. 1½ ℛ

— Eine Sammlung persischer Gedichte. Nebst poet. Zugaben aus verschied. Völkern und Ländern. Von G. Fr. Daumer. 2. Ausg. 8. (XXI und 352 S.) Hamburg 856, Hoffmann und Campe.

Hafis. Neue Sammlung v. G. F. Daumer. 16. (XIV u. 224 S. mit 1 Musikbeilage in gr. 4.) Nürnberg 852, Bauer & Raspe. 1½ ℛ; in Engl. Einb. mit Goldschn. 2 ℛ

— — Der Sänger von Schiras. Hafisische Lieder verdeutscht durch Friedrich Bodenstedt. 2. Aufl. Berlin 1877.

Halfemeyer, J. B., S. J., Geschichte der Jesuiten in Portugal unter der Staatsverwaltung des Marquis v. Pombal, s.: Murr, Christoph Gottl. v.

Häfker, H., was sagt Shake-speare? Die Selbstbekenntnisse d. Dichters in s. Sonetten. Ein Beitrag zur Shakspere-Bacon-Frage. 8. (188 S.) Berlin 896. Schuster & Loeffler. n. 2. —; geb. n.n. 3. —

Häfliger, Anton. Beiträge zur Anatomie der Vanillaarten. Diss. Phil. Basel. 48 S. 8. Bern, Buchdr. Berner Tagblatt, 1901.

Häfliger, Anton. Die Rauracia (Sektion Basel des schweizerischen Studenten-Vereines). Ein Beitrag zur Vereinsgeschichte. [Sep.-Abdr. aus: Monat-Rosen des Schweizerischen Studenten-Vereins.... Jahrg. 46. No. 1 u. 2, 15. September u. 15. Oktober 1901.] 45 S. 8. [Basel, Actiendr. «Basler Volksblatt», 1901.]

Hæfliger, Eduard. Tag und Nacht bei den römischen Dichtern. Diss. Phil. I. Univ. Zürich. IV + 115 S. 8. Luzern, H. Keller, 1903.

Häfliger, Jodok. Trauerrede auf den ... Herrn Abten Fridericus Pfluger. gehalten an Hochdesselben Todtenfeier in dem Gotteshause St. Urban. den 1. März 1848. 8. Luzern 1848.

Hafner, Friedrich Ludwig. 1802 bis 1833. [Zürich] 1846. V: *Voegelin, Anton Salomon.* (ZÜRKL)

Hafner: Athen unter den Peisitratiden. 12 S. – Cilli, Progr. 1854.

Hafner, de l'Education litéraire. 8. Strasb. Acad. (Hinrichs, Leipz.) 792.

— u. Bayersdörfer, der badische Fleischbeschauer. Ein Leitfaden f. den Unterricht in den Fleischbeschauerkursen u. zur Selbstbelehrg. der Fleischbeschauer. (XVI, 171 S. m. 1 Formular.) kl. 8. Karlsruhe 904. J. Lang. Geb. in Leinw. n. 2.50

Hafner, A., Lobrede auf den heil. Magnus. 4. Augsburg 786. M. Rieger. 1/12 ℳ

Hafner, A., s.: Meisterwerke schweizerischer Glasmalerei.

Hafner, Albert. Die Belagerung von Winterthur durch die Eidgenossen. 1460. Nach handschriftlichen alten Chroniken beschrieben von A' H'. ([Mit] Anhang: Beilage 1–5.) Njbl. Hülfsges. Winterthur. 1876 [*d. i.* 1877]. 8. Winterthur 1876.

Hafner. Albert). Vitoduranus: Platonis et stoicorum de virtutibus primariis doctrinarum comparatio ex fontibus hausta. ([Mit dem II. Titel:] Die Lehre von den Kardinaltugenden bei Platon und in der stoischen Schule, nach den Quellen verglichen von Albert Hafner. Von der Universität Zürich gekrönte Preisschrift). Tur. typ. Or. Fuessl. et soc. (Zür. Orell Füssli Cie Dr.) 1849. 1 Bl., 60 S., 1 Bl. 8°.
Zürich, Phil. Diss. v. 5. Nov. (1849).

Hafner, A[lbert]. Ergänzungen zur Geschichte der Stadtbibliothek Winterthur, als Fortsetzung der Neujahrsblätter derselben von 1835, 1874 und 1875. Njbl. Stadtbibl. Winterthur 1888. 4. Winterthur 1888.
Njbl. 1835 s. Troll, Joh[ann] Conr[ad]: Geschichte der Bürgerbibliothek zu W'; — *Njbl. 1874 u. 1875 s.* Hafner, Albert, Geschichte der Bürgerb' W'.

— des Pilgrims letzte Fahrt. Ein Opfer an Byrons Manen. (Gedicht.) br. 8. (VIII u. 168 S.) Winterthur 848, Literar. Comptoir v. Hegner älter. 24 ngr

Hafner, Albert. Geschichte der Bürgerbibliothek Winterthur. Theil 2 *u.* 3: Von 1834–1860 *u.* Von 1861–1875. Als Fortsetzung des Neujahrs-Blattes von 1835 bearb. von Dr. A' H'. Njbl. Stadtbibl. Winterthur 1874 *u.* 1875. 4. [Winterthur.]
(Das Njbl. von 1835 *ist von* [Johann] Conr[ad] Troll *verfasst.*)

Hafner, Albert. Das Hafnerhandwerk und die alten Oefen in Winterthur. Bearb. von Dr. A' H'. [Mit 1 Tafel. 2 Theile.] Njbl. Stadtbibl. Winterthur 1876 *u.* 1877. 4. [Winterthur.]
[Theil 1.] Bearb. von Dr. A' H'. Njbl. ... 1876.
[Theil 2] *u. d. T.*: Die alten Oefen in W' und Umgebung. <Schluss.> Bearb. von Dr. A. H'. [Mit 1 Tafel.] Njbl. ... 1877.

Hafner, A[lbert]. Die Handschriften der alten Chronisten von Winterthur. Mit besonderer Berücksichtigung der Manuscriptensammlung hiesiger Bürgerbibliothek. [2 Theile.] Njbl. Stadtbibl. Winterthur 1880 *u.* 1881. 4. Winterthur 1879–1880.
[Theil 1. Mit 1 Abbildung.] Njbl. ... 1880. Wint' 1879.
[Theil 2.] <Schluss.> Njbl. ... 1881. Wint' 1880.

Hafner, Albert, zwanzig Jubellieder allen Eidgenossen geweiht zur 500jähr. Feier des Eintritts v. Zürich in den ewigen Bund den 1. Mai 1351. 8. (71 S.) Zürich 851, Orell, Füßli & Co. n. 1/3 ℳ

Hafner, A., das ehemalige Kloster des Dominikaner-Ordens an der Tössbrücke. Eine kunsthistor. Studie. gr. 4. (35 S.) Winterthur 879. Bleuler-Hausheer & Co. in Comm. n.n. 1. 30

Hafner, A[lbert].) Kunst und Künstler in Winterthur. 2 Stücke. Njbl. Stadtbibl. (*1872:* Bürgerbibl.) Winterthur 1872 *u.* 1873. 4. Winterthur.
[Stück] 1. (Die bauliche und künstlerische Entwickelung Winterthur's im Mittelalter: – Die Kunst in Wint' von der Reformationszeit bis in's siebenzehnte Jahrhundert. [Von] A H'.) Njbl. ... 1872. Wint'.
Stück 2. Die Künstler und Kunstgelehrten des achtzehnten Jahrhunderts [Von A. H'.] Njbl. ... 1873. [Wint'.]

Hafner, A[lbert]. Jakob Friedrich Aberli's, Graveurs und Medailleurs, Leben (1800–1872) und Werke, nach authentischen Quellen beschrieben von Dr. A. H'. Festgabe zur 25jährigen Jubelfeier der Stiftung des Kunstvereins Winterthur. <Mit dem Portrait des Verewigten [Tafel] und 19 photographischen Nachbildungen seiner Werke [Tafel].> Mittheil. Kunstver. Winterthur. Jahrgang 2. 4. ([Winterthur] 1873.)

Hafner. A[lbert]. Ulrich Hegner's Leben und Wirken (1759–1840). Nach dessen eigenhändigen Aufzeichnungen erzählt. 2 Teile. Njbl. Stadtbibl. Winterthur 1886 *u.* 1887. 4. Winterthur 1885–1887.
Teil 1. Jugend- und Lernjahre. [Mit 1 Porträt-Tafel.] Njbl. ... 1886.
Teil 2. Hegner im Staatsdienste, als Schriftsteller und im Alter. Njbl. ... 1887.

Neujahrsblatt von der Stadtbibliothek Winterthur. 214. Stück auf das Jahr 1877. Hafner, Dr. A., die alten Oefen von Winterthur und Umgebung. (Schluss der Arbeit: das Hafnerhandwerk und die alten Oefen in Winterthur). 32 S. 4. Mit Beilage: Photographie der Oefen im Haus zur Gloria. Winterthur, Druck von Bleuler-Hausheer & Co. 2. —

Hafner. A[lbert]. Die amtlichen Siegel der Stadt Winterthur. Mit einer Tafel in Lichtdruck. Njbl. Stadtbibl. Winterthur 1883. 4. Winterthur 1882.

Hafner, Albert [aus Mannheim]: Über einige Verbindungen der Benzylreihe. . . . Berlin, Buchdr. v. Gustav Schade (Otto Francke) (1889); 41 + 1 S., 1 Bl. 8°
Berlin, Phil. Fak., Inaug.-Diss. v. 16. März 1889

Hafner, Dr. A., Wegweiser für die Besucher der Sammlungen für Kunst und Wissenschaft in Winterthur. 43 Stn. 8. Winterthur, Druck von J. Westfehling.
1872

Hafner, Albert.] Johann Kaspar Weidenmann (1805–1850) und seine algerischen Studien. [Mit 1 Porträt-Tafel.] (Njbl. Bürgerbibl. Winterthur 1856.) 4. (Winterthur.)

Die Flucht aus der Fremdenlegion. Erzählung nach eigenen Erlebnissen von Alfred **Hafner**. Mülheim a. d. Ruhr: J. Bagel [1902]. (60 S.) 8° [F.]

— Zornesfunken, zwanzig Lieder an Deutschlands Männer. 8. (60 S.) Ebd. 849. 12 ngr

Hafner, Alfr., s.: Volks-Erzählungen, kleine.

Hafner, August [aus Karlsruhe i. B.]: Über natürlich vorkommende und synthetisch dargestellte gemischte Fettsäureglyceride. (Mit 3 Tafeln.) Karlsruhe 1904. 76 S. 8°. [30. V. 04]
Basel, Phil. Diss. 1903/1904

Hafner, August. Über natürlich vorkommende und synthetisch dargestellte gemischte Fettsäureglyceride. Diss. Phil. Basel. [Mit 6 Figuren auf 1 Tafel.] 76 S. 8. Karlsruhe, G. Braun, 1904.

Hafner, Augustinus: Quaestiunculae Plinianae. Cum appendice: De Cornelii Nepotis librorum de viris illustribus numero. *Neoburgii 1898: Griessmayer.* (34 S.) 8°
Neuburg a. d. D., k. Humanist. G., P 1898°

Hafner, Blas., bibl. Gesch. f. d. Volk. 8. Augsb. Rieger. 787.

Hafner, Boren, aus Agram: Einige Beiträge zur Kenntnis des Invertins der Hefe. *Würzburg 1903: C. J. Becker.* (96 S.) 8°
Tübingen, Naturw. Diss. v. 1903

Hafner, Bruno, appr. Tierarzt, a. Karlsruhe, z. Zt. Assist. am tierhyg. Inst. d. Univ. Freiburg i. B.: Die Entwicklung der Lage und Anordnung des Schweine- und Wiederkäuerdarmes. Leipzig: W. Engelmann 1909. 55 S. 8° ¶ (Aus: Archiv f. Entwicklungsmechanik d. Organismen. Bd 38.)
Gießen, Veterinär-Med. Diss. v. 2. Sept. 1909, Ref. Martin
[Geb. 26. Dez. 82 Adelsheim; Wohnort: Freiburg i. B.; Staatsangeh.: Baden; Vorbildung: Gymn. Karlsruhe Reife Sommer 03; Studium: Gießen 4, Dresden Tierärztl. Hochsch. 2, Gießen 1 S.; Rig. 15. Mai 08.] [U 10. 1304

Hafner, Carl, s. Hafner, Karl

Hafner, Chr. Matth., Denkwürdigkeiten aus d. Ostfries. Geschichte. 1r u. 2r Heft. gr. 8. Norden 799.

[S.] Kolonialkrank. Lustspiel in 1 Aufz. v. Dietrich Hafner. *Berlin: Liebheit & Thiesen 1899.* (32 S.) 1 Bd 8

Hafner, Dietr., Ludger Mulsan. Die Wappensage d. Maltzan'schen Geschlechts. gr. 4. (31 S. m. 1 farb. Wappentaf.) Berlin 894. W. Peck.
Geb. in Leinw. m. Goldschn. n. 5. —

[S.] Sein Freund Schulze. Schwank in 1 Aufz. v. Dietrich Hafner. *Berlin: Liebheit & Thiesen 1899.* (32 S.) 1 Bd 8

Dietrich Gerh. Hafner

Diedericus Gerh. Hafner: De Effectu nauseantium. Goettingae 1817: Baier. 35 S. 8
Göttingen, Med. Diss. v. 1817

Hafner, E., die Anziehungs- u. Abstossungskräfte in der Natur, ihr Entstehungsgesetz u. ihre Beziehgn. zur Bewegg. gr. 8. (119 S.) Glarus 891. (Baeschlin.)
n. 2. 60

Hafner, Emil

Hafner, P. Aemilian s. Arx, P. Ildefons von. Des P. Ildephons von A. Geschichte der Herrschaft Ebringen. Freiburg . 1860

Hafner, [P.] Aemilian. Lobrede auf den heiligen Magnus. Gehalten in dem uralten Benediktinerstift zu St. Mang in Füssen. Von Herrn Ae. H. des Stiftes St. Gallen Kapitularen ... 4. Augsburg 1786.

Hafner Fr.: Festrede am 9. Mai 1881. 9 Mitterburg 81. **Progr.**

Hafner, Franz

Hafner, das Veterinärwesen im Großherzogth. Baden, s. a. Lang's Sammlung deutscher u. badischer Gesetze. 9. 10.

Das Veterinärwesen im Großherzogtum Baden. Die hierauf bezügl. Vorschriften u. Einrichtungen ... Unter Benutzung amtl. Quellen hrsg. von Reg.R. [Franz] **Hafner**, techn. Referenten im Minist. d. Innern. Bd 1. 2. *Karlsruhe: J. Lang 1903–04.* 2 Bde 8° [F.]
1. Organisation, Seuchenpolizei, Abdeckereiwesen u. Nahrungsmittelpolizei, nebst Anh. über d. Einricht. von Schlächtereien u. d. Fleischsteuer. 1903.
2. Tierzucht, Tierhaltung u. Tierheilwesen. 1904.
= Sammlung, Lang's, deutscher u. badischer Gesetze. 9. 10.

Hafner, Frz. Xav., Denksprüche zur biblischen Geschichte. Ein Hilfs- u. Handbüchlein für Katecheten, Lehrer u. Eltern. Wiesensteig 859. Schmid. 16. (116 S.) 7½ ngr

Hafner, Friedrich Ludwig.] (Antistes Rudolf Gwalter. 1519–1586. [Mit 1 Porträt-Tafel.]) Njbl. Chorh. Zürich 1829. 4. [Zürich.]

Hafner, Fritz. Predigt, gehalten zu Fläsch den 13. Weinmonat 1878, am Sonntage nach der Bestattung des seligen Paul Friedrich Adolf Schulthess, gewesenen Pfarrers daselbst. 8. Zürich 1878.

Hafner, Georg

— u. Weber, Annäherungen der modernen Wissenschaft u. Bildung an das Evangelium. Vorträge. 8. (23 S.) M.-Gladbach 889. Verein f. christl. Volksbildung in Rheinland u. Westfalen. n. — 60

Hafner, Geo., die Dämonischen des Neuen Testaments. Ein Vortrag, geh. u. dem Verein der deutschen Irrenärzte gewidmet. gr. 8. (33 S.) Frankfurt a/M. 894. K. Brechert. n. — 70

Hafner, G., Dein Reich komme, s.: Reich Gottes, das, u. seine Gerechtigkeit.

Hafner, G., der Glaube, s.: Volksbücher.

— der Jüngling v. Nain. Festpredigt üb. Ev. Luc. VII, 11—17, geh. beim 43. Jahresfest d. Jünglings-Vereine in Karlsruhe den 8. Oktbr 1882. gr. 8. (11 S.) Karlsruhe 882. (Evangel. Schriftenverein f. Baden.) n. — 10

— u. Stell, d. innere Mission u. d. Geisteskranken. 2 Vorträge, geh. bei d. Jahres-Versammlg. d. rhein. Prov.-Ausschusses f. inn. Mission in Bonn am 23. Juli 1896. Hrsg. v. rhein. Prov.-Ausschusse f. inn. Mission. gr. 8. (28 S.) Langenberg 896. (J. Joost.) — 30

— die menschliche Seele. Ein Vortrag. 8. (32 S.) Frankfurt a/M. 893. K. Brechert. n. — 60

— über die Unterhaltungsmittel in den Jünglingsvereinen. Ein Vortrag. 8. (15 S.) Elberfeld 893. Schriftenverlag d. westdeutschen Jünglingsbundes. n. — 20

Hafner, G., von dannen er kommen wird, zu richten d. Lebendigen u. d. Toten. Zur Auseinandersetzg. m. d. mod. Theologie. 2. Aufl. (Bill. Ausg.) 8. (31 S.) Düsseldorf 896. C. Schaffnit. n. — 25

— was können wir thun, d. Dienst d. Inneren Mission uns. Volke noch mehr bekannt u. lieb zu machen? Vortrag. Zugl. e. Festgruß z. Jubelfest in Wittenberg 22. IX 1898. gr. 8. (16 S.) Berlin 898. Buchh d. Ostdeutschen Jünglingsbundes. n. — 40

— das Wunder, s.: Volksbücher.

– Der Zweifel, s. Volksbücher

Hafner, Gotthard

Disputatio de variis horologia horizontalia delineandi modis, quam rectore magnificentissimo Serenissimo principe ac domino domino *Guilielmo Henrico*, Duce Saxoniae, Juliaci, Cliviae, Montium, Angariae, Guestphaliae, Comite Saynae et Witgensteinii et reliqua, incluti ordinis Philosophorum consensu. Die 8. Maji. Publico Eruditorum examini subjicit M. *Gothardus Haffner*, Ulmens. Respondente *Daniele Junio*, Ulmens. Jenae, literis Fickelscherianis. 4. 36 Seit. mit Fig.
1737

Hafner, Gust., Heiligenberg, Luftkurort in Baden. In Wort u. Bild 12. (20 S m. Abbildgn. u. 1 Bildnis.) Karlsruhe 892. (Th. Ulrici) n — 75

Hafner Hans Caspar] (Antistes Johann Jacob Breitinger geboren 1575 starb 1645 [Mit 1 Porträt Tafel]) Njbl Chorh. Zurich 1815 4 Zurich]

Hafner Hans Caspar] (Johannes Fries geb 1505 gest 1565 [Mit 1 Porträt Tafel]) Njbl Chorh. Zurich 1834 4 [Zurich]

Hafner, Heinrich aus Zurich Ueber den Begriff der hoheren Gewalt im deutschen Transportrecht Zur Orell Fussli Co Dr u Verl 1886 2 Bl 71 S 8
Zurich Jur Diss [v 6 Marz 1886].

Hafner, Heinr., üb. den Begriff der höheren Gewalt im deutschen Transportrecht. gr. 8. (71 S.) Zürich 886. Orell Füssli & Co. Verl. n. 3. —

Hafner, H, Bundesgesetz über Schuldbetreibung u. Konkurs, s.a. Sammlung schweizerischer Gesetze

Hafner, H. Bundesgesetz üb. Schuldbetreibung u. Konkurs. Textausg. m. Gebuhrentarif u. Sachregister 12. (XXXI, 101, 72 S.) Zur. 892, Artist. Instit. v. Orell Fussli, Verl. geb. in Leinw * 3 —

— das schweizerische Obligationenrecht. Textausg. m. Anmerkgn. u. Sachregister. 2 Thle. 8. (XXVII, 323 u. Sachreg. 70 S.) Ebend. 883. n. 6 —

Hafner, H [illegible]

Hafner, H, das schweizerische Obligationenrecht m. Anmerkgn. u. Sachreg. 2., ganz neu bearb. Aufl. I. u. II Abtlg 8. (IV, 330 S.) Zürich 896. 98. Art Institut Orell Füssli. n.n. 5. —

Hafner, H[einrich]. Das Schweizerische Obligationenrecht mit Anmerkungen und Sachregister. Hrg. von † Dr. H. H'.... 2., ganz neu bearbeitete Aufl.; nach dem Tode des Verfassers fortgeführt von A[ugust] Goll, Fürsprech in Zürich. 8. Zürich, Orell Füssli, 1905.

Mit Sachregister u. bes. T.: Alphabetisches Sachregister zu der Ausgabe des Schweizer. Obligationen-Recht von H. H' 61 S. Z', O' F'.

Ausg. A: 4 Abteilungen *a. u. bes. T.:* Abteilung 1 *u.* 2. Hrg. von Dr. H. H'.... 2. ganz neu bearb' Aufl. IV + 192 S. *u.* IV S. + S. 193—330. 1896 *u.* 1898. [fr 3. — *u.* 2 —]; — Abteilung 3 *u.* 4. Hrg. von † Dr. H. H .... 2., ganz neu bearb' Aufl.: nach — — Zürich. IV S. + S. 331—490 *u* XXXII + II S. + S. 491—542 + *Sachreg'* 61 S. 1905 *u.* 1905. [*je* fr. 3. —]

Ausg. B (Bandausg.). XXXII + 542 + *Sachreg'* 61 S. [geb. fr 12. —]
Lesesaal

Hafner, H., das schweizerische Obligationenrecht mit Anmerkungen u. Sachregister. 2., ganz neu bearb. Aufl , nach dem Tode des Verf. fortgeführt v. A. Goll. 3. u 4. Abtlg. (IV, XXXII, S. 331—542 u. 61 S.) 8. Zürich 905. Art. Institut Orell Füssli. à n. 3. (Vollständig n. 11. —; geb. in Leinw n. 12)

— s.: Zeitschrift f. schweizer. Recht.

Hafner, Herm., Gregor VII. u. Innocenz VIII. Eine Studie üb. röm. Priesterwahnsinn. gr. 8. (34 S.) Berlin 902. (Dr. R. Wrede.) — 75

— Unzucht? [Aus: „Don Quixote".] gr. 8. (16 S.) Wien 902. Verlag des „Don Quixote". — 30

Hafner, J., Anweisung zum Pflanzen u. zur ferneren Behandlung der Obstbäume, d. Schalen- u. Beerenobstes, u. der veredelten Rosen, sowie zur Anlage v. Spargelbeeten, Hecken u. v. Gruppen u. Einzelpflanzen in Gärten u. Parks, nebst Verzeichniß e. Auswahl der v. den pomolog. Versammlgn. zur Anpflanzg. empfohl. besseren Obstsorten. Im Auftrage d. Stettiner Gartenbau-Vereins verf. 2. verm. u. verb. Aufl. gr. 8. (47 S.) Stettin 872. Leipzig, C. A. Koch. — 75

H [illegible] 1867

Hafner, J. P., Napoleon in Kronach und Durchmarsch der französ. Armee auf dem Zuge gegen Preußen im Jahre 1806. 8. Bamberg 841, Lit. Art.-Institut. n. 1/3 Thlr

Hafner, Joh Bapt , geistliches Andenken. Ein Gebet- u. Erbauungsbuch f. das kathol. Volk. 12. (456 S. m. 1 Stahlst) Kempten 847, Kösel 7/12 Thlr

Hafner, Joh Bapt., geistliches Andenken. Ein Gebet- und Erbauungsbuch für das kathol. Volk. 2. Aufl. Kempten 855. Kösel 12. (2 Bl., 150 S. u. 1 Stahlst.) 16 ngr

Bedeutung der Tempora zweizeitiger Sprachen. Mit besonderer Rucksicht auf die Hebräische Von Joh Peter Hafner, P der Exeg. u. hebr. Sprache u. s. w. — 1848. Druck v Pustet in Regensburg. — 2 3. 52.
Progr Eichstätt

Hafner, Joh. Pet., Bedeutung der Tempora zweizeitiger Sprachen. Mit besonderer Rücksicht auf die Hebräische. Ein Programm. gr. 4. (51 S.) Neuburg 848, Prechter. 1/2 Thlr

— siehe: Paradigmata conjugationum verborum linguae hebraicae.

Hafner, J[ohannes]. Wie siehts in Indien aus? Beantwortet von Missionsprediger J. Hafner. [Illustriert.] 48 S. 8. Basel, Missionsbuchhandlung, 1901. (fr —. 20 = M. —. 15)

Hafner, Jos , uber zweckmassige Behandlung und Heilung des Schleim- und Nervenfiebers (Typhus) vom praktischen Standpunkte aus erortert. Erlangen 856. Enke. gr. 8. (34 S.) n. 6 ngr

Hafner, Jos., u. Osk. Weilhart, das neue Dorf. Schauspiel aus dem Leben des oberösterreich. Volkes. 8. (115 S.) Linz 901. Wien, Österreich. Verlagsanstalt. n. 2.—

Hafner, Jos., Entwicklung u. Aufgaben der Volksschule. Rede, geh. in der Versammlg. der Ortsgruppe Wels des Vereines „Freie Schule" am 11. IV. 1908. (11 S.) Lex. 8. Wels (908). Verein Freie Schule, Ortsgruppe Wels. (Nur direkt.) p —20

— u. Osk. Weilhart (Oskar Gerzer), der Frauencongreß. Lustsp. 8. (111 S.) Dresden 897. E. Pierson. n. 2.—

— d. brotlose Kunst. Schausp in 3 Akten. 8. (120 S.) Leipzig 899. G. H. Meyer. n. 2.—

Hafner, Jos., das Märchen vom zweiten Leben, s.: Weilhart, Osk.

Hafner, Josef: Die Nachahmung Schillers im Erstlingsdrama Grillparzers „Blanca von Castilien" 8 (S. 3—63).
Progr. K k. Ober-G *Meran* 1900.

Hafner, J. [F. Willfort], gesammelte Novellen u. Humoresken. 1. Bd. Wien 870. Beck's Verl. 8. (182 S.) 20 *ngr.*

Hafner, Jos., Spiritismus od. Philosophie? (Philosophische Kritik des Spiritismus.) An Kuno Fischer u. Eduard v Hartmann. gr. 8. (84 S.) Leipzig 894. W. Friedrich n. 1.60

Hafner, Jos., d. Spiritismus u. d. mod. Wissenschaft. An Eduard v. Hartmann. gr. 8. (110 S) Hamburg 895. Verlagsanstalt u. Druckerei. n. 2.—

Hafner, Jos. (Ferd. Willfort), keine Sühne, s.: Weilhart, Osk.

Hafner, Karl

[Hafner, Carl.] Antwort des Gewerbeverbandes Zürich auf die von der gemeinnützigen Gesellschaft des Bezirkes Zürich gestellte Frage über die Vorbeugung der Arbeitslosigkeit und Unterstützung der Arbeitslosen. [Sep.-Abdr. aus: Schweizerische Gewerbe-Zeitung, Jahrg. 22, 1905, Nr. 1 ff.] 11 S. 8. [Bern, Büchler & Co., 1905.]

Hafner, Carl [app. Arzt aus Ludwigsburg]: Ein Fall von Gehirntumor. Berlin, gedr bei L. Schumacher, 1889, 16 S. 8°
Tübingen. Med Fak., Inaug.-Diss v 1889

Hafner, Carl. Fest-Schrift zum Jubiläum d. (**Umschlag* zur Feier des) 25jährigen Bestehens des Schweizer. Bäcker- und Konditoren-Verbandes. Im Auftrage des Zentralkomitee verfasst von Dr. K' H', Zürich. [Illustriert.] 160 S. 8. Zürich, A. Tschopp, (1910).

[Hafner, Carl.] Forderungen der Gewerbetreibenden an ein Gewerbemuseum. ([Hrg. vom] Vorstand des Gewerbeverbandes Zürich.) Separatabdruck aus der Neuen Zürcher Zeitung [1904 Februar 3—5]. 24 S. 8. Zürich, Buchdr. der N' Z' Z', 1904.

Hafner, Carl. Gefängniskurse. Von Dr. K' H', Zürich. (Separatabdruck aus der «Neuen Zürcher Zeitung» [N°. 212, Morgenblatt, 1904 August 1].) 10 S. 8. [Zürich, Dr. der N'Z'Z', 1904.] N 3750[16]

Hafner, Karl [von Maur]: Geschichte der Gefängnisreformen in der Schweiz. (S.-A. aus der „Zeitschr für schweizer. Statistik 1901".) Bern 1901. 192 S. 8°
Zürich Jur Diss 1901 1902

Hafner, Carl. Geschichte der Gefängnisreformen in der Schweiz. Von Karl Hafner, cand. jur. (Separatabdruck aus der «Zeitschrift für schweizerische Statistik», Jahrg. 1901.) XVI + 192 S. 8. Bern, Stämpfli & Cie., 1901.

Hafner, Karl, Meisterrecht u. Arbeiterrecht. Wegleitende Entscheide des gewerbl. Schiedsgerichts Zürich, im Auftrage des Gewerbeverbandes Zürich zusammengestellt u. bearbeitet. (180 S.) 8. Zürich 904. Art. Institut Orell Füßli. n. 3.60; geb. in Leinw. n. 4.60

— Schule u. Kirche in den Strafanstalten der Schweiz. (86 S. m. 2 Tab.) 8. Ebd. 906. n. 1.60

[Hafner, Carl.] Die Verhältnisse des Bäckereigewerbes in Zürich. ([Verfasst von Dr. K' H', Sekretär des Gewerbeverbandes Z', für den] Verein der Bäckermeister von Z'. 1903 August 6. [Sep.-Abdr. aus: Schweizerische Bäcker- und Konditor-Zeitung. Jahrg. 14, Nr. 33 u. 34.]) 15 S. 8. [Zürich, Arnold Bopp, 1903.] N 3500[28]

Hafner, M., Medicina vere et fere miraculosa, diss. Hal. 753. 4.

Hafner, Mch., neues u. nützl. Taschenbuch für Beamte, Aerzte u. Wundärzte. Oder kurze, jedoch vollständ. Abhandl. alles dessen, was bei gerichtl. Untersuchungen gewaltsam verletzter, getödteter ꝛc. zu beobachten ist. 8. Augsb. 809. Daisenberger. 9 gl.

Hafner, O., vermischte Gedichte. 8. Sulzb. 828. v. Seidel. 4 gl.

Hafner, Oswald, poetische Versuche. gr. 12. Ingolstadt 838. (Regensburg, Manz.) 5 gl.

Hafner, Otto, Referendar: Die Fusion im Sinne des § 306 HGB. und ihre Wirkungen. Borna-Leipzig 1910: Noske. IX, 70 S. 8°
Erlangen, Jur. Diss. v. 26. April 1910, Ref. Sehling
[Geb. 18. Febr. 83 Niedernhall; Wohnort: Stuttgart; Staatsangeh.: Württemberg; Vorbildung ev.-theol. Sem. Blaubeuren Reife 01; Studium: Tübingen 3, Leipzig 1, Berlin 1, Tübingen 4 S.; Rig. 20. Jan. 10.] [U 10.694

HAFNER, Phil. (1731—64), Die Bürgerliche Dame, oder die bezämmten (!) Ausschweifungen eines zügellosen Eheweibes mit Hannswurst u. Colombina, zweyen Mustern heutiger Dienstbothen (!). verfaßt vom — —. Aufgeführt in dem K. K. privileg. Theater (Typ. Ornam. u. Leiste.) Wien, gedruckt u. zu finden bey Joseph Kurzböcken, Universitäts-Buchdruckern. 1763. 8°. (4 Mk. 50 Pfg. J. Halle, München, c. 1905.)
Höchst seltene Hanswurstiade (3 Akte) im Originaldruck — 50 unpag Bll., sign. A—G 2.

— die bürgerl. Dame, oder die Ausschweifung e. zügellosen Eheweibes, mit Hanswurst u. Kolombina. 8. Wien 771.

— — Neue Burlesque betitelt: Etwas zu Lachen im Fasching Oder: Des Burlins und Hannsswursts seltsame Carnevals Zufälle, Verfasst von *Philipp Hafner*. Aufgeführt in dem k. k. privilegirten Theater Wien, gedruckt und zu finden bey Joseph Kurzböck, k. k illirisch. und orientalischen Hofbuchdruckern. (1771.) 8°. 116 S (21 Mk., fleckiges Expl., Max Perl's eben genannte Auction, no. 434.)
Goedeke IV. 250, 4. Vf. war neben Stranitzky der populärste Wiener Spassmacher s. Zt. Noch lange nach s. Tode lebte sein Andenken im Volksmunde in Witzworten u. Anekdoten fort.

— — Evakathel und Schnudi, Ein lustiges Trauerspiel von zwey Aufzügen. Auf dem kais. königl. privil. deutschen Theater aufgeführt im Jahre 1765. Wien, P Kraus, 1765. 8°. 45 S. (36 Kr. Gilhofer & Ranschburg, Wien, 1908.)
Außerst seltene Original-Ausgabe. Nicht richtig ist die Angabe bei Goedeke IV. S. 250 Nr. 12: „Zu Lebzeiten Hafners nicht öffentlich aufgeführt"

— — Dasselbe O O u. J 8° (12 Kr die Vorigen, 1912.)

Hafner, Ph., die zudringlichen Freier. Posse. Neu bearb. 8. Berl. 797. (Leipz., Köhler). 8 gl.

— der Furchtsame. Lstspl. in 3 A. 8. Wien. 3e A. 799. Academ. Buchh. in Linz. 6 gl.

Hafner, Philipp, Prof.: Geschichte des Gymnasiums zu Hersfeld von 1817—1876. Hersfeld 1904: Ed. Hoehl. (68 S.) 4°
Hersfeld, k. G P 1904 (459)

* — — Der beschäftigte Hausregent, oder Das in einem unvermuthenden (sol) Todfall verkehrte Beylager der Fräule (!) Fanille. von zwo Abhandlungen verfasst von —. (Druckerst.) O. O. u. J. (Wien, c. 1765). 8°. 72 S. (incl. Tit.). Selten! (In Dresden: Lit. Germ. rec. B 1021 h.)

Hafner, Phpp. Die Reichsabtei Hersfeld bis zur Mitte d. 13. Jahrh. 8. (VIII, 147 S.) Hersf. 889, Hoehl's Sort. * 2 —

— die reisenden Komödianten oder der gescheite u. dänische Impressario; ein Lstspl. 8. Wien 774.

— ein neues Zauberlustspiel betitelt: Mägera, die fürchterl. Hexe, oder das bezauberte Schloß des Hrn v. Einhorn. 8. Wien 764.

HAFNER, Philipp. Ein neues Zauberluftfpiel, betitelt: Mägera (fo!) die förchterliche Hexe, oder Das bezauberte Schloß des Herrn von Einhorn. Verfaßt von — —. Aufgeführt auf dem kaiferl. königl. Theater. Auf vielfältiges Verlangen im Druck gegeben. Wien, zu finden bey Jofeph Kurtzböck, Univer. Buchdrucker auf dem Hofe. 112 S. (S. 1 Titel, 2 Perfonen, 3—112 das Stück).

— daff. 2r Thl. die in eine dauerhafte Freundschaft sich verwandelnde Rache. 8. Wien 765.

— — Der förchterlichen Hexe Megära zweyter Theil; unter dem Titel: Die in eine dauerhafte Freundfchaft fich verwandelnde Rache. Von — —. Aufgeführt auf dem K. K. Theater. [Zierftück.] Wienn im Verlag bey Jofeph Kurtzböcken auf dem Hofe, 1765. 106 S. (S. 1 Titel, 2 Perf., 3—106 das Stück).
Tulla in Z. f. B. 11. Jahrg. 1919/20, S. 250.

— — Der von dreyen Schwiegersöhnen geplagte Odoardo, oder Hannswurst und Crispin die lächerlichen Schwestern von Prag. Ein Lustspiel von zweyen Abhandlungen, verfasst von *Philipp Hafner*. O. O. u. J. (Wien, 176*). 8°. 80 S. (16 Mk. Max Perl's Berliner Octob.-Auct. 1907, no. 433:)
Goedeke führt einen ähnlichen Titel „Der alte Odoardo und der lächerliche Hanswurst" an. Als ersten ihm bekannt gewordenen Druck letztern Stückes, das mit dem vorliegenden offenbar identisch ist, verzeichnet G. den Abdruck in den Wiener Sonntagsblättern von 1842.

Hafner, Philipp: Die Realschule in Höchst a. M. von 1817—1884. (Höchst a. M.) 1909: (Wagner). 38 S. 8°
Höchst a. M., G u. R OP 1909 (537) [S 09. 153

Hafner, Ph., Sammlung aller seiner Lustspiele. 8. Wien 782. (Heubner). 1 rß 4 gl

Hafner, Phil., Samml. all. s. Lustspiele. 8. Wien, Kurzböck. (a. Camesina.) 782.

Hafner, Phil., (+ ...) Scherz u. Ernst in Liedern. 2 Thle. 4. Wien 773. (Heubner). 1 rß

HAFNER, PHILIPP WILHELM. Scherz und Ernst in Liedern. 2 Theile in 1 Bde. Wien, Joseph Kurzbock, 1763 64. 4°. 86 und 67 S. *Mit den Melodien in Kupferstich und mehreren Holzschnittzierstücken bezw. -vignetten im Text. Schöner Lederbd. d. Z. m. goldgepr. Fileten- u. Fleuronschmuck a. d. Deckeln,* Goldschnitt u. den gekrönten, verschlungenen Initialen MA. 450.—
Eitner IV. 473. G. IV. 576. 13 kennt nur die zweite Ausgabe: Wien 1774.

— — Gesammelte Schriften. Mit einer Vorrede und Anmerkungen, vorzüglich über die Oesterreichische Mundart. (Hrsg. von Joseph Sonnleithner.) 3 Bde. Wien, 1812 **Im Verlage bey Joh. Bapt. Wallishaußer.** Gr. 8°. (16 Mk. Gustav Fock, Lpz., 1909; 36 Kr. Gilhofer & Ranschburg, 1912.) 1: XII, 198 S., 1 Bl. 2: 1 Bl., 298 S. 3: 1 Bl., 335 S. (S. 325—334 „Evakathel und Schnudi".) Weiteres bei Goedeke IV, 249; VII, 555, 62. 10.)

Hafner, Phil., sämmtl. hinterl. Schriften, mit Anmerk. u. Beilagen. 3 Bde. gr. 8. Wien, Wallishauser. 811.

Hafner, Phil., sämmtl. hinterlass. Schriften, mit Anmerkk. u. Beilagen. 3 Bde, gr. 8. Wien 812. Wallishauser. 1 rß 16 gl

— Songes hanswurstiques. 8. Wien 790. (Heubner). 6 gl

— poet. u. prof. Werke. 8. Wien 764. Camesina. 6 gl

— — Herrn *Philipp Hafner's* poetische u. prosaische Werke. Mit Titel-, Anfangs- u. Schlußvignetten in Kupferst. (unsign.). Wien, gedr., u. zu finden bey Joseph Kurzböcken, Univers.-Buchdruckern auf dem Hofe. 1764. 8°. (In Dresden, Kgl. Öff. Bibl.)
Tit., 2 Bll. Zuschr. des Verf., 173 S. Selten! — Am Schluss (S. 160 ff.) ein ganzer Catalog mit scherzhaften (fingirten) Büchertiteln (der auch als Sonderdruck existirt): „Verzeichniss der in dem Bücherschranke des jüngst verstorb. Herrn Onuphrius Foppers vorgefundenen Bücher, welche am 47sten (!) des künftigen Monats in Oesterreich zu ebener Erde denen Meistbiethenden werden hindangegeben werden."

Hafner, Richard, (von Zürich): Ueber die Chlorirung und Bromirung des Anilins, des Ortho und Paratoluidins in Gegenwart überschüssiger Mineralsäuren. Uster-Zür. A. Diggelmann Dr. 1889. 31 S. 8°.
Zürich, Phil. Diss. (v. 24. Juni 1889).

Hafner, Theod. (geb. Klosterwald in Sigmaringen 1. 9. 1831): De struma. Berolini (1856). (27 S.) 8°.
Berlin, Med. Diss. v. 14. Okt. 1856

Hafner, Tobias

Hafner, T., Altes u. Neues aus der Geschichte Ravensburgs. (324 S.) kl. 8. Ravensburg (908). Dorn's Sort.
Geb. in Leinw. 3. 20

Hafner, T., poetische Beigaben zu dem Sprach- u. Sachunterricht an der Hand der im Normallehrplan vorgeschriebenen Lesestücke d. evangel. Lesebuchs. gr. 8. (46 S.) Spaichingen 872. Kupferschmid. n. — 30

Hafner, T., Blätter u. Blüten aus dem Schwarzwald. Gedichte. Tübingen 868. (Osiander.) 16. (VIII, 112 S.) n. 12 ngr.; in engl. Einb. mit Goldschn. n. 18 ngr.

—— die zweite Fibel, für den angewandten Sprachunterricht nach den Anforderungen des Normallehrplans bearb. gr. 8. (III, 159 S.) Spaichingen 872, Kupferschmid.

— die zweite Fibel, f. den angewandten Sprachunterricht nach den Anfordergn. d. Normallehrplans bearb. gr. 8. (III, 159 S.) Ebend. 873. 2. 60

Hafner, T., Geschichte v. Ravensburg. Beiträge nach Quellen u. Urkunden-Sammlgn. 1—12. Lfg. gr. 8. (S. 1—608.) Ravensburg 885. 86. Dorn. à n.n. — 90

Hafner, T., Geschichte v. Ravensburg. Beiträge nach Quellen u. Urkunden-Sammlgn. 13.—15. (Schluß-)Lfg. gr. 8. (IV u. S. 609—742.) Ravensburg 887. Dorn. à Lfg. n.n. — 90 (cplt.: n.n. 13. 60)

— biblische Geschichten. Nach dem Bibellesepplan d. königl. württemberg. evangel. Consistoriums u. dem bibl. Text zusammengestellt. gr. 16. (130 S.) Stuttgart 874. Kupfer. n.n. — 40

Hafner, T., d'r Hebel in Ulm. Hebel's lyr. Gedichte aus der alemann. in die Ulmer Mundart übertr. 8. (V, 60 S.) Ulm 881. Nübling. n. — 40

— die evang. Kirche in Ravensburg, nebst einigen Notizen üb. das Schulwesen, die Bibliothek u. den Humanisten Hummelberger. Ein Beitrag zur Localgeschichte. Nach Quellen bearb. Mit e. in Kpfr. gestochenen Plan der alten Carmeliter-(ev.)Kirche vom J. 1712. 8. (VIII, 155 S.) Ebend. 884. n. 3. —

— der deutsch-französische Krieg 1870—71 in Liedern. Der deutschen Jugend gewidmet. gr. 16. (36 S.) Nördlingen 875. Beck. — 21

Hafner, Tobias, mein Liederbuch. Gedichte. 2., verm. Aufl. 16. (VIII, 186 S.) Ravensburg 878. Dorn. n. 3. —

— zur Sedans-Feier. Deklamationen u. Lieder f. die deutsche Jugend. gr. 8. (4 S.) Stuttgart 873. Rupfer. — 10

Hafner, T, deut. Sprachlehre f. Volks- u. Mittelschulen. 8. (20) Stuttg. 76, Rupfer. n. — 20

— der Sprach- u. Sachunterricht an der Hand der im Normallehrplan vorgeschriebenen Lesestücke d. evangelischen Lesebuchs; nach den Anforderungen. d. Normallehrplans bearb. 1. u. 2. Jahr. 8. (III, 134 u. VIII, 144 S.) Heilbronn 871. Scheurlen's Verl. à 1. 20

— die poetischen Stücke d. revidirten evangelischen Lesebuchs f. die württemberg. Volksschulen in sachl. u. ästhet. Beziehg. erläutert, nebst e. Einleitg. üb. das Wesen der Poesie u. ihrer Gattgn. gr. 8. (XX, 59 S.) Stuttgart 875. Rupfer. n. 1. —

— der landwirthschaftliche Unterricht in den Winterabendschulen auf 2 Winterhalbjahre à 15 Stunden vertheilt. Tübingen 870. Osiander. gr. 8. (VI, 68 S.) 6 ngr.

— der realistische Unterricht in der Volksschule u. seine Behandlungsweise. Im Anschluß an das württemberg. evangel. Lesebuch nach den Anforderungn. d. Normallehrplans bearb. gr. 8. (160 S.) Spaichingen 874. Rupferschmid. n. 1. 40

— populäre Vorträge aus der landwirthschaftlichen Chemie f. Ortslesebibliotheken u. den Unterricht an den landwirthschaftlichen Winterabendschulen. Eingeführt durch J. Gößler. 8. (VI, 94 S.) Stuttgart 876. Rupfer. 1. —

Haefner, Diss. de inflammatione medullae spinalis. Marb. 4°. 1799

Häfner (Hrsg.), s. Verhandlungen d. Parteitages d österr Sozialdemokratie in Hainfeld.

Häfner, Alfred, appr. Arzt. Aus d. Pathol. Inst. d. Univ. Breslau. Über die Mechanik und Ätiologie der Spontanrupturen des Uterus während der Geburt. Breslau 1910: Breslauer Genossensch.-Buchdr. 48 S. 8°
Breslau, Med. Diss. v. 12. Jan. 1910, Ref. Ponfick
[Geb. 29. Mai 4 Breslau; Wohnort: Breslau; Staatsangeh.: Preußen; Vorbildung: König Wilhelms-Gymn. Breslau Reife O. 03; Studium: Breslau 7, München 1, Breslau 2 S., Coll. 22. Dez. 09; Approb. 22. Juli 09.] [U 10. 509

Häfner, Chr., die christl. Religion, zur leichtern Uebersicht kurz u. in ihrem natürl. Zusammenhange dargestellt. Auch ein Leitfaden beim Confirmanden-Unterrichte. 8. Darmstadt ... Dingeldey. 1/12 ℔

Häfner, Ernst [Dr.]: Die Eigennamen bei den lateinischen Hexametrikern. [= Inaug.-Diss. v. Erlangen 1895.] München, Buchdr. J. Gotteswinter, 1895; 19 S. 8.
München, k. Ludwigs-G, P 1895

Häfner, Ernst [k. Gymnasiall.]: Ueber die Sprache der lateinischen Hexametriker. 1. Tl. Die Eigennamen ... [= Progr. d. Ludwigs-Gymn. in München 1895.] München, Buchdr. J. Gotteswinter, 1895; 19 S. 8.
Erlangen, Phil. Fak., Inaug.-Diss. v. 1895

Häfner, Ernst G., Katechismus f. Radfahrer, s. a. Hesse's, Max, illustr. Katechismen. Nr. 49.

Häfner (E. G.). Katechismus für Radfahrer 1899 Leipzig. 8°. (131 S. m. Abb) M. 1.20 geb. 1.50

— Katechismus f. Radfahrerinnen, s. a. Hesse's, Max, illustr. Katechismen. Nr. 50.

Häfner (E. G.). Katechismus für Radfahrerinnen. 1899. Leipzig. 8°. (112 S. m. Abb). M. 1.20 geb. 1 50

Häfner, J. B., Dürrnberger Liebfrauenbüchlein. Geschichte der Wallfahrt zu U. L. Frau auf dem Dürrnberge u. Andachtsübgn. f. ihre Verehrer. 16. (VIII, 240 S. m. 1 Farbendr.) Salzburg 889. Mittermüller. geb. in Schuber. n. 1. —

Haefner, Johann Ernst Heinrich (Teltow/Mittelmark), De infusione et transfusione. Diss. chir.-med. Jena (Etzdorf & Co.) 21. V. 1798. 28 S. (5.50) **12602**

Häfner, Jh. Reinh., d. 6 Katonen d. vormal. Herrschaft Schmalkalden, in histor., topograph. u. statist. Hinsicht. 1s—4s Bdch. 8. Schmalkald. 808—26. 3 ℔ 20 ℊ A. u. d. T.: Geschichte d. Herrschaft Schmalkalden. 4 Bdchen. Varnhagen, (Schumann in Leipz.)

Häfner, Joh. Reinh., die Herrschaft Smalkalden rc. 4s Bdchn. 8. Leipzig ... (W. A. Künzel.) 1 1/3 ℔

Haefner, Paul [prakt. Arzt aus Belgard i. Pomm.]: Ueber das Hygrom des carpalen Schleimbeutels. Greifswald, Druck v. Julius Abel, 1886; 26 S. u. 1 Taf. 8°.
Greifswald. Med. Fak. Inaug.-Diss. v. 13. Mai 1886.

Häfner, Phil., Stromverteilungssysteme u. Berechnung elektrischer Leitungen, s.: Repetitorien der Elektrotechnik. IX.

Häfner, Toni, neuestes Nürnberger Kochbuch. Rezepte f. die einfachste bürgerl. bis zur feinsten Herrschafts-Küche. Nach 25jähr. Erfahrg. hrsg. 8. (IV, 166 S.) Nürnberg 898. (Fürth, A. Schmittner.) Geb. in Leinw. n. 1. 80

Hafners, (Resp.): De nonnullis ad rabiem. . pertinentibus, s. Buechner, A. El. (Praes.)

Haft, Friedrich

— Tachygrafisches Lesebuch. Abtlg. A: Geschäftsschrift. 1. Heft. (Bequem 180 Silben per Minute.) (16 S.) qu. gr. 8. Ebd. 904. n. — 50

Haft, Frdr., der Ring des Nibelungen. Nach der Neudichtg. v. Rich. Wagner der reiferen deutschen Jugend erzählt. (86 S.) 8. Jena 905. F. Haft. n. 1. —; geb. in Leinw. n. 1. 60

— Tachygrafie. In wenigen Stunden erlernbare Stenografie in Anlehng. an Pitman's System. (16 S.) qu. kl. 8. Jena 904. H. W. Schmidt. n. — 50

— s.: Taschenbuch, deutsches, f. Abstinenten.

Haeften, A. v., Urkunden u. Actenstücke zur Geschichte des Kurfürsten Friedrich Wilhelm von Brandenburg, s. Urkunden u. Actenstücke etc.

Haeften, Benedict

Häfreni, B., königl. Weg d. Kreuzes, in Gesprächen vorgestellt. 8. Augsb. 776. Rieger. 9 K

Haeften, Benedict, der königliche Weg d. Kreuzes im J 1635 hrsg. Aus dem Lateinischen allen Verehrern d. hl Kreuzes zum Frommen übers. v. e. Priester d. Diöces Paderborn. 16. (VII, 499 S.) Paderborn 874. Schöningh n. 1. 6

Haeften, Bened., s.: Schule, die, d. Herzens.

van Haeften, Frederik Willem [aus Utrecht]: Zur Aetiologie und Therapie der Scrofulose .... Giessen, Curt v. Münchow, Univ.-Buch- u. Steindr., 1887; 42 S. 8°
Giessen, Med. Fak., Inaug.-Diss. v. 1887

Hafter, A., Bericht des Preisgerichtes f. Beurtheilung vorzüglicher Leistungen im landwirthschaftlichen Bau- und Maschinenwesen. 99 Stn. kl. 8. Zürich, J. Herzog, Sep. Abdr.
1876

Hafter, A., Bericht an den tit. Stadtrath v. Zürich üb. den Besuch e. Anzahl Berieselungsanlagen in England u. Paris, s.: Bürkli-Ziegler, A.

Hafter, A., der Boden u. seine Bearbeitung. gr. 8. (95 S.) Zürich 878. Schulthess. 1. 50

— das landwirthschaftliche Düngerwesen. gr. 8. (97 S.) Ebend. 878. 1. 50

— die Landwirthschaft nach neueren Gesichtspunkten Zur Selbstbelehrg. u. zum Gebrauche an landwirthschaftl Lehranstalten bearb. Mit zahlreichen (eingedr.) Holzschn im Texte u. e. lith. ausgeführten Taf. (in Fol.) gr. 8 (276 S.) Zürich 873. Schulthess. 2. 4

— rationelle Viehzucht. Mit 4 Holzschn. im Texte. gr. 8. (95 S.) Ebend. 881. 1. 50

Hafter, A., landwirthschaftliche Wandervorträge. 5 Lfgn. Mit zahlreichen Holzschnitten im Texte. gr. 8. Zürich, Schulthess. 8. 10 (cplt. in 1 Bd.: 6. —; geb. n. 8. —)
1. Der Boden u. seine Bearbeitung. (95 S.) 878. 1. 50
2. Das landwirthschaftliche Düngerwesen, (97 S.) 878. 1. 50
3. Acker- u. Pflanzenbau. (115 S.) 879. 1. 80
4. Rationelle Viehzucht. (95 S.) 881. 1. 50
5. Landwirthschaftliche Wirthschaftsverhältnisse. (124 S.) 885. 1. 80

Hafter, E. (Hrsg.), s. Medicinal Kalender, Schweizerischer.

Hafter, Ernst: Bibliographie und kritische Materialien zum Vorentwurf eines schweizerischen Strafgesetzbuches. Im Auftr. d. eidgenöss. Justiz- u. Polizeidepartementes ausgearb. von —. [1. 2.] Bern 1908–12: Stämpfli. 8°
[1.] 1898–1907. 1908. [2.] 1908–1911. 1912.
1 aus: Schweiz. Zeitschrift f. Strafrecht. 21. 1908.

Hafter, Ernst, s.: Beiträge, Zürcher, z. Rechtswissenschaft.

Hafter, Ernst [Dr. jur. Privatdozent an der Universität Zürich]: Die Delikts- und Straffähigkeit der Personenverbände. Berlin 1903. 166 S. 8°.
Zürich. Jur. Hab.-Schr. 1902/1903.
Nicht für den Austausch.

Hafter, Ernst, die Delikts- u. Straffähigkeit der Personenverbände. (XIV, 166 S.) gr. 8. Berlin 903. J. Springer. n. 3. —

Hafter, Ernst [aus Zürich]: Die schweizerische Eisenbahnrente. Rechtlich und wirtschaftlich dargestellt und verglichen mit verwandten Institutionen anderer Länder. Zürich 1900. VIII, 123 S. 8°.
Bern. Jur. Diss. 1899/1900.

Die Schweizerische Eisenbahnrente. Rechtl. u. wirtschaftl. dargest. u. verglichen mit verwandten Institutionen anderer Länder. Von Ernst Hafter. Zürich: O. Füßli 1900. (VIII, 123 S.) 8°
[Erschien auch als Inaug.-Diss. Bern 1900.] [01. 6376 6

Hafter, Ernst, die schweizerische Eisenbahnrente. Rechtlich u. wirtschaftlich dargestellt u. verglichen m. verwandten Institutionen anderer Länder. gr. 8. (VIII, 123 S.) Zürich 900. (E. Rascher's Erben.) n. 2. 20

(Hafter, Ernst.) Grundbegriffe des Rechts und Einführung in die Rechtswissenschaft. (Ein Cyclus von Vorträgen, gehalten vor dem Lehrerverein Zürich im Winter 1905/1906: Übersicht über den zu behandelnden Stoff.) 14 S. 8. Zürich, Schulthess & Co., IX. [19]05.

— Jugendgerichte m. besond. Hinblick auf die schweizerischen Verhältnisse, s.: Verhandlungen des schweizerischen Juristenvereins. 1. Hft.

Hafter, Ernst, zur Lehre v. den juristischen Personen, s. Beiträge, Zürcher, zur Rechtswissenschaft. XI.

Zur Lehre von den juristischen Personen nach dem Entwurf zu einem schweiz. Zivilgesetzbuch. Vortrag, geh. in d. Sitzung d. zürch. Juristenvereins 1905 von Prof. Dr. Ernst Hafter (Zürich). (Zürich: Schulthess & Co. 1906.) (S. 75–117.) 8° [Kopft.]
Aus: Zeitschrift f. schweiz. Recht. N. F. 25.
= Vorträge über d. Entwurf e. schweiz. Zivilgesetzbuches. II. 1, [3.]
— Beiträge, Zürcher, z. Rechtswissenschaft. 11. [06. 7840

Hafter, Ernst: Mutterschutz und Strafrecht. — Bern: Stämpfli 1910. 16 S. 8°

Hafter, E., Jurist. Personen, s. Beiträge, Zürcher.

— Personenrecht, s.: Kommentar zum schweizer. Zivilgesetzbuch.

Hafter, E[rnst]. Der Vorentwurf eines Bundesgesetzes betreffend Einführung des schweizerischen Strafgesetzbuches. Aus der Schweizerischen Zeitschrift für Strafrecht.... Jahrg. 16. 1903. II S. + S. 131–159. 8. (Bern, Stämpfli & Cie.)

— s.: Zeitschrift, schweizerische, f. Strafrecht.

(Hafter, Eug[en], [und] Auer, C[onrad].) I. Ueber das Bedürfnis einer speziellen Fürsorge für schwachsinnige Kinder im Kanton Glarus. (Von Dr. Eug. Hafter....) II. Ueber Gründung, Einrichtung und Betrieb einer kantonalen Erziehungsanstalt für schwachsinnige Kinder. (Von C. Auer....) Vorträge gehalten an der Herbstversammlung der kantonalen Gemeinnützigen Gesellschaft am 20. November 1901 ... in Glarus. (*Umschlag: Sorget für die schwachsinnigen Kinder im Kanton Glarus!) 42 S. 8. Glarus, Buchdr. «Glarner Nachrichten» (*Umschlag: Tschudy), 1902.

Hafter, Eugen, (von Zürich und Weinfelden [Kt. Thurgau]): Die Erbtochter nach attischem Recht. Leipz. Hesse u. Becker Dr. [Fock Verl.] 1887. IX, 91 S. 8°.
Zürich, Phil. Diss. I. S. [v. 11. März 1887].

Hafter, Eug(en). Hand und Gehirn. Referat vor der Generalversammlung des Vereins in Zürich am 3. August 1907. [Mit Figuren. Hrg. vom] Schweizer. Verein zur Förderung des Handarbeitsunterrichtes für Knaben. 20 S. 8. Zürich und Leipzig, Komm. A. Bopp, 1907. [fr. —. 70] N 5800[25]

Hafter Eugen Der romische Handelsweg von Zurich nach Cur. Zu Prof Dr (J[o-t]) Wintelers Abhandlung Uber einen romischen Landweg am Walensee [SA] 8 [Glarus 1894]

Haftoroth, die, übers. u. erläutert v. Mendel Hirsch. gr. 8. (VIII, 571 S.) Frankfurt a/M. 896. A. J. Hofmann. n.n. 6. —; geb. n.n 7. 50

Haftpflicht. Gesetz betr. Gesellschaften m. beschränkter Haftpflicht, s.: Gareis, C., deutsche Reichsgesetze in Einzel-Abdrucken.

Haftpflicht aus Fabrikbetrieb: 1. Bundesgesetz vom 25. Juni 1881; 2 Bundesgesetz vom 26. April 1887 betreffend Ausdehnung der Haftpflicht. 14 S. 8. [Bern, Stämpfli & Cie.,] 1903. G

Die gesetzliche Haftpflicht für Tötungen und Beschädigungen von Menschen und für Beschädigungen von Sachen nach Inkrafttreten des B. G. B. und die Haftpflichtversicherung, herausgegeben von der Wilhelma in Magdeburg. Magdeburg 1900.

*Die Haftpflichtfrage. Gutachten und Berichte, veröffentlicht vom Verein für Sozialpolitik. Leipzig 1880.

Haftpflichtgesetz (Zum). Amtlicher stenogr. Bericht über die 10. Sitzung des deutschen Reichstages vom 26. Febr. 1879. 8⁰. Stuttgart, Loebell, 1879.

Haftpflichtgesetz v. 7./6. 71. Textausg.

Mit Erläuterungen von:

Eger. 5. Aufl Breslau 886.	16	50	Jacobi. Berlin 874.	
Endemann 3. Aufl. Berl. 885.	4	50	Kah. Mannh. 874.	
Frantz. Beuthen. 872.	1	50		

Haftpflichtgesetz vom 7 Juni 1871 mit den Abänderungen vom 16. August 1896. (Gareis, Reichsgesetze 207) Giessen 1896

Haftpflicht-Gesetz betreffend Gesellschaften mit beschränkter Haftpflicht vom 20. April 1892 (Gareis, Reichsgesetze 153) Giessen 1892

Haftpflichtgesetzgebung (Ueber die) und den Arbeits- und Dienstvertrag nach schweizerischem Recht. Ausgearbeitet vom schweizer. Arbeitersecretariat. Hrsg. vom Bundeskomitee des schweizer. Gewerkschaftsbundes. gr. 8⁰. Zürich, Buchh. d. schweiz. Grütlivereins, 1896.

Haftpflichtgesetzgebung. Über die H'-G' und den Arbeits- oder Dienstvertrag nach schweizerischem Recht. Ausgearbeitet vom Schweizerischen Arbeitersekretariat. Hrg. vom Bundeskomitee des Schweiz. Gewerkschaftsbundes. 8.

3. Aufl. 1901. 23 S. Zürich, Buchh. des Schweiz. Grütlivereins...

4., umgearbeitete Aufl. 1907. 30 S. Zürich, Komm. Buchh. des Schweiz. Gr', (III. [19]07). fr. —.25

DIE HAFTPFLICHT UND UNFALLVERSICHERUNG der Mitglieder des Deutschen Bühnenvereins Als Manuscript gedruckt Nachdruck verboten Berlin 1901 Otto Elsners Verlag. 8°

Hag und Zaun im Herzogthum Salzburg. Wien [1900]. V: *Lischka*, *C. R.* (EB)

Hag, B. F., s. Militärwüthigkeit, unsere.

* HAG, E., Die 4 bezauberten Thurmknöpfe. Ein marokanisches Mährchen. Wien, 1783. 8⁰.
So in Karajan's Bibl. II. no. 1394. — Sehr selten!

Hag, Jules vom, le langage des fleurs. 64. (184 S.) Leipzig 885. Lenz. — 75; geb. n. 1. 25

Hag, Jul. vom, nouveau parnasse français. Poësies modernes, choisies et classées. Tome I et II. 64. (158 u. 151 S.) Leipzig 879. 80. Lenz. à — 75; geb. à n. 1. 25

Haga, kriegschirurgische Erfahrgn. aus d. japanisch-chinesischen Kriege 1894—95. [Aus: „Archiv f. klin. Chir."] gr. 8. (70 S. m. 4 Taf.) Berlin 897. A. Hirschwald. n. 4. —

Hagada, s.a. Haggada

Hagada, mit Kuntris Beth Chorin. 8. Wien 826. Strauss. 6 ℋ

— oder Tischgebet b. Israeliten an den beiden ersten Abenden des Passahfestes. Ins Deutsche (Deutsch-Hebräische) übersetzt u. mit Anmerkk. versehen v. S. Blogg. 4. Hannov. 829. (Hahn). 8 ℋ

Hagadah, oder Erzählung von Israels Auszug aus Aegypten. Zum Gebrauch bei der im Familienkreise stattfind. Feierlichkeit an den beiden ersten Abenden des Matzoth-Festes. Neu bearb., nebst e. Anhange zur Erklärung fremder Ausdrücke u. Melodien, von J. Offenbach. Hebräisch u. deutsch. gr. 8. Köln 838. Renard. n. 1/2 ℛ

סדר הגדה של פסח נעתק והוגה על פי כתב יד נושן Hagada schel Pesach. 8. Leipzig 838. (Fort.) n. 1/6 ℛ

הגדה לליל שמורים, Hagadah, oder Vortrag für die ersten beiden Pessach-Abende, übersetzt, mit Erklarungen des Ceremoniels und einigen Anmerkk. versehen von J. Jacobson. 8. Breslau 840. (Aderholz.) n. 5/12 ℛ

Hagada. Vortrag für die beiden Peßachabende Hebräisch und Deutsch. Nebst einer geschichtlichen Einleitung über die Entstehung der Hagada und der sie begleitenden Gebräuche von L. Landshuth. Mit einem literär. Nachwort von M. Steinschneider. Berlin (856.) Adolf u. Co. 8. (XXX, 70 S.) n. 10 ngℛ

Hagada schel Pesach (Gebete und Erzählungen in der Paßabnacht. In hebräischer Sprache.) 4. (46 S.) Preßburg Ellinger 35 kr. 1861

Hagadat-Pesach. Das ist: Was üb. den Auszug aus Mizrajim (Aegypten) v. d. israelit. Hausvätern am ersten u. zweiten Abende d. Pesachfestes vorgetragen wird ꝛc. A. d. Hebr. übers. u. zum Gebr. f. weibl. Zuhörerinnen, ingleichen f. Hausfrauen, die, ohne männl. Beistand, selbst diese Vorträge halten wollen, bearb. u. m. ein. Einleit. vers. v. J. Heinemann. 8. Berlin 838, Bureau f. Kunst u. Lit.

Hagarene, by the author of „Guy Livingstone," s. Collection of brit. authors.

Hagbarth und Signe, Trauerspiel von Oehlenschläger. 8. Stuttgart, Cotta. 818. Rthlr.

Hagdorn, Christian

Hagdorn, Ch., der gründlich lehrende Anstreicher, Zimmermaler u. Tüncher, s.a. Schauplatz, neuer, der Künste u. Handwerke.

Hagdorn, Chr., Der gründlich lehrende Anstreicher etc., od. Beschreibung aller vorkommenden Materialien etc. Mit 21 Fig. Weimar 1861. 8°.

Hagedorn C, der gründliche Anstreicher, Zimmermaler und Tüncher. 1. und 3. Auflage. (Schauplatz der Künste und Handwerke 29) Weimar 1861. 73

Hagdorn, C: Der gründlich lehrende Anstreicher, Zimmermaler und Tüncher 4. Aufl. Weimar 1878

Hagdorn, Chr., der gründlich lehrende Anstreicher, Zimmermaler u. Tüncher od. Beschreibg. aller vorkomm. Materialien, Gerätschaften u. Arbeiten in Oel-, Lack- u. Wasserfarben. 5. Aufl. Mit 21 Fig. 8. (VIII, 272 S.) Weimar 887. B. F. Voigt. 3. —

Hagdorn's, Chr., Anstreicher. E. Leitfaden f. d. Zimmer- u. Dekorationsmaler, d. Wagen-, Möbel- u. Metall-Lackierer, sow. f. d. Anstreicher u. Tüncher. Erläut. Darstellg. aller f. diese Gewerbe in Betracht komm. Materialien, Geräte u. Arbeiten, sow. d. Ornamente aller Stilrichtgn. 6. Aufl., in vollst. Neubearbeitg. hrsg. v. Carl Ruck sen. 8. (XII, 288 S. m. 28 Abb.) Weimar 896. Leipzig, B. F. Voigt. 3. —

Hagdorn, Chr., der Anstreicher. Ein Hand- u. Hilfsbuch f. Zimmer- u. Dekorationsmaler, sowie f. Wagen-, Möbel- u. Metall-Lackierer. 7. verm. u. verb. Aufl. Bearb. v. Dekor.-Maler Carl Ruck sen. (VI, 191 S. m. 82 Abb.) gr. 8. Leipzig 909. B. F. Voigt. 3.50; geb. 4.50

Hage, C., u. H. **Tegner**, über die Bedingungen eines Handelsverkehrs m. dem westlichen Sibirien. Bericht über eine Spezial-Untersuchungs-Reise. Aus dem Dän. übers. v. **Rich. Lehmann**. Mit einer (lith. u. color.) Uebersichtskarte. 8. (VII, 79 S.) Halle 881. Buchh. d. Waisenh. n. 1. 20

Hage, C. A., wer ist der Thäter? s.: Artopó, Thdr., die holde Kathinka.

Hage, C. A., wer ist der Thäter?, s.: Würdig, L., u. L. Habicht, vor den Geschwornen.

Hage, Frdr., willkommen war des Kaisers Ruf od.: Freiwillig in den Kampf nach China. Ein Schauspiel in 5 Akten. 8. (118 S.) Dresden 901. E. Pierson. n. 1. 50

Hage, Hans, Assist. an d. Techn. Hochsch. München: Über Begrenzungsflächen unendlich dünner Strahlenbündel, deren Erzeugende gleiche Neigung zum Mittelstrahl haben. 1909. 40 S., 1 Taf. 8°
München, Dr.-Ing.-Diss. v. 8. 6. 1909

Hage, Hother, de faste Statsdommere og Edsvornerettén. gr. 8. (VIII u. 295 S.) Kjøbenhavn 847, Reitzel. n. $1^{5}/_{12}$ ℛ

Hage, J van den

- D. von Vétaz. 3 Bde. gr. 12. Lemgo 841, Meyer'sche Hof-Buchh. 3 ℛ

—— das Schloß Loevestein im Jahre 1570. Geschichtl. Erzähl. aus d. 80jähr. Kriege. A. d. Holländ. von J. D. v. Vétaz. 3 Bde. gr. 12. (30 B.) Lemgo 841, Meyer'sche Hofbuchh.

van den Hage, J., der Schaafhirt. Histor. Roman aus den Zeiten der Utrechter Stiftsfehde, 1481 bis 1483. Aus d. Holländ. übersetzt von O. L. B. Wolff. 1r bis 3r Thl. 8. Leipzig 840. Weber. 4 ℛ

— der Schafhirt. Histor. Roman aus den Zeiten der Utrechter Stiftsfehde 1481 bis 1483. Aus dem Holländ. von O. L. B. Wolff. 4.—6. u. letzter Thl. 8. Leipzig 840, 41, Weber. 3 ℛ (1.—6. Bd.: 8 ℛ)

Hage, J. v. d., gesammelte Werke. A. d. Holländ. v. O. L. B. Wolff. 10. Bd. A. u. d. T.: Erzählungen. 8. (18 B.) Leipzig 844. [Lorck.]
Inhalt: Lucie. Das Haus des Seeweibes. Das entführte Kind. Gaston de Foix
1—9. Bd. Ebendas. 1840, 41. 12 Thlr.

Hage, J. van den. Gesammelte Werke. Leipzig 1849. Ü: *Wolff, Oscar Ludwig Bernhard.* (Ky)

van den Hage, J., gesammelte Werke. (Aus d. Holländ. von O. L. B. Wolff.) 10 Bde. (Neue Titel-Ausg.) 8. 1—5. Der Schaafhirt. Histor. Roman. 6 Thle. (302. 316. 306. 308. 286 u. 275 S.) — 7—9. Schloß Loevestein. Histor. Roman. 3 Thle. (246. 250 u. 258 S.) — 10. Erzählungen: Lucie. Das Haus des Seeweibes. Das entführte Kind. Gaston de Foix. (297 S.) Leipzig 849, Lorck. n. 10 ℛ

Hage, J. van den, sämmtl. Werke. A. d. Holländ. v. O. L. B. Wolff. 1—9. Bd. 8. Leipzig, Weber.
A. u. d. Titln.:
Bd. 1—6. Der Schaafhirt. Histor. Roman aus d. Zeiten d. utrechter Stiftsfehde 1481 bis 1483. 6 Thle. ($114^{1}/_{4}$ B.) 840, 41. 8 Thlr.
» 7—9. Schloß Loevestein im J. 1570. Histor. Roman aus d. 80jähr. Kriege. 3 Thle. ($48^{1}/_{4}$ B.) 841. 4 Thlr.

Hage, J. van den, sämmtliche Werke. Aus dem Holländ. von O. L. B. Wolff. 7.—9. Bd. — A. u. d. T.: Schloß Loevestein im Jahre 1570. Historischer Roman aus dem 80jähr. Kriege. 1.—3. Thl. 8. Leipzig 841, 44, Weber. (à $1^{1}/_{3}$ ℛ) 4 ℛ

— dies. 10. Bd. A. u. d. T.: Erzählungen. (Lucie. Das Haus des Seeweibes. Das entführte Kind. Gaston de Foix.) 8. Ebend. 844. $1^{2}/_{3}$ ℛ

Hage, J. D., Bröndsted u. Villoison. Beleuchtung der im 32sten Bande von Hermes gegen Bröndsted gemachten Plagiatbeschuldigungen. gr. 8. Kopenh. 829. Schubothe. 8 ℛ

Hage, M., die Borromäus-Enzyklika u. ihre Gegner. Mit e. Uebersetzg. der Enzyklika als Anh. 1—8. Aufl. 1—8. Taus. (63 bezw. 64 S.) gr. 8. Wiesbaden (910). H. Rauch. — 75

Hage, O. Ueber die Glaubwürdigkeit Voltaire's in seinem Charles XII. Fürstenwalde, Pg., 1875. Progr

Hage, Otto, Marine-Assistenzarzt aus Eschershausen: Ein **Beitrag** zur Behandlung der Unterschenkelbrüche. *Göttingen 1904: Dieterich.* (30 S.) 8°
Göttingen, Med. Diss. v. [5. Febr.] 1904

Hage, Otto, ein Beitrag zur Behandlung der Unterschenkelbrüche. Diss. (30 S.) 8. Göttingen 904. (Vandenhoeck & Ruprecht.) n. — 80

Hage, Otto: * Kritik der Darstellung des polnischen Feldzuges Karls XII. in Voltaire[s] Charles XII. 91 S. 4° (2°)
Halle-Wittenberg, Phil. Diss. v 3. Juli 1873
Geb. [Egeln (Kr Wanzleben) 17. 6. 1849]

Hage, Paul, Armin, Germaniens Befreier. Ein Lebensbild des größten Helden unserer Urzeit, nach den geschichtl. Berichten erzählend dargestellt. Mit Titelbildnis, 2 Plänen u. 5 Vignetten. (IV, 64 S.) 8. Darmstadt 909. P. Hobbing. — 50

— Bismarck. Sein Leben u. Lebenswerk, zumeist nach seinen Briefen, Aufzeichngn. u. Reden geschildert. Mit e. Bildnis Bismarcks aus dem J. 1892. (IV, 364 S.) 8. Ebd. 909. Geb. in Leinw. 2.50; erh. Pr. 3.—, fein geb. m. 10 Bildnissen 8.—; erh. Pr. 8.50

Hage, Paul, Grundriß der deutschen Staats- u. Rechtskunde (Bürgerkunde) für jedermann. Mit 7 Abbildgn., 2 Karten u. ausführl. Register. (XXVIII, 280 S.) 8. Stuttgart (906). W. Hobbing. n. 1. —; geb. n. 1. 50

— Grundriß der deutschen Staats- u. Rechtskunde. Wegweiser f. unser öffentl. Leben. Mit 7 Abbildgn., 2 Karten u. ausführl. Register. 2. durchgeseh. [Tit.-]Aufl. (XXVIII, 280 S.) 8. Stuttgart [906] (907). Darmstadt, W. Hobbing. 1.20; geb. 1. 75

— Bismarcks Lebensgang, f. Volk u. Jugend dargestellt. Mit e. Bildnis Bismarcks aus dem J. 1892. (III, 128 S. m. 1 eingedr. Fksm.) 8. Ebd. 909. 1.—; geb. 1. 60

Hage, Rob., Regierungsschutz u. Industrie in Oesterreich. Volkswirthschaftl. Betrachtg. üb. e. Ursache d. Krisis in d. Textil-Industrie-Branche u. bezügl. Vorschlag f. Abhilfe. Lex.-8. (31 S.) Warnsdorf 898. (Wien, Volkswirtschaftl. Verlag A. Dorn.) n. — 80

Haege, Dampfkessel-Revisionsbuch. 4. verb. Aufl. Fol. (19 S.) Werl 885. Stein. cart. n. 1. 20

Haege, Instruction f. den Kesselwärter. Plakat. Fol. Werl 882. Stein. — 30; auf Pappe — 75

Haege, Theodor

Haege, Th. Die Mineralien des Siegerlandes. Siegen. 1887

Haege, Theodor [aus Siegen]: Die Mineralien des Siegerlandes und der angrenzenden Bezirke. . . . Jena, Frommann'sche Buchdr. (H. Pohle), 1888; 2 Bl. + 50 S. 8°
Jena, Phil. Fak., Inaug.-Diss. v. 1888

Haege, Th., die Mineralien d. Siegerlandes u. der angrenzenden Bezirke. gr. 8. (VI, 50 S.) Siegen 889. Montanus. n. 1. 50

Hagebutten [„Hetschepetsch"]. Eine Sammlg. lust. Balladen u. Romanzen, Lieder u. Gedichte aus dem Rosengarten der Fliegenden Blätter. Mit 285 Illustr. u. e. Vorworte von v. Miris. gr. 8. (200 S.) München 888. Braun & Schneider. n. 2. —; geb. n. 4. —

Hageby, Axel Lind v., Reisebilder u. Skizzen aus Indien u. dem letzten indischen Kriege 1857—1859. Aus dem Schwedischen. Mit dem Portr. des Verf. (in Stahlst.), 10 color. Tafeln in Stahlstich nach Originalen von Hindu-Malern, 16 (lith.) Tafeln in Tondruck, 3 (lith.) Plänen u. 1 (lith.) Karte von Vorder-Indien (in 4.). Leipzig 861. Mendelssohn. Lex.-8. (X, 424 S.) n. 4 ₰

Hageeius, Thad., von Hagek,
— — tract. von der Metoposcopia oder Wahrsagung aus den Lineamenten der Stirn. Aus d. Lat., so vor 12 Jahren herausg. Berlin 710. 12.

Hagedorn

— s. a. Hagendorn.

Hagedorn, Die Organisation der (deutschen) Arbeiter zum Zweck von Unterstützungskassen. 8°. Königsberg 1874.

Hagedorn, Frhr. von, und Joh. Löhle, Post-Reise-Karte von Deutschland mit specieller Angabe der Eisenbahn- und Dampfschifffahrt-Verbindungen. Unter der Leitung der General-Administration der Königl. Bayrischen Posten nach amtlichen Mittheilungen bearbeitet. M. 1 : 1 800 000. München, Piloty & Löhle, 1856. Imp.-Fol. 4 Bll. (2 ₰)

Hagedorn, Anna Maria v., Briefe an ihren jüngeren Sohn Christian Ludwig 1731—32. Hrsg. v. Berthold Litzmann. [Aus: „Aus Hamburgs Vergangenheit, hrsg. v. Karl Koppmann".] gr. 8. (VI, 100 S.) Hamburg 885. Voß. n. 2. 50

Hagedorn, Anton (Hrsg.), s. Arnd, Johann: Berichte über die Aufnahme König Christian I von Dänemark . . im Jahre 1478 in Lübeck.

Hagedorn, Anton (Hrsg.), s. Beneke, Otto: Hamburgische Geschichten.

Gedenkblatt zur Feier der 500jährigen Vereinigung des Amtes Ritzebüttel mit der freien und Hansestadt Hamburg Von A[nton] Hagedorn. Hamburg 1894: Lütcke & Wulff. (16 S.) 4° [F.] [07. 16330

– (Hrsg.), s. Urkundenbuch, Hamburgisches.

Hagedorn, Ant., s.: Veröffentlichungen aus dem Staatsarchiv der freien u. Hansestadt Hamburg.

Hagedorn, A(nton) M(aria) Th(eodor) Ueber Accommodations-Spasmus Halle (1872): Plötz. 35 S. 8°
Halle-Wittenberg Med Diss. v 7 Aug. 1872
Geb. Rhede (Westf., Kr Borken) 1. 3. 1847 V

Hagedorn, Aug., St. Bonifatii. E. Klostermär a. d. 13. Jahrh. Epische Dichtg. 16. (70 S.) Göttingen 895. Leipzig, Dieterich's Verl. n. — 90; in Damast geb. n.n. 1. 70

Hagedorn, Aug., Gloria concordiae. Ein allegorisch-symbol. Spiel. 12 (22 S.) Leipzig 893. Th. Leibing. n. — 30

Hagedorn, Aug., dürre Reiser. Gedichte. 1. und 2. Aufl. 12. (110 S.) [Bernburg 886.] Eisenach, Bacmeister. geb. mit Goldschn. *

Hagedorn, Aug., Waldesklänge. Gedichte. Der „Dürren Reiser". 4. verm. u. verb. Aufl. 8. (VII, 83 S.) Goslar (900). F. A. Lattmann. Geb. in Leinw. n. 3. —

Hagedorn, Bernh., Ostfrieslands Handel u. Schiffahrt im 16. Jahrh., s. Abhandlungen z. Verkehrs- u. Seegeschichte.

Hagedorn, Bernhard, a. Kyritz in d. Prov. Brandenburg: Ostfrieslands Handel und Schiffahrt im 16. Jahrhundert. T. 1. (Berlin: K. Curtius 1908.) (47 S.) 8° ¶ (Erscheint vollst. in: Abhandlungen z. Verkehrs- u. Seegeschichte, im Auftrage d. hansischen Geschichtsv. hrsg. v. D. Schäfer.
Berlin, Phil. Fak., Ref. Schäfer, Diss. v. 13. Juni 1908
[Geb. 21. Sept. 80 Berlin; Wohnort: Berlin; Staatsangeh.: Preußen; Vorbildung: Gymn. Gleiwitz Reife O. 02; Studium: Leipzig 1, München 3, Berlin 4 S.; Rig. 30. Jan. 08.]

Hagedorn, C., s. Hagdorn, Christian

Hagedorn, Ch. B., praes. Th. Luther, De incubo. 19 pp. Kil. 4°. 1730

Hagedorn, Chr.: Kiem' un Ranken. Gedichte plattdeutsch–hochdeutsch. Kiel: Lüdtke & Martens 1908. 136 S. 8°

Kiem un Ranken. Gedichte von Chr. Hagedorn. (2. Aufl.) Neumünster: Hieronymus 1910. 231 S. 8° [11. 8844 8

Kiem un Ranken. Gedichte von Chr. Hagedorn. (2. Aufl.) Neumünster i. H.: Nordische Verl.-Anst. 1910. 231 S. 8° [10. 15814

Hagedorn, Christian Ludwig v.

— Betr. üb. d. Malerey. 2 Thle. 8. Lpz. Fritsch. 762.

— Betrachtt. über d. Malerei. 2 Thle. 8. Leipz. 762. (Hahn). 1 ₰ 16 gr

[HAGEDORN, CHRISTIAN LUDWIG VON.] Betrachtungen über die Mahlerey. Erster Theil [& Zweyter Theil; beide Teile in einem Band]. Leipzig, J. Wendler, 1762. 8°. XVI (4) 1—496; (6) 497—878 S. u. 15 Bl. Beschäd. HLd. d. Z. 48.—

Erste Ausgabe dieses Werkes, das bei seinem Erscheinen großes Aufsehen erregte und von Huber ins Französische übersetzt wurde. Der Autor war ein Bruder des Dichters, Radierer und Kunstliebhaber und zuletzt Direktor der sächs. Kunstakademie, „die unter seiner Leitung sich eines schönen Gedeihens erfreute". (Vgl. Nagler VI 261.)

HAGEDORN, K. L. von. Betrachtungen über die Malerei von Trattner, Wien 1785/86. 2 Tle in 2 vol.

— — le même liv. trad. en franç. p. Huber. II Vol. 8. maj. ibid. 775.

v. Hagedorn, Chr. Ldw., († d. 24. Jan. 1780.) Briefe über d. Kunst, s. Briefe.

Hagedorn, C. L. von, Briefe über die Kunst. Herausg. von L. Baden. Leipzig 797. 8.

— lettres à un amateur de la peinture, avec des éclaircissemens historiques sur un cabinet et les auteurs des tableaux qui le composent etc. 8. Dresd. 755. Walther. 1 ₰

— le même liv. trad. en franç. par Mich. Huber. II Vols. gr. 8. du même. 775. (Hahn in Hannov.) 2 ₰ 12 gr

— Réflex. sur la Peinture trad. p. Huber. II Tom. gr. 8. ibid. 775.

v. Hagedorn, C. L., Samml. von Landschaften u. Köpfen zum Nachzeichnen. 4. Leipz., (W. Nauck). 4 ₰

Hagedorn, C. B. von, Samml. v. Landschaften u. Köpfen zum Nachzeichnen. 4. Leipz. Sommer.

Hagedorn, E., die klassificirte Einkommensteuer in Preußen. Eine Anleitg. zur Beurtheilg., ob die Veranlagg. den Vermögens- u. Einkommens-Verhältnissen entsprechend erfolgt ist, was zu geschehen hat, wenn dies nicht zutrifft, u. wie die Steuer-Erhebg. stattfindet. Zusammengestellt unter Berücksicht. der neuesten gesetzl. Vorschriften. 8. (52 S.) Düsseldorf 885. Schwann. n. — 75

— die preußische Klassensteuer. Eine Anleitg. zur Beurtheilg., ob die Veranlagg. den Vermögens- u. Einkommens-Verhältnissen entsprechend erfolgt ist, was geschehen muß, wenn dies nicht zutrifft, u. wie die Erhebg. der Steuern stattzufinden hat. Zusammengestellt unter Berücksicht. d. neuesten Gesetzes vom 26. März 1883. 2. Aufl. 8. (35 S.) Ebend. 884. n. — 50

Hagedorn, E., Registraturplan nebst Anleitung zur Einrichtung u. Verwaltg. d. Registratur e. Bürgermeister-Amtes. gr. 8. (76 S. m. Fig.) Düsseldorf 885. L. Schwann. Kart. n. 2. 50

Hagedorn, Erwin, a. Magdeburg: Aus der Kgl. chirurgischen Klinik zu Kiel. Zur Kasuistik des durch Fremdkörper bewirkten Ileus[!] (in einem Fall durch Murphy-Knopf, im andern durch Ascaris lumbricoides). Kiel 1904: Schmidt & Klaunig. (17 S.) 8°

Kiel, Med. Fak., Ref. Helferich, Diss. v. 7. Jan. 1905

[Geb. 7. Sept. 76 Magdeburg; Wohnort: Magdeburg; Staatsangeh.: Preußen; Vorbildung: Gymn. Weilburg a. L. Reife O. 97; Studium: München 1, Tübingen 4, Kiel 6 S.; Coll. 17. Dez. 04; Approb. 27. Aug. 04.]

Hagedorn, F. W., die Rettung des kurfürstlichen Schatzes unter der Regierung d. Königs Jerome. Erzählung. 16. (89 S.) Kassel 880. Jungklaus. n. 1. —

Hagedorn, F. W., die Regeneration der Kartoffeln mittelst deren Erziehung aus Saamen, als Schutz gegen die bekannten Krankheiten der Knollen dringend empfohlen. gr. 8. (16 S.) Offenbach 847. (Heinemann.) n. 4 ngr

Hagedorn, Friedrich v.

[HAGEDORN, FR. VON]. Adelheid und Heinrich oder die neue Eva und der neue Adam. Hamburg, J. C. Bohn, 1747. 24 S. — Leicht berieb. u. bestoß. Ld. d. Z. 85.—

Hagedorn, F. v., Fabeln u. Erzählungen, s. a. Meyer's Volksbücher.

Hagedorn, Fr. v., Fabeln u. Erzähl. 8. Hamb. 738.

— d. Freundschaft, e. Ged. 4. Hamb. Bohn. 748.

(Friedrich von Hagedorns Gedichte. Ausgewählt und eingeleitet v. Albert Köster. (Als Manuskript gedruckt.) Hamburgische Liebhaberbibliothek. Hamburg 1898. 8°.

— Moralische Gedichte. Hamburg, J. C. Bohn, 1750. Kl. 8°. 12 Bl. 208 S. *Mit Titelvignette.* Geheftet. In Umschlag. 45.—

G IV¹, 28, 38. Erste Ausgabe dieser Sammlung.

— moral. Gedichte. 8. Ebend. 753.

Friedrichs von Hagedorn Moralische Gedichte. 2. Aufl. Hamburg. 1753. 8°.

— Lieder. 8. Hamb. 751. Verm. 8. Ebd. 754.

Hagedorn, Frdr. v, s.: National-Litteratur, deutsche.

— s. Oden u. Lieder.

[Hagedorn, Friedrich von]. Oden und Lieder. Hamburg, J. C. Bohn, 1747. XLI, 3, 276 S. *Mit Titelvignette und Vignetten im Text, gestochen von J. Haas.* Etwas berieb., älterer Pbd., Rsch. leicht läd.

Goed. IV, I, 28, 41 Erste Gesamtausgabe der Oden und Lieder.

— Samml. neuer Oden u. Lieder, in 3 Büchern. 8. Hamb. 747.

— Dass. 3 Thle, mit Musik. 4. Ebd. 756. (Campe). 2 ₰

Hagedorn, F. v., Versuch einiger Gedichte, s. a. Litteraturdenkmale, deutsche, d. 18. Jahrh.

F. von H. (Hagedorn) Versuch einiger Gedichte, oder Erlesene Proben Poetischer Neben-Stunden. Hamburg. 1729. 8o.

Erste Ausg. von Hagedorn's Gedichten Gervinus IV S 36.

v. Hagedorn, Fr., († d. 28. Oct. 1754.) Versuch in moral. Gedichten. 8. Hamb. 750. Bohn. 12 gr Verm. 753. 764. 4e A. 771. Ebd. 20 gr

WEIN, D e r. (Anakreont. Poesien von *Friedr. v. Hagedorn.*) Hamburg, bey Joh. Carl Bohn. 1745. Gr. 4⁰. 23 S. Sehr selten! (In Frankfurt a. M. u. in Zürich, Stadtbibl.)

Anon.-Lex. IV. p. 385 (nach Schröder u. dem Züricher Cat.).

— Poetische Werke des Herrn Friedrichs von Hagedorn. 3 Teile (= I—III) in 1 Bde. Bern, B. L. Walthard, 1766/68. 8°. *Mit 1 gestoch. Porträt Hagedorns nach v. d. Schmissen, 1 gestoch. Titel und 12 Kupfern von Holzhalb nach S. H. Grimm.* XXXII, 164 S.; 208 S.; 163 S. Etwas fleckiger und benutzter biegs. Pgtbd. d. Z.

G. IV¹, 28, 40. Lonchamp 1355. Walthard & Weigelt Nr. 19. Rümann 382. Die ersten drei Bände dieser sehr hübsch von der Wittib Wagner für Walthard gedruckten Gesamtausgabe enthalten die Moralischen Gedichte sowie die Fabeln und Erzählungen. In den Jahren 1770 und 1773 erschienen noch zwei weitere Bände. Die Ausgabe ist zu Recht berühmt wegen der feinen, meisterlichen Kupfer von Grimm und Holzhalb.

— poetische Werke. 3 Thle. gr. 8. Hamb. 756. Mit Vign. gr. 8. Ebd. 757. N. A. 769. Bohn. 2 ℛ 12 ℊ N. Ausg., mit seiner Lebensbeschreibung u. Charakteristik, u. mit Auszügen seines Briefwechsels begleitet von J. J. Eschenburg. 5 Thle. gr. 8. Hamb. 800. Campe. 3 ℛ 16 ℊ Schrbp. 4 ℛ 16 ℊ N. wohlf. Ausg. 5 Thle. gr. 8. Ebd. 825. 2 ℛ Schrbp. 3 ℛ Dieselb. 3 Thle. 8. Ebd. 757.

Hagedorn, Friedr. v., sämmtliche poetische Werke, s. Universal Bibliothek Nr. 1321—1323.

HAGEDORN, FRIEDRICH VON. Sämmtliche Poetische Werke. 3 Theile in 1 Band. Hamburg, Carl Bohn, 1757 *Titelporträt, von der Schmissen pinx., C. Fritzsch sc.*, 26 (statt 28) S., 130 S. 1 Bl., 178 (falsch pag. 176) S. 5 Bl.; 180 (falsch pag. 190) S. 2 Bl., das letzte leer. *Mit 3 Titelvignetten.* Marmorierter Ld. d. Z. auf Bünden mit Rsch. u. Rv. 45.—
G. IV. 1. 28. 40. Die „kleinere Ausgabe" der editio princeps.

— Sämmtliche Poetische Werke. 3 Theile in 1 Bde. Hamburg, J. C. Bohn, 1771, 8°. 28, 130 S. 1 Bl. — 178 S. 5 Bl. — 180 S. 1 Bl. *Mit Porträt H's, gest. v. Fritzsch, und 3 Titelvign.* HLd. d. Z. m. Rsch. — G. IV¹. 28, 40. 50.—

— Sämmtliche Poetische Werke. In dreyen Theilen. Vierte Auflage. Hamburg, J. C. Bohn, 1771 8° Titel, *Frontispizporträt Hagedorns*, XXVIII & 130 S. 1 Bl.; 1 Bl. 178 S. 5 Bl.; 180 S. 2 Bl. (letztes leer). *Mit 3 gestoch. Titelvign.* In einem etwas benutzten u. am Rücken oben lädierten HLdbd. d. Z. — G. IV¹ 28, 40. Teilw leicht fleckig.

— Sämtliche poetische Werke. 3 Teile i. 1 Bde. Karlsruhe, Schmieder, 1777 8° XXXVIII & 234 S. 2 Bl., 334 S., 2 Bl., XXXVIII & 261 S. 1 Bl. Etwas berieb., am Rücken unten etwas lädierter HLdbd. d. Z.
G. IV¹. 28, 40. Getreuer Nachdruck der ersten Hamburger Gesamtausgabe von 1757.

Hagedorn jr., Herm., the silver blade. A drama in 1 act. (117 S.) gr. 8. Berlin 907. A. Unger. 2. —

Hagedorn, Hugo, prakt. Arzt aus Bromberg Über einen Fall von Landry'scher Paralyse nach Keuchhusten. *Berlin (1902): G. Schade.* (29 S.) 8°
Berlin, Med. Diss. v. 14. März 1902

Hagedorn, Joh. „Landwirthschaftlicher Haushalter, welcher zu der Landwirthschaft gegründete Nachricht ertheilt, nebst einer Anleitung, wie man adliche Güter rechtlich an sich bringen, die Landwirthschaft vortheilhaft anstellen und besorgen will", Berlin 1755.

Hagedorn, J. D., landwirthschaftl. Haushalter 8. Berlin, 1755. (Pauli). (Reimer) — 22½

Hagedorn, J., landwirthsch. Haushalter. 8. Berl. Pauli. 766.

Hagedorn, K. Diet., Religion eines vernünft. Christen. 3 Thle. 8. Bresl. Korn d. jüng. 749.

— Sittenlehre f. Kriegsleute in 2 Thle. rc. 8. Ebendas. 746.

Hagedorn, Konr., Kaspar Hauser, e. königl. Findling, s. a. Indianer- u. Volksbibliothek.

Kaspar Hauser ein königlicher Findling? Eine wunderbare, doch wahre Begebenheit aus d. 1. Hälfte d. 19. Jhs. Von **Konrad Hagedorn**. *Berlin: A. Weichert [1901].* (30 S.) 8° [F.]
— Indianer- u. Volksbibliothek. 326. [03. 14173

Hagedorn, M., Ipidae, s.: Coleopterorum catalogus. 4.

Hagedorn, Marius

— Abhandl. üb. d. Bruch d. Schenkelbeinhalses; nebst e. neuen Methode, denselben leicht u. sicher zu heilen. Mit 2 Kpft. gr. 8. Lpz. 808. (Wienbrack). 16 ℊ

Hagedorn, Marius, († d. 30. Mai 1813.) Beschreib. u. bildl. Darstell. d. von Gall im Gehirn entdeckten Organe, in welcher Form u. Lage sie sich äußerl. am Schädel darstellen. gr. 8. Lpz. 803. (Wienbrack). 2 ℛ 20 ℊ

Hagedorn, Max· Über Beziehungen von Allgemein-Krankheiten, sow v. Nasen- u. Hals-Leiden z. Gehörorgane, s. a. Sammlung zwangl. Abhandlungen aus dem Gebiete der Nasen- etc.-Krankheiten.

Über Beziehungen von Allgemein-Krankheiten sowie von Nasen- und Hals-Leiden zum Gehörorgane v. Dr. **Max Hagedorn** in Hamburg. *Halle a. S.: K. Marhold 1896.* (32 S.) 8.
— **Sammlung** zwangl. Abhandlungen a. d. Gebiete d. Nasen-, Ohren-, Mund- u. Hals-Krankhtn. Bd I. H. 10. [94. 3558

— Die schädlichen Einwirkungen des Tabaks und Alkohols einerseits und verkehrt. Schneuzens und Niesens, sow der Nasen- und Luftdusche andererseits auf das Ohr bezw. auf d. Nase, s. a. Sammlung zwangl. Abhandlungen aus dem Gebiete der Nasen- etc.-Krankheiten.

Die schädlichen Einwirkungen des Tabaks und Alkohols einerseits u. verkehrten Schneuzens u. Niesens, sowie der Nasen- u. Luftdusche andererseits auf das Ohr bezw. auf d. Nase v. Dr. **Max Hagedorn** in Hamburg. *Halle a. S.: C. Marhold 1897.* (32 S.) 8.
— **Sammlung** zwangl. Abhandlungen a. d. Gebiete d. Nasen-, Ohren-, Mund- u. Halskrankhtn. Bd II. H. 7. [97 4551

— Der Keuchhusten und seine örtlichen Erscheinungen in Nase, Ohren und Hals, s. a. Sammlung zwangl Abhandlungen aus dem Gebiete der Nasen- etc.-Krankheiten.

Der Keuchhusten und seine örtlichen Erscheinungen in Nase, Ohren und Hals. Von Dr **Max Hagedorn**. *Halle a. S.: K Marhold 1898.* (27 S.) 8.
= **Sammlung** zwangl. Abhandlungen a. d. Gebiete d. Nasen-, Ohren-, Mund- u. Hals-Krankheiten. Bd III. H. 2. [98. 8635 H.

Hagedorn, Max, Ursachen u. Folgen der Erkrankgn. des Warzenteils u. ihre Behandlung, s. a. Sammlung zwangl. Abhandlungen a. d. Gebiete der Nasen- etc. Krankheiten. III. 12.

Ursachen und Folgen der Erkrankungen des Warzenteils und ihre Behandlung. Von **Max Hagedorn** *Halle a. S. C. Marhold 1900* (65 S.) 8°
— **Sammlung** zwangloser Abhandlungen a. [illegible] d. Nasen-, Ohren-, Mund- u. Halskrankh. Bd [illegible] H. 12 [illegible] 3

Hagedorn, Oswald, a. Hannover: Über Knorpel-Transplantationen. Hannover 1905: B. Pokrantz. (43 S.) 8°
Göttingen, Med. Fak., Ref. Ribbert, Diss. v. 26. April 1905
[Geb. 14. Aug. 80 Hannover; Wohnort: Göttingen; Staatsangeh.: Preußen; Vorbildung: Gymn. Linden Reife O. 00; Studium: Berlin 1, Marburg 2, Erlangen 1, Marburg 1, Berlin 2, Göttingen 3 S.; Coll. 15. März 05.]

Hagedorn, Otto, neue Kunstverglasungen. I. Serie. 24 Taf. farb. Orig.-Entw. (II S. Text.) 45×33,5 cm. Wien (908). F. Wolfrum & Co. In Mappe 35. —

— Moderne Messing-Verglasungen. Neue prakt. Entwürfe f. alle vorkomm. Arbeiten in einfacher u. reicherer Ausführg. 1. Serie. 24 Taf. Orig.-Entwürfe. 44,5×33 cm. Ebd. (908). In Mappe 30. —

Hagedorn, Peter Johann (Güstrow/Mecklenbg.), De jure naturae justi in philosophia morum delineata scientia contra cel. · Joann. Jacobum Schmauss. Dissert. acad. Präs. Jo. Christoph Cramer. Jena (Strauss) 15. IV. 1758. 40 Seiten. (6.—) 12714
Widm. v.: Joachim Georg Daries, M. Balthasar Münter (Lübeck), Friedrich Wilhelm v. Huyssen (Waldeck), Präs.

Hagedorn, T., Ackerbau u. Viehzucht nach den Gesetzen der Natur u. der Praxis für strebsame Landwirthe. Mit 25 Illustr. (in Holzschn.) Leipzig 869. Reichenbach'sche Buchh. gr. 8. (III, 298 S.) 1 ℛ 15 ngr.

Hagedorn, T., Ackerbau u. Viehzucht nach den Gesetzen de Natur u. der Praxis f. strebsame Landwirthe. Mit 2. Illustrationen (in eingedr. Holzschn.) gr. 8. (298 S. Leipzig 873. Reichenbach. 3. –

Hagedorn, T., Ueber den Ersatz der dem Boden durch die Ernten entzogenen Pflanzennahrung. Gekrönte Preisschrift. Prämie zu Löbe's landwirthschaftlichem Kalender, Jahrg. 1867 (32 S.) Wien, Tendler & Comp (Carl Fromme.)

Hagedorn, T, über den Ersatz der dem Boden durch die Ernten entzogenen Pflanzennahrung. Leipzig. *32 p.* 1869
Schul-/Univ.-Schrift

Hagedorn, (Augustus Bonifacius Leonard) Werner. (geb Westhausen auf d. Eichsfelde 2. 7 1831) De forcipe Schoelleriana obstetricia. Berolini (1854). (16 S.) 4°
Berlin, Med. Diss. v. 28 Okt. 1854

Hagedorn, *Wilhelm* [app. Arzt aus Mainz]: Über spätere Folgezustände nach doppeltseitiger Ovariotomie ... Freiburg i. B., Buchdr. v. G. Mehlhase, 1895 ([Umschlagt.:] 1896); 25 S., 1 Bl., 1 Tab. 8.
Freiburg i. B., Med. Fak., Inaug.-Diss. v. 1896

Hagedorn, *Heinrich Julius* Wilhelm [aus Imbshausen]: Ueber die Sprache einiger nördlicher Chaucerschüler ... Göttingen, Druck v. L. Hofer, 1892; 38 S., 1 Bl. 8.
Göttingen, Phil. Fak., Inaug.-Diss. v. [29. Dez.] 1892

Hagedorn, Wilh., üb. die Sprache einiger nördlicher Chaucerschüler. Diss. gr. 8. (38 S.) Göttingen 892. (Vandenhoeck & Ruprecht.) n. — 80

Hagedorn & Sander: Preisliste über landwirthschaftliche Handgeräthe. Osnabrück (1897?)

Haegeholz, W., im Kampf um Liebe u. Pflicht, s. Woywod's Volks- u. Jugendbibliothek. 27. Bd.

Im Kampf um Liebe und Pflicht. Erzählung f. d. Volk u. d. Jugend von W. **Haegeholz.** Breslau: M. Woywod 1906. (85 S.) 8° [F.]
— **Volks**- u. Jugend**bibliothek**, Woywods. Bd 27 (07. 0340 2

Auf Urwaldspfaden. Von W. **Haegeholz.** H. 1 2. Aufl. (Diesdorf [1907] Schreiberhau-Diesdorfer Rettungsanst.) 8° [F.] (08. 13001 9

HAGEK, NICOLAUS, Ord. S. Franc. Rede über das Leiden Jesu Christi am heiligen Charfreytage. Vorgetragen in der Pfarrkirche der WW. EE. PP. Franziskanern zu Ofen an der Landstraße. Ofen 1819. Gedr. mit kön. ung. Universitäts-Schriften. 16 S. - 8°

- Dass. Ofen 1820. Gedr. mit kön. ung. Universitäts-Schriften. 16 S. - 8°

Hagek **a Liboczan, Wenz.,** († ...) Annales Bohemorum, — animadvers. hist. chronolog.-crit. nec non diplomatibus variisque generis monumentis aucti a Gel. Dobner. VI Tom. 4. Prag (761) — 83. (Clauserin). 14 ℛ 16 𝔤𝔤

Hagek, Wenz., Annales Bohemorum e bohem. lat. redd. et not. illustr. a P. Victorino auct. a Gelas. Dobner, VI Tmi. 4. Prag. et Lps. Weidmann. 763–83.

— Böhmische Chronik v. Urspr. d. Böhmen &c. Fol. Leipz. 718.

Hagel, Heinrich, approb. Arzt aus Emsdetten i. W.: Ein Fall von Anämia pseudoleukämica infantum. *Paderborn 1901: Junfermann.* (28 S.) 8°
Freiburg i. B., Med. Diss. v. 1901

HAGEL, Josef (Altheim): Die Geburten im Oberamt Laupheim Königreichs Württemberg vom Jahre 1882 verglichen mit denen des Königreichs Sachsen und einigen preussischen Hebammenlehranstalten.- München: Wolf 1884. 34 S.
21.11.1884 - Urk (Titel: De arte obstetricia.); Chr 1884/85,20
Diss.Ingolst.-Landsh.-Mchn.

Hagel, Maur., Apologie des Moses. gr. 8. Sulzb. 828. v. Seidel. 12 𝔤𝔤

Auch ein Wort über Erziehung, v. Dr. Maurus Hagel, P. d. Theol. — 1827. Ebend. — S 3–8.
Progr. Dillingen

—— Demonstratio religionis christ. cathol. In us. auditor. suorum edidit. II Ti. 8 maj. Augustae Vindel., Kollmann.
Tom. I. Theologia dogmat. generalis. (13 B.) 831. 1 Thlr.
- II. Theologia dogmat. specialis. (16 B.) 832. 1 Thlr. 4 Gr.

Hagel, Maurus, Demonstratio religionis christianae catholicae. In usum auditorum suorum edidit. Augsburg, Kollmann, jetzt Regensburg, Verlagsanst., 1831—2, gr. 8°, 2 Bde, XIII, 158 u. 244 S., 6,50 Mk.

Hagel, Maurus, Handbuch d. kathol. Glaubenslehre f. denkende Christen. gr. 8. (20¾ B.) Augsburg 838, Kollmann'sche Buchh. Thlr.

— d. Katholicismus u. d. Philosophie. gr. 8. Sulzb. 822. v. Seidel. 12 𝔤𝔤

Hagel, Maurus, Dr. Strauß' Leben Jesu aus dem Standpunkt des Katholicismus betrachtet. Kempten, Kösel, 1839, gr 8°, 6¾ Bg., 1,20 Mk.

Hagel, Maurus, der Rationalismus im Gegensatze zu dem Christenthume. gr. 8. Sulzbach 835. v. Seidel. ½ ℛ

Hagel, Maurus, Über den gegenwärtigen Stand der Theologie. Eine Vorlesung am Anfange des Studienjahres 1826—1827 gehalten. Sulzbach, v. Seidel, 25 S.
Vgl. Felder, Litt. Ztg. f. kath. Religionslehrer, 1827, Bd. III, S. 243—244

Hagel, Maurus, Theorie des Supranaturalismus mit besonderer Rücksicht auf das Christentum. Sulzbach, v Seidel, 1826, gr 8°, 200 S., 2 Mk
(Tüb.) Theol Quartalschr. 1828, S. 668 f. Katholik 1827, Bd 25 S 348—50. Felders Littztg f. f. Religionslehrer 1827, Bd 2 S. 113—51. In 5 Abschn bietet das Buch eine erschöpfende Widerlegung des Rationalismus, eine Entwicklung u. Begründung der Theorie des Supranaturalismus u. eine überzeugende Beweisführung für den Supranaturalismus des Christentums u. für die Gottheit Christi.

Hägel, J., De pronomine „ipse" cum pronominibus personalibus iuncto. Pr 1866. 18 S. 4° 1 —

Haegel, Max, a. Nürnberg: Aus der Poliklinik in Tübingen. Ein Fall von Embolie der Arteria mesenterica superior mit Ausgang in Genesung. Naumburg a. S. 1906: Lippert. (15 S.) 8°
Tübingen, Med. Fak., Ref. v. Jürgensen, Diss. v. 29. Mai 1906
[Geb. 21. Mai 81 Nürnberg; Wohnort: Tübingen; Staatsangeh.: Bayern; Vorbildung: Gymn. Nürnberg Reife M. 99; Studium: München 2, Würzburg 5, Kiel 1, Tübingen 3 S.; Coll. 29. Dez. 05; Approb. 1. Jan. 06.]

Hagel-Ableiter, über, u. Hagelschäden, Versicherungs-Anstalten, (v. Jh. Opelt). 8. Leipz. 827. Kaysers Buchh. 8 𝔤𝔤 Velinp. 14 𝔤𝔤

Hagelberg, Ernst, Referendar in Berlin: Der Begriff des Tierhalters in §§ 833, 834 B.G.B. (Weimar [1904]: Hof-Buchdr.) (X, 103 S.) 8° [F.] ¶ [Ersch. selbst. bei F. Vahlen, Berlin 1905.]
Halle, Jur. Fak., Ref. Rehme, Diss. v. 31. Okt. 1904
[Geb. 12. Juli 76 Berlin Wohnort. Berlin, Staatsangeh.: Preußen; Vorbildung: Gymn. Charlottenburg Reife O. 97; Studium: Berlin 6 S.; Rig 3. Mai 04.]

Hagelberg, Ernst, Kommentar zum Reichsgesetz üb. die Sicherung der Bauforderungen. Vom 1. VI. 1909. (In 3 Lfgn.) 1. u. 2. Lfg. (S. 1—336.) gr. 8. Berlin 910. F. Vahlen. 7. —

— Reichsgesetz üb. die Sicherung der Bauforderungen. Vom 1. VI. 1909. Text-Ausg. m. Einleitg., eingeh. Anmerkgn., Formularen u. Sachregister, f. Juristen u. Baugewerbetreibende hrsg. 1—4. Abdr. (VII, 172 S.) 16. Ebd. 909. Geb. in Leinw. 1. 50

Hagelberg, F[ranz], und Fümm, S[imon]. Die Kirche zu St. Johann in Davos-Platz. Mit 5 Illustrationen und farbigem Kirchenplan [auf 3 Tafeln]. Beilage zum Jahresbericht der Gewerblichen Fortbildungsschule Davos, 1908/1909. 31 S. 8. Davos, Buchdr Davos A.-G., 1909.

Hagelberg, L. [aus Berlin]. Ueber Schwefelcyan- und Selencyanverbindungen der Kohlenwasserstoffe aus der Reihe C_nH_{2n}. . Berlin, R. Boll (1890); 104 S. 8°
Berlin, Phil. Fak., Inaug.-Diss. v 22. Febr 1890

Hagelberg, P., Turneinrichtungen f. Volksschulen u. höhere Unterrichts-Anstalten. Nach Beschlüssen des nordwestdeutschen Turnlehrervereins bearb. Mit eingedr. Holzschn. u. 3 (lith.) Taf. Zeichnungen. 8. (VII, 64 S.) Hannover 880. Helwing's Verl. n. 1. 25

Hagelberg's, W., zoologischer Hand-Atlas. Naturgetreue Darstellung d. Thierreichs in seinen Hauptformen. A—G. Lex.-8. Berlin 878—81. Dümmler's Verl. cart. n. 24. —
A. Säugethiere. Mammalia. 228 (chromolith.) Abbildungen auf 20 Taf. (27 S.) n. 5. —
B. Vögel. Aves. 285 (chromolith.) Abbildungen auf 24 Taf. (31 S.) n. 6. —
C. Amphibien. Reptilia et Amphibia. 93 (chromolith.) Abbildungen auf 8 Taf. D. Fische. Pisces. 117 (chromolith.) Abbildungen auf 10 Taf. (31 S.) n. 5. —
E. Gliederthiere. Articulata s. Arthrozoa 240 (chromolith.) Abbildungen auf 20 Taf. (33 S.) n. 5. —
F. Weichthiere. Mollusca. 48 (chromolith.) Abbildungen auf 4 Taf. G. Würmer. Vermes. Stachelhäuter, Echinodermata. Strahlthiere, Coelenterata. Urthiere, Protozoa. 72 (chromolith.) Abbildungen auf 6 Taf. (24 S.) n. 3. —

Haegele, Erich [aus Bromberg] Ueber die Einwirkung von Thionylchlorid auf Alkohole, Phenol und Amidophenol; sowie über einige Condensationen des letzteren . Danzig, Druck v. E. Groening, 1892 . [illegible] S. 8
Rostock, Phil. Fak., Inaug.-Diss. v [illegible] Aug 1892

Haegele, Franz [approb Arzt aus Hilzingen (Baden)]. Ein Fall von Papilloma neuropathicum frontis . Wurzburg, Becker's Univ.-Buchdr, 1886, 24 S. + 2 Bl. 8°
Wurzburg, Med. Fak, Inaug.-Diss. v 1886.

Haegele, J

Haegele De pronomine „ipse" cum pronominibus personalibus iuncto quaestio grammatica 16 S – Culm Progr 1866

Haegele, J De la place de l'adjectif français 12 S - Culm, Progr 1858

Hägele, J. M., Bernhardine. Eine merkwürd. Gebetserhörg. vom Schwarzwalde am 17. Aug. 1874. Christen zum Troste, Neuheiden zum Nachdenken u. zur Prüfg vorgestellt. 8. (44 S.) Freiburg i/Br. 874. (Literar. Anstalt.) n. — 4

— dasselbe. 2., etwas vermind. Aufl. 8. (36 S.) Ebend. 874 — 3

Hägele, J. M., Erfahrungen in einsamer und gemeinsamer Haft sammt unmassgeblichen Gedanken über das Gefängnisswesen. 2 Hälften. gr. 8. (1. Hälfte. 112 S.) Leipzig 857. [Altona, G. Mayer's Verlag.] *

Hägele, J M Erfahrungen in einsamer u gemeinsamer Haft sammt unmassgeblichen Gedanken über das Gefängnisswesen 2 Aufl mit e Vorw von K Reder Altona (1862).

Hägele (Grünwald), J. M., zwei Erzählungen für die reife u. überreife Jugend. Neue Ausg. Schaffhausen 858. Hurter. 8. (XIII, 296, 155 S.) 21 ngr
(Neuer Titel zu: „Erzählungen, katholische, für die reifere Jugend. 6 u. 7 Bdchn.)

Hägele, J. M., die katholischen Feiertage u. das goldene Kalb mit seinen Hornisten auf den Markt geführt. 1—3. Aufl. Freiburg i. Br. 869. Herder. gr. 8. (32 S.) 1½ ngr

Hägele, J. M., Andreas Hofers letzter Gefährte. Freiburg im Br. 862. Herder. 12. (160 S.) 7½ ngr

— Andreas Hofers letzter Gefährte. 2., theilweise umgearb. Aufl. zur Feier des 100. Geburtstages des Nationalhelden. Ebend. 867. 12. (XII, 162 S.) 7½ ngr

— eine Leuchtkugel in die sociale Dämmerung. [Aus dem „Chilianeum".] Würzburg 870. Woerl. gr. 8. (29 S.) n. 4 ngr

Hägele, J. M., Petroleum u. Olivenöl, s.: Compaß f. das kathol. Volk.

— die Revolution u. die moderne Gesellschaft, s. a. Broschüren, zeitgemäße.

Hägele, J. M., Die Revolution und die moderne Gesellschaft mit besonderem Bezug auf Baden. 8°. Frankfurt a. M., G. J. Hamacher, 1869.

Hägele, J. M., Alban Stolz nach authentischen Quellen. Mit Portr. u. e. Handschreiben v. Alban Stolz in Autotypie. gr. 8. (265 S.) Freiburg i/Br. 884. Herder. 2.40

— dasselbe. 2., erheblich erweit. Aufl. gr. 8. (XI, 309 S.) Ebend. 884. 3. —

Hägele, J. M., Alban Stolz nach authentischen Quellen. Mit Portr., e. Handschreiben v. Alban Stolz in Autotypie u. e. Illustr. 3., verm. Ausg. 8. (VII, 313 S.) Freiburg i/Br. 889. Herder. n. 2. —

Hägele, J. M., Zuchthausgeschichten, s. Zuchthausgeschichten.

Hägele, Jos., Abriß der französischen Syntax f. höhere Schulen. gr. 8. (VI u. 138 S.) Breslau 852, Trewendt & Granier. ½ rℓ

Hägele, Jos. M., der moderne Fortschritt, s. Broschüren-Verein.

HÄGELE, KARL. Beiträge zur Kenntniss des im Carnaubawachse enthaltenen zweiatomigen und Myricylalkohols. (Bern) Stuttgart, 1890.

Hagelgans, Jo Christoph (Resp), s. Hoepfner, Joh. Ernst De necessario bonae fidei ad praescriptionem actionum personalium requisito.

Hagelgans, Johann Georg

Hagelgans, J. Geo., architectura cosmica etc. od. Vorstellung d. Weltgebäudes. 2 Thle. m. K. 8. Frankf. (Fleischer in Lpz.) 736–44.

Hagelgans, Johann Georg. Atlas historicus oder Allgemeine historische Charten, darinnen die merkwurdigste Begebenheiten, so sich von Anfang der Welt in allen Konigreichen und Landen biss auff unsere Zeit geaussert, abgebildet. Franckfurt am Mayn 1718. Imp. Fol.

— Beschr. e. in d. archit. cosm. angegeb. zweyf. Weltkugel. 8. Ebend. 738.

— katechet. Bibel. d. i. d. ganze Katechism. in bibl. Spr. 8. Ebend. 711.

Hagelganß, Jh. Geo., († 1762.) Nassauische Geschlechtstafel d. Waalramischen Stammes, vom Grafen Heinrich d. Reichen bis auf die von ihm abstamm. drei fürstl. Häuser d. Saarbrückischen Linie. Mit Kpf. Fol. Frankf. a. M. 754. (Fr. Fleischer in Leipz.) 2 ₰

— geheimnißvolle Himmelskugel ꝛc. 8. Ebend. 759.

Hagelgans, Johann Georg (Resp.), s. Liebknecht, Johann Georg: De cultu ac praestantia Matheseos, quousque se merito ad alias extendat scientias.

— orbis literatus academic. Germanico-Europaeus c. fig. fol. Lips. Gleditsch. 737.

Hagelgans, Georg. Orbis literatvs academicvs germanico-evropaevs, praecipvas mvsarvm sedes, societates, vniversitates, earvmqve fvndationes, privilegia, eventvs, tevtonicarvm sigila, prototypis conformia, vna cvm fastis, albo chronologico, catalogo vniversali membrorvm et professorvm hodie viventivm, In Synopsi repraesentans ... curante Ioanne Georgio Hagelgans ... MDCCXXXVII [1737] ... Prostat Francofurti ad Moenum, apud Samvelem Tobiam Hockervm ... & Philipp. Henr. Hvttervm ... Typis Joachimi von Lahnen Vortit. 7 Bl. 21 Bl. 22—42 S. – 27 S. m. 165 Holzschn. 4°.

§ **HAGELGANS,** Joh. Geo. („Fürstl. Nass. Saarbr. Archiv."), Sphaera Infernalis Mystica. d. i. Höllisches Spinnenrad, Darinnen das Geheimnis der Bossheit, der Fall Lucifers, des Teuffels Affenspiel in der Welt, und des Satans entwaffnete Macht der Finsternis abgebildet, die dahin zielende geheime Zahlen der H. Schrift aufgelöset, aus der Zähl- und Messkunst. Die besondere chaldäische Baukunst u. s. w. (Titel sehr lang). Entworfen von —. 2 Theile. Frankfurt am Mayn, bey Johann Friedrich Fleischer, Anno MDCCXL. (1740.) 4°.

352 S. u. Register. Mit 9 Kupfertafeln. — Nur Th. 2 bringt einiges Erotisches in Versen bei der Abschilderung von 7 Hauptlastern (Neid, Lügner, Hoffärtige, Geizige, Wollüstige, Heuchler, Verzweifler). Die auf den „Wollüstigen" bezügl. Verse abgedr. in: Die Opale. Th. 4. Lpz. Jul. Zeitler. 1907. Gr. 4°. S. 136—138.

— höllisches Spinnrad ꝛc. m. K. 8. Frankf. (Fleischer in Lpz.) 740.

— allgem., den Kirchen- u. Polizeistaat in e. Auszug darstellende Weltchronik, oder entwickelte Zeitrechnung, welche in d. Chronologia u. Heraldica sacra gegründet ꝛc. 2 Thle. 8. Frkf. 751, 52. (Fr. Fleischer in Leipz.) 1 ₰ 16 ℊ

Hagelganß, Joh. Conr.

— — Dissertat. de titulo nos dei gratia, Wir von Gottes gnaden.

— **Joh. Conr.** (Coburg), Dasselbe. Tl. II. Präs. Friedr. Geisler (Reussendorff/Schles.). Leipzig (Joh. Erich Hahn) 20. XII. 1677. 20 Bl. (6.50) 12718

— — — — Dasselbe. I/II. o. O. 1772. 52 Blatt. (9.50) 12719

Hägeli, Alb., die Merowingerpfalz zu Kirchheim [König Dagobert II]. Historisches Trauerspiel in 5 Acten. 8. (VIII, 104 S.) Straßburg 885. (Paderborn, Kleine.) n. 2. 25

— dasselbe, s.a. Theater, kleines.

— der königliche Prätor v. Straßburg. Historisches Drama in 5 Akten. 8. (XIV, 171 S.) Ebend. 883. n. 2. 40

— Predigten bei e. achttägigen Mission. gr. 8. (VIII, 135 S.) Straßburg 886. (Freiburg i/Br., Herder.) n. 1. 20

Hägeli, Alb., Guarcia Moreno's Tod. Historisches Schauspiel in 4 Acten. 16. (112 S.) Straßburg 876. (Paderborn, Kleine.) n. 1. —

— Garcia Moreno's Tod. Historisches Drama. Neue, zu 5 Akten erweit. Aufl., m. dem Bildnisse d. Helden. 8. (XVI, 160 S.) Straßburg 884. (Paderborn, F. Schöningh.) n. 2. 40

Hägeli, Alb., Garcia Moreno's Tod, s.a. Dilettanten-Theater.

Garcia Moreno's Tod. Hist. Drama in 5 Akten von **Albert Hägeli**. 3. Aufl. (*Paderborn: F. Schöningh [1899].*) (85 S.) 8° [F.]
= **Dilettanten-Theater.** H. 53. [07. 1681

Garcia Morenos Tod. Hist. Drama in 5 Akten von Albert **Hägeli**. 4. Aufl. (Paderborn: F. Schöningh [1906].) (85 S.) 8° [F.]
= **Dilettanten-Theater.** H. 53. [07. 14368

Hägeli, A., Triduum m. e. Lobrede auf den heil. Martinus. gr. 8. (47 S.) Straßburg 887. Freiburg i/Br., Herder. n. — 60

Hagelicken, s. Hagelüken

v. Hägelin, Frz. Karl, († d. 18. Juni 1809.), s. *des Mahis.*

Hagelmaier, F. C., de Remissione peccatorum sub Vetere et Nov. Test. 8. maj. Frankf. Gebhardt et K. 770.

Hagelmaier, J. G., Gesch. d. Bibelverbots. 8. Ulm, Stettin. 783.

Hagelschlagoversicherungen, über. 8. Stuttg. 793. Metzler. 2 ℊ

Hagelstange, Alfr., süddeutsches Bauernleben im Mittelalter. gr. 8. (VIII, 268 S.) Leipzig 898. Duncker & Humblot. n. 5. 60

[illegible] Friedrich-Museums der Stadt Magdeburg von A(lfred) **Hagelstange**. (Magdeburg: Kaiser Friedrich-Museum 1906.) (330 S.) 8° [07. 789

Hagelstange, Alfr., altmodische Gedanken üb. Haus u. Heim. Ein Vortrag. (19 S.) gr. 8. Magdeburg 908. K. Peters. — 60

Hagelstange, Alfred [aus Erfurt]: Die sociale Lage des süddeutschen Bauernstandes im Mittelalter ... (Enth. nur e. Theil d. eingereichten Abh.: Über süddeutsches Bauernleben im Mittelalter unter bes. Berücks. gleichzeit. litterar. Quellen.) Erfurt, Druck v. G. A. Brodmann, *1897;* 2 Bl., 52 S., 1 Bl. 8.
Göttingen, Phil. Fak., Inaug.-Diss. v. [7. Mai] 1897

Hagelstatistik [Schlagwort]

Hagelstatistik. Sarrazin, Ferd., Wandkarte zur Darstellung der Hagelstatistik (1880 — 1892) v. Norddeutschland östlicher Teil, von der russ. Grenze bis zum Flussgebiet der Weser. 1 : 1,000,000. 74,5 × 84,5 cm. Farbendr. Nebst Erläuterungs-Text. gr. 4. (10 S.) Berlin 893. D. Reimer. n. 8. —

Hagelstein, Davides Thomanus ab, „continuatus. Oder: Acta monetaria novissima. Schrifftliche Handlungen .... den gegenwärtigen Zustand des Müntz-Wesens in Teutschland und dessen Verbesserung betreffend ...." (s. lfd. Nr. 11002), Frankfurt a. M. und Leipzig 1752 (Knoch & Eslinger). — Vorh.: Bibl. des Oberlandesgerichts Celle — Fol. Tc. 566 — und StB Nürnberg.

Hagelstein, Dav. Thom., († ...) acta monetaria noviss. Fol. Frankf. 752. (Schäfer). 20 ℊ

Hagelstein, Franz Daniel

— Bemerkungen über das Baden, in Beziehung auf die Salz- und Schwefelsalz-Bäder zu Oldesloe. Lübeck. 1816.

Hagelstein, Fr. Dn., Bemerkk. über d. Baden, in Beziehung auf d. Salz- u. Schwefelbäder zu Oldesloe. 8. Lübeck 817. Niemann u. C. 12 ℳ

— Entwurf e. allgem. Badereglements. 8. Kiel 813.

Hagelüken, Fr Alb

Hagelüken, Fr. A. Einige Andeutungen über die Bildung des Herzens an Gymnasien. 33 S. 8. . . . .
Münstereifel, Progr 1844

Hagelüken. Einige kurze pädagogische Betrachtungen. 20 S.
Münstereifel, Progr 1858

Hagelüken, Fr. Alb De Horatii Flacci carminum elegantia. 8 S.
Münstereifel, Progr. 1851

— Erläuterungen u. Zusätze zu der Schrift „drei Monate in Rom von Fr. Schmeding". Erfurt 869. Brodmann. 16. (IV, 75 S.) n.n. 5 ngr.

Hagelücken, Fr. A., Fragmente üb. Erziehung, in Bezug auf d. revolution. Treiben uns. Zeit. gr. 8. (4¼ B.) Münster 834, Regensberg.

Hagelüken· Brevis historia agriculturae veterum Romanorum 12 S Munstereifel, Progr 1864

— die katholische Kirche als Erhalterin u. Beförderin von Kunst u. Wissenschaft historisch nachgewiesen. 2. Aufl. Ebend. 869. gr. 8. (IV, 82 S) n. 12½ ngr.

Hagelüken, F. A., Die katholische Kirche als Erhalterin und Beförderin von Kunst und Wissenschaft historisch nachgewiesen. Erfurt, Brodmann, 1870. 8°. 2 Aufl. 82 S. 1 Mk.

- das Trienter u. das gegenwärtige Concilium, s. Broschüren, zeitgemäße.

Hagelüken, Fr. Al., das neue Lahr-Wittenberg u. sein neuester Lutherus Laicus. Auch e. deutsches Wort über die Schrift „das neue Rom u. sein neuester Don Quixote u. s. w von e. Laien, d. h e. Mann aus dem Volke" Erfurt 869. Brodmann. 8. (47 S.) n. 4 ngr.

die weltliche Macht des Papstes, s Broschüren, zeitgemäße.

— Neujahrsgruß an den Lahrer hinkenden Boten. Nebst e. Anh.: das Concil in Neapel. Ebend. 869. gr. 16. (26 S) 2 ngr.

Hagelüken Fr Al Randglossen zu der „Antwort auf das Sendschreiben Pius IX v 1 Sept 1868 ad omnes Protestantes aliosque Acatholicos] von einem ev luth Pastor in Briefform herausgeg. für Akatholiken u Katholiken, besonders diejenigen welche die „Antwort" gelesen haben Nebst einem Anhang Fünfzehn Dummheiten eines „schlesischen Protestanten" Erfurt, Brodmann 1869, 12°. S

--- Randglossen zu der „Antwort auf das Sendschreiben Pius IX. vom 13. Septbr. 1868 von e. evangel.-luther. Pastor", in Briefform hrsg. für Akatholiken u. Katholiken, besonders diesen, welche die Antwort gelesen haben. Nebst e. Anh.: Funfzehn Dummheiten e. „schlesischen Protestanten". 5. verm. u. verb. Aufl. Ebend. 869. gr. 16. (59 S.) n. 4 ngr.

Hagelüken, Fr. Al., der Cölibat im Kampf gegen „das Cölibat, seine Ursachen u. seine Wirkgn." Eine Anleitg. für das ökumenische Concil sich nützlich u. zeitgemäß zu beschäftigen. Erfurt 869. Brodmann. 8. (88 S.) 6 ngr.

Hagelüken, H., tabellarische Übersicht der griechischen Moduslehre. Fol. (2 Bl.) Paderborn 902. F. Schöningh. n. — 50

Hagelversicherungs-Anstalt, die. Gesetz vom 13. Febr. 1884. 8. (14 S.) Würzburg 884. Stahel. — 20

Hagelversicherungs-Verband, e., f. Elsaß-Lothringen. [Aus: „Gemeinde-Zeitg. f. Elsaß-Lothr."] gr. 8. (V, 56 S. m. 1 Tab.) Straßburg 884. (Schultz & Co. Verl.) n. 1. —

Hagelversicherungsverein für B., Hagelversicherungsvereinssatzungen für B. Munchen 1840

Hagel-Versicherungs-Zeitung, allgemeine. Red.: Otto Kuphal. 20. Jahrg. 1894. 12 Nrn. (Bog.) Fol. Lankwitz b Berlin, Wallmann. n. 4. —

Hagel-Versicherungs-Zeitung, allgemeine. Red.: Otto Kuphal 21.—24. Jahrg. 1895—1898. à 12 Nrn. (Bog) Fol. Lankwitz b. Berlin. Wallmann. à Jahrg. n. 4 —
Der 24. Jahrg. war von Max Schulze redigiert.

Hagel-Versicherungs-Zeitung, allgemeine. Red.: Max Schulze. 25.—28. Jahrg. 1899—1902. Fol. Gr. Lichterfelde, Wallmann. à Jahrg. n.n. 4. —
25. 6 Nrn. (24 S.) — 26—28 à 18 Nrn. (à Jahrg. 72 S.)

Hagel-Versicherungs-Zeitung, allgemeine. Red.: Max Schulze. 29.—32. Jahrg. 1903—1906. à ca. 12 Nrn. (à ca. 4 S.) Fol. Gr. Lichterfelde, Wallmann. à Jhrg. n.n. 4. —

Hagel-Versicherungs-Zeitung, allgemeine. Red.: Max Schulze. 33. Jahrg. 1907. 12 Nrn. (à ca. 4 S.) 41×28,5 cm. Gr.-Lichterfelde, Wallmann. nn 4. —
Hat ihr Erscheinen eingestellt.

Geschichte der Johannis-Loge Bruderbund am Fichtenberg im Or. zu Steglitz von ihrem Entstehen bis zum Tage der Einbringung des Lichts in den Tempel des neuerbauten eigenen Logenhauses am Sonntag den 18. März 1894. Den Brüdern gewidmet von [Adalb.] Hagelweide. [Berlin 1894: Hönig.] 26 S. 3 Taf. 8°
Nebst Grundrissen.

Geschichte der Johannis-Loge Bruderbund am Fichtenberg im Or. zu Steglitz. Umfassend den Zeitraum 1886 bis Johanni 1904. Den Brüdern gewidmet von [Adalb.] Hagelweide. [Berlin 1904: Greve.] 114 S. 6 Taf. 8°
cf. Bbl. 18 (1904) S. 523 (G. Diercks).
Nebst Verzeichn. der Mitgl. u. Beamten.

Hagelweide, C. L., kurzer Abriß der Lautlehre und Wortschreibung. Als Leitfaden für den Unterricht in Schullehrer-Seminaren und Hülfsbüchlein für Volksschullehrer. 8. Königsberg 844, Gräfe u. Unzer. 1/6 ₰

Hagelweide, über das Lesenlehren, ein Vortrag, in der Lehrer-Conferenz am 21. Mai 1855 im Königl. Seminare zu Angerburg gehalten. Angerburg 856. (Königsberg, Gräfe u. Unzer.) 8. (64 S.) n. 5 ngr

— pädagogische Vorträge zur Eröffnung der Lehrer-Conferenzen im Kgl. Schullehrer-Seminare zu Angerburg gehalten. Angerburg 854. (Königsberg, Gräfe u. Unzer.) gr. 8. (2 Bl., 54 S.) n. 5 ngr

Hagelwetter Das furchtbare H'-W' in der Schweiz im Juli 1898, namentlich in de[illegible] Kantonen Solothurn, Aargau und Thurgau 8. Grüningen 1898.

Hagelwetter, das große, in Leipzig u. dessen Umgegend am 27. Aug. 1860. 1—4. verm. Aufl. Leipzig 860. Sturm & Koppe. 8. (32 S.) 2½ ngr

Hagelwetter, das, in d. Bezirken Horgen, Meilen u. Hinweil d. Kantons Zürich am 20. VII. 1897, welches zirka 5 Millionen Schaden verursachte. gr. 8. (14 S.) Wytikon-Zürich 897. G. Schilde. — 15

[illegible] Mucorineen Von Oscar Hagem [illegible] Christiania Dybwad in Komm 1907 4°(8°)
[illegible] Math. naturv. Kl [illegible]

Hagem, Osc., Untersuchgn. üb. norwegische Mucorineen. I. (Videnskabs-selskabets skrifter. I. Math.-naturv. klasse. 1907. Nr. 7.) Udgivet for Fridtjof Nansens fond. (50 S. m. 22 Fig.) Lex. 8. Christiania 908. (J. Dybwad.) nn 1. —

— Neue Untersuchungen üb. norwegische Mucorineen. (S. 265—286 m. 11 Fig.) gr. 8. Berlin 910. R. Friedländer & Söhne. 1. 80
Sonderabdruck aus: „Annales mycologici".

Hagemann, guck' dich um! Des Kindes Warnungsengel im Straßenverkehr. Ein lust. Versbüchlein. Mit Zeichngn. v. Edm. Edel. (36 S. m. farb. Abb.) 24×32 cm. Berlin (908). L. M. Barschall. Kart. 2. 80

Hagemann, Schleswig-Holsteinische Landgemeindeordnung. Mit Erläutergn. Schleswig 892.

Hagemann, Lehrbuch der Anatomie und Physiologie der Haussäugetiere I. Teil: Anatomie Stuttgart 1900. Ulmer. M. 8 geb. M. 9 -

Hagemann: Mephistophelis nomen unde ortum esse et quam signigicationem habere videatur. Epistola ad R. Ungerum. 12 S - Graudenz, Progr 1872.

Hagemann, d. Celle'sche Stadtrecht, hrsg. u. erläut. Hann. 800.

Hagemann, A., Anleitung zur Pflanzung u. Pflege der Obstbäume. 2., verm. Aufl. (40 S.) 8. Berlin 906. P. Parey. n. — 60

Anleitung zur Pflanzung und Pflege der Obstbäume von A Hagemann Obstbau Insp. 3. verm Aufl. Berlin Parey 1908. 40 S 8° [illegible]

Hagemann, A., Anleitung zur Pflanzung u. Pflege der Obstbäume. 4., verm. Aufl. (40 S.) 8. Berlin 910. P. Parey. — 50

Hagemann, A. Die Majuskeltheorie der Grammatiker des Neuhochdeutschen von Johann Kolross bis auf Karl Ferd. Becker
28 S. Progr. *Graudenz* 1876.

Hagemann, Albert [app. Arzt aus Saerbeck i. Westf.]: Über die Infektiosität des Blutes tuberkulöser Rinder ... München, Druck v. V. Höfling, 1893; 18 S., 1 Bl. 8.
München, Med. Fak., Inaug.-Diss. v. 1893

Hagemann, Alb. Gottl. Herm., ausgewählte Predigten. Berlin 862. F. Schulze. gr. 8. (XI, 255 S.) n. 1 ₰ 15 ngr

Hagemann, Alfred, Telegraphendir.. Über die Benutzung postalischer Einrichtungen zu Zwecken der Volksversicherung in England und Deutschland. Gießen 1910: Brühl. 38 S. 8°
Gießen, Phil. Diss. v. 18. Mai 1910, Ref. Biermer
[Geb. 27 Aug. 86 Magdeburg; Wohnort Gießen, Staatsangeh.: Preußen u. Hessen, Vorbildung Realgymn Magdeburg Reife M. 86, Studium Leipzig 2, Straßburg 1, Genf 1 Halle 1, Gießen 4 S Rig 28. April 10.] [U 10. 1279

Hagemann, Andr. Wlh., († d. 28. Mai 1824.) Anleit. zum Uebersetzen aus d. Deutschen ins Lateinische, für d. ersten Anfänger. gr. 8. Hannov. 807. 2e A. 813. 3e A. 817. 4e A. 820. Hahn. 8 gl

— kurze chronolog. Uebersicht d. merkwürd. Ereignisse aus den 11 Jahren des nun geendigten Krieges. 8. Hannov. 814. Hahn. 2 gl

Hagemann, Arnold Ueber die Quellen des Gobelinus Persona. Th. 1. Bad Soden (1874): Pusch 76 S. 8°
Halle-Wittenberg, Phil. Diss. v 20. [vielmehr 21.] Okt. 1874
Geb. Wolgast 2. 12. 1847. V.
Hallische gekrönte philosophische Preisschrift v. 1873.

Hagemann, August

— Schiller's Braut von Messina, s. a. Vorträge für die gebildete Welt.

— Schiller's Braut v. Messina. 5. (Titel-) Aufl.) gr. 8. (IV, 51 S.) Ebd. (888) 895. n. — 60

— die Eigennamen bei Homer. Praktisches Handbuch zur Präparation der Ilias u. Odyssee. gr. 8. (VI, 98 S.) Berlin 880. Mrose. n. 1. 50

Hagemann, Augustus: De fato Sophocleo. Particula prior. Berolini 1853 (100 S.).

Hagemann. Quaestiones de fato Sophocleo. Particula II. 41 S.
Bielefeld, Progr. 1858

— Lessing's Emilia Galotti, s. a. Vorträge f. die gebildete Welt.

— Lessing's Emilia Galotti. 5. (Titel-) Aufl. gr. 8. (IV, 32 S.) Ebd. (888) 895. n. — 60

—— Goethe's Iphigenia auf Tauris, s. Vorträge für die gebildete Welt.

— Goethe's Iphigenia auf Tauris. 5. (Titel-) Aufl. gr. 8. (IV, 69 S.) Ebd. (888) 895. n. — 60

— I. Ist es ratsam die sogenannte deutsche schrift u. die groszen anfangsbuchstaben der nomina appellativa aus unseren schulen allmaehlich zu entfernen? II. Die majuskeltheorie der grammatiker des neuhochdeutschen von Joh. Kolrosz bis auf Karl Ferd. Becker. Zwei abhandlungen. gr. 8. (IV, 72 S.) Ebend. 880. n. 1.60

Hagemann, Aug. Sechs und dreifsig ungeharnischte Thesen. 4 S. Progr. Graudenz 1877

Hagemann, Aug., was ist Charakter u. wie kann er durch die Erziehung gebildet werden? 2. u. 3. Aufl. gr. 8. (23 S.) Dorpat 881. Krüger. n. — 75

— was ist Charakter u. wie kann er durch die Erziehung gebildet werden? Hrsg. v. Paul Hagemann. 4. Aufl. 8. (VII, 20 S.) Berlin 880. Hettler. n. — 75

Hagemann, A., was ist Charakter u. wie kann er durch die Erziehung gebildet werden? Hrsg. von P. Hagemann. 4. Aufl. gr. 8. (28 S.) Spandau 888. Leipzig, Oesterwitz's Verl. n. — 60

Hagemann, Aug., was ist Charakter u. wie kann er durch d. Erziehg. gebildet werden? 8. Aufl. gr. 8. (15 S.) Stettin 891. P. Hagemann. n. — 50

Hagemann, Aug., wie ist Ernst Moritz Arndt in Wort u. Schrift f. seines Volkes Erhebung thätig gewesen, s.: Vorträge f. die gebildete Welt.

Hagemann, Carl, s. Hagemann, Karl

Hagemann, Eduardus (geb. am 4 Aug. 1833 in Bromberg): De typho abdominali ... Bonnae, typ. C. Krüger 1856. 75 S., 2 Bl. 8. Bonn, Med. Fak., Diss. v. 11 Aug. 1856

Hagemann, Emile, les aventures de la ctesse. de Guébriant, ambassadeur de Pologne, gouverneur de Brisach, première dame d'honneur de la Reine Marie-Thérèse. Conférence. 8. (32 S.) Strassburg 880. Hagemann & Co. n.n. — 80

Hagemann, F., einige Fragen des Sparcassenwesens. Eine Denkschrift zur Beschlussfassung über die Sparcasse des Kreises Bernburg. gr. 8. (68 S.) Bernburg 879. (Schmelzer.) — 75

Hagemann, Ferdinand Entwurf einer Anweisung zur Einrichtung und Unterhaltung von Grubenwehren, s. Meyer, G. A.

Hagemann, Ferdinand: Bergmännisches Rettungs- und Feuerschutzwesen in der Praxis und im Lichte der Bergpolizei-Verordnungen Deutschlands und Oesterreichs. Freiberg i. S.: Craz & Gerlach 1908. VI, 159 S. 4° ¶ Auch als Buch. Dresden, Dr.-Ing.-Diss. v. 11. 3. 1908

Hagemann, Ferd., bergmännisches Rettungs- u. Feuerschutzwesen in der Praxis u. im Lichte d. Bergpolizei-Verordngn. Deutschlands u. Österreichs. (IV, 160 S. m. 6 Abbildgn. u. 1 Taf.) Lex. 8. Freiberg 908. Craz & Gerlach. 6. —

Hagemann, Fr. Gust., kleines Angebinde; ein Sommergeschenk für Kinder u. junge Leute. 8. Hamb. 784.

— s. Auszug aus Wilhelminens Briefwechsel.

Hagemann, Fr. Gust., neuester Beitrag zum deutschen Theater. 8. Bresl., W. G. Korn. 1 rℓ 4 gr. Die Stücke einzeln, s. unten: die Favoritin. — Die Rothköpfe. — Der Todtenkopf.

— die Eroberung von Valenciennes. Schspl. 8. Hannov. 793. Hahn. 4 gr.

— die Favoritin oder d. Triumph d. Reue. Trspl. in 5 A. 8. Bresl. 801. W. G. Korn. 8 gr.

— der Fremdling. Lstspl. 8. Hannov. 793. Hahn. 7 gr.

— Friede v. Oldenburg, od. d. Mann v. Stroh. Schspl. 8. Hannov. 794. Hahn. 6 gr.

— s. Fürst, der, u. sein Kammerdiener.

Hagemann, Gust. H., Gedichte. 8. Hamb. (Hilscher, Lpz.) 784.

— vermischte Gedichte. 8. Hamb. 784. u. Leipz. 788. Compt. für Liter. 6 gr.

— Großmuth u. Dankbarkeit, s. oben: Schauspiele, neue.

— Handbuch zur Bildung des Verstandes u. Herzens. 8. Hamb. 783. (Leipz., Compt. für Liter.) 7 gr.

— die Hessin, od. das patriotische Fest. Lstspl. in 2 A. 8. Hannov. 794. Hahn. 5 gr.

— s. Leichtsinn u. gutes Herz.

— Ludwig der Springer. Schspl. 8. Hannov. 793. Hahn. 8 gr.

— die Luftkugel. Theatral. Schnurre. 8. Hamb. 784. Matthiessen. 2 gr.

— der Maitag. Ländl. Gemälde. 8. Schwerin 793. Bödner. 5 gr. (K. Haas in Wien). 4 gr.

— die Martinsgänse. Nachspl. 8. Eisenach 798. N. A. 804. Bärecke. 6 gr.

— Nahrung für alle Temperamente. 2 Bde. 8. Hamb. 784, 85. (Leipz., Compt. f. Liter.) 2 ₰ 4 gr

— Otto der Schütz, Prinz v. Hessen. Vaterländ. Schspl. 8. Kassel 791. 2e A. Hannov. 794. Hahn. 8 gr

— Vetter Paul, od. d. Rache d. Deutschen. Origin.-Lstspl. in 1 A. 8. Eisenach 810. (Bärecke). 6 gr

– s. Prosit das neue Jahr

— der Rekrut; ein Schspl. mit Gesang in 5 Akt. 8. Hamb. 783. (Leffler in Manh.) 5 gr

— die Rothkepfe oder d. schöne Wilhelm. Posse in 1 A. 8. Bresl. 801. W. G. Korn. 6 gr

Hagemann, Fr. Gust., Franz v. Sassenheim u. Adelheid v. Baar, od. Argwohn u. Liebe; e. Geschichte aus d. ält. Jahrh. 8. Lübeck 785.

— neue Schauspiele. 2 Thle. (1r Thl. Selikon u. Berissa, od. die Liebe unter d. Negern. Schspl. in 4 Aufz. — Der Weihnachtsabend; Schspl. in 5 A. — Martinsgänse. — 2r Thl. Vetter Paul oder d. Rache d. Deutschen; Schspl. in 1 A. — Doppelpapa; Posse in 3 A. — Großmuth u. Dankbarkeit; Schspl. in 1 A. — Die Pantoffelpromenade am Neujahrstage. — Orgelpeter.) 8. Eisenach 792—810. Bärecke. 3 ₰

— Seliko u. Berissa. Schspl. in 4 A. 8. Eisenach 798. Bärecke. 12 gr

— kl. Stücke f. d. deutsch. Schaub. 8. Lübeck, Iversen. (a. Gleditsch in Lz.) 784.

— der Todtenkopf oder die Vogelbauer. Ein Schspl. in 5 A. 8. Bresl. 801. W. G. Korn. 12 gr

— 2 Vorspiele: die Georgsinsel, u. so opfern Herzen. 8. Hannov. 791. Hahn. 5 gr

— zwey Vorspiele, (1. so opfern Herzen; 2. d. Georgsinsel.) 8. Hannov. Ritscher. 791.

— der Weihnachtsabend, oder d. Edelmann u. Bürger. Schspl. in 5 A. 8. Eisenach 798. (Bärecke). 12 gr

— d. glückliche Werbung, od. d. Liebe z. König. Lstspl. 8. Hannov. 793. Hahn. 2 gr

Hagemann, Frdr., die Fleischviehzucht. Anleitung, um von Rindern, Schafen u. Schweinen in der möglichst kürzesten Zeit die möglichst größte Menge Fleisch u. Fett auf die wohlfeilste Weise zu erzielen u. von den Schweinen die Trichinen fern zu halten. Ein Mahnruf an Deutschlands Landwirthe. Mit 4 Abbildgn. der ausgezeichnetsten Fleischviehracen (in Holzschn.). Leipzig 864. Wilfferodt. gr. 8. (VII, 82 S.) n. 22 ngr.

Hagemann, [Friedrich], Die Übersicht über die Berechtigungen der höheren Schulen. *Sobernheim 190 . G. Hehn* (S. 15 – 17.) 4°
Sobernheim, R. Peters 1[illegible]

Hagemann Fritz Willy. Über Sackniere, perinephritische und intranephritische, subkapsuläre Zysten bei den Haustieren. Diss. Vet. Med. Bern. [Mit Figuren] (Sonder-Abdruck aus Virchows Archiv Bd. 202.) 25 S. 8. Berlin, Georg Reimer. 1910.

Hagemann, G., neuest. Beytrag z. deutsch. Theat. 8. Bresl. W. Korn. 801.

Hagemann, G. A., Aggregatzustände d. Wassers. gr. 8. (11 S.) Berlin 888. Friedländer & Sohn. n. — 60

— einige kritische Bemerkungen zur Aviditätsformel. Aus dem Dän. übers. v. P. Knudsen. gr. 8. (12 S.) Ebd. 887. n. — 60

— die chemische Energie. Ausgearb. nach e. am 27 Apr. 1889 im chem. Verein zu Kopenhagen geh. Vortrag. gr. 8. (40 S.) Ebd. 890. n. 1. —

Hagemann, G. A., üb. die Energie u. ihre Umwandlungen. Einleitungsvortrag, geh. im „dän. Ingenieurverein" zu Kopenhagen. gr. 8. (16 S.) Berlin 92 R. Friedländer & Sohn — 60

— die chemischen Kräfte. Aus dem Dän. übers. von P. Knudsen. gr. 8. (23 S.) Ebd. 888. n. — 80

— die chemische Schwingungshypothese u. einige thermo-chemische Daten. gr. 8. (21 S.) Ebd. 888. n. — 80

– dasselbe d. Natriums. gr. 8. (16 S.) Ebd. 889. n. — 60

— Studien üb. das Molekularvolumen einiger Körper. Aus dem Dän. übers. v. P. Knudsen. gr. 8. (58 S.) Ebd. 887. n. 1. 20

Hagemann, G. A., über Volumänderungen bei chemischen Processen der festen u. flüssigen Elemente gr. 8 (16 S.) Berlin 900. R. Friedländer & Sohn. n. — 60

— über Wärme- u. Volumänderung bei chemischen Vorgängen. Aus dem Dän. übers. v. P. Knudsen. gr. 8. (16 S.) Ebd. 887. n. — 60

Hagemann, Geo., Elemente der Philosophie. Ein Leitfaden für akademische Vorlesungen, sowie zum Selbstunterricht 3 Bde Münster, Russell. gr. 8.
1. Bd. Noetik. (VIII, 144 S.) 868. n. 15 ngr.; u. 2. umgearb. u. sehr verm. Aufl. (X, 202 S.) 870. n. 18 ngr.
2. Bd. Metaphysik (VII, 162 S.) 869. n. 15 ngr.
3. Bd. Psychologie. (VIII, 160 S.) 869 n. 15 ngr. u. 2. umgearb. u. sehr verm. Aufl. (VII, 260 S.) 870. n. 18 ngr.

Hagemann, Geo., Elemente der Philosophie. 2. umgearb. u. sehr verm. Aufl. 2. Bd. gr. 8. Münster 870. Russell n. 1. 80 (1—3: 5. 10)
Metaphysik. Ein Leitfaden f. akadem. Vorlesgn., sowie zum Selbstunterrichte (VIII, 203 S.)

— dasselbe. 3 Bde. 3. durchgeseh. u. verm. Aufl. gr. 8. Freiburg i/Br. 874. 75. Herder à n. 2. 25
1. Logik u. Noëtik. (X, 205 S.)
2. Metaphysik. (VIII, 220 S.)
3. Psychologie (VIII, 205 S.)

Hagemann, Geo., Elemente der Philosophie. I. Thl. u. d. T.: Logik u. Noetik. Ein Leitfaden für akademische Vorlesungen, sowie zum Selbstunterrichte. 4., durchgeseh. u. verm. Aufl. gr. 8. (XI, 206 S.) Freiburg i/Br. 879. Herder. n. 2. 25

— dasselbe. III. Psychologie. Ein Leitfaden für akademische Vorlesungen, sowie zum Selbstunterrichte. 4., durchgeseh. u. verm. Aufl. gr. 8. (VIII, 207 S.) Ebend. 881. n. 2. 25

Hagemann, Geo., Elemente der Philosophie. II. A. u. d. T.: Metaphysik. Ein Leitfaden f. akadem. Vorlesgn., sowie zum Selbstunterrichte. 4. Aufl. gr. 8. (VIII, 223 S.) Freiburg i/Br. 884. Herder. n. 2. 50

Hagemann, G., Elemente der Philosophie. Ein Leitfaden f. akadem. Vorlesgn., sowie zum Selbstunterrichte. I. III. 5., verm. Aufl. gr. 8. Freiburg i/Br., Herder. n. 5. 5
I. Logik u. Noetik. (IX, 213 S.) 887. n. 2. 80
III. Psychologie. (VIII, 207 S.) 889. n. 2. 25

Hagemann, Geo., Elemente der Philosophie. Ein Leitfaden f. akad. Vorlesgn., sowie zum Selbstunterricht. I. II. gr. 8. Freiburg i/B. Herder. n. 5. 30
I. Logik u. Noetik. 6., durchgeseh. Aufl. (IX, 215 S.) 891. n. 2. 80
II. Metaphysik. 5., durchgeseh. u. verm. Aufl. gr. 8. (VIII, 229 S.) 895. n. 2. 50

Hagemann, Geo., Elemente d. Philosophie. III. Psychologie. E. Leitfaden f. akadem. Vorlesgn. sow. z. Selbstunterr. 6., verb. Aufl. gr. 8. (VIII, 210 S.) Freiburg i/B. 897. Herder. n. 2. 80

Hagemann, Geo., Elemente der Philosophie. I u. II. gr. 8. Freiburg i/B., Herder. à n. 2. 80; geb. à n. 3. 50
I. Logik u. Noetik. Ein Leitfaden f. akadem. Vorlesgn. sowie zum Selbstunterrichte. 7., durchgeseh. u. verb. Aufl. (IX, 224 S.) 902.
II. Metaphysik. Ein Leitfaden f. akadem. Vorlesgn. sowie zum Selbstunterrichte. 6. durchgesehene u. verb. Aufl. (VIII, 236 S.) 901.

Hagemann, Geo., Elemente der Philosophie. III. Psychologie. Ein Leitfaden für akadem. Vorlesungen sowie zum Selbstunterricht. 7. Aufl., teilweise neu bearb. u. verm. v. Adf. Dyroff. (XI, 354 S. m. 27 Abbildgn.) gr. 8. Freiburg i/B. 905. Herder. n. 4. —; geb. in Halbldr. n. 4. 80

Hagemann, Geo., Elemente der Philosophie. I. gr. 8. Freiburg i/B. 909. Herder. 3.40; geb. in Leinw. 4. —
I. Logik u. Noetik. Ein Leitfaden f. akadem. Vorlesgn., sowie zum Selbstunterricht. 8. Aufl., durchgesehen u. stellenweise neu bearb. v. Adf. Dyroff. (XI, 256 S.)

Index lectionum. quae . . . per m. aestivos a. 1886 inde a d. XXVIII. m. Apr. . . . habebuntur. Praemissa est de intellectu secundum S. Anselmum fidem praecedente commentatio a G. **Hagemann** conscripta. Monasterii . . . (1886): 28 S. 4°.

Index lectionum, quae . . . in academia theologica et philosophica Monasteriensi per m. hib. a. 1886/87 inde a d. XV. m. Oct. publice privatimque habebuntur. Praemissa est: de intellectu secundum S. Anselmum fidem sequente commentatio a. G. **Hagemann** conscripta. Monasterii Guestfalorum, ex typogr. acad. Coppenrathiana (1886); 28 S. 4°.

Logik und Noetik. Ein Leitfaden f. akad. Vorlesungen sowie z. Selbstunterricht. Von Georg **Hagemann**. 8. Aufl. durchges. u. stellenweise neu bearb. von Adolf Dyroff. Freiburg im Br.: Herder 1909. XI, 256 S. 8°
(Hagemann: Elemente d. Philosophie. 1.) 09. 9978 B

Metaphysik. Ein Leitfaden f. akad. Vorlesungen sowie z. Selbstunterrichte. Von Dr. Georg **Hagemann**. 6., durchges. u. verb. Aufl. Freiburg i. B.: Herder 1901. VIII, 236 S. 8°
(Elemente d. Philosophie. 2.) A 14. 384 B

Hagemann, G(eorgius): De Henrici Gandavensis quem vocant ontologismo. 1. *Monasterii Guestf. (1898): I. Bredt.* (29 S.) 4°
¶ [In deutscher Sprache.]
Münster, Verz. d. Vorl. f. d. S.S. 1898

Hagemann, G(eorgius): De Henrici Gandavensis quem vocant ontologismo. 2. *Monasterii Guestf. (1898): I. Bredt.* (S. 1—13.) 4° ¶ [In deutscher Sprache. — Th. 1 im Ind. lect. 1898.]
Münster, Ind. lect. WS 1898/99

Index lectionum, quae ... per m. aest. a. 1892 ... habebuntur. — Praefatus est *Georgius* **Hagemann** commentatione de veritatis principio conscripta. Monasterii ... *1892;* 24 S. 4.

Index lectionum, quae auspiciis augustissimi ... principis Guilelmi II ... in academia theologica et philosophica Monasteriensi per m. hib. a. 1892/93 ... publice privatimque habebuntur. — Praefatus est *Georgius* **Hagemann** commentatione de veritatis principio primo conscripta. Monasterii Guestf., ex typogr. Coppenrathiana, *1892;* 26 S. 4.

Hagemann, Dr. Geo. (Docent an d. Akad. zu Münster), *Psychologie.* Ein Leitfaden f. akadem. Vorlesungen, sowie zum Selbstunterrichte. 2. umgearb. u. sehr verm. Aufl. (Auch m. d. Titel: Elemente d. Philosophie. III.) Münster 1870. Gr. 8°. Ppb.
VII—200 S.

Hagemann, G., Psychologie. Freiburg, Herder, 1897, gr. 8°, VIII, 210 S., 6. verb. Aufl., 2,80 Mk.
1. Aufl. 1869. Teil 3 von des Verf. „Elemente der Philosophie. Ein Leitfaden für akadem. Vorlesungen sowie zum Selbstunterrichte".

Psychologie. Ein Leitfaden f. akad. Vorlesungen sowie z. Selbstunterr. Von Dr. Georg **Hagemann**, weil. Prof. 7. Aufl., teilw. neu bearb. u. verm. von Dr. Adolf Dyroff, Prof. Freiburg i. Br.: Herder 1905. (XI, 354 S.) 8° [F.]
— **Hagemann**: Elemente d. Philosophie. 3. 05. 14933 C

Hagemann, Georg, Über die Stellung der Descendenztheorie zum Christentum. Vortrag. Jahresbericht der Görresges. zur Pflege der Wissenschaft im kath. Deutschland für 1877. Köln, Bachem in Komm. 1878, 8°. S. 45—55.

Hagemann, **Gf. Er., (†im März 1809.) monumenti Persepolitani e Ferdusio, poëta Persarum heroico, illustratio. 4. Götting. 801. Röwer. 6 gr.**

Hagemann, *Otto Hermann* Gustav [Dr. phil. u. pr. Arzt aus Berlin]: Inversio uteri chronica schnell geheilt mit Hilfe eines neuen Instrumentes, des Retrusorium ... Berlin, Buchdr. v. G. Schade, *1891;* 32 S. 8.
Berlin, Med. Fak., Inaug.-Diss. v. 15. Aug. 1891

Hagemann, Gust., de Graecorum prytaneis capita III. gr. 8. (62 S.) Breslau 881. Koebner. n. 1. 50

Hagemann, (Otto Hermannus) Gustavus *(geb. Berlin 13. 11. 1853)*: De prytaneo. Vratislaviae 1880. (63 S.) 8° *[Buchausg. 1880 bei Koebner in Breslau unt. d. T: „De Graecorum prytaneis capita tria"]*
Breslau, Phil. Diss. v. 22. Dez. 1880

Hagemann, Gustav, approb. Arzt aus Nelben: Über die **Resultate** der blutigen Reposition bei veralteten Luxationen. *Halle a. S. 1903: C. A. Kaemmerer & Co.* (30 S.) 8°
Halle, Med. Diss. v. 10. Juli 1903

Hagemann, Gust. H., s. Hagemann, Fr. Gustav.

Hagemann, H., Fibel. 2. Aufl. 1. Abthlg. 8. (32 S. wovon 16 lith. u. mit Abbildgn.) Stendal 851, Franzen & Grosse. n. 1/8 ℛ

Hagemann, Heinrich: Das Osnabrücker Domkapitel in seiner Entwicklung bis ins 14. Jahrhundert. Hildesheim 1910: Hagemann. 124 S. 8°
Greifswald, Phil. Diss. v. 8. Juni 1910, Ref. Bernheim
[Geb. 6. Aug. 85 Hildesheim; Wohnort: Hildesheim; Staatsangeh.: Preußen; Vorbildung: Gymn. Josephinum Hildesheim Reife O. 06; Studium: Freiburg i. B. 1, München 2, Leipzig 1, Greifswald 3 S.; Rig. 15. Dez. 09.] [U 10. 1616

Hagemann, Heinrich, Assistenzarzt der med. Poliklinik zu Kiel: Aus der Psychiatrischen Klinik zu Kiel. Ein Fall von Melancholia gravis mit suicidalem Trieb. Kiel 1905: H. Fiencke. (30 S.) 8
Kiel, Med. Fak., Ref. Siemerling, Diss. v. 6. Jan. 1906
[Geb. 9. Okt. 79 Salto-Oriental, Uruguay. Wohnort: Lüneburg; Staatsangeh. Preußen; Vorbildung: Gymn. Johanneum Lüneburg Reife O. 00; Studium: Göttingen 2, Erlangen 3, Göttingen 5 S. Coll. 19 Dez. 05; Approb. 15. Dez. 05.]

*Hagemann, H[ermann] Dispositionen zu ausgewählten Oden des Horaz. S. 87—123. 8.
In Festschrift zu der am 30. Sept. 1905 stattfindenden Einweihung des neuen Schulgebäudes Kgl. Gymn. *Clausthal* 1905.
Progr

Hagemann, H., J. A. Dorner's Geschichte der protestantischen Theologie im Lichte der Kritik betrachtet. [Aus: Bonner Theologisches Literaturblatt.] Bonn 867. Henry. gr. 8. (IV, 62 S.) 7½ ngr

Hagemann, Herm., Dorners Geschichte der protestant. Theologie besonders in Deutschland, nach ihrer principiellen Bewegung u. im Zusammenhange mit d. relig., sittl. u. intellekt. Leben betrachtet. München, Oldenbourg, 1867, gr. 8°, 924 S., 10 Mk. im Lichte der Kritik betrachtet. Aus dem Bonner Theol. Littblatte besonders abgedruckt. Bonn, Henry, 1867, IV, 62 S., 75 Pf.
Dazu Theol. Littbl. 1867, S. 577—8. Sion 1867, Littbl. S. 151.

Hagemann, Herm., Die römische Kirche u. ihr Einfluß auf Disciplin u. Dogma in den ersten 3 Jahrhunderten. Nach den Quellen aufs neue untersucht. Freiburg, Herder, 1864, gr. 8°, X, 704 S., 7 Mk.
Recensj. Chilianeum Bd. 5 (1864), S. 618—9. Katholik 1865, Bd. 2, S. 123—55. (Tüb.) Theol. Quartalschr. 1865, S. 363—78 (Mattes). Wiener Allg. Littztg 1865, S. 117—9. Theol. Littbl. 1866, S. 257—8 (Karl Werner). (Linzer) Th. pr. Quartalschr. 1866, S. 525—40. Litt. Handw. 1865, S. 19 ff. (Peter Hake).

Hagemann, H., der gregorianische Kirchengesang, oder: Altar- und Responsorien-Gesang bei dem Amte der heil. Messe und anderen Feierlichkeiten, mit untergelegtem latein. Texte, vierstimmig für die Orgel, mit einem Anhang von Modulationen, Präludien und Postludien. Zur Beförderung einer gemeinschaftl. Gottesverehrung in der kathol. Kirche, sowie zum Gebrauch für Clerical- und Schullehrer-Seminarien, nicht minder für Priester, Directoren, Organisten und Sänger. — Verzameling van Gregoriaansche melodiën, in vierstemmig orgelaccompagnement. hoch 4. (X und 160 S.) Nijmegen. Erfurt 859, Körner's Verlag. geb. *

Hagemann, Herm., Vernunft und Offenbarung mit Rücksicht auf die neuern kirchlichen Entscheidungen. Eine apologetische Abhandlung. Freiburg, Herder, 1869, 8°, IV, 140 S., 1 Mk.
(Würzburger) Chilianeum Bd. 1 (N. F. 1869), S. 314—6. (Bonner) Theol. Littbl. 1869, S. 121—7 (J. Bach).

Hagemann, Henriette, geb. Hochecorne, die untrügliche Heilung des Stotter- u. Stammel-Uebels nach 16jähr. Behandlung desselben dargest. gr. 8. Breslau 843, Trewendt. ⅓ ₰

Hagemann, L C., de motu mercurii in barometris. 4. Könbg. Zeise. 724.

Hagemann, J. Geo., Betr. üb. d. 5 Büch. Mosis. 7 Thle. 4. Braunschw. Meyer. 734 - 44. Rthlr.

— hist. Nachr. v. d. kanon. u. apokry. h. Schriften d. Alt. u. N. Testam. 8. Ebend. 748.

— **Jo. Philipp** (Schwarzb. Rudolstädt. Advocat), Jus publicum Hassiacum hodiernum. Diss. jur. Präs. Jo. Georg Estor. Jena (Jo. Friedr. Ritter) Nov. 1739. 96 S. (8.—) 12723

Hagemann, Joseph, approb. Arzt aus Borken: Aus d. patholog. Institute zu Kiel. Ein Fall von primärer Nierentuberkulose mit sekundärer akuter Tuberkulose. *Kiel 1899: P. Peters.* (15 S.) 8°
Kiel, Med. Diss. v. [27. März] 1899

Hagemann, Julius [aus Soest]: Ueber Resorption durch die Lungen . . Bonn, Univ.-Buchdr. v. C. Georgi, 1886; 26 S. 8°.
Bonn, Med. Fak., Inaug.-Diss. v. 28. Jun. 1886.

Hagemann, Karl

Anstichlieder (Aeltere u. neuere Serie). Gesammelt u. hrsg von Carl Hagemann, Hannover *Hannover: C. A. Ernst 1897.* (63 S.) 8° [F.] [03. 3611]

Hagemann, Carl, Aufgaben des modernen Theaters, s. a. Theater, das, 17. Bd.

Aufgaben des modernen Theaters von Carl **Hagemann**. Berlin & Leipzig: Schuster & Loeffler [1906]. (100 S.) 8°
= Theater, Das. Bd 17. [06. 11586]

Hagemann, *Carl* [aus Dortmund]: Aus d. geburtshülfl. Klinik zu Bonn. Beitrag zur Symphyseotomie . . . Bonn, Buchdr. J. Bach Wwe, 1893; 38 S., 1 Bl. 8.
Bonn, Med. Fak., Inaug.-Diss. v. [12. Aug.] 1893*)

Hagemann, Carl, s.: Breviere ausländ. Denker u. Dichter.

— Dialoge über Kultur u. Kunst. (V, 171 S.) kl. 8. Berlin 906. Schuster & Loeffler. n. 3. —; geb. n. 4. —

Hagemann, Carl: Geschichte des Theaterzettels. Ein Beitrag zur Technik d. deutschen Dramas. Kap. 1: Das mittelalterliche Theater. *Heidelberg 1901: C. Pfeffer.* (122 S.) 8°
Heidelberg, Phil. Diss. v. 1900

Hagemann, Carl, Geschichte des Theaterzettels. Ein Beitrag zur Technik des deutschen Dramas. Das mittelalterl. Theater. Diss. gr. 8. (122 S.) Heidelberg 901. (L. Meder Nachf.) n. 1. 60

- (Hrsg.), s. Multatuli: Worte

Carl **Hagemann**. Oper und Szene. Aufsätze z. Regie d. musikal. Dramas. Berlin & Leipzig: Schuster & Loeffler 1905. (316 S.) 8° [06. 11311]

Hagemann, Carolus: Quaestiones criticae in Trachiniarum Sophocleae parodum. Herford, Buchdr. v. Gebr. Heidemann 1890. S. 1—16. 8°
Herford, . . v. Friedrichs-G. Festschr. 1890. [1891 (317)] **

— Regie. Studien zur dramat. Kunst. gr. 8. (164 S.) Berlin 902. Schuster & Loeffler. 2 —

— Regie. Die Kunst der szen. Darstellung. 2. Aufl. (258 S. m. Fig.) 8. Ebd. 904. n. 3. —; geb. n. 4. —

— Schauspielkunst u. Schauspielkünstler. Beiträge zur Aesthetik des Theater. (244 S.) gr. 8. Ebd. 903. n. 3. —; geb. n. 4. —

— Schauspielkunst u. Schauspielkünstler. Beiträge zur Ästhetik des Theaters. 2. Aufl. (245 S.) 8. Berlin 910. Schuster & Loeffler. 3. —

Wilhelmine Schroeder-Devrient, s. a. Theater, das, 7. Bd.

Wilhelmine Schroeder-Devrient. Von Carl **Hagemann**. Berlin & Leipzig: Schuster & Loeffler [1904]. (85 S.) 8°
= Theater, Das. Bd 7 [05. 343]

[Umschlagt.] Die Technikerfrage eine Titelfrage. Eine Flugschrift im Auftrage des Verbandes der Studierenden deutscher technischer Hochschulen vf. v. **Carl Hagemann** *Hannover C. F. Augustin 1897.* (Beigegeben d. "Zeitschrift f. Architektur u. Ingenieurwesen. Heft-Ausgabe. Jg 1898. Heft 7." 4.) (24 S.) 1 Bd 8. [98. 2389 Go

Hagemann, Carl, die Technikerfrage e. Titelfrage. Eine Flugschrift, im Auftrage d. Verbandes d. Studierenden deutscher techn. Hochschulen verf. gr. 8. (24 S.) Hannover 897. (Schmorl & v. Seefeld Nachf.). — 30

– (Hrsg.), s. Theater, Das.

— Oscar Wilde. Studien zur modernen Weltliteratur. (216 S.) 8. Minden (904). J. C. C. Bruns. n. 2. 50; geb. n. 3. 50

– Wilde-Brevier, s.: Breviere ausländ. Denker u. Dichter. I.

— Worte Multatuli's, s.: Breviere ausländ. Denker u. Dichter. IV.

— Worte Ruskins, s.: Breviere ausländ. Denker u. Dichter. III

Hagemann, Karl Theodor Ludwig

Hagemann, Carl Theodor Ludwig [aus Essen a. d. Ruhr]: Ueber die Einwirkung von Methylenjodid auf Natracetessigester Leipzig-Reudnitz, Druck v. O. Schmidt, 1893; 65 S. 8.
Leipzig, Phil. Fak., Inaug.-Diss. v. [11. Febr.] 1893

Hagemann, L., Handbuch fur die Kgl. Hannov. Artillerie-Brigade Hannover 1840. 8°.

Hagemann, Leop., die Los v. Rom-Bewegung in Spanien, s. a. Berichte üb. den Fortgang der „Los v. Rom-Bewegung". 10. Hft.

Die Los von Rom-Bewegung in Spanien. Von Leopold Hagemann *München J. F. Lehmann 1902* (47 S.) 8° [A]
- Berichte uber d. Fortgang d. Los von Rom Bewegung H. 10

Hagemann, Lorenz

— Andenken an göttliche Wunderwege, eine Predigt. gr. 8. Ebend. 731.

Hagemann, Lor., Betracht. üb. göttl. Erscheinungen im Alt. Test. rc. 2 Thle. 4. Hannov. Helwing. 743–45.

— Betr. üb. d. Buch Josua. 4. Braunschw. Meyer. 750.

— Erklär. d. Proph. Maleachi. 4. Ebend. 727.

— Evangelium Gottes in Reden üb. Stell. d. h. Schr. 6 Thle. 8. Hannov. Richter. 757.

— Nachr. v. .. vornehmst. Uebersetzung. d. h. Schr. in and. Spr. 8. Braunschw. Meyer. 750.

— Samml. göttl. Zeugn. z. Leiden Jesu in Passionspredigten. 3 Thle. 8. Hannov. Helwing. 763.

— heilsame Worte an d. Menschen, bey Erklär. versch. Texte. 4 Zehende. 8. Braunschw. Schröder. 738.

— Gottes Zeugnisse od. Reden der. Engländer üb. Texte d. h. Schr. 2 Zehende. 8. Braunschw. Schröder. 727–31.

Hagemann, Ludw., Geschichte u. Beschreibung der beiden kathol. Pfarreien in Warburg. I. Die Neustädter Pfarrei. gr. 8. (68 S.) Paderborn 903. Junfermann. n. 1. —

Hagemann, Ludw., Geschichte u. Beschreibung der beiden katholischen Pfarreien in Warburg. II. Die Altstädter Pfarrei. (121 S.) 8. Paderborn 904. Junfermann. n. 1. 60; (vollständig: n. 2. 60)

Hagemann, Ludw., Kommunionreden, s.: Grothe, Ign.

— Predigten f. Weihnachten u. zur Jahreswende. 8. (111 S.) Paderborn 902. F. Schöningh. n. — 90

Hagemann, Ludw., die Rosenkranz-Bruderschaft u. ihr größter Gnadentag, nämlich das Rosenkranzfest m. dem Toties-quoties-Ablaß. Ein Handbüchlein der Rosenkranz-Bruderschaft. Zugleich Erklärg. u paff Gebete zur Gewinng d Toties-quoties-Ablasses 16 (64 S.) Paderborn 894. Junfermann. n. — 30

— die Rosenkranz-Bruderschaft u. ihr größter Gnadentag, nämlich das Rosenkranzfest m. dem Toties quoties-Ablaß. Ein Handbüchlein der Rosenkranz-Bruderschaft. Zugleich Erklärg. u. paff. Gebete zur Gewinng. des Toties quoties-Ablasses. 2. Aufl. 16. (64 S.) Paderborn 899. Junfermann. n. — 30

Hagemann, M., Memorandum betreffend die beiden letzten dänisch-deutschen Kriege, deren Beziehung zu dem bewaffneten Frieden der Gegenwart, nebst Anrege zur Abwehr dieses unheilvollen Uebels, der europäischen Diplomatie gewidmet von einem geborenen Holsteiner. gr. 8. (112 S.) Kopenhagen 881. Lehmann & Stage. n. 2. —

Hagemann, Max, Referendar: Der Bestandteilsbegriff nach BGB. Borna-Leipzig 1909. Noske. VI, 79 S. 8°
Göttingen, Jur. Diss. v. 4. Okt. 1909, Ref. Merkel
[Geb. 28. Juni 83 Hannover; Wohnort Luneburg; Staatsangeh. Preußen; Vorbildung. Kaiser-Wilhelms-Gymn. Hannover Reife M. 02; Studium: Lausanne 2, München 2, Göttingen 2 S., Rig. 27 Juli 09.] [U 10. 1338

Hagemann, *Ernst* Max *Otto* [pr. Arzt]: Ein Fall von Spina bifida, Hydromyelocele, Defecten an Hirn und Rückenmark und Missbildungen des Herzens ... Königsberg i. Pr., Buch- u. Steindr. E. Erlatis, 1894; 34 S., 1 Bl., 1 Taf. 8.
Königsberg, Med. Fak., Inaug.-Diss. v. 22. Jan. 1894

Hagemann, Max, e. Fall v. Spina bifida, Hydromyelocele, Defecten an Hirn u. Rückenmark u. Missbildungen d. Herzens. Diss. gr. 8. (34 S. m. 1 Taf.) Königsberg 894. (W. Koch.) n — 80

Hagemann, Max [aus Nelben]: Das Verhalten des Pulses und der Temperatur nach vaginalen Totalexstirpationen und Laparotomieen ... Halle a. S., Hofbuchdr. v. C. A. Kaemmerer & C., 1895; 18 S., 1 Bl. 8.
Halle, Med. Fak., Inaug.-Diss. v 7 Aug. 1895

Hagemann, Oscar [Thierarzt Assist. an d. k. landw. Hochschule zu Berlin]: Beitrag zur Kenntniss des Eiweissumsatzes im thierischen Organismus. . . . Berlin, Druck v. Gebr. Unger, 1891; 1 Bl., 31 S., 1 Taf. 8°
Erlangen, Phil. Fak., Inaug.-Diss. v 1891

Hagemann, Osc.: Die forensische Beurteilung der Kuhmilch. Leipzig 1904.

Hagemann, Osc., landwirtschaftliche Haustierlehre, s.: Wilckens.

Hagemann, Osc., Lehrbuch der Anatomie u. Physiologie der Haus-Säugetiere. Gemeinfassliche Belehrg. f. Studierende der Landwirtschaft u. der Veterinärmedicin, Landwirte, Tierärzte u. Tierbesitzer. 1. Tl. A. u. d. T.: Anatomie des Pferdes, der Wiederkäuer u. Schweine, m. besond. Berücksicht. des Pferdes nebst Gewebelehre. Mit 102 in den Text gedr. Abbildgn. gr. 8. (XIII, 336 S.) Stuttgart 900. E. Ulmer. n. 8. —; geb. in Leinw. n.n. 9. —

— Lehrbuch der Anatomie u. Physiologie der Haus-Säugetiere. Gemeinfassliche Belehrung f. Studierende der Landwirtschaft u. der Veterinärmedizin, Landwirte, Tierärzte u. Tierbesitzer. 2. Tl. Physiologie der Haus-Säugetiere. (XII, 460 S. m. 62 Abbildgn. u. 1 farb. Taf.) gr. 8. Stuttgart 906. E. Ulmer. n. 10. —; geb. n.n. 11. — (Vollständig: n. 18. —; geb. n.n. 20. —)

Hagemann, Osc., Untersuchgn. üb. d Stoffwechsel d. Pferdes, s.: Zuntz, N.

Hagemann, Paul, die **Anfangsgründe** des Schachspieles, nebst 100 Schachaufgaben u. mehreren Lösungen für geübtere Spieler. 8. (64 S. m. eingedr. Diagrammen.) Quedlinburg 879. Ernst. n. 1. —

Hagemann, Paul, d. Anfangsgründe d. **Schach-Spieles**, nebst d. gebräuchl. Spieleröffngn., ein. Musterpartieen u. leichteren Schachaufgaben. 2., verb. Aufl. Durchges. u. bearb. v. Ferd. **Rudolf.** 8. (63 S.) Halberstadt 895. Leipzig, Ernst. — 75

Hagemann, Paul, die Anfangsgründe des Schach-Spiels nebst den gebräuchlichsten Spieleröffnungen, einigen Musterpartieen u. leichteren Schach-Aufgaben. 3. verb. Aufl. Durchgesehen u. bearb. v. Ferd. Rudolf. 8. (63 S. m. Diagrammen.) Leipzig (900). Ernst. — 75

Hagemann, Paul, a. Nelben: Die Beziehungen Deutschlands zu England seit dem Vertrage von Canterbury vom 15. August 1410 bis zu Kaiser Sigmunds Ende. Halle a. S. 1905: C. A. Kaemmerer & Co. (55 S.) 8°
Halle, Phil. Fak., Ref. Lindner, Diss. v. 7. Aug. 1905
[Geb. 18. Jan. 82 Nelben b. Konnern a. S.; Wohnort: Halle; Staatsangeh.: Preußen, Vorbildung Gymn. Bernburg Reife M. 01; Studium. Leipzig 1, München 1, Halle 6 S., Rig. 13. Febr. 05.]

— **Ernstes** u. Heiteres. Gedichte. 12. (70 S.) Dorpat 882. Laakmann. (Leipzig, K. F. Köhler.) n. — 75; feine Ausg. n. 1. 20; geb. n. 2. —

Hagemann, P., Kaiser Friedrich der Edle. Ein Gedenkbuch, dem deutschen Volke gewidmet. gr. 8. (78 S.) Berlin 888. Conrad. n. — 50

Hagemann, Paul, Heinrich Heine in Dorpat. Eine wehmüth. Reminiscenz aus den siebziger Jahren in kritischer Beleuchtung. 8. (55 S.) Berlin 886. Hettler. n. 1. —

— Lieutenant v. **Liebenstein** auf Zimmer Nr. 91 oder 30,000 Mark. Orig.-Lustspiel in 2 Akten. 8. (77 S.) Dorpat 882. Just. n. 2. —

Hagemann, Paul, der Meister im Schach-Spiel. Ein Handbuch zur Selbsterlerng. d. Schachspiels unter Zugrundelegg. der gebräuchlichsten Spieleröffngn., einiger Musterpartieen u. leichterer Schach-Aufgaben. 4. verb. Aufl. (63 S. m. Diagr.) 8. Leipzig (909). Ernst. — 75

— die **Schaubühne** u. ihr Einfluß auf unsere Bildung. gr. 8. (37 S.) Riga 883. Leipzig, K. F. Köhler. n. 1. 20

– Red., s. Schul-Post, Deutsche.

Hagemann, die parlamentarische Studienfahrt nach Togo u. Kamerun, s. a. Bibliothek f. Politik u. Volkswirtschaft. 22. Hft.

Die parlamentarische Studienfahrt nach Togo und Kamerun. Reisebriefe von Landger.-R. P[aul] Hagemann, M. d. R. Berlin 'Deutsche Stimmen' 1900. 50 S. 8°
(Bibliothek f. Politik u. Volkswirtschaft. H. 22.) [09. 2536]

Hagemann, R., das **Polizeistrafrecht** der Provinz Hannover. Eine Zusammenstellung der hauptsächlichsten von den Polizeigerichten anzuwendenden strafrechtlichen Bestimmungen mit Ausnahme der steuer- und zollstrafrechtlichen Vorschriften. gr. 8. (XVI, 404 S.) Hannover 868, Rümpler. *

Hagemann, Richard, Volontär-Assist. am Patholog. Inst. zu Freiburg i. B.: ⟨Aus dem Path. Inst. der Univ. Freiburg i. B.⟩ Beitrag zur Entstehung der sogen. Stigmata haemorrhagica ventriculi. Freiburg i. B.: Speyer & Kaerner 1909. 44 S. 8°
Freiburg i. B., Med. Diss. v. 1909, Ref Aschoff
[Geb. 28. Juni 82 Bernburg, Wohnort Freiburg i. B., Staatsangeh. Anhalt, Vorbildung: Gymn. Bernburg Reife O. 02, Studium Heidelberg 1, Leipzig 3, Freiburg i. B. 1, Halle 5 S. Coll. 14 Jan 09.] [U 09. 930

Hagemann, Richard Ueber den Einfluss der vasomotorischen Nerven auf die Hautkrankheiten. Halle (1874): Plötz. 30 S. 8°
Halle-Wittenberg, Med. Diss. v 14. Aug. 1874
Geb. Bernburg (Anhalt) 17. 3. 1850. V

Hagemann, Richard, approb. Arzt, aus Halle a. S.: Über Tumoren der Bauchdecken. *Halle a. S. 1903: C. A. Kaemmerer & Co.* (42 S.) 8°
Halle, Med. Diss. v. 28. Nov. 1902

Hagemann, Theodor Ritter

— analecta juris feudalis Brunsw.-Luneb. Tom I. 8. maj. Helmst. Fleckeisen. 786.

— analecta juris feudalis Brunsv.-Lüneburg. Tom. I. 8maj. Helmst. 787. Fleckeisen. 1 ₰

Hagemann, Ritter Thdr., u. Chr. Aug. Günther, Archiv für d. prakt. Rechtsgelehrsamkeit. 5 Thle. gr. 8. Braunschw. 787—90. Schulbuchh. 3 ₰ 12 gl Gr Thl. gr. 8. Helmst. 792. Fleckeisen. 18 gl

HAGEMANN, Thdr., u. Ch. A. GÜNTHER Archiv f. d. theoret. u. prakt. Rechtsgelehrsamk. *Braunschw.*, Schulbuchh. 788—92. 6 Thle. gr. 8. (4 Thl. 6 Gr.)

— kleine jurist. Aufsätze. 2 Thle. gr. 8. Hannov. 794. Hahn. (à 8 gl) 16 gl

— Beitrr. zum Braunschweig.-Lüneburg. Lehnrecht. gr. 8. Helmst. 791. Fleckeisen. 12 gl

– s. Bemerkk über Einquartierungskosten.

HAGEMANN, Thdr.: Conspect. jur. feud., sigillatim Brunsvico-Luneburg., in us. lect. acad. *Gottingae*, Vandenhoeck. 786. 8. (2 Gr.)

— Einleit. in d. gemeine in Deutschland übl. Lehnrechtsgelehrsamkeit. 8. Braunschw. 788. 2e A., besorgt v. N. T. Gönner. 8. Ebd. 791. Schulbuchh. 4 gl 3e A. gr. 8. Hannov. 801. Hahn. 16 gl

Hagemann, Th.: Einleitung in das gemeine in Deutschland übliche Lehnrecht. 1r Th. 3e Aufl. *Hann.*, (Ritscher,) Hahn. (787. 792.) 801. 8. (16 Gr.)

Hagemann, Thdr., Erörterungen, prakt., aus allen Theilen der Rechtsgelehrsamkeit.

Hagemann, Dr. Th., praktische Erörterungen aus allen Theilen der Rechtsgelehrsamkeit, hin und wieder mit Urtheilssprüchen des höchsten Tribunals u. der übrigen hohern Justizhöfe bestärkt. 6r Band. 4. Ebend. 818
(1r—5r Thl. s. in B. L. unter Bulow, F. v.)

Hagemann, (Th.,) prakt. Erörterungen aus allen Theilen der Rechtsgelehrsamkeit rc. 7r Bd. Hannov. 824. Hahn.

Hagemann, Theod., pract. Erörterungen aus allen Theilen d. Rechtsgelehrsamkeit, hin u. wieder mit Urtheils-Sprüchen d. Zelleschen Tribunals u. d. übr. Justizhöfe bestärkt. 8. Bd. (2 Abthln.) A. d. Nachlasse d. Verewigten hrsg., fortges. u. mit e. Biographie dess. begl. v. Ernst Spangenberg. Mit H's. Bildn. Nebst e. systemat. Uebersicht sämmtl. in d. bisher. 8 Bdn. enthalt. Erörterungen. 4. (67½ B.) Hannover 829, Hahn.

—— dass. 9. Bd. — A. u. d. T.: Pract. Erörterungen rc. v. Ernst Spangenberg. 1. Bd. 4. (75 B.) Ebds. 831.
1—3. Bd. 2. Aufl. 1806. u. 4—7. Bd. Ebendas. 1804—24. 18 Thlr.

Hagemann, Theod., pract. Erörterungen aus allen Theilen d. Rechtsgelehrsamkeit, hin u. wieder mit Urtheilssprüchen d. Celleschen Tribunals u. der übrigen Justizhöfe bestärkt. Fortges. v. Ernst Spangenberg. 10. Bd. Nebst e. Sachregister zu allen 10 Bdn. — A. u. d. T.: Pract. Erörterungen rc. v. Ernst Spangenberg. 2. Bd. 4. (36½ B.) Braunschweig 837, Vieweg u. Sohn.
1—9. Bd. Hannover 801—31. Hahn. 26 Thlr.

— de exceptativis feudalis Brunsvico-Lüneburg. Prolus. acad. 4. Götting. 786. Vandenhöck u. R. 2 gGr

— — De expectativis feudalibus in terris Brunsvico-Luneburgicis. Helmstedt (M. G. Leuckart) 29. IV. 1786. 16 S., tlws. dtsch. (5.50) 12726

— Theodor, Commentatio de feudo halsbergae sive loricae vulgo Panzer-Lehn dicto. Götting. (Joh. Christian Dieterich) 1785. 32 S. (5.—) 12724
Gew.: Georg Ludwig Boehmer, Johann Stephan Pütter.

— — De feudo injurato vulgo Hand-Lehn dicto observationem. Helmstedt (M. G. Leuckart & S.) 1788. 15 S. (5.—) 12727

— observat. de feudo injurato, vulgo Handlehen dicto. 4. Wolfenb. 788. Schulbuchh. 2 gGr

Hagemann, Th.: De feudo insignium, vulgo Wappenlehen dicto. *Gott.*, Dieterich. 785. 8maj. (2 Gr.)

— über Fristen u. Termine, nach französ.-westphäl. Rechten. 8. Hannov. 811. Hahn. 12 gGr

-- Grundsätze d. Referirkunst in Rechtssachen. gr. 8. Celle 825. Schulze. 16 gGr Schrbp. 20 gGr

Hagemann, Th[illegible] Grun[illegible] [illegible]
kunst [illegible] 1827

— Handbuch d. Landwirthschaftrechts, gr. 8. Hannov. 807. Hahn. 2 Rthlr 20 gGr

– s.a. Ist d Miethsmann etc.

Hagemann, Th.: Ist d. Miethmann eines ganzen Hauses von d. Verpflegungskost, welche d. Einquartierung feindlicher Truppen veranlasst, frei zu sprechen? *Celle*, Schulze. 806. 8. (4 Gr.)

— über d. Leben des Andreas v. Isernia. Götting. 786.

Hagemann, Thdr.: Miscellaneen zur Erläuter. d. Celleschen Stadt- Bürgerrechts. *Celle*, Schulze. 794. 4. (10 Gr.)

Ders.: Das Cellische Stadtrecht, v. neuem hrsg. u. mit erläutt. u. prakt. Anmerkk. begleitet. *Hannover*, Hahn. 800. gr. 8. (18 Gr.)

— Miscellaneen zur Erläuter. d. Cellischen Stadt- u. Bürger-Rechts. 4. Celle 798. Schulze. 10 gGr

— Miscellanien z. Erläut. d. Cellisch. Staatsrechts. 4. Celle, Schulze. 799.

– s.a. Ordnung d Oberappellations-Gerichts zu Celle.

— — die Ordnung des Königl. Ober-Appellations-gerichts zu Celle. Von neuem herausgegeben u. mit erläuternden Anmerkungen begleitet. 4. Ebend. 819.

— — Ueber das Personal=Lehn. Götting. (Joh. Chn. Dieterich) 1785. 23 S. (5.50) 12725

— Plan u. Vorschlag zu einer jurist. Lesebibliothek zu Helmstädt. 8. Helmst. 786. Fleckeisen. 2 gGr

– s. Plate Bemerkk.

– s.a. Samml d gemeinen Bescheide u. Ausschreiben.

— Samml. d. hannöver. Landes-Verordnungen u. Ausschreiben 1813. gr. 8. Hannov. 813. Hahn. 1 Rthlr 8 gGr Für 1814. 3 Bde. gr. 8. Ebd. 814. 3 Rthlr 16 gGr Für 1815. 3 Bde. Ebd. 3 Rthlr 8 gGr Für 1816. 2 Bde u. 1817. 3 Bde. Ebd. (à 1 Rthlr) 5 Rthlr

— d. Cellische Stadtrecht, von Neuem herausg. u. mit Anmerkk. begleitet. 8. Hannov. 800. Hahn. 18 gGr

– s. Stromeyer alphabet Register

– s. Verbesserungen und Zusätze zum Hagemannischen Commentar.

— Verordnungen über d. Personen-, Einkommen-, Stempel-, Consumtions- u. Eingangssteuer. gr. 8. Hannov. 818. Hahn. 4 gGr (Aus d. Landesverordnn. besond. abgedr.)

Hagemann, Wilh., Schleswig-Holsteinische Landgemeindeordnung. Mit Erläuterungen. gr. 8. (VIII, 214 S.) Schleswig 892. J. Bergas. n. 2. —; geb, n.n. 2. 70

Un cabinet d'amateur. Notices archéologiques et description raisonnée de quelques monuments de haute antiquité par G. Hagemans. Avec 16 planches représentant 248 figures. Liège et Leipzig. 1863. 8°.

Hagemayer, A., das allgemeine Krankenhaus der Stadt Berlin im Friedrichshain, seine Einrichtung u. Verwaltung. Mit 1 (lith.) Situationsplan, 3 (lith.) Taf. u. 8 in den Text eingedr. Holzschn. gr. 8. (VI, 89 S.) Berlin 879. Hirschwald. n. 4. —

Hagemeier, *Joseph* [app. Arzt aus Wadersloh in Westf.]: Aus d. chirurg. Klinik zu Kiel. Einige Fälle von schweren, tötlichen Infectionen nach Caries der Zähne ... Kiel, Druck v. Schmidt & Klaunig, 1893; 13 S., 1 Bl. 8.
Kiel, Med. Fak., Inaug.-Diss. v. [5. Dez.] 1893

(Stammbuch des) **L. F. Hagemeister** aus Neustadt in Holstein Kiel 1790. Quer-8°
Geführt in Kiel und Göttingen 1790—93, enthält eine einzige Silhouette. — Die Seiten 55—60 sind herausgerissen.

Waldemar Markgraf von Schleswich. Ein Ritterschauspiel in fünf Aufzugen v **Hagemeister.** o. O. 1793. 8°

Hagemeister, Aloys, (✝ d. 3. April 1806.) Baderegeln, welche bei d. Gebrauch d. Bäder in fließenden Wasser zu beobachten sind. 8. o. O. (Manh.) 801.

— Entwurf e. zweckmäß. Hospital-Einrichtung. 8. ... 803.

Hagemeister, Aloys, Nachrr. an d. Münchner Publikum über Tilg-, Schutz- oder Kuhpocken. 8. (Münch.) 801. Lindauer. 2 K

— medicin.-chirurg. Studienplan für ärztl. u. wundärztl. Bildungsanstalten in Baiern. 8. ... 803. (Der Verfass. obiger 4 Werkchen soll Hagenmeier heißen.)

Hagemeister, Emanuel Friedrich

— Anleit. zur mündl. Instruktion d. Processe bis zum Spruch. 8. Greifsw. 814. Mauritius. 8 K

Hagemeister, Emm. Fr., (✝ d. 21. Juli 1819.) Beitrr. zum allgem. u. europ. Völkerrechte rc. 1s Stück. 8. Stralf. 790. Struck. 6 K

— Einleit. ins Meklenburg. Staatsrecht. m. K. gr. 8. Rost. Stiller. 793.

Hagemeister, Em. F.: Einl. in d. Wissensch. d. Schwedisch-Pommer. Lehnrechts; nebst e. Entw. z. vollständ. Darstellung dess. *Berl.* u. *Greifsw.*, Lange. 800. kl. 8. (14 Gr.)

— Einleit. in d. Wissenschaft d. Schwed.-Pommerschen Lehnrechts. 8. Berl. 800. (Reimer). 14 K

— diatribe juris publ. et gentium de eo, quod interveniente bello succiso interest. 8. Berl. 788. (Reimer). 3 K

Hagemeister, Em. F.: Erörtt. üb. General- u. Special-Inquisition. *Berlin*, Lange. 804. 8. (8 Gr.)

— Erörterung über General- u. Special-Inquisition. 8. Berl. 805. (Reimer). 8 K

– s. F l i n t b e r g : Schwed. Seerecht.

— — (Greifswald), De matrimonio illustris cum nobili avita. Diss. jur. Präs. Chr. Nic. Schlichtkrull. Greifswald (Ant. Ferdin. Röse) 28. IV. 1788. 67 S. (6.20) 12731
Gew.: Friedrich Wilhelm v. Hessenstein.

— — Candidati Joachim Ernst Jordan (Wismar) dissertat. inaug. de juribus conjugum secundum novellam 117 cap. 5 haud reciprocis. — Insunt pauca de legatis extraneo in testamento parentum inter liberos relinquendis. Greifswald (I. H. Eckhardt) 16. XI. 1801. 12 S. mit Biogr. J.'s. (M.: Ch. Karthaus.) (4.50) 12732

— mein Rath an Capital-Gläubiger u. Schuldner. 8. Stralf. 810.

– s. S c h n a u b e r t , A. J.: Auch der Regent etc.

– s. S c h r e i b e n aus Schwed.-Pommern.

Hagemeister, Emanuel Friedr., De promovendo legum studio ope exercitationum exegeticarum disserit. Greifswald (Ant. Ferdin. Röse) o. J. 12 Seiten. (4.50) 12730

Hagemeister, Em. F.: Versuch e. Einleit. in d. Mecklenb. Staatsrecht. *Rostock* u. *Leipz.*, Koppe. 793. gr. 8. (1 Thl.)

— Versuch e. Einleit. ins Mecklenburg. Staatsrecht, mit Kpf. gr. 8. Rostock 793. Stiller. 1 ℛ

Hagemeister, Erich, die Bank der Spötter. Schauspiel in 4 Aufzügen. (105 S.) kl. 8. Leipzig 906. Verl. f. Literatur, Kunst u. Musik. 2.—; geb. n 3.—

— „Die Menschen, die nennen es Liebe". Spaziergänge durch d. Armenviertel der Gesellschaft. (194 S. m. farb. Titel.) 8. Halle 909. C. Nietschmann. 3.50; geb. 4.—

Hagemeister, Erich, a. Stralsund: Friedrich Baron de la Motte Fouqué als Dramatiker. Greifswald 1905: F. W. Kunike. (112 S.) 8°
Greifswald, Phil. Fak., Ref. Reifferscheid, Diss. v. 10. Jan. 1906
[Geb. 5. Nov. 78 Stralsund; Wohnort Halensee bei Berlin; Staatsangeh.: Preußen; Vorbildung: Realgymn. Stralsund Reife M. 98; Studium: Greifswald 2, Berlin 10 S.; Rig. 22. Juli 05.]

Hagemeister, Friedrich, approb. Arzt: Aus d. Institut f. allgem. Pathologie u. pathol. Anatomie in Rostock. **Beiträge** zur Kenntnis des Fettschwundes und der Fettbildung in ihrer Abhängigkeit von Circulationsstörungen. *Berlin 1903: G. Reimer.* (41 S.) 8°
Rostock, Med. Diss. v. [30. Apr.] 1903

Hagemeister, Heinrich v.

— über d. ehemal. u. jetzige Behandlung (Bedeutung) eines livländ. Hackens u. d. verschied. Hackenrevisionen. 8. Dorpat 827.

v. Hagemeister, Hnr., landwirthschaftl. Bemerkk., gesammelt auf einer Reise von d. Düna zum Rheine. 8. Dorpat 825.

Hagemeister, Heinr. v., Materialien zu e. Geschichte d. Landgüter Livlands. 2 Thle. (46½ B.) gr. 8. Riga 836, [Kymmel.]

— u. Samson v. Himmelstiern, alphabet. Sach- u. Wortregister zur allerhöchst bestätigten neuen livländ. Bauer-Verordnung. 8. Dorpat 821. (146 S.)

— Vorschläge, allen livländ. Gutsbesitzern zur Beherzigung empfohlen. 8. Dorpat 817.

Schwerin beym Tode Friedrichs. Seinen Mitbürgern geweiht von J. H. Hagemeister. Berlin 1786. 4. 4 Bl. (In Versen.)

Hagemeister, Joh. Gottfr. Lucas

Hagemeister, J. Gf., Beyträge z. Darst. d. Enthusiasm. 8. Berl. Schöne. 795.

Hagemeister, J. G., Christum gestus pro concione usurpasse. Serv 1774 4.

— Darstellung des Enthusiasmus. 8. Ebend. 785.

— röm. Dichtungen. 1r Thl. 8. Berl. 794. Maurers B. 1 rthl.

— Dramaturgie für Berlin u. Deutschland. 2 Bde. 8. Berl. 792. Schöne. 16 gr.

— die Jesuiten; Schsp. 8. Berl. 787. Bordeaux. 10 gr.

— —, Die. Schauspiel in fünf Acten (von *Joh. Gottfr. Lucas Hagemeister*). Berlin 1797. (Im British Museum.)
Anon. Lex. II. p. 318 (nach Goedeke u. Meusel).

— Dom Joam v. Braganza, Erzähl. nach Vertot. 8. Berl. 796, 802. (Nauck). 16 gr.

— Journal für Gemeingeist, s. G. W. Bartholdy.

Hagemeister, J. G., s. Prevost Manon de Lesleaut.

— Johann v. Procida, oder d. sicilianische Vesper; Schspl. in 5 A. 8. Bresl. 791. Maurers B. 16 gr.

Hagemeister, Jh. Gf., Schauspiele. 8. Berl. 791—95. Nauck. 1 rthl. 18 gr. compl. 18 gr. (Enth. 1) Der Prüfstein. 3 gr. 2) Pausanias Tod. 3 gr. 3) Das Gelübde. 8 gr. 4) Der Graf aus Deutschland. 8 gr. 5) Das große Loos. 3 gr. 6) Die Uhren und Minos v. Creta. 3 gr. 7) Woldemar, Markgraf v. Schleswig. 8 gr. 8) Kurt von Bassewitz oder das gerettete Kyritz. 6 gr.)

— Scenen aus d. Portugiesischen Geschichte. 8. Berl. 795.

— Berlin. Taschenbuch für Damen, histor. Inhalts, auf d. Jahr 1792. Mit Kpf. 8. Berl. 792. Schöne. 20 gr. Erschien 1795 ohne d. Verf. Namen unt. d. Tit.: Geschichte d. Revolution in Frankreich. Ebd. 12 gr.

— Todtenfeier Gustavs III. 4. Berl. 792. Maurers B. 2 gr.

— die Vorurtheile und der Prüfstein. Zwei Schsple. 8. Berl. 787. Bordeaux. 10 gr.

— Gustav Wasa, od. Revolutionsgeschichte in Schweden im 13ten u. 14ten Jahrh. Erzähl. nach Vertot. 2 Thle. 8. Berl. 795, 802. (Nauck). 1 rthl.

— Johann Albert (Stralsund), De dominio ex contractu doloso non translato. Diss. jur. Präs. Jacob Friedr. Ludovici. Halle (Chn. Henckel) Febr. 1720. 40 S. (6.50) 12733

v. Hagemeister, Jul., des Rohr-Zuckers Erzeugung, Verbrauch und Verhältniß zum Rübenzucker. Ein staatswirthschaftlicher Versuch. Lex.-8. Berlin 843, Duncker u. Humblot. 3/4 rthl.

Hagemeister, Jul. de, Essai sur les ressources territor. et commercial. de l'Asie occident., s. Beiträge z. Kenntn. d. russ. Reichs, 3. Bdchn.

—— der europäische Handel in d. Türkei u. in Persien. gr. 8. (5 3/4 B.) Riga 838. (Kymmel.)

—— Mémoire sur le commerce des ports de la Nouvelle-Russie, de la Moldavie et de la Valachie. gr. in-12. (8 2/3 B. u. 13 Tab.) Odessa 835. (Leipzig, Michelsen.) *

v. Hagemeister, Jul., Rußlands Territorialvergrößerung. Von der Alleinherrschaft Peter's des Großen bis zum Tode Alexander's des Ersten, geschichtlich dargestellt. gr. 8. Riga u. Dorpat 834. Frantzen. 3/8 rthl.

Hagemeister, Nicolaus Cph.

— s. Abendstunden, meine.

v. Hagemeister, Nikol. Cph., († d. ... Nov. 1804.) Abhandl. von Feuer-Spritzen. gr. 8. Dorpat 802. (Hartmann in Riga). 9 gr.

[J. u. Ant.] **Hagemeister,** Paul [Referendar]: Das beneficium cedendarum actionum des Bürgen ... Greifswald, Druck v. J. Abel, 1893; 4 Bl., 27 S. 8.
Greifswald, Jur. Fak., Inaug.-Diss. v. 1893

Ein Gang durch die St. Nikolaikirche zu Stralsund. Nach d. gegenw. Sachlage umgearb. u. verm. 2. Abdr. aus d. 'Strals. Zeitung' Jg. 1890. [Verf.: Wilh. **Hagemeister**] *Stralsund 1900: Reg. Buchdr.* (45 S.) 8° [J.]

Hagemeyer

— s. a. **Hagemeier, Hagenmeyer.**

Hagemeyer, A. D. allgem. Krankenhaus d. St. Berlin i. Friedrichshain, seine Einricht. u. Verwaltg. (Dopp.) Berlin 1879. 2 Bde.

Hagemeyer, A., das neue Krankenhaus der Stadt Berlin am Urban, seine Einrichtung u. Verwaltung. gr. 8. (VIII, 152 S. m. 1 Plan u. 55 Abbildgn.) Berlin 894. A. Hirschwald. Kart. n 6 —

Hagemeyer, Franz, Pfarrer am Kadettenhaus zu Naumburg a. S.: Gibea, die Stadt Sauls. Ihre Bedeutung für die Geschichte Israels auf Grund ihrer Ortslage. Halle a. S. 1908: E. Karras. (39 S.) 8°
Tübingen, Phil. Fak., Ref. Seybold, Diss. v. 23. Juni 1908
[Geb. 8. Febr. 71 Berlin; Wohnort: Naumburg a. S.; Staatsangeh.: Preußen; Vorbildung: Friedrichs-Gymn. Berlin Reife M. 89; Studium: Berlin 5, Tübingen 1, Berlin 2 S.; Coll. 13. März 08.]

Hagemeyer, Georg [aus Rüthen (Westf.)]: Ueber probatorische Eröffnung der Bauchhöhle ... Berlin, C. Vogts Buchdr., *1895*; 40 S., 2 Bl. 8.
Berlin, Med. Fak., Inaug.-Diss. v. 13. Aug. 1895

Hagemeyer, H. Peter der Eremite. Ein kritischer Beitrag zur Geschichte des ersten Kreuzzuges. (XII 411) 8 Leipzig 1879 12,00

Hagemeyer, Heinr. Über die Stellung des Kurfürsten Joachim I. zur Reformation. 16 S. **Progr.** *Inowrazlaw* 1880

Hagemeyer, Johann Arnold Lebrecht (Leipzig), De fibra senili. Diss. med. Präs. Johann Christoph Pohl. Lpz. (Langenheim) 16. IX. 1746. 24 S. (6.—) 12735
Gew.: Christoph Grf. v. Unruh (Birnbaum). Friedrich v. Teubern (Methingen).

Hagemüller, d. deutsch. Unterthanen Advokat. 2 Thle. 8. Wien, Mößle. 792.

Hagen [Schlagwort]

Hagen, Kreis, s.: Ruhrgebiet.

Hagen i. Brem., s.: Preussen. Messtischblätter.

Hagen, Reg.-Bez. Stade, s.: Geologische Karten. Preussen 106.

Hagen i. W., s.: Arnsberg, Reg.-Bez. — Umgebungskarten.

Hagen i. W., Kreis, s.: Westfalen Wegekarte.

Hagen [Verf.]

von Hagen. Abstellung der Betteley und Versorgung der Armen. *Nürnberg, Raw.* 1791

Hagen (I.), über Ammoniten, s. Abhandlungen der naturhistor. Gesellschaft zu Nürnberg.

Hagen: Arbeits- und Leibeserziehung auf dem Lande. Berlin 1910. S. 238—254. Sonderdr. aus: Arbeiten d. landwirtschaftl. Gesellsch.

Das Dorfbad. Vortrag auf der 11 Hauptversammlung des Deutschen Vereins für ländliche Wohlfahrts- und Heimatpflege am 14. Februar 1907 von Königl. Landrat Dr HAGEN, Schmalkalden, und Pfarrer LOEBER, Neidhartshausen, Rhön. (Sonderabdruck aus dem stenographischen Bericht im „Land") Berlin 1907 Deutsche Landbuchhandlung, G m. b. H 8°

Hagen, v., ernste u. heitere Eindrücke v. der Bremer Philologenversammlg. (26. bis 29. IX. 1899). gr. 8. (48 S.) Greiz 900. (E. Schlemm Nachf.) n.n. — 75

Hagen, v., die Fluß-Schifffahrt Preußens, s. Flußschifffahrt, die, Preußens.

v. Hagen, die Fluß-Schifffahrt Preußens; eine systematisch geordnete Zusammenstellung aller auf dieselbe Bezug habenden gesetzlichen Bestimmungen u. Erlasse. Unter Benutzung amtlicher Quellen dargestellt rc. Stettin 857. (Nagel.) gr. 8. (VIII, 200 S.) n. 20 ngl

Hagen, v., Geschichte des 5. Thüringischen Infanterie Regiments Nr. 94 (Großherzog v. Sachsen). Nach den Regimentsgeschichten von v. Heyne u. Franke u. nach anderen Quellen zusammengestellt. gr. 8. (V, 81 S. m. 2 Bildnissen u. 4 Skizzen im Text) Berlin 891 E. S. Mittler & Sohn. n — 60; kart. n. — 75

Hagen, Handbuch f. preußische Standesbeamte in den altländischen Provinzen m. Ausschluß v. Neu-Vorpommern u. Rügen u. d. Gebiets d. Justizsenats zu Ehrenbreitstein. gr. 8. (VIII, 72 S.) Berlin 875. v. Decker. 1. 50

— dasselbe, Nachtrag in Folge der Verordng vom 14. Febr. 1875. gr. 8. (19 S.) Ebend. 875. — 30

Hagen, v., Handbuch f. den Truppenführer, s.: Lehnert.

Hagen, der Monogramm-Maler. Eine Sammlg. stylvoll verschlungener Buchstaben in verschiedenen Größen, nebst vielen Verziergn. 23 Hfte. 12. (à 7 Steintaf.) Harburg 886. Elkan. à — 40; cplt. in Mappe 10. 50

Hagen, s.: Predigten u. Reden zur Leipziger Kaiser-Feier.

Hagen, Seeber's Prophezeiungen v. Welt-Untergang. 8. (28 S.) Chemnitz 895. M. Winter. n. — 50

Hagen, der Zeit Stadtschreibers, des Meisters Godefrit, Reimchronik der Stadt Cöln aus dem 13. Jahrh. Mit Anmerkk. u. Wörterbuch nach d. einzigen alten Handschrift zum ersten Male vollständig herausg. von E. v. Grote. gr. 8. Cöln 834. Du Mont-Schauberg. 1⅓ ℳ

Hagen, Reisebericht üb. d. 1880 ausgeführte Besichtigung einiger Ströme Frankreichs. Berlin 881.

Hagen (I.), Rundschrift. Anleitung zur Erlernung der Rundschrift zum Selbstunterricht und Schulgebrauch. 1.—3. unveränd. Aufl. qu. gr. 8. (11 Stnt.) Harburg 878, Elkan.

— Rundschrift. Anleitung zur Erlerng. der Rundschrift zum Selbstunterricht u. Schulgebrauch. 4. unverand. Aufl. qu. schmal gr. 8. (11 Bl.) Harburg 891. G. Elkan. 1. 20

Ⓑ **Hagen,** Rundschrift. 891. — Schriften-Vorlagen. 892. 893. (KBL 27.) Jetzt: Stuttgart, S. Lutz-Steinweg.

Hagen — Über die Schleimsäure. 11 S. Berlin, R. G., Progr. 1847

— Schriften-Vorlagen für Maler. 5., vorb. Aufl. qu. gr. 8. (20 Steintaf.) Ebend. 881. 1. 20

— Schriften-Vorlagen f. Maler. 2. Hft. 5. Aufl. qu. schmal gr. 8. (20 zinkogr. Taf.) Ebend. 883. 1. 20

— dasselbe. 3. Hft. Inschriften an Haus u. Geräth. qu. gr. 8. (VI, 72 S.) Ebend. 886. cart. 1. 20

— Schriften-Vorlagen f. Maler. 1. u. 2. Hft. 6, vorb. Aufl. qu. schmal Lex.-8. (à 20 Bl.) Ebd. 892. à 1 20

Hagen, Schriften-Vorlagen f. Techniker aller Fächer. 4. verb. Aufl. qu. gr. 8. (20 Steintaf.) Harburg 876. Elkan. 1. 20

— Schriften-Vorlagen für Techniker aller Fächer. 5., vorb. Aufl. qu. schmal gr. 8. (20 Steintaf.) Ebend. 881. 1. 20

— dasselbe f. Techniker aller Fächer. 2. Hft. 5. verb. Aufl. qu. schmal gr. 8. (20 zinkogr. Taf.) Ebend. 883.

— dasselbe f. Techniker aller Fächer. 2. Hft. 6, verb. Aufl. qu. schmal Lex.-8. (20 Bl.) Ebd 893. 1 20

Hagen, Studien auf dem Gebiete der aerztlichen Seelenkunde. Neue Folge. Chorinsky. Eine gerichtlich psycholog. Untersuchg. gr. 8. (IX, 217 S.) Erlangen 872. Besold. n. 3. —

Hagen, v. Tagebuchblätter im Feldzuge 1870/71. Berlin 1896. 8°

Hagen: Die Vertheidigung von Thorn vom 20. Januar bis 16. April 1813, s. Hösslin.

Hagen, welche Mittel giebt es, um den Hochwasser- u. Eisgefahren entgegen zu wirken? (Nach e. auf der X. Wanderversammlg. d. Verbandes deutscher Architekten- u. Ingenieur-Vereine am 31. Aug. 1892 in Leipzig geh. Vortrage.) [Aus: „Centralbl. d. Bauverwaltung".] Lex.-8. (23 S.) Berlin 892. W. Ernst & Sohn. n. — 80

Hagen, van. Vide: Worte (Einige) über Arbeiterwohnungen.

Hagen, Ueber die kritischen Zeichen der alten Berner Horaz- u. Serviushandschrift cod. 363 saec. IX. S.-A. 1887. 11 S. 4°.

v. Hagen, A., Beiträge zur Reform der Advokatur in Deutschland und insbesondere in den altpreuß. Provinzen. gr. 8. Magdeburg 845, Baensch. n. 1/3 ℛ

Hagen, A., über eine Composition: Gesetz und Gnade von Lucas Cranach dem älteren. Zum Andenken an den vor 300 Jahren am 16. Octbr. 1553 in Weimar verstorbenen Meister. In einer öffentlichen Versammlung in Königsberg vorgetragen. Königsberg 853. Bornträger. gr. 8. (16 S.) n. 4 ngr

Hagen, A., die Kehlkopf- u. Luftröhrenschwindsucht. Inauguralabhandl. M. 1 ill. Kpfrt. gr. 4. (1¾ B.) Erlangen 831, (Heyder.)

Hagen, A., Max v. Schenkendorf's Leben, Denken u. Dichten. Unter Mittheilungen aus seinem schriftstellerischen Nachlaß dargestellt. Berlin 863. v. Decker. gr. 8. (VII, 251 S.) 1 ℛ

Hagen, A. v., Lexikon der Volkswirthschaft. Ein Hand- u. Nachschlagebuch für Geschäftsmänner u. den gebildeteren Theil der arbeitenden Classen. 1. Liefg. Stendal 866. Franzen & Grosse. Lex.-8. (VI, 64 S.) n. 5 ngr

— die Reform d. Advokatur in Deutschland u. insbesond. in den altpreuß. Provinzen. gr. 8. Leipzig 846, G. Mayer. 1 ℛ

Hagen, A. v., die Reform des Notariats in den altpreußischen Provinzen. Stendal 863. Franzen & Große. gr. 8. (XII, 180 S.) n. 20 ngr

Hagen, A., Ueber F. L. Z. Werner. Ein zu Königsberg am 18. November 1868 gehaltener Vortrag. 8°. 23 S. (2 Mk. O Rauthe, Berlin, 1909:)
Seltener Druck zur 100jährigen Geburtstagsfeier.

Hagen, Adf., s. a.: Harpf, Adf.

Hagen, Adolf [appr. Arzt]: Beiträge zur Casuistik der angebornen Verschlüsse der Scheide und des Hymens . . . . Erlangen, Druck v. E. Th. Jacob, 1886; 34 S. 8°.
Erlangen, Med. Fak., Inaug.-Diss. v. 1886.

Haschisch. Von Dr. Adolf Hagen. Berlin & Leipzig: J. Hegner [1904]. (37 S.) 8° [F.] [05. 4:38]

Hagen, Adf., Haschisch. (37 S.) 8. Berlin (904). [Magazin-Verlag]. Leipzig, F. Rothbarth. n. — 60

Hagen, Adf. (Jos. Adf. Harpf), Idyllen aus Kärntens Gauen. Poet. Schilderga. [Aus: „Kärntner allg. Volks-Zeitg."] 8. (III, 80 S.) Leoben 898. Dr. A. Harpf. 1. —

— „Landgraf werde hart!", s.: Ostara. 6. Hft.

Hagen, Adf., aus der deutschen Ostmark. Eine Dichtg. in zehn Sängen. 16. (VIII, 47 S.) Zürich 883. Schmidt. n. — 60

— Rufe aus dem deutschen Osten. Drei Bücher nationaler Dichtgn. aus Deutsch-Oesterreich. Unter Mitwirkg. v. Gesinnungsgenossen hrsg. 8. (VIII, 66 S.) Leipzig 884. O. Wigand. — 75

— Sagen u. Singen nach Volkes Weise. Zwei Bücher volksthüml. Dichtgn. 12. (VI, 90 S.) Ebend. 883. n. 1. —

— Mein Spaziergang nach Paris. Wanderbilder aus Frankreich. [Aus: „Obersteir. Volkszeitg."] gr. 8. (III, 61 S.) Ebd. 898. 1. —

— der lustigste Tag des Jahres Achtundvierzig. Eine burschikose Erzählg. [Aus: „Marburger Zeitg."] 12. (20 S.) Marburg a/D. 880. Ebd. — 30

— u. Erich Fels, Wehr u. Waffen. Deutsche Dichtgn d. jungen Oesterreich. gr. 16. (IX, 140 S.) Ebend. 885. n. 1. —

Hagen, Adf. v., auf Wildpfaden in Amerika u. Asien. (89 S.) Wiesbaden 906. Moritz & Münzel. n. 1. 60

Hagen, Albert (Pseud.), s.a. Bloch, Iwan

Hagen, Alb., die sexuelle Osphresiologie. Die Beziehungen des Geruchssinnes u. der Gerüche zur menschlichen Geschlechtstätigkeit, s.a. Studien zur Geschichte des menschlichen Geschlechtslebens, Erg.-Bd.

Hagen, Alb., die sexuelle Osphresiologie. Die Beziehgn. des Geruchssinnes u. der Gerüche zur menschl. Geschlechtsthätigkeit. Liebhaber-Ausg. (auf Bütten-Hadernpapier). Fol. (IV, 290 S.) Charlottenburg 901. Berlin, H. Barsdorf. 15. —

Hagen, Albert Friedrich von der

— über den, nach P 15. §. 4, D. de precario stattfindend. gleichzeitigen Besitz des precario rogans u. des rogatns. Ein civilistischer Versuch. gr. 8. Hamm 840. Wickenkamp. 1/4 ℛ

von der Hagen Alb. Fr., die Hypothek des Eigenthümers. Ein Versuch über den §. 52. des Anhanges zum Allgem. Preuß. Landrecht und Declaration vom 3. April 1834. gr. 8. Arnsberg 836. Ritter. 1/2 ℛ

Hagen, Albert Friedrich von der (Stoelln / Mitt.-Mark), De puniendi juris notione. Diss. philos. Bln. (Joh. Friedr. Starck) 10. I. 1827. 54 S. mit Biogr. (M.: v. Pfuel.) (6.—) 12736
Oppon.: F. Troeger, Ch. Fessel, H. Wendt.

— (Hrsg.), s.a. Almanach des Königl. Bayer. Hof- u. National-Theaters 1869.

Hagen, Ant., Almanach des königl. Hof- und National-Theaters, des königl. Residenz-Theaters und des königl. Theaters am Gärtnerplatz zu München für die J. 1872—1879. Mit amtl. Autoris. hrsg. 4.—11. Jahrg. gr. 8. (à Jahrg. ca. 80 S.) München, (Franz'sche Buchh.) à Jahrg. *

Hagen, August

— Rafael's Disputa. (Abdruck aus dem Archiv für die zeichnenden Künste.) Leipzig 860. R. Weigel. gr. 8. (22 S.) n. 7½ ngr.

Hagen, August, eine Gedächtnißschrift zu s. 100. Geburtstage 12. IV. 1897. gr. 8. (250 S. m. Bildn.) Berlin 897. E. S. Mittler & Sohn. n. 4. 50; geb. in Leinw. n.n. 6. —

— Gedichte. gr. 12. Königsb. 822. Bornträger. 20 K

Hagen, Aug., acht Jahre aus dem Leben Michael Angelo Bonarroti's. Nach Berichten von Geo. Vasari. Berlin 869. Guttentag. 8. (V, 264 S.) n. 1 ₰ 20 ngr.

— die deutsche Kunst in unserem Jahrhundert. Eine Reihe von Vorlesungen mit erläuternden Beischriften. 2 Thle. Berlin 857. Schindler. gr. 8. (4 Bl., 446; 4 Bl., IX, 293 S.) n. 3 ₰ 10 ngr.

Hagen, Aug., Künstler-Geschichten. 1s u. 2s Bdchn. A. u. d. T.: Die Chronik seiner Vaterstadt vom Florentiner Lorenz Ghiberti, dem berühmtesten Bildgießer des 15. Jahrh. Nach d. Italien. 2 Bdchn. gr. 12. Leipzig 833. Brockhaus. 3 ₰ — 3s Bdchn. A. u. d. T.: Die Wunder der heil. Katharina von Siena. gr. 12. Ebd. 840. 1½ ₰ — 4s Bdchn. A. u. d. T.: Leonhard da Vinci in Mailand. Nach d. Italien. gr. 12. Ebd. 840. 1½ ₰

Hagen, Aug., Künstler-Geschichten. 1. u. 2. Bdchn. Leipzig 861. Brockhaus. 8. n. 3 ₰

Inhalt: Die Chronik seiner Vaterstadt Florenz von Lorenz Ghiberti. Nach dem Italienischen von Aug. Hagen. 2 Thle. 2. Aufl. (XXVIII, 522 S.)

Hagen, Aug., Norika, d. s. Nürnbergische Novellen aus alter Zeit, s. a. Universal-Bibliothek.

Hagen, Aug., Norika, das sind Nürnbergische Novellen aus alter Zeit. Nach einer Handschrift des 16. Jahrh. herausg. 2. durchgeseh. Aufl. Leipzig 855. Weber. 8. (VI, X, 278 S.) n. 1 ₰ 15 ngr.

— Norica, das sind Nürnbergische Novellen aus alter Zeit. Nach einer Handschrift des 16. Jahrh. herausg. 3. Aufl. Leipzig 867. Weber. 8. (XVI, 284 S.) n. 1 ₰ 20 ngr.

—— Norica, das sind Nürnbergische Novellen aus alter Zeit. Nach einer Handschrift des 16. Jahrh. 4. Aufl. 8. (XVIII, 332 S.) Leipzig 872. Weber. *

Hagen, Aug., Norica, das sind nürnbergische Novellen aus alter Zeit. Nach e. Handschrift d. 16. Jahrh. 5. durchgeseh. Aufl. 8. (XVIII, 332 S.) Leipzig 876. Weber. n. 6. —

Hagen, A., Norica, das sind Nürnbergische Novellen aus alter Zeit. Nach e. Handschrift d. 16. Jahrh. 6., durchgeseh. Aufl. 8. (XVI, 309 S.) Leipzig 887. J. J. Weber. n. 6. —; geb. n.n. 7. —

Hagen, Aug., Norica, das sind nürnberg. Novellen aus alter Zeit. Nach e. Handschrift d. 16. Jahrh. 7 Aufl. 8. (XVI, 260 S. m. Bildnis.) Leipzig 897. J. J. Weber. n. 6. —; geb. in Leinw. n. 7. —

Norika das sind nürnbergische Novellen aus alter Zeit. Nach e. Hs. d. 16. Jhs von August Hagen. Mit e. Einl. neu hrsg. von Paul Sonnekalb. Leipzig: Reclam (1910). 224 S. 8°
(Universal-Bibliothek. 5213. 5214.) [illegible]

—— Nürnbergische Novellen, s. Norica.

Hagen, Aug., der Oberst und der Matrose, s. Taschenbuch dramat. Originalien.

Hagen, August, Olfrid u. Lisena. Ein romant. Gedicht in zehn Gesängen. 12. Königsb. 820. (Michelsen in Leipz.) 2 ₰

Hagen, B., anthropologischer Atlas ostasiatischer u. melanesischer Völker. Mit Unterstützg. der kgl. preuss. Akademie der Wissenschaften hrsg. Mit Aufnahmeprotokollen, Messungstabellen u. e. Atlas v. 101 Taf. in Lichtdr. gr. 4. (VII, XXIV, 118 S.) Wiesbaden 898. C. W. Kreidel. Kart. n. 100. —

Hagen, Benno v., das reußische Militär in den Kriegsj. 1806—15. Gedenkschrift zum 200jähr. Bataillonsjubiläum in Gera. Mit e. einleit. Gedichte v. Otto Anthes. (27 S.) gr. 8. Gera 904. M. Lange. n. — 75

Hagen, Benno de, Geranus: Num simultas intercesserit Isocrati cum Platone. Jenae 1900: G. Neuenhahn. (70 S.) 8°
Jena, Phil. Fak., Ref. Hirzel, Diss. v. 1. Mai 1900
[Geb. 22 Dez. 83 Gera. Wohnort: Gera. Staatsangeh.: Reuß j. L. Vorbildung: Gymn. Gera Reife O. 02. Studium: Jena 3, Berlin 3, Jena 2 S.; Rig. 24. Febr. 06.]

Hagen, Bernhard

Hagen, B., Beitrag z. Kenntniss d. Rhopaloceren-Fauna d. Insel Bawean. [Aus: „Jahrbb. d. Nass. Ver. f. Naturkde."] gr. 8. (16 S. m. 1 Taf.) Wiesbaden 896. J. F. Bergmann. n. 1. —

HAGEN, Bernhard (Homburg): Über einige Bildungen an der Hinterhauptschuppe des Menschen.- München 1880.
10.7.1879 - Urk (Titel: De formationibus quibusdam squamae ossis occipitis humani.); Chr 1879/1880,13
Diss.Ingolst.-Landsh.-Mchn.

Hagen, B., Kopf- u. Gesichtstypen ostasiatischer u. melanesischer Völker. Hrsg. m. Unterstützung der kgl. bayer. Akademie der Wissenschaften. Atlas m. 50 Doppeltaf. nach eigenen Aufnahmen m. Einleitg. u. erklär. Text. (VII, S. u. XIV, 44 Sp. m. Abbildgn. u. 50 Bl. Erklärgn.) gr. Fol. Stuttgart 906. F. Lehmann. In Leinw.-Mappe n. 100. —

Hagen, B., die Orang Kubu auf Sumatra, s. a. Veröffentlichungen aus dem städtischen Völker-Museum Frankfurt am Main. II.

Die Orang Kubu auf Sumatra. Von Dr. Bernhard Hagen. Mit 1 Kt., 16 Lichtdrucktaf., 42 Textabb., Notentexten u. Schädeldiagr. Frankfurt a. M.: Baer 1908. XXVII, 269 S. 4°
(Veröffentlichungen aus d. städtischen Völker-Museum, Frankfurt a. M. 2.) [illegible]

— unter den Papua's. Beobachtungen u. Studien üb. Land u. Leute, Thier- u. Pflanzenwelt in Kaiser-Wilhelmsland. Mit 46 Vollbildern in Lichtdr., fast durchweg nach eigenen Orig.-Aufnahmen. gr. 4. (VII, 327 S.) Ebd. 899. Kart. n. 30. —

— Schmetterlinge v. den Mentawej-Inseln. gr. 4. (S. 307—340 m. 2 farb. Taf.) Frankfurt a/M. 902. (M. Diesterweg.) n. 5. —
Sonderabdruck aus: „Abhandlgn. d. Senckenberg. naturforsch. Gesellsch."

Ⓑ — Schmetterlinge v. den Mentawej-Inseln. 902. (KBL 31.) Jetzt: Frankfurt a/M. (Viktoria-Allee 7), Senckenberg. naturforsch. Gesellschaft. Erm. Pr. nn 3. —

Hagen, B., anthropologische Studien aus Insulinde. Veröffentlicht durch die königl. Akademie der Wissenschaften zu Amsterdam. Mit (18) Messungs-Tabellen u. 4 Taf. Imp.-4. (149 S.) Amsterdam 890. Johs. Müller. n. 5. 60

— Verzeichniss d. in d. J. 1893—95 v. mir in Kaiser-Wilhelmsland u. Neupommern ges. Tagschmetterlinge (mit Ausschluss d. Familien d. Lycaeniden u. Hesperiden). M e. Kartenskizze. [Aus: „Jahrbb. d. nass. Ver. f Naturkde."] gr. 8. (74 S.) Ebd. 897 n. 1. 80

v. Hagen, Busso, Barbarossa. Ein Eichenkranz um ein altdeutsches Kaiserbild. (Mit 4 Zeichn. von Georg Kersting, Otto Mengelberg, Jos. Fay u. J. Schrader, lith. von D. Levy-Elkan.) gr. 8. Köln 841, Eisen. 1 ℛ

Hagen (C.). Entw und Anatomie der Mesembryanthemeen. Bonn, 1873. 8°

Hagen, C., die Leimfabrikation. Praktische Anleitg. zur leichten Herstellg. aller Arten v. Leim, wie gewöhnl. Leim, Tischlerleim, Schiffbauleim ꝛc. aus thierischen Substanzen, besond. aus Haut- u. Knochen-Abgängen ꝛc Ein nützl. Handbuch f. diejenigen, deren Gewerbe thierische Substanzen u. Abfälle liefert. Mit besond. Berücksicht landwirthschaftl. Verhältnisse u. aller neuen Erfahrgn. aus der Leimfabrikation. Mit 17 Abbildgn. (in eingedr. Holzschn.) der neuesten Maschinen u. Geräthschaften. 8. (VIII, 56 S.) Berlin 871. Mode's Verl. 1 80

Hagen, C. Bernh., die richtige Blutmischung als Grundbedingung gesunder Nerven od.: Die physiolog. Heilweise Julius Hensels. Ein kurzer Beitrag zur Reform in der Heilkunde. (1.—2. Tausend.) gr. 8. (61 S.) Leipzig 901. E. Demme. n. — 75

— die Grundbedingungen aller Heilkunst. (Auf physiolog. Grundlage aufgebaut.) 2 Bde. gr. 8. (191 S. m. 1 Tab.) Leipzig, Berlin, Deutsches Druck u. Verlagshaus. à n. 1. 50
1. (S. 1—84.) 900. — 2. (S. 85—191 m. 1 Tab.) 901.

— die Grundlagen der Gesundheitslehre, e. physiolog. Hand- u. Lehrbuch der Hygiene f. Schule u. Haus. gr 8. (51 S. m. Bildn.) Eisenach (901). C. B. Hagen. Kart. n. 1. 50

— naturgemäße Heilung. 1. Bd. Die Ernährungslehre. Allgemein verständl., physiolog. Begründg. e. richt. Ernährg., dem natürl. Wachsthum entsprechend, zur Belehrg. u. Nutzanwendg. f. unsere Hausfrauen dargestellt. gr. 8. (82 S. m. 1 Tab.) Leipzig 899. O. Borggold. n. 1. —

— praktischer Leitfaden zur rationellen Ernährg. des Menschen, f. die weibl. Jugend u. die schaff. Hausfrau, nach Maßgabe der Bestandtheile u. der natürl. Beschaffenheit des Körpers, sowie den chemisch-physikal. Lebensvorgängen (der Physiologie) entsprechend, zum Zwecke dauernder Erhaltg. der Gesundheit volksthümlich dargestellt. gr. 8. (135 S. m. Bildnis.) Eisenach (901). C. B. Hagen. n. 1. 75; kart. n. 2. —

Hagen, C. H., üb. das Agrargesetz u. die Anwendbarkeit desselben. gr. 8. Königsb. Nicolovius. 815.

Hagen, C. H., u. L. Gervais, Beyträge zur Kunde Preußens. s. Beyträge.

Hagen, C. H. Frhr. vom, die Franzosen in Halle. 1806—1808. Nach Rathsakten u. anderen aktenmäß. Quellen erzählt. Eine Ergänzg. zu d. Verf. Werke: „Die Stadt Halle, nach amtl. Quellen historisch-topographisch-statistisch dargestellt." gr. 8. (VII, 141 S.) Halle 871. Fricke. n. 2. —

Hagen, C. H. Frhr. vom, die Stadt Halle, nach amtlichen Quellen historisch-topographisch-statistisch dargestellt. Zugleich Ergänzung u. Fortsetzung der Dreyhaupt'schen Chronik. 2 Bde. Halle 866, 67. Barthel. gr. 8. (XII, 640 S. u. IV, 548 S., mit 1 Plane der Stadt Halle, unter Leitung von T. G. Herschenz lithogr. von Herm. Schenck, u. 1 Karte der Umgegend von Halle, lithogr. von demselben, in gr. 8. u. Fol.) Subscr.-Pr. n. 3 ℛ 18 ngr; Ladenpr. n. 5 ℛ

— — 1. Ergänzungs-Heft. A. u. d. T.: Verwaltungsberichte der Stadt Halle an der Saale, hersg. vom Magistrat der Stadt Halle. Neue Folge. 1. Jahrg. 1866. Ebend. 868. gr. 8. (VIII, 113 S.) n. 20 ngr

— — 2. Ergänzungs-Heft. A. u. d. T.: Verwaltungsberichte der Stadt Halle an der Saale, hersg. vom Magistrat der Stadt Halle. Neue Folge 2. u. 3. Jahrg. 1867 u. 1868. Ebend. 870. gr. 8. (X, 216 S.) n. 1 ℛ

— die Stadt Halle, nach amtl. Quellen historisch-topographisch-statistisch dargestellt. 3. Ergänzungshft. A. u. d. T.: Verwaltungsberichte der Stadt Halle an der Saale, hrsg. vom Magistrat der Stadt Halle. Neue Folge. 4. u. 5. Jahrg. 1869 u. 1870. gr. 8. (VI, 274 S.) Ebend. 872. n. 4. —

—— dass. — 4. Ergänzungsheft. A. u. d. T.: Verwaltungsberichte der Stadt Halle an der Saale, hrsg. vom Magistrat der Stadt Halle. Neue Folge. 6. Jahrg. 1871. gr. 8. (VIII, 262 S.) Halle 873, Fricke. *

Hagen, C. H. Frhr. vom, die Stadt Halle, nach amtlichen Quellen historisch-topographisch-statistisch dargestellt. 5. Ergänzungsheft. A. u. d. T.: Verwaltungsberichte der Stadt Halle a. d. S. Neue Folge. Die Jahre 1872—1. April 1879. gr. 8. (X, 398 S.) Halle 880. Fricke's Verl. n. 4. —

Hagen, C. H., Observationum oeconomico-politicarum in Aeschinis dialogum, qui Eryxias inscribitur Ps. I. Diss. 1822. 29 S. 1.20

Hagen, C. W. v., gen. Brislowitz, üb. Begräbnißplätze u. deren Einricht. 8. Gött. Schneider. 802.

v. Hagen, gen. Brislowitz, C. W., über Begräbnißplätze u. deren Einrichtung. 8. Götting. 802. (Vandenhöck u. R.) 2 ggr

— Taschenbuch für Oekonomen, welche nach d. verbess. Landwirthschaft arbeiten wollen. 8. Gotha 802. Ettinger. 12 ggr

— d. Unehelichgebornen, oder Gründe zum Beweis d. Unrechtmäßigkeit d. bisher gewöhnl. Verachtung derselben. 8. o. O. (Götting.) 802. (Vandenhöck u. R.) 10 ggr

Hagen, Canonicus de, De variatione Protestantium circa doctrinam de iustificatione etc. Mainz 1788.
Recens. Oberdeutsche Littztg Bd. 2 (1788), S. 3048—4.

Hagen, Carl, s. Hagen, Karl

Hagen, Caspar, s. Hagen, Kaspar

Hagen, Christian. (geb. Bergstrasse in Westf. 1825): De partu praematuro arte provocando. Berolini (1853). (27 S.) 8°
Berlin, Med. Diss. v. 22. Aug. 1853

Christian Thedel Heinrich von Hagen

Christian Thedel Heinrich von Hagen, Grundliche Beschreibung des helmstadtschen Gesundbrunnens, nebst e. Unterricht, wie derselbe zu gebrauchen. Halle & Helmstadt: Hemmerde 1756. 88 S. 8°

v. Hagen, Chr. Thdr. Hnr., sonst auch ab Indagine, (†im Juli 1776.) Beschreib. d. Helmstädtischen Gesundbrunnens, nebst Unterricht, ihn zu gebrauchen. 4. Halle 756. Schwetschke u. Sohn. 4 gl.

Christian Thedel Heinrich von Hagen

Christ[ianus] Theodulus Henricus von Hagen: De Medico vulneratum curante a sectione cadaveris non excludendo. Helmstadii (1749:) Schnorr. 30 S. 8°
Helmstedt, Med. Diss. v. 3. Apr. 1749

Geschichte des Königl. Sächsischen 1. Jäger-Bataillons Nr. 12. Auf Veranlassung d. Bataillons-Kommandos bearb. von Frh. [Christoph Friedrich Leopold] v. **Hagen**, Oberstlt. z. D. Mit 30 Skizzen u. 6 Anl. Freiberg i. S. Craz & Gerlach 1900. 207 S. 8°

Hagen, Clara, s. Hagen, Klara

HAGEN, DIEDRICH VON. Ueber die Einwirkung von Anilin auf Toluchinon und Benzochinon. Marburg, 1883.

Hagen, E. v., das ABC des guten Tons. Ein Ratgeber f. jedermann. 11.—30. Taus. (VIII, 114 S.) 12. Stuttgart (903). Levy & Müller. Kart. n. 1.—

Hagen, E., u. H. Rubens, über die Abhängigkeit d. Emissionsvermögens der Metalle v. der Temperatur. (S. 478—492.) Lex. 8. Berlin 909. G. Reimer. — 50

— — Über die Änderung des Emissionsvermögens der Metalle m. der Temperatur im kurzwelligen ultraroten Spektrum. (S. 467—487 m. Fig.) Lex. 8. Ebd. 910. b 1.—
Sonderabdr. aus „Sitzungsber. d. preuss. Akad. d. Wiss."

Hagen, E., u. H. Rubens, über Beziehungen zwischen dem Reflexionsvermögen der Metalle u. ihrem elektrischen Leitvermögen. (9 S.) gr. 8. Berlin 903. (G. Reimer.) n. — 50

Hagen, E. Catilina. (Untersuchungen über römische Geschichte. I.) (XV. 405) 8. Königsberg 1854. 6,00.

Hagen, E. Ad virum amplissimum Fridericum Augustum Gottholdium de Ciceronis Catilinariis. 44 S.
Königsberg. Fr.C., Progr. 1851

Hagen, E., Cranford. Frei nach dem Engl. Hannover 865. Klindworth. gr. 8. (212 S.) n. 24 ngr.

Hagen, E., und H. **Rubens:** Das Emissionsvermögen der Metalle für Strahlen großer Wellenlänge. Braunschweig 1903

— — das Emmissionsvermögen der Metalle f. lange Wellen. (S. 410—419) gr. 8. Ebd. 903. n. — 50
Sonderabdr. a.: „Sitzungsber. der preuss. Akad. der Wiss."

Hagen, E., und H. **Rubens:** Das Emissionsvermögen der Metalle für lange Wellen. Berlin 1903 (Mitteil. a. d. Physik.-Techn. Reichsanst.)

Hagen, E. v., Geschichte d. Neumärkischen Dragoner-Regiments Nr. 3. Mit vielen Kunstbeilagen u. 2 Plänen. 4. (XIV, 581 S.) Berlin 885. Mittler & Sohn. n.n. 27.—

Hagen, E. Post-Charte von Nordwest-Deutschland. Entworfen nach Bestimmungen, welche in den betreffenden Staaten über die Anlage von Relais für Extraposten und deren Entfernungen bis zum 1. Juny 1821 erfolgt sind. Hannover 1821. 1 Bl. c. I..

— üb. d. Rechtmäßigkeit d. Zünfte u. Polizeytaxen ꝛc. 8. Münch. Fleischmann. 804.

Hagen, E., und H. **Rubens:** Das Reflexionsvermögen von Metallen und belegten Glasspiegeln. Berlin 1899

Hagen, E., und H. **Rubens:** Das Reflexionsvermögen von Metallen für ultraviolette Strahlen. Leipzig 1901 (Mitteil. a. d. Physik.-Techn. Reichsanst.)

Hagen, E., Untersuchungen über römische Geschichte. 1. Thl. A. u. d. T.: Catilina, eine historische Untersuchung. Königsberg 854. Gräfe u. Unzer in Comm. gr. 8. (XV, 405 S.) n. 2 ꝑ

Hagen, E., die Verteidigung v. Thorn vom 20. Jan. bis 16. Apr. 1813. s.: Hößlin, R. v.

— willst du heiraten? Ratschläge u. Winke f. Heiratslustige. (VIII, 100 S.) kl. 8. Ebd. (904). Kart. n. 1.—

Hagen, E. C. von

—— und Th. Dorfmüller, Archiv f. Geschichte u. Alterthumskunde, s. Archiv ꝛc.

— — Archiv f. bayreuth. Geschichte u. Alterthumskunde, s. Archiv ꝛc.

Hagen, E. C. v., Archiv für Geschichte von Oberfranken ꝛc., s. Archiv.

Hagen, E. C. v., über Jean Paul's Aufenthalt in Bayreuth und seine Lieblings-Plätze. Mit 2 Beilagen. Bayreuth 857. Grau in Comm. gr. 8. (20 S.) n. 4 ngr.

Hagen, E. C. v., über Jean Paul's Aufenthalt in Bayreuth u. seine Lieblings-Plätze. Mit 7 Beilagen. 2. verm. u. verb. Aufl. Bayreuth 863. Grau in Comm. gr. 8. (37 S.) n. 4 ngr.

Hagen, E. C., über d. Gewerbwesen in Baiern. Ein Vortrag, gehalten in d. Baier. Stände-Versamml. vom J. 1831. Mit 3 Beilagen. 8. Bayr. 832. Grau. 10 gl.

E. C. von **HAGEN,** Rede zur Eröffnung der Feier des fünfundzwanzigjährigen Jubiläums des im Jahre 1827 zu Bayreuth gegründeten historischen Vereins von Oberfranken gehalten in der am 5. Mai 1852 stattgefundenen General-Versammlung. Bayreuth 1852. Auf Kosten des Vereins. 8°.

Hagen, E. L., einige Abhandlungen und Vorträge über Gegenstände der landwirthschaftlichen Versammlungen im Saal-Eisenberger Kreise des Herzogthums Sachsen-Altenburg. gr. 8. Eisenberg 846, Schöne. ¼ ꝑ

Hagen, E. L., Aphorismen aus den Papieren eines Landgeistlichen, hervorgerufen durch die gegenwärtigen Bewegungen auf dem Gebiete der Religion u. Kirche. 1. Bd. 4. Heft. u. 2—4. Bd. (à 4 Hefte.) Jena 860—63. Doebereiner in Comm. gr. 8. Jedes Heft (à 96 S.) n. 10 ngr

— — 1—3. Bd. Wohlfeile Ausg. Ebend. 862. gr. 8. n. 2 ℛ
Vgl.: Aphorismen.

Hagen, E. L., Aphorismen aus den Papieren eines Landgeistlichen, hervorgerufen durch die gegenwärt. Bewegungen auf dem Gebiete der Religion u. Kirche. 5. Bd. 1. Heft. Jena 865. Mauke's Verlag. gr. 8. (VII, 88 S.) n. 10 ngr

Hagen, E. L., Aphorismen aus den Papieren eines Landgeistlichen ꝛc. 2., verb. Aufl. Ebend. 867. gr. 8. (XII, 351 S.) n. 1 ℛ 10 ngr

Hagen, E. L., homiletische Arbeiten, Früchte einer fast 40jähr. pfarramtlichen Thätigkeit, in einzelnen f. sich bestehenden Hftn. hrsg. 1. Hft., enth. in 2 Abth.: 1. Beichtvorträge an Amtsbrüder der protest. Kirche. 2. Hochzeitpredigten, die noch an vielen Orten auf dem Lande üblich sind. 8. (VIII u. 172 S.) Neustadt a. d. O. 847, Wagner. 18 ngr

— die pfarramtlichen Besoldungen vom Standpunkte der Moral und der christl. Religion, so wie der Geschichte, Politik und Oekonomie betrachtet. Ein Versuch, hierdurch die über die Angemessenheit der geistl. Besoldungstheile verschied. Meinungen zu einigen; nebst Vorschlägen zu einer von der Zeit geforderten Umwandlung und Verbesserung derselben; mit besond. Rücksichtnahme auf das Großherzogthum Weimar und die übrigen sächsischen Lande. gr. 8. Neustadt a/O. 844, Wagner. 1 1/8 ℛ

— Fehler u. Gebrechen der christlichen Kirche. Vorlesungen in u. für den Protestantenverein. 2—9. Heft. Jena 869. Hermsdorf. gr. 8. (VII, 88; VII, 87; VII, 87; VII, 79; VII, 80; VII, 88; VII, 86 u. VII, 78 S.) Jedes Heft n. 7½ ngr

— der Frauenverein im Herzogthum Weimar. Ein Versuch, ihn kurz zu bezeichnen. 8. Jena 846, Luden. 6 ngr

— einige kleine Gaben in dieser Zeit der religiösen und kirchlichen Wirrnisse auf dem Altare der protestant. Kirche niedergelegt. 8. Eisenberg 846, Schöne. 6 ngr

Hagen, E. L., Geistesfrüchte, zusammengetragen auf dem jetzigen Kampfplatze der Religion u. Kirche v. e. unbefangenen Beobachter. 1. Lfg. gr. 8. (VIII u. 104 S.) Ebd. 847. 9 ngr

— am Grabe Luthers. Zwei kleine Gaben für das deutsche Volk. Dargebr. am 22. Febr. 1846 dem 300jähr. Begräbnißtage des großen Reformators. 8. Jena 846, Luden. 6 ngr

Hagen, E. L., Lichtstrahlen f. das in den dunklen Räumen der Religion u. Kirche nach Wahrheit suchende Volk. 5 Hfte. gr. 8. (VIII, 151; VIII, 152; IV, 160; III, 159 u. 135 S.) Jena. 871. 72. Mauke. à 1. 50

— einen Parabel zur häuslichen Vorfeier d. Erntefestes niedergeschrieben f. den Landmann. 16. (16 S.) Ebend. 871. — 10

Hagen, E. L., de plenitudine temporis emissi in carnem filii Dei. Clausth. 1741. 4.

— Religion u. Kirche. Blätter zur Förderung des geistigen Fortschrittes für Gebildete jeden Standes. Jena 866. Mauke's Verlag. gr. 8. (VIII, 352 S.) 1 ℛ

— Thesen in der protestant. Kirche des 19. Jahrhunderts angeschlagen oder Gedankenspäne auf der Wanderung durch das Gebiet der Wissenschaft gesammelt und allen Freunden des Lichts und Rechts in Miscellen aus dem schriftl. Nachlasse eines verstorbenen protestantischen Geistlichen dargeboten. 1. Bdchn. 8. Ebend. 845. 24 ngr

— Vorlesungen in u. für den Protestantenverein. 1. Heft. Jena 868. Doebereiner. gr. 8. (VII, 87 S.) n. 10 ngr

— zwei Vorträge den landständ. Blättern Utopiens entnommen und bei den jetzigen religiösen Bewegungen dem gesunden Geiste des deutschen Volkes zur Beachtung u. zum Verständniß übergeben. 8. Eisenberg 846, Schöne. 6 ngr

— Wie kann der protestant. Kirche ꝛc., s. Wie ꝛc.

— einige Worte der Mahnung und des Trostes den Neukatholiken dargeboten. gr. 8. Neustadt 846, Wagner. 1/4 ℛ

Hagen, E. M. L. De adverbiis Graecis. Spec. I. (Cap. 1. Comparativalia. Cap. 2. Superlativalia. Cap. 3. Participalia.) 11 S. . . . .

Progr. Königsberg F. 1840

Hagen, E. M. L. Sicyonia. P. I. 12 S. . . . .

Progr. Königsberg F. 1831

Hagen, Ed. v., der Zeichenunterricht. Eine method. Anleitg. Mit 10 (lith., zum Thl. farb.) Taf. bildl. Darstellgn. gr. 4. (19 S.) Erfurt 876. Bartholomäus. n. 5. -

Hagen, Edm. v., philosophische Abhandlungen u. Aphorismen. Beiträge zur Einsicht in ächte Weisheit. 1. Hauptthl.: Genius, Geist u. Gemüth. 1. Hft.: Intellectuelles. gr. 8. (VIII, 105 S.) Hannover 885. (Schüssler.) n. 3. —

Hagen, Edm. v., Aufsätze zur Einsicht in das Wesen der freien Muße u. der philosophischen Contemplation. gr. 8. (VII, 85 S.) Berlin 899. E. v. Hagen. — 50

— die Bedeutung d. Morgenweckrufes in Rich. Wagner's Bühnenweihfestspiele: „Parsival". gr. 8. (62 S.) Berlin 883. Barth. n. 1. 20

— Beiträge zur Einsicht in das Wesen der Wagner'schen Kunst. Gesammelte Aufsätze. gr. 8. (IX, 221 S.) Ebend 883. n.n. 5. —

Hagen, Edm. v., kritische Betrachtung der wichtigsten Grundlehren des Christenthums. gr. 8. (LVI, 120 S.) Hannover 881. Schüssler. n. 4. —

Hagen, Edm. v., üb. die Dichtung der ersten Scene d. „Rheingold" v. Richard Wagner. Ein Beitrag zur Beurtheilung d. Dichters. gr. 8. (XIII, 170 S.) München 876. Kaiser. n. 4. --

– freie Gedanken üb. die innere Verknüpfung zwischen Gerechtigkeit u. Glück. gr. 8. (XII, 45 S.) Ebd. 902. — 60

Hagen, E. v., Gedanken üb. Pädagogik. gr. 8. (28 S.) Bremen 888. [H. Arendt.] A. Werner'sche Buchhandlg. n. — 50

— neuer Hinweis auf die wissenschaftlich-litterarischen Arbeiten des Philosophen Edmund v. Hagen. gr. 8. (XV, 56 S.) Ebd. 902. 1. —

Hagen, E. de, de jure catholicor. eligendi deputandos A. C. addictor. Erf. Gerling. 791.

— **Edmund von, De jure catholicorum coeligendi deputandos a. c. addictorum ad deputationes imperii extraordinarias, ad illustrandum art. V. §. 51. J. P. O. Diss. jur. publ. Mainz (Andr. Crass) Nov. 1791. 92 S., tlws. dtsch. (6.50) 12739**

de Hagen, Edm.: Comm. jur. publ. de jure catholicor. coëligendi deputandos A. C. addictorum ad deputationes imperii extraordinarias. Ad illustr. Art. V. §. 51 J. P. O. *Marburgi*, Gerling. 791. 8. (12 Gr.)

— — Dasselbe. Ed. nova. Marburg (Heinr. Rud. Meyer) o. J. (6.—) 12740

Hagen, Edm. v., s.: Notizen, biographische.

—— deut. Sprachweisheit. Etymolog. Aphorismen. 8. (60) Hannov. 80. Schüssler. n. 1. —

—— deutsche Sprachweisheit. Etymologische Aphorismen. 2. Aufl. gr. 8. (56 S.) Hannover 888, (Schüßler.) *

[illegible] Verzeichnis der Schriften des Schriftstellers Edmund von Hagen [illegible] 1899 (1 Bl. 16 S.) [illegible]

— Richard Wagner als Dichter in der 2. Scene des „Rheingold". gr. 8. (XXI, 266 S.) München 879. Kaiser. n. 6. —

— die Welt als Raum u. Materie. Mit e. Einleitg. üb. die Natur des Urwesens. gr. 8. (XXIV, 154 S.) Ebd. 899. 3. —

— das Wesen der Senta in Richard Wagner's Dichtung: „Der fliegende Holländer". gr. 8. (XXXI, 194 S.) Hannover 880. Schüßler. n. 5. —

Hagen, Eduard, a. Hamersleben, z. Z. Referendar in Calbe a. S.: Die ausschließlichen Aneignungsrechte und die Rechtsfolgen ihrer Verletzung durch unbefugte Okkupation nach deutschem und preußischem Recht. Borna-Leipzig 1905: R. Noske. (XII, 70 S.) 8° [J.]

Rostock, Jur. Fak., Ref. Hübner, Diss. v. 30. März 1905

[Geb. 1. Jan. 80 Hamersleben; Wohnort: Calbe a. S.; Staatsangeh.: Preußen; Vorbildung: Gymn. Andreanum Hildesheim Reife O. 01; Studium: Lausanne 1, Berlin 1, Halle 4 S.; Rig. 14 Dez. 04.]

Hagen, Eduard, der Anteil des k. b. 6. Jägerbataillons am deutsch-französischen Kriege 1870/71. (IV, 158 S. m. 4 Kartenskizzen.) gr. 8. München 906. J. Lindauer. n. 2.60

Sonderabdruck aus: „Darstellgn. a. d. bayer. Kriegs- u. Heeresgeschichte".

Hagen, Eduard, approb. Arzt aus Nürnberg: Ein **Beitrag zur** Pericarditis tuberculosa. *München 1898: Kastner & Lossen.* (35 S.) 8°

München, Med. Diss. v. 1898

Die Fürstlich Würzburgische Hausinfanterie von ihren Anfängen bis zum Beginne des Siebenjährigen Krieges 1636–1756 von Eduard **Hagen**, Gen.Major z. D. München: Lindauer 1910. S. 70–293. 8°

(Darstellungen aus d. bayer. Kriegs- u. Heeresgeschichte H. 19, [2]) [illegible] 2

Hagen, Elisab. v., Beethovens unsterbl. Geliebte, s.: Tenger, Mariam.

Hagen, Emil, allgemeine deutsche Wechselordnung u. die auf dieselbe bezügl. königl. sächsischen Gesetze. Mit erläut. Anmerkgn. unter Berücksicht. der sächs. Spruchpraxis herSg. Leipzig 868. Roßberg. 8. (VIII, 170 S.) n. 15 ngr.

Hagen, Emil, die allgemeine deutsche Wechselordnung u. das deutsche Wechselstempelgesetz. Mit erläut. Anmerkgn. u. unter besond. Berücksicht. der Entscheidgn. d. Reichsoberhandelsgerichts. 2. verm. u. verb. Aufl. gr. 8. (VIII, 197 S.) Leipzig 875. Roßberg. n. 3. —

Hagen, Ernst, die elektrische Beleuchtung m. besond. Berücksicht. der in den Vereinigten Staaten Nord-Amerikas zu Central-Anlagen vorwiegend verwendeten Systeme. Mit 93 in den Text gedr. Holzschn. u. 2 Taf. gr. 8. (VIII, 307 S.) Berlin 885. Springer. n. 8. —; geb. n. 9. —

Hagen, Ernst August

— Beschreibung der diesjähr. Gemälde-Ausstellung in Königsberg, Danzig, Stettin u. Breslau. gr. 8. Königsberg 837. (Leipzig, Fort.) n. 1/6 Rthlr.

Hagen, E. Aug., über P. von Cornelius. Eine Vorlesung, in der K. deutschen Gesellschaft in Königsberg gehalten. gr. 8. Königsberg 844, Voigt. n. 1/6 Rthlr.

Hagen, Ernst Aug., der Dom zu Königsberg, s. Gebser, A. R.

— — u. (Respond.) **Friedrich Julius Horn** (Königsberg) De Herculis laboribus qua ratione in antiquis monumentis sint expressi. Comment. archaeolog. Königsberg (Hartung) 7. V. 1827. 75 Seiten. (6.50) 12742

Oppon.: Rud. Vict. Amad. Tortilowicz v. Batocki (Königsberg), Georg Ludwig Janson (Danzig). — Gew.: Conrad Levezow.

Hagen, E. Aug., über Reiterstatuen in Bezug auf das in Königsberg zu setzende Denkmal Friedrich Wilhelms III. Eine Vorlesung, in der K. deutschen Gesellschaft geh. gr. 8. Königsberg 844, Voigt. 1/6 Rthlr.

— **Ernst August** u. (Respond.) **Wilhelm Ludwig Christ. Castell** (Königsberg), De seditionibus a Crescentio Romae conflatis dissertatio. Königsberg (Hartung) 24. IX. 1821. 26 S. (6.—) 12741

Oppon.: Theodor Fabian (Tilsit), Friedrich Eduard Heinel (Marienburg).

— über A. von Thorwaldsen. Eine Vorlesung, in der K. deutschen Gesellschaft am 11. April geh. gr. 8. Ebd. 844. n. 1/6 Rthlr.

August Hagen, [Prof. d. Kunstgeschichte an d. Univ. Königsberg]. Eine Gedächtnißschrift zu s. 100. Geburtstage 12 April 1897 [Verf. Ernst Heinrich v. **Hagen**, Kgl. preuß. Gen.-Lt. z. D.] Mit e. Bildn. Hagens. Berlin Mittler 1897. 250 S. 8° [09. 12847

Hagen, Ernst Rich., Anleitung zur klinischen Untersuchung und Diagnose. Ein Leitfaden für angeh. Kliniker. 2. umgearb., verb. und verm. Aufl. 8. (XVI, 173 S.) Leipzig 874, Veit und Comp. geb. *

—— die seit 1830 in die Therapie eingeführten Arzneistoffe und deren Bereitungsweisen. Auf Grundlage der gekrönten Preisschrift des Dr. V. Guibert für Aerzte und Apotheker bearb. 2. unwesentlich veränd. (Titel-)Ausg. gr. 8. (XXVII, 860 S) Leipzig (863)75, Kollmann. *

—— praktische Beiträge zur Ohrenheilkunde. 4.—6. Heft. gr. 8. Leipzig, Veit und Comp. *

Inhalt:

Heft 4. Klotz, H. G., über Ohrpolypen. (35 S.) 868. * 80 Pf.
" 5. Die Carbolsäure und ihre Anwendung in der Ohrenheilkunde. (29 S.) 869. * 80 Pf.
" 6. Casuistische Belege für die Brenner'sche Methode der galvanischen Acusticusreizung. (IV, 112 S. mit 5 eingedr. Holzschn.) 869. * ℳ 2.
1—3. Heft. Ebendas. 1866,67. * ℳ 2,40.

— **Ernst Richard** (Saalfeld), De echinococco hepatis. Diss. med. Lpz. (Alex. Wiede) 26. IX. 1850 16 S. (5.—) 12743

Hagen, Ernst Rich., das Ohr u. seine Pflege im gesunden u. kranken Zustande. Mit 39 in den Text gedr. Abbildgn. (in Holzschn.) 8. (XVI, 153 S.) Leipzig 872. Weber. n. 2. —

Hagen, Ernst Rich., das Ohr u. seine Pflege im gesunden u. kranken Zustande. 2., verm. u. verb. Aufl. Mit 45 in den Text gedr. Abbildgn. 8. (XVI, 172 S.) Leipzig 883. Weber. n. 2. —; geb. n. 3. —

—— therapeutisches Taschenbuch der Kinderkrankheiten nebst den gebräuchlichsten Heilformeln. Eingeleitet mit einer tabellar. Uebersicht der in der Kinderpraxis gebräuchl. Arzneimittel. 3. Aufl. nach der deutschen Reichs-Pharmacopöe und dem Grammengewichte bearb. gr. 16. (VIII, 368 S.) Leipzig 874, Kollmann. geb. *

Hagen, F., acotyledonische Musen-Klänge, s. Utile cum dulci.

HAGEN, F. Acotyledonifche Mufenklänge oder: Cryptogamen, Liebesfreuden und Familienleben. Breslau 1870. 12°. 86 S.

Hagen, Felix, appr. Arzt a. Berlin: Ein epithelialer Tumor der Irishinterfläche. Freiburg i. B.: Speyer & Kaerner 1905. (45 S.) 8°

Freiburg i. B., Med. Fak., Ref. Axenfeld, Diss. v. 1905

[Geb. 27. Mai 80 Berlin; Wohnort: Freiburg; Staatsangeh.: Preußen; Vorbildung: Friedrich-Wilhelms Gymn. Berlin Reife O. 00, Studium. Berlin 8, Freiburg 1 S.; Coll. 12. Febr. 05.]

Hagen, Florian, **Marmorfunde in Deutsch-Südwestafrika, s. Abhandlungen, koloniale. Hft. 32. 33.**

Hagen, Florian, Marmorfunde in Deutsch-Südwestafrika u. zwar in Swakopmund, Sphinx, Navachab, Habis, Karibib, Kubas. Berlin [1910]. 8°.
(Koloniale Abhandlungen. H 32 33.)

Hagen, Fr. v., Geschichte der orientalischen Frage von ihrer Entstehung, dem Frieden von Kutschuk-Kainardschi 1774, bis zur Kriegserklärung Rußlands an die Pforte, 24. April 1877, vom politisch-militärischen Standpunkt bearb. gr. 8. (IV, 172 S.) Frankfurt a/M. 877. Sauerländer. n. 2. —

Bücher-Verzeichniss der Freimaurer-Loge Carl zur Wartburg. Zsgest. und geordnet von Franz Hagen. Or. Eisenach Oct. 1898. [Nebst] Nachtr. [Eisenach 1898. 1908.] 8° [Umschlagtit.]
Verz. 22 S. [1898]; Nachtr. Mai 1908. S. 23—26 [1908].

Hagen, Franz, approb. Arzt aus Werl (Westf.) **Zur Therapie der Dacryocystitis phlegmonosa mittelst Exstirpation des Tränensackes.** *Greifswald 1903: J. Abel.* (38 S.) 8°
Greifswald, Med. Diss. v. 28. Mai 1903

Hagen, Friedrich vom, aus Schwelm: Zur Metaphysik des Philosophen L. A. Seneca. Borna-Leipzig 1905: R. Noske. (VI, 46 S.) 8°

Erlangen, Phil. Fak., Ref. Falckenberg, Diss. v. 17. Juli 1905

[Geb. 10. März 80 Schwelm; Staatsangeh.: Preußen; Vorbildung: Gymn. Barmen Reife O. 00; Studium: Greifswald 2, Marburg 1, Berlin 1, Halle 1, Bonn 2, Berlin 3, Erlangen 1 S.; Rig. 17. Juli 05.]

Hagen, Friedrich von, Dipl.-Ing.: Wustrow, sein Klima und die Wettervorhersage. Brandenburg a. H. & Berlin 1909: Alterthum. 34 S. 4°

Rostock, Phil. Diss. v. 3. Aug. 1908, Ref. Kümmel

[Geb. 4. Okt. 80 Remscheid; Wohnort: Rostock; Staatsangeh.: Preußen; Vorbildung: Louisenstädt. Oberrealsch. Berlin Reife M. 99; Studium: Berlin Techn. Hochsch. 8, Rostock $2^1/_2$ S.; Rig. 29. Juli 08.] [U 09. 3749

Hagen, Friedrich Heinrich v. d.

Hagen, Fr. Hnr v. d (Bearb.), s. Ackermann, Der, aus Böhmen.

—Progr. anecdotorum medii aevi. Spec. I. 8. Bresl. 818.

—Anmerkk. zu den Nibelungen Noth, s. Nibelungen Not.

— Anmerkungen zu den Nibelungen Noth. gr. 8. Frankfurt 824, Varrentrapp.

— Ritter Götz v. Berlichingen, eigene Lebensbeschreib. 3te Aufl. 8. Ebend. 814.

Hagen, Friedr. Heinr. von der, Beweis, daß Dr. Mart. Luther nie existirt hat. Vorgetragen in d. deutschen Gesellschaft. 32. (1 B.) Berlin 838, Schlesinger'sche Buchh. *
Aus dem: Berliner Conversationsblatt f. 1838, besond. abgedruckt.

Beweis, dass Luther nie existiert hat. Bratenvorlesung b. Luther-Schiller Festmahle am 10. Nov. 1837 in Berlin geh. von Prof [Friedrich Heinrich] v. der **Hagen**. Neudr Marburg: Bauer 1910. 16 S. 8° [10. 10930 4

Hagen, Friedr. Heinr. von der, Bilder aus dem Ritterleben und aus der Ritterdichtung nach Elfenbeingebilden und Gedichten des Mittelalters. Aus d. Abhdlgn. d. k. Akad. d. W. zu Berlin 1855. Berlin 856. Dümmler's Verlhdlg. in Comm. gr. 4. (13 S. u. 4 lith. Taf. in 4. u. Fol.) n. 26 ngl.

—. Bilder aus dem Ritterleben und aus der Ritterdichtung nach Elfenbeingebilden und Gedichten des Mittelalters. Berlin, J. A. Stargardt 1856
Tit. 14 S., 6 Taf. in Lithogr. 4°
Aus. Abhandlungen der philosophisch-historischen Klasse der Königl. Akademie der Wissenschaften 1855

—— Bildersaal altdeutscher Dichter, s. Minnesinger.

—. Bildersaal altdeutscher Dichter. Bildnisse. Wappen und Darstellungen aus dem Leben und den Liedern der deutschen Dichter des XII. bis XIV. Jahrhunderts. Nach Handschriftgemälden, vornehmlich der Manesse'schen Sammlung, und nach anderen gleichzeitigen bildlichen Denkmalen und dahin gehörigen Bild- und Bauwerken. Mit geschichtlichen Erläuterungen Berlin, J. A. Stargardt 1856—1861
2 Bd. 4°
Text: XVIII + 279 S.
Atlas: 2 Tit. 54 Taf. in Kupferst.
(Minnesinger. Deutsche Liederdichter des XII. bis XIV. Jahrhunderts ... von Friedrich Heinrich von der Hagen. T. 5.)

von der Hagen, Fr. Hnr., Briefe in d. Heimath aus Deutschland, d. Schweiz u. Italien. 4 Bde, mit 2 Kpf. 8. Bresl. 818—21. Max u. C. 5 Thlr. 20 Gr.

Hagen's, Fr. H. v. der, Briefe an Chr. G. Heyne (1805 - 1812) u. an G Fr. Benecke, hrsg v. Karl Dziatzko. Festgruss an Hrn. Geh. Reg.-R. Prof. Dr. Karl Weinhold zum 70. Geburtstage am 26. Oktbr. 1893. gr. 8. (IV, 36 S.) Leipzig 893. (M. Spirgatis.) n. 2. —

Hagen, Friedrich Heinrich von der (Hrsg.), s. B u c h der Liebe.

— Buch d. Liebe, s. J. G. G. Büsching.

von der Hagen, Fr. Hnr., über die ältesten Darstellungen der Faustsage. gr. 8. Berlin 844, Schulze. 1/6 Thlr.

— Denkmale des Mittelalters. 1s Heft. gr. 8. Berl. 824. L. Oehmigke. 14 Gr.

— — E d d a = Lieder, s. E d d a.

v. d. H a g e n, (Fr. H.,) Erzähll. u. Märchen. 2 Bde. 8. Prenzlau 824—26, Ragoczy. 1r Bd. 1 Rthl. 8 gr. — 2r Bd. 1 Rthl. 16 gr.

von der Hagen, Fr. Hnr., Erzählungen u. Mährchen. 2 Bde. 2e Ausg. gr. 16. Prenzlau 838. Kalbersberg. n. 1 Thlr.

Hagen, Fr. H. v. der, Fibel u. Fabel! der Luther-Mythos! Beweis, daß ‚Dr. Mart. Luther' nie gelebt hat! Hrsg. u. m. Vor- u. Nachwort, krit. Einleitg. u. Kommentar versehen v. Gabr. A. Müller-Meier. (42 S.) gr. 8 Leipzig (903). C. Bange. n. — 50

H a g e n, F. H. v., u. G. Büsching, altdeutsche Gedichte des Mittelalters. 1r Bd. m. Holzsch. gr. 4. Berlin, Realschulbuchhandl.

Schreibp.
Velinp.

— — deutsche G e d i c h t e des Mittelalters rc., s. G e d i c h t e.

§ * G e d i c h t e, D e u t s c h e, d e s M i t t e l a l t e r s. Hrsg. v F. H v d. H a g e n und J G B ü s c h i n g. 2 Bde. in 3 Tln. Mit 4 Holzschnitten. (II Bd. auch u. d. Titel D e r H e l d e n B u c h i n d e r U r s p r a c h e. v F H v d. H a g e n u. A P r i m i s s e r) Berlin 1808—25. 4⁰ (28 Mk. H. Streisand, Berlin, 1908.)

- s.a. G e s a m m t a b e n t e u e r.

§ * **GESAMMTABENTEUER.** H u n d e r t a l t d e u t s c h e E r z ä h l u n g e n Ritter- u. Pfaffen-Mären, Stadt- u. Dorfgeschichten, Schwänke, Wundersagen u. Legenden von Jakob Appet, Dietrich v. Glatz, dem Freudenleeren, Heinz dem Kellner. Jansen Enenkel, Heinrich u. Johannes v Freiberg, Hermann Fressant, dem Hufferer, Konrad v. Würzburg, Sibot, dem Stricker, Volrat, dem Vriolsheimer, Wernher dem Gartener, Herrand v Wildonie, dem Zwingäuer u. Anderen, meist z. erstenmal gedr u. hrsg. v Friedr. Heinr v d. H a g e n. 3 Bde. Mit 3 Tafeln. Stuttgart u. Tübingen, J. G. Cotta, 1850. 8⁰ (8²/₃ Rthl.) (35 Mk. Bernhard Liebisch, Lpz., 1902, 48 Mk. Alfr Lorentz, Lpz., 1905.)

Genaue Inhaltsangabe mit den Namen der Verfasser bei Goedeke I, 222—223.

— — Dasselbe. (Unverkürzter) Neudruck. 3 Bde. Leipzig 1904. 8⁰ (21 Mk. Heinr. Hugendubel, München, 1904; 24 Mk Gust. Fock, Lpz., 1905.)

von der Hagen, Fr. Hnr., Geschichte u. Beschreib. d. Breslauer Tuchhauses. Betrachtt. über d. Neubau, enth. in e. Liede v. J. Val. Magirus, nebst den sämmtl. dadurch veranlaßten Gedichten. 8. Bresl. 821.

— zur Geschichte d. Nibelungen. gr. 8. Wien 800. Gerold. (Aus den Wiener Jahrbb. abgedr.)

– s. G e s c h i c h t e n, Mährchen u. Sagen.

– s. G o t t f r i e d von Straßburg, Werke.

— u. J. G. G. Büsching; literar. Grundriß zur Geschichte d. deutschen Poesie von d. ältesten Zeit bis in d. 16te Jahrh. gr. 8. Berl. 812. Duncker u. H. 2 Thlr. 12 Gr.

— Handschriftengemälde und andere bildliche Denkmaler der Deutschen Dichter des 12—14. Jahrhunderts. Gelesen in der Akademie der Wissenschaften am 16. December 1852. Berlin. Gedruckt in der Druckerei der Koniglichen Akademie der Wissenschaften 1853. Tit. 27 S. 7 Taf. in Kupferst. 4°

— Heldenbilder aus den Sagenkreisen Karls d. Großen, Arthurs, d. Tafelrunde u. d. Grals, Attila's, d. Amelungen u. Nibelungen. 1r u. 2r Thl, mit 60 Bildern. 8. Bresl. (819. 21.) Grass, Barth u. C. 6 Thlr. 16 Gr.

– s. H e l d e n b u c h, der

— Heldenbuch, s. G e d i c h t e, altdeutsche.

— d. Heldenbuch in d. Ursprache, s. Gedichte, altdeutsche.

– s. H e l d e n r o m a n e

—— H e l d e n - S a g e n, s. a. H e l d e n - S a g e n, altdeutsche und altnordische.

Hagen, Frdr. Hnr. von der, Altdeutsche u. altnordische Heldensagen. Übersetzt Bd. 1–2. 2. verb. Aufl. Breslau 1855. 12.
—, —– Bd. 1 2. Breslau 1872. — Bd. 3. 2. Aufl. völlig umgearb. von A. Edzardi. Stuttgart 1880.

—— neues J a h r b u c h f. Deutsche Sprache u. Alterthumskunde, s. J a h r b u c h.

— Progr. Irmin, seine Säule, seine Straße u. sein Wagen. Einladung zu Vorlesungen über altdeutsche u. altnordische Götterlehre. gr. 8. Bresl. 817. Max u. C. 12 Gr.

— Leben Götz v. Berlichingen, s. J. G. G. Büsching.

— altnordische Lieder u. Sagen, s. Lieder.

—— deutsche L i e d e r d i c h t e r, s. M i n n e s i n g e r.

Hagen, Fridericus Henricus von der. Monumenta medii aevi plerumque inedita, Graeca, Latina, Itala, Franco-Gallica, Palaeogermanica et Islandica. Spec. 1. Poema Graecum de rebus gestis regis Arturi, Tristani, Lanceloti, Galbani, Palamedis aliorumque equitum tabulae rotundae. E codice Vaticano. Editio prima. Vratislaviae 1821. 35 S. 8. *(Wiederabgedr. [illegible] Denkmale des Mittelalter [illegible] durch Fr. H. v. d. Hagen H. 1. Berlin 1824.)*

Breslau, Phil. Fak. Antr.-Progr. als ord. Prof. v. 30. Juli 1821

— Monumenta medii AEvi plerumque inedita etc. 8maj. Bresl. 821. Verfass. 8 Gr.

– s.a. M u s e u m für altdeutsche Literatur

Hagen, Friedrich Heinrich, B. J. Docen, J. G. Büsching

* — — — Museum f. altdeutsche Lit. u. Kunst. 1r Bd. 1s u. 2s Hft. u. 2r Bd. 1s Hft. gr. 8. Berl. Unger. 810. (1s Heft 1 Rthlr. 8 gr. 2s 1 Rthlr. 8 gr. 2r Bd. 1s 1 Rthlr. 12 gr.)

– s. Nacht, Tausend und eine.

— Narrenbuch. 8. Halle 811. Renger. 1 ß 12 gr

– Nibelungen, saNibelungen.

v. d. Hagen, Frdr. Heinr., Nibelungen 22. Handschrift. Mit 1 (lith.) Schriftbilde. gr. 8. (16 S.) Berlin 852, Dümmler's Verl. n. 6 ngr

— — der Niebelungen-Lied, s. Niebelungen.

— Niebelungenlied, s. Niebelungenlied.

– s.a. Psalmen, niederdeutsche.

— — Niederdeutsche Psalmen aus der Karolinger Zeit, zum erstenmal herausgegeben. 4. Breslau, Holäufer (in C.) 816.

– s. Raczynski, A. Graf: Geschichte der neuern deutschen Kunst.

– s. Raczinski, Ed.: Reise.

– s. Rask, R.: Über d. Alter d. Zend-Sprache.

– s. Rock, Christi, der ungenähte graue.

— altnord. Sagen u. Lieder in dän. Sprache. 8. Bresl. 814. Graß, B. u. C. 2 ß 12 gr

— B. J. Docen, J. G. G. Büsching u. B. Hundeshagen, Samml. für altdeutsche Literatur u. Kunst. 1r Bd. 1s Hft. gr. 8. Bresl. 812. J. F. Korn. 20 gr

— Samml. deutscher Volkslieder, s. J. G. G. Büsching.

Hagen, Frdr. Hnr. v. d., Die Schwanensage. Berlin 1848. 4.
Sep.-Abdr. aus: Abh. d. Berl. Akad. d. W. 1846. (D.)

– s.a. Tag, tausend u. ein.

Hagen, Friedrich Heinrich von der

Tausend und Ein Tag. Morgenländische Erzählungen aus dem Persischen, Türkischen und Arabischen übers. Bd 1-10.
Prenzlau: Ragoczy 1827. 8°

— — Tristan und Isalde, ein altdeutsches Rittergedicht. Nach den besten Quellen in der Ursprache mit einem Wörterbuche herausgeg. gr. 8. Berlin, Max u. C. 821.

Hagen, Friedrich Karl Frh. v.

FRIEDRICH CARL Freih. von HAGEN, Rückblick auf das 25jährige Bestehen des Vereins Isis zu Meissen. (Meissen) 1870. (Druck von C. E. Klinkicht & Sohn.) 8°.

Hagen, Friedrich Kaspar

— — u. Jo. Georg Dieterich (Schauenstein/Vogtl.), Poetarum *ΔΗΜΟΠΑΘΕΙΑΝ*. Wittbg. (Gerdes) Sept. 1703. 24 S. (6.20) 12746

Dissertat. mathemat. de finibus aequationum, quae et quator dimensionum sunt, et nullo termino destituuntur, placidae Eruditorum disquisitioni submittunt *M. Fridericus Casp. Hagen*, Baruthinus Francus et *Jo. Christophor. Kern* Zeapolitanus. Vitembergae prelo Christiani Kreusigii, Acad. typogr. 4. 1701

Hagen, F. C., Memoriae philosophorum, oratorum, poetarum, historicorum et philologorum. Francof. 710. 8. 5 gr.

Hagen, F.C.: De θηριομαχίᾳ Pauli. – Viteb. 1703.

Diss. mathemat. de transpositione aequationum indeque resultantibus earum finibus, quam sub praesidio Dn. *Jo. Balthas. Wernheri* Mathem. inf. Prof. Publ. publice defendet M. *Fridericus Casp. Hagen* Baruthinus, Seren. Stip. Vitembergae prelo Christ. Kreusigii, Acad. typogr. 4. 1700

Hagen, Friedrich Wilhelm

— kurze Anweis. zur Obstbaumpflege, als Leitfaden für Schullehrer auf d. Lande 2c. 8. Erlang. 810. Palm. 6 gr

Hagen, Fr. Wlh., Beiträge zur Anthropologie. gr. 8. Erlangen 841, Palm u. Enke. 5/6 ß

— s. Charakteristik des noch unaufgeklärten Theils d. Geistlichkeit.

— Friedrich Wilhelm, Commentatio in Apocalypsis cap. XI. u. XVII. Erlangen (Kunstmann) Mai 1795. 68 S. (6.50) 12747
Gewidm.: Georg Friedrich Seiler, Theophil Christoph Harles. — Mitverfass. ab S. 39 (Cap. XVII): Johann Georg Gackstatt (Emskirchen).

— über d. Gegenstände d. häusl. Glückseligkeit. 2 Predigten. 8. Nürnb. 796. Stein. 3 gr

— d. Geist d. Menschen ist unsterblich; einige (nur eine) Predigten. 8. Bayr. 801. Lübecks Erben. 3 gr

— — Freih. von (Märkischer Adel), De rusticorum juribus et obligationibus singularibus falso vel merito suspectis. Diss. jur. German. communis. Präs. Dan. Nettelbladt. Halle (Francke) 21. III. 1789. 54 S. (6.50) 12749
Vignette: J. C. Krüger inv. & sc. — Widm. v. Präs., Johann Reinhold Forster, Johann Caspar Ludwig Menken, Ernst Heinrich Oelrichs (Hannover), v. Brinckman (Schweden), Johann Georg Kruenitz, Gustav Troschel (Berlin), C. L. H. Huulbeck, Friedr. Ludw. v. Tschirschky.

— Commentar über Cicero's vermischte Briefe. 3 Bdchen. 8. Nürnb. 798—805. Stein. 2 ß 12 gr

— — u. **Anton Kirchner** (Trajectino Francorum [= Schweinfurt]), Commentatio in aliquot psalmorum loca difficiliora et indolem poeticam. Erlang. (Kunstmann) 22. XII. 1797. 70 S. (6.20)
12748

Ab S. 43: Vindiciae Jesu contra novissimum ipsius adversarium (23. XII. 1797; Verf.: F. W. Hagen).

— Materialien zur Uebung in d. Ciceronian. Schreibart etc. 1r Bd. 4 Samml. 796—99. (1r Bd. 1e Samml. 2e A. 808.) 1 Thlr 8 gr u. 2r Bd. 1e u. 2e Samml. (2r Bd. A. u. d. T.: Materialien zu Uebungen in d. guten latein. Schreibart. 1e u. 2e Samml. 799, 800. 22 gr) 8. Erlang. 804—8. Palm. 2 Thlr 6 gr

Hagen, Fridericus Guilelmus *(geb. Liegnitz 17. 11. 1807)*: Nonnulla de fontibus Reinerzensibus eorumque usu medico. Vratislaviae 1832. (28 S.) 8°

Breslau, Med Diss. v. 27. Sept. 1832

— christl. Religionsvorträge. 8. Nürnb. 797. 2e A. 803. Stein. 10 gr

Hagen, Friedr. Wilh., der goldene Schnitt in seiner Anwendung auf Kopf- u. Gehirnbau, Psychologie u. Pathologie. Leipzig 857. Engelmann. gr. 8. (VII, 200 S.) 1 Thlr

— Progr. Die ökonom. Schule zu Waldheim; e. Erzählung. A. u. d. T.: einige Versuche d. Pfarrers Baymann zu Waldheim, auch d. irdische Wohlfahrt seiner Gemeinde zu befördern; e. Schulschrift. 8. Baur. 802.

— Sieg d. Christenthums über Juden- u. Heidenthum, oder d. Offenbarung neu übersetzt, 8. Erlang, 796. Palm. 12 gr

Hagen, Fr. Wlh., die Sinnestäuschungen in Bezug auf Psychologie, Heilkunde u. Rechtspflege. gr. 8. Leipzig 837. Otto Wiaand. 2 Thlr

Hagen, Friedr. Wilh., Studien auf dem Gebiete der aerztlichen Seelenkunde. Gemeinfassliche Vorträge. gr. 8. (VII, 203 S.) Erlangen 870, Besold.
—— dass. — Neue Folge. Chorinsky. Eine gerichtlich psycholog. Untersuchupg. gr. 8. (IX, 217 S.) Ebendas. 872.

Hagen, F. W., psycholog. Untersuchungen. Studien im Gebiete d. physiolog. Psychologie. gr. 8. (VI u. 96 S.) Braunschweig 847, Vieweg & Sohn. n. ½ Thlr

Hagen, F. W., statistische Untersuchungen üb. Geisteskrankheiten. Nach den Ergebnissen der ersten 25 Jahre der Kreis-Irrenanstalt zu Erlangen unter Mitwirkg. v. deren Hülfsärzten hrsg. gr. 8. (356 S.) Erlangen 876. Besold. n. 8. —

Hagen, Fr. Wlh. U., Versuch e. bibl. prophet. Anthologie für Schulen. 2 Bde. 8. Nürnb. 797, 98. Stein. 1 Thlr (2r Bd. A. u. d. T.: d. Messian. u. mehr. Naturpsalmen. 14 gr)

v. Hagen, F. W. I., über d. Verwüstungen d. Borkenkäfers. 8. Göttingen 805. Dieterich. 6 gr

— vindiciae prophetar. Ebraicor. et Jesu Chr. contra Th. Paine etc. 8maj. Nürnb. 798. Stein. 6 gr

Hagen, Fr. Wlh., Ueber Volksindustrie u. Volksbildung durch die Landschulen. Eine Erndte-Predigt. 8°. Erlangen, Palm, 1811.

— über d. Wesentliche der von Pestalozzi aufgestellten Menschenbildungsweise etc. gr. 8. Erlang. 810. Palm. 1 Thlr

Hagen, Frdr. Wilh. Frz., übrige Brocken. Hinterlassene Predigtmanuskripte. (III, 79 S.) gr. 8. Berlin (903). (Dresden, E. Steyer.) n. — 75

Hagen, G., über die Ausdehnung des destillirten Wassers unter verschiedenen Wärmegraden. Aus den Abhdlgn. d. k. Akad. d. W. zu Berlin 1855. Berlin 855. Dümmler's Verlhdlg. in Comm. gr. 4. (1 Bl., 28 S.) n. 8 ngr

Hagen, G., Beschreib. neuer Wasserwerke in Deutschland, Frankreich, den Niederlanden u. in d. Schweiz. Mit 2 Kpf. gr. 8. Königsb. 820. Bornträger. 1 Thlr 16 gr

Hagen, G., über die Bewegung des Wassers in cylindrischen, nahe horizontalen Leitungen. Mit e. Anh. über die Bewegg. des Wassers in vertical abwärts gerichteten Röhren. [Aus den Abh. der k. Akad. der Wiss. zu Berlin.] Berlin 870. (Dümmler's Verl.) gr. 4. (29 S.) n. 12 ngr

— über die Bewegung des Wassers in Strömen. [Aus den Abh. der k. Akad. der Wiss.] Ebend. 869. gr. 4. (29 S.) n. 10 ngr

Hagen, G., Ueber den Einfluss der Temperatur auf die Bewegung des Wassers in Röhren. (Eine in der Königl. Akademie der Wissenschaften gelesene Abhandlung.) Berlin 1854.

Hagen, G., der Constanten wahrscheinliche Fehler. Nachtrag zur 3. Aufl. der Grundzüge der Wahrscheinlichkeits-Rechng. gr. 8. (88 S.) Berlin 884. Ernst & Korn. cart. n. 1. 60

— über Fluth und Ebbe in der Ostsee. Aus d. Abhdlgn. d. k. Akad. d. W. zu Berlin. Ebend. 857. gr. 4. (18 S.) n. 8 ngr

— über Fluth u. Ebbe in der Ostsee. (2. Abhandlg.) Aus den Abhdlgn. der k. Akademie der Wiss. zu Berlin 1859. Berlin 859. Dümmler's Verlhdlg. in Comm. gr. 4. (18 S.) n. 8 ngr

Hagen, G., über Form u. Stärke gewölbter Bogen. Mit 1 Kpfrtaf. (in Fol.) Berlin 862. Ernst & Korn. Lex.-8. (VII, 64 S.) n. 25 ngr

Hagen, G., üb. Form u. Stärke gewölbter Bogen u Kuppeln. 2. vervollständ. Aufl. Mit e. Kpfrtaf. (in gr. 4.) gr. 8. (VI, 79 S.) Berlin 874. Ernst & Korn. n. 2. 50

Hagen, G.: „Zur Frage über das Deutsche Maass", Berlin 1861 (Ernst & Korn).

— Gedächtnissrede auf Johann Franz Encke. [Aus den Abh. der k. Akad. der Wiss.] Ebend. 867. gr. 4. (20 S.) n. 8 ngr

— Geschwindigkeit d. strömenden Wassers in verschiedenen Tiefen, untersucht nach den v. Brünings ausgeführten Messungen. [Aus: „Abhandlg. d. k. preuss. Akad. d. Wiss. zu Berlin".] Mit 1 (lith.) Taf. gr. 4. (79 S.) Berlin 883. (G. Reimer.) cart. n. 4. —

— über das Gesetz, wonach die Geschwindigkeit d. strömenden Wassers m. der Entfernung vom Boden sich vergrössert. [Aus „Abhandlgn. der königl. Akademie der Wiss. zu Berlin."] gr. 4. (27 S.) Berlin 872. Dümmler's Verl. in Comm. n. 1. 50

Hagen, G., Grundzüge d. Wahrscheinlichkeits-Rechnung. Mit 1 Figurentaf. gr 8. Berlin 837. Dümmler. 1 ℛ

— Grundzüge der Wahrscheinlichkeits-Rechnung. 2., umgearb. Ausg. Berlin 867. Ernst & Korn. Lex.-8. (X, 187 S. mit eingedr. Holzschn.) n. 1 ℛ 15 ngr

Hagen, G., Grundzüge der Wahrscheinlichkeits-Rechnung. 3., umgearb. Aufl. gr. 8. (X, 219 S.) Berlin 882. Ernst & Korn. n. 6. —

Hagen, G., Handbuch d. Wasserbaukunst. 1. Thl.: Die Quellen. Mit 21 Kpftaf. gr. 8. Königsberg in Pr. 841, Gebr. Bornträger. n. $7^1/_3$ ℛ

— dass. 2. Thl. Die Ströme. 1. Bd. Mit 17 Kpftaf. gr. 8. Ebend. 844. n. $5^1/_3$ ℛ (I. II. 1. $12^2/_3$ ℛ)

Hagen, G., Handbuch d. Wasserbaukunst. II. Thl. Die Ströme u. Kanale. 2 u. 3. Bd. Mit 18 u. 21 Kpfrtaf. in Fol. gr. 8. (2: IV u. 500 S. 3: IV u. 746 S.) Königsberg 847. 52, Gebr. Bornträger. 2: n. $5^1/_3$ ℛ 3: n. 6 ℛ 28 ngr (I u. II., 3: n. 24 ℛ 28 ngr

— dass. — 1. Thl.: Die Quellen. 2., verb. und verm. Aufl. gr. 8. (VIII und 820 S. mit 21 Kpfrt. in qu. gr. Fol.) Königsberg 852(53,) Gebr. Bornträger. *
2. Thl. 1. und 2. Bd. Ebendas. 1844—47. * 10 Thlr. 20 Ngr.

— Handbuch der Wasserbaukunst. 2. Thl.: Die Ströme. 1—3. (letzter) Bd. 2. Aufl. gr. 8. Königsberg, Gebr. Bornträger. [Bd. 1. (IV und 516 S. mit 17 Kpfrt. in qu. gr. Fol.) 853., 2. (IV und 500 S. mit 18 Kpfrt. in qu. gr. Fol.) 854. à Bd. * 5 Thlr. 10 Ngr., 3. (IV und 745 S. mit 21 Kpfrt.) 856(57.) * 6 Thlr. 28 Ngr.] *
1. Thl. (2. Aufl.) Ebendas. 1852(53.) * 6 Thlr. 20 Ngr.

— Handbuch der Wasserbaukunst. 3. Thl. (1. Bd.) A. u. d. T.: Seeufer- und Hafenbau. 1. Bd. gr. 8. (XIX und 364 S. mit 1 Atlas von 9 Kpfrt. in Fol.) Berlin 863, Ernst und Korn. *

— dass. — 3. Thl. (2. Bd.) A. u. d. T.: Seeufer- und Hafenbau. 2. Bd. gr. 8. (III und 407 S. mit 1 Atlas von 11 Kpfrt. in Fol.) Ebendas. 863. *

— dass. — 3. Thl. (3. Bd.) A. u. d. T.: Seeufer- und Hafenbau. 3. Bd. gr. 8. (IV und 428 S. mit 1 Atlas von 15 Kpfrt. in Fol.) Ebendas. 864. *

— dass. — 3. Thl.: Das Meer. 4. Bd. A. u. d. T.: Seeufer- und Hafen-Bau. 4. Bd. gr. 8. (IV und 398 S. mit 1 Atlas von 9 Kpfrt. in Fol. und einer Inhalts-Nachweisung der 4 Bde.) Ebendas. 865. *
1. Thl. und 2. Thl. [Ebendas.] 1853—56. * 24 Thlr. 8 Ngr.

— Handbuch der Wasserbaukunst. 3. neu bearb. Aufl. 1. Thl. in 2 Abthlgn. Die Quellen. A. u. d. T.: Brunnen, Wasserleitungen u. Fundirungen. 2 Bde. Mit 1 Atlas von 23 Kpfrtaff. in (qu.) Fol. Ebend. 869, 70. gr. 8. (XIV, 383 S. u. IV, 419 S.) n. 8 ℛ

— Handbuch der Wasserbaukunst. 3. neu bearb. Aufl. 2. Thl.: Die Ströme. A. u. d. T.: Uferschälungen, Strombauten u. Schiffahrts-Canäle. 1—4. Bd. Mit e. Atlas v. 58 Kpfrtaf. in Folio. gr. 8. (VI. 413; VI, 399; VI, 372 u. VI, 415 S.) Berlin 871—74. Ernst & Korn. à n. 12. — (I—II, 4.: n. 72. —)

— Handbuch der Wasserbaukunst. 3. Thl.: Das Meer. 1—4. Bd. A. u. d. T.: Seeufer- u. Hafen-Bau. 1—4. Bd. 2., neubearb. Aufl. Mit einem Atlas von 50 Kpfrtaf. in Fol. gr. 8. (V, 406; VI, 496; VI, 492 u. VIII, 513 S.) Ebend. 878—81. à n. 14. —

Hagen, G.: „Deutsches Maass und Gewicht", Frankfurt a. M., 5. Februar 1849.

— Messung d. Widerstandes, den Planscheiben erfahren, wenn sie in normaler Richtung gegen ihre Ebenen durch die Luft bewegt werden. [Aus: „Abhandlgn. d. k. Akad. d. Wiss. zu Berlin".] Mit 1 (lith.) Taf. (in qu. gr. 4.) gr. 4. (31 S.) Berlin 874. Dümmler's Verl. geb. n. 1. 50

— die preussische Ostsee-Küste, in Betreff der Frage, ob dieselbe eine Hebung oder Senkung bemerken lässt. [Aus den Abh. der k. Akad. der Wiss.] Berlin 866. Dümmler's Verlag. gr. 4. (21 S.) n. 8 ngr

— Seeufer- und Hafen-Bau. Bd. 1—4. Mit einem Atlas Kupfertafeln 1—XX und einem zweiten: Kupfertafeln XXI—XLIV, in Fol. 2. Auflage. (A. m. d. T.: Handbuch der Wasserbaukunst. 3. Theil: Das Meer. Bd. 1—4.) Berlin 1878, 80, 81. (3259—60, 3914, 12180—82)

— über den Seitendruck der Erde. [Aus „Abhandlgn. d. k. Akad. d. Wiss. zu Berlin."] gr. 4. (20 S.) Ebend. 871. n. 1. —

— über die Stellung, welche drehbare Planscheiben in strömendem Wasser annehmen. Mit 1 (lith.) Taf. [Aus: „Abhdlgn. d. k. Akad. d. Wiss."] 4. (12 S.) Berlin 878. Dümmler's Verl. in Comm. cart. n. 1. —

Hagen, G., Zur Theorie der Meereswellen. (S. 5165)

— Untersuchungen üb. die gleichförmige Bewegung d. Wassers. gr. 8. (IV, 104 S.) Berlin 876. Ernst & Korn. n. 4. —

— über Veränderung der Wasserstände in den preussischen Strömen. [Aus: „Abhandlgn. d. k. Akad. d. Wiss. zu Berlin".] gr. 4. (32 S.) Berlin 880. Dümmler's Verl. in Comm. n. 1. 50

Hagen, G., Vergleichung der Wasserstände der Ostsee an der preussischen Küste. [Aus: „Abhdlgn. d. k. Akad. d. Wiss. zu Berlin".] gr. 4. (17 S.) Berlin 877. Dümmler's Verl. in Comm. n. 1. —

— über die Wärme der Sonnenstrahlen. (Aus den Abhandlungen der k. Akad. der Wiss. zu Berlin 1863.) Berlin 864. Dümmler's Verlhdg. in Comm. gr. 4. (47 S.) n. 8 ngr

— über Wellen auf Gewässern von gleichmässiger Tiefe. Mit 1 (Kpfr.-)Taf. Aus den Abhandlungen der k. Akad. der Wiss. zu Berlin 1861. Ebend. 862. gr. 4. (79 S.) n. 1 ℛ

— Zusätze und Berichtigungen zur 1. Ausg. vom 1. Thle. des Handbuchs der Wasserbaukunst, enth. die wichtigsten Aenderungen, die bei der zweiten Bearbeitung dieses Theiles eingeführt sind. Unter Hinweisung auf die erste Ausg. zusammengestellt. Ebend. 853. gr. 8. (58 S.) n. 10 ngr

G. E. Hagens aus der Mathematik abgenommene Regeln, nach welchen sich der menschliche Verstand bey Erfindung verborgener Wahrheiten richtet, nebst der Fortsetzung. Halle, Rengerische Buchhandlung. 8.
1737

Hagen, Godefrit, Reimchronik d. Stadt Cöln a. d. 13. Jahrh. Mit Anmerkn. u. Wörterbuch nach d. einzigen alten Handschr. z. erstenmale vollständ. hrsg. v. E. v. Groote. gr. 8. (20 B.) Cöln 834, DüMont-Schauberg.

Hagen, Gottlieb Friedrich

Hagen, Gottl. F., Einfluß d. natürl. Erkenntn. Gottes ꝛc. in d. Führung d. Christenthums. 8. Bayr. 73j.

— **Gottlieb Friedrich, Jo. Christian Valent. Hugen** (Bayreuth) u. **Johann Ernst Barth** (Ipsheim), Epistola de bonorum jactura felicitatem non impediente in obitum matronae dominae Eleonorae Sophiae Layriziae natae Ludoviciae Halae nonis novembr. 1731 denatae et d. 6. id. ejusdem mensis sepultae ad virum dominum Jo. Georgium Layriz, seren. Marggrav. Brand. Baruth. a consiliis tutel. sup. . . Halle (Hendel). 4 Bl. (5.50) 12750

G. Fr. Hagen meditationes de methodo mathematica, cum praefat. *Wolfii* de acumine intellectus mathematum tractatione comparando. Halae. 8. (8 gr.) 1734.

— meditat. philos. de methodo mathematica. 8. Nürnb, Stein. 73i.

Hagon, Gttl. Fr., Do mensura soni articulati. Hal. 4°. *Haller*, Bibl. anat. II, 248.

1731

Hagen. G. Fr De mensurandis viribus propriis atque alienis. Gissae 1733. 4.

Hagen, Gottlob. Durchs Leben. Erzählungen aus der Heimat. 111 S. 8. Aarburg, Buchdr. Aarburg, 1902. (fr. —. 20)
Schweizer Familien-Bibliothek. Band 12.

— **Gottlob Christian Wilhelm** (Lucka/Altenburg), De liberorum naturalium in bonorum paternorum sextantem successione. Diss. jur. Jena (Schreiber & Co.) 1815. 32 S. mit Biogr. (M.: Ph. Ch. Oettel). (6.30) 12751
Gewidm.: Friedrich Carl August v. Griesheim (Synderstad).

Hagen, G. Chr. W., Commentatio juridica de liberorum naturalium successione in bonorum paternorum sextantem. 4. Jena 816. Cröker. 6 gr.

Hagen, Gunth. v., kurzes Handbuch f. Neger-Englisch an der Westküste Afrikas unter besond. Berücksicht. v. Kamerun. (68 S.) kl. 8. Berlin (W. 9, Potsdamerstr. 127/128) 908. Dingeldey & Werres. nn 1. —

Hagen, H. (Red.), s. Alpina.

Hagen, H., Anleitung zur richtigen Setzung der Interpunktionszeichen. Münster 854. Deiters. (Aschendorff.) 8. (32 S.) 3 ngr.

(Hagen, H. v.) Beitrag zu den Erinnerungen 1870/71. Prinz Friedrich Heinrich Albrecht v. Preußen. Berlin 1896. 8°. (Aus: M. W. B.)

Hagen, H., Carmina medii aevi maximam partem inedita. Ex bibliothecis helveticis collecta. 236 p. 8. Bernae, G. Frobenius & Co. 5. —

Hagen, H., De aliquot Anthologiae Latinae carminibus et de tractatu aliquo Bernensi de Philautia disputatio. Gel. 1877. 23 S. 4°. 2.50

— Ad Anthologiam Latinam coniectanea. Pr. 1885. 15 S. 4°.

Hagen, H., Ueber ein neues Epigramm mit d. Aufschr.: Octaviani Augusti. S.-A. O. J. 8 S.

Hagen, H., üb. litterarische Fälschungen, s.a. Zeit- u. Streit-Fragen, deutsche.

Hagen H, über litterarische Fälschungen. (Zeit- u Strtfr. N F 60-61) Hamburg 1889

Hagen, H., Jahresbericht über die Erscheinungen auf d. Gebiete d. latein. Grammatiker. S.-A. o. J. 80 S.

Hagen, H., Jahresbericht üb. d. Litteratur zu G. S.-A. s. a. 9 S. —.60

Hagen, H., Konrad v. Marburg, deutscher Ketzermeister u. Großinquisitor. Trauerspiel in 5 Akten, frei nach der Geschichte bearb. 8. (100 S.) Leipzig 890. (Rangenberg & Himly.) n. 2. —

Hagen, H., über die Lebensweise der Termiten u. ihre Verbreitung, s.a. Unterhaltungen, Königsberger naturwissenschaftliche.

Hagen. H Über die Lebensweise der Termiten und ihre Verbreitung. Königsb. 1852.

Hagen, H., Zu den Berner Lucanscholien. S.-A. 1885. 11 S. —.90

Hagen, H., Eine Nachahmung v Cyprian's Gastmahl durch Hrabanus Maurus. S.-A 1884. 24 S. 1.—

Hagen, H., die Neuroptera des lithographischen Schiefers in Bayern. Pars I.: Tarsophlebia, Isophlebia, Stenophlebia, Anax. Cassel 866. Fischer. gr. 4. (40 S. mit 4 Steintaff. Abbild.) n. 3 ℛ 15 ngr.

—— und F. J. Pictet-Baraban, die im Bernstein befindlichen Neuropteren der Vorwelt, s. Reste, die im Bernstein befindlichen organischen.

Hagen, H Über die Neuropteren der Bernsteinfauna. 1854.

Hagen, H. Der Oktavius des Minucius Felix. Aus dem Lateinischen. In-8°. 89 S. Bern, Haller'sche Buchdr. 1890 1 50
*** Sonderdruck aus den „Alpenrosen" (Sonntagsblatt zu „Bernerzeitung" und „Intelligenzblatt").

Hagen, H., Die Richtungen d. klass. Philologie seit Fr. A. Wolf. Gel. 1896. 23 S. 1.—

Hagen, H., der Roman vom König Apollonius v. Tyrus, s.a. Sammlung gemeinverständlicher wissenschaftlicher Vorträge.

Hagen H, der Roman vom König Apollonius von Tyrus und seine verschiedenen Bearbeitungen. (Samml. wissensch. Vortr. 303) Berlin 1878

– (Red.), s. Schirmmacher-Zeitung, Deutsche.

Hagen, H.: Über d. Vernachlässigungen der Orthopädie namentlich in u. nach Kriegszeiten. Würzburg 1872.

Hagen, H. (Prof.) Theodulfi episcopi Aurelianensis de iudicibus versus recogniti. In-fol. XIII et 31 p. Bernae (Rectoratsschrift). 1883

— üb. Wesen u. Bedeutung der Homerfrage, s.a. Sammlung gemeinverständl. wissenschaftl. Vorträge.

Hagen H, über Wesen und Bedeutung der Homerfrage. (Sammlung gemeinverständlicher wissenschaftlicher Vorträge NF 81) Hamburg 1889

Hagen, H. G., disquisitio historico-dogmatica inauguralis de dogmate immaculatae conceptionis Mariae. Trajecti ad Rh. 856. Post, Uiterweer et Co. gr. 8. (XII, 116 S.) 25 ngr

Hagen, Hans, Blätter u. Skizzen. 1.–3. Bdchn. 8. (V, 176; V, 162 u. V, 174 S.) Leipzig 898. Pahl. à n. 1.—

Hagen, Hans, De divinatione ex insomniis. Bas. 4°. 1735

Hagen, Hans, neue Entwürfe f. moderne Glasätzereien. Vorbilder im Geschmack der Neuzeit für Glasätzer, Glasmaler u. Kunstgewerbe-Zeichner. 2. verm. u. verb. Aufl. (62 Lichtdr.-Taf.) gr. 4. Hannover (903). Bolm & Lockemann. In Mappe n. 32.—

— dasselbe. Neue Folge. (24 Lichtdr.-Taf.) gr. 4. Ebd. (903). In Mappe n. 16.—

Hagen, Hans, neue Entwürfe f. Kunstglasätzer u. Schildermaler. Zusammengestellt u. hrsg. in besond. Berücksicht. u. Pflege d. modernen Stils. gr. 4. (53 Lichtdr.-Taf.) Hannover (902). Bolm & Lockemann. In Mappe n. 24.—

Hagen, Hans (Hans Hagen-Müller), Lorenz Heidenreich, e. Reformator. Historisches Schauspiel in 5 Akten. Frei nach der Geschichte bearb. 8. (95 S.) Zittau 902. A. Graun. n. 1. 50; geb. n. 2.—

Hagen, Hans, kleine Könige. Schwank in 3 Akten. (103 S.) 8. Zittau i/S. 905. Selbstverlag. n. 1. 50

P Hagen, Hans [Hans Müller]. Konrad v. Marburg, deutscher Ketzermeister u. Großinquisitor. Trauerspiel in 5 Akten, frei nach der Geschichte bearb. 8. (100 S.) Lpz. 890, (Zangenberg u. Himly). * 2 —

— der Pönfall. Schauspiel in 5 Akten. Nach Vorgängen aus der lausitzer Reformationsgeschichte frei bearb. 8. (VIII, 77 S.) Zittau 901. E. Oliva. n. 1. 50; geb. n. 2.—

— Reformatoren der Lausitz. In 10 dramat. Bildern frei nach der Geschichte dargestellt. (VII, 118 S.) 8. Zittau 903. Schiemann & Co. (Nur direkt.) n. —50

Hagen, Hans, Theolinde. Ein Sang vom Bodensee. 8. (94 S.) Luzern 890. (Foesser Nachf.) n. 1. 30; geb. 2.—

Hagen, H. Theolinde. Ein Sang vom Bodensee. In-8°. 94 S. Luzern, J. Schill. 1 30
1890 Leinwd. 2 —

Hagen, Heinr. v., s.: Albrecht, Prinz v. Preußen.

Hagen, Heinrich [aus Troisdorf (Rheinpreussen)]: Ueber Parotitis nach Ovariotomie Wurzburg, Buchdr. d. „N. Bayer. Landeszeitung", 1887; 28 S. 8°
Wurzburg, Med. Fak., Inaug. Diss. v. 1887

Hagen, Heinrich von Ueber die altfranzösische Vorstufe des Shakespeare'schen Lustspieles „Ende gut, Alles gut" Halle a. S. 1879 Schmidt 39 S. 8°
Halle-Wittenberg, Phil. Diss. v. [14. Juni] 1879
Geb. [Ober-]Faulbrück (Kr Reichenbach, Schlesien) 10. 11. 1848. V

v. Hagen, Henriette Er. Christine, († 1795.) Gedichte: 8. Wernigerode 784. Mit neuem Titelblatt. Nordh. 785. Nitzsche. 1 ℳ

Hagen, Herm., Anecdota Helvetica, s. Grammatici latini.

Hagen, Herm., Jacobus Bongarsius. Ein Beitrag zur Geschichte der gelehrten Studien d. 16—17. Jahrhunderts. gr. 4. (76 S. m. 1 Holzschntaf.) Bern 874. Dalp. n. 1. 60

Hagen, H. (Hrsg.), s.a. Catalogus codicum Bernensium

— catalogus codicum Bernensium. [Bibliotheca Bongarsiana.] Pars prior. Addita est Bongarsii imago (Holzschntaf.) gr. 8. (320 S.) Bern 874. Haller. n. 9. —

Hagen, Herm., s.: Codex Bernensis 363.

Hagen, Herm., de codicis Bernensis n. CIX Tironianis disputatio, II tab. (photo-) lith. arte depictis adjuta. gr. 4. (16 S.) Bern 880. Dalp. n. 2. —

(Hagen, Hermann) Der Jurist und Philolog Peter Daniel aus Orléans (1530[–1603]. Eine litterarhistorische Skizze von Dr. H. H. .. Mit einer Beilage: Achtzehn ungedruckte Briefe von Gelehrten des 16. Jahrhunderts enthaltend). 4 (Bern 1873.)
(Zur Feier des Stiftungstages der Universität 15 November 1873 laden ein Rektor und Senat der Hochschule Bern. Bern 1873.)

Hagen, Hermann. Professorum atque Alumnorum Heidelbergensium Epistulae ante hos trecentos et quod excedit annos Bernam missae et ab Hermanno Hageno nunc primum editae. 4. Bernae 1886.
Litterarum Universitati Heidelbergensi Ruperto-Carolae .. saecularia quinta pie gratulatur Litterarum Universitatis Bernensis Rector et Senatus

Hagen, H., üb. elementare Ereignisse im Alterthum, s.a. Sammlung gemeinverständlicher wissenschaftlicher Vorträge.

Hagen H, über elementare Ereignisse im Altertum. (Sammlung gemeinverständlicher wissenschaftlicher Vorträge 454) Berlin 1885

Hagen, Hermann, s. Flores semisaeculares Bernenses.

— Friedrich Fröbel im Kampf um den Kindergarten. Allerlei Handschriftliches aus Fröbel's Briefwechsel, mitgetheilt. gr. 8. (XVI, 148 S.) Leipzig 882. Findel. n. 2. 50

— Friedrich Fröbel im Kampf um den Kindergarten. Allerlei Handschriftliches aus Fröbel's Briefwechsel. Neue (Titel-)Ausg. gr. 8. (XVI, 148 S.) Wien 886. Pichler's Wwe. & Sohn. n. 2. 50

— zur Geschichte der Philologie u. zur römischen Litteratur. Vier Abhandlungen. gr. 8. (XI, 317 S.) Berlin 879. Calvary & Co. n. 8. —

Hagen, Herm., antike Gesundheitspflege, s.a. Sammlung gemeinverständlicher wissenschaftlicher Vorträge.

Hagen, Hermann, Antike Gesundheitspflege, Vortr., Hamburg 1892, 38 S., 8°.

Sollemnia anniversaria conditae Universitatis et munus auspicantis novi rectoris una cum certaminibus litterariis die XVII ante calendas Decembres rite obeunda indicit rector et senatus Universatis Bernensis. Inest Hermanni Hageni de Placidi glossis in libri glossarum codice Bernensi obviis disputatio. In-4°, 16 p. Bernae, Typis A. Fischeri. 1879

— gradus ad criticen. Für philologische Seminarien u. zum Selbstgebrauch entworfen. gr. 8. (XII, 136 S.) Leipzig 879. Teubner. n. 2. 80

(Hagen, H[ermann].) Die Amsoldinger Inschriften. [SA.] 8. [Zürich 1878–1879.]

Hagen, Herm, d. Lebensweisheit d. Euripides. Oeffentl. akadem. Vortrag, geh. im Museumssaale zu Bern, Winter 1891/92. [Aus: „Confidentia".] 8. (85 S.) Bern (896) 897. (Schmid & Francke). n. — 80

—— Berner Palimpsestblätter aus dem 5.—6. Jahrh. zur Passio sancti Sebastiani. Lex.-8. (34 S.) Wien 884, (Gerold's Sohn.) **
Aus: Sitzungsberichte der k. Akademie der Wissenschaften, besonders abgedruckt.

Hagen, Hermann. Hermanni Hageni Prodromus novæ inscriptionum latinarum Helveticarum sylloges titulos Aventicenses et vicinos continens. 4. Bernæ 1878.
Sollemnia anniversaria conditæ Universitatis et munus auspicantis novi rectoris ... rite obeunda indicit Rector et Senatus Universitatis Bernensis.

— prodromus novae inscriptionum latinarum helveticarum sylloges, titulos Aventicenses et vicinos continens. gr. 4. (VIII, 68 S.) Bern 878. (Dalp.) n. 4. —

— de Dosithei Magistri quae feruntur glossis quaestiones criticae. gr. 4. (15 S.) Ebend. 877. n. — 80

Hagen, Herm., quaestionum Xenophontearum fasc. I. De Xenophonteo qui fertur Agesilao. Bernae 865. (Berlin, Calvary & Co.) gr. 8. (66 S.) n. 15 ngr.

— antike u. mittelalterliche Räthselpoesie. Mit Benutzg. noch nicht veroeffentlichter Quellen aus den Handschriften-Bibliotheken zu Bern u. Einsiedeln. Eine populaere Skizze. Biel 869. Steinheil. br. 8. (51 S.) n. 8 ngr.

— antike u. mittelalterliche Raethselpoesie. Eine populäre Skizze. Neue (Titel-) Ausg. gr. 8. (51 S.) Bern 877. Frobeen's Verl. n. 1. —

— Sollemnia anniversario conditæ universitatis. In-8°, 31 S. Bern, Dalp. 1883 1 50

Hagen, Hermann. Ein Stammbuch aus dem Ende des sechszehnten Jahrhunderts. [SA.] 8. [Bern 1870.]

Hagen, Hermann, appr. Tierarzt: Aus d. pharmakol. Inst. d. Universität Giessen. Über Umsetzung des Cyankaliums in toten und überlebenden Organen. Würzburg 1910: Staudenraus. 32 S. 8°
Gießen, Veterinär-Med. Diss. v. 7. Juni 1910, Ref. Geppert
[Geb. 21. Nov. 85 Straelen; Wohnort: Gießen; Staatsangeh.: Preußen; Vorbildung: Gymn. Kempen a. Rh. Reife O. 06; Studium: Gießen 8 S.; Rig. 7. März 10.] [U 10. 1205

— de Oribasi versione latina Bernensi commentatio. 4. (XXVI, 24 S.) Bern 875. (Dalp.) n. 1. 20

Hagen, Herm. Aug., Bibliotheca entomologica. Die Litteratur über das ganze Gebiet der Entomologie bis zum Jahre 1862. 2 Bde. Mit einem systematischen Sachregister. Leipzig 862, 63. Engelmann. gr. 8. (XII, 566 S.; 512 S.) Jeder Bd. n. 3 ₰ 20 ngr.

Hagen, Herm. Gust. (geb. Eisenberg in Sachs.-Altenburg 28. 2. 1839): De laryngoscopia ejusque usu in cognoscendis sanandisque morbis laryngis. Berolini (1863). (32 S.) 8°
Berlin, Med. Diss. v. 15. Aug. 1863

Hagen, Hilde La Harpe-
s. La Harpe-Hagen. A 12. 10619

Hagen, Hildeg., und jene sinds, die leibend büßen! Leiden u. Lieder e. Verstoßenen. 1. u. 2. Aufl. (79 S.) 22×11 cm. Potsdam (907. 08). A. Stein. 1. —

Wie ist ein Phonogramm-Archiv in Deutschland zu gestalten? Von Hugo Frh. v. Hagen, Major a. D. (Berlin) 1908: (Preuss). 48 S. 8°
Aus: Phonogr. Zeitschrift. 1908. [09. 11303 2

Hagen, J., Gedichte. 2 Thle. Kleinere Gedichte. — Größere Gedichte. Angehängt einige Worte über den deutschen Hexameter. 8. (568 S.) Leipzig 852, C. H. Mayer in Comm. n. 1⅓ ₰

Hagen, J., Gedichte. 2. (Titel-)Ausg. (2 Thle. in 1 Bde.) 1. Thl. Kleinere Gedichte. 2. Thl. Größere Gedichte. Angehängt einige Worte über den deutschen Hexameter. Leipzig 852. C. H. Mayer in Comm. 8. (242; 326 S.) n. 1 ₰ 10 ngr.

Hagen, J. A. v., a.: Anweisung zur Anfertigung v. Bauentwürfen f. Privatbauten.

— a.: Bauordnung f. Riga.

Hagen, J. A., praes. Chr. Stock, De cerevisiae salubritate suspecta. 44 pp. Jen. 4°. 1756

Hagen, J. C., resp. Ge. Emmerich, De febre virginum amatoria ex amore. 18 pp. Regiom. 4°. 1708

Hagen, J. C., resp. A. H. Graetz, Diss. de malo hypochondriaco; germanice Miltz-Kranckheit. 18 pp. Regiom. 4°. 1708

Hagen, J. C., De memoria. 16 pp. Regiom. 4°. 1709

Hagen, J. F. A., Amtspredigt am 23. Sonnt. nach Trinit., zum Gedächtniß des Hrn. Dr. Tscheggey. 8. Bresl. 830. Graß, B. u. C. 2 gl.

Hagen, J. F. A., Concordanz, oder Wörterbuch von Beispielen u. Gleichnissen aus d. heil. Schrift, über alle Gegenstände d. dogmat. u. moral. Unterrichts für Prediger u. Schullehrer. 8. Bresl. 808.

Hagen, J. G., Wetter-Telegraphie und Sturm-Warnungen in Nordamerika. Freiburg im Breisgau 1886.

Hagen, J. H. Chr., die Christusvorstellung der protestant. Freunde. gr. 8. Magdeburg 845, Falckenberg u. C. 3 ngr

Hagen, Jakob Arnold

Hagen, Jac. Arn., sprachliche Erörterungen zur Vulgata. Freiburg im Br. 863. Herder. gr. 8. (VII, 106 S.) n. 16 ngr.

Hagen, J. A. Meletemata critica in Hesiodi Erga. 13 S. . . .
Progr. Düren 1841

Hagen, J. A. Meletemata critica in Hesiodi Erga. Pars altera. 26 S.
Düren, Progr. 1848

Hagen, Jac. Arnold. Meletemata critica in Hesiodi Erga. Pars tertia. 10 S.
Düren, Progr. 1854

Ein Beitrag zur Kenntniss der Bryа Deutschlands von I[ngebrigt] Hagen. Trondhjem 1904: Aktietr. (17 S.) 8°
= Skrifter, Kgl. Norske Videnskabers Selskabs. 1904, No 1. (08. 4914 9

Hagen, Jh. Gtl., kurze Nachricht von d. Religion, Reformation u. Augsburg. Confession. 2 Bde. 8. Hof 786, 87. Grau. 8 gr

— Regentengesch. des Hauses Brandenburg. 8. Ebend. 785.

— Versuch e. Regentengeschichte d. Hauses Brandenburg. 8. Hof 786. Grau. 4 gr

Hagen, Jh. Mich., Baiern und das baiersche Bier, sowie Norddeutschland und dessen Biere. Was ist zu thun, um das baiersche Bier überall herzustellen? Allen Gesetzgebern, Beamten, Brauern u. Wirthen zugeeignet. 8. Eisenberg 841, Schönesche Buchh. 1/3 rß

Hagen, J. M., Baiern u. das baiersche Bier, sowie Norddeutschland u. dessen Biere. Was ist zu thun um das baiersche Bier überall herzustellen? 2c. 2. Aufl. 8. (64 S.) Eisenberg 847, Schöne. 9 ngr.

Des Pastors [Bonnich Andreas] Bonnichsen Ansichten und Bemerkungen rücksichtlich der Nothlüge, widerlegt v. Johann Hagen. Sonderburg. 1833. 8°.

— s. Bemerkungen von Pastor Bonnichsen über die Hagensche Abhandlung von der Northlüge. 1834.

Hagen, Joan., et Andr. Listov, Fragmenta selecta ex scriptis patrum ecclesiae latinae ediderunt notisque instruxerunt. gr. 8. (VIII u. 342 S.) Havniae 850, Reitzel. n. 1 1/3 rß

Die Nothlüge als unstatthaft beleuchtet v. Johann Hagen. Hadersleben. 1828. 8°

— Joh. (Nürnberg), De protectoribus opificum, eorumque magistratibus et praefectis. Diss. jur. Präs. Adrian Beier. Jena (Werther) 19. III. 1710. 48 S. (6.—) 12754
Widm. v.: Christian Wildvogel, Präs., Georg Wolffgang Wedel.

— Sammlung einiger Religions-Vorträge. Sonderburg. 1840.

Hagen, Johann Evang.

Hagen, Joh. Evang., mein schönster Tag. Belehrgn. u. Gebete f. d. Jugend, bes. f. d. Kommunikantenkinder. 16. (640 S. m. 1 Stahlst.) Einsiedeln 897. Verlagsanstalt Benziger & Co. Geb. in Leinw. n. 1.35; feine Ausg., geb. in Leinw. m. Goldschn. n. 2 25

— dasselbe. 16. (640 S. m. 2 Stahlst.) Ebd. 897. Geb. in Leinw. n. —80; feine Ausg., geb. in Kalbldr. m. Goldschn. n. 5.—

Hagen, Joh. Evang., mein schönster Tag. Belehrungen u. Gebete f. die Jugend, besonders f. die Kommunikantenkinder. 16. (640 S. m. 1 Stahlst.) Einsiedeln (901). Verlagsanstalt Benziger & Co. Geb. v. n. —80 bis n. 3.15

Hagen, Johann G.

Atlas stellarum variabilium ... Comp. a I. G. Hagen, S. I., dir. spec. Coll. Georgiopolitani, Washington, et typis descr. subsidiis Catharinae W. Bruce. Ser. 1. 2. *Berolini: F. L. Dames 1899.* 2 Bde 4°
1. Compl. stellas variabiles intra limites declinationis −25° et 0°, quarum lux minima est infra magnitudinem 10M.
2. (In 2 H.) Compl. stellas variabiles intra limites declinationis 0° et +25°, quarum lux minima est infra magnitudinem 10M. (00. 4463

Beobachtungen veränderlicher Sterne von Eduard Heis aus den Jahren 1840–1877, u. von Adalbert Krueger aus d. Jahren 1853–1892. Hrsg. von J[ohann] G. Hagen, S. J., unter Mitw. von ... *Berlin: F. L. Dames 1903.* (218 S.) 4° (03. 1459

Index operum Leonardi Euleri confectus a Joanne G. Hagen S. J., dir. speculae astron. ... Washington D.C. *Berolini: F. L. Dames 1896.* (VIII, 80 S., 1 kl. Bl.) 1 Bd 8. (97. 3577

Hagen, Joh. G., Synopsis der höheren Mathematik. 1. u. 2. Bd. Imp.-4. Berlin, F. L. Dames. à n. 30.—
1. Arithmetische u. algebraische Analyse. (VIII, 398 S.) 891.
2. Geometrie der algebraischen Gebilde. (V, 416 S.) 891.

Hagen, Joh. G., S. J., Synopsis der höheren Mathematik. III. Bd. Differential- u. Integralrechng. (In 6 Lfgn.) 1. u. 2. Lfg. gr. 4. (S. 1—128.) Berlin 900. F. L. Dames. à n. 5.—

Hagen, Joh. G., S. J., Synopsis der höheren Mathematik. III. Bd. Differential- u. Integralrechng. 3.—7. Lfg. (VI u. S. 129—471.) 4. Berlin 900—905. F. L. Dames. à n. 5.—
Bd. I. u. II. Ebd. 891. 894. erm. Pr. n. 52. 50.

Hagen, Joh. Georg Friedrich v.

— Beschreibung der Münzen des Hauses Mansfeld. m. K. gr. 4. Ebend. 778.

— Beschreib. d. Silbermünzen d. Reichsstadt Nürnberg. 1r Thl., mit Kpf. gr. 4. Nürnb. 766. 2e A., mit Zusätzen. 3e verm. A. 769. (Enobloch in Leipz.) 2 rß

— Beschreib. d. Thaler d. gräfl. u. fürstl. Hauses Mannsfeld. Mit Kpf. 4. Nürnb. 758. (ohne seinen Namen auf dem Titel). 2e Aufl., umgearb. mit seinem Namen unt. d. T.: Beschreib. d. Münzen d. 2c. Hauses Mannsfeld. Mit Kpf. gr. 4. Nürnb. 778. (Enobloch in Leipz.) 3 rß

v. Hagen, Jh. Geo. Fr., († d. 30. Dec. 1783.) Conventionsmünzkabinett, oder Beschreib. d. Thaler, Gulden u. kleinern Silbermünzen, welche nach dem 1753 erricht. Conventionsfuß geprägt worden. Mit Kpf. gr. 8. Nürnb. 771. (Enobloch in Leipz.) 16 gr

— Originalmünzcabinet. m. K. gr. 8. Ebend. 771.

— Verzeichniß e. zahlreichen Original-Münzkabinetts. Mit Kpf. 8. Nürnb. 769. Mit neuem Titelblatt: Hagenauisches Original-Münzkabinett in Nürnberg. Mit Kpf. gr. 8. Ebd. 771. (Enobloch in Leipz.) 1 rthl 12 gr

Hagen, Johann Heinrich

Hagen, Jh. Hnr., († d. 30. Nov. 1775.) Abhandl. chem.-physikal. Inhalts, herausg. v. K. G. Hagen. 8. Königsb. 778. Unzer. 6 gr

HAGEN, Johann Heinrich: Physikalische Betrachtung über die Weidenrosen, und die in Preussen befindlichen sechszehn nutzbare Weidenarten. - Königsberg 1769. 20 S.

— physikal.-botan. Betrachtt. über d. Weidenarten u. die in Preußen befindl. 16 nutzbaren Weidenarten. 4. Königsb. 769.

— physisch-chem. Betrachtt. über d. Herkunft u. Abstammung des feuerbeständ. vegetabil. Laugensalzes. 4. Königsb. 768.

— physisch-chem. Betracht. über d. Torf in Preußen. 4. Königsb. 761.

— chymische Prüfung d. Alkohol aceti des Hofr. Ehrenreich. 4. Königsb. 771.

— chemisch-mineral. Unterhaltungen einer merkwürd. blauen Farbenerde aus d. preuß. Torfbrüchen. 4. Königsb. 772.

Hagen, Joh. Jost Anton v.

–s. Briefe deutscher Gelehrten.

– s.a. Gedichte in Chaulieus Manier

– Gedichte

— — in Chaulieu's Geschmack (von *Joh. Jost Anton* Frhrn. *v. Hagen*). Halle 1770. Rar!
Anon.-Lex. II. p. 160 (nach Meusel u. Kayser). „Hapen" ist Druckfehler.

— — — — im Geschmack des Chaulieu. . . . Hamburg u. Leipzig 1772. 8° Rar!
„Verspottung der anakreontisch-petrarchischen Manier." Goedeke IV, 115, 60 (wo auch das vorige).

– s.a. Logen, Die.

Die Logen. [Von J. J. A. v. Hagen.] Berlin: [Laue] 1771. 8°
[Kayser, Vollst. Bücher-Lexicon. 3 (1835) S. 580.]

v. Hagen, Frhr. Jh. Jost. Ant., Magazin zur Geschichte d. deutschen Theaters. 1s Stck. 8. Halle 773. (Laue in Berl.) 5 gr

– s. Nachrr., Dramaturgische.

– s.a. Schnaken und Schnurren

SCHNACKEN, Schnurren, Anekdoten und Karakterzüge (von *Joh. Jost. Anton* Frhrn. *v. Hagen*). 2 Sammlgn. Berlin 1783—86.
Name des Vf in Büsten berlinscher Gelehrten und Künstler. Leipzig 1787 8° S. 111 — Anon.-Lex. IV p. 40 (nach Kayser u. Meusel). — Rar!

Hagen, Joannes Carolus Augustus (geb. Breslau 15. 4. 1800) Dissertatio observationes nonnullas de oculorum panno ejusque sanatione sistens. Vratislaviae (1826). (32 S.) 8°
Breslau, Med. Diss. v. 29. Dez. 1826

Hagen, Johann Philipp

Hagen, Jh. Phil., († d. 12. Dec. 1792.) erste u. letzte Antwort auf die von Mursinna u. Bock wider ihn herausg. Schriften. 8. Berl. 791. Maßdorf. 2 gr

— Beschreib. zweier merkwürd. u. schweren Geburtsfälle, in einem Sendschreiben an Stark. 8. Berl. 791. Maurers B. 2 gr

— Biographie von ihm selbst aufgesetzt, mit Anmerkk. herausg. v. J. Chr. Starke. 8. Jena 794. (Schmid). 1 rthl 12 gr

— einige neue Entdeckungen u. Aufklärungen in d. Geburtshülfe. 8. Berl. 786. Maurers B. 2 gr

— Erläuterungen seines Versuchs e. neuen Lehrgebäudes in d. prakt. Geburtshülfe, vorzügl. in Rücksicht d. Wahrnehmungen zum 1sten Thl. gehörig. gr. 8. Berl. 790. 2e A. 793. Belitz. 16 gr

— allgem. Hebammenkatechismus. 2 Thle. 8. Berl. Maurer. 791.

— Lehrgebäude d. prakt. Geburtshülfe. 2 Thle. m. K. gr. 8. Berl. (Troschel, Danzig.) 791.

— dass. 2 Thle. m. K. gr. 8. Danzig. (Häßlinger in Linz) 791.

— Sendschreiben an Stark, zwey Geburtsfälle betreffend. 8. Berl. Maurer. 791.

— Versuch e. allgem. Hebammenkatechismus, oder Anweis. für Hebammen, Schwangere, Gebährende u. Wöchnerinnen. 2 Thle. 8. Berl. 784. 2e Aufl. 8. Elbing. 785. 3e A. Ebd. 787. 4e verb. Aufl. 8. Berl. 791. Maurers B. 1 rthl

Hagen, Johann Philipp: Versuch eines neuen Lehrgebäudes der praktischen Geburtshülfe durch viele Wahrnehmungen erläutert und bestätigt. Th.1: Die Hebammenkunst oder gemeine Geburtshülfe, Th.2: Die höhere Entbindungskunst, die wissenschaftliche, oder eigentliche Geburtshülfe, gbd., Abb.

Berlin u.Stettin: Nicolai 1781 - 1782

JB 3.896

Johann Philipp Hagen

Wahrnehmungen. Zum Behuf der Wundarzneykunst in Deutschland. Von Johann Philipp Hagen. Mitau: Hinz 1772. 164 S. 8°

— Wahrnehmungen zum Behuf d. Wundarzneikunst. 8. Mitau 772. (W. Rauch in Leipz.) 10 gr

— Zeichenlehre für Geburtshelfer. (Aus Starks Archiv abgedr.) 8. Hannov. 795. Hahn. 9 ℊℊ

Hagen, Johs., bunte Blätter aus Holsteins Schweiz. Sep.-Ausg. 8. (IV, 96 S.) Dresden 902. E. Pierson. n. — 75; geb. n. 1. 75

Hagen, Johs., Gedichte. 1. Bd. 12. (XI, 256 S. m. Abb.) Neustadt a/S. 898. Müller's Verl. Geb. in Leinw. m. Goldschn. 4. 50

— Gedichte. 2. Bd. Mit d. Bilde des Dichters. 8. (VI, 141 S.) Ebd. 902. n. 2. —; geb. n. 3. —

— dasselbe. 3. Bd. 8. (VII, 128 S.) Ebd. 902. n. 2. —; geb. n. 3. —

Das Fischermädchen vom Uglesee v. Johannes Hagen. Malente-Gremsmühlen. 1907. 8°

de Hagen, Jos., De tussi convulsiva. 16 pp. Mogunt. 8°. Salzb. med. chir. Zt. 1795, II, 121.

1794

— Joseph von (Duderstad), De tussi convulsiva. Diss. med. Mainz (Andr. Crass) 1794. 16 Seiten. (4.50) 12756

Hagen, Joseph von (Hrsg.):

s.: Wedekind, Georg (Christian Gottlieb Freiherr von): Ueber das Betragen des Arztes, den Heilungsweg durch Gewinnung des Zutrauens und durch Ueberredung des Kranken. Zwei Vorlesungen. Mainz: 1789

JB 5.530

Hagen, Julius „Vergleichende morphologische Studie über = el". pg. 34—37. 8°. Gebrüder Waizmann.
Gunzenhausen, Progr. 1900/01

Hagen, Jul., Verzeichniss v. Eisenbahn-Stationen u. der in deren Nähe gelegenen Orte, m. Angabe der Befugnisse zur Erledigg. der steueramtl. Papiere im Zollverband resp. Bezeichng. der Entrepôts in Holland u. Belgien. Auf Grund amtl. Quellen hrsg. Bezügl. der zollamtl. Angaben red. v. Erdmann. gr. 8. (604 S.) Utrecht 875. Neuwied, Heuser. n. 5. —

Hagen, K., Proletariat und Communismus. „Fragen der Zeit, vom histor. Standpunkte aus betrachtet". 2 Bde. 8°. Stuttgart 1843.

Hagen, Karl. Bewegungserscheinungen im Pflanzenreiche. 30 S. Progr. Rg. *Crefeld* 1885.

Hagen, Karl, Entwurf zu einem deutschen Nationalparlament. gr. 8. (4 S.) Heidelberg 848, Hoffmeister (jetzt: Bangel & Schmitt). 2 ngℓ

Hagen, Karl, die östliche Frage. Mit besonderer Rücksicht auf Deutschland. Geschichtlich u. politisch beleuchtet. Frankfurt a. M. 854. Meidinger. gr. 8. (IV, 95 S.) 15 ngℓ

— — 2. bis zu den Ereignissen der Gegenwart fortgeführte Aufl. Ebend. 854. gr. 8. (2 Bl., 122 S.) 15 ngℓ

Hagen, Karl, Fragen der Zeit, vom histor. Standpunkte betrachtet. 1. 2. Bd. 8. Stuttg. 843, 45, Franckh. à 1 ℛ 24 ngℓ

— deutsche Geschichte von Rudolf von Habsburg bis auf die neueste Zeit. 3 Bde. Ebend. 854—58. gr. 8. (XIX, 532; 568; V, 362 S.) 6 ℛ
(Fortsetzung zu Duller's vaterländ. Geschichte.)

— zur politischen Geschichte Deutschlands. A. u. d. Tit.: Deutschland unter Heinrich III. u. Heinr. IV. — Gregor von Heimburg. — Ulrich von Hutten in politischer Beziehung. — Politische Flugschriften aus d. 16. u. 17. Jahrh. Vier histor. Abhandlungen. gr. 8. (22½ B.) Stuttgart 842, Franckh'sche Vrlgsh.

Hagen, Carl, vaterländische Geschichte, s. Duller.

— Geschichte der neuesten Zeit vom Sturze Napoleons bis auf unsere Tage. In übersichtl. Darstellung. 1. Bd. (12 Lfgn.) und 2. Bd. 1—11. Lfg. gr. 8. Braunschweig, Westermann. [1. Bd. (779 S.) 2. Bd. Lfg. 1—11. (XIV und S. 1—774.) 848—51. à Lfg. * 6 Ngr.] *

— Geschichte der neuesten Zeit vom Sturze Napoleons bis auf unsere Tage. 2 Bde. in 24 Lfgn. gr. 8. (1: 779 S. 2: XIV u. 774 S.) Braunschweig 848—50, Westermann. (à n. 6 ngℓ) n. 4 ℛ 24 ngℓ

— die Geschlechts-Bestimmung des werdenden Menschen u. was wir über die geschlechtl. Vorausbestimmg. wussten u. wissen. gr. 8. (60 S.) Berlin 898. H. Steinitz. n. 1. —

Hagen, Karl, Grundriß der allgemeinen Geschichte. Ein Leitfaden für den Geschichtsunterricht an höheren Lehranstalten u. zur Selbstbelehrung. 3 Abtheilgn. Zürich, Schultheß. gr. 8. Jede Abthlg. n. 16 ngr.
Inhalt: 1. Alte Geschichte. 862. (XXXII, 248 S.) — 2. Mittlere Geschichte. 860. (VIII, 220 S.) — 3. Neuere Geschichte. 860. (VIII, 223 S.)

Hagen, Karl, holsteinische Hängegefässfunde d. Sammlg. vorgeschichtl. Altertümer zu Hamburg. [Aus: „Jahrb. d. Hamburg. wissenschaftl. Anstalten."] Lex.-8. (18 S. m. 6 Abb. u. 4 Taf.) Hamburg 895. (L. Gräfe & Sillem.) n. 1. 50

Hagen, Karl, approb. Arzt aus Hannover: Aus d. chirurg. Klinik zu Kiel. Zur Kasuistik und Therapie der primären Carcinome des Ductus choledochus. *Kiel 1902: Schmidt & Klaunig.* (18 S.) 8°
Kiel, Med. Diss. v. [21. Febr.] 1902

Hagen, Karl [aus Hamburg]: Über die Musik einiger Naturvölker '(Australier, Melanesier, Polynesier)' ... Hamburg, gedr. bei F. Schlotke, 1892; 35 S., XIV Bl. 8.
Jena, Phil. Fak., Inaug.-Diss. v. 1892

Hagen, Karl, üb. die Musik einiger Naturvölker (Australier, Melanesier, Polynesier). Diss. gr. 8. (35 S. m. 14 Musiktaf.) Hamburg 892. (J. Kriebel.) n. 2. —

Hagen, Carl [aus Bonn]: Aus d. med. Univ.-Klinik zu Bonn. Ueber Muskelatrophieen im Verlauf der Tabes dorsalis ... Bonn, Druck v. E. Heydorn, *1893*; 48 S., 1 Bl. 8.
Bonn, Med. Fak., Inaug.-Diss. v. [2. Aug.] 1893

Hagen, Carl, die auswärtige Politik der Eidgenossenschaft vornehmlich Berns in den J. 1610—1618. Ein Beitrag zur Vorgeschichte des 30jähr. Krieges. Bern 865. Haller'sche Verlagsh. gr. 8. (III, 130 S.) n. 16 ngr.

— die Politik der Kaiser Rudolf von Habsburg u. Albrecht I. und die Entstehung der schweizerischen Eidgenossenschaft. Rede bei der Stiftungsfeier der Hochschule in Bern gehalten. Ebend. 857. gr. 8. (IV, 55 S.) n. 12 ngr.

Hagen, Karl, Reden und Vorträge. Solothurn 861. Jent & Gaßmann. gr. 8. (XI, 212 S.) 1 rß 6 ngr.

Hagen, Carl (geb. am 24 Mai 1849 in Bonn): Untersuchungen über die Entwickelung und Anatomie der Mesembryanthemeen ... Bonn, Druck v. C. Georgi 1873. 26 S., 1 Bl. 8.
Bonn, Phil. Fak., Diss. v. 23 Dez. 1873

— Deutschlands literarische und religiöse Verhältnisse im Reformationszeitalter. Mit besond. Rücksicht auf Willibald Pirkheimer. 1. Bd. gr. Erlangen 841, Palm'sche Verlagsbuchh. $1^3/_4$ rß — 2. u. 3. Bd. A. u. d. T.: Der Geist der Reformation u. seine Gegensätze. 2 Bde. gr. 8. Ebd. 843, 44. (2. $1^1/_2$ rß — 3. 2 rß) 1.—3. Bd. $5^1/_4$ rß — Velp. 6 rß

Hagen, Karl, Deutschlands literarische u. religiöse Verhältnisse im Reformationszeitalter. Mit besond. Rücksicht auf Wilib. Pirkheimer. 2. wohlf. (Titel-)Ausg. Mit e. literar.-histor. Nekrolog des Verf. Hrsg. von seinem Sohne Herm. Hagen. 3 Bde. Frankfurt (843) 868. Völcker. gr. 8. (XLV, 1363 S.) n. 2 rß; Velinp. n. 2 rß 20 ngr.

Hagen, [Carl]. Ueber die politischen Verhältnisse zur Zeit der Sempacherschlacht, namentlich über die Beziehungen zwischen der Eidgenossenschaft und dem deutschen grossen Städtebunde. ⟨Vortrag in der allgemeinen geschichtforschenden Gesellschaft der Schweiz am 20. August 1856 SA.⟩ 8. [Zürich 1858.]

Hagen, Karl [app. Arzt]: Aus d. physiolog. Institut zu Rostock. Einige Versuche über die Rhythmicität des Herzmuskels ... Naumburg a. S., Lippert & C., 1896; 30 S., 1 Bl. 8.
Rostock, Med. Fak., Inaug.-Diss. v. [2 Sept.] 1896

— der Maler Johann Michael Voltz von Nördlingen [1784—1858] u. seine Beziehung zur Zeit- u. Kunstgeschichte in der 1. Hälfte des 19. Jahrh. Nebst einem Verzeichnisse seiner Werke. Stuttgart 863. Ebner & Seubert. gr. 8. (VIII, 103 S. u. Portr. in Kpfrst.) 18 ngr.

Hagen, Karl v., die Vorausbestimmung des Geschlechts beim werdenden Menschen. 2. Aufl. v. desselben Verf. Schrift: Die Geschlechtsbestimmg. d. werd. Menschen. (61 S.) 8. Berlin (908). H. Steinitz. 1.—

Hagen, Karl v., worin liegt d. Erklärg. f. d. Geschlechtsdrang? Eine populär-medizin. Studie. 8. (III, 60 S.) Leipzig 898. Ernst. 1.—

— **Carl Friedrich Otto** (Königsberg), De resectione et excisione ossium tarsi. Diss. chirurg. Halle (Ploetz) 17. X. 1845. 29 S. mit Liter. u. Biogr. (M.: Mahraun.) (5.50) 12738
Oppon.: Th. Sendler, O. Ulrich.

Hagen, Karl Gottfried

— Diss. chemica inaug. inquirens acidulam Turenensem. 4. Königsb. 788. Hartung.

Hagen, Car. God., Analecta ad historiam furiae infernalis. 22 pp. Regiom. 4°. 1790

— analecta ad histor. furiae infernalis. 4. Königsb. 790. Unzer. 3 gr

– s. Archiv f. Naturwissensch.

– s. Beiträge zur Kunde Preußens.

— Chloris Borussica. 18. Königsb. 819. Nicolovius. 1 rß 16 gr

— Disquisitio aquae Turenensis in Prussia. 4. Königsb. 789. Hartung. 6 gr

— Pr. sistens disquisit. chem. aquae fontanae Ottlaviensis. 4. Königsb. 788. Hartung.

— Pr. Disquisitio chemica dysodis Prussici. 4. Königsb. 787. Hartung.

—, resp. Car. **Metzger,** De furia infernali. 16 pp. Regiom. 4°. 1790

Hagen, Karl Gf., Grundriß d. Experimentalchemie. Mit Kpf. gr. 8. Königsb. 780. 2e A. 790. Hartung. 1 rß 12 gr

Grundriss der Experimental-Chemie. Königsberg, 1786. 8vo.
Zweite Auflage. Königsberg und Leipzig, 1790. 8vo.
Vierte Auflage. 1815.

Hagen, Karl Gottfried: Grundriß der Experimentalpharmacie zum Gebrauch bey dem Vortrage derselben. 156 S., gbd.

Königsberg u. Leipzig: Hartung 1790

JB 1.447

— Grundriß d. Experimentalpharmacie. gr. 8. Königsb. 790. Unzer. 12 gr

— Grundsätze d. Chemie durch Versuche erläutert, mit Kpf. gr. 8. Königsb. 796. 1 rß 12 gr Schrbp. 2 rß 2e A. gr. 8. Ebd. 3e A. ... 4e A. Ebd. 815. (Gebhardt in Grimma). 2 rß 12 gr Hbg. Pr. 1 rß 12 gr

HAGEN, Carolus Godofr.: Tentamen historiae Lichenum, et praesertim Prussicorum, cum iconibus aeri incisis et ad vivum coloratis. - Regiomonti 1782. 142 S., 2 Abb.

— tentamen hist. lichenum et praesert. Prussicorum. 8. Königsb. 782. Unzer. 16 gr

— isagoge in chemiam forensem. 8. Königsb. 789. Hartung.

Hagen, Karl Gf., Lehrbuch d. Apothekerkunst. 2 Thle. gr. 8. Königsb. 778. 2e A. 781. 3e—7e A. 786—821. 8e A. 829. (Gebhardt in Grimma). 3 rß 12 gr

Hagen, Karl Gottfried. Lehrbuch der Apothekerkunst. 3. rechtm. u. verb. Aufl. Königsberg u. Leipzig 1786. XX, 984 S.
— 5. rechtm. u. verb. Aufl. Bd 1. 2 1797.
— 7. rechtm. u. verb. Aufl. Bd 1. 2. 1821.

Karl Gottfried Hagen

Lehrbuch der Apothekerkunst. Von Karl Gottfried Hagen. 6.,rechtmäßige u. verb. Ausg. Bd 1.2. Königsberg: Nicolovius 1806. 8

Hagen, C. G., Lehrbuch der Apothekerkunst. 2 Thle. 7te Aufl. gr. 8. Königsberg, Universitätsbhdl. 821. Rthlr.

—, resp. G. B. **Felix,** Diss. de medicina nonnunquam ex animi commotionibus capienda. Viteb. 4°. *Doering*, I, 77. 1790

HAGEN, CARL GOTTFRIED.
Dissertatio de natura partis inflammabilis spiritus vini. Regiomontanus, 1785.

HAGEN (K. G.). De succini ortu. Ueber den Ursprung des Bernsteins. Riga, 1796. 8°.

— Preußens Pflanzen. 2 Thle, mit Kpf. gr.8. Königsb. 818. Nicolovius. 4 rℬ

— Pr. I—V. de plantis in Prussia cultis. 8maj. Königsb. 791 —94. Unzer. à 3 gℊ 15 gℊ

— comment. botan. de ranunculis Prussicis. 4. Königsb. 784. Unzer. 2 gℊ

Programma de similitudine salium alcalinorum cum terris absorbentibus. Regiomontanus, 1784.

— commentatio medica exhibens stannum. Prs I.—III. 4. Königsb. 775. 76.

— chemische Untersuch. von d. blauen Farbenerde. 4. Königsb. 773.

— chemische Zergliederung d. Thurenischen Wassers in Preußen. gr. 8. Königsb. 789. Hartung. 4 gℊ

Hagen, Car. Henr., de armigeris, qui Germanice dicuntur Wappengenossen. Dissert. histor. 8maj. (3¼ B.) Erlangae 836. (Heyder.)

Hagen, Karl Hnr., die Nothwendigkeit der Handelsfreiheit für das Nationaleinkommen mathematisch nachgewiesen. gr. 8. Königsberg 844, Gräfe u. Unzer. 1/6 rℬ

Hagen's, K. H., Staatslehre, s.: Bibliothek, deutsche, volkswirthschaftlicher Klassiker.

Hagen, Karl Heinr.: Aus der Staatslehre. Neu hrsg. von Karl Braun-Wiesbaden. Berlin 1880.

von der Hagen, Karl Hnr., von der Staatslehre und von der Vorbereitung zum Dienste in der Staatsverwaltung. Aufsätze, gerichtet an angehende Cameralisten, zunächst an seine Herren Zuhörer. gr. 8. Königsberg 839. Gebr. Bornträger. 2⅓ rℬ

Hagen, Karl Hugo v.

Hagen, Carl Hugo vom, die Silo-Banken. Ein Beitrag zur Lösung der Frage: Wodurch kann extremen Schwankungen der Fruchtpreise im Interesse sowohl der Producenten als der Consumenten vorgebeugt werden? gr. 8. (88 S.) Erfurt 844, Keyser'sche Buchh. Thlr. *

Hagen, Carl Hugo vom, die Silo-Banken. Ein Beitrag zur Lösung der Frage: Wodurch kann extremen Schwankungen der Fruchtpreise im Interesse sowohl der Producenten als der Consumenten vorgebeugt werden? Erfurt 854. Keyser. gr. 8. (88 S.) 10 ngℊ

v. Hagen, Asp., Begründung d. staatswirthschaftl. Studiums. 8. Landsh. 808. Thomann. 6 gℊ

Hagen, K. von, Begründung des staatswirthschaftlichen Studiums. 8. Landshut, Thomann. 810.

Hagen, Casp., Dichtungen in allemannischer Mundart aus Voralberg. 8. (III, 320 S.) Innsbruck. 872. Wagner. n. 2. 40

— dasselbe. 2. Sammlg. gr. 8. (511 S.) Ebend. 876. n. 4. 50

Hagen, Casp., Dichtungen in alemannischer Mundart aus Vorarlberg. 1. Sammlung. 2., verm. Aufl. 8. (III, 447 S.) Innsbruck 878. Wagner. n. 4. —

— dasselbe. 3. Sammlung. 8. (874 S.) Ebend. 876. n. 4. — geb. n. 5. —; m. Goldschn. n. 5. 20 (1—3.: n. 10. 90)

— philosoph. u. polit. Untersuchung über d. Rechtmäßigkeit d. Zünfte u. Polizeitaxen, u. ihre Wirkungen auf d. bürgerl. Gesellschaft. 8. Münch. 804. (Fleischmann). 16 gℊ

Hagen, Klara

Hagen, Clara, der kranke Bertel. Auf Gottes Wegen, s. a. Weihnachts-Rosen.

Der kranke Bertel. Weihnachtserzählung von Clara Hagen. *Dessau. Ev. Vereinsh. [Berlin: Sonntagsschulbuchh. 1896].* (14 S.) 8° [F.]
— Weihnachts-Rosen. H. 11, 1. [96. 1954

— besiegt, s.: Immergrün.

Hagen, Clara, in treuer Hut, s.: Immergrün. Nr. 106.

— feurige Kohlen. Weihnachtserzählg. [Aus: „Deutscher Kinderfreund".] 12. (32 S.) Hamburg 896. Evang. Buchh. n. — 10

— an der Krippe, s. a. Tannenzweige. 16. Hft.

An der Krippe. Erzählung von Clara Hagen [d. i. Klara Kruhöffer]. Mit Bild. *Barmen: Wupperthaler Traktat-Gesellsch. [1901].* (S. 15–36.) 8° [F.]
— Tannenzweige. H. 16, [1.] [c. 1136

– Fr. Gr., Mathilde Roos, Drei Monat im Schnee, s.a. Christblumen.

[F.] Drei Monat im Schnee. Erzählgn v. Clara Hagen, Fr. Gr., [&] Mathilde Roos. M. 4 Bild. *Barmen: Wupperthaler Traktat-Ges. [1898].* (78 S., 3 Taf.) 1 Bd 8.
— Christblumen. Bdch. 5. [98. 11307 Ho

– M. Nathusius u. a., Mutter u. Kind, s.a. Christblumen.

[F.] Mutter und Kind. Erzählgn v. Clara Hagen, M[arie] Nathusius u. a. M. 4 Bild. *Barmen: Wupperthaler Traktat-Ges. [1897].* (70 S. einschl. Titelb., 2 Taf.) 1 Bd 8.
= Christblumen. Bdch. 3. [97. 3730

— d. kleinen Rosenverkäufer. Weihnachts-Erzählg. 12. (27 S.) Basel 896. Kober. n. — 20

Hagen, Klara, der Spielmann u. sein Kind, s.: Immergrün.

— Verloren u. wiedergefunden, s.: Fischer, G.

— der Weg des Gehorsams, s.: Blüten u. Früchte.

Auf Gottes Wegen. Erzählung von Clara Hagen. *Dessau: Er. Vereinsh. [Berlin: Sonntagsschulbuchh. 1896].* (S. 17–20.) 8° [F.]
= Weihnachts-Rosen. H. 11, 2. [02. 2955

— Mathilde Roos u. a., fröhliche Weihnachten, s. a. Christblumen. 6. Bdchn.

Fröhliche Weihnachten. Erzählungen von Clara Hagen, Mathilde Roos u. a. Mit 4 Bild. *Barmen: Wupperthaler Trakt.-Ges. [1899].* (70 S.) 8° [F.]
= Christblumen. Bdch. 6. [00. 1151 5

– C. Herbst, Gottl. Fischer u. a., Heinrichs Weihnachtsgeschenk, s. a. Christblumen.

[F.] Heinrichs Weihnachtsgeschenk. Erzählgn v. Clara Hagen, C. Herbst, Gottl[ieb] Fischer u. a. M. 4 Bild. *Barmen: Wupperthaler Traktat-Ges. [1897].* (70 S. einschl. Titelb., 3 Taf.) 1 Bd 8.
= Christblumen. Bdch. 4. [97. 3730

— wie ihnen geholfen wurde. Weihnachtserzählg. 12. (16 S.) Barmen 895. Wupperthaler Traktat-Gesellschaft. — 06

— Wie ihnen geholfen wurde. Fröhliche Weihnachten, s. a. Tannenzweige 1. Hft.

Wie ihnen geholfen wurde. Fröhliche Weihnachten. 2 Erzählungen von Clara Hagen. Mit Bild. *Barmen: Wupperthaler Trakt.-Ges. [1899].* (40 S.) 8° [F.]
— Tannenzweige. H. 1. [00. 2515 5

Hagen, Konrad [Dr. jur.]: Ausgew. Doktordissertationen d. Leipz. Juristenfakultät. Die Usance und Treu und Glauben im Verkehre. Leipzig, Veit & C., 1894; 38 S. 8.
Leipzig, Jur. Fak., Inaug.-Diss. v. [28. Apr.] 1894

Hagen, Kurt [cand. med. aus Nordhausen a. Harz]: Ueber die Wirkung des Atropin auf den Darmkanal in Hinsicht auf die Behandlung eingeklemmter Unterleibsbrüche mit Belladonna oder Atropin. ... Strassburg, Elsäss. Druckerei u. Verlagsanst., vorm. G. Fischbach, 1890; 40 S. 8°
– Strassburg, Med. Fak., Inaug.-Diss. v. 1890

Hagen, L., Entwurf einer deutschen Rechtsanwaltsordnung. gr. 8. (35 S.) Bonn 877. Neusser. n. — 50

Hagen, L., Reisebericht über die im Auftrage des Herrn Ministers der öffentlichen Arbeiten im Frühjahr 1880 ausgeführte Besichtigung einiger Ströme Frankreichs. Mit 6 Kpfrtaf. Imp.-4. (16 S.) Berlin 881. Ernst & Korn. n. 6. —

— Sammlung ausgeführter Dampfbagger, Baggerprähme u. Dampfbugsirboote etc. Im Auftrage sr. Exc. d. Hrn. Ministers der öffentl. Arbeiten bearb. I. hoch 4. (VI, 56 S. m. 22 Kpfrtaf. in Fol.) Ebend. 881. In Mappe. n. 36. —

Hagen, L., Sammlung ausgeführter Dampfbagger, Baggerprähme u. Dampfbugsirboote etc. II. 22 Bl. m. Zeichngn. (in Kpfrst., Fol.) m. Text. hoch 4. (64 S.) Berlin 887. Ernst & Korn. In Mappe. n. 36. — (I. II.: n. 72. —)

— über Schiffahrtszeichen. Nach e. Vortrag im Berliner Architekten-Verein, geh. am 10. Jan. 1887, bearb. v. C. Peiffhoven. Mit 2 Kpfrtaf. u. 35 Holzschn. [Aus: „Ztschr. f. Bauwesen".] gr. 4. (31 S.) Ebd. 887. n. 6. —

Hagen, L., die Seehäfen in den Provinzen Preussen u. Pommern. I. u. II. Imp.-4. Berlin, Ernst & Korn. à n. 5. —
I. Der Hafen zu Pillau u. der Hafen zu Neufahrwasser. Nebst 2 (lith.) Plänen. (20 S.) 883.
II. Der Hafen zu Memel. Nebst 2 Plänen. (25 S.) 885.

Hagen, L., das juristische Studium. Cöln 859. J. G. Schmitz' Sortbhdlg. in Comm. gr. 8. (27 S.) n. 5 ngr.

Hagen, Lambert, über die Grundprinzipien des Entwurfs e. Prozeß-Ordnung in bürgerlichen Rechtsstreitigkeiten für den norddeutschen Bund. Bonn 869. Cohen & Sohn. gr. 8. (36 S.) n. 6 ngr.

Hagen. Graf Leo v., s.: Aus allen Welttheilen.

Hagen, Graf Leo v., um die Erde, ; s.: Aus allen Welttheilen.
— das Nebelschiff,

Hagen, Lor. Unpartheiischer Bericht von der Aufführung Joh. Reinh. Patkuls kurz vor und bey seinem Tode. 4. s. l. 1707.

Hagen, Lor., Nachricht von d. Hinrichtung J. Reinhold v. Patkuls. 8. Göttinq. 783. Vandenhöck u. R. 4 gr.

Hagen, Luise, u. Anna Beyer: Die Erziehung der weiblichen Jugend in den höheren Berufsklassen unseres Volkes vom 15. bis zum 20. Lebensjahre. 2 gekrönte Preisschriften. — Erfurt: Villaret 1897. 89 S. 8°

Hagen, Luise u. Anna Beyer, die Erziehg. der weibl. Jugend in den höh. Berufsklassen unseres Volkes v. 15. bis zum 20. Lebensjahre. Zwei gekrönte Preisschriften. 2. Aufl. gr. 8. (IV, 89 S.) Erfurt (899). C. Villaret. n. 1. 50

Hagen, Luise, die Nadel-Künste. Theoret. Leitfaden d. Kunsthandarbeiten. gr. 8. (104 S. m. Abb.) Berlin 897. Schriftenvertriebsanstalt. Geb. in Leinw. n. 2. —

Wie lässt sich die Erziehung der weiblichen Jugend in den höheren Berufsklassen unseres Volkes vom 15. bis zum 20. Lebensjahre am zweckmässigsten gestalten? Gekr. Preisarbeit v. Luise Hagen, Schriftstellerin in Berlin ... *(Erfurt: C. Villaret 1897.)* (V, 89 S.) 1 Bd 8.
= Jahrbücher d. Kgl. Akademie gemeinnütziger Wissenschaften zu Erfurt. N. F. H. 23. [97. 4019

Hagen, M. van der, S. J., Hüte ab vor d. Gotteslengnern? 12. (40 S.) Aachen 900. (A. Schweitzer). n. — 20

Hagen, M. v., die Macht der Frauen u. ihr Einfluß auf Familie, Haus u. Gesellschaft im Einklange mit ihren Rechten u. Pflichten als Gattin, Hausfrau u. Mutter. Weimar 860. Voigt. 8. (VIII, 149 S.) 15 ngr.

Hagen, M. v., die Macht der Frauen u. ihr Einfluß auf Familie, Haus u. Gesellschaft im Einklange in ihren Rechten u. Pflichten als Gattin, Hausfrau u. Mutter. 2., unveränd. Aufl. Weimar 865. B. F. Voigt. 8. (VIII, 149 S.) 15 ngr.

— wo ist die Kirche Christi? Nach dem Holl. bearb. u. erweitert v. Adf. Hesse, S. J. gr. 8. (IV, 160 S.) Mainz 900. F. Kirchheim. n. 1. 50; geb. n. 2. 40

Hagen, Marie

Hagen, M., e. Unglückstag, s.a. Kleinkindergarten.

Ein Unglückstag. Mit Erlaubnis d. Soc. for Promoting Christian Knowledge dem Engl. nacherzählt von M[arie] Hagen. Berlin: Christl. Zeitschriftenver. 1860. (10 S.) 8° [F.]
= Kleinkindergarten. No 17.

Hagen, Marguerite, e. fingirte Familie. Roman. 2 Bde. 8. (370 S.) Wien 874. Hügel. n. 4. 80

Hagen, Mart., S. J., Atlas biblicus, s.: Cursus script. sacrae.

Hagen, Mart., S. J., der hl. Peter Claver, s.: Höver, Ferd.

— Die Gnadensonne des 20. Jahrh. Gebet- u. Erbauungsbuch zur Verehrg. des hlst. Herzens Jesu, nebst e. Anh. zur Verehrg. d. reinsten Herzens Mariä. 2. verm. Aufl. (672 S. m. 1 Stahlst.) 16. Kevelaer (907). Butzon & Bercker. Geb. in Leinw. 1. 65

Hagen, Mart., S. J., das Herz Jesu, die Gnadensonne an der Wende des Jahrhunderts. Eine Jubiläumsschrift zur Beförderg. der Herz-Jesu-Andacht. gr. 8. (169 S. m. Titelbild.) Kevelaer 899. Butzon & Bercker. 2. —

— die Herz-Jesu-Litanei, s.: Hagg, Pet.

— Lexicon biblicum, s.: Cursus scripturae sacrae.

— Passionsbilder. Betrachtungen üb. das Leiden Jesu Christi. (X, 162 S.) 8. Freiburg i/B. 909. Herder. 1.80; geb. in Leinw. 2. 50

— der Teufel im Lichte d. Glaubensquellen gekennzeichnet. gr. 8. (VII, 69 S.) Freiburg i/B. 899. Herder n. — 90

— Die göttlichen Tugenden. Geistliche Erwäggn. (Aszetische Bibliothek.) (XIII, 221 S.) kl. 8. Ebd. 909. 1.60; geb. 2. 20

— Sittliche Tugenden. Geistliche Erwäggn. (Aszetische Bibliothek.) (IX, 228 S.) kl. 8. Ebd. 910. 1.60; geb. in Kunstldr. 2. 20

Hagen, Max v., richtige Blutmischung als Grundbedingung gesunder Nerven u. eines gesunden Körpers. Ein zuverläss. Ratgeber für alle Kranken. 26. Aufl. (50 S.) gr. 8. Leipzig (905). E. Demme. n. 75

Hagen, Max v., Dr.: Gedanken über den griechischen Unterricht in Tertia und die Unterrichtspraxis im allgemeinen. *Greiz 1900: O. Henning.* (S. 3—21.) 4°
Greiz, st. G m. Realabt. u. VS, OP 1900 (705)

Hagen, Max (II.), über das Lupanin, ein Alkaloid aus dem Samen der blauen Lupine, s.: Berichte aus dem physiologischen Laboratorium und der Versuchsanstalt des landwirthschaftlichen Instituts der Universität Halle.

Hagen, Max [aus Aschersleben]: Ueber das Lupanin, ein Alkaloid aus dem Samen der blauen Lupine Lupinus angustifolius.... Halle a. S., *Druck v. Joh. Püszler, Dresden,* 1885; 20 S. 4°.
Halle, Phil. Fak., Inaug.-Diss. v. [1. Sept.] 1885.

Hagen, Max Frhr. v., im Pensionat, s.a. Geschichten, intime.

Im Pensionat. Eine Freundschaftsgeschichte von Max Frh. v. Hagen. Berlin: Berliner Roman-Verl. [1904]. (48 S.) 8° [F.]
— Geschichten, Intime. 21.

von Hagen, Max: Quaestiones criticae de bello Mutinensi (44-43 a. Chr.) .... Marburgi, typ. Friderici typogr. acad., 1886; 55 S. [falsch pag.] 8°.
Marburg, Phil. Fak., Inaug.-Diss. v. [1. Apr.] 1887.

Hagen, M. v., quaestiones criticae de bello Mutinensi. gr. 8. (53 S.) Marburg 887. Elwert's Verl. n. 1. 20

— die geologischen Verhältnisse der Umgegend Nürnbergs, s.a. Ballhorn's Nürnberger Wanderbuch.

Hagen, Max, die geologischen Verhältnisse der Umgegend Nürnbergs [der mittelfränk. Keuperfläche u. d. Frankenjura]. Mit 2 geolog. Karten. gr. 8. (27 S.) Nürnberg 886. v. Ebner. n. — 80

Hagen, Moritz [aus Oelsnitz i./Vogtl.]: Ueber dimethylirtes Methyluracil .... Jena, *Druck v. Wilhelm Keller in Giessen,* 1887; 2 Bl. + 19 S. 8°
Jena, Phil. Fak., Inaug. Diss. v. 1887

Hagen, O. E., the geographical situation of Saparda. (Sonderdruck.) gr. 8. (5 S.) Leipzig 890. (Fock.) n. — 80

Hagen, *Ole Erikson* [A. M., M. L., aus Skoaker in Gudbrandsdalen, Norwegen]: Keilschrifturkunden zur Geschichte des Königs Cyrus.... (Ersch. vollst. in: Beitr. z. Assyriol. u. vergl. semit. Sprachwiss. II. Bd. 1. H.) Leipzig, Druck v. A. Pries, 1891; 32 S., 1 Bl. 8°
Leipzig, Phil. Fak., Inaug.-Diss. v. [27. Jul.] 1891

Hagen, Oskar v.

Hagen, v., das Gelände im Dienst d. Truppenführung, dargest. in Erkundungsaufgaben u. der. Lösgn. 2. Aufl. M. e. Kartenbeilage im Maßstabe 1:100000 u. 2 Skizzen im Maßstabe 1:50000. gr. 8. (VI, 58 S.) Berlin 897. E. S. Mittler & Sohn. n. 1. 50

Hagen, v., das Gelände im Dienst der Truppenführung, dargestellt in Erkundungsaufgaben u. deren Lösungen. 3. durchgeseh. Aufl. Mit e. Kartenbeilage im Maßstabe 1:100000 u. zwei Skizzen im Maßstabe 1:50000. (VIII, 60 S.) gr. 8. Berlin 903. E. S. Mittler & Sohn. n. 1. 50

— Taschenbegleiter f. Manöver, Uebungsritt, Kriegsspiel. Im Anschl. an Lehnerts Handbuch f. d. Truppenführer u. auf Gr. d. heut. Dienstvorschriften bearb. Neu umgearb. u. erweit. Aufl. Mit d. graph. Darstellg. e. Marschkolonne. gr. 16. (IV, 15 S.) Berlin 896. E. S. Mittler & Sohn. n. — 35

[F.] Taschenbegleiter für Manöver, Uebungsritt, Kriegsspiel. Im Anschluss an Lehnerts Handb. f. d. Truppenführer u. auf Grund d. heutigen Dienstvorschriften bearb. v. v. **Hagen,** Major ... im 5. Bad. Inf.-Reg. Nr. 113. Neu umgearb. u. erweit. Aufl. *Berlin: E. S. Mittler & Sohn 1897.* (IV, 15 S.) 1 Bd 8. [98. 9303

Hagen, Otfrid, „Die Geheilten". Lustspiel in 1 Aufzuge. (III, 32 S.) 8. München (Feilitzschstr. 1), (906). Verlag „Die Bühne". n. — 75

Hagen, Otfr., Gottesstreiter. Ein Sang v. Staffelsee. (109 S.) 8. Wolfenbüttel (910). Heckner. 2.50; geb. 3.50

Hagen, Otfrid, Scherz- u. Minneweisen e. Spielmannes. 8. (VII, 79 S.) Berlin 902. Herm. Walther. n. 1.50

Der versicherungsrechtliche Charakter der Automobilversicherung. Von OTTO HAGEN, Kammergerichtsrat in Berlin. Zeitschrift für die gesamte Versicherungs-Wissenschaft. Sonderabdruck aus Jahrg. VIII, Heft 4. Herausgegeben vom Deutschen Verein für Versicherungs-Wissenschaft. Schriftleitung: Professor Dr. ALFRED MANES. ib. 1908. — 8°.

— u. Alfr. **Manes, preussisches Gesetz,** betr. die öffentl. Feuerversicherungsanstalten vom 25. VII. 1910 m. Erläutergn. (IV, 196 S.) gr. 8. Berlin 910. E. S. Mittler & Sohn. 3.50; geb. 4.—

Hagen, Otto, s.: **Kommentar** zum deutschen Reichsgesetz üb. den Versicherungs-Vertrag.

– Kommentar zum V. A. G., s. Manes, Alfr.

— Das Reichsgesetz üb. die privaten Versicherungsunternehmungen, s.: **Manes,** Alfr.

Hagen, Otto v., die forstlichen Verhältnisse Preußens. 1. u. 2., unveränd. Abdr. Berlin 867. Springer's Verlag. gr. 4. (IX, 306 S. mit 2 Tabb.) n. 3 Thlr 25 ngr.

Hagen, Otto v., die forstlichen Verhältnisse Preußens. 2. Aufl., bearb. nach amtl. Material von K. Donner. 2 Bde. hoch 4. (IX, 256 u. VI, 277 S.) Berlin 883. Springer. n. 16. —; Einband in 1 Bd. n.n. 1. 50; in 2 Bdn. n.n. 2. 50

Hagen, Otto v., die forstlichen Verhältnisse Preußens. 3. Aufl., bearb. nach amtl. Material v. K. Donner. 2 Bde. hoch 4. (XIII, 310 u. VI, 419 S.) Berlin 894. J. Springer. n. 20. —; geb. in 1 Leinwbd. n. 21. 50; in 2 Leinwbde. n. 22. 50

*— Vertragsrecht im Versicherungslexikon nebst Ergänzungsband von *Manes.* Tübingen 1909 und 1913.

Hagen, Otto Albert

— Ueber die Absorption des Lichtes in Krystallen. (Aus: Poggendorff's Ann., Bd. CVI.)

Hagen, [illegible]
[illegible]
[illegible]

Hagen, Paul, Alphabetarium f. die preuß. Justizbeamten. Alphabetischer Nachweis der Reichs- u. Landesgesetze, Verordngn., Erlasse, Verfüggn. ꝛc., soweit dieselben f. die preuß. Justizbehörden v. Wichtigkeit sind. gr. 8. (V S. u. 60 Bl.) Berlin 899. R. Nauck & Co. n. 1.80; kart. n. 2.—

— dasselbe. Ergänzungsheft, enth. die vom 1. X. 1898 bis 31. XII. 1899 ergangenen Bestimmgn., sowie einige Nachträge aus den früheren Jahren. Lex.-8. (IV S. u. 18 Bl.) Ebd. 900. n. — 50

Hagen, Paul, Alphabetarium f. die preuß. Justizbeamten. Alphabetischer Nachweis der Reichs- u. Landesgesetze, Verordngn., Erlasse, Verfüggn. ꝛc., soweit dieselben f. die Justizbehörden v. Wichtigkeit sind. 2., vollständig umgearb. u. bis auf die neueste Zeit vervollständ. Aufl. (VIII, 89 S.) Lex.-8. Berlin 906. R. Nauck & Co. n. 2. 40

Hagen, Paul, u. Thom. Lenschau, Auswahl aus d. höfischen Epikern d. deutschen Mittelalters. Für d. Schulgebr. hrsg. 1. u. 2. Bdchn. 12. Leipzig 898. G. Freytag. Geb. n. 1. 40

1. Hartmann v. Aue u. Gottfried v. Straßburg. (104 S.) n. — 80
2. Wolfram v. Eschenbach. (79 S.) n. — 60

Hagen, Paul, u. Thomas Lenschau, Auswahl aus den höfischen Epikern d. deutschen Mittelalters. Für den Schulgebrauch hrsg. 1. Bdchn. Hartmann v. Aue u. Gottfried v. Straßburg. 2. Abdr. der 1. Aufl. in neuer Rechtschreibg. (104 S.) kl. 8. Leipzig 906. G. Freytag. — Wien, F. Tempsky. Geb. — 80

Hagen, Paul, u. Thom. Lenschau, Auswahl aus den höfischen Epikern des deutschen Mittelalters. Für den Schulgebrauch hrsg. 2. Bdchn.: Wolfram v. Eschenbach. 1. Aufl. 2. Abdr. in neuer Rechtschreibg. (79 S.) kl. 8. Leipzig 906. G. Freytag. — Wien, F. Tempsky. Geb. n. — 60

— — Auswahl aus mittelhochdeutschen Lyrikern. F. d. Schulgebr. hrsg. 12. (96 S.) Ebd. 897. Geb. n. — 60

Hagen, Paul, der Gral, s. a. Quellen u. Forschungen zur Sprach- u. Culturgeschichte d. german. Völker.

Der Gral. Von Paul Hagen. *Strassburg: K. J. Trübner 1900.* (124 S.) 8° = Quellen u. Forschungen z. Sprach- u. Kulturgeschichte d. german. Völker. 85. [00. 3833

Hagen, Paul, aus Marienburg ⟨Westpr.⟩, appr. Arzt: **Aus d. Kgl. Universitäts-Kinderklinik zu München unter Prof. Dr. v. Ranke. Ueber Ileus im Verlaufe von Peritonitis tuberculosa.** *München 1902: F. H. Seitz.* (16 S.) 8°
München, Med. Diss. v. 1902

Hagen, Paulus [Lubecensis]: Quaestiones Dioneae ... Kiliae, ex offic. H. Fiencke, 1887; 3 Bl. + 80 S. + 1 Bl. 8°
Kiel, Phil. Fak., Inaug.-Diss. v. 4. Jan. 1888

Hagen, P., quaestiones Dioneae. Diss. inaug. gr. 8. (V, 80 S.) Kiel 887. (Lipsius & Tischer.) n. 1. 40

Hagen, Paul. Das Verwaltungszwangsverfahren bei den preußischen Justizbehörden. Nach den gesetzl. u. administrativen Bestimmgn. bearb., sowie m. Erläutergn. u. Beispielen versehen. gr. 8. (VI, 86 S.) Berl. 890, Nauck u. Comp. * 1 40; cart. * 1 60

Hagen, Paul, Wolfram u. Kiot. (78 S.) gr. 8. Halle 906. Buchh. des Waisenhauses. n. 1. 60
Sonderabdruck aus: „Ztschr. f. deut. Philol."

v. Hagen, Ph., der torpide Croup, die gefahrvollste Art der häutigen Bräune. Ein Beitrag zur nähern Erforschung der Natur des Croups, zur Diagnostik u. glückl. Heilmethode der verschiedenen Arten u. zu einer neuen Theorie derselben. Mit Zusätzen und physiologisch-nosolog. Betrachtungen über das Wesen des Torpors u. verwandte Gegenstände, von Edw. Aug. Kraus. Mit 1 Tabelle u. 1 Kpfrtaf. gr. 8. Göttingen 835. Dieterich. 1 ℛ

— über eine neue Krätze u. d. einfachste Cur des bösartigen Kopfgrindes, mit prakt. Zusätzen von Edw. Aug. Kraus. (Aus des letztern Freiheften für wissenschaftl. Natur- u. Heilkunde besonders abgedruckt.) gr. 8. Göttingen 837. Dieterich. 1/8 ℛ

Hagen, Ph. K. Hnr., über d. Agrargesetz u. d. Anwendbarkeit desselben. gr. 8. Königsb. 815. Nicolovius. 14 gℛ

v. *Hagen*, Phil., Diss. inaug. med. de rubeolis. 4. Götting. 812. Dieterich. 4 gℛ

Hagen, R., Bilder u. Züge aus Nürnbergs Geschichte im Übergang vom Mittelalter zur Neuzeit [1489—1504]. gr. 8. (48 S.) Nürnberg 889. Korn. n.n. — 60

Hagen, R. T., die Wahlreform: Das Recht des Menschen u. Das Recht der Fläche. (26 S.) kl. 8. Berlin (906). Gose u. Tetzlaff. n. — 50

Hagen, R. T., die Wahlreform: Das Recht des Menschen u. Das Recht der Fläche. (26 S.) kl. 8. Berlin (907). Gose & Tetzlaff. — 50

Hagen, Rich., Anleitung zur klinischen Untersuchung u. Diagnose. Ein Leitfaden f. angeh. Kliniker. 2. umgearb, verb. u. verm. Aufl. 8. (XVI, 173 S.) Leipzig 874. Veit & Co. geb. n. 3. —

Hagen, Rich., Anleitung zur klinischen Untersuchung und Diagnose. Ein Leitfaden für angehende Kliniker. 3. verm. und verb. Aufl. 8. (XVI, 186 S.) Leipzig 877, Veit und Comp. geb. *

Hagen, Rich., Anleitung zur klinischen Untersuchung u. Diagnose. Ein Leitfaden für angeh. Kliniker. 4., verm. u. verb. Aufl. 8. (XVI, 189 S.) Leipzig 882. Veit & Co. geb. n. 3. 50

Hagen, R., Anleitung zur klinischen Untersuchung u. Diagnose. Ein Leitfaden f. angeh. Kliniker. 5., verm. Aufl. Mit 23 Abbildgn. im Text u. 1 Taf. 8. (XIV, 188 S.) Leipzig 887. Veit & Co. geb. n. 3. 50

Hagen, Rich. Anleitung zur klinischen Untersuchung u. Diagnose. Ein Leitfaden f. angehende Kliniker. 6. verb. u. verm. Aufl. 8. (XII, 188 S. m. 25 Abbildgn. u. 1 Taf.) Lpz. 891, Veit u. Comp. geb. * 3 50

Hagen, Rich., die seit 1830 in der Therapie eingeführten Arzneistoffe u. deren Bereitungsweisen. Auf Grundlage der gekrönten Preisschrift des Dr. V. Guibert. Für Aerzte u. Apotheker. (In 11 Liefgn.) Leipzig 861—63. Kollmann. Lex.-8. (XIX, 860 S.) n. 6 ℛ

— die seit 1830 in die Therapie eingeführten Arzneistoffe u. deren Bereitungsweisen. Auf Grundlage der gekrönten Preisschrift d. Dr. V. Guibert f. Aerzte u. Apotheker bearb. 2. unwesentlich veränd. Ausg. gr. 8. (XXVII, 860 S.) Leipzig 875. Kollmann. n 18. —

Hagen, Rich., praktische Beiträge zur Ohrenheilkunde. 1—6. Heft. Leipzig, Veit & Co. gr. 8.
1. Heft. Elektro-otiatrische Studien. (Abdr. aus der „Wiener medicin. Wochenschrift".) (29 S.) 866. n. 8 ngr.
2. Heft. Der seröse Ausfluss aus dem äusseren Ohr nach Kopfverletzungen. (31 S.) 866. n. 8 ngr.
3. Heft. Die circumscripte Entzündung des äusseren Gehörganges. (31 S. mit 3 eingedr. Holzschn.) 867. n. 8 ngr.
4. Heft. Ueber Ohrpolypen, von H. G. Klotz. (35 S.) 868. n. 8 ngr.
5. Heft. Die Carbolsäure u. ihre Anwendung in der Ohrenheilkunde. (29 S.) 869. n. 8 ngr.
6. Heft. Casuistische Belege für die Brenner'sche Methode der galvanischen Acusticusreizung. Mit 5 (eingedr.) Holzschn. (IV, 112 S.) 869. n. 20 ngr.

Hagen, Rich., Friedensgruß, s.: Sturm, Jul.

Hagen, Rich., therapeutisches Handbuch der Kinderkrankheiten nebst den gebräuchlichsten Heilformeln. Eingeleitet mit einer tabellarischen Uebersicht der in der Kinderpraxis gebräuchl. Arzneimittel. Für prakt. Aerzte u. Studirende herausg. Leipzig 857. Kollmann. 16. (XV, 320 S.) 1 ℛ 15 ngr.

Hagen, Richard [aus Biel (Bern)]: Zur Kenntnis der chronischen interstitiellen Hepatitis ... Bern, Buchdr. K. Stämpfli & C., 1893; 126 S., 1 Taf. 8.
Freiburg i. B., Med. Fak., Inaug.-Diss. v. 1893

Hagen, Rich., s. Medicinal-Kalender, sächsischer.

— die Pflege des Ohres in gesundem u. krankem Zustande. Insbesondere für Aeltern u. Erzieher allgemein faßlich dargestellt. Leipzig 867. Kollmann. 8. (VIII, 103 S. mit 1 in den Text gedr. Holzschn.) n. 16 ngr.

Hagen, Rich., therapeutisches Taschenbuch der Kinderkrankheiten nebst den gebräuchlichsten Heilformeln. Eingeleitet mit einer tabellar. Uebersicht der in der Kinderpraxis gebräuchlichen Arzneimittel. Für prakt. Aerzte und Studirende hrsg. gr. 16. (XV und 320 S.) Leipzig 856(57,) Kollmann.

— therapeutisches Taschenbuch der Kinderkrankheiten nebst den gebrauchlichsten Heilformeln. Eingeleitet mit einer tabellarischen Uebersicht der in der Kinderpraxis gebräuchlichen Arzneimittel. Für praktische Aerzte u. Studirende bearb. 2. durch einen Nachtrag verm. Aufl. Ebend. 861. 16. (XV, 320 S. u. Nachtrag 33 S.) 1 ℛ 21 ngr.; der Nachtrag allein 6 ngr.

— therapeutisches Taschenbuch der Kinderkrankheiten nebst den gebräuchlichsten Heilformeln. Eingeleitet m. e. tabellar. Uebersicht der in der Kinderpraxis gebräuchl. Arzneimittel. 3. Aufl. nach der deutschen Reichs-Pharmacopöe u. dem Grammengewichte bearb. gr. 16. (VIII, 368 S.) Ebend. 874. geb. n. 6. —

Hagen, Rob., praktische Anleitung zur Schriftmalerei m. besond. Berücksicht. der Construction u. Berechnung v. Schriften f. bestimmte Flächen, sowie der Herstellung v. Glas-Glanzvergoldung u. Versilberung f. Glas-Firmentafeln. Nach eigenen prakt. Erfahrgn. bearb. Mit 18 Abbildgn. 8. (90 S.) Wien 885. Hartleben. n. 1. 80

Hagen, Rob., prakt. Anleitung zur Schriftmalerei m. besond. Berücksicht. d. Construction u. Berechng. v. Schriften f. bestimmte Flächen, sowie d. Herstellg. v. Glas-Glanzvergoldg. u. Versilberg. f. Glasfirmentafeln ꝛc. Nach eigenen prakt. Erfahrgn. bearb. 2., gänzl. umgearb., verm. Aufl. 8. (VII, 120 S. m. 20 Abbildgn.) Wien 901. A. Hartleben. n. 1. 80; geb. n. 2. 60

Hagen, Rob. (Herrm. Henr.) (geb. Königsberg i. Pr. 15. 9. 1815): De compositione Petalitis et Spodumeni. Berolini (1839). (27 S.) 8°
Berlin, Phil. Diss. v. 30. Mai 1839

Hagen, Rob. v., der Firmpathe v. der Landstraße. Die beiden Giovannis. 8. (16 S.) Dresden 884. (Leipzig, Buchh. d. Vereinshauses.) n. — 20

Hagen, R. v., ein Gruß aus Metz, s. a. Album f. Liebhaber-Bühnen.

Hagen, Rob. v., ein Gruß aus Metz. Lustsp. in 1 Akte. gr. 8. (16 S.) Dresden (897). Expedition u. Buchdr. des „Kamerad". 5 Stück m. Aufführungsrecht n. 3. —

—— praktisches Handbuch für Theatermaler. Einführung und Anweisung. 8. (42 S.) Bonn 886, Verlag der Maler-Zeitung. 3 —

— aus dem Privatleben unseres Kaiserhauses. Heitere Skizzen u. Geschichten. 8. (91 S.) Berlin 884. Bohne.

Hagen, Rud., zum Andenken d. 100jährigen Geburtstages Johannes Scharrers, ehemal. II. Bürgermeisters in Nürnberg und Gründers der ersten deutschen Eisenbahn m. Dampfbetrieb 30. Mai 1885. 8. (30 S. m. Lichtdruck-Portr.) Nürnberg 885. Korn. n. — 80

— die erste deutsche Eisenbahn m. Dampfbetrieb zwischen Nürnberg u. Fürth. Gedenkschrift zu deren 50jähr. Jubiläum am 7. Dezbr. 1885. Beitrag zur Kulturgeschichte d. 19. Jahrh. Mit 6 Kunstbeilagen in Lichtdr. gr. 8. (VI, 250 S.) Nürnberg 886. J. L. Schrag. n. 4. —

Hagen, Rudolf: Ueber einen Fall von Erkrankung des Conus terminalis medullae spinalis. *Erlangen 1897: E. Th. Jacob.* (24 S.) 8°
Erlangen, Med. Diss. v. 8. März 1897

— Festrede bei der Schulfeier d. 400jährigen Luther-Jubiläums im Rathaussaale zu Nürnberg am 10. Novbr. 1883. gr. 8. (14 S.) Nürnberg 883. Korn. n. — 20

— Geschichte der städtischen Handelsschule in Nürnberg. Mit e. Beitrag zur Geschichte d. realist. Schulwesens v. Thdr. Bischoff. 8. (139 u. 30 S.) Nürnberg 884. (Schrag.) n. 1. —

—— Wilibald Pirkheimer in seinem Verhältnis zum Humanismus und zur Reformation, s. Mittheilungen des Vereins für Geschichte der Stadt Nürnberg.

—— zur Repetition der Dichtungsarten und der Verslehre. 8. (16 S.) Nürnberg 887, Korn'sche Buchh. ** — 25

—— zur Repetition der deutschen Litteraturgeschichte. 8. (32 S.) Ebendas. 887. * — 40

Hagen, Siegfried, aus Berlin: Die Berliner **Rieselfelder**, ihre Einrichtung und volkswirtschaftliche Bedeutung, besonders vom landwirtschaftlichen Standpunkte aus. *Berlin: C. Koepsel 1903.* (83 S.) 8° [F.]
Tübingen, Staatswiss. Diss. v. 1903
(Nicht für den Austausch)

Hagen, Siegfr., die Berliner Rieselfelder, ihre Einrichtg. u. volkswirtschaftliche Bedeutung, besonders vom landwirtschaftl. Standpunkte aus. (IX, 83 S. m. 1 Plan.) gr. 8. Berlin (903). F. Wunder. n.n. 1. 60

Hagen, Siegfr., Zwangszölibat od. Priesterehe? Ein Aufruf an alle Edelgesinnten, im Namen vieler kathol. Geistlicher hrsg. 1. u. 2. Aufl. (Je 48 S.) 8. Würzburg 910. Memminger. — 60

Hagen, Sigismund Wilhelm von

-- — De austraegis Hassiacis. Diss. jur. Marburg (Müller) Sept. 1748. 112 S. (8.50) 12758

Hagen, Sigm. G., de Austraegis Hassiacis. 4. Marburg, Kessler. 749.

— **Sigismund Wilhelm von** (Allendorf ad salinas/Hessen), De foro rei sitae ejusque amplitudine apud veteres Germanos et de fundata in eodem per arrestum jurisdictione generatim. Dissert. jur. Präs. Emil Lud. Hombergk zu Vach. Marburg (Müller) Dez. 1747. 44 S. (6.—) 12757

Hagen, Th., die Civilisation und Musik. 8. Leipzig 846, Jurany. 3/4 Thlr.

Hagen, Th., Worum handelt es sich in der Welt? Beitrag zur socialen Oekonomie. 8°. Hamburg 1848.

Hagen, Thdr. v., **kritische Beiträge zu Gottfrieds von Strassburg Tristan. Inauguraldissertation.** Mühlhausen 868. (Heinrichshofen.) 8. (53 S.) n. 10 ngr.

Hagen, [Theodor] von, Direktor Prof. Dr.: Die Bildung der griechischen Adverbien. Leipzig 1905: B. G. Teubner. (S. 1–8.) 4°
Neuhaldensleben, G. P. 1905 (290)

von Hagen, *Theodor* [Prof. Dr.]: Erklärung und Kritik einiger Stellen aus griechischen Schriftstellern. Sangerhausen, Buchdr. v. A. Schneider, 1894; 1–XI S. 4.
Sangerhausen G. P. 1894 ([illegible])

Hagen, Theod., Elise Fährlich. Roman. 8. (304 S.) Leipzig 817, Vereins-Verlagsbuchh. 1 1/2 ß — 2. unveränd. (Titel-) Ausg. 8. (304 S.) Leipzig 851, Costenoble. n. 24 ngr

Hagen, Thdr., aus Londons Gesellschaft oder die Drahtzieher. Ein Roman. 2 Bde. Nordhausen 856. Büchting. 8. (195; 161 S.) 1 ß 22 1/2 ngr

Hagen, Theod. v. Katalog der Schülerbibliothek des Gymnasiums zu Sangerhausen. 40 S. 8. **Progr.** *Sangerhausen* 1880.

— musikalische Novellen. 8. (323 S.) Leipzig 848, Jurany. 1 1/2 ß

Hagen, Theod. Die Papstwahlen von 1484 und 1492. 31 S. 8. **Progr.** Pr. G. Sem. Vinc. *Brixen* 1885.

Hagen, Thdr., die Papstwahlen von 1484 u. 1492. gr. 8. (31 S.) Wien 886. (Pichler's Wwe. & Sohn.) n. — 70

Hagen, Theod. Alex. v., über d. Cholera, ihre Heilung u. ihre Vorbeugung, nebst beigefügten Arzneivorschriften. gr. 8. (4 1/2 B.) Heidelberg 832, Groos.

v. Hagen, Thdr. Alex., über die Cholera, ihre Heilung u. ihre Vorbeugung, nebst beigefügten Arzneivorschriften. 2e Aufl. gr. 8. Heidelberg 837. Groos. 1/4 ₰

v. *Hagen*, Thdr. Alex., Conspectus morborum generis humani et vitiorum ex ordine naturali obvenientium. Quod nosologiae compendium medicinae rationalis stud. et cultoribus offert. 8maj. Heidelb. 828. Osswald. 1 ₰ 4 gr

—— Medicinae rationalis elementa. 8 maj. (2 B.) Heidelbergae 827, [Vereins-Verlag.]

— medicinae rationalis elementa. 8maj. Heidelb. 828. Osswald. 6 gr

Hagen (T. A. von). Kosmologische Geschichte der Natur insbesondere des Mineral- und Pflanzenreichs der Erde. Heidelb. 1808. 8°.

— kosmologische Geschichte d. Natur, insbesond. d. Mineral- u. Pflanzenreichs. gr. 8. Manh. 809. Schwan u. G. 1 ₰ 18 gr

Hagen, Theodor Alexander von: Methodologie der gesammten Medicin. 316 S., gbd.

Würzburg: Stahel 1806

JB 5.517

Hagen, Thomas von der, a. Charlottenburg: Über das 5- und Isoselenopyrin. Rostock 1906: C. Boldt. (48 S.) 8°
Rostock, Phil. Fak., Ref. Michaelis, Diss. v. 2. April 1906
[Geb. 22. Sept. 81 Berlin, Wohnort: Berlin, Staatsangeh.: Preußen; Vorbildung: Gymn. Neubrandenburg Prima-Reife M. 01, Studium: Berlin 1, Rostock 7 S.; Rig. 30. März 06.]

v. d. Hagen, Thom. Ph., († d. 23. Aug. 1797.) Beschreibung d. Stadt Freienwalde, des das. Gesundbrunnens u. Alaunwerks. Mit Kpf. 4. Berl. 784. (Reimer). 1 ₰ 4 gr

— hist. genealog. Beschreibung der Familie von Uchtenhagen 2c. gr. 4. Berl. Pauli. 784.

— histor.-genealog. Beschreib. d. Familie v. Uchtenhagen. Mit 1 Kpf. gr. 4. Berl. 784. (Reimer). 8 gr

Hagen, T. P. v. d., Histor.-geneal. Beschreibung des alten adeligen, gräflichen und freiherrlichen Geschlechts derer von Dorstadt. Brandenburg 1762. 4.

— histor.-genealog. Beschreibung d. uralten Geschlechts derer v. Brunn, aus Urkunden. 4. Berl. 759. 2e A. 788.

— histor.-genealog. Beschreib. derer v. Stechow. 4. Berl. 764.

— histor.-genealog. Beschreib. derer v. Willmarsdorf. 4. Berl. 766.

— Beschreib. d. Kalkbrüche bei Rüdersdorf u. Neustadteberswalde. Mit Kpf. gr. 4. Berl. 785. (Reimer). 3 ₰ 8 gr

— Beschreib. d. Stadt Teltow. 4. Berl. 767.

— Beweis, daß d. Geschlechter derer v. Hagen ursprüngl. v. einem Urahnherrn u. Stammvater herkommen. 4. Berl. 758. 2e Aufl. 766.

— Nachr. von den Medicinanstalten im preußischen Staate. 4. Halle, Curt. 786.

— Nachr. von den Medicinal-Anstalten im preuß. Staate. 4. Halle 786. (Laue in Berl.) 2 gr

— Plan zur bessern Einrichtung d. Armenkasse in Berlin. 4. Halle 767. (Laue in Berl.) 4 gr

Hagen, Th. Ph. v. d. Plan zur bessern Einrichtung der Armen-Kasse und der Vertheilung der Almosen in Berlin. 4. *Halle, Curts W.* 1786.

Hagen, Thom. Ph. v. d., Plan zur bessern Einrichtung der Armenkasse in Berlin. 4°. Halle 1786. (Laue in Berlin.)

Hagen, Thom. P., Plan z. bessern Einrichtung der Armencasse in Berlin. 4. Halle, Curt. 787.

— **Ulrich** (Neisse), Zur Behandlung des genu valgum. Diss. med.-chir. Bln. (Teichler & Fickert) 29. VII. 1885. 29 S. m. Liter. u. Biogr. (5.—) 12759
Oppon.: Ernst Ehrhardt, Otto Crone, Reinhold Hagen. — Krankengesch. v.: Adolf Kolling, Rudolf Rönne, August Marten, Gottfried Pluwatsch, Johanna Bräuer, Albert Braun.

Hagen, Ulr., Meckelnbörger Stadt- u. Dörpgeschichten, s. a. Bibliothek, plattdeutsche. Bd. 4.

Hagen, Ulr., Meckelnbörger Stadt- u. Dörpgeschichten. 12. (113 S.) Berlin 884. Parrisius. cart. n. 1. 20

Meckelnborger Stadt- un Dörpgeschichten von Ulrich Hagen. (2. Aufl.) Neu bearb. *Berlin M. Süsserott 1901* (70 S.) 8° [F.]

Hagen, W. vom, Peter in der Fremde, s.: Theater, kleines.

Hagen, Walther. Schilflieder ([von Nicolaus] Lenau). Für eine Singstimme mit Klavierbegleitung komponiert von Walter H'. Aus dem Nachlass hrg. von Otto Hegner. [Mit illustriertem Titel.] 11 S. 4. Berlin, Schlesinger, [1904]. [M. 2. —]

Hagen, W[alther]. Weihnachten. Suite für zwei Violinen u. Klavier: I. Erwartung; II. Knecht Rupprecht; III. Lied; IV. Festfreude. op. 3. 13 + 2 *mal* 5 S. 4. Bern, Otto Kirchhoff, [1901]. M. 2. 40/fr. 3. 20

Hagen, W[ilhelm] von, aus Frankfurt a. M. Die sogenannte Culpa in concreto nach bürgerlichem Gesetzbuch. *Berlin 1901: G. Schade.* (62 S.) 8° ¶ (Auszug aus einer 1900 in Berlin gekr. Preisschr.)
Jena, Jur. Diss. v. (Sept.) 1901

Hagen, Wilhelm, approb. Arzt aus Nürnberg. Ein Fall von traumatischer Erkrankung des unteren Rückenmarksabschnittes mit besonderer Berücksichtigung der Lokalisation des Reflexcentrums für die Blase. *Erlangen 1901: E. Th. Jacob.* (58 S.) 8°
Erlangen, Med. Diss. v. 24. Juni 1901

Hagen, Wilh., Feuerzauber. E. Künstlertragödie in 8 Akten. (58 S.) 8. Erlangen 909. (Th. Krische.) 1. 80

Hagen, Wilh., über akute chirurgische Infektionskrankheiten, s.: Abhandlungen, Würzburger, aus dem Gesamtgebiet der praktischen Medizin. X, 12.

Hagen, Wilh., lieber bayrisch sterben, s.: Frey, Karl.

— Über Pankreaserkrankungen, s.: Abhandlungen, Würzburger, aus dem Gesamtgebiet der prakt. Medizin. IX, 12.

Hagen, Wilhelm: Theorie und Praxis bei Hebbel. Erlangen 1909: Jacob. 95 S. 8°
Erlangen, Phil. Diss. v. 11. Dez. 1909, Ref. Hensel
[Geb. 8. Okt. 83 Neustädtlein; Wohnort: Erlangen; Staatsangeh.: Bayern; Vorbildung: Gymn. Bayreuth Reife 03; Studium: Erlangen 9, Berlin 1 S.; Rig. 22. Nov. 09.] [U 10. 861

— **Wilhelm Philipp August von** (Märkischer Adel). De jurisjurandi justo pravoque usu. Präs. I. C. Woltaer. Halle (Wwe. Curtius) März 1789. 44 Seiten. (6.50) 12760
Wappenvignette: J. C. Krüger inv. & sc. — Gew.: Thomas Philipp Frh. v. Hagen (Hohennauen ..; Vater). — Widm. v.: Präs., Johann Reinhold Forster, Johann Caspar Ludwig Menken, Johann Christ. Bathe, Johann Georg Krünitz.

— **Wolffgang Adam** (Bayreuth), De speciali juris feudalis altero acquisitionem feudi quae fit successione nunc tradente. (Collegii feudalis ad b. Stryckii examen juris feud. cap. XIV. XV. et XVI. disput. VI.) Präs. Heinrich Hildebrand. Altdorf (Jod. Wilh. Kohles) Sept. 1715. 8 Seiten. (4.80) 12761

Hagen v. Hagenburg, Wilh., Entwurf e. Minentheorie gemeinsam f. Pulver u. Dynamit auf Grund physikal. Gesetze u. üb. Holz- u. Eisensprenggn. m. Dynamit. Mit 4 (eingedr.) Holzschn., 4 Tab. u. 2 (lith.) Taf. (in gr. 4. u. qu. Fol.) gr. 8. (X, 92 S.) Wien 875. Seidel & Sohn. n. 3.

Hagen-Müller, Hans, s.: Hagen, Hans.

Hagen auf Obernburg, Joh. Georg Friedrich: Beschreibung der Silber-Münzen der freyen Reichsstadt Nürnberg, enthaltend Thaler, Guldenthaler, Gulden und nach denselben gebildete und ausgestückelte kleinere Silber-Münzen.
Nürnberg 1769.

Hagen-Tobler, Prakt. Anleitg. zur leichten Erlerng. d. einfachen Kleidermachens. 4. Aufl. 4 Blatt à 91×119 cm. Zürich 898. Art. Institut Orell Füssli. n. 4. —

Hagena, die Shakspeare-Studien auf dem oldenburg. Gymnasium nebst Berichtigungen d. Schlegel'schen Shakspeare-Uebersetzung. (Schulprogramm.) gr. 8. (37 S.) Oldenburg 847, Schulze. 1/4 ß

Hagena, C., die Logik d. Dativ od. Mir u. Mich f. das deutsche Volk. gr. 8. (16 S.) Hamburg 889. (G. Fritzsche.) n.n. — 60

Hagena, C., Mir u. Mich f. das deutsche Volk, sowie überhaupt f. alle civilisirten Völker. gr. 8. (8 autogr. S.) Hamburg 884. (Nestler & Melle's Sort.) n. — 60

Hagena, Frz. Hnr., († d. 27. Aug. 1808.), s. v. Villers, über Universitäten.

Hagena, Karl, über die Einheit der latein. Conjugation. 8. Oldenburg 833. (Schulze.) 1/4 ß

Hagena, Karl, Kammergerichts-Ref., Cloppenburg, i. Grh. Oldenb.. Der **Grenzüberbau** nach gemeinem Recht, preussischem Landrecht und bürgerlichem Gesetzbuch. *Berlin 1902: W. Pilz.* (VI, 54 S.) 8°
Freiburg i. B., Rechts- u. staatswiss. Diss. v. 1902

Hagena, Karl, der Grenzüberbau nach gemeinem Recht, preuss. Landrecht u. bürgerl. Gesetzbuch. gr. 8. (VI, 54 S.) Berlin 902. Struppe & Winckler. n. 1. 80

Hagena, Karl, Phanerogamen-Flora des Herzogth. Oldenburg auf Grundlage von Trentepohl's Flora unter dem Beistande anderer Botaniker zusammengestellt. [Aus den Abhandlgn. des naturw. Vereines zu Bremen.] Bremen 869. Müller. gr. 8. (49 S.) n. 12 ngr.

— s. Trentepohls, Oldenburg. Flora.

Hagena, O., Jeverland bis zum J. 1500. gr. 8. (28 S. m. 1 farb. Karte.) Oldenburg 902. G. Stalling's Verl. n. — 60
Sonderabdruck aus: „Jahrb. f. d. Gesch. d. Herzogth. Oldenburg".

Hagena, W. Die Ansichten der deutschen Kameralisten des 18. Jahrhunderts über das Versicherungswesen. D. Erlangen 1910.

Hagenacker, Johann: 1. Über die Lösung von Gasen in Metallen. 2. Über die Dissoziationsspannung einiger Metalloxyde. Weida i. Th. 1909: Thomas & Hubert. 107 S. 8°
Leipzig, Phil. Diss. v. 5. Mai 1909, Ref. Beckmann, Le Blanc
[Geb. 8. Febr. 81 Beeck b. Ruhrort; Wohnort: Duisburg-Beeck; Staatsangeh.: Preußen; Vorbildung: Oberrealsch. Essen Reife O. 02; Studium: Marburg 3, Leipzig 11 S.; Rig. 17. Febr. 09.] [U 09. 2977

Hagenau [Schlagwort]

— s. a. **Deutschland.** Kürschner-Peip.

Hagenau, s.a. Strassburg i/E.

Hagenau im Els., s.a. Woerl's Reisehandbücher.

Hagenau. Karte v. Hagenau u. Umgegend. 1 : 200,000. 24,5×18 cm. Photolith. u. Farbdr. Bruchsal (901). O. Katz. — 30; auf Leinw. — 40

Hagenau [Verf.]

Hagenau, s.: Predigten, vier, bei der 57. Hauptversammlung des evangel. Vereins der Gustav Adolf-Stiftung geh.

Hagenau, Fr. K., ein Experiment, s.a. Kürschner's, Jos., Bücherschatz.

Ein Experiment. Roman von Fr. K. **Hagenau** (auf d. Umschl.: Hagnauer). Mit Ill. von W. Roegge. *Berlin, Eisenach, Leipzig: H. Hillyer [1902].* (123 S.) 8° [F.]
— Bücherschatz. Kürschners. No 311.

Hagenauer, A. E., vollständige Jahr- u. Marchzinsrechnung in Schweizerfranken, Gulden zu 15 und 16 Batzen, u. in Berner-Kronen zu 4, 4 1/2 u. 5 v. Hundert. Ein nützl. Handbüchl. f. Verwalter etc. 8. Aarau ..., Christen.

Hagenauer, Arnold, Illusionen. Gedichte. gr. 16. (79 S.) Leipzig 895. Literar. Anstalt, A. Schulze. n. 2. —

Hagenauer, Arnold, Muspilli. Roman. 8. (148 S.) Linz 900. Wien, Oesterreich. Verlagsanst. n. 2.—; geb. n. 2.50

HAGENAUER, Arnold
(F) Arnold Hagenauer, Die Perlen der Chloë. Linz. Wien. Leipzig. [1901.] Oesterreichische Verlagsanstalt. Gr.-8°. 181, V S. K 2.40

Hagenauer, Arnold, Gottfrieds Sommer. Aus dem Tagebuch eines Romantischen. (225 S.) 8. München 906. G. Müller. n. 3. —; geb. n. 4. —

Hagenauer, G. Andr., Betracht. d. christl. Lehre, wie sie Luther im kleinen Katechismus darstellt. Eine Gabe zur dritten Jubelfeier d. Reformation. 8. Königsb. 817. Univers.-B. 8 gr

— Handbuch zum Rechnenunterricht für Lehrer an Volks- u. Bürgerschulen. 1s Heft, mit 2 Steintaf. 8. Berl. 818. Reimer. 14 gr 2s Heft, d. Kopfrechnen mit Brüchen. Mit 1 Steintaf. 8. Ebd. 819. 10 gr

Hagenauer, Rudolf, Gerichtsass. zu Strassburg: Die **Hinterlegung als** Erfüllungssurrogat nach bürgerlichem Gesetzbuch und Code civil. *Strassburg i. E. 1901: Ch. Müh & Co.* (88 S.) 8°
Jena, Jur. Diss. v. (11. Juni) 1901

Den hochwürdigen Herren K[arl] R[udolf] Hagenbach und J[ohann] J[akob] Stähelin, Doctoren der Theologie und Professoren derselben an der Universität Basel, zur Feier ihrer 50 jährigen Lehrthätigkeit am 8. September 1873 die evangelisch-theologische Fakultät zu Breslau. Breslau (1873). (2 Bl.) 2°

Hagenbach. Landvogt Peter von H. (Njbl.) s. [Burckhardt, Abel].

Hagenbach, Aug., u. Heinr. Konen, Atlas der Emissionsspektren der meisten Elemente. Nach photograph. Aufnahmen m. erläut. Text. (28 Taf. m. VII, 72 S. Text.) Lex.-8. Jena 905. G. Fischer. n. 24. —

Hagenbach, Aug., Lehrbuch der Experimentalphysik, s.: Wüllner, Adph.

— Die Stellung der Physik zu den Naturwissenschaften u. der Technik. (25 S.) 8. Leipzig 907. B. G. Teubner. — 80

Hagenbach, August [aus Basel]: Ueber Thermoelemente aus Metallen und Salzlösungen ... M. e. Taf. Leipzig, J. A. Barth, 1894; 38 S., 1 Bl., 1 Taf. 8.
Leipzig, Phil. Fak., Inaug.-Diss. v. [11. Juli] 1894

Hagenbach, C. R., obss. circa Origenis methodum interpretandae S. S. Basil. 1823. 8.

Hagenbach, Carl Friedrich, s. Hagenbach, Karl Friedrich

Hagenbach. E. Die Anwendung der Wahrscheinlichkeitsrechnung auf die Statistik.

Hagenbach. E. Aphorismen zur Molecularphysik. 1874.

Hagenbach, Ed., Die Begriffe der Mechanik in der Physik. Basel, Gewerbeschule 1865. Progr.

Hagenbach. E. Bericht über die Ausrüstung der astronomischen Anstalt des Bernoullianums. Basel 1878.

Hagenbach. E. Johannes Bernoulli und der Begriff der Energie. Basel 1880?

Hagenbach. E., Jul. Piccard u. Joh. Jak. Stehlin. Das Bernoullianum, Anstalt für Physik etc. Beschreibung und Pläne. Basel 1876. 4.

— Ueber die Bestimmung der Zähigkeit einer Flüssigkeit durch den Ausfluss aus Röhren. (Aus: Poggendorff's Ann., Bd. CIX.)

Hagenbach. E. Erdbeben des 30. Mai 1889. Basel 1889.

Hagenbach. E. u. J. Piccard. Festschrift zur Einweihung des Bernoullianums in Basel. Basel 1874.

Hagenbach. E. Fluorescenz nach Stokes Gesetz. Leipzig 1883.

Hagenbach. E. Fortpflanzung der Elektricität im Telegraphendraht. Basel 1886.

Hagenbach. E. Fortpflanzungsgeschwindigkeit der Electricität im Telegraphendraht. 1885.

Hagenbach. E. Das Stokes'sche Gesetz. 1879.

Hagenbach. E. Das Gletscherkorn.

Hagenbach, E., s.: Jahresbericht üb. die chirurgische Abteilung u. die chirurg. Poliklinik des Spitals in Basel.

Hagenbach, E., aus der medicinischen Klinik zu Basel, s. Liebermeister, C.

— der Kohlensäuregehalt der Atmosphäre. [Aus den Verhandlgn. der naturf. Gesellsch. zu Basel.] Basel 869. Schweighauser. gr. 8. (53 S.) n. 8 *ngr.*

Hagenbach. E. u. L. Zehnder. Die Natur der Funken bei den Hertz'schen elektrischen Schwingungen. Basel 1891.

— Christian Friedrich Schönbein Ebend. 869. Imp.-4. (87 S.) n. 22½ *ngr.*

— Dass., s.a. Hagenbach-Bischoff, Eduard

Hagenbach. E. Sprengwirkungen durch Eis 1880.

Hagenbach. E. u. F. A. Forel. Die Temperatur des Eises im Innern des Gletschers. Basel 1888.

Hagenbach. E. Weiteres über Gletschereis. Basel 1889.

Hagenbach, Ed., Disquiss. anatomicae circa Musculos auris internae hominis et mammalium adjectis animadverss. nonnullis de ganglio auriculari sive otico. Cum tabb. IV. aeri incisis. Roy.-4. Basel 833. Schweighauser. 5/8 ₰

— die Paukenhöhle der Säugethiere. Ein Beitrag zur vergleich. Anatomie des Gehörorgans. Mit 1 Kpfrtaf. gr. 4. Leipzig 835. Weidmann. 5/6 ₰

Hagenbach, Ed., die Zielpunkte der physikalischen Wissenschaft. Rectoratsrede, geh. am 1. Novbr. 1870. gr. 8. (III, 42 S.) Leipzig 871. F. C. W. Vogel. n. — 80

Hagenbach, Eduard: Der elektromagnetische Rotations-Versuch und die unipolare Induktion. Programm zur Rektoratsfeier der Universität Basel. Basel 1900. 38 S. 4°. (Auch in „Annalen der Physik", IV. Folge, Bd. 4 erschienen.)
Basel. Univ.-Schr. 1900/1901.

Hagenbach, Ed., der elektromagnetische Rotationsversuch u. die unipolare Induktion. Progr. gr. 4. (38 S. m. Fig.) Basel 900. (C. F. Lendorff). n. 2. —

HAGENBACH, EDUARD. Ueber Tetramidoderivate des Benzols. Basel, 1888.

— Untersuchung über die optischen Eigenschaften des Blattgrüns. (Separat-Abdruck aus dem Bericht der Gewerbeschule zu Basel.) Basel 1870.

Hagenbach, Ernst. Beitrag zur Kenntniss der angeborenen Sacrococcygealtumoren. Diss. Med. Basel. [Mit 3 Abbildungen.] 26 S. 8. Berlin, L. Schumacher, 1902.

Hagenbach, E[rnst]. Über ein Ganglioneurom der Kniegelenkgegend. (Aus dem patholog. Institut Basel....) Sonderabdruck aus der Deutschen Zeitschrift für Chirurgie. Band 99. III S. + S. 570—575. 8. Leipzig, F. C. W. Vogel, 1909.

Hagenbach, Ernst. Symmetrische Lymphangiome der Mundspeicheldrüsen. (Mit 3 Abbildungen. Aus dem Kinderspitale ... und aus dem pathologisch-anatomischen Institut ... zu Basel.) Sonderabdruck aus der Deutschen Zeitschrift für Chirurgie. Band 93. III S. + S. 478—493. 8. Leipzig, F. C. W. Vogel, 1908.

Hagenbach, F. (Pfarrer). Sigriswyl am Thunersee. Oberländische Geschichtsbilder. In-8°, 76 S. Aarau, H. R. Sauerländer. 1882 **1 20**

Hagenbach, Frid., de Rheso tragoedia dissertatio philologica. Basel 863. Balmer & Riehm. gr. 8. (64 S.) n. 8 ngr.

Hagenbach, Hans [aus Basel]: Die Reduktion des Pikramids. Basel 1897. 30 S. 8°.
Basel. Phil. Diss. 1897/98.

Hagenbach, Joh.Christoph: De capitatione (Kopfsteuer). 62 S. – Basel, Jur.Diss.v. 18.Sept 1731.

Hagenbach, Johann Jakob

— Mormolyce novum Coleopteorum genus. Cum tabb. color 8maj. Nürnb. 182.

Hagenbach, Joh[ann] Jacob Symbola faunæ insectorum Helvetiæ exhibentia vel species novas vel nondum depictas auctore Joh. Jacobo H'... Fasciculus 1 Cum tabulis 15 ([opera Jonae] Dav[idis] Labram) color ad viv expressis. 8. Basileae 1822.
Alles was erschienen

***Hagenbach,* J. Jak., († d. 4. Sept. 1825.) symbolae faunae insectorum Helvetiae exhib. vel species novas vel nondum depictas. Fasc. I. Cum tabb. XV color. 8. Basel 822. Neukirch. 2 ₰ 16 gr**

Hagenbach, Karl Friedrich

Hagenbach, C[arl] F[riedrich]. Tentamen Floræ Basileensis exhibens plantas phanerogamas sponte nascentes secundum systema sexuale digestas adjectis Caspari Bauchini synonymis ope horti ejus sicci comprobatis (*Umschlag* Flora Basileensis). Auctore C. F. H'.... 2 vol. 8. Basileae 1821—1834.
Vol. 1. Cum effigie Casp. Bauhini et duabus iconibus coloratis [tabulis]. 1821. — Vol. 2: 1834

Hagenbach, C. F., Tentamen florae Basileensis; exhibens plantas phanerogamas sponte nascentes secundum systema sexuale digestas, adjectis Casp. Bauhini Synonymis ope horti ejus sicci comprobatis. Vol. II. 12 maj. Basel 834. Neukirch. 1 1/3 ₰ — Vol. I. kostet 3 ₰ u. nicht 2 2/3 ₰.

Hagenbach, C. F., florae Basiliensis supplementum. (Cum tabula lithogr.) 12. Basel 843, Neukirch. n. 5/6 ₰ — Das Werk selbst 2 Vol. kostet 4 1/3 ₰

Hagenbach, Carl Friedrich *s.* Labram, J[onas] D[avid]. Sammlung von Schweizer Pflanzen .... [2..] Neue Folge. Basel [1838—1846].

Hagenbach, Carl Friedr., Basel. Dissertatio inauguralis de respirationis operationibus chemicis.
Basel, med. Diss. 1795.

— Symbola fraunae insectorum Helvetiae exhib. vel species novas vel nondum depictas. fasc. I. Cum Tab. 15 color. 8. Basel 822. Neukirch.

Hagenbach, Karl Rudolph

Hagenbach, K.R (Hrsg.), s. Alpenrosen 1837-39

Hagenbach. Auswahl aus Prof. K. R. Hagenbach's hinterl. Predigten. 8. Basel, H. Georg. 4. 50 Eleg. gebd. 1875 **6. —**

Hagenbach, K. R., über die Bedeutung des Religionsunterrichtes an höhern Bildungsanstalten. Schulrede. 8. Zürich 846, Meyer u. Zeller. 1/6 ₰

Hagenbach, K. R., über d. Begriff u. d. Bedeutung d. Wissenschaftlichkeit im Gebiete d. Theologie. Eine akadem. Rede mit erläut. Anmerkn. gr. 8. (3 1/4 B.) Basel 830, Neukirch.

Hagenbach, Karl Rudolph, der geistliche Beruf. Predigt über Matth. 5, 13—16. gehalt. bei Eröffnung der schweizer. Prediger-Versammlung in Chur, den 1. Aug. 1848. 8. (16 S.) Chur 848, Hitz. — 2. Aufl. gr. 8. (16 S.) Ebd. 852. 3 ngr

[Hagenbach, Carl Rudolf.] Die Bettelorden in Basel. [Mit Vignetten und 1 Tafel.] (Njbl. Basel 1855.) 4 [Basel.]

Hagenbach, Karl Rud., Briefwechsel, s.: Gotthelf, Jerem.

— Darstell. Christi im Tempel; eine Homilie. gr. 8. Basel 825. Neukirch. 3 gr

— kirchl. Denkwürdigkeiten zur Geschichte Basels, mit d. Reformation, (1r Bd, A. u. d. T.: krit. Geschichte d. Entstehung u. d. Schicksale d. ersten basler Confession). gr. 8. Basel 821. Neukirch. 1 ₰ 16 gr

— und Ernst **Stähelin,** die Einführung der ersten ständigen Geistlichen an der evangelischen Gemeinde in Rheinfelden. Liturgische Reden und Ansprachen an die Gemeinde gehalten. Ein Erinnerungsblatt für die Gemeinde und die Freunde. Basel 856. Bahnmaier. gr. 8. (28 S.) n. 5 ngr

— Encyclopädie u. Methodologie der theologischen Wissenschaften. gr. 8. Leipzig 833. Weidmann. 1 2/3 ₰

— Encyklopädie und Methodologie der theolog. Wissenschaften. 2. umgearb. Aufl. gr. 8. Ebend. 845. 1 1/2 ₰

— Encyklopädie u. Methodologie der theologischen Wissenschaften. 3. auf Grundlage der 2. durchgeseh. Aufl. gr. 8. (XII u. 419 S.) Ebd. 851. 1 1/2 ₰

Hagenbach, Karl Rud., Encyklopädie u. Methodologie der theologischen Wissenschaften. 4. verb. Aufl. 854. (XIV, 422 S.) — 5. durchges. Aufl. Leipzig 857. Hirzel. gr. 8. (VIII, 408 S.) 1 ₰ 15 ngr

Hagenbach, K. R., Encyklopädie u. Methodologie der theologischen Wissenschaften. 6. Aufl. 861. (X, 426 S.) — 7. verb. Aufl. Leipzig 864. Hirzel. gr. 8. (XII, 444 S.) 1 ₰ 15 ngr.

— — 8. verb. Aufl. Ebend. 869. gr. 8. (X, 454 S.) 1 ₰ 21 ngr.

Hagenbach, K. R., Encyclopädie u. Methodologie der theologischen Wissenschaften. 9. verb. Aufl. gr. 8. (XII, 471 S.) Leipzig 874. Hirzel. n. 6. —

Hagenbach's, K. R., Encyklopädie u. Methodologie der theologischen Wissenschaften. 10. Aufl., durchgängig rev. u. hrsg. von E. Kautzsch. gr. 8. (XII, 491 S.) Leipzig 880. Hirzel. n. 6. —

Hagenbach's, K. R., Encyklopädie u. Methodologie der theologischen Wissenschaften. 11. Aufl., durchgängig rev., ergänzt u. hrsg. v. E. Kautzsch. gr. 8. (XII, 544 S.) Leipzig 884. Hirzel. n. 6. —

Hagenbach's, K. R., Encyklopädie u. Methodologie der theologischen Wissenschaften. 12. Aufl., auf Grund der Ausgaben v. E. Kautzsch rev. u. ergänzt u. hrsg. von M. Reischle. gr. 8. (XVI, 600 S.) Leipzig 889. Hirzel. n. 7. —; geb. n.n. 8. 25

— die Entschiedenheit u. Weitherzigkeit des christlichen Glaubens. Gastpredigt über Epheser 6, 24. Gehalten den 14. Aug. 1859 zu St. Leonhard in St. Gallen. St. Gallen, Huber & Co. 8. (15 S.) 3 ngr.

Hagenbach, Carl Rodolph, Pauli epistolam ad Philemonem. Basel (Schweighauser/Aug. Wieland) 1829. 23 S. (5.50) 12762
Gew.: Mart. Wilh. Leberecht v. Wette.

[Hagenbach Carl Rudolf] (Desiderius) Erasmus von Roterdam in Basel. 1516–1536 [Mit 1 Vignette und 1 Porträt-Tafel.] (Njbl. Basel 1827.) 4 (Basel.)

— Erinnerungen an Aeneas Sylvius Piccolomini (Papst Pius II). Rectoratsrede. gr. 8. Basel 840. Schweighauser. 1/3 rℓ

— Leonhard Euler, als Apologet des Christenthums. Einladungsschrift zur Promotionsfeier des Pädagogiums den 28. April 1851 gr. 4. (32 S.) Basel 851, Schweighauser. n. 7 ngr

— Festrede, s. a. Festreden bei der vierten Säcularfeier der Erfindung der Buchdruckerkunst.

— Festrede, gehalten am Vorabend der Säcularfeier von Schleiermachers Geburtstag in der Aula der Universität zu Basel. Zürich 869. Meyer & Zeller's Verl. 8. (31 S.) n. 5 ngr.

— Gedichte. 2 Bdchen. 8. Basel 846, Schweighauser'sche Buchh. 2½ rℓ

— Gedichte. 2 Bdchn. 2. Aufl. Basel 863. Schweighauser. 8. (XVI, 737 S. u. Portr. in Stahlst.) n. 2 rℓ 12 ngr.

Hagenbach, K. R., Geschichte der Reformation vorzüglich in Deutschland und der Schweiz 1517—1555. 4. Aufl. Leipzig 1870. gr. 8.

Hagenbach, K. R., Dr. Prof. Geschichte der Reformation, vorzüglich in Deutschland und der Schweiz. Vorlesungen. 5. umgearbeitete Aufl. Herausgegeben und mit einem litterarisch-kritischen Anhang versehen von Dr. *F. Nippold*. Gr. in-8°, XXIV u. 728 S. Leipzig, S. Hirzel. 1887 8 80
*** „Auch unter dem Titel: Kirchengeschichte von der ältesten Zeit bis zum 19. Jahrhundert. In Vorlesungen von Dr. *K. R. Hagenbach*. III. Band.

— über Glauben u. Unglauben. Zwei Vorlesgn. geh. vor e. gemischtem Publikum. [Aus dem Volksblatt.] 8. (45 S.) Bern 872. (St. Gallen, Huber & Co.) n. — 60

— Grundlinien der Liturgik u. Homiletik. Leipzig 863. Hirzel. gr. 8. (X, 189 S.) 1 rℓ

[Hagenbach Carl Rudolf.] Rudolf von Habsburg vor Basel 1273. [Mit 1 Vignette und 1 Tafel.] (Njbl. Basel 1829.) 4. (Basel.)

Hagenbach, K. R., Basler Hexenprozesse im 16. und 17 Jahrhundert. Basel 1840. 4°. (1 Mk. 50 Pfg. Carl Beck, Lpz., 1908.)

[Hagenbach. Carl Rudolf.] Das Jahr 1830, ein wichtiges Blatt zur Chronik Basels. [Mit 1 Vignette und 1 Tafel.] (Njbl Basel 1831.) 4. (Basel.)

[Hagenbach. Carl Rudolf] Scheik Ibrahim. Johann Ludwig Burckhardt aus Basel (1784–1817). [Mit 1 Vignette und 1 Porträt-Tafel.] (Njbl. Basel 1828.) 4 (Basel.)

Hagenbach, C[arl Rudolf]. Der Kinderkreuzzug zu Anfang des 13. Jahrhunderts und die betenden Kinder zu Anfang des 18. Jahrhunderts. Eine kirchengeschichtliche Skizze von Dr K. W. H'... [A.] 8 (Heidelberg 1853.)

Hagenbach, Karl Rud., die christliche Kirche der drei ersten Jahrhunderte. Vorlesungen. Leipzig 853. Hirzel. gr. 8. (IX, 1 Bl., 549 S.) 1 rℓ 15 ngr

Hagenbach, C[arl] R[udolf]. Die christliche Kirche der drei ersten Jahrhunderte Vorlesungen von Dr K. R. H'.. 8. Leipzig 1858.

— die Reformirte Kirche, in Beziehung auf Verfassung u. Kultus, ihre Aufgabe u. mögliche Entwickelung. Referat. gr. 12. Schaffhausen 842, Brodtmann. 1/6 rℓ

– s. Kirchenblatt, für die reformirte Schweiz.

— die Kirchengeschichte des 18. u. 19. Jahrhunderts aus dem Standpunkte des evangel. Protestantismus betrachtet in einer Reihe v. Vorlesungen. 2 Thle. 2. verb. Aufl. gr. 8. (1: VIII u. 511 S. 2: VIII u. 467 S.) Leipzig 848. 49, Weidmann (jetzt: Hirzel). (à 1½ rℓ) 3 rℓ

—— die Kirchengeschichte des 18. und 19. Jahrhunderts. 3. Aufl. 1. und 2. Lfg. 8. (1. Bd. S. 1—320.) Leipzig 856, Hirzel. à Lfg. 15 Ngr.

— Kirchengeschichte von der ältesten Zeit bis zum 19. Jahrh. In Vorlesgn. Neue, durchgängig überarb. Gesammtausg. 1. u. 2. Bd. gr. 8. Leipzig, Hirzel. à n. 7. —
1. Kirchengeschichte der ersten sechs Jahrhunderte. 4. Aufl. Hrsg. u. m. e. litterarisch-krit. Anh. versehen v. F. Nippold. (XXIV, 712 S.) 885.
2. Das Mittelalter. 3. Aufl. Hrsg. u. m. e. litterarisch-krit. Anh. versehen v. F. Nippold. (VIII, 728 S.) 886.

Hagenbach's, K. R., Kirchengeschichte von der ältesten Zeit bis zum 19. Jahrh. In Vorlesgn. Neue, durchgängig überarb. Gesamtausg. 3. Bd. gr. 8. Leipzig 887. Hirzel. n. 7. — (1—3.: n. 21. —)
Geschichte der Reformation vorzüglich in Deutschland und der Schweiz. 5., umgearb. Aufl. Hrsg. u. mit e. litterarisch-krit. Anh. versehen v. F. Nippold. (XXIV, 728 S.)

[Hagenbach, Carl Rudolf.] Die Kirchenversammlung zu Basel. 1431–1448. ([Mit] Anhang: Beschreibung Basels zur Zeit des Conzils. ⟨Ein Sendschreiben des Aeneas Sylvius an den Kardinal Julian St. Angeli, päpstlichen Legaten.⟩ [Mit 1 Vignette und 1 Tafel.] Njbl. Basel 1825.) 4. (Basel.)

[Hagenbach, Carl Rudolf] Das Basler Concil. 1431–1448 [Mit Vignetten und 1 Tafel.] (Njbl. Basel 1862.) 4. [Basel.]

– s. Leger, Jh.: Die evangel. Schweiz etc.

Hagenbach, K. R., Lehrbuch der Dogmengeschichte. 1r Thl., bis auf Johannes Damascenus. gr. 8. Leipzig 840. Weidmann. 2 ₰

— Lehrbuch der Dogmengeschichte. 2. Thl. 1. Hälfte. Von Johannes Damascenus bis auf die Reformation. gr. 8. Leipzig 841, Weidmann'sche Buchh. 1 ₰ (I. u. II. 1.: 3 ₰)

— dass. 2. Thl. 2. Hälfte. Von der Reformation bis auf unsere Zeit. gr. 8. Ebend. 841. 1½ ₰ (I. u. II.: 4½ ₰)

— Lehrbuch der Dogmengeschichte. 2 Thle. 2. verb. Aufl. gr. 8. 1. Thl. Bis auf Johannes Damascenus. (XVI u. 349 S.) 2. Thl. Von Johannes Damascenus bis auf unsere Tage. (XVI u. 496 S.) Leipzig 847, Weidmann (jetzt: Hirzel). (1 : 1½ ₰ 2 : 2½ ₰) 4 ₰

— Lehrbuch der Dogmengeschichte. 3. verb. Aufl. 853. (XXII, 771 S.) 4 ₰. — 4. verb. Aufl. Ebend. 857. gr. 8. (XXII, 771 S.) 3 ₰

— Lehrbuch der Dogmengeschichte. 5. verb. Aufl. Leipzig 867. Hirzel. gr. 8. (XX, 768 S.) 3 ₰

— Lehrbuch der Dogmengeschichte. 6. Aufl., bearb. v. K. Benrath. gr. 8. (XXIII, 713 S.) Ebd. 888. n. 10. —

Hagenbach, C[arl] R[udolf]. Leichenrede bei der Beerdigung von Herrn Carl Geigy-Burckhardt, gehalten .. den 15. August 1862 .. [zu Basel] von Dr K R H' . 8. Basel.

Hagenbach, C[arl] R[udolf]. Leichenrede bei Beerdigung der Frau Carol(ine) Luise Wackernagel, geb. Bluntschli ... [zu Basel] gehalten den 23. Oktober 1848 von Dr K R H' 8. Basel.

Hagenbach, C[arl] R[udolf]. Leichenrede bei der Beerdigung von Frau Valeria Susanna Zimmermann, geb. Liechtenhan, gehalten ... zu Bretzwil ... den 21 October 1856 von Dr K. R. H'.. 8. Basel.

Hagenbach, C[arl] R[udolf]. Leichenrede über 1. Corinther IX., 24. 25., gehalten bei der Beerdigung des Herrn Karl Friedrich Stehlin, Ingenieur .. den 4. Mai 1857 [zu Basel] von Dr K. R. H'.. . 8. Basel.

— Leitfaden zum christlichen Religionsunterrichte an höhern Gymnasien u. Bildungsanstalten. gr. 8. (VIII u. 217 S.) Ebd. 850. n. ½ ₰

— Leitfaden zum christlichen Religionsunterrichte an höhern Gymnasien und Bildungsanstalten. 2., mit einem Abriß der Kirchengeschichte verm. Aufl. Ebend. 853. 8. (VIII, 255 S.) n. 16 ngr

— Leitfaden zum christlichen Religionsunterrichte an höhern Gymnasien u. Bildungsanstalten. 3. Aufl. Ebend. 861. gr. 8. (VIII, 260 S.) n. 16 ngr

— Leitfaden zum christlichen Religionsunterrichte an höhern Gymnasien u. Bildungsanstalten. 4. Aufl. Ebend. 867. gr. 8. (VIII, 263 S.) n. 18 ngr

— Leitfaden zum christlichen Religionsunterrichte an höheren Gymnasien u. Bildungsanstalten. 5. Aufl. gr. 8. (X, 269 S.) Leipzig 874. Hirzel. n. 2. —

— Leitfaden zum christlichen Religionsunterricht für die oberen Klassen höherer Lehranstalten. 6. Aufl., rev. u. theilweise umgearb. von S. Mart. Deutsch. gr. 8. (X, 278 S.) Ebend. 881. n. 2. —

— Leitfaden zum christlichen Religionsunterrichte f. die oberen Klassen höherer Lehranstalten. 7. Aufl., teilweise umgearb. v. S. M. Deutsch. gr. 8. (X, 303 S.) Ebd. 890. n. 2. —

Hagenbach's, K. R., Leitfaden zum christl. Religionsunterrichte f. die oberen Klassen höh. Lehranstalten. 8. Aufl., bearb. v. S. M. Deutsch. gr. 8. (XII, 303 S.) Leipzig 899. S. Hirzel. Geb. in Leinw. n. 2. 40

Hagenbach's, K. R., Leitfaden zum christlichen Religionsunterrichte f. die oberen Klassen höherer Lehranstalten. 9. Aufl., bearb. v. S. M. Deutsch. (XII, 305 S.) 8. Leipzig 905. S. Hirzel. Geb. n. 2. 40

Hagenbach, Carl Rudolf (Martin) Luther und der Koran vor dem Rathe zu Basel. <Mit einem bisher ungedruckten Briefe Luthers.> Von Professor Dr K' R' H' [A] 8. [Basel 1870.]

—— Luther u. seine Zeit. Eine Samml. v. Gedichten. 8. (16¼ B.) Zürich u. Frauenfeld 839, Beyel.

— Johann Oekolampad u. Oswald Myconius, s. Leben u. ausgewählte Schriften der Väter u. Begründer der reformirten Kirche.

Hagenbach, C[arl] R[udolf]. Johann Oekolampad und Oswald Myconius, die Reformatoren Basels. Leben und ausgewählte Schriften. Von Dr. K. R. H'.... 8 Elberfeld 1859.
Leben und ausgewählte Schriften der Väter ... der reformirten Kirche Theil 2.

[Hagenbach, Carl Rudolf] Johann Oekolampad und die Reformation in Basel. [Mit 1 Porträt-Tafel.] (Njbl. Basel 1868.) 4. [Basel.]

— das christliche Osterfest, ein Siegesfest. Predigt gehalten am Ostersonntage in der Kirche zu St. Peter. Basel 861. Bahnmaier. 8. (16 S.) n. 4 ngr

Hagenbach, K. R., das heil. Osterfest in seiner Bedeutung für die Gegenwart. Predigt. Nebst e. Zuschrift des Verfassers an einige seiner Freunde in Zürich. gr. 8. Basel 839. Schweighauser. 2½ ℊ

— s. Pauli epistolae.

— Pfingstpredigt gehalten Sonntag den 11. Mai 1856 in der Kirche zu St. Peter. Basel 856. Bahnmaier. 8. (16 S.) n. 3¾ ngr

— Predigt zur Gedächtnißfeier des großen Erdbebens 1356, gehalten am 18. Oktbr. 1856 vor dem versammelten Rathe u. den Zünften Basels. Basel, Georg. gr. 8. (17 S.) n. 4 ngr

Hagenbach, C[arl] R[udolf]. Predigt, gehalten bei dem ersten reformirten Gottesdienst in Olten am eidgenössischen ... Bettag, den 19 September 1858, von Dr K R. H' . 8. Basel 1858.

— Predigt über Hebr. 13, 14. gehalten am Feste der Himmelfahrt in der Kirche zu St. Leonhard. gr. 8. Basel 842, Schneider. 4 ngl

— Predigt über 1 Corinther 12, 27. gehalten bei der Einführung des erneuerten Großen Rathes den 6. Dec. 1841 im Münster. (Nebst den mit der Feier verb. Gesängen u. Gebeten.) Lex.-8. Ebend. 842. $^1/_8$ ℛ

—— Predigten. 2 Bde. 8. (30 B.) Basel 830, Neukirch.

— Predigten. 3r u. 4r Bd. A. u. d. T.: Neuere Sammlung von Predigten 1r u. 2r Thl. gr. 8. Basel 836. Neukirch. 2 ℛ (Alle 4 Bde. 4 ℛ s. Thl. III. S. 11.)

—— Predigten. 5. u. 6. Bd. A. u. d. T.: Dritte Sammlung von Predigten. 1. u. 2. Thl. gr. 8. ($28^3/_8$ B.) Basel 844, 45, Neukirch. *
1—4. Bd. Ebendas. 1830, 36. 4 Thlr.

— Predigten. 7. u. 8. Bd. A. u. d. T.: Vierte Sammlung von Predigten. 1. 2. Thl. Basel 851, 53. Neukirch. (Georg.) 8. (2 Bl., III, 319; VI, 346 S.) n. 2 ℛ

—— Predigten. Neuere Sammlung. 4 Thle. (Der gesammten Predigten 5—8. Thl.) Wohlfeilere (Titel-)Ausg. 8. (XX und 1103 S.) Basel (844)58, Georg's Verlagsbuchh. *

— Predigten. Auswahl aus seinen hinterlassenen Predigten. gr. 8. (VIII, 283 S.) Basel 875. Georg. 3. 60

—— 100 Räthsel. Nach seinem Tode hrsg. 16. (88 S.) Basel 875, (Riehm.) cart. *

— 100 Räthsel. Nach seinem Tode hrsg. 2. Aufl. 16. (88 S.) Basel 876. Riehm in Comm. n. 1. —

—— Rede am 21. Juni 1840, s. Festreden.

— Rede bei der Beerdigung des Hrn. Dr. u. Prof. W. M. L. de Wette gehalt. den 19. Juni 1849. Mit einer Beilage, die Beschreibung der Leichenfeier enthaltend. [Mit dem Umschlagstitel: Zur Erinnerung an Prof. de Wette.] gr. 8. (38 S.) Basel 849. (Schweighauser.) 6 ngl

Hagenbach, C[arl] R[udolf]. Rede, gehalten bei der Beerdigung von Herrn Pfarrer Johannes Hess, den 12. April 1865 von K. R. H... 8. [Basel]

— Reformations-Predigt über 1 Cor. 7, 23. gehalten am Sonnt. Trin. in der Münsterkirche. gr. 8. Ebd. 842. 4 ngl

— Rectoratsrede, gehalten den 13. Sept. 1832. gr. 12. Basel 833. Schweighauser. $^1/_8$ ℛ

Hagenbach, C[arl] R[udolf]. J[ohann] J[akob] Sarasin (1742—1802) und seine Freunde. (Ein Beitrag zur Litteraturgeschichte) von K. R. H. Abdruck für Freunde. Aus den Beiträgen für vaterländische Geschichte 4. Band 8. Basel 1850.

Hagenbach, Carl Rud[olf] Die Schlacht bei St Jakob. 1444. [Mit 1 Vignette und 1 Tafel.] (Njbl. Basel 1824.) 4. (Basel.)

— die theologische Schule Basels u. ihre Lehrer von Stiftung der Hochschule 1460 bis zu de Wette's Tod 1849. Basel 860. Amberger. gr. 4. (75 S.) n. 20 ngr.

[Hagenbach, Carl Rudolf] Die Stiftung der Basler-Hochschule 1460. [Mit 1 Vignette und 1 Tafel.] (Njbl. Basel 1826.) 4. (Basel.)

— tabellar. Uebersicht d. Dogmengeschichte bis auf d. Reformation, zum Behufe academ. Vorlesungen. gr. 4. Basel 828. Neukirch. 8 ngl

— tabellarische Uebersicht der Dogmen-Geschichte bis zur Reformation. Neudruck. gr. 4. (16 S.) Halle 887. Kaemmerer & Co. n. 1. —

— über die sogenannte Vermittelungstheorie. Zur Abwehr und Verständigung. (Abdr. aus dem Kirchenblatt für die reformirte Schweiz.) Zürich 858. Meyer u. Zeller. gr. 8. (2 Bl., 87 S.) n. 12 ngl

— Vorlesungen über die ältere Kirchengeschichte. 1. Thl. 2. Aufl. A. u. d. T.: Die christliche Kirche der drei ersten Jahrhunderte. Leipzig 856. Hirzel. gr. 8. (XIII, 337 S.) 1 ℛ 15 ngl

— — 2. Thl. A. u. d. T.: Die christliche Kirche vom 4. bis zum 6. Jahrhundert. Ebend. 855. gr. 8. (IX, 1 Bl., 398 S.) 1 ℛ 15 ngl

— Vorlesungen über die ältere Kirchengeschichte. 2. Thl. A. u. d. T.: Die christliche Kirche vom 4. bis zum 6. Jahrhundert. 2. Aufl. Ebend. 863. gr. 8. (VIII, 396 S.) 1 ℛ 15 ngr.

— Vorlesungen über die Kirchengeschichte des Mittelalters. 1. Thl. Von Gregors des Gr. Tod bis auf Innocenz III. A. u. d. T.: Die christliche Kirche vom 7. bis zum 12. Jahrhundert. Leipzig 860. Hirzel. gr. 8. (XI, 334 S.) 1 ℛ 15 ngr.

— — 2. Thl. A. u. d. T.: Die christliche Kirche vom 13. bis zum Ende des 15. Jahrhunderts. Ebend. 861. gr. 8. (XI, 363 S.) 1 ℛ 15 ngr.

— Vorlesungen über die Kirchengeschichte von der ältesten Zeit bis zum 19. Jahrhundert. Neue, durchgängig überarb. Gesammtausg. (16 Liefgn.) 1—12. Liefg. Ebend. 868—870. gr. 8. (1. Bd. X, 658 S., 2. Bd. VIII, 636 S., 3. Bd. X, 656 S., 4. Bd. VIII, 611 S.) Jede Liefg. n. 20 ngr.

— Vorlesungen üb. die Kirchengeschichte von der ältesten Zeit bis zum 19. Jahrh. Neue, durchgängig überarb. Gesammtausg. 13—19. (Schluß-) Lfg. gr. 8. (5. Bd. VIII, 546; 6. Bd. 562 u. 7. Bd. 750 S.) Leipzig 871. 72. Hirzel. à n. 2. —

— Vorlesungen über Wesen u. Geschichte der Reformation in Deutschland und der Schweiz, mit steter Beziehung auf die Richtungen unserer Zeit. 2 Thle. gr. 8. Leipzig 834. Weidmann. $2^1/_2$ ℛ — 3r u. 4r Thl. A. u. d. T.: Der evangelische Protestantismus in seiner geschichtl. Entwicklung. 1r u. 2r Thl. Vom Augsburg. Religionsfrieden bis zum 30jähr. Krieg. gr. 8. Ebd. 837, 39. à $2^1/_2$ ℛ (1—4: $7^1/_2$ ℛ)

— Vorlesungen über Wesen u. Geschichte der Reformation. 5. u. 6. Thl. — A. u. d. T.: Der evangel. Protestantismus in seiner geschichtl. Entwicklung, in einer Reihe von Vorles. dargestellt. 3. u. 4. Thl.: Geschichte der neuern Zeit (1. u. 2. Hälfte.) gr. 8. Leipzig 842, 43, Weidmann'sche Buchh. (à $2^1/_2$ ℛ) 5 ℛ — 1.—6. $12^1/_2$ ℛ

— Vorlesungen über Wesen u. Geschichte der Reformation. 1. u. 2. Thl.: Geschichte der Reformation in Deutschland u. der Schweiz. 2. verb. Aufl. gr. 8. (1: VIII u. 262 S. 2: S. 263—560) Leipzig 851, Weidmann (jetzt: Hirzel). 1 1/2 ℳ

— Vorlesungen über Wesen und Geschichte der Reformation. Ebend. 854—57. gr. 8.
1. 2. Thl.: Geschichte der Reformation in Deutschland und der Schweiz. 2 Thle. 3. Aufl. 857. (VIII, 260; VI, 292 S.) Jeder Thl. 22 1/2 ngl
3. Thl.: Der evangelische Protestantismus in seiner geschichtlichen Entwickelung in einer Reihe von Vorlesungen dargestellt. 1. Thl. Vom Augsburger Religionsfrieden bis zum dreißigjährigen Kriege. 2. durchges. Aufl. 854. (XII, 532 S.) 1 ℳ 15 ngl
4. Thl.: Der evangelische Protestantismus in seiner geschichtlichen Entwickelung in einer Reihe von Vorlesungen dargestellt. 2. Thl. Vom dreißigjährigen Kriege bis zum Anfang des 18. Jahrhunderts. 2. durchges. Aufl. 854. (VIII, 519 S.) 1 ℳ 15 ngl
5. 6. Thl.: Die Kirchengeschichte des 18. u. 19. Jahrhunderts. 3. verb. Aufl. 2 Thle. 856. (VIII, 512; VII, 468 S.) 3 ℳ

—— Vorträge bei Einführung des neuen Gesangbuches, s. Riggenbach.

—— Weihnachtsgabe rc., s. Weihnachtsgabe.

— Weihnachtspredigt über Ebr. 2, 14. gr. 8. Basel 827. Neukirch. 3 ℳ

— das Wesen der evangelischen Freiheit und unsere Stellung zu ihr. Predigt am Gedächtnißtage der Reformation (S. Trinit.) gehalten in Basel. Basel 857. Bahnmaier. 8. (16 S.) n. 3 3/4 ngl

—— Wilhelm Martin Leberecht de Wette. Eine akadem. Gedächtnißrede mit Anmerkungen und Beilagen. gr. 8. (VI und 122 S.) Leipzig 850, [Hirzel.]

[Hagenbach. Carl Rudolf.] Bürgermeister Johann Rudolf Wettstein auf dem westphälischen Frieden. 1646 und 1647 [Mit 1 Vignette und 1 Porträt-Tafel.] (Njbl. Basel 1830.) 4. (Basel.)

Hagenbach, Carl Rudolf. Johann Jacob Wettstein, der Kritiker (1693–1754), und seine Gegner Von Dr. C' Rudolph H'... SA. 8. Leipzig 1839.

Hagenbach, C[arl] R[udolf]. „Wie die kürzlich erlebten Ereignisse dazu gedient haben, unsere Gesinnung, so wie die noch vieler anderer Menschen ins rechte Licht zu setzen.“ Gelegenheitspredigt über Lucas 2, 35. gehalten am 3. Sonntage nach Epiphanias ... [zu Basel] von Dr. K. R. H'.... 8. Basel 1831.

— über Ziel u. Richtpunkte der heutigen Theologie. Drei in Basel gehaltene Vorträge. [Aus: Kirchenblatt für die reformirte Schweiz.] Zürich 867. Meyer & Zeller's Verlag. 8. (76 S.) n. 10 ngr

— u. Prof. Fischer, Zurechtweisung des anonym gegen Dr. de Wette aufgetretenen Sendschreibers. gr. 8. Basel 833. Neukirch. 1 1/2 ℳ

Hagenbach, Konr Ad. Erinnerungen an Aeneas Sylvius Piccolomini (Pabst Pius II). 8 Basel 1840.

Hagenbach, Rudolf [aus Basel]: Beiträge zur Kenntnis der Safraninfarbstoffe. Basel 1900. 46 S. 8°.
Basel. Phil. Diss. 1899/1900.

Hagenbach, S. (Pfr.) Sigriswyl am Thunersee. Oberländische Geschichtsbilder. In-8°, 72 S. Aarau, H. R. Sauerländer. 1 20
1882

Hagenbach-Bischoff, Eduard

Hagenbach-Bischoff. Die Anwendung der Proportionalvertretung bei den schweizer. Nationalratswahlen. In-8°. 32 S. Mit 1 Tabelle. Basel. Vereinsdruckerei. 1892 — 30

— u. Studer, Raoul Pictet, Berechtigung u. Ausführbarkeit der proportionalen Vertretung bei unseren politischen Wahlen. Ein freies Wort an das Schweizervolk u. seine Räthe. gr. 8. (32 S.) Basel 884. Schwabe. n. — 50

Hagenbach-Bischoff, E., s.: Bericht üb. physikalische Industrie.

Hagenbach-Bischoff, die Frage der Einführung e. Proportionalvertretung statt d. absoluten Mehres. Bei Gelegenheit der Basler Verfassungsrevision der allseit. Prüfung vorgelegt. gr. 8. (44 S.) Basel 888. Georg. n. 1. —

Hagenbach-Bischoff, Ed[uard]. Das Gletscherkorn. SA 8 [Basel 1882.]

Hagenbach[-Bischoff], Eduard Christian Friedrich Schoenbein (1799–1868). Progr Univ [Basel]. 4. Basel 1868.

– Dass., s.a. Hagenbach, E.

Hagenbach-Bischoff, E., siehe: *Verh. d. Naturf. Ges.*

Hagenbach-Bischoff, Ed[uard]. Vermessungen am Rhone-Gletscher während 25 Jahren Vortrag, gehalten auf dem 7. internationalen Geographen-Kongress in Berlin im Jahr 1899. ⟨SA⟩ 8. Berlin 1900.

Hagenbach-Bischoff, [Eduard]. Die Verteilungsrechnung beim Basler Gesetz nach dem Grundsatz der Verhältniswahl. [Mit 1 Figur.] 28 S. 4. Basel, Basler Berichthaus, 1905. [fr. 1. —]

Hagenbach-Bischoff (Eduard), die Verteilungsrechnung beim Basler Gesetz nach dem Grundsatz der Verhältniswahl. (28 S.) Lex-8. Basel 905. (Leipzig, C. Beck.) n. 1. —

Hagenbach-Burckhardt, E[duard]. Klinische Beobachtungen über die Muskulatur der Rachitischen. [Illustriert.] (Nach einem Vortrag, gehalten in der Vereinigung der Kinderärzte Süddeutschlands und der Schweiz in Heidelberg.) Sonder-Abdruck aus Jahrbuch f(ür) Kinderheilkunde. N. F. [Band] 60. H(eft) 3. S. 471–487. 8. (Berlin, S. Karger, [1904].)

Hagenbach-Burckhardt, E., über öffentliche Fürsorge f. kranke Kinder. Akademischer Vortrag. (40 S.) 8. Basel 909. Helbing & Lichtenhahn. — 80

Hagenbach-Burckhardt, Ed., s.: Jahresbericht des Kinderhospitals in Basel.

Hagenbach-Burckhardt, Ed., über Krankheitsursachen im Kindesalter. Zwei populäre Vorträge. Veröffentlicht vom Sanitätscollegium. gr. 8. (42 S.) Basel 872, Schweighauser'sche Buchh. *

Hagenbach-Burckhardt, E., die Krippen u. ihre hygien. Bedeutg. gr. 8. (III, 35 S.) Jena 899. G. Fischer. n. — 75

— über die häusliche Pflege des kranken Kindes. (Vortrag, geh. im Samariterinnenkurs des schweizer. Vereins vom roten Kreuz. Sektion Basel. 2. Aufl. (39 S.) 8. Basel 904. B. Schwabe. n. — 80

— Rückkehr zur natürlichen Ernährung der Säuglinge, s. a. Sammlung klinischer Vorträge. Nr. 436.

Hagenbach-Burckhardt, E[duard]. Rückkehr zur natürlichen Ernährung der Säuglinge, von E. H'-B', Basel. II S. + S. 789—828 ⟨408.⟩. gr.-8. Leipzig, Breitkopf & Härtel, 1906. M. —.75

Sammlung Klinischer Vorträge, begründet von Richard von Volkmann. Neue Folge.... Nr. 436 ⟨Serie XV, Heft 16⟩. Innere Medizin Nr. 132.

Hagenbach-Burckhardt, E[duard]. Ueber Sauerstoffeinatmungen in Krankheiten des kindlichen Alters. ⟨Sonderabdruck aus: M[ax] Michaelis, Sauerstofftherapie.⟩ 10 S. 8. [Berlin, A. Hirschwald, 1906.]

Hagenbach-Burckhardt, E[duard]. Ueber Sauerstoffinhalationen bei Kindern. Von Prof. E. H'-B' in Basel. Separat-Abdruck aus Jahrbuch für Kinderheilkunde, N. F. (Band) 54, [Heft] 4. II S. + S. 502—511. 8. Berlin, S. Karger, (1901).

Hagenbeck, Karl

Hagenbeck, Carl, Lebensbeschreibung des Thierhändlers, s. Leutemann, Heinr.

Hagenbeck, Carl, von Tieren u. Menschen. Erlebnisse u. Erfahrgn. Mit 47 ganzseit. Illustr. u. 101 Abb. im Text. (483 S.) Lex. 8. Berlin-Ch. (908). Vita. Geb. in Halbfrz. 15.—; Luxusausg. 75.—; in 2 Bde. geb. 100. —

Von Tieren und Menschen. Erlebnisse und Erfahrungen von Carl **Hagenbeck**. Neue wohlf. Ausg. Textlich verm. Mit 134 Ill. Berlin-Ch.: Vita (1909). 400 S. 8° (10. 6137

— dasselbe. Jubiläums-Aufl. 50—58. Taus. Neue wohlf. Ausg. Mit 6 farb. Bildern u. 1 Phototypie auf Chromopapier. (502 S. m. Abb. u. Bildnis.) Lex. 8. Ebd. (910.). Geb. in Leinw. 6. —

Aus weiter **Welt**. Reise- u. Forschungsberichte von Carl Hagenbeck, Lafcadio Hearn, Herzog Adolf Friedrich von Mecklenburg. In vereinf. deutsch. Stenographie ⟨Einigungssystem Stolze-Schrey⟩. Berlin: Reh [um 1910]. 62 S. 8° [Umschlagt.]

[Sondert. 1] Carl Hagenbeck. Vom Affenfang. Elefantenerinnerungen Schlangengeschichten (Von Tieren u. Menschen, Ausz.)

[2] Lafcadio Hearn. Fragmente vom Leben und vom Tode Jiu-Jitsu (Kyushu, Träume u. Studien aus Japan, Ausz.)

[3] Herzog Adolf Friedrich von Mecklenburg. Ein 'Konigreich' in Zentralafrika. [Ins innerste Afrika, Ausz.]

(Kleine Erzählungen. 4.) A 12. 10704

Hagenberg, Heinr., die Büreaukratie m. ihren Gegensätzen, od. die Rückkehr zum wahren Beamtenthum. Sr. Exc. dem Hrn. Finanzminister Hansemann gewidmet. gr. 8. (22 S.) Quedlinburg 848, Basse. 1/6 ℛ

Hagenberg, Hnr., über Pietismus, eine erklärende Flugschrift nebst Warnung gegen die Gefahren desselben. 8. Cleve 843, Char. 3 ngr

Hagenberg, J. H., Darstellung eines einheitlichen Maaß-, Gewicht- und Münzsystems für Deutschland, verbunden mit der Decimalrechnung. Nebst Anleitung, wie man in 10 Tagen Rechnen lernen kann. Merseburg 857, Garcke. 8. (2 Bl., 42 S.) 6 ngr

— die Elemente des Rechnens verbunden mit dem Decimal-System, oder die einfachste Art, in kurzer Zeit sich mit dem Rechnen bekannt zu machen. Ebend. 853. 8. (23 S.) n. 5 ngr

— Ob Christ, ob Türke. Eine synthetische Parallele, als Gegenstück der Sanderschen Schrift „die Katastrophe im Orient". 855. (56 S.)— 2. mit einer erläuternden Vorrede versehene Aufl. Ebend. 857. gr. 8. (VI, 58 S.) n. 10 ngr

— Johanna Sebus. Ein Cultur- und Sittengemälde in Folge des Goethe'schen Heldengedichts. Ebend. 855. gr. 8. (24 S.) n. 5 ngr

Hagenberg, James, approb. Arzt aus Hildesheim. Beiträge zur Lehre vom Asthma bronchiale. *Göttingen 1899: Dieterich.* (38 S.) 8°

Göttingen, Med. Diss. v. [7. Juli] 1899

Hagenberg, James, Beiträge zur Lehre vom Asthma bronchiale. Diss. gr. 8. (38 S.) Göttingen 899. (Vandenhoeck & Ruprecht). n. — 80

Hagenberger, Heinr., Handbuch f. Bürgermeister, Beigeordnete, Gemeindevorsteher, Polizei-Commissare, Steuer-Gemeinde-Empfänger u. a. amtl. Localbehörden, od. Wegweiser in der amtlichen Sphäre, insbesondere zur Kenntniß der örtlichen u. Gemeinde-Verwaltung. 8. (230 S.) Cleve 847, Char. 5/6 ℛ

Hagenbruch, Christian (Langensalza/Thür.), De effectu confessionis spontaneae in criminalibus deficiente corpore delicti disserit, simulque Gottfried Lutteroth, jur. utr. candid. confectum studiorum academicorum cursum et felicem ab academia Lipsiensi discessum gratul. Lpz. (Langenheim) 19. III. 1739. 35 S. (6.50) 12763

Hagenbruch, Joh. Theophil (Resp.), s. Liebknecht, Joh. Georg: Adparatus Chorographicus.

Hagenbruch, Joh. Theophil (Resp.), s. Liebknecht, Johann Georg: Χρηστομαθειαι hoc est selecta mathematica notatu non indigna.

Hagenbruch, Paul Geo. s. d. Christnacht.

– s. Gedichte.

Hagenbruch, Paul Geo., s. , Lillo, der Kaufmann von London.

– s. Schönheiten d. poet. Enthusiasmus.

– s. Serofani, Handlungsgeschichte.

Hagenbuch, Franz, gestorben 4. September 1888. Zürich 1888. V: *Wegmann, Carl Gottlieb.* (Cat. d. Stadtbibl. Zürich. Zürich 1864—97.)

(Hagenbuch. Johann Caspar H', Professor, 1700–1763.) Njbl. s. [Ochsner. Johann Jacob].

Hagenbuch. Ein Verderber und ein Retter. 2. Aufl. Basel 1886. 15 S. 16.

Hagenbuchii, J. C., de Asciburgio Ulyxis ad Tacit. Germ. c. 3. exercitatio. Tigur. 723. 4.

— de Asciburgio — epistola responsoria. Tigur. 723. 4.

Hagenbuch, Johann Kaspar

Hagenbuch, Johann Caspar s. Collectio. Inscriptionvm latinarvm selectarvm amplissima c'. 1828–1856.

Hagenbuch, I. Casp., de dypticho Brixiano Boethii Cons. epist. epigraph. ad Em. Card. Quirinum. c. fig. fol. Zürich, Orell, Füssli et Comp. 749.

— epistolae epigraph., in quibus plur. inscriptiones gr. et lat. etc. emendant. et explicantur ejusd. Turicense. 4. ibid. 747.

— inscriptio antiqua, ex qua Turici sub Impp. romanis stationem quadragesimae Galliarum fuisse primum innotescit, comment. illustr. 4. ibid. 747. -

— de graecis thesauri novi muratoriani marmoribus quibusd. metricis. 8. ibid. 744.

Hagenbuch, Traugott

Hagenbuch, T., Sigriswyl am Thunersee. Oberländische Geschichtsbilder aus dem XIV—XVIII. Jahrh. gr. 8. (71 S.) Aarau 882. Sauerländer. n. 1. —

Hagenburg-Diecke, Marie, Gedichte. 1. Bdchn. Znaim 867. (Wien, Klemm.) 16. (VII, 153 S.) n. 20 ngr.

— — Neue Sammlung. Leipzig 869. F. Fleischer. 16. (VIII, 188 S.) n. 20 ngr.

Hagenburger, Wilhelm, aus Oggersheim: Ueber die Spaltbarkeit halogenirter Phenylbenzylaether. *Oggersheim 1900: J. Kappelmann.* (35 S.) 8°
Heidelberg, Naturw.-math. Diss. v. 1900

Hagendefeldt, H. J. Tabellen zur Verbesserung der Distanz nach der Elford'schen Methode. Hamburg 1863.

Die Vogelwelt der Insel Sylt v. Meinert B. Hagendefeldt. Sonder-Abdruck a. d. Ornith. Monatsschrift, Jg. 27. [Gera-Untermhaus.] 1902. 8°.

Zugdaten zur Vogelwelt der Insel Sylt v. Meinert Hagendefeldt. Sonderabdruck aus: Journal für Ornithologie. Juliheft 1907 [Leipzig. (1907.)] 8°

Hagendorff, Hugo, Borussia. Balladen u. Legenden aus Ost- u. West-Preußen. Berlin 859. Lindow. 8. (VII, 96 S.) 7½ ngr.

— Ephemeren. — Novellen u. Erzählungen. gr. 12. Zeitz 838. Schieferdecker. 1 rß

Hagendorff, Hugo, Gedichte. Mit 1 Musikbeilage von Rud. Gernlein. gr. 12. Berlin 835. Stuhr'sche Buchh. ¾ rß

Hagendorff, Hugo, Constitution od. Monarchie? Ein offenes Wort an den Bürger u. Landmann. gr. 8. (15 S.) Berlin 852, Lindow in Comm. n. $^1/_{12}$ rß

— die Mähr v. hörnen Siegfried. Balladenkranz nach d. Volksbuche. Nebst e. Anhange. 8. Zeitz 837. Schieferdecker. ⅔ rß

—— das Soolbad Kösen nebst den Saalufern und den nächsten Städten. Ein Wegweiser für Badereisende. br. 8. (15 S. mit 1 in Kpfr. gest. und ill. Special-Karte von Kösen und Umgebung in gr. Fol. und 5 bezüglichen Stahlst.) Berlin 859, A. Meyer's Kunstverlag. Thlr. *

Hagendorff, Hugo, Wegweiser durch die preußische Rheinprovinz, Westphalen und das Herzogthum Nassau. Ein geographisches, statistisches u. geschichtliches Handbuch. Mit 1 (lith.) histor. Uebersichtskarte. Berlin 858. Meyer. 8. (III, 79 S.) n. 10 ngr

Hagendorn, Friedrich Theophil (Görlitz), Quaestio juris controversi an filius legitimatus succedat patri refractario ad copulam sacerdotalem coacto. Präs. Christian Heinr. Breuning. Leipzig (Rumpf) 3. X. 1770. 8 S. (4.80) 12764

Hagendorn, G. A., Ethica tripartita. 8. Nrnb. Felsecker. 715. Rtlhr. -

Hagener, Gustav

— Wien! der Kaiser ist gefangen. Druck von F. Reichardt u. Co. 1 Bl. Fol.
Flugblatt. Berlin, 8. Okt. 1848.

Hagener, Gustav. Wien: Republik! Das Militair ist auf Seiten des Volkes. Druck von F. Reichardt u. Co. 1 Bl. Fol.
Flugblatt. Berlin, 8. Okt. 1848.

Hagenkötter (Hrsg.), s. Wasserwirtschaft und Wasserrecht.

Hagenkötter, F. H., Herrschaft u. Gesinde, s.a. Handbücher f. d. rhein. Landwirth.

Herrschaft und Gesinde. Ausführl. Darstellung d. gesinderechtl. Verhältnisse, insbesond. derjenigen in d. Rheinprovinz ... Prakt. Handbuch f. Jedermann. Von F. H. Hagenkötter, Bürgerm. in Neuhückeswagen. Bonn: Landw. Ver. f. Rheinpreußen 1890. VI, 70 S. 8°
(Handbücher f. d. rhein. Landwirth. Bd 2.) (10. 1,35) 6

Hagenmaier, Joh., Schreibschule, oder methodisch geordnete Vorlegeblätter, eingerichtet für die ganze Dauer der Schulzeit, in 3 Abthlgn., mit Andeutungen Carstair'scher Uebungen. 3 Abthlgn. qu. 4. (29 und 45 lithogr. Bl.) Ulm 847—48, Nübling. à Abthl. * 12 Ngr. *

Hagenmaier, Joh., Schreib-Schule oder methodisch geordnete Vorlegeblätter, eingerichtet für die ganze Dauer der Schulzeit in drei Abtheilungen, mit Andeutungen Carstairs'scher Uebungen. 1. Abth. 2. Aufl. Ulm 862. Gebr. Nübling. qu. 4. (36 lith. Bl.) n. 12 ngr.

Hagenmaier, Joh., Schreib-Schule oder methodisch geordnete Vorlegeblätter, eingerichtet für die ganze Dauer der Schulzeit in 3 Abthlgn., mit Andeutungen Carstairs'scher Uebungen. 2. Abth. 2. Aufl. Ulm 866. Gebr. Nübling. qu. 4. (28 lithogr. Blatt.) n. 12 ngr.

Hagenmaier, Karl, Predigt, geh. auf dem Dreifaltigkeitsberg. (27 S.) 8. Spaichingen 910. M. Kupferschmid. nn — 20

Hagenmeier, Aloys, s. d. Notiz unter dem Artikel: A. Hagemeister.

Hagenmeyer

— s. a. Hagemeier, Hagemeyer.

Hagenmeyer, Georg Gottlieb (Schweinfurt), De pactis legitimis et condictionibus ex lege merito suspectis. Diss. jur. Präs. Gottlieb Sturm. Wittenbg. (Schlomach) Aug. 1754. 16 S. (5.50) 12768

Hagenmeyer, Heinr., Epistulae et chartae ad historiam primi belli sacri spectantes quae supersunt aevo aequales ac genuinae. Die Kreuzzugsbriefe aus d. J. 1088—1100. Eine Quellensammlg. zur Geschichte d. 1. Kreuzzuges. Mit Erläutergn. hrsg. Gedruckt m. Unterstützg. aus Mitteln d. Dr. Joh. Fried. Böhmer'schen Nachlassadministration. gr. 8. (X, 488 S.) Innsbruck 901. Wagner. n. 16. —

Hagenmeyer, Heinr. Anonymi gesta Francorum et aliorum Hierosolymitanorum. Mit Erläutergn. hrsg. 2 Hälften. gr. 8. Heidelb., C. Winter. [1. Hälfte. (S. 1—320.) 889. ** 8 —; 2. Hälfte. (IX, S. 321—574.) 890. ** 7 —.] ** 15 —

Die Kreuzzugsbriefe aus den Jahren 1086–1100. Eine Quellensammlung zur Geschichte des ersten Kreuzzuges mit Erläuterungen herausgegeben von Dr. Heinrich Hagenmeyer. Gedruckt mit Unterstützung aus Mitteln des Dr. Joh. Fried. Böhmer'schen Nachlassadministration. (Epistulae et Martae ad historiam primi belli sacri Spectantes quare Supersunt aevo Aequales ac Genuinae) Innsbruck. 1901 Wagner Gr.-8°. X, 488 S. K 16.—

Hagenmeyer, Heinrich, aus Bodigheim (Baden) Ueber die nervösen Nachkrankheiten der Diphtherie mit besonderer Berücksichtigung der postdiphtherischen Ataxie. *Freiburg i. B. 1898: Ch. Lehmann's Nachf.* (28 S.) 8°
Erlangen, Med. Diss. v. (2.) Juli 1897

Hagenmeyer, Heinr., Peter der Eremite. Ein krit. Beitrag zur Geschichte des 1. Kreuzzuges. gr. 8. (XII, 401 S.) Leipzig 879. Harrassowitz. n. 12. —

Hagenmeyer, K., das Burenvolk in Südafrika, seine Entstehung, Charaktereigentümlichkeit u. geschichtl. Entwicklg. bis zur Gegenwart. Ein Lesebüchlein zur Belehrg. u. Unterhaltg. f. Burenfreunde. gr. 8. (64 S.) Karlsruhe 900. J. J. Reiff n. —30

Hagenmeyer, K., s.: Galteri Cancellarii bella Antiochena.

— das apostolische Glaubensbekenntnis, s.: Schutz- u. Trutz-Schriften d. christl. Kolportage-Vereins. Nr. 3.

Hagenmeyer, K., Jugend-Erinnerungen. gr. 8. (39 Karlsruhe 891 J. J. Reiff n.

Hagenmeyer, K., evangelische Lebenszeugen. Sechs christl. Lebensbilder aus der Geschichte der evangel. Kirche im 17. u 18. Jahrh. Für das christl. Volk geschildert u. hrsg. 8. (38 S.) Heidelberg 870. C. Winter in Comm. n. 1. —

Hagenmeyer, K., Randbemerkungen zu dem Schriftchen des Herrn Plitt „zur Katechismusfrage", zugleich der gegenwärtig in Karlsruhe versammelten Generalsynode zu ernster Berücksichtigung empfohlen. gr. 8. (9 S) Karlsruhe 881 Reiff in Comm. n. — 20

Hagenmeyer, K., die Revolutionsjahre 1848/49. Schilderugn auf Grund eig. Anschaug. u. persönl Erlebnisse 8 (IV, 192 S. m. Abb. u. 1 Fksm.) Karlsruhe 899. J. J. Reiff. Kart. n. 1 50

Hagenmüller, J., österreichischer Unterthansadvocat. 2 Thle. 8. Wien, Mößle. 792.

Hagenow, Friedrich v

— Aspidura Ludem, siehe: Palaeontographica. I Bd.

v. **Hagenow**, Fr., Beschreib. der auf d. Großherz. Bibliothek zu Neustrelitz befindl. Runensteine, u. Versuch zur Erklärung der auf denselben befindl. Inschriften ꝛc. Mit 14 Holzschn. 4. Loitz 826. (Greifsw., Koch). 16 gℊ

Hagenow, Friedr. v., die Bryozoen der maastrichter Kreidebildung abgebildet und beschrieben. gr. 4. (XVI und 111 S. mit 12 Stnt. und 12 Bl. Erklärung.) Cassel 851, Fischer. *

Vorgeschichtliche Gräber auf Rügen und in Neuvorpommern. Aufzeichnungen Friedrich v Hagenows, aus dessen hinterlass. Papieren hrsg. von Dr. Rudolf Baier. Mit 6 Taf. u. 2 Abb. *Greifswald: J Abel 1904.* (34 S.) 8° [F.] [04. 18123 9

v. **Hagenow**, Dr Friedrich. Grundriss von Greifswald und den Vorstädten. 1 6000. Greifswald 1842. 1 Bl. c. I

v. **Hagenow**, Dr Fr Karte der neuen Kunststrassen in Neuvorpommern mit Andeutung der bisherigen Landstrassen. Greifswald 1834. 1 Bl. c. L.

v. **Hagenow**, Dr Fr Karte von Neuvorpommern und der Insel Rügen. Berlin 1839 und 1856. Je 1 Bl. c. I. Ft.

v. **Hagenow**, F Special-Charte der Insel Rügen nach den neuesten Messungen unter Benutzung aller vorhandenen Flurkarten entworfen. Berlin 1829. 4 Bl. L. Ft.

Hagenow, Willius (geb Hamburg 15. 2. 1835) De hydrope ascite
Berolini (1858) (32 S.) 8°
Berlin, Med. Diss. v. 31. Aug. 1858

Hagens, die Eindeichung u. Entwässerung des Memeldeltas, s.: Danckwerts.

Hagens, Erwerb von Grundeigenthum gegen Rente, erörtert vom Rechtsstandpunkte. Als Mscr. gedr. 8°. Berlin 1886.

Hagens, Kirchen-Ordnung für die evangel. Gemeinden der Provinz Westfalen und der Rhein-Provinz, s. Kirchen-Ordnung.

Hagens: Kirchen-Ordnung für die evangelischen Gemeinden der Provinz Westfalen und der Rhein-Provinz mit den für die evangel. Gemeinden der Provinz Westfalen erl Declarationen usw. Im amtl. Auftr. hrsg. Bielefeld 1856

Hagens, F. v., Denkschrift über den Adel der Düsseldorfer Beamtenfamilie von Hagens. Köln 1883.

Die Schaufelformen und Leistungen der Zentrifugalpumpen. Von H[einrich] **Hagens**, Zivilingen. Königsberg i. Pr. Hartung 1906 (34 S.) 8° [06. 390] 10

Hagens, Joh. Carl, üb. die Einführung der Geschworenen f Civil- u. Criminalsachen in Deutschland. Politisch-historische Abhandlung. gr 8. (VI u 71 S.) Paderborn 848, Wesener. 12 ngℊ

— das neue Preuß Strafverfahren m. einem Kommentar zur Verordnung vom 3. Jan. 1849. gr. 8. (VIII u 187 S.) Berlin 849, Veit & Co 5/6 ℛ

-- das königl. Veto u. die Volkssouveränität. Beitrag zur Verständigung üb. Art. 60 u. 61 der Preuß. Verfassungs-Urkunde gr. 8. (32 S.) Paderborn 849, Junfermann. n. 1/6 ℛ

Hagens, Jos v. Betrachtungen über die Beständigkeit unseres Climas und der Meereshohe. Jahresberichte des naturwissenschaftl. Vereins von Elberfeld und Barmen. Elberfeld 1863.

v. **Hagens**, Luitpold: Staat, Recht und Völkerrecht. Zur Kritik juristischer Grundbegriffe Rechtswissenschaftliche Erörterungen. München, Theodor Ackermann, k. Hof-Buchh., 1890, VII + 90 S. 8°
München, Jur. Fak., Inaug.-Diss. v. 1890

Hagens, Paul. Otto (geb. Glogau 21 10. 1840). De coryza. Berolini (1861). (49 S.) 8°
Berlin, Med. Diss. v. 22 Juli 1861

Hagens, Walth., meine Arbeit als Kaufmann im Dienste der Mission, s.: Missions-Schriften, Bremer, Nr. 16.

Hagenstein, Marie, die Windsbraut. Ein Märchen für das reifere Kindesalter. Breslau 867. Trewendt. br. 8. (136 S. mit 6 bunten lithogr. Zeichnungen von der Verf.) geb. 1 ℛ

Hagenström, P. Löhnungs-Tabelle bis 200 Stunden. 4. (9 S.) Lpz. 892, K. Scholtze. * — 70

Hagentorn, Alex., Bemerkungen üb. die weisse Linie u. üb. den Bruch der Bauchwand. Diss. (108 S.) gr. 8. Jurjew (Dorpat), 902. (J. Anderson.) n. 2. 50

Hagentorn, Robert

Hagentorn, R., üb. den Einfluss d. kohlensauren u. citronensauren Natron auf d. Ausscheidung der Säuren im Harne. Inaug.-Diss. gr. 8. (86 S.) Dorpat 890. (Karow.) n. 2. —

Hagenunger, Alfred, Rechtspraktikant aus Triberg Das Erbbaurecht. *Freiburg i. B. 1902: Ch. Lehmann's Nachf.* (60 S.) 8°
Freiburg i. B., Rechts- u. staatswiss. Diss. v. 1902

Hagenunger, Emil, auf nach Rom! Bunte Blätter von meiner Reise nach Rom. (III, 32 S. m. 1. Taf.) kl. 8. Freiburg i/B. 904. (Geschäftsstelle des Charitasverbandes f. das kathol. Deutschland.) n. — 30

Hager, s. Hartmuth.

Hager, P. Edmund, der »Don Bosco Österreichs«. Lebensskizze eines Erziehers ... Innsbruck [1907]. V: *Wittmann, Andreas.* (Margr)

Hager, die Bedeutung des Großschiffahrtsweges Berlin-Stettin f. die Melioration des Oderbruches u. die Regulierung der unteren Oder, s. a. Mitteilungen des Binnenschiffahrtsvereins f. den Norden u. Westen der Prov. Brandenburg. Nr. 4.

Die Bedeutung des Großschiffahrtsweges Berlin-Stettin für die Melioration des Oderbruches und die Regulierung der unteren Oder. Von **Hager**, Deichinsp., Freienwalde a. O. 1 Karte angeheft. *Berlin: L. Simon Nf. 1904.* (15 S.) 8° [F.]
= **Mittheilungen** d. Binnenschiffahrtsvereins f. d. Norden u. Westen d. Prov Brandenburg. No 4. [04. 3376

Hager, Beylage zu Sprengels und Försters neuen Völkerkunde, m. Planen. 8. Wien, Camesina. 794.

Hager, Gemälde von Palermo. 8. Berlin, Dunker und H. 799.

Hager, die Sicherung der Melioration des Oderbruchs durch die Ausführung des Großschiffahrtsweges Berlin—Stettin in Verbindung m. der Regulierung der unteren Oder, s. a. Mitteilungen des Binnenschiffahrtsvereins f. den Norden u. Westen der Prov. Brandenburg.

Die Sicherung der Melioration des Oderbruchs durch die Ausführung des Großschiffahrtsweges Berlin-Stettin in Verbindung mit der Regulierung der unteren Oder Von **Hager**, Deichinsp., Freienwalde a. O. *Berlin: L. Simon Nf. 1904.* (8 S.) 8° [F.]
= **Mitteilungen** d. Binnenschiffahrtsvereins f. d. Norden u. Westen d. Prov Brandenburg. No 5. [04. [illegible]

Hager, A., Deutschlands Beruf in Ostafrika. 8. (39 S.) Hannover 889. C. Meyer. n. — 80

Hager, A., Festklänge f. Posaunenchöre. Motetten u. Lieder, in Verbindg. m. dem Bundessekretär des nordd. Männer- u. Jünglingsbundes A. Schröder ausgewählt u. hrsg. Vierstimmig bearb. v. Rud. Barth. (Der Liederperlen 3. Abtlg., stark vermehrt.) (VIII, 160 S.) 8. Gütersloh 908. C. Bertelsmann. — 80; Einbd. nnn — 20

Hager, A., Freuet euch in dem Herrn allewege! Liederperlen, aus dem Schatze deutschen Volksgesanges ausgewählt u. Deutschlands Jünglingen gewidmet. 12. (XII, 302 S.) Gütersloh 881. Bertelsmann. n. — 80

Hager, A., freuet euch in dem Herrn allewege! Liederperlen, aus dem Schatze deutschen Volksgesanges ausgewählt u. dem deutschen Volke u. seiner Jugend dargeboten, mehrstimmig bearb. v. R. Barth. Ausg. f. Jungfrauenvereine. 12. (VIII, 248 S.) Gütersloh 888. Bertelsmann. n.n. — 65; geb. n.n. — 90

— dasselbe. Ausg. f. Jünglingsvereine. 3. Aufl. 12. (VIII, 391 S.) Ebd. 888. n.n. 1. —; geb. n.n. 1. 20

— dasselbe, f. Posaunenchöre, Orgel, Harmonium [Klavier] u. gemischten Chor vierstimmig bearb. v. R. Barth. gr. 8. (VIII, 216 S.) Ebd. 889. n. 1. —

— dasselbe, f. Posaunenchöre, Orgel, Harmonium [Klavier] u. gemischten Chor vierstimmig bearb. v. R. Barth. II. u. III. Abtlg. Volkslieder u. Motetten. gr. 8. (IV, 236 S.) Ebd. 890. n. 1. —; geb. n.n. 1. 20

—— dass. — Text-Ausg. 1. u. 2. Abtl. 12. Ebd. 890. compl. * — 25
1. Geistliche Lieder. 5. Aufl. (96 S.) * — 15. — 2. Weltliche Lieder. 4. Aufl. (64 S.) * — 12.

Hager, A., freuet euch in dem Herrn allewege! Liederperlen, aus dem Schatze deutschen Volksgesanges ausgewählt u. dem deutschen Volke u seiner Jugend dargeboten. Textausg. 2 Abtlgn. gr. 16. Gütersloh 894. C Bertelsmann. n n. — 27; Einbde a n.n.n. — 9, in 1 Bd. n.n. — 25; Einbd. in Leinw n.n.n. — 13
1. Geistliche Lieder. 7 Aufl. (96 S.) n n — 15. — 2 Volkslieder. 5. Aufl. (64 S.) n.n — 12

[F.] Freuet euch in dem Herrn allewege! Liederperlen aus dem Schatze deutschen Volksgesanges ausgewählt u. d. deutschen Volke u. s. Jugend dargeb. v. A. **Hager**, mehrstimmig bearb. v. Rud. Barth. Ausg f. Jungfrauenvereine. *Gütersloh: C. Bertelsmann 1896.* (VIII, 248 S. 1 Bd 8. 96. 1400

Hager, A., Freuet euch in dem Herrn allewege! Liederperlen, aus d. Schatze deutschen Volksgesanges ausgew. u. d. deutschen Volke u. s. Jugend dargeboten. Textausg. 2 Abtlgn. 12. Gütersloh 898. C. Bertelsmann. n.n. — 27; Einbde. à n.n. — 09; in 1 Bd. n.n. — 25; Einbd. n.n. — 13
I. Geistliche Lieder. 9. Aufl. (96 S.) n.n. — 15
II. Volkslieder. 7. Aufl. (64 S.) n.n. — 12

Freuet euch in dem Herrn allewege! Liederperlen aus d. Schatze deutschen Volksgesanges ausgew von A **Hager**, mehrstimmig bearb. von Rud. Barth Ausg f Jungfrauenvereine 3. Aufl. *Gütersloh: C. Bertelsmann 1899.* (VIII, 248 S.) 8° [F.] [99. 3414 6

dasselbe, mehrstimmig bearb. v. Rud. Barth. Ausg. f. Jungfrauenvereine. 12. (VIII, 248 S.) Ebd. 899. n. — 70; Einbd. in Leinw. n.n.n. — 20

Hager, A., freuet euch in dem Herrn allewege! Liederperlen, aus dem Schatze deutschen Volksgesanges ausgewählt u. d. deutsch. Volke u. seiner Jugend dargeboten. Textausg. 3 Abtlgn. 12. Gütersloh 901. C. Bertelsmann. n.n. — 37; Einbde. à n.n. — 09; in 1 Bd. n.n. — 35; Einbd. n.n.n. — 13

I. Geistliche Lieder. 10. Aufl. (96 S.) n.n. — 15
II. Volkslieder. 8. Aufl. (64 S.) n.n. — 12
III. Der geistl. Lieder „Neue Folge". (48 S.) n.n. — 10

Hager, A., freuet euch in dem Herrn allewege! Liederperlen, aus dem Schatze deutschen Volksgesanges ausgewählt u. dem deutschen Volke u. seiner Jugend dargeboten. 3 Abtlgn. 12. Gütersloh, C. Bertelsmann. n.n. — 37; Einbde. n.n.n. — 09; in 1 Bd. geh. n.n. — 35; Einbd. in Leinw. n.n.n. — 13

1. Geistliche Lieder. Der Textausg. 11. Aufl. (96 S.) 904.
2. Volkslieder. Der Textausg. 9. Aufl. (64 S.) 904.
3. Der geistlichen Lieder „Neue Folge". Textausg. (48 S.) 901.

Freuet euch in dem Herrn allewege. Liederperlen aus d. Schatze deutschen Volksgesanges ausgewählt von A. Hager, f. Posaunenchöre, Orgel, Harmonium ⟨Klavier⟩ u. gemischten Chor vierstimmig bearb. von Rud. Barth. 2. verm. u. verb. Aufl. Abt. 1. Gütersloh: C. Bertelsmann 1905. 8° [F.] [o6 3344 6

— dasselbe. Liederperlen, aus dem Schatze deutschen Volksgesanges ausgewählt, f. Posaunenchöre, Orgel, Harmonium (Klavier) u. gemischten Chor vierstimmig bearb. v. Rud. Barth. II. u. III. Abtlg. Volkslieder u. Motetten. 2. durch e. Anh. verm. Aufl. (IV, 256 S.) gr. 8. Ebd. 904. n. 1. —

Hager, A., hebraisches Vocabularium für die Primaner u. Secundaner der Gymnasien sowie auch für Theologiestudierende mit Bezug auf die Lehrbücher von Rödiger-Gesenius, Ewald, Nagelsbach u. Seffer zusammengestellt. Leipzig 863. Seemann. 8. (IV, 82 S.) 7½ ngr.

Hager, A[ndreas]. «Bewegtes Leben». Walzer von A. H'; Arrangiert von Hans Böhm. *lithogr.* Direktionsstimme *u. 26 Einzelstimmen.* [6 + *26mal* 3 S.] 4. Schaffhausen, H. Böhm, [Lithogr.] Joos-Büchlin, [1905]. [*cpl.* fr. 5. —]

Hager, Arnold

Hager, A., praktische Anleitung zur Geflügel-Zucht. I. Thl. Die Hühner-Zucht. II. Thl. Die Zucht d. Truthühner, Enten u. Gänse. gr. 8. (55 S. m. Holzschn.) Berlin 889. Neue Berliner Verlagsanstalt (Aug. Krebs). n. 1. 50

—— Praktische Anleitung zur Vertilgung von Ungeziefer u. Raubzeug in Haus u. Hof, Garten u. Feld. gr. 8. (44 S.) Berl. 889, Neue Berliner Verlagsanstalt (Aug. Krebs). cart. in Leinw. * 1 20

Hager, Arnold, die Schweinezucht. Praktische Anleitg. zur Zucht, Haltg. u. Mästg. d. Schweines u. zur Behandlg. bei Krankheiten desselben. Nebst Anweisg. zum Einschlachten, Pökeln, Wurstmachen, Seifenkochen 2c. gr. 8. (VIII, 112 S. m. Abbildgn.) Berlin 891. Mode's Verl. 2. 25

— die Taubenzucht. Praktische Anleitg. zur Zucht u. Haltg. der Tauben u. zur Behandlg. der Krankheiten derselben. Nebst den Erkennungsmerkmalen der verschiedenen Taubenarten. gr. 8. (III, 92 S. m. Abbildgn.) Ebd. 891. 2 25

Hager, Arnold, die Taubenzucht. Praktische Anleitg. zur Zucht u. Haltg. der Tauben u. zur Behandlg. d. Krankheiten derselben. Nebst den Erkennungsmerkmalen der verschied. Taubenarten. 2. verb. u. verm. Aufl. gr. 8. (122 S. m. Abbildgn.) Berlin (901). S. Mode. 2. 25

— die Untersuchung d. Schweinefleisches auf Trichinen u. Finnen, nebst e. Zusammenstellg. der neuesten, die Fleischschau betr. Gesetze u. Verordnungen, sowie Beschreibg. d. Mikroskops. Mit 56 in den Text gedr. Abbildgn. gr. 8. (III, 58 S.) Frankfurt a/O. 886. Waldmann's Verl. cart. n. 1. 80

Hager, Arthur, approb. Arzt aus Untertheuringen. Ueber die operative Behandlung der Scheiden-Gebärmuttervorfälle. *Tübingen: F. Pietzcker 1900.* (20 S.) 8°
Tübingen, Med. Diss. v. 1900

Hager, Arth., die Bekehrung Mecklenburgs. Mit (eingedr.) Holzschn. u. 1 Karte (in eingedr. Holzschn.) von Alt-Mecklenburg von Geo. Lenthe. Schwerin 870. Stiller. gr. 8. (22 S.) n. 4 ngr.

— die Größe Shakspeare's. Vortrag in Ludwigslust geh. u. hrsg. zur Erinnerg. an den 100jähr. Geburtstag v. L. Tieck. 8. (35 S.) Freiburg i. B. 873. Herder. n. — 40

— Gründe, die mich bewogen haben, in den Schooß der römisch-kathol. Kirche zurückzukehren. 3. Aufl. gr. 8. (78 S.) Ebend. 873. n. — 50

Hager, Arthur, 180 Gründe, die mich bewogen haben, in den Schoß der röm.-kath. Kirche zurückzukehren. Freiburg 1873, 12°, 94 S., 4. Aufl., 75 Pf. (Fehlt.)
Vgl. Litt. Handw. 1873, S. 269. Münchener Pastoralbl. 1873, S. 147

— König Heinrich VIII. v. England, Gründer e. staatskathol. Kirche, e. Biographie. 8. (60 S.) Neiße 876. Huch. — 30

— das Leben des Paulus u. Petrus, zunächst zur Erinnerung an den 1800jähr. Todestag dieser Apostel am 29. Juni 1867. Schwerin 867. Hildebrand. 8. (98 S.) n. 15 ngr.

— die Münzen der Bibel. Stuttgart 868. Gütersloh, Bertelsmann. gr. 8. (40 S.) 6 ngr.

Hager, Arthur, Die Münzen der Bibel. Stuttgart, Liesching, 1868, 8°, 40 S., 60 Pf.
Recens. von Himpel, (Bonner) Theol. Litt.-Blatt 1870, S. 121—123. — Zuerst als Progr. des Gymnas. zu Schwerin (1868, 21 S.) gedruckt.

— s. Shakespeare's Werke.

Hager, Arth., spricht die Bibel f. den Katholicismus od. den Protestantismus? 1. Lfg. gr. 16. (100 S.) Neiße 876. Huch. n. — 50

Hager, Arth., spricht die Bibel für den Katholicismus oder Protestantismus? 2. Lfg. gr. 16. (64 S.) Breslau 877. (Aderholz.) n.n. — 30 (1. u. 2.: n.n. — 80)

Hager, Aug., illustrirtes Couplet- u. Taschen-Liederbuch, enthaltend Deutschlands Gassenhauer, Couplets, Bummel-, Volks- u. Leierkasten-Lieder. Mit vielen Orig.-Illustr. (eingedr. Holzschn.). 7. Aufl. 16. (256 S.) Chemnitz 880. Hager. — 60; kleine Ausg. (128 S.) — 35

Hager, Aug., der Universal-Gelegenheitsdichter. 8. (143 S.) Chemnitz 871. Hager. 1. —

— der Universal-Gelegenheitsdichter. 2. Aufl. 8. (143 S.) Ebend. 880. 1. —

Hager, Aug., d. Universal-Gelegenheitsdichter. Zusammengest. u. hrsg. v. H. 12. (144 S.) Chemnitz 895. C. A. Hager. 1. —

Hager, C. E., die neueste Aufgabe der Volksschule. Eine Preisschrift. gr. 16. (50 S.) Leipzig 851, Schrey. n. 1/6 ₰

Hager, C. E., u. C. G. Hüttig, deutsche Bilder aus dem Gebiete der Geschichte u. Natur. Ein Lesebuch für Schule u. Haus. Leipzig 859. Gräbner. gr. 8. (VIII, 236 S.) 15 ngr.

Hager, C. E., das Buch der christlichen Religion, s. Buch.

—— Echo der schönsten und volksthümlichsten Lieder, s. Echo.

— der Religionsunterricht in der Volksschule. Nach (seinem) historisch-genetischen Lehrgange. 4. verm. Aufl. als Einführg. u. Einleitung zu dem nächstens von dems. Verf. erscheinenden u. nach jenem Gange bearb.: „Buch der Religion." gr. 8. (28 S.) Leipzig 851, Spamer. n. 1/6 ₰

— über den gesammten religiösen Unterricht in der Volksschule. Der natürlichste, interessanteste u. zweckmäßigste Weg bei Ertheilung desselben. Erfahrungsmäßig bezeichnet. 3. durchgesehene Aufl. 8. (23 S.) Ebd. 850. 3 ngr

— der natürlichste, interessanteste u. zweckmäßigste Weg bei Ertheilung des religiösen Unterrichts in der Volksschule. Erfahrungsmäßig bezeichnet. 8. (21 S.) Ebd. 849. — 2. Aufl. 8. (24 S.) Ebd. 849. n. 1/6 ₰

Hager, Carl, s. Hager, Karl

HAGER, Christian (Kaltbrunn/Schweiz): Die Gastrectasie mit Berücksichtigung der Fälle welche in den Jahren 1880, 1881 und 1882 auf der II. med. Abtheilung in München zur Beobachtung gekommen.- München: Wolf 1884. 36 S.
22.10.1884 - Urk (Titel: De ventriculi dilatatione.); Chr 1884/85,20
Diss.Ingolst.-Landsh.-Mchn.

Hager, Conrad, s. Hager, Konrad

Hager, Curt, s. Hager, Kurt

Hager, Ed., Voigtländische Volkssagen. 1s u. 2s Bdchn. 8. Plauen 839, 40. (Schmidt.) à n. 1/4 ₰

Hager, Ernst Albert [app. Arzt aus Penzlin]: Der klinische Verlauf der Kniegelenksganglien ... Würzburg, Druck d. Bonitas-Bauer'schen k. b. Hofbuchdr., 1896; 16 S. 8.
Würzburg, Med. Fak., Inaug.-Diss. v. 1896

Vereinigung für d. Zollfragen d. Papierfachs. Das Interesse der Papierindustrie an der Gestaltung des künftigen Deutschen Zolltarifs. Denkschr. im Auftr. d. Vereinigung f. d. Zollfragen d. Papierfachs verf. von Eugen Hager, Geschäftsführer. *Berlin: Verein. f. d. Zollfragen d. Papierfachs 1900.* (32 S.) 4° [68. 8438

Die Papier-Industrie. Von Eugen Hager ... *Berlin: (Handelsvertragsver.) 1901.* (31 S.) 8°
= Interessed. deutschen Industrie and. Handelsverträgen. H. 1. [68. 7635 4

Vereinigung für die Zollfragen des Papierfachs. Die Papierzoll-Frage. Denkschrift im Auftr. d. Vereinigung ... verf. von deren Geschäftsführer Eugen Hager. *Berlin: Vereinigung 1902.* (64 S.) 8° [68. 3816

Hager, Eug., Zollhandbuch f. die Papierindustrie, das Druck- u. Buchgewerbe u. die Schreibwarenindustrie. I. Bd. Europa. (Abgeschlossen m. dem Stand vom 1. IX. 1906.) (Hrsg. v. der Vereinigg. f. die Zollfragen der Papier verarbeit. Industrie u. des Papierhandels, Berlin W 9.) (VII, 272 S.) gr. 8. Berlin 906. C. Hofmann. Geb. in Leinw. n. 6. —

Hager, Evermod: Aus dem Leben eines ständischen Oberhauptmannes. Ein Beitrag zur Geschichte der oberösterreichischen Ständeerhebung in den Jahren 1618 bis 1620. (Umschlagtitel: ... Oberhauptmannes.) 28 S. 8. K. k. Staats-Gymn. *Linz* 1909.
Progr.

Hager Dr. Evermod: Die geographischen Verhältnisse des österreichischen Alpenvorlandes mit bes. Rücksicht auf den oberösterreichischen Antheil. 37. Urfahr 01.
Progr.

Hager, Frz., Faustrecht. Aus dem Wiener Familien- u. Rechtsleben. (190 S.) 8. Stuttgart 905. Strecker & Schröder. n. 2. 80

Die geschichtliche Entwickelung des Herakles-Mythos. Von Friedrich Hager. Wandsbek. 1888. 4°. Gymn.-Progr.

Hager, Friedrich Paul (Gotha), De capitulationibus bellicis. Diss. jur. Präs. Jacob Friedrich Ludovici. Halle (Johann Gruner) Sept. 1707. 68 S., tlws. dtsch. (7.—) 12769
Widm. v.: Johann Heinrich Thun (Sondershausen), Joh. Ant. Stoltzenberg (Bleicherode/Hohnstein), J. Dav. Jentzsch (Zittau).

— — Dasselbe. Halle (Joh. Christ. Grunert) 1742. (7.—) 12770

Hager, Geo., gothische Alterthümer d. Baukunst u. Bildnerei, s.: Graf, Hugo.

Hager, Gg., u. J. A. Mayer, die vorgeschichtlichen, römischen u. merovingischen Alterthümer d. bayerischen National museums, s.: Kataloge d. bayerischen National-museums.

— mittelalterl. Bauten Regensburgs, s.: Auflegor, Otto.

— die Bauthätigkeit u. Kunstpflege im Kloster Wessobrunn u. d. Wessobrunner Stuccatoren. [Aus: „Oberbayer. Archiv für vaterländ. Geschichte" 48 Bd.] gr. 8. (328 S. m. 16 Abb. u. 9 Taf.) München 894. (G. Franz' Verl.) n. 5. —

Hager, Geo., Heimatkunst, Klosterstudien, Denkmalpflege. (X, 495 S.) gr. 8. Münch. 909. M. Rieger. 6. —

Hager, Georg: Die Romanische Kirchenbaukunst Schwabens .... München, Druck d. F. S. Hubschmann'schen Buchdr (G. Lintner), 1887; 76 S. 8°.
München, Phil. Fak, Inaug.-Diss v. 1887.

Hager, Geo., die romanische Kirchenbaukunst Schwabens. Inaugural-Dissertation. gr. 8. (76 S.) München 887, (Lindauer'sche Buchh.) * 1 —

Hager, Geo. (Schnurmacher u. Meistersinger in Nürnberg, „ætatis svæ 82"), *Klag- u. Trauer-Lied*, gedichtet von —. (Darunter das in Kpf. gestoch. Brustbild H's.) Gedruckt im Jahr Christi, MDCCXXXIX. (1739.) 8°. Cart., unbeschn.
4 Bll., unpag., enth. 10 elfzeil. Strophen. Rar! — Ein anderer Druck in Heberle's in Köln Cat. 85. no. 3531 angezeigt.

Hager, Georg: Kulturversuche mit höheren Pflanzen über die Aufnahme und organische Verteilung von Strontium, Baryum, Magnesium neben und in Vertretung von Calcium. 1909. 100 S. 8°
Dresden, Dr.-Ing.-Diss. v. 5. 2. 1909

Hager, Geo., s.: **Kunstdenkmale, die, des Königr.** Bayern.

— die **Kunstdenkmale des Reg.-Bez. Oberbayern, s.: Bezold. Gust. v.**

— s.: Kunstdenkmäler, die, des Königr. Bayern.

Hager, Geo., die Kunstdenkmäler des Bez.-Amts Burglengenfeld, s.: **Kunstdenkmäler, die, des Königr. Bayern.**

— dasselbe des Bez.-Amts Cham, s.: Hoffmann, Rich.

— dasselbe v. Neuenburg v. W., s.: Kunstdenkmäler,
— dasselbe v. Roding, die, des Königr. Bayern.
— dasselbe v. Waldmünchen, s.: Hoffmann, Rich.

- u. Geo. **Lill, die Kunstdenkmäler des Bez.-Amts Sulzbach,** s.: **Kunstdenkmäler, die, des Königr. Bayern.**

— Die Kunstdenkmäler des Bez.-Amts Vohenstrauss, s.: Hoffmann, Rich.

Rundschreiben des Kgl. Generalkonservatoriums der Kunstdenkmale und Altertümer Bayerns (Dr. Georg **Hager**). Betreff: Die Pflege u. Erforschung d. prähist. Denkmale. (München 1909. M. Müller.) 24 S. 8°
(Zeitschrift d. Hist. Vereins f. Schwaben u. Neuburg. Jg. 35. Anlage.) [09. 17096

Hager, Geo, über die lineare Transformation der Theta-functionen. Inaugural-Dissertation. gr. 8. (43 S.) Göttingen 877. (Vandenhoeck & Ruprecht.) n. 80

Hager, Geo. u. J. A. Mayer. Vorgeschichtliche 2c. Alterthümer, s. **Kataloge des bayerischen Nationalmuseums.**

— **die Weihnachtskrippe. Ein Beitrag zur Volkskunde u. Kunstgeschichte aus dem bayer Nationalmuseum. gr. 4. (148 S. m. 53 Abbildgn.) München 902. (Gesellschaft f. christl. Kunst).** n 7. — ; geb. n. 9. —

Hager, *Georg Ludwig* [Gehülfsarzt am alten allgem. Krankenh. zu Hamburg]: Die Infusionsbehandlung der Cholera, behandelt nach 967 Fällen aus d. alten allgem. Krankenhause zu Hamburg (Aus: Jahrb. d. Hamburg. Staatskrankenanst., III.) (Hamburg, L. Voss.), 1893; 1 Bl., 24 S., 1 Bl. 8.
Kiel, Med. Fak., Inaug.-Diss. v. [5. Nov.] 1893

Hager jun., H., die **Wolken** am Himmel d. Lebens. Schmink- u. schmucklose Erinnergn. aus d. Leben. Für alle Ehemänner u. Familienväter, insbes. aber auch f. Richter, Geschworene, Schöffen- u. Polizeibeamte. Nach hinterlass. Papieren meines verstorbenen väterl. Freundes hrsg. gr. 8 (III, 32 S.) Leipzig 898 E. Günther. n. — 60

Hager, Hans, „Münchner Bierstreik". Komische Szene. (8 S.) 8. Flöha (908). A. Peitz & Sohn. 1. —

— **Gelegenheitsvorträge.** Eine Sammlg. verschiedener Gelegenheits-Gedichte f. Familienfeste nebst einigen Stammbuchversen. (24 S.) kl. 8. Ebd. (908). 1. —

— **Des Glückes Wendung.** Lebensbild aus d. Bergmannsleben im Erzgebirge in 3 Akten. Mit Anwendg. e. Motivs v. Heinr. v. Lautern aus Misel-Henner. (39 S.) kl. 8. Ebd. (908). — 50

— Eine **Verlobung** durch List od. Durch Macht u. List zum Ziel. Oberbayrische Orig.-Posse in 3 Aufz. (24 S.) kl. 8. Ebd. (907). 1. —

Hager, Hnr., die merkwürdigsten Lebensumstände Albrechts, Markgrafen von Brandenburg-Culmbach, des Stifters des Gymnasiums zu Hof, bei der 3. Jubelfeier dieses Gymnasiums am 26. August 1846 vorgetragen. gr. 8. Hof 846 (847). (Grau.) n. 2 *ngl*

Hager, Herm., vollständige **Anleitung** zur Fabrikation künstlicher Mineralwässer, sowie Beschreibung der dazu erforderlichen Apparate u. Maschinen. Mit einer grossen Zahl in den Text gedr. Holzschn. Lissa 860. Gunther's Verlag. gr. 8. (IV, 96 S.) 1 *ℛ*

Hager, Herm., vollständige Anleitung zur Fabrikation künstlicher Mineralwasser u. der Brausegetränke wie der moussirenden Limonaden u. Weine nebst Beschreibg. der dazu erforderl. Apparate u. Maschinen. 2. vollständig umgearb. u. verm. Aufl. Mit e. grossen Zahl in den Text eingedr. Holzschn. Leipzig 870. Günther. gr. 8. (VIII, 184 S.) 1 *ℛ* 15 *ngr.*

Hager, Herm., s.: **Centralhalle,** pharmaceut., für Deutschland.

— **über die Einwirkung v. Chlorameisensäureäther auf Paranitranilin. Inaugural-Dissertation. gr. 8. (44 S.) Göttingen 884. (Vandenhoeck & Ruprecht.)** n. 1. 20

Hager, H., De graecitate Hyperidea. S.-A. 1870. 14 S.

— **Handbuch der pharmaceutischen Praxis. Für Apotheker, Aerzte, Droguisten u. Medicinalbeamte. Mit vielen in den Text gedr. Holzschn. [In 16 Lfgn.] 1—13. Lfg. Lex.-8. (1. Bd. V, 1112 S. u. 2. Bd. S. 1—336.) Ebend. 875. 76.** à n. 2. —

— **Handbuch** der pharmaceutischen Praxis. Für Apotheker, Aerzte, Droguisten u. Medicinalbeamte. Mit vielen in den Text gedr. Holzschn. 14—22. (Schluss-) Lfg. Lex.-8. (2. Bd. S. 337—1460.) Ebend. 877. 78. à n. 2. —

— dasselbe. 2. Abdr. 22 Lfgn. Lex.-8. (1460 S. m. Portr. d. Verf. in Stahlst.) Ebend. 879. à n. 2. —

— dasselbe. 3., unveränd. Abdr. 2 Thle. Mit dem Portr. d. Verf. in Stahlst., Nachträgen u. vollständ. Sachregister. Lex.-8. (IV, 1122 u. 1460 S.) Ebend. 882. n. 44. —; geb. n. 48. —

— dasselbe. Ergänzungsband. 1—11. Lfg. gr. 8. (S. 1—1232.) Ebend. 880—82. à n. 2. —

— **Handbuch der pharmaceutischen Praxis. Für Apotheker, Aerzte, Droguisten u. Medicinalbeamte. Mit zahlreichen in den Text gedr. Holzschn. Ergänzungsbd. 12. [Schluss-]Liefg. Lex.-8. (IV u. S. 1233—1326.) Berlin 883. Springer. n. 2. – (cplt.: n. 24. —; Einbd. n.n. 2. -)**

— dasselbe. Neue wohlf. Ausg. m. Ergänzungsbd. 5. Abdr. In 3 Bdn. od. 44 Lfgn. gr. 8. (VI, 1122, 1252 u. Suppl. 1429 S.) Ebend. 886. à Lfg. n. 1. —

Hager, H., **Handbuch** der pharmaceut. Praxis. Für Apotheker, Aerzte, Drogisten u. Medicinalbeamte. Mit zahlr. in d. Text gedr. Abbildgn. Neue wohlf. Ausg. m. Ergänzungsband. 7., unveränd. Abdr. 3 Bde. = 44 Lfgn. gr. 8. (VI, 1122; 1352; 1429 S.) Berlin 886—888. Springer. à Lfg. n. 1. —; cplt.: n. 44. —; geb. n. 50. -

Hager, Horm., Handbuch dor pharmaceutischen Praxis. Für Apotheker, Ärzte, Drogisten u. Medizinalbeamte. Mit zahlreichen in den Text gedr. Holzschn. Neue wohlf. Ausg. in 3 Bdn. 8. unveränd. Abdr. gr. 8. (VI, 1122; 1356 u. 1429 S.) Berlin 891. J. Springer. n. 44. — ; gob. in Halbfrz. n. 50. —

Hager, Hermann: Handbuch der pharmaceutischen Praxis. 9. Abdr. Bd 1—3 (Erg. Bd u. Reg.). Berlin 1893

Hager's, H., Handbuch der pharmaceutischen Praxis f. Apotheker, Ärzte, Drogisten u. Medicinalbeamte. Unter Mitwirkg. v. Max Arnold, G. Christ, K. Dieterich, Ed. Gildemeister, P. Janzen, C. Scriba vollst. neu bearb. u. hrsg. v. B. Fischer u. C. Hartwich. 2 Bde. gr. 8. Berlin, J. Springer. n. 40. —; in 2 Halbfrzbdn. n. 45. —
1. (VIII, 1280 S. m. Holzschn.) 899. 900. n. 20. —; geb. n.n. 22.50
2. (IV, 1336 S. m. Holzschn.) 900. 901. n. 20. —; geb. n.n. 22.50
Erschien auch in 20 Lfgn. à n. 2. —.

Hager's, Herm., Handbuch der pharmaceutischen Praxis f. Apotheker, Aerzte, Drogisten u. Medicinalbeamte. Unter Mitwirkg. v. Max Arnold, G. Christ, K. Dieterich, Ed. Gildemeister, P. Janzen, C. Scriba vollständig neu bearb. u. hrsg. v. B. Fischer u. C. Hartwich. 2 Bde. 3. unveränd. Abdr. (VIII, 1280 u. 1335 S. m. Abbildgn.) gr. 8. Berlin 903. J. Springer. à n. 20. —; geb. in Halbldr. à n. 22. 50

Hager, Hermann: Handbuch der pharmaceutischen Praxis. Vollst. neu bearb. und hrsg. von B. Fischer und C. Hartwich. 4. Abdr. Berlin Bd 1. 2. 1905

Hager's, Herm., Handbuch der pharmaceutischen Praxis f. Apotheker, Ärzte, Drogisten u. Medicinalbeamte. Unter Mitwirkg. v. Max Arnold, G. Christ, K. Dieterich, Ed. Gildemeister, P. Janzen, C. Scriba vollst. neu bearb. u. hrsg. v. B. Fischer u. C. Hartwich. 2 Bde. 5. unveränd. Abdr. (VIII, 1280 u. 1335 S. m. Holzschn.) gr. 8. Berlin 907. J. Springer. à 20. —; geb. in Halbldr. à n 22. 50

— dasselbe. Ergänzungsbd., unter Mitwirkg. von Ernst Duntze, M. Piorkowski, A. Schmidt u. a. bearb. u. hrsg. v. W. Lenz u. G. Arends. (XII, 821 S. m. Fig.) gr. 8. Ebd. 908. 15. —; geb. in Halbldr. 17. 50

Hager, Hermann: Handbuch der pharmaceutischen Praxis. Neu bearb. u. hrsg. von B. Fischer und C. Hartwich. 6. unveränd. Abdr. Bd 1. 2. Berlin 1910

Hager, Herm., Handbuch der pharmaceutischen Receptirkunst. Nebst einem Anh., die Bereitung u. Zusammensetzung von Arzneikörpern enth., welche in die 5. u. 6. Ausg. der preuss. Pharmacopoea nicht aufgenommen sind, v. den Aerzten aber häufig verordnet werden. Mit in den Text eingedr. Holzschn. gr. 8. (VIII u. 148 S.) Lissa 850, Günther. 5/6 ₰

Hager, H. Handb. d. Untersuch., Prüfung, Wertbestimmung aller Handelswaren, Natur- u. Kunsterzeugnisse. Leipz. 1871—74. — 2. Aufl. 1885—88. (Je 2 Bde.) 4 Bde.

— (Hrsg.), s. Industrieblätter.

— B. Fischer u. C. Hartwich, Kommentar zum Arzneibuch f. das Deutsche Reich. 3. Ausg. Pharmacopoea germanica, editio III. Unter Mitwirkung v. Biechele, E. Dieterich, E. Gildemeister etc. Mit zahlreichen in den Text gedr. Holzschn. (In ca. 20 Lfgn.) 1.—5. Lfg. gr. 8. (368 S.) Berlin 890. Springer. Subscr.-Pr. à n. 1. —

— B. Fischer u. C. Hartwich, Kommentar zum Arzneibuch f. das Deutsche Reich, 3. Ausg. [Pharmacopoea Germanica. ed. III]. Unter Mitwrkg. v. Biechele, E. Dieterich, E. Gildemeister etc. Mit zahlreichen in den Text gedr. Holzschn. 6.—20. Lfg. gr. 8. (1. Bd. XIV u. S. 369—712; 2. Bd. III, 749 S.) Berlin 891. 892. J. Springer. à n. 1. — (2 Bde. kplt.: n. 20. —; geb. in Halbfrz. n. 24. —)

— B. Fischer u. C. Hartwich, Kommentar z. Arzneibuch f. d. Deutsche Reich, 3. Ausg. [Pharmacopoea Germanica, ed. III]. Unter Mitwirkung von Biechele, E. Dieterich, E. Gildemeister etc. Mit i. d. Text gedr. Holzschn. Nachtrag. gr. 8. (V, 104 S.) Berlin 895. J. Springer. n. 2. —; geb. n. 3. — (Hauptwerk u. Nachtrag: n. 22. —; geb. n. 27. —)

— — — dasselbe. 3. Ausg. (Pharmacopoea Germanica, ed. III). Unt. Zugrundelegg. des den Nachtrag vom 20. Dezbr. 1894 berücksicht. „Neudrucks" d. Arzneibuches. Unt. Mitwirkung v. Biechele, G. Christ, E. Dieterich u. a. hrsg. 2. Aufl. 2 Bde. à 2 Hälften. gr. 8. (XVI, 765 S. u. 819 S. m. Holzschn.) Ebd. 895. à n. 6. 50; 2 Bde. kplt. geb. in Halbfrz.: à n. 15. —
Erschien in 26 Lfgn. à n. 1. —.

Kommentar zum Arzneibuch für das Deutsche Reich, Dritte Ausgabe ⟨Pharmacopoea Germanica, ed. III⟩. Unter Zugrundelegung des den Nachtr. v. 20. Dez. 1894 berücks. 'Neudrucks' des Arzneibuches. Unter Mitw. ... hrsg. von H[ermann] Hager, B[ernhard] Fischer u. C[arl] Hartwich. 2. Aufl. Mit Holzschn. Bd 1. 2 & Erg.Bd. *Berlin: J. Springer 1895–1901.* 3 Bde 8°
1. 1895. 2. 1896.
Erg.Bd. = Kommentar z. Arzneibuch f. d. Deutsche Reich. 4. Ausg. ⟨Pharmacopoea Germanica, ed. IV.⟩ Hrsg. von B. Fischer u. C. Hartwich. 1901.

— B. Fischer u. C. Hartwich, Kommentar z. Arzneibuch f. das Deutsche Reich, Ergänzgsbd., s.: Fischer, B. u. C. Hartwich.

— Kommentar zu der 7. Ausg. der Pharmakopoa borussica mit besonderer Berücksichtigung der neuesten Pharmakopöen des Königr. Hannover u. des Kurfürstenth. Hessen. 1—11. Heft. Ebend. 863, 64. gr. 8. (S. 1—1232. m. Holzschn.) Jedes Heft 15 ngr.

Hager, Herm., Kommentar zu der 7. Ausg. der Pharmakopöa borussica mit besond. Berücksichtigung der neuesten Pharmakopöen des Königr. Hannover u. des Kurfürstenth. Hessen. 12. u. 13. Heft. Lissa [Breslau] 865. Leipzig, E. Günther's Verlag. gr. 8. (LV u. S. 1233—1415 mit eingedr. Holzschn.) Jedes Heft 15 ngr.

Hager, Herm., Commentar zur Pharmacopoea Germanica. Mit zahlreichen in den Text gedr. Holzschn. 2 Bde. gr. 8. (VIII, 719 u. 971 S.) Berlin 872—74. Springer's Verl. n. 31. 50

Hager, Herm., Commentar zur Pharmacopoea germanica, ed. II. Mit zahlreichen in den Text gedr. Holzschn. 1. Lfg. gr. 8. (1. Bd. S. 1—112.) Berlin 882. Springer. n. 2. —

Hager, Herm., Commentar zur Pharmacopoea germanica, ed. II. Mit zahlreichen in den Text gedr. Holzschn. 2 Bde. gr. 8. (VII, 792 u. VI, 849 S.) Berlin 883. 84. Springer. n. 30. —

— Kosmos diluvialis oder die Sündflut, eine historische Wahrheit u. ihre Wiederkehr. Ein Vortrag, gehalten in dem Fraustädt'schen Bürgervereine. 8. (16 S.) Fraustadt 847, Neustadt. 1½ ngr.

— Manuale pharmaceuticum seu promptuarium, quo praecepta ad paranda medicamenta in pharmacopoeas vulgo non recepta, atque etiam complura adjumenta et subsidia operis pharmaceutici continentur. Ebend. 859. gr. 8. (VII, 358 S.) 1 ℛ 25 ngr.

— — Vol. II. Adjumenta varia chemica et pharmaceutica atque subsidia ad parandas aquas minerales. Ebend. 860. (XII, 370 S.) 2 ℛ 15 ngr.

— Manuale pharmaceuticum seu promptuarium, quo et praecepta notatu digna pharmacopoearum variarum et ea, quae ad paranda medicamenta in pharmacopoeas usitatas non recepta sunt etc. Vol. 1. Editio III. priore auctior atque emendatior. Ebend. 866. gr. 8. (IX, 682 S.) 3 ℛ 15 ngr.

— — Vol. 2. Et. s. t.: Adjumenta varia chemica et pharmaceutica atque subsidia ad parandas aquas minerales. Editio II. priore auctior atque emendatior. Ebend. 866. gr. 8. (VI, 440 S.) 3 ℛ

— manuale pharmaceuticum seu promptuarium quo et praecepta notatu digna pharmacopoearum variarum et ea, quae ad paranda medicamenta in pharmacopoeas usitatas non recepta sunt, atque etiam complura adjumenta et subsidia operis pharmaceutici continentur. Vol. 1. Editio quarta prioribus auctior atque emendatior. 2 Partes. Lex.-8. (VIII, 780 S.) Leipzig 874. E. Günther's Verl. n. 15. —

— dasselbe. Vol. II. E. s. t.: Adjumenta varia chemica et pharmaceutica atque subsidia ad parandas aquas minerales. Ed. III. priore auctior atque emendatior. gr. 8. (VIII, 504 S.) Ebend. 876. n. 15. —

— manuale pharmaceuticum seu promptuarium, quo et praecepta notatu digna pharmacopoearum variarum et ea, quae ad paranda medicamenta in pharmacopoeas usitatas non recepta sunt, atque etiam complura adjumenta et subsidia operis pharmaceutici continentur. Vol. 1. Ed. 5. gr. 8. (VIII, 780 S.) Leipzig 878. E. Günther. n. 15. —

— manuale pharmaceuticum seu promptuarium, quo et praecepta notatu digna pharmacopoearum variarum et ea, quae ad paranda medicamenta in pharmacopoeas usitatas non recepta sunt, atque etiam complura adjumenta et subsidia pharmaceutici continentur. Ed. 6., prioribus auctior atque emendatior. 1.—6. Lfg. gr. 8. (S. 1—496.) Leipzig 890. E. Günther. à n. 2. —

— manuale pharmaceuticum seu promptuarium, quo et praecepta notatu digna pharmacopoearum variarum et ea, quae ad paranda medicamenta in pharmacopoeas usitatas non recepta sunt, atque etiam complura adjumenta et subsidia operis pharmaceutici continentur (Vol. I.) Ed. 6., prioribus auctior atque emendatior 7.—12 Lfg. gr. 8 (X u. S. 497—980.) Leipzig 891 E. Günther n. 8. — (Vol. I kplt., n. 20. geb. in Halbfrz. n. 22

Hager's, H., pharmaceutisch-techn. Manuale. Encyclopaedische Vorschriftensammlg. f. Apotheker, Chemiker, Drogisten u. verwandte Berufszweige. Vollst. neu bearb. u. hrsg. v. Wilh. Arnold u. Willy Wobbe, unt. Mitwirkg. v. Bedall, Blass, A. Brestowsky u. a. 7. Aufl. des Orig.-Werkes. (In 12 Lfgn.) 1.—9. Lfg. gr. 8. (S. 1—832.) Leipzig u. Charlottenburg 902. E. Günther. à n. 2. —

— pharmaceutisch-technisches Manuale. Encyclopaedische Vorschriftensammlung f. Apotheker, Chemiker, Drogisten u. verwandte Berufszweige. Vollständig neu bearb. u. hrsg. v. Wilh. Arnold u. Willy Wobbe, unter Mitwirkg. v. Bedall, Blass, Arth. Leo Brestowsky u. a. 7. Aufl. des Orig.-Werkes. 10. bis 12. Lfg. (S. 833—1120.) gr. 8. Leipzig 903. E. Günther. à n. 2. —

— dasselbe. Nachtrag u. Register. (IV, S. 1121—1295 u. 121 S.) gr. 8. Ebd. 903. n. 3. —

— Medicamenta homoeopathica et isopathica omnia, ad id tempus a medicis aut examinata aut usu recepta. gr. 8. (VIII und 211 S.) Lissa 861, Günther's Verlag.

— — das Mikroskop u. seine Anwendung. Ein Leitfaden bei mikroskop. Untersuchungen für Beamte der Sanitäts-Polizei, Aerzte, Apotheker etc. 2., durchgeseh. u. verm. Aufl. Berlin 866. Springer's Verlag. gr. 8. (VI, 84 S. mit 129 in den Text gedr. Abbild.) n. 20 ngr.

— das Mikroskop und seine Anwendung. Ein Leitfaden bei mikroskop. Untersuchungen für Beamte der Sanitäts-Polizei, Aerzte, Apotheker etc. 3. durchgesehene und verm. Aufl. gr. 8. (VIII, 96 S. mit 150 in den Text gedr. Abbild. in Holzschn.) Berlin 870, Springer's Verlag. *

— das Mikroskop u. seine Anwendung. Ein Leitfaden bei mikroskop. Untersuchgn. 4. durchgeseh. u. verm. Aufl. Mit 173 in den Text gedr. Abbildgn. (in Holzschn.) gr. 8. (VIII, 109 S.) Berlin 873. Springer's Verl. n. 3. —

— dass. — Ein Leitfaden bei mikroskop. Untersuchungen für Apotheker, Aerzte, Medicinalbeamte, Schullehrer etc. 5. durchgesehene und verm. Aufl. gr. 8. (XI, 148 S. mit 184 in den Text gedr. Holzschn.-Abbild.) Ebendas. 876. geb. *

— das Mikroskop u. seine Anwendung. Ein Leitfaden für mikroskop. Untersuchungen für Apotheker, Aerzte, Medicinalbeamte etc. 6., durchgeseh. u. verm. Aufl. Mit 231 in den Text gedr. (Holzschn.-)Abbildgn. gr. 8. (VIII, 184 S.) Berlin 879. Springer. geb. n. 4. —

— das Mikroskop u. seine Anwendung. Ein Leitfaden bei mikroskop. Untersuchgn. f. Apotheker, Aerzte, Medicinalbeamte, Kaufleute, Techniker, Schullehrer, Fleischbeschauer etc. 7. Aufl. Mit 316 in den Text gedr. Abbildgn. gr. 8. (VIII, 240 S.) Ebend. 886. geb. n. 4. —

— das Mikroskop u. seine Anwendung. Ein Leitfaden b. mikroskop. Untersuchgn. f. Apotheker, Aerzte, Medicinalbeamte, Techniker, Gewerbtreibende etc. Nach dessen Tode vollst. umgearb. u. neu hrsg. 8., stark verm. Aufl. v. Carl Mez. gr. 8. (VIII, 335 S. m. 326 Fig.) Berlin 899. J. Springer. Geb. in Leinw. n. 7. —

— das Mikroskop u. seine Anwendung. Handbuch der prakt. Mikroskopie u. Anleitg. zu mikroskop. Untersuchgn. Nach dessen Tode vollständig umgearb. u. in Gemeinschaft m. O. Appel, G. Brandes, P. Stolper neu hrsg. v. Carl Mez. 9. stark verm. Aufl. (XII, 392 S. m. 401 Fig.) gr. 8. Berlin 904. J. Springer. Geb. in Leinw. n. 8. —

— **Das Mikroskop u. seine Anwendung. Handbuch der prakt. Mikroskopie u. Anleitg. zu mikrosk. Untersuchgn. Nach H.'s Tode vollständig umgearb. u. in Gemeinschaft m. O. Appel, G. Brandes, Th. Lochte neu hrsg. v. Carl Mez. 10., stark verm. Aufl. (XII, 444 S. m. 463 Fig.) gr. 8. Ebd. 908.** Geb. in Leinw. 10. —

— — Supplementband hiezu 1879. 3 60

— — Ergänzungsband Lief. 1—10. 1880—1882 à 1.20

— **pharmacopoeae recentiores anglica, gallica, Germaniae, helvetica, Russiae inter se collatae. [Supplementum manualis pharmaceutici.] Breslau 869. Leipzig, E. Günther's Verlag. gr. 8. (VII, 285 S.)** 2 ₰

Hager, Herm., die neuesten Pharmakopoeen Norddeutschlands. Kommentar zu der Preussischen, Sächsischen, Hannöverschen, Hamburgischen und Schleswig-Holsteinischen Pharmakopoe. Für Apotheker, Aerzte und Medicinalbeamte. 2 Bde. Mit zahlreichen in den Text eingedr. Holzschn. Lissa 853—57. Günther. gr. 8. (4 Bl., 1177; 2 Bl., 998 S. u. Register 120 S.) n. 10 ₰

Hager, Herm., quaestionum Hyperidearum capita duo. Dissertatio inauguralis. Leipzig 870. Gräfe's Sep.-Cto. gr. 8. (76 S.) n. 16 ngr

— chemische **Reactionen zum Nachweise d. Terpentinöls in den ätherischen Oelen, in Balsamen etc.** Für Chemiker, Apotheker, **Drogisten u. Fabrikanten** äther. Oele. gr. 8. **(III, 166 S.) Ebend. 885. n. 4. —**

— Technik der pharmaceutischen Receptur. 2. vollständig umgearb. u. verm. Aufl. des Handbuchs der pharmaceutischen Receptirkunst. Mit zahlreichen Holzschn. Ebend. 862. gr. 8. (X, 200 S. u. 2 lith. Taf. in Fol.) 1 ₰ 7½ ngr

— **Technik der pharmaceutischen Receptur. Mit 83 in den Text gedr. Holzschn. 3. umgearb. u. verm. Aufl. gr. 8. (VIII, 240 S.) Berlin 875. Springer's** Verl. **n. 5. 80; geb. n. 7. —**

Hager, Herm., **Technik** der pharmaceutischen Receptur. 4. umgearb. u. verm. **Aufl. Mit 137** in den Text gedr. Holzschn gr. 8. (VIII, 279 S.) Berlin 884. Springer n. 6. —; geb. n. 7. 20

— Technik d. pharmaceutischen Receptur. 5., umgearb. u. verm. Aufl. gr. 8. (X, 393 S. m. zahlreich. Holzschn.) Berlin 890. Springer. n. 7. —; geb. n. 8. 20

— erster **Untericht** des Pharmaceuten in 92 Lectionen. Berlin 868. Springer's Verlag. gr. 8. (VIII, 490 S. mit 176 in den Text gedr. Holzschn.) n. 3 ₰ 6 ngr; geb. 3 ₰ 18 ngr

— — 2. Thl. Botanischer Unterricht in 150 Lectionen für angeh. Pharmaceuten u. studir. Mediciner. Mit 834 in den Text gedr. Holzschn. Ebend. 869. gr. 8. (VIII, 636 S..) n. 4 ₰ 10 ngr; in engl. Einb. baar n. 4 ₰ 22½ ngr

— — 2. verm. u. verb. Aufl. Chemisch-pharmaceutischer Thl. In 99 Lectionen. Mit 185 in den Text gedr. Holzschn. Ebend. 871. gr. 8. (XII, 528 S.) n. 3 ₰ 15 ngr

— erster **Unterricht des Pharmaceuten. 1. u. 2. Bd.** gr. 8. Ebend. 877. 80. n. 25. —; geb. n. 27. 80

1. Chemisch-pharmaceutischer Theil. A. u. d. T.: Chemisch-pharmaceutischer Unterricht in 103 Lectionen. 3., verm. u. verb. Aufl. Mit 185 in den Text gedr. Holzschn. (XV, 594 S.) n. 12. —; geb. n. 13. 40

2. A. u. d. T.: Botanischer Unterricht in 160 Lectionen. Für angeh. Pharmaceuten u. studirende Mediciner. 2., verm. u. verb. Aufl. Mit 931 in den Text gedr. Holzschn. (XI, 739 S.) n. 13. —; geb. n. 14. 40

— erster **Unterricht d. Pharmaceuten. 1. Thl.** Chemisch-pharmaceut. Unterricht. **4.** verm. u. verb. Aufl. Mit zahlreichen in den Text gedr. Holzschn Lex.-8. (XVI, 864 S.) Ebend. 884. 85. n. 12. —; geb. n. 13. 20

— dasselbe. 2. Bd. Botanischer Unterricht in 160 Lectionen. Für angeh. Pharmaceuten u. studir. Mediciner. 3., m. der 2. gleichlaut. Aufl. Mit 931 in den Text gedr. Holzschn. 12 Lfgn. gr. 8. (XV, 739 S.) Ebend. 885. n. 12. —; geb. n. 13. 20

— **Untersuchungen. Ein Handbuch der Untersuchg., Prüfg. u. Werthbestimmg. aller Handelswaaren, Natur- u. Kunsterzeugnisse, Gifte, Lebensmittel, Geheimmittel etc. Mit zahlreichen (eingedr.)** Holzschn. (In ca. 16 Liefgn.) 1. Liefg. Breslau 870. Günther's Verl. gr. 8. (S. 1—80.) 15 ngr

Hager, Herm., **Untersuchungen. Ein Handbuch der Untersuchg., Prüfg. u. Werthbestimmg. aller Handelswaaren, Natur- u. Kunsterzeugnisse, Gifte, Lebensmittel, Geheimmittel etc. Mit zahlreichen (eingedr.)** Holzschn. 2—9. Lfg. gr. 8. (1. Bd. S. 81—635) Leipzig 871. E. Günther's Verl. à 1. 50

— **dasselbe. 2. Bd. 10 Lfgn. gr. 8. (646 S.)** Ebend. 872—74. 17. —

— Untersuchungen. Ein Handbuch der Untersuchung, Prüfung u. Wertbestimmung aller Handelswaren, Natur- u. Kunsterzeugnisse, Gifte, Lebensmittel, Geheimmittel etc. 2., umgearb. Aufl., hrsg. von H. Hager u. A. Gawalovski. (In ca. 15 Lfgn.) 1—4. Lfg. gr. 8. (S. 1—344 m. eingedr. Holzschn.) Leipzig 881. 82. E. Günther. à n. 2. —

— **Untersuchungen.** Ein Handbuch der Untersuchg., Prüfg. u. Wertbestimmg. aller Handelswaren, Natur- u. Kunsterzeugnisse, Gifte, Lebensmittel, Geheimmittel etc. 2. Aufl., hrsg. v. H. Hager u. E. Holdermann. 5—9. Lfg. gr. 8. (S. 345—819.) Leipzig 883—85. E. Günther. à n. 2. —

— **Untersuchungen.** Ein Handbuch d. Untersuchg., Prüfg. u. Wertbestimmg. aller Handelswaren, Natur- u. Kunsterzeugnisse, Gifte, Lebensmittel, Geheimmittel etc. 2., umgearb. Aufl., hrsg. v. H. Hager u. E. Holdermann. 10.—18. (Schluss-)Lfg. gr. 8. (2. Bd. 784 S.) Leipzig 888. E. Günther. à n. 2. —
(cplt.: n. 36. —)

Hager, Herm., was thut Noth der Pharmacie in Preußen? gr. 8. Glogau 844, Flemming. 1/6 ₰

— Wetter und Witterung, ihre Ursachen, Kennzeichen und Vorzeichen. Nebst e. Anhange über die Schicksale der Erde. Mit 18 lith. Abbild. br. gr. 8. Glogau 845, Flemming. 1/2 ₰

– lateinisch deutsches Wörterbuch zu den neuesten u. auch älteren Pharmakopöen, dem Manuale pharmaceuticum Hageri, u. andern pharmaceutischen u. botanischen Schriften. Nebst einem Anhange enthaltend die aus der griechischen Sprache entlehnten u. in die pharmaceutische u. botanische Kunstsprache u. Nomenclatur aufgenommenen Worte u. Wortbildungen. Ebend. 863. gr. 8. (X, 533 S.) 2 ℛ︁ 15 ngr.

Hager, J. D. Das heilige Verlangen der Kinder Gottes nach ihrer Auflösung: Wurde nach vollzogener Beerdigung Herrn Christian Friedels, vornehmen Kauf- und Handelsmanns in einer den 30ten Julius 1759. gehaltenen Trauer-Rede betrachtet. Frankfurt a. M., Schever [1759]. Fol. *Schönes Frontispizporträt Friedels nach J. C. Fiedler gest. v. J. G. Satter.* 56 S. OBr (Rücken defekt).

— **Jo. Christian** (Schwarzburg), De falso numario et solo et cum usurpatione juris monetandi conjuncto. Diss. jur. criminal. Präs. Jo. Rudolph Engau. Jena (Schill) 9. V. 1750. 34 S. (6.—) 12771

Hager, Joh., s. Marssa.

Hager, Jh. Fr., († 1794.) über Trauern u. Entschließung zur Einschränkung d. Trauermoden. gr. 8. Altenb. 791. (Hennings in Neisse). 4 gl.

— **Johann Friedrich** (Gotha), De anno gratiae et praecipue quatenus ad heredes collaterales transferri queat. Diss. jur. Präs Johann Andreas Hoffmann. Jena (Schill) 10. IV. 1754. 38 Seiten. (6.—) 12772

Widm. v.: Präs., Jo. Georg Falckius.

Hager, Johann Georg

— — De Agatharchide geographo antiquissimo illius que periplo rubri maris disserit. Chemnitz (Joh. Chph. Stoessel) April 1766. 4 Blatt. (3.—) 12784

— — Animadversiones in Basilii Fabri thesaurum eruditionis scholasticae. Chemnitz (Stoessel) 24. VIII. 1743. 3 Bl. (3.—) 12775

Hager, J. G., de anno nativit. Christi. Chemn. 1743. 4.

— — De Joanne Boccatio veritatis evangelicae teste iterum disserit simul que ad orat. in memor. b. Salom. Sigel. Chemnitz (Joh. Chph. Stoessel) 8. II. 1766. 5 Bl. (3.—) 12783

Hager, Jh. Geo., († d. 17. Aug. 1777.) geograph. Büchersaal. 3 Bde, oder 30 Stücke. 8. Chemn. 764—78. Stößel. 2 ℛ︁ 13 gl.

Hager, J. G., de consuetudine signo crucis utendi. Chemn. 1766. 4.

Hager, J. G., de daemoniacis. I—III Chemn. 1746—47. 4.

— — De delectu militum apud Romanos disserit, simul que ad orationes in memoriam b. Salomon Sigel. Chemnitz (Stoessel) 10. II. 1757. 4 Blatt. (3.—) 12778

— kurze Einleit. in d. Göttergeschichte d. alten Griechen u. Römer. Mit Kpf. erläutert. 8. Chemn. 762. Stößel. 1 ℛ︁ 12 gl.

— — Elementa artis disputandi edita in usum juventutis scholasticae. Chemnitz (Stoessel) 1748. 31 S. mit Literatur. (6.40) 12777

— ausführl. Geographie. 3 Thle. 8. Chemn. 746, 47. 4e Aufl. Ebd. 773. 74. Stößel. 3 ℛ︁ 12 gl.

— kleine Geographie für d. Anfänger. 8. Chemn. 755. 2e Aufl. 775. Stößel. 1 ℛ︁

Hager, J. G., de Hannone geographo antiquissimo ejusque periplo. Progr. Chemn. 764. 4.

– s. Homeri Ilias.

— kl. Kinderbibel. 8. Lpz. Geßner. 749.

— d. f. das Heil etc. der Jugend sorgfält. Lehrmeister. 8. Ebend. 749.

— — (Rector), Memoriam viri M. Daniel Müller, retoris quondam merit. conservat. Chemnitz (Stoessel) 24. IV. 1742. 4 Bl. mit Biogr. M.'s. (M.: M. Cress.) (5.—) 12774

— zuverlässige Nachr. von d. gegenwärt. Verfassung d. latein. Schule zu Chemnitz. 8. Chemn. 755.

— **Johann Georg** (Oberkozau/Frk.), De recte scribendi ratione vocis cerimoniae nonnulla disserit simulque viris Carl Gottlob Hunger (Freiberg) nec non Joachim Matthias Lutken (Lübeck) summos in philosophia honores gratul. Lpz. (Langenheim) 1738. 16 S. (5.50) 12773

Hager, Joh. Ge., De ritibus veterum Germanorum circa matrimonia ineunda nonnulla disserit. Lipsiae 1738. 4. . . . . . . (D)

— — De ordine militum apud Romanos disserit. Chemnitz (Stoessel) 12. V. 1757. 4 Bl. (3.—) 12779

— — Dasselbe (Ftsg.). Chemnitz (Stoessel) 28. V. 1759. 4 Bl. (3.—) 12780

— — Dasselbe (Ftsg.). Chemnitz (Stoessel) 1760. 6 Bl. (3.—) 12781

— — Ad audiendas orationes quibus diem Augusti nomini sereniss. princ. domini Friderici Augusti ducis Saxon. . . reliqua sacrum submiss. ut decet pietate celeb. studet schola Chemnic. Chemnitz (Peter Christ. Jahn) 7. VIII. 1766. 4 Bl. (3.—) 12785

Ovidius Fastor. lib. I. v. 71.

— — De pace nostra paucissima praefatus. Chemnitz (Johann Christoph Stoessel) 21. III. 1763. 4 Bl. (3.50) 12782

– s. Propheten, d. neuen.

Hager, J. G., de proverbio: πρὸς κέντρα λακτίζειν. Lips. 1738. 4.

— — De primis geographiae scriptoribus disserit II. Chemnitz (Pet. Christ. Jahn) 22. IV. 1767. 4 Bl. (3.—) 12786

— — Dasselbe. III. Chemnitz (Joh. Casp. Phil. Groll) 19. III. 1768. 4 Bl. (3.—) 12787

– s. Staats- Kriegs- Kirchen- u. Gelehrten- Chronik.

— — De usu comoediarum latinarum scholastico disserit. Chemnitz (Stoessel) 23. XI. 1747. 4 Bl. (3.—) 12776

— gegründete Vorzüge d. öffentl. Schulen für d. Haus- u. Winkelschulen. 8. Chemn. 782.

— Johann Gottfried (Dresden), Observationes singulares ad pandect. lib. I. tit. VII. Exercit. jur. spec. IV. Präs. Fried. Gottlieb Zoller. Leipzig (Langenheim) 23. X. 1771. 14 S. (5.—) 12788
Gewidm.: Peter Frh. v. Hohenthal (Cossa, Falckenberg, Schmerkendorf).

v. Hager, Baron Jo. Wilh. Fr. (✝ ...) Unterricht von dem Waldbau, als einzigem Mittel, d. einreißenden Holzmangel vorzubeugen. 8. Kovenh. 763. (Brummer). 2 ℳ

Als Österreich zerfiel ... 1848. (Verf.: Johannes Hager.) Wien: C. W. Stern 1905. (337 S.) 8° [F.]

Hager, Ioannes, Ar-ra'j fī tamām al-luga al-'arabija wa'l-latinija li-Golī sive consilium de supplemento lexici Arabico-Latini Goliani, cum specimine spicilegii propositum. Vitembergae 1719.

Hager, Josef

Hager, J., neue Beweise d. Verwandtschaft d. Hungarn mit den Lappländern; eine Beilage zu Sprengel's u. Förster's neuer Völkerkunde, mit Plan. 8. Wien 794. (Heubner). 10 ℳ

— description des médailles chinoises, du cabinet impérial de France, av. grav. et une carte. 4. Paris u. Strassb. 805. Treuttel u. W. 15 ℳ

— explanation of the elementary Characters of the Chinese, with an Analysis of their ancient Symbols and Hieroglyphics. Fol. Lond. 801.

— Gemälde von Palermo. 8. Berl. 799. (Duncker u. H.) 1 ℳ

— über d. vor Kurzem entdeckten babylonischen Inschriften von Julius Klapproth. Mit Kpf. gr. 8. Weim. 802. Indust.-Cpt. 15 ℳ

— Memoria sulla bussola orientale; letta all' Università di Pavia. IIa Edizione. Fol. Pavia.

Hager, Joh. (✝ d. 27. Juni 1819.) Nachr. von e. literar. Betrügerei; auf e. Reise nach Sicilien im J. 1794. gr. 4. Erlang. 799. Palm. 16 ℳ Schrbp. 1 ℳ. Französ. von ihm selbst. gr. 4. Ebd. 799. 18 ℳ

— Panthéon Chinois, ou parallèle entre le culte religieux des Grecs et des Chinois etc. gr. 4. Paris 806.

– s. Reise von Warschau über Wien.

– s.a. Reise von Wien nach Madrid.

Reise von Wien nach Madrit. Im Jahre 1790. (Vf.: *Josef Hager*, 1757—1815.) Mit Titelkpf., Titelvign. u. 6 sehr netten Vign. im Text (die beiden letzten sind Portraits d. Königs Carl IV. v. Spanien u. s. Ministers Grafen Florida Blanca), gestoch. v. Bolt u. W. Arndt. Berlin 1792. bei Friedr. Vieweg d. ältern. 8°. (2 fl. 50 xr. Gilhofer & Ranschburg, Wien, c. 1890; 7 Mk. 50 Pfg. Jos. Baer & Co., Frankf. a. M., c. 1893.)

— Relation d'une insigne imposture littéraire découverte dans un Voyage etc. gr. 4. ibid. 799.

— [illegible]

– s. Syme's Gesandtschaftsreise.

Hager, Jos., theses theologicae. Fol. Ticini regii 783.

— de Varietate Hunnorum pariter atq. Hungarorum Disquisitio 4. maj. Londini. (Wolf, Lps.)

Hager, Karl

Hager, C., üb. die Aufnahme d. Wasserrechts in das bürgerliche Gesetzbuch f. das Deutsche Reich, m. besond. Rücksicht auf die Frage der Flußverunreinigg. durch Fabrikabwässer. gr. 8. (48 S.) Berlin 890. Puttkammer & Mühlbrecht. n. 1.50

Hager, Carl, s.: Blätter f. Zuckerrübenbau.

(Hager, P. Carl.) Führer für Disentis und Umgebung mit Exkursionskarte. Spaziergänge – Ausflüge — Wagenfahrten — Hochtouren (*Innentitel:* Tourenverzeichnis mit Exk' des Radium- und Luftkurortes D', Bündner Oberland .... Von Dr. phil. P. K' H'...). [Umschlag illustriert.] II+23 S. 8. Zürich, Orell Füssli, [1910].

— s.: Jahrbuch f. Zuckerrübenbau.

Hager, Carl, Kaiser-Wilhelms-Land u. der Bismarck-Archipel. Nach den neuesten Quellen geschildert. Mit Abbildgn. u. 2 Karten v. Kaiser-Wilhelms-Land. 8. (III, 144 S.) Leipzig 886. Greßner & Schramm. n. 2. —; geb. n. 3. —

— Kamerun, s.a. Colonialgebiete, die deutschen.

Hager, Carl Kamerun. Land, Volk und Handel, geschildert nach den neuesten Quellen Mit 1 Karte und 4 Illustrationen. (Die Deutschen Kolonialgebiete No 4) Leipzig 1885. IV 60 S. 8°

Hager, P. Carl, O. S. B., in Disentis, Graubünden: Aus dem Zool. Institut der Universität Freiburg (Schweiz): Die Kiefermuskeln der Schlangen und ihre Beziehungen zu den Speicheldrüsen. Eine vergleichend-anatomisch-physiologische Arbeit. Mit 5 Tafeln. Jena 1905. IV + 52 + 2 S. 8°. S.-A. a. d. Zoolog. Jahrbüchern Bd. 22. Abt. f. Anatomie 1905.
Freiburg i. Schw Math.-naturw Diss. 1905/1906.

Hager, Carl. Die Kiefermuskeln der Schlangen und ihre Beziehungen zu den Speicheldrüsen. Eine vergleichend-anatomisch-physiologische Arbeit. Diss. Math.-Naturw. Freiburg in der Schweiz ... von P. K' Hager, O. S. B. ...! [Mit 5 Tafeln.] (Separat-Abdruck aus den Zoologischen Jahrbüchern. Bd. 22. Abt. f. Anatomie. 1905.) IV + 52 + *Vita* 1 S. 8. Jena, Gustav Fischer, 1905.

— die Marshall-Inseln in Erd- u. Völkerkunde, Handel u. Mission. Mit e. Anh.: Die Gilbert-Inseln. gr. 8. (V, 157 S. m. 1 Karte.) Leipzig 886. Lingke. n. 3. —

Hager, C., die **Marshall-Inseln** in Erd- u. Völkerkunde, Handel u. Mission. Mit e. Anh.: Die Gilbert-Inseln. Mit e. Karte. 2. Ausg. gr. 8. (V, 157 S.) Leipzig 889. Baldamus. n. 3. —

— **Taschenbuch** f. Mitglieder v. Handelskammern, Gewerbekammern, kaufmänn. Korporationen, kommerziellen u. industriellen Vereinen. Zusammenstellung der einschläg. Gesetze, Statuten u. Geschäftsordngn. 8. (VII, 225 S.) Halberstadt 890. Meyer. n. 2. 50

(Hager, P. Carl.) Das Tavetschertal an den Rheinquellen — Sedrun-Tschamutt. (Von Dr. P. K' H'.) [Illustrierter Führer.] [II + 32 S.] quer-8. (Zürich u. Como, Brunner & Co., [1910].) [fr. 1. —]

Hager, Carl: Die Ueberwälzung der Zuckersteuer und die Prämie der Rübenzuckerindustrie in Deutschland und Frankreich ... Berlin, Buchdr. v. E. Dreyer, 1893; 2 Bl., 82 S., 1 Bl. 8.
Leipzig, Phil. Fak., Inaug.-Diss. v. [29. Okt.] 1893

Hager, Karl Das Zuckerkartell. Erl. d. Kartellverträge im Auftr. d. deutschen Zucker-Syndikats hrsg. Berlin 1899. 8°.

Hager, Carl, das Zuckersteuergesetz vom 31. Mai 1891 u. s. w., s. a. Rathke's, Alb., Bibliothek f. Zuckerinteressenten

— das **Zuckersteuergesetz** v. 27. Mai 1896, nebst den Ausführungsbestimmgn., m. Einleitg., Erläuterungen u. Sachreg., im Auftr. d. Vereins d. Rohzuckerfabriken des Deutschen Reichs f. dessen Mitglieder bearb. gr. 8. (X, 299 S.) Berlin 896. (Puttkammer & Mühlbrecht.) Geb. in Leinw. n.n. 5. -

— das **Zuckersteuergesetz** vom 27. V. 1896/6. I. 1903 nebst den Ausführungsbestimmungen sowie der Brüsseler Konvention vom 5. III. 1902, im Auftrage der Abteilg. der Rohzuckerfabriken des Vereins der deutschen Zuckerindustrie bearb. (XI, 255 S.) gr. 8. Berlin 903. Puttkammer & Mühlbrecht. n.n. 5. —

— üb. die **Zuckersteuer-Vorlage**, ihre Begründg. u. erste Berathg. im Reichstag. Mit e. Beilage: Zuckerstatistik d. deutschen Zollgebietes üb. die 21 Betriebsj. 1869 — 70 bis 1889 — 90. gr. 8. (85 S. m. 1 Tab.) Berlin 891. (Puttkammer & Mühlbrecht.) n. 1 20

Hager, Karl Aug., **mediumistische Lösung** wissenschaftl. Probleme. gr. 8. (32 S.) Berlin 896. (Leipzig, O. Mutze.) n. — 50

Hager, Konrad [aus Magdeburg]: Über die Gefahren bei extraoculären Magnetoperationen ... Greifswald, Druck v. J. Abel, 1893; 23 S. 8.
Greifswald, Med. Fak., Inaug.-Diss. v. 20. Dez. 1893

Hager, Conr., Salzburgisches Kochbuch v. 2500 Speisen. 2 Thle. m. K. 4. Augsb. 719.

Hager, Kurt

Hager, Curt [aus Treuen '(Sachsen)']: Carcinoma ventriculi auf dem Boden einer Narbe ... Würzburg, Druck d. Bonitas-Bauer'schen Buchdr., 1888; 27 S. 8.
Würzburg, Med. Fak., Inaug.-Diss. v. 1888

Hager, Ludwig, Erinnerungen an das erste deutsch-österreichische Sängerfest zu Krems. 8. (18 S.) Krems, Löhner. 20 kr.
1861

Hager, Ludw., Heimatskunde des Amtsbez. Lichtenfels. 8. (VI, 52 S.) Lichtenfels 880. (Ehrhard.) n. — 40; m. lith. u. color. Karte (in qu. gr. 4.) n. — 80; Karte ap. n. — 75

Hager, Ludw., die Lederwaren-Industrie in Offenbach a. M. u. Umgebung, s. a. Abhandlungen, volkswirtschaftliche, der badischen Hochschulen, VIII. 3.

Hager, Ludwig: Die Lederwaren-Industrie in Offenbach am Main und Umgebung. Karlsruhe 1905: G. Braun. (VIII, 90 S.) 8° ¶ [Volkswirtschaftl. Abhandlungen der Badischen Hochschulen Band 8, Heft 3.]
Heidelberg, Phil. Fak., Ref. Rathgen, Diss. v. 29. Juni 1905
[Geb. 27. Nov. 78 Erzhausen, Hessen; Wohnort: Offenbach a. M.; Staatsangeh.: Hessen; Vorbildung: Gymn. Offenbach Reife O. 97; Studium: Straßburg 2, Heidelberg 4 S.; Rig. 30. Juli 04.]

Hager, M., De Theophrasti qui fertur περὶ σημείων libro. Diss. 1889. 72 S. 5.—

Hager, Michael: Die Anzeigen zu Amputationen, Exartikulationen, Resektionen und Trepanationen, die Nervenkrankheiten und die Auswüchse am menschlichen Körper, beschrieben und durch Beispiele erläutert, nebst Uebersicht der Entzündungen im Allgemeinen. Bd 1 - 2, gbd.

Wien: Beck 1849

JB 3.416

Hager, Michael: Die Brüche und Vorfälle, beschrieben und durch Beispiele erläutert. 404 S., gbd. Beitrag: 211 S., gbd., Abb.

Wien: Beck 1834 - 1850

JB 3.408

—— die Brüche und Vorfälle beschrieben und durch Beispiele erläutert als Beitrag zu dem früher erschienenen Werke: Die Brüche und Vorfälle. gr. 8. (VIII und 211 S. mit 37 eingedr. Holzschn.) Wien 850, (Beck'sche Universitäts-Buchh.)

Hager, Michael: Die Entzündungen, beschrieben und durch Beispiele erläutert. 692 S., gbd.

Wien: Beck 1835

JB 3.409

Hager, Michael: Die Entzündungen und Eiterungen am menschlichen Körper, beschrieben und durch Beispiele erläutert. Bd 1 - 2, gbd.

Wien: Beck 1846

JB 3.415

Hager, Mich., über d. Erhaltung d. Augen u. den zweckmäß. Gebrauch d. Brillen u. Augengläser. 8. Wien 823. Heubner. 8 K

Hager, Michael: Die Geschwülste, beschrieben und durch Beispiele erläutert. Bd 1: Die Geschwülste, Bd 2: Die Blutgeschwülste. Bd 1 - 2, gbd.

Wien: Gerold 1842

JB 3.412

Hager, Michael: Die Knochenbrüche, die Verrenkungen und die Verkrümmungen, beschrieben und durch Beispiele erläutert. Bd 1: Die Knochenbrüche, Bd 2: Die Verrenkungen und die Verkrümmungen. Bd 1 - 2, gbd.

Wien: Gerold 1836

JB 3.410

— die Knochenbrüche, die Verrenkungen u. die Verkrümmungen, beschrieben u. durch Beispiele erlaut. (2 Thle. Mit 6 Kpfrtaf.) gr. 8. Wien 836. (Gerold.) 4 ℳ

Hager, Michael: Die fremden Körper im Menschen, beschrieben und durch Beispiele erläutert. 528 S., gbd.

Wien: Beck 1844

JB 3.414

Hager, Michael: Die chirurgischen Operationen. 526 S., gbd., Abb.

Wien: Gerold 1831

JB 3.407

Hager, Michael: Die allgemeine Pathologie und Therapie, in Uebereinstimmung abgehandelt und durch Beispiele erläutert. 489 S., gbd.

Wien: Beck 1843

JB 3.413

Hager, Michael: Die Wunden und Risse, Quetschungen und Erschütterungen, beschrieben und durch Beispiele erläutert. Bd 1: Die Wunden, Bd 2: Die Risse, Quetschungen und Erschütterungen. Bd 1 - 2, gbd.

Wien: Gerold 1837

JB 3.411

Hager, Otto *Simon* [aus Sachsen]: Ein neuer Fall von Akromegalie aus der Greifswalder medicinischen Klinik ... Greifswald, Druck v. J. Abel, 1894; 27 S. 8.
Greifswald, Med. Fak., Inaug.-Diss. v. 24. März 1894

Hager, Otto (geb. Witzhelden im Rheinl. 12. 10. 1842) De inhalationibus. Berolini (1866). (31 S.) 8°
Berlin, Med. Diss. v. 14. März 1866

Hager, O. u. A. Tetzlaff, im Orient. gr. 8. (172 S. m. Abb.) Magdeburg-Neustadt 896. Berlin, Gose u. Tetzlaff. 6. —; erm. Pr. geb. n. 8. —

Hager, O., u. A. **Tetzlaff,** im Orient. gr. 8. (172 S. m. Abb. u. gepreßten Blumen.) [Magdeburg-Neustadt 896. O. Hager.] (Leipzig, K. F. Köhler.) Geb. in Leinw. n. 6. —

Hager, O., über Polyserositis, s. Festschrift zur Feier d. 50jähr. Bestehens d. medicin. Gesellschaft zu Magdeburg.

Hager, Paul, Familienfideikommisse, s.a. Studien, staatswissenschaftl.

Hager, Paul: Familienfideikommisse. *Jena: G. Fischer 1897.* (60 S.) 8°
Würzburg, Jur. Diss. v. 1897

[F.] **Hager,** Paul [Referendar]: Ist nach gemeinem Rechte die Verjährung von Amtswegen zu berücksichtigen? ... Greifswald, Druck v. J. Abel, 1895; 53 S. 8.
Greifswald, Jur. Fak., Inaug.-Diss. v. 1895

Hager, Paul, die öffentlich-rechtliche Regelung des Privatversicherungswesens in Deutschland unter Berücksicht. des deutschen „Entwurfes e. Gesetzes üb. die privat. Versicherungs-Unternehmungen". gr. 8. (III, 138 S.) Berlin 900. G. Reimer. n. 3. —

Hager, P., u. R. Behrend, Reichsgesetz üb. den Versicherungsvertrag. 2. Aufl. v. P. Hager u. E. Bruck, s.a. Guttentags Sammlung deutscher Reichsgesetze.

Hager, P[aul], u. R[ichard] *Behrend:* Reichsgesetz über den Versicherungsvertrag nebst d. zugehör. Einführungsgesetze. Vom 30. Mai 1908. 2. Aufl. von P[aul] *Hager* u. E[rnst] *Bruck.* Berlin 1910. 8°

Hager, Rud., Freiheitssonette. 8. (61 S.) Dresden 901. E. Pierson. n. 1. —; geb. n. 2. —

Hager, Thdr., metaphysisches Brevier. Ein Auszug aus d. Manuskript: „Stoff u. Kraft, Geist u. Wille in Raum u. Zeit, Vernunft u. Freiheit". 8. (IV, 70 S.) Mainz 898. (Mainzer Verlagsanstalt & Druckerei.) n. 1. —

Hager, Werner: D. kultgeschl. Bedeutung des hiesigen Dttums in pol., wirtschl. und ethischer Hinsicht. Dayton, 1904

HAGER, Wilhelm (Krempe/Holstein): Drei neue Fälle von Spontanamputation.- München: Wolf 1879. 20 S. 9.12.1879 - Urk (Titel: De amputatione spontanea.); Chr 1879/80,14
Diss. Ingolst.-Landsh.-Mchn.

Häger: Grundz. d. griech. Bühne. Landshut: 1863
Schul/Univ.-Schrift

Haeger, Alb., Gedichte e. Freigeistes. 16. (30 S.) Zürich 890. Verlags-Magazin. n. — 60

Haeger, Alb., die Gräfin Lichtenau. Schauspiel in 5 Aufzügen. 16. (XI, 108 S.) Leipzig 872. Klinkhardt. n. 2. —

Haeger, Alb., König Richard. Drei Romanzen. [Aus e. unvollendet gebliebenen Cyclus.] Amsterdam 868. (Leipzig, A. Dürr.) gr. 8. (20 S.) n. 7 ngr.

Haeger, August *Friedrich Christian* [aus Wildenhagen]: Lotzes Kritik der Herbartischen Metaphysik und Psychologie ... Greifswald, Druck v. F. W. Kunike, *1891;* 2 Bl., 88 S. 8.
Greifswald, Phil. Fak., Inaug.-Diss. v. 15. Sept. 1891

Häger, Johann Friedrich Gottlieb

— Geschichte d. Kerzen u. ihres Gebrauchs in d. Wundarzneikunde. Aus d. Latein. v. S. J. E. Döring. 8. Gießen 797. Heyer. 6 gl.

Jo. Fridr. Gli. Häger diss. de cereolorum historia eorumque usu chirurgico. Hal. 1795. 8. — *German.:* Geschichte der Kerzen und ihres Gebrauchs in der Wundarzneikunde. Aus dem Lateinischen. Giessen 1796. 8.

Häger, I. F. Th., Cereolorum hist. et usus chirurg. 8. maj. Halae, Kümmel. 795.

Häger, Oscarius, St. Andreasbergensis: De Theodori Prodromi in fabula erotica 'Ροδάνθη καὶ Δοσικλῆς fontibus. Gottingae 1908: Dieterich. (148 S.) 8°
Göttingen, Phil. Fak., Ref. Leo-Schwartz, Diss. v. 11. April 1908
[Geb. 24. Dez. 82 St. Andreasberg; Wohnort: St. Andreasberg; Staatsangeh.: Preußen; Vorbildung: Gymn. Clausthal Reife O. 03; Studium: Göttingen 1, Berlin 2, Göttingen 6 S.; Rig. 4. Dez. 07.]

Haeger, Osc. (geb. Friedrichshof bei Neustettin 30. 4. 1847): Ueber Peritonitis puerperalis. Berlin (1869). (32 S.) 8°
Berlin, Med. Diss. v. 7. Aug. 1869

Haeger, Walth., Schiedsgerichte f. Rechtsstreitigkeiten der Handelswelt. (IX, 89 S.) gr. 8. Berlin 910. Struppe & Winckler. 2. 50

Haeger, W., die Stellung des § 49a im System des Reichsstrafgesetzbuchs, s. a. Abhandlungen des kriminalistischen Seminars an der Universität Berlin II. 5.

Haeger, Walther, Kammergerichtsref.: **Die Stellung des § 49a** im System des Reichsstrafgesetzbuchs. *Berlin 1903: G. Reimer.* (VI, 84 S.) 8° ¶ [Aus Abhandl. d. kriminalist. Sem. an d. Univ. Berlin, N. F. Bd 2.]
Berlin, Jur. Diss. v. 10. Dez. 1903

Die Stellung des § 49ª im System des Reichsstrafgesetzbuchs. Von W[alter] **Haeger**, Kammerger.Ref. *Berlin: J. Guttentag 1903.* (86 S.) 8°
= **Abhandlungen** d. kriminalistischen **Seminars** an d. Univ. Berlin. N. F. Bd 2, H. 5. [04. 2093 3

— Die Vollstreckung v. Urteilen u. Schiedssprüchen im internationalen Rechtsverkehr. Im Auftrage der Aeltesten der Kaufmannschaft v. Berlin verf. (XVI, 289 S.) gr. 8. Berlin 910. C. Heymann. 8. —

— Der französische Zivilprozess u. die deutsche Zivilprozessreform. (121 S.) gr. 8. Berlin 908. Struppe & Winckler. 3. —

Hagermann, **Chr. G., s. K. J. D.** *Hill*, specimen exercit.

Hägermann, Gust., die Erklärungen d. Menschen- u. Bürgerrechte in den ersten amerikanischen Staatsverfassungen, s. a. Studien, historische. 78. Hft.

Die Erklärungen der Menschen- und Bürgerrechte in den ersten amerikanischen Staatsverfassungen. Von Dr Gustav **Hägermann.** Berlin: Ebering 1910. (162 S.) 8°
(Historische Studien. H. 78.) [10. 5120 2

Haegermann, Paul, Arbeiter-Wohlfahrtseinrichtungen im Reg.-Bez. Posen, s. a. Veröffentlichungen des Vereins zur Fürsorge f. kranke Arbeiter zu Posen. 7. Hft.

Arbeiter-Wohlfahrtseinrichtungen im Regierungsbezirk Posen. Vortrag geh. z. Posen 1904 von Paul **Haegermann**, Geh. Reg.-R. Posen (1905): Merzbach. (40 S.) 8°
= **Veröffentlichungen** d. Vereins z. Fürsorge f. kranke Arbeiter zu Posen. H. 7 [05. 13451

Hagerosen. Lieder und Gedichte vom Verfasser der „Lyra Passionis". In-8°. 234 S. Basel, Emil Birkhäuser. 3 —, Leinwd. 4 — 1890

Hägerström, Axel, Kants Ethik im Verhältnis z. sein. erkenntnistheoretischen Grundgedanken systematisch dargestellt. gr. 8. (XXXI, 830 S.) Upsala (902). Leipzig, O. Harrassowitz. n. 12. —

Hägerström, Axel, das Prinzip der Wissenschaft. Eine logisch-erkenntnistheoret. Untersuchg. I. Die Realität. (Skrifter utgifna af k. humanistiska vetenskaps-samfundet i Uppsala. XII. 3.) (134 S.) gr. 8. Uppsala 908. (Akadem. Buchh.) — Leipz., O. Harrassowitz. nn 2. 60

Hagerup

— Point de Vue sur le rapport politique entre le Danemark et la Suède sous le règne des Rois de la Maison d'Oldenburg etc. gr. 8. Kopenh. 795. (Brummer). 8 ℳ

Hagerup, . . ., principes généraux de la language Danoise etc. gr. 8. Kopenh. 707. (Brummer). 10 ℳ

— s. C. F. V. Schmidt-Phiseldeck, éclaircissement.

Hagerup, Hilar. Henn., de Catechumenis ecclesiae Africanae ineunte saeculo quinto Disputatio. 8maj. Hauniae 844. (Reitzel.) ½ ℛ

Hagestolz, Der, eine Wochenschrift. Göttingen 1751—53. II: *Wedekind, Rudolph.* (Ky) (ML)

Hagestolz. Lustspiel von Congreve. 8. Frankf. u. Leipzig, Schwickert. 770.

Hagestolze, der; od. wie mans treibt, so gehts. Lustsp. v. Brandes. 8. Lpz. Dyk. 791.

Hagestolz, d., od. d. sieben Liebschaften; v. J. G. D. Schmiedtgen, m. K. 8. Lpz. Hinrichs. 803.

Hagestolze, Der. Eine Studie seines 80jährigen Collegen »Unico«. Hannover 1885. V: *Malortie, Ernst v.* (JStBbH)

Hagestolzen, die. Lustsp. v. A. W. Iffland. 8. Leipzig, Goschen. 793.

Syntaktische Freiheiten bei Hans Sachs. Aus s. Fabeln u. Schwanken u. Fastnachtsspielen dargest. von Edwin **Hagfors,** Dr phil. 1. 2. (*Helsingforsiae 1899. 1900: Soc. litt. fennica.*) 4°
= **Acta Societatis scientiarum Fennicae** T. 24, No 6. 26, No 2. [00. 6119

Hagfors, Edvin, de praepositionum in Aristotelis politicis et in Atheniensium politia usu. Diss. gr. 8. (VI, 131 S.) Helsingfors 892. (Berlin, Mayer & Müller.) n. 2. —

Hagg, Peter

Hagg, P., Herz-Jesu-Gabe. Betrachtungen üb. die Bitten der Herz-Jesu-Litanei, nebst drei Einleitungsbetrachtgn. Mit 1 Titelbild. 12. (VI, 477 S.) Freiburg i/B. 887. Herder. n. 2. 80

Hagg, Pet., S. J., die Herz-Jesu-Litanei. Geistliche Erwägggn. 2., neu bearb. Aufl. v. Mart. Hagen, S. J. (VIII, 382 S. m. Titelbild.) kl. 8. Freiburg i/B. 905. Herder. n. 2. 60; geb in Leinw. n. 3. 30

— Herz-Mariä-Lob. Ein Maimonat zu Ehren des heiligsten Herzens Mariä m. drei Betrachtungen üb. dessen Verehrg. im Allgemeinen. Nebst den nothwendigsten Gebeten. 16. (408 S. m. 1 Stahlst.) Dülmen 887. Laumann. n. 1. —; geb. von n. 1. 50 bis n. 8. —

— die Reichthümer der göttlichen Gnade u. die Schwere ihres Verlustes. 12. (VIII, 375 S.) Regensburg 889. Pustet. n. 2. —

Hägg, Rich., Helix hortensis fossil in Wiesenkalk in Jämtland. (6 S.) 8. Uppsala 909. (Berlin, R. Friedländer & Sohn.) nn — 60
Sonderabdr. a.: „Ark. f. kemi, mineral. och geol."

Hägg, Rich., Mollusca u. Brachiopoda gesammelt v. der schwedischen zoologischen Polarexpedition nach Spitzbergen, dem nordöstlichen Grönland u. Jan Mayen im J. 1900. (66 S. m. 1 Taf.) gr. 8. Stockholm 904. (Berlin, R. Friedländer u. Sohn.) n.n. 2. 40
Sonderabdruck aus: „Arkiv f. zoologi".

L'Haggadà illustrata tradotta da A. V. Morpurgo. (Hebräisch u. italienisch.) Triest 864. Coen. gr. 4. (IV, 66 S. mit eingedr. Holzschn.) n. 1 ₰ 20 ngr.
Hebräisch allein (42 S.) n. 1 ₰

[Hebr.] Lēl hitqaddēš ḥag we-hū seder **haggādā** le-lēl šimmūrim, mugga u-mesuddar, 'im targūm aškenāzi we-hagahōt ma'asē Dawid Qassel [F.] Die Pesach-Hagada, mit durchgesehenem Texte, übers. u. erl. von Dr. David Cassel. 8. Aufl. *Berlin: M. Poppelauer 1897.* (III S., 33 gez. Bl.) 8° [02. 5681

[Hebr.] Seder **Haggādā** [hebr. u. deutsch] šel pesaḥ. Mē'ēt Zeraḥ M'jhwjm (S[iegmund] Maybaum). Berlin: Poppelauer 1904. 17 Bl., 18 S. 8°
[Nebent.:] Hagada f. d. häuslichen Gottesdienst and Vorabende d. Pessachfestes. (4. Taus.) [07. 4321

Haggai, der Prophet. V. d. Verf. d. Propheten Habakuk gr. 8. (III, 162 S.) Berlin 895. Deutsche evang. Buch- u. Tractat-Gesellschaft. n. 1. —

Haggard, Henry Rider

– Ayesha, s.a. Collection of British authors.

Ayesha, the return of 'She'. By H[enry] Rider **Haggard**. Copyright ed. In 2 vol. Vol. 1. 2. Leipzig: Tauchnitz 1905. 8°
(Collection of British authors. Tauchnitz Ed. Vol. 3848/9.) [11. 8634

– Beatrice, s.a. Collection of British authors.

Haggard, H. Rider, Beatrice. Roman. (Neue [Titel-] Ausg.) 8. (392 S.) Stuttgart [892.] (902). Deutsche Verlags-Anstalt. n. 1. —; geb. n. 1. 25

Haggard, H. Rider, Benita, s.a. Collection of Brit. authors.

Benita. An African romance. By H[enry] Rider **Haggard**. Copyright ed. Leipzig: Tauchnitz 1907. 287 S. 8°
(Collection of British authors. Tauchnitz Ed. Vol. 3950.) [11. 8708

– The brethren, s.a. Collection of British authors.

The Brethren. By H[enry] Rider **Haggard**. Copyright ed. In 2 vol. Vol. 1. 2. Leipzig: Tauchnitz 1904. 8°
(Collection of British authors. Tauchnitz Ed. Vol. 3775/6.) [11. 8370

— Eric Brighteyes, s.: Library, the English.

— Montezuma's daughter, s.a. Collection of British authors.

Montezuma's Daughter. By H[enry] Rider **Haggard**. Copyright ed. In 2 vol. Vol. 1. 2. Leipzig: Tauchnitz 1893. 8°
(Collection of British authors. Tauchnitz Ed. Vol. 2953/4.) [11. 7987

– Dawn, s.a. Collection of British authors.

Dawn. By H[enry] Rider **Haggard**. Copyright ed. In 2 vol. Vol. 1. 2. Leipzig: Tauchnitz 1892. 8°
(Collection of British authors. Tauchnitz Ed. Vol. 2825/6.) [11. 7859

— and Andrew Lang, the world desire, s.: Collection of British authors.

Haggard, H. R., Rural England: Account of agricultural and social researches carried out in 1901 and 1902. 2 vls. 8⁰. London, Longmans, 1902. New edit. 8⁰. London 1906.

– Stella Fregelius, s.a. Collection of British authors.

Stella Fregelius. A tale of three destinies. By H[enry] Rider **Haggard**. Copyright ed. In 2 vol. Vol. 1. 2. Leipzig: Tauchnitz 1904. 8°
(Collection of British authors. Tauchnitz Ed. Vol. 3720/1.) [11. 8565

– Joan Haste, s.a. Collection of British authors.

Joan Haste. By H[enry] Rider **Haggard**. Copyright ed. In 2 vol. Vol. 1. 2. Leipzig: Tauchnitz 1895. 8°
(Collection of British authors. Tauchnitz Ed. Vol. 3086/7.) [11. 8086

— the witch's head, s.: Collection of British authors.

– Black heart and white heart, and Elissa, s.a. Collection of British authors.

Black Heart and White Heart, and Elissa. By H[enry] Rider **Haggard**. Copyright ed. Leipzig: Tauchnitz 1900. 277 S. 8°
(Collection of British authors, Tauchnitz Ed. Vol. 3440.) [11. 8337

– Heart of the world, s.a. Collection of British authors.

Heart of the world. By H[enry] Rider **Haggard**. Copyright ed. In 2 vol. Vol. 1. 2. Leipzig: Tauchnitz 1896. 8°
(Collection of British authors. Tauchnitz Ed. Vol. 3143/4.) [11. 8181

— das Herz d. Welt. Autoris. Übersetzg. aus d. Engl. v. Gertrude-Hildebrandt-Eggert. 8. (386 S.) Berlin 898. Vita, deutsches Verlagshaus. n. 3. --

[F.] H[enry] Rider Haggard. Das Herz der Welt. Autoris. Übs. a. d. Engl. v. Gertrude Hildebrandt-Eggert. 2. Aufl. *Berlin: Vita [1898].* (2 Bl., 386 S.) 1 Bd 8. [98. 10990

– Jess, s. Collection of British authors.

— e. neue Judith, s.: Engelhorn's allgemeine Romanbibliothek.

– Cleopatra, s.a. Collection of British authors.

— Kleopatra. Histor. Erzählg. aus d. Jahrh. v. Christi Geburt. Autoris. Übersetzung v. Arth. Schilbach. 8. (320 S.) Stuttgart 898. Deutsche Verlags-Anstalt. n. 3. —; geb. n.n. 4. —

— The Lady of Blossholme, s.a. Collection of British authors.

The Lady of Blossholme: By H[enry] Rider **Haggard**. Copyright ed. Leipzig: Tauchnitz 1909. 319 S. 8°
(Collection of British authors. Tauchnitz Ed. Vol. 4158.) [11. 8876

— d. unerforschte Land, s.: Welt, die, der Fahrten u. Abenteuer.

– Lysbeth , s.a. Collection of British authors.

Lysbeth. A tale of the Dutch. By H[enry] Rider **Haggard**. Copyright ed. In 2 vol. Vol. 1. 2. Leipzig: Tauchnitz 1901. 8°
(Collection of British authors. Tauchnitz Ed. Vol. 3502/3.) [11. 8380

— Fair Margaret, s.a. Collection of British authors.

Fair Margaret. By H[enry] Rider **Haggard**. Copyright ed. In 2 vol. Vol. 1. 2. Leipzig: Tauchnitz 1907. 8°
(Collection of British authors. Tauchnitz Ed. Vol. 4004/5.) [11. 8734

Haggard, H. R., King Solomon's mines, s.: Collection of British authors.

— Morning star, s.a. Collection of British authors.

Morning Star. By H[enry] Rider **Haggard**. Copyright ed. Leipzig: Tauchnitz 1910. 303 S. 8°
(Collection of British authors. Tauchnitz Ed. Vol. 4186.) [11. 8898

— Nada the Lily, s.: Library, the English.

– Pearl-Maiden , s.a. Collection of British authors.

Pearl-Maiden. A tale of the fall of Jerusalem. By H[enry] Rider **Haggard**. Copyright ed. In 2 vol. Vol. 1. 2. Leipzig: Tauchnitz 1903. 8°
(Collection of British authors. Tauchnitz Ed. Vol. 3648/9.) [11. 8491

— the people of the mist, s.a. Collection of British authors.

The People of the mist. By H[enry] Rider **Haggard**. Copyright ed. In 2 vol. Vol. 1. 2. Leipzig: Tauchnitz 1894. 8°
(Collection of British authors. Tauchnitz Ed. Vol. 3022/3.) [11. 8016

– A winter Pilgrimage , being an account of travels through Palestine, Italy and the Island of Cyprus, s.a. Collection of British authors.

A Winter Pilgrimage. Being an account of travels trough Palestine, Italy, and the island of Cyprus, accomplished in the year 1300. By H[enry] Rider **Haggard**. Copyright ed. In 2 vol. Vol. 1. 2. Leipzig: Tauchnitz 1902. 8°
(Collection of British authors. Tauchnitz Ed. Vol. 3556/7.) [11. 8422

– Colonel Quaritch , V. C., s. Collection of British authors.

— Oberst Quaritch, s.: Engelhorn's allgemeine Romanbibliothek.

Haggard, H. R., Allan Quatermain, s. Collection of British Authors.

– Maiwa's revenge , s. Collection of British authors.

— Queen Sheba's ring, s.a. Collection of British authors.

Queen Sheba's Ring. By H[enry] Rider **Haggard**. Copyright ed. Leipzig: Tauchnitz 1910. 330 S. 8°
(Collection of Brit. Authors. Tauchnitz Ed. Vol. 4222.) [10. 8919

— König Salomos Schatzkammer, s. XVIII. Bd. 2. Abthl. S. 653: Strauß, M.

– She , s. Collection of British authors.

– Swallow , s.a. Collection of British authors.

Swallow. A tale of the great treck. By H[enry] Rider **Haggard**. Copyright ed. In 2 vol. Vol. 1. 2. Leipzig: Tauchnitz 1899. 8°
(Collection of British authors. Tauchnitz Ed. Vol. 3355/6.) [11. 8273

– Doctor Therne , s.a. Collection of British authors.

Doctor Therne. By H[enry] Rider **Haggard**. Copyright ed. Leipzig: Tauchnitz 1899. 250 S. 8°
(Collection of British authors. Tauchnitz Ed. Vol. 3336.) [11. 8250

– The way of the spirit, s.a. Collection of British authors.

The Way of the spirit. By H[enry] Rider **Haggard**. Copyright ed. In 2 vol. Vol. 1. 2. Leipzig: Tauchnitz 1906. 8°
(Collection of British authors. Tauchnitz Ed. Vol. 3883/4.) [11. 8630

– Allan's wife and other tales, s. Collection of British authors.

– Mr. Meeson's will , s. Collection of British authors.

— the wizard, s.a. Collection of British authors.

The Wizard. By H[enry] Rider **Haggard**. Copyright ed. Leipzig: Tauchnitz 1897. 264 S. 8°
(Collection of British authors. Tauchnitz Ed. Vol. 3191.) [11. 8156

— d. Zauberer im Sululande, s.: Welt, die, d. Fahrten u. Abenteuer.

Beiträge zur Meteorologie Holsteins v [Heinrich] Hagge. Rendsburg. 1852. 4°

Hagge, die Heilung der Dysenterie. [Aus: „Allg. med. Centralzeitg."] gr. 8. (4 S.) Berlin 894. O. Coblentz. n. 1. —

Hagge, Rechen-Fibel. Zahlenraum von 1—20. Zur Reform des ersten Rechenunterrichts. (48 S. m. Fig.) gr. 8. Flensburg 908. Huwald. n. — 60; Begleitwort f. Lehrer (16 S. m. Fig.) Unberechnet.

Einige Bemerkungen über die lex Servilia repetundarum v Heinrich **Hagge**. Glückstadt. 1845. 4° Gymn.-Progr

⊙ Bemerkungen zu dem Feldzuge des Vitellius und Otho. nach der Darstellung des Tacitus. (Hist. 1—2,50.) Von [Heinrich] Hagge. Kiel. 1864. 4°. Gymn.-Progr.

Drei französische Aufsätze für meinen Schüler- und Bekanntenkreis. Hinrich **Hagge**. Berlin 1906. G. Buschhardt. (32 S.) 8°
2. Aufl. von Hagge: Einfluss des Celtischen auf d. Französische. [07. 3084

Einfluss des Celtischen auf das Französische nebst Vorbemerkungen zu d. roman. Sprachen. Kurze franz. Abhandl. von Hinrich Hagge, cand. phil. *Berlin 1901: G. Buschhardt.* (III, 23, XV S.) 8°

Hagge, R., mikroskopische Untersuchungen üb. Gabbro u. verwandte Gesteine. gr. 8 (63 S.) Kiel 871. Universitäts-Buchh. n. 1. 50

Hagge, Reinhold [approb. Arzt, aus Kiel]: **Ein Fall von tuberkuloser Erkrankung** der Rückenmarkshäute .... Tübingen, Druck v. Heinrich Laupp jr., 1887; 22 S. 8°
Tübingen, Med. Fak., Inaug.-Diss. v. 1887

Haggemacher, O. Becher und Zecher. Zürich 1893. 9 S. 8°.

Haggenmacher's, G. A., Reise im Somali-Lande 1874, s.a. Petermann's Mittheilungen aus J. Perthes' geograph. Anstalt.

G. A. Haggenmacher's Reise im Somali-Lande 1874. Mit 1 Originalkarte. = Petermanns Mittheilungen aus Perthes' geogr. Anst. Ergänzungsbd. 10, Nr. 47. Gotha. 1876. 4°.

Haggenmacher, Joh. Hnr., über die Auswanderungen nach Amerika. Ein Aufruf an Alle, die nach diesem Welttheile auswandern wollen. 8. Heilbronn 839. (Drechsler.) 1/4 ℔

Haggenmacher, Karl, Grammatik des ägyptisch-arabischen Vulgärdialektes. gr. 8. (VIII, 113 S.) Kairo 892. Boehme & Anderer. n. 3. 20

(B) **Haggenmacher, Karl,** Grammatik d. ägypt.-arab. Vulgärdialekts. 892. (KBL 27.) Jetzt: Leipzig, P. Stiehl.

Haggenmacher, O., Pfr., Abschiedsworte gerichtet an die Gemeinde Richtersweil, den 12. Nov. 1871. 8. Richtersweil. — 25

Haggenmacher, O., siehe: *Mitteilungen der Gesellschaft für deutsche Sprache.*

Haggenmacher, O., Diakon, der Orgel Preis. Zur Orgelweihe am St. Peter den 31. Dezember 1871. 8. Zürich, D. Bürkli. — 20

Haggenmacher, Otto, Atlantis. Erzählende Dichtung. 8. (228 S.) Leipzig 874. E. J. Günther. n. 3. —

Haggenmacher, Otto, Bilder. Dichtungen. 8. (86 S.) Zürich 901. C. Rascher's Erben. n. 1. 30; geb. m. Goldschn. n. 1. 60

Haggenmacher, Otto, Danae. Erzählung aus der röm. Kaiserzeit. 8. (192 S.) Leipzig 881. O. Wigand. n. 2. 50

— Dichtung. gr. 8. (IV, 176 S.) Zürich 873. Schmidt. n. 4. —

— neue Dichtungen. gr. 16. (IV, 63 S.) Zürich 878. Schmidt. n. 1. 20

Haggenmacher, Otto: Ueber Sebastian Francks Erstlingsschrift 'Von dem greüwlichen laster der trunckenhayt' (1528)'. [Zür. Zürcher u. Furrer Dr.] 1892. 43 S. 4°.
Programm der Kantonsschule in Zürich 1892.

Haggenmacher, Otto, zur Frage nach dem Ursprung der Religion u. nach den ältesten Religionsformen. Eine Studie. gr. 8. (87 S.) Leipzig 883. O. Wigand. 1. 20

— Sebastian Frank, sein Leben u. seine religiöse Stellung. Eine Studie aus der Reformationszeit. [Aus: „Theol. Ztschr. aus d. Schweiz".] gr. 8. (40 S.) Zürich 886. Meyer & Zeller. n. — 80

— die Gefangenen. Geschichten u. Bilder in Arabeske. 8. (270 S.) Leipzig 885. O. Wigand. 3. —

— illustr. Geschichte d. Weltlitteratur, s.: Scherr, Johs.

Haggenmacher, Otto, Kämpferinnen. Zwei Novellen. 8. (V, 394 S.) Leipzig 890. Friedrich. n. 5. —; geb. n. 6. —

— die Eleusinischen Mysterien, s. Vorträge, öffentliche, geh. in der Schweiz.

— Reisebilder aus Italien, s.a. Schriften d. Schweiz. Vereins für freies Christenthum.

Haggenmacher, O[tto]. Reisebilder aus Italien. Schriften fur fr. Christenthum. [Heft] 8. 8. Zürich 1879.

Haggenmacher, Otto, der Sänger der Freiheit (Schiller), s.a. Verein zur Verbreitung guter Schriften, Zürich. Nr. 58.

Haggenmacher, Otto. Der Sänger der Freiheit. Bilder aus dem Leben Friedrich [von] Schillers. ⟨Zur Jahrhundertfeier seines Todes.⟩ [Mit Illustrationen und 1 Porträt-Tafel.] 105 S. 8. Zürich, Jacques Bollmann, Mai 1905. fr. —. 25
Verein für Verbreitung guter Schriften. (Zürich) No. 58. 1905.

— Still u. Bewegt. Neue Dichtgn. 12. (IV, 155 S.) Zürich 887. Meyer & Zeller. n. 2. —

— vorwärts u. aufwärts! Preisgekrönte Erzählg. 8. (VIII, 128 S.) Leipzig 889. O. Wigand. 1. 50

— Wahrnehmgn. am Sprachgebrauch d. jüngsten litterar. Richtungen, s.a. Mitteilungen der Gesellschaft für deutsche Sprache in Zürich.

Wahrnehmungen am Sprachgebrauch der jüngsten litterarischen Richtungen. Von Prof. O[tto] **Haggenmacher.** (Zürich: E. Speidel 1897.) (S. 19–41.) 8°
= **Mitteilungen** d. Gesellschaft f. deutsche Sprache in Zürich. H. 1, [2.]

Haggenmiller, Agathe, Wörishofer Kochbuch. Nach den Vorträgen u. Vorschriften des Hrn. Prälaten Sebastian Kneipp. 8. (XII, 335 S.) Regensburg 900. E. Stahl. Geb. in Leinw. n. 3. 40

Haggenmiller, Frz. Seraph, O. Cap., der goldene Zirkel, s.: Juvenalis v. Anagni.

Haggenmiller, J., Genealogie der Hohenzollern von 1061—1871. Imp.-Fol. (1 Bl.) Kempten 872. Kösel. — 75

Haggenmüller, H.; Kießling, Alb. u. and., Geschichte des Turnvereins München v. 1860, z. 40. Stiftungsf., 15.—17. 6. 1900, 67 S., 8°.

Haggenmüller, Hans [Dr. Assist. am kgl. Wilhelms-Gymn. in München]: Die Aufeinanderfolge der Kämpfe im Pentathlon m. Berücks. d. früheren Erklärgn nachgewiesen. Von d. phil. Fak. d. Univ. Würzburg gekr. Preisschr. M. 6 Abbild. [= Progr. d. Wilh.-Gymn. in München 1892.] München, Druck v. H. Kutzner, 1892; 1 Bl., 62 S., 1 Bl., 1 Taf. 8.
Würzburg, Phil. Fak., Inaug.-Diss. v. 1892

Haggenmüller, Joh. Bapt.

Haggenmüller, J. B., über d. zweckmäß. Einrichtung latein. Vorbereitungsschulen rc. gr. 4. (Landsh., Thomann). 8 Kr

Ueber die zweckmäßige Einrichtung lateinischer Vorbereitungs-Schulen, mit besonderer Rücksicht auf Bayern. Von Joh. Bapt. Haggenmüller, P. - 1826. Ebend. — S. 3—11.
Progr. Landshut

Haggenmüller, J. B., Geschichte der Stadt u. der gefürsteten Grafschaft Kempten, von den ältesten Zeiten bis zu ihrer Vereinigung mit dem Bayer. Staat. Aus archivalen u. andern bewährten Quellen dargestellt. 1r Bd. Von den ältesten Zeiten bis zum Ende des Bauernkrieges. gr. 8. Kempten 840. Dannheimer. 1½ ₰

Haggenmüller, Joh. Bapt., Geschichte der Stadt und der gefürsteten Grafschaft Kempten von den ältesten Zeiten bis zu ihrer Vereinigung mit dem baier. Staat. 2. Bd. Von Beendigung des Bauernkrieges bis zur Einverleibung in den baier. Staat. gr. 8. (XII und 356 S.) Kempten 847, Dannheimer. *
1. Bd. Ebendas. 1840. * 1 Thlr. 15 Ngr.

HAGGENMÜLLER, Jos.: Der österr. Unterthans-advokat. 2 Thle. *Wien*, (v. Mösle u. Braumüller) 792. 8. (1 Thl.)

Häggström, F. W., excerpta Liviana. Adjecta est tabula (lith. in Fol.), scripturam codicis Upsaliensis repraesentans. [Aus: „Upsala Universitets Arsskrift."] gr. 8. (68 S.) Upsala 874. (akadem. Buchh.) n. 2. —

Haghe, L., Sketches in Belgium a. Germany. 1840.

Haeghen, Ph. van der, maximes populaires de l'Inde Méridionale. (1. Série. Cent proverbes Tamouls.) Traduites et expliquées. Leipzig 858. Kittler. Lex.-8. (39 S.) n. 20 ngr.

Hägi's Fahrplan für Basel und Umgebung mit den Anschlüssen nach der Schweiz, nach Baden u. Elsass-Lothringen, sowie nach und von den central-europäischen Ländern. Dampfboot-, Post- u. Tramfahrpläne, Post- u. Telegrammtaxen für die Schweiz u. das Ausland etc. Sommersaison 1890. In-12°. 115 S. Basel, Emil Hägi. — 30

Hägi's Fahrplan für Basel und Umgebung mit den Anschlüssen nach der Schweiz, nach Baden u. Elsass-Lothringen, sowie nach und von den central-europäischen Ländern. Dampfboot-, Post- u. Tramfahrpläne, Post- u. Telegrammtaxen für die Schweiz u. das Ausland etc. Wintersaison 1890. In-12°. 120 u. 16 S. Basel, Emil Hägi. — 30

Hägi's Fahrplan für Basel und Umgebung mit den Anschlüssen nach der Schweiz, nach Baden und Elsass-Lothringen, sowie nach und von den centraleuropäischen Ländern. Dampfboot-, Post- und Tram-Fahrpläne. Personentarif, Sonntags-, Lust- und Rundfahrtbillete. Post- und Telegrammtaxen für die Schweiz und das Ausland etc. etc. Mit 1 Karte (in-4°). In-12°. 144 S. Basel, Emil Hägi. 1891 — 30

Hägi's Fahrplan für die Schweiz, Baden u. Elsass-Lothringen m. d. Anschlüssen nach u. v. d. central-europ. Ländern. Dampfboot-, Post- u. Tram-Fahrpläne. Personentarif, Sonntags-, Lust- u. Rundreise-fahrbillete. Post- u. Telegrammtaxen f. d. Schweiz u. d. Ausland etc. Nr. 16. Sommer-Saison. Vom 1. Juni—30. Septbr. 1896. 12. (97 S.) Basel, Koehler. n. — 40

Hägi's Fahrplan für die Schweiz, Baden u. Elsass-Lothringen mit den Anschlüssen nach und von den centraleuropäischen Ländern. Dampfboot-, Post- u. Tram-Fahrpläne. Personentarif, Sonntags-, Lust- und Rundfahrtbillete. Post- u. Telegrammtaxen für die Schweiz u. das Ausland etc. Mit einer neuen hübschen Eisenbahnkarte der Schweiz. Nr. 22. Sommer-Saison vom 1. Juni bis 30. Sept. 1899. Kl. 8°. 126 u. 32 S. Basel, Schweizer. Verlags-Druckerei. — 30

Hägi's Fahrplan f. d. Schweiz, Baden und Elsass-Lothringen mit den Anschlüssen nach und von d. centraleuropäischen Ländern. No. 24. Sommer-Saison vom 1. Juni 1900. In-12°. 124 u. 40 S. m. einer neuen hübschen Eisenbahnkarte d. Schweiz. Basel, Schweiz. Verlagsdruckerei. — 30

[Hägi, E.] Der Zug der Luzerner Batterie 12 nach Genf anno 1860. Zur dreissigjährigen Erinnerung hrg. von einem damaligen Unteroffizier. 8. Luzern 1890.

(H[ägi], G.) Mordbrenner (Johann) Keller und seine Hinrichtung oder Habsucht, Rohheit und Sinnlichkeit als Wegweiser zum Schaffot. [Mit Portrat-Vignette.] 8. Zollikon-Zürich [1893].

[Hägi, Gottlieb.] Gedenkblatt an den 75 jährig. Bestand des Kadetten-Korps Horgen. 1835—1910. [Auszug aus einer von Friedrich Zwingli in den «Hagrosen» veröffentlichten Chronik des K'-K' H'. Mit Illustrationen und 2 Tafeln.] [II + 19 S.] quer-8. (Horgen, Th. O. Studer-Schläpfer, 1910.) [fr. 1.—]

Haegi, Hans Jakob, prakt. Arzt, von Cappel a. Albis [Kt. Zürich]: Aus dem pathologischen Institut zu Zürich. Über zwei Fälle von Cholesteatom der Hirnhäute. (Mit einer Tafel.)'. Affoltern a. A. J. Weiss Dr. 1894. 37 S. m. 1 Taf., 1 Bl. 8°.
Zürich, Med. Diss. [v. 16. Juli 1894].

Hagiographa chaldaice ed. Paulus de Lagarde. gr. 8. (XXV, 365 S.) Leipzig 873. Göttingen, Selbst-Verl. n. 20. —

Hagiographa chaldaice. Ed. P. de Lagarde. gr. 8. Leipzig 873. Göttingen, Dieterich'sche Verlagsh. *

Hagiographa posteriora denominata Apogrypha, hactenus Israelitis ignota, nunc autem e textu graeco in linguam hebraicam convertit atque in lucem emisit S. Is. Fraenkel. 8 maj. (19½ B.) Lipsiae 830, Fr. Fleischer.

Hagiographen, die, des Alten Bundes, nach den überlieferten Grundtexten übers. u. mit erklär. Anmerkungen versehen von Adf. Kamphausen. [Aus Bunsens Bibelwerk.] Leipzig 868. Brockhaus. Lex.-8. (X, 888 S.) n. 2 ℛ 26 ngr

Hagiographia. Verzeichniss der wichtigsten über Jesus Christus, die Jungfrau Maria, Heilige, Selige, Päpste und sonstige ehrwürdige und fromme Personen von 1830 bis 1890 erschienenen Lebensbeschreibungen, Predigten, Andachtsbücher und Legenden-Sammlungen. Systematisch nach Materien geordnet und mit einem Stich- und Schlagwörter- sowie einem Autoren-Index versehen von Mario Sig. Tavagnutti. (Katholisch-theologische Bücherkunde der letzten 50 Jahre. I. Band.) 8. (149 S.) —.90
Wien: „Austria", (Drescher) 1890.

Hagiologia. Verzeichniss von Lebensbeschreibungen einzelner Heiligen, Seligen, hervorrag. Ordensleute etc., sowie Leben der Heiligen in Sammelausgaben. Erschienen 1840—1880. 8. (63 S.) Freiburg i/Br. 880. Herder. n. — 60

Hagiophili, C., observat. in select. IV Evangel. loca. 4. Gardeleg. (Stend. Campe.) 741. -

Hagiosophiten. Panag A [Doctor d. Philos.] Aristoteles' Ansicht von den ethischen und intellectuellen Unterschieden der Menschen. Athen. Druck „der Palamedes", 1886; (Titel auch griechisch.) 95 + 1 S. 8°
Jena, Phil. Fak., Inaug. Diss. v. 1886.

Hagke, F. B. v., historisch-statistisch-topographische Beschreibung des Weissensee'r Kreises. Weißensee 863. Großmann. 4. (IV, 400 S.) n. 2 ℛ 13½ ngr

Hagke, F. B. Frhr. v., urkundliche Nachrichten über die Städte, Dörfer u. Güter des Kreises Weißensee. Beitrag zu einem Codex Thuringiae diplomaticus. Weißensee 867. Großmann'sche Buchh. Lex.-8. (X, 731 S.) n. 4 ℛ

— Personal-Codex des Weißensee'r Kreises von der ältesten bis zur neuesten Zeit. Ebend. 868. Lex.-8. (III, 100 S.) n. 25 ngr

Hagl, Julius Gibt es ursächliche Beziehungen zwischen Neuritis optica und Halsmarkerkrankungen? Würzburg 1909: Verlagsdr. 31 S. 8
Würzburg, Med. Diss. v. 10. Aug. 1909, Ref. Rieger
[Geb. 10. April 83 Mönchsroth, Wohnort: Würzburg; Staatsangeh.: Bayern; Vorbildung: Gymn. Neuburg a. D. Reife Juli 02; Studium: Würzburg 10 S.; Coll. 9. Dez. 08, Approb. 5. Dez. 08.] [U 09. 4114

Hägler, Ad., die verschiedenartigen Bestrebungen unserer Zeit zur Fürsorge f. Erholungsbedürftige. Anstalten f. Genesende, Kränkliche, Kinder u. Erwachsene, Ferienkolonien, Seehospize, Bergsanatorien u. s. w. 2 Vorträge, geh. im Bernoullianum zu Basel, den 8. u. 15. März 1891 gr. 8. (77 S.) Basel 891. R. Reich. n. 1. —

Hägler A Beziehung des Ruhetags zum Alkoholmißbrauch. 7 S. Fol. Basel. 1883.

Haegler, A., le Dimanche au point de vue hygiénique et social. Deux conférences, prononcées à Bâle. Traduction libre de l'allemand. gr. 8. (63 S.) Basel 879. Spittler. n.n. — 65

Haegler, A., üb. d. Factoren d. Widerstandskraft u. die Vorhersage der Lebensdauer beim gesunden Menschen. gr. 8. (VIII, 107 S.) Basel 896. B. Schwabe. n. 2. 40

— der Sonntag vom Standpunkte der Gesundheitspflege u. der Socialpolitik. 2 öffentl. Vorträge, geh. im Bernoullianum in Basel. gr. 8. (88 S.) Basel 878. Bahnmaier. n. 1. —

Haegler, Karl Sebastian

Haegler, C[arl] S[ebastian]. Zur Beurtheilung der accidentell-traumatischen Hernien. ⟨Aus der chirurgischen Universitäts-Klinik... in Basel.⟩ Sonder-Abdruck aus dem Archiv für klinische Chirurgie. Band 66. 49 S. 8. [Berlin, A. Hirschwald, 1902.]

Haegler, Carl S., Händereinigung, Händedesinfektion u. Händeschutz. Eine experimentelle u. krit. Studie. gr. 8. (XI, 211 S. m. 4 [1 farb.] Taf.) Basel 900. B. Schwabe. n. 5. 60

Hägler, C. S., s.: Jahresbericht üb. die chirurgische Abteilung u. d. chirurg. Poliklinik des Spitals in Basel.

Haegler, C[arl] S[ebastian]. Ueber Ligatureiterungen. ⟨Aus der chirurgischen Klinik zu Basel....⟩ Sonder-Abdruck aus dem Archiv für klin. Chirurgie. Bd. 64. Heft 2. 7 S. 8. [Berlin, A. Hirschwald, 1901.]

Haegler, Carl S., üb. Sehnenverletzungen an Hand u. Vorderarm. [Aus: „Beiträge z. klin. Chirurgie".] gr. 8. (56 S.) Tübingen 896. H. Laupp. n. 1. —

Haegler, Carl S[ebastian]. August Socin † (1837–[1899]). Nachruf vorgetragen an der Gedenkfeier in der chirurgischen Klinik [des Spitals in Basel] am 27. Januar 1899. [Mit Portrait-Tafel. SA.] 8. Basel.

(**Haegler, Carl S[ebastian].**) August Socin (1837–1899). [Necrolog. SA.] 8. [Basel 1900.]

Haegler-Gutzwiller, A[dolf]. Im Kampfe gegen die Tuberkulose. Hrg. durch den Basler Hilfsverein für Brustkranke. II + 87 S. 8. Basel, Buchdr. Kreis, 1901. [gratis]

Häglsperger, Frz. Seraph., heilige Augenblicke im priesterl. Leben. Oder Briefe e. jungen kath. Seelsorgers an seinen Freund. 2 Thle. gr. 8. Münch. 825. Giel. 1 ℛ 16 gr

Häglsperger, Frz. Seraph, neue Briefe über die Seelensorge. 1s Bdchn. A. u. d. T.: Ueber den Einfluß des modernen Liberalismus auf das amtl. Wirken eines kathol. Seelsorgers. In Briefen an einen Freund. gr. 12. Sulzbach 833. v. Seidel. ⅔ ℛ — 2s Bdchn. A. u. d. T.: Ueber Gottes Wort u. dessen öffentl. Verkündigung. In Briefen an einen Freund. gr. 12. Ebd. 835. ⅔ ℛ — 3s Bdchn. A. u. d. T.: Ueber die geistl. Seelenführung im Beichtstuhle. In Briefen an einen Freund. gr. 12. Ebd. 839. ⅔ ℛ

Häglsperger, Frz. Seraph, neue Briefe über die Seelsorge. 4. u. letztes Bdchen. A. u. d. T.: Ueber Seelenleiden und Menschentröstung nach kathol.-kirchl. Principien. In Briefen an einen Freund. 12. Sulzbach 843, v. Seidel'sche Buchh. ⅔ ℛ — Alle 4 Bdchen. 2⅔ ℛ

— s. S. Buchfellner, d. immerwähr. Gemeinschaft mit Jesu.

— Chrysostomus, e. Monatschrift, s. Chrysostomus.

Häglsperger, Franz Ser., Über den Einfluß des modernen Liberalismus auf das amtliche Wirken eines kathol. Seelsorgers. In Briefen an einen Freund. Sulzbach, von Seidel, 1833, gr. 8°. 11 1/2 Bogen, 2 Mk.

Auch u. d. T.: Neue Briefe über die Seelsorge. Bdchen 1.

— Festabende im priesterl. Leben, gefeiert mit Betrachtungen u. Erinnerungen. Für Freunde d. Seelsorge zur geistigen Erquikkung in müden Stunden. 3 Bdchen. gr. 12. Sulzb. 828—30. v. Seidel. 2 Thlr.

— der Friede sei mit Euch! Ein katholisches Gebetbuch. Mit Titelkpfr. gr. 12. Landshut 834. Krüll. 7/12 Thlr., mit 4 Kpfrn. 5/6 Thlr., Velinp. 1 1/4 Thlr. — 2e verb. Ausg. Mit 1 Stahlstich. gr. 12. Regensb. 837. Manz. 5/12 Thlr., mit 4 Stahlst. 5/8 Thlr.

Häglsperger, Frz. Seraph., der Friede sei mit Euch! Ein kathol. Gebetbuch. 2. verb. u. verm. Aufl. gr. 8. (348 S.) Regensburg 848, Manz. Ausg. Nr. 1 m. 1 Stahlst. 3/8 Thlr. — Ausg. Nr. 2 m. 3 Stahlst. 1/2 Thlr. — Ausg. Nr. 3 m. 1 Stahlst. u. 3 Lithochrom. 3/4 Thlr. — Ausg. Nr. 4 m 3 Stahlst. u. 3 Lithochrom. 7/8 Thlr.

— Früchte a. d. Garten d. Geschichte, f. Jugend-Bibliothek, 11. Bdchn.

— der Frühling, Sommer, Herbst u. Winter. Ein kleiner Handspiegel f. die Jugend. 4 Hefte. 12. München 825, Giel (à 2 gr.)

— Frühlingsblumen, f. Jugend-Bibliothek, 14. Bdchn.

Häglsperger, Frz. Seraph., der erzählende Hausfreund, f. Jugend-Bibliothek rc. 9. Bd.

— Heiligthum f. häusl. Selbsterbauung, f. a. Haus- u. Handbibliothek, I. Abthl.

Häglsperger, Frz. Ser., Heiligthum für häusliche Selbsterbauung. Zwei Reihen geistl. Betrachtungen nebst e. kl. Hausaltare, zum Gebrauche denkender und gemüthvoller Katholiken. Neue Ausg. Mit 1 Stahlst. gr. 8. Lindau 846, Stettner. 1/2 Thlr. — Elegant geb. 5/6 Thlr.

— Herbstblumen, f. Jugend-Bibliothek, 16. Bdchn.

— geistliche Hirtengebete eines Seelsorgers für seine Gemeinde. Etwas, das besonders heut zu Tage bringend Noth thut. gr. 12. Sulzbach 831. von Seidel. 1/3 Thlr.

— Hyacinthen, f. Jugend-Bibliothek 18s Bdchn.

— d. vier Jahreszeiten: Frühling, Sommer, Herbst u. Winter. Ein kleiner Handspiegel für d. Jugend. 4 Hefte. 12. München 825. Giel. (à 2 gr.) 8 gr.

— Jesus meine Liebe. Ein Gebetbüchlein zunächst für Kinder. 18. Landsh.... 2e A. 830. Thomann. 2 gr. (A. u. d. T.: Weg zu Gott rc.)

— Jesus meine Liebe. Ein Gebetbüchlein, zunächst für Kinder u. junge Leute. 2e Aufl. Mit 4 Steindr. 24. Landshut 833. Thomann. 3 1/2 gr. — Neue rechtmäßige Original-Aufl. 18. Ebd. 834. 1/12 Thlr. — 3e rechtmäß. Orig.-Aufl. 12. Ebd. 840. Attenkofer. 2 1/2 gr.

— Jesus meine Liebe. Ein Gebetbüchlein für Kinder u. junge Leute. 4 Orig.-Aufl. 32. (112 S. m. 1 Lith.) Landshut 851, Thomann. n. 2 ngr.; m. Goldschn. n. 3 ngr.

Häglsperger, Frz. Seraph, Jesus meine Liebe. Ein Gebetbüchlein für Kinder und junge Leute. 5. Orig.-Aufl. Landshut 853. Thomann. 32. (112 S. u. 1 Stahlst.) 2 ngr.; geb. 3 ngr.

— Jugendbibliothek, f. !!. Bd. Jugendbibliothek.

— für Jünglinge u. Jungfrauen auf d. Lande. Eine freundl. Mitgabe auf d. Weg ihres Lebens. 2. u. 3. Ausg. (à 1 1/2 B.) kl. 12. Landshut 829, 32, Thomann. à

— s. Leben der heil. Ordensstifterinnen.

— Lebensblüthen rc., f. Jugend-Bibliothek, 10. Bdchn.

— das Leiden d. Herrn nach d. vierzehn Stationen. Ein Passionsbüchl. f. gebild. Stände, zunächst auf d. heil. Charwoche. M. 15 Holzschn. nach Heideloff's Zeichn. v. G. S. Watts. 12. (4 2/3 B.) Sulzbach 829, v. Seidel.

— Osterglöcklein, f. Jugend-Bibliothek 19s Bdchn.

— s. Otmar, des Priesters, Erzählungen.

— d. Pilgerfahrt nach d. Heimath, ein Handbüchlein für junge Wanderer nach d. Himmelreich im Sinn d. kathol. Kirche. Mit 1 Kpf. 8. Münch. 823. Giel. 5 gr.

— die Pilgerfahrt nach d. Heimath, ein Handbüchl. f. junge Wanderer nach dem Himmelreich im Sinn d. kathol. Kirche. Mit 1 Kpfr. 8. München 825, Giel.

— Pilgerfahrt nach d. sel. Heimath. Ein Handbüchl. f. junge Wanderer nach d. Himmelreiche im Sinn u. Geist d. kathol. Kirche, nebst angeh. Morgen-, Meß-, Beicht- u. Kommunion-Gebethen. M. 1 Kpfr. 2. Aufl. 8. ... München 829, Giel.

— neue skizzirte u. nicht skizzirte Predigt-Themate auf alle Festtage des katholischen Kirchenjahres u. andere Veranlassungen f. mehrere Jahre. Mit besond. Rücksicht auf die kirchl. Ascetik u. das Leben der Heiligen. gr. 8. (XVI u. 290 S.) Regensburg 852, Manz. 1 1/4 Thlr.

— Religion und Kunst, f. Religion und Kunst.

— s. Sales, Franz v. Philothea.

— Sommerrosen, f. Jugend-Bibliothek 15s Bdchn.

Häglsperger, Frz. Seraph, neuer Spiegel f. Herz u. Leben, f. Jugend-Bibliothek, 12. Bdchn.

— skizzirte Themate zu Homilien u. Predigten für einen fünffachen Cyclus auf alle Sonn- u. Festtage des kathol. Kirchenjahres. gr. 8. Landsh. 833. (832.) Krüll. 1 Thlr. 20 gr.

— skizzirte Themata zu Homilien u. Predigten für einen fünffachen Cyclus aller Sonn- u. Festtage d. kathol. Kirchenjahres. 2e verm. u. verb. Aufl. gr. 8. Regensburg u. Landshut 835. Manz. 1 5/6 Thlr.

— skizzirte Themate zu Homilien u. Predigten für einen fünffachen Cyklus aller Sonn- u. Festtage des katholischen Kirchenjahres. 3., überarb. u. verm. Aufl. Regensburg 863. Manz. gr. 8. (XXXII, 486 S.) 1 Thlr. 25 ngr.

— s. G. A. Thiem, Vademecum.

— Timotheus. Eine Monatschrift, f. Timotheus.

Häglsperger, Franz Ser., Was liegt heutzutage dem kathol. Kuratklerus den kirchenfeindlichen Bewegungen unserer Zeit gegenüber zuvörderst ob? Bedenkpunkte für sich selbst u. seine Mitpriester zum neuen Jahr 1847. Regensburg, Manz (jetzt Verlagsanst.), 1847, 8°, 56 S., 65 Pf.

— d. Wiedererhöhung d. gefallenen Menschen. Eine Messiade in kurzen Betrachtt. 2 Bde. gr. 8. Münch. 826. Giel. 3 ₰ 18 ₰

— die Wiedererhöhung des gefallenen Menschen. Eine Messiade in kurzen Betrachtungen auf alle Tage des Jahres, zunächst für katholische Christen aus gebild. Ständen. 2 Bde. in 4 Liefg. 2. (wohlf.) Ausg. gr. 8. Regensburg 842, Manz. 1 5/6 ₰

—— die Wiederherstellung d. Klöster in Bayern — e. göttl. u. heils. Sache. Kurz dargest. in d. Festpred. bei d. feierl. Wiedereröffnung d. Franziskanerklosters (vorläufig als Hospitium) im Marktflecken Eggenfelden im Unterdonaukreise, u. eben so feierl. Benedictirung d. restaur. Klosterkirche am 28. Oct. 1832. gr. 8. (1 B.) Landshut 832. [Regensburg, Manz.]

—— Winterrosen. Erzählungen, s. Jugend-Bibliothek, 13. Bdchn.

— Simon Zollbrucker, in seinem Leben u. Wirken. 8. Münch. 825. Giel. 5 ₰

Hagmaier, die Vieh-Versicherung. gr. 8. (52 S.) Straßburg 881. Trübner in Comm. n. 1. —

Hagmaier, C., heilige Reden über den 15ten und 146sten Psalm. 8. Tüb. Erhard. 745.

Hagmann, Dora, Rita, das Kirmeskind. Aus dem Holl. übers. 3. Aufl. (46 S.) 12. Elberfeld (903). Buchh. der ev. Gesellschaft. n. — 25

Der zoologische Garten des Museu Goeldi in Pará (Brasilien) mit besond. Berücks. d. Tierbeschaffung von Dr. phil. Gottfried **Hagmann** (jun.). (Mit 1 Situationsplan u. 6 Ansichten.) Frankfurt a. M. 1901: Mahlau & Waldschmidt. 55 S. 8° 10. 9638

Hagmann, Gottfried. Ornithologisches von der Insel Mexiana, Amazonenstrom. Von Dr. phil. G' H', z. Z. in Basel. (Sonderabdruck aus: Reichenow's Ornithol. Monatsberichte [Jahrg. 14,] Juli/Augustheft 1906.) S. 105—111. 8. [Berlin, R. Friedländer & Sohn.]

Zoologischer Garten Basel. Verzeichnis der Tiere und Plan des Gartens zur Orientierung für die Besucher von Dir. [Gottfried] Hagmann. [je Mit Illustrationen und 1 Plan.] 8. Basel, Schweizerische Verlags-Druckerei.
5. Aufl. 1901. IV + 46 S. 1901. (fr. —. 50)
6. Aufl. 1903. IV + 55 S. 1903. (fr. —. 50)

Hagmann, [Carl Gottfried]. Zoologischer Garten Basel. Verzeichnis der Tiere und Plan des Gartens, mit Illustrationen, zur Orientierung für die Besucher und als Andenken an den Garten von Dir. H'. 7. Aufl. 1905. IV + 63 S. 8. Basel, G. Böhm, 1905. (fr. —. 50)

Hagmann, [Carl Gottfried]. Zoologischer Garten Basel. Verzeichnis der Tiere und Plan des Gartens, mit Illustrationen, zur Orientierung für die Besucher und als Andenken an den Garten. 8. Aufl. 1908. IV + 67 S. 8. Basel, J. Frehner, 1908. (fr. —. 50)

Hagmann, Gfr., die diluviale Wirbeltierfauna v. Vöklinshofen, s. a. Abhandlungen zur geolog. Specialkarte v. Elsass-Lothringen. N. F. 3.

Hagmann, Gottfried [aus Basel]: **Die diluviale Wirbeltierfauna von Vöklinshofen (Ober-Elsass). 1. Teil. Raubtiere und Wiederkäuer mit Ausnahme der Rinder. Strassburg 1899. 122 S. 10 Tab. 8°. (Sep.-Abdr. aus Abhandlungen zur geolog. Specialkarte von Elsass-Lothringen N. F., Heft 3.)**
Basel. Phil. Diss. 1898/99.

Die diluviale Wirbeltierfauna von Vöklinshofen (Ober-Elsass). Von Gottfried Hagmann. T. 1. *Strassburg: R. Schultz & Cie 1899.* 4 (8°)
= Abhandlungen z. geologischen Spezialkarte v. Elsass-Lothr. N. F. H. 3. 99. 8519

Anleitung zur landwirtschaftlichen Buchführung. Im Auftr. d. Landwirtschaftskammer f. d. Rheinprovinz bearb. von Dr. H[ugo] **Hagmann.** Bonn: Landwirtschaftskammer 1910. 94 S. 8°
(Veröffentlichungen d. Landwirtschaftskammer f. d. Rheinprovinz. 1910, Nr. 3.)
A 12. 9844

Hagmann, Hugo, a. Dollhof (Württemberg): Das landwirtschaftliche Genossenschaftswesen in Württemberg. Bonn 1906: P. Hauptmann. (VI, 69 S.) 8°
Bonn, Phil. Fak., Ref. Dietzel, Diss. v. 4. Aug. 1906
[Geb. 18. Sept. 78 Dollhof, O.A. Riedlingen, Württemberg; Wohnort: Bonn; Staatsangeh.: Württemberg und Preußen; Vorbildung: Gymn. Ehingen Reife S. 97; Studium: Landw. Hochsch. Hohenheim 4, Bonn 6 S.; Rig. 11. Juli 06.]

Hagmann, J., u. Fritz Brutschke, Aufzüge u. Abladevorrichtungen f. Heu u. Getreide, s. a. Arbeiten der deutschen Landwirtschafts-Gesellschaft.

Aufzüge und Abladevorrichtungen für Heu und Getreide. Allgemeiner Bericht von Reg.Bauführer J. **Hagmann**-Berlin. Prüfungsbericht von Ing. Fritz Brutschke. Berlin: Deutsche Landwirtsch.-Gesellsch. 1908. (109 S.) 8°
= **Arbeiten** d. Deutschen Landwirtschafts-Gesellschaft. H. 140. 08. 8863

Hagmann J.: Heu- u. Getreide-Aufzüge. Als Manuskript gedruckt. Berl 1907. 90 S.
(Deutsche Landwirtschafts-Gesellschaft).

Hagmann, J. J., Predigt, gehalten in Neßlau Sonntags den 5. Dezember 1847. 8. (16 S.) St. Gallen 817, Huber & Co. 3 ₰

Hagmann, Joh. Georg

Hagmann, die kulturhistorische Bedeutung Voltaires, s. a. Sammlung gemeinverständlicher wissenschaftl. Vorträge.

Hagmann (JG), die kulturhistorische Bedeutung Voltaire's. (Sammlung gemeinverständlicher wissenschaftlicher Vorträge Neue Folge 123) Hamburg 1891

Hagmann, J. G., die engl. Bühne zur Zeit der Königin Elisabeth, s. a. Sammlung gemeinverständl. wissenschaftl. Vorträge.

Hagmann JG, die engliche Bühne zur Zeit der Konigin Elisabeth. (Sammlung gemeinverständlicher wissenschaftlicher Vorträge Neue Folge 88) Hamburg 1889

Hagmann, J. G. Ueber Voltaire's „Essai sur les Mœurs". Diss. Leipzig 1883. 67 S.

Hagmann, Joh. Geo., üb. Voltaire's „Essai sur les moeurs". gr. 8. (68 S.) Leipzig 883. (Fock.) n. 1. 50

Hagmann, J[ohann] G[eorg]. Zur Frage der Lehrerbildung auf der Volksschulstufe. 49 S. 8. St. Gallen, Fehr, 1905. [fr. —. 80]

Hagmann, J[ohann] G[eorg]. Grundlinien eines Reformplanes der Volkserziehung. 60 S. 8. St. Gallen, Fehr, 1908. [fr. 1.—]
Zur Schulreform. [Heft] 4. — [Heft] 1—3 s. *Bulletin 1906, S. 46.*

Hagmann, [Johann Georg]. Die Normannen in Unteritalien und Sicilien. [Mit 3 Tafeln.] Progr. 4. St. Gallen 1894.

— zur Reform e. Lehrplanes der Primarschule. gr. 8. (92 S.) St. Gallen 887. Huber & Co. n. 1. 20

Hagmann, J[ohann] G[eorg]. Zur Reform eines Lehrplanes der Volksschule. 2., neubearbeitete und vermehrte Aufl. 117 S. 8. St. Gallen, Fehr, 1904. [fr. 1. 20]

Hagmann, J. G., zur Schulreform. I.—III. 8. St. Gallen. Fehr. n. 2. 80
1. Zur Reform e. Lehrplanes der Volksschule. 2., neu bearb. u. verm. Aufl. (117 S.) 904. n. 1. 20
2. Zur Frage der Lehrerbildung auf der Volksschulstufe. (49 S.) 905. n. — 80
3. Das Sonderklassensystem in neuer Beleuchtg. (50 S.) 905. n. — 80

Hagmann, J. G., zur Schulreform IV. Grundlinien e. Reformplanes der Volkserziehg (53 S.) 8. St. Gallen 908. Fehr. 1. —

Hagmann, J[ohann] G[eorg]. Das Sonderklassensystem in neuer Beleuchtung. (Vortrag, gehalten am 9. Nov. 1905 an der Bezirks-Lehrerkonferenz in St. Gallen.) 50 S. 8. St. Gallen, Fehr, 1905. [fr. —. 80]
Zur Schulreform. [Heft] 3.
([Zur Sch'. Heft:] 1 s. Hagmann, J' G'. Zur Reform eines Lehrplanes.... 2. ... Aufl. 1904, *Bulletin 1904, S. 243:* N 2956; — 2 s. Hagmann, J' G'. Zur Frage der Lehrerbildung.... 1905, *Bulletin 1905, S. 73:* N 3930")

Hagmann, J[ohann] J[acob]. Das Toggenburg. Neuestes Reisehandbuch. Hrg. auf Anregung der Sektion Toggenburg des S. A. C. von J. J. H' jr. Mit einem Excursionskärtchen in Farbendruck, einem Gebirgspanorama und 15 Ansichten [Tafeln]. 8. Lichtensteig 1877.

Hagmann, Josef, approb. Arzt aus Oberndorf: Über abnorm lange Retention abgestorbener Früchte im Uterus. (Missed labour.) *Berlin: S. Karger 1903.* (26 S.) 8° (Aus: Monatsschrift f. Geburtshülfe u. Gynaekol., Bd 17.)
Tübingen, Med. Diss. v. 1903

Hagmeister, römische Dichtungen. 1r Thl. m. K. 8. Berl. Maurer. 794.

Hagmeister, Eduard, approb. Arzt aus Schröttinghausen: Aus d. chirurg. Klinik zu Kiel. Ueber angeborenen Mangel der Fibula. *Lübbecke 1902: F. Wernehurg.* (28 S.) 8°
Kiel, Med. Diss. v. 16. Mai 1902

Drei Briefe der Charlotte v. Hagn. Aus der Handschrift veröffentlicht und erläutert von LUDWIG GEIGER. Den Teilnehmern an der [illegible] Gesellschaft für Theatergeschichte [illegible] 18. April 1909 gewidmet vom geschäftsführenden Ausschuss. In hundert handschriftlich numerierten Exemplaren gedruckt. Berlin 1909. Druck von Otto Elsner. 8°.

Hagn, H., Schutz v. Eisenkonstruktionen gegen Feuer. Hrsg. im Auftrage des Verbandes deutscher Architekten- u. Ingenieur-Vereine, des Vereins deutscher Ingenieure u. des Vereines deutscher Eisenhüttenleute. (VIII, 105 S. m. 163 Fig.) gr. 8. Berlin 904. J. Springer. Geb. in Leinw. n. 2. —

Hagn P. Theodorich. Beten und Betteln. Vortrag, gehalten bei der allgemeinen Versammlung des katholischen Vereines der Diözese Linz zu Steyer im August 1852 von dem Abgeordneten von Kremsmünster. 8. (6 Bl.) Linz, Huemers Witwe, 1852.

Hagn, Theodorich, Urkundenbuch für die Geschichte des Benedictiner Stiftes Kremsmünster, s. Urkundenbuch.

Hagn, Theodorich. Urkundenbuch für die Geschicht des Benediktiner-Stiftes Kremsmünster, seiner Pfarreien und Besitzungen v. J. 777 bis 1400 — 8. (404 S.) — Wien, Hof- u. Staatsdruck 1852. Als Adligat: „Die Druckschriften des Mittelalters, mit besonderer Berücksichtigung der Deutschen u. z. vom 6. Jahrh. bis zur Erfindung de Buchdruckerkunst.

Hagn, Theodorich, das Wirken der Benediktiner-Abtei Kremsmünster f. Wissenschaft, Kunst u. Jugendbildung. Ein Beitrag zur Literatur- u. Kulturgeschichte Oesterreichs. gr. 8. (VI u. 326 S.) Linz 848, Haslinger in Comm. n. 24 ngr

Hagnauer, A., vollständige Jahr- und Marchzinsrechnung in Schweizerfranken. Gulden zu 15 u. 16 Batzen, und in Bernkronen zu 4, $4\frac{1}{2}$ u. 5 vom Hundert. Ein nützliches Handbüchlein für Verwalter, Gemeindevorsteher 2c. 8. Aarau ... Christen. $7\frac{1}{3}$ gr

Hagnauer, A. L., Jahr- und Marchzins-Berechnung zu 4, $4\frac{1}{2}$, 5, $5\frac{1}{2}$ und 6 Prozent. Mit einem Verzeichniß der vorzüglichsten ausgeprägten Gold- und Silbermünzen, Maße und Gewichte aller Länder. 8. 3. Aufl. Aarau 870, Christen. geb.

Hagnauer, Brandolph (Aarau/Schweiz), De jure creditorum, facta cessione, adversus tertium competente. Diss. jur. Präs. Jo. Casp. Heimburg. Jena (Fickelscherr) 18. XI. 1741. 52 S. (6.50) 12791
Gew.: Georg Balthasar Hagnauer (Bruder). — Widm. v.: Präs., Friedr. Andr. Gottl. Gnüge, G. B. H(agnauer).

Hagnauer, Emil, gewesener Assistenzarzt der ophthalmolog. Klinik in Zürich (von Aarau, Kt. Aargau): Ueber die Missdeutungen des Herpes Corneae febrilis. Zür. Hofer u. Burger Dr. 1891. 46 S., 1 Taf., 1 Bl. 8°.
Zürich, Med. Diss. [v. 14. März 1891].

Hagnauer, Emil, üb. die Missbildungen d. Herpes corneae febrilis. Diss. gr. 8. (46 S. m. 1 Taf.) Zürich 891. (Wiesbaden, Bergmann.) n.n. 1. 60

Hagnauer, G., s. S. Franscini, Statistik d. Schweiz. Revolution, über d. Piemontesische.

Hagnauer, G., der Kanton Tessin, s. Gemälde der Schweiz, 18. Bd.

Hagnauer, Geo. Andr., über pädagogische Begründung des Landschulwesens überhaupt, und Einrichtung der Dorfschulen, mit vorzüglicher Berücksichtigung der Verhältnisse in der Schweiz. Nebst e. Anhange krit. Bemerkungen über den Gesetzes-Vorschlag vom 28. Nov. 1833, zur Errichtung des gesammten Schulwesens im Kanton Aargau. gr. 8. Aarau 834. (Christen.) $\frac{5}{12}$ rf

Georg Balthasar Hagnauer

Georg[ius] Balth[asarus] Hagnauer: De Motu sanguinis circulari. Helmaestadii (1730:) Schnorr. 24 S. 8°
Helmstedt, Med. Diss. v. 11. Dez. 1730

Hagnauer, J. J., üb. die Stellung der reformirten Geistlichkeit zur Schule nach den neuesten gesetzl. Bestimmungen vom J. 1835. Vortrag. Aus den schweiz. Schulblättern besonders abgedruckt. gr. 8. Baden 841; Zürich, Höhr. $\frac{1}{8}$ rf

Hagner, Fritz, Preistabelle f. Schnittware nach Kubikmeter u. Quadratmeter. (118 S.) kl. 8. Freiburg i/B. (907). (Leipzig, Amthor.) Kart. 2. —

Hagoda. 1856. (Eine durchwegs hebräische Schrift.) (21 Bl. 8.)

Hagopian, V. H., Ottoman-Turkish conversationgrammar. A practical method of learning the Ottoman-Turkish language. (Method Gaspey-Otto-Sauer.) (XII, 492 u. 84 S.) 8. Heidelberg 907. J. Groos.
Geb. in Leinw. 10.—; Key. (185 S.) 908. Kart. 4.—

Hagoren. Abhandlgn. üb. d. Wissenschaft d. Judenthums. Red. v. S. A. Horodezky. 1. Buch. (In hebr. Sprache.) gr. 8. (III, 102 u. 36 S.) Berditschow 898. (Frankfurt a/M., J. Kauffmann.) n. 2.—

Hagoren. Abhandlungen über die Wissenschaft des Judenthums. Red. v. S. A. Horodezky. II.—VI. Buch. (In hebr. Sprache.) gr. 8. Berditschew. (Frankfurt a/M., J. Kauffmann.) à n.n. 2. 50
II. (128 u. 8 S.) 900. — III. (226 S.) 902. — IV. (160 S.) 903. — V. (158 S.) 906. — VI. (120 S.) 906.

Hagoren. Abhandlungen üb. die Wissenschaft d. Judenthums. Red. v. S. A. Horodesky. VII. Buch. (In hebr. Sprache.) (168 S.) gr. 8. Berditschew 907. (Frankfurt a/M., J. Kauffmann.) nn 2. 50

HAGRAD (sol), Ein ächter Beitrag zur Schilderung Wiens über die Vorurtheile des Nikolausgespenstes. Wien u. Prag (c. 1780). 8°.
Karajan's Bibl. II. no. 4407. — Rar!

Hagrosen
v. Privat-Anzeiger des Bezirks Horgen.

Hagrup, Principes généraux de la langue danoise etc. gr. 8. Copenh, Proft.

Hagspihl, Heinrich, Referendar: Das beschränkte Wechselakzept. Borna-Leipzig 1908: Noske. IX, 63 S. 8°
Leipzig, Jur. Diss. v. 2. Nov. 1908
[Geb. 17. Nov. 83 Dresden; Wohnort: Dresden; Staatsangeh.: Sachsen; Vorbildung: Vitzthumsches Gymn. Dresden Reife O. 02; Studium: Grenoble 1, Straßburg 4, Leipzig 5 S.; Rig. 14. Jan. 07.] [U 09. 2529

Hague F.: Ueber die natürliche u. künstliche Bildung d. Perlen in China. (1857). 6 S. (Sagtr.). P.

Discours d'ouverture du cours de langue et de littérature françaises modernes à l'université de Berlin, prononcé le 31 Oct. 1901 par É[mile] **Haguenin**, prof., Berlin. *Marburg: N. G. Elwert 1902.* (21 S.) 8°
Aus: Neuere Sprachen hrsg. von W. Vietor. 9, 9. [4. 16888 9

FSC
www.fsc.org
MIX
Papier | Fördert gute Waldnutzung
FSC® C083411

Kolibri 360 GmbH
Ferdinand-Jühlke-Straße 7
99095 Erfurt, Deutschland
produktsicherheit@kolibri360.de